21 世纪业务化海洋学

Operational Oceanography in the 21st Century

[澳] Andreas Schiller
[澳] Gary B. Brassington 主编
王　辉　朱学明　李本霞　等　译校

海洋出版社
2020 年 · 北京

图书在版编目（CIP）数据

21世纪业务化海洋学／（澳）安德烈亚斯·席勒（Andreas Schiller），（澳）加里·布拉辛顿（Gary B. Brassington）主编；王辉等译校. —北京：海洋出版社，2019. 12

书名原文：Operational Oceanography in the 21st Century

ISBN 978-7-5210-0516-5

Ⅰ. ①2… Ⅱ. ①安… ②加… ③王… Ⅲ. ①海洋学 Ⅳ. ①P7

中国版本图书馆CIP数据核字（2019）第297642号

图字：01-2014-0998号

审图号：GS（2020）4280号

此书中地图系原文插附地图

责任编辑：高朝君　薛菲菲

责任印制：赵麟苏

海洋出版社 出版发行

http://www. oceanpress. com. cn

北京市海淀区大慧寺路8号　邮编：100081

中煤（北京）印务有限公司印刷

2020年4月第1版　2020年4月第1次印刷

开本：889 mm×1194 mm　1/16　印张：39

字数：899千字　定价：380. 00元

发行部：62132549　邮购部：68038093

总编室：62114335　编辑室：62100038

海洋版图书印、装错误可随时退换

作 者 序

在过去的25年中，由于卫星海洋表面观测（如海表面温度、高度计、叶绿素等）和持续的现场海洋观测系统的增长，全球海洋观测系统取得了显著进步。另外一个具有里程碑意义的是全球Argo浮标阵列的布放，它们可以观测海面到2 000 m深的海水温度和盐度。这些观测资料对约束和初始化业务化海洋预报系统起到了重要作用。然而，对于综合观测和监测全球海洋状态来讲，这些也只是迈出了重要的第一步。在未来十年里，我们期待着能有创新性的海洋观测技术问世，将显著提高物理和生物地球化学业务化海洋预报系统的精度，并扩展它们的应用范围。例如，深海Argo浮标阵列可以观测2 000 m以深层次的海水温度和盐度，正在发展的全球生物地球化学Argo浮标阵列将可以观测溶解氧、海水酸度和营养盐等要素。在太空里，国际地表水和海洋地形任务观测卫星（SWOT）将于2021年发射，可提供前所未有的新的高度计数据。

全球和区域业务化海洋预报系统已经发展到了成熟阶段，其中间和终端用户的数量在不断增长，包括政府机构和海洋产业用户都在使用这些系统的产品。我们仍需在所有对业务海洋学有既得利益的各方之间开展持续的合作，以确保业务中心提供的产品和服务符合并满足不同终端用户的需求。

在最近几十年来，我们虽然取得了显著进步，但是仍然面临着许多科学挑战。这些挑战只有通过国际科学界的密切合作才能有效地得以解决。海洋预测科学团队（Ocean Predict Science Team）像它的前身全球业务化海洋学预报系统国际合作计划（GODAE OceanView）和全球海洋数据同化实验（GODAE）一样，代表着业务化海洋学领域的领先研究者，旨在加强科技合作，进一步改善业务化海洋学系统，从而造福于社会。

王辉教授带领他的团队建立了中国全球业务化海洋学预报系统（CGOFS），作为全球业务化海洋学预报系统国际合作计划董事会成员，深度参与其中多年，极大地推动了该计划取得重要进展。非常感谢王辉教授带领其团队将英文版本的《Operational Oceanography in the 21st Century》翻译成中文版本。在此，我非常荣幸地向所有中国的青年海洋科学家和海洋预报专业人员等推荐阅读本书，以深入了解业务化海洋学的当前状态、挑战和机遇。

澳大利亚联邦科学与工业研究组织海洋与大气科学部副主任

全球业务化海洋学预报系统国际合作计划科学委员会主席

Andreas Schiller

2019年5月27日于澳大利亚霍巴特

译校者序

始于1997年的全球海洋数据同化实验（Global Ocean Data Assimilation Experiment，GODAE，1997—2008年）及其延续科学计划全球业务化海洋学预报系统国际合作计划（GODAE OceanView，2008—2018年）和海洋预测（OceanPredict，2019年至今），一直力推“业务化海洋学”的概念，在全球范围内推动海洋数据同化技术的发展，促成欧美的主要发达国家纷纷建立了全球或区域业务化海洋预报系统，并广泛应用于社会生产和人们生活的多种领域。《Operational Oceanography in the 21st Century》的英文版原书最初是GODAE计划于2010年1月在澳大利亚组织的“业务化海洋观测、同化和预报现状与进展”国际暑期班上提出设想并最终成稿的。本书从观测、大气作用、模式、数据同化、业务化系统、评估、应用等几大领域对业务化海洋学发展现状进行了详细的阐述，从中可一览世界业务化海洋学发展全貌。

近年来，随着海洋事业的发展，我国的业务化海洋学领域也进入了一个高速发展时期，全国各级海洋预报机构已达数十家，从业人员也日益增长。同时，许多高校和科研院所的研发团队也在海洋观测、海洋模式、资料同化等业务化海洋学领域积极开展工作。在这个大背景下，向广大海洋观测预报服务人员和科技工作者全面而深入地介绍世界各国业务化海洋学的最新进展，有助于他们更好地把握观测系统、同化技术、模型研发、海洋预报、应用管理等方向的发展脉络，具有十分重要的意义。业务化海洋学概念有别于传统的海洋预报范畴，是以三维海洋温度、盐度、海流及中尺度过程和海洋生态等为主要预报对象的国际上新兴的海洋预报领域，是对传统海洋预报领域的重要拓展，是海洋预报的重要基础，其应用领域十分广泛。国家海洋环境预报中心作为中国唯一的国家级业务化海洋学中心，也是GODAE OceanView计划中方代表，于2013年成功研制第一代全球业务化海洋数值预报系统，并投入业务化运行。本人先后作为GODAE OceanView计划科学委员会专家组成员和理事会成员，于2014年决定组织业务化海洋学相关骨干力量对《Operational Oceanography in the 21st Century》一书进行全文翻译。望此书能够对提高我国业务化海洋学水平，指导各级业务化海洋预报机构的业务发展，提升从业人员的专业素养，进而提高我国业务化海洋预报水平起到一定的贡献。本书也可为本领域其他相关人员提供参考。

全书共分为八大部分，共28章，其中蕴含着几十名翻译者和校对者的心血。经过近六年的努力，几经修改与校对，《21世纪业务化海洋学》终于面世。在此感谢参加全书翻译和校对的全体人员，感谢海洋出版社在编辑出版方面的大力支持。由于译校团队的专业水平有限，也请广大读者指出翻译中存在的不足之处，以便再版时一并完善。

王辉

2019年5月于北京

译校者名单

全书翻译过程中，共经历了一次翻译、三次校对才最终得以面世。其中，第一次翻译和校对名单如下，第二次校对统一由朱学明和任湘湘共同完成，最后一次校对由王辉完成。

前　言　翻译者：任湘湘　　校对者：夏冬冬

第 1 部分：引言

第 1 章　翻译者：夏冬冬　　校对者：王辉

第 2 部分：海洋观测系统

第 2 章　翻译者：孙晓宇　　校对者：王辉
第 3 章　翻译者：卢勇夺、王豹　　校对者：王辉
第 4 章　翻译者：林波、卢勇夺　　校对者：朱学明
第 5 章　翻译者：夏冬冬　　校对者：祖子清

第 3 部分：大气强迫与海浪

第 6 章　翻译者：王娟娟、李本霞　　校对者：李本霞
第 7 章　翻译者：刘仕潮、李本霞　　校对者：李本霞
第 8 章　翻译者：王久珂、李本霞　　校对者：李本霞
第 9 章　翻译者：李明杰、李本霞　　校对者：李本霞

第 4 部分：模型

第 10 章　翻译者：蔡怡　　校对者：高姗
第 11 章　翻译者：王大奎　　校对者：万莉颖
第 12 章　翻译者：高姗　　校对者：姜华

第 5 部分：数据同化

第 13 章　翻译者：秦英豪、纪棋严　　校对者：李燕、王兆毅
第 14 章　翻译者：秦英豪、纪棋严　　校对者：潘青青
第 15 章　翻译者：纪棋严、秦英豪　　校对者：王兆毅、朱学明

第 6 部分：系统

第 16 章　翻译者：刘娜　校对者：夏冬冬
第 17 章　翻译者：李响　校对者：夏冬冬
第 18 章　翻译者：朱学明　校对者：张蕴斐
第 19 章　翻译者：马永锋、任诗鹤　校对者：李响、李昂
第 20 章　翻译者：祖子清　校对者：李响

第 7 部分：评估

第 21 章　翻译者：匡晓迪、张苗苗　校对者：潘青青、姜华
第 22 章　翻译者：孟素婧　校对者：王丹
第 23 章　翻译者：王丹　校对者：王丹、潘青青

第 8 部分：应用、政策和法律框架

第 24 章　翻译者：孟素婧、任湘湘　校对者：夏冬冬
第 25 章　翻译者：任湘湘　校对者：姜珊
第 26 章　翻译者：姜珊　校对者：任湘湘
第 27 章　翻译者：姜珊　校对者：任湘湘
第 28 章　翻译者：任湘湘　校对者：姜珊

前　言

20世纪90年代中期，学术界和业务化部门都发现了准实时海洋预报及类似于气象数值预报产品发展的新契机——通过同化技术将数值模型和观测数据结合起来，从而提供多时空尺度的海洋预测产品。这一发展在全球海洋数据同化实验（Global Ocean Data Assimilation Experiment，GODAE）的国际合作框架下得到推动。GODAE旨在推动卫星和现场观测资料以及先进的全球海洋环流模式的综合应用。过去几年间，海洋预报已经发展到了一定成熟阶段，许多国家建立了全球和海盆尺度的海洋分析和短期预报系统，提供海洋常规产品，并广泛应用于海洋环境监测和管理、海洋气候、国防和工业等领域。

本书的作者们描述了海洋分析和预报系统中的主要组成部分。各个章节覆盖范围广泛，包括但不局限于海洋预报领域的科学进步和挑战、相关海洋预报系统的描述以及终端用户应用。这种对海洋预报的综合性概述是2010年1月在澳大利亚珀斯举办的国际海洋观测、同化、预报暑期班的成果。

图1包含了海洋预报系统所需要的主要功能组块以及GODAE框架下的输入资源，其中包括数据和产品服务器、同化中心、输出结果用户。该图还包括许多相互作用，这些相互作用可提高预报系统及输出结果的质量。

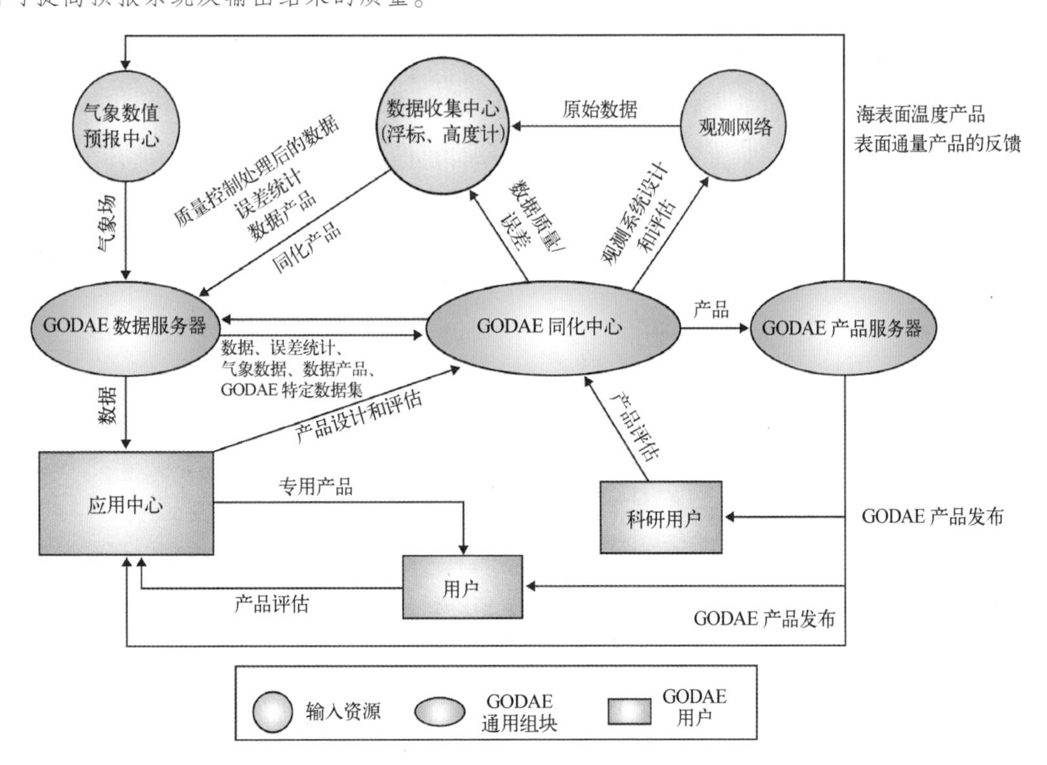

图1　GODAE研发的业务化海洋学预报系统功能组块

观测网和数据收集处理中心为同化中心提供主要输入数据。本书中 Traon (2011)、Josey (2011), Ravichandran (2011)、Oke 和 O'Kane (2011) 介绍了现有全球观测系统中的现场和卫星组块的简要概况，并讨论了维护并实现观测系统效能最大化所需要的持续工作。GODAE 支持的全球高分辨率海表面温度 (Global High Resolution Sea Surface Temperature, GHRSST) 项目建立了各中心间的协调网络，实现了以约定标准和通用格式对各种来源的数据进行准实时分发，数据来源包括微波、红外线仪器、极轨卫星和地球同步卫星等。Cummings (2011) 则总结了 GODAE 在观测数据质控、现场和卫星观测资料联合应用方面取得的实质成果。

Dombrowsky (2011) 提供了一篇海洋预报系统、数据和产品服务能力的进展概述（见图 1)。Brassington (2011) 则检验了实时观测系统的关键作用及其对业务化预报系统设计的影响，他们对世界范围内全球海洋观测数据使用、可视化、下载、比较、分析的基础支撑作用和技术进行了综述。一些文献介绍了海洋数据同化方面的进展 (Zaron, 2011; Moore, 2011; Brasseur, 2011)。Dombrowsky (2011) 和 Zhu (2011) 的章节则对当前主要海岸带和海盆级海洋预报系统用到的模型和同化模块进行了概括。目前大多数中心的业务化系统水平分辨率都达到了 (1/10)°，甚至更高，普遍具备全球预报能力，这些预报系统基于 HYCOM、MOM4、NEMO 等海洋模型 (Barnier et al, 2011; Chassignet, 2011; Hurlburt et al, 2011; Matear, 2011)，同化了现场剖面数据、高度计数据和一些表面温度数据。Martin (2011) 则阐明了高分辨率系统在海表面流和温度预报中的技巧。

产品评估以及与研究者（见图 1）的沟通从业务化海洋预报系统诞生之日起就是一个关键环节。Hernandez (2011) 介绍了专门用来比较各个中心预报产品的程序，并阐述了对这些预报系统性能的看法。Alves 等 (2011) 用一些例子说明了为海洋状态评估而研发的系统如何被用于气候变化和季节预报研究，以及系统结果的对比如何被用于海洋状态一致性和不确定性评估。

Oke 和 O'Kane (2011) 总结了观测系统设计研究取得的成果，并指出了该项工作十分广阔的前景，他们指出了海表面温度、高度计数据和剖面数据在中尺度海洋过程预测中的重要性，并通过统计数据说明目前 7 天预报的准确性、实时分析和延迟分析都完全取决于高度计资料的可获取性。Wilkin 等 (2011) 则总结了海洋预报在近海各个领域的广泛应用前景。Matear 和 Jones (2011) 列举了一些在生态和生物地球化学领域的潜在应用，并讨论了物理模型、同化系统与观测系统一致性等方面遇到的挑战。

图 1 左下方部分描述了应用产品和用户之间的信息流关系。Barras (2011) 和 King 等 (2011) 介绍了法律框架、海洋预报结果在监视和预测海洋污染（例如溢油）中的应用以及 GODAE 预报对海上作业安全和效率的价值。Woodham (2011) 提供了一些利用 GODAE 产品帮助海军生成信息并辅助战术决策的例子。Ivey (2011) 总结了上层海洋热容量信息在热带气旋强度预报中的业务化应用以及该领域的研究现状。

Pattiaratchi (2011)、Greenslade 和 Tolman (2011) 介绍了海平面变化、表面波、海啸的基本原理和应用。Huckerby (2011) 和 Mann (2011) 则概括介绍了一个新兴领域——海洋可再生能源以及对相应的海洋状态信息的需求，这些信息决定了可获取的海洋可再生能源及物理环境对其的影响。

我们非常感谢学生和讲师们对暑期班和第一轮审稿的积极贡献，同时也非常感谢美国海洋与大气管理局（National Oceanic and Atmospheric Administration，NOAA）、澳大利亚气象局（Bureau of Meteorology，BOM）、澳大利亚联邦科学与工业研究组织（Commonwealth Scientific and Industrial Research Organisation，CSIRO）对暑期班的支持。

我们还要感谢暑期班所有演讲者的贡献，他们在很紧张的时间内提供了手稿；感谢 GODAE OceanView 科学团队对暑期班及本书的巨大贡献；感谢 Charitha Pattiaratchi、Diana Greenslade、Tim Pugh、Roger Proctor、Bernard Barnier、Clothilde Langlais、Fabrice Hernandez、Marie Drevillon 和 Andy Taylor 为学生们精心准备的课程；也感谢所有讲座和审查过程的积极参与者。最后要感谢 Val Jemmeson，Nick D'Adamo 和 Charitha Pattiaratchi 为暑期班的后勤工作花了大量时间。特别感谢 Denise McMullen 在稿件编辑过程中的协调工作。

Andreas Schiller　Gary B. Brassington

2010 年 5 月 28 日于澳大利亚

目　录

第1部分　引　言

第1章　21世纪的海洋预报——从早期到明天的挑战 …………………… Andreas Schiller　3
1.1　海洋学简史………………………………………………………………………… 3
1.2　GODAE的成就（1997—2008年） ……………………………………………… 8
1.3　未来海洋预报优先研究的重点…………………………………………………… 9
1.4　全球业务化海洋学预报系统国际合作计划的科学目标 ……………………… 15
1.5　总结和结论 ……………………………………………………………………… 16
参考文献……………………………………………………………………………… 19

第2部分　海洋观测系统

第2章　卫星与业务化海洋学 ………………………………… Pierre-Yves Le Traon　25
2.1　引言 ……………………………………………………………………………… 25
2.2　卫星在业务化海洋学中的作用 ………………………………………………… 26
2.3　卫星海洋学技术综述 …………………………………………………………… 28
2.4　高度计 …………………………………………………………………………… 31
2.5　海表面温度 ……………………………………………………………………… 34
2.6　海洋水色 ………………………………………………………………………… 37
2.7　其他相关技术 …………………………………………………………………… 41
2.8　结语 ……………………………………………………………………………… 42
2.9　有用网址 ………………………………………………………………………… 43
参考文献……………………………………………………………………………… 43
第3章　现场海洋观测系统 ……………………………… Muthalagu Ravichandran　46
3.1　引言 ……………………………………………………………………………… 46
3.2　观测系统组成 …………………………………………………………………… 48
3.3　海盆尺度观测系统——IndOOS ………………………………………………… 65
3.4　总结 ……………………………………………………………………………… 69
参考文献……………………………………………………………………………… 72
第4章　海洋数据质量控制 ………………………………… James A. Cummings　77
4.1　引言 ……………………………………………………………………………… 77
4.2　海洋观测系统 …………………………………………………………………… 78
4.3　初步数据敏感性检查 …………………………………………………………… 81
4.4　外部数据检查 …………………………………………………………………… 82
4.5　质量控制决策算法 ……………………………………………………………… 90
4.6　内部数据检查 …………………………………………………………………… 94
4.7　伴随敏感性 ……………………………………………………………………… 96
4.8　总结及结论 ……………………………………………………………………… 97

参考文献…………………………………………………………………………………………… 98
第 5 章　观测系统设计与评估 ………………………… Peter R. Oke, Terence J. O'Kane　100
5.1　介绍…………………………………………………………………………………………… 100
5.2　观测系统设计与评估的概念………………………………………………………………… 101
5.3　方法与实例…………………………………………………………………………………… 104
5.4　总结…………………………………………………………………………………………… 119
参考文献 ………………………………………………………………………………………… 120

第 3 部分　大气强迫与海浪

第 6 章　海气热通量、淡水通量、动量通量 …………………………… Simon A. Josey　127
6.1　引言…………………………………………………………………………………………… 127
6.2　表层通量理论………………………………………………………………………………… 128
6.3　海-气通量数据集 …………………………………………………………………………… 133
6.4　表面通量的评估方法………………………………………………………………………… 137
6.5　全球气候系统中的表面通量………………………………………………………………… 138
6.6　待解决的问题和结论………………………………………………………………………… 143
参考文献 ………………………………………………………………………………………… 146
第 7 章　海岸潮汐观测——弗里曼特尔的动力过程记录 ………… Charitha Pattiaratchi　151
7.1　引言…………………………………………………………………………………………… 151
7.2　数据…………………………………………………………………………………………… 154
7.3　假潮…………………………………………………………………………………………… 154
7.4　海啸…………………………………………………………………………………………… 155
7.5　潮汐…………………………………………………………………………………………… 156
7.6　沿岸陷波……………………………………………………………………………………… 159
7.7　季节变化……………………………………………………………………………………… 161
7.8　年际变化……………………………………………………………………………………… 162
7.9　潮汐引起的年代际变化……………………………………………………………………… 162
7.10　全球平均海平面过程 ……………………………………………………………………… 163
参考文献 ………………………………………………………………………………………… 164
第 8 章　表面浪 ………………………………… Diana Greenslade, Hendrik Tolman　167
8.1　引言…………………………………………………………………………………………… 167
8.2　控制方程……………………………………………………………………………………… 168
8.3　频散关系……………………………………………………………………………………… 170
8.4　基本定义……………………………………………………………………………………… 173
8.5　业务化海浪模拟……………………………………………………………………………… 176
参考文献 ………………………………………………………………………………………… 181
第 9 章　大陆架上的潮汐和内波 ……………………………………… Gregory N. Ivey　183
9.1　前言…………………………………………………………………………………………… 183
9.2　实验室模型…………………………………………………………………………………… 184
9.3　现场观测……………………………………………………………………………………… 187
9.4　内波和热带气旋……………………………………………………………………………… 188
参考文献 ………………………………………………………………………………………… 191

第 4 部分 模 型

第 10 章 海洋湍流模式与层流模式的应用 …… Bernard Barnier, Thierry Penduff, Clothilde Langlais 195
10.1 引言 …… 195
10.2 海洋模式的分辨率问题 …… 198
10.3 高级数值方案及分辨率 …… 202
10.4 分辨率对模式解的影响 …… 205
10.5 结论 …… 210
附 录 …… 212
参考文献 …… 212
第 11 章 GODAE 背景下的等密度面和混合坐标海洋数值模拟 …… Eric P. Chassignet 215
11.1 引言 …… 215
11.2 GODAE 对海洋模式的要求 …… 217
11.3 挑战 …… 218
11.4 关于位势密度作为垂直坐标系 …… 221
11.5 应用：混合坐标海洋模式（HYCOM） …… 223
11.6 展望 …… 234
参考文献 …… 235
第 12 章 海洋生物地球化学的数值模拟与数据同化 …… Richard J. Matear, E. Jones 240
12.1 概述 …… 240
12.2 生物地球化学数值模拟 …… 241
12.3 生物地球化学数据同化 …… 245
12.4 将生物地球化学数据同化引入 GODAE 系统所面临的挑战 …… 248
12.5 结论 …… 256
参考文献 …… 256

第 5 部分 数据同化

第 13 章 海洋资料同化介绍 …… Edward D. Zaron 261
13.1 引言 …… 261
13.2 资料同化目的 …… 262
13.3 数学公式 …… 265
13.4 总结：资料同化系统组成部分 …… 271
13.5 资料同化系统分析 …… 271
13.6 总结和结论 …… 277
附 录 …… 278
参考文献 …… 280
第 14 章 伴随资料同化方法 …… Andrew M. Moore 286
14.1 引言 …… 286
14.2 什么是伴随算子 …… 286
14.3 变分资料同化 …… 291
14.4 加利福尼亚洋流的 4D-Var 实例 …… 297
14.5 总结 …… 308

参考文献 …… 308
第 15 章 基于集合的资料同化方法——业务海洋学计算高效应用的最新进展概述 …… Pierre Brasseur 311
15.1 引言 …… 311
15.2 卡尔曼滤波推导而来的集合资料同化方法 …… 312
15.3 集合生成和集合预报 …… 313
15.4 利用观测更新 …… 315
15.5 时间策略 …… 317
15.6 结论 …… 318
参考文献 …… 319

第 6 部分 系 统

第 16 章 全球业务化海洋学系统概述 …… Eric Dombrowsky 325
16.1 引言 …… 325
16.2 全球业务化海洋学预报系统国际合作计划业务化海洋学系统概述 …… 326
16.3 业务化海洋学的主要功能 …… 328
16.4 非功能性方面 …… 333
16.5 结论 …… 335
参考文献 …… 336
第 17 章 区域及海岸系统概述 …… 朱 江 337
17.1 引言 …… 338
17.2 系统概述 …… 339
17.3 工作亮点 …… 344
17.4 中国近海的 SST 可预报性及预报误差增长 …… 349
17.5 总结和展望 …… 355
参考文献 …… 356
第 18 章 业务化海洋预报的系统设计 …… Gary B. Brassington 360
18.1 引言 …… 360
18.2 定义 …… 362
18.3 应用 …… 363
18.4 系统要素 …… 366
18.5 实时观测系统 …… 367
18.6 实时强迫系统 …… 375
18.7 模拟 …… 378
18.8 资料同化 …… 384
18.9 初始化 …… 387
18.10 预报循环 …… 389
18.11 系统性能 …… 391
18.12 结论 …… 393
参考文献 …… 394
第 19 章 整合近岸模式和观测数据研究海洋动力学、观测系统以及预报 …… John L. Wilkin, Weifeng G. Zhang, Bronwyn E. Cahill, Robert C. Chant 399
19.1 引言 …… 399

19.2 ROMS …… 401
19.3 纽约湾区域 LaTTE 实验的 ROMS 模拟 …… 404
19.4 过程和动力的深入研究 …… 415
19.5 总结 …… 416
参考文献 …… 417
第 20 章 季节和年代际预测 … Oscar Alves, Debra Hudson, Magdalena Balmaseda, Li Shi 421
20.1 引言 …… 421
20.2 可预报性：季节预测技巧来源于何处 …… 423
20.3 预报技巧 …… 425
20.4 集合预测：再现的不确定性 …… 427
20.5 数据同化和初始化 …… 428
20.6 海洋观测的影响 …… 433
20.7 澳大利亚的季节预测 …… 435
20.8 年代际预测 …… 438
20.9 总结 …… 439
参考文献 …… 440

第 7 部分 评 估

第 21 章 海洋模式的动力评估（以湾流为例） …… Harley E. Hurlburt, E. Joseph Metzger, James G. Richman, Eric P. Chassignet, Yann Drillet, Matthew W. Hecht, Olivier Le Galloudec, Jay F. Shriver, Xiaobiao Xu, Luis Zamudio 447
21.1 概述 …… 448
21.2 湾流边界分离及其东向路径的动力机制 …… 449
21.3 基于涡分辨全球以及洋盆尺度的海洋环流模式对湾流模拟的动力学评估 …… 460
21.4 数据同化对湾流区模式动力学影响 …… 486
21.5 总结和讨论 …… 492
参考文献 …… 495
第 22 章 海洋预报系统——产品评估和技术性 …… Matthew Martin 500
22.1 前言 …… 500
22.2 统计学概念 …… 501
22.3 观测 …… 503
22.4 评估海洋分析和预报 …… 504
22.5 总结与结论 …… 514
参考文献 …… 515
第 23 章 海洋预报系统的性能评估——相互比较计划 …… Fabrice Hernandez 517
23.1 引言 …… 517
23.2 首次对比试验 …… 519
23.3 海洋再分析的评估和对比验证 …… 521
23.4 业务化海洋预报系统的对比验证与评价 …… 525
23.5 小结 …… 533
参考文献 …… 533

第 8 部分 应用、政策和法律框架

第 24 章 业务化海洋学的国防应用——澳大利亚人的视角 ………… Robert Woodham 539
24.1 前言 …… 539
24.2 海洋对作战的影响 …… 541
24.3 预报方法的优点和缺点 …… 547
24.4 确定性预报的海军应用 …… 549
24.5 总结 …… 552
参考文献 …… 553
第 25 章 气象海洋预报资料在海洋运输、安全和污染方面的应用 …………………… Brian King，Ben Brushett，Trevor Gilbert，Charles Lemckert 554
25.1 简介 …… 554
25.2 气象和海洋预报模式回顾 …… 556
25.3 气象和海洋预报资料业务化应用案例研究 …… 557
25.4 结论 …… 561
附 录 2009 年 10 月 29 日澳大利亚海事安全局为蒙达拉事件发布的预报公告 …… 562
参考文献 …… 564
第 26 章 海洋能源——资源、技术、研究和政策 ………… John Huckerby 565
26.1 引言 …… 565
26.2 海洋能源形式 …… 566
26.3 海洋能源资源 …… 566
26.4 海洋能源技术 …… 571
26.5 海洋能源转换器的环境影响 …… 575
26.6 空间和资源配置 …… 578
26.7 海洋能源的政治框架 …… 579
26.8 海洋能源的趋势和发展 …… 582
参考文献 …… 583
第 27 章 海洋观测分析的应用——CETO 海浪能量项目 ………… Laurence D. Mann 585
27.1 硬件概述 …… 585
27.2 安装水深 …… 587
27.3 预期选址的甄别 …… 587
27.4 首个安装地点：西澳大利亚海岸的花园岛 …… 587
27.5 海洋观测和分析的具体应用 …… 589
27.6 模式资料使用的限制 …… 590
27.7 商业环境下的务实途径 …… 591
参考文献 …… 592
第 28 章 国际海洋环境法律（石油污染） ………… Kathryn Barras 593
28.1 UNCLOS …… 593
28.2 CLC …… 595
28.3 《伦敦倾废公约》 …… 595
28.4 OILPOL …… 596
28.5 MARPOL …… 596
28.6 总结 …… 599
索 引 …… 600

第1部分

引　言

第 1 章　21 世纪的海洋预报
——从早期到明天的挑战

Andreas Schiller[①]

摘　要：本章主要从海洋观测、海洋环流模型和数据同化等海洋预报的科学基础的视角，简要地介绍了海洋学的历史，描述了在全球海洋数据同化实验（1997—2008 年）计划下，在全球尺度和海盆尺度业务化海洋预报系统方面所取得的科学成就，并对 21 世纪海洋预报所面临的挑战进行了描述。

本章仅对模型、数据同化和观测系统进行了介绍，更详细的内容将在后面的章节进行讨论。

1.1　海洋学简史

本章和本书所关注的重点是海洋学的两个分支：物理海洋学，或者海洋物理学，研究海洋的温盐结构、混合、波动、内波、表层潮汐、内潮、海流、海洋声学和海洋光学等物理属性；海洋生物地球化学，涉及化学、物理、地质和生物过程和相互作用，这些过程和相互作用在时间和空间上支配自然环境的组成、物质和能量循环以及地球的化学成分在时空尺度上的输运过程。海洋生物地球化学关注的重点是化学循环与生物活动（碳、氮、磷循环）之间所发生的相互作用。

本章首先对奠定海洋预报基础的历史进行了简单的描述，但关注点并非全面地描述海洋学的全部内容，而是构成现代海洋预报系统的基础，特别是海洋观测系统和水动力数值模型。

人类在史前时代就开始获取关于海洋中波浪、潮汐和流的知识。在大航海时代（约从 15 世纪末至 18 世纪初），人类对于海洋的探索主要用于制图学并且仅限于海洋的表面，但在当时，已经使用铅垂线进行水深测量。

在科学航行的起始阶段（18 世纪末至 20 世纪），Benjamin Franklin 于 1769 年发表了墨西哥暖流图，这张图也是最早的墨西哥暖流图之一（图 1.1）。

1768 年，James Cook 船长指挥“奋进”号驶出英格兰的朴茨茅斯港，开始了大航海时代

---

① Andreas Schiller，澳大利亚联邦科学与工业研究组织，海洋与大气研究所。E-mail：andreas. schiller@ csiro. au

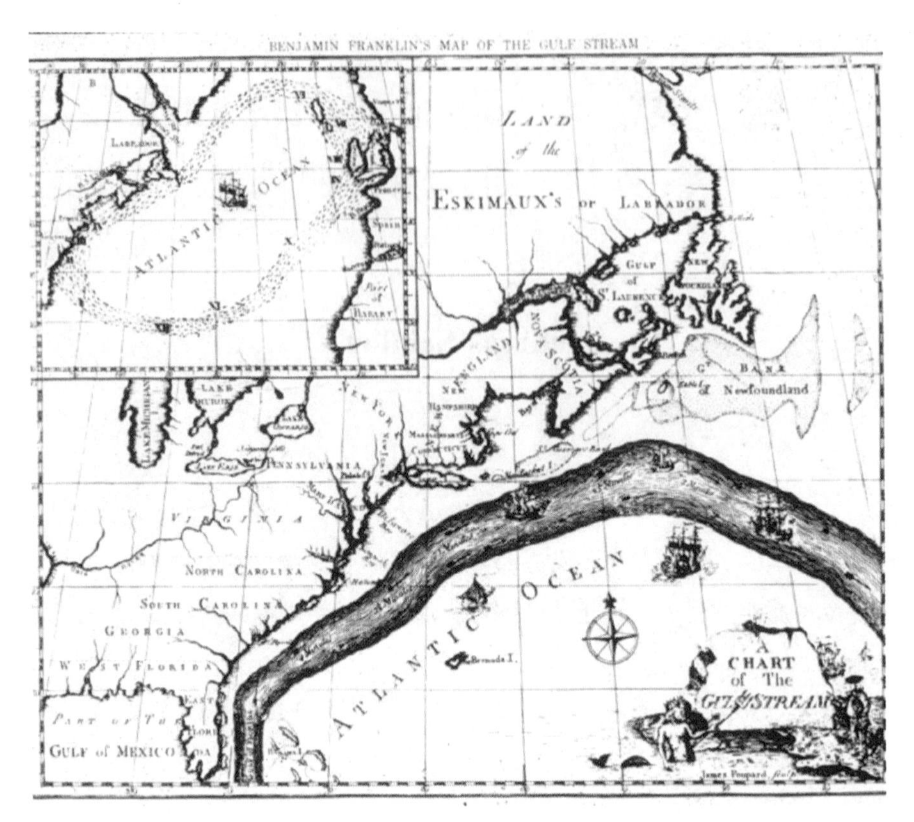

图 1.1　由 Benjamin Franklin 绘制的墨西哥暖流图

墨西哥暖流被描绘成了沿着美国东海岸暗灰色的带状流系（Franklin，1769，来自 NOAA 图片库）

最为著名的一次航行。在十多年间，James Cook 船长进行了 3 次环球航行探险并到达了包括澳大利亚、新西兰和夏威夷群岛在内的许多国家和地区。他既是一个熟练的水手和航海家，又是一个航行到哪儿观察到哪儿的科学家。

在 18 世纪末和 19 世纪初，James Rennell 和 John Purdy（1832）共同编写了第一本关于大西洋和印度洋海流的科学教科书。

直到 1849 年，大陆架的陡坡才被发现，Matthew Fontaine Maury（1855）曾在华盛顿海军部图表和仪表厂担任督察长，由其所著的《海洋自然地理学》（图 1.2）是第一本关于海洋学的教科书。

1865 年，A. & C. Black 公司出版了由 Black 和 Hall 合著的世界地图集，该书首次以非常高的精度全面描绘了全球大洋的表层环流（图 1.3）。

1871 年，在英国皇家学会的建议下，英国政府赞助了旨在探索全球大洋和进行科学调查的远洋航行。1872—1876 年期间，由 Charles Wyville Thompson 和 Sir John Murray 发起了名为“挑战者”的远航，这标志着现代海洋学的开始。这是人类第一次专门为收集大范围海洋特征数据所组织的远航，收集的数据包括海洋温度、海水化学、洋流、海洋生物和海底地质。他们进行了海水温度、海流、大气压的测量以及海水样本和海底样本的收集，本次远航的成果最后编成了涵盖生物、物理和地质方面的 50 册巨著（Thompson et al，1880—1895）。

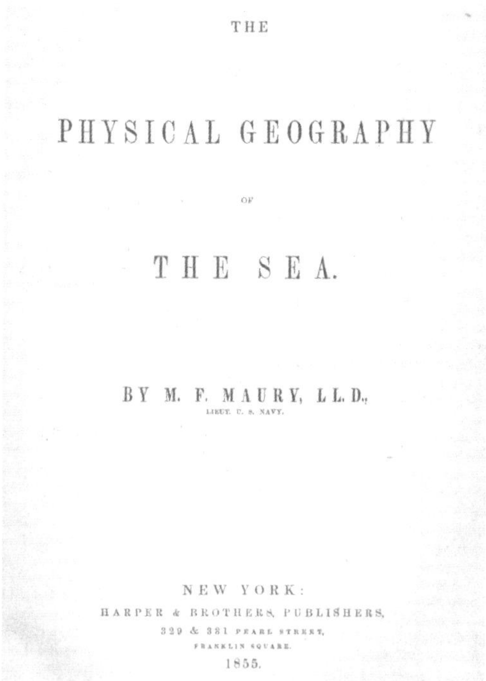

THE

PHYSICAL GEOGRAPHY

OF

THE SEA.

BY M. F. MAURY, LL.D.,

LIEUT. U. S. NAVY.

NEW YORK:

HARPER & BROTHERS, PUBLISHERS,

329 & 331 PEARL STREET,

FRANKLIN SQUARE.

1855.

图 1.2　Matthew Fontaine Maury 所著的《海洋自然地理学》被誉为“第一本现代海洋学教科书”

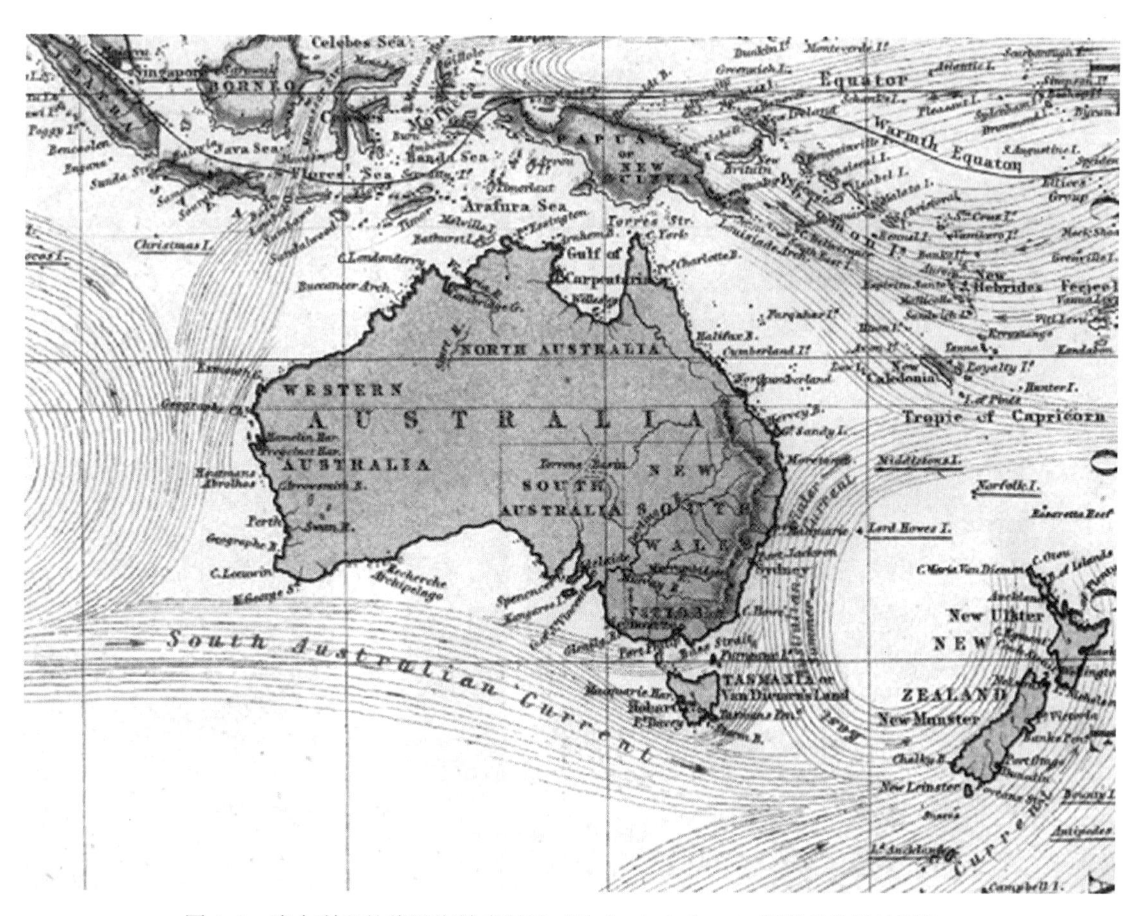

图 1.3　澳大利亚的临近海域表层流［取自 Black 和 Hall 所著的世界地图集，A. & C. Black 出版公司出版，爱丁堡（1865）］

1893年，挪威科学家Fridtjof Nansen将“弗拉姆”（Fram）号船进行改造，使之适应于在北极严寒的环境下航行，由此，Fridtjof Nansen得以收集北极地区海洋、磁力和气象信息。他还有一项杰出的发明——采样瓶，容许隔离从不同深度采到的水样，以测量海水的温度、盐度和其他参数等。

其他欧美国家的个人和机构也进行了科学考察，第一艘专门的海洋调查船“信天翁”号1882年开始建造。1910年，Sir John Murray和Johan Hjort（1912）领导了为期4个月的北大西洋远航，这次远航在海洋学和海洋动物领域开展了同时代最为雄心勃勃的研究计划，他们利用此次远航的成果著出了经典之作《海洋的深度》。

在现代海洋学时代开启的初期（1900年到20世纪中期），1914年进行了第一次声学测量海水深度。在1925年和1927年期间，德国的“流星”号科考船对大西洋中脊进行了科学考察，并用回声测深仪进行了大洋深度测量，共收集了7万个记录。

由于第二次世界大战的爆发，在1939年，几乎所有的民用海洋研究全部停止，而在那时，所有的科学资源都被调动起来了。第二次世界大战期间，在海洋仪器方面取得了许多进展，使得我们对海洋的认识有了很大提高。由于第二次世界大战两栖登陆作战的需要，在海浪预测方面也取得了很大的进展。对洋盆地形图的绘制大幅度提高了对潜艇的探测能力。

1942年，Sverdrup等（1942）发表的《海洋》是海洋学的一个重要里程碑。

19世纪和20世纪，在对海洋观测现象的定量描述上也取得了重大进展，在此列举一些关键领域取得进展的例子（其中一些与气象紧密相连）：

- 地球的旋转及其对洋流的影响（Coriolis，1835）；
- 风在海洋-大气界面上的影响（Ekman，1905）；
- 海洋涡度理论的发展作为牛顿定律在旋转流体中的延伸（Ertel，1942；Sverdrup，1947）。

用数学方法来描述海洋能力的提升促进了数值模式的快速发展。因此，从20世纪70年代起，在海洋学计算机应用方面研究的加强，使数值模拟和预测海洋成为现实。

大洋中部动力学试验（Mid-Ocean Dynamics Experiment，MODE）是第一次由物理海洋学家开展的大尺度海洋试验，在试验中广泛应用了仪器进行测量。试验分为1971年11月和1973年7月两个阶段，试验研究了中尺度涡运动在海洋环流动力中的作用（在目前的大尺度海洋预报系统中，中尺度涡是重点关注问题）。

20世纪70年代和80年代，海洋学数据的反演方法得到了发展和应用（如Wunsch，1978）。我们可以将这些方法描述为简单的数据同化工具，而这些工具可为如今的海洋预报系统开发更复杂的数据同化和模式初始化工具提供基础。这些用于海洋学的反演方法是从数值天气预报应用上引入的。

1985年，热带海洋全球大气计划（Tropical-Ocean-Global-Atmosphere，TOGA）启动，该计划持续开展了10年，旨在研究全球大气对热带地区海气耦合的响应。TOGA是第一个着重研究热带海洋和全球大气耦合可预报性问题的大尺度科学计划。它主要利用了对观测资料的分析，并认识到了模式在理解热带海气相互作用和气候预测时扮演的关键作用。

20世纪80年代，为了更好地监测和预测厄尔尼诺事件，在太平洋布放了TAO/TRITON

海洋浮标阵列。通过定点强化观测、卫星观测系统以及第一演化模型，Zebiak 和 Cane（1987）作出了厄尔尼诺事件的第一次成功预测。

世界海洋环流试验（World Ocean Circulation Experiment，WOCE）始于1990年，于2002年结束。该试验是国际世界气候研究计划的组成之一，旨在研究全球大洋在地球气候系统中的作用。世界海洋环流试验的现场观测调查阶段是在1990年到1998年之间进行的（图1.4），而1998年到2002年则是利用现场观测数据进行分析和模拟。试验结果在《海洋环流和气候：全球海洋观测和模拟》一书中进行了总结（Siedler et al，2001）。

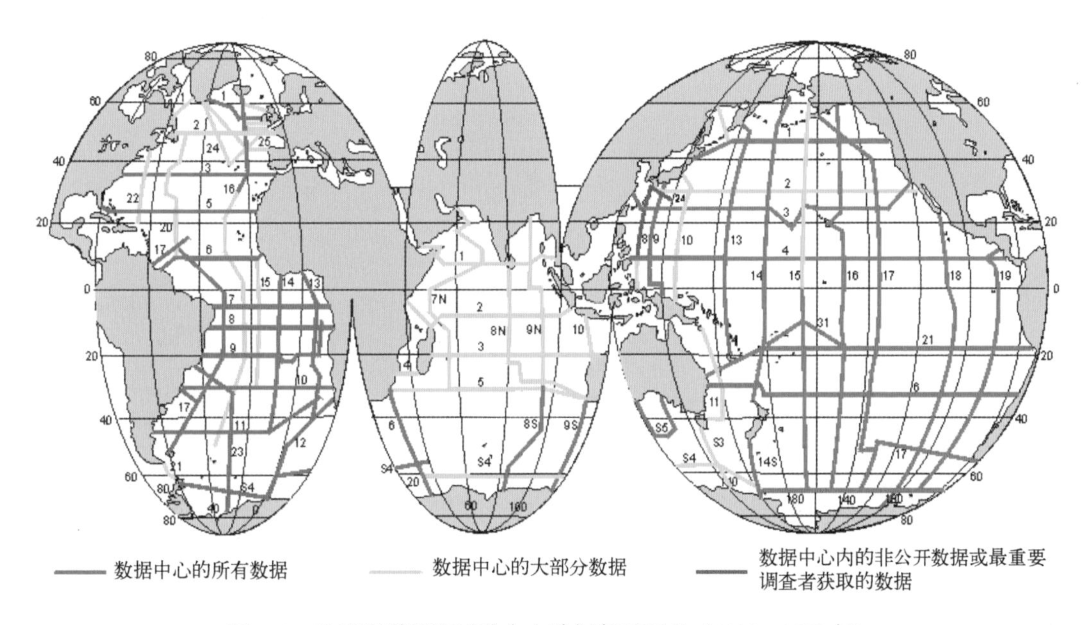

图1.4 世界海洋环流试验水文计划断面调查（1990—1998年）
（http：//woce. nodc. noaa. gov/wdiu/diu_summaries/whp/figures/whpot. htm）

20世纪80年代以前，在卫星遥感还没有得到广泛应用的时候，海洋学家拥有的数据很少。从那以后，在卫星遥感方面取得了重大的科技进步，可以提供海表面高度异常、表层海温和海洋水色的近实时观测数据，这些关键的观测使海洋预报应用成为可能（Fu and Cazenave，2001）。

由3 000个Argo剖面浮标组成的观测网络使人们可以自由获取海洋0 ~2 000 m的温度和盐度剖面观测资料，这改变了原有的海洋原位测量网络方式（图1.5）。上层海洋的温度、盐度和速度可以持续地进行监测，并且在观测数据采集后数小时内实现公开传送。

基于超级计算技术的重大进步，在20世纪90年代，第一个大尺度涡分辨率模式（Semtner and Chervin，1992）和第一个海气耦合气候变化预测模式（参见IPCC First Assessment Report，1990）得以出现。

更为详细的海洋学历史可以在公开出版发行的文献著作中找到，如 http：//core. ecu. edu/ge-ology/woods/HISTOCEA. htm。

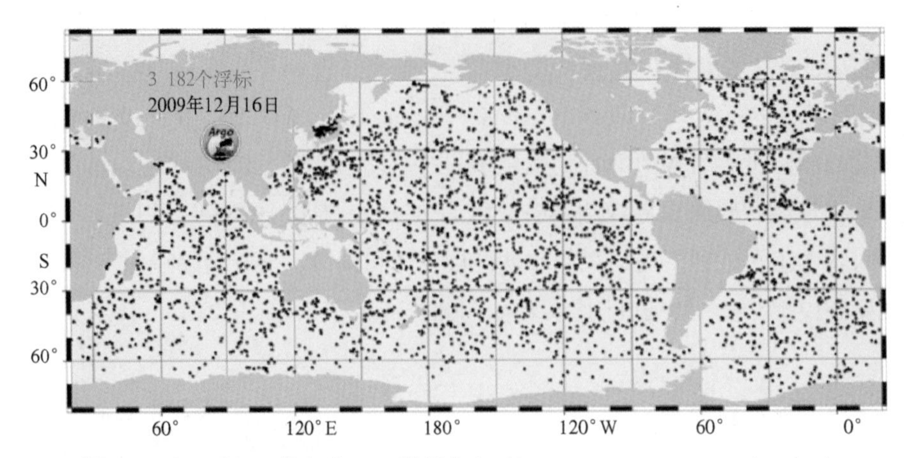

图 1.5　2009 年 12 月全球 Argo 浮标分布（http：//www. argo. ucsd. edu/）

1.2　GODAE 的成就（1997—2008 年）

如在前面段落中所描述的那样，在过去 20 多年里，全球海洋观测系统（现场和遥感）的逐步实施，使用于研究和预报应用的数据量发生了彻底改变。主要为了气候研究而设计的海洋观测系统，在大多数业务化海洋应用中起到了骨干的作用。海洋观测系统虽然已取得了显著的进步，但保持全球海洋观测系统持续运行仍然是一个具有挑战性的任务（Clark et al，2009）。全球海洋观测系统的发展和超级计算机技术的进步形成互补，这使具有涡旋分辨率（约 10 km）的大洋尺度海环流模式得以发展和业务化应用。

全球海洋数据同化实验（Global Ocean Data Assimilation Experiment，GODAE）于 1997 年开始启动，其设立了两个目标：①示范在日到周时间尺度和涡旋分辨率空间尺度上进行全球海洋监测、预报的可行性和实用性；②协助建设全球业务化海洋学的基础设施（Smith and Lefebvre，1997；GODAE Strategic Plan，2000；Bell et al，2009）。从 1997 年开始到 2008 年结束，GODAE 已经对全球业务化海洋学能力的发展产生了重大影响。全球模型和数据同化系统已经逐步发展和运行起来，并进行相互比较（Dombrowsky et al，2009；Cummings et al，2009；Hernandez et al，2009）。为了提供更好的海洋状态描述，如今，现场和遥感数据在全球和区域海洋模式中已经得到了常规同化应用。

通过主要的数据和产品服务器，很容易获取观测、分析和预报的产品（Blower et al，2009）。人们日益重视产品和服务的开发及其应用，如海洋环境监测、天气预报、季节和气候预测、海洋研究、海事安全和污染预报、国家安全、油气业、渔业管理和近岸及陆架海预报（Davidson et al，2009；Hackett et al，2009；Jacobs et al，2009）。

2008 年 GODAE 结束时，已实现其大部分目标，并证明了全球海洋资料同化是可行的。在建立一个有效、高效的，包括观测系统、数据收集和处理中心、模拟和数据同化中心及数据和产品服务器的全球业务化海洋学系统方面，GODAE 做出了重要贡献 。

1.3 未来海洋预报优先研究的重点

尽管仍面临着重大挑战（如完成和维持全球海洋观测系统是一个明显的例证），全球业务化海洋学现在仍需要从示范性转变为永久和持续运行的能力。对于包括气候研究在内的大多数应用来说，业务化①的数据和产品都是有需求的。这些应用的发展离不开业务化的服务。同时，还需要业务化海洋学系统进行不断改进，以适应新的需求（例如，用于海岸带和生态系统的监测、预报和气候监测）。

1.3.1 下一个10年的挑战

大多数国家预报中心已经或正在向业务化或准业务化状态转变。海洋预报系统也在不断发展，以满足新的需求。海洋预报系统的发展必定会从海洋模拟和数据同化的科学进步中受益。在业务化海洋学的维持运行阶段，针对海洋分析及预报相关的业务和科研工作所开展的国际合作与协调必须继续进行，其面临的挑战和期望要求是非常高的，只能通过国际合作来实现。这些未来10年的主要挑战和机遇归纳如下。在过去的10年里，海洋分析预报能够对各种社会问题做出巨大贡献，但同时一些新的和紧迫的社会问题又在不断地提出。这些问题现在非常多样化，且不仅仅局限于大洋预报（虽然大洋预报将继续服务于主要的应用领域）。

这些问题中最重要的是：

- 利用数据同化提供全球海洋状态（再分析）的综合描述和表征、检测海洋气候变化；
- 气候变化预测（所谓的年代际预测）方面海洋预测技术的应用；
- 针对气候变化对沿海地区的影响（如极端事件、洪水和生态系统），研究气候和气候变化情景模拟和预测降尺度不确定性具体来源的评估和表征；
- 不断改进大气和气候预报（近岸、飓风/热带气旋、季风、季节预测）；
- 近岸/沿岸水域（物理、生物地球化学和生态系统）实时预报与大洋和近海之间的耦合；
- 生态系统模拟和基于海洋资源管理之上的生态系统发展（物理输运过程和对海洋生命过程的影响，高营养层次的模拟）；
- 政策支持下的海洋环境监测（如欧洲海洋战略）。

业务化海洋学系统的不断改进和新功能的开发正是需要解决这些新的社会需求，这就需要先进的科研领导和专门的国际研究计划，如CLIVAR、GEOTRACES、SOLAS和IM-BER②。

---

① 参考GODAE战略计划（2000），这里的业务化是指流程化和规范化的过程处理，使用之前构建好的系统，稳定地运行。专业化、系统化的再分析可视为业务化系统，也可看作是气候资料的分析和评估。

② CLIVAR——世界气候研究计划（WCRP）目标是研究气候变率和可预测性的计划；GEOTRACES——微量元素及其同位素的全球海洋生物地球化学循环的国际研究；SLOAS——上层海洋低层大气研究；IMBER——综合海洋生物地球化学和生态系统研究。

在下面的段落中，我们将讨论一些业务化海洋学所面临的主要研究问题：高分辨率的物理模型、降尺度、生物地球化学和生态系统模拟、海洋-波浪-大气耦合、数据同化和耦合资料同化、误差估计、长时间的再分析和新观测数据的利用。

在接下来的10年里，业务化海洋学将会取得主要的发展：一个成熟的涡旋分辨率数据同化模式，并且更好地与数值天气预报和气候模型相耦合。

1.3.2 海洋模拟

关于湍流闭合方案的科学现已相当成熟，但垂直混合在时间尺度上对深海有重要的影响。垂直混合对生物地球化学循环非常重要，因为它控制营养盐回到表面透光区，因此也决定了初级生产力的大小。在另外一个领域，即海洋表面的热量、动量和淡水的交换，仍有很大改进的空间。

海况和风暴潮预报最主要的限制因素是风场预报（精度、分辨率和范围），同样，海面热交换是预测海洋混合层深度和海冰形成的决定性因素。在这两种情况下，改进大气强迫的一个必要因素是动态耦合海洋、波浪、海冰、大气的模型。

由于特殊的和丰富的动力过程、与低层大气各种各样的耦合过程、与近岸和离岸区域的交换，沿岸区域的海洋模拟和预报成为科学界的一大挑战。由于这些问题、需求和挑战的存在，科学界发展了广泛的、不同类型的模型。在这个区域内感兴趣的现象包括：沿岸流的相互作用、沿岸中尺度过程、潮汐和风暴潮、海啸、海岸线变化、沿岸上升流、河流羽流和冲淡水的影响、大气驱动的过程、表面波、海冰（图1.6）。近海系统在垂直和水平方向上可以具有非常高的空间梯度，尤其是靠近河口地区，这就需要在模型中使用复杂的混合方案以及高阶数值计算。目前制约这些模型精度的关键因素在于输入模型数据的质量高低（水深、海底粗糙度、侧边界和表面强迫）。波流相互作用在这些浅水系统中起着重要的作用，特别是沿着暴露的海岸线区域。把握沿岸生物地球化学过程的关键之处在于测量和预测底层沉积物和水体之间的交换，这仍然是一个关键性的挑战。泥沙模型可以描述再悬浮物和颗粒物质的沉积作用，以及它们与环流、悬浮浓度（即浊度，对初级生产力重要的光学特性）与底层厚度和成分（地貌）之间的相互作用。能够包含这些过程的模型现在仍在积极的开发中。

在研究生物过程中，我们面临着如何进行生物地球化学和生态系统模拟这样一个普遍的问题，即在对一个具有多层嵌套的复杂系统的结构和功能进行描述和预测时，如何以正确的方式抽象和近似。

1.3.3 初始化和预报

目前在数据同化技术方面存在着显著提升和改善的空间，不过这同时也是一个显著的挑战。将观测数据同化到如今的海洋模式仍远未达到最佳效果。就方法和业务化实现而言，改善对物理海洋、海洋生态系统和海气相互作用状态的估计，将依靠新的学科交叉研究。

在气象学上（其历史早于海洋预报的形成），数据同化方法的实施是从最优插值方法起

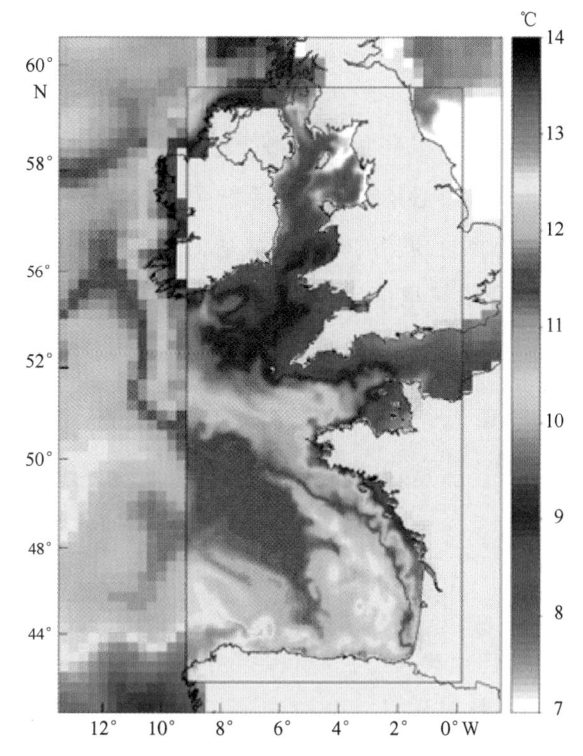

图 1.6　双向网格细化软件 AGRIF 在 Biscay 湾的应用

该应用是在 MERSEA 计划框架下进行的一次模拟（Cailleau et al，2008）。大区模式用的是 NEMO 海洋环流模式，模式区域为北大西洋区域，麦卡托网格下（1/3）°分辨率，小区域模式采用的是 NEMO 模式，麦卡托网格下（1/15）°分辨率。两个模式都同时运行并产生交互，在并行超级计算机上对海流的方向和强度进行了长达数年的模拟。因双向耦合所导致的计算量增加是非常小的（仅百分之几）。小区模式得益于大区模式在开边界上的稳定表现。在长时间尺度上，由于小区模式采取了高分辨率网格，能够刻画 Biscay 湾的动力过程（特别是坡度流），这种局地改进也使大区模式预报能力得以受益。上图表示的是 1996 年 3 月 22 日的海表面温度。有一点应该注意，细网格模式对涡旋场强度的模拟还是有限的

步的，随后又发展起顺序同化法。当今大多数大型数值天气预报中心越来越多地利用四维变分同化方法和集合预报方法。业务化海洋学目前大多还是使用顺序同化的方法，但也开始朝着变分同化方法的方向尝试，至少在季节预报应用上使用了变分同化方法。由于海洋学的一些特性的存在（如中尺度非线性），目前还不清楚四维变分同化技术是否完全适用（Luong et al，1998），在此方向上需要开展进一步的研究。而结合顺序同化和变分同化两种方法的各自优点进行混合可能是一种比较有前景的方法（Robert et al，2006）。然而，四维变分同化系统在高度非线性应用方面尚未得到全面的测试。比如说，当我们面对更高分辨率和更长预测时间尺度时，变分系统是稳定的这一假设（例如切线性模式的线性度）将不成立。

沿岸海洋物理模式的数据同化应用发展滞后于在大洋模式中的发展，并且仍然处于起步阶段。目前的同化方法需要进行测试并加强在沿岸的应用。资料同化在沿岸模拟中起到至关重要的作用，它不仅仅是作为一种提供短期预报的工具，更重要的是，它可以进行模型误差的分析和设计观测系统（详见 GODAE“近岸和陆架海工作组”白皮书，De Mey et al，

2007）。

生物地球化学模拟和数据同化远不如物理模型成熟。因此，对生物地球化学的发展及验证和生态系统模型存在强烈的需求。

物理模型对生态系统模型精度的影响是特别重要的（如 Berline et al，2007）。水平和垂直方向上具有高分辨率的物理模型必须在对生态系统关键的物理特性上进行解释。物理模型误差的不确定性可以导致生态系统模型的输出结果毫无意义。由于对营养输送十分关键，垂直速度是一个特殊的例子。在沿岸地区正确的表达光学厚度对初级生产力也是关键的（图 1.7），这需要精确的悬浮泥沙浓度。这些关于精度的需求对物理模型提出了挑战。

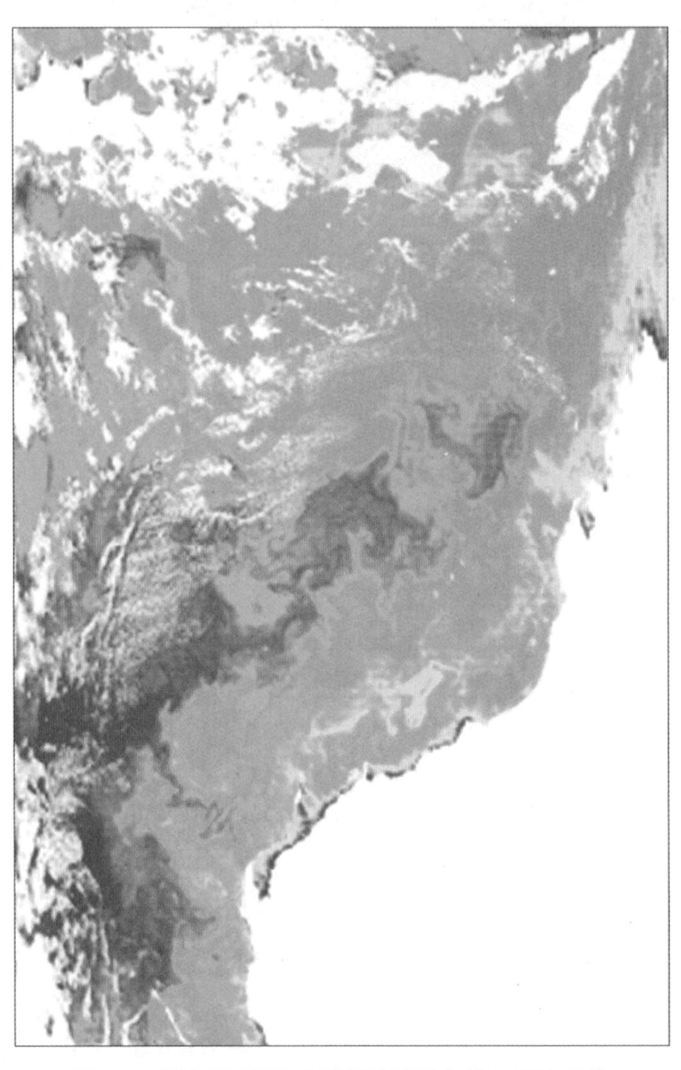

图 1.7　澳大利亚西北大陆架的海洋水色 MODIS 图像

图中显示了由于不同时间/空间尺度的混合在海岸带形成的复杂过程（例如海洋-大陆架地形相互作用）。在这样复杂的环境下运行的预报系统，需要复杂的多尺度（嵌套）模型，另外为了获得精确的初始场还需要精细化的观测系统（CSIRO 海洋和大气研究）

未来 10 年，环境研究的一个主要趋势是发展新一代天气、气候和地球系统的监测、评估、资料同化和预报系统（Shapiro et al，2008）。这些系统将不再局限于关注地球系统的单个组成部分（例如海洋），而是把复杂的物理和生物地球化学组成部分当作一个完整的系统来处理。耦合数据同化意味着观察一个介质影响的其他介质的状态。在四维变分同化中完全耦合同化意味着成分模式（如大气和海洋）的代价函数同时保持最小化。耦合海洋-大气模拟是一个不太复杂的例子。最终要真正实现物理-生物地球化学耦合初始化系统，海洋、海冰、陆面和大气要同步初始化方可。因此，未来10年数据同化所面临的主要挑战是，发展地球模拟系统的数据同化技术，并使其广泛应用于海洋-大气天气预报、季节到年代际和气候变化预测等方面。

1.3.4 全球海洋观测系统

全球海洋观测系统（现场观测和遥感）在过去的10年中已经逐步发展起来。系统的设计主要是用于气候研究，现在成为大部分业务化海洋学应用的基础。尽管在海洋观测系统建设上已经取得了显著的进步（如Argo浮标的布放与Jason系列卫星发射运行都很成功），但是，维持全球海洋观测系统仍然是一个具有挑战性的任务（Freeland et al，2010；Wilson et al，2010）。

还有一个迫切的需求是进一步发展区域及沿岸组成部分和扩展生物地球化学参数的测量能力，这一努力显然已经超出海洋分析和预测小组、主要国际计划或政府间组织（如世界气象组织和政府间海委会的JCOMM、GOOS和GCOS、GEOSS、CEOS）①和研究计划（如WCRP、IGBP和SOLAS）② 的范围。

如今，观测手段主要有卫星、自持式浮标、岸基设备（雷达、潮位计等）、离岸锚系系统、飞机、AUV（自主式水下航行器）、VOS（志愿观测船），等等。若要提高模式的精度和能力，在沿岸就必须有更多、更好的观测资料，且观测时间更长（Malone et al，2010）。要实现这一目标，国际合作显然是一个重要的手段。但国际计划支持的大型观测计划，如Argo剖面浮标、太平洋TAO/TRITON浮标阵列（美国和日本）、大西洋PIRATA锚系阵列（法国、美国和巴西）和印度洋IndOOS浮标阵列（印度、美国和日本），一般都需要相关国家经费支撑方能最后落实。鉴于沿岸海洋观测系统的设计和实施在很大程度上属于每个国家的责任，这些大洋尺度观测系统必须需要国际协调（图1.8）。

尽管在海洋生物地球化学观测系统方面所取得的进展有限，但由于有越来越多的用户需求拉动，海洋预报能力还是得到了不断的加强，其中包括物理、生物地球化学和生态系统要素的信息。生物地球化学和物理系统之间在各种过程和尺度上相互产生作用。最值得注意的是，相关的光衰减深度与生物过程会对太阳短波辐射穿过海水损耗有影响，从而决定混合层的深度。悬浮物浓度必然对光散射、渗透和生物生产力产生影响。因此，虽然所涉及的挑战是多方面的，但物理和生态系统观测的联合同化可能有利于这两个组成部分。

---

① JCOMM——海洋学和海洋气象学联合技术委员会；GOOS——全球海洋观测系统；GCOS——全球气候观测系统；GEOSS——全球综合地球观测系统；CEOS——地球观测卫星委员会。

② WMO——世界气象组织；IOC——政府间海洋委员会；WCRP——世界气候研究计划；IGBP——国际地圈生物圈计划。

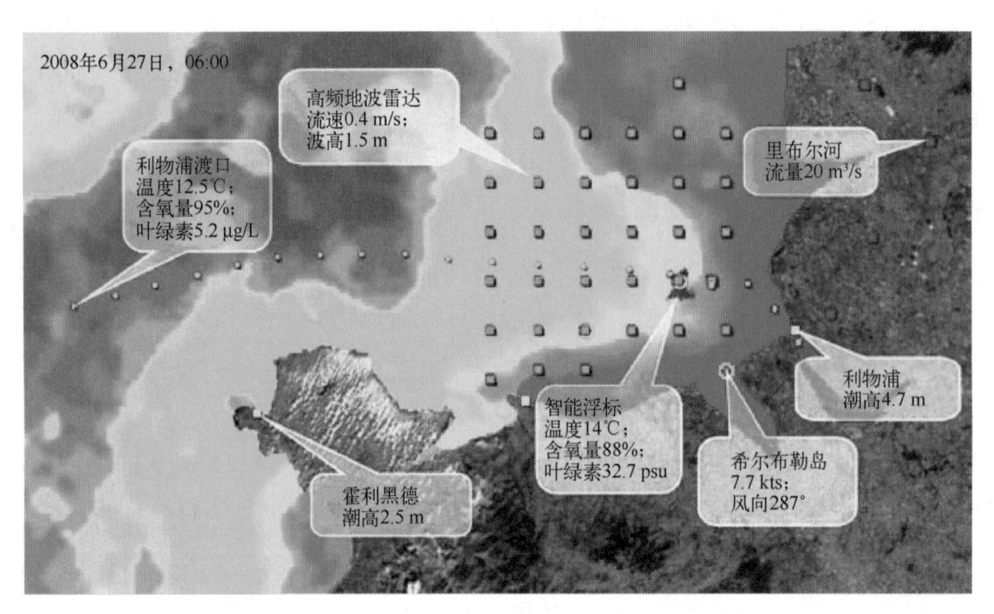

图 1.8　位于爱尔兰海的利物浦湾沿岸观测站

图中表示在多个站同时进行多参数测量和卫星 AVHRR 海表面温度测量（感谢英国普朗德曼实验室的 Roger Proctor）

1.3.5　观测系统设计和适应性采样

对于评估观测系统的影响、找出差距和提高观测系统的有效性/效益来说，海洋分析预报系统是一个合适且有力的手段。数据同化系统的加强对观测系统的设计和自适应采样的关注，可以对观测系统的各个组成部分进行评估和为改进海洋观测系统设计和实施提供科学指导。

观测系统评估（OSEs）的作用是评估观测系统现有的各个组成部分对提高预测技巧的影响，而观测系统模拟试验（OSSEs）则是规划新观测系统的工具。在 GODAE 期间所进行的 OSEs 表明，全球和区域预报系统对高分辨率高度计数据的可用性依赖程度非常强（如 Pascual et al，2006）。由于 ENVISAT 数据的不可用，使可用高度计的数量从三个减少到了两个，造成了这些预报系统在性能上（如预报技巧）和应用上（如在墨西哥湾的海洋工程业）的显著下降。在印度洋进行的 OSSEs 提供了对 Argo 浮标、抛弃式温深仪（XBT）和系泊设备在印度洋观测系统各自贡献的评估（如 Sakov and Oke，2008）。对于增进对海洋的了解和帮助设计全球及区域观测系统来说，这些是非常有价值的工具。

OSEs 和 OSSEs 能够提供集成的，但对方法有依赖的观测阵列性能评估，最近提出了一种基于申述矩阵谱的方法（如 Le Hénaff et al，2008），该方法的重点是提高了使用给定的数组来检测模式误差的能力，而且这一目标可通过任何一种独立的数据同化方法来实现，如随机模型，或作为集合卡尔曼滤波的一部分。

优化观测阵列一个不断发展的方法是自适应采样（如 Wilkin et al，2005）。自适应采样的主要思想是，通过初步估计或观察找出环境中的相关性，提供未来所需观测平台的数量或为了对某些环境特征（如涡旋、锋面等）进行取样所需的频率和空间分布。因此，自适应采样与密集的、非自适应采样相比，可以节省费用，同时在有需要的地方提供高分辨率的信息。

1.4 全球业务化海洋学预报系统国际合作计划的科学目标

全球业务化海洋学预报系统国际合作计划（GODAE OceanView）科学组于2008年建立，其任务为：确定、监测和促进旨在协调与整合与多尺度、多学科海洋分析和预报系统关联的研究行动，从而提高GODAE OceanView在研究和应用方面所取得的成果价值。在接下来的10年里，科学小组将负责协调以下几个方面的国际合作：

- 巩固和改进全球及区域物理海洋分析和预报模型；
- 逐步发展包含物理海洋、生物地球化学和生态系统在内的新一代海洋分析预报体系，并将覆盖范围由大洋延伸至陆架海和海岸带水体；
- 开发其他领域的应用能力，例如天气预报、季节和年代预测、气候变化预测及其对海岸带的影响；
- 通过对海洋观测系统的各个组成部分在系统中的贡献进行评估，以提供改进海洋观测系统的科学指导。

作为GODAE OceanView的国家海洋预报系统代表的成员，应该遵守相同的原则，即免费、开放和及时交换数据和产品、共享科技成果和开发应用的经验，这些正是GODAE取得成功的重要因素。这些系统的社会效益只有通过与其他专家团队共同工作方可实现。潜在的益处包括改善对沿岸水域的日常管理、海洋生态系统的管理，从未来几个小时到几十年的天气预测、气候变化对海洋和沿岸水域的预期影响。

GODAE OceanView科学组发展同其他团体的联系，并报告其进展、成就和建议。随着GODAE的原型系统向业务系统转变，产品标准化和系统之间的互用性方面的国际合作必须得到保持和发展。WMO/IOC和JCOMM提供适当程度的政府间协调，并于最近成立了业务化海洋学预报系统专家组（ET-OOFS），该团队在JCOMM的服务领域内开展工作。GODAE OceanView向JCOMM作非正式的报告，并与JCOMM业务化海洋学预报系统专家组保持密切联系。

GODAE OceanView通过一些核心工作组，与其他相关的国际研究计划合作，来保持新能力的协同发展。目前GODAE OceanView核心工作组包括以下几点。

（1）比较和验证组

该工作组继续GODAE期间发展的活动，协调和促进业务化海洋学系统之间比较和验证的发展。其开展的活动包括：定义系列指标用于评估分析、预报效果（包括物理和生物地球化学要素），开展全球和区域系统对比试验，定义特定应用领域的评估指标。该任务组与JCOMM的业务化海洋学预报系统专家团队协作进行业务化应用，并与CLIVAR/GSOP在气候业务上进行合作。

（2）观测系统评估组

GODAE OceanView的目标之一是在数据利用认识加深的基础上，对观测系统提出更为具体的要求。该工作组由GODAE OceanView和GOOS下的海洋观测气候小组（Ocean

Observation Panel for Climate，OOPC）共同组成。通过该工作组，GODAE OceanView 将组织 OOPC、CLIVAR/GSOP 等国际组织，共同对负责全球和区域海洋短期、季节、年代监测和预报的机构进行统一的科学的反馈。这项活动需要协调一致地观测影响评估（例如 OSEs 和 OSSEs）、日常使用的数值天气预报驱动方法、一系列比较指标、对各个组织机构进行客观评价的方法。该组将长期对不同用户领域的不同观测需求进行战略评估。

（3）近岸和陆架海组

该工作组讨论在多学科支持下，沿岸过渡区和陆架/大洋在大尺度上的交换分析和预测的科学问题。具体目标包括：①促进 GODAE OceanView 为沿海预报系统和应用开发的产品和结果在更广泛的沿海社区应用；②促进不同来源的信息在沿海预报系统中的一体化，如大尺度预测、卫星观测、沿岸观测站等，支持沿岸观测系统在科学和技术方面的发展；③讨论对模拟和预报质量及应用效果影响最大的关键物理和生物地球化学过程，这项任务包括验证和预报检验；④讨论和促进先进方法的应用，如双向耦合、非结构化网格模拟、降尺度、数据同化和阵列设计。

（4）海洋生态系统监测和预测组

为了填补 GODAE 目前的能力与渔业管理、海洋污染、碳循环监测等领域的需求之间的差距，需要在新模型的综合应用、生物地球化学资料的同化以及海洋生态系统的监测预测等领域进行大量工作。该工作组成立的目的是确定、促进和协调业务化系统开发者和生态模型专家的行动，并保持其与 IMBER 的紧密联系。其具体目标为：①设计与业务化系统功能相适应的生态系统模拟和同化策略；②为了改善和评估海洋生态系统监测和预测业务化产品，发展相关数值试验；③扩展生物地球化学变量的“GODAE 指标”概念，并协调组织各个国际组织之间的对比，以评估实施进度及表现；④确定约束耦合模型所必要的物理和生物地球化学观测，并为进一步发展全球海洋观测系统提出相关的建议；⑤推动并组织针对年轻科学家、业务化海洋学家和海洋生态系统专家之间交流经验的教育活动（暑期班、培训班等）。除了与 IMBER 有工作联系，该工作组还与其他相关国际计划（如 GEOTRACES 和 SOLAS）保持联系。

1.5 总结和结论

经过 40 多年的发展，数值模拟已取得了迅速的发展，伴随着计算能力的提升，研究领域从水动力学向生态学拓展，分辨率从一维提高到三维，数据量从 10^2 提高到 10^8。尽管在全球海洋观测系统实施方面取得了显著的进步，但是在需要高空间分辨率观测的地区，如近岸海域的同步观测能力还未实现（不过在这些区域，遥感和传感器技术已经取得了令人兴奋的进步）。

如今，海洋预报系统的应用非常广泛，除了可以进行三维海洋环流和密度场、海浪、潮汐和风暴潮的短期预报外，还可以在千年尺度上对陆地、河流和生态的全球气候变化影响作出海洋-大气-陆地耦合的情景预估。模式模拟的精度取决于观测和气象、海洋、水文模式数据的可用性和适用性（精度、分辨率和持续时间）。数值模拟工作需要在基础设施和组织上持续投资，例如，超级计算机、软件维护和数据交换（Shapiro et al，2008）。

在GODAE的初期，各个成员开发了许多研究方法，这需要持续的国际科研合作与协调进行整合。而在为终端用户提供服务方面仍存在诸多挑战（这超出了本章讨论的范围）。1998年，由Chassignet和Verron编著的书中提到了许多基本的模拟科学问题，这些问题现在仍然没有得到解决。这些都属于新的挑战，需要通过努力去改变，以下列举一些科学挑战。

（1）海洋模拟[①]

用中尺度涡旋模型模拟出的非等密度混合扩散远比实际观察到的大。平流数值计算方案引起的伪非等密度混合仍然是一个问题，这主要是动态和/或涡旋分辨率以及动态网格没有在模拟中得到应用所造成的。减少模式中的伪非等密度混合水平有利于将混合理论加入到模拟中，这将有助于将观测的重点放在测量混合和确定其对海洋环流的影响上。现在通过改进示踪平流方案纠正这个问题已经取得进展，但需要做进一步的工作来量化确定这些进步。

局地尺度的黏性和扩散系数还没有进行很好的研究。海洋模式中闭合动量方程仍然默认采用横向黏性摩擦。然而，模式中使用的横向黏性耗散并不能模仿真实海洋中的能量耗散。

通过采用高分辨率网格来模拟地形，使洋底连续被刻画出来，这样对流量的计算是有影响的。地形采用垂直坐标时，这个特点会经常出现。但对于无结构网格模式所采用的最优策略仍在研究中。

在大尺度海洋-海浪-大气耦合的研究方面，目前仍然比较活跃。虽然风驱动生成的表面波浪对海水混合主要是通过在洋面产生内波来实现，但地转运动也能引起内部混合。此外，潮波能影响整个水柱。

普遍存在的次中尺度锋面以及相关的不稳定性在海洋的上层形成了相对快速的再分层机制，在海洋模拟中需要对这个现象进行参数化。

物理、生物地球化学和生态系统模型之间的耦合需在尺度一致性、过程分辨和参数化一致性方面进一步研究。

（2）观测系统

在新型的观测系统（如遥感海面盐度、高分辨率宽幅高度测量）对预报系统影响的探索上，仍需要不懈努力和投入资源。

诸如IMBER和SOLAS等国际合作计划正在实施的生物地球化学和生态系统的海洋实时观测系统，如具有成本效益的传感器技术。

把重点放在观测系统设计和自适应采样的模拟上，可以加强对观测系统的各个组成部分的评估，并能对海洋观测系统的改进设计与实施提供科学指导。

（3）数据同化

发展以应用为目的的数据同化工具（如海气耦合初始化技术）有着广泛的应用范围，包

---

① 如果需要了解更详细的有关海洋模拟方面的问题，可参见Griffies等（2010）的文章。

括短期、季节到年代际和气候变化预测（与 WMO 计划合作），这项工作正在进行中。

为海洋环流模式中生物地球化学和生态模块所开发的有效的数据同化技术正在发展中，这也是以业务化为目的的。

另外一项研究重点是利用基于多预报系统的集合方法来表达模式和数据误差，这样可以提供更准确的背景误差估计。

多尺度数据同化、内部联合估计以及嵌套系统中开边界的解决方案仍是需要解决的问题。

(4) 近岸海洋

用户们希望从常规获取的全球信息（卫星和现场观测、现报、预报）到沿海和海滨应用之间的关键路径能够得到拓展，这一需求日渐增长。

要增强用户对沿海海洋预报的理解，先决条件是提高现有系统的预报能力并研发新的沿海海洋预报系统。这些新的预报系统应当具备将全球大洋模式降尺度为本地数据同化问题的能力，能够解决多尺度相互作用识别问题、潮汐和高频问题，并尝试耦合模式和非结构化网格模式等新方法。

这些预报工具将有助于沿海海洋观测系统的设计，例如新的卫星传感器和沿海观测站等；而这些新观测系统获得的信息不但可以用于当地预报系统，还可以升尺度之后为海盆尺度预报系统所用。

因此，在从天气到气候的预报时间尺度方面，21 世纪的海洋预报仍面临诸多挑战。而这是个国际问题，需要开展广泛的合作以跨越全球海洋；这已经超越了任何一个单独国家的能力。在过去的 10 年里，GODAE 通过其国际 GODAE 指导小组对全球和区域海洋预报系统进行协调和促进其发展，并取得了优异的进步。GODAE 已于 2008 年结束。

有了 GODAE 的成功经验，未来 10 年，在 GODAE OceanView 科学组的资助下，在海洋预报方面将会涌现许多新的研究活动。GODAE OceanView 将促进海洋模拟和同化在统一的框架下发展，以使其共同进步，这将促进对海洋分析和预报的相关利用，并提供了一种评估观测系统相对贡献、需求和各自工作重点的手段。21 世纪的业务化海洋学特别需要长期的国际合作，GODAE OceanView 计划将致力于此。

发展数值天气预报和涡分辨海洋模式的耦合初始化系统是研究领域的一个重要挑战。这些系统与地球系统模式是相互促进的作用。随着计算能力的不断提高，未来 10 年会更加注重全球、区域和近岸海洋预报系统在时间尺度和空间尺度上的“无缝”衔接，也会更加注重解决越来越多的用户应用需求。

致谢：本章利用了 GODAE 国际科学组的前成员和 GODAE OceanView 科学组及其赞助团队的成果。在写作中，笔者与 Pierres-Yves Le Traon、Mike Bell、Eric Dombrowsky、Kirsten Wilmer-Becker、Pierre Brasseur、Pierre De Mey、Roger Proctor、Jacques Verron、Peter Oke 和 John Parslow 进行了大量的讨论，对此，笔者表示特别感谢。

参考文献

Bell M J, Lefèbvre M, Le Traon P Y, Smith N, Wilmer-Becker K (2009) GODAE: the global ocean data assimilation experiment. Oceanog Mag 22(3): 14-21 (Special issue on the Revolution of Global Ocean Forecasting—GODAE: 10 years of achievement).

Berline L, Brankart J M, Brasseur P, Ourmières Y, Verron J (2007) Improving the physics of a coupled physical-biogeochemical model of the North Atlantic through data assimilation: impact on the ecosystem. J Mar Syst 64 (1-4): 153-172.

Black A, Hall S (1865) Black's general atlas of the world. A&C Black, Edinburgh.

Blower J D, Blanc F, Clancy M, Cornillon P, Donlon C, Hacker P, Haines K, Hankin SC, Loubrieu T, Pouliquen S, Price M, Pugh TF, Srinivasan A (2009) Serving GODAE data and products to the ocean community. Oceanogr Mag 22(3): 70-79 (Special issue on the Revolution of Global Ocean Forecasting—GODAE: 10 years of achievement).

Cailleau S, Fedorenko V, Barnier B, Blayo E, Debreu L (2008) Comparison of different numerical methods used to handle the open boundary of a regional ocean circulation model of the Bay of Biscay. Ocean Model 25 (1-2): 1-16. doi: 10. 1016/j. ocemod 2008. 05. 009.

Chassignet E P, Verron J (1998) Ocean modeling and parameterization. In: Chassignet EP, Verron J (eds) Proceedings of the NATO advanced study Institute on ocean modeling and parameterization, Kluwer Acadamic, Dordrecht, p 451. Les Houches, France, 20-30 Jan 1998 (NATO ASI Series C, 516).

Clark C, In Situ Observing System Authors, Wilson S, Satellite Observing System Authors (2009) An overview of global observing systems relevant to GODAE. Oceanogr Mag 22(3): 22-33 (Special issue on the Revolution of Global Ocean Forecasting—GODAE: 10 years of achievement).

Coriolis G (1835) Memoire sur le equations du movement relative des systems de corps. J del'Ecole Royale Polytechnique 15: 142.

Cummings J, Bertino L, Brasseur P, Fukumori I, Kamachi M, Martin M J, Mogensen K, Oke P, Testut C E, Verron J, Weaver A (2009) Ocean Data Asimilation Systems for GODAE. Oceanogr Mag 22(3): 96-109 (Special issue on the Revolution of Global Ocean Forecasting—GODAE: 10 years of achievement).

Davidson F J M, Allen A, Brassington G B, Breivik Ø, Daniel P, Kamachi M, Sato S, King B, Lefevre F, Sutton M, Kaneko H (2009) Applications of GODAE ocean current forecasts to search and rescue and ship routing. Oceanogr Mag 22(3): 176-181 (Special issue on the Revolution of Global Ocean Forecasting—GODAE: 10 years of achievement).

De Mey P, Craig P, Kindle J, Ishikawa Y, Proctor R, Thompson K, Zhu J (2007) Towards the assessment and demonstration of the value of GODAE results for coastal and shelf seas and forecasting systems. GODAE White Paper, GODAE Coastal and Shelf Seas Working Group (CSSWG), 2nd ed, p79.

Dombrowsky E, Bertino L, Brassington G B, Chassignet E P, Davidson F, Hurlburt H E, Kamachi M, Lee T, Martin M J, Mei S, Tonani M (2009) GODAE systems in operation. Oceanogr Mag 22(3): 80-95 (Special Issue on the Revolution of Global Ocean Forecasting—GODAE: 10 years of achievement).

Ekman V W (1905) On the influence of the earth's rotation on ocean currents. Arkiv för Matematik. Astronomi och

Fysik 2 (11): 52.

Ertel H (1942) Ein neuer hydrodynamischer Erhaltungssatz. Naturwissenschaften 30: 543-544.

Franklin B (1786) A letter from Dr. Benjamin Franklin, to Mr. Alphonsus le Roy, member of several academies at Paris. Containing sundry maritime observations. At sea, on board the London packet, Capt. Truxton, August 1785. Transactions of the American Philosophical Society, held at Philadelphia, for Promoting Useful Knowledge Ⅱ: 294-329. Includes chart and diagrams. Held by NOAA Central Library, Silver Spring, MD.

Freeland H et al (2010) Argo—a decade of progress. In: Hall J, Harrison D E & Stammer D (eds) Proceedings of Ocean Obs'09: sustained Ocean Observations and Information for Society, vol 2, Venice, Italy, 21-25 Sept 2009. ESA Publication WPP-306.

Fu L L, Cazenave A (2001) Satellite altimetry and earth sciences. A handbook of techniques and applications. Academic, San Diego.

Grifies S et al (2010) Problems and prospects in large-scale ocean circulation models. In: Hall J, Harrison D E & Stammer D (eds) Proceedings of Ocean Obs' 09: sustained Ocean observations and information for society, vol 2, Venice, Italy, 21-25 Sept 2009. ESA Publication WPP-306.

Hackett B, Comerma E, Daniel P, Ichikawa H (2009) Marine oil pollution prediction. OceanogrMag 22(3): 168-175 (Special Issue on the Revolution of Global Ocean Forecasting—GODAE: 10 years of achievement).

Hernandez F, Bertino L, Brassington G, Chassignet E, Cummings J, Davidson F, Drévillon M, Garric G, Kamachi M, Lellouche J M, Mahdon R, Martin M J, Ratsimandresy A, Regnier C (2009) Validation and intercomparison studies with GODAE. Oceanogr Mag 22(3): 128-143 (Special Issue on the Revolution of Global Ocean Forecasting—GODAE: 10 years of achievement).

International GODAE Steering Team (2000) The Global Ocean Data Assimilation Experiment Strategic Plan, GODAE Report No. 6.

IPCC First Assessment Report (1990) Scientific Assessment of Climate Change—Report of Working Group I, 1, Houghton J T, Jenkins G J, Ephraums J J (eds) Cambridge University Press, UK, p365.

Jacobs G A, Woodham R, Jourdan D, Braithwaite J (2009) GODAWE applications useful to Navies throughout the World Oceanogr Mag 22(3): 182-189 (Special Issue on the Revolution of Global Ocean Forecasting—GODAE: 10 years of achievement).

Le Hénaff M, De Mey P, Marsaleix P (2008) Assessment of observational networks with the Representer Matrix Spectra method—application to a 3-D coastal model of the Bay of Biscay. Ocean Dyn 59(1): 3-20 (Special Issue, 2007 GODAE Coastal and Shelf Seas Workshop, Liverpool, UK).

Luong B, Blum J, Verron J (1998) A variational method for the resolution of a data assimilation problemin oceanograpy Inverse Probl 14: 979-997.

Malone T, DiGiacomo P, Muelbert J, Parslow J, Sweijd N, Yanagi T, Yap H, Blanke B (2010) Building a global system of systems for the coastal ocean. In: Hall J, Harrison DE, Stammer D (eds) Proceedings of Ocean Obs'09: sustained ocean observations and information for society, vol 2, Venice, Italy, 21-25 Sept 2009. ESA Publication WPP-306.

Maury M F (1855) Physical geography of the sea. Harper & Brothers, New York.

Murray J S, Hjort J (1912) The depths of the ocean: a general account of the modern science of oceanography based largelyon the scientific researches of The Norwegian Steamer Michael Sars in The North Atlantic. Macmillan, London.

Pascual A, Faugere Y, Larnicol G, Le Traon P Y (2006) Improved description of the ocean mesoscale by combining four satellite altimeters. Geophys Res Lett 33: L02611. doi: 10. 1029/2005GL024633.

Rennell J, Purdy J (1832) An investigation of the currents of the Atlantic Ocean, and of those which prevail between the Indian Ocean and the Atlantic. In: Purdy J (ed). Nabu Press, London.

Robert C, Blayo E, Verron J (2006) Comparison of reduced-order sequential, variational and hybrid data assimilation methods in the context of a tropical Pacific ocean model. Ocean Dyn 56(5-6): 624-633.

Sakov P, Oke P R (2008) Objective array design: application to the tropical Indian Ocean. J Atmos Ocean Technol 25: 794-807.

Semtner A J, Chervin R M (1992) Ocean general circulation from a global eddy resolving model. J Geophys Res 97: 5493-5550.

Shapiro M, Shukla J, Hoskins B, Church J, Trenberth K, Béland M, Brasseur G, Wallace M, Mc-Bean G, Caughey J, Rogers D, Brunet G, Barrie L, Henderson-Sellers A, Burridge D, Nakazawa T, Miller M, Bougeault P, Anthes R, Toth Z, Palmer T (2008) The socioeconomic and environmental benefits of a revolution in weather, climate and earth-system prediction: a weather, climate and earth-system prediction project for the 21st century. Group on earth observations, Tudor Rose, Geneva, pp 136-138.

Siedler G, Church J, Gould J (eds) (2001) Ocean circulation and climate: observing and modeling the Global Ocean Academic Press, San Diego.

Smith N, Lefebvre M (1997) Monitoring the oceans in the 2000s: an integrated approach The Global Ocean Data Assimilation Experiment (GODAE). International Symposium, Biarritz.

Sverdrup H U, Johnson M W, Fleming R H (1942) The oceans: their physics, chemistry, and general biology. Prentice-Hall, Englewood Cliffs, p1087.

Sverdrup H U (1947) Wind-driven currents in a Baroclinic Ocean; with application to the equatorial currents of the Eastern Pacific. Proc Natl Acad Sci U S A 33: 318-326.

Thompson Sir Wyville, Sir John Murray, George S. Nares, and Frank Tourle Thompson (1880 — 1895) Report on the scientific results of the voyage of H. M. S. Challenger during the years 1873-76 under the command of Captain George S. Nares, R. N., F. R. S. and the late Captain Frank Tourle Thomson, R. N. /prepared under the superintendence of the late Sir C. Wyville Thompson, and now of John Murray; published by order of Her majesty's Government. H. M. Stationery Office.

Wilkin J L, Arango H G, Haidvogel D B, Lichtenwalner C S, Glenn S M, Hedstrom K S (2005) A regional ocean modeling system for the long-term ecosystem observatory. J Geophys Res 110, C06S91. doi: 10. 1029/2003JC002218.

Wilson S, et al (2010) Ocean surface topography Constellation: the next 15 years in satellite altimetry. In: Hall J, Harrison D E, Stammer D (eds) Proceedings of Ocean Obs'09: sustained ocean observations and information for society, vol 2, Venice, 21-25 Sept 2009. ESA Publication WPP-306.

Wunsch (1978) The North Atlantic general circulation west of 50° W determined by inverse methods. Rev Geophys Space Phys 6 (4): 583-620.

Zebiak S E, Cane M A (1987) A model of El Nino—southern oscillation. Mon Weath Rev 115: 2262-2278.

第2部分

海洋观测系统

第2章　卫星与业务化海洋学

Pierre-Yves Le Traon [1]

摘　要：本章对海洋卫星在业务化海洋学中的地位和用途进行了综述，阐述了海洋卫星技术的主要原理，并介绍了雷达高度计、海表面温度和海洋水色卫星测量的关键技术，这里包括测量原理、数据处理以及数据在业务化海洋学中的应用。合成孔径雷达、散射计、海冰和海表面盐度测量等内容也在本章进行了简要的介绍，并在结论部分对海洋卫星在业务化海洋学中的应用前景进行了展望。

2.1　引言

卫星海洋学与业务化海洋学有着紧密的联系。卫星海洋学能力的提高是业务化海洋学发展的主要推动力。全球海洋近实时、高时空分辨率观测能力是全球业务化海洋学发展和应用的必要先决条件。世界上第一个由太空观测获取的全球海洋参数是20世纪70年代后期利用在轨气象卫星观测得到的全球海表面温度。然而，20世纪80年代后期，卫星高度计的出现才真正引导了海洋数据同化以及全球业务化海洋学的发展。卫星高度计除了可以提供所有的天气观测以外，所测量的海平面既反映了海洋的部分本质属性，同时可为四维海洋状态计算提供强大的约束条件。卫星高度计组织也非常渴望利用模型的方式采用综合方法对高度计数据和实地观察资料进行融合，以便使卫星高度计得到更为充分的应用。全球海洋数据同化实验（Global Ocean Data Assimilation Experiment，GODAE）就是应用Jason-1和ENVISAT高度计数据在这一发展阶段所进行的一项示范应用（Smith and Lefebvre，1997）。

卫星海洋学目前已经成为业务化海洋学的一个重要组成部分。卫星数据通常通过海洋模型进行同化处理，但是也可以直接进行应用。这里将对卫星海洋学中与业务化海洋学密切相关的问题进行综述。本章安排如下：2.2节对卫星海洋学进展综述，主要介绍其在业务化海洋学中的作用和用途，同时阐释了业务化海洋学对海洋卫星的主要需求，强调了海洋卫星与实地测量直接的互补关系。2.3节主要介绍海洋卫星的主要原理以及通常的数据处理流程。2.4节、2.5节和2.6节中详细介绍了利用星载雷达进行高度、重力、海表面温度（Sea

---

① Pierre-Yves Le Traon，法国布雷斯特中心海洋开发研究院。E-mail：pierre. yves. le. traon@ ifremer. fr

Surface Temperature，SST）和海洋水色等测量的关键技术，主要包括测量原理、数据处理流程以及这些数据在业务化海洋学中的用途。合成孔径雷达、散射计、海冰以及新的海表面盐度（Sea Surface Salinity，SSS）测量等在2.7节进行了简要介绍。结论部分对主要的发展前景进行了介绍。

2.2 卫星在业务化海洋学中的作用

2.2.1 全球海洋观测系统与业务化海洋学

业务化海洋学严格依赖于可近实时获取的高质量实测数据和足够高的时空采样密度的遥感数据。数据集的数量、质量、可获取性直接影响到海洋分析、预报以及相关服务的质量。观测数据在通过数据同化进行海洋数值模型约束以及模型验证中是必不可少的，数据本身同样可以作为产品被直接进行应用（如从空间观测得到高分辨率的参数）。

业务化海洋学需要可靠持续的全球海洋观测系统，气候和业务化海洋学应用共享了相同的主干系统（GOOS，GCOS，JCOMM）。而业务化海洋学对测量具有高分辨率的特殊需求。GODAE战略计划以及Le Traon等（2001）对业务化海洋学的需求进行了描述，Clark和Wilson（2009）及Oke等（2009）又进一步进行了提炼和细化。

2.2.2 卫星观测的独特贡献

卫星为重要海洋参数提供了长期的、持续的、全球覆盖的、具有高时空分辨率的数据，主要包括海平面、大洋环流、SST、海洋水色、海冰、海浪和风等，这些都是约束及检验全球、区域以及近岸海洋监测和预报系统的核心变量。只有卫星观测才能提供部分识别中尺度变率及近岸的高时空分辨率数据。卫星数据同样可以直接进行应用（比如SAR数据应用于海冰、溢油监测，水色数据应用于水质监测）。海表面盐度是一个新的可通过卫星监测获取的重要海洋参数，欧洲太空总署的土壤湿度和海水盐度（Soil Moisture and Ocean Salinity，SMOS）计划即为其展示项目（后来又有了美国航空航天局和阿根廷航天局的Aquarius计划）。

2.2.3 主要需求

业务化海洋学的主要需求是通过卫星观测可以持久、持续、近实时地获取海平面、SST、海洋水色、海冰、浪和风等重要海洋参数。一个特定的海洋参数通常需要多个卫星同时观测才能充分满足对时间和空间分辨率的需求。主要需求可以归纳如下（见Le Traon et al，2006；Clark and Wilson，2009）。

- 除了气象卫星，还需要高精度（扫描辐射计级别的）观测SST的卫星来提供最高精度的海表绝对温度。具有全天候、覆盖全球特点的微波计划同样是需求之一。
- 在中尺度海流研究中至少需要3~4颗高度计卫星，它们同样可以应用于海浪高度的观测。长期的一系列的高精度高度计卫星系统（Jason卫星）在气候信号监测以及解决其他相关计划中的参照问题也是非常必要的。

- 海洋水色卫星的重要性越来越突出，尤其在近岸区域的应用。在这方面至少需要两颗卫星。
- 在高空间分辨率全球风场观测中需要两颗散射计卫星。
- 在海浪、海冰以及海面浮油监测中需要两颗 SAR 卫星。

以上这些只是目前最低的、只能部分满足今后 10 年的需求。要想实现具有长期、持续的卫星服务，从满足科研需求向满足业务化模型需求的转变，还要面对更大的挑战（见 Clark and Wilson，2009）。

有关海水测高、SST 以及海洋水色方面的一些特殊需求将在下面的部分进行讨论。

2.2.4 现场观测的作用

实测数据是卫星观测数据的有益补充。首先，卫星数据必须通过使用实测数据进行校正。大多数用于对卫星观测数据进行地球投影转换的算法都是基于对实测数据与卫星数据集协同计算。另外，实测数据还可应用于卫星观测数据的精度检验，并且对卫星观测的长期稳定性进行监测。例如，通常情况下是通过高度计海面高程测量值与验潮仪测量值的对比来实现对各种高度计任务的稳定性评估（Mitchum，2000）。再如，用漂浮仪器观测数据来检验卫星高度计的流速产品（Pascual et al，2009），利用浮标数据和志愿船安装的辐射计观测数据来检验卫星 SST 数据并进行定量精度估计（Donlon et al，2008）。实测数据与卫星数据的对比同样也可以反映出实测数据的质量情况（Guinehut et al，2008）。

实测数据与卫星数据的对比，对于海洋模型中所应用的不同数据集的一致性检验也是有效的（Guinehut et al，2006）。

实测数据也可以作为卫星观测数据的有益补充，并且可以提供大洋内部的信息。只有把高分辨率的卫星观测数据与高精度（但是稀少）大洋内部实测数据结合应用，才能对大洋的状态进行准确的现状描述和发展预测。

2.2.5 数据处理

卫星数据处理包括不同的步骤：0 级和 1 级（从观测到传感器校正），2 级（从传感器测量到地学参数校正），3 级（对二级数据进行时空合成），4 级（不同传感器数据的融合和同化）。从 0 级到 2 级的处理通常由卫星地面站来完成。

对不同传感器的二级数据进行集成、二级数据产品的交互校准以及更高级别的数据处理等工作，通常由专门的数据处理中心或者数据集成中心来完成。这些数据处理中心的主要职责就是为模式和数据同化中心提供应用于检验和数据同化的实时和延时的模型数据集。这就可能会出现不确定性评价，因而给模型和数据同化系统对数据的高效率应用带来影响。数据同化中心之间有必要建立联系机制，尤其在组织数据同化中心对二级数据的质量控制情况（比如对观测结果与模型预测之间进行对比）、同化系统中数据集和数据产品的影响以及新的需求等方面的信息反馈上较为方便。

高级别的数据产品（3 级和 4 级）同样具有应用需求（比如融合的高度计海表流产品应用于海事安全等），并且可以被应用于对数据同化系统的检验，也可以作为模型和数据同化系统产品的补充。在使用较高级别卫星数据产品（SST 格点数据或者海平面数据集）的时候充分认识到它的局限性是非常重要的。

2.2.6 卫星数据资料同化在海洋模型中的应用

这部分内容将在其他章节中详述，这里仅提出 3 个重要的议题。

（1）实时和延时模型数据集的数据质量有很大的差别，要根据实际应用的需求，对数据时效和数据精度进行权衡选择。

（2）数据同化必须进行误差分析，卫星观测数据同化所进行的误差协方差计算是相当复杂的过程。数据的误差协方差计算应该一直都作为数据同化系统中需要不断进行调试和检验的工作内容。

（3）利用原始数据进行数据同化比较适用于理论研究以及先进的数据同化方案（二级产品甚至一级产品）。数据误差构成通常比较容易确定。较高级别的数据也应该更加适用于模型和同化方案。然而在实际应用中并非完全如此。一些数据的高级处理（比如偏差或者大尺度误差校正，交互校准）由于在数据同化系统中不容易实现，所以需要单独来完成。

2.3 卫星海洋学技术综述

2.3.1 被动/主动遥感技术以及频率的选取

应用于海洋领域的卫星技术主要有被动遥感技术和主动遥感技术两种。被动遥感技术主要是被动接收由海洋自身发射以及海洋反射太阳的电磁波。主动遥感技术或者雷达技术主要是通过发射信号，然后接收经海面反射回来的信号。在两种情况下，信号的传播都要经过大气，因此，大气对信号造成的散射作用必须消除。通过从海面发射和反射的电磁波的强度和频率分布可以推算出大气散射所造成的影响。电磁波的极化处理经常应用于微波遥感当中。

卫星系统具有不同的工作频率，它们所能获取的信号也取决于此。可见光（400～700 nm）和红外线（0.7～20 μm）波段主要应用于海洋水色和 SST 测量。被动（辐射计）微波系统（1～30 cm）应用于云覆盖区域的 SST、风、海冰和海表面盐度的获取。微波波段的雷达可以进行海表面高度、风速风向、海浪谱、海冰范围和类型、海表粗糙度等的测量。脉冲雷达可以倾斜（15°～60°）（合成孔径雷达，散射计）和垂直（高度计）进行电磁波的发射。

在其他应用中，频率的选择受到具体用途的限制（比如广播、移动电话、军用和民用雷达、卫星通信）。这些应用都分布在 1～10 GHz 频率的微波波段，这也使得在该频率的地球遥感压力较大。大气同样对大洋表面与卫星传感器之间的信号传播具有较大的影响。大气中混合气体（氧气、二氧化碳、臭氧）以及水蒸气的存在意味着只有有限数量的大气窗口能够让海洋遥感中的可见光、红外线和微波通过。即使在这些可以通过的波段当中，在传播过程中，大气所造成的影响也必须加以考虑并进行大气校正。电离层对电磁波传播的影响也需加以考虑。同时，云对可见光和红外线的影响也是相当可观的。

选取卫星波段还存在技术上的限制，某一传感器的分辨率与观测的波长（λ）和天线口径（D）的比值有直接关系。对于只有几米口径的天线，通常在电磁波为 1 GHz（波长 30 cm）的时候，分辨率大约为 100 km，而电磁波为 30 GHz（波长 1 cm）的时候，其分辨率大约为 10 km。雷达高度计采用了脉冲限制技术（对于定位误差不敏感），其数据幅宽与脉冲持续时长相关，通常比光束传感器小很多。合成孔径雷达利用卫星的运动原理大大增加了天线的长度（高级合成孔径雷达大概为 20 km），进而可以进行高分辨率测量（最高可以达到数米）。

2.3.2 卫星轨道与卫星观测的特点

海洋卫星轨道通常分为地球同步轨道、极轨或者倾斜轨道。地球同步轨道卫星总是随着地球的旋转在某一固定位置。它的卫星轨道高度为 36 000 km，因为在这一高度，轨道周期与地球自转周期可以达成一致。由于轨道与地球具有相同的运动角速度和运动方向，卫星看似静止于地球上空同一地点。同步卫星可以高频率地提供大视场（大于 120°）数据，使得对于气象变化的监测成为可能。由于同步卫星轨道较高，它的空间分辨率大概为几千米，而极轨卫星的空间分辨率只有 1 km，有时甚至不到 1 km。由于同步卫星轨道始终要与地球轨道处于同一平面，也就是赤道面，所以在极地区域只能提供扭曲的影像。5~6 颗地球同步卫星便可以覆盖全球（纬度低于 60°）。

极轨卫星由于不停地在两极间飞行，因此可以提供更全面的全球视角影像，其主要是根据地球的自转情况，处于不同的轨道便可对地球不同的区域进行观测。处于 700~800 km 高度的极轨卫星大约轨道周期为 90 min，这些卫星通常采用太阳同步轨道的方式进行运转，每天在相同的当地太阳时通过赤道和其他特定的纬度。倾斜轨道的倾角在 0°（赤道轨道）至 90°（极轨）之间，它们尤其在热带地区的观测应用较多（比如 TMI 在 TRMM 计划中的应用）。具有较高精度的高度计卫星，比如，TOPEX/Poseidon 和 Jason 采用了非太阳同步的更高轨道高度，一方面是为了减少大气阻力，另一方面是避免对主要潮汐信号的干扰。

一个卫星所采用的扫描方式（沿轨方向，垂直轨道方向）、发射频率、使用天线长度（见前文）不同，采集数据的成像特点也各不相同。另外，在可见光和红外线频率上，云雾对数据成像影响也非常显著。

2.3.3 辐射定律和辐射系数

2.3.3.1 黑体辐射

普朗克定律利用波长和频率的公式表达了黑体辐射场的能量辐射率。黑体吸收了所接收到的所有辐射能，并且最大量地释放当前温度下所能释放出的辐射能。普朗克定律把黑体从单位表面积的特定方向（立体角）释放的辐射强度 L_λ 利用波长（或频率）的公式进行表达，普朗克公式表达如下：

$$L_\lambda = 2hc^2/\lambda^5[\exp(hc/\lambda kT) - 1]$$

式中，T 为热力学温度；c 为光速（2.99×10^8 m/s）；h 为普朗克常数（6.63×10^{-34} J·s）；k 为玻尔兹曼常数（1.38×10^{-23} J/K）；L_λ 为单位波长和立体角的光谱辐射强度［W/(m^3·sr)］。

普朗克定律给出了在特定波长情况下波峰的分布特征，当波峰转移到相对波长较短处，温度将会有一定的升高。维恩位移定律和斯忒潘-玻尔兹曼定律是由普朗克衍生出来的另外两个辐射定律。维恩定律给出了辐射分布最大值与波长的分布关系（$\lambda_{max}=3\times10^7/T$），斯忒潘-玻尔兹曼定律给出了由黑体释放的所有波长的能量之和 E（$E=\sigma\cdot T^4$）。因此，维恩定律解释了当温度增高时辐射分布的最大值向短波方向转移，而斯忒潘-玻尔兹曼定律解释了当温度升高时曲线波幅也会增长。需要注意的是，由于波幅增长与温度变化是四次方的关系，所以温度增长引起的波幅变化非常显著。

瑞利-金斯近似法（$L_\lambda=2kcT/\lambda^4$）认为，在黑体辐射形式下，其他部分的波长比峰值状态下的波长大得多。这种近似法在微波波段适用。

2.3.3.2 灰体及辐射系数

大部分物体辐射能力均不及黑体。辐射率 e 被定义为灰体辐射与黑体辐射的比率。它的单位是一个介于 0 和 1 之间的无量纲单位。辐射率具有方向性并且其大小通常取决于波长（λ）和极化。e 可以被看作是一个物理的表面特性并且在海洋遥感中是一个关键分量。黑体能够吸收其接收到的所有能量，而灰体只能吸收其中的一部分，其他能量会被反射和（或）传递。只有当物体表面吸收和放射出的能量比率相同的时候，吸收率和辐射率才会相等（Kirchoff 定律）。类似的其反射率等于 $1-e$。

亮温（BT）定义为 $BT=e\cdot T$，式中，T 为物理温度，在微波波段，BT 与辐射强度 L_λ 成正比关系。

2.3.3.3 微波辐射计中地球物理参数的反演

亮温是包含了所有由物体表面和大气所释放出能量的一个综合观测值。亮温对特定的参数也会比较敏感，敏感程度主要取决于它的频率。SST、海面风速、海冰和海表面盐度等地球物理参数的反演算法大多来源于辐射传输模型（Radiative Transfer Model，RTM），根据这些参数，利用该模型可以计算出卫星测量的亮温值。RTM 模型主要是在一个海表辐射模型和一个大气的微波吸收模型基础上建立起来的。大洋表面的辐射率（或者反射率）取决于电介常数 ε（频率、水温和盐度的函数）、小尺度海表粗糙度、泡沫以及可见的几何形状和极化。通过对一组以不同频率和（或）不同入射角观测获取的亮温数据进行反演的方法可以获取某一特定的参数值。反演的方法可以最大限度地减少卫星观测亮温与通过 RTM 模型计算出的亮温之间的差异。统计反演或经验反演也经常用于 RTM 模型中的不确定性处理，主要是应用回归方法（比如参数法、神经网络）来找出亮温与所要反演的地球物理参数之间的最佳关系。

2.4 高度计

2.4.1 综述

卫星高度计是全球业务化海洋学中最关键的观测系统。它能够提供全球、实时、全天候、高时空分辨率的海平面高度测量数据。海平面是通过地转近似与海洋环流直接相关（参见2.4.5节）。海平面高度还是一个重要的海洋内部参数，通过数据同化推算四维海洋环流的一个重要约束条件。高度计还可以测量有效波高，这对于业务化海浪预报至关重要。多种高度计的高分辨率数据可以充分地表征模式中大洋潮汐和相关海流（“海洋天气”）。也只有高度计可以用于驱动大多数业务化海洋应用中所需的四维中尺度环流海洋模型。

2.4.2 测量原理

卫星高度计是一种主动式雷达，它通过测量高度计向星下点发射的脉冲与海面回波之间的时间获得平台到海平面之间的距离（d）信息（$d=t/2$）。对于800~1 300 km的距离来说，高度计测量的精度误差只有数厘米。高度计同时可以测量后向散射能量（与海表粗糙度和风有关）和有效波高。

卫星高度计主要包括双频雷达高度计（使用Ku、C、S波段）（用于电离层校正）、微波高度计（用于水气校正）和用于精密定轨的追踪系统（Laser、GPS、Doris），其中追踪系统可以用来提供相对于一个给定的地球椭球体的轨道高度信息。

高度计提供沿轨每7 km重复轨道的测量数据（例如，TOPEX/Poseidon和Jason系列卫星的全球覆盖周期为10 d，ERS和ENVISAT全球覆盖周期为35 d）。轨道之间距离与重访时间周期成反比（例如，TOPEX/Poseidon高度计在赤道处的轨道距离约为315 km，ERS/EN-VISAT卫星为90 km）。

雷达高度计的测量值等于卫星到星下点海洋表面的瞬时距离。海表面高度通过计算卫星轨道高度和雷达高度计测量的距离的差值来获取。海表面高度的精度主要取决于轨道和测量距离误差。除此之外，雷达高度计的测量结果还受许多其他误差的影响（例如，对流层和电离层的传播效应、电磁偏差、海洋与陆地潮汐模型的误差、逆气压效应、大地水准面残差）。一些误差可以通过一些专门仪器进行校正（例如，双频高度计，辐射计）。

为了对高度计的测量原理有一个综合的认识，请参见Chelton等（2001）的文章。

2.4.3 大地水准面和重复轨道分析

由高度计测量的海表面高度$SSH(x, t)$可由下式表示：

$$SSH(x, t) = N(x) + \eta(x, t) + \varepsilon(x, t)$$

式中，N为大地水准面；η为动力地形；ε为测量误差。海洋学家关注的是动力地形（见2.4.4）。除了长波段外，目前的大地水准面还不能满足精确评价全球绝对动力地形η的要求。

动力地形变量 η'（η-<η>）［或称作海平面异常（Sea Level Anomaly，SLA）］可以通过一种叫作复轨的方法轻易地提取。对于特定的轨道，η'可以在几圈的飞行之后通过去除平均轮廓的方法来获取，它包含了大地水准面 N 和平均动力地形<η>：

$$SLA(x,\ t) = SSH(x,\ t) - < SSH\ (x)\ >_t = \eta(x,\ t) - < \eta(x)\ >_t + \varepsilon'(x,\ t)$$

要想获取绝对信号，可以运用气候学或者运用现有的大地水准面结合高度计获取的平均海平面的方法（或者两者相结合），另外，也可以依靠模型的方法来实现。重力卫星（CHAMP 和 GRACE）能够提供更加精确的大地水准面。GOCE 地球重力场和海洋环流探测卫星也基本可以解决这一问题。虽然 GOCE 卫星能极大地提高大地水准面的精度，但是由于小尺度水准面（小于 50~100 km）还不够精确，因此仍需要采用重复轨分析方法。GOCE 需要与高度计多光谱扫描仪结合使用来获取<η>$_t$，进而可以被用到 η'的计算中。

2.4.4 数据处理和产品

SSALTO/DUACS 多卫星融合数据是目前业务化海洋学中主要的高度计数据。它的主要目标是为欧洲乃至世界范围内的业务化海洋和气候中心提供可以直接利用的、高质量的、近实时或者延迟的高度计产品。主要的处理步骤包括产品同质化、数据编辑、轨道误差校正、减小长波误差、生产沿轨的海平面异常图等。在高级产品处理问题上取得的主要进展包括轨道误差的减小（Le Traon and Ogor，1998）、交叉定标和多卫星高度计数据的融合（Le Traon et al，1998；Ducet et al，2000；Pascual et al，2006）。2007 年 SSALTO/DUACS 多卫星融合数据产品由周产品改进到日产品。此外一种新的实时产品也被开发出来用于特定的实时中尺度应用。

平均海面（Mean Dynamic Topography，MDT）是高度计的一个关键的参考面。除了海平面异常，它还能提供绝对海平面和海洋环流信息（见 2.4.5）。基于 2003 年计算的 MDT，一个新的 MDT，也就是所谓的 RIO-05 在 2005 年被计算出来。它是基于 GRACE 资料、漂流浮标速度、现场 T、S 剖面和高度计测量计算出来的。在经过验证之后，MDT 已经被多个 GODAE 建模和预报中心使用，极大地推动了海洋分析质量和预报技巧。目前一个更新的版本（即 CNES-CLS09）已经发表。随着对 GOCE 数据的使用，对 MDT 的改进指日可待。

2.4.5 海平面测量的内容

卫星高度计用于动力地形 η（例如，相对于大地水准面的海平面高度）的测量，假定地转力与流体静力达到平衡状态，可以得到

$$\begin{cases} fv = \dfrac{1}{\rho_0}\dfrac{\partial P}{\partial x} & (2.1) \\ -fu = \dfrac{1}{\rho_0}\dfrac{\partial P}{\partial y} & (2.2) \end{cases} \qquad f = 2\Omega\sin\theta$$

$$\left\{ \dfrac{\partial P}{\partial z} = -\rho g \right. \qquad (2.3)$$

式中，u，v 为经向和纬向流速；P 为压强；f 为科里奥利参数。

在表层满足关系 $P=\rho \cdot g \cdot \eta$（$\eta$=相对于大地水准面的海表地形），因此在动态地形与海表流（自转引起的）之间存在直接的关系：

$$\begin{cases} fv = g\dfrac{\partial \eta}{\partial x} \\ -fu = g\dfrac{\partial \eta}{\partial y} \end{cases} \tag{2.4}$$

对公式（2.3）进行求导，得到了热成风的公式。这表示密度的水平变化与垂向剖面（斜压运动）满足关系：

$$f\frac{\partial v}{\partial z} = \frac{-g}{\rho_0}\frac{\partial \rho}{\partial x} \tag{2.5}$$

对公式（2.5）在 z_0 到 z_1 区间进行积分，得到

$$v(z) = v(z_0) - \frac{g}{f}\int_{z_0}^{z_1}\frac{1}{\rho_0}\frac{\partial \rho'}{\partial x}\mathrm{d}z \tag{2.6}$$

$$\text{或者 } v(z) = v(z_0) + \frac{g}{f}\frac{\partial \eta_s}{\partial x} \text{ 且 } \eta_s(z_0, z_1) = -\int_{z_0}^{z_1}\frac{\rho'}{\rho_0}\mathrm{d}z \tag{2.7}$$

式中，η_s是空间高度，通常被定义为 η_s（底层，表层）。

在表层可以得到：

$$\begin{cases} v(z_0) + \dfrac{g}{f}\dfrac{\partial \eta_s}{\partial x} = \dfrac{g}{f}\dfrac{\partial \eta}{\partial x} \\ v(z_0) = \dfrac{1}{f\rho_0}\dfrac{\partial P_{z_0}}{\partial x} \end{cases} \Rightarrow \eta = \eta_s + \frac{P_{z_0}}{\rho_0 g} \tag{2.8}$$

动态地形（通过高度计观测）就是空间高度（对密度异常的积分，通常指斜压部分）和底层压强（正压部分）之和。因此，海面高程测量不仅仅是进行海表面的测量，相当于信号要贯穿海洋水体，这为通过资料同化进行海洋四维推算（结合实测数据）提供了较强的约束条件。

2.4.6 业务化海洋学的需求

Le Traon 等（2006）定义了欧洲全球环境和安全监测海洋核心服务项目中的高度计的主要优先级。表 2.1 和表 2.2 列出了不同应用对高度计产品的需求以及不同高度计的特点。业务化海洋学对高度计的主要需求概括如下。

（1）需要建立一个长时间序列高精度的高度计系统（Jason 系列）用于参考任务以及气候应用。这就需要 A 类型高度计连续任务之间存在至少 6 个月的重叠期。

（2）除了 Jason 系列（A 类型）卫星之外，对中高分辨率高度计数据的需求主要是 3 种 B 类型的高度计。大多数业务化海洋学应用（例如，海洋安全和污染监测等）需要高分辨率的海表洋流信息，而这些高分辨率信息只能依靠高分辨率的测高系统获取。最近一些研究（Pascual et al，2006）表明，中尺度环流监测至少需要 3 类，最好是 4 类高度计，这对于现

报和预报来说是非常必要的。Pascual 等（2009）的研究表明，4 个实时高度计的结果与延迟模式下 2 个高度计的结果非常相似。这一方案将提高业务可靠性，同时它将提高有效波高监测和预测的时空分辨率。

表 2.1　高度计不同领域的用户需求

应用领域	精度[a]（cm）	空间分辨（km）	重访周期（d）	优先级
气候应用和相应任务	1	300~500	10~20	高
海洋中尺度现报和预报	3	50~100	7~15	高
海岸带/区域	3	10	1	低[b]

注：[a]给定的分辨率；[b] 可行性小。

表 2.2　高度计特征

类型	轨道	特点	重访周期（d）	赤道上方的轨道间隔（km）
A	非太阳同步	高精度气候应用和相应任务	10~20	150~300
B	极轨	中等精度	20~35	80~150

与此同时，有必要开发和试验一些新的仪器（如美国航空航天局 SWOT 项目的宽幅高度计）来更好地满足现有和将来的业务化海洋学对高分辨率和甚高分辨率的高度计数据需求（如中尺度/次中尺度和海岸带变化）。同时，必须提高高度计星下点测量技术（分辨率和噪声），开发能搭载到小卫星的更小体积、价格更低的仪器设备。Ka 波段（35 GHz）的使用极大地降低了高度计的尺寸和重量，它已在 2011 年年底计划发射的 CNES/ISRO SARA 卫星上进行了第一次测试。

2.5　海表面温度

2.5.1　SST 测量和业务化海洋学

SST 是业务化海洋学和将同化方法引入海洋动力学模型研究中的一个关键变量。SST 是海气相互作用的重要指标，可以用于校正驱动场误差（热通量，风）。同时它也以很高的分辨率表征涡、锋面结构等上层海洋中尺度过程的变化。SST 数据通常被直接应用到业务化海洋学中，是气候变化、上升流的关键指征参数。SST 数据也被用于提取高分辨率的速度场信息（例如 Bowen et al，2002）。精确、稳定、分辨率高的海表面温度图是气候监测和气候变化检测以及数值天气预报中不可缺少的参数（例如，Chelton，2005）。

2.5.2　测量原理

红外辐射计的工作波段位于 3.7 μm、10.5 μm 和 11.5 μm 附近的大气红外窗口。SST 的计算依据是普朗克黑体辐射定律。由于被探测的物体与绝对黑体的辐射特性存在差异，再加上大气对辐射能量的吸收、衰减作用，红外辐射计测量的亮温与被观测表面的实际温度会存在一定的误差。由于海水在红外波段发射率位于 0.98~0.99 之间，非常接近黑体，因此其造成的误差可忽略不计。大气校正基于多光谱的方法，由于大气对不同波长的红外遥感有不同的影响，根据大气对不同波段的红外电磁波谱的不同影响效应，可使用不同波段测量的线性组合来消除大气影响，从而得到 SST。在 10 μm 波段附近，大气顶部的太阳辐照度大约是海表发射率的 1/300。在 3.7 μm 波段附近，入射的太阳辐照度相当于海表发射率。因此该波段适用于夜间。白天与夜间的算法也不同。

红外辐射计不能穿透云层，在有云时不能提供 SST 的观测，因此在使用红外辐射计进行 SST 测量时首先要进行云检测。云检测方法主要有多通道动态阈值法和空间相干性检测法。不完全的云检测结果会明显降低 SST 的精度，导致基于 SST 气候平均值偏低。过度的检测又会造成海洋锋和其他动力结构信息的损失。总之，静止红外辐射计只能在无云的情况下获得 SST 信息。

除了红外辐射计之外，微波传感器是全球 SST 遥感监测中另一个主要数据源。微波辐射计中有多个频率段。其中 7 GHz 和/或 11 GHz 可以用于 SST 的反演，高频率波段（19~37 GHz）可用于精确估算由氧气、水气和云造成的衰减。测量的偏振消光比（横向和纵向）被用于校正海表面粗糙度对 SST 反演的影响。与红外辐射计相比，大气中云对微波辐射计探测的影响小得多，微波辐射计能够穿透非降水云，对于研究多云情况下的 SST 具有相当优势。

2.5.3 SST 的红外和微波传感器

在 NOAA 极轨气象卫星甚高分辨率辐射计 AVHRR 上装载的红外辐射计能够绘制出空间分辨率为 1 km 的除了多云区的几乎覆盖全球的 SST 图像。由于受到 AVHRR 传感器辐射质量和大气校正效应的限制，其温度精度为 0.4~0.5. K（其观测数据与浮标测量数据比较）。地球静止卫星（例如 GOES 和 MSG 系列）搭载的辐射计与 AVHRR 具有相似的红外窗口波段。与 AVHRR 相比，它们获取的数据空间分辨率较粗，仅为 3 ~ 5 km，但是数据的时间分辨率优于 AVHRR。高级沿轨扫描辐射计（Advanced Along Track Scanning Radiometer，AATSR）是先进的跟踪扫描辐射计传感器，主要目标是稳定的提供高精度的全球海洋表面温度，用来监测地球的气候变化。高级沿轨扫描辐射计具有双角度特性，对地球表面同一地点从不同角度（0°和 55°）测量两次，利用多通道、多角度以改善大气校正。它是众多反演 SST 的高精度且稳定的红外辐射计中的一种，精度优于 0.2 K（O'Carroll et al，2008）。由于这些仪器比 AVHRR 的刈幅宽度小，因此普遍存在的缺点是覆盖范围较小。在过去的 10 年里，多个微波辐射计被研制出来并得以应用（例如 AMSR、TMI），这些辐射计产品的空间分辨率在 25 km 左右，SST 精度为 0.6~0.7 K。

2.5.4 SST 数据处理的主要发展

在过去的 10 多年里，综合理解卫星数据和实地测量 SST 的思路导致我们提供给用户 SST

数据的处理方式发生了重大变革。由于意识到全球高分辨率 SST 在海洋预报中的重要性，GODAE 首先设立了 GHRSST-PP 项目，即 GODAE 高分辨率海表面温度试验项目，并制定了一套高质量的产品和服务。过去 10 多年里 SST 数据集的处理过程有了重要发展。GHRSST-PP 项目的详细介绍可参见 Donlon 等（2009）的文章。关于数据处理问题在 Le Traon 等（2009）的文章中有介绍。

卫星测量的结果实际是皮层温度，也就是几十微米（红外）到几毫米（微波）深度的海水温度。昼夜温差能够使 1~10 m 深度的海水层温度发生变化，尤其是在低海面风速和强太阳辐射区域。GHRSST 定义了基础 SST，即不受昼夜温差及表皮效应影响的、通过对白天和晚上 SST 测量数据进行校正后得到的一个可应用于全球 SST 精确分析的理想海表面温度。为了获得基础 SST，必须估算白天太阳加热造成的 SST 升温，并将其从测量的 SST 中去除。不同卫星的夜间和白天的 SST 数据能够通过一个最优插值法或数据同化系统进行融合。

一些新的高分辨率 SST 再分析产品已经被生产出来，特别是在 GHRSST-PP 框架下。这些高分辨的 SST 产品是将搭载在卫星上的红外和微波传感器测量的 SST 经过最优插值获得的。预处理主要包括对不同的观测数据集进行筛选和质量控制，通过融合技术合并经过质量控制的各种传感器数据（3 级）。这些数据的融合需要建立一种方法来对偏置进行估算和修正（相对于一个给定的参考，目前是 AATSR）。通过采用客观的分析方法对筛选的测量数据进行融合从而得到无缝的 SST 基础数据。这种猜测既不是基于气候学，也不是基于先验的地图。

2.5.5 业务化海洋学的需求

表 2.3（Le Traon et al，2006）概括了天气预报、气候监测和业务化海洋学对 SST 的需求。

表 2.3 SST 的用户需求

应用领域	温度精度（K）	空间分辨率（km）	重访周期	优先级
天气预报	0.2~0.5	10~50	6~12 h	高
气候监测	0.1	20~50	8 d	高
海洋预报	0.2	1~10	6~12 h	高

单一传感器不能满足 SST 的主要需求。目前有非常多的 SST 卫星数据产品可以应用，但它们在格式、分辨率、空间分布、时间分布和精度等方面都存在较大差异，因此在使用这些产品时存在许多问题。为了满足使用者对 SST 数据的使用需求，GHRSST-PP 建立了一套全球认可的方法来实现不同来源、不同精度 SST 的融合，实现不同数据的优势互补（具体内容请参见前面章节）。为了实现这一目标，同一区域必须有 4 种不同类型的卫星在同步进行 SST 观测任务（表 2.4，Le Traon et al，2006）。

表 2.4 满足 SST 业务化运行所需的卫星观测任务的最小组合

SST 任务类型	辐射计波段	星下点分辨率	幅宽	范围和重访周期
A. 覆盖全球范围的 2 个搭载红外辐射计的极轨气象卫星。用于生产基础的全球覆盖	3 个热红外波段（3.7 μm，11 μm，12 μm），1 个近红外波段，1 个可见光波段	~1 km	~2 500 km	每颗卫星获取白天、夜晚全球范围的数据
B. 作为其他类型 SST 产品的参考标准，极轨双角度辐射计测量的 SST 精度可达 0.1 K	3 个热红外波段（3.7 μm，11 μm，12 μm），1 个近红外波段，1 个可见光波段。每一个波段都具有双角度	~1 km	~500 km	全球覆盖约 4 d
C. 极轨微波辐射计，用于获取多云区域的 SST	获取频率为~7 GHz 和~11 GHz 的电磁波	~50 km（象元 25 km）	~1 500 km	全球覆盖 2 d
D. 围绕地球分布的搭载在静止气象卫星上的红外辐射计	3 个热红外波段（3.7 μm，11 μm，12 μm），1 个近红外波段，1 个可见光波段	2~4 km	距离地球表面 36 000 km 的圆盘图	获取数据间隔小于 30 min

高分辨率 SST 实验计划优先需求的是表 2.4 中的 B 类型的传感器。与其他红外传感器相比，AATSR 的机载校准系统以及双角度观测方法能有效订正大气影响，从而能够获得最高精度的 SST 数据。由于它的绝对定标精度优于 0.2 K（双角度），因此在其他数据被用于同化模型和分析之前，AATSR 数据首先被用于对其他数据的偏差校正。除了 Aqua 卫星上搭载的 AMSR-E 传感器，也可使用 C 类型的传感器（微波）。

2.5.6 结论

对于业务化海洋学、天气和气候预报来说，卫星遥感 SST 是必不可少的观测数据之一。SST 数据已经被系统的用到全球和大尺度的气候应用中，用于海洋模型大尺度误差的校正（例如强迫场误差）。GHRSST 项目极大地推动了全球范围内多传感器高精度 SST 数据的生产。新的高分辨率产品（2 级到 4 级产品）已经被用到了海洋分析和预报系统中，为中尺度和次中尺度海洋现象研究提供了非常有价值的信息。同时我们也看到高分辨率的 SST 观测信息在海洋模型中还存在很大的应用空间，是一个活跃的研究领域。

2.6 海洋水色

2.6.1 海洋水色测量与业务化海洋学

过去 10 年，基于卫星遥感提取海洋水色数据在生物化学、物理海洋学、生态系统评价、海洋渔业和海岸带管理中都发挥了重要作用（IOCCG，2008）。海洋水色测量能够有效监测全球叶绿素（浮游植物生物量）及相应的初级生产力。海洋水色数据可以用于校准和检验生物地球化学、碳和生态模型。尽管海洋水色同化技术不如SST和SSH成熟，但是已经有将叶绿素a（Chla）同化到海洋模式的成功案例。水中光场需要漫散射衰减系数（*K*）和光合有效辐射（PAR）（见下文）来定义，光场用于驱动海洋生态模型中的光合作用，且是模拟和预测海洋表面温度的必要因子之一。

用于支撑大洋海洋生物和化学过程的分析与预报模式的数据包括Chla、总悬浮物（TSM）、*K*和PAR。海洋水色是动力过程的示踪物（包括中尺度和次中尺度），对模式验证有着重要意义。数据产品在海气二氧化碳交换监测中发挥着重要的作用。

在区域和近岸尺度上，有很多应用需要海洋水色测量：监测水质、悬浮泥沙、泥沙运输模型、有机溶解物质、区域/海岸生态模型（与同化）、监测浮游生物和有害藻华、监测水质富营养化等。然而，在近岸海域应用水色数据却更具挑战性，详细内容见下文。

2.6.2 测量原理

阳光不只从海表面反射，透过海表面进入海水的阳光除被选择性地吸收外，其余被浮游植物和其他悬浮物质反射和散射，然后通过海表面后向散射出去。水气界面以下但并未达到水体底部的水体反射强度$R(\lambda)$（次表层或离水辐射与入射辐射的比值）通过卫星电磁波比例计算得到，即$b(\lambda)/[a(\lambda)+b(\lambda)]$或$b(\lambda)/a(\lambda)$，其中$b(\lambda)$是后向散射，$a(\lambda)$为水体总辐射率。

在可见光波谱范围内，卫星传感器接收到的超80%的辐射来自大气后向散射（包括气溶胶和分子/瑞利散射）。大气校正是通过红外和近红外光谱波段的附加测量来计算的。海水对较长波段辐射反射较少（海洋在近红外波段接近黑体），因此测得的辐射几乎全部来自大气散射。

与观测到的仅从海表面反射的近红外或微波频率不同，蓝绿波段的海洋水色信号可来自最深50 m的水深。

海洋水色变量来源主要包括：

- 浮游植物及其色素。
- 溶解有机质：有色溶解有机质（Coloured Dissolved Organic Material，CDOM）（或黄色物质）来自腐烂的植物（来自陆地）和浮游植物光降解物质。
- 悬浮颗粒物（Suspended Particulate Matter，SPM）：有机颗粒（碎屑）——来自浮游植物和浮游动物细胞碎片及浮游动物排泄物；无机颗粒——包括来自陆地的岩石和土壤的沙尘（来自河流径流、风沙沉积物以及由海浪或海流从海底卷起的沉积物）。

在光相互作用下，水色能够告诉我们水成分的相对或绝对浓度。因此，我们可以测量叶绿素、黄色物质及泥沙。但区分独立的水体成分是非常困难的。

- 一类水体中的浮游植物主导着水体的光学特性（尤其是开阔海域）。仅有来自浮游植物的色素从水中后向散射才能控制辐射光谱，这些色素的浓度范围为0.03 ~ 30 mg/m^3。对于蓝色的水来说，水在近红外波段几乎是黑色的，因而基于近红外频率的大气校正相对简单。

计算叶绿素利用绿/蓝波段比率算法进行，Chla=A（R550/R490）。在开阔海域，这一算法计算得到 Chla 的精度介于±30%。

- 二类水体中也存在其他要素（如 CDOM，SPM），同时水中存在众多独立的成分，这些成分也影响后向散射辐射光谱。在提取过程中，需要处理这些成分，即使只有一个，也需要处理。对于总悬浮物越高的水体，大气校正遇到的问题越多，因此需要更复杂的算法（如神经网络）和更多的频率。尽管这些工作具有挑战性，但在过去的 5 年中已经有诸多进展。因而海岸带区域的 Chla 和 SPM 估算也得以实现（Gohin et al，2005）。

由于浮游植物的成分影响水体吸收和后向散射系数，因此水色也能够提供浮游植物功能类型的信息。这是一个研究热点，并且已取得了较有成效的初步研究成果。

海洋水色卫星的波段至少要覆盖 400~900 nm 光谱范围。不同波段的功能如下。

- 413 nm：在开阔海域识别有机溶解物。
- 443 nm、490 nm、510 nm、560 nm：叶绿素反演的蓝—绿色比率算法。
- 560 nm、620 nm、665 nm 及其他：利用新红—绿算法来反演二类水体中的成分含量。
- 665 nm、681 nm、709 nm 及其他：用荧光峰值法反演叶绿素。
- 779 nm、870 nm：大气校正通道，加上 1 000 nm 以校正过度浑浊的水体。

2.6.3 处理细节

加工后的 1 级产品数据，通过海洋水色辐射计将观测到的辐射归一化，转化为大气效应校正后的地球物理特性。2 级产品包括不同波长范围的离水辐射率，表层水体 Chla 含量（通常是一类和二类水体算法）、TSM、CDOM、K 和 PAR。

反演海洋日常覆被特征时，融合多个海洋水色卫星数据是必要的，这就需要结合多个具有不同集合特征、分辨率和辐射特征的传感器（Pottier et al，2006；Mélin and Zibordi，2007；IOCCG，2007）。融合后的数据集允许用户得到一个独特的、质量一致的海洋水色观测时间序列，而不必关心每个仪器性能。

2.6.4 业务海洋学需求

据 Le Traon 等（2006）总结得到水色传感器的需求与分类如表 2.5 和表 2.6 所示。他们根据用途进行分类，如大洋海域预报模型、精细化陆架和区域模型，使用这些业务化终端用户直接分析数据，而不是直接同化到模型系统。在沿海区域，需要更多描述不同特征近岸水体的产品，这包括 CDOM 和辨别不同浮游植物群组的产品。一些业务化用户倾向于直接使用大气校正的离水辐射 Lw（λ）（由给定波段的光谱定义），运用自己的方法通过模型反演出水质信息。气候应用（第 4 类和第 5 类）认为是由业务化类型 1 和类型 2 分别得到，通过空间和时间分辨率来改进精度。表 2.5 中的第 6 类代表用户需要监测更精细的空间细节的河口过程和解决潮周期变化。这是一个比其他类型更苛刻的类别。

表 2.5 海洋水色数据产品的用户需求

用途	水体光学类型	卫星反演最小条件	精度（%）	空间分辨率（km）	重访周期
同化进入业务化大洋模式	一类水体	Chlor *K* PAR *Lw*（λ）	30 5 5 5	2~4	1~3 d
整合进入陆架海和区域模型	二类水体	*K* PAR *Lw*（λ） Chlor TSM CDOM	5 5 5 30 30 30	0.5~2	期望值为 1 d，但是 3~5 d 是有用的
陆架海域海洋管理者直接使用产品	二类水体	*K* PAR *Lw*（λ） Chlor TSM CDOM	5 5 5 30 30 30	0.25~1	期望值为 1 d，但 3~5 d 是有用的
全球海洋气候监测	一类水体	Chlor *K* PAR	10~30 5 5	5~10	平均 8 d
近岸海洋气候监测	二类水体	Chlor TSM CDOM PAR *K*	10~30 10~30 10~30 5 5	5	平均 8 d
近岸及河口水体质量监测	二类水体	*Lw*（λ）	5	0.1~0.5	0.5~2 h

表 2.6 海洋水色传感器分类

类型	轨道	传感器类型	重访周期	空间分辨率	优先度
A	极轨	SeaWiFS 类多光谱扫描仪，5~8 个可见—近红外波段	3 d	1 km	高
B	极轨	成像光谱仪（MERIS/MODIS 类型）	3 d	0.25~1 km	高
C	地球同步轨道	辐射计或光谱仪	30 min	100 m~2 km	中

一种 A 类简化类似于 SeaWiFS 仪器，以 1 km 分辨率和一套 5 或 6 个波段，可以满足用户类别 1 和类别 4 监测全球的叶绿素，用于同化到大洋的海洋生态系统模型，并用于表征全球初级生产力。用户类别 2 和类别 3 不能满足沿海和大陆架海域监测水质的主要需求。这些还

将需要一个 B 类成像光谱仪传感器。

为满足业务化海洋学海洋水色测量，至少需要一个 B 类传感器和至少一个其他类传感器（A、B 或 C 类）。C 类传感器对应于地球静止轨道平台上搭载的成像光谱仪，与用户类别 6 在潮汐周期内解决变异的独特服务一样，当服务其他用户时，在白天有云的情况下，需要扩展云观测窗口。

2.6.5 结论

海洋水色越来越多地被用于业务化应用（如水质），但该项业务发展仍落后于其他遥感方法，这是因为它本质上难以准确、一致地获取海洋变量。海洋水色测量在校正或改善全球、区域和近岸生物化学模型方面潜力巨大。该业务信息内容非常丰富，这是一项科学和技术的挑战。当前我们仅仅开始将海洋水色产品用于海洋模式，这是一个具有挑战性的课题，今后它应该成为业务化海洋学优先发展的课题。

2.7 其他相关技术

2.7.1 合成孔径雷达（Synthetic Aperture Radar，SAR）

SAR 是一个主动发射和接受电磁辐射的工具，它的工作频率为微波（或雷达），波长为 2~30 cm，频率为 15 Hz~1 GHz，它能够在有云的情况下全天候工作。合成孔径原理是基于移动平台生成一个很长的天线电磁辐射。对于 ASAR，合成天线的长度约 20 km，具有非常高的分辨率。

表面粗糙度是 SAR 信号后向散射源，到达天线的信号同时记录了振幅和相位。虽然 SAR 只能看到布拉格波（$\lambda_B=\lambda/2\sin\theta$，其中 θ 为入射角，λ 为雷达波长，λ_B 为共振布拉格波长），但这些波是由大量的海洋表层和大气边界层现象调制的波，这就是 SAR 影像能够表达波浪场、风场、流、峰、内波和溢油的原因。此外，SAR 能够提供高分辨率的海冰影像（见 2.7.2）。

2.7.2 海冰

来自 SSM/I 装置的被动微波（Passive Microwave，PM）数据是当前海冰业务化监测的主流技术。业务部门如 NCEP 和 OSI SAF 对南北极海冰密集度的分析几乎是实时的。这些类型的数据集当前已经同化到业务化海洋模型系统，利用散射计数据（如 QuickScat）和 AMSE-R 的新型主动微波数据获取到了更高分辨率和更详细的冰缘信息。基于这些仪器获取到的海冰漂流连续数据也同化到海洋/冰模型中。高分辨率海冰信息是基于 SAR 数据、光学影像及红外仪器反演得到的。极地地区的近海工业、航运和安全的业务化服务依赖于定期监测的冰山和海冰类型、范围及形状，空间分辨率（~50~100 m）只能由星载 SAR 影像获取。

尽管当前已经能够较好地获取到海冰覆盖范围和运动信息，但是缺少冰量信息，因此，利用 Cryosat-2 搭载的先进高度计进行海冰厚度测量技术非常有必要（已于 2010 年 4 月发射）。

2.7.3 卫星风场

散射计（如 Seawinds/Quickscat，ASCAT/MetOp）是由雷达 C 或 Ku 波段操控的。海洋测量的主要参数是风向和风速。它们还提供有关海冰粗糙度的信息。其原理是基于布拉格散射谐振。对于一个光滑的表面，采用主动雷达倾斜视角，表面几乎不会产生反射。当风力增加时，随着水表面粗糙度增加，开始向卫星反射信号。风向可由风的反射信号方位角来反演得到。

为提高表面风的时空分辨率，在全球海洋分析中曾多次尝试将这些遥感数据融合到数值天气预报风场分析。更多关于数据及处理方法的细节可参阅 Bentamy 等（2007）的文章。

2.7.4 一项新的挑战：从太空估算海表面盐度

在 L 波段（1.4 GHz），亮温（Brightness Temperature，BT）主要受海表面辐射的影响（大气几乎是透明的）：$BT=e \cdot SST=(1-R)\ SST$，这里 BT 代表海表面辐射率，R（θ，SSS，SST，$U\cdots$）是反射系数（见 2.3 节）。R 取决于海水的介电常数，由海表面盐度确定，在 L 波段最敏感，不过该值非常低（0.2 ~ 0.8 K/psu），随着 SST 的增加而增加。

SMOS 卫星发射于 2009 年 11 月。它搭载了一个 L 波段辐射计，在不同入射角（0°~60°）情况下获取 BT。SMOS 是一个具有高空间分辨率的合成孔径辐射计，空间分辨率约为 40 km/psu。在 200 km×200 km 范围内，通过单独测量的 10 d 均值可得到精度为 0.1~0.2 psu 的海表面盐度。“Aquarius”卫星已于 2011 年发射，它是一个具有 3 个不同入射角的传统 L 波段辐射计，用于校正海表面粗糙度的影响。

2.8 结语

本章仅简要介绍了海洋遥感测量原理，更多信息可参阅：Fu 和 Cazenave（2001）、Robinson（2004）和 Martin（2004）的文章。

卫星数据在业务化海洋学领域发挥着基础性作用。它们能够通过数据同化来约束海洋模式，为直接应用提供数据产品。在过去的 10 年里，新的和改进的数据集已经通过建模和数据同化系统以及应用的产品开发出来，产品的准确性和及时性都得到了提高，这也促进形成了更大和更系统的卫星数据同化模式发展。在海洋模式应用中，需要更好地理解采样和误差的特性。实测数据可用于评估、验证和补充卫星观测。

还有一系列卫星海洋学的进展，能够促进业务化海洋学及其卫星海洋学应用的发展。

- 持续改进数据处理，使数据集和产品的发展能够满足模拟和数据同化系统（包括误差特征）。
- 海表面盐度卫星（SMOS，Aquarius）和重力卫星（GOCE）以及高分辨率测高

(SWOT) 等对业务化海洋学产生重要影响。

• 多源海量数据的有效管理是十分必要的。我们需要开发一种有效的数据使用方式，并且研发用于处理和可视化不同来源数据的新工具。

• 我们还未充分利用卫星观测数据的信息。大部分观测数据尚未有效地用于海洋模式研究和应用，观测（卫星、实测）、模式和新理论之间的协同应得到进一步发展，尤其是更好地利用卫星观测的高分辨率信息（如 Isern-Fontanet et al，2006）。

2.9 有用网址

下面是有用但非详尽的互联网清单，从这里可以找到相关数据集、产品、工具和卫星海洋学任务信息。

现有和未来海洋卫星任务见以下内容。

CEOS 网址：http：//www. eohandbook. com/。

卫星测高：http：//www. aviso. oceanobs. com；http：//topex-www. jpl. nasa. gov。

海洋水色：http：//www. ioccg. org；http：//oceancolour. gsfc. nasa. gov；http：//www. globcolour. info。

海表面温度：http：//www. ghrsst. org；http：//www. remss. com。

多任务卫星数据处理和配送中心或设施：http：//www. aviso. oceanobs. com/；http：//podaac-www. jpl. nasa. gov/；http：//www. myocean. eu. org/；http：//cersat. ifremer. fr/；http：//www. osi-saf. org/。

软件与工具集：为便于卫星观测和可视化处理，欧洲太空局开发了一系列工具集。见 http：//earth. esa. int/resources/softwaretools。

SeaDAS 是美国宇航局一个系统图像分析软件，包括处理、显示、分析和海洋水色数据的质量控制。见 http：//oceancolour. gsfc. nasa. gov/seadas。

由联合国教科文组织资助，Bilko 是一个完整的遥感学习和教学系统。见 http：//www. noc. soton. ac. uk/bilko。

参考文献

Bentamy A，Ayina H，Queffeulou P，Croize-Fillon D，Kerbaol V（2007）Improved near real time surface wind resolutionover the Mediterranean sea. Ocean Sci 3(2)：259-271.

Bowen M，Emery W J，Wilkin J，Tildesley P，Barton I，Knewtson R（2002）Extracting multi-year surface currents from sequential thermal imagery using the maximum cross correlation technique. J Atmos Ocean Technol 19：1665-1676.

Chelton D B（2005）The impact of SST specication on ECMWF surface wind stress fields in the eastern tropical Pacific J Clim 18：530-550.

Chelton D B, Ries J C, Haines B J, Fu L L, Callahan P (2001) Satellite altimetry. In: Fu L L, Cazenave A (eds) Satellite altimetry and earth sciences. Academic Press, San Diego.

Clark C, Wilson W (2009) An overview of global observing systems relevant to GODAE. Oceanogr Mag 22(3): 22-33 (Special issue on the revolution of global ocean forecasting— GODAE: ten years of achievement).

Donlon C, Robinson I S, Reynolds M, Wimmer W, Fisher G, Edwards R, Nightingale T J (2008) An infrared sea surface temperature autonomous radiometer (ISAR) for deployment aboard Volunteer Observing Ships (VOS) . J Atmos Ocean Technol 25: 93-113.

Donlon C J, Casey K S, Robinson I S, Gentemann C L, Reynolds R W, Barton I, Arino O, Stark J, Rayner N, LeBorgne P, Poulter D, Vazquez-Cuervo J, Armstrong E, Beggs H, Llewellyn-Jones D, Minnett P J, Merchant C J, Evans R (2009) The GODAE high-resolution sea surface temperature pilot project, Oceanogr 22 (3): 34-45.

Ducet N, Le Traon P Y, Reverdin G (2000) Global high resolution mapping of ocean circulation from the combination of TOPEX/POSEIDON and ERS-1/2. J Geophys Res 105(C8): 19477-19498.

Fu L L, Cazenave A (2001) Satellite altimetry and earth sciences. Academic Press, San Diego.

Gohin F, Loyer S, Lunven M, Labry C, Froidefond J M, Delmas D, Huret M, Herbland A (2005) Satellite-derived parameters for biological modelling in coastal waters: illustration over the eastern continental shelf of the Bay of Biscay. Remote Sens Environ 95 (1): 29-46.

Guinehut S, Le Traon P Y, Larnicol G (2006) What can we learn from global altimetry/hydrography comparisons? Geophys Res Lett 33, L10604. doi: 10. 1029/2005GL025551.

GuinehutS, Coatanoan C, Dhomps A L, Le Traon P Y, Larnicol G (2008) On the use of satellite altimeter data in argo quality control. J Atmos Ocean Technol 26 (2): 395-402.

IOCCG (2007) Ocean colour data merging. In: Gregg WW (ed) with contribution by Gregg W, Aiken J, Kwiatkowska E, Maritorena S, Mélin F, Murakami H, Pinnock S, Pottier C IOCCG monograph series, report no. 6. p 68.

IOCCG (2008) Why ocean colour? The societal bene ts of ocean-colour technology. In: Platt T, Hoepffner N, Stuart V, Brown C (eds) Reports of the International Ocean-Colour Coordinating Group, No. 7. IOCCG, Dartmouth, p141.

Isern-Fontanet J, Chapron B, Lapeyre G, Klein P (2006) Potential use of microwave sea surface temperatures for the estimation of ocean currents. Geophys Res Lett 33, L24608. doi: 10. 1029/2006GL027801.

Le Traon P Y, Ogor F (1998) ERS-1/2 orbit improvement using TOPEX/POSEIDON: the 2 cm challenge. J Geophys Res 103: 8045-8057.

Le Traon P Y, Nadal F, Ducet N (1998) An improved mapping method of multisatellite altimeter data J. Atmos. Ocean Technol 15: 522-533.

Le Traon P Y, Rienecker M, Smith N, Bahurel P, Bell M, Hurlburt H, Dandin P (2001) Operational oceanography and prediction—a GODAE perspective. In: Koblinsky CJ, Smith NR (eds) Observing the oceans in the 21st century. GODAE project office, Bureau of Meteorology, Melbourne, pp 529-545.

Le Traon P Y, Johannessen J, Robinson I, Trieschmann O (2006) Report from the Working Group on space infrastructure for the GMES marine core service. GMES Fast Track Marine Core Service Strategic Implementation Plan. Final Version, 24/04/2007.

Le Traon P Y，Larnicol G，Guinehut S，Pouliquen S，Bentamy A，Roemmich D，Donlon C，Roquet H，Jacobs G，Griffin D，Bonjean F，Hoepffner N，Breivik L A（2009）Data assembly and processing for operational oceanography：10 years of achievements. Oceanogr Mag 22(3)：56-69（Special issue on the revolution of global ocean forecasting—GODAE：ten years of achievement）.

Martin S（2004）An introduction to ocean remote sensing. Cambridge University Press，Cambridge. ISBN－13：9780521802802，ISBN-10：0521802806.

Mélin F，Zibordi G（2007）An optically-based technique for producing merged spectra of water leaving radiances from ocean colour remote sensing. Appl Opt 46：3856-3869.

Mitchum G T（2000）An improved calibration of satellite altimetric heights using tide gauge sea levels with adjustment for land motion. Mar Geod 23：145-166.

O'CarrollA G，Eyre J R，Saunders R W（2008）Three-way error analysis between AATSR，AMSRE，and in situ sea surface temperature observations. J Atmos Ocean Technol 25：1197-1207.

Oke P R，Balmaseda M A，Benkiran M，Cummings J A，Fujii Y，Guinehut S，Larnicol G，Le Traon P Y，Martin M J，Dombrowsky E（2009）Observing system evaluation. Oceanogr Mag 22(3)：144-153（Special issue on the revolution of global ocean forecasting—GODAE：ten years of achievement）.

Pascual A，Faugere Y，Larnicol G，Le Traon P Y（2006）Improved description of the ocean mesoscale variability by combining four satellite altimeters. Geophys Res Lett 33（2），L02611，doi：10.1029/2005GL024633.

Pascual A，Boone C，Larnicol G，Le Traon P Y（2009）On the quality of real time altimeter gridded fields：comparison with in situ data. J Atmos Ocean Technol 26：556-569.

Pottier C，Garon V，Larnicol G，Sudre J，Schaeffer P，Le Traon PY（2006）Merging SeaWiFS and MODIS/aqua ocean colour data in north and equatorial Atlantic using weighted averaging and objective analysis. IEEE Trans Geosci Remote Sens 44：3436-3451.

Robinson I（2004）Measuring the oceans from space：the principles and methods of satellite oceanography. Springer，Berlin，p 669.

Smith N，Lefebvre M（1997）The global ocean data assimilation experiment（GODAE）. Paper presented at Monitoring the Oceans in the 2000s：an integrated approach. Biarritz，France，15-17 Oct 1997.

第 3 章　现场海洋观测系统

Muthalagu Ravichandran [①]

摘　要：海洋观测系统是基于现场和遥感技术，探测、跟踪及预测海洋的物理、化学、地质和生物过程变化的系统。现场观测系统包括欧拉（基于固定位置）和拉格朗日（其位置随时间变化）两个观测系统。本章描述了现场观测系统的基本组成，包括原理、观测海洋的能力、技术以及一些与物理变量有关的应用等，还描述了印度海洋观测系统（IndOOS）的简要情况，突出强调了每一种平台的优势、劣势以及集成不同观测平台/传感器的需求。

3.1　引言

对很多利益相关者来说，对海洋的认知必不可少，如气候学、渔业、港口和码头、海岸带管理、海军和海岸警卫组织、公共卫生机构、环保机构、旅游业、气象预报员、海上采矿和石油工业、气候研究等。海洋观测系统有一个核心作用，为社会提供海洋服务信息。然而，这些系统所产生的数据需要通过分析系统解译成海洋服务信息，也需要同化到海洋环流模式中，以便提供海洋过去、现在与未来状态以及使用部门所需的不同产品。分布式或集中式数据管理系统是及时提供海洋服务的关键。海洋观测系统包括：①现场测量，利用安装于船舶、浮标、锚系设备、海洋站上的传感器获取特定地点或轨迹的时间、深度变化；②遥感系统，如卫星、飞机、雷达等，获取海面要素天气尺度的时空变化。通常，遥感和卫星观测（见本书第 2 章）仅仅提供海表面变量的水平分布，例如温度、海表面高度、水色，也包括一些气象参数，用于海气动量通量、热通量、淡水通量的计算（Masumoto et al，2009）。作为现场观测系统的补充，这些卫星数据能够用于研究从季节内到年代际很大时间尺度的现象。

海洋观测数据也有助于回答一些基础研究问题，就如美国国家科学基金会（National Science Foundation，NSF）报告所指出的那样（NSF，2001；Koblinsky and Smith 2001）：①确定海洋在气候及气候变化中的作用；②量化海洋-大气之间的热量、水体、动量、气体交换；③明确海洋中的碳循环和海洋在调节大气中二氧化碳增加过程中的作用；④改善海洋混合和

① Muthalagu Ravichandran，印度地球科学部国家海洋信息服务中心。E-mail：ravi@ incois. gov. in

大尺度海洋环流模型；⑤了解海洋生态多样性的结构和机理；⑥明确突发海洋事件（如有害藻华）的起源、发展及影响；⑦评估沿海海域健康状况；⑧确定地壳深层生物圈微生物的特性和分布范围；⑨研究俯冲带逆冲断层，它们可能导致大地震诱发的海啸；⑩改进全球地质构造和核幔动力学模型。

从20世纪后半期起，尤其是认识了温室气体和全球变暖对地球气候系统的影响后，气候研究成为科学争论的一大焦点。许多国家，无论是发达国家还是发展中国家，都花费大量资源用于气候研究，以便政府和社会制订计划和发展时采用合适的举措。因此，需要开展一个集探测、跟踪和预测物理、化学、地质和生态系统变化及其作用的持续观测项目，来监测人类对海洋的影响及人类活动的作用。海洋占地球表面70%以上，与陆地生态系统相比，尽管人类强烈地依赖于海洋作为食物的来源及用于运输、贸易和其他一些用途，但人类对海洋的监测远未达到有效、全面的程度。另外，海洋强烈影响大尺度天气过程，如厄尔尼诺-南方涛动（El Niño-Southern Oscillation，ENSO）、印度洋偶极子（Indian Ocean Dipole，IOD）等。为了理解甚至预测海洋-大气相互作用如何影响天气和气候，以及人类活动如何影响物理系统和海洋生物资源变化，需要综合海洋观测系统以监测海洋的“状态”。正如陆地上长期保有的天气和气候的持续观测一样，类似的海洋持续观测也需要进行，以便监测其变化和协助理解、预测其影响。

现有两种不同类型的现场观测系统——定点观测（欧拉）和位置随时间变化的观测（拉格朗日）。定点观测包括锚系系统或可重复利用的站点。位置随时间变化的观测用在随海洋或船舶而移动的平台上。一些移动平台被认为可很好地表征水团运动。全球现场观测系统的成功运行需要一系列不同层次的协调工作。从其他试验验证的传感器及获取的经验都是十分必要的。部署时机需要确认仪器的准备情况；准备不充分的部署是不可行的，且需要及时提供特殊的布放需求。传感器寿命期间的系统数据覆盖率需要监控，应准备好所需备件以便当异常情况出现时安排替换。计划的成功实施基本上取决于观测数据和相关元数据的近实时传输。鉴于很多国家参与了观测网络，包括“业务”和“研究”项目，因此监控/系统管理功能是复杂且重要的（Clark and Wilson，2009）。

尽管利用本地观测可解释、描述海洋的一些过程，但很多过程需要利用其他位置的观测资料才能很好地解释，因为遥相关或远程强迫可能发挥重要作用。考虑到远程强迫效应，需要对整个海盆进行观测。但是有时没有哪个国家能够承担起在整个海盆进行观测的任务，因此，许多国家、区域计划通过联合国（United Nations，UN）开展合作。全球海洋观测系统（Global Ocean Observing System，GOOS）是整个地球观测系统（Global Earth Observing System of Systems，GEOSS）的组成部分［它是一个各个部分均不相同但又互为补充的观测系统工程，最终建立起可服务于全球所有国家的观测系统］。联合国和联合国教科文组织机构保证国际合作始终是全球海洋观测系统建设的首要任务。GOOS设计为：①监测、解释和预测天气、气候；②描述、预报海洋状态，包括生物资源；③改善海洋和沿海生态系统、资源的管理；④减轻自然灾害和污染的损失；⑤保护沿海和海上的生命和财产；⑥保障科学研究。全球海洋观测系统由政府间海洋学委员会（Intergovernmental Oceanographic Commission，IOC）、联合国环境计划署（United Nations Environment Program，UNEP），世界气象组织（World Meteorological Organisation，WMO）和国际科学理事会（International Council for Science，ICSU）资助，并通过成员国的政府机构、海军和海洋研究机构等有关方面组成的专家组和区域组织共同合作推动。关于全球海洋观测系统详细信息可以参考 http：//www. ioc-goos. org。隶属于世界气象组织和政府间海洋学委员会的海洋学和海洋气象学联合技术委员会（Joint Technical Commission for Oceanography and Marine Meteorology，JCOMM）为所有现场观测系统的海洋观测数据提供国际层面的协调。现场观测系统不同组成部分的位置现状可通过网址 http：//wo. jcommops. org/cgi-bin/WebObjects/JCOMMOPS 获得。

现场观测系统包括许多部分，如验潮仪、进行海洋气象观测的志愿观测船（Voluntary Observing Ships，VOS）、装有 XBT/XCTD 开展断面观测的随机船、重复水文仪器、漂流和锚系浮标、声波层析成像、Argo 剖面浮标、滑翔机等。每个部分在时间、空间分辨率上都有一些优势和劣势。集成所有部分，维护、改进观测系统的不同部分，以满足社会发展的需要，是海洋观测系统的迫切需求。尽管用在平台/系统中的传感器记录主要的物理量，但理解整个系统的多学科方法的时代已经到来。在 3.2 节中，将对与物理量有关的不同海洋观测系统的观测能力、技术及其应用方面进行描述。3.3 节将简要描述观测缺乏的印度洋的一个观测计划执行情况。3.4 节将陈述每个平台的优势和劣势，最后总结强调为了传递有意义的信息而要求不同现场平台进行最优组合的必要性。

3.2 观测系统组成

3.2.1 验潮仪

从远古时代起，海洋观测者就开展了海平面变化的观测，用于解释潮汐和由风暴或海啸引发的特大灾害现象的机制。目前，人们意识到海平面变化从秒（由于风浪）至数百万年（由于大陆的运动）的所有时间尺度上都很重要。用来监测海平面变化（相对于仪器所在地的陆地高度）的设备通常被称为验潮仪，它是基于人们所熟知的静水井中的浮式计原理，测量次表面压强或声波或雷达脉冲的传播时间。测量海平面的经典且最可靠的方法是通过观潮人员，但容易出现人为误差。随后，基于浮子的验潮仪被人们长期、广泛地使用。然而，这些系统需要支撑结构、基础设施和定期保养。其他常用的类型是压力传感仪（差分/绝对），其传感器直接安装在海里。然而，这需要知道大气压力（如绝对压力传感器）、海水密度和重力加速度，以便将压力转换成海平面。尽管有上述缺点，但该仪器在记录海平面上仍有很多实用优点。20 世纪 90 年代后期，雷达设备被引进水文测量。虽然基于高度计的卫星在开阔海域能提供平均海平面异常，时间分辨率较低，但验潮仪信息对理解当地平均海平面的趋势和极值至关重要。此外，验潮仪数据也用于雷达高度计精确校准。除此之外，在业务、科研的众多应用中，验潮仪有悠久的历史和很好的未来（IOC，2006）。

观测到的海平面包括周期性地球物理力（如平均海面）、潮汐信号及气象残差等。其中每一成分都通过单独的物理过程控制，每一部分的变化也基本独立于其他部分的变化。潮汐是海洋的周期运动，拥有与周期性地球物理力相关联的振幅和相位。占主导地位的力是由于地球-月球与地球-太阳系统的规则运动引起的地球表面重力场变化。这些产生了引力潮。一些由大气压力和向岸/离岸风的周期性变化引起的弱潮汐被称为大气潮。气象残差是海平面的非潮汐分量，通过分析剔除潮汐后仍然存在，它们像天气变化一样是不规则的。有时，会使用“涌浪残留”这一词，但更常见的是涌浪，用于描述在出现很大非潮汐分量期间的一种特定的事件。平均海平面是海平面的平均，通常基于至少为期一年的逐时观测值。对地质测量学来说，平均海平面可能需要数年的观测值。更详细的分析技术将海平面变化中的能量分离成一系列频率或频谱分量。能量主要集中在半日潮和全日潮波段，但是对更长周期或更低频率的波段，存在更为重要的连续的气象能量背景场。

全球海平面观测系统（Global Sea Level Observing System，GLOSS；http：//www.gloss-sealevel.org/）由政府间海洋学委员会在 1985 年建立，对全球和区域海平面网络进行监督和协调以支持海洋和气候研究。全球海平面观测系统由政府间海洋学委员会资助，属于海洋学和海洋气象学联合技术委员会支持下的观测组成部分。全球海平面观测系统是全球沿海观测网络的一个范例，是目前全球海洋观测系统中成员国数目最多（约 70 个）的一个。来自全球海平面观测系统网络的验潮站数据在两个数据中心完成集成和归档（Merrifield et al，2009）。英国海洋数据中心（British Oceanographic Data Center，BODC；http：//www.bodc.ac.uk/）负责延时模式数据集。而来自世界各地验潮仪的历史、月平均海平面记录数据集可以通过平均海平面固定服务机构（Permanent Service for Mean Sea Level，PSMSL；http：//www.pol.ac.uk/psmsl/；Woodworth and Player，2003）获取。图 3.1 显示了全球海平面观测系统核心网络中当前海面潮位的站位情况（Merrifield et al，2009）。

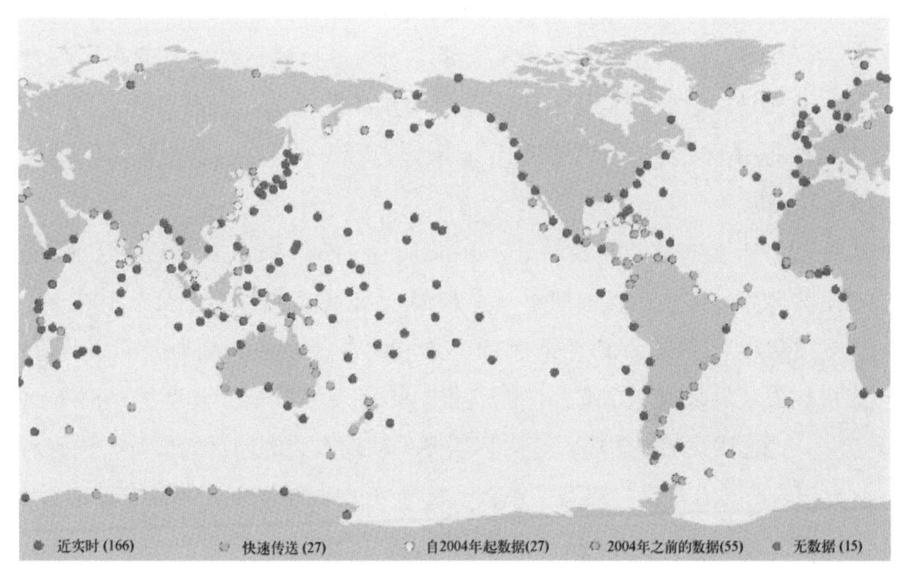

图 3.1　2009 年全球海平面观测系统核心网络海面潮位的站位分布

近实时站点（蓝色）通常在收集后 1 h 内提供数据；快速传送（绿色）则在 1 个月内。5 年之内（黄色）或更长时间（橙色）的延迟模式低频数据（包括月平均数据）提供给平均海平面固定服务机构［资料来源：Merrifield 等（2009）］

20 世纪海平面上升的估计主要基于由平均海平面固定服务机构保存的历史验潮站数据。基于历史验潮站数据和高度计数据集，Church 等（2004）估计了大尺度海平面变化的月平均分布及其 1950—2000 年间的变化。根据验潮站数据分析得出 1950—2000 年间全球平均海平面（mm）平均呈现出（1.8±0.3）mm/a 的整体上升趋势。验潮仪也被应用于监测卫星高度计海表面高度数据的稳定性，沿海站点的长期海平面趋势，导航、水文、防汛预警、海啸预警和其他海岸工程应用。

3.2.2 志愿观测船

志愿观测船计划是一国际项目，由世界气象组织/政府间海洋学委员会的成员国招募船只以在海上航行时获取、记录和传输海洋气象观测数据。志愿观测船计划是政府间海洋学委员会观测计划领域船舶观测组（Ship Observations Team，SOT）的核心观测项目。志愿观测船计划中有 3 种船舶：选定船舶、补充船舶和辅助船舶。选定船舶配备充足的经过认证的气象仪器，以便观测和传输常规的天气报告，并将观测数据输入气象航海日志。大部分志愿观测船是选定船舶。补充船舶配备有限数量的认证气象仪器，以便观测和传输常规的天气报告以及把观测数据输入气象航海日志。辅助船舶没有配备认证气象仪器，在特定区域或特定环境下，按照常规或要求传输缩减代码或通俗易懂的报告。辅助船舶通常在正式运输航线外的数据稀少地区进行数据收集和报告。

目前，志愿观测船通常每 6 h 或 3 h 时报告一次，观测海表面风速风向、气温、湿度、海表面温度、海平面大气压（Sea Level Pressure，SLP）、云（包括类型、数量和高度）、海浪和涌浪参数、天气（包括能见度）信息。数据一旦获取就发送一份气象服务，通过无线电话、电报或国际海事卫星-C（INMARSAT-C）传给沿岸电台。目前，大约有 5 000 艘船舶报告海洋气象参数，海冰和降水的观测也会报告。温度（气温和海表面温度）、湿度和海平面大气压通过气象仪器现场测量，而海浪、云和天气类型则通过目测估计。风的报告则是结合了仪器测量和目测。这些观测数据被实时传输，且记录在纸质或电子航海日志（随频率的提高）上。电子日志软件还用于规范人工观测格式，使计算更统一（如露点、真实风）和开展简单质量控制（Kent et al，2009）。

安装在志愿观测船上的自动气象站（Automated Weather Stations，AWSs）数目一直在增长，致使观测更为频繁。但是，目前缺乏一个与传统观测相互比较的系统计划，来保证数据的连续性与全球气候观测系统监测规则保持一致。此外，完备的高质量自动气象站非常昂贵，一些国家机构安装的低成本系统，仅能获得一部分观测数据，典型的是海平面大气压和其他 1~2 个变量。志愿观测船报告中一些内容需要手动输入，例如目测估计。说服观测者用这些重要信息补充报告非常有价值，充满了挑战，自动气象站的引入，导致含有这些参数报告的比例显著下降。增加人工输入的能力提高了系统的成本和复杂性，不会一直被认为性价比高。

在过去的半个世纪里，海表面观测系统发展迅速，20 世纪 60 年代以志愿观测船观测为主导，而从 20 世纪 70 年代开始，尤其是最近 10 年，锚系和漂流浮标数目快速增长。Kent 等（2009）列举了以国际海洋-大气数据集（International Comprehensive Ocean-Atmosphere Data

Set，ICOADS）选定变量的有效现场观测数量，对 SST 来说，漂流浮标的影响显而易见。从 20 世纪 70 年代起，卫星观测数据开始补充现场观测数据。为满足如天气预报的应用，志愿观测船观测实时传输至国家气象和水文机构（National Meteorological and Hydrological Services，NMHSs），利用其全球电子通信系统（Global Telecommunications System，GTS）与其他机构共享这些观测数据。一些国家气象水文机构将从全球电传系统提取数据存档，但由于数据转换和存储格式不同，接收全球电传系统数据的方式也不一样，各机构存储的数据并不相同。志愿观测船资料包含相当大的随机不确定性，但许多地区由于采样较少致使平均不确定性更大（Kent and Berry，2008；Gulev et al，2007）。在采样较好的区域，网格数据集的随机不确定性将会变小，这是因为很多观测数据被平均了。采用多平台采样确保了数据质量。通常志愿观测船网格是包含来自各种平台观测的平均，平均过程中降低了随机不稳定性及船与船之间的偏差。

基于国际海洋-大气数据集的数据和分析产品被很多文献引用，成了气候研究者尤其是那些对海洋-大气之间的大尺度热量、淡水、动量交换的估计与多年代际气候变化感兴趣的科学家重要的数据源。很多基于国际海洋-大气数据集收集的，使用志愿观测船观测的数据集，包括海表面温度、海平面大气压、气温、相对湿度、海面通量和海浪等。此外，还应被提及的是被广泛应用于气候分析的大气模式再分析数据，它高度依赖于船舶观测资料的同化（Trenberth et al，2009）。研究气候变化的国家和国际评估组织最著名的是政府间气候变化委员会（Intergovernmental Panel on Climate Change，IPCC），在全球平均海表面温度变化评估中使用了志愿观测船海表面温度数据。海表面温度变化趋势与独立观测数据——海表面气温变化趋势相一致，使其可信度得以提高。志愿观测船是海洋上气温信息的主要来源，也为气候变化监测做出了贡献，例如红外卫星估计的海表面温度偏差校准（例如，Reynolds et al，2005）。志愿观测船也提供了自 1949 年以来的云变化持续记录，已被用来推导和分析长达 1 个世纪的海浪信息。若能够保持或改进取样，及时利用志愿观测船数据持续产生数据产品，志愿观测船的气候监测作用会得到加强。然而，目前志愿观测船数据集尚未充分校准和验证。以不确定估计为特点的新的高分辨率的数据应该广泛用于校准和验证。

3.2.3 随机船

随机船计划（Ship of Opportunity Programme，SOOP）的主要目的是满足国际科研和业务机构对抛弃式温深仪（XBT）上层海洋数据的需求，目前通过随机船的观测可以完成。断面年度采样观测评估由海洋学和海洋气象学联合技术委员会下设的原位观测平台支持中心（Joint Technical Commission for Oceanography and Marine Meteorology in-situ Observations Programme Support Centre，JCOMMOPS）代表随机船执行机构（Ship of Opportunity Programme Implementation Panel，SOOPIP）开展。数据管理是由全球温度盐度廓线计划（Global Temperature Salinity Profile Programme，GTSPP）负责（Goni et al，2009）。随机船计划主要针对 XBT 随机船网的持续业务化维护和协调，但也进行其他类型观测（如 TSG、XCTD、CTD、ADCP、二氧化碳分压、浮游植物浓度等）。这种网络本身通过为模式中的数据同化和其他各种海洋分析项目提供上层海洋数据支持很多其他业务需要（如渔业、航运、国防等）。一项持续性挑战是将 XBT 获得的上层海洋热量数据与其他方式，如锚系阵列、Argo 剖面浮标、卫星（如 AVHRR、高度计等）获得的数据最优地结合起来。然而，最重要的是将随机船计划集中于支持气候预测，以确保现有网络的持续业务运行。

XBT 是一种抛弃式温度和深度剖面系统。它通常由安装在船舶上的采集系统、发射器和抛弃式温度探头组成。下落的探头用于实时将温度数据传回采集系统，通过很细的绝缘导线与采集系统相连。深度利用精确校准的下降速率方程（约 6.5 m/s）从下降时间推导出来。处理后的剖面数据可以实时地通过卫星进行传输。实时数据被归档在法国布雷斯特的科里奥利数据中心，延时模式数据保存在由美国国家海洋和大气管理局的国家海洋数据中心（National Oceanic and Atmospheric Administration/National Oceanographic Data Center，NOAA/NODC）管理的全球温盐试验项目（Global Temperature-Salinity Pilot Project，GTSPP）中。但 1 000 m 深的剖面由每米一个（T，D）数据点组成，虽然探头的深度范围通常为 500~800 m。深度精度通常优于 5 m，温度优于 0.05℃。图 3.2 展示了全球抛弃式温深仪网络，包括 Ocean Obs'99 推荐和 Ocean Obs'09 提议的现有断面。

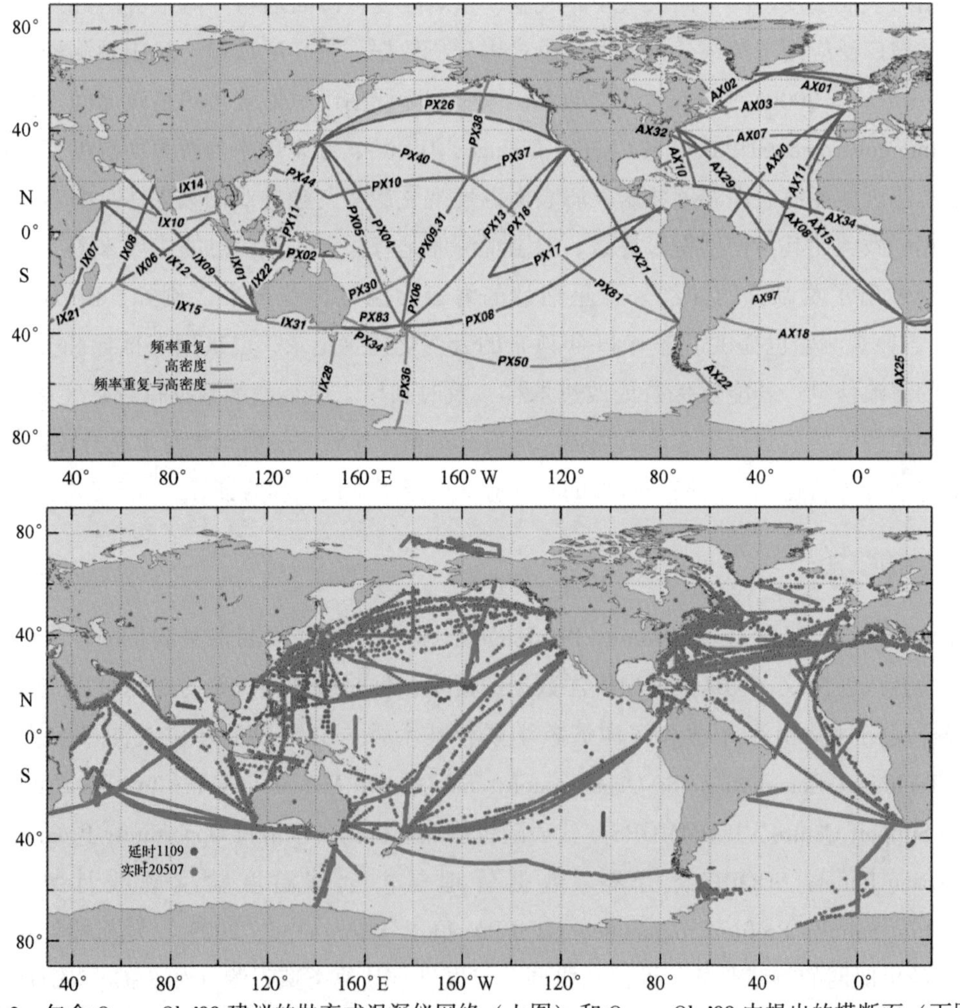

图 3.2　包含 Ocean Obs'99 建议的抛弃式温深仪网络（上图）和 Ocean Obs'09 中提出的横断面（下图）2008 年实时（红色）和延迟（蓝色）传输的抛弃式温深仪观测值［引自 Goni 等（2009）］

科学和业务化委员会每年部署约2.3万个XBT。一般年份里，50%的XBT部署在太平洋，35%在大西洋，15%在印度洋。约90%XBT获得的剖面数据实时传输，约占当前实时垂直温度剖面观测的25%（不包含一些锚系设备获得的持续温度剖面）。XBT有3种部署模式。①高密度（High Density，HD）：每年4个横断面，每隔约25 km部署1个XBT（20节的船舶速度平均每天要部署35个）。②频繁重复（Frequently Repeated，FR）：每年12~18个横断面，每天部署6个XBT（每隔100~150 km）。③低密度（Low Density，LD）：每年12个横断面，每天部署4个XBT。

高密度横断面从一个海洋边界（大陆架）延伸至另一边界，温度剖面的空间距离为10~50 km，以分辨边界流及估算海盆尺度的地转速度和物质输运积分。始于1986年的PX06断面（奥克兰至斐济）是现有网络（已完成90个）中最早的高密度横断面。在此模式下，有些断面贡献正在接受评估。例如，CLIVAR IOP指出，仍需要进一步努力来评估IX10断面的价值，此为孟加拉湾和阿拉伯海之间的出海口断面。Goni等（2009）对高密度横断面取样的科学目标和针对这些目标进行的示例研究进行了概述。

频繁重复部署的断面横跨主要大洋流系和热盐结构。在某些情况下，对于靠近大陆边界的流，额外部署一个跨越标志着洋流近岸一侧边界的200 m等深线的剖面。频繁重复部署断面被用来观测特定的热盐结构（如跃层脊）特征，在那里，海洋与大气相互作用十分强烈。通过绘制断面上的温度和动力特性的低频变化图，来估计地转速度和横跨流系的全部物质输运。频繁部署横断面的原型是IX01和PX02，它们现在有长达20年以上的时间序列数据。最早的从弗里曼特尔到巽他海峡（印度尼西亚）横断面，始于1983年，1986年之后每年取样18次。IX01断面横跨澳大利亚和印度尼西亚之间的洋流，包括印度尼西亚贯穿流，在印度尼西亚贯穿流和印度洋偶极子的很多研究中得到应用。频繁部署横断面采样较好地分辨了沿横断面的热盐结构月际尺度时间序列。Meyers等（1995）使用IX01断面得出一般在温跃层以深处存在向西的洋流和在浅层（< 150 m）存在向东的切变洋流的平均热盐结构。另外，其引起的温度变化最大的区域是在横断面北端的印度尼西亚附近。温度断面结构常被用来解释印度尼西亚贯穿流输运的年际变化与ENSO的关系（Meyers，1996）。此外，在IX01断面北端温度的时间变化清晰地显示，在表面降温开始之前，强的次表层上升流与1994年和1997年的IOD事件开始显著相关。这些和其他FRX时间序列已被用于解释在IOD事件期间横跨印度洋的次表层热结构的变化情况（如Rao et al，2002；Feng and Meyers，2003）。印度洋白皮书中提到了在印度尼西亚地区使用FR线路研究印度尼西亚贯穿流的做法（Masumoto et al，2009）。

低密度断面承担着业务和科学双重目的，如研究热带海洋从季节内到年际间的变化，观测边界流的时间变率，研究海表面高度和上层海洋热结构之间的历史关系。XBT官方报告中举出了很多XBT观测应用的例子，主要来自低密度模式（Goni et al，2009）。

3.2.4 漂流浮标

多年来，海洋学家和气象学家为了支持自己的研究和业务项目，已经部署了卫星跟踪的漂流浮标。但是，这两类使用者从各自的浮标身上寻求不同的能力：海洋学家主要关注可以在一定深度寻求精确跟踪水体的浮标设计，而气象学家在浮标上安装了气压传感器来实时收集用于天气预报的观测。尽管这两类使用者都尝试联合开展项目，但其主要要求在很大程度上不兼容，特别是在浮标尺寸和超出海面的裸露部分方面。世界海洋环流试验（World Ocean Circulation Experiment，WOCE）的海洋表面速度计划（Surface Velocity Programme，SVP）海洋浮标具有精确定量的水体追踪特征和已被经验证实的较长使用寿命，它的成功促使人们对开发能够满足两类使用者需求的低成本海洋气象漂流浮标重新产生兴趣。其结果是海洋表面速度计划气压计（SVP Barometer，SVP-B）浮标的诞生，DBCP 报告中介绍了其设计和使用（Sybrandy et al，2009）。该设计经过几年的改进和广泛测试后，又在原海洋表面速度计划气压计的基础上加入了新的气压计端口。这种低廉而稳定的压力传感器结合了数据过滤算法，消除了因浮标在波浪中反复浸泡产生的压力峰值。

一般漂流浮标测量的是海表面温度（Sea Surface Temperature，SST）和大气压强，并通过跟踪它们的位置确定表面洋流（埃克曼和地转所产生的洋流）。有些浮标也有传感器来测量风速、温度剖面和盐度。该浮标是由电池供电，通常电量可持续一到两年。该浮标是一次性的，可以由船员定期将其部署在海上。通常每小时进行一次观测，通过卫星传输数据。大部分浮标使用 Argo 卫星系统进行数据传输和定位，尽管新的系统，如 Iridium，目前正在作为一个试点项目接受评估。目前，用户可以在综合科学数据管理（Integrated Science Data Management，ISDM；http://www.meds-sdmm dfo-mpo.gc.ca/isdm-gdsi/drib-bder/index-eng.htm）和大西洋海洋气象实验室（Atlantic Oceanographic & Meteorological Laboratory，AOML；http://www.aoml.noaa.gov/phod/dac/gdp.html）网站获取到相关产品和数据。加拿大的综合科学数据管理成为代表 JCOMMOPS 负责搜集漂流浮标数据的国家海洋数据中心（Responsible National Oceanographic Data Center，RNODC）。2009 年 11 月 9 日全球漂流浮标状态如图 3.3 所示。

漂流浮标和志愿观测船是提供海面空气压力数据的主要来源，这些数据可用于运行全球和区域天气预报模型。漂流浮标提供的数据对于气候数据集十分重要。表面漂流浮标数据主要应用于降低卫星 SST 测量误差，绘制大尺度表面洋流，并确定它们在热量传输和 SST 分布形态和变化的产生上发生的作用。它们有价值的地方在于可以作为模型和卫星生产的洋流（埃克曼流和地转流）的独立检验工具，结合卫星高度计和卫星风场来估计绝对海表面高度（Niiler et al，2003；Rio and Hernandez，2003），并用于理解厄尔尼诺现象产生时表面输送发生的作用（Picaut et al，2002；Lagerloef et al，2003；McPhaden，2004）。Maximenko 等（2008）比较了浮标的平均速度和时间平均的地转流和埃克曼流的和，并得出结论：每 5°×5°（经纬度）一个浮标不足以捕捉表面洋流的主要特征。Dohan 等（2009）描述了在过去 10 年中来自浮标的数据质量和主要的科学发现。海洋表面流速有许多直接用途，如用于导航和漂移轨迹、海洋属性的对流计算、泄漏和合成孔径雷达（Synthetic Aperture Radar，SAR）的运作，等等。此外，漂流浮标数据也有广泛用途，比如，研究南极海冰区域内的物理特性和海冰气候学，跟踪淡水舌的季节路径（Sengupta et al，2006），改进气候态的海表面洋流（Shenoi et al，1999）等。

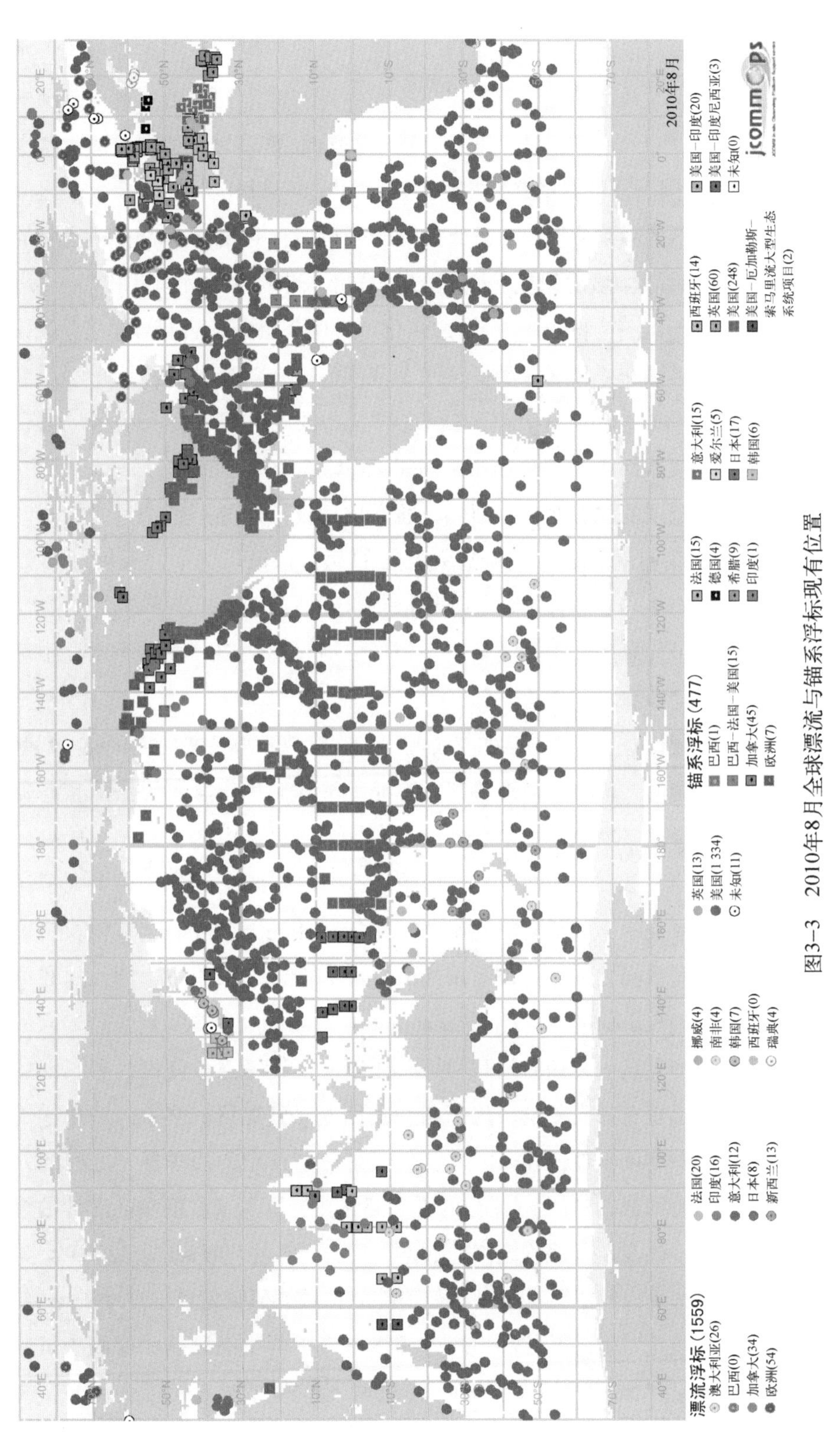

图3-3　2010年8月全球漂流与锚系浮标现有位置

圆点——漂流浮标；方块——锚系浮标（引自JCOMMOPS）

3.2.5 声波层析成像法

声音能在海洋中传播，但是电磁辐射不行。因此，对远程探测海洋内部来说，水下的声音是一种有效的工具。这项技术在海洋声波层析成像中得到应用，用于测量大范围的海水温度和流动（Munk et al，1995）。在海盆尺度上，这项技术也被称为声学测温法。这项技术在100~5 000 km距离的范围内，依赖精确地测量声波信号在声源和接收器两个仪器之间传播的时间。如果知道两种仪器的精确位置，飞行时间的测量可以用于推断声音在声道中的平均速度。声速的变化主要是由海洋温度的变化引起的。因此，测量飞行时间就相当于测量温度。海洋温度每发生1℃的变化，声速发生4 m/s的变化。采用断层摄影法的海洋实验通常都在一个锚系基阵中使用多个声源和接收器来测量某一个范围海域。声音被广泛用于小尺度的海洋远程探测（如声学多普勒流速剖面仪），但是与现场仪器及电磁辐射有关的区域性和全球性海洋观测中，声学测量仪器都还有待开发（Dushaw et al，2009）。

这项技术综合了大范围的水温变化，因此，通常控制单点观测的较小尺度的湍动和内波特征都被平均了，这样我们就能更好地得到大尺度的动力特征。例如，温度计（如锚定或Argo浮标）测量的数据有1~2℃ 的误差，所以需要大量的仪器来获得精确的平均水温数据。因此，为了测量海盆的平均温度，声学测量成本较低。由于射线路径在整个水柱中循环，层析成像测量也会同时平均掉深度的变化。

海盆和区域性层析成像被Ocean Obs'99（Koblinsky and Smith，2001；Dushaw et al，2001）接受，成为海洋观测系统的一部分。从那时起，在北太平洋利用声学测温法测量海盆尺度的温度已经有十几年了。在这一项目中，声源被放置在加利福尼亚中部（1996—1999年）和考艾岛北部（1996—1999年，2002—2006年），声源从这些地方传送到分布在中太平洋东北部和北部的接收器上。结果显示，与长期的几十年变化趋势相比，年际、季节以及更短周期的变化较大。声音传播时间数据之前已经被运用到简单的数据同化实验中，而且现在可以与海洋环流与气候评估计划（Estimating the Circulation and Climate of the Ocean，ECCO）的先进模型的同化产品相媲美。测量到的传播时间和利用海洋模型仅凭借卫星高度计和其他数据预测的时间有很多的相似处，也有很大差别，这一点并不让人感到惊讶。测量到的声学传播时间有它的不确定性，但这种不确定性要比海洋环流与气候评估计划的两种模型之间的差异要小得多。声学数据最终需要结合来自Argo浮标的上层海洋数据以及来自卫星高度计的海表面高度数据来探测深海温度，以及定量地确定多种数据类型的互补性（Dushaw，2003）。

此外，被动的声学法可以用于多种目的，如追踪、计数、研究发声海洋哺乳动物和鱼类；评估和监测海水升温和酸化对生态系统和生物多样性所产生的生态影响；探测核试验；探测和量化海啸，测量降雨量（Riser et al，2008），测量海下地震（如de GrootHedlin，2005）和火山的特性；监测高纬度海冰发出的声音；监测人类在海洋保护区域的活动以及用于商业用途。支持这些项目的声学测量法可以是实时的，提供了有关当地环境噪声源的信息，如海运、风、雨以及来自近海风力发电站的噪声源。

3.2.6 重复水文测量和碳清单

尽管在过去的几十年中各种技术得到进步，但是利用科考船进行水文测量仍然是获取整个水体的高质量、高的空间和垂直分辨率的全部物理、化学和生物参数测量数据的唯一方法（Hood et al，2009）。值得一提的是，志愿观测船和随机船一边巡航一边收集数据，而科考船则停在不同的地点，收集高垂直分辨率的海表面和次表层数据。船载水文测量对记录整个水柱，尤其对 2 km 以下的深海（占全球海洋水体的 52%）的变化来说是非常关键的。对以下来说，水文测量都是有必要的：①降低全球淡水、热量和海平面收支的不确定性；②确定自然和人类碳排放（有机的和无机的）的分布和控制措施；③运用化学示踪剂确定海洋通风，洋流路径和速率；④确定水团属性和通风的变化和控制措施；⑤确定海洋内部一系列重要的生物地球化学和生态属性的意义；⑥扩大研究长期变化所需要的水体观测历史数据库。

船载水文数据为比较来自浮标和其他自动平台和 XBT 的数据提供了质量标准，以评估它们的准确性及探测和纠正系统误差。船载水文测量成本高昂，但它能够测量其他方式不能测量的参数，并且测量准确度高，这种广泛而独特的能力使它能够抵消高成本的压力。成本因素限制了全球水文调查，从海洋表面到海底每年最多只有 103 个剖面，而 Argo 浮标每年能够提供 10.5 万份 2 km 以上水体的温度/盐度剖面。推荐的持续 10 年的水文测量断面参见图 3.4。

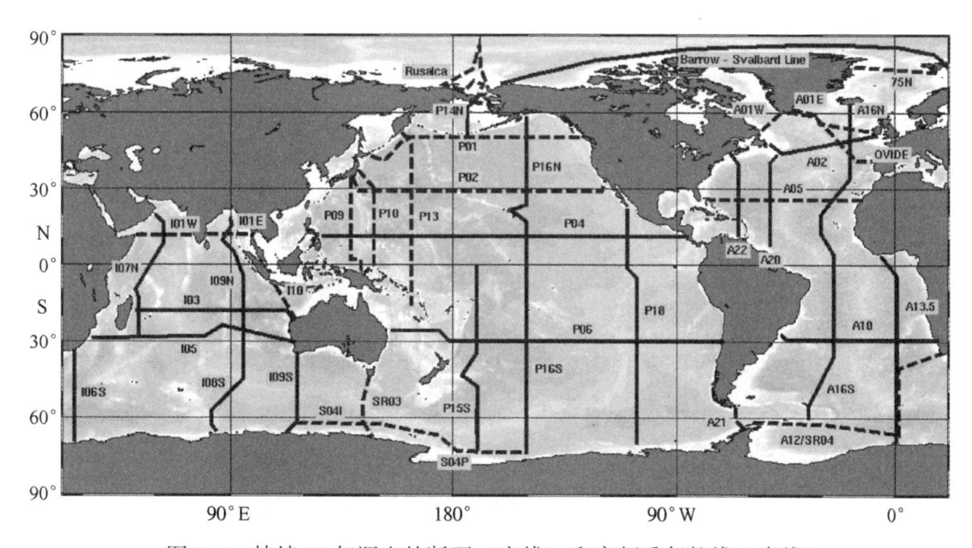

图 3.4 持续 10 年调查的断面（实线）和高频重复航线（虚线）

由于海洋中的 Argo 剖面浮标数量越来越多，而且在不停地运动，所以它们不能回收，传感器失效时也无法进行再次校对。电导传感器的主要问题在于它会因为生物附着或其他问题而产生漂移或偏差。为了确保数据的质量，通过将 Argo 盐度数据与附近高质量盐度/温度数据进行对比来调整电导传感器观测的盐度漂移（Wong and Owens，2009）。除了盐度漂移以外，浮标压力测量中的系统误差也是一个持续的问题（如 Willis et al，2008）。对于这两个问题，确认和纠正系统误差的过程和效果依赖和限制于附近船载电导温深传感器（CTD）剖面的数量和空间分布。对验证及纠正 Argo 所需的高质量 CTD 参考数据的要求尚未建立。同样，船载 CTD 数据也一直用于评估来自 XBT 的温度对深度误差的系统性变化，例如估计和调整仪器的下沉速度（Wijffels et al，2008）。由于未来 Argo 浮标可能会携带溶解氧、叶绿素 a、颗粒性有机碳以及其他要素的传感器，所以需要收集其他参数。

气候变化与可预报性研究项目以及碳水文数据办公室（Carbon Hydrographic Data Office，CCHDO）是全球最高质量的 CTD、水文、碳以及示踪物数据存储和分布中心。这些数据是世界海洋环流实验、气候变化与可预测性研究项目、国际海洋碳协调项目（International Ocean Carbon Coordination Project，IOCCP）以及其他海洋学研究项目过去、现在和将来的产品。调查人员获得的水文数据通过不同的方式汇集、验证、集成并分发给用户。碳水文数据办公室主要通过其网站 http：//cchdo. ucsd. edu 面向研究团体开放。

3.2.7 锚系系统

锚系设备能够观测一些描述、理解和预测大尺度海洋动力过程和海洋-大气相互作用所需要的关键变量。其中，海洋气象变量包括用以表征海-气界面的动量、热量和淡水通量的要素，有表面风、海表面温度、气温、相对湿度、下行短波和长波辐射、气压和降水；物理海洋变量包括上层海水温度、盐度和水平流速。通过这些基础变量可以推导计算出其他变量，如潜热和显热、表面净热辐射、穿透短波辐射、混合层深度、海水密度和动力高度（海平面的斜压分量）。锚系阵列的设计专注于观测这些海洋气象和物理海洋变量，但不是所有的锚系设备都能观测所有变量。此外，锚系设备同样可以支持测量大气、海水中二氧化碳含量及营养盐、生物光学特性和海洋声学性质的传感器（International Clivar Project Office，2006）。

全球热带锚系浮标阵列（Global Tropical Moored Buoy Array，GTMBA）由多个国家共同建设，为气候研究和预报提供实时气象和海洋观测数据（McPhaden et al，2009a）。这些浮标收集海洋和气象数据以供监测预报、气候研究使用，尤其是用于 ENSO 现象的研究。该阵列由太平洋中的 TAO/TRITON、大西洋中的 PIRATA 和印度洋中的亚非澳季风分析预测研究锚系阵列（Research Moored Array for African-Asian-Australian Monsoon Analysis and Prediction，RAMA）组成。这些观测系统是在全球海洋观测系统和全球气候观测系统框架下设计完成的。它们的主要目的是研究季节内到年代际尺度的过程，包括太平洋的 ENSO 和太平洋年代际振荡（The Pacific Decadal Oscillation，PDO），大西洋的经向梯度模式和赤道暖事件，印度洋中的 IOD 和大气季节内振荡（Madden-Julian Oscillation，MJO）以及平均的季节循环，包括以上三大洋中可能与全球变暖相关的亚洲、非洲、澳大利亚和美洲的季风和变化趋势。然而，这些观测将要弥补全球观测系统中的现场观测和卫星观测的不足。

全球热带锚系浮标阵列主要构建在美国国家海洋和大气管理局的太平洋海洋环境实验室（Pacific Marine Environmental Laboratory，PMEL）的自主式温度线采集系统锚系浮标（The

Autonomous Temperature Line Acquisition System, ATLAS）和日本海洋地球科学与技术局（Japan Agency for Marine-Earth Science and Technology, JAMSTEC）的三角越洋锚系浮标网的周边。自主式温度线采集系统锚系浮标的示意图、浮标和锚系设备上安装的不同传感器位置可以在太平洋海洋环境实验室的网站上获得。这些锚系设备有着特殊的性质，使得它们成为热带气候研究中一项有价值的技术。具体来说：①可以用来测量海洋-大气相互作用中的上层海洋和表层气象变量；②提供高时间分辨率（从分钟到小时）的时间序列测量值，以分辨高频海洋和大气波动的问题，相反，这些波动只能被纳入低频率气候信号；③可以被部署在固定格网的站点上并进行维护，因此所获得的测量值不会歪曲时间和空间的变化。表面锚系设备测得的数据可以通过 Argo 卫星实时传送到海岸上，这样不仅能保证业务化天气、海洋和气候预报中的数据使用，而且即使在锚系设备丢失的情况下也可挽回数据。在美国国家海洋和大气管理局太平洋海洋环境实验室的全球热带锚系浮标阵列网站（http://www.pmel.noaa.gov/tao/global/global.html），以及世界各地其他合作机构运维的若干网站上，这些数据每天都更新，并能够免费获取。Argo 服务系统每天分若干次将这些数据插入到全球电传系统的数据中。有关全球热带锚系浮标阵列中使用的不同类型的锚系设备（包括次表层声学多普勒海流剖面仪和深海锚系设备）的详细信息，见 McPhaden 等（2009a）的文章。锚系设备传感器的规格参数（精确度、分辨率、探测范围）、传感器的校正程序及实时与延时数据流的质量控制方法可以从太平洋海洋环境实验室和日本海洋地球科学与技术局的网站上获得。全球海洋热带锚系浮标阵列的当前状态如图 3.5 所示。

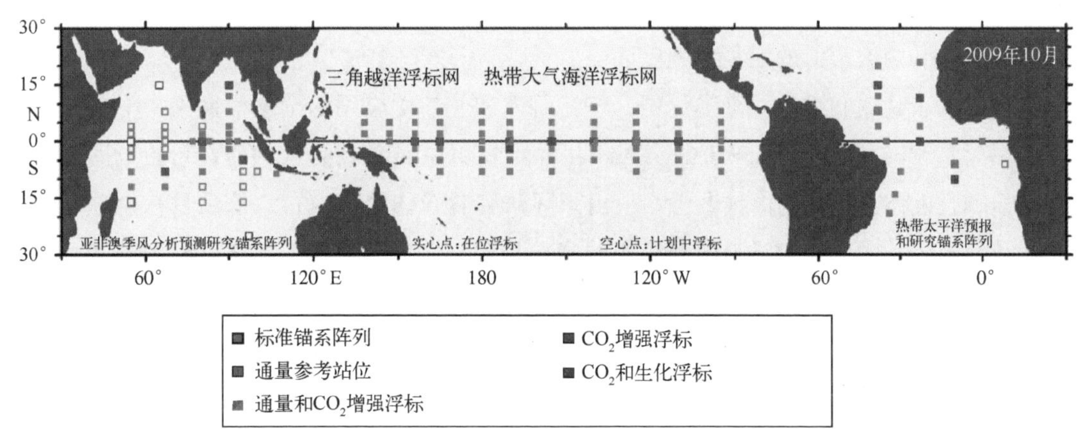

图 3.5　2009 年 10 月全球热带锚系浮标阵列［引自 McPhaden 等（2009）］

自 1985 年热带大气海洋/三角越洋浮标网建设开始，它的数据已经在超过 600 家参考杂志出版物中被使用过。过去的 25 年中，热带大气海洋/三角越洋浮标网已经成为赤道附近上层海洋温度数据的主要来源。热带大气海洋/三角越洋浮标网数据显示，上层海洋 300 m 深的平均温度变化通常能够比代表上层海洋热含量的 Niño 3.4 海表面温度（5°N—5°S，170°—120°W 区域平均的海表面温度异常）提前 1~3 个季度。在数据记录末端，热含量集聚，接着 Niño 3.4 海表面温度上升，表明当前 2009 年厄尔尼诺事件正在发展。上层海洋热含量与 SST

的这种关系不仅验证了充电振荡理论，同时也凸显了热含量作为 ENSO 可预测性主要依据的重要作用。与动力 ENSO 预测模型中上层海洋温度的同化类似（如 Latif et al，1998），这种简单的关系也使得上层海洋热含量成为一些统计性 ENSO 预报模型中的一个预测因素（如 Clarke and Van Gorder，2003；McPhaden et al，2006）。热带大西洋中的预报和研究锚系阵列数据在确定热带北大西洋地区过去 10 年中观测到的海表面温度变化原因中发挥着重要的作用（McPhaden，2008）。受短波辐射和水平平流的影响，热带北大西洋海表面温度的年际变化似乎主要与风-蒸发-海表面温度之间的反馈大致相关（Chang et al，2001）。

在建设初期，亚非澳季风分析预测研究锚系阵列就为描述和理解印度洋季风易变性提供了宝贵的数据支撑。例如，从东经 90°的近赤道锚系设备获取的前 3 年数据中能够明显看出上层海洋温度、盐度和纬向速度中存在一个显著的半年变化周期（Hase et al，2008）。这种半年际速度变化被称为“维尔特基射流（Wyrtki Jets）”，其纬向物质输送在很大程度上受控于风强迫的线性动力（Naguraand McPhaden，2008）。另外，在 30～50 d 的季节内时间尺度上，这种变化也受到大气季节内振荡的强烈影响（Masumoto et al，2005）。与其相比，在赤道上的经向速度变化主要受控于更高频率（10～20 d 周期）的振荡，这种振荡不仅在上400 m 深度比较明显，甚至在 2 000 m 以上都比较明显（Murty et al，2006；Ogata et al，2008）。Sengupta 等（2004）把这种振荡认定为风强迫和罗斯贝（Rossby）重力波混合作用的结果。亚非澳季风分析预测研究锚系阵列数据表明，在赤道附近的东部海盆中，海洋次表层的温度变化要比海洋表面提前一个季度，这意味着像太平洋的 ENSO 事件一样，上层海洋的热结构也许能够作为印度洋电偶极子可预测性的一个依据。锚系浮标数据通常被用在海洋状态评估、业务化海洋分析、业务化大气分析与再分析中，也被广泛应用在模式验证，以及表面风、海表面温度、降水和短波辐射的卫星观测验证中。

此外，为了建立和维护一个多学科、广泛研究和业务化应用的全球性网络，形成了新的项目——“海洋站位”（OceanSITES；Send et al，2009）。该项目是公共海洋可持续时间序列测量的全球性网络，被称为海洋参考站，由国际研究者合作团队执行。该项目在全球不同的固定地点，提供从大气和海洋表面到海底的多种物理、生物、地理、化学以及大气变量的时间序列数据。该项目的锚系设备也是国际海洋观测系统的有机组成部分。它们通过增加时间和深度两个维度，为卫星和其他现场数据提供了补充。所有海洋站位数据都可以公开获取。关于该项目的更多信息请参考网站 http：//www. oceansites. org。

3. 2. 8 Argo 剖面浮标

Argo，“海洋无线电探空仪”是一个革命性的概念，提高了全球无冰海域 2 000 m 以上深度的温度和盐度的实时观测能力。这一概念不包括高纬度地区，因为早期的浮标不能在冰面以下取样。但是，近年来浮标设计方面的技术进步已经赋予了我们这种能力。我们在重新设计的硬件（如配置了加强冰面天线的装甲冰面浮标）、软件（如去除冰计算方法和开阔水域测试）和通信系统（铱星）技术上的进步，使得传输存储冬季剖面数据成为可能。根据地转理论以及海洋参考面速度，这些数据可用于描述全球上层海洋温盐结构和洋流在季节和年际时间尺度上的变化。在独特的全球协作之下，已经建立了一个拥有大约 3 000 个浮标的全球性阵列，空间网格分辨率为 3°× 3°。

这些浮标数据对研究上层海洋状态和海洋气候变化的形态，包括热量和淡水储存和输运，起到了很大的作用（Freeland et al，2009）。这些数据都是由生命周期中的大部分时间随着深度为 1 000 m 或 2 000 m（它们比海水的可压缩性小，被固定在一个等深度层）的洋流漂流的 Argo 浮标获取的。通常间隔 10 d 浮标就会将液体抽到外面的浮囊，然后浮出水面（大概需要 6 个小时）并且测量温度和盐度剖面。在海面上，数据会下载到卫星（Argo 或铱星）上，同时也会获得一系列的浮标位置。任务完成后，浮囊缩小，浮标回到最初的密度，然后返回漂流深度，开始下一个循环（通常是 10 d）。用户可以通过两个渠道获得 Argo 数据—— 实时（只纠正或标记大的错误）或者延时模式（盐度值已经过熟悉特殊地理环境的专家订正）。目前延时模式数据发送系统已经完全实现。实时数据会放在 GTS 上，它会将数据（主要是气象数据）发送给全球的业务中心。也可以通过两个相互关联的 Argo 全球数据收集中心（Global Data Assembly Centre，GDAC）获得这些数据，即位于法国布雷斯特的科里奥利和位于美国加利福尼亚州的美国 GODAE（USGODAE）服务器。关于 Argo 系统 2010 年 9 月全球浮标分布报告见图 3. 6。

直接观测系统和遥感观测系统是相互补充的，而 Argo 浮标就是联结两者的纽带。它填补了存在于全球采样网络中的一大空白，为估计海面以下的状态提供了重要信息。Argo 和卫星高度计的结合促成了新一代应用的产生。时间尺度从周到几年的全球海平面分布，可以用充足的上层海洋层化知识来解释了。全球海洋和气候模式的初始化和测试仍受到迄今为止仍无法获得的一些信息的限制。从这一阵列中获得的漂流估测数据还将用于估计深层压力场（参考面）。

高度计和海平面观测网每隔 10 天共同提供全球海表面高度（Sea Surface Height，SSH）随时间变化的精确测量数据。在季节或者更长的时间尺度上，海平面高度是受次表层密度控制的。海平面的变化主要是由于海盆在相对较长的时间尺度上发生体积和形态的变化而引起的。体积的变化是由海水密度（比容）和质量（水面升降）的变化引起的。水柱的温度（热比容）和盐度（盐比容）的变化会改变海水的密度，而陆地上和北冰洋、格陵兰岛的冰川融化则会改变海洋中的水体质量。海盆形状的变化是由于陆地的垂直运动，这与当地的构造活动和后冰期地壳回弹有关。比容和水面升降对整体海平面上升的影响可以分别用 Argo 剖面浮标和重力恢复与气候试验（Gravity Recovery and Climate Experiment，GRACE）进行量化，可以间接地与高度计测得的海平面数据进行比较。在全球尺度上，Argo 、Jason 和卫星重力观测将海平面上升划分为与比容和质量相关的两个组成部分（Willis et al，2008；Cazenave et al，2009；Leuliette and Miller，2009；Wunsch et al，2007）。

Argo 数据的应用多种多样，包括 ENSO 预测模型初始化，短期海洋预报初始化、高质量全球海洋分析产品的日常生成，以及年际和年代际时间尺度的可预报性研究。已经证明，即使是在全面部署 Argo 阵列之前，Argo 剖面数据已经使季节预测技术有了实质性的改善（Balmaseda and Anderson，2009）。Argo（提供覆盖空间）和锚系设备的结合满足了研究赤道波传

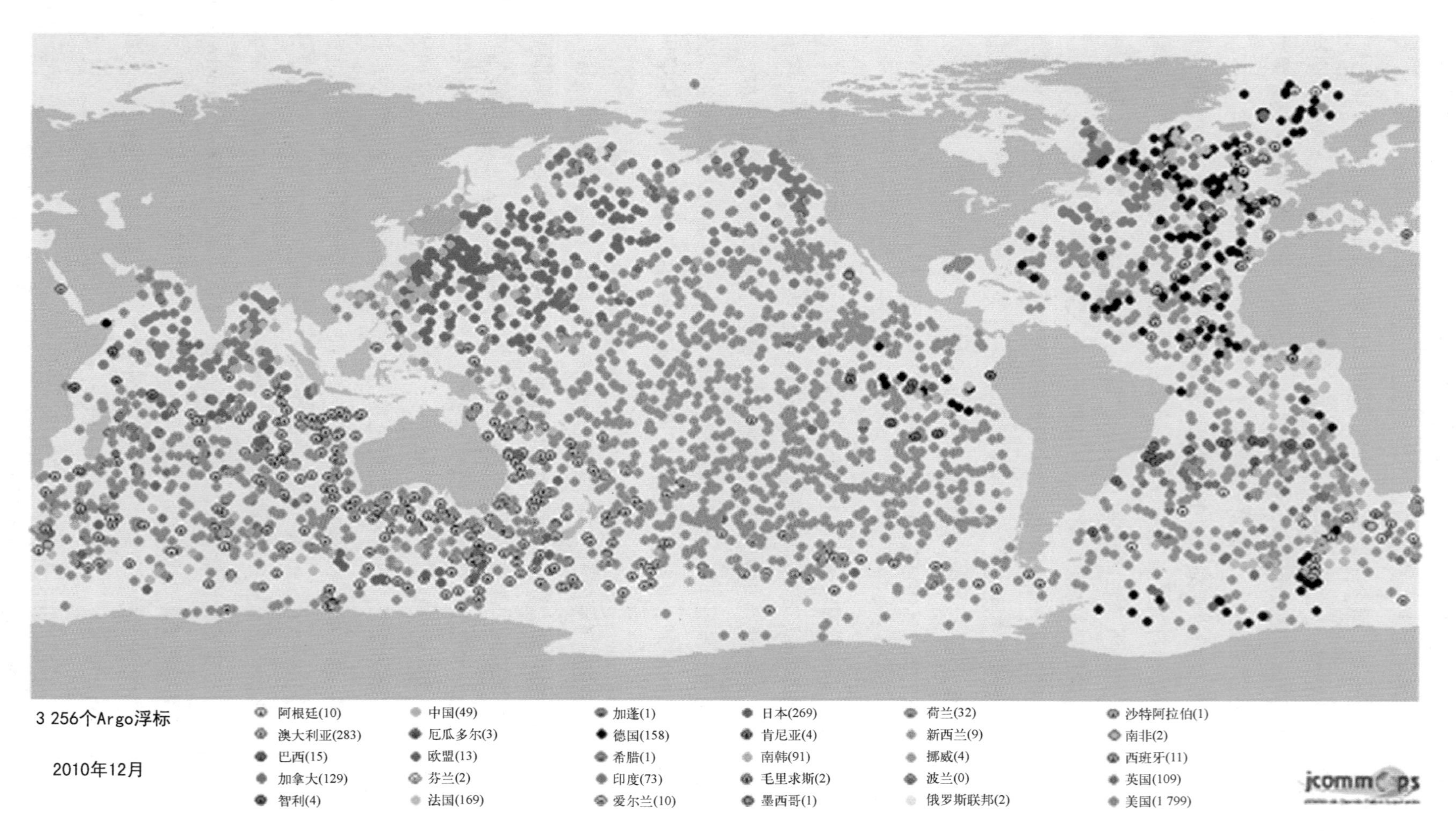

图3 6　2010年12月Argo数据系统中Argo监测浮标位置全球分布报告（引自JCOMMOPS）

播和季节内变化以及在更深层次（Matthews et al，2007）、赤道带之外以及所有海域（Cai et al，2005）观测热带变化的高时间分辨率的需求。Argo 和亚非澳季风分析预测研究锚系阵列的数据曾经被用于解释海-气相互作用对 2008 年的毁灭性热带气旋纳尔吉斯生成的作用（McPhaden et al，2009）。

热量和淡水是气候的基本组成元素，而气候变化可以通过追踪热量和淡水在大气、海洋、陆地以及冰圈之间的输送、存储和交换来量化。全球海洋的温度和盐度剖面数据可以估算热量和淡水的存储和大尺度输送［Freeland 等（2009）及相关文献］。尽管 Argo 能够提供有关海洋在行星热量和水体收支中的作用信息，但是，由于边界流、锋面和涡旋在观测取样时需要更高的分辨率，边界流（Send et al，2009）在海洋热量输送中以及深海在热量储存方面的重要作用还没有得到充分的观测。海洋最为直接的影响来自于表面效应，即海表面温度和海平面变化。卫星提供了 SST 的全球视图，将来还会提供海表面盐度。这些数据需要现场观测进行校正以及解释。Argo 可以满足这两种要求。例如，Uday Bhaskar 等（2009）运用卫星和现场观测数据，研究表明 Argo 近表面（5 m 或 10 m）的温度在印度洋中可以用作 SST。Argo 对全球表层结构的观测为大气-海洋的相互作用研究做出了贡献［Freeland 等（2009）及相关文献］。

海水盐度是“全球水循环”变化中的一个重要成分（指标）。它提供了有关海洋与大气（如蒸发、降雨）和全球气候系统的陆地和冰冻圈分量进行淡水交换的信息以及海洋内部储存的信息。海水盐度是一个基础的海洋状态变量，也是海洋洋流的示踪剂。海洋洋流是重要的海洋动力过程，支配着海洋热量和碳的摄取和重新分配，是全球气候系统的重要元素。因此，在全球气候变化背景下，了解和预测全球水循环只有在了解了水循环中的海洋分支之后才能完全实现。同样，海水盐度变化也对海洋和大气之间的二氧化碳交换产生了直接的影响，而且可能会影响海洋物种和生态系统。

目前，对海水盐度变化的了解受到了缺乏足够的长期盐度记录的阻碍。可用的观测数据表明，在有些海域正在发生相当程度的盐度变化。不幸的是，仍然不清楚这些变化是否由自然变化引起，包括哪些过程，是否与全球水循环系统中的其他组成部分（如降雨）的变化相关，这种变化持续了多久，以及这种情况可能会覆盖多大范围。Argo 浮标观测网络就是全球盐度观测系统的关键组成部分。

3.2.9 高频雷达

实时海面洋流信息是理解沿岸区域海气相互作用和动力学过程的重要补充。沿岸海面洋流信息与风和潮汐等其他物理现象之间互相关联。高频（High-Frequency，HF）雷达已用于观测海面流场和海浪谱。高频雷达的物理原理是基于一个动态的粗糙海面的后向散射。雷达发射 6~30 MHz 的电磁波（50~10 m 波长），此电磁波借助地面波传播，越过地平线，沿着海面行进，然后被电磁波半波长处的海浪散射回来（布拉格散射）。散射信号是多普勒谱的测量值，多普勒谱是由动态波及携带海洋波的海面洋流速度而引发的。沿传导海面（地波）行进的引导传播使得超视距测量成为可能。采用多普勒谱的二阶海洋回波，也可以推断海浪波高和方向谱。后向散射信号的多普勒频移用于测量与雷达站相对的径向洋流速度。如果两个雷达站从两个不同角度测量某一片水域的径向速度，则可以计算出海面速度的两个水平分量。所测量的海面洋流是指在约几千米区域内的距离和方位上，在海洋上层 0.5 ~ 1 m（散射海洋波的穿透深度)，十多分钟的测量时间内测量得到的水平平均值。这些雷达站提供近海 300 km 范围内的海面流速和波浪信息。如要了解高频雷达详细理论信息，请参考更多文献（例如，Gurgel et al，1999；Barrick et al，1985）。

作为海洋综合观测系统（Integrated Ocean Observing System，IOOS）的一部分，美国已经在其西部和东部海岸安装了大量的高频雷达。原型实时数据结构早期是通过国家科学基金会（National Science Foundation，NSF）资助而开发的。现在，由斯克里普斯海洋所的近岸海洋观测研究和发展中心（Coastal Observing Research and Development Center，CORDC）通过国家数据浮标中心（National Data Buoy Center，NDBC）和国家海洋服务（National Ocean Service，NOS）授权与管理的联合开发项目，将原型实时数据结构与现有的高频雷达数据网络整合在一起，并且由美国国家海洋和大气管理局海洋综合观测系统项目办公室监督（Terrill et al，2006）。在罗格斯大学近岸海洋观测实验室（Rutgers University Coastal Ocean Observation Lab，RUCOOL；http：//marine. rutgers. edu/cool）可找到详细的在线参考资料（其包括高频雷达原理介绍)。另外，在 http：//cordc. ucsd. edu/projects/mapping/maps/网站还可找到美国东/西海岸沿海雷达的安装地点及其日平均的海面流数据（6 km）。

Kohut 等（2008）详细解释了对锚系海浪和海面漂流浮子观测海流的验证的详细情况。Gopalakrishnan（2008）已经报道了利用高频雷达观测海面洋流以及将其同化至纽约港观测和预报系统的情况。所有的海洋近岸站周围都安装了很多沿海海洋雷达。沿海海洋雷达提供的数据对于很多业务化应用和研究而言都十分有用（http：//www. codar. com/bib_05-present. htm）。

3.2.10 滑翔机

滑翔机是一种小型自主水下航行器，其研制目的是在海洋上层 1 km 进行现场观测。由于具备一定程度的可操作性和位置控制功能，因此其可以提高剖面浮标的观测能力。滑翔机工作时，沿着可重复编程的路线（使用双向卫星链路)，在海面至 1 000 m 深度内按锯齿形轨迹行进。在潜水深度为 1 km 时，表面距离有 2~6 km 。另外，其垂直速度可达到 10~20 cm/s，而前进速度可达到 20~40 cm/s，每次回收之前，可运行几个月的时间（Davis et al，2002)。它们还可以记录温度、盐度和压力数据，并且根据模型的不同，还可以记录一些生物地球化学数据，例如：溶解氧及各种角度/波长情况下的荧光/光散射等（叶绿素 a、CDOM、藻红蛋白、浊度等)。除此之外，还可以为其配备声学调制解调器和水听器，以进行水下定位和水下数据遥测。

滑翔机在没有螺旋桨的情况下，可以沿着小幅度倾斜路径在水下“飞行”。随着体积变化（通过填充外部油囊)，其可产生正浮力和负浮力。借助于固定翼，在浮力作用下，会产生前进及垂直运动。因此，滑翔机以锯齿形路线移动，在密度比周围的水高时向下滑行，而有浮力时向上滑行。通过修改内部质量分布，可以控制齿距和辊。滑翔机能自动调整浮力中心位置和重心，从而获得预期的上升/下降角度。通过航点列表，使用舵或辊进行导航。高效的推进系统可以使滑翔机运行几个月，而在此期间，运动距离可高达数千千米。

Davis 等（2008）已经在东太平洋的相同断面重复操作驾驶滑翔机很多年了。通过多年来沿着美国的太平洋和大西洋（Castelao et al，2008；Glenn et al，2008；Perry et al，2008）海岸长度相似断面操作滑翔机，可证明滑翔机有能力在近岸海洋环境（10~100 m 深）至远海（离岸几百千米）0~200 m 或 0~1 000 m 区域测量海洋局部垂直结构。滑翔机其他方面的重要信息如下：①使用一组电池的最长滑行断面达 6 000 km（Eriksen and Rhines，2008）；②可穿越很大的洋流（例如：湾流，Nevala，2005）。在综合海洋观测系统（The Integrated Marine Observing System，IMOS）下的澳大利亚国家海洋滑翔机机构（The Australian National Facility of Ocean Gliders，ANFOG）使用滑翔机观测澳大利亚周边的边界流和陆架过程。

滑翔机技术正在迅速发展，其将成为各个海洋区域水团和海流监测的理想装置。在陆坡或陡峭地形附近的辐散或边界流区域中，滑翔机能广泛观测次表层参数。这也将有助于理解中尺度和次中尺度过程。目前，在区域和全球模型中（Testor et al，2009），滑翔机观测的温盐数据同化已经投入业务化。另外，法国布雷斯特科里奥利数据中心也正在对实时数据进行归档。

3.3 海盆尺度观测系统——IndOOS

在太平洋、大西洋和印度洋这三大洋中，印度洋是唯一一个未开阔到北部副热带海域的大洋。这是由于亚洲大陆的存在，使得印度洋仅局限于北纬 25°以南。因此，印度洋无法像太平洋和大西洋那样通过它们的西边界流将从热带地区获得的热量向北输送到更高的纬度。此外，印度洋是唯一一个在其东边界的低纬海域有开口的大洋，通过印度尼西亚贯穿流从热带太平洋获得额外的热量。这种独特的地理环境对海洋环流的物理机制有着重大意义，因此对海洋气候和生物地球化学的研究也十分有益，并且也赋予了印度洋多项独特特征。热量沿澳大利亚西海岸向南输送到南半球的亚热带。因此，印度洋具有独特的三维海流和海气相互作用系统，其通过重新分配热量，使海洋长期保持热量平衡（International Clivar Project Office，2006）。此外，季风系统的强烈影响使得海洋上层产生明显的季节性变化。以前在尝试观测和模拟海洋的多变性时，发现了许多从季节内到年际再到年代际甚至更长时间尺度现象变化谱峰的。这些现象的组合和它们之间的相互作用，可在印度洋上或周围引起显著的气候变化。尽管印度洋扮演着如此重要的角色（例如：季风和气候变化）以及其通过大气桥影响着全球气候变化，然而，印度洋还没有一个长期持续有效的观测系统，从而使得印度洋在这三大海盆中是被观测最少的大洋。由于认识到了这一观测缺口，在 Ocean Obs'99 会议后，人们对印度洋的观测表现出了极大的热情，并且在 CLIVAR/GOOS 印度洋工作组的协调下制定了印度洋观测系统计划（Indian Ocean Observing System，IndOOS；Meyers and Boscolo，2006）。印度洋观测系统和区域观测系统示意图如图 3.7 所示。

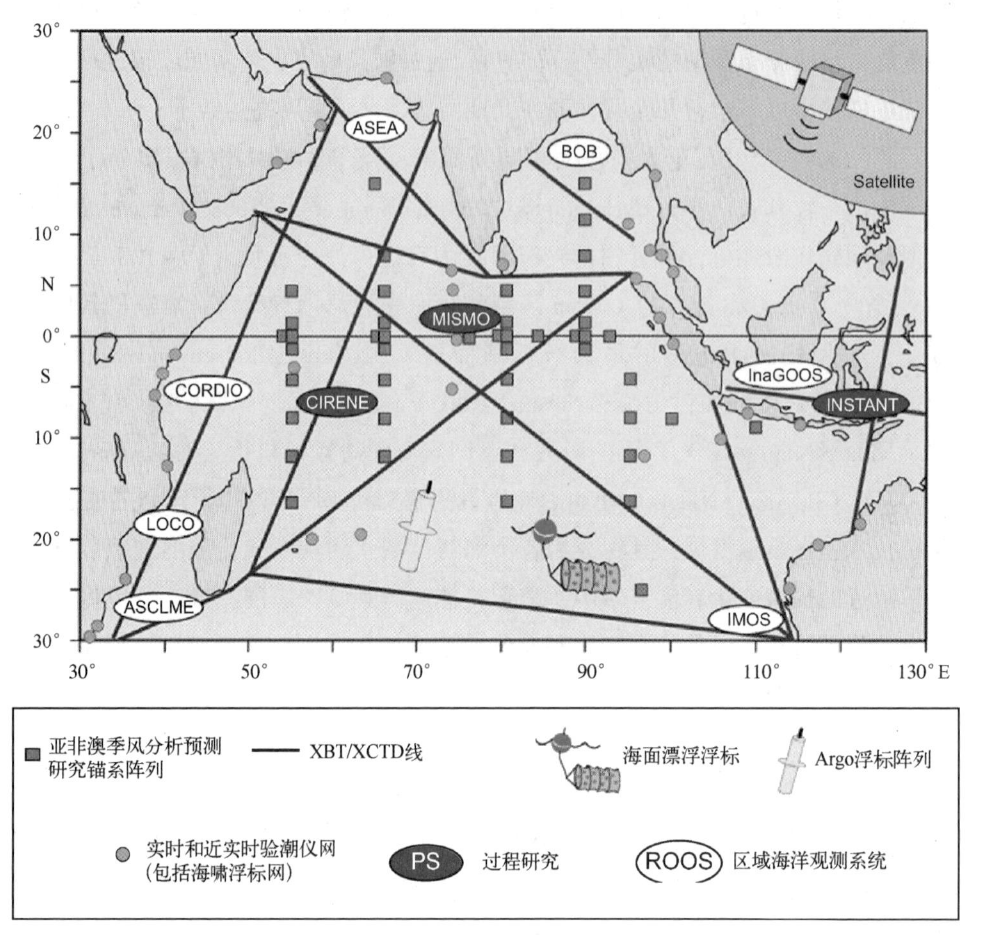

图 3.7　印度洋观测系统示意图

图中详细给出了印度洋观测系统固定地点现场观测情况，印度洋内 Argo 和海面漂流浮标的大面积分布和整个海域的卫星表面观测

为了加快了解印度洋在气候系统及其可预报性中发挥的作用，需要解决的几项突出的与观测相关的研究问题如下：①季节性季风变化和印度洋；②季节内变化；③印度洋纬向偶极模态与 ENSO；④印度洋上层的年代际变化和气候变暖趋势；⑤南印度洋和气候变化；⑥环流及印度洋热收支（印度尼西亚贯穿流、浅层和深层翻转流）；⑦印度洋生物地球化学循环；⑧业务化海洋学。印度洋观测系统的每个组成元素状态简述如下。

3.3.1　锚系

海盆尺度锚系阵列对理解和识别在季风季节内振荡（Monsoon Intraseasonal Oscillation，MISO）和季节内振荡（Madden-Julian Oscillation，MJO）中海洋可预报性作用的限制而言非常重要。季风季节内振荡和季节内振荡是长期持续的天气模式，需要 4~8 周的时间，以系统性方式发展。这种强烈而持久的、与季风季节内振荡和季节内振荡相关的气象条件和海洋混合层的温度及盐度结构进行强烈的相互作用，然而，人们并不了解其物理机制，也未将其完全纳入耦合模型。目前，并不了解季节内变化过程中海面洋流所起的作用，也不甚了解大气-

海洋之间的热量和淡水通量。该阵列将提供与这些过程相关的重要信息。同时，也需要了解混合层动力学和洋流在年际变化中的作用，如印度洋偶极子。若没有此阵列，不可能获得业务化的海洋状况评估信息，例如每天的洋流分布产品和海上工业和国防所需的温度结构。尽管这份报告主要关注的是海洋观测，但是气象观测（尤其是锚系）对与天气预报和再分析相关的数据同化问题有着极其重要的价值。

海下锚系阵列，即亚非澳季风分析预测研究锚系阵列（McPhaden et al，2009）共有46个，其中38个是自主式温度线采集系统/三角越洋类型的海面锚系浮标。这些海面锚系中有7个被选为海面通量参考站点，以加强通量观测。海面锚系系统可以观测海面至500 m深水域的温度和盐度剖面及海面气象变量。这些观测到的数据通过Argo卫星进行实时传输。除了这些海面浮标外，沿赤道还有5个次表层ADCP锚系，以观测赤道上层的流速剖面；而在赤道区域的中央和东部，还有3个配有ADCP的深海流速锚系。通过观测系统模拟实验，可评估和支持亚非澳季风分析预测研究锚系阵列设计（Oke and Schiller，2007；Vecchi and Harrison，2007）。最近几年，阵列已被快速布放，大部分通过两个国家之间的各项活动，例如日本、印度、美国、印度尼西亚、中国、法国、荷兰和南非。

这一锚系阵列的早期观测，为印度洋多变性分析提供了宝贵的数据集［Masumoto等（2009）及相关文献］。例如：在赤道90°E处经过长期海流观测发现：无论是纬向分量还是经向分量，均有显著的大振幅季节内变化以及众所周知的半年和年变化。同时，亚非澳季风分析预测研究锚系阵列数据用于捕捉2006—2008年间3个连续的印度洋偶极子事件的次表层演化情况，在温跃层深处，在印度洋偶极子事件的表面特征出现前的几个月出现了明显的负温度异常。锚系数据也用于观测海洋对台风纳尔吉斯（其于2008年5月2日登陆缅甸）的响应。当纳尔吉斯靠近孟加拉湾15°N、90°E亚非澳季风分析预测研究锚系阵列的浮标时，发生了剧烈的海洋混合且海面失去了巨大的湍流热量（~600°W/m^2）（McPhaden et al，2009c）。另外，利用亚非澳季风分析预测研究锚系阵列的海面锚系，还可以研究塞舌尔-查戈斯温跃层脊区海洋上层对季节内振荡的强烈响应过程（Vialard et al，2008）。

3.3.2 Argo剖面浮标

Argo浮标是印度洋海洋现场观测中的另一项革命性变化。这些浮标于2003年开始建设，作为描述全球季节和年际时间尺度的海洋上层热盐结构和环流变化的一部分。这些浮标资料及卫星和其他现场观测数据，将有助于理解海洋环流形态及其对全球气候变化的影响，并且可提高季节气候变化的预测技能。印度洋（40°S以北）需要450个浮标才能满足Argo设计要求，即每个3°×3°网格放置一个浮标。2009年10月31日，大约启用了441个浮标。离达到目标仍然有一些差距并且发现某些地方所需要的浮标比计划的要多。Argo计划前所未有的密度和地转流的空间和时间覆盖范围为环流研究打开了一个新视角。这些新的观测与模型相结合可能会解决许多悬而未决的问题。

由于许多不同的作者研究印度洋的诸多方面，从而通过印度洋的Argo观测，可提出许多新见解。Argo使得人们可重新了解阿拉伯海上层海洋变化，例如：在反向季风期间夏季降温，阿拉伯海高盐水团（Arabian Sea High Salinity Water mass，ASHSW）核心深度的时间变化，浮力通量变化及其对海气相互作用产生的影响，在季风后期印度肯帕德湾低盐羽的识别，西阿拉伯海混合层的变化，观测到的障碍层的季节变化，台风过程中海洋上层温度和盐度的重要性，揭示显著的南半球热带印度洋次表层变暖的西向传播（其与倾斜的温跃层上的罗斯贝波相关），在南半球的夏天期间，南热带印度洋季节内时间尺度的海面降温加强，等等。在模拟印度洋温度和盐度时，这些数据可用于研究同化的影响［Masumoto 等（2009）及相关文献］。

3.3.3 随机船/抛弃式温深仪线

几条随机船抛弃式温深仪线得到了频繁重复的高密度断面数据。在印度洋中，这些频繁重复的线是很窄的航线，几乎精确重复的断面。为了避免混淆该区域强烈的季节内变化，建议每年至少观测 18 个断面。该 CLIVAR/GOOS 印度洋工作组审查了从印度洋采集的 XBT 样品并且根据其监测的海洋特征对这些线路进行了优先级划分（International Clivar Project Office，2006）。优先级最高的是线路Ⅸ1 和Ⅸ8。由于贯通流在气候系统中占有十分重要的作用，印度洋工作组建议每周对Ⅸ1 采样 1 次。Ⅸ8 监测进入西边界地区的海流和塞舌尔-查戈斯温跃层脊，即年际时间尺度中海气相互作用异常强烈的区域。事实证明，Ⅸ8 在逻辑上难以实现，因此可能需要换另一条线路。

到目前为止，全部或部分以印度洋频繁重复的抛弃式温深仪线路为基础的相关研究论文已发表了 50 余篇。研究结果包括了解主要的开阔海区洋流体积输运的季节、年际和年代际变化、热结构季节和年际变化特征及其与气候和天气之间的关系（例如印度洋偶极子和热带气旋）、表层热收支情况以确定海表面温度之间的关系、从年际到年代际时间尺度的温跃层和海洋环流的深度、罗斯贝和开尔文波传播情况、模型中的热结构及洋流变化的验证［Masumoto 等（2009）及相关文献］。

3.3.4 漂流浮标

印度洋海面漂流浮标的设计要求是每个 5°的箱子布放一个浮标。截至 2009 年 11 月，在印度洋 40°S 以北区域，启用了 62 个浮标，而在北印度洋只有 10 个浮标。印度洋面临的一个问题是强亚洲夏季季风把浮标吹出北印度洋。考虑到浮标随洋流移动，为保持所需数量的浮标，几种可能的方案如下：①重新制定标准；②在这些海域需要采用不同的观测平台；③为维持 5°取样，浮标的设置和摆放需要更加频繁。设计的采样密度能支持卫星 SST 的校准及建立气候态的表层流场。据我们所知，还无法确定在月际时间尺度上绘制表层流场图所需要的采样密度，但是至少应在模型和再分析中验证表层流场。

3.3.5 数据管理

http：//www. incois. gov. in/incois/iogoos/home_indoos. jsp 门户网站为可提供基于印度洋观测系统（IndOOS）支持所收集到的印度洋数据，此网站是依赖于数据存档的分布式网络，其主要理念旨在提供印度洋有关数据和数据产品的一站式服务。该系统的核心是在印度国家海洋信息服务中心维护网站端口，通过 OPeNDAP 和 ftp 协议可直接访问数据。利用服务器［例如现场访问服务器（Live Access Server，LAS）］上目前可用的定制网页工具，可浏览网页和搜索数据。这些分布式数据存档由单个团体保存在各自的机构中，通过网站端口向社区开放。此端口有利用锚系阵列、Argo 浮标、XBT、表面漂流浮标和验潮站进行海盆尺度观测所获得的数据，来自区域/沿岸观测阵列（Regional/Coastal Observation Arrays，ROOS）在阿拉伯海（The Arabian Sea，ASEA）和孟加拉湾观测的非洲沿岸边界流、印度尼西亚贯穿流、澳大利亚沿岸流（EBC）和深层赤道流的数据。除此之外，还可获得卫星网格化数据集，例如海表面温度（TMI）、海表面风（QuikSCAT）和海表面高度异常（融合的高度计产品）。为印度洋观测系统作出贡献的机构承诺会遵守 CLIVAR 数据政策（http：//www. clivar. org/data/data_policy. htm）。

印度洋观测系统提供了许多与国际项目相关的计划实施研究骨干，例如：Vasco-Cirene、用于研究季节内振荡对流开始的未来印度洋航次（Mirai Indian Ocean Cruise for the Study of the MJO-Convection Onset，MISMO）、印度洋温跃层岭（Thermocline Ridge of the Indian Ocean，TRIO）、关于 2011 年季节内变化的印度洋实验合作（Cooperative Indian Ocean experiment on intraseasonal variability in the Year 2011，CINDY2011）、季节内振荡动力机制（Dynamics of the Madden-Julian Oscillation，DYNAMOM）及热带对流年。印度洋观测系统还支持印度洋周围多个区域的观测系统，这样可以进一步扩大印度洋观测系统。为了加强印度洋区域的交叉学科研究，与生物地球化学参数观测相结合是未来必然要迈出的一步。观测海表面盐度分布的新卫星是印度洋的另一项重要挑战，其中阿拉伯海和孟加拉湾之间的巨大盐度反差对周围区域气候系统起着重要作用。

3.4 总结

海洋观测数据的分析和解释需要了解每个不同时间和空间尺度过程的特征，即从时间持续几秒钟、空间尺度几厘米的湍流漩涡（高频）到时间尺度几天至几个世纪空间尺度几十千米到几千千米的风强迫和热力驱动的洋流（低频）。发生在这些空间和时间尺度上的有海洋内及跨越海气界面的动量、热量、盐和其他示踪剂的交换。观测系统应该通过没有较大缺测的连续观测来分辨从几秒到几十年的时间尺度，在空间上应该尽可能接近。在扰动强烈或极端天气事件发生期间，这些观测装置应能抵抗得住并且提供高质量数据。业务机构应能实时获得这些观测数据。

通过对各种过程的观测，已经促进了海洋学的研究进展和范式转换，特别是，使用平衡方程式解释、量化、合并、参数化这些过程的理论和模型已经取得代表性进展。具有较大代表性的实例包括艾克曼传输、边界洋流的西向强化和季节性浮游植物水华。海洋数据局限性表现在原始数据的数量和变量的多样性方面。如考虑到海洋环境的空间尺度和感兴趣的时间尺度，这也是不足为奇的，因为这两者都跨越了数十个量级的变化，再加上海洋的生物、化学和物理条件非常复杂。Dickey（2003）建议利用跨学科、多平台采样是在海洋采样不足方面取得进展的最好办法。由于在公式中包含了新的过程或对其进行参数化处理，数值技术得以改善，更加强大的计算能力使得空间、时间分辨率和范围越来越广，变量和平衡方程的数量增多，使得海洋模式越来越有用。有趣的是，随着越来越多的数据被收集、分析、解释，计算机模型模拟结果也更加真实。观测者和建模者对彼此都有更多地了解且相互依存，从而推动科学进步。逆方法和资料同化这两种方法，使得这一文化变革达到高潮（Dickey，2003）。虽然平台展示的是每个数据同化系统观测分量的主干，但是在几个主要的海洋过程和时间序列研究中，仍然采用了多平台综合方法，这样可以发挥单个平台特殊的采样优势。这些单个平台一般可装载多种不同的跨学科传感器及系统，并且通常都有遥测功能。每个平台的优点和缺点如表 3.1 所示。

表 3.1　不同现场平台的优点和缺点

平台	优点	缺点
验潮仪	-长期测量 -技术简单 -易于维护	-只有一个参数 -沿海岸
志愿观测船	-海洋表面参数 -高分辨率且沿重复轨迹 -在偏远海域采样	-轨道并不总是有数据需求的位置 -不能停下来 -没有次表层
随机船	-温度廓线（760 m）和海面盐度 -高时空分辨率且沿重复轨迹 -在偏远海域采样 -部署自主采样平台	-轨道并不总是有数据需求的位置 -不能停下来
重复水文观测/调查船只	-部署复杂/重型仪器 -许多参数（物理、化学、生物、地质……）的时间序列观测 -到达偏远地区，高分辨率且沿重复轨迹	-无法产生同步数据集 -采样非常稀疏、昂贵
声波层析成像	-观测和理解与常规环流相关的中尺度和大尺度行为 -时空变化性	-利用技术解释温度、热含量和其他变量 -未直接观测
海面漂流浮子	-从米到海盆尺度的水平空间区域 -来自偏远地区的数据 -覆盖全球 -及时快速采样 -成本低 -技术稳定	-生物污染 -只有海面遥感观测的数据存储量 -避开某些地区 -变量有限
锚系	-跨学科时间序列数据以度量从分钟到年的时间尺度上海洋内部的变化情况 -沿海和开阔海域 -在多个深度取样 -恶劣环境 -可实时获取数据	-不能提供水平的空间信息 -观测混淆了时空变化，因此区分局地与对流效应时需要补充空间数据集 -易于破坏

续表

平台	优点	缺点
浮标	-从米到海盆尺度的水平空间区域 -来自偏远地区的数据 -次表层信息 -及时快速采样 -技术稳定 -成本低因此可用的数量大	-生物污染 -剖面频率 -遥测数据存储量 -时空分辨率粗 -变量有限 -避开某些地区
滑翔机	-沿轨道采样效果好 -自由选择轨道 -可操纵 -可采用不同的传感器套件	-速度非常慢 -深度范围和变量有限
高频雷达	-近海岸的时空分辨率高 -陆基	-昂贵 -变量和地点有限 -覆盖范围有限、仅表面流和波浪

为了最大限度地提高观测系统的整体价值，选择一套核心变量是十分关键的，包括重复的水文和自动仪器（锚系、浮标和滑翔机）通用的变量。如果发展深海浮标并且将其部署在Argo中，需要重复进行水文观测对这些仪器和海洋上层仪器进行验证和订正。如果不部署深海浮标阵列，则对深海热量、淡水和比容海平面变化的观测将完全依赖于重复的水文观测计划。由于全球取样计划存在缺陷，在评估全球整体情况时，在5 000 km尺度上会出现本质性的误差。在有或没有深海浮标阵列的情况下评估全球海洋热含量数据中可能存在的误差，需要进行相关研究（Roemmich et al，2009；Hood et al，2009）。

现有海洋气候持续观测系统的独立网络，包括热带锚系浮标、XBT、海面漂流浮子、船载气象仪、潮位站、Argo浮标和重复水文观测和卫星观测，已经得到了极大的发展，且它们之间相互独立。由于接下来面临的巨大观测挑战（包括边界流、冰区、深海、气候对海洋生物的影响及全球热量、淡水和碳循环）需要多平台方法且开发海洋观测的价值从本质上讲是一项资源整合和集成工作，因此，未来的发展将来自于跨平台的整合（Roemmich et al，2009）。同时，讨论了将要建设的经进一步整合的观测系统的配合问题及一些将要支撑全球综合观测系统的关键基础设施，以及在不同的现场平台网络中潜在的发展和改进。现在正是考虑整合这些观测项目的合适时机，为此可促进直接有效地应用那些现在或将来从研究中获得的知识和预测能力（Masumoto et al，2009）。在现有的全球观测系统中即将获得的最大收获来源于扩大自主平台的取样区域、多学科观测的增加和数据质量、覆盖范围和交付的综合发展。

致谢：上面所述大部分工作是基于社区白皮书（Ocean Obs'09）而完成的。特别感谢为该白皮书而努力工作的几位作者及组织，没有该白皮书将很难完成此项工作。同时，也感谢印度国家海洋信息服务中心主任的鼓励和提供的方便。最后，感谢塔斯马尼亚大学的 Wee Cheah、开普敦大学的 Sabastiaan Swart 以及审核此手稿并且对其加以完善的匿名审稿人。

参考文献

Balmaseda M，Anderson D（2009）Impact of initialization strategies and observations on seasonal forecast skill. GeophysRes Lett 36，L01701. doi：10. 1029/2008GL035561.

Barrick D E，Lipa B J，Crissman R D（1985）Mapping surface currents with CODAR. Sea Technol 26（10）：43-47.

Cai W，Hendon H，Meyers G（2005）Indian Ocean dipole-like variability in the CSIRO Mark 3 coupled climate model J Climate 18：1449-1468.

Castelao R，Glenn S，Scho eld O，Chant R，Wilkin J，Kohut J（2008）Seasonal evolution of hydro-graphic fields in the central Middle Atlantic Bight from glider observations. Geophys Res Lett 35，L03617. doi：10. 1029/2007GL032335.

Cazenave A，Dominh K，Guinehut S（2009）Sea level budget over 2003—2008：a reevaluation from GRACE space-gravimetry，satellite altimetry and Argo. Glob Planet Change 65（1-2）：83-88.

Chang P，Ji L，Saravanan R（2001）A hybrid coupled model study of tropical Atlantic variability. J Climate 14：361-390.

Church J A，White N J，Coleman R，Lambeck K，Mitrovica J X（2004）Estimates of the regional distribution of sea level riseover the 1950 to 2000 period J Climate 17：2609-2625.

Clarke A J，Van Gorder S（2003）Improving El Nino prediction using a space-time integration of Indo-Pacific winds andequatorial Pacific upper ocean heat content. Geophys Res Lett 30（7）：1399 doi：10. 1029/2002GL016673.

Clark C，Wilson S（2009）An overview of global observing systems relevant to GODAE. Ocean-ography 22(3)：22-33.

Davis R，Eriksen C，Jones C（2002）Autonomous buoyancy-driven underwater gliders. In：Grif ths G（ed）The technology and applications of autonomous underwater vehicles. Taylor and Fran-cis，London.

Davis R，Ohman M D，Rudnick D L，Sherman J，Hodges B（2008）Glider surveillance of physics and biology in the southern California current system. Limnol Oceanogr 53（5，Part 2）：2151-2168.

de Groot Hedlin C D（2005）Estimation of the rupture length and velocity of the Great Sumatra earthquake of December 26，2004 using hydroacoustic signals. Geophys Res Lett 32，L11303. doi：10. 1029/2005GL022695.

Dickey T D（2003）Emerging ocean observations for interdisciplinary data assimilation systems. J Marine Syst 40-41：5-48.

Dohan K et al（2009）Measuring the global ocean surface circulation with satellite and in-situ observations. Community White Paper，Ocean Obs'09.

Dushaw B D et al（2001）Observing the ocean in the 2000's：a strategy for the role of acoustic tomography in ocean climateobservation. In：Koblinsky C J，Smith N R（eds）Observing the oceans in the 21st century. GODAE Project Office and Bureau of Meteorology，Melbourne，pp 391-418.

Dushaw B D（2003）Acoustic thermometry in the North Pacific，CLIVAR Exchanges No. 26，March 2003. International CLIVAR Project Office，Southampton，UK.

Dushaw B et al（2009）A global ocean acoustic observing network. Community White Paper，Ocean Obs'09.

Eriksen C C，Rhines P B（2008）Convective to gyre-scale dynamics：seaglider campaigns in the Labrador Sea 2003—2005. In：Dickson R，Meincke J，Rhines P（eds）Arctic-subarctic ocean fluxes：defining the role of the northern seas in climate Springer，Dordrecht（Chapter 25）.

Feng M，Meyers G（2003）Interannual variability in the tropical Indian Ocean：a two-year time-scale of Indian Ocean Dipole. Deep Sea Res Part Ⅱ：Top Stud Oceanogr 50：2263-2284.

Freeland H et al（2009）Argo—a decade of progress. Community White Paper，Ocean Obs'09.

Glenn S，Jones C，Twardowski M，Bowers L，Kerfoot J，Kohut J，Webb D，Schofield O（2008）Glider observations of sediment resuspension in a Middle Atlantic Bight fall transition storm. Limnol Oceanogr 53（5，Part 2）：2180-2196.

Goni G et al（2009）The ship of opportunity program. Community White Paper，Ocean Obs'09.

Gopalakrishnan G（2008）Surface current observations using high frequency radar and its assimi-lation into the New York harbor observing and prediction system. PhD Thesis，Stevens Institute of Technology，Castle Point on the Hudson，Hoboken，NJ 07030.

Gulev S K，Jung T，Ruprecht E（2007）Estimation of the impact of sampling errors in the VOS observations on air-sea uxes. Parts：Ⅰ and Ⅱ. J Climate 20：279-301，302-315.

Gurgel K W，Essen H H，Kingsley S P（1999）High-frequency radars：physical limitations and recent developments. Coast Eng 37（3-4）：201-218.

Hase H，Masumoto Y，Kuroda Y，Mizuno K（2008）Semiannual variability in temperature and sa-linity observed by Triangle Trans-Ocean Buoy Network（TRITON）buoys in the eastern tropi-cal Indian Ocean. J Geophys Res 113，C01016. doi：10. 1029/2006JC004026.

Hood M et al（2009）Ship-based repeat hydrography：a strategy for a sustained global program. Community White Paper，Ocean Obs'09.

Horii T，Hase H，Ueki I，Masumoto Y（2008）Oceanic precondition and evolution of the 2006 Indian Ocean dipole Geophys Res Lett 35，L03607. doi：10. 1029/2007GL032464.

IOC，Manual on Sea Level Measurement and Interpretation（2006）Volume Ⅳ：an update to 2006，JCOMM technical report No. 31，WMO/TD. No. 1339.

International Clivar Project Office（2006）Understanding the role of the Indian Ocean in the cli-mate system—implementation plan for sustained observations. ICPO Publication Series 100；GOOS report No. 152；WCRP informal report No. 5/2006，International CLIVAR Project Of-fice，South Hampton，UK，p 60，30. figures.

Kent E C，Berry D I（2008）Assessment of the Marine Observing System（ASMOS）：final report，NOCSresearch and consultancy report No. 32，p 55（available electronically from the authors）Kent E et al（2009）The Voluntary Observing Ship（VOS）scheme. Community White Paper，Ocean Obs'09.

Koblinsky C，Smith N（eds）（2001）Ocean observations for the 21st century. GODAE Office/BoM，Melbourne.

Kohut J，Roarty H，Licthenwalner S，Glenn S，Barrick D，Lipa B，Allen A（2008）Surface current and wave validation of anested regional HF radar Network in the Mid-Atlantic Bight，Current Measurement Technology（CMTC）. Proceedings of the IEEE/OES 9th working conference on 17-19 March 2008，pp 203-207. doi：10. 1109/CCM. 2008. 4480868.

Lagerloef G S E，Lukas R，Bonjean F，Gunn J T，Mitchum G T，Bourassa M，Busalacchi A J（2003）El Nino

Tropical Pacific Ocean surface current and temperature evolution in 2002 and outlook for early 2003. Geophys Res Lett 30 (10): 1514. doi: 10. 1029/2003GL017096.

Latif M, Anderson D, Barnett T, Cane M, Kleeman R, Leetmaa A, O'Brien J, Rosati A, Schneider E (1998) Areview of the predictability and prediction of ENSO. J Geophys Res 103: 14375-14394.

Leuliette E W, Miller L (2009) Closing the sea level rise budget with altimetry, argo, and GRACE. Geophys Res Lett 36, L04608.

Masumoto Y, Hase H, Kuroda Y, Matsuura H, Takeuchi K (2005) Intraseasonal variability in the upper layer currents observed in the eastern equatorial Indian Ocean. Geophys Res Lett 32, L02607 doi: 10. 1029/2004GL021896.

Masumoto Y et al (2009) Observing systems in the Indian Ocean. Community White Paper, Ocean Obs'09.

Matthews A, Singhruck P, Heywood K (2007) Deep ocean impact of a Madden-Julian oscillation observed by argo. oats Science 318 (5857): 1765-1769.

McPhaden M J (2004) Evolution of the 2002/03 El Nino. Bull Am Meteorol Soc 85 (5): 677-695.

McPhaden M J (2008) Evolution of the 2006-07 El Nino: the role of intraseasonal to interannual time scale dynamics. Adv Geosci 14: 219-230.

McPhaden M J, Zhang X, Hendon H H, Wheeler M C (2006) Large scale dynamics and MJO forc-ing of ENSO variability Geophys Res Lett 33 (16), L16702. doi: 10. 1029/2006GL026786.

McPhaden M J et al (2009a) The global tropical moored buoy array. Community White Paper, Oceanobs'09.

McPhaden M J et al (2009b) RAMA: the research moored array for African-Asian-Australian mon-soon analysis andprediction. Bull Am Meteorol Soc 90: 459-480.

McPhaden M J, Foltz G R, Lee T, Murty V S N, Ravichandran M, Vecchi G A, Vialard J, Wiggert J D, Yu L (2009c) Ocean-atmosphere interactions during cyclone Nargis. EOS 90: 53-54.

Maximenko N A, Melnichenko O V, Niiler P P, SasakiH (2008) Stationary mesoscalejet-likefea-tures in theocean Geophys Res Lett 35, L08603. doi: 10. 1029/2008GL033267.

Merrifield M et al (2009) The global sea level observing system (GLOSS). Community White paper, Oceanobs'09.

Meyers G (1996) Variation of Indonesian throughflow and the El Nino—southern oscillation. J Geophys Re 101: 12255-12263.

Meyers G, BaileyR, Worby T (1995) Volume transport of Indonesian throughflow. Deep Sea Res Part I Oceanogr Res Pap 42: 1163-1174.

Meyers G, Boscolo R (2006) The Indian Ocean Observing System (IndOOS). Clivar Exch 11 (4): 2-3, International Clivar Project Office, Southampton, UK.

Munk W, Worcester P, Wunsch C (1995) Ocean acoustic tomography. Cambridge University Press, Cambridge. ISBN0-521-47095-1.

Murty V S N, Sarma M S S, Suryanarayana A, Sengupta D, Unnikrishnan A S, Fernando V, Almeida A, Khalap S, Sardar A, Somasundar K, Ravichandran M (2006) Indian moorings: deep-sea current meter moorings in the eastern equatorial Indian Ocean. CLIVAR Exch 11 (4): 5-8, International Clivar Project Office Southampton, UK.

Nagura M, McPhaden M J (2008) The dynamics of zonal current variations in the central equatorial Indian Ocean. Geophys Res Lett 35, K23603. doi: 10. 1029/2008GL035961.

Nevala A (2005) A glide across the Gulf Stream. WHOI Oceanus, March 2005.

Niiler P P, Maximenko N A, McWilliams J C (2003) Dynamically balanced absolute sea level of the global ocean derived from near-surface velocity observations. Geophys Res Lett 30 (22): 2164-2167.

NSF (2001) Ocean sciences at the new millennium. National Science Foundation, Arington Ogata T, Sasaki H, Murty V S N, Sarma M S S, Masumoto Y (2008) Intraseasonal meridional current variability in the eastern equatorial Indian Ocean J Geophys Res 113, C07037. doi: 10. 1029/2007JC004331.

Oke P R, Schiller A (2007) Amodel-based assessment and design of a tropical Indian Ocean moor-ing array. J Climate 20: 3269.

Perry M J, Sackman B S, Eriksen C C, Lee C M (2008) Seaglider observations of blooms and subsurface chlorophyll maxima off the Washington coast. Limnol Oceanogr 53 (5, Part 2): 2169-2179.

Picaut J, Hackert E, Busalacchi A J, Murtugudde R, Lagerloef G S E (2002) Mechanisms of the 1997-1998 El Nino - La Nina, as inferred from space - based observations. J Geophys Res 107 (C5) doi: 10. 1029/2001JC000850.

Testor P et al (2009) Gliders as a component of future observing systems. Community White Paper, Ocean Obs'09.

Rao S A, Behera S K, Masumoto Y, Yamagata T (2002) Interannual variability in the subsurface tropical Indian Ocean with a special emphasis on the Indian Ocean dipole. Deep-Sea Res Part 2: Top Stud Oceanogr 49: 1549-1572.

Reynolds R W, Smith T M, Liu C, Chelton D B, Casey K S, Schlax M G (2005) Daily high-resolu-tion-blended analyses for sea surface temperature. J Climate 20: 5473-5496.

Rio M H, Hernandez F (2003) High-frequency response of wind-driven currents measured by drift-ing buoys and altimetry over the world ocean. J Geophys Res 108 (C8): 3283-3301.

Riser S C, Nystuen J, Rogers A (2008) Monsoon effects in the Bay of Bengal inferred from profil-ing. oat-based measurements of wind speed and rainfall. Limnol Oceanogr 53 (5): 2080-2093.

Roemmich D et al (2009) Integrating the ocean observing system: mobile platforms. Community White Paper, Ocean Obs'09.

Send U et al (2009) A global boundary current circulation observing network. Community White Paper, Ocean Obs'09.

Shenoi S S C, Saji P K, Almeida A M (1999) Near surface circulation and kinetic energy in the tropi-cal Indian Ocean derived from lagrangian drifters. J Mar Res 57: 885-907.

Sengupta D, Bharath Raj G N, Shenoi S S C (2006) Surface freshwater from Bay of Bengal run-off and Indonesian through flow in the tropical Indian Ocean. Geophys Res Lett 33, L22609. doi: 10. 1029/2006GL027573. 1999.

Sengupta D, Senan R, Murty V S N, Fernando V (2004) Abiweekly mode in the equatorial Indian Ocean. J Geophys Res 109, C10003. doi: 10. 1029/2004JC002329.

Sybrandy et al (2009) Global drifter programme: barometer drifter design and refrence. DBCP report No. 4, Revision 2. 2. Data Buoy Cooperation Panel.

Terrill E, Otero M, Hazard L, Conlee D, Harlan J, Kohut J, Reuter P, Cook T, Harris T, Lindquist K (2006) Data management and real-time distribution for HF Radar national network. MTS/IEEE Oceans 2006, Boston, Paper 060331-220.

Trenberth K et al (2009) Atmospheric reanalyses: a major resource for ocean product development and modeling. Community White Paper, Ocean Obs'09.

Udaya Bhaskar T V S, Rahman S H, Pavan I D, Ravichandran M, Nayak S (2009) Comparison of AMSR-E and TMI sea surface temperature with Argo near-surface temperature over the Indian Ocean. Int J Remote Sen 30 (10): 2669-2684.

Vecchi G A, Harrison M J (2007) An observing system simulation experiment for the Indian Ocean. J Climate 20: 3300-3319.

Vialard J, Foltz G, McPhaden M, Duvel J P, de Boyer Montégut C (2008) Strong Indian Ocean sea surface temperature signals associated with the Madden-Julian oscillation in late 2007 and early 2008. Geophys Res Lett 35, L19608. doi: 10. 1029/2008GL035238.

Wijffels S E, Meyers G, Godfrey J S (2008) Atwenty year average of the Indonesian through flow: regional currents and the inter-basin exchange. J Phys Oceanogr 38 (8): 1-14.

Willis J, Chambers D, Nerem R (2008) Assessing the globally-averaged sea level budget on sea-sonal to interannual time scales. J Geophys Res 113, C06015. doi: 10. 1029/2007JC004517.

Wong A P S, Owens W B (2009) An improved calibration method for the drift of the conductivity sensor on autonomous CTD profiling. oats byΘ-S climatology. Deep Sea Res Part I: Ocean-ogr Res Pap 56: 450-457. doi: 10. 1016/j. dsr. 2008. 09. 008.

Woodworth P, Player R (2003) The permanent service for mean sea level: an update to the 21st century. J Coastal Res 19(2): 287-285.

Wunsch C, Ponte R M, Heimbach P (2007) Decadal trends in sea level patterns: 1993-2004. J Clim 20: 5889-5911.

第4章　海洋数据质量控制

James A. Cummings[①]

摘　要：本章重点介绍了海洋数据质量自动控制过程。该过程从逻辑上可以分为4个阶段，将各阶段合起来便形成了一套完整的从传感器到预测的质量控制系统。本章首先介绍了为全球海洋数据同化实验（GODAE）提供同化数据的各个海洋观测系统的主要特征以及数据误差的来源和类型；描述了检验这些误差的专用质控程序，以及对各观测系统获得的数据进行一致性检验的通用程序。其次描述了美国海军实时海洋数据质控系统外部数据核查的性能。最后，强调了实时海洋数据质量控制作为一种观测系统监控手段的重要性，并详细列举了一些质量控制新技术。这些新技术都是在气象数值预报中研发的，且可以直接应用于海洋资料同化和预报系统。

4.1　引言

观测数据质量控制是全球海洋数据同化实验（Global Ocean Data Assimilation Experiment，GODAE）海洋数据同化系统的基本需求。使用或接收错误数据将会导致结论无效或分析错误，相反，放弃极端但有效的数据将错失一些重要信息。因此，质量控制的目标是减少或杜绝错误的决策。质量控制需要准确识别那些明显错误的观测或用更复杂的鉴定测量过程来准确识别那些虽然是错误的但却落入有效及合理范围内的数据。在质量控制阶段作出的决定很可能影响整个分析/预报系统成功与否。

海洋数据质量控制最好分阶段执行。第一阶段包含一系列初步的数据敏感性检查。如果观测数据没有通过该阶段任何一项检查，就被认为具有总体误差，将在后面的应用中剔除。第二阶段是基于一套复杂的质量控制程序对观测数据进行一系列检查。假如观测数据没有通过其中一项质量控制检查，数据不会被立即剔除，而是基于所有检查结果的总体考虑作出最终质量控制决定。这一阶段采用了决策算法，决定观测数据在分析/预报系统的最终命运（接受、剔除、人工干预程序）。决策算法的结果代表观测数据含有随机误差的可能性。第三阶段是由分析系统本身执行的。在这一阶段，要确定观测数据的总体误差与随机误差特性，要对分析中可考虑接受的观测数据进行选择。设计该阶段质量控制的目的是保护那些在前两个阶段的分析中因未知原因通过的、勉强可接受的观测数据。第四阶段是在分析和预报完成后进

① James A. Cummings，美国加利福尼亚州蒙特利海军研究实验室海洋部。E-mail：james. cummings@ nrlmry. navy. mil

行的，此阶段作为执行同化观测对模型预报误差减少的影响的常规评估系统的一部分。图 4.1 展示了海洋数据质量控制的不同阶段和由美国海军运行的自动实时系统的数据流程。

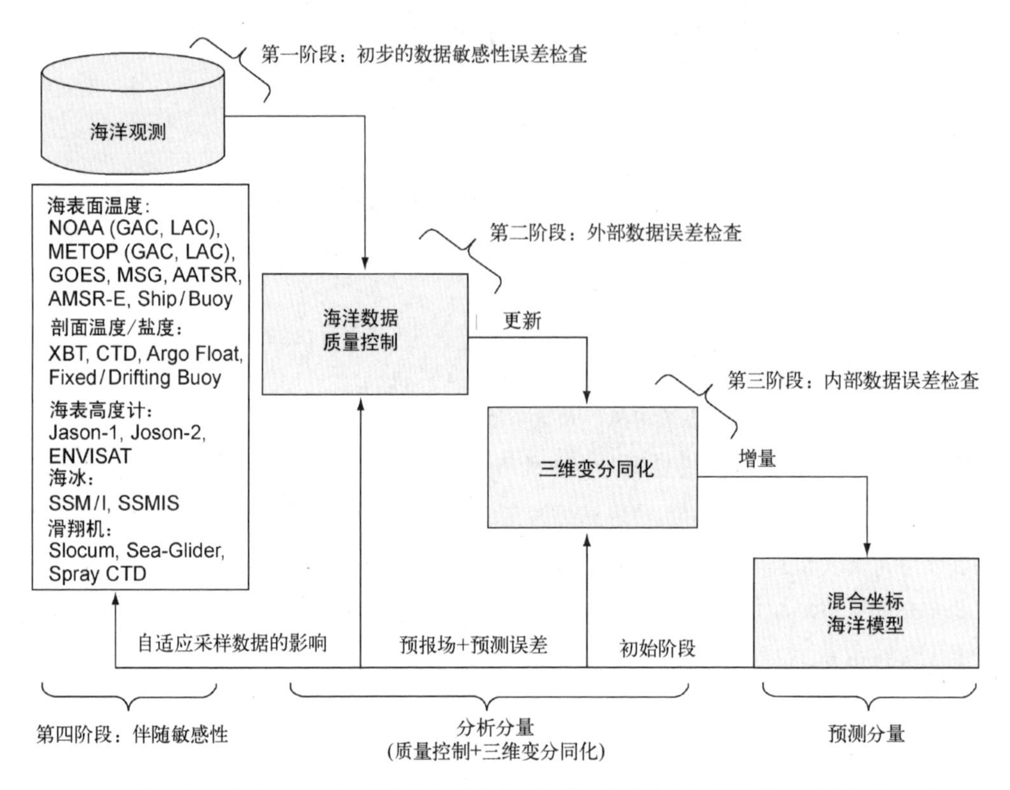

图 4.1　美国海军全球 HYCOM 系统中海洋数据质量控制不同阶段的海洋观测数据处理流程
第一阶段，对原始数据做敏感性误差检查；第二阶段，在全自动海洋数据质量控制模式下的外部数据检查；第三阶段，通过迭代求解器的变分同化法进行内部数据检查；第四阶段，在下一次质量控制数据截断之前的预报之后开展伴随敏感性计算（详见正文）。注意：HYCOM 模拟预报场和预测误差对海洋数据质量控制的反馈是在下一次执行第二阶段的外部数据误差检查中作为背景场使用

本章描述了应用于海洋观测数据质量控制的多种方法、程序和算法，重点是实时自动的海洋数据质控。本章未讨论已实施的各种延迟模式或手动干预的质控（例如 Boyer and Levi-tus, 1994）。本章结构如下：第 2 部分描述了实时海洋观测系统；第 3 部分给出了应用于海洋观测数据的独立的、严重误差的质控处理程序；第 4 部分描述了外部质控数据检查，并简要回顾了海洋观测系统中数据错误的具体来源；第 5 部分描述了各种独立的外部质控数据检查如何融合到一个质控决策算法中，并给出了美国海军实时海洋数据质控系统的一些实施结果；第 6 部分概述了用于同化系统本身的内部一致性检查；第 7 部分描述了数据影响系统中一些可能出现的质控结果；第 8 部分进行总结并给出了海洋数据质控和观测监控之间相互关系。

4.2　海洋观测系统

各种类型的观测数据被应用于 GODAE 同化系统中，该数据包括现场观测和卫星遥感观测。正如本节将要讨论的，每个观测系统都有自己独特的数据问题及质量控制要求，本节讨论业务化海洋数据的来源。

大部分 GODAE 同化中心通过全球电子通信系统（Global Telecommunication System，GTS）接收现场海洋观测数据。目前，通过 GTS 传输的数据按具体数据类型格式进行编码，通常温度、盐度观测保留 2 位小数，而且，现存的数据格式不允许包含以质量标识形式出现的数据附加信息。然而，GTS 传输的观测数据正在转换成新的基于 BUFR 格式（由世界气象组织保留下来的一种数据格式，即二进制通用数据表达格式）的二进制数据。这种格式的观测数据值比现有文本格式的数据精度高，可以添加数据提供者的一些附加值或质量确认信息表格。GTS 数据向 BUFR 格式的转换是一个长期过程。除了 GTS，在两个全球数据收集中心（Global Data Assembly Center，GDAC）还可以获取 Argo 浮标数据，一个是位于美国加利福尼亚州蒙特利的海军研究实验室，另一个是法国布雷斯特的科里奥利数据中心。

目前还没有分发至 GODAE 同化系统的卫星海洋观测数据的标准方式。在某些情况下，可由数据提供者自愿将数据推送至数据中心，其他情况下，则由数据中心直接从数据提供者的服务器上提取数据。例如，GODAE 高分辨率海表面温度（Sea Surface Temperature，SST）试点项目一直在开展建立数据服务器的工作，卫星 SST 数据提供者以常规格式将他们的 SST 回收数据近实时地传输到服务器上（Donlon et al，2007）。这方面的工作使得来自各地的卫星系统的 SST 数据变得可用。

4.2.1 船舶、浮标海表面温度和盐度

根据从 GTS 接收到的包含船舶报告的类型编码，船舶 SST 观测数据分为舱引水、船体接触式传感器或水桶温度，包含固定、漂流浮标报告在内的浮标 SST 数据同样被 GTS 接收。那些同时报告现场 SST 和海表面盐度（Sea Surface Salinity，SSS）的观测系统包括以 TRAKOB 报告通过 GTS 传输的船舶热-盐观测数据。

4.2.2 卫星海表面温度

现在有很多卫星进行 SST 观测。红外卫星传感器包括美国国家海洋和大气管理局（National Oceanic and Atmospheric Administration，NOAA）和气象业务化卫星计划（Meteorological Operational Satellite Programme，METOP）的全球区域覆盖（Global Area Coverage，GAC）的 4 km 极轨高级超高分辨率辐射计（Advanced Very High Resolution Radiometer，AVHRR）和区域覆盖（Local Area Coverage，LAC）的 1 km 分辨率数据。需要注意的是，METOP LAC 的回收数据是全球的，而 NOAA LAC 的回收数据主要限于北半球的一些近岸海域。地球同步业务化环境卫星（Geostationary Operational Environmental Satellite，GOES）红外数据为 4 km 分辨率，是从 GOES-10、GOES-11、GOES-12 卫星获取的。二代气象卫星（Meteosat Second Generation，MSG）也是地球同步红外卫星，它提供欧洲范围内的 4 km 分辨率数据。搭载在 NASA Aqua 卫星上的高级微波遥感辐射计-地球（Advanced Microwave Sensor Radiometer Earth，AMSR-E）提供覆盖全球的 25 km 分辨率的微波 SST 数据。搭载在欧洲 ENVISAT 卫星的高级沿轨散射计（Advanced Along-Track Scanning Radiometer，AATSR）是提

供 1 km 分辨率的第一套真正的海表面温度的常规观测工具。通常，为了减少卫星传感器噪声并获得更准确的 SST 数据，在回收 SST 数据之前通过对相邻 2×2（NOAA、METOP AVHRR）或 3×3（GOES、MSG）个方格范围内的辐射数据进行平均。这个过程必然降低了上述 2 km LAC、8 km GAC 及 12 km 地球同步轨道回收的传感器数据的分辨率。NOAA、METOP、GOES 卫星的 SST 回收数据可通过海军海洋科学办公室获得（May and Osterman，1998；May et al，1998）。AATSR（Corlett et al，2006）、二代气象卫星（Merchant et al，2008；2009）回收的 SST 数据可以从法国气象局获取或从美国喷气推进实验室的高分辨率海表面温度组（the Group for High Resolution Sea Surface Temperature，GHRSST）数据服务器获得（Donlon et al，2007）。

4.2.3 海冰密集度

搭载在美国国防气象卫星计划（Defense Meteorological Satellite Program，DMSP）系列卫星上的专用传感器微波成像仪（Special Sensor Microwave Imager，SSM/I）和专用传感器微波成像仪/探测仪（Special Sensor Microwave Imager/Sounder，SSMIS）可以提供大约 25 km 分辨率海冰密集度的常规观测数据。目前有 3 个 SSM/I（F11 、F13、F15）和 3 个 SSMIS（F16、F17、F18）卫星提供海冰密集度数据。

4.2.4 温度和盐度剖面

剖面观测数据来自固定和移动平台。大部分剖面观测仪观测温度，例如抛弃式温深仪（XBT）和一些固定浮标，但是剖面浮标（Argo）、电导温深传感器（CTD）和数量正在增多的固定浮标可以同时观测温度和盐度。滑翔机在潜航过程中也可以观测不同深度和位置的温度、盐度剖面。滑翔机一次下潜分别包括一次下降和上升剖面的观测，其中每个剖面的观测数据的经纬度位置和时间随深度变化。一些报告中的温度、盐度和海洋滑翔机独特采样特性的出现对海洋剖面数据的质量控制提出了新的挑战。各种剖面观测系统的质量控制方法是相通的，但仍需要单独进行仪器特性误差校正。

4.2.5 高度计海表面高度

目前，海表面高度异常（Sea Surface Height Anomaly，SSHA）数据是从搭载在 Jason-1/Jason-2、ENVISAT 卫星上的卫星雷达高度计中获取的。在这之前，卫星高度计还曾搭载在 TOPEX/Poseidon、Geosat、Geosat 后继卫星和欧洲遥感系列卫星（ERS-1 和 ERS-2）上。

4.2.6 高度计和浮标有效波高

每一个卫星雷达高度计还提供有效波高（Significant Wave Height，SWH）和风速观测。SWH 数据也可以从许多固定浮标（主要集中在北半球）获得。SWH 观测数据被同化到海浪模式中。

4.3 初步数据敏感性检查

在开展观测数据质量控制之前，要进行几种初步的数据敏感性误差检查。未通过任何一种初步数据检查的观测数据将被视为具有较大误差，或被直接剔除或被标记上拒绝标识。有些情况下，由数据提供者执行初步数据检查，未通过检查的数据便不再分发出去。下文将介绍在本阶段质量控制中接受或剔除观测数据的初步数据检查和逻辑。

4.3.1 陆地/海洋/淡水检查

根据全球高分辨陆地/海洋数据库检查所有的观测位置。观测地点被水体环绕的观测将被接受，而被陆地环绕的观测被剔除。对非常接近海岸的观测将进行模糊陆地/海洋边界检查：如果在观测地点的任意一个方向上，背对陆地的相邻位置都靠近水点，则此观测位置被接受。宽松的陆地/海洋识别允许陆地/海洋数据库的分辨率和 GTS 观测的经纬度位置报告的精度存在误差。当船舶停靠码头或设备部署在非常靠近海岸的码头上进行观测时，模糊陆地/海洋检查是非常有用的。此外陆地/海洋检查还必须要区分观测地点是在淡水还是在海水处。遥感观测卫星数据流常规情况下都提供湖面温度，许多大湖（如美国五大湖）系统中也有现场的固定浮标。遥感和现场观测的湖表面温度具有独特的误差特点，需要在质量控制中区分出来。遥感湖表面温度通常用于数值天气预报（Numerical Weather Predictions，NWP）系统中的底边界条件分析。

4.3.2 位置/速度检查

位置/速度检查用于确定同一平台报告的观测位置与之前报告的是否一致。该测试必须限制于具有独特呼叫标志的数据类型，如 Argo 潜标、海面船舶、飞机、固定和漂流浮标。未通过位置/速度检查的观测通常需要人工干预。目前尚无自动方法来校正错误报告的位置。速度检查是对指定平台发出的最近报告的 25 个平台位置应用滑动时间窗口。该算法在时间上分别向前和向后应用于连续的位置上。新收到的观测位置看起来是错的，但事实上是正确的，表明之前报告的位置有错误。速度检查的向前和向后应用是检测过去位置错误的最好方法。该方法考虑了飞机与水面船舶平台预期移动的差异，也是基于所有数字化浮标呼叫号的预期模式来检查确认一个浮标是固定浮标还是漂流浮标。需要认真确认的是，当旧的漂流浮标呼叫号被重新利用时，速度检查不会轻易拒绝新的漂流浮标观测。重用浮标呼叫号通常会导致旧浮标最后报告的位置与使用同一呼号的新浮标位置发生重大改变。通过不检查那些使用同样名称而观测时间差别超过 120 h 的位置可以避免这类问题。如果报告的位置与利用平台位置的最近时间序列计算得到的预期速率的差异达到 2 倍，观测数据将被剔除。速度检查中不考虑浮标漂流的方向。

4.3.3 有效值范围检查

有效值范围检查应用于观测变量、观测位置和采样频次。报告的温度值要求大于

-2.5℃、小于42℃，报告的盐度值要求大于或等于0、小于42。考虑到独特的边缘海海洋环境，例如红海、地中海、苏禄海和黑海，在温度、盐度有效值范围检查中还应建立起地理相关性。观测值的纬度必须在-90°与90°之间，经度必须在-180°与180°之间。流速观测值要求是正值且最大不超过2 m/s。观测数据的采样时间必须包含有效的年、月、日、小时、分钟和秒等日期和时间信息，合并后的日期和时间信息不能是在未来时刻（即观测时间要早于数据中心的接收时间）。

4.3.4 重复数据检查

海洋观测数据重复报告的检查是一个经常发生的难题。业务中心可以通过不同的网络多次接收到同一数据信息。循环冗余校验（Cycle Redundancy Check，CRC）是一个强有力的检测重复的方法。CRC是作为信息内容的函数来计算的，它将处理信息文件的每一个字节。任何改变，无论多么小，都会产生一个不同的CRC数，因此，相同的CRC数代表信息完全重复，可以简单地删除其中一条信息。然而，重复检测的实际问题是近似重复信息；相同的观测位置、时间和数据类型的准确匹配，但是别的却不相同。这可能是有的版本的精度较低、层次较少或报告的来源不同所致。在质量控制处理的初步数据检查阶段不可能剔除近似重复的观测，需要对观测数值作进一步检查以作出更有效的决定。因此，近似重复观测通常通过第4部分所描述的外部数据检查处理成单独的数据报告。在对经过质量控制的数据库更新观测数据时，需要解决近似重复的问题。由于可能存在数据不一致，因而不建议在数据库中保留近似重复的观测数据，因此，必须决定近似重复数据中哪一个应该保留，哪个应该剔除。这个决定应该基于数据质量的客观测量，保留层次多、采样深或质量控制分值高的观测数据。

当对观测数据进行读取并分析时，要对近似重复的数据进行额外的处理。在这种情况下，多个观测值可能空间距离很近（如都位于一个模型网格单元内），必须在水平方向上进行稀疏处理以确保协方差矩阵不是病态的。在同化中决定这个点上的观测数据是保留还是剔除需要考虑观测相关的其他信息，如数据类型和下一节中描述的外部数据检查的质量控制结果。

4.4 外部数据检查

有效的质量控制是可用信息量的强相关函数。质量控制系统的主要目的是收集新接收到的观测数据的有效信息，以确认报告值与已知观测变量的一致性。在质量控制决策过程中，设定和测试假设需要对观测值与搜集到的信息的不确定性有所了解。在数据分析之前执行的一系列外部数据检查需要结合这些与观测相配的信息。许多预分析质量控制流程要具体到对观测系统和仪器失败或特定数据类型已知偏差的检测。其他预分析质量控制流程通常不止一种数据类型。在本章中，背景场检查、交叉验证分析尤为重要。这里首先描述通用的预分析流程（4.4.1节和4.4.2节），后面对具体数据类型的专用流程进行描述（4.4.3节至4.4.8节）。

4.4.1 背景场检查

用于质量控制的海洋背景场数据包括气候态、短期预报和全球或区域分析数据。在所有情况下，必须使用合适的背景误差协方差。观测采样时间上有效的背景场和背景误差场被内插到观测位置。观测值减去背景场值形成一个增量场，并通过背景场的误差估计进行归一化处理。假设误差是正态分布的，观测值包含随机误差的概率将利用下式计算。

$$P(x \leqslant X) = (\sigma\sqrt{2\pi})^{-1}\int_{-\infty}^{x} \mathrm{e}^{-\frac{1}{2}(x-\mu)^2/\sigma^2}\mathrm{d}x \tag{4.1}$$

式中，x 为观测值；μ 为背景值；σ 为背景误差标准偏差；P 为标准正态概率曲线下方 X 的左侧区域。为了在质量控制决策算法（参见第4.5节）中使用误差值的可能性来接受或剔除观测数据，应该检查直方图并进行正式统计检验，以表明归一化的背景增量确实是正态分布。例如，图4.2显示了从两颗不同卫星（AMSR-E和METOP-A）获取的6 h一次的SST数据减去全球、区域分析场和气候态场后增量场的频率分布。尽管分析背景场的增量直方图之间有着不同的变化，但其形状明显类似于正态分布。此特征在METOP-A数据中最显著，表明从白昼变暖事件中获取的SST可能并未在气候态场中再显现出来。

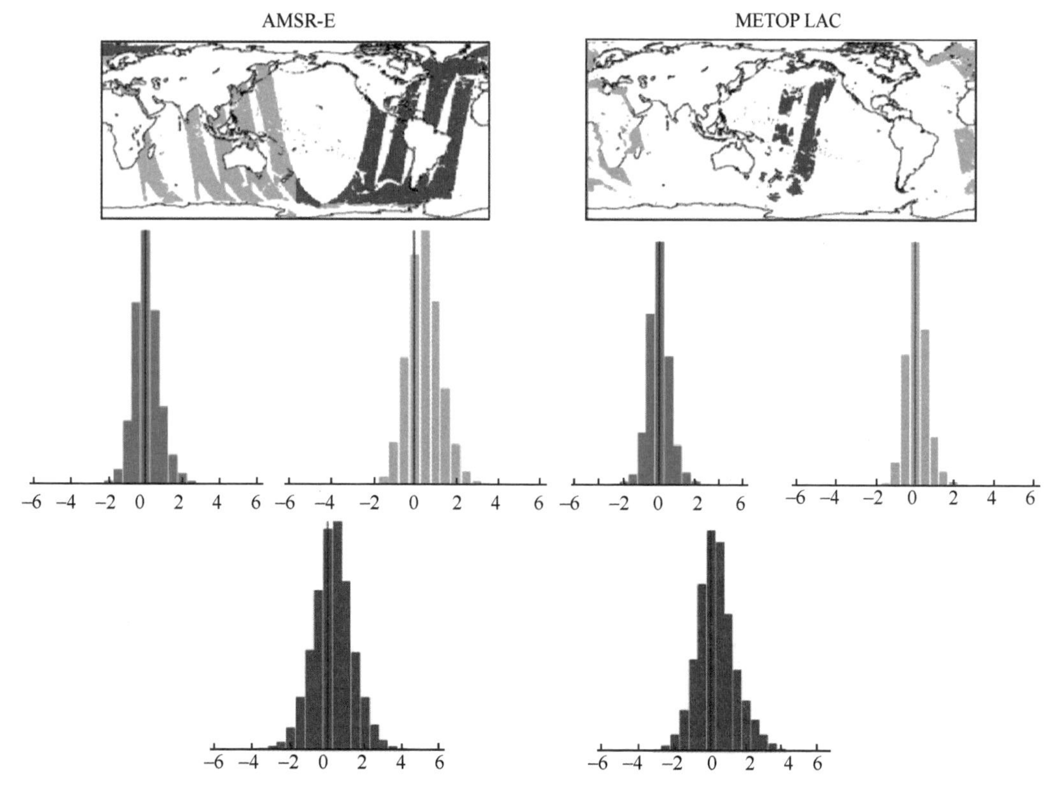

图4.2 AMSR-E和METOP LAC获取的SST减去全球（红色）和区域（绿色）分析场和气候态（蓝色）背景场后的地理分布图和直方图

截取的AMSR-E数据是2009年12月28日18时处理的1 369 870个观测数据。截取的METOP LAC数据是2009年9月10日01时处理的2 281 094个观测数据。在地理分布图中，白天获取的数据用蓝色表示，夜间获取的数据用绿色表示。直方图中每个长条的温度差为0.25℃

4.4.2 交叉验证

交叉验证是将观测结果与其邻近的数据进行对比。对比的方法很多，最普遍的是利用邻近检验过的数据在观测位置和采样时刻进行最优插值（Optimum Interpolation，OI）分析，但不包括被检查的基准数据。交叉验证的增量是从海洋气候态资料计算得到的。确保交叉验证检查由数据主导且独立于任何一个分析或预报模型背景场是非常重要的。分析值的不确定性是由气候变化的最优插值分析误差降低计算而来的。交叉验证分析值及其不确定性用作4.4.1节所描述的背景场检查中的背景及背景误差值。在缺乏任何临近有效数据的情况下，交叉验证过程便简单地回到像分析和误差估计一样的气候和气候变化，交叉验证检查等同于利用气候态资料进行背景检查。因此，交叉验证类似于检查观测数据是否是动态的、随时间变化的气候态资料。

用于交叉验证程序中的背景误差协方差可能很简单，例如，只包括距离被检查的观测数据指定范围内的数据，或更复杂一点的是基于用在同化过程的多元协方差。在质量控制中，所有观测数据对都可进行交叉验证，或在采用其他数据检查检测可疑观测之后再进行交叉验证。然后，为了节省计算时间，交叉验证可仅用于可疑观测上。在数据稀疏区域，交叉验证检查效果有限。然而，在实践中，Argo剖面浮标数据阵列的持续发展为剖面观测的交叉验证开展得更好提供了足够数量的临近数据。在高度计海表面高度（Sea Surface Height，SSH）和SWH观测的质量控制中交叉验证同样有用，因为模型背景场的相位误差，沿着高度计轨道上的连续片段中那些孤立数据很容易被剔除。

4.4.3 船舶和浮标观测的SST

由于测量方法的不同，志愿观测船（Volunteer Observing Ship，VOS）观测的温度误差特征完全不同。船体接触传感器观测的温度似乎是最准确的，因为其紧靠发动机舱和后桶。然而，船载仪器很少经过标定，导致所有船载测量系统容易出错。一般来说，船载SST观测是有误差的，发动机舱内的设备观测的温度偏高，而桶内设备观测的温度偏低。另外，船载SST观测误差还取决于观测的海域，如太平洋上的观测误差高于大西洋。

漂流浮标观测的SST非常重要，这是因为浮标不仅是全球分布的，而且具有相对较长的生命周期。总体来说，漂流浮标观测的SST准确度高、数据质量高。偶尔，也会接收到虚假的浮子位置，但是通常会在位置/速度检查中检测出来。一般来说，浮标观测的SST利用气候态或分析场通过背景场检查来进行质量控制。因为漂流浮标和船舶利用唯一的呼叫号进行识别，单个仪器的时间历史可以监测出来，用于标示漂移与标定误差。通过利用多孔锥子，漂流浮标可置于15 m深处。监测表面漂流浮标的锥子是否丢失很重要，因为锥子丢失会改变浮标的采样特性。

4.4.4 卫星观测的SST

红外和微波卫星获取的SST表征的海面特性是不同的，因而需要有各自相应独特的质量控制程序。接下来将介绍残云和气溶胶污染质量控制检查在红外卫星获取 SST 中的应用，并对白天从红外和微波卫星获取的 SST 执行日变暖检测。

4.4.4.1 残云污染

红外 SST 观测是从波长约 3.7 μm 和 11～12 μm 的辐射观测中反演出来的。尽管 3.7 μm 波段对 SST 更敏感，但它主要是用于夜间测量，因为白天这一波长范围的太阳辐射具有较强的反射，这会混淆获取的辐射。红外波长波段对云、大气水蒸气的存在很敏感。出于这个原因，SST 热红外观测首先要对回收的信号进行大气校正，并且只能用于无云的情况。然而，无云算法还远不完美，大气水蒸气变化也非常显著。此外，卫星天顶角对确定 SST 的误差也会产生影响，因为天顶角大时，观测到的辐射大气路径长度要更长。残云污染误差表现为温度的冷偏差，可通过背景场检查进行检测。

4.4.4.2 气溶胶污染

当大气中出现大量的气溶胶时，红外辐射计获取的卫星 SST 数据容易产生偏差。由于对流层气溶胶的出现，获取的数据质量会降低，正如云检测检查需要依赖准确的可见光、红外波段观测一样。尤其是在海洋表面发出的红外信号到达太空的卫星传感器之前，沙尘颗粒大到足以削弱该信号。撒哈拉沙漠的沙尘事件在热带东大西洋和地中海地区很常见，对流可以将撒哈拉沙漠区的沙尘带到非常高的高度，再被风吹到数千千米距离外的海洋上空。沙尘与撒哈拉沙漠干热的空气相结合能够对热带天气产生重大影响，尤其能干扰飓风的发展。在东亚，春天的矿质尘埃事件起源于戈壁沙漠（蒙古南部和中国北部）。气溶胶被盛行风往东输送，途经中国、韩国、日本，有时候会到美国西部。因此，大气气溶胶对红外获取的 SST 的影响是导致冷偏差，这是一个全球问题。

目前，处理卫星获取的 SST 中气溶胶污染的限制因素是对卫星 SST 获取时的时间和地点的气溶胶特性和数量的准确认识。白天，这一信息可以通过设备可见光波段背对太阳面的扫描获得（约 25% 的数据），但是由于太阳耀斑的影响，在夜间或面对太阳面扫描是无法获得这一信息的（约 75% 的数据）。尽管如此，气溶胶输送模型仍能够提供必要的信息。特别是，海军气溶胶分析预测系统（Navy Aerosol Analysis Prediction System，NAAPS）提供了 3 h、19 种不同波长的 4 种气溶胶来源（尘埃、烟雾、酸性物质、海雾）的气溶胶光学厚度（Aerosol Optical Depth，AOD）预报。NAAPS 的 14 种气溶胶光学厚度波长与卫星 SST 获取算法中使用的波段相匹配。

依赖于波长的全球 NAAPS 光学厚度产品用于典型变量分析来检测气溶胶污染。典型变量分析发现，观测变量的线性组合将组间变化率最大化到组内变化率。有 5 组红外卫星获取的 SST，其中 4 组与气溶胶污染程度有关，一组与气溶胶污染程度无关。这些典型变量接下来用于区别各组。针对昼夜获取和不同地域，分别计算了典型变量函数。

令 $\boldsymbol{B}$ 为组间协方差矩阵，$\boldsymbol{W}$ 为组内协方差矩阵。线性变量函数（λ）的最大值计算公式为

$$v = \lambda' \boldsymbol{B} \lambda / \lambda' \boldsymbol{W} \lambda \tag{4.2}$$

该函数代表组间与组内的方差比。变换方程（4.2）并将一端设为0，得出

$$(\boldsymbol{B} - v\boldsymbol{W})\lambda = 0 \tag{4.3}$$

$\boldsymbol{W}^{-1}\boldsymbol{B}$ 的本征值和相关本征向量（λ）是用于辨别的典型变量函数。将依赖于 AOD 分量的观测波段光亮温度和 NAAPS 波长投影到典型变量，投影到组平均的欧几里得距就确定了。如果到受污染组的平均的距离比到非污染的组平均的距离更近，表明获取的 SST 为受污染，即

$$\kappa = \min_{j} \sum_{i=1}^{r} [\lambda_i (x - \mu_j)]^2 \tag{4.4}$$

式中，x 为 AOD 波长分量，也是给定获取的 SST 极轨高级超高分辨率辐射计波段光亮温度向量；r 为典型变量函数的数量；μ_j 为污染组与非污染组的观测值的组平均向量；κ 为分组号码。假设组距离满足 $r-1$ 个自由度的 κ^2 分布来计算组分配概率。分配到污染组的卫星获取的 SST 数据要么被标记成剔除数据，要么利用辐射传输模型修正，这种模型考虑到了 NAAPS 中的气溶胶流的高度分布和来自大气预报模型的温度垂直分布（Merchant et al，2006）。

4.4.4.3 白昼变暖

在全球海洋上，海表的白昼变暖是较常见的现象，这一变暖现象产生了近表面热梯度，使得白天近表面或暖层温度比夜间高 2～4℃（Donlon et al，2002）。尽管不是严格意义上的测量误差，但是在日周期分析中，将不同时间的 SST 观测结合起来时需要考虑白昼变暖现象。相反，认识白昼变暖现象，需要 SST 观测时的局地风速、表面太阳辐射的时间序列信息。尽管如此，通常仅能从 NWP 系统搜集卫星的 SST 获取瞬时的表面风速和太阳辐射观测资料，然而，考虑到低风速、高太阳光照及在观测时间 6 h 内偏离有效背景场的 SST 正的统计上的显著变化，在卫星获取的 SST 中检测白昼变暖和潜在的表层效应依旧是可能的。

4.4.4.4 微波 SST

由于微波区域的辐射曲线信号强度较低，与从热红外测量获取的 SST 相比，被动微波遥感测量获取的 SST 的准确度和分辨率更差一些，尽管如此，被动微波观测的优势在于波长更长的辐射在很大程度上不受云层影响，通常更容易进行大气效应校正。然而，风致海面粗糙和降水等现象会影响被动微波遥感回波信号。这些影响通常可以使用多频来修正。SST 观测主要利用近 7 GHz 的频道，同时用 21 GHz 频道的观测去除水汽效应。其他对微波辐射产生影响较小的海面粗糙度（包括飞沫）、降水和云，分别用频率为 11 GHz、18 GHz 和 37 GHz 的频道信息来进行校正。然而，雨滴污染依旧是个问题，在雨凝结核的边缘通常不能探测到降雨，从而引起获取的 SST 偏差。陆地污染对微波观测来说也是个问题。在距离陆地 50～100 km 范围内的微波观测受到来自陆地的反射影响，导致近岸微波 SST 偏高。由于这个原因，距离陆地 100 km 的范围内不进行微波 SST 观测。

4.4.5 海冰密集度

搭载在美国国防气象卫星计划系列卫星上的 SSM/I 和 SSMIS 传感器获取的海冰密集度存

在一个问题，在开阔海洋，海冰边缘的标识是错误的。这些可疑的海冰密集度来源于大气水蒸气、无降水云滴、降雨、海面风引起的海面粗糙。虽然在冬季极地地区，这些效应影响会相对较小，但在夏季，所有纬度地区都存在严重的天气效应问题。业务化应用的各种海冰获取算法尝试去除这些假阳性海冰密集度，但是效果甚微。因此，在同化之前，海冰密集度需要利用天气滤波器进行质量控制。比较好的气象滤波器代表是 SST。如果海冰密集度大于 0，相应的 SST 大于 4℃，那么获取的海冰数据就很有可能因天气污染而应该剔除。4℃ SST 阈值是相当保守的估计。当由于缺乏 SST 观测而使 SST 分析场不准确时，在快速冰增长期的东格林兰海流区，利用 1℃ SST 进行检查会导致获取的海冰数据被错误剔除。交叉验证检查不能作为天气滤波器，因为天气污染通常尺度较大，会同时影响很多附近的海冰数据获取。

因为微波信号的陆地污染，陆地附近的海冰获取算法也会得到虚假的海冰环境。在北半球的夏季融冰期，当北极地区陆地边缘无冰覆盖时，这种偏差最为明显。需要利用与陆地间距离的高分辨率数据库来检查获取的数据是否在离陆地 100 km 范围内。该检查利用了离陆地的获取距离、背景场异常、相应的 SST 及附近位置交叉验证，来确定陆地附近的海冰观测是否有效。在这一点上被陆地污染的海冰数据通常被剔除掉。

4.4.6 温度、盐度剖面

剖面观测首先检查重复的深度和严格递增的深度。未通过检查的层次将被标识出来且不用于接下来的剖面质量控制程序中。

4.4.6.1 仪器误差检查

专业仪器的特定误差检查应用于剖面观测，以确定那些具有独特剖面标识的误差。这些误差包括剖面底部的温度倒置、温度剖面的峰值和混合层的正温度梯度（热膨胀）。因为一个剖面会有一个或多个仪器误差，所以误差检查要重复进行，直至找出所有的误差。包含仪器误差的温度—深度层次会被标识出来，不再进入下一个仪器误差检查循环。现有的剖面仪器误差检查工具的困难在于，该检查设计只是专门用于检测 XBT 的观测误差（Bailey et al, 1994）。其他的剖面数据类型，如 Argo 浮标、滑翔机、CTD 不同于 XBT，可能会失败。自动质量控制检查需要开发成能够检查所有这些类型数据的仪器误差，就像同化它们一样需要获得更多的经验。

4.4.6.2 静态稳定性

静态稳定性检查是用来检查剖面观测中的密度倒置问题。报告的现场温度-深度数据对首先转换成位温和压力，然后利用观测或推导出的盐度值计算每一个压力层次上的位密度。利用分辨率为 0.25°的双月气候态温度-盐度回归模型，在只有温度观测的剖面上由观测的温度计算出盐度。位密剖面用来检测是否倒置（高密度水浅于低密度水），超过指定的最小倒置阈值 0.025 kg/m^3 的观测温度、盐度剖面层次会被标识出来。对于推导出来的盐度剖面，通过迭代调整推导出来的盐度来订正静态不稳定，直至剖面呈中性浮力状态。在校正调整中，永久温跃层顶部往上的盐度会被去除，此深度往下的盐度才被加进来。对于密度倒置剖面中那些同时观测温度和盐度的层次不进行盐度校正，因为很难确定密度倒置的原因到底是先由报告的温度值还是盐度值导致的。在这种情况下，带有密度倒置的剖面层次会被简单地标识出来。

4.4.6.3 垂直梯度检查

全球气候态垂直平均的温度差及其标准偏差已经利用存储的历史剖面数据计算出来了。该气候态资料用于检查观测的垂直温度梯度异常值。首先，把气候态的温度差异和变化插值到观测数据的位置和采样时间。其次，把垂直温度差异转换成垂直温度梯度，并且插值到观测剖面层次。最后，计算出观测的垂直温度梯度，利用预期的梯度变化来标准化观测值与气候态下预期的平均垂直梯度之间的差异。

$$z = (\Delta \boldsymbol{T}_0 \cdot \boldsymbol{m}^{-1} - \Delta \boldsymbol{T}_c \cdot \boldsymbol{m}^{-1})/\sigma \tag{4.5}$$

式中，$\Delta T_0 \cdot m^{-1}$为观测的垂直梯度；$\Delta T_c \cdot m^{-1}$为气候平均的垂直梯度，是平均值的变化；z为标准化的垂直梯度变量。如果观测的剖面梯度超过0.2℃/m，且$|z|>4$，这个剖面层次将被标识出来。经验表明，基于气候统计的垂直梯度检查容易将具有强跃温层的剖面层次误标为错误的。在热带地区，这个问题尤其严重。真正错误的剖面垂直梯度通常与不好的温度或盐度观测有关，这在前面描述的峰值检查和背景场检查中就被检测出来了。因此，目前阶段通过垂直梯度检查标定的质量控制标识仅用于提供信息（第4.5节）。

4.4.6.4 剖面廓线比较

将观测剖面与利用剖面廓线质量控制程序从各种背景场中提取出来的剖面进行对比。这个程序的优点在于考虑了整个剖面。在剖面廓线质量控制程序中，排除那些之前基于其他剖面质量控制数据检查认定为不可靠的剖面层次。廓线质量控制程序考虑到层厚，计算一个综合的观测减去预测的统计值。该检查统计利用下式计算：

$$\eta = \sum_k [(O_k - P_k)/\sigma_k] \cdot (Z_{k+1} - Z_{k-1}) \Big/ \sum_k (Z_{k+1} - Z_{k-1}) \tag{4.6}$$

式中，O_k为第k层的观测值；P_k为第k层的预测（背景）值；σ_k为第k层的预测误差标准偏差；Z_k为第k层的深度；η假设为正态概率分布函数计算出来的大于零的概率。廓线比较统计类似于两个累积分布函数的拟合度检查。它能识别出相对于背景剖面具有较大误差的观测剖面。在较窄的深度范围内有温度或盐度差异的剖面，例如不同的混合层深度，将认为它们是相似的。为了在数据分析中能够接受观测剖面廓线，它必须与预报和气候态背景剖面一致。

4.4.6.5 滑翔机

海洋滑翔机是通过改变浮力以锯齿状采样模式在海洋上层飞行的自动平台。根据配置，滑翔机采样剖面可以为压强、温度及电导率。滑翔机定期浮到水面向海岸或卫星接收器传输观测数据。滑翔机潜水期间其位置和时间随深度变化，可提供上升和下降期间的温盐剖面。滑翔机数据的质量控制与单一剖面数据类似，而不能放宽严格的深度增加检查。尽管如此，在多数情况下，执行的几项滑翔机专门检查是滑翔机的垂向速度的函数。这些检查应用于带有非抽水式 CTD 的滑翔机，其通过电导体的电流依赖于滑翔机的速度，从而使得热惯性校正依赖于速度。

4.4.7 高度计海表面高度

沿轨高度计数据经过额外的一系列预处理过程可以为数据同化使用做准备。观测的海表面高度（SSH）要进行地球物理效应校正（干/湿对流层、电离层、逆压和风速），还要去除潮汐信号。从每个卫星高度计任务中得到已校正的 SSH 后，以 TOPEX/Poseidon 数据为参考对它们进行全球范围的交叉校正。接下来，沿着轨道每隔 7 km（间隔 1 s）重新采样一次。从各自的 SSH 观测中去除 SSH 平均值即可得到 SSHA。平均 SSH 包含未知的大地水准面信号和平均周期内的平均动力高度。对大多数卫星任务，采用 7 年的周期计算得到平均 SSH，但是平均周期随着卫星高度计任务的持续也在不断变长。这些高度计预处理步骤通常由数据提供者执行。

在浅水区域，由于潮汐校正不准确和海面大气风场、压强效应的不准确去除，使得在近岸附近的高度计 SSHA 观测准确度较低或无法解释。对于高度计数据同化而言，近岸区域通常被定义为水深浅于 400 m 的海域。在同化中必须考虑高度计观测还存在比较显著的沿轨相对的误差。7 km 分辨率的沿轨高度计 SSHA 数据噪声很大。因此，利用中位数或 Lanczos 滤波器对高度计 SSHA 数据进行沿轨平滑以减小测量噪声。另外，高度计数据还经常进行重采样或方格平均以去除多余的观测。最后，使用从历史剖面数据计算得到的局地动力高度变化限制，通过双曲正切算子将高度计 SSHA 观测量化缩放。这一运算试图去除可疑高度计 SSHA 异常值，保留已知的斜压局限范围内的数据。

高度计 SSHA 观测的最后一个问题，是数据分别以近实时和延迟模式两个不同的版本分发出来。实时 SSHA 观测利用精度较低的预测轨道而非精度较高的观测轨道计算得到，且在实时几天之后才能获取。实时 SSHA 观测尽管精度较低，在分析中依旧具有显著的价值。然而，当精度更高的延迟模式 SSHA 观测可用时，相应的实时 SSHA 数据应当识别出来并被延迟模式数据所取代。这个过程确保更高质量的延迟模式 SSH 观测被纳入高度计 SSHA 数据档案中，以便用于后报研究。在 GODAE 同化系统中，卫星高度计 SSHA 观测是至关重要的数据源，及时获取最完整、最高质量的数据是十分必要的。

4.4.8 高度计有效波高

通过与浮标数据比较表明，高度计有效波高估计与现场观测一致，其误差的标准偏差为 0.3 m 的量级，但是卫星数据略高估了较低的有效波高和略低估了较高的有效波高。在用于数据同化之前，高度计有效波高数据需要进行偏差校正。这些偏差校正通常是线性的，可以从高度计/浮标的对比中推算出来，相关的校正只是有效波高的几个百分比。高度计有效波高数据也可能会被海冰或陆地污染。去除这些数据需要从预报模式或 SSM/I 和 SSMIS 获取的海冰分析场中得到同期的海冰密集度场。陆地标识需要能够分辨高度计有效波高数据的沿轨 7 km 的足迹。

4.5 质量控制决策算法

决策算法结合了前文描述的各种外部数据检查得出的质量控制结果。决策算法的结果是观测数据质量的总体展示，这将用于选择同化数据。以剖面（和滑翔机）观测为例，每个观测报告层次和廓线对比检测中的整个剖面都会用到决策算法。因此，剖面观测数据质量有两个指标：整个剖面廓线和每个剖面的层次。在作出最终质量决策之前，综合考虑所有外部数据检查的结果是非常重要的。例如，一个观测数据可能未通过气候态背景检查，然而却通过了预报背景场检查。如果以串行方式首先进行气候态检查，则该数据会被剔除。因此，质量控制决策算法较为复杂，而且必须适当地结合不同的外部测试结果。若外部检查结果采用同样的形式，例如概率或标准偏差，无疑是非常有益的。

本节描述了应用在美国海军海洋学中心的质量控制决策算法。所有外部数据检查的质量控制结果都采用误差概率的形式。这些概率大部分都采用公式（4.7）假设一个正态概率密度函数计算得到，但也有概率是采用 κ^2 分布函数计算得到（例如气溶胶检查）。给定一组误差概率，决策算法总结如下：

$$
\begin{aligned}
&P_b = \min(P_g,\ P_r) \\
&P_d = \min(P_c,\ P_x) \\
&P_b < \tau_f,\ P_0 = P_b \\
&P_b > \tau_f,\ P_0 = \min(P_b,\ P_d)
\end{aligned}
\tag{4.7}
$$

式中，P_b 为综合背景误差概率；P_d 为综合导出数据误差概率；P_g 和 P_r 为全球和区域预报背景误差概率；P_c 和 P_x 为气候态和交叉验证的误差概率；τ_f 为预报误差阈值概率；P_0 为包含随机误差的总体观测概率。系统的预报误差概率阈值通常设置为 0.99（标准差的 3 倍）。

若观测与模型背景场一致，该算法首先通过取全球和区域预报场的最小误差概率来进行决策。如果最小背景误差概率小于设定的预报误差阈值，则该算法将其作为观测误差的总概率。然而，如果最小模型背景误差概率超过预报误差阈值，则将其与导出的数据误差进行对比。导出数据误差定义为交叉验证和气候态误差概率的最小值。总体观测误差概率将作为综合背景误差与综合导出数据误差的最小值被返回。通过这种方式，如果观测数据与预报场不一致，只能由交叉验证和气候背景场确定观测数据的质量。经验表明，要求观测总是与气候背景场相一致，将导致极端事件期间错误地剔除有效观测数据。

一旦观测数据的总体误差概率确定下来，各种专门的观测系统质量控制检查结果将以唯一的整数标识简单地叠加到误差概率上。质量控制标识有 3 个级别表示严重性：①仅为信息（<100）；②警示（≥100）；③致命的（≥1 000）。带有致命错误标识的数据不能用于数据分析。带有仅为信息标识的观测数据通常用于分析，但带有警示标识的观测数据是由使用者通

过分析列表选项进行控制。尽管如此，在数据分析中最终决定是否接受一个观测数据，通常是基于从决策算法中得到的潜在误差概率值决定的。如果已附加质量控制标识，潜在的误差概率也可以通过使用一些简单的模块运算而从总和中恢复。

4.5.1 质量控制系统性能

来自美国海军全自动实时海洋数据控制系统的输出结果总结了卫星 SST 获取、海冰密集度获取、高度计海表面高度和有效波高获取及各种来源的表面和深层现场观测。下面给出 2009 年 2 个月（6 月和 12 月）周期的卫星数据质量控制结果，以便检查可能存在的季节效应，同时给出 2009 年全年的现场数据质量控制结果。利用误差概率发生频率百分比总结整体观测质量，该误差概率是指单层观测和剖面观测误差整体概率的质量控制决策算法输出结果。假设一个正态概率分布函数，偏离零均值的区间发生频率对应于 1 个标准偏差（$p\leqslant0.67$），2 个标准差（$p\leqslant0.95$），3 个标准差（$p\leqslant0.99$）。概率频率标记为 $p\leqslant1.0$ 的数据包括概率大于 0.99，加上从先前描述的一个或多个特定的外部数据检查中标记为可疑的观测数据。通常可在分析中接受误差概率小于 0.99 的观测数据。

通常，卫星获取的 SST 数据质量控制输出结果都是质量好的数据（表 4.1）。背景场误差概率频率在一个标准偏差之内通常包括所有卫星系统中 90%或更多的数据。允许两个背景误差标准偏差可以包括超过 99%的观测数据。来自白昼变暖和气溶胶污染事件检测获取的 AATSR、GOES、METOP 和 MSG 数据数量可以作为季节性变化的证据。从 SSMI 和 SSMI/S 获取的海冰密集度数据同样具备良好的质量：约 99%的数据落入了背景场数据两个标准差范围内（表 4.2）。基于同时搜集的 SST 数据的天气滤波器剔除的海冰数据数量也显示出了明显的季节性变化，即 6 月的数据比 12 月的数据被剔除的要多很多。高度计 SSH 观测数据也具有良好的质量，落入两个标准偏差内的数据约为 99%（表 4.3）。高度计 SWH 观测显现出质量较差，但是 SWH 剔除了几乎所有陆地或海冰覆盖的海域（此处定义的海冰密集度为 33%）。高度计获取的 SWH 数据的质量控制是基于海军系统进行的。采用具有数据同化的海浪模型的 6 h 预报检测新收到的高度计和浮标 SWH 观测数据的一致性，确保了预报的有效时间与数据的观测时间密切对应。

表 4.4 给出了船舶和浮标的 SST 现场观测数据质量控制结果。船舶数据的质量低于浮标数据，约有 8%来自不同船舶的数据被剔除。漂流浮标数据的质量优于固定浮标的数据，固定浮标数据在 0.67~0.95 可能性范围内的大百分比显现出不稳定性的增长趋势。剖面数据的质量控制结果见表 4.5。注意，具有密度倒置的剖面层次或只有垂直梯度信息标识的数据不影响在数据同化中的使用。大量的 TESAC 数据是固定浮标利用世界气象组织 TESAC 编码形式报告的温度和盐度数据。这些数据仅报告单个或少数几个垂直层次，且数据质量低，落入背景场两个标准偏差内的数据少于 75%。XBT 观测数据出现垂直梯度和仪器误差的概率很大，这可能是由于在全球电子通信系统数据公布之前就抽取了剖面拐点。Argo 数据质量很高，超过 96%的剖面可用于分析。然而，Argo 剖面呈现出相当高的深度误差（重复深度或深度是非严格增加的）和缺值误差（在此由温度数据决定）发生率，需进一步调查研究。

表 4.1 卫星获取的 SST 实时质量控制结果（2009 年）

卫星	月份	类型	数量×10[6]	白昼	气溶胶[1]	$p\leq0.67$	$p\leq0.95$	$p\leq0.99$	$p\leq1.0$
AMSR-E[2]	6 月	—	87.82	—	—	96.2	3.7	0.1	0.1
	12 月	白天	47.68	23 427	—	94.5	5.3	0.2	0.1
		晚上	55.59	—	—	95.5	4.3	0.1	0.0
AATSR[3]	6 月	白天	220.35	364 910	30 656	93.0	6.3	0.5	0.3
		晚上	330.58	—	195 971	91.2	8.4	0.4	0.1
	12 月	白天	230.32	161 863	8 391	95.0	4.7	0.2	0.1
		晚上	317.16	—	42 313	91.9	7.6	0.4	0.0
GOES-11	6 月	白天	26.93	258	12	89.8	10.1	0.1	0.0
		晚上	70.84	—	4	95.2	4.7	0.1	0.0
	12 月	白天	37.67			97.6	2.3	0.0	0.0
		晚上	88.80			95.8	4.1	0.1	0.0
GOES-12	6 月	白天	19.06	1 043	7 083	96.7	3.2	0.1	0.0
		晚上	53.33	—	435 078	93.3	5.7	0.2	0.8
	12 月	白天	27.44	1 014	49	95.4	4.6	0.0	0.0
		晚上	66.30	—	12 519	93.1	6.7	0.2	0.0
METOP GAC	6 月	白天	5.46	938	2 541	97.6	2.3	0.1	0.1
		晚上	5.63	—	5 462	94.7	5.0	0.2	0.1
	12 月	白天	6.09	862	35	97.5	2.4	0.1	0.0
		晚上	5.89	—	144	95.4	4.4	0.2	0.0
METOP LAC[4]	6 月	白天	106.52	28 165	86 935	96.2	3.5	0.1	0.1
		晚上	119.47	—	44 456	95.5	4.4	0.2	0.0
	12 月	白天	216.67	20 350	3 312	97.4	2.5	0.1	0.0
		晚上	234.74	—	9 060	94.5	5.3	0.2	0.0
MSG[5]	6 月	白天	14.47	2 995	10 202	94.8	4.5	0.4	0.3
		晚上	73.28	—	13 343	94.8	4.8	0.2	0.2
	12 月	白天	12.23	25 999	759	95.3	4.2	0.2	0.3
		晚上	11.55	—	3 082	94.9	4.9	0.2	0.0
NOAA-18	6 月	白天	4.71	148	14	90.7	8.6	0.6	0.1
		晚上	5.24	—	5 072	95.3	4.4	0.2	0.1
NOAA-19	12 月	白天	5.08	11 919	36	88.9	10.2	0.6	0.3
		晚上	4.99	—	298	95.4	4.4	0.3	0.0

[1] 撒哈拉尘埃事件计算的气溶胶污染是在 10°S—30°N，25°E—55°W 区域范围内；

[2] 6 月白天/晚上获取的 AMSR-E 数据未参与计算；AMSR-E 数据在 6 月 16 日 6 时至 17 日 6 时、6 月 18 日 0—12 时、6 月 20 日、23 日、25—26 日、28—30 日、12 月 29 日 12—24 时缺失；

[3] AATSR 数据在 6 月 16 日 00—06 时、6 月 20 日 00—06 时、6 月 26 日 00—18 时、6 月 28 日 00—12 时、6 月 29 日 12—18 时、12 月 8 日 00—06 时、12 月 24 日 06—12 时缺失；

[4] METOP LAC 数据在 12 月 19 日 00—12 时、12 月 27 日 18—24 时缺失；

[5] MSG 数据在 6 月 6 日 12—18 时、6 月 13 日 00—06 时，6 月 15 日 00—06 时，6 月 16—18 日和 20—21 日 00 时，6 月 22 日 06—12 时，6 月 23—24 日 00 时，6 月 25—30 日，12 月 15 日 06—12 时缺失。

表 4.2 卫星获取的海冰数据实时质量控制结果（2009 年）

卫星[1]	月份	数量×10⁶	天气滤波器[2]	$p\leq0.67$	$p\leq0.95$	$p\leq0.99$	$p\leq1.0$
F13[3]	6 月	5.23	570	97.1	2.1	0.5	0.3
	12 月	—	—	—	—	—	—
F15	6 月	10.65	2 777	96.2	2.6	0.7	0.5
	12 月	11.63	1 078	94.5	3.6	1.1	0.8
F16	6 月	16.78	17 070	96.5	2.4	0.6	0.5
	12 月	18.32	3 478	95.3	3.3	0.9	0.6
F17	6 月	16.64	13 687	97.1	2.1	0.4	0.3
	12 月	18.87	3 652	95.5	3.2	0.8	0.5
陆架冰	6 月	0.65	—	77.6	10.4	5.8	6.1
	12 月	0.44	—	74.7	16.7	5.7	2.9

[1] F13 和 F15 是 SSM/I 卫星；F16 和 F17 是 SSMI/S 卫星；

[2] 天气滤波器基于搜集到的分析场 SST 值（详见正文）；

[3] 12 月使用的 F13 数据不连续。

表 4.3 卫星高度计获取数据的实时质量控制结果（2009 年）

卫星[1]	类型	月份	数量 ×10⁶	冰覆盖	浅水	陆地区域	零值[2]	$p\leq0.67$	$p\leq0.95$	$p\leq0.99$	$p\leq1.0$
ENVISAT	SSH	6 月	1.32	—	—	—	—	95.7	4.1	0.2	0.0
		12 月	1.39	—	—	—	—	95.9	3.9	0.1	0.0
	SWH	6 月	0.87	106 945	1 483	12 631	—	70.1	3.3	0.1	26.5
		12 月	1.36	48 625	1 589	25 094	8 931	68.7	3.0	0.1	28.2
Jason-1	SSH	6 月	1.49	—	—	—	—	86.7	12.5	0.8	0.1
		12 月	1.63	—	—	—	—	87.9	11.3	0.7	0.1
	SWH	6 月	1.48	73 119	68	21 664	—	80.5	10.8	1.2	7.5
		12 月	2.02	12 791	4	38 751	27 754	84.5	6.6	0.5	8.4
Jason-2	SSH	6 月	1.55	—	—	—	—	88.3	11.1	0.6	0.0
		12 月	1.66	—	—	—	—	89.1	10.3	0.6	0.0
	SWH	6 月	1.48	95 920	1 960	21 286	—	65.3	3.2	0.1	31
		12 月	2.30	4 735	1 816	34 629	27 767	67.6	2.9	0.2	29.3

[1] 6 月 1—10 日的有效波高观测不可用；

[2] 零值是指报告出来的获取到的有效波高数据真值是零。

表 4.4 2009 年现场海表面温度观测资料的实时质量控制结果

类型	数量×10³	$p \le 0.67$	$p \le 0.95$	$p \le 0.99$	$p \le 1.0$
ERI 船载	210.3	55.5	27.0	9.0	8.5
Bucket 船载	32.1	47.2	31.4	12.6	8.8
Hull Contact 船载	309.2	53.6	28.5	10.2	7.7
CMAN 站	23.6	72.1	20.6	5.0	2.2
固定浮标	2 657.3	83.5	13.3	2.6	0.7
漂流浮标	10 624.1	92.3	5.8	0.9	1.0

表 4.5 2009 年剖面观测资料的实时质量控制结果

类型	数量[1]×10⁶	密度翻转[2]	垂直梯度[2]	设备误差[2,3]	深度误差[2]	缺测值[2,4]	$p \le 0.67$	$p \le 0.95$	$p \le 0.99$	$p \le 1.0$
XBT	18.9	—	12 722	52 301	674	26	75.9	16.2	1.6	6.3
固定浮标	502.5	19 000	3 922	—	—	1 163	81.3	16.3	1.5	0.9
漂流浮标	31.7	207	5 743	6 374	—	—	84.3	8.1	1.9	5.7
TESAC	1 332.4	1 382	2 165	1 706	551	222	44.0	29.3	10.0	16.7
Argo	148.2	9 028	8 801	6 669	4 628	7 158	77.9	18.3	1.7	2.1

[1] 剖面数量；

[2] 受影响的剖面层数；

[3] 仪器误差包括线缆拉伸、断线、无效的海洋上层温度响应，剖面峰值；

[4] 仅缺少温度的层次数。

4.6 内部数据检查

内部检查是由分析系统自身执行质量控制程序。这些数据一致性检查最好在同化算法内完成，因为它需要背景场和观测误差协方差的详细信息，而这些信息只有当执行同化时才能获取到。内部数据检查是同化算法应对较坏观测数据的最后一道防线。那些包含总误差和随机误差的数据都有可能在敏感性和外部数据检查的同化之前被剔除。内部数据检查的目的是确定残留在同化数据集中的边缘观测数据是否可接受。

在分析/预报系统这个阶段，不能过分强调对质量控制的需求。基于正态假设的任何同化系统，无论多么复杂，很容易受到那些不符合正态分布的较坏观测数据的影响。进一步说，由于许多 GODAE 预报系统使用了连续的分析-预报循环，当错误数据被同化后，很难在预报期间内去除错误的传导效应。一旦这种情况发生，将坏的观测数据列入黑名单、备份和重启分析-预报循环是唯一的选择。这种补救措施将导致预报产品生成的延迟，鉴于预报产品的时效性至关重要，这在业务化中是很严重的问题。

内部一致性检查与第4.4节描述的交叉验证过程是完全不同的。尤其是每个观测值都会与用在同化中的整个数据集进行比较，而不仅仅是与附近观测数据比较。因此可设计一种测量方法来检查新的观测与其他观测及具体的背景场和观测误差统计是否相似。在内部数据检查中，一旦决定剔除观测数据，有必要干预同化过程，以确保被剔除的观测数据对分析结果没有影响。通常情况下，内部数据检查在变分分析方案中执行，在这种方案中可利用反复中断、重启的迭代法得到最终解决。下面描述的内部数据检查是为海军大气变分数据同化系统（Navy Atmospheric Variational Data Assimilation System，NAVDAS）开发的，这在Daley和Barker（2001）一文中有描述。这些检查同样也在海军耦合海洋数据同化系统（Navy Coupled Ocean Data Assimilation，NCODA）中应用（Cummings，2005），最近该系统基于NAVDAS升级到三维变分分析系统。下面讨论的内容摘自Daley和Barker（2001，第9.3章节）的文章。

在一个基于分析系统的观测中，所分析的增量（或修正矢量）根据下式计算。

$$x_a - x_b = \boldsymbol{BH}^{\mathrm{T}}(\boldsymbol{HBH}^{\mathrm{T}} + \boldsymbol{R})^{-1}[\boldsymbol{y} - \boldsymbol{H}(\boldsymbol{x}_b)] \tag{4.8}$$

式中，x_a为分析值；x_b为预报模式背景值；$\boldsymbol{B}$为背景误差协方差；$\boldsymbol{H}$为正向算子；$\boldsymbol{R}$为观测误差协方差；$\boldsymbol{y}$为观测向量；T为矩阵转置。观测向量包含所有的预报模型网格和更新周期的地理和时间范围内的天气尺度的温度、盐度和速度观测值。当分析变量和模型诊断变量类型相同时，正向算子$\boldsymbol{H}$是预报模型网格向观测位置在三维空间的简单插值。因此，$\boldsymbol{HBH}^{\mathrm{T}}$直接利用观测位置之间的背景场误差相关性来近似，$\boldsymbol{BH}^{\mathrm{T}}$直接利用观测和网格位置之间的误差相关性来近似。[$\boldsymbol{y}-\boldsymbol{H}$（$\boldsymbol{x}_b$）]的数量是指更新向量（在观测位置上模型数据的偏移）。

内部数据检查的第一部分是使用一个公差极限。令$\boldsymbol{A}=\boldsymbol{HBH}^{\mathrm{T}}+\boldsymbol{R}$代表式（4.8）的观测对称正定矩阵。定义$\boldsymbol{A}^{\wedge}=\mathrm{diag}$（$\boldsymbol{A}$），然后，定义观测向量$\boldsymbol{d}^{\wedge}=\boldsymbol{A}^{\wedge-1/2}$[$\boldsymbol{y}-\boldsymbol{H}$（$\boldsymbol{x}_b$）]。如果背景和观测误差协方差已经指定正确，$\boldsymbol{d}^{\wedge}$的元素是归一化的增量，其应该是一个标准偏差等于1.0的正态分布（在许多实际应用中）。假定公差极限（$\boldsymbol{T}_L$）是在这种情况下定义的。由于$\boldsymbol{B}$和$\boldsymbol{R}$从未完全已知，在业务中最好用相对高的公差极限（例如$\boldsymbol{T}_L=4.0$）。如果$\boldsymbol{d}^{\wedge}$的元素大于指定的公差极限，测试统计设计成识别临界接受的观测。

内部数据校验的第二部分是一致性检查。将临界可接受的观测值与其他观测值进行比较，这个过程是上面描述的公差极限检查的合理延伸。定义矢量$\boldsymbol{d}^{*}=\boldsymbol{A}^{-1/2}$[$\boldsymbol{y}-\boldsymbol{H}$（$\boldsymbol{x}_b$）]。$\boldsymbol{d}^{*}$的元素与$\boldsymbol{d}^{\wedge}$的元素一样，都是无量纲正态分布。然而，由于$\boldsymbol{d}^{*}$与整体协方差矩阵$\boldsymbol{A}$有关，所以它包括了所有观测值之间的相关性。通过比较矢量$\boldsymbol{d}^{\wedge}$和$\boldsymbol{d}^{*}$，发现那些临界接受的观测值与其他观测结果不一致，因而可能被剔除。按照具体的背景和观测误差的统计数据，当临界观测值与其他观测值不一致（一致）时，$\boldsymbol{d}^{*}$指标会随着$\boldsymbol{d}^{\wedge}$而增加（减少）。

基于预先指定的公差极限（$\boldsymbol{d}^{\wedge}$）检验值3.0，表4.6给出了3个考虑了临界接受的假设观测例子来说明内部数据检查（Daley and Barker，2001）。当附加的相关观测（$\rho=0.8$）比考虑的背景值（$\varepsilon_0=0.1$）更准确时，第一个观测值的$\boldsymbol{d}^{*}$指标会减小。在这种情况下，基于公差极限检查被单独拒绝的有嫌疑的观测值，被确定是一致的并在分析（$\boldsymbol{d}^{*}=1.9$）中保留。然而，如果附加的数据是不相关的（$\rho=-0.4$），同时也很准确（$\varepsilon_0=0.1$），则结果表明有嫌疑的观测值不可能超过公差极限检查，应该被剔除（$d^* = 5.8$）。不准确的观测值相对于背景值（$\varepsilon_0 = 2.0$）显示出与观测值之间的相关性更为不灵敏，仍可像准确的观测值一样给出相同的变化方向（d^* vs. $d^\wedge$）。

在实践中难以应用数据一致性检查，因为它需要计算整个 $A^{-1/2}$ 矩阵，因其计算量非常大而被禁止使用了。幸运的是，有一些很好的近似计算可以使用（Daley and Barker，2001）。然而，其他的现实问题依然存在。拒绝一个观测值即把一个大的常数添加到 $HBH^T + R$ 矩阵合适的对角元处，以这种方式修改矩阵可以有效地防止被剔除的观测值影响分析结果。如果该操作在下降迭代期间完成，被修改的矩阵不再与已经推导成共轭梯度解的一部分的其他向量相一致。下降迭代可以被重新启动（代价非常高）或者适当地改变共轭梯度解向量以使下降迭代继续。在任何一种情况下，在下降迭代期间，随着解分辨越来越多的观测增量，公差极限和内部一致性检查可以多次应用。

表 4.6　内部一致性检查的假设检验个例［来自 Daley 和 Barker（2001）的文章］

$d_1^\wedge = d_2^\wedge = d_3^\wedge = 3.0$			
$\mid d_1^* \mid$		$\rho = -0.4$	$\rho = 0.8$
	$\varepsilon_0 = 0.1$	5.8	1.9
	$\varepsilon_0 = 2.0$	3.5	2.4

注：$d^\wedge$，d^* 在文本中定义；ρ：观测值之间的相关性；ε：根据背景误差标准化的观测误差。

根据 Daley 和 Barker（2001）的讨论结果，当指定的背景误差统计数据有可能不正确时，可以针对极端事件修改本程序。通常情况下，数据同化中误差统计是通过对更新值与预报值的差的时间序列进行平均生成的，反映的是平均值，而不是模型区域内的极端值。当海洋发生变化时（比如发生一个涡脱落或锋致弯曲事件），背景误差统计可能会比正常情况偏大。在这种情况下，指定的公差极限太低会剔除好的（且非常重要）数据。处理这种情况的一个选择是，通过公差极限检查生成一个通道，并在分析区域内的有限子区域中计算 $d^\wedge$ 值的模态。这里的模态是一个比较好的统计，因为它比平均值更不容易受到异常值的干扰。如果子区域模态远大于 1，就可以得出结论，在那个区域内观测和背景值之间存在较大的差异。在这种情况下，为了避免错误地剔除好的数据，子区域公差极限应该增加并超过指定值。

4.7　伴随敏感性

最初由数值天气预报中心开发的基于伴随的观测敏感性是一种观测目标工具，为估计观测对各种数据集和单个观测的影响提供了一种可行的方法。观测的影响通过两个步骤来计算，其中包括预报模型的伴随和同化系统的伴随。首先，定义代价函数（J）为预报误差的某些标量量度。预报模型伴随用于计算代价函数相对于预报初始条件（$\partial J / \partial x_a$）的梯度。其次是使用同化伴随过程（$\partial J / \partial y = K^T \partial J / \partial x_a$）将初始条件敏感梯度从模型空间扩展到观测空间，其中 $K = BH^T [HBH^T + R]^{-1}$ 是式（4.8）中的卡尔曼增益矩阵。K 的共轭矩阵由 $K^T = [HBH^T + R]^{-1} HB$ 得出。该分析系统的正向和共轭之间的唯一区别是解从观测空间转到网格空间后再乘。解［$\boldsymbol{HBH}^{T}+\boldsymbol{R}$］是对称的或自共轭矩阵，可以以同样的方式在正向和共轭方向上进行操作。给定一个分析灵敏度向量，观测的影响可以用观测模型数据差异和预报误差对这些差异的敏感度的标量积来得到。当观测在动力敏感区域影响了初始条件，则这些观测数据将会对减小预报误差产生最大的影响。由于观测对预报具有重大影响，因此，没有必要因观测而对初始条件进行大的改变（如建立新的）（Baker and Dalely，2000；Langland and Baker，2004）。

如果同化观测资料使得从数据分析中得出的预报比从前一状态得出的相同预报期限内的预报数据更准确，则表明此观测有有利影响。我们期望所有被同化观测都对矫正初始条件有有利影响，从而改进从分析中得出的预报数据。但是，如果发现了对一个特定的数据类型或观测系统有持续的不利影响，则表明数据质量控制可能存在问题，例如考虑隔离数据时难以评估细微的仪器漂移或校准问题。因此，基于伴随的数据影响过程对于海洋数据质量定量诊断来说是一个有效的工具。但在海洋数据同化和海洋数据质量控制中对伴随敏感度的运用一直是一个活跃的研究和发展领域。

4.8 总结及结论

有效的海洋数据质量控制是一个很困难的问题。观测数据并不完美且容易出错。那些带有没有被同化系统通过误差协方差矩阵描述的误差的数据有必要在分析之前剔除。因此，有效的质量控制需要一组预先建立的标准化的检查程序，以及与数据值明确相关的程序结果。反过来，质量控制的有效性依赖于标准的可靠性和对观测吻合度作出的选择。

观测数据质量控制需要依赖于使用的观测数据。质量控制数据集的用户对最合适的标准和质量控制程序要求的合适的拟合度具有不同的看法（太紧会导致拒绝异常特征值的错误机会增加，太松会增加接受不良数据的机会）。数据质量标识对于决定经质量控制的观测数据是否适合某个特定的用途必须要有所帮助。本章中，观测数据质量控制作为海洋预报系统中的观测数据同化的序幕。基于这个定义，最优的海洋数据质量方案是那些可产生最好的海洋预报的方案。

在分析/预报系统中很难评估单一观测数据质量控制的持续影响。尽管如此，在数据监测中，质量控制是非常重要的：观测系统运行统计的收集；检测那些没有按照预期运行的观测系统；反馈给数据提供者以改正数据缺陷。因此，集成的、端到端的质量控制系统必须确保质量控制程序的结果被记录下来，用于独立分析和后续使用。如果质量控制执行得好，将会减少海洋数据用户之间的重复工作——增加的数据值不会丢失或被误解。原始的、处理过的观测值综合数据库至少需要进行相同数量的单独估计和质量控制结果。数据库将被用于查找观测系统的“意外”行为，允许质量控制系统的用户和操控者去识别系统性问题以获得数据收集中的误差或更正数据传输。目前，实时海洋数据质量控制的标准很少是意见统一的，海洋数据中心的程序和结果相互比较的也很少。鉴于 GODAE 业务化海洋学组织一直在开发一系列复杂的海洋分析和预测系统，在业务化中心开展海洋数据质量控制的有效性常规评估程序和质量控制过程的日常交换统计是非常重要的。这一过程已经随着 GODAE 的质量控制交叉对比项目的实施开始了（Smith，2003；Cummings et al，2009），最初主要集中在剖面数据类型。

本章所描述的全自动海洋数据质量控制过程仅限于海洋预报模式中日常同化的观测数据类型。今后将继续开发新的海洋观测系统并将继续辨识现存观测系统的新故障模式。新观测系统实例包括高频（High Frequency，HF）沿岸雷达和空间海表面盐度微波观测。新仪器故障模式的实例是与长期自动的 Argo 浮标部署相关的压力和盐度传感器问题。为适应新数据类型的自动质量控制，需要发展新的观测误差模型，并且需要更新现存的误差模型以检查、订正新的仪器故障模型。现存的和新的自动质量控制过程的有效性必须不断地通过正式的统计测试和检查同一观测中自动化与延迟模式下质量控制输出结果之间的差异来确认。如实时决策与延迟模式下对同一观测所做的变更或剔除决策相一致，那么可以认为自动质控系统运转正常。其中，在延迟模式下有更严格的科学和专业的人工干预的质量控制方法。Argo 浮标阵列的延迟模式质量控制结果是现成的，可以在评测中使用。此项活动是 GOADE 质量控制交叉对比项目的一个不可分割的组成部分，这个项目由以下业务化中心参加：澳大利亚气象局、法国科里奥利数据中心、加拿大的综合科学数据管理分支机构、美国的舰船数值气象和海洋中心、英国气象局。

致谢：此项工作资助项目及单位有：国家海洋合作计划项目（National Ocean Partnership Program，NOPP）、美国 GODAE，基于混合坐标海洋模式的全球海洋预报、海军研究实验室 6.2 项目（使用变分伴随系统研究观测的影响）。针对 C4I 和空间 PMW-180 的项目执行办公室提供了额外的资金，作为 6.4 项目（海洋大气中尺度耦合预报系统的海洋数据同化）的一部分。在此，我感谢来自加利福尼亚州蒙特雷市舰船数值气象和海洋中心的 Mark Ignaszewski 和来自密西西比斯坦尼斯空间中心海军海洋学办公室的 Krzysztof Sarnowski，感谢他们在美国海军业务化中心为迁移和维护海军耦合海洋资料同化质量控制（Navy Coupled Ocean Data Assimilation Quality Control，NCODA_QC）系统工作中提供的持续帮助和支持。

参考文献

Bailey R，GronellA，Phillips H，Tanner E，Meyers G（1994）Quality control cookbook for XBT Data，CSIRO marine laboratories report 221. http：//www. medssdmm. dfo-mpo. gc. ca/meds/Prog_Int/GTSPP/QC_e. htm.

Baker NL，Daley R（2000）Observation and background adjoint sensitivity in the adaptive observation targeting problem Q J Roy Meteor Soc 126：1431-1454.

Boyer T，Levitus S（1994）Quality controland processing of historical oceanographic temperature，salinity，and oxygendata. NOAA Technical Report NESDIS 81. p 65.

Corlett G K，Barton I J，Donlon C J，Edwards M C，Good S A，Horrocks L A，Llewellyn-Jones D T，Merchant C J，Minnett P J，Nightingale T J，Noyes E J，O'Carroll A G，Remedios J J，Robinson I S，Saunders R W，Watts J G（2006）The accuracy of SST retrievals from AATSR：an initial assessment through geophysical validation against in situ radiometers，buoys and other SST data sets. Adv Space Res 37（4）：764-769.

Cummings J A (2005) Operational multivariate ocean data assimilation. Q J Royal Met Soc 131: 3583-3604.

Cummings J A, Brassington G, Keeley R, Martin M, Carval T (2009) GODAE ocean data quality control intercomparison project. Proceedings, Ocean Obs'09, Venice, Italy. p 5.

Daley R, Barker E (2001) The NAVDAS sourcebook 2001. Naval Research Laboratory NRL/PU/7530-01-441, Monterey, p 160.

Donlon C, Minnett P, Gentemann C, Nightingale T J, Barton I, Ward B, Murray M (2002) Toward improved validation of satellite sea surface skin temperature measurements for climate research. J Clim 15: 353-369.

Donlon C J, Robinson I, Casey K S, Vazquez-Cuervo J, Armstrong E, Arino O, Gentemann C, May D, LeBorgne P, Piollé, Barton1 I, Beggs H, Poulter D J S, Merchant C J, Bingham A, Heinz S, Harris A, Wick G, Emery B, Minnett P, Evans R, Llewellyn-Jones D, Mutlow C, Reynolds R, Kawamural H, Rayner N (2007) The global ocean data assimilation experiment (GODAE) high resolution sea surface temperature pilot project (GHRSST-PP). Bull Am Meteorol Soc 88(8): 1197-1213.

Langland R H, Baker N L (2004) Estimation of observation impact using the NRL atmospheric variational data assimilation adjoint system. Tellus 56A: 189-201.

May D, Osterman WO (1998) Satellite-derived sea surface temperatures: Evaluation of GOES-8 and GOES-9 multispectral imager retrieval accuracy. J Atmos Oceanic Technol 15: 788-834.

May D, Parmeter M M, Olszewski D S, McKenzie B D (1998). Operational processing of satellite sea surface temperature retrievals at the Naval Oceanographic Office. Bull Am Meteor Soc 79: 397-407.

Merchant C J, Embury O, Le Borgne P, Bellec B (2006) Saharan dust in nighttime thermal imagery: detection and reduction of related biases in retrieved sea surface temperature. Rem Sens Env 104(1): 15-30.

Merchant C J, Le Borgne P, Marsouin A, Roquet H (2008) Optimal estimation of sea surface temperature from split-window observations. Rem Sens Env 112(5): 2469-2484.

Merchant C J, Le Borgne P, Roquet H, Marsouin A (2009) Sea surface temperature from a geostationary satellite by optimal estimation. Rem Sens Env 113(2): 445-457.

Smith N (2003) Sixth session of the global ocean observing system steering committee (GSC-VI): GODAE report. IOC-WMO-UNEP/I-GOOS-VI/17.

第 5 章　观测系统设计与评估

Peter R. Oke[1]，**Terence J. O'Kane**

摘　要： 为了更好地设计和评估海洋观测系统，数值模式与同化资料得到了越来越广泛的应用。观测系统试验（OSEs）以及观测系统模拟试验（OSSEs）是评估观测资料重要程度的常用方法。OSEs 适用于回顾以及评估历史观测要素，OSSEs 适用于展望以及评估未来观测要素。除此之外，还有一些其他方法适用于自适应性抽样方案，这些方法包括自身敏感性分析以及一系列基于集合和伴随的技术，如繁殖向量、伴随敏感性和奇异向量等。本章主要介绍观测系统设计与评估的概念，并描述多种不同的方法及其在海洋研究中的应用实例。

5.1　介绍

在数值预报发展进程中，模式和资料同化在设计海洋观测系统方面有着很长的历史，并且在海洋模拟领域中日益重要。观测系统设计与评估的方法有很多种，从基本的模式分析到时空尺度相关性、信噪比，以及不同区域不同变量的协方差的评估分析。基于模式对观测系统进行设计和评估的经典方法主要包括观测系统试验（Observing System Experiments，OSEs）和观测系统模拟试验（Observing System Simulation Experiments，OSSEs）。随着资料同化方法的进步，产生了一些更加复杂的方法，目前有一系列基于集合和伴随的方法，可用于观测系统设计和观测资料对同化模式的影响评估。

观测系统设计与评估在数值天气预报中有着很长的历史。大多数的数值天气预报应用涉及自适应抽样。自适应抽样旨在判断何处需要补充额外观测数据，从而更好地对预报进行初始化，其在数值天气预报中的典型应用是对飓风等极端天气事件的预测，其目的是在不稳定情况出现时或者可能出现时利用额外观测数据，更好地进行预报初始化，并提高预报能力。自适应抽样在数值预报中的应用大概始于 1947 年，同年实施了飓风监测计划以确定飓风的位置和强度。1982 年，美国国家海洋和大气管理局（National Oceanic and Atmospheric Adminis-

① Peter R. Oke，澳大利亚联邦科学与工业研究组织，海洋与大气研究及海洋财富国家旗舰研究所，气象与气候联合研究所。E-mail：peter. oke@ csiro. au

tration，NOAA）的飓风研究中心开始研究飓风周围的飞行器观测记录，以此来提高数值预报的初始化技术。NOAA 的研究发现，采用自适应抽样方法后，飓风路径预报误差减少了 25%。在 2003 年，世界气象组织（World Meteorological Organisation，WMO）启动了一项名为观测系统研究及可预报性实验（Observing system Research and Predictability EXperiment，THORPEX）的计划。执行 THORPEX 计划是为了提高在高影响天气事件的数值预报准确性。在 THORPEX 计划里，资料同化和观测策略工作小组的组建是为了评估观测资料和各种定位方法，从而指导观测活动以及全球观测系统的构成。Rabier 等（2008）对 THORPEX 有关活动和研究结果做了一个很好的总结，读者可以参考。

海洋资料同化能力自“全球海洋数据同化实验”（Global Ocean Data Assimilation Experiment，GODAE；www. godae. org）以后迅速发展起来，一系列的分析数据和预报系统如今都被广泛地应用到业务和研究当中。所有的 GODAE 预报和分析系统都得到了来自全球海洋观测系统（GOOS；www. ioc-goos. org）的支撑。GOOS 包括卫星测高和卫星海平面温度计划，并通过 GODAE 高分辨率海平面温度计划（GHRSST；www. ghrsst-pp. org）和 Argo 计划（Argo Science Team，1998）、热带锚系浮标（McPhaden et al，1998）、表层漂流浮标（www. aoml. noaa. gov/phod/dac）、抛弃式温深仪（XBT；www. jcommops. org/soopip/；www. hrx. ucsd. edu）以及验潮仪网络来获得数据。每一个观测计划都是昂贵的，都需要国际社会共同努力来实施、维护、执行和宣传。因此 GOOS 需要仔细地设计和评估。

观测系统设计和评估工作在海洋领域中越来越常见。其中一项关键性的挑战是充分地融合研究者们的工作，包括气候变化及可预报性计划（CLIVAR，www. clivar. com；Heimbach et al，2010）下的气候领域，以及 GODAE（www. godae. org/OSSE-OSE-home. html）下的短期预报。CLIVAR 关注的方向是气候监测和海洋状态估计，而 GODAE 关注于中尺度变率及短期预报工作。因此，不同的应用所对应的观测需求存在很大的差别。

本章将介绍观测系统设计和评估概念以及常见的方法。每一种方法的介绍都侧重于实用性，而较少关注于理论方面。在讨论每一种方法时，都尽可能地给出海洋领域实例。最后是一个简要的总结。

5.2 观测系统设计与评估的概念

在开展观测系统设计与评估工作之前，首先要解决几个关键性的问题。这些问题涉及观测系统建立的目的、可行性以及观测资料如何使用。

建立观测系统的动机显然是很重要的。那么观测系统是用来监测什么的？举例来说，某区域内的热容量、流系的通量以及温跃层深度的变化，等等。一个观测系统在观测洋流的某一个具体方面可能是最优的，但不可能在各个方面的观测都是最优的。例如，某一观测系统适用于初始化季节预报系统，从而预测厄尔尼诺的发生。因为该观测系统可以分辨厄尔尼诺时间尺度上的动力特征，如热带不稳定波，但对于更小时间尺度的涡分辨率海洋模式的预报系统，其观测系统则与厄尔尼诺的观测系统存在显著的差别。因此，观测系统的目的必须非常清晰，观测系统的适用范围应较为广泛，并且优化策略应尽可能多地反映出这些特点。

对观测系统可行性的理解也是非常重要的。这需要考虑到预算、科技和服务的便利性。布放和维护观测系统通常是昂贵的，因此，一个更易于布放和维护的设计方案（如将锚系系统置于航道上）是很必要的。预算将影响观测设备的数量和型号（如锚系系统中水下滑翔机、Argo 浮标、漂流浮标的数量和型号等）。许多研究计划在开始都有一份详细说明，例如，观测将由 10 个锚系浮标组成，每一处都可以测量海表面至 300m 水深的温度和速度。那么也由此提出一个问题，这些锚系系统的位置该如何部署？

其实如何使用观测资料这个问题是很难回答的。因为大多数情况下，会有大批的使用者用不同的方法来对观测数据进行处理。例如，观测资料可能会用于基于不同同化方法的模式中，或者采用不同的插值方法将其网格化。通常需要采用同一个给定的分析或者同化系统，才能客观地衡量这些观测数据。在这种情况下，需要清楚地了解观测工具的特点及其自身局限性。采用多种系统（如多模式集合）来评估不同的观测数据是一个比较好的方法。这也是从全球业务化海洋学预报系统国际合作计划（GODAE OceanView）诸项工作中得到的一个启发（www. godae. org/OSSE-OSE-home. html）。

监测指定过程的观测密度在很大程度上取决于待观测场的去相关长度尺度。这个特点决定了观测点之间的距离多远才不至于丢失重要的信息。同样，相关的时间尺度决定了观测点的观测频次。而用模式来决定这种时空尺度时通常十分困难，因为模式中的次网格参数化很大程度上限定了时空尺度的特征。那些参数化过程通常不够精确，并且对于模式开发者的主观选择往往是很敏感的（O'Kane and Frederiksen，2008）。

因此，一些更为精细的特征在观测系统的设计中就变得十分重要，其中海洋协同变化非常关键。那么有没有观测点的位置和数量是对整个系统具有指示意义的呢？也就是说，是否存在一个具体的观测点是关键区的脉冲呢？南方涛动指数（Southern Oscillation Index，SOI）就是这样的一个很好的例子。SOI 反映了塔西提岛和达尔文港间的气压差。SOI 负位相通常对应着厄尔尼诺事件，其主要特征是热带太平洋中部增暖、信风减弱以及澳大利亚大部分区域的雨量减少。

图 5.1 是模式如何确定海洋中脉冲的实例。图中给出了来自基于集合方法的数据同化系统的两个相关场（Sakov and Oke，2008）。集合同化系统使用距平（也称为扰动或者模态）的集合来隐式地表征系统的背景误差协方差。背景误差协方差决定着在同化过程中，一个观测与模式的差别是如何被投影到模式状态中的。因此，某一位置的观测值与其余模式状态间的基于集合的相关性（协方差）代表了该位置上有效的观测覆盖区域。图 5.1 显示了海平面在不同参照位置与附近海域间的集合相关。相关的大值区内，参考点的观测值将会产生较大的影响。

图 5.1a 所示的第一个例子是东印度洋爪哇的观测，其与沿海岸线和较远海域的海平面都有着很好的相关性。相关性的空间分布结构表现出偶极子型分布特点。这种分布特征也在早先的研究中被观测到（Chambers et al，1999；Feng et al，2001；Wijffels and Meyers，2004；Rao and Behera，2005）。同时，正相关区域的覆盖空间也反映出罗斯贝-开尔文波型，表明印度尼西亚沿海观测对于限制 Sakov 和 Oke（2008）所描述的集合资料同化模式是有效的。

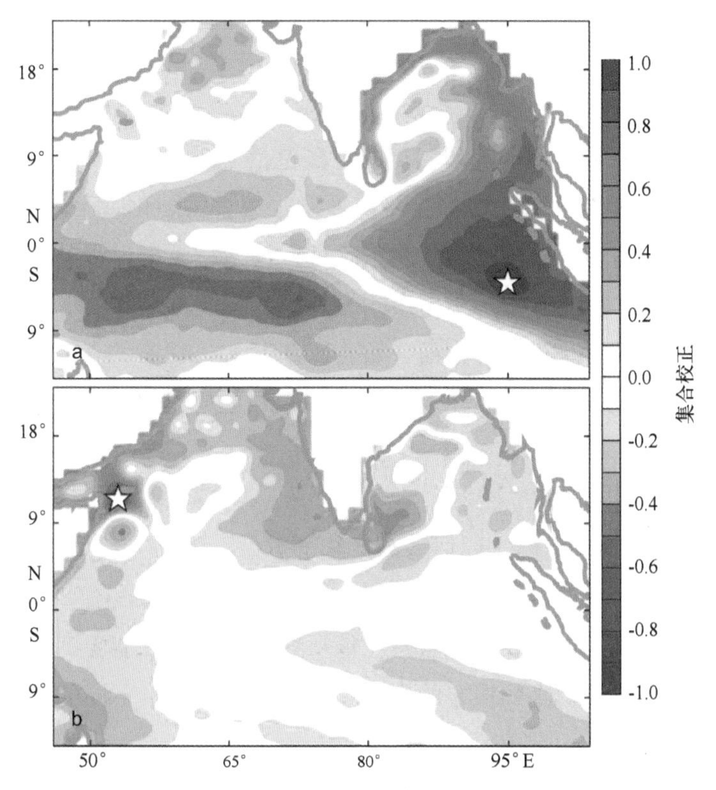

图 5.1 参照点的海平面（用星号表示）与其周围区域海平面之间基于集合结果的相关关系
［引自 Sakov 和 Oke（2008）］

图 5.1b 给出的第二个表明索马里附近海平面与热带印度海洋间几乎没有相关性。这一海域主要由中尺度变化所决定，这些中尺度涡来源于富含能量且变化剧烈的边界流。当仔细分析该区域中尺度变化时（Schott and McCreary，2001），发现其中尺度变化是无序的，并且表现为短空间尺度上不相关。这表明尽管有许多西北热带印度洋的观测信息可用来获得那里的变化，该区域内的其中一项观测不会很明显地影响到 Sakov 和 Oke（2008）所描述的基于集合的资料同化结果。

正如任何优化问题一样，观测系统的设计和评估最终要求对观测系统的好坏进行判断。观测系统设计和评估中最重要的问题是：我们寻求减少的是什么？这是通过代价函数、度量标准或者诊断来定量研究的。度量标准最小化的可能性几乎是无限的。如我们可能追求将一些地区（如热带太平洋和北大西洋）的物理量（如温度、盐度、速度和温跃层深度）分析误差方差最小化。又如我们会追求减少在特定区域的一些量的预测误差，或者试图将一些积分量（如通过某海峡的流量）的不确定性最小化。我们甚至可以同时最小化多个变量，如温度和速度误差，这就需要一些类似于标准化、权重等指标将不同的变量进行组合，以反映指定应用中不同变量的方差或者相对重要性。总之，我们必须要定义一个代价函数或者标准来寻求最小化，而结果通常取决于这个代价函数（Sakov and Oke，2008）。

5.3 方法与实例

通常用来评估不同观测类型和阵列优劣的方法包括 OSEs、OSSEs、自身敏感性分析、集合方法以及伴随方法，所有这些方法都需要某种形式的数据同化。无论使用何种同化技术，OSEs、OSSEs 和自敏感性分析都能够对观测系统进行评估，而集合和伴随方法则需要特定的工具。各方法的细节及实例将在本节中给出。另外一些方法虽然此处没有详细介绍，但已经被应用到观测系统设计和评估研究等方面，如遗传算法（Gallagher et al，1991），其应用包括表面漂流浮标的部署优化（Hernandez，1995）以及声波层析成像阵列（Barth，1992）。

5.3.1 OSEs

OSEs 是最常见的利用同化模式评估观测系统的方法。OSEs 一般都通过对资料同化模式中的不同类型观测进行否定或者保留，从而评估预报或分析中当该类型观测未被采用时，预报质量和分析水平的下降。很重要的一点是，每一种类型观测可能受到其被同化的模式、同化的方法以及同化过程中所产生的误差的影响。因此，通过分析不同的模式和应用，有可能从结果中选择出对多数系统均有用的可靠结果。

有时候很难解释通过 OSEs 得到的结果。假设有 4 种分别来自不同平台（如 Argo 浮标，卫星海表面温度、高度计资料以及锚系系统）的观测均被同化，我们可能会认为这些类型数据之间存在一些冗余。例如，一些信息既包含在 Argo 剖面中，也能通过卫星高度计资料来表达（Guinehut et al，2004）；同样，一些海表面温度（Sea Surface Temperature，SST）场也可以由 Argo 浮标来测量。如果我们拒绝使用 OSEs 中的 Argo 数据，那么我们就会对卫星高度计资料和卫星海表面温度资料抱有更高的期望，因此观测的真实值或者观测类型是很难真正用 OSEs 来评估的。

在某些情况下，模式/同化系统的细节设置会使 OSEs 的解释更加复杂。如 Vidard 等（2007）的报告指出，如果拒绝使用热带地区的观测数据，高纬度环流强度会降低。这很令人困惑。他们从这个联系进行溯源，最终回到了同化系统的质量控制系统上。质量控制系统中很关键的一步是比较模式的背景场。如果观测与背景场存在着显著的不同，那么他们将观测标记为“不好的数据”，并且在同化中自动剔除。Vidard 等（2007）发现当热带观测被剔除时，系统背景场的变化足以影响质量控制系统的决策。这将导致在更高纬度地区数据被标记为“不好的数据”，最终降低高纬度模式模拟场的改善程度。其他几个质量控制决策影响 OSEs 结果的例子也在相关文献中给出（Bouttier and Kelly，2006；Tremolet，2008）。在某些情况下，这些细微之处让 OSEs 难以作出解释。

OSEs 通常是针对过去一段时间（比如，过去 3 年）或者 4 套卫星高度计同时运行的时段进行的。当然这样是很有益的，因为 GOOS 一直在变化（见图 5.2）。在新浮标布置和旧浮标弃用时，Argo 浮标的数量和分布都会发生变化。新的高度计任务开始，旧的任务终止，意味着不同的高度计任务的抽样策略通常是不同的，这表明原有的 OSEs 就会过时。例如，基于一个季节预测系统，Vidard 等（2007）和 Balmaseda 等（2007）开展了一系列的 OSEs，用以

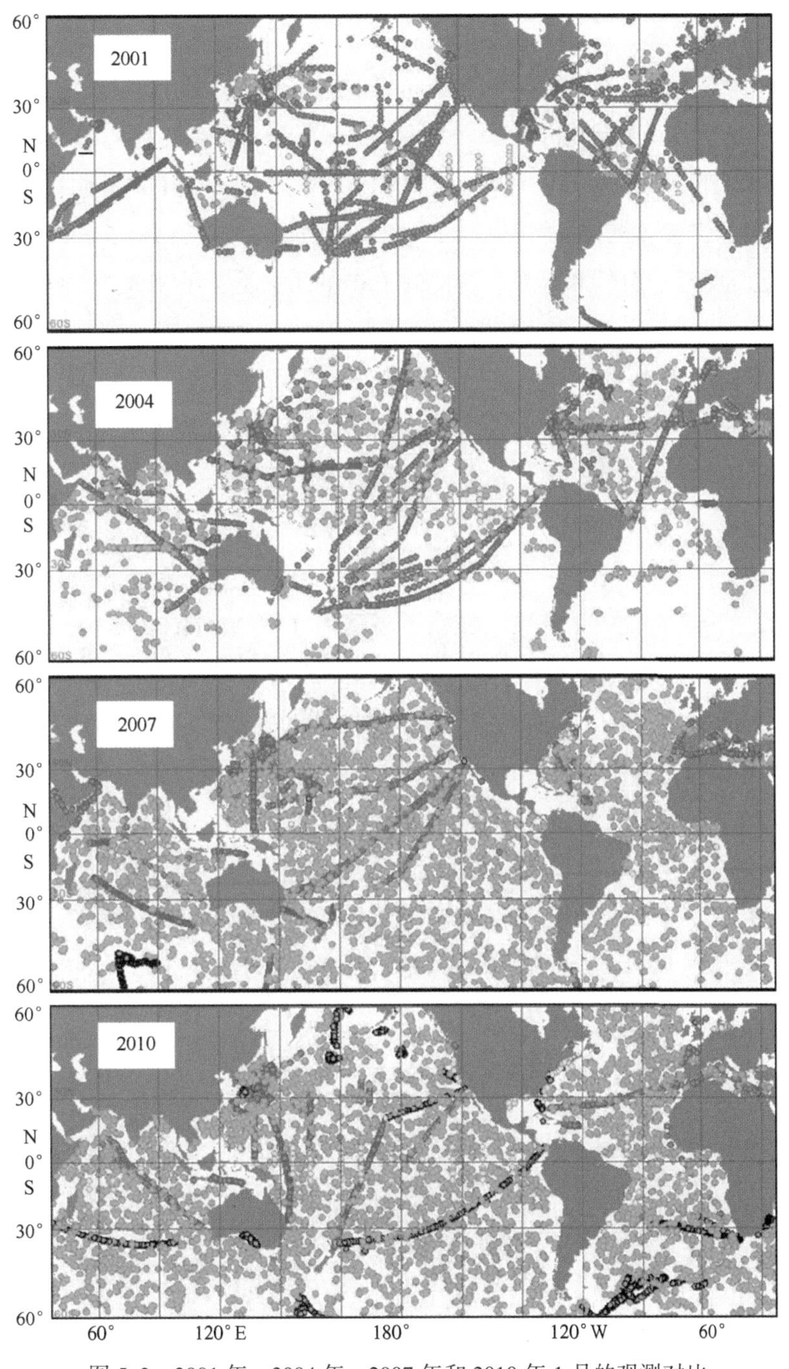

图 5.2　2001 年、2004 年、2007 年和 2010 年 1 月的观测对比

绿色、蓝色和黄色分别代表了 Argo 浮标、XBT/CTD 和浮标观测（图源自 www.coriolis.eu.org，2010 年 1 月）

评估 Argo、XBT、热带锚系浮标等观测对预报技巧的影响。Vidard 等（2007）开展的 OSEs 时段为 1993—2003 年；Balmaseda 等（2007）开展的 OSEs 时段为 2001—2006 年。因此，对于前者所做的大多数 OSEs 来说，Argo 浮标的覆盖是稀少的，而对于后者来说，Argo 浮标的覆盖又是宽广的。结果就是，前者给了 Argo 很模糊的评价，但是又称下结论还太早。对比之下，后者认为 Argo 很有效地初始化了他们的预报系统，特别是针对盐度的预报。

对 OSEs 造成限制的另外一个方面是计算条件及人力资源的巨大需求，OSEs 需要足够的条件来支撑、分析和解释。从 Oke 和 Schiller（2007）的研究来看，他们开展了一系列模拟，模式运算的时间为 6 个月，其中包括一个未同化的试验和一个所有数据均被同化的试验，再加上每一种观测类型分别被同化的试验（类型有 Argo、SST 和高度计）。额外的试验分别包括 1 个高度计、2 个高度计、3 个高度计或者 4 个高度计；不同的 SST 产品同化试验；仅含有一个 Argo 剖面子集的试验，例如每间隔一个的 Argo 剖面。这样一系列的 OSEs 相当于大量的计算以及大量的数据处理、分析和解释。这样的工作量几乎是不可完成的，特别是当用到高分辨率模式时。

对 OSEs 的评估工作一直是一项挑战。对于任何系列的 OSEs 来说，与其他的试验相比，最好的试验总是同化了所有观测数据的那个个例。评估这个个例通常是存在问题的，因为通常情形下，观测之间并非独立，而评估这个个例又需要观测之间相互独立。

Oke 和 Schiller（2007）设计了一系列 OSEs 来评估高度计、Argo 和 SST 在强迫涡分辨率海洋模式中的相对重要性。通过采取（1/10）°分辨率的海洋环流模式和集合最优插值数据同化系统，他们在再分析系统中系统性地去除了高度计（用 ALTIM 表示）、Argo 和 SST，时段为 2005 年 12 月至 2006 年 5 月。图 5.3 说明了去除不同数据类型的影响，以再分析海平面异常（Sea Level Anomaly，SLA）和沿轨海平面异常之间的残差表示。残差图量化了观测与每一个 OSEs 中的再分析海平面异常之间的差别。再分析海平面异常与所有可获取的卫星高度计（Jason、ENVISAT 和 GFO）沿轨海平面异常进行了比较。

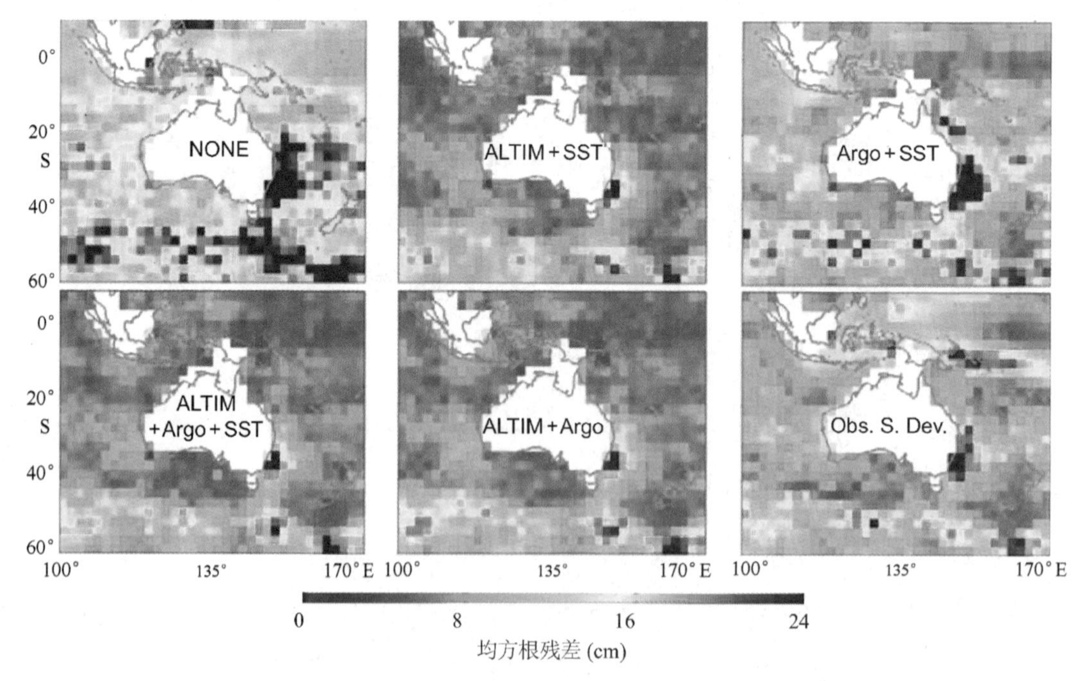

图 5.3　对于不同的 OSEs、模式模拟与观测的海平面异常均方根残差

［摘自 Oke 和 Schiller（2007）］

图 5.3 表明，当仅同化 Argo 和 SST 时，SLA 残差会比没有同化任何观测的 OSEs 结果（在图 5.3 中用 NONE 表示）小得多。这说明，高度计的一些信息也可以由 SST 和现场温度（T）与盐度（S）观测来表示。基于 SLA 与次表层温度（T）和盐度（S）的动力学关系，这点是容易理解的，但这也证明了 Oke 和 Schiller（2007）使用的多元集合最优插值同化方案的能力。当高度计资料被同化后，SLA 残差会显著减小，特别是在中尺度变化较强的区域，如塔斯曼海、沿着南极绕极流的路径和西澳大利亚外海（此处卢因海流通常会脱落涡旋）。这表明，SST 和 Argo 可表现出大尺度的 SLA 特征，但不能充分分辨其中尺度特征。

5.3.2 OSSEs

另一个用于不同观测系统的潜在效益评价的常用方法是 OSSEs。OSSEs 经常设计一些孪生实验，在实验中会加入人造观测（这些人造观测通常是从模式中提取的数据）同化进另一种模式，或用网格化的观测分析系统。OSSEs 通过生成一些并不存在的假想的观测数据，评估其影响。这意味着使用这些方法有助于未来观测系统的设计，量化其可能产生的影响和局限性。

在高度计时代之前，OSSEs 就已经被用来辅助海洋观测系统的设计。例如 Berry 和 Marshall（1989）、Holland 和 Malanotte-Rizzoli（1989）通过 OSSEs 对早期的高度计计划设计进行评价。同样，热带太平洋的 TAO 浮标阵列（Miller，1990）以及热带大西洋的预测和研究锚系阵列（Hackert et al，1998）的设计和评估都引入了 OSSEs 的方法。

在热带印度洋锚系浮标阵列（CLIVAR-GOOS Indian Ocean Panel et al，2006）设计期间，有成功应用 OSSEs 的多个案例。这些 OSSEs 实验由不同的小组执行，分别用到了不同的模式和技术。上述研究对这个锚系阵列的方案设计起到了促进作用。Vecchi 和 Harrison（2007）利用高分辨率海洋模式和伴随同化系统进行了一系列 OSSEs 试验，以评估综合观测系统的能力。该综合观测系统主要包括 Argo、XBT 和用于检测季节内和年际变化的锚系浮标阵列。Ballabrera-Poy 等（2007）使用了降阶卡尔曼滤波器以客观确定能够描述 SSH 和 SST 的阵列。Oke 和 Schiller（2007）采用了基于经验正交函数（Empirical Orthogonal Function，EOF）的方法来评估锚系浮标阵列在监测季节内和年际变化方面的能力。Vecchi 和 Harrison（2007）认为，与综合观测系统相结合，锚系浮标阵列具备观测季节内和年际变化的能力。Ballabrera-Poy（2007）、Oke 和 Schiller（2007）都认为这个浮标阵列在赤道两侧几度的区域内存在过度采样的情况。他们的研究还表明，监测季节到年际变化的关键区为 8°S 以南、距离赤道 4°—5°、印度尼西亚海沿岸区域。这些区域分别对应的是季节罗斯贝波（Masumoto and Meyers，1998；Schouten et al，2002）、赤道罗斯贝波和强印度洋偶极子事件（Murtugudde et al，2000）最大振幅出现的位置。

图 5.4 是上述 OSSEs 的一个例子，图中展示了从模式得到的 20℃ 等温线深度（D20）的标准差，以及 D20 在两个 OSSEs 中的均方根误差。每个 OSSEs 使用了模式 18 年的计算结果。前面 9 年的数据用来调整 Oke 和 Schiller（2007）设计的基于经验正交函数方法的分析系统，后面 9 年的数据用于交叉验证和评估不同的锚系阵列对 D20 变化的描述能力。对于每个 OSSEs，最后 9 年的模式结果在锚系位置进行采样；利用假设误差产生的白噪声来对观测数据

进行扰动；对观测资料进行分析并评估了D20分析场误差。图5.4表明该阵列在赤道附近能够较好地对D20的变化进行观测。因此，此处的均方根误差小，但在10°S以南的区域较差，误差较大。Oke和Schiller（2007）也测试了另外一个可替换的锚系阵列。用于替代的阵列是通过将观测在同化的一个集合上的投影最大化而客观生成的。方法的细节请读者参考Oke和Schiller（2007）的文献。图5.4c中描述了该替代阵列，在靠近赤道和北印度洋的地方锚系浮标较少，而在10°S和15°S之间则锚系浮标数量较多。替代阵列对赤道处的D20的变化具有较好的描述能力。由于在赤道以南区域有额外的锚系浮标，此处的D20变化得到了更好的描述。D20变率较强的纬度在10°—15°S之间，这与此处季节罗斯贝波的振幅最大有关（Masumoto and Meyers，1998；Schouten et al，2002）。Oke和Schiller（2007）的研究认为在这些纬度上增加锚系浮标数量是有意义的。

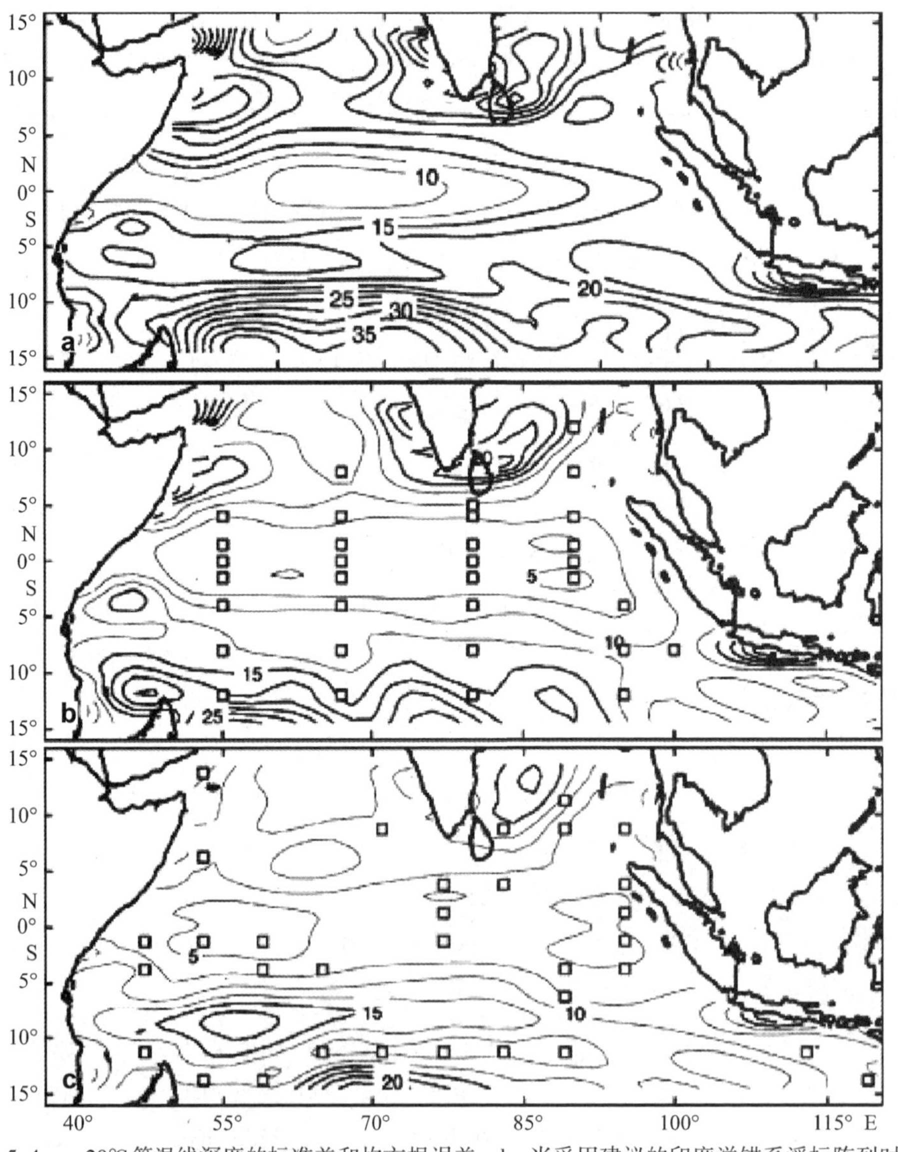

图5.4　a. 20℃等温线深度的标准差和均方根误差；b. 当采用建议的印度洋锚系浮标阵列时，20℃等温线深度的标准差和均方根误差；c. 采用优化的锚系阵列时，20℃等温线深度的标准差和均方根误差。等值线间隔为2.5 m［摘自Oke和Schiller（2007）］

OSSEs 在评估不同观测系统的潜在影响时是非常有力的工具。然而，它们具有一些局限性。OSSEs 采用孪生实验的形式注定会取得成功，尤其是用同一个模式来产生人造的观测和同化。在这种情况下，模式的动力学与观测资料是完全协调的。这样，使得使用孪生实验的一些 OSSEs 同化模式运行结果的误差非常低。但有时候，误差如此之低，结果非常乐观，以至于不得不怀疑这样的研究结论是否可靠。

任何 OSSEs 的实用性最终取决于配置 OSSEs 所作的假设。在任何情况下，假设是依据动力学和数据同化方法而作出的。做这个假设时，默认模式在动力过程方面是正确的，而观测被适当的同化到模式中。假设是依据观测误差和模式误差提出的。在大多数情况下，人造观测被噪声所损坏，而噪声通常又被假设为在时间上是均匀且无偏的。通常也会假设数据不会中断，而且这些数据在同化时都能够提供。但在业务化环境中，最后的这个假设极少会实现。

也有许多 OSSEs 研究没有采用孪生实验的方法。例如，Brassington 和 Divakaran（2009）分析了海面盐度观测对集合数据同化系统的理论影响，使用的方法就是剖析集合的各种特性。Schiller 等（2004）为 Argo 计划研究了模式场以量化不同采样策略时的可能信噪比。

如果我们要评估未来观测系统的潜在价值，可以将 OSSEs 作为一个非常有力的工具。然而，OSSEs 所做的假设往往是乐观的，其结果也是乐观的。所以在大多数情况下，我们应把 OSSEs 的结果仅视为指示性的和定性的。

5.3.3 自身敏感性分析

一般来说，不管采用何种方法，数据同化系统都是将一个背景场（二维、三维或四维）和一组观测数据结合起来，然后得到一个分析场。不同的同化方法以不同的方式来实现。但所有的方法，均存在一个自身敏感性分析。对于一个特定的分析场，自身敏感性分析就是把每一个观测值的重要性进行量化。假设观测发生改变后，分析结果没有发生相应的变化，在这种情况下，我们可以说，该分析场对该观测不敏感，并认为该观测值不重要，这在两种情况下有可能发生：观测具有大的误差或者观测区域的站点密集，这种观测是多余的。相反，假设另外一种情况：当对一个特定的观测进行改变时，将会导致分析结果产生显著的变化，这时我们则称分析对观测敏感，认为观测是重要的。当观测数据非常精确或者在一个观测稀疏的区域时，会出现这种现象。上面提到的敏感性被称为分析的自身敏感性。

在实际应用中，自身敏感性通过所谓的影响矩阵（Cardinali et al，2004）来进行诊断。影响矩阵仅仅是卡尔曼增益 $\boldsymbol{K}$ 的一个子集。卡尔曼增益像一个回归矩阵，将背景新息（背景场和观测之差）的每个元素映射到整个模式状态量上。用 $\boldsymbol{HK}$ 表达影响矩阵，$\boldsymbol{H}$ 为从模式空间插值到观测空间的算子（通常为线性插值）。$\boldsymbol{HK}$ 是 $p \times p$ 维方阵，p 是用于同化的观测数据的数目。$\boldsymbol{HK}$ 的对角线元素是分析的自身敏感性，这些元素把背景场的新息从观测位置映射到自身。不管用何种同化方法，$\boldsymbol{HK}$ 的显式计算都是不可行的，Cardinali 等（2004）和 Chapnik 等（2006）提供了一个任何同化系统中都可以实施的简化方案。该方法包括以下步骤：

（1）通过同化观测数据 $\boldsymbol{d}$，做一个标准化分析；

（2）根据期望误差（来自观测误差协方差矩阵（$\boldsymbol{R}$）的对角元素），对同化的观测进行扰动（$d - d^*$）；

（3）通过同化经过扰动的观测数据，来做另一个分析；

（4）计算自身敏感性 HK_{ii}：

$$HK_{ii} = (d_i^* - d_i)(Ha_i^* - Ha_i)/R_{ii}$$

式中，a 和 a^* 分别为用未扰动和已扰动观测所得的分析。这种方法估计自身敏感性的最小计算是一个二阶分析。但是，这种计算受控于抽样误差，由于扰动观测的随机性，所以应该在实践中计算多个扰动分析以获得真正稳健的自身敏感性估计。影响矩阵的对角线是可以分析的，或者对于不同的区域、不同的变量来说，HK 的偏迹是可以平均的。

自身敏感性估计通常是为不同的观测子集诊断所谓的信号自由度（Degrees of Freedom of Signal，DFS）和信息容量（Information Content，IC）。DFS 是一个指标，描述的是在一个特定的观测子集中，真正独立的观测到底有多少。DFS 最多时即为观测的数量，在这种情况下，IC 为 100%，无冗余观测。相反，当 DFS 远低于观测数量，相应观测的 IC 低。在这种情况下，IC 值小，观测存在显著的冗余。

图 5.5 是一个使用 BLUElink 再分析系统对不同观测类型计算 IC 和 DFS（Oke et al，2008）的例子。基于这些结果，我们可以看出 BLUElink 系统对于高度计和 SST 观测使用得很好。然而，来自 Argo 数据的信息可能没有以一种最优的方式被 BLUElink 系统所获取，或者显得有些多余—— 可能被同化的其他观测所替代。在目前的发展阶段，第一种可能性最大。通过对大量的 GODAE 系统进行诊断，可以预料，GODAE 系统所使用的所有观测的真正价值可以得到常规监测和量化。上述对观测系统的评估可以供更广泛的组织参考。

除了将每个观测和每种观测类型的重要性定量表示外，对于给定的分析，分析自身敏感性对调整同化和预报系统也是有益的。每一个同化系统的目标是从每一个观测中尽可能提取更多的相关信息，也就是使上述分析的 IC 最大化。这里所描述的诊断类型可以有助于这一过程。

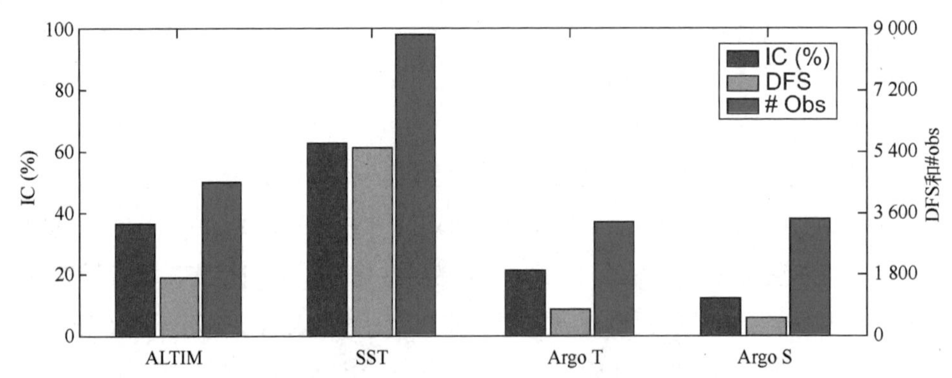

图 5.5　BLUElink 再分析系统在 90°—180°E，0°—60°S 区域内计算的 2006 年 1 月 1 日的 IC（%）、DFS 和同化的超级观测数量（#obs）的初步估计 IC

对应左边的刻度，DFS 和#obs 对应右边的刻度

对于业务化预报系统来说，分析自身敏感性是一种花费代价相对低并且可行的常规应用。可行的是可以对现代的全球海洋观测系统（Global Ocean Observing System，GOOS）进行计

算。但是，自身敏感性分析也存在局限性，因为其仅仅可用于分析场，而对预报场不适用。自身敏感性也依赖于所使用的同化或分析系统的误差估计。

5.3.4 集合方法

观测系统的设计和评估可以利用的集合方法有很多。这些集合方法主要包括集合协方差场的诊断（见图5.1），基于观测资料对最小化系统分析误差方差的潜在影响，对观测资料重要性进行客观排序、繁殖向量的诊断。有关集合观测系统的设计与评估研究工作，有许多实例可以参考，如 Tracton 和 Kalnay（1993）、Houtekamer 和 Derome（1995）、Toth 和 Kalnay（1997）、Bishop 等（2001；2003）、Wang 和 Bishop（2003）等的研究工作。

图5.6显示了一系列的集合相关场，相关的变量为当天（$t=0$ d），之前4 d（$t=-4$ d）以及之后4 d（$t=+4$ d）新喀里多尼亚（New Caledonia）西南海域附近海平面。相关场是理解海平面的动力学机制、空间尺度以及时间尺度的基础。在这个例子中，使用的是 BLUElink 预报和再分析系统使用的基于120个成员的静态集合改进版本（Brassington et al，2007；Oke et al，2005；2008）。该区域内的动力学过程十分明显，显示出了 SLA 的西向传播，表现为典型的罗斯贝波。集合相关性显示该区域内的空间尺度是相当短的，因此仅影响了观测所在几百千米内的海平面。但是，时间尺度上却很长，对于$t=-4$ d 和$t=+4$ d 滞后相关来说，并不远远小于$t=0$ d 的同期相关（图5.6）。因此，我们期望在某些点上观测信息能够在一定程度上表征过去和未来的环流特征。这些因素可能影响对区域内观测系统时空抽样密度合理性的讨论。图5.6中的实例采用了静态集合，因而适用于长期监测计划的设计和评估，但是集合卡尔曼滤波系统（Evensen，2003）的时间演变集合能够反映出时间依赖和状态依赖的背景场误差（也叫做日误差）（Corazza et al，2003），同样可以被用于自适应抽样计划。在自适应抽样计划中，我们寻求对临时布放的仪器确定好的观测位置，如水下滑翔机或者剖面浮标。

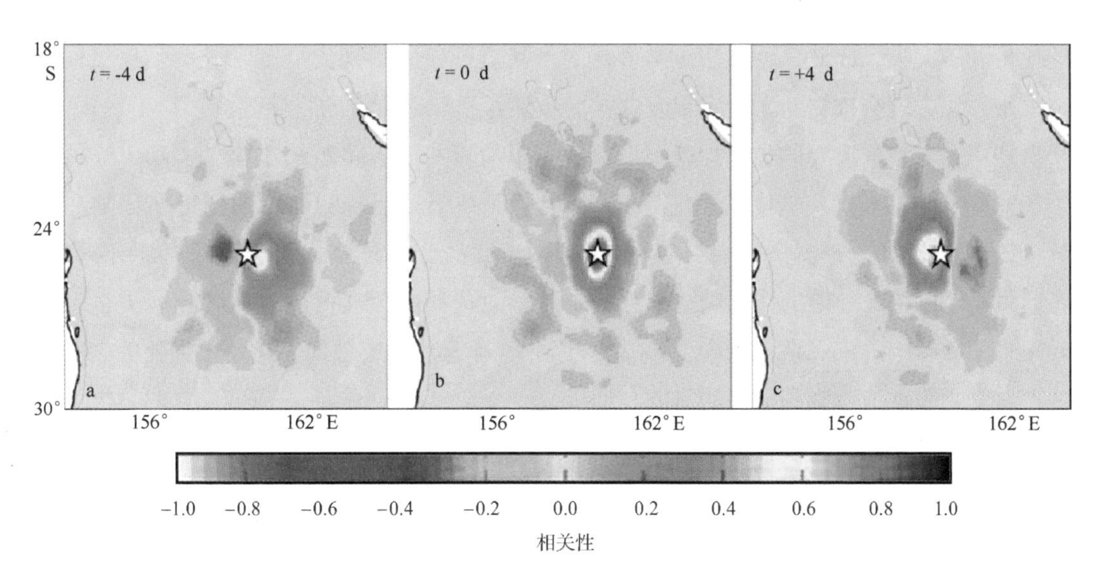

图5.6 一个四维集合相关场实例给出了海平面观测在新喀里多尼亚西南开阔海域的时空响应

a. b. c 图分别表示$t=0$ d 与$t=-4$ d、$t=0$ d 以及$t=+4$ d 及其附近海域之间的集合相关场

在数值天气预报系统中，人们越来越多地使用集合方法进行最优观测阵列的设计（Bishop et al，2001）。这些方法都基于集合方根过滤理论（Tippett et al，2003），以防止背景场误差协方差矩阵不能被显性的处理，从而允许用来操控大型系统。多数集合最优阵列设计的研究工作都考虑了自适应性抽样和目标观测，目的是提高在给定时刻模式的预报能力（Bishop et al，2001；Langland，2005；Khare and Anderson，2006）。

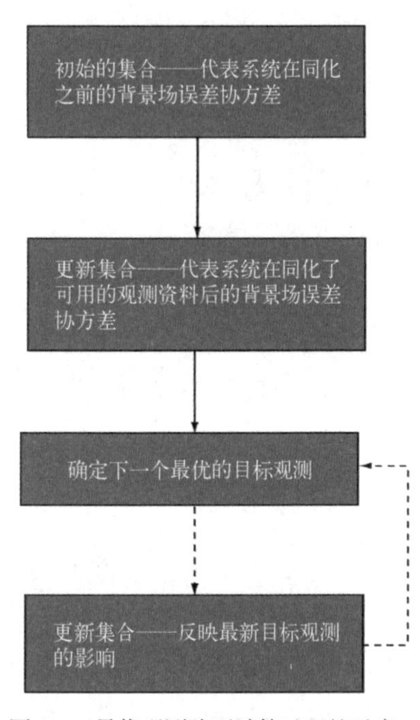

图5.7　最优观测阵列计算过程的示意
虚线箭头表示目标观测和集合更新的确定，后者在给定的目标观测下可以降低集合方差（Sakov and Oke，2008）

图5.7给出了观测阵列的集合客观设计的主要步骤。第一步是在观测资料同化之前，建立初始的集合来代表系统的背景场误差协方差。这时的集合可能与各式的卡尔曼滤波有联系（Evensen，2003）。假设有一个集合能隐性地代表系统背景场的误差协方差以及误差方差已知的观测阵列，集合方根理论将提供有效的工作框架来更新、变换，那么这个集合更新后的误差方差与观测资料被同化后的理论误差方差是可以匹配的（Bishop et al，2001）。现在已经有一些转化应用的方法（见Tippett et al，2003），并且这些方法都是等价的，但是最有效的转化计算还是集合变换卡尔曼滤波（Ensemble Transform Kalman Filter，ETKF）（Bishop et al，2001），并已经开展了一系列ETKF应用。第二步是在所有可用的观测资料被同化后，更新集合对系统误差协方差的表征能力。第三步是确定下一个最合理的目标观测。也就是说，变换观测集合来产生具有最小分析误差方差的集合。对于所有可用的观测资料，通过显式地变换集合来确定目标观测，同时找出集合分析误差方差最小的观测资料。这属于“暴力”计算，但是更新一套观测的代价并不太大，因此这种方法也是可行的，甚至可以应用到大尺度系统。一旦目标观测确定下来，集合就会被更新，然后重复这样的步骤直到完成所有的目标观测。

上述集合方法最重要的步骤是确定目标观测中的哪些内容将被最小化。实际上，集合包括了各种变量（如温度、盐度和速度等）。确定了下一个目标观测要考虑到最小化某一方面的分析误差。比如，可能是最小化了目标观测中温度的分析误差、混合层深度的分析误差，或者通过某个海峡或通道的体积输送的分析误差等。选择的标准可能对观测阵列的客观设计有着很重要的影响（Sakov and Oke，2008）。因此，确定什么应被最小化是很重要的。考虑到这一点，就要非常清楚观测阵列的目的和动机。

下面举一个观测系统集合客观设计的例子（Sakov and Oke，2008）。这个例子描述了热带印度洋锚系浮标阵列的设计过程。文中假设阵列的目的是用来最小化季节内混合层深度的（Intraseasonal Mixed Layer Depth，IMLD）分析误差方差。图5.8给出了IMLD在资料同化前后的误差方差，采用了两个模式，三个锚系浮标阵列，并假设没有其他可用的观测资料（如Argo、XBT、高度计等数据）。假设来自锚系浮标阵列的观测值被同化到一个模式当中，而这个模式采用的是静态集合的集合同化系统。考虑两个集合，每个集合产生于不同的模式配置（ACOM2 和 ACOM3），即不同的强迫和不同的积分时段。三套锚系浮标阵列被选中，分别是：推荐的锚系浮标阵列（表示为 CG-IOP 阵列），为每个模式优化的阵列（表示为 ACOM2 和 ACOM3 阵列）。这个案例给出了不同锚系浮标阵列的 IMLD 最初和最后的集合方差（图 5.8）。为了寻找更有力的结果，Sakov 和 Oke（2008）采用了不同的模式。

图 5.8 给出叠加了的误差方差图，涉及了每一个观测位置的客观排序（确定顺序的方法见图 5.7）。在每一个案例中，锚系浮标阵列在不同的经度上限制到一定的数量，以简化浮标阵列的维护工作。采用 ETKF 框架确定出“最优”的锚系浮标排列，并由此推导出“最优”的浮标观测。因此，锚系浮标排列在标号 1~6 之间是最好的。考虑到每一个阵列和模式，最好的浮标列是在东印度洋，位于 90°—95°E。南印度洋的浮标列也很重要，在各类情景中排名在 7~12 或者 7~14。这些结果看上去是稳定的，在锚系浮标设计或目标观测中可以帮助人们作出决策。比如，首先应该放置哪一条浮标列？

繁殖向量方法是一种集合技术，可以用来量化增长最迅速的模型动力模态结构。繁殖向量是对时间上快速增长的模式状态的扰动。当日误差被用来确定最可能产生不稳定性的地点时，增值向量对于自适应性抽样来说是特别有用处的。在不稳定的区域里观测资料可能越会更好地强迫出一个确定性的预报，从而改进预报技巧。

繁殖向量方法是 Toth 和 Kalnay 在 1997 年为数值天气预报集合预测系统开发出的一种方法。实际中，繁殖向量通过集合扰动方法首次初始化一个模式的方式获得。起初，扰动属于典型简单的小振幅白噪声。这些集合在给定的时段内积分。扰动通过全球或者区域尺度的尺度化因子来进行周期性的调节，以此使得扰动在同化方案中接近快速增长的误差。尺度化因子的选择很重要。繁殖向量的目的之一是为了确定快速增长的不稳定性。在某些区域，这些不稳定性最突出地表现在海平面异常上；而在另一些区域，可能表现在次表层海温或者密度上。当然不同区域有所不同。但是，一些大气方面的应用表现出繁殖向量的结构并没有显著受到尺度化选择的影响（Corazza et al，2003）。这一点与奇异向量（见下文）对于范数的选择非常敏感（Palmer et al，1998；Snyder et al，1998）不同。

实际上，集合扰动（繁殖向量）通常来说是有序的，连贯的结构可以被解释和理解（如涡旋不稳定）。这个方法允许集合通过涵盖日误差信息的同化资料分析来初始化。因此繁殖向量倾向用于预报误差很大的区域中。繁殖过程如图 5.9 所示。

对于一个大气方面的实例来说，Houtekamaer 和 Derome 于 1995 年给出的结果中显示，繁殖向量和奇异向量（见下文）产生的结果很类似，但是繁殖向量更容易实现（Wei and Frederiksen，2004）。繁殖向量因其简单性，成为一种非常通用的方法。目前繁殖向量方法被应用于许多业务化全球天气预报系统中（如 O'Kane et al，2008），基于 ETKF 方法得以实现（Wang and Bishop，2003；Wei et al，2006）。ETKF 是繁殖向量的衍生方法，但是更加复杂，计算代价也更高。ETKF 与繁殖向量方法的主要不同之处在于，ETKF 正交化了繁殖向量，寻求最大化的集合离散度。

下面给出一个在塔斯曼（Tasman）海的区域海洋模式应用繁殖向量方法的实例（图 5.10）。在这个例子中，采用了 4 个成员的集合，繁殖向量被优化（尺度化到）以放大 250 m

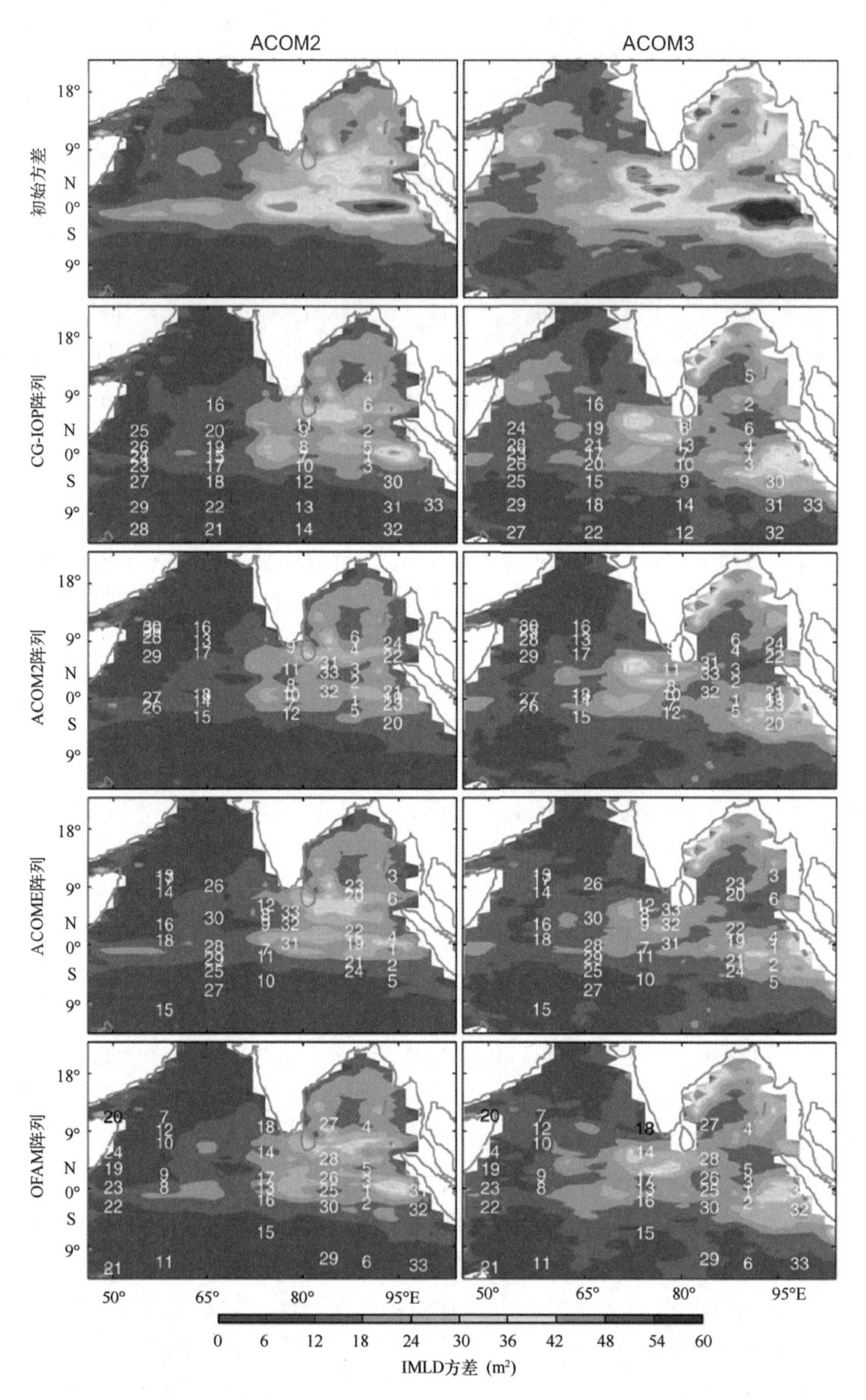

图 5.8　ACOM2 和 ACOM3 得到的 IMLD（上排）的方差；理论误差方差分析（第二排）；ACOM2/ACOM3 集合推导出来的阵列（第三排/第四排）；第五排为 OFAM 推导出来的阵列

图中的标号表示浮标位置以及每一处位置的排名（如 1 为最佳位置）（Sakov and Oke，2008）

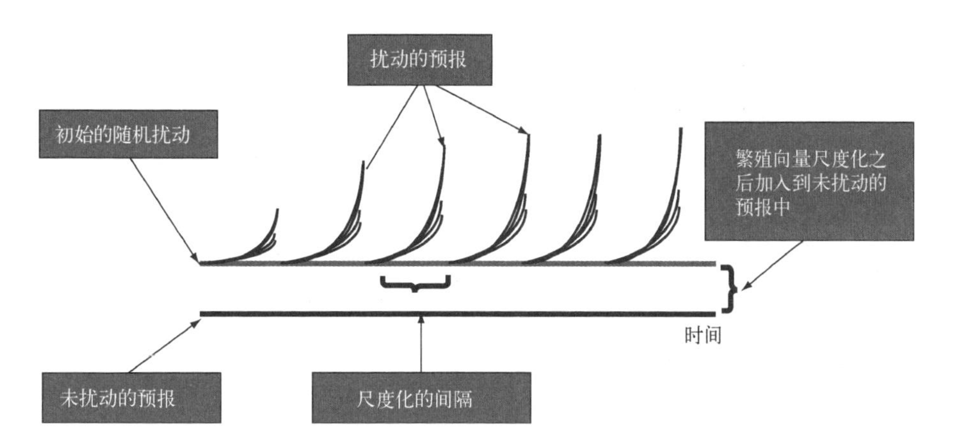

图 5.9 产生繁殖向量的流程示意

集合最初被不相关的噪声扰动。尺度化参数必须要谨慎选择（如关键区域的海温在 250 m 处）。在每个尺度化的间隔后，集合扰动被调整到和初始扰动一样的量级，但是繁殖向量发展成空间一致且有序的结构。每一个繁殖向量都是未被扰动的预报和被扰动预报间的差值

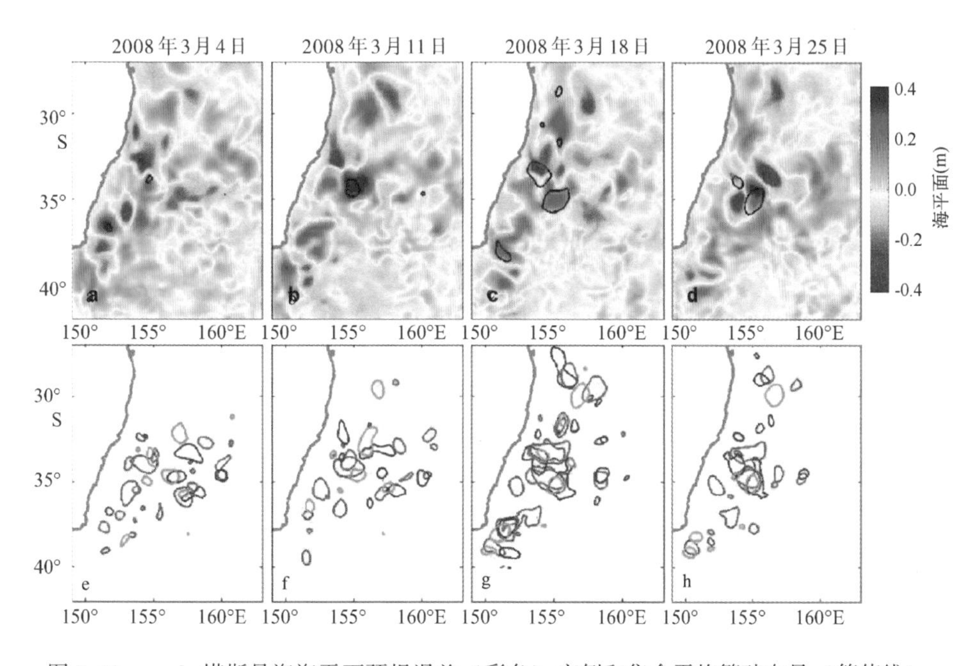

图 5.10 a~d. 塔斯曼海海平面预报误差（彩色）实例和集合平均繁殖向量（等值线）；e~h. 叠加的 4 个繁殖向量，每一个繁殖向量都使用不同的颜色

深处的海洋温度异常。对海平面的预报误差进行检验分析，结果见图 5.10a 至图 5.10d，其中 4 个成员的集合平均繁殖向量也被叠加其上。单个繁殖向量在图 5.10e 至图 5.10h 中以等值线给出。对于给定的时段内，海平面的预报误差在一些地点还是很大的。繁殖向量独立于预报误差；但是他们会展示出预报误差大、空间连贯的区域。这表明繁殖向量可以可靠地确定不稳定性增长的区域。对于图 5.10 中给出的例子，预报不会获得发展中的不稳定性（见 3 月 11 日图）。在这种情况下，对应的是一个发展中的冷涡。关于自适应采样，如果这 4 个集合

成员组成的繁殖系统与业务预报系统并行运行，在繁殖向量增长强烈的地区应进行额外的观测部署，也许水下滑翔机或剖面浮标是比较好的形式。这样，在那些区域中改进的预报初始化条件就可能更好地约束预报，从而提高预报技巧。

5.3.5 伴随方法

各种伴随方法可以很方便地用于观测系统设计和评估，包括诊断表示器、伴随敏感性和奇异向量。具体描述和例子见下文。一些以伴随方法为基础的观测系统设计和评估活动可参考 Moore 和 Farrell（1993）、Rabier 等（1996）、Gelaro 等（1998）、Palmer 等（1998）、Baker 和 Daley（2000）、Langland 和 Baker（2004）和 Moore 等（2009）等文章。

表示器类似于图 5.1 和图 5.6 所显示的集合协方差场。表示器在时间和空间上量化观测的作用。使用系统的切线性模式来追踪观测对未来的影响，并用伴随模式追踪观测对过去的影响，伴随数据同化系统可以近似地获得一个特定观测（例如，某固定地点的海平面）与所有其他网格点上任意时刻所有变量之间的协方差。表示器可以加深人们对观测类型和观测地点如何影响数据同化模式这一问题的理解。关于表示器的组成要素，有一个来自高级变分区域海洋表示器分析系统（Advanced Variational Regional Ocean Representer Analyzer，AVRORA）的例子（Kurapov et al，2009），见图 5.11 所表示的海岸带区域。所有这些计算的背景场是一个理想化的二维风场驱动的上升流场（图 5.11a），带有明显的美国俄勒冈州近海的上升流特征。模型配置和同化系统的细节由 Kurapov 等（2009）在论文中详细描述。为了更深入地理解将高度计观测的海平面异常数据同化到近海海洋模式时产生的潜在影响，他们研究了表示器的结构。

图 5.11 所示的表示器组成部分，将离岸 50 km 处一个假设的海平面观测同模式其他状态量之间的协方差进行了量化。图 5.11 所示的都是观测时刻的各个要素。完整的表示器包括时间，观测资料的影响是随着时间和空间而延伸的。

图 5.11 显示了当离岸海平面观测资料比模式背景场估算低的时候，同化系统是如何逐步改变模式状态的。同化系统带来的变化同强风驱动的上升流相一致，沿岸风应力伴随着更强的上升流，陆架处海平面更低，近表面形成离岸流和底边界层形成向岸流，斜压海岸带射流加速，温度下降而盐度上升。图 5.11 表明高度计观测的离岸海平面资料适合同化到近海海洋模式中去，而且很可能对陆架环流施加明显的约束。

伴随敏感性，或者观测敏感性，是定量衡量预报对同化观测资料的敏感性的方法（Langland and Baker，2004）。具体来说，伴随敏感性决定了代价函数 $\boldsymbol{J}$ 相对于观测 y 的敏感性，即 $\mathrm{d}\boldsymbol{J}/\mathrm{d}y$。在实践中，Langland 和 Baker（2004）提供了一个计算伴随敏感性的方法：

（1）定义感兴趣的误差范数（例如，涡旋的位置，感兴趣的区域内某特定变量的变率）；

（2）进行预报，假设从 $t=0$ 到 $t=7$，t 表示时间；

（3）计算 $t=7$ 时刻的验证分析值（非实时）；

（4）计算 $t=7$ 时刻的预报值和 $t=7$ 时刻的验证分析值之间的差，这个差是预报误差的估计值；

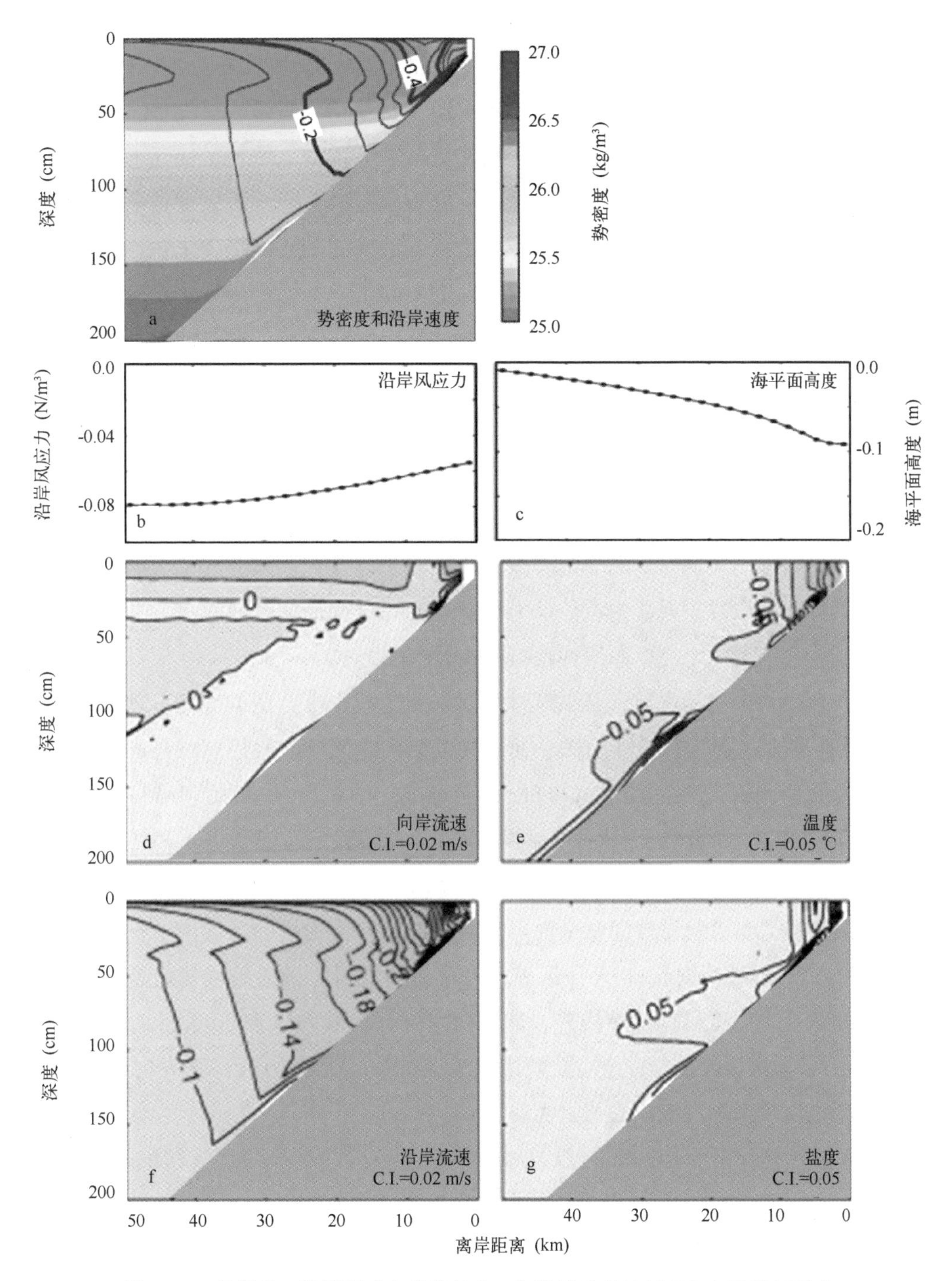

图 5.11　理想的二维风驱动上升流场中，与岸线垂直的剖面上表示器各要素

图中显示了离岸 20 km 处观测开始时（0 延时）的海平面数据。a. 背景场；b. 沿岸风压之间的协方差；c. 海平面之间的协方差；d. 与岸线垂直的流速之间的协方差；e. 温度之间的协方差；f. 沿岸流速之间的协方差；g. 与盐度之间的协方差。图 a，d ~ g 各图标题都包含了等值线间隔（Contour Intervals，C. I.）［摘自 Kurapov 等（2009）］

（5）用预报误差对模型进行初始化，然后反向计算（从 $t=7$ 到 $t=0$），产生一个新的初始条件（$t=0$）；

（6）计算预报对每个观测资料或其中一些子集的敏感性。

像其他变分资料同化工具一样，计算伴随敏感性需要一个模式的切线性版本及其伴随。然而，伴随技术需要一个线性的假设，这对于短期（几天）预报来说可能是合适的，但对于长期预报就可能无效了，比如使用海气耦合模式进行季节预测。像上文描述的那样做敏感性分析时，伴随敏感性有助于区分低影响和高影响的观测资料，甚至可以评估各种子集的相对重要性，如仪器种类、观测变量、地理区域、垂直分层或者独立的报告平台；从而能够直接提供一些诊断，供 GOOS 资料提供者进行参考。重要的是，不管是分析还是伴随敏感性都不需要量化观测值，而只需要量化在给定的误差估计下，观测资料被资料同化和预报系统使用了多少。

同繁殖向量一样，奇异向量是特定区域特定时间下增长最快的扰动，而且最适合自适应抽样（Baker and Daley，2000）。但不同于繁殖向量，奇异向量被认为是随时间线性增长的。在具体的目标区域，给定的范数下，奇异向量是一段时间间隔内线性增长最快的扰动。奇异向量只在扰动是线性增长的时间间隔内有效。对大气来说，它被限制在几天内，而对海洋来说可能是一两周，这取决于系统内在的动力机制。要确定扰动随时间的增长，除了切线性模式的伴随之外，还需要一个完全非线性预报模式的线性版本。

在计算增长最快的扰动之前，必须对每个要素的范数作出合适的选择。理想情况下，初始范数与预期分析误差的空间分布有关，而最终范数则应该反映我们感兴趣的预报误差。在实践中，气象数值预报（Numerical Weather Predictions，NWP）中初始和最终时间的范数往往使用总能量（例如，欧洲中尺度气象预报中心）。在实践中，混合进化和初始奇异向量都被用于集合预报，并且可以根据特定应用调整扰动的增长率。

目标区域的概念对计算奇异向量来说很重要。奇异向量是目标区域内增长最快的初始扰动。Fujii 等（2008）尝试提前 60 天预报黑潮大弯曲的发展。目标区域就是黑潮典型弯曲的区域。奇异向量就是位于目标区域内外，能够引发目标区域内未来 60 天最大扰动的那些扰动。在 NWP，目标区域可能是一个主要城市，时间间隔可能是 10 天。奇异向量就是未来 10 天中将给这个城市带来最大变化的初始扰动。

对时间间隔、范数、目标区域的不同选择导致了不同的奇异向量（Palmer et al，1998；Snyder et al，1998）。这与繁殖向量对重新尺度化不敏感不同（Corazza et al，2003）。

用伴随方法来计算预报敏感性的例子可见于 Fujii 等（2008）的文章。他们使用多元海洋变分估计系统来研究影响黑潮大弯曲的扰动种类。研究表明，第一奇异向量可以导致黑潮大弯曲的进一步发展。图 5. 12a 显示了初始时间 820 m 深度处垂直速度和压力的扰动。位于 31°N、133°E 的反气旋异常引起了垂直于黑潮的冷平流以及北向下降流。这导致了深水层反气旋环流的发展，并引起了斜压不稳定。相应的 SLA 如图 5. 12b 至图 5. 2d 所示，初始扰动导致的 2 个月后大弯曲的发展。分析表明，为了准确预报黑潮大弯曲，预报模式必须在 31°N、133°E 附近受到资料同化的约束，特别是在 1 000~1 500 m 深度处。因此，在这个区域内的额外观测将有益于黑潮流系变化的预报。

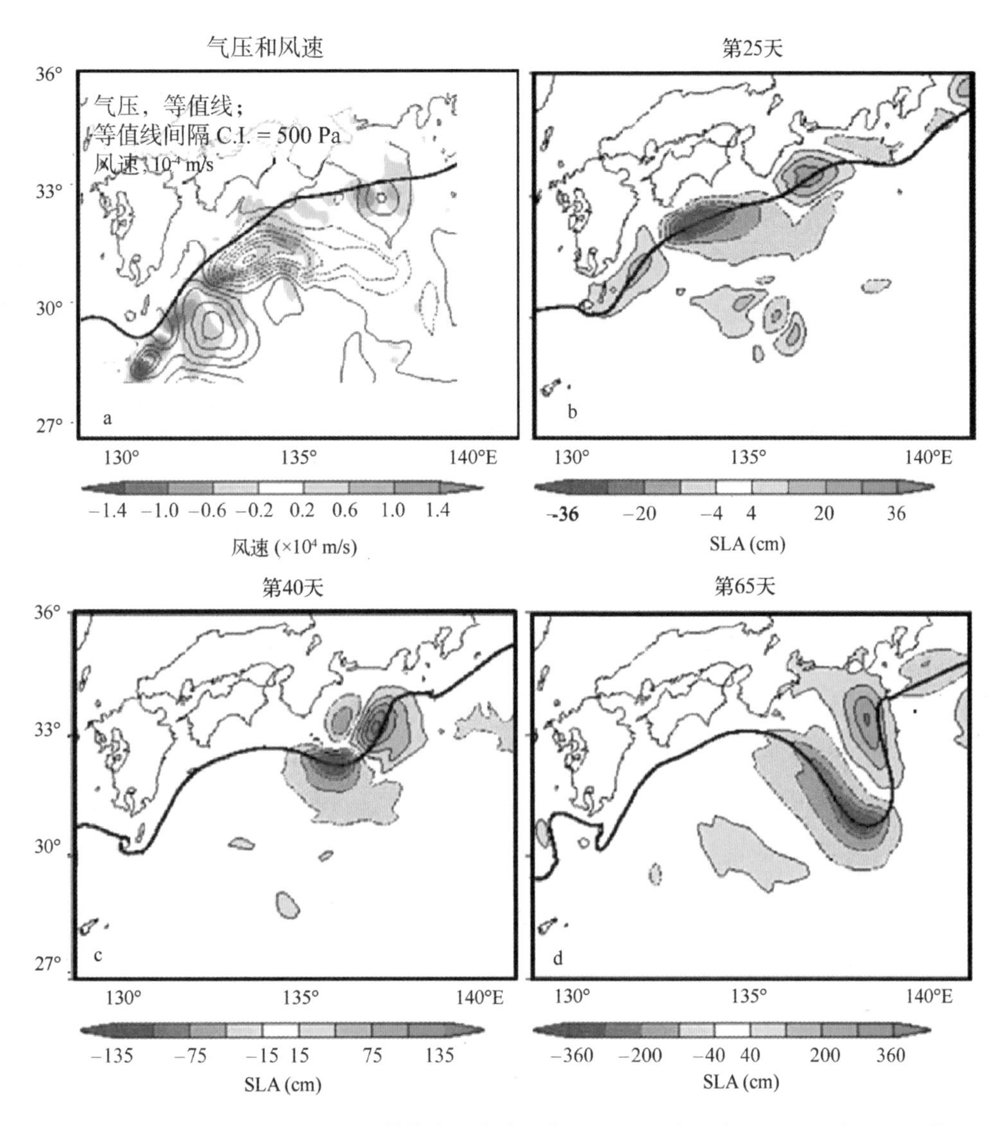

图 5. 12　a. 深度 820 m 处压力（等值线，虚线是负的）和垂直速度（阴影，向下为正值）扰动场。图 b~d 为在图 a 中第 0 天扰动下的不同日期的 SLA 分布（每幅图的标尺不一样）；粗线表示背景状态下的黑潮流轴［引自 Fujii 等（2008）］

5.4　总结

人们越来越多地使用模式和资料同化工具来设计和评估海洋观测系统。对现有观测相对重要性进行评估最常用的技术是 OSEs 和 OSSEs。OSEs 对评估现有观测的相对重要性特别有用。但它们的运行和分析成本高，有时难以评估和解释。尽管如此，作为最简单的观测系统评估方法，OSEs 常常被采用。OSSEs 是检测未来观测平台潜在效益和对比不同观测策略优势的最有用的方法。像 OSEs 一样，OSSEs 易于应用。然而，OSSEs 的结果往往过于乐观，这是因为同化的观测资料跟同化观测资料的模式之间具有隐式动力机制一致性。

像 OSEs 和 OSSEs 一样，自敏感性分析也可以从同化系统中计算得到，而且不管采用何种同化方法。自敏感性分析对特定应用中的每一个同化观测资料的相对重要性进行量化。不像 OSEs，自敏感性分析计算和分析成本相对不高，而且在业务化中心可以实现业务化应用。在这种情形下，敏感性分析能够提供对目前观测系统的最新的常规分析。这些分析能够确定 GOOS 现有的以及未来发现的缺陷，因此对观测团队很有帮助。

观测系统设计和评估还可以使用一系列集合技术，包括客观分析、基于集合的矩阵设计（Sakov and Oke，2008）、繁殖法（Toth and Kalnay，1997）及其衍生方法，如 ETKF（Bishop et al，2001）。集合方法的应用通常需要一个集合同化系统，例如集合最优插值（Oke et al，2008）或集合卡尔曼滤波（Evensen，2003）。集合技术易于应用，但是需要大量计算资源，而且受制于采样误差。

各种伴随方法也适用于观测系统设计和评估，包括表示器分析（Kurapov et al，2009）、伴随敏感性（Langland and Baker，2004）、奇异向量（Fujii et al，2008）。伴随技术的应用通常需要系统的切线性模式，并且可以获得其伴随矩阵（或存在伴随模式）。

繁殖向量和奇异向量在一定程度上是相似的。两种方法都是诊断系统中增长最快的模态或不稳定性。在自适应采样研究中，这些模态主要信号集中的区域应部署额外的观测。同化额外的观测将改进预报初始场，从而改进对不稳定性剧烈发展过程的预报。尽管繁殖向量与奇异向量相似，繁殖方法更容易应用。繁殖向量的细节对繁殖过程中尺度化参数、范数的选取相对不敏感，但对尺度化的时间间隔敏感。与之对应的是，奇异向量对范数选择比较敏感。

过去 10 年，关于观测系统的设计和评估的研究取得了丰硕的成果。随着海洋预报原理的成熟，人们越来越多地依靠模式和资料同化工具来进行观测系统的设计和评估。大多数方法的相关性依赖于模型的现实性。一个解决方案是，使用多个方法和多个模型来进行设计和评估。在 GODAE OceanView 的帮助下，可有望通过真正的国际合作达到这一目标。

致谢：作为 BLUElink 计划的一部分，本项研究经费得到了联邦科学与工业研究组织（Commonwealth Scientific and Industrial Research Organization，CSIRO）、澳大利亚气象局（Bureau of Meteorology，BOM）、澳大利亚皇家海军（Royal Australian Navy），以及美国海军研究办公室（项目编号 Grant No. N00014-07-1-0422）的支持。卫星高度计由美国国家航空航天局（National Aeronautic and Space Administration，NASA）、欧洲航天局（European Space Agency，ESA）、法国国家太空研究中心（Centre National d'Etudes Spatiales，CNES）提供。漂浮资料由美国 NOAA 大西洋海洋与气象实验室（Atlantic Oceanographic and Meteorological Laboratory）提供，SST 资料由 NASA、NOAA 和遥感系统（Remote Sensing System）提供。Argo 浮标资料由科里奥利和美国 GODAE 资料中心提供。

参考文献

Argo Science Team（1998）On the design and implementation of argo：an initial plan for a global array of profiling floats. International CLIVAR Project Office Rep. 21，GODAE Rep. 5，GODAE Project Office，Melbourne，Australia，p 32.

Baker N L，Daley R（2000）Observation and background adjoint sensitivity in the adaptive observation targeting problem Q J R Meteorologic Soc 126: 1431-1454.

Ballabrera-Poy J, Hackert E, Murtugudde R, Busalacchi A J (2007) An observing system simulation experiment for an optimal moored instrument array in the tropical Indian Ocean. J Climate 20: 3284-3299.

Balmaseda M A, Anderson D, Vidard A (2007) Impact of argo on analyses of the global ocean. Geophys Res Lett 34. doi: 10. 1029/2007GL030452.

Barth N H (1992) Oceanographic experiment design Ⅱ: genetic algorithms. J Atmos Ocean Technol 9: 434-443.

Berry P, Marshall J (1989) Ocean modelling studies in support of altimetry. Dyn Atmos Oceans 13: 269-300.

Bishop C H, Etherton B J, Majumdar S J (2001) Adaptive sampling with the ensemble transform Kalman filter. Part Ⅰ: theoretical aspects. Mon Weather Rev 129: 420-436.

Bishop C H, Reynolds C A, Tippett M K (2003) Optimization of the fixed global observing network in a simple model J Atmos Sci 60: 1471-1489.

Bouttier F, Kelly G (2006) Observing-system experiments in the ECMWF 4D-Var data assimilation system. Q J R Meteorologic Soc 127: 1469-1488.

Brassington G B, Divakaran P (2009) The theoretical impact of remotely sensed sea surface salinity observations in a multi-variate assimilation system. Ocean Model 27: 70-81.

Brassington G B, Pugh T, Spillman C, Schulz E, Beggs H, Schiller A, Oke P R (2007) BLUElink>development of operational oceanography and servicing in Australia. J Res Pract Inf Techol 39: 151-164.

Cardinali C, Pezzulli S, Andersson E (2004) In uence-matrix diagnostic of a data assimilation system. Q J R Meter-ologic Soc 130: 2767-2786.

Chambers D P, Tapley D B, Stewart R H (1999) Anomalous warming in the Indian Ocean coincident with El Nino. J Geophys Res 104: 3035-3047.

Chapnik B, Desroziers G, Rabier F, Talagrand O (2006) Diagnosis and tuning of observational error statistics in a quasi operational data assimilation setting. Q J R Meteorologic Soc 132: 543-565.

CLIVAR-GOOS Indian Ocean Panel et al (2006) Understanding the role of the Indian Ocean in the climate system—implementation plan for sustained observations. WCRP Informal Rep. 5/2006, ICOP Publ. Series 100, GOOS Rep. 152, p 76.

Corazza M, Kalnay E, Patil D, Yang S-C, Morss R, Cai M, Szunyogh I, Hunt B, Yorke J (2003) Use of the breeding technique to estimate the structure of the analysis errors of the day. Nonlinear Process Geophys 10: 233-243.

Evensen G (2003) The ensemble Kalman filter: theoretical formulation and practical implementation. Ocean Dyn 53: 343-367.

Feng M, Meyers G A, Wijffels S E (2001) Interannual upper ocean variability in the tropical Indian Ocean. Geophys Res Lett 28: 4151-4154.

Fujii Y, Tsujino H, Usui N, Nakano H, Kamachi M (2008) Application of singular vector analysis to the Kuroshio large meander. J Geophys Res 113. doi: 10. 1029/2007JC004476.

Gallagher K, Sambridge M, Drijkoningen G (1991) Genetic algorithms: an evolution from Monte-Carlo methods for strongly non-linear geophysical optimization problems. Geophys Res Lett 18: 2177-2180.

Gelaro R, Buizza R, Palmer T N, Klinker E (1998) Sensitivity analysis of forecasterrors and the construction of optimal perturbations using singular vectors. J Atmos Sci 55: 1012-1037.

Gelaro R, Langland R H, Rohaly G D, Rosmond T E (1999) A sassessment of the singular-vector approach to targeted observing using the FASTEX dataset. Q J R Meteorologic Soc 125: 3299-3327.

Guinehut S, Le Traon P Y, Larnicol G, Phillips S (2004) Combining argo and remote-sensing data to estimate the ocean three-dimensional temperature fields: a first approach based on simulated observations. J Mar Sys 46: 85-98.

Hackert E C, Miller R N, Busalacchi A J (1998) An optimized design for a moored instrument array in the tropical Atlantic Ocean. J Geophys Res 103: 7491-7509.

Heimbach P et al (2010) Observational requirements for global-scale ocean climate analysis: lessons from ocean stateestimation. In: Hall J, Harrison DE, Stammar D (eds) Proceedings of Ocean Obs'09: sustained ocean observations and information for society, vol 2. ESA Publication WPP-306, Venice, Italy, 21-25 Sept 2009 (submitted).

Hernandez F, Le Traon P Y, Barth N (1995) Optimizing adrifter cast strategy with a genetic algorithm J Atmos Ocean Technol 12: 330-345.

Holland W R, Malanotte-Rizzoli P (1989) Assimilation of altimeter data into an ocean circulation model: space versus timeresolution studies. J Phys Oceanogr 19: 1507-1534.

Houtekamer P, Derome J (1995) Methods for ensemble prediction. Mon Weather Rev 123: 2181-2196.

Khare S P, Anderson J L (2006) An examination of ensemble filters based adaptive observation methodologies. Tellus 58A: 179-195.

Kuo TH, Zou X, Huang W (1998) The impact of global positioning system data on the prediction of an extratropical cyclone: an observing system simulation experiment. Dyn Atmos Oceans 27: 439-470.

Kurapov A L, Egbert G D, Allen J S, Miller R N (2009) Representer-based analyses in the coastal upwelling system. Dyn Atmos Oceans 48: 198-218.

Langland R H (2005) Issues in targeted observations. Q J R Meteorologic Soc 131: 3409-3425.

Langland R H, Baker N L (2004) Estimation of observation impact using the NRL atmospheric variational data assimilation adjoint system. Tellus 56A: 189-201.

Masumoto Y, Meyers G A (1998) Forced Rossby waves in the southern tropical Indian Ocean. J Geophys Res 103: 27589-27602.

McPhaden M J et al (1998) The tropical ocean global atmosphere (TOGA) observing system: a decade of progress J Geophys Res 103: 14169-14240.

Miller R N (1990) Tropical data assimilation experiments with simulated data: the impact of the tropical ocean, global atmosphere thermal array for the ocean. J Geophys Res 95: 11461-11482.

Moore A M, Farrell F (1993) Rapid perturbation growth on spatially and temporally varying oceanic flows determined using an adjoint method: application to the Gulf Stream. J Phys Oceanogr 23: 1682-1702.

Moore A M, Arango H G, Di Lorenzo E, Miller A J, Cornuelle B D (2009) An adjoint sensitivity analysis of the southern California current circulation and ecosystem. J Phys Oceanogr 39: 702-720.

Murtugudde R, McCreary J P, Busalacchi A J (2000) Oceanic processes associated with anomalous events in the Indian Ocean with relevance to 1997-1998. J Geophys Res 105: 3295-3306.

O'KaneT J, Frederiksen J S (2008a) Statistical dynamical subgrid-scale parameterizations for geophysical flows. Phy Scr 2008 (T132): 014033. doi: 10.1088/0031-8949/2008/T132/014033.

O'Kane T J, Naughton M, Xiao Y (2008) AGREPS: the Australian globaland regional ensemble prediction system. ANZIAM J 50: C308–C321.

Oke P R, Schiller A (2007) Impact of argo, SST and altimeter data on an eddy–resolving ocean reanalysis. Geophys Res Lett 34. doi: 10. 1029/2007GL031549.

Oke P R, Schiller A, Griffin D A, Brassington G B (2005) Ensemble data assimilation for an eddyresolving ocean model of the Australian region. Q J R Meteorologic Soc 131: 3301–3311.

Oke P R, Brassington G B, Griffin D A, Schiller A (2008) The BLUElink ocean data assimilation system (BODAS). Ocean Model 21: 46–70.

Oke P R, Balmaseda M, Benkiran M, Cummings J A, Dombrowsky E, Fujii Y, Guinehut S, Larnicol G, Le Traon P Y, Martin M J (2009) Observing system evaluations using GODAE systems. Oceanography 22(3): 144–153.

Oke P R, Balmaseda M, Benkiran M, Cummings J A, Dombrowsky E, Fujii Y, Guinehut S, Larnicol G, Le Traon P Y, Martin M J (2010) Observational requirements of GODAE Systems. In: Hall J, Harrison DE, Stammar D (eds) Proceedings of Ocean Obs'09: sustained ocean observations and information for society, vol 2, ESA Publication WPP–306, Venice, Italy, 21–25 Sept 2009.

Palmer T N, Gelaro R, Barkmeijer J, Buizza R (1998) Singular vectors, metrics, and adaptive observations. J Atmos Sci 55: 633–653.

Rabier F, Courtier P, Pailleuz J, Hollingsworth A (1996) Sensitivity of forecast errors to initial conditions. Q J R Meteorologic Soc 122: 121–150.

Rabier F, Gauthier P, Cardinali C, Langland R, Tsyrulnikov M, Lorenc A, Steinle P, Gelaro R, Koizumi K (2008) An update on THORPEX – related research in data assimilation and observing strategies. Nonlinear Process Geophys 15: 81–94.

Rao S A, Behera S K (2005) Subsurface in uence on SST in the tropical Indian Ocean: structure and interannual variability Dyn Atmos Oceans 39: 103–135.

Sakov P, Oke P R (2008) Objective array design: application to the tropical Indian Ocean. J Atmos Ocean Technol 25: 794–807.

Schiller A, Wijffels S E, Meyers G A (2004) Design requirements for an Argo float array in the Indian Ocean inferred from observing system simulation experiments. J Atmos Ocean Technol 21: 1598–1620.

Schott F A, McCreary J P (2001) The monsoon circulation of the Indian Ocean. Prog Oceanogr 51: 1–123.

Schouten W P, de Ruijter M, van Leeuwen P J, Dijkstra H A (2002) An oceanic teleconnection between the equatorial andsouthern Indian Ocean. Geophys Res Lett 29: 1812. doi: 10. 1029/2001GL014542.

Snyder C, Joly A (1998) Development of perturbations within a growing baroclinic wave. Q J R Meteorologic Soc 124: 1961–1983.

Tippett M K, Anderson J L, Bishop C H, Hamill T M, Whitaker J S (2003) Ensemble square root filters. Mon Weather Rev 131: 1485–1490.

Toth Z, Kalnay E (1997) Ensemble forecasting at NCEP and the breeding method Mon Weather Rev 125: 3297–3319.

Tracton M, Kalnay E (1993) Operational ensemble prediction at national meteorological center: practical aspects. Weather Forecast 8: 379–398.

Tremolet Y (2008) Computation of observation sensitivity and observation impact in incremental variational data assimilation. Tellus 60: 964-978.

Vecchi G A, Harrison M J (2007) An observing system simulation experiment for the Indian Ocean. J Climate 20: 3300-3319.

Vidard A, Anderson D L T, Balmaseda M (2007) Impact of ocean observation systems on ocean analysis and seasonal forecasts. Mon Weather Rev 135: 409-429.

Wang X, Bishop C H (2003) Acomparison of breeding and ensemble transform Kalman filter ensemble forecast schemes. J Atmos Sci 60: 1140-1158.

Wei M, Frederiksen J S (2004) Error growth and dynamical vectors during southern hemisphere blocking. Nonlinear Process Geophys 11: 99-118.

Wei M, Toth Z, Wobus R, Zhu Y, Bishop C H, Wang X (2006) Ensemble transform Kalman filter-based ensemble perturbations in an operational global prediction system at NCEP. Tellus 58A: 28-44.

Wijffels S E, Meyers G A (2004) An intersection of oceanic waveguides: variability in the Indonesian throughflow region. J Phys Oceanogr 34: 1232-1253.

第3部分

大气强迫与海浪

第6章 海气热通量、淡水通量、动量通量

Simon A. Josey[①]

摘 要：本章概括介绍了海洋和大气之间的热通量、淡水通量和动量通量，并重点阐述了海-气通量的计算方法以及海-气通量在气候系统中的作用。首先，详细描述了计算热量通量组分和风应力（相当于动量通量）的平衡方程，通过介绍现有的通量数据（包括站点观测、遥感、大气再分析和混合产品数据），阐述了海-气通量在全球区域内的空间分布特征；并研究了这些数据的评估方法，包括利用海-气通量参考站点去辨别不同区域的最新进展。其次，讨论了多个与全球气候背景下的表面通量有关的议题，包括：海洋热量收支的闭合问题，与表面通量变化趋势和高纬度极端热通量影响相关的气候变化。最后，阐述了一些亟待应对的挑战，包括：需要更好地了解南大洋的海-气相互作用机制，利用积分的表面密度通量评估大西洋经向翻转环流的变异。

6.1 引言

海洋和大气之间的热量、淡水和动量交换，在全球气候系统中起着至关重要的作用。在热带地区，存在向海洋的净热量输送，随后这些热量被输送到中高纬度地区，然后释放回大气中，同时改变了陆地上的气候（Rhines et al，2008）。几个高纬度站点的观测数据显示，剧烈的冬季热量损失（以及净的水汽蒸发和结冰盐析作用的影响）促使了深层对流和密度水的生成，有利于全球翻转环流的形成。海面上的风应力（即动量交换）是海洋环流的另一个主要驱动力，区域风强迫通过作用于上升流形成的水团，对密度水的形成也起着重要的作用。淡水通量（即蒸发量减去降水量）对海洋表面的盐度场起着主要的影响作用，而海洋表面的盐度场在很大程度上又反映了表面净蒸发的状态。

尽管海-气通量对气候系统有非常重大的影响，但是我们对海-气相互作用的认知仍然停留在较低的水平上。建立全球通量数据集的计划由于在许多区域缺乏观测资料而受到很大制约。现场资料数据在历史上主要来源于商船的气象报告，这使得数据主要集中在商船的航线上，大部分海域都没有观测，特别是在南大洋和水下部分。随着卫星观测的出现，通量数据

① Simon A. Josey，英国国家海洋学中心。E-mail：simon. a. josey@ noc. soton. ac. uk

覆盖面窄的状况得到改善。但是，卫星观测主要集中在最近 20 年，而且至今仍不能提供表层热收支的可靠值。

普遍认为，人类对气候的改变引起了热量和淡水通量的变化，并因此导致全球变暖和水循环的加强。其中一个引人注目的证据就是全球海洋热容量的增加（Levitus et al，2009），这意味着全球海洋热量的净获得是增加的。但是，这个增加量却非常小，仅仅为 0.5 W/m^2。考虑到现在通量观测数据的精度，这个信号微小到几乎不能被检测到。即使在不久的将来，这种状况也很难有所改变。水循环的加强会影响海洋和大气之间的淡水交换，并潜在影响海水的盐度。由于获得可靠的降水观测非常困难，淡水通量数据的不确定性要大于热通量，对气候变化的检测也变得更加困难。但是，也有一些证据表明水循环的变化已经改变了海洋盐度，这也成为海面淡水交换变化的综合效应（Stott et al，2008）。

本章对海-气相互作用的研究现状进行了简短的回顾。对海-气相互作用各个方面的详细介绍可以参考 20 世纪 90 年代海-气通量工作组（WGASF，2000）的报告，时至今日，它仍然是众多学者推荐的主要参考书。从海洋观测系统的角度来看，更深入的有价值的观点是为全球海洋观测大会准备的关于海-气通量的全体会议白皮书（Gulev et al，2009）。海-气相互作用方面的研究进展得益于众多研究团队的不懈努力。基于本人的研究，以个人的观点尝试总结各个研究工作的核心结论。我早期的研究是关于原始气体的入侵通量对光盘螺旋云系的影响（Josey and Tayler，1991；Josey and Arimoto，1992），这是与表层通量研究迥然不同的工作。但是，这些工作却给我呈现了一个关于表层通量交换的新视角。我对之前从事的研究工作感到很幸运，并全身心地投入到表层通量影响全球气候系统的研究工作中。

本章的主要内容编排如下：在 6.2 节列举了计算表层通量的各个公式，在 6.3 节回顾了不同的通量数据集，在 6.4 节介绍了通量数据的评估方法，在 6.5 节讨论了几个关于表层通量影响全球气候系统的议题，在 6.6 节强调了几个突出的议题以及它们未来在海-气交换研究中的潜在应用，特别是在估计大洋翻转环流变异方面的应用。

6.2 表层通量理论

6.2.1 通量组分和空间差异性

海气界面的净热通量由 4 个分量组成，分别是两个湍流热通量项（潜热通量和感热通量）和两个辐射项（短波辐射通量和长波辐射通量）。热通量的这 4 个分量在全球范围内的平均值及其示意图见图 6.1，其中的全球平均值是根据在全球范围内平衡的海气热通量数据集计算获得（Grist and Josey，2003）。

图 6.2 呈现了这 4 个热通量分量以及净热通量场的气候态年平均场。通量值的正号表示海洋获得热量。感热和潜热损失最强的区域为黑潮和湾流经过的海域，潜热损失的量级为 200 W/m^2。信风特别强的东南印度洋也存在较强的潜热损失。感热通量的量级远小于潜热通量，最强的感热损失发生在陆地冷空气平流输送过程中所经过的海域。

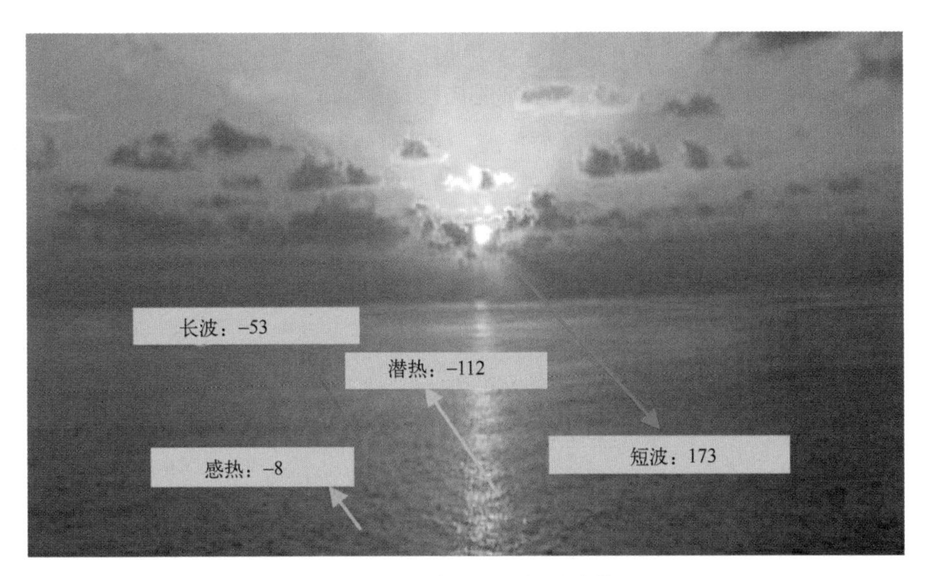

图 6.1 海-气热交换 4 个分量的示意及全球年平均值（Grist and Josey，2003）

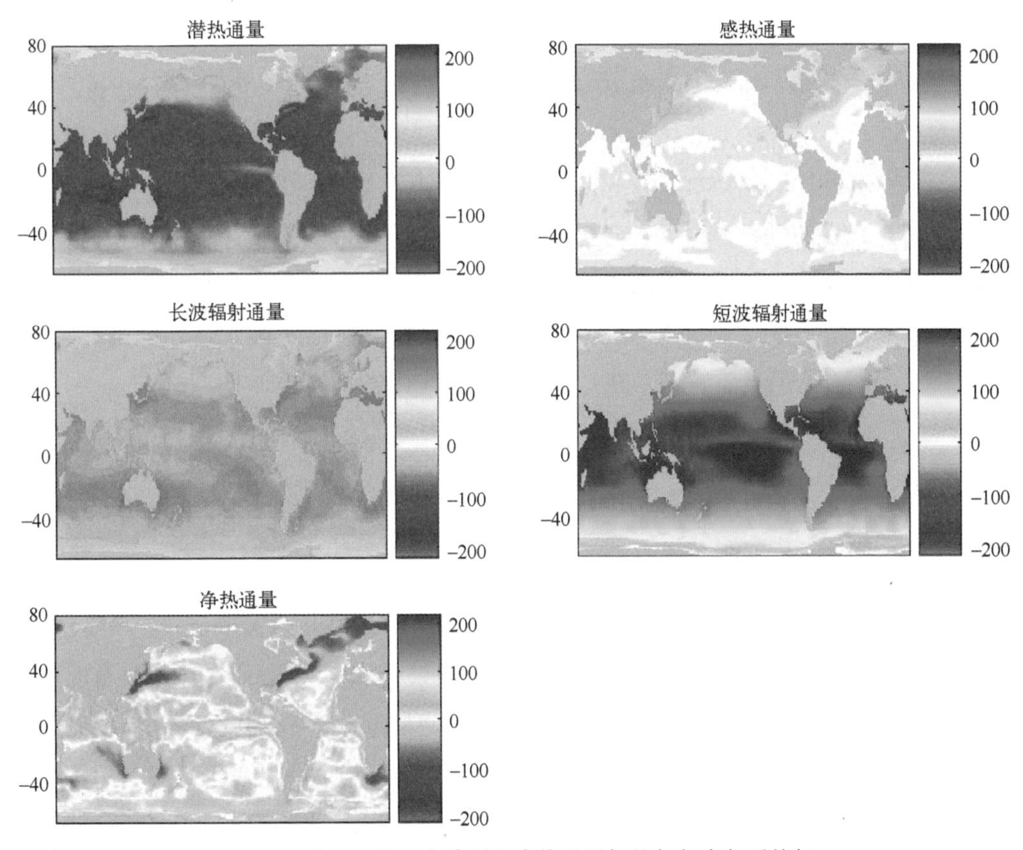

图 6.2 热通量的 4 个分量和净热通量场的气候态年平均场

来源：英国国家海洋学中心 1.1a（National Oceanography Centre 1.1a，NOC1.1a）的通量数据，单位：W/m^2，Grist 和 Josey（2003）的文章

净长波辐射通量在全球的变化比较小，典型的变化值为 30~70 W/m^2。这个值在一定程度上反映了海气温差、云量和水汽量之间的平衡。最明显的特征是长波辐射在热带辐合带（Inter-Tropical Convergence Zone，ITCZ）的损失减少。与此相反，短波辐射有一个明显的经

向变化，短波辐射的峰值量级为 200 W/m^2，这取决于平均的太阳高度角。但是，在云量增加的区域，例如热带辐合带，短波辐射的经向变化会发生偏离。最终，净热通量场被看作是由短波辐射和潜热通量共同控制，其中，短波辐射控制海洋在热带地区的热量获得，而潜热控制海洋在西边界流区域的热量损失。这些通量的交换过程和计算方法，将在下节进行讨论，详细描述参考 WGASF（2000）。

6.2.2 湍流通量块体公式

潜热和感热通量都与海面附近的风速成正比，此外，它们还分别与海面附近的空气湿度和海-气温差具有相关性。但是，这些相关性的函数形式在某些情况下还不明确，特别是在高风速情况下，使得潜热和感热通量的计算存在较大的不确定性。

一般用下面的块体公式计算感热通量 Q_{H} 和潜热通量 Q_{E}。

$$Q_{\mathrm{H}} = \rho c_p C_h u\left[T_s - (T_a + \gamma z)\right] \tag{6.1}$$

$$Q_{\mathrm{E}} = \rho L C_e u(q_s - q_a) \tag{6.2}$$

式中，ρ 为空气密度；c_p 为空气的定压比热容；L 为汽化潜热；C_h 和 C_e 分别为感热和潜热的交换系数，它们都依赖于稳定度和距离海面的高度；u 为海面风速；T_s 为海面温度；T_a 为海面附近的气温，可采用绝热温度递减率 γ 进行校正；z 为气温观测点距离海面的高度；q_s 为海面温度对应的饱和比湿的 98%，这是出于对海水中含有盐分的考虑；q_a 为大气比湿。在过去的几十年里，众多的学者致力于研究交换系数与海面风速和稳定度之间的函数关系，他们所采用的通量直接观测主要采用涡相关法。这些研究工作促成了 COARE 通量算法的产生和改进（Fairall et al，2003），该通量算法显著降低了交换系数的不确定性，但是在某些情况下，这个算法仍然存在问题，特别是在高风速和存在飞沫影响的情况下。

6.2.3 辐射通量参数化

短波辐射通量主要取决于太阳高度角和云量，此外，它还依赖于海面反照率。长波（红外）辐射通量是向下的长波辐射和向上的长波辐射的差值，它依赖于海面温度、空气的温度和湿度以及云量。计算长波和短波辐射通量的经验公式有很多种（Clark et al，1974；Bignami et al，1995；Josey et al，2003），Josey 等（1997）通过与大量的海面散射计观测进行比较，对净长波辐射通量的几种块体参数化公式进行了评估。最近，Josey 等（2003）又利用在北大西洋沿经线 20°W 从 20°N 到 63°N 的长期科考船观测，对 Clark 等（1974）和 Bignami 等（1995）的公式进行了详细的评估，他们的分析结果还考虑了地面辐射强度计在长波通量观测偏差方面的一些最新进展（Pascal and Josey，2000）。

目前还没有一种公式可以准确地计算整个纬度范围内的大气长波辐射通量。与科考船观测的平均长波辐射通量 341.1 W/m^2 相比，Clark 等公式的计算结果偏高了 11.7 W/m^2，而 Bignami 公式的计算结果偏低了 12.1 W/m^2。Josey 等（2003）通过对观测的气温值进行调整，考虑了云量和其他参数对长波辐射通量的联合效应，提出了一种改进的公式。穿过海-气界面的净长波辐射通量 Q_{L} 为

$$Q_L = Q_{LS} - (1 - \alpha_L) Q_{LA} \tag{6.3}$$

式中，Q_{LS}为从海面向上发射出的长波辐射；Q_{LA}为从大气向下发射的长波辐射；系数（$1-\alpha_L$）中的α_L是考虑了海面反射的长波反射率。为了计算向下的长波辐射Q_{LA}，可使用一个有效的黑体温度T_{Eff}，形式如下：

$$Q_{LA} = \sigma_{SB} T_{Eff}^4 \tag{6.4}$$

式中，$\sigma_{SB}=5.67\times10^{-8}$ W/（m^2K^4），为斯特藩-玻尔兹曼（Stefan-Boltzmann）常数。考虑到观测变量一般是气温T_a而不是黑体温度T_{Eff}，因此，将T_{Eff}分解为T_a和一个调整量ΔT_a的和。ΔT_a考虑了云量、空气湿度以及其他变量对向下长波辐射通量的影响。变换后的形式如下。

$$Q_{LA} = \sigma_{SB}(T_a + \Delta T_a)^4 \tag{6.5}$$

ΔT_a是观测的气温与黑体有效温度的差，这个黑体发射出的辐射通量等于大气长波辐射。因此，要获得向下长波辐射Q_{LA}的可靠值，首先需要明确ΔT_a对云量、水汽压以及其他相关变量的依赖关系及其参数化。通过一个仅考虑云量的简单参数化公式计算温度调整量，最终使得计算的净长波辐射通量比观测值偏小了-1.3 W/m^2。

新公式在某些特定的情况下仍然存在较大的计算偏差，特别是在高纬度的阴天和少云的情况下。但是，考虑露点温度降低的影响，对公式进行合理的调整，可以使计算的平均长波辐射更加接近于观测值。在整个观测数据的范围内，使平均误差减小到0.2 W/m^2（参考图6.3），得到净长波辐射通量的公式为

$$Q_L = \varepsilon\sigma_{SB}T_s^4 - (1 - \alpha_L)\sigma_{SB}\{T_a + an^2 + bn + c + 0.84(D + 4.01)\}^4 \tag{6.6}$$

式中，ε为海面反射系数，取值为0.98；$\alpha_L=0.045$；n为云量的分数；系数a、b、c为经验常数；D为露点温度的减小量，$D=T_{Dew}-T_a$，T_{Dew}为海表面空气的露点温度。用最近的两次科考船观测对新公式进行评估，发现新公式与观测的吻合度非常好，在中高纬度地区的平均误

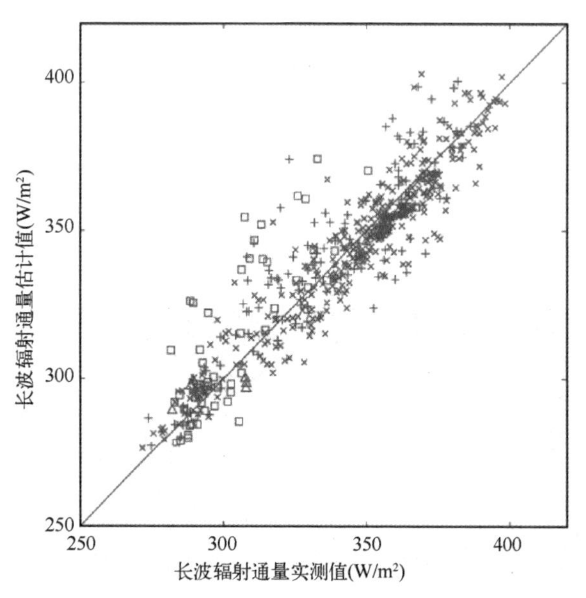

图6.3 方程（6.6）计算的大气净长波辐射通量与北大西洋科考船观测值比较情况

[引自Josey等（2003），版权属于美国地球物理学会]

差小于 2 W/m^2。

计算感热通量、潜热通量和长波辐射通量的公式必须要基于船舶的气象观测才能估计通量值，而净短波辐射通量可以根据如下常用公式，对净短波辐射通量的月平均值进行计算。

$$\overline{Q}_{SW} = (1-\alpha)Q_c[1-0.62\overline{n}+0.0019\overline{\theta}_N] \tag{6.7}$$

式中，α 为反射系数；Q_c 为晴空下的太阳辐射量；$\overline{n}$ 为云量分数的月平均值；$\overline{\theta}_N$ 为局部正午太阳高度角的月平均值。Gilman 和 Garrett（1994）指出，在少云情况下，当 $\overline{\theta}_N$ 足够大时，Reed 公式计算的短波辐射要比晴空下的短波辐射值还要大，他们建议将短波辐射的上限设定为低于或等于晴空下的 Q_c。

最终，通过计算 4 个独立分量的和，得到净的热通量值 Q_{Net}。

$$Q_{\mathrm{Net}} = Q_{\mathrm{E}} + Q_{\mathrm{H}} + Q_{\mathrm{L}} + Q_{\mathrm{SW}} \tag{6.8}$$

式中，Q_{E} 为潜热通量；Q_{H} 为感热通量；Q_{L} 为长波辐射通量；Q_{SW} 为短波辐射通量。

6.2.4 风应力

计算海面风应力的纬向分量 τ_x 和经向分量 τ_y，一般用下式进行：

$$\tau_x = \rho C_{\mathrm{D}} u_x (u_x^2 + u_y^2)^{1/2}$$

$$\tau_y = \rho C_{\mathrm{D}} u_y (u_x^2 + u_y^2)^{1/2} \tag{6.9}$$

式中，u_x 和 u_y 分别为风速的纬向和经向分量；C_{D} 为拖曳系数，依赖于风速的观测高度、大气稳定度和海浪状态（Smith，1988；Taylor and Yelland，2001）。

大量研究工作都是基于上述公式计算的风应力，利用船舶的气象观测报告进行风应力的气候学分析（Hellerman and Rosenstein，1983；Harrison，1989；Josey et al，2002）。船舶观测存在采样不足的固有问题，而最近的各种卫星观测产品可以避免这种问题，例如，QuikSCAT 的微波散射计观测（http://winds.jpl.nasa.gov/）。遗憾的是，卫星观测产品仅限于最近的几十年。

图 6.4 呈现了来自 NOC1.1 通量数据集的风应力气候学年平均场。该图再现了副热带和副极地环流、ITCZ 和南大洋西风带的风应力模态。风应力场的曲率是对局部上升流和下沉流的衡量，它在给定纬度处的积分值体现了风驱动环流通过斯韦尔德普鲁输送的强度，关于这部分的详细内容，可以参考 Josey 等（2002）的文章。

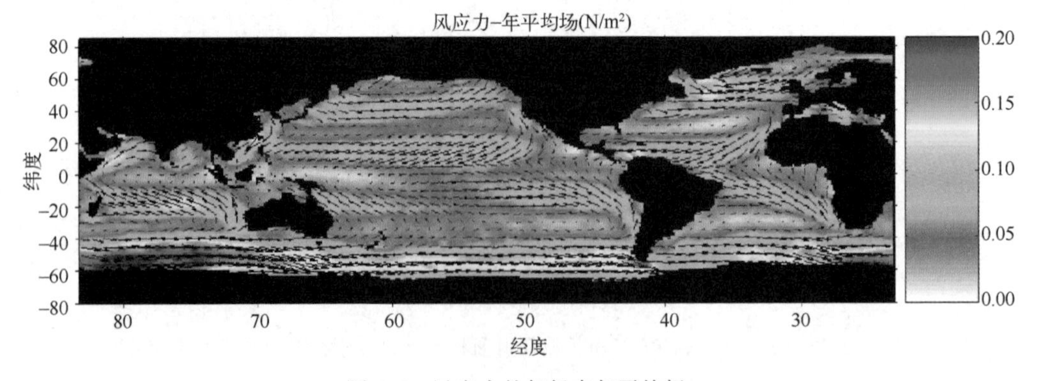

图 6.4 风应力的气候态年平均场

数据来源于 NOC1.1 的气候态通量数据集。颜色代表了风应力大小的量级［引自 Josey 等（2002）调整后的版本，版权属于美国气象学会］

6.2.5 淡水通量

海-气淡水通量可以简单定义为：海洋表面的蒸发损失量与海洋从大气获得的降水量的差值，常简写为 $E-P$，即蒸发量 E 减去降水量 P。由于蒸发量对应于潜热通量，因此，淡水通量与净热通量之间也存在相关性。蒸发量可以通过船舶通量观测、大气模式再分析产品和卫星观测来获得，而降水量的各种产品主要来源于卫星观测，例如，全球降水气候态项目的版本 2（GPCPv2）（Adler et al，2003）。但是，不同产品之间有很大的地区差别，因此，产品来源单一的降水量是相对容易确定的表层交换场。大气模式再分析也可以提供降水量产品，但是在某些区域需要特别注意，特别是在热带区域的欧洲中尺度气象预报中心（European Centre for Medium Range Weather Forecasting，ECMWF）再分析产品。降水量在海面上很难直接观测（Weller et al，2008），但是可以根据志愿船的气象观测报告，通过与岛站降雨观测的历史校准，使用现行的天气预报代码进行降水量的估计。NOC1.1 的通量数据集中包含了这种方式估计的降水量（Josey et al，1999）。但是，在这种方式能够准确地计算降水量之前，还需要更进一步的深入研究。

6.2.6 密度通量

密度通量可以描述为：净热通量和蒸发量对海洋表层水浮力的共同影响。进入海洋表层的总密度通量 F_ρ 可以通过下式获得。

$$F_\rho = -\rho\left[\alpha\frac{Q_{\mathrm{Net}}}{\rho c_p} - \beta S\frac{E-P}{(1-S/1\,000)}\right] \tag{6.10}$$

式中，ρ 为海洋表层水的密度；c_p 为海水的比热容；S 为表层水的盐度；α 和 β 分别为热膨胀系数和盐度收缩系数，定义形式如下：

$$\alpha = -\frac{1}{\rho}\frac{\partial\rho}{\partial T};\quad \beta = \frac{1}{\rho}\frac{\partial\rho}{\partial S} \tag{6.11}$$

密度通量通常被分解为热力贡献 F_T 和盐度贡献 F_S，形式如下：

$$F_\rho = F_T + F_S \tag{6.12}$$

式中，

$$F_T = -\alpha\frac{Q_{\mathrm{Net}}}{c_p};\quad F_S = \rho\beta S\frac{E-P}{(1-S/1\,000)} \tag{6.13}$$

海洋的热量损失（$Q_{\mathrm{Net}}<0$）和净蒸发（$E>P$），不仅导致 F_T 和 F_S 的符号都为正，还造成近表层海水密度的增加。除了高纬度海域以外，密度通量主要受到热力作用的控制，而盐度作用的影响相对较小（Josey，2003；Grist et al，2007）。

6.3 海-气通量数据集

海-气通量的 3 个主要信息来源分别是：海面气象报告（主要来自志愿船观测）、卫星观测和大气模式的再分析（同化了多种类型的观测数据）。这3种类型的数据都使用块体公式来计算潜热和感热通量。辐射通量可以通过上面介绍的经验公式计算得到，或者是通过辐射交换模型获得。

在过去的40年里，大量的海-气通量数据得到建立和发展。例如，Bunker（1976）依赖于商船气象观测报告所进行的开创性工作，以及最近几年的卫星观测和天气预报模式结果相结合的混合产品（Yu and Weller，2007）。第一个通量数据集包含了热量、动量和淡水通量的每月气候场，这是融合了长达数十年的观测所得到的产品。20世纪90年代的几个研究工作继续专注于通量气候场和全球海洋热量收支闭合的相关研究，并提供了每月的通量场产品（da Silva et al，1994；Josey et al，1998）。最近几年，气候场的研究已经退居次要地位，关于每天和每月时间尺度上的通量产品研究受到普遍重视。这种趋势是由于大气模式再分析对高时间分辨率的需求，以及海洋模式对高频变化的强迫场的需要。对海-气通量计算方法的全面调查，以及对观测系统的细节描述，已经超出了本章的介绍范围。下文仅对几个主要的通量数据集进行介绍，感兴趣的读者可参见WGASF（2000）和Gulev等（2009）的细节描述。

6.3.1 站点观测

多年来，获取海-气通量信息的唯一途径就是志愿观测船（Voluntary Observing Ships，VOS）项目的商船气象观测报告，这些数据被分析和整理之后，得到了一个综合的海-气数据集COADS（Woodruff et al，1987），现在COADS已经成为一个国际化的数据集（Worley et al，2005；2009）。表层热通量的4个分量可以通过表层的气象观测报告获得，或者使用关键相关变量的月平均值，利用6.2节中的经验公式计算得到。虽然风速与其余变量之间的相关性可能会导致潜在的计算偏差（Josey et al，1995），但是，计算热通量时所使用的关键变量仍然包含了风速。将得到的通量估计值进行平均和插值处理，最终可以得到网格化的场数据。用上述方法得到的两个最广泛使用的通量产品为：Silva等（1994）的UWM/COADS数据集和英国国家海洋中心NOC1.1的通量数据集。其中，NOC1.1数据集曾被称为南安普顿海洋中心（Southampton Oceanography Centre，SOC）的气候态通量（Josey et al，1998；1999）。最近有研究使用最优插值方法将NOC1.1数据集进行了修订（即NOC2）（Berry and Kent，2009），其中包含了误差估计项（Kent and Berry，2005）。

船测通量数据的最大问题就是气象报告的分布不均，观测集中在主要的航线附近，导致许多海区的采样过于稀疏，例如南半球的绝大多数海域（参考图6.2，Josey et al，1999）。这可能对海洋热量收支的闭合问题起到主要的影响作用。热量收支闭合的问题在一定程度上已经影响了目前为止的所有通量数据，表现为全球海洋的平均净热量获得为20~30 W/m^2，但事实上，海洋的热量收支必须是闭合的，即在年代际和更长的时间尺度上热量收支的量级为1 W/m^2。在6.5.1节中我们会继续讨论这个问题，但需要注意的是，一些数据集通过对海洋热输送观测的反演分析已经实现了热量的闭合。例如，Grist和Josey（2003）对NOC1.1a的场数据进行了这种调整，实现了全球的热量收支平衡。

船测通量的另一个问题是 VOS 项目中用于气象观测（例如气温和相对湿度）的仪器种类繁多，而每一种类型的传感器都具有自己独特的误差特性。为了校正通量计算值的偏差，每种仪器的误差特性都必须提前确定（Josey et al，1999）。最早由 Taylor 等（2001）提出的 VOS 气候项目（VOSCLIM）便对如何减少这种误差进行了详细的研究。这个项目的其中一个目标就是提供高质量的 VOS 数据集。另外，他们还倡议安装船载的自动气象和海洋观测系统（Shipboard Automated Meteorological and Oceanographic System，SAMOS；Smith et al，2010），以收集高质量的气象和通量观测，并且可以更好地确定 VOS 观测和其余通量产品（例如再分析产品）之间的偏差。现在，SAMOS 主要被应用于美国科考船上的观测，但是也提供了一个在国际科考船上的应用实例，这将有助于通量观测的进一步发展。

6.3.2 遥感通量

现在的遥感技术可以提供覆盖全球的海气通量关键项的观测，相对于船测通量具有明显的优势。但是卫星观测还无法提供直接并且可靠的海面气温和湿度的观测，必须使用间接的方法来代替。但是，间接方法会成为湍流热通量不确定性的主要来源。辐射通量可以从多种观测渠道中获得，最近，国际上主流采用的是中等分辨率成像光谱辐射计观测（Moderate Resolution Imaging Spectro-radiometer，MODIS；Pinker et al，2009）。通过与湍流通量的间接计算值相结合，得到了净热通量的产品，例如，最近基于卫星数据版本 3 的汉堡海-气参数和通量（HOAPS3；Andersson et al，2010）。但是，因为潜热和感热通量计算方法的问题，这个净热通量产品仍然存在显著的不确定性。

与净热量不同，QuikSCAT 观测使得风应力相对较容易获得。降水量可以通过多种不同的方法获得，例如，用于降雨强度和主动微波的云顶亮度温度红外观测。全球降水气候学项目（Global Precipitation Climatology project，GPCP）将这种方式获得的降水量进行整合处理，获得了更准确的降雨量估计（CPCPv2；Adler et al，2003）。但是，将这种方式应用于海洋上仍然面临不小的挑战，这主要是由于缺乏高质量的降雨传感器观测，并且，在海上进行这类观测实验十分困难（Weller et al，2008）。因此，在降水量以及与此相关的海-气淡水通量方面，仍然存在显著的不确定性。

6.3.3 大气模式再分析

天气预报数值模式将大量的观测数据同化入模式输出结果中，包括海面气象观测报告、无线电探空剖面观测和遥感观测等。近几十年来，这些模式已经能够提供完整的、高时间分辨率的（每 6 小时 1 次）、全区域覆盖的海-气通量场数据。但是，这种数据依赖于模型的物理机制，并且在一定程度上受到观测数据同化的限制，这有可能产生较大的计算偏差，特别是在辐射通量和降水量场方面（Trenberth et al，2009）。在年代际尺度上运行的模式版本通常被称为大气再分析，两个具有代表性的产品分别来自美国国家环境预报中心/美国大气研究中心（National Center for Environmental Prediction and National Center for Atmospheric Research，NCEP/NCAR）和ECMWF。

大气再分析产品中的湍流通量是根据模型输出的海面气象场数据计算获得，而短波和长波辐射通量是来自大气模式中的辐射交换模块。目前，可用的再分析产品的空间分辨率相对较低，网格分辨率的量级为1.5°~2°。在不久的将来，更高分辨率的再分析产品将会产生，预计它将首先同化卫星的辐射观测数据。这些新产品将会比现在的产品具有更小的误差（Trenberth et al，2009）。

6.3.4 其余通量产品

除了上面介绍的3种主要的通量数据产品，还有几种其他类型的产品可以使用。最典型的产品是海-气通量的客观分析数据OAFLUX（Yu and Weller，2007），它首先将再分析数据和卫星观测的气象场数据相融合，然后再计算海气通量。不过，这个产品仍然存在全球海洋热量收支不闭合的问题。另一个产品是普通海洋参考实验CORE的通量数据（Large and Yeager，2009），它融合了再分析和卫星观测的数据，是专门为海洋模式强迫场所设计的。CORE产品可以通过调整背景场来实现海洋热量收支的闭合性。虽然这种处理方式看起来合理，但却不是综合分析的结果。因此，这个产品被认为是解决热量收支闭合问题的可能方案，而不是一定正确的方案。

图6.5展示了北大西洋中纬度的净热通量气候态年平均场，使用的通量数据来自4种不同的通量产品，包括OAFLUX等。每个数据集在湾流区域都显现出大尺度特征的热量损失以及海洋热量获得从西向东过渡的现象。NCEP/NCAR场的热量损失要强于其余3种数据集，但这种强热量损失是没有观测分析来支持的，导致这种现象的部分原因是交换系数计算方案的不同。NOC1.1、NOC2和OAFLUX数据集在净热通量的零线位置方面显示出相似的结果，都沿着海盆从西南向西北延伸。

表层通量也可以从采用了数据同化的海洋模式中获得，例如，海洋环流和气候估计（Estimating the Circulation and Climate of the Ocean，ECCO）模式。这些模式的强迫场主要是来自NCEP或ECMWF的再分析场，并且经过了同化过程的调整。通过在很多海域与观测数据的比较，发现ECCO模式的输出场可以对原始强迫场进行改进（Stammer et al，2004）。但是，不同的海洋模式之间仍然存在较大的差别，而且没有一个模式可以提供可靠的表层通量值。最终，通过一种称为残差法的方式获得表层的净热通量，这种方法将卫星观测的大气顶部加热和再分析的大气热量发散的残差作为表层的净热通量（Trenberth and Caron，2001）。残差法可以为净的热量交换提供有价值的互补估计，而不是作为热量交换的某个分量。但是，这种方法依赖于亟须改进的大气再分析产品的精度。

每一种通量产品都有自己的优势和劣势，不可能推荐一种所谓最优的产品，采用哪种通量产品取决于每个人所关注的科学问题。

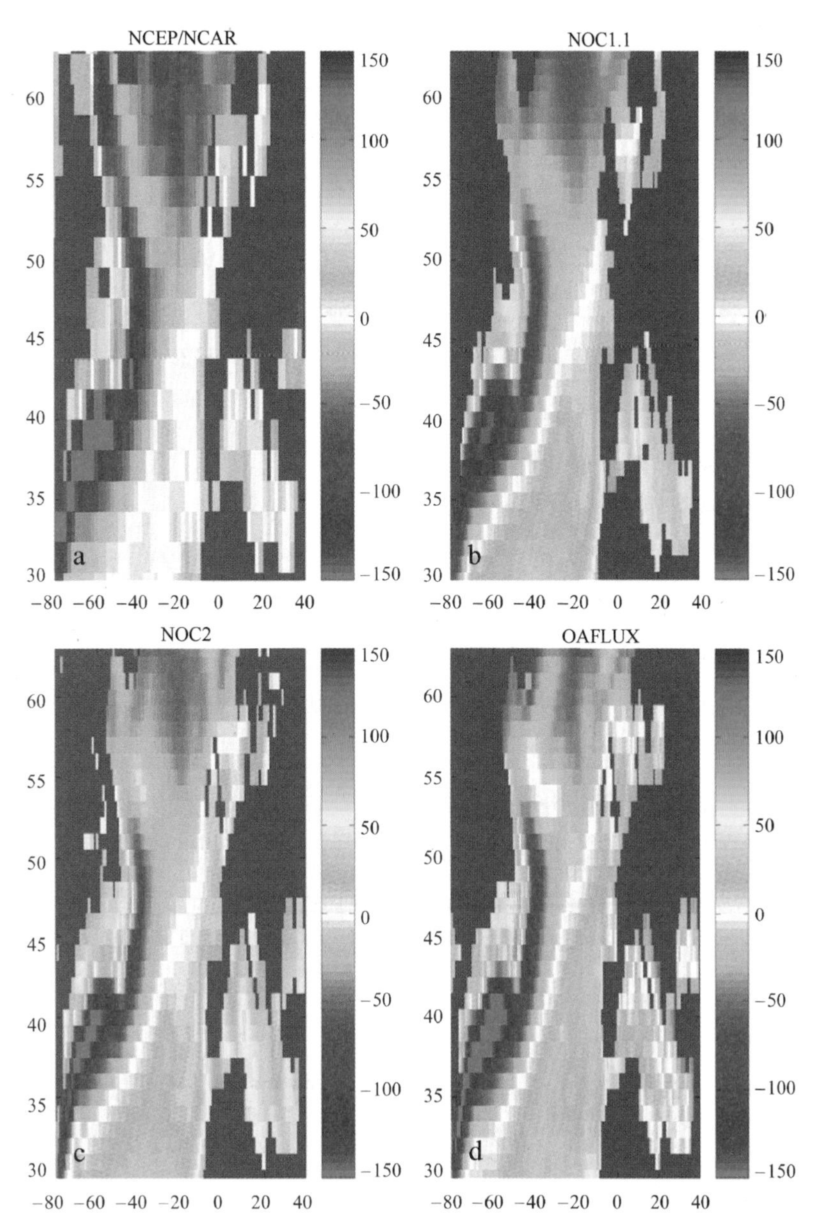

图 6.5　分别来自 NECP/NCAR、NOC1.1、NOC2、OAFLUX 的北大西洋中纬度海-气净热通量年平均场（1984—2004 年，单位：W/m²）

蓝色表示海洋热量的损失，红色表示海洋热量的获得

6.4　表面通量的评估方法

上面的内容已经列举了种类繁多的海-气通量数据集，它们现在都可以提供给外界使用。这些模式都在一定程度上受到依赖于空间和时间的模拟偏差的限制，因此，为了定量化这些偏差并寻找导致偏差的原因，对每个新的通量数据集在整个观测范围内进行合理的评估就变得至关重要。由于缺乏参考数据，历史上一般不会对通量数据集进行评估。现在，对通量数

据的评估已经得到认可，特别是 Josey 和 Smith（2006）针对全球综合观测小组（GSOP 属于气候变化与可预报性项目 CLIVAR）的一项建议，发展了一种评估海-气热量、淡水和动量通量数据的方法。这种评估方法可以实现通量数据评估的一致性，并且利于新的通量数据集（特别是来自海洋再分析的数据集）之间的相互比较。GSOP 小组也认可了这种评估方法的必要性。该方法可以利用来自浮标和科考船的研究数据以及大尺度的限制条件，进行局地、区域以及全球范围内的评估。

为了便于通量数据集的分类，Josey 和 Smith（2006）定义了两种主要的通量数据类型。第一种数据类型包含了大尺度的网格化通量数据，其空间分辨率的量级为 1°，时间尺度从 6 h 到每月，该数据主要来自站点观测、模式结果和遥感观测。第二种数据类型被称为研究数据，主要是具有较高时间分辨率的现场点观测，时间分辨率可以达到分钟级，例如，辐射通量数据以及来自科考船和浮标的气象变量观测。

概括来说，这种评估方法的关键点如下。

（1）用来自浮标和科考船的相应参考数据，对特定网格点上的时间平均海-气通量和气象变量进行局地评估。

（2）用来自水文观测面的相应参考数据，对网格点通量的海洋输送或区域平均通量进行区域评估。

（3）利用热量收支闭合的限制条件，对网格点通量的面积加权平均通量进行全球评估。

这种评估方法在使用时存在几个问题，例如（2）中缺乏热量和淡水输送的中心归档。时至今日，这仍然是个难题，需要大量的通量评估研究来解决。尽管这种评估方法存在一些问题，但却在最近的一些研究中得到应用，特别是在 OAFlux 和 CORE 的产品中（Yu and Weller，2007；Large and Yeager，2009）。在特定的海-气相互作用区域，利用参考浮标数据进行通量产品的评估，正成为国际上比较习惯的做法。这主要是得益于全球的参考浮标数量正在逐渐增加，以及“海洋站位”（OceanSITES）项目的不断努力（Send et al，2009）。最近的一个应用实例，是利用西北太平洋黑潮海域的两个系泊浮标的参考数据，对新卫星 J-OFURO2 的通量数据进行了评估（Tomita et al，2010）。

6.5 全球气候系统中的表面通量

6.5.1 隐含的海洋热输送和闭合问题

从图 6.2 所示的净热通量的空间分布场可以看出，在热带海域的热量获得要远超过热量损失，因此，海洋获得的热量需要从赤道向两极输送。直接计算多个海洋水文断面上的热输送，可以为热量在纬度方向上的输送提供证据。第一次大量的水文断面观测出现在世界海洋环流实验 WOCE 中，根据这些水文断面观测可以直接计算热量输送。图 6.6 中误差线上的叉号，可以显示出纬度方向上的热量变化现象。除了热量输送的直接计算方法，还可以通过积分净热通量 Q_N 间接计算热输送 H_φ。具体方法为，从具有已知热量输送值 H_o 的参考纬度 φ_o开始，连续穿过多组纬度线，积分净热通量以计算热量输送，公式如下。

$$H_{\varphi} = H_{o} - \int_{\varphi}^{\varphi_o}\int_{\lambda_1}^{\lambda_2} Q_N \mathrm{d}\lambda \mathrm{d}\varphi \tag{6.14}$$

式中，λ_1 和 λ_2 分别为东、西陆地边界的经度值。这个公式的一般形式还包含了一个海洋热储量项。但是，由于海洋热储量在年代记时间尺度上的值较小，因此，一般将热储量比值项设为0。

采用这种方法，可以从大西洋、太平洋和全球海洋的表层通量数据集中获得隐含的海洋热输送（参考图6.6）。虽然不同的数据集之间存在一些细节上的差别，但是仍然可以看出，在20°N附近存在一个隐含海洋热输送的峰值。在某些情况下，通过水文断面观测可以发现表层强迫场存在的一些问题。例如，通过南大洋的水文断面观测发现，ECMWF产品在南大洋存在缺陷。需要指出的是，为了实现全球范围内的热量收支闭合，所有的通量产品都经过了直接或间接的调整，这在一定程度上保证了与水文观测的一致性。对于再分析产品来说，湍

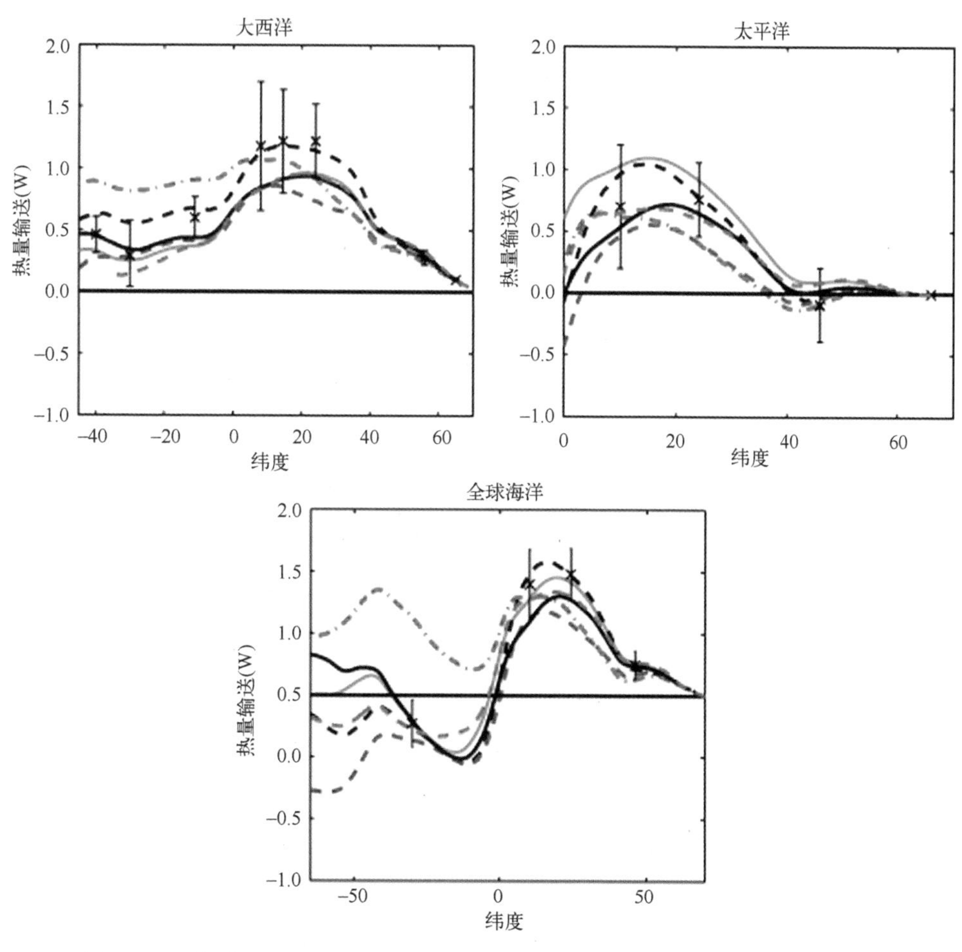

图6.6　气候学上的隐含海洋热输送（由表层净热通量从65°N向南积分获得）

ECMWF——红色点划线；Large 和 Yeager（2009）——蓝色虚线；NCEP——品红虚线；NOC1.1a——黑色实线；Trenberth 残差——黑色虚线；UWM/COADS——灰色实线。误差线上的叉号反映了水文观测直接计算的海洋热输送［Grist 和 Josey（2003）中图6.9的更新版本，版权属于美国气象学会］

流通量计算公式中的交换系数要高于观测值（Renfrew et al，2002）。Isemer 等（1989）首先使用反演方法对 NOC1. 1a 和 UWM/COADS 进行处理，使它们与部分的水文断面观测相吻合。最近，Large 和 Yeager（2009）的场数据也经过了各种合理的调整。没有这样的调整，隐含的海洋热输送会迅速偏离水文断面观测值，这是大量热收支问题的集中体现。例如，为了避免出现巨大的不真实暖信号，需要在年代际尺度上将全球海洋热收支控制在 1 W/m^2 内，但是这个目标现在还不可能实现。

多年来，尽管在海-气相互作用方面有很多新的研究进展，但是热量收支闭合的问题仍然一直存在。不管是船载观测（例如 NOC1. 1 和 NOC2）、遥感观测，还是再分析产品（OAFLUX），所有产品计算的全球平均净热通量值都在 20~30 W/m^2。由于多方面因素的限制，这个问题一直得不到解决。其中最主要的难点可能在于，这种全球平均净热通量值的较大偏差，可能是由多种贡献值在 3~5 W/m^{2}的小偏差联合所形成的。它们包括：①缺乏在南半球的海-气交换采样观测；②在高风速和低风速情况下，块体通量公式的物理机制仍然欠缺；③观测主要集中在晴天情况下，例如，商船往往会避开高风速海域，导致缺乏这种情况下的气象学报告，从而影响局地气象数据（直接影响）和再分析产品（间接影响，因为再分析产品中包含数据同化处理，因此需要依赖于表层观测）；④需要确定船舶气象报告的残余偏差；⑤辐射通量经验公式的不确定性以及云覆盖所带来的问题。仅仅通过仔细检查上述问题中的某一个，就可以获得更为精确的全球海-气热交换场。即使从观测的海洋热容量的变化中可以计算出与全球平均净热通量有关的气候改变的量级为 0. 5 W/m^2，但是实现全球平均海洋热收支的闭合值在 20 W/m^{2}以内，仍然是一个不可能实现的目标。

6. 5. 2　与气候变化相关的表层通量变化

观测和模型分析的表层海-气热通量，都与全球海洋热容量的增长有关系。这表明人为的气候信号与自然变化的信号相比实在是太小了（Pierce et al，2006；Levitus et al，2009）。在全球和海盆尺度上，过去 50 年净热通量的变化值大约为 0. 5 W/m^2，热通量每个分量的变化值一般小于 2 W/m^2。Lozier 等（2008）用来自美国海洋数据中心和世界海洋数据库的历史水文数据（1950—2000 年），检测了北大西洋热容量变化的空间格局。他们发现北大西洋的总热量获得等于整个海盆面积上增加的平均热通量，大约为 0. 4 W/m^2。但他们不能确定这个热量获得是否是由于全球变暖所引起，因为自然变化可能会掩盖这个信号。

图 6. 7 呈现了北大西洋中纬度某个海域从 1949 年开始的净热通量变化。在矩形区域 40°—55°N，20°—40°W 内，图 6. 7 显示了 4 种通量产品每月的净热通量异常，并排除了季节性的周期变化。可以看出，强烈的月变化现象非常明显，该矩形区域的异常平均值一般超过 50 W/m^2。在整个时间段内，每种数据集的变化都是相似的。尽管这 4 种产品采用了不同的分析方法，但是它们主要的数据来源均为志愿船观测，因此，这种相似现象理所当然。Argo 浮标数据的出现，开启了热通量变化对北大西洋热容量年际变率的影响研究（Hadfield et al，2007；Wells et al，2009）。此外，Marsh 等（2008）和 Grist 等（2010）利用海洋模式，分析了海洋热输送和表层热通量的变化对北大西洋温度年代际变率的影响。

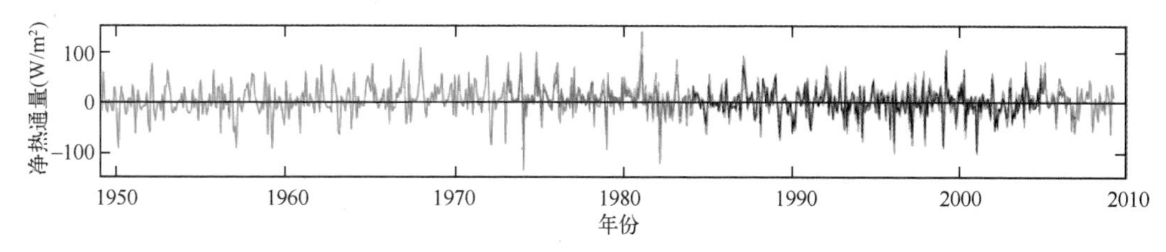

图 6.7 矩形区域 40°—55°N，20°—40°W 内月平均净热通量异常

数据来自 NCEP/NCAR（红色）、NOC1.1（绿色）、NOC2（蓝色）和 OAFLUX（黑色）

由于人为的气候改变对 $E-P$ 空间格局和相对强度的影响，水循环也得到加强（IPCC，2007）。值得注意的是，蒸发的变化对应了潜热通量的变化，两者之间的简单关系式如下：

$$Q_E = \rho_0 LE \tag{6.15}$$

式中，ρ_0 为淡水密度，是温度的函数。因此，用观测数据分析蒸发量的变化，需要用到潜热通量的变化，并且可以用这个值来检测蒸发量的变化是否合理。随时间变化的风速可能会造成蒸发量的假性变化，因此，对蒸发量进行合理性检测变得至关重要。

6.5.3 与大气变化主要模态的关系

大气的时间尺度变化可以用不同的空间模态来描述，例如给定高度上的压力场模态。这些模态主要是通过统计方法来获得，例如主成分分析法（Barnston and Livezey，1987）。在有些情况下，也可以使用压力场中两点之间的压力异常表示（Hurrell，1995）。大西洋的主要模态是北大西洋涛动（North Atlantic Oscillation，NAO），用亚速尔高压和冰岛低压之间压力差的变化来描述。研究表明，NAO 对海洋、陆地和大气的各种物理过程以及生态系统都有影响，详细内容可以参考 Hurrell 等（2003）的综述。在热带太平洋的厄尔尼诺-南方涛动（El Niño-Southern Oscillation，ENSO），与沃克环流强度的变化密切相关，而且 ENSO 对海洋和周围大陆都具有深远的影响。数十年来，与 ENSO 相关的研究不断发展，受重视程度远高于之前发现的 NAO（Philander，1990）。最近，又提出了南大洋和南极大陆之间压力差的变化，被称为南半球环状模（Southern Annular Mode，SAM）。相关研究主要集中在 SAM 指数在过去几十年内的加强，及其对南大洋西风带的南向漂移的影响（Ciasto and Thompson，2008；Böning et al，2008）。

与表面压力梯度变化相关的模态，必然会导致风场和气团平流源的强度和方向的变化。如 6.2.2 节公式（6.1）和公式（6.2）中所述，风速、海面气温和湿度是影响潜热和感热损失的主要变量，因此，这些变量的主要模态与表层热通量之间必然存在显著的相关性（Josey et al，2001）。气温和湿度还会影响长波辐射通量［公式（6.6）］，并且气团特征的变化还会导致云量的变化，因此这些变量的模态也对辐射通量项有影响。

接下来介绍一个模态场影响风速和表层净热通量的例子。北大西洋变量场的两个主要模态，分别是 NAO 和东大西洋模态（East Atlantic Pattern，EAP），如图 6.8 所示。NAO 建立了海平面气压的南北偶极子，导致拉布拉多海西北向风的强度比平常要强，此外 NAO 还引起了热通量高达-80 W/m^{2}的异常，这个异常对应 NAO 指数的正值。其他典型特征包括，湾流区东南向气流的加强，从而减少了该区的热量损失。EAP 的特征是单极结构，海平面气压低于大西洋东部 50°—55°N 附近的气压。这引起了大西洋西部中高纬度地区异常强的北向风以及在 45°—50°N 区域异常强的热量损失。其他特征一般都与风速的增加和气温的改变一致。除了两个主要模态，模态 3 和模态 4 也对理解大气变率及其区域变化具有重要的意义。

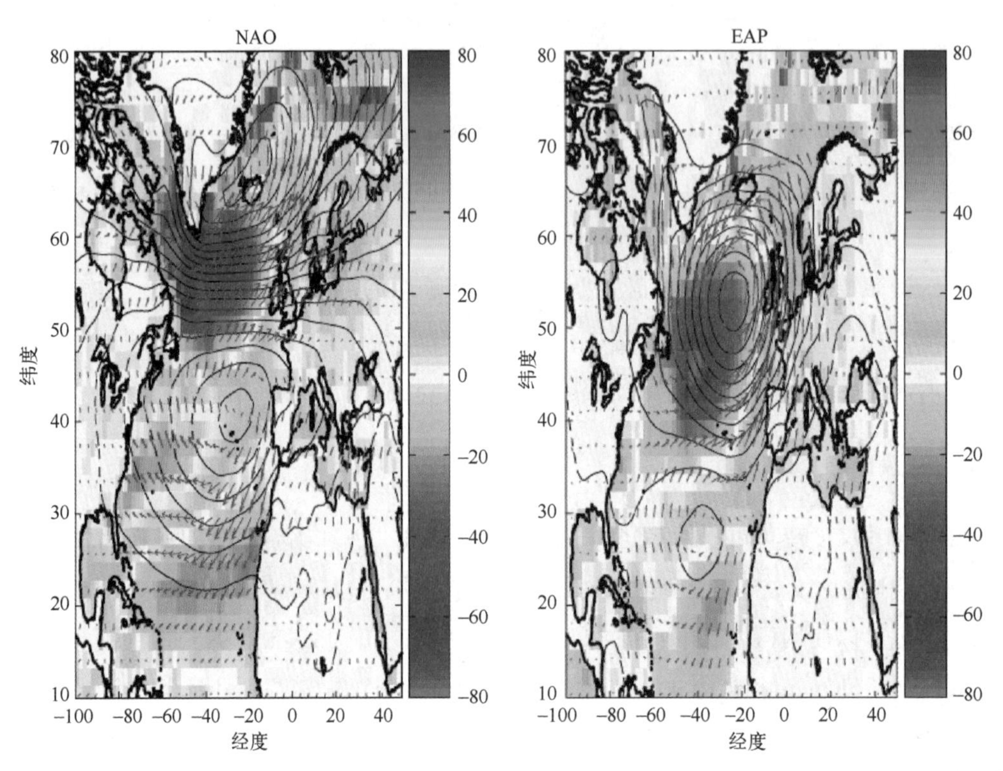

图 6.8 气候预测中心（Climate Prediction Center，CPC）根据 1958—2006 年间的 NCEP/NCAR 再分析资料定义的冬半年（9 月至翌年 3 月）NAO 和 EAP 指数

图中包括净热通量（彩色区，单位：W/m^2）、海面压力（等值线，间隔 1 hPa，负值为实线，0 和正值为虚线）、风速（箭头）

除了净热通量，主要模态的变化还会直接影响淡水通量。这是因为潜热通量的改变可以影响蒸发量，从而导致降水量的调整。例如，Josey 和 Marsh（2005）已经发现了 NAO 和 EAP 与 $E-P$ 变化之间的相关性，并把它们与海洋表层盐度的改变相联系。他们发现，从 1960 年到 1990 年期间，北大西洋东副极地环流区域的海水盐度降低，是由于 EAP 模态的强度发生了变化［Myers 等（2007）将这个研究工作扩展到拉布拉多海］。海洋整个深度上的盐度变化很难与表层交换建立联系，这意味着平流效应起着主要的影响作用（Boyer et al，2007）。热量和淡水通量异常的联合效应，会导致表层密度通量场的变化［公式（6.10）］。这样的变化对高密度水的形成海域如北大西洋的高纬度地区影响最强。与 NAO 有关的表层浮力损失的变化，导致格陵兰海到拉布拉多海的深水形成区域位置的年代际变化，并且伴随着 NAO 指数从 1960 年的负值变化为 1990 年的正值（Dickson et al，1996；2008）。主要模态可以影响海洋的表层交换，如风场的改变对风应力有直接的影响［公式（6.9）］，因此，风驱动了上层海洋。参考 Josey 等（2002）的工作，他们分析了与 NAO 有关的埃克曼输送和风驱动上升流

的变化，作为风应力强迫海洋的拓展研究结果。

模态对高纬度浮力损失的影响，主要是控制密度水的形成过程，这为我们开拓了更广泛的研究领域。最近的研究工作专注于分析北欧海域的风驱动（Gamiz-Fortis and Sutton，2007）和热量损失的影响（Grist et al，2007；2008）。Gamiz-Fortis 和 Sutton（2007）发现，对应于风应力曲率异常的等密度线凸起以及上升流导致的表层盐度增加，都对高密度水的形成起到重要的影响作用。Grist 等（2007；2008）利用大量的耦合模式，研究了热通量极值对北欧海域高密度水的形成及其穿过丹麦海峡的输送的影响。他们发现热通量极值完全可以导致新的高密度水形成。此外，他们还发现不同模式在丹麦海峡的输送是一致的。模式结果显示，热量损失从-80 W/m^2 增加到-250 W/m^2，会导致穿过海峡的高密度水输送增加 1×10^6～2×10^6 m^3/s。此外，其余过程如受北极淡水流出影响的近岸淡水交换，也会影响高密度水的形成。关于这个区域的详细介绍请参考 Dickson 等（2008）的文献。

6.6 待解决的问题和结论

关于海-气相互作用的研究，仍然有很多尚未解决的问题，如关于全球海洋热收支闭合的问题，下面列举两个典型的例子。

6.6.1 南大洋的采样问题

海-气通量观测在高纬度海域极度缺乏，导致各种通量产品在南大洋普遍存在很大的不确定性。最大的原因是缺乏各种观测变量的合集，例如风速、气温、湿度和海水温度等。图 6.9 展示了从 2000 年至 2004 年的 1 月和 7 月，COADS 数据集中通量计算所需变量充分完备的气象观测。由图可以看出，冬季观测数据缺乏的现状尤其严峻，在关键区域内几乎没有可用的观测数据。

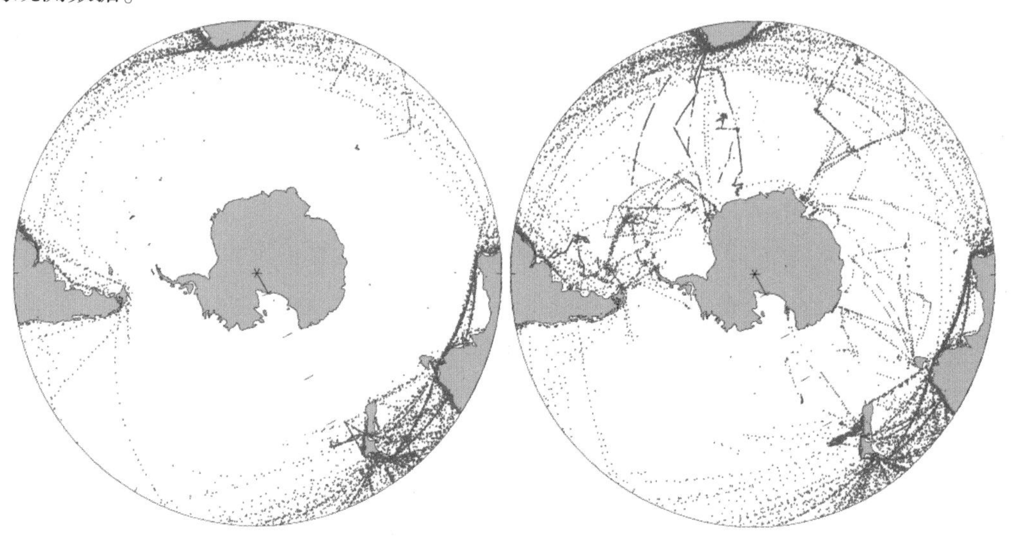

图 6.9 基于 COADS 数据给出的 2000—2004 年 1 月（右图）和 7 月（左图）的海气热通量

从 COADS 获得的所有表面气象报告中，凡是有足够的信息可用来估测 2000—2004 这 5 年间的潜在热通量的数据序列

有些研究倾向于认为南大洋的热交换在带状区域内是一致的，这是根据可用的再分析产品得出的结论，但是，表层强迫场却存在显著的带状不对称性。例如，ECMWF 产品的年平均净热通量，在太平洋东南部 50°—60°S 区域的热量损失为-20 W/m^2，而在同纬度的大西洋和印度洋却为热量获得 10~40 W/m^2（图 6.10）。那么，我们怎样才能利用现在的观测系统，判定这个区域的不对称性是否真实呢？

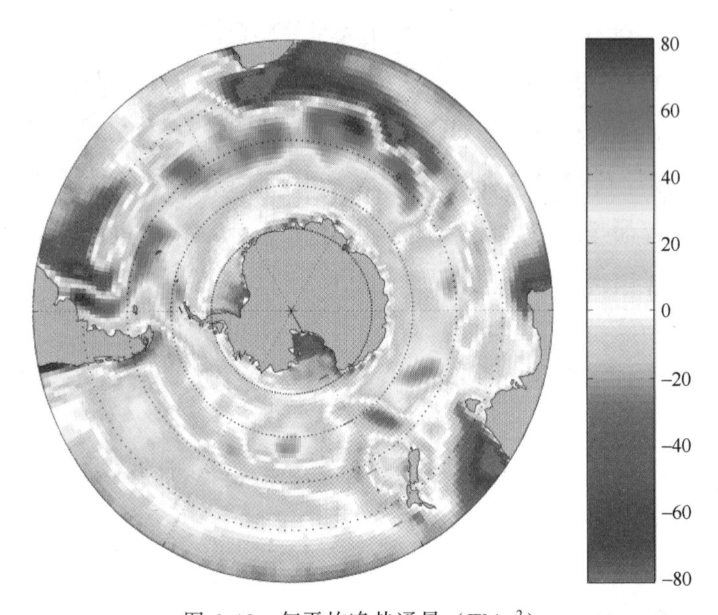

图 6.10　年平均净热通量（W/m^2）
引自 ECMWF 再分析产品，时段为 1979—1993 年

6.6.2 利用表层通量计算经向翻转环流（Meridional Overturning Circulation, MOC）的变化

表层的热量和淡水通量通过影响温度和盐度，对海洋表层水的密度进行调整。表层的冷却和净淡水的损失，通过降低温度和增加盐度，导致表层水密度的增加。热量和淡水交换的联合效应可以用表层密度通量（也称为浮力通量）来表示。高纬度海域密度通量的变化，可以调整深层对流区域的高密度水形成，并影响北大西洋翻转环流，从而可以显著影响整个欧洲的气候（Grist et al, 2007；2008）。

海-气密度通量对不同密度水形成的影响，可以用水团交换理论进行分析（Walin, 1982），并且已经在很多模式研究中得到应用（Marsh et al, 2005）。最近，这种方法的修正版本，已经用于计算北大西洋翻转环流表层强迫的变化（Grist et al, 2009；Josey et al, 2009）。基于 HadCM3 耦合模型，这种方法可以在 35°—65°N 范围内计算 MOC 的变化，并且可以应用于 NCEP/NCAR 再分析通量场，以计算北大西洋中高纬度海域过去 45 年表层强迫的变化。图 6.11 为利用这种方法计算的 MOC 在 55°N 区域的变化。

图 6.11 显示了异常高的经向翻转环流的变化趋势，从 1970 年到 1990 年大概变化了 1×10^6~2×10^6 m^3/s。这个时段对应了 NAO 的正相位周期，这表明与 NAO 模态相关的表层强迫

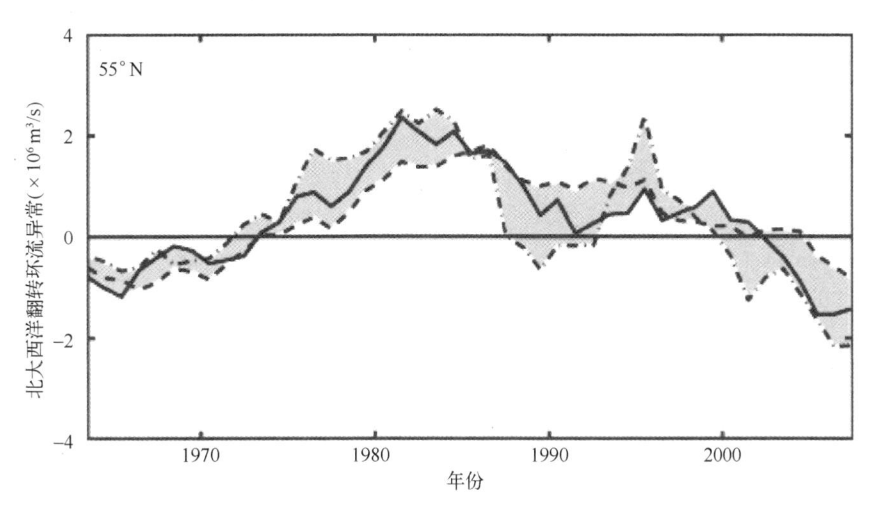

图 6.11 重构的 55°N 区域北大西洋翻转环流异常的最大值

采用的数据为 NCEP/NCAR 再分析产品的密度通量数据。所用方法的细节描述参考 Josey 等（2009）的文献。图中不同类型的线，代表不同的表层通量积分时间长度，分别为 6 年（点划线）、10 年（实线）和 15 年（虚线）

可以显著影响环流强度。在 2000 年以前，曾出现过经向环流输送减弱的迹象，这可能是由于自然的变化。下一步的研究将利用 26°N 附近的浮标序列，研究为中高纬度提供环流变化补充信息的有效方法。

综上所述，本章主要介绍了海-气之间的热量通量、淡水通量和动量通量，并重点阐述海-气通量的计算方法，以及海-气通量在气候系统中的作用。未来的研究希望可以建立海-气通量与业务化海洋学之间的联系。正如大量研究所指出的，这是一个快速发展的领域。相比于其他过程，表层通量对海洋短期预报（一周）的重要性主要依赖于区域，特别是所考虑的时间尺度大小。为了获得可靠的海洋预报，表层通量将会是十分关键的影响因子，例如对海洋混合层深度或密度结构的预报。这个领域将在未来的几年内取得较大的进展，并将受益于对表层通量数据集（特别是来自数值预报模式的数据）精度的评估。而且，将来还可以实现在更广阔的天气环境范围内获得通量数据。观测网络的发展，特别是 Argo 的出现和表层通量参考站点的增多，都将会促进表层通量应用于海洋预报的发展。例如，在 2010 年 3 月，第一次部署在南大洋的表层通量浮标观测（http：//imos. org. au/sofs. html），这会在缺乏观测的南大洋获得高质量的表层通量数据，从而在海-气相互作用过程及其对气候系统的影响方面取得更大的进步。

致谢：本章介绍的研究工作来自众多研究团队的不懈努力。笔者对他们以及曾合作的学者们表示诚挚的感谢，特别需要感谢 Peter Taylor 对其学术生涯的引导，以及美国自然环境研究委员会对本研究工作的资助。此外，笔者还要感谢对本章初稿提出宝贵建议的审稿人和来自全球海洋数据同化实验（Global Ocean Data Assimilation Experiment，GODAE）暑期学校的成员，特别是 Cynthia Bluteau 和 Stephanie Downes。

参考文献

Adler R F, Huffman G J, Chang A, Ferraro R, Xie P, Janowiak J, Rudolf B, Schneider U, Curtis S, Bolvin D, Gruber A, Susskind J, Arkin P (2003) The Version 2 Global Precipitation Climatology Project (GPCP) Monthly Precipitation Analysis (1979-Present) J Hydrometeorol 4: 1147-1167.

Andersson A, Fennig K, Klepp C, Bakan S, Graβl H, Schulz J (2010) The Hamburg ocean atmosphere parameters and fluxes from satellite data-HOAPS-3. Earth Syst Sci Data Discuss 3: 143-194. doi: 1Barnston A G, Livezey R E (1987) Classification, seasonality and persistence of low-frequency atmospheric circulation patterns. Mon Wea Rev 115: 1083-1126.

Berry D I, Kent E C (2009) A new air-sea interaction gridded dataset from ICOADS with uncertainty estimates. Bull. Am Meteor Soc 90: 645-656. doi: 10. 1175/2008BAMS2639. 1.

Bignami F, Marullo S, Santoleri R, Schiano M E (1995) Longwave radiation budget in the Mediterranean Sea. J Geophys Res 100 (C2): 2501-2514.

Böning C W, Dispert A, Visbeck M, Rintoul S R, Schwarzkopf F U (2008) The response of the Antarctic circumpolar current to recent climate change. Nat Geosci 1: 864-869.

Boyer T, Levitus S, Antonov J, Locarnini R, Mishonov A, Garcia H, Josey S A (2007) Changes in freshwater content in the North Atlantic Ocean 1955-2006, Geophys Res Lett 34 (16): L16603 doi: 10. 1029/2007GL030126.

Bunker A F (1976) Computations of surface energy flux and annual air-sea interaction cycles of the North Atlantic Ocean Mon Wea Rev 104: 1122-1140.

Ciasto L M, Thompson D W J (2008) Observations of large-scale ocean-atmosphere interaction in the Southern Hemisphere. J Clim 21(6): 1244-1259.

Clark N E, Eber L, Laurs R M, Renner J A, Saur J F T (1974) Heat exchange between ocean and atmosphere in the eastern North Pacific for 1961-1971. NOAA Tech Rep NMFS SSRF-682, U. S. Department of Commerce, Washington, p 108.

Da Silva A M, Young C C, Levitus S (1994) Anomalies of directly observed quantities, vol 2. Atlas of Surface Marine Data, NOAA Atlas NESDIS 2, p 419.

Dickson R, Lazier J, Meincke J, Rhines P (1996) Long-term coordinated changes in the convective activity of the North Atlantic. In: Willebrand DAJ (ed) Decadal climate variability: dynamics and predictability. Springer, Berlin, p 211-262.

Dickson R, Hansen B, Rhines P (eds) (2008) Arctic-Subarctic Ocean Fluxes (ASOF) . Springer, Dordrecht.

Fairall C W, Bradley E F, Hare J E, Grachev A A, Edson J B (2003) Bulk parameterization of air-sea. uxes: updates and verification for the COARE algorithm. J Clim 16: 571-591.

Gamiz-Fortis S R, Sutton R T (2007) Quasi-periodic. uctuations in the Greenland-Iceland-Norwegian Seas region in acoupled climate model. Ocean Dyn 57: 541-557.

Gilman C, Garrett C (1994) Heat flux parameterizations for the Mediterranean Sea: the role of atmospheric aerosols and constraints from the water budget. J Geophys Res 99: 5119-5134 Grist JP, Josey SA (2003) Inverse analysis adjustment of the SOC air-sea flux climatology using ocean heat transport constraints. J Clim 16: 3274-3295.

Grist J P, Josey S A, Sinha B (2007) Impact on the ocean of extreme Greenland sea heat loss in the HadCM3 coupled ocean-atmosphere model. J Geophys Res 112: C04014. doi: 10. 1029/2006JC003629.

Grist J P, Josey S A, Sinha B, Blaker A T (2008) Response of the Denmark strait overflow to Nordic seas heat loss. J Geophys Res 113: C09019. doi: 10. 1029/2007JC004625.

Grist J P, Marsh R A, Josey S A (2009) On the relationship between the North Atlantic meridional overturning circulation and the surface-forced overturning stream function. J Clim 22(19): 4989-5002. doi: 10. 1175/2009JCLI2574. 1.

Grist J P, Josey S A, Marsh R, Good S A, Coward A C, deCuevas B A, Alderson S G, New A L, Madec G (2010) The roles of surface heat flux and ocean heat transport convergence in determining Atlantic Ocean temperature variability. Ocean Dyn 60 (4): 771-790. doi: 10. 1007/s10236-010-0292-4.

Gulev S, Josey S A, Bourassa M, Breivik L A, Cronin M F, Fairall C, Gille S, Kent E C, Lee C M, McPhaden M J, Monteiro P M S, Schuster U, Smith S R, Trenberth K E, Wallace D, Woodruff S D (2010) Surface energy and CO_2 fluxes in the Global Ocean-Atmosphere-Ice System. Plenary White Paper in Proceedings of the "Ocean Obs'09: Sustained Ocean Observations and Information for Society" Conference. ESA Publication WPP-306, Venice, Italy, 21-25 Sept 2009.

Hadfield R E, Wells N C, Josey S A, JJ-M Hirschi (2007) On the accuracy of North Atlantic temperature and heat storage fields from Argo. J Geophys Res 112: C01009. doi: 10. 1029/2006JC003825.

Harrison D E (1989) On climatological monthly mean wind stress and wind stress curl fields over the World Ocean. J Clim 2(1): 57-70.

Hellerman S, Rosenstein M (1983) Normal monthly wind stress over the World Ocean with error estimates. J Phys Oceanogr 13: 1093-1104.

Hurrell J W (1995) Decadal trends in the North Atlantic oscillation regional temperatures and precipitation. Science 269: 676-679.

Hurrell J W, Kushnir Y, Visbeck M, Ottersen G (2003) An overview of the North Atlantic oscillation. In: Hurrell JW, Kushnir Y, Ottersen G, Visbeck M (Eds) The North Atlantic oscillation: climate significance and environmental impact. Geophysical Monograph Series. American Geophysical Union, Washington D. C. , p 134.

IPCC (2007) Climate change 2007: the physical science basis. Contribution of Working Group I to the 4th assessment report of the inter-governmental panel on climate change. Cambridge University Press, Cambridge.

Isemer H J, Willebrand J, Hasse L (1989) Fine adjustment of large scale air-sea energy flux parameterizations by direct estimates of ocean heat transport. J Clim 2: 1173-1184.

Josey S A (2003) Changes in the heat and freshwater forcing of the eastern Mediterranean and their influence on deep water formation. J Geophys Res 108(C7): 3237. doi: 10. 1029/2003JC001778.

Josey S A, Arimoto N (1992) The colour gradient in M31: evidence for disc formation by biased infall? Astron Astrophys 255: 105.

Josey S A, Tayler R J (1991) The oxygen yield and infall history of the solar neighbourhood. Mon Not R Astron Soc 251: 474.

Josey S A, Marsh R (2005) Surface freshwater flux variability and recent freshening of the NorthAtlantic in the eastern Subpolar Gyre. J Geophys Res 110: C05008. doi: 10. 1029/2004JC002521.

Josey S A, Smith S R (2006) Guidelines for evaluation of Air-Sea heat, freshwater and momentum flux datasets,

CLIVAR Global Synthesis and Observations Panel (GSOP) White Paper, July 2006, pp 14. http://www.clivar.org/organization/gsop/docs/gsopfg.pdf.

Josey S A, Kent E C, Taylor P K (1995) Seasonal variations between sampling and classical mean turbulent heat flux estimates in the eastern North Atlantic. Annal Geophys 13: 1054-1064.

Josey S A, Oakley D, Pascal R W (1997) On estimating the atmospheric longwave flux at the ocean surface from ship meteorological reports. J Geophys Res 102 (C13): 27, 961-27, 972.

Josey S A, Kent E C, Taylor P K (1998) The Southampton Oceanography Centre (SOC) oceanatmosphere heat, momentum and freshwater flux atlas. Southampton Oceanography Centre Report No. 6, Southampton, UK, p 30.

Josey S A, Kent E C, Taylor P K (1999) New insights into the ocean heat budget closure problem from analysis of the SOC air-sea flux climatology. J Clim 12: 2856-2880.

Josey S A, Kent E C, Sinha B (2001) Can a state of the art atmospheric general circulation model reproduce recent NAO related variability at the Air-Sea interface? Geophys Res Lett 28 (24): 4543-4546.

Josey S A, Kent E C, Taylor P K (2002) On the wind stress forcing of the ocean in the SOC climatology: comparisons with the NCEP/NCAR, ECMWF, UWM/COADS and Hellerman and Rosenstein datasets. J Phys Oceanogr 32 (7): 1993-2019.

Josey S A, Pascal R W, Taylor P K, Yelland M J (2003) A new formula for determining the atmospheric longwave flux at the ocean surface at mid-high latitudes. J Geophys Res 108 (C4). doi: 10.1029/2002JC001418.

Josey S A, Grist J P, Marsh R A (2009) Estimates of meridional overturning circulation variability in the North Atlantic from surface density flux fields. J Geophys Res—Oceans. 114: C09022. doi: 10.1029/2008JC005230.

Kent E C, Berry D I (2005) Quantifying random measurement errors in voluntary observing ships' meteorological observations. Int J Climatol 25 (7): 843-856. doi: 10.1002/joc.1167.

Large W, Yeager S (2009) The global climatology of an interannually varying air-sea flux data set. Clim Dynamics. doi: 10.1007/s00382-008-0441-3.

Levitus S, Antonov J I, Boyer T P, Locarnini R A, Garcia H E, Mishonov V A (2009) Global ocean heat content 1955-2008 in light of recently revealed instrumentation problems. Geophys Res Lett 36: L07608. doi: 10.1029/2008GL037155.

Lozier M S, Leadbetter S, Williams R G, Roussenov V, Reed M S C, Moore N J (2008) The spatial pattern and mechanisms of heat-content change in the North Atlantic. Science 319 (5864): 800-803. doi: 10.1126/science.1146436.

Marsh R, Josey S A, Nurser A J G, de Cuevas B A, Coward A C (2005) Water mass transformation in the North Atlantic over 1985-2002 simulated in an eddy-permitting model. Ocean Sci 1: 127-144.

Marsh R, Josey S, de Cuevas B, Redbourn L, Quartly G (2008) Mechanisms for recent warming of the North Atlantic: insights with an eddy-permitting model. J Geophys Res 113: C04031.

Myers P, Josey S, Wheler B, Kulan N (2007) Interdecadal variability in labrador sea precipitation minus evaporation and salinity Prog Oceanogr 73(3-4): 341-357.

Pascal R W, Josey S A (2000) Accurate radiometric measurement of the atmospheric longwave flux at the sea surface. J Atmos Oceanic Technol 17(9): 1271-1282.

Philander S G H (1990) El Nino, La Nina at the Southern Oscillation. Academic Press, San Diego.

Pierce D W, Barnett T P, AchutaRao K M, Gleckler P J, Gregory J M, Washington W M (2006) Anthropogenic warming of the oceans: observations and model results. J Clim 19(10): 1873-1900.

Pinker R T, Wang H, Grodskyl S A (2009) How good are ocean buoy observations of radiative fluxes? Geophys Res Lett 36: L10811. doi: 10.1029/2009GL037840.

Reed R K (1977) On estimating insolation over the ocean. J Phys Oceanogr 7: 482-485.

Renfrew I A, Moore G W K, Guest P S, Bumke K (2002) A comparison of surface-layer and surface turbulent-flux observations over the Labrador Sea with ECMWF analyses and NCEP reanalyses. J Phys Oceanogr 32: 383-400.

Rhines P B, Hakkinen S, Josey S A (2008) Is oceanic heat transport significant in the climate system? In: Dickson R, Hansen B, Rhines P (eds) Arctic-Subarctic Ocean Fluxes. Springer, Berlin, p 87-110.

Send U, Weller R, Wallace D, Chavez F, Lampitt R, Dickey T, Honda M, Nittis K, Lukas R, McPhaden M, Feely R (2009) OceanSITES. Community White Paper, Ocean Obs'09.

Smith S D (1988) Coef cients for sea surface wind stress, heat flux and wind profiles as a function of wind speed and temperature. J Geophys Res 93: 15467-15474.

Smith S, et al (2010) The data management system for the shipboard automated meteorological and oceanographic system (SAMOS) initiative. Community White Paper in proceedings of the "Ocean Obs'09: Sustained Ocean Observations and Information for Society" Conference. ESA Publication WPP - 306, Venice, Italy, 21 - 25 Sept. 2009.

Stammer D, Ueyoshi K, Köhl A, Large W B, Josey S, Wunsch C (2004) Estimating air-sea fluxes of heat freshwater and momentum through global ocean data assimilation. J Geophys Res 109: C05023. doi: 10.1029/2003JC002082.

Stott P A, Sutton R T, Smith D M (2008) Detection and attribution of Atlantic salinity changes. Geophys Res Lett 35: L21702. doi: 10.1029/2008GL035874.

Taylor P K, Yelland M J (2001) The dependence of sea surface roughness on the height and steepness of the waves. J Phys Oceanog 31: 572-590.

Taylor P K, Bradley E F, Fairall C W, Legler L, Schulz J, Weller R A, White G H (2001) Surface fluxes and surface reference sites. In: Koblinsky C J, Smith N R (eds) Observing the Oceans in the 21st Century. GODAE Project Office/Bureau of Meteorology, Melbourne, p 177-197.

Tomita H, Kubota M, Cronin M F, Iwasaki S, Konda M, Ichikawa H (2010) An assessment of surface heat fluxes from J-OFURO2 at the KEO/JKEO sites. J Geophys Res-Oceans 115: 13.

Trenberth K E, Caron J M (2001) Estimates of meridional atmosphere and ocean heat transports. J Clim 14: 3433-3443.

Trenberth K E, Dole R, Xue Y, Onogi K, Dee D, Balmaseda M, Bosilovich M, Schubert S, Large W (2009) Atmospheric reanalyses: a major resource for ocean product development and modeling. Community White Paper, Ocean Obs'09.

Walin G (1982) On the relation between sea-surface heat flow and thermal circulation in the ocean. Tellus 34: 187-195.

Weller R A, Bradley E F, Edson J B, Fairall C W, Brooks I, Yelland M J, Pascal R W (2008) Sensors for physical fluxes at the sea surface: energy, heat, water, salt. Ocean Sci 4: 247-263.

Wells N C, Josey S A, Had eld R E (2009) Towards closure of regional heat budgets in the North Atlantic using Argo floats and surface flux datasets Ocean Sci 59-72. SRef-ID: 1812-0792/os/2009-5-59.

WGASF (2000) Intercomparison and validation of ocean-atmosphere energy flux fields—Final report of the Joint WCRP/SCOR Working Group on Air-Sea Fluxes (WGASF) In: Taylor P K (ed) WCRP-112, WMO/TD-1036, World Climate Research Programme, Geneva, p 306.

Woodruff S D, Slutz R J, Jenne R L, Steurer P M (1987) A comprehensive ocean-atmosphere data set. Bull Am Meteor Soc 68: 1239-1250.

Worley S J, Woodruff S D, Reynolds R W, Lubker S J, Lott N (2005) ICOADS release 2. 1 data and products. Int J Climatol 25: 823-842.

Worley S J, Woodruff S D, Lubker S J, Ji Z, Freeman J E, Kent E C, Brohan P, Berry D I, Smith S R, Wilkinson C, Reynolds R W (2009) The role of ICOADS in the sustained ocean Observing System. Community White Paper, Ocean Obs'09.

Yu L, Weller R A (2007) Objectively analyzed air-sea flux fields for the global ice-free oceans (1981-2005) Bull Am Meteor Soc 88: 527-539.

第7章 海岸潮汐观测
——弗里曼特尔的动力过程记录

Charitha Pattiaratchi①

摘　要：沿海海平面变化的时间尺度范围可从几个小时到几个世纪。从全球范围来看，太阳和月球的引潮力是形成12 h和24 h潮位变化周期的主导因素。在很多地区，潮汐作用主导着水位的变化。但是有些地区潮汐作用很小，其他动力过程成为决定当地水位的重要因素。位于澳大利亚西海岸城市弗里曼特尔（Fremantle）的潮位站拥有南半球最长的时序列海平面数据（潮差约0.5 m），本章选取了该数据和澳大利亚西部其他潮位站的数据来对假潮、海啸、潮汐、风暴潮、大陆架波，以及海平面的年度和年际等不同尺度的变化过程进行介绍。由于每个过程对于海平面变化的影响量级是一样的，因此研究这个区域的海平面变化是非常有趣的一件事，它可以揭示当地和外来因素对海平面的作用。

7.1　引言

天文潮、天气情况、当地水下地形和许多其他因素支配着沿海地区海平面在小时、日、周、月和年际等时间尺度上的上升和下降。Pugh（1987；2004）和Boon（2004）曾对这些过程进行过概述性的介绍。从全球范围来看，太阳和月球的引潮力是形成12 h和24 h潮位变化周期的主导因素。在很多地区，潮汐作用主导着水位的变化。不过，有些地区潮汐作用很小，其他动力过程成为决定当地水位的重要因素。位于澳大利亚的西部城市弗里曼特尔（图7.1）的潮位站拥有南半球最长的时序列海平面数据（潮差约0.5 m），本章将选取该数据和澳大利亚西部其他潮位站的数据来对假潮、海啸、潮汐、风暴潮、大陆架波，以及海平面的年度和年际等不同时间尺度的变化过程（表7.1）进行介绍。值得注意的是，本章不涉及那些弗里曼特尔数据中不存在，而其他潮位计数据中包含的动力过程，这其中包括风暴潮（由当地气压变化和风引起的）、海洋涡与海岸相互作用引起的海平面变化以及波浪增水。在弗里曼特尔，很难区分由局地和外来因素引起的涌波的影响，后者一般归为“大陆架波”。弗里曼特尔记录的3年水位波谱资料中包含了数个谱峰，对应的周期从小时一直到季节，这些周期正好对应上面提到的各种过程（图7.2）。

① Charitha Pattiaratchi，西澳大利亚大学环境系统工程学院海洋研究所。E-mail：chari.pattiaratchi@uwa.edu.au

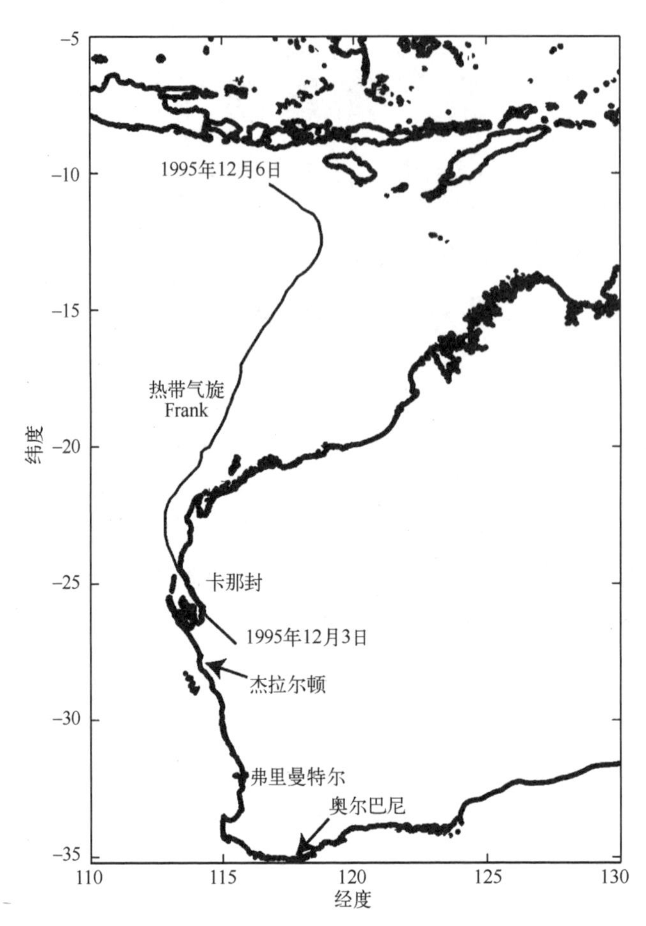

图 7.1　本研究中所用潮位站位置及热带气旋 Frank 路径

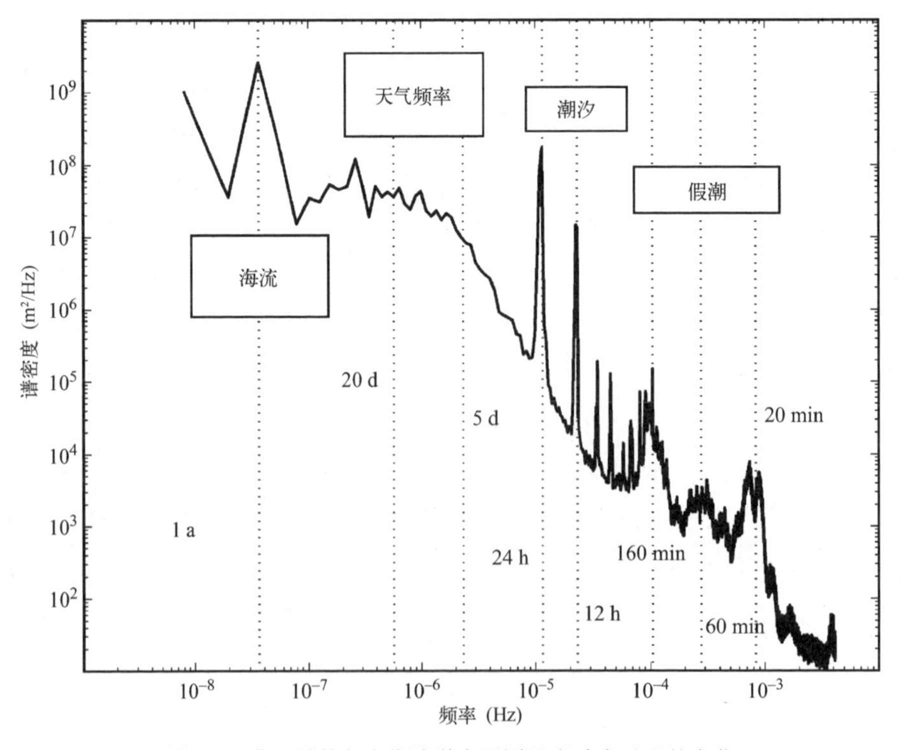

图 7.2　弗里曼特尔水位波谱中不同尺度动力过程的变化

这些受到直接或者间接驱动力作用的过程对于海平面变化的影响是同一量级的，因此同样重要。

海平面变化对于航海、海岸保持和海岸规划等都有着重要影响。目前，人们已经认识到了海平面平缓的变化和间歇性的波动对于海岸管理的重要性（Komar and Enfield, 1987; Allan et al, 2003）。为了揭示海岸管理的历史模式和预测未来的需要，必须要记录下海平面短期、长期变化趋势和波动。

表 7.1 弗里曼特尔各过程资料的分解以及它们的近似振

过程	持续时间	尺度（m）	参考文献
波浪作用	2~20 s	~5	Lemm 等（1999）
波增水	5~30 min	~0.3	BodeandHardy（1997）
假潮	30~90 min	~0.2	Ilich（2006）
压力冲击波	1~3 h	~0.2	Reid（1990）
风增水	3~6 h	~0.2	Pugh（1987）
潮汐	12~24 h	~0.8	Easton（1970）
海风	24 h	*	Pattiaratchi 等（1997）
压力循环	1~10 d	~0.8	Hamon（1966）
陆架波	3~10 d	~0.6	Fandry 等（1984）
大洋环流	季度	~0.3	Pattiaratchi 和 Buchan（1991）
交点潮	18.6 年	~0.15	Pugh（1987）
气候变异	数十年	~0.2	Pariwono 等（1986）
气候变化	10^{3+}年	~10	Wyrwoll 等（1995）

7.1.1 研究区域

弗里曼特尔位于澳大利亚西岸 32°S 附近（图 7.1）。受天气系统的影响，这里主要由高压反气旋系统控制，伴随有周期性的热带和中纬度低压和当地季节性的海风（Eliot and Clarke, 1986）。反气旋自西向东移动，每 3~10 天经过一次海岸（Gentilli, 1972）。中纬度低压活动的高峰期在 7 月，该系统的北西风带风力最强（Gentilli, 1972; Lemm et al, 1999）。在夏末时节，从西北海岸经过的热带气旋并不常见，但是对海岸的影响明显（Eliot and Clarke, 1986）。高压系统随季节移动会导致强烈的季节性风系。夏季偏南风盛行，而冬季尽管在锋面系统经过时会产生很强的西北风，但没有主要的风向。

在海风尤为强盛的夏季，早晨为离岸风（向西），中午开始刮起风力较强（15 m/s）的与岸线平行的风，而晚间则风力减弱（Pattiaratchi et al, 1997; Masselink and Pattiaratchi, 2001）。

在冬季，该地区受中纬度低气压和相关锋面系统的影响，大约有 30 次的风暴浪过程

(Lemm et al, 1999)。当有锋面系统经过时，该地区受到强烈的北到西风的影响，随后风向迅速转为西到西南方向，最后在12~16 h逐步转为南风。在2~3 d内南到西南风逐渐减弱，直至消失，在下一次锋面系统到达前，晴朗的天气将持续3~5 d。

7.2 数据

本章所涉及的数据是由位于弗里曼特尔的长期潮位站所记录的，该潮位站由西澳当局规划和建设。数据的采样时间间隔为2 min到1 h。此外，该潮位站的月平均数据来自英国利物浦普劳德曼海洋实验室提供的平均海平面长期服务（www. pol. ac. uk/psmsl/）。

7.3 假潮

类似于钟摆在初始外力停止后的振荡，在封闭或者半封闭水域中自由振荡的现象称为假潮（Miles, 1974）。有一些因素可以使水面打破静止状态，产生初始位移，而重力则使水面恢复水平。一旦形成，这种振荡是该系统几何尺寸（长度和深度）的唯一特征，持续多个周期后，在摩擦或能量泄漏的影响下而衰减。

一个简单的大陆架假潮模型是一个驻波，波腹位于海岸线，而波节点位于大陆架边缘。假潮的周期为潮波从海岸至大陆架边缘传播时间的4倍。当平均水深为 h 时，由浅水波理论得出（Pugh, 1987）：

$$T_n = \frac{1}{(2n-1)} \frac{4L}{\sqrt{gh}} \tag{7.1}$$

式中，n 为节点数（$n=1$ 为基本模式，也是最常见的模式）；L 为大陆架的宽度；g 为重力加速度；h 为平均水深。如图7.2的自动谱所示，在弗里曼特尔定义了3种周期的假潮，分别是2.8 h、1 h和20 min。假潮的振幅介于10~40 cm，其中40%~70%的能量与24 h全日潮的振荡有关。Ilich（2006）发现，周期为2.8 h和20 min的假潮的最大振幅分别为45 cm和12 cm，虽然这种45 cm的假潮可能是由3种不同周期的假潮叠加而成。弗里曼特尔的大陆架宽度为50 km，而平均深度为50 m，由方程（7.1）可以得出周期为2.5 h，这与观测值2.8 h接近。

Ilich（2006）发现，风切应力方向的变化会引起假潮（图7.3）。尤其是：① 强风过程的向岸或离岸分量引起的假潮会持续1 h，范围较小；② 强大的南风（平行于岸线）很少引起假潮；③ 海风持续2 d将会降低整个谱的能量。

海啸同样会产生大陆架假潮（Pattiaratchi and Wijeratne, 2009），该内容将在7.4节中讨论。

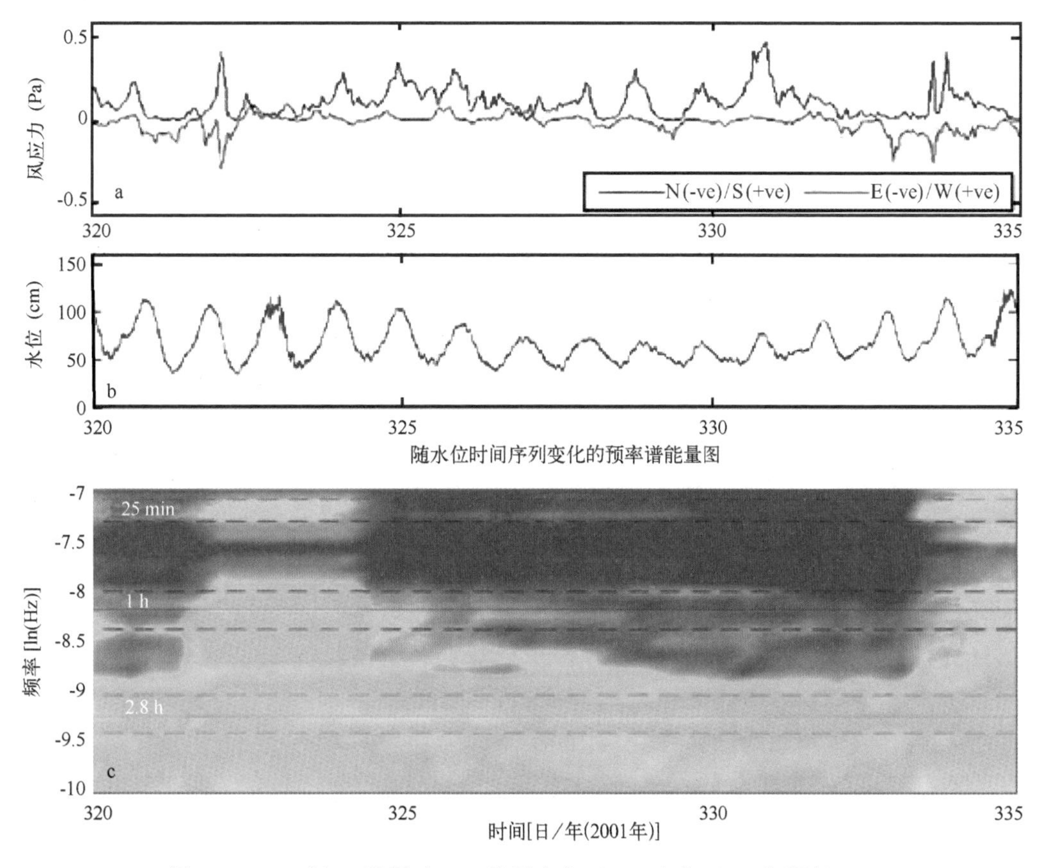

图 7.3 2001 年 11 月历时 15 d 的风应力（a）、水位（b）和频率（c）

此图显示了向岸风（-ve 表示向东的方向）引起的假潮（Ilich，2006）

7.4 海啸

2004 年 12 月 26 日，在苏门答腊外海由于地震而产生的海啸，使印度洋地区经历了最严重的自然灾害。澳大利亚西部的潮位站记录到的海平面振荡与这次海啸以及随后发生在 2005 年 3 月、2006 年 6 月和 2007 年 7 月的 4 次海啸有关，但都没有造成大规模的财产损失（Pattiaratchi and Wijeratne，2009）。

位于西海岸的验潮站数据显示出了发生在杰拉尔顿（0720）、卡那封（0740）和弗里曼特尔（0740）的海啸事件。初始波表示水位的增加，依据先导波分析，沿西海岸分布的波高从弗里曼特尔的 0.33 m 到杰拉尔顿的 1.65 m（图 7.4 和表 7.2）。对剩余时间序列、最大波高和过去时间的初始和最大波进行检查发现：① 杰拉尔顿、卡那封和弗里曼特尔所记录的最大波高（表 7.2）均超过了当地平均大潮范围；② 在杰拉尔顿，虽然观测到海啸波初始振荡时间为 07:20（UTC），比最高水位（基面以上 2.6 m）的出现时间 12:10（GMT）延后 5 h，与潮汐最高水位时间一致（图 7.4）。然而，记录到的最大波高（波谷至波峰）则出现在 10 h 之后，这与波群有关（图 7.4）。在这次过程中，杰拉尔顿验潮站所记录的最高和最低水位为 40 年来之最；③ 剩余的时间序列表示到达杰拉尔顿的一组更大波高的波，这些波经过马达加斯加岛或者马斯克林山脊反射到达杰拉尔顿，时间落后初始波 13~15 h（Pattiaratchi and Wijeratne，2009）；④ 海啸沿着大陆架在杰拉尔顿和弗里曼特尔分别引起的周期为 4 h 和 2.7 h 的假潮（图 7.4）。该周期与气象效应周期相同（7.3 节）。

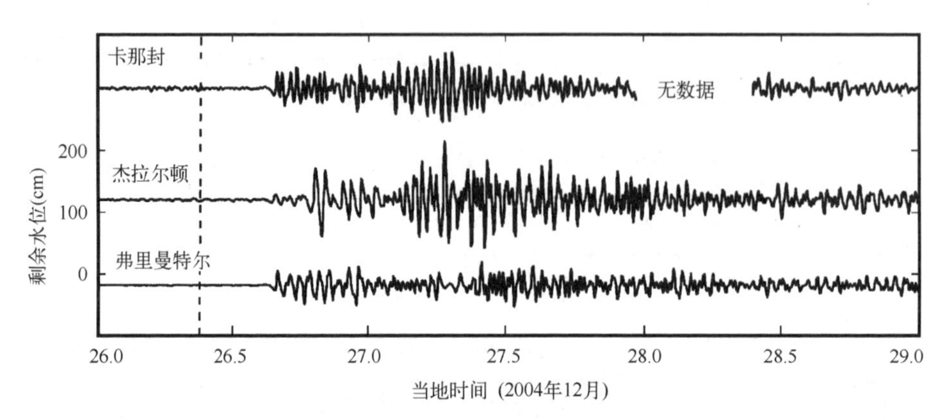

图 7.4　澳大利亚西海岸验潮站的剩余水位的时间序列

其中虚线为地震发生时间（备注：当地时间为+8 h UTC）

表 7.2　验潮站记录的 2004 年 12 月 26 日海啸

站点	初始海啸波		最大海啸波	
	到达时间（UTC）	波高[①]	持续时间	波高
卡那封	07:40	0.38 m	15 h 20 min (25)	1.14 m
杰拉尔顿	07:20	0.13 m	15 h 15 min (19)	1.65 m
弗里曼特尔	07:40	0.33 m	7 h 20 min (9)	0.60 m

注：[①]最大海啸波高为波谷至波峰的高度。

7.5　潮汐

振幅和相位与周期性地球物理力直接相关的周期性运动被定义为潮汐，天文潮是最广泛被承认的影响水位的现象（Pugh，1987）。潮汐是由于天体（主要是太阳和月球）引力所引起的谐波波动。世界上大部分海岸潮汐一天循环两次（即每天两次高潮和两次低潮），被称为半日潮，周期为 12.24 h。但在一些地区（如墨西哥湾、泰国湾），一天只有一次高水位和低水位，这被称为全日潮，周期为 24 h。大潮为潮差增加的时段，当地球、太阳和月球沿同一轴线排列时，月球和太阳的引力都对潮汐有贡献。大潮会在满月和新月之后立即出现。小潮时潮差小，这种情况出现在月球和太阳的引力相互垂直（相对于地球）时。小潮往往出现在月球为上弦和下弦位置时。

由于引潮力与月球、太阳周期性的引力相关，因此可以通过平衡潮来确定潮周期。例如，主要的半日潮和全日潮的周期分别为 12.24 h 和 24 h，太阴月（29.5 d）两个连续的满月和新月期间，由于地球绕太阳轨道的变化导致年际循环；从长期来看，月球和太阳轨道的变化会产生潮汐 4.45 年和 18.6 年的变化周期，这部分内容将在 7.9 节中讨论。

潮汐动力理论认为海盆结构（宽度、长度和深度）、摩擦力、科氏力、收敛、共振及其他很多变量控制着海盆中的潮汐特征（Boon，2004）。因此，潮汐被认为是一系列旋转潮波系统，这些系统由围绕一个潮汐振幅为零的无潮点旋转的旋转（开尔文）波组成。由于科氏力的影响，无潮系统在南半球顺时针旋转，在北半球逆时针旋转。接近无潮点处的潮差为零，潮差随着离开无潮点的距离增加而增加（Boon，2004）。弗里曼特尔的潮汐为全日潮，这通常代表了澳大利亚西南部的潮汐类型（Ranasinghe and Pattiaratchi，2000）。这是由于半日无潮系统的位置接近南非海岸，而全日无潮系统的位置远离南非海岸。4个最大的分潮（Pugh，1987）与太阳和月球作用下的全日潮和半日潮相关联（图7.5和表7.3）。

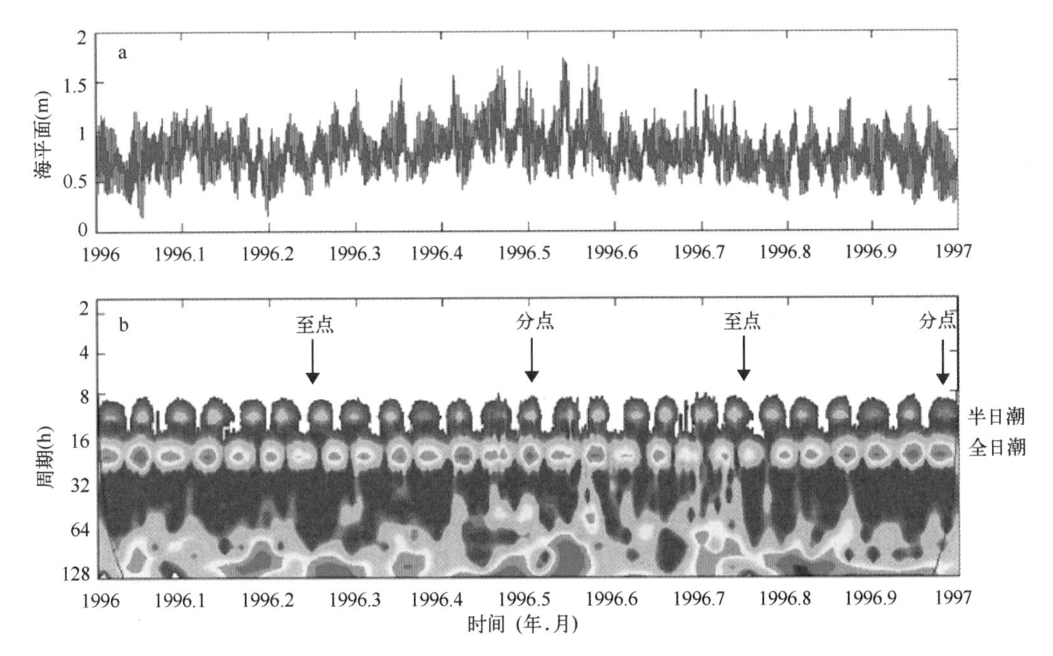

图7.5 弗里曼特尔1996年水位记录的时间序列（a）和对弗里曼特尔数据进行Morlet小波分析（b）

分析后显示：全日潮和半日潮的能量在夏/冬至点相位相合，在春/秋分点相异

表7.3 弗里曼特尔的主要潮汐组成

组成	振幅	周期	描述
K_1	0.165 m	23.93 h	主要太阴（月球）日潮
O_1	0.118 m	25.82 h	主要太阳日潮
M_2	0.052 m	12.42 h	主要太阴（月球）半日潮
S_2	0.047 m	12.00 h	主要太阳半日潮

沿着澳大利亚西南部，潮汐的全日潮日分量范围达0.6 m，而半日潮的范围只有0.2 m。半日潮的潮差与太阴周相关，最大潮差发生的时间接近满月和新月，而最小潮差出现时正值上弦和下弦月，这就是大潮和小潮（见下文）。全日潮与月球轨道的偏角有关，因此，大小潮的术语在全日潮系统中是不正确的，应该定义为热带和赤道潮汐。对于热带潮汐（类似于半日潮系统的大潮），当月球与赤道的偏角达到南北最大时，潮差最大；对于赤道潮汐（类

似于半日潮系统的小潮)，月球位于赤道正上方时潮差最小。全日潮和半日潮的振荡频率分别为 13.63 d 和 14.77 d，两者的相位差为 1.14 d，两个潮汐信号的调制作用使潮汐产生年际循环，在夏至或冬至（产生最大热带潮汐差）全日潮和半日潮相位重叠，在春分或秋分（产生最小热带潮汐差）相位相异。图 7.5 和图 7.6 说明了这个过程。这意味着最高热带潮差出现的时间并不总是与满月/新月的周期一致，随着一年两次每日潮差的变化，夏/冬至点的潮汐峰值（12 月至翌年 1 月和 6—7 月）产生的潮差比春/秋分低谷（2—3 月和 9—10 月）时高出 20%。

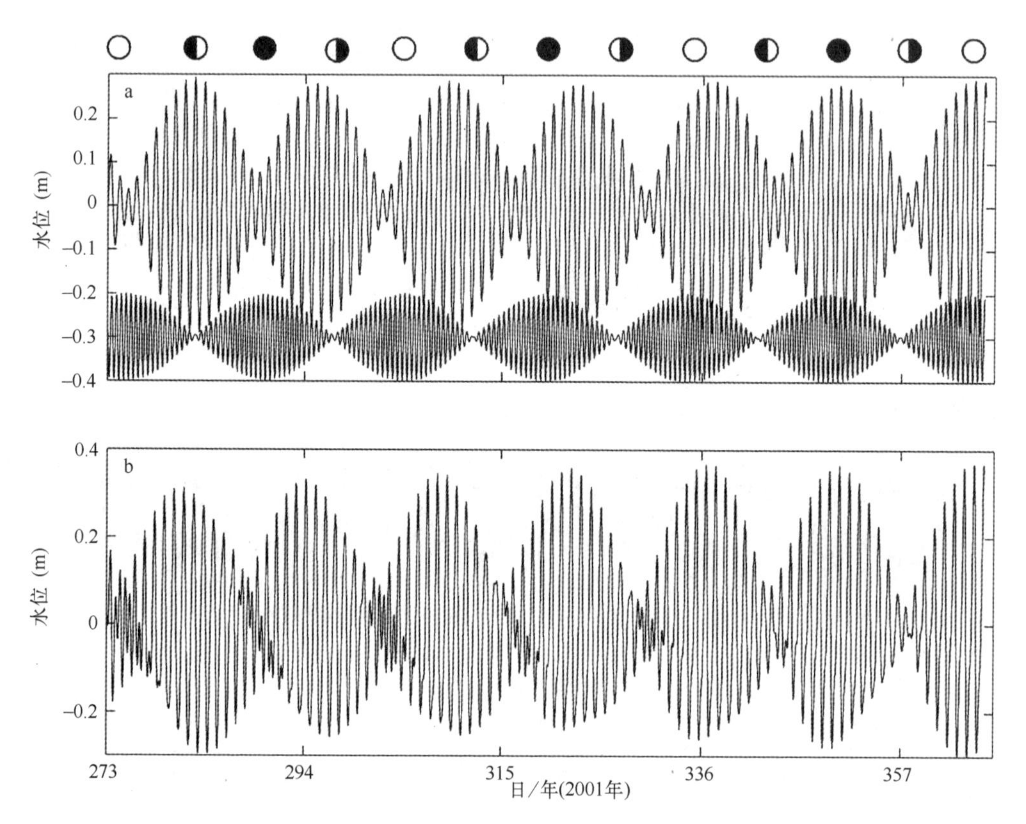

图 7.6　弗里曼特尔 2001 年第 273 天（10 月 1 日）至第 365 天（12 月 31 日）的全日潮和半日潮分量（a）和全日潮和半日潮的合成水位（b）

月球相位体现在上图中［引自 O'Callaghan 等（2010）］

在夏/冬至，当全日潮和半日潮的相位一致时，最大潮差与满/新月周期对应；在春/秋分，最大潮差与满/新月周期并不对应。混合潮出现在赤道潮汐接近春/秋分点，通常在 1 个潮周期内可以观察到两高两低水位。因此，在澳大利亚西南部的全日潮系统中，大潮和小潮的定义并不总是与定义半日潮的月球相位相关。

另一个结论是全日潮高低水位的季节性变化。在夏季，沿着澳大利亚西南部的海岸，由于月球的相位，低水位通常出现在凌晨 4 点和中午 12 点，而高水位出现在傍晚。随着时间的推移，低水位出现的时间提前；冬季到来时，低水位将出现在后半夜，最后低水位会渐渐出现在傍晚的早些时间（此时高水位出现在早晨）。

7.6 沿岸陷波

海平面功率谱（图 7.2）展示了一个由大气影响产生的具有宽能量峰值的“天气”波段（5~20 d）。通过仔细观察和对比潮汐剩余水位和当地气象数据发现，有很多重要的剩余潮汐水位并不能完全用当地由于大气气压和风变化的天气情况解释，但可以用当地和远程的综合天气情况解释。远程信号具有长周期海岸拦截陆架波的特征，相对于澳大利亚海岸逆时针行进。

海岸拦截波的定义为一个平行于岸线运动的波，最大振幅位于岸线处，并且向外海逐渐减小。例如，大陆架波和开尔文内波（Le Blond and Mysak，1978）等由涡度守恒控制的波都属于海岸拦截波（Huyer，1990）。海岸拦截波需要一个浅化的界面和可能根据陆架结构发展的一系列模式（Tang and Grimshaw，1995）。这些波在南半球（北半球）沿着海岸向左（右）行进。沿着澳大利亚海岸，大陆架波相对于大陆逆时针传播。控制方程（忽略平流和摩擦）为（Huyer，1990）为

$$\frac{\partial u}{\partial t} = - g\frac{\mathrm{d}\eta}{\mathrm{d}x} + fv \tag{7.2}$$

$$\frac{\partial v}{\partial t} = - g\frac{\mathrm{d}\eta}{\mathrm{d}y} - fu \tag{7.3}$$

式中，u 和 v 为 x（东）和 y（北）方向的速度；η 为海表面位移；f 为科氏力。求解公式（7.2）和公式（7.3）（联合连续性方程和边界条件），沿着东西向边界的解为（Huyer，1990）

$$\eta = \eta_0 e^{-fy/\sqrt{gh}}\cos(kx - \omega t) \tag{7.4}$$

式中，η_0 为海岸线处的最大振幅；h 为水深；k 和 ω 分别为波数和频率。这是一个开尔文波方程，沿着海岸边界传播，波振幅信号随离岸距离呈指数衰减。大陆架波只依赖于陆架横断面的水下地形，而开尔文内波则受控于垂向密度的分布（Huyer，1990）。Hamon（1966）首先报告了沿澳大利亚西海岸活动的风切应力沿岸分量通常会产生大陆架波。Provis 和 Radok（1979）证明了这些波逆时针沿澳大利亚大陆南部海岸传播，最大传播距离超过 4 000 km，时速 5~7 m/s（Eliot and Pattiaratchi，2010）。

沿着澳大利亚西海岸，中纬度低气压系统和热带气旋会产生大陆架波。大陆架波可以被认为是经过低通滤波后的海平面数据（即去除了潮汐分量）。图 7.7 为杰拉尔顿、弗里曼特尔和奥尔巴尼（Albany）（图 7.1）所记录的潮汐数据。一些大陆架波的振幅范围为 0.1~0.5 m。例如，第 290 天到第 295 天，在杰拉尔顿观测到一个 0.5 m 的水位增长。在弗里曼特尔和奥尔巴尼发生了同样的水位变化，这被认为有大陆架波经过。

尽管这 3 个观测地点的距离超过数百千米，但是各分潮水位的相关系数均大于 0.8。大陆架波在杰拉尔顿和弗里曼特尔之间的传播时间为 23 h，在弗里曼特尔和奥尔巴尼之间的传播时间为 17 h，平均传播速度大约为 500 km/d。

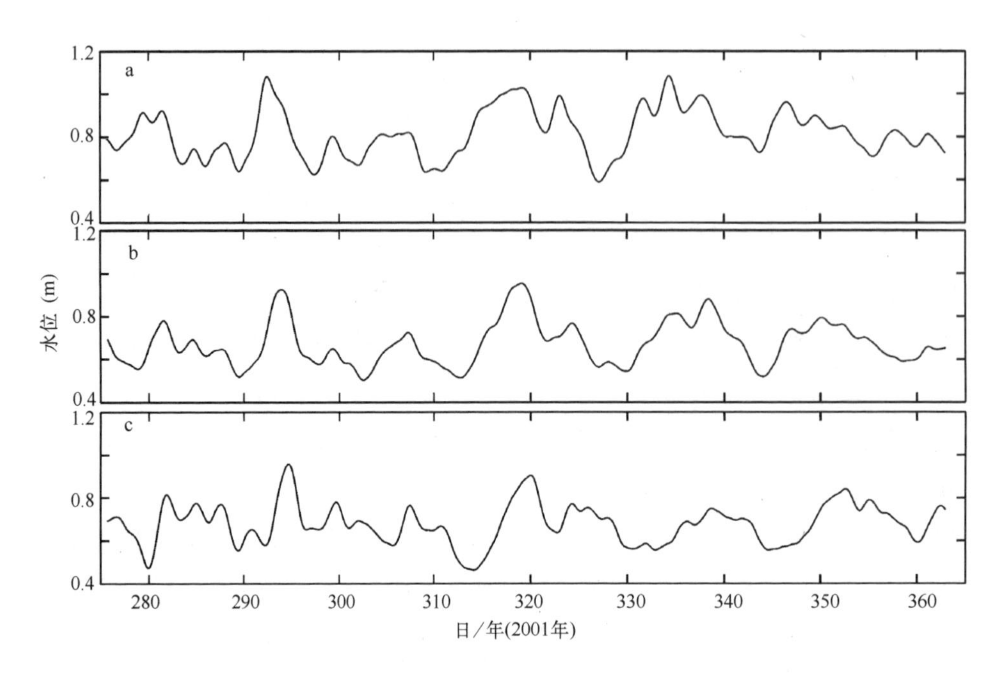

图 7.7　杰拉尔顿（a）、弗里曼特尔（b）和奥尔巴尼（c）2001 年第 275 天至第 365 天的低频水位显示有大陆架波的存在［引自 O'Callaghan 等（2007）］

热带气旋是强烈的低气压系统，在有温暖海水的低纬度形成，与强风、暴雨和风暴潮（沿海地区）都有关系。它们产生的强风和洪水（由强降雨或者风暴潮引起）可能造成大面积的破坏。热带气旋对澳大利亚西北地区的影响是众所周知的，过去几年几个重要的气旋对该区域造成了影响。这些气旋最显著的影响通常只限于气旋影响范围内，因此气旋对于澳大利亚西南地区的直接影响是罕见的。Fandry 等（1984）认定峰值振幅为 1~2 m 的海平面向南传播的速度为 400~600 km/d，这与热带气旋向南行进有关，当气旋向南移动速度的分量与大陆架波向南传播的速度接近时，会产生共振现象。

弗里曼特尔记录的海平面数据反映出了由热带气旋引起的远程强迫力作用。对比西澳大利亚西部海岸和南部海岸有热带气旋出现在西北大陆架区域时的低频分量海平面数据显示，不论其强度大小和路径如何，每个热带气旋都会生成一个向南传播的海平面信号或者大陆架波（Eliot and Pattiaratchi，2010）。该波动可以被认为在海岸水位记录中最初为减水，气旋经过 1~2 d 后，持续时间约 10 d。例如，弗里曼特尔记录的 1995 年 12 月 1—19 日的水位如图 7.8 所示。热带气旋 Frank 在 12 月 7 日被定为第 1 类气旋，到 11 日发展成为第 4 类，在 12 月 12 日经过卡那封附近的海岸。大陆架波变得明显的证据是在 12 月 8 日水位开始下降，在 12 月 10 日达到最低水位，12 月 14 日达到最高峰值。波高（波谷到波峰）为 0.55 m，超过了同期天文潮的潮差（图 7.8）。

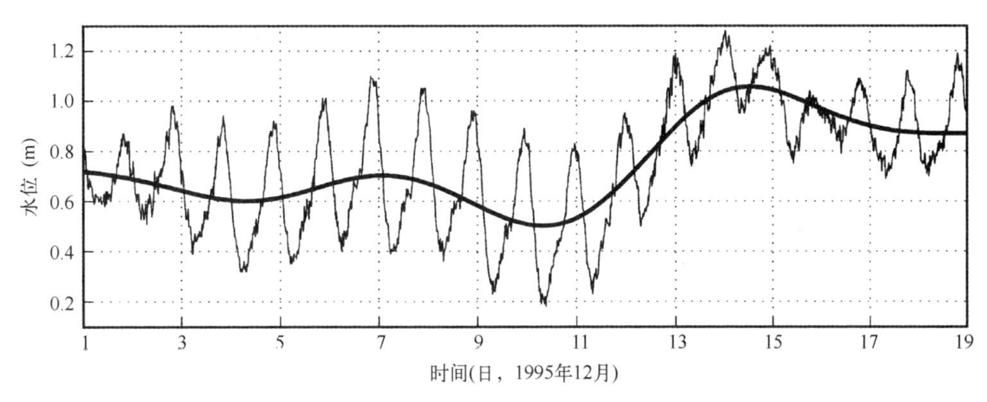

图 7.8 弗里曼特尔记录的 1995 年 12 月水位过程（细黑线）和热带气旋 Frank 引起的低频水位变化（粗线）

7.7 季节变化

海平面年变化平均值为 0.22 m，水位在 5—6 月达到最高，在 10—11 月最低（图 7.9）。这些变化是由于该地区的主要流系卢因海流的强度变化（Thompson，1984；Pattiaratchi and Buchan，1991；Feng et al，2004）。

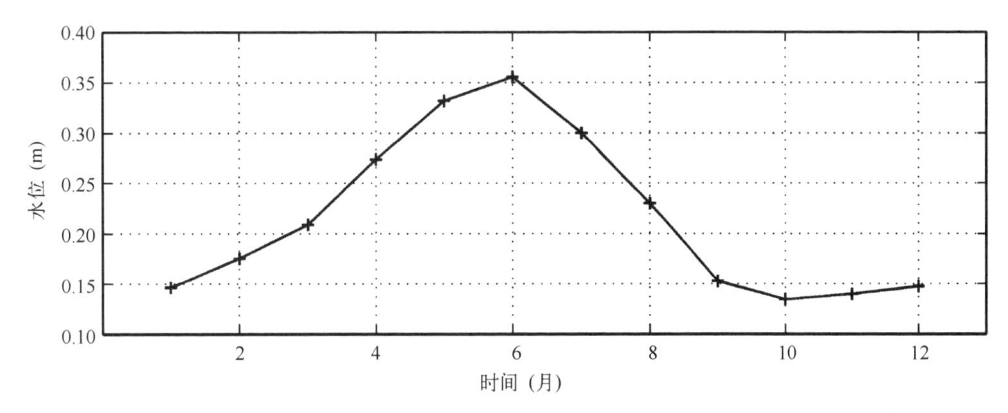

图 7.9 1943—1988 年弗里曼特尔多年月平均海平面

卢因海流是一个浅（<300 m）、窄（<100 km），且边界朝向极地的流，流经西澳大利亚海岸。它一般向南传输热带地区相对温暖、低盐度的海水，直至 200 m 等深线（Pattiaratchi and Woo，2009）。在 10 月至翌年 3 月，由于最强偏南风的影响，海流较弱，而在 4—8 月之间，由于偏南风较弱，海流较强（Godfrey and Ridgway，1985）。卢因海流由东印度洋的大尺度密度场和地转平衡驱动（Woo and Pattiaratchi，2008），因此，沿着西澳大利亚海岸，向南的流动会产生向岸运动，这种依赖于海流强度的向岸运动会使海岸水位抬升。这引导着水流沿着大陆架边缘流动，海平面的梯度与向岸流动的趋势相平衡。因此，当卢因海流较强时（4—8 月偏南风应力低），海平面较高，而在 10 月至翌年 1 月，海流较弱（偏南风应力高），海平面较低。

7.8 年际变化

海平面的年际变化最大可达 20 cm (图 7.10)，这与卢因海流的强度是相关的（7.7 节)。在拉尼娜事件期间，卢因海流较强（海平面高），而在厄尔尼诺事件期间，海流较弱（海平面低)。这意味着平均海平面与南方涛动指数（SOI：反映厄尔尼诺/拉尼娜事件的指数）有很强的相关性（Pattiaratchi and Buchan，1991；Feng et al，2004)。年度和年际变化的主要原因是大洋环流系统（卢因海流）的体积输运变化和厄尔尼诺-南方涛动（El Niño-Southern Oscillation，ENSO）指数的变化。年平均海平面和 SOI 的关系是衡量 ENSO 随时间变化的指标。1989—1998 年，海平面和 SOI 信号的相对振幅和相位几乎相同，SOI 的 1 个单位变化对应于平均海平面 13 mm 的变化。1920—1940 年，SOI 和年平均海平面之间的相关性较差，关系并不是很清晰。在这个时期，SOI 几乎不发生改变，但是平均水位却经历了过去 100 年中最大的变化。这表明除了 SOI 信号以外的其他过程在推动平均海平面的变化。

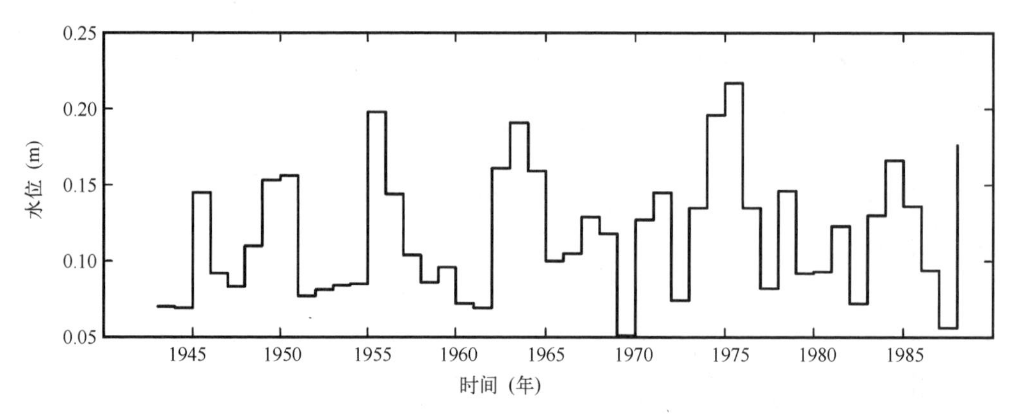

图 7.10　1960—1990 年弗里曼特尔年平均海平面

7.9 潮汐引起的年代际变化

潮汐是由全日潮或者半日潮振幅的变化以及长时间地球、月球和太阳的相对运动所调节的（Pugh，1987)。长期潮汐调节的效果被认为是来自不同地区的两个主要信号，分别是 18.61 年的月球焦点循环和 8.85 年的月球近地点循环（Boon，2004；Shaw and Tsimplis，2010)。虽然引力势的波动与这些运动有关，但是潮汐对于这些时间尺度上外力的直接反映理论上是小的，对于半日潮的影响为 4%（Pugh，1987)。18.6 年循环的较高潮汐调制作用存在于全日潮地区，潮汐分潮的变化区间为±15%和±20%。因此，在位于全日潮体系的弗里曼特尔，18.6 年周期的影响是这种尺度潮汐调制的一个重要组成部分。

18.61 年的月球交点周期来自月球轨道的变化。月球每月绕地球旋转一次，从距离赤道向北最大角度的位置（23.5°±5°）到距离赤道向南最大角度的位置（23.5°±5°)，各消耗半个月时间。周期为 27.32 d 称作一个热带月（Pugh，1987)。该角度被定义为月球赤纬，月球每个月穿过赤道两次。循环的变化范围从18.5°（23.5°-5°）到28.5°（23.5°+5°），被定义为节点循环，周期为18.61年。该循环调制着引潮力，特别是全日潮。从弗里曼特尔的潮汐记录分析表明，月球交点循环的范围在该区域为15 cm（图7.11），占平均潮差的25%，可以与本章讨论的其他一些过程（表7.1）相媲美，因此，它形成了海平面年代变化中的重要组成部分。该循环最近的峰值在2007年（图7.11），因此，受到该过程的影响，在2016—2017年之前，该区域会经历一个下降的过程。该区域节点潮汐的增加量级被认为是占主导地位的全日潮（Eliot，2010）。潮汐调制的年代变化对海岸淹没和管理有着重要影响。

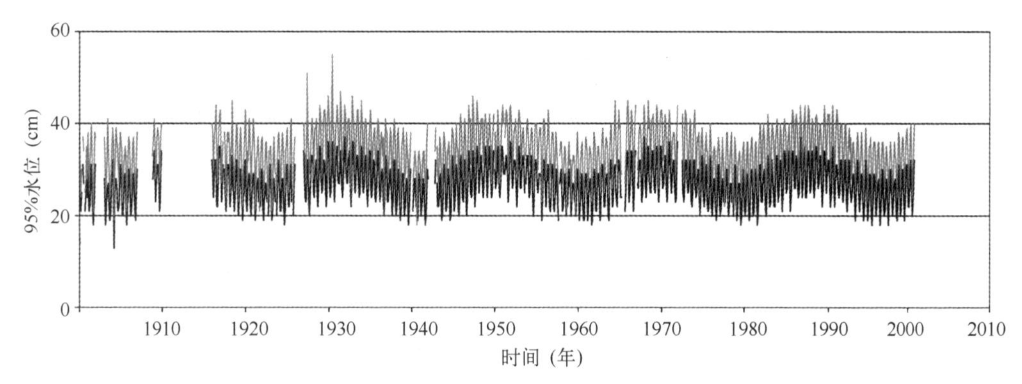

图7.11　99%（灰色）和95%风暴潮超高曲线显示了其具有18.61年的循环［修改自Eliot（2010）］

7.10　全球平均海平面过程

有关全球海平面过程可以从两个时间尺度来考虑：

（1）从地质资料推断，特别是过去2万年；

（2）历史记录，很大程度上由沿海验潮站决定。

在澳大利亚西部最近的地质时间框架内，已经从地质记录中推断出了海平面上升（Wyrwoll et al，1995）。这种状况很大程度上符合最后一次冰河时期前全球海平面迅速上升的分析，大约在6 000年前达到目前水平，从盛冰期起，基本上保持平均海平面增长超过120 m的情况（图7.12）。

由于温室效应导致全球变暖，过去几十年平均海平面一直在升高。例如，全球平均海平面在20世纪以1.1~1.9 mm/a的速度增加，而自1993年以来以3 mm/a的速度增加（Church et al，2004）。大部分的增加是由于全球变暖使得冰川融化所导致的。

自1987年以来，弗里曼特尔记录了南半球最长的连续海平面数据。这些数据显示海平面上升的平均速率在1.54 mm/a（图7.13）。这个速率与全球的观测类似，据估计，全球海平面每年的增长速率范围为1.1~1.9 mm（Douglas，2001；Church et al，2004）。虽然这种增长趋势持续了100年，但某些时期，海平面变化是非线性的，变化的速率随着时间的变化而变化。这些变化是由与海平面相关的ENSO现象的年际变化所主导的。1900—1952年，海平面上升

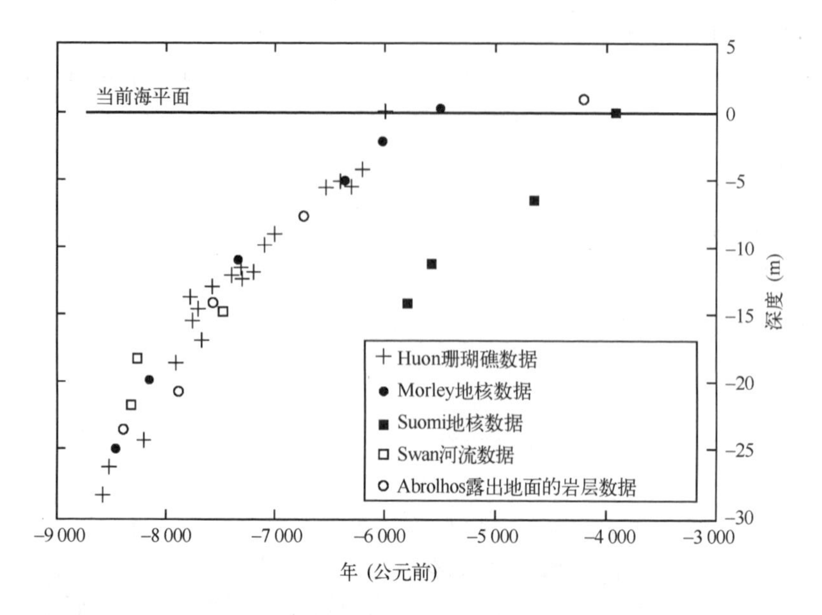

图 7.12　澳大利亚西部的海平面数据［引自 Wyrwoll 等（1995）］

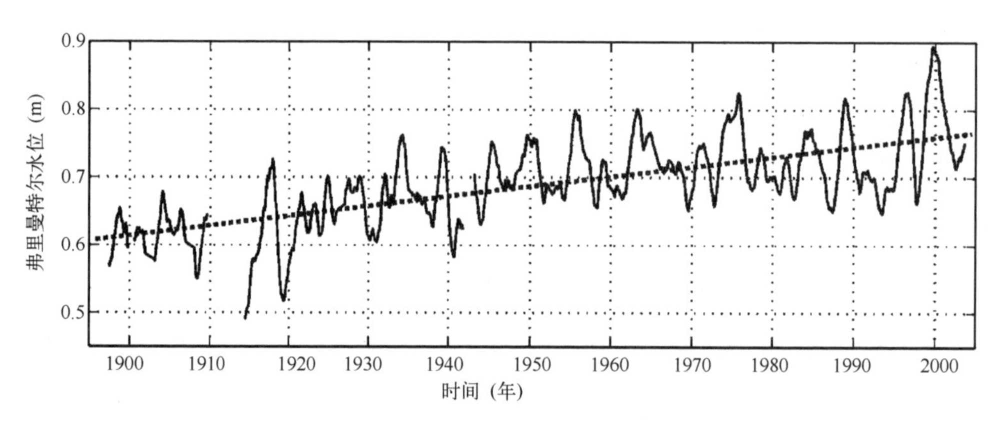

图 7.13　弗里曼特尔海平面的时序水位（1 年的滑动平均）

实线表示 1.54 mm/a 的线性增长趋势

或下降的循环周期区间在 10~14 年。1952—1991 年间有一个下降趋势，但是，叠加了平均海平面上升因素后，平均海平面几乎维持不变。1991—2004 年，这一趋势发生了扭转，产生了海平面迅速上升的趋势，速率为 5 mm/a，这个速率是过去 100 年的 3 倍（Pattiaratchi and Eliot, 2005）。这也导致 2003—2004 年在弗里曼特尔记录到了最高海平面。

致谢：笔者感谢 Mathew Eliot 和 Ivan Haigh 对本章的贡献；感谢运输部 Tony Lamberto 和 Reena Lowry 所提供的水位数据。

参考文献

Allan J, Komar P, Priest G (2003) Shoreline variability on the high－energy Oregon coast and its usefulness in erosion-hazard assessments. J Coast Res, 38: 83-105.

Bode L, Hardy T A (1997) Progress and recent developments in storm surge modelling. J Hydraul Eng, ASCE, 123: 315-331.

Boon J D (2004) Secrets of the tide: tide and tidal current analysis and applications, storm surges and sea level trends. Horwood, Cambridge, p 212.

Church J A, White N J, Coleman R, Lambeck K, Mitrovica J X (2004) Estimates of the regional distribution of sea level rise over the 1950-2000 period. J Clim, 17 (13): 2609-2625.

Douglas B C (2001) Sea level change in the era of the recording tide gauge. In: Douglas B C, Kearney M S, Leatherman S P (eds) Sea level rise: history and consequences. International geophysics series, vol 75. Academic Press, San Diego, pp 37-64.

Easton A K (1970) The tides of the continent of Australia. Horace Lamb Centre for Oceanographical Research (Flinders University of South Australia) Research Paper No. 37.

Eliot M (2010) Influence of inter-annual tidal modulation on coastal flooding along the Western Australian coast. J Geophys Res Oceans, 115 (C11013): 11. doi: 10. 1029/2010JC006306.

Eliot I, Clarke D (1986) Minor storm impact on the beachface of a sheltered sandy beach. Mar Geol, 79: 1-22.

Eliot M J, Pattiaratchi C B (2010) Remote forcing of water levels by tropical cyclones in south-west Australia. Continental Shelf Res, 30: 1549-1561.

Fandry C B, Leslie L M, Steedman R K (1984) Kelvin-type coastal surges generated by tropical cyclones. J Physical Oceanogr, 14: 582-593.

Feng M, Li Y, Meyers G (2004) Multidecadal variations of Fremantle sea level: footprint of climate variability in the tropical Pacific. Geophys Res Lett, 31: L16302. doi: 10. 1029/2004GL019947.

Gentilli J (1972) Australian climate patterns. Thomas Nelson, Melbourne.

Godfrey J S, Ridgway K R (1985) The large-scale environment of the poleward-flowing Leeuwin current, Western Australia: longshore steric height gradients, wind stresses and geostrophic flow. J Phys Oceanogr, 15: 481-495.

Hamon B V (1966) Continental shelf waves and the effects of atmospheric pressure and wind stress on sea level. J Geophys Res, 71: 2883-2893.

Huyer A (1990) Shelf circulation. In: Le Méhauté B, Hanes DM (eds) The sea: ocean engineering science. 9A. Wiley, New York, pp 423-466.

Ilich K (2006) Origin of continental shelf seiches, Fremantle, Western Australia. Honours thesis. School of environmental systems engineering, the university of Western Australia.

Komar P D, Enfield D B (1987) Short-term sea-level changes and coastal erosion. In: Nummedal D, Pilkey O H, Howard J D (eds) Sea-level fluctuation and coastal evolution: Society of economic paleontologists and mineralogists, Special Publication, 41, p 17-27.

Le Blond P H, Mysak L A (1978) Waves in the ocean. Oceanography series, vol 20. Elsevier Science, New York.

Lemm A, Hegge B J, Masselink G (1999) Offshore wave climate, Perth, Western Australia. Mar Freshw Res, 50 (2): 95-102.

Masselink G, Pattiaratchi C B (2001) Characteristics of the sea breeze system in Perth, Western Australia, and its effects on the nearshore wave climate. J Coastal Res, 17: 173-187.

Miles J (1974) Harbour seiching. Annu Rev Fluid Mech, 6: 17-33.

O'Callaghan J, Pattiaratchi C B, Hamilton D (2007) The response of circulation and salinity in a micro-tidal estuary to sub-tidal oscillations in coastal sea surface elevation. Continental Shelf Res, 27: 1947-1965.

O'Callaghan J, Pattiaratchi C B, Hamilton D (2010) The role of intratidal oscillations in sediment resuspension in a diurnal, partially mixed estuary. J Geophy Res Oceans, 115: C07018. doi: 10. 1029/2009JC005760.

Pariwono J I, Bye J A T, Lennon G W (1986) Long-period variations of sea-level in Australasia. Geophys J Int, 87: 43-54.

Pattiaratchi C B, Buchan S J (1991) Implications of long-term climate change for the Leeuwin current. J R S West Aust, 74: 133-140.

Pattiaratchi C B, Hegge B, Gould J, Eliot I (1997) Impact of sea-breeze activity on nearshore and foreshore processes in southwestern Australia. Continental Shelf Res, 17: 1539-1560.

Pattiaratchi C B, Eliot M (2005) How our regional sea level has changed. Climate note 9/05 (August).

Indian Ocean Climate Initiative. http: //www. ioci. org. au/publications/pdf/IOCIclimate notes_9. pdf.

Pattiaratchi C B, Wijeratne E M S (2009) Tide gauge observations of the 2004-2007 Indian Ocean tsunamis from Sri Lanka and western Australia. Pure Appl Geophys (in press).

Pattiaratchi C B, Woo M (2009) The mean state of the Leeuwin current system between North West Cape and Cape Leeuwin. J R S West Aust, 92: 221-241.

Provis D G, Radok R (1979) Sea-level oscillations along the Australian coast. Aust J Mar Freshw Res 30: 295-301.

Pugh D T (1987) Tides, surges and mean sea-level. Wiley, UK.

Pugh D T (2004). Changing sea levels: effects of tides, weather, and climate. Cambridge University Press, Cambridge.

Ranasinghe R, Pattiaratchi C B (2000) Tidal inlet velocity asymmetry in diurnal regimes. Cont Shelf Res, 20: 2347-2366.

Reid R (1990) Tides and storm surges. In Herbich J (ed) Handbook of coastal and ocean engineering: wave phenomena and coastal structures. Gulf Publishing Company, USA, pp 533-590.

Shaw A G P, Tsimplis M N (2010) The 18. 6yr nodal modulation in the tides of Southern European Coasts. Continental Shelf Res, 30: 138-151.

Tang Y M, Grimshaw R (1995) A modal analysis of coastally trapped waves generated by tropical cyclones. J Phys Oceanogr, 25: 1577-1598.

Thompson R O R Y (1984) Observations of the Leeuwin current off Western Australia. J Phys Oceanogr, 14: 623-628.

Woo M, Pattiaratchi C B (2008) Hydrography and water masses off the Western Australian coast. Deep-Sea Research Part I: Oceanographic Research Papers, 55: 1090-1104.

Wyrwoll K H, Zhu Z R, Kendrick G A, Collins L B, Eisenhauser A (1995) Holocene sea-level events in Western Australia: revisiting old questions. In: Finkl C W (ed) Holocene cycles: climate, sea level, and coastal sedimentation. J Coastal Res, special issue no. 17. Coastal Education and Research Foundation, pp 321-326.

第 8 章　表面浪

Diana Greenslade[①]，**Hendrik Tolman**

摘　要：本章首先给出了线性波动理论的控制方程组，这些方程组可以简洁有效地描述海面上的风生海浪。而后通过推导给出了一些诸如频散关系等重要概念。根据频散关系，论证了深水和浅水海浪的特征差异，尤其是证明了深水海浪为频散波，而浅水海浪是非频散波。其次，本章引入波谱作为刻画波浪场能量分布特征的方法并定义了有效波高的概念。本章的最后一部分通过对“第三代”海浪模式基础的概述，给出了波能谱平衡方程及其能量源函数项的讨论，并列举了业务化海浪预报系统中的重要问题；同时给出了目前正在进行的海浪预报交叉对比项目的一些结果。最后，展望了海浪模式研究及业务化系统的未来发展方向。

8.1　引言

人们看到大海时的主要印象就是风驱动的表面波动。在有风的天气里，乍一看，波浪往往像图 8.1 所示那样非常复杂，它包含了许多不同尺度的波浪，夹杂着波浪破碎和浪花飞溅等现象。如此看来，要对海浪场进行数学解析描述，并进行模拟和预报尚具有一定的挑战性。

但是，在做出一些简化性的假设后，线性波理论可以简洁且能够很好地描述洋面上的风驱海浪场。虽然有些假设看上去好像把问题过于简化了，但是线性理论确实能够描述风驱浪场的许多关键特征。更进一步，从洋面的统计特征来看，如果能够合理地估计驱动的海面风，现代波浪模式可以给出非常好的海浪预报结果。

在这一章，我们首先给出线性波理论中的控制方程组，并由此推导出一些重要的概念，其中最为重要的是频散关系。由频散关系，我们能够得到一些表面浪有意思的特性。最后，概述了目前世界上主要业务预报中心使用的“第三代”海浪模式。

① Diana Greenslade，澳大利亚气象局天气与气候研究中心。E-mail：d. greenslade@ bom. gov. au

图 8.1 典型的海面（照片由澳大利亚气象局的 Eric Schulz 提供）

8.2 控制方程

这里给出的理论为一般性标准方法，相关细节可以查阅 Young（1999），Holthuijsen（2007）和 Kundu（1990）的文章。

为了能在海面重力波的问题中使用线性波动理论，我们首先需要做一些假设：①波浪的振幅远小于波长和水深；②水深不变；③ 波浪的频率远大于科氏频率—— 这意味着可以忽略地球的自转；④忽略水的表面张力—— 意味着我们仅考虑波长大于 5 cm 的波浪；⑤海水不可压缩；⑥水的密度恒定；⑦运动无旋（从而可忽略黏性）。

这里给出的“运动无旋”假定可能会造成一些混淆。可以证明，在波浪传播时水质点的速度是旋转的，也就是说水质点的运动轨迹是一个圆。但是水质点并不自旋，所以水质点的运动并不会导致剪切流，因此，从数学角度上说运动是无旋的，也就是说运动是没有涡度的。

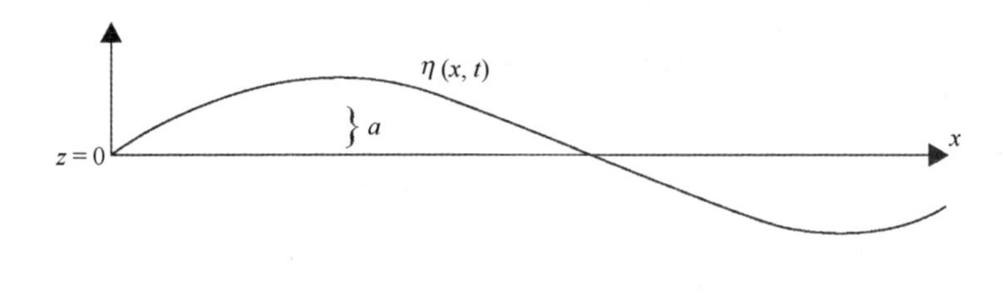

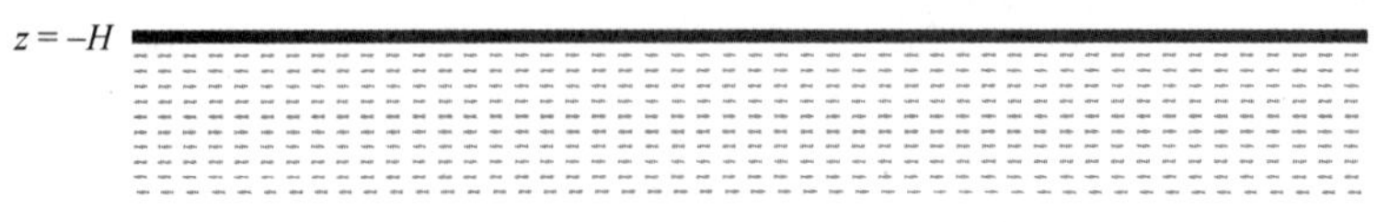

图 8.2 线性波理论波面图

这里我们先不考虑风对海面的作用以及波浪通过切应力与海底的相互作用。下面我们做进一步的简化：认为波浪只向一个方向传播（x 轴方向）。自由海面定义为 η（x，t），水深定义为 H，如图 8.2 所示。

首先，由于水体运动无旋，我们定义速度势 ϕ（x，z，t）形式如下：

$$u(x, z, t) = \frac{\partial \phi}{\partial x}, \quad w(x, z, t) = \frac{\partial \phi}{\partial z} \tag{8.1}$$

控制方程组为质量守恒和动量守恒方程。根据上面的假设，根据质量守恒可以得到连续性方程：

$$\frac{\partial u}{\partial x} + \frac{\partial w}{\partial z} = 0 \tag{8.2}$$

根据速度势的定义，式（8.2）可写为

$$\frac{\partial^2 \phi}{\partial x^2} + \frac{\partial^2 \phi}{\partial z^2} = 0 \tag{8.3}$$

这就是拉普拉斯方程。

由于流体是无旋和无黏的，根据动量守恒，可以得到非定常流的伯努利方程：

$$\frac{\partial \phi}{\partial t} + \frac{1}{2}(u^2 + w^2) + \frac{p}{\rho} + gz = 0 \tag{8.4}$$

对于小振幅波，速度项 u、w 较小，可以忽略这两项的二次项，因此式（8.4）变为

$$\frac{\partial \phi}{\partial t} + \frac{p}{\rho} + gz = 0 \tag{8.5}$$

至此，我们有了两个控制方程：拉普拉斯方程和伯努利方程。下面需要在特定的边界条件下求解方程组。主要有 3 个边界条件，首先是水底的运动学边界条件，即流体在底部没有垂直速度：

$$w = \frac{\partial \phi}{\partial z}, \quad z = -H \tag{8.6}$$

其次是水表面的运动学边界条件，即水质点不能脱离水体表面，也就是说流体垂直速度和流体表面速度相同。但根据图 8.1 所示，这个假设现实中常常不能满足—— 经常能看到海水从浪花中脱离并飞到空中。在这里我们考虑的是没有风驱动以及没有波浪破碎的简化模型。所以，水表面的运动学边界条件可以表示为

$$w = \frac{\partial \phi}{\partial z} = \frac{D\eta}{Dt} = \frac{\partial \eta}{\partial t} + u\frac{\partial \eta}{\partial x}, \quad z = \eta \tag{8.7}$$

同样，$u\frac{\partial \eta}{\partial x}$为小量可以忽略。对$\frac{\partial \phi}{\partial z}$进行泰勒展开后可以将此边界 $z=\eta$ 改为 $z=0$（Kundu，1990）。因此，自由水面的运动学边界条件为

$$\frac{\partial \phi}{\partial z} = \frac{\partial \eta}{\partial t}, \quad z = 0 \tag{8.8}$$

第三个边界条件为自由水面的动力学边界条件，即流体表面压强等于环境大气压。我们可以任意取值，这里我们取 0，即

$$p = 0, \quad z = \eta \tag{8.9}$$

因此，伯努利方程可以改写为

$$\frac{\partial \phi}{\partial t} + g\eta = 0, \quad z = \eta \tag{8.10}$$

同样，泰勒展开后可用 $z=0$ 代替 $z=\eta$，因此有

$$\frac{\partial \phi}{\partial t} = -g\eta, \quad z = 0 \tag{8.11}$$

至此，我们将该波动问题归结于求解如下方程：

$$\frac{\partial^2 \phi}{\partial x^2} + \frac{\partial^2 \phi}{\partial z^2} = 0 \tag{8.12}$$

边界条件如下：

$$\begin{gathered} \frac{\partial \phi}{\partial z} = \frac{\partial \eta}{\partial t}, \quad z = 0 \\ \frac{\partial \phi}{\partial z}, \quad z = -H \\ \frac{\partial \phi}{\partial t} = -g\eta, \quad z = 0 \end{gathered} \tag{8.13}$$

该方程很容易求解，更多细节请查阅 Kundu（1990）的文章。求解过程使用 $\eta\ (x, t)$ 正弦形式假设以及分离变量法，方程解的形式如下。

$$\phi(x, z, t) = \frac{\alpha\omega}{k} \frac{\cosh k(z + H)}{\sinh kH} \sin(kx - \omega t) \tag{8.14}$$

其中

$$\eta\ (x, \ t) = a\cos\ (kx - \omega t) \tag{8.15}$$

式中，a 为常数（波动的振幅）；ω 为频率（$\omega = 2\pi f = 2\pi/T$，其中 T 为周期）；k 为波数（$k = 2\pi/\lambda$，其中 λ 为波长）。至此，速度分量 u、w 便可以根据式（8.1）得到。

8.3 频散关系

将 $\phi\ (x, z, t)$ 和 $\eta\ (x, t)$ 的解代入伯努利方程［式（8.11）］中，便可以得到频率和波数的关系：

$$\omega^2 = gk\tanh kH \tag{8.16}$$

这就是频散关系（如此命名的原因请见后文）。由此可以导出一些有用的波动特征。首先我们来看深水波和浅水波的不同。

水深远大于波长的波动定义为深水波。我们暂且认为波长为波数的倒数（我们目前只考虑量级，因此先不考虑常数因子 2π），因此深水波的数学定义如下：

$$kH \gg 1 \tag{8.17}$$

下面我们来看频散关系在深水波中的情况。如图 8.3 所示，随着 x 的增大，$\tanh x$ 逐渐接

近 1，也就是说，随着 kH 的增大，$\tanh kH$ 趋近于 1，因此频散关系变为

$$\omega^2 = gk \tag{8.18}$$

类似的，浅水波定义为波长远大于水深的波动：$\lambda \gg H$，即

$$kH \ll 1 \tag{8.19}$$

同样，我们还是考虑 $\tanh x$ 的变化，随着 x 的减小，曲线趋于直线 $y = x$，因此对于较小的 kH，$\tanh kH$ 趋近于 kH，因此，频散关系可以写为

$$\omega^2 = gHk^2 \tag{8.20}$$

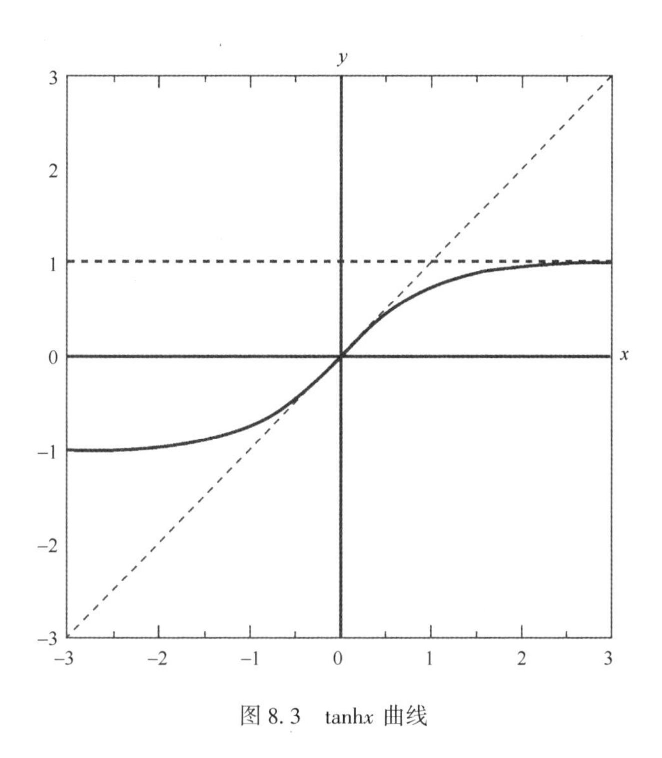

图 8.3 tanh$x$ 曲线

一个很有意思的问题就是“水有多深算是深水”，或“所谓浅水需要水多浅”。根据我们为深水波所做的近似，

$$\tanh kH \approx 1 \tag{8.21}$$

所谓的“深水”点是指那些我们声称这个近似是真的点，所以完全取决于渐近线的逼近程度。根据图 8.3 所示，当 $x = 2$ 时看上去曲线 $y = \tanh x$ 就已经很趋近于 1 了，但实际 $\tanh(2.0) = 0.96\cdots$，和 1 还有 4% 的差别，这个差别可以认为是“足够小”。如果我们认为此时已经满足了深水波的假设，那么“深水”就可以定义为 $kH>2$，即：

$$H > \frac{\lambda}{\pi} \tag{8.22}$$

也即水深大于波长的 1/3 可认为是“深水”。一般来说，典型的涌浪周期约为 8 s，波长约为 100 m，因此当水深大于 30 m 时就可以认为是深水波，也就是说，只有在水深小于 30 m 时，海底才会对波浪起作用。典型的全球海浪预报模式的空间分辨率较粗（详见 8.5 节），只有很少的网格水深小于等于 30 m，因此，在全球模式中只考虑深水物理过程是合理的。

下面考虑浅水过程的近似表达式。如图 8.3 所示，当 x 取值小于 0.5 时，$y = \tanh x$ 就比较接近 $y=x$ 线，而此时 tanh（0.45）≈0.422。同样，如果我们能够接受这样的精度，我们就可以认为当 $kH<0.45$，或

$$H < 0.07\,\lambda \tag{8.23}$$

时，可算作是浅水过程。也就是说，只有当水深小于波长的7%，波浪才能被称为浅水波。因此，波长为 100 m 的波浪在水深小于 7 m 时才能算作浅水波。但是，由于波长在浅水中变短，对深水中波长为 100 m 的波浪，只有水深更浅时才能称为浅水波。

这里要强调一点，以上讨论的“深水”与“浅水”是根据波长和水深的相对关系而定义的，而不是水深的绝对值，因此，“浅水”或“深水”并不存在具体的水深阈值。比如，海啸的波长是受地震发生时的断裂带宽度所控制的，断层宽度一般为 100 km，因此，当水深小于 100 km 的 7%，也就是 7 000 m 时，海啸波可认为是浅水波。事实上几乎全球所有的海洋深度都小于 7 000 m，因此，海啸波一般被认为是浅水波。

8.3.1 相速度和群速度

从深水波和浅水波近似的频散关系可以较容易得到一些波浪传播的特征。波的相速度就是波峰的传播速度。周期（T）是指连续的两个波峰依次通过一个固定点的时间，而一个波在时间 T 内传播距离为 λ，因此，相速度（c_p）定义为

$$c_p = \frac{\lambda}{T} = \frac{\omega}{k} \tag{8.24}$$

对于由一系列不同的正弦波组成的波动，我们用群速度来表征波能的传播速度。群速度（c_g）可以表示为（Holthuijsen，2007；Young，1999）

$$c_g = \frac{d\omega}{dk} \tag{8.25}$$

因此，我们根据式（8.18），对于深水波，有：

$$c_p = \sqrt{\frac{g}{k}} \text{ 以及 } c_g = \frac{1}{2}\sqrt{\frac{g}{k}} \tag{8.26}$$

同样，根据式（8.20），对于浅水波，有：

$$c_p = \sqrt{gH} \text{ 以及 } c_g = \sqrt{gH} \tag{8.27}$$

式（8.26）表明，对于深水波，单个波的传播速度是其波能传播速度的 2 倍。这是一个很有意思的结论，这个结论可以在自然界中很容易看到。当把一个石块投到一个足够深的水池里，你就可以看到一圈圈的波纹以深水波动的传播规律以投入点为中心向外传播开来。在波纹向外传播的过程中，你可以看到一些落在后面的波纹会穿过其他的波纹走到所有波纹的前面并消失。式（8.26）也表明，波浪的传播速度和波数有关，因此不同波长的波浪传播速度是不同的。不同频率（或波长）叠加的波浪在传播过程中，波长较长的波浪传播速度比波长较短的波浪传播速度要快，因此整列波动的能量就逐渐分散，这就是“频散关系”这个名称的来历。

式（8.27）表明，对于浅水波，波浪的群速度和相速度相等，并且波速仅仅由水深决定。因此对于浅水波，不同频率的波浪传播速度是相同的，所以浅水波能量没有频散现象。

除了上述的特征之外，可以通过式（8.14）得到关于波浪传播更多有意思的特征，例如，流体质点在深水中的运动轨迹（由 u、w 决定）是圆形，而在浅水中是椭圆形。

8.4 基本定义

以上的讨论仅仅是针对只含有一种正弦波动的简单情形而作出的。通过上述讨论，我们知道了可以在一定的假设下推得一些海浪所具有的特征，但是对真实海浪场而言，上述描述方法显然并不够好。事实上，真实的海浪场是由许多正弦波叠加而成。图 8.4 所示是 5 种不同的正弦波以及它们叠加得到的波形图。图中的 5 种正弦波的频率、振幅各不相同，他们叠加得到图中最下方的一列具有复杂波形的波动。虽然这里的讨论也是一维的，但考虑不同的波向就可以很容易将这种讨论拓展到二维上。

因此，海面高度可以表示为

$$\eta(t) = \sum_{i=0}^{N} a_i \sin(\omega_i t + \phi_i) \tag{8.28}$$

式中，a_i、ω_i 和 ϕ_i 分别为第 i 个波动的振幅、频率和相位。

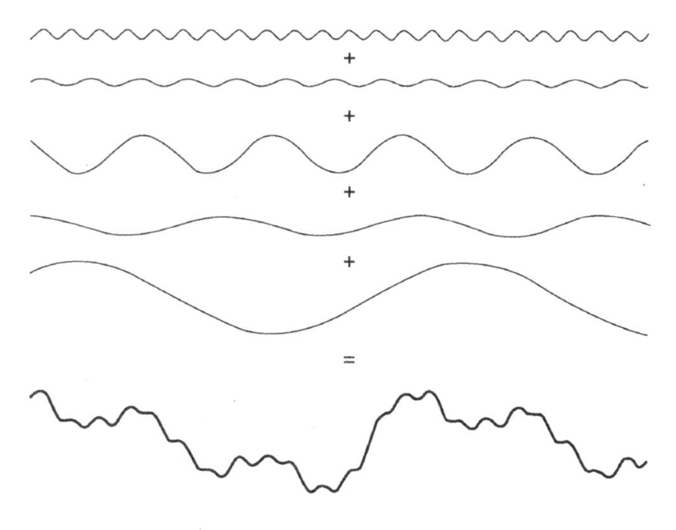

图 8.4 一维海浪波动可以表示为 5 种正弦波成分的叠加

8.4.1 波浪谱

考虑到海面高度的变化，假定海面高度 η 均值为 0，根据定义，海面高度平方的均值为

$$variance = \sigma^2 = \frac{1}{2N}\sum_{i=0}^{N} a_i^2 \tag{8.29}$$

我们考虑海浪场中海面高度变化在不同频率上的差异性，即对于频率间隔 Δf_i，海面高

度变化的密度谱为

$$F(f_i) = \frac{a_i^2}{2\Delta f_i} \tag{8.30}$$

当频率间隔足够小时，即在极限情况下有

$$F(f) = \lim_{\Delta f \to 0} \frac{a_i^2}{2\Delta f} \tag{8.31}$$

或

$$\sigma^2 = \int_0^\infty F(f)\,\mathrm{d}f \tag{8.32}$$

这就是频率谱。考虑到二维平面，加入方向后可以得到

$$\sigma^2 = \int_0^{2\pi}\int_0^\infty F(f,\ \theta)\,\mathrm{d}f\mathrm{d}\theta \tag{8.33}$$

至此，带有方向的频率谱 F（f，θ）可以用来描述海面高度的变化。需要注意的是，频率谱中并不包含相位信息，因此并不能仅通过频率谱重建出图 8.4 中的实际海浪波形。但是它表征了波能在方向和频率上的分布情况。

频率谱是很有用的参量，也是目前先进海浪模式中的预报量。图 8.5 给出了两个波浪方向谱的例子。

图 8.5a 和图 8.5b 分别给出了 360°的波浪谱以及在方向上积分后得到的一维频率谱。通过这两幅图可以直观地看到大部分的波能都是向西传播的，但在这个方向上较为分散。波能的峰值出现在 0.15 Hz，也就是说波能主要集中在周期 6.7 s（波能峰值所对应的周期，T_p）左右的波浪上。图 8.5c 中，海浪场由几种不同的波浪成分组成，波能沿着不同的方向传播。可以想象，使用波浪谱来描述海浪场看上去会比较复杂，与图 8.5b 的频谱图有所不同。

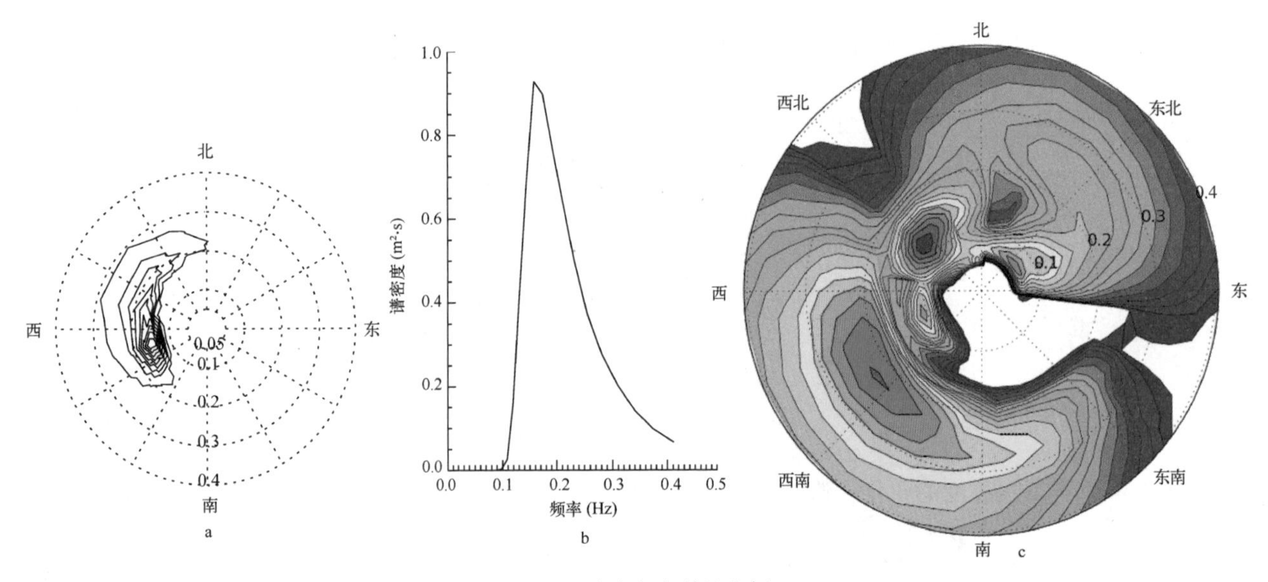

图 8.5　波浪方向谱的个例

8.4.2 有效波高

有效波高（Significant Wave Height，SWH，记作 H_s）是另一个经常用来描述海浪场的参数。对于图 8.4 中那 5 种简单的正弦波来说，波高很好计算，就是振幅的 2 倍。但对于波浪场来说应当如何描述波高呢？

我们用有效波高来描述由一系列不同波浪组成的波浪场的“波高”。由于定义方法不同，虽然各种定义下的有效波高在数值上较为接近，但是彼此微小的差异还是需要特别留意。

有效波高最初是基于目视观测定义的。观测员在开阔海面上的船上观测海浪场并估计出海浪的“平均”浪高。显然这种方法带有很强的主观性，不同的观测员很可能对浪高有着不同的估计。估计得到的浪高被称为有效波高。

第二种定义方法是通过对海面高度的直接测量获得的。取波高序列中最大的 1/3 个波高的平均值作为有效波高，其中使用上跨或下跨零点来定义一个“波”［详请查阅 Holthuijsen（2007）著作中的相关内容］。更准确地说，通过这种定义方法得到的波高应该记作 $H_{1/3}$，但是一般人们还是记作为有效波高。通过这种方法定义得到的波高和目测得到的波高较为一致（Jardine，1979）。这意味着观测员往往只看到较大的波浪而自动忽略掉主要波浪上叠加的较小的波浪。

有效波高也可以通过波浪谱得到。根据有效波高的定义，即取波高序列中最大的 1/3 波高的平均值，同时假定波高（特指波峰的高度）为瑞利分布，那么 $H_{1/3}$ 等于（Holthuijsen，2007）：

$$4.004\cdots\sqrt{m_0} \tag{8.34}$$

式中，m_0 为波浪谱的零阶矩，即

$$m_0 = \int_0^{2\pi}\int_0^{\infty} F(f,\ \theta)\,\mathrm{d}f\mathrm{d}\theta \tag{8.35}$$

其等于二维波浪谱曲面所围的体积（一维情况下为一维波谱曲线以下所围的面积）。其中，4.004 … 取整为 4，因此通过波浪谱定义的 $H_{1/3}$（严格来说应记为 H_{m_0}）有如下形式：

$$H_{m_0} = 4\sqrt{\int_0^{2\pi}\int_0^{\infty} F(f,\ \theta)\,\mathrm{d}f\mathrm{d}\theta} \tag{8.36}$$

同样，H_{m_0} 一般经常被记作 H_s。为了从模式的波浪谱中计算得到 H_s，需要把积分计算转化为离散的频率与方向上的求和计算。由于模式所能涵盖的频率范围有限，经常会引入斜率为 f^{-n} 的高频“尾巴”，其中 n 常取作 4 或 5。因此可以直接计算这一部分的波谱的面积，并将部分的计算结果叠加到 H_s 上（如图 8.5 中的一维波谱所示，波谱曲线在模式所涵盖的频率边界处突然消失）。

有效波高是波高的统计值，显然对于某一个波高来说可能高于或低于有效波高的数值。一个单独的连续波系统的波谱接近瑞利分布（Holthuijsen，2007）。在这种分布下，波高大于 1.51 H_{m_0} 的波浪只有 1%，而大于 1.86 H_{m_0} 的波浪只占 0.1%。波浪的出现概率随波高的增大迅速减小。因此大于 2.0 H_{m_0} 的波高往往被称为“畸形波”。

至此，我们看到很多描述波浪场波高的方法，最终都记作有效波高或 H_s。显然，这种描述方式对于波浪场而言过于简单。对于只包含一种主导波浪所组成的简单海浪场而言，这种描述方式是合理的，但对于图 8.5 所示的两种海浪场而言，虽然两者的波浪谱完全不同，但两者的 H_s 数值还是很相近（图 8.5a 和图 8.5b 中 H_s = 1.36 m，图 8.5c 中 H_s = 1.03 m）。如果只是简单地用 H_s 来单独描述波浪场，那么会损失很多波浪场结构的信息，就好比是天气预报只是预报最高气温一样，我们并不知道到底需不需要带伞。

8.5 业务化海浪模拟

8.5.1 背景基础

这一部分主要介绍海浪预报中的业务化海浪模拟。前文提到过，目前最先进的海浪预报模式是以波浪谱作为预报变量的相位平均的第三代模式。WAM（WAMDIG，1998；Komen，1994）和 WAVEWATCHⅢ模式（Tolman et al，2002；2009）是世界各预报中心广泛使用的模式。这两种模式计算效率高，可以用于全球大尺度的海浪预报。SWAN 模式（Booij et al，1999；Ris et al，1999）应用也非常广泛，但主要适用于近岸工程方面。关于先进的海浪模式的回顾可以查阅 Cavaleri 等（2007）的文章。

几乎业务预报中所有风浪模式的基础都是 8.4.1 节中所讨论的波能谱 $F(f, \theta)$ 平衡方程的某种形式。式（8.37）给出了最简洁的形式：

$$\frac{\partial F}{\partial t} + \nabla.(c_g F) = S_{\mathrm{in}} + S_{\mathrm{nl}} + S_{\mathrm{ds}} + S_{\mathrm{bot}} \tag{8.37}$$

等号左边的部分表示线性波传播过程，等号右边表示波能谱的源和汇。波浪传播的最简单形式为只考虑波谱中沿着大圆传播的波浪组分，直到波能最终被海岸吸收（波能吸收或者是传播算法的一部分，或者是由于耗散源项）。模式所使用的是这个方程更高级的形式，方程中考虑了波的反射过程（浅水中波向由于与海底的相互作用而改变）和浅水效应（波高和波长随水深的变化过程）以及海流的影响。目前所有的业务化海浪模式都只考虑线性传播过程。现在许多业务化海浪模式着手解决海岛及岛礁作为次网格障碍物对海浪的影响等问题。

传统上源函数项一般考虑 3 个源项：S_{in} 为波能来自风能的部分；S_{nl} 表征波与波间的非线性相互作用；S_{ds} 为波浪破碎或“白浪”过程所损失的能量。一些早期的模式为了应用在浅水中，添加了波浪-海底相互作用项 S_{bot} 来考虑水体底部边界层中因摩擦而产生的能量损失。这些源项中，非线性相互作用项有着特殊的意义。由于方程中波浪的传播描述是严格线性的，所以非线性相互作用的影响作为方程的一个源项来体现。与波浪传播相比，非线性相互作用对波浪的成长更加重要，它表征了波浪成长过程中不断增长的长波的低阶过程，并且有助于峰频以上的高频处谱形保持稳定（Komen et al，1994）。非线性相互作用考虑了四波相互作用时作用力、动量和能量的谐振交换过程，并由六维谱空间的积分来控制。SWAMP 研究组在

20 世纪 80 年代的研究（SWAMP Group，1985）中给出了这些重要的相互作用在波浪粒子模型中的显式计算方法。离散交互逼近方法（Discrete Interaction Approximation，DIA；Hasselmann et al，1985）的发展使这种计算变得可行且更为经济。而能够清楚地计算四波相互作用的模式被认为是第三代海浪模式。

事实上，目前的业务化海浪模式中的源函数项更为精细。风能输入转化为风-浪相互作用，包含了浪对于大气能量和动量的反馈（“负输入”）。而且波浪的破碎将会影响大气湍流，进而会影响大气压力与波浪成长。在非线性相互作用项上均考虑了深水中的四波相互作用以及浅水中的三波相互作用。在海浪耗散方面，既考虑了传统的深水白浪过程，也考虑了因水深导致的波浪破碎以及涌浪穿越海盆时在日或周的时间尺度上的缓慢衰减机制。此外，模式也考虑了许多浅水中的波浪-海底相互作用过程，其中最为普遍的是底部摩擦项，但是诸如与底摩擦相关的波浪-沉积物相互作用、海底不规则地形所导致的波浪的散射和渗透过程在一些模式中也有所考虑。目前较为关注的是波浪与泥质海底的相互作用，这种作用既会增加一个源函数项，同时也可能改变频散关系进而影响波浪传播。此外，研究也提出了诸如波浪-海冰相互作用以及降水对海浪的作用等，但目前还没有应用到业务化海浪模式。

8.5.2 业务中心

许多业务化气象预报中心运行有业务化风浪模式，这并不是偶然的。在 1974 年的海上安全（Safety of Life at Sea，SOLAS）会议中，各国达成统一意见，将风浪预报纳入天气预报中，明确了气象预报中心为公众提供海浪预报的职责。不过世界上第一次海浪预报出现的时间要远早于此次会议。在美国可以追溯到 1956 年［详见 Tolman 等（2002）文章中的历史回顾］。

世界上许多较大的气象预报中心，如欧洲中尺度气象预报中心（European Centre for Medium Range Weather Forecasting，ECMWF①）、美国国家环境预报中心（National Centers for Environmental Prediction，NCEP②）和澳大利亚气象局（Bureau of Meteorology，BOM③）等可提供 10 d 的海浪预报，6 ~ 12 h 更新一次。大部分业务中心会使用全球海浪模式，在特定区域嵌套区域模式。例如，图 8.6 上图所示为 BOM 采用的 WAM 模式的设置。蓝色边界的模式最高分辨率为 0.125°，嵌套在 0.5°分辨率的模式网格中（黄色边界），进一步嵌套于分辨率为 1°的全球模式中。一般来说，高分辨率模式从被嵌套的低分辨率模式中获得数据但并不将模式结果反馈回低分辨率模式，即嵌套是单向的。但 NCEP 已经开始使用双向嵌套（Tolman，2008），图 8.6 的下图为 NCEP 配置图（2009 年末）。系统由一系列空间分辨率不同的模式组成，从全球模式使用的 0.5°跨越到近岸的 4′高分辨率。气象模式为海浪模式提供风驱动，考虑计算资源情况，海浪模式的空间分辨率往往由大气模式的分辨率来控制。在业务化预报中，模式完成预报以及产品发布所需时间是需要主要考虑的因素。

一些业务预报中心也会针对特定情况运行专门的海浪模式。例如，NCEP 运行有针对飓

① 网站参见 http：//www. ecmwf. int。
② 海浪数据参见 http：//polar. ncep. noaa. gov/waves。
③ 海浪数据参见 http：//www. bom. gov. au/marine/waves. shtml。

风的海浪模式，由针对飓风的气象模式驱动。一些业务预报中心对风浪进行集合预报，通过概率来说明预报结论的可靠性。虽然这样的海浪集合预报已经做了 10 年，但并没有像对应的气象模式那样进行过检验，并且也没有气象模式集合预报那样成熟，一般在各业务中心的网站脚注中才能找到关于其所用模式更多的详细信息。

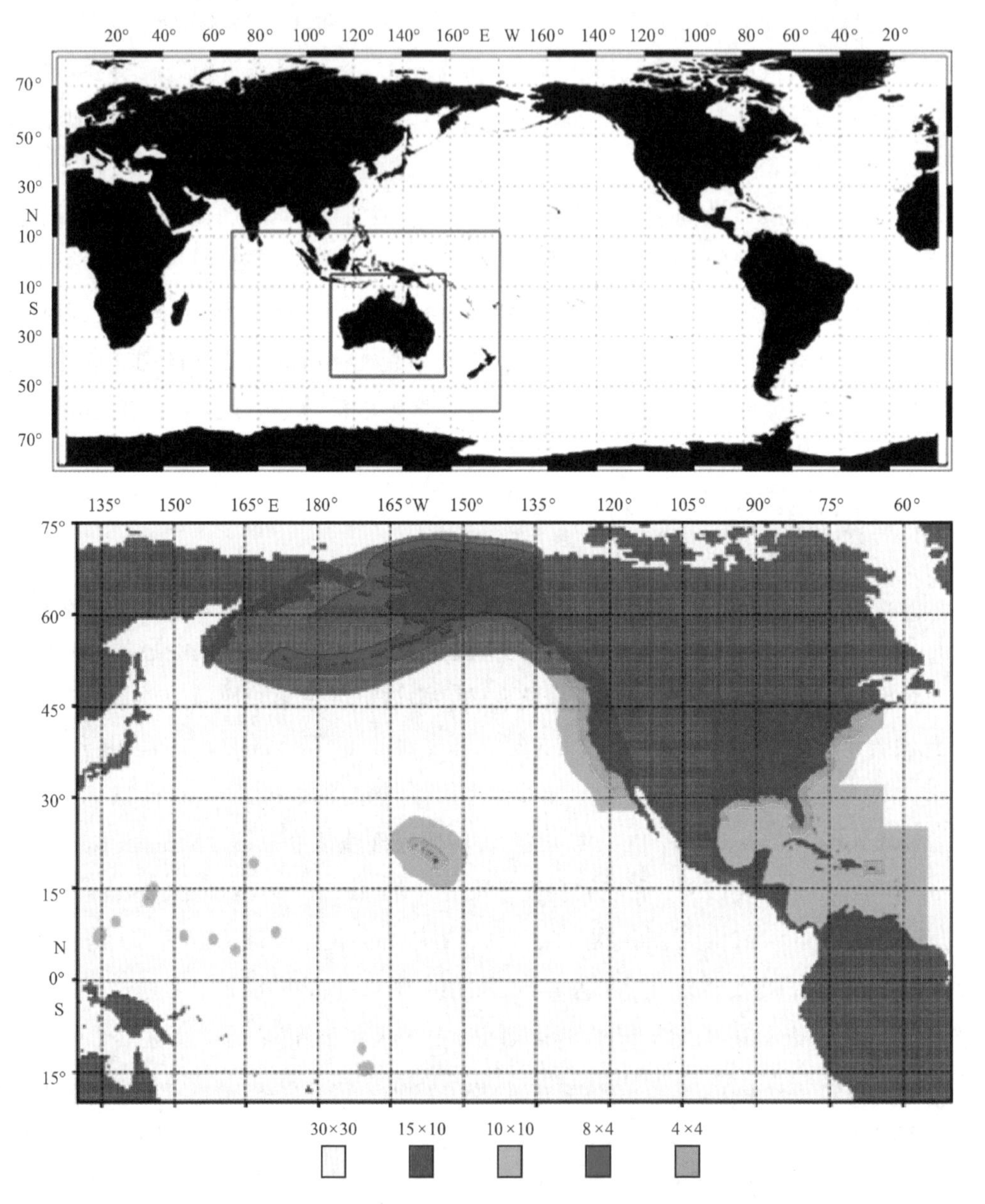

图 8.6　澳大利亚气象局和美国国家环境预报中心业务化海浪模式系统的配置

上图为澳大利亚气象局所使用的模式配置，下图为美国环境预报中心所使用的模式配置（其中 30×30、15×10、10×10、8×4、4×4 分别代表不同填充颜色区域的空间分辨率，单位为′，如 30×30 代表分辨率为 30′×30′分的区域）

除了模式空间分辨率的差异外，各个中心海浪预报系统的运行方式也存在明显差异。一般来说，各个中心都使用本中心的数值天气预报模式的风场来驱动海浪模式，在这一过程中，各个中心就存在细节上的差异。此外，海浪模式是否进行数据同化也会导致预报结果的不同。海浪模式最常同化的资料就是卫星高度计观测的有效波高，同化后能够显著提高预报技巧

(Greenslade and Young, 2005)，尤其是在地面风场预报较差的地区。这种有效波高同化方法的缺陷在于卫星高度计得到的波谱并不含有任何方向信息，因此在调整模式波谱时需要做一些假设（Greenslade, 2001）。这个缺陷可以通过同化合成孔径雷达（Synthetic Aperture Radar, SAR）波谱来弥补，ECMWF（2008）便采用了这个方法。海浪浮标所观测的波浪谱也可以用于数据同化，但相比于卫星观测，浮标观测的局限性在于观测点空间分布较为稀疏，同时往往在海岸附近。另外从逻辑上讲，浮标数据不用于数据同化是因为浮标观测可以用作模式检验和改进的独立数据源。

许多业务化预报中心通过海洋学和海洋气象学联合技术委员会（Joint Technical Commission for Oceanography and Marine Meteorology, JCOMM; Bidlot et al, 2007）所支持的海浪模式对比项目来展示各自的海浪模式结果。各家的模式结果利用全球的浮标观测来进行检验。该项目建立了海浪预报产品的基准和质量保障机制，每月均会在网站上公布所有参与成员的对比结果。图 8.7 给出了一个对比的例子。图 8.7 为 2009 年 11 月 24 h H_s 和 T_p 预报结果与 44005 浮标（位于北大西洋西北，距离新罕布什尔州海岸 78 nmile）的对比结果。

从图 8.7 上图可以看到，所有的海浪模式有效波高的预报结果均和观测符合较好，均能很好地捕捉到天气尺度上的变化。各家的预报结果分布在有效波高的观测值附近，但均高估了 11 月 15 日的波高。该月 T_p 预报的也很好，尤其是在月中长波主导（大浪期）向月末短周期转变的过程中，预报和观测符合较好。模式和观测的 T_p 在 3—13 日变化剧烈，说明在这段时间内出现了若干不同的波浪系统。

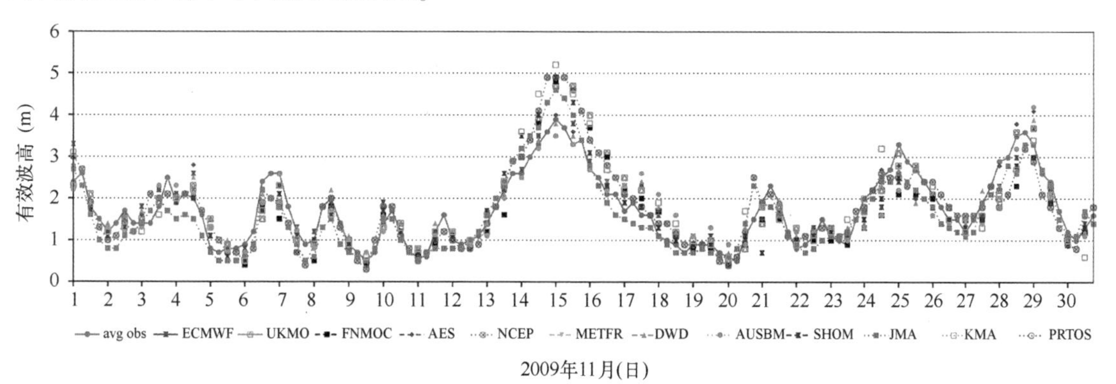

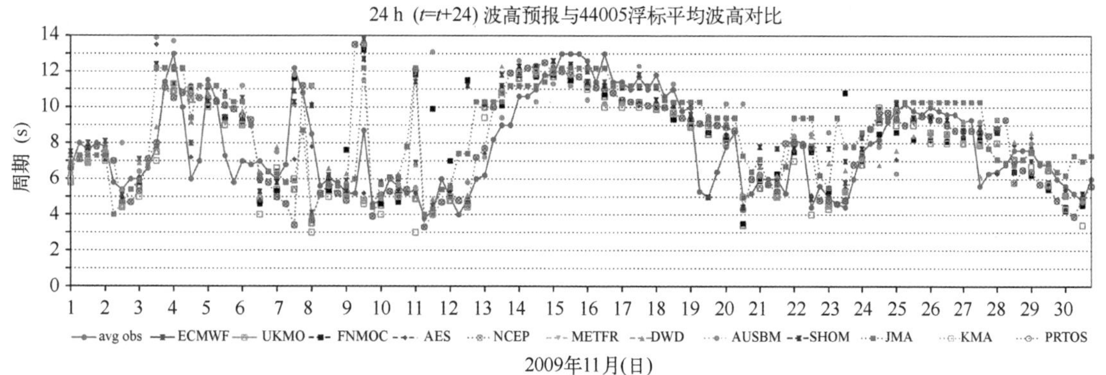

图 8.7　模式预报结果与浮标观测对比示例

每月也有一些对比总结性结果出炉，图 8.8 为各个模式 H_s、T_p 和 u_{10}（海平面 10 m 风速）预报结果与所有浮标对应观测对比后得到的均方根误差（Root-Mean-Square Error，RMSE）曲线。模式预报值和观测值之差记为误差。均方根误差可以反映模式的预报技巧水平。如图 8.8 所示，24 h（1 d）预报的均方根误差为 0.4~0.7 m，约为 0.5 m。较好的模式在平均海况下后报和短期预报的归一化误差约为 15%（文中略去了对应的详细结果）。另外，图 8.8 显示，误差随预报时效的增大而增大。同时可以看出，地面风预报与浪预报的均方根误差存在很强的相关性，即地面风预报技巧很高的业务中心，其海浪的预报技巧也会比较高。随着所有业务中心气象模式的持续发展，海浪模式的差异以及数值物理过程的选择对海浪预报结果影响也越来越显著。10 年来风-浪模式发展相对缓慢，而改进海浪模式中物理过程已成为近期的热点。

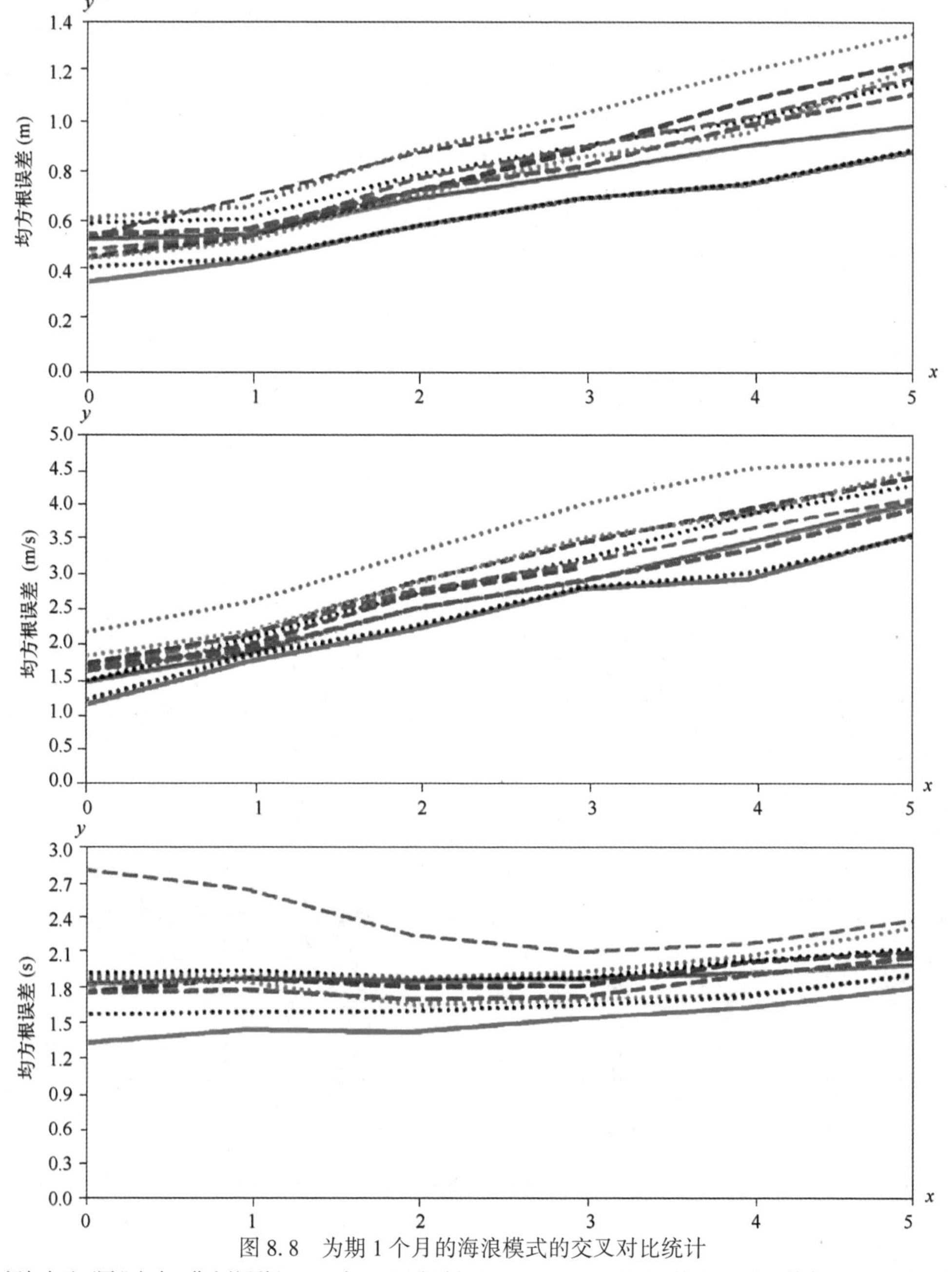

图 8.8 为期 1 个月的海浪模式的交叉对比统计

曲线的颜色表示不同业务中心作出的预报。上、中、下图分别表示 H_s、u_{10}以及 T_p的对比结果。图中 x 轴表示预报时效，单位为 d

8.5.3 展望

如上文所述，最近几年海浪模式发展又慢慢充满活力，尤其是在国家海洋学合作项目（National Oceanographic Partnership Program，NOPP）启动之后，其发展趋势表现得更加明显。该项目旨在建立下一代业务化风-浪模式方程中的源函数项。海浪模式中几乎所有的源函数项都会在这个项目中加以研究，其中更为关注深水和陆地暗礁物理过程的研究。一方面是由于用户需求的增加，同时也因为计算机资源的丰富和强大使得海浪模式能够处理近岸波浪问题，现已有较多的业务中心开始关注海岸波浪模式。在此基础上，诸如曲线和非结构网格等建模方法将会变得越来越普及和重要。

除此之外，许多业务中心的工作方式也在逐渐地改变。一直以来，业务预报中心都是分别关注天气或者海浪预报问题，但这些业务中心越来越多地向着一个一体化的地球系统的预报模式发展，各个模式间的相互联系对于单独提高每个模式的预报水平非常重要。风浪基本上就是大气和海洋之间的交界面，从系统设计的角度看，一个风浪模式可以作为大气-海洋模式系统中更为高级的边界层模块。欧洲中尺度气象预报中心 10 年前利用风浪模式向大气模式提供实时的表面粗糙度信息（包括海上浪致粗糙度），迈出了向地球系统模式这个发展方向上的第一步。美国国家环境预报中心利用大气-海洋模式进行气候和飓风预报。目前飓风预报的实验模式为气象模式（HWRF）、海洋模式（HYCOM）和海浪模式（WAVEWATCH Ⅲ）3 个模式相互耦合。BOM 也在发展类似的模式系统，在这样的模式中风浪起着非常重要的作用。风浪可以改变表面的粗糙度和作用力，风浪还可以暂时携带大气传递的动量并将其传输到较远的地方释放给海洋。波浪生成的浪花影响和连接着大气与海洋之间的动量、热量和物质通量。实际上，对于浪花生成的最全面估计与波浪谱有着直接联系，因此也需要全波模式。另外一个重要的预报问题是漫滩的预报，风浪在这个预报问题中也起着非常重要的作用。许多漫滩发生与涌浪所产生的动量直接相关，而不是传统风暴过程中风驱动水体而造成的。在土木工程的相关著作文献中可找到这几十年来波浪驱动近岸流和漫滩的相关知识和经验，但这些经验尚未应用于业务化预报方法中。

参考文献

Bidlot J R, Li J G, Wittmann P, Fauchon M, Chen H, Lefevre J M, Bruns T, Greenslade D J M, Ardhuin F, Kohno N, Park S, Gomez M (2007) Inter-Comparison of Operational Wave Forecasting Systems. Proceedings of the 10th international workshop on wave hindcasting and forecasting, Oahu, Hawaii, USA, Nov 2007.

Booij N, Ris R C, Holthuijsen L H (1999) Athird-generation wave model for coastal regions 1. Model description and validation. J Geophys Res, 104: 7649-7666.

Cavaleri L, Alves J H G M, Ardhuin F, Babanin A V, Banner M L, Belibassakis K, Benoit M, Donelan M A, Groeneweg J, Herbers T H C, Hwang P, Janssen PAE M, Janssen T, Lavrenov I V, Magne R, Monbaliu J, Onorato M, Polnikov V, Resio D T, Rogers WE, Sheremet A, McKee Smith J, Tolman H L, Van Vledder G, Wolf J,

Young I R (2007) Wave modeling— The state of the art. Prog Oceanogr, 75: 603-674.

ECMWF (2008) IFS Documentation — CY33r1, Part Ⅶ: ECMWF Wave model. http: //www ecmwf int/research/ifsdocs/CY33r1/WAVES/IFSPart7 pdf.

Greenslade D J M (2001) The assimilation of ERS-2 signi cant wave height data in the Australian region. J Mar Sys, 28: 141-160.

Greenslade D J M, Young I R (2005) The impact of inhomogenous background errors on a global wave data assimilationsystem. J Atmos Oc Sci 10(2). doi: 10. 1080/17417530500089666.

Hasselmann S K, Hasselmann J H, Allender, Barnett TP (1985) Computation and parameterization of the nonlinear energy transfer in a gravity wave spectrum. Part II: Parameterizations of the nonlinear energy transfer for application in wavemodels. J Phys Oceanogr, 15: 1378-1391.

Holthuijsen L H (2007) Waves in oceanic and coastal waters. Cambridge University Press, Cambridge.

Jardine T P (1979) The reliability of visually observed wave heights. Coast Eng, 3: 33-38.

Komen G J, Cavaleri L, Donelan M, Hasselmann K, Hasselmann S, Janssen P A E M (1994) Dynamics and modelling of ocean waves. Cambridge University Press, Cambridge, p 532.

Kundu P K (1990) Fluid mechanics. Academic Press Inc, San Diego.

Ris R C, Holthuijsen L H, Booij N (1999) Athird-generation wave model for coastal regions 2. Verification. J Geophys Res 104: 7667-7681.

SWAMP Group (1985) Ocean wave modeling Plenum Press, London, p 256.

Tolman H L (2008) A mosaic aproach to wind wave modeling. Ocean Model, 25: 35-47.

Tolman H L (2009) User manual and system documentation of WAVEWATCH Ⅲ version 3. 14 NOAA/NWS/NCEP/MMAB Technical Note 276. http: //polar. ncep. noaa. gov/mmab/papers/tn276/MMAB_276 pdf.

Tolman H L, Balasubramaniyan B, Burroughs L D, Chalikov D V, Chao Y Y, Chen H S, Gerald V M (2002) Developmentand implementation of wind generated ocean surface wave models at NCEP. Weather Forecast, 17: 311-333.

WAMDIG (1988) The WAM model —A third generation ocean wave prediction model. J Phys Oceanogr, 18: 1775-1810.

Young I R (1999) Wind generated ocean waves. Elsevier Science Ltd, Amsterdam.

第 9 章　大陆架上的潮汐和内波

Gregory N. Ivey[①]

摘　要：本章回顾了针对潮致内波的实验室实验、现场观测和数值模拟，并特别关注了澳大利亚西北大陆架上的内波研究情况。研究结果表明，内波的相关机制非常清晰，即内波特征主要取决于周围的海洋密度层结、地形特征以及潮汐强迫的强度等。内波生成区的近边界流特性对确定内波响应非常重要。当热带气旋出现时，强烈的水体混合会持续好多天，这期间会抑制潮致内波的生成。

9.1　前言

内波在海洋中是普遍存在的，可以由湍流扰动（Munroe and Sutherland, 2008）或平均运动如潮流（Baines and Fang, 1985）产生。受潮汐运动的影响，层结流体与海底地形相互作用会生成潮汐周期的内波（即内潮）。内波在大洋深层混合和大尺度海洋环流中扮演很重要的角色（Munk and Wunsch, 1998; Wunsch and Ferrari, 2004），这也是本章关注的重点。

自由传播的内波（设频率为 ω）以群速度向量的方向传输能量，设其与水平方向的角度为 θ，则可得如下的频散关系：

$$\omega^2 = N^2\sin^2\theta + f^2\cos^2\theta \approx N^2\sin^2\theta \tag{9.1}$$

上式中简化成立的前提是假设科氏力参数 f 与浮力频率 N 相比为小量。潮致内波一个重要的参数是地形坡度参数 $\gamma = S/\alpha$，其中 $S = h_s/l_s$，为地形平均坡度（h_s 和 l_s 分别是垂直和水平方向特征长度尺度），$\alpha = \tan\theta$，为波动坡度。从 γ 的定义可以看出，其为全局参数，当局地地形坡度与波群速度特征线坡度相同时，即为通常临界地形的定义（Gostiaux and Dauxois, 2007; Zhang et al, 2008）。

除了强迫频率 ω 以外，类似潮汐特征参数中的潮流速度 U_0，对应的内潮中重要参数还有地形弗劳德数 $Fr = U_0/Nh_s$ 和潮汐偏移参数 $U_0/\omega l_s$。在 $U_0/\omega l_s \ll 1$ 和 $h_s/H \ll 1$ 限制条件下，对亚临界地形来说（$\gamma < 1$），此时生成线性内潮（Balmforth et al, 2002; Bell, 1975; Legg and Huijts, 2006）；当海底地形接近临界地形（$\gamma = 1$）时，内潮呈现出类似射线的结构，从地形

---

① Gregory N. Ivey，西澳大利亚大学环境系统工程学院海洋研究所。E-mail: greg.ivey@uwa.edu.au

上的临界点发射出来（Gostiaux and Dauxois，2007；Griffiths and Grimshaw，2007）。当 $U_0/\omega l_s>1$ 时，主要呈现更高的调和频率（Bell，1975）。

内波活动通常在大陆坡附近（Gostiaux and Dauxois，2007；Griffiths and Grimshaw，2007）、海山（Lueck and Mudge，1997；Toole et al，1997）、洋中脊（Ray and Mitchum，1997）和大陆架附近［如澳大利亚西北部大陆架（Australian North West Shelf，NWS）］可以观测到。澳大利亚西北部大陆架附近有很强的潮汐强迫，因此这里也有很多非常活跃的内波活动，这对当地海洋能量收支和陆架水的湍流扰动有很重要的作用（Holloway et al，2001；Van Gastel et al，2009）。该区域参数范围为 $\gamma<2$，$U_0/\omega l_s \ll 1$ 和 $Fr \ll 1$。

现场观测资料分辨率一般较粗，只能提供观测站处的信息，因此通常很难分析出内潮生成的物理机制以及指定区域中内波的传播和消散过程。本章总结了近期针对澳大利亚西北部大陆架的内潮生成机制的实验室实验、现场观测以及数值模拟等方面的研究工作。另外，夏季澳大利亚西北部大陆架热带气旋活动也比较频繁，作者由一个实验推断了热带气旋对内潮生成的影响。

9.2 实验室模型

大部分的实验室研究关注内潮在连续层结流体中的生成过程。当地形接近临界地形时（$\gamma=1$），内潮就会以类似射线结构并平行于当地地形从临界点发散出（Gostiaux and Dauxois，2007；Peacock et al，2008；Zhang et al，2008）。最近两个研究（Lim et al，2008；2010）利用变化的 γ 和湍流混合的强迫强度探讨了内潮的生成过程。表征近底边界层湍流常用的参数为涡旋黏性系数 K，强迫效果可以用局地雷诺数来表征，其定义式为 $Re=U_0^2/(NK)$（Legg and Klymak，2008）。在这两次研究中，正压潮强迫和局地雷诺数 Re 的上限比以往的实验室研究要大很多。实验中采用了两层理想密度层结和连续密度层结两种背景流体，相关参数设置见图 9.1。

在两层密度层结流体实验中，Lim 等（2008）用以下两个参数来区别不同的实验结果：弗劳德数 $Fr=U_0/\sqrt{g'h_E}$ 和陆架上的层厚比率 $\beta=h_1/h_1+h_{2S}$（图 9.1）。图 9.2 为两层流体机制分类图表。如果在陆架上的上层流体较薄（即 $\beta<0.5$），传向陆架的为下凹型线性内波；仅当陆架上的下层流体较薄时（即 $\beta>0.5$），可观测到强非线性内波，并伴有涌和显著的内水跃出现。在后一种情况中，弗劳德数也会变得很重要。当 $Fr \to 1$，即使在较强的潮汐强迫下，在陆架上也观测不到内波。

在连续层结流体实验中，Lim 等（2010）在实验参数范围（$0.3<\gamma<2.2$，$1<Re<480$）内观测到 3 种类型的基本流态：射线结构、翻转结构以及最终的无波状态。研究发现，临界地形和稳定边界层的存在以及平行于边界层的流动是内波射线结构生成的基本条件。若存在临界地形，在平行于边界层的往复流的作用下，近底层流体运动沿着波特征线坡度的方向，与局地底形坡度相切；若研究区域内不存在临界坡度，内波射线结构也不会生成。另外，射

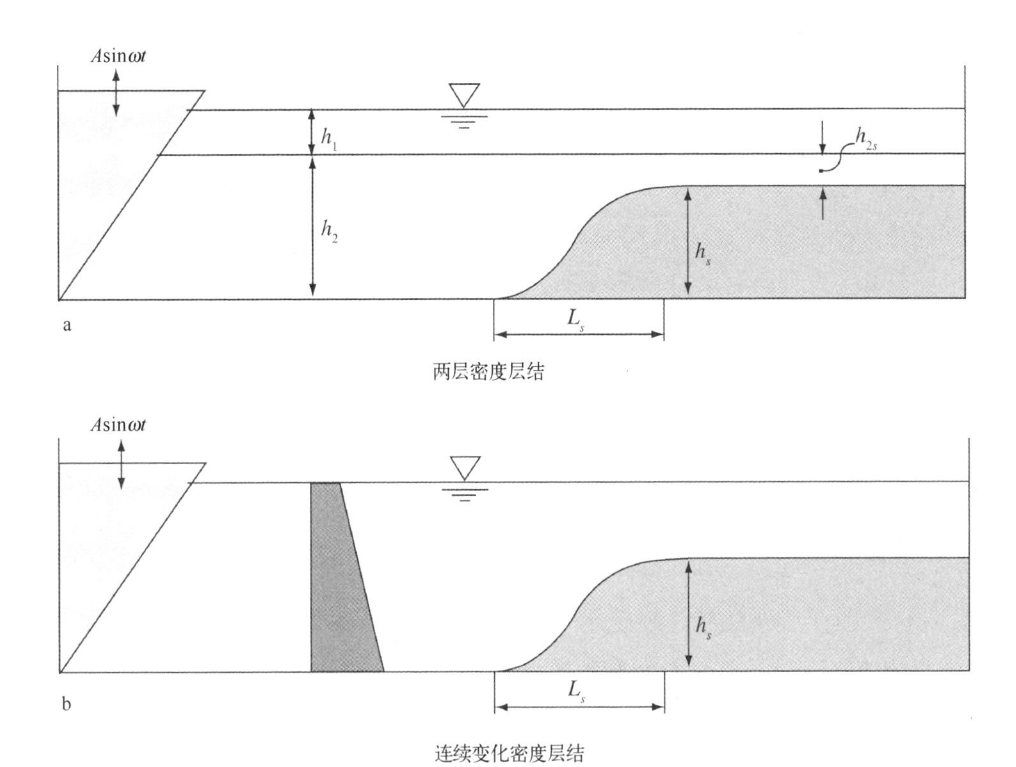

图 9.1　Lim 等（2008；2010）的实验配置

水槽左侧有一个垂向往复运动的活塞，用以生成传向右侧斜坡地形的正压流。实验中分别使用了两层密度层结流体（a）和连续变化的密度层结流体（b）

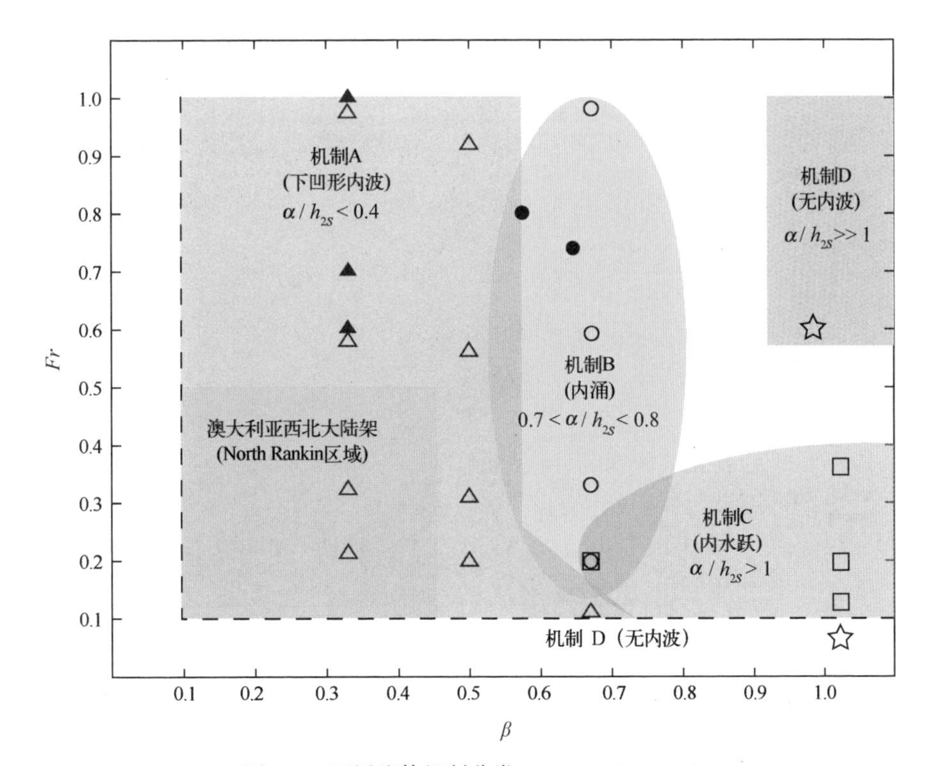

图 9.2　两层流体机制分类（Lim et al，2008）

图中弗劳德数 $Fr=U_0/\sqrt{g'h_E}$，其中等效水深 $h_E=h_1h_{2S}/(h_1+h_{2S})$，$\beta=h_1/h_1+h_{2S}$。相关水深参量定义见图 9.1a

线结构生成区域需要在有限长度的坡度范围内（$0.75 < s/s_{crit} < 1.3$），这个长度大约为2倍的局地近底层流体偏移量。实验结果显示，沿波特征线的流速更强，这与前人的现场实测研究（Holloway et al，2001；Lien and Gregg，2001）和实验室观测（Peacock et al，2008；Zhang et al，2008）相一致。向上爬坡和耗散过程中，能量不断堆积，会导致翻转结构的产生，从而造成很多的翻转和搅拌混合（Venayagamoorthy and Fringer，2007）。

Lim 等（2010）发现所有流动的表现形态随两个无量纲量 Re 和 γ 的变化而变化。这两个参量可以联合起来定义一个单一生成参数 G。

$$G = \frac{Re}{\gamma} = \frac{U_0^2}{NKS}\left(\frac{\omega^2}{N^2 - \omega^2}\right)^{1/2} \approx \frac{U_0^2\omega}{N^2KS} \tag{9.2}$$

上式中的简化仅当实验室中 $\omega^2 \ll N^2$ 时才成立。

通常的趋势是随着强迫的不断加强，流体从线性的射线结构变成非线性的翻转结构特征，最终变成无波状态。图9.3展示了实验观测的流体形态总结。射线结构需要临界坡度的存在，且只能在 $G<80$ 的区间内观测到。超越此区间，即使存在临界坡度，由于流场受到上坡内水跃的干扰，射线结构也会消失。不同流动状态在区间分布上有一些重叠，相比之下形成内水跃的强迫范围更广（$5<G<600$）。随着强迫的频率和振幅越来越大，最终无内波形成，因为快速振荡的正压强迫已完全主导整个流动。总而言之，在两层密度层结流体和连续层结流体实验中均观测到迥异的流动形态，在内波生成区域近边界层的流动特征对流体的斜压特性至关重要。

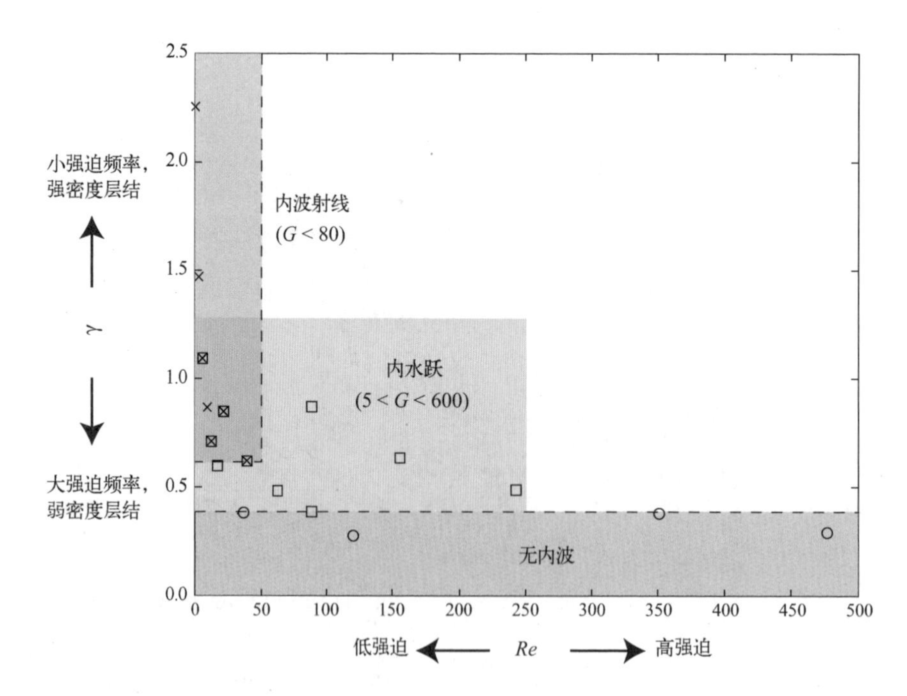

图9.3 连续层结流体的机制分类（Lim et al，2008）

图中参数 $\gamma = S/\alpha$，$Re = U_0^2/NK$，G 定义见公式（9.2）

9.3 现场观测

近几年来，内波在澳大利亚西北部大陆架上生成与传播的过程受到了很多学者的关注，Van Gastel 等（2009）和 Meuleners 等（2011）就分别通过现场观测和数值模拟对其进行了探讨。澳大利亚西北大陆架的实际密度层结是上文中两个实验室理想模型的集合体，所以观测的内波中既有陆架坡折带处温跃层中直接生成的大范围的内波，又有内波以类似射线结构的形式从大陆坡上的临界点（一般在 500 m 深处）向近岸传播，最后局限在近岸更浅的水域中。

Meuleners 等（2011）利用数值模式 ROMS 模拟的数值实验结果非常明显地展现了上述特征。模式模拟区域为近岸一块长 800 km、宽 500 km 的范围内，空间分辨率为 2.2 km。模式最小水深设定为 20 m，垂向采用了 σ 坐标系，共分了 70 层，并在近底层进行了局地加密。模式分别在计算区域的北边、南边和西边设定了三个开边界。开边界上的潮汐驱动采用 TPXO7.1 潮汐模式的结果，表面风场和热通量强迫分别采用每天平均的 NCDC 和 NECEP/NCAR 的再分析数据。初始密度场和边界条件由 BRAN（V2.1）提供（Oke et al，2008）。为了能很好地与现场实测资料进行比较，模式运行时间设定在具有代表性的 2004 年夏季（Van Gastel et al，2009）。

图 9.4 展现了模式模拟的经过 NRA（North Rankin A）油气平台的垂直断面的瞬时流场情况。该平台为现场实验中的实测站点，所在水深为 124 m。从断面图可以看出，内波在距 NRA 平台约 70 km 远海中，水深 400~600 m 的临界点处生成。内波射线从该处传出以后向前不断反射，波射线实际纵横比（即垂向尺度与水平尺度之比）大约为 1∶50。另外，退潮时

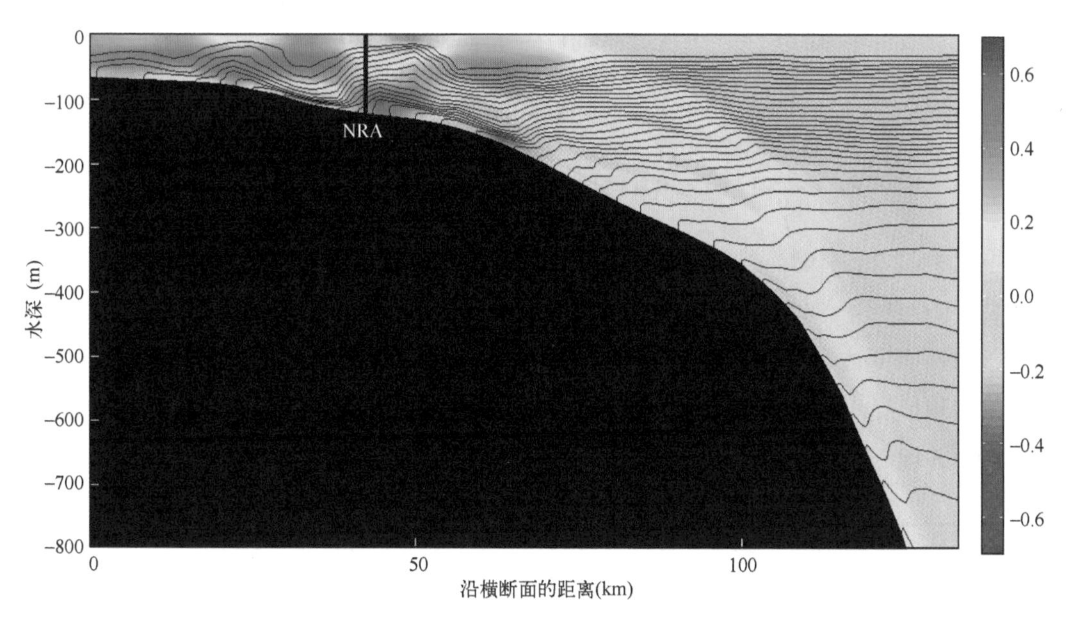

图 9.4　经过 NRA 油气平台的垂直断面（方向角为 315°）的瞬时流场

色标中红色代表向岸方向；蓝色代表离岸方向；细黑线为等温线。时间为 2004 年 3 月 24 日中午 12 时（Van Gastel et al，2009）。

近海大陆坡折带会有小振幅但波长很长的下凹内波生成。在向岸传播的过程中，下凹内波会变得陡峭。运行若干潮周期的模式结果显示，内波从近海生成区域传播到 NRA 平台大约需要 36 h（3 个潮周期）。这个结果与 Horn 等（2001）的时间尺度变陡的评估相一致。这两种形式的内波最终在温跃层中形成强非线性大振幅内波，并被位于浅海中的 NRA 平台捕捉到（图 9.5）。

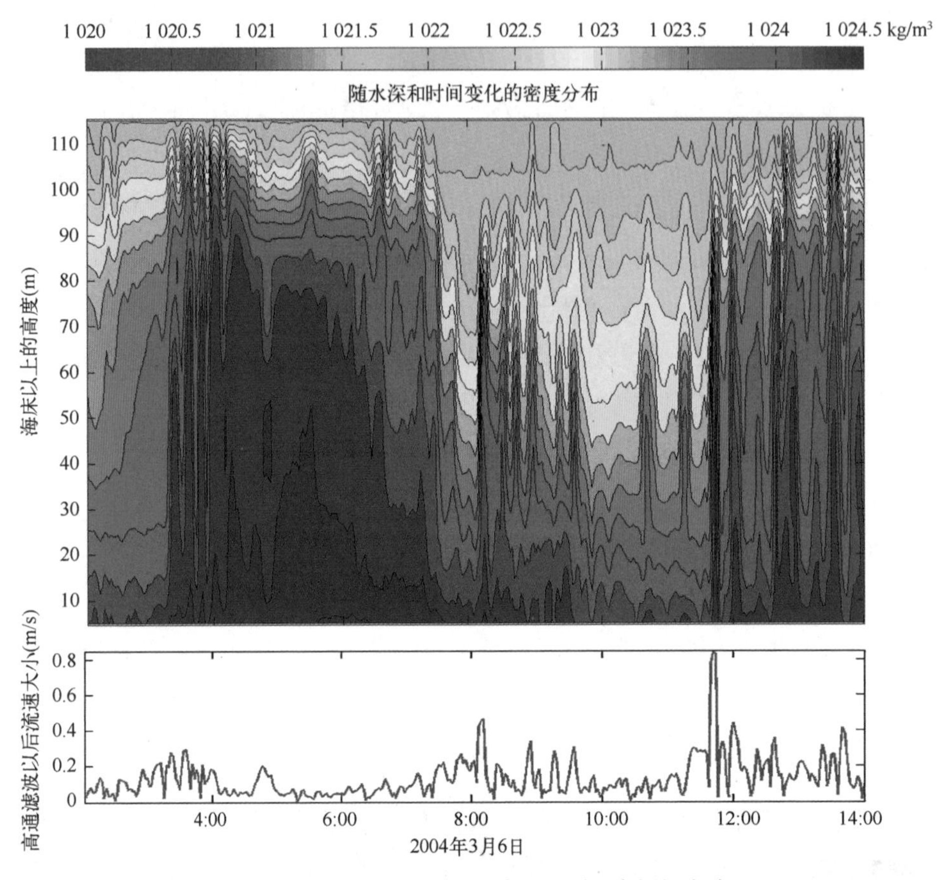

图 9.5 2004 年 3 月 6 日在 NRA 平台观测到的大振幅内波（LAIW）

该平台处总水深为 124 m。上图为等密度线随时间变化图（14 h），显示 LAIW 波谷到达时间为 7 时左右；下图为经高通滤波（3 h）以后在近底层海床以上 5 m 处的流速变化（Van Gastel et al，2009）

图 9.5 中的内波类型显然是非静力近似的，像 ROMS 这类静力近似的模式并不能很好地模拟。Van Gastel 等（2009）分析了 NRA 平台处的实测结果发现，内波最大振幅达 80 m，相对应的波群相速度达到 1 m/s。这些内波在夏天要比冬天强。另外，如模式模拟结果所示，因为近海的地形等深线呈现一定弧度的缘故，潮致内波也是三维的，表现为长约 120 km 的充满波能的圆弧向 NRA 平台传播。

9.4 内波和热带气旋

除了潮汐以外，澳大利亚西北部陆架在夏季也经常会受到热带气旋的强迫。Davidson 和 Holloway（2003）首次研究了热带气旋对该陆架上内潮生成的影响。Condie 等（2009）利用模式研究了热带气旋 Bobby 对海洋生物生产力的影响，研究发现热带气旋会引起沉积物的重悬浮，继而将营养物质带入到水层中，最终影响浮游生物的生长繁殖。

最近，Zed（2007）利用 ROMS 模式探讨了 2004 年热带气旋 Monty 对海流和垂向混合的影响。高空间和时间分辨率的 Monty 风场和气压场强迫来自双涡旋模式 Cycwind（McConochie et al, 2004），作用于水面的风应力由 Davidson 和 Holloway（2003）采用依赖风速的表面拖曳系数公式计算所得。该模式运行了两个星期（热带气旋 Monty 的周期）。结果显示风场强迫非常强劲，澳大利亚西北部陆架上的海水大部分被很好地混合了（图 9.6），具体影响到近海 150 km 以内水深为 150 m 以内的海水（图 9.6d）。这种混合效应伴随着很强的余流可以持续到热带气旋登陆 10 d 以后，而此时早已没有直接的风场强迫。

因此，在这 10 d 左右的时间内，由风直接作用生成的近惯性内波占主导，因为浅层陆架水中密度跃层的缺失，完全抑制了以前占主导的潮致内波的生成。事实情况也是如此，在密度层结恢复之前，潮汐只能引起正压振荡，并且在很大区域内没有显著的潮致内波出现。

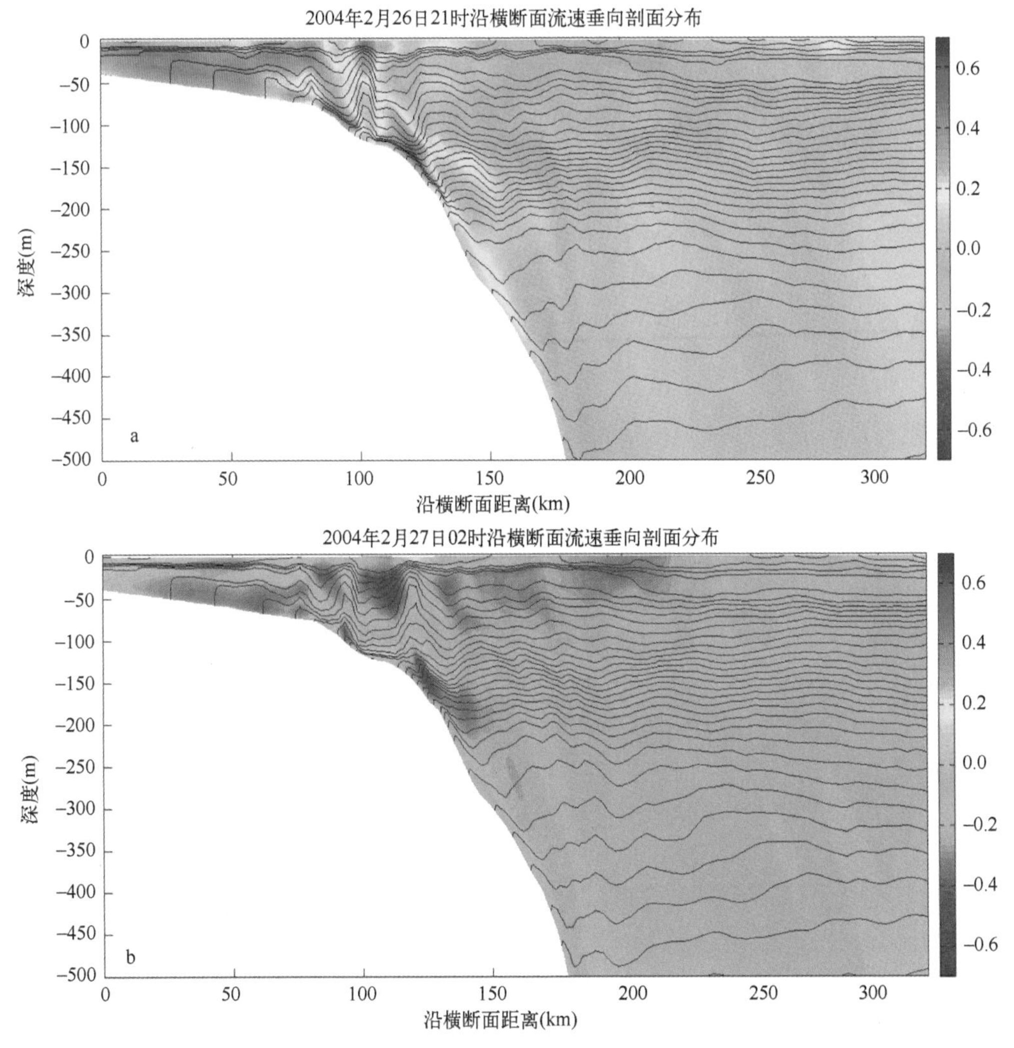

图 9.6 ROMS 模式模拟的 2004 年 2 月热带气旋 Monty 通过的情况

所有的图形均为经过 NRA 平台垂向断面（方向角为 315°）的瞬时流速场（红色为向岸方向，蓝色为离岸方向）和等温线（细黑线）。各图的时间分别为：a. 2 月 26 日 21 时，b. 2 月 27 日 02 时，c. 2 月 28 日 23 时，d. 2 月 29 日 05 时（此时涡旋离 NRA 最近），e. 2 月 29 日 19 时

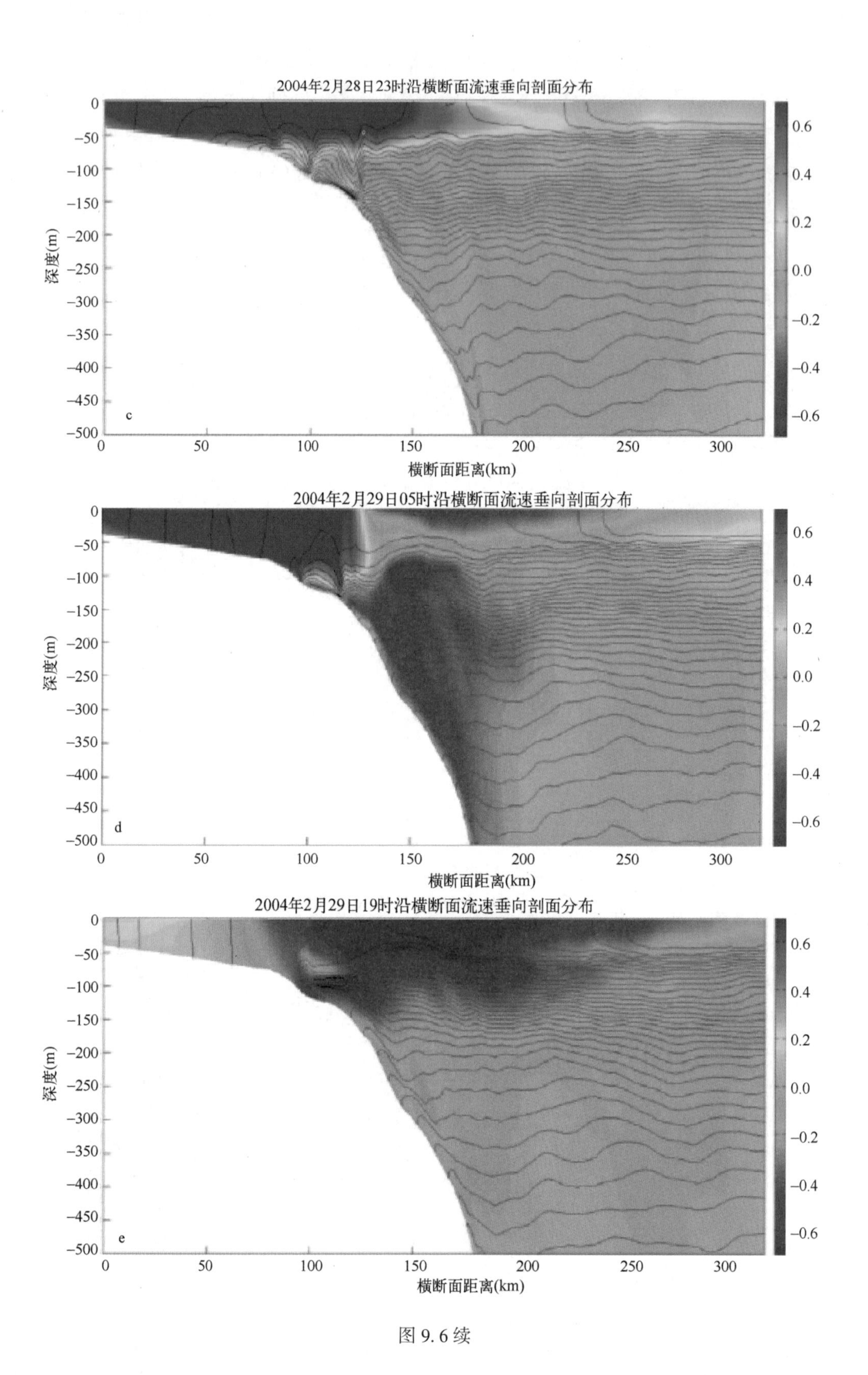
2004年2月28日23时沿横断面流速垂向剖面分布
深度(m)
横断面距离(km)
c
0
−50
−100
−150
−200
−250
−300
−350
−400
−450
−500
0
50
100
150
200
250
300
0.6
0.4
0.2
0.0
−0.2
−0.4
−0.6
2004年2月29日05时沿横断面流速垂向剖面分布
深度(m)
横断面距离(km)
d
2004年2月29日19时沿横断面流速垂向剖面分布
深度(m)
横断面距离(km)
e

图 9.6 续

参考文献

Baines P G, Fang X H (1985) Internal tide generation at a continental shelf/slope junction: a comparison between theory and a laboratory experiment. Dyn Atmos Oceans, 9: 297-314.

Balmforth N J, Ierley G R, Young W R (2002) Tidal conversion by subcritical topography. J Phys Oceanogr, 32: 2900-2914.

Bell T H (1975) Topographically generated internal waves in the open ocean. J Geophys Res, 80: 320-327.

Condie S A, Herzfeld M, Margvelashivili N, Andrewartha J R (2009) Modelling the physical and biogeochemical response of a marine shelf system to a tropical cyclone. Geophys Res Lett 36, L22603, p 6.

Davidson F J M, Holloway P E (2003) A study of tropical cyclone influence on the generation of internal tides. J Geophys Res, 108: 3082.

Garrett C, Kunze E (2007) Internal tide generation in the deep ocean. Annu Rev Fluid Mech, 39: 57-87.

Gostiaux L, Dauxois T (2007) Laboratory experiments on the generation of internal tidal beams over steep slopes. Phys Fluids 19, 028102, pp 1-4.

Griffiths S D, Grimshaw R H J (2007) Internal tide generation at the continental shelf modeled using a modal decomposition: two-dimensional results. J Phys Oceanogr, 37: 428-451.

Holloway P E, Chatwin P G, Craig P (2001) Internal tide observations from the Australian North West Shelf in summer 1995. J Phys Oceanogr, 31: 1182-1199.

Horn D A, Imberger J, Ivey G N (2001) The degeneration of large-scale interfacial gravity waves in lakes. J Fluid Mech, 434: 181-207.

Legg S, Huijts K M H (2006) Preliminary simulations of internal waves and mixing generated by finite amplitude tidal flow over isolated topography. Deep Sea Res. Ⅱ Top Stud Oceanogr, 53: 140-156.

Legg S, Klymak J (2008) Internal hydraulic jumps and overturning generated by tidal flow over a tall steep ridge. J Phys Oceanogr, 38: 1949-1964.

Lien R C, Gregg M C (2001) Observations of turbulence in a tidal beam and across a coastal ridge. J Geophys Res, 106: 4575-4591.

Lim K, Ivey G N, Nokes R I (2008) The generation of internal waves by tidal flow over continental shelf/slope topography. Environ Fluid Mech, 8: 511-526.

Lim K, Ivey G N, Jones R I (2010) Experiments on the generation of internal waves over continental shelf topography. J Fluid Mech, 663: 385-400.

Lueck R G, Mudge T D (1997) Topographically induced mixing around a shallow seamount. Science, 276: 1831-1833.

McConochie J D, Hardy T A, Mason L B (2004) Modelling tropical cyclone over-water wind and pressure fields. Ocean Eng, 31: 1757-1782.

Meuleners M, Ivey G N, Fringer O, Van Gastel P (2011) Tidally generated internal waves on the Australian North West Shelf. J Cont Shelf Res (submitted).

Munk W, Wunsch C (1998) Abyssal recipes Ⅱ: energetics of tidal and wind mixing. Deep Sea Res. Part Ⅰ Oceangr Res Pap 45: 1977-2010.

Munroe J R, Sutherland B R (2008) Generation of internal waves by sheared turbulence: experiments. Environ Fluid Mech 8: 527-534.

Oke P R, Brassington G, Griffin D A, Schiller A (2008) The BLUElink ocean data assimilation system. Ocean Model, 21: 46-70.

Peacock T, Echeverri P, Balmforth N J (2008) An experimental investigation of internal tide generation by two-dimensional topography. J Phys Oceanogr, 38: 235-242.

Ray R D, Mictchum G T (1997) Surface manifestation of internal tides in the deep ocean: observations from altimetry and island guages. Prog Oceanogr, 40: 135-162.

Toole J M, Schmidt R W, Polzin K L, Kunze E (1997) Near-boundary mixing above the flanks of a mid-latitude seamount. J Geophys Res Oceans, 102: 947-959.

Van Gastel P, Ivey G N, Meuleners M, Antenucci J P, Fringer O B (2009) Seasonal variability of the nonlinear internal wave climatology on the Australian North West Shelf. Cont Shelf Res, 29: 1373-1383.

Venayagamoorthy S K, Fringer O B (2007) On the formation and propagation of nonlinear internal boluses across a shelf break. J Fluid Mech, 577: 137-159.

Wunsch C, Ferrari R (2004) Vertical mixing, energy, and the general circulation of the oceans. Annu Rev Fluid Mech, 36: 281-314.

Zed M (2007) Modelling of tropical cyclones on the north west shelf. Honours Thesis, School of Environmental Systems Engineering, University of Western Australia, p 128.

Zhang H P, King B, Swinney H L (2008) Experimental study of internal gravity waves generated by supercritical topography. Phys Fluids 100, 244504, pp 1-4.

第4部分

模　型

第10章 海洋湍流模式与层流模式的应用

Bernard Barnier[1]，**Thierry Penduff**，**Clothilde Langlais**

摘　要：在海洋环流中，中尺度涡分布广泛、聚集大量的动能。用于海洋预报的高分辨率环流模式能够模拟这些涡旋；然而在目前气候系统中，低分辨率的层结海洋模式还做不到这一点。随着高性能计算机的更新换代，这一现状有望在近期得到改善，10年之内，海洋涡旋模式有望广泛应用于地球系统模式的各研究领域。本章讨论了在不同分辨率模式下的中尺度涡 。内容包括：10.1节根据卫星观测到的海洋中普遍存在的涡旋，介绍了中尺度涡的概念，并类比于大气中天气尺度涡旋，给中尺度涡下了定义。同时回顾了中尺度涡对大尺度海洋环流的影响。10.2节讨论了关于海洋模式的一些基本原理，包括原始方程组及有关的分辨率、参数化和数值方法。同时对在不同网格分辨率下得出的可解尺度和不可解尺度的分离进行了讨论，给出了海洋涡旋模式和层流模式的定义，并以中尺度涡为例，给出了次网格参数化的概念。10.3节阐述了分辨率与数值方法之间的紧密联系。例如，运用高级数值方法在提高模式的求解能力方面比提高分辨率更加有用。10.4节运用全球海洋环流模式的DRAKKAR架构［分辨率在2°～（1/12）°之间］，根据平均态和变化来说明分辨率变化对模式模拟结果的影响。结论部分总结了前文讨论过的重点内容。

10.1 引言

本章研究了各海洋环流数值模式的分辨率问题，重点讨论了模拟的中尺度涡的特征，并对两种不同的环流模式进行了对比。一种为粗分辨率网格模式，其解具有层流的动力特点，但无法显示中尺度涡。另一种为高分辨率网格模式，其解具有涡旋特点，可以显示中尺度涡的出现及发展。本章中，“层流”和“涡旋”用于表示模拟的流场动力过程的特征，“粗”和“高”用于说明数值网格的分辨率。

10.1.1 海洋中普遍存在的涡旋

大量的卫星（如高度计）（Chelton et al，2007）和现场仪器观测数据表明，海洋涡旋分布

① Clothilde Langlais，法国格勒诺布尔国家科学研究中心地球物理和工业实验室。E－mail：bernard. barnier@legi. grenoble-inp. fr

广泛。图 10.1a 为 2004 年 5 月 19 日卫星高度计拍摄到的海平面异常图像，显示了海洋涡旋的分布情况。这些尺度高达数百千米的涡旋，存在的时间从几天到几个月不等，有的甚至能够持续两年以上（Chelton et al，2007）。

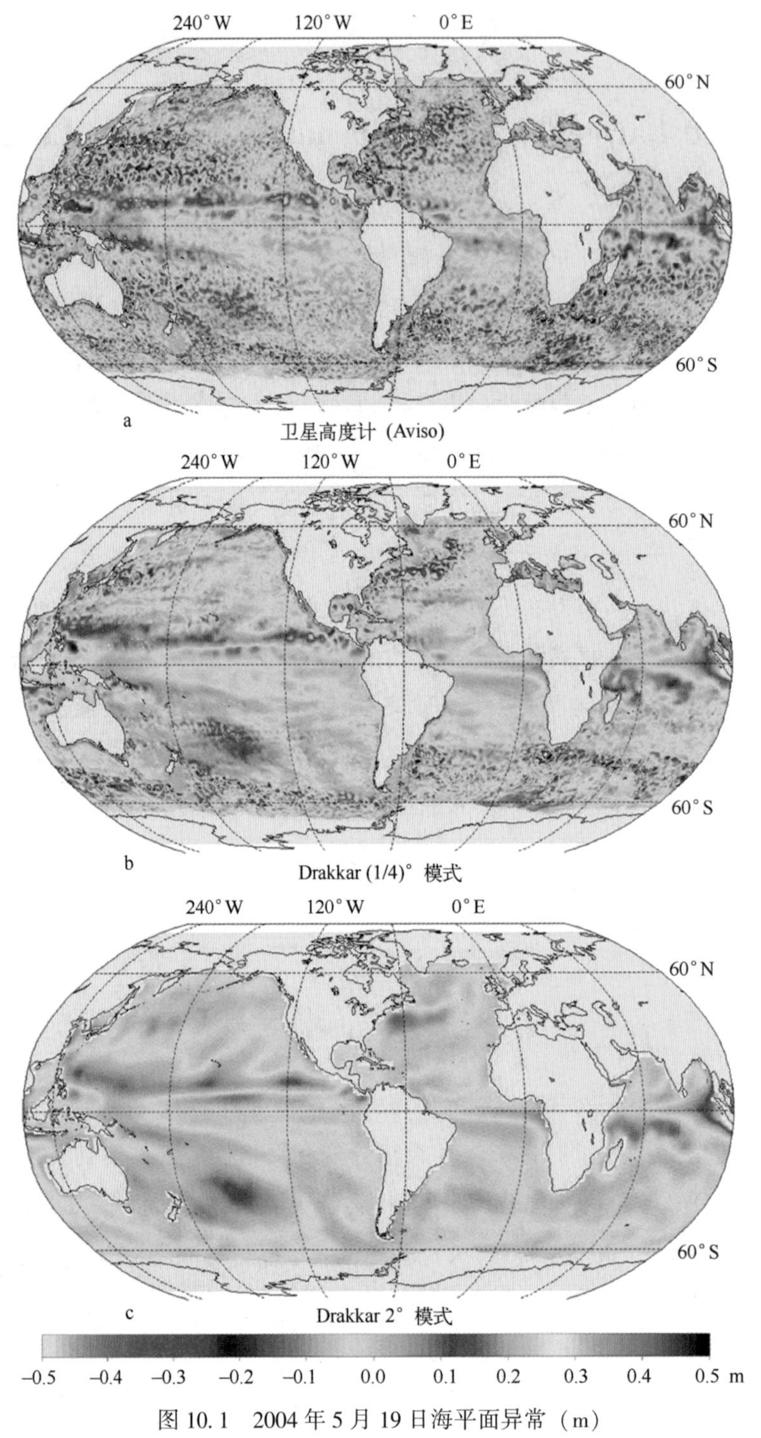

图 10.1　2004 年 5 月 19 日海平面异常（m）

a. 卫星高度计观测图（Aviso）；b.（1/4）°涡相容全球模式（Drakkar 模式 ORCA025，G70 系列）；c. 2°粗分辨率全球模式（Drakkar 模式 ORCA2，G70 系列）。两种模拟均采用同样的数值模式（NEMO）和同样的大气强迫数据（DFS3，见原文）

尽管大气和地形的影响也不容忽视，但人们认为这些涡旋大部分是由主要流系的不稳定性引起的。因此，中尺度涡多集中在边界流（如湾流、黑潮）及其延伸体附近和南极绕极流中。它们在副热带急流中心和中纬度海盆东部（这些海域多具有动力不稳定性）的分布也非常广泛。另外，赤道附近（尺度更加大且具有更多各向异性）和海洋内部（地形障碍附近或切变不稳定性形成的海域等）也有中尺度涡生成。总之，现代观测数据揭示了一个事实：海洋是“中尺度涡之海”。这些中尺度涡与大尺度海洋环流有关，而这些中尺度涡被更小的具有各项异性的次中尺度涡所分隔。

10.1.2 海洋中尺度涡的定义

海洋的中尺度变化有各种瞬时的特征，例如涡旋、弯流、小环流、波浪和海洋锋，它们的空间尺度在数十千米到数百千米之间，时间尺度在 10~100 d 之间。正如天气尺度涡旋是由大尺度风系统的不稳定性引起的一样，海洋涡旋是由主要的大尺度环流系统的不稳定性引起的。类似于大气天气尺度特征，人们常把海洋中尺度涡称为全球海洋中的“天气系统”（McWilliams, 2008）。

让我们在垂直分层流体中考虑海洋或大气的平均流动。垂直分层的特点可用布伦特-韦伊塞拉（Brunt-Vaïsala）频率 N 表示：

$$N^2 = \frac{g}{H}\frac{\Delta\rho}{\rho_0} \tag{10.1}$$

式中，H 为平均流垂直切变的特征尺度（例如海洋主温跃层的厚度或大气对流层的高度）；ρ_0 为基准密度；$\Delta\rho$ 为 H 上的体积密度梯度；g 为重力加速度。

假设 U 为涡旋速度特征尺度，L 为涡旋水平特征尺度，f 为科里奥利参数。从动力角度考虑，海洋中尺度（大气天气尺度）涡有以下特征。

准地转平衡（即罗斯贝数是小量）：

$$R_0 = \frac{U}{fL} \ll 1 \tag{10.2}$$

特征速度小于内重力波速度（即弗劳德数是小量）：

$$F_r = \frac{U}{\sqrt{g'H}} = \frac{U}{NH} \ll 1 \quad 其中 \quad g' = g\frac{\Delta\rho}{\rho_0} \tag{10.3}$$

由大尺度流场的不稳定性引起，受到同样的层化和旋转影响（即伯格数的量阶为 1）：

$$B_u = \frac{R_0^2}{F_r^2} = \left(\frac{NH}{fL}\right)^2 = O(1) \tag{10.4}$$

可直接根据方程 $B_u = 1$ 分析特征涡旋水平尺度：

$$L = \frac{NH}{f} \tag{10.5}$$

根据大气典型的 $N = 10^{-2}\,\mathrm{s}^{-1}$ 和 $H = 10^4$ m 值，可以导出中纬度（即 $f = 10^{-4}\,\mathrm{s}^{-1}$）的天气涡旋水平尺度为 $L_{atm} = 1\,000$ km。根据海洋典型的 $N = 5\times10^{-3}\,\mathrm{s}^{-1}$ 和 $H = 10^3$ 值，可以导出中尺度涡的水平

尺度为 $L_{oce}=50$ km。由此可知，海洋中尺度涡的水平尺度比大气小 20 倍。

就定量分析而言，这两种流体中的涡旋对全球环流的动力影响各异。同时海洋和大气涡旋的对比也是在这一尺度分析范围内进行的。例如，由于大气涡旋的尺度更大，它势必能够更有效地将热量从亚热带地区输送到副极地地区。事实上，大气天气尺度涡旋是向极（南北纬 30°~60°）热量输送的主要动力。因此，大气大尺度环流模式中分辨这些特征的必要性一直都是毋庸置疑的。

由于海洋涡旋的尺度较小，它的极向热盐输送能力较弱，特别是大部分经向热输送是由沿陆地（陆地可以维持强的局地纬向压力梯度，以保持向极地边界流地转平衡）向极地的平均流完成的（至少在部分北半球海洋中是这样）。尽管人们已经认识到涡旋输送的重要性，但是是否有必要在海洋环流模式（Ocean General Circulation Models，OGCMs）中分辨涡旋还是有争议的。同时，目前的气候预测仍然是运用层流模式，即运用粗分辨率网格，根据参数化方法来计算中尺度涡对大尺度环流的作用。

10.1.3 中尺度涡的重要性

海洋涡旋普遍存在，同时蕴含了大量动能。和大气天气系统相似的是，在全球尺度上涡旋的能量运输能力对海洋环流动力平衡至关重要。这是因为它可以调节海洋大尺度环流，同时对海洋热通量有重要贡献。涡动过程是海气交换、等密度面耗散和混合、次级密度层化、深层水通风和潜沉、能量级串和耗散、地形应力等的主要组成部分，因此其对强流场、锋面及水团物理和生物地球化学特征的产生和维持具有重要意义（McWilliams，2008）。涡旋还是气候自然变异的来源。它们对海洋生态系统的影响巨大，对海洋的业务化应用（例如海洋安全、污染物扩散、近海工业、渔业等）也至关重要。

10.2 海洋模式的分辨率问题

10.2.1 可分辨和不可分辨的运动尺度

最近的一系列论文（Griffies，2004；Griffies et al，2005；Treguier，2006；Griffies and Adcroft，2008）对海洋模式的原理进行了全面的回顾。本节重点讨论了分辨率问题，更多关于海洋环流数值模式的方程式及数值算法可以从以上论文中获得。海洋大尺度环流模式通常求解原始方程（Madec，2008）。该原始方程为纳维-斯托克斯方程的近似，另外还包括两个与密度相关的示踪物——温度 T 和盐度 S 的非线性状态方程。

在尺度基础上，最重要的假定为：(i) 薄层（浅水）近似（海洋深度远小于地球半径）；(ii) Boussinesq 近似（只考虑密度变化对浮力的影响）；(iii) 静力假设（垂直动量方程只考虑浮力和垂直压力梯度的平衡）；(iv) 不可压缩假设（无辐散的三维速度向量）。

为了达到本节的目的，原始方程（Primitive Equations，PEs）如下（Treguier，2006）：

$$\frac{\partial Y}{\partial t} + \boldsymbol{u} \cdot \nabla Y + F(Y) = 0 \tag{10.6}$$

式中，$\boldsymbol{u}=(u, v, w)$ 为三维速度向量；$Y=(\boldsymbol{u}, T, S)$ 为海洋连续状态预报量；$F(Y)$ 为原始方程中的其他项，其中包括科里奥利力、压强梯度力、外强迫等。本章主要研究中尺度涡，因此，在方程（10.6）中，$F(Y)$ 也包括穿越等密度面的混合参数化。该混合是由小尺度三维湍流造成的［参见 Large et al,（1994）；Large（1998），小尺度湍流封闭模式的回顾］。附录中提供了该原始方程的标准形式。

方程（10.6）采用数值法求解，即用有限差分格式（或其他数值模式）将原始方程离散在网格上。数值法求解原始方程是用离散算子 $(Y)_R$ 对状态向量 Y 及其运动方程（10.6）进行运算，得出

$$\frac{\partial Y_R}{\partial t} + (\boldsymbol{u} \cdot \nabla Y)_R + [F(Y)]_R = 0 \tag{10.7}$$

式中，$Y_R=(Y)_R$ 为模式解（或海洋状态的离散表示）。根据 Treguier（2006），可以将方程（10.7）改写为

$$\frac{\partial Y_R}{\partial t} + \boldsymbol{u}_R \cdot \nabla Y_R + F_R(Y_R) = -[(\boldsymbol{u} \cdot \nabla Y)_R - \boldsymbol{u}_R \cdot \nabla Y_R] - \{[F(Y)]_R - F_R(Y_R)\} \tag{10.8}$$

方程（10.8）左边项为海洋可分辨状态的演化方程，右边项为不可分辨尺度对可分辨尺度海洋状态的影响。

数值模式对方程（10.8）进行时间积分，提供了海洋离散状态的连续 Y_R 值。这种海洋状态在空间尺度上大于网格及时间步长。值得注意的是，运动方程的离散状态（10.8）与其连续状态（10.6）有相同的左边项，但是右边项中额外的贡献表示不可分辨尺度对可分辨尺度模式解的影响。可分辨及不可分辨尺度的定义引入了平均算子（Griffies，2004）。方程（10.8）中的右边项一般是未知的。在模式中计算这一项通常用经验关系式或者是基于模式的物理解（即参数化或次网格尺度模式）。这些模式显示了不可分辨运算过程对可分辨状态的影响，运用类似于“湍流封闭假定”的方法，得到的高阶矩为低阶矩的函数（Lesieur，2008）。

10.2.2 海洋涡旋模式与层流模式的对比

选择 OGCMs 的网格分辨率就相当于选择了适当平均算子（网格步长上的低通滤波）及适当的方法估算小尺度［即方程（10.8）中的右边项］的影响。如果算子 $(Y)_R$ 有雷诺算子特性，即在状态向量 Y 不可分辨（次网格尺度）的部分定义为 $Y'=Y-Y_R$，验证 $(Y')_R=0$［如果流场具有稳定性和普遍性，可见 Lesieur（2008）的相关信息，与非线性平流［即方程（10.8）中的右边第一项］相关的不可分辨的影响，可以用涡旋通量辐散形式表示：

$$(\boldsymbol{u} \cdot \nabla Y)_R - \boldsymbol{u}_R \cdot \nabla Y_R = \nabla \cdot (\boldsymbol{u}'Y')_R \tag{10.9}$$

该部分不讨论方程（10.8）中右边第二项的处理。该项包括不可分辨但对强迫有重要影响的

部分。下面，我们假设它包含在 F_R （Y_R）项中。方程（10.8）离散模式为

$$\frac{\partial Y_R}{\partial t} + \boldsymbol{u}_R \cdot \nabla Y_R + F_R(Y_R) = - \nabla (\boldsymbol{u}'Y')_R \tag{10.10}$$

方程（10.10）中的右边项（如果 Y 为动量，其为雷诺应力；如果 Y 为位温，其为湍流热通量）为涡旋参数化。

环流模式分辨率的选择取决于需要清晰模拟何种涡旋效应来解决特定的科学问题。例如，在短时间内预测海流和海洋锋（需要计算代价很高的细网格来清晰分辨涡旋）或是模拟海洋经向热量输送的多年代际变化（涡旋效应可以在计算效率高的粗分辨率网格上进行参数化）会得出不同的答案。

"涡旋"模式：

- 水平网格分辨率要能够显示中尺度动力过程，例如，可以清晰（即使部分）分辨斜压、正压不稳定过程；
- 不可分辨（小）尺度对可分辨（中尺度）特征影响的准确表征。

在实际运用中，这意味着网格比涡旋长度尺度精细｛见图 10.2，对于 50 km 的涡旋尺度［方程（10.5）］，以分辨率为 10 km 或更精细的网格最为典型｝。不可分辨尺度对中尺度过程的影响通常根据高黏性（例如双调和）进行参数化。这种方法可以确保数值稳定性，但是不能充分满足物理规律。目前，人们还在研究更加一致的替代方案（Frisch et al，2008）。

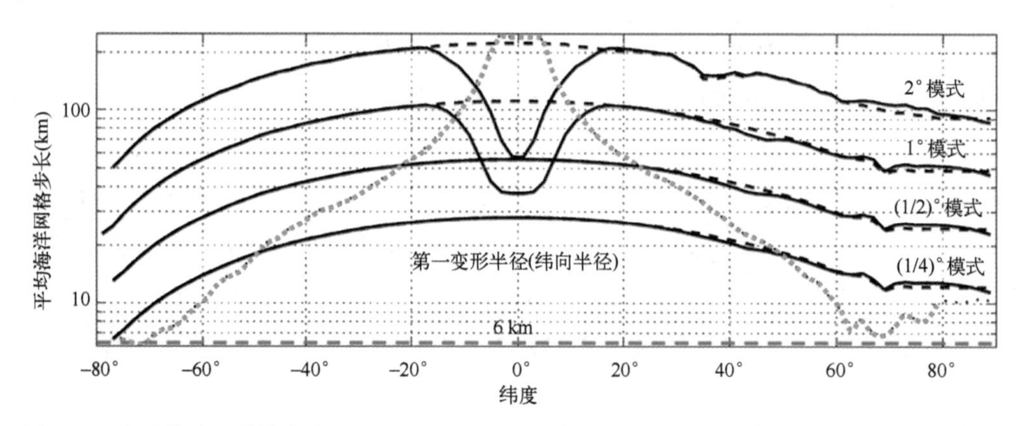

图 10.2　全球模式［分辨率从 2°～（1/4）°］Drakkar 架构下水平网格分辨率（km）随纬度的变化
图中绿色虚线表示的是第一变形半径的变化（涡旋长度尺度）。黑色实（虚）线为经（纬）向计算网格的大小。粗分辨率模式［2°，1°和（1/2）°］的经向网格比赤道带（2°～1°的局部经向加密网格）的涡旋尺度精细。在 40°N 和 40°S 之间，（1/4）°涡旋模式网格比第一变形半径网格精细。所有纬度涡旋可分辨模式的分辨率应达到 10 km，该分辨率在赤道地区要更精细一些。这几乎是由正在开发的（1/12）°Drakkar 模型组（Penduff et al，2010）获得

"层流"模式：

- 粗水平网格，分辨率不足以显示中尺度动力过程；
- 中尺度特征对可分辨（例如海盆尺度）特征影响的准确表征。

在实际运用中，这意味着网格比涡旋长度尺度粗｛见图 10.2，对于 50 km 的涡旋尺度［方程（10.5）］，以分辨率为 50～100 km 的网格最为典型｝。在粗分辨率模式中，中尺度对大尺度动力过程的影响取决于和中尺度涡扩散、平流相关的参数化。

值得注意的是，在“涡旋”和“层流”模式中都利用方程（10.10）在时间上进行积分，但是它们的不可分辨特征拥有不同的空间尺度：在这两种模式中（开启了两种不同的模式发展方向），它们对可分辨尺度的影响需要用不同的参数化呈现出来。下一部分我们将讨论已经被广泛应用于层流模式的中尺度涡参数化。

10.2.3 层流模式中中尺度涡的参数化

在用于模拟气候系统的海洋模式中，其关键问题为表征中尺度涡对大尺度海洋环流的影响。这种影响形式多样，这一点在引言中已经提过。然而，没有一种参数化方案可以考虑所有影响，中尺度涡的参数化是目前基础研究的热门领域（Eden and Greatbatch，2008；Zhao and Vallis，2008）。

在所有涡动特征中，中尺度涡沿等密度面混合示踪剂的能力对大尺度上密度和示踪剂的分布影响最大，因而必须在粗分辨率海洋气候模式中进行参数化。本节讨论一种目前模拟该影响的经典方式。方程（10.10）写成位温 T 的方程为

$$\frac{\partial T_R}{\partial t}+\boldsymbol{u}_R\cdot\nabla T_R=-\nabla\cdot(\boldsymbol{u}'T')_R+D_T+F_T \tag{10.11}$$

为了和本章中使用的方程式符号保持一致，T_R 和 $\boldsymbol{u}_R=(u_R, v_R, w_R)$ 分别表示由粗离散网格模式计算出的位温和流速向量。$(\boldsymbol{u}'T')_R$ 为不可分辨（中尺度）涡动热通量，需要估计其散度来封闭方程。D_T 和 F_T 分别为跨越等密度面通量和方程（10.10）中的强迫 $F_R(Y_R)$。

对中尺度涡动通量进行参数化是指在物理理论模式中，用公式表示出该通量对模式解 T_R 的影响。这种模式通常将涡旋通量 $(\boldsymbol{u}'T')_R$ 和可分辨尺度梯度 ∇T_R 结合起来。这种关系可以用以下张量形式表示：

$$-(\boldsymbol{u}'T')_R=\begin{pmatrix}\overline{u'T'}\\ \overline{v'T'}\\ \overline{w'T'}\end{pmatrix}_R=\tau_{ij}\frac{\partial T_R}{\partial j}=\begin{bmatrix}\tau_{xx}&\tau_{xy}&\tau_{xz}\\ \tau_{yx}&\tau_{yy}&\tau_{yz}\\ \tau_{zx}&\tau_{zy}&\tau_{zz}\end{bmatrix}\cdot\begin{pmatrix}\partial T_R/\partial x\\ \partial T_R/\partial y\\ \partial T_R/\partial z\end{pmatrix} \tag{10.12}$$

式中，τ_{ij}为混合张量；x、y、z 为主要混合方向（这里为了简化，指主坐标轴）。根据 Muller（2006），可以把混合张量分为对称部分 K_{ij}和不对称部分 S_{ij}，方程（10.12）可以写为

$$\tau_{ij}\frac{\partial T_R}{\partial j}=K_{ij}\frac{\partial T_R}{\partial x_j}+S_{ij}\frac{\partial T_R}{\partial x_j} \tag{10.13}$$

根据 Muller（2006），对称张量 K_{ij}对通量辐散的贡献可以用拉普拉斯热扩散（$K_T\Delta T_R$）来表示。不对称（偏移）张量 S_{ij}可以用偏移（推注）速度向量 $\boldsymbol{V}^*$（$-\boldsymbol{V}^*\cdot\nabla T_R$）表示为简单的热平流。涡旋通量的辐散［方程（10.12）］可以用下式表示：

$$-\nabla(\boldsymbol{u}'T')_R=K_T\Delta T_R-\boldsymbol{V}^*\cdot\nabla T_R \tag{10.14}$$

中尺度涡通量参数化的挑战降低为确定 K_T（湍扩散系数）和 $\boldsymbol{V}^*$（推注速度）。

在海洋模式的实际应用中，拉普拉斯热扩散［方程（10.14）中右边第一项］只沿等密度面（Redi，1982）进行，以表示中尺度涡造成的内部等密度面混合。对于小尺度三维湍流引起的垂直混合，它对跨越等密度面方向的影响可以忽略不计。扩散系数 K_T 值通常和用户及

应用场景紧密相关，同时有可能受到数值稳定性的制约。GM90 参数化（Gent and McWilliams, 1990）提供了方程（10.14）中右边第二项的表达式。该参数化方案模拟了（不可分辨）涡动热平流对可分辨（大尺度）浮力场的影响，并运用局部等密度倾斜对三维非辐散推注速度 $\boldsymbol{V}^* = (u^*, v^*, w^*)$ 进行了定义，具体形式如下：

$$(u^*,\ v^*) = \frac{\partial}{\partial z}\left(K_* \frac{\vec{\nabla}\rho_R}{\partial\rho_R/\partial z}\right);\ w^* = \vec{\nabla}_H \cdot \left(K_* \frac{\vec{\nabla}\rho_R}{\partial\rho_R/\partial z}\right);\ \vec{\nabla}\cdot\vec{V}^* = 0 \qquad (10.15)$$

式中，ρ_R 为求解的密度场。$\boldsymbol{V}^*$ 的作用是释放大尺度环流的势能。在物理方面，这一过程与斜压不稳定拉平等密度线（例如，从平均流中提取位能）引起中尺度涡是一致的。换句话说，涡动沿等密度面引起等密度面厚度的顺梯度扩散，其扩散系数为 K^*。

总之，由 GM90 涡动参数化得出的温度方程为（同样适用于盐度的计算）

$$\frac{\partial T_R}{\partial t} + (\boldsymbol{u}_R + \boldsymbol{V}^*) \cdot \nabla T_R = + K_T \Delta\rho T_R + F_T \qquad (10.16)$$

式中，$\Delta\rho$ 为 Redi（1982）定义的沿局部等密度面的二维拉普拉斯算子。方程（10.16）中的所有项可看作是可分辨变量 T_R 和 $\boldsymbol{u}_R$ 的函数。涡动影响可由拉普拉斯扩散项和推注速度项表征。这两项都是在物理假设——涡旋混合特性是沿等密度面下推导出来的，并已用混合张量的数学形式呈现出来。可分辨密度场中涡旋通量的参数化降低为确定温度扩散系数 K_T 和厚度扩散系数 K_*。但是这两个系数依然是半经验计算。科学证明，GM90 参数化方案可以在粗分辨率模拟时显著提高大尺度密度场和环流的模拟能力。同时，作为中尺度涡参数化，它已经被广泛应用于海洋气候模式。

10.3 高级数值方案及分辨率

尽管 GM90 参数化方案及其变体可以改进粗分辨率模式，但是这些模式还不能对所有的涡动影响进行模拟。而且，越来越多的海洋模式需要显式的中尺度涡分辨率，特别是在海洋预报中。因此，涡旋模式发展迅速。但是提高分辨率并不仅是增加网格那么简单。如果分辨率提高，更加精细的空间和时间尺度就会显现在模式解中。这样一来，次网格尺度参数化就需要进行相应的发展（因为它们需要考虑不同的不可分辨物理过程的影响，例如，涡旋模式中次中尺度的影响）。尽管方程式保持不变，但求解方程的数值算法需要和新产生的物理过程相一致。本节讨论将分辨率和数值法结合起来的数值算法可以用动量平流方案表示。原始方程组的动量方程的标准形式（符号意义请查看附录）如下：

纬向动量

$$\frac{\partial u}{\partial t} + (\boldsymbol{u} \cdot \nabla)u - fv = -\frac{1}{\rho_0}\frac{\partial P}{\partial x} + D_u + F_u \qquad (10.17a)$$

经向动量

$$\frac{\partial v}{\partial t} + (\boldsymbol{u} \cdot \nabla)u + fu = -\frac{1}{\rho_0}\frac{\partial P}{\partial y} + D_v + F_v \qquad (10.17b)$$

方程（10.17）中的（$\boldsymbol{u}\cdot\nabla$）$u$ 和（$\boldsymbol{u}\cdot\nabla$）$v$ 为代表流动的动量平流的非线性项。对这些项进行有限差分计算的数值方法很多，下面举例说明它们对数值模式解的影响。

我们将对 3 种不同的二阶平流方案对 NEMO OGCMs（Madec，2008）涡相容［（1/4）°］模式解的影响进行对比。这些方案（Le Sommer et al，2009）具有不同的数学方程，以下为它们的简要介绍：

- EFX 方案：方程为通量辐散的形式，属于能量守恒格式。
- ENS 方案：方程为动能梯度和涡度形式，该格式拟能守恒。
- EEN 方案：方程也为动能梯度和涡度形式，但是其模拟范围比 ENS 方案大。该方案能量和拟能都守恒。

这些平流方案的敏感性实验是在 Drakkar 模型配置［基于 NEMO OGCMs（Madec，2008），见 10.4 节］中进行的。粗分辨率（层流）配置（2°或 1°）对方案的选择不敏感，这符合在大尺度下（非常小的罗斯贝数）（$\boldsymbol{u}\cdot\nabla$）$u$ 的作用很小的预期。然而，如图 10.3 所示，涡相容配置［（1/4）°］对方案的选择特别敏感。在强流区，模拟的平均环流在形态和振幅上变化都很大。例如，和 ENS 方案相比，湾流在 EEN 方案下会明显向南偏移（图 10.3）。

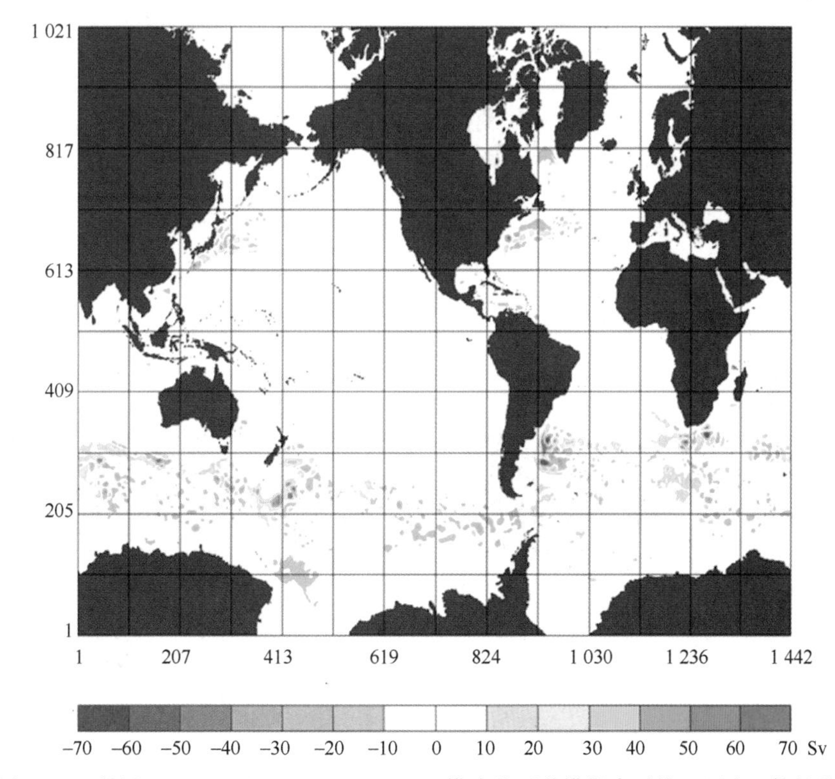

图 10.3 利用 ORCA025［（1/4）°］Drakkar 模式的两种模拟中平均正压流函数的差异
一种采用 EEN 动量平流方案，另外一种则采用 ENS 动量平流方案。图中显示了 EEN 减去 ENS 的差。仅在强非线性流区域差别明显（大于±10 Sv）

如 Le Sommer 等（2009）阐述的那样，和另外两种方案相比，EEN 方案可以降低振幅底层附近垂直速度场的噪声。同时，EEN 方案还可以增强平均流的连续性和地形的校正作用。这将有利于提高西边界流和大幅度降低哈特拉斯角的惯性涡旋（Barnier et al，2006；Penduff et al，2007）。

研究发现，动量平流方案对本格拉盆地（Benguela Basin）厄加勒斯流环（Agulhas Rings）的行动轨迹也有影响（Barnier et al，2006）。在很多涡旋模式中，这些轨迹被模拟为确定不变的直线，这些模式包括 POP 模式［（1/10）°］和（1/4）°ENS Drakkar 模式使用 ENS 方案。如图 10.4 所示的涡动动能分布形态，将 EEN 方案应用于（1/4）°Drakkar 模式从根本上降低了大范围的不一致性，在南大西洋中得到了更多真实（即更加无序和不规则）的流环脱落情形和运动轨迹。其他实例（Barnier et al，2006；Penduff et al，2007）也证实，和提高分辨率相比，运用先进的数值方案（例如在 z 坐标模式中分部再现地形）在提高模式求解能力方面表现更好。

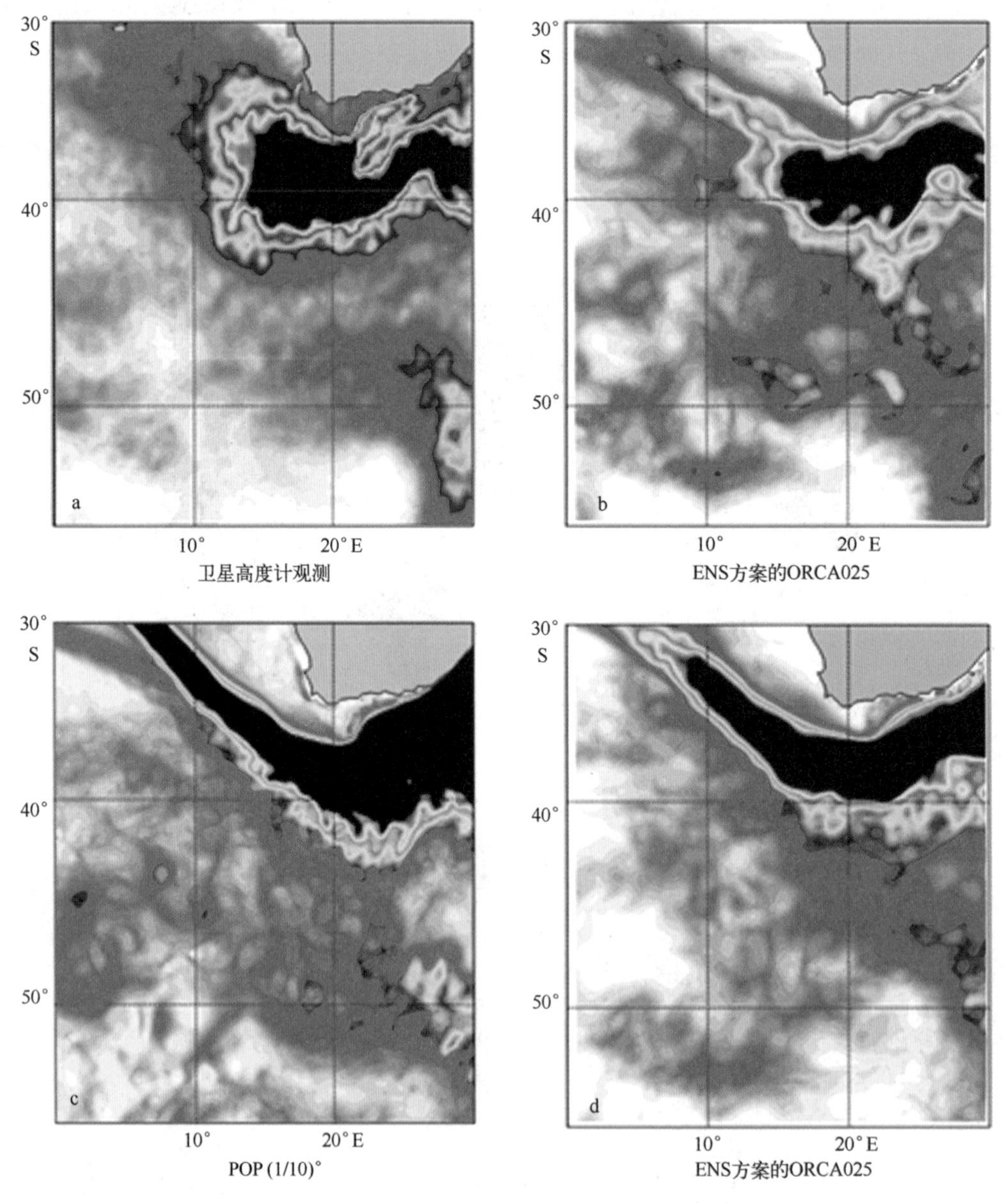

图 10.4　南非附近平均表层涡动能量（cm^2/s^2）

a. 卫星高度计观测结果（Ducet et al，2000）；b. EEN 方案全球 ORCA025 Drakkar 模式；c. 全球 POP（1/10）°模式；d. ENS 方案全球 ORCA025 Drakkar 模式。所有的模式结果均为 3 年间计算出的速度变化

10.4 分辨率对模式解的影响

在本节中，我们运用分辨率从2°到（1/12）°的全球海洋环流模式的Drakkar架构来说明分辨率的变化对模拟解的影响。

10.4.1 模式配置的Drakkar架构

Drakkar是集合了欧洲几个研究组和业务化海洋学组的资源和技能的合作成果，其目的是发展、共享和提高全球海洋/海冰模型配置，以用于研究和业务应用（DRAKKAR Group，2007）。Drakkar采用了NEMO模拟系统（Madec，2008）① 和AGRIF网格加密软件（Debreu et al，2008）②。同时，Drakkar也为NEMO的持续发展做出了贡献。

Drakkar采用三级ORCA网格进行全球和区域架构的NEMO模式配置（Madec and Imbard，1996）（图10.5）。全球模拟分别在2°、1°、（1/2）°、（1/4）°和（1/12）°水平分辨率上进行。每一种配置都是运用区域分解的方式（超过1 000个进程）在大型并行计算机上计算。表10.1对该模式架构的主要特点做了总结。关于（1/4）°ORCA025配置和模式架构的详细描述可以参见Barnier等（2006）和Penduff等（2010）的论文。

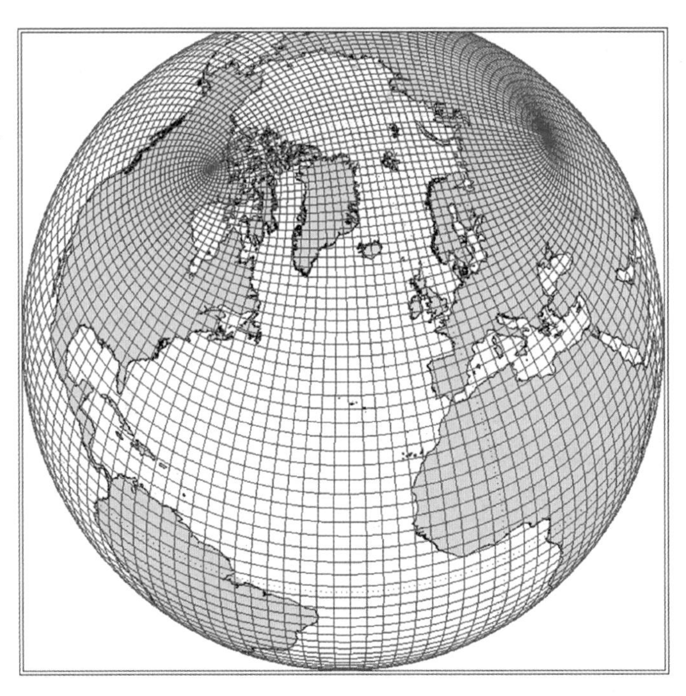

图10.5 Drakkar ORCA025配置的［赤道处（1/4）°分辨率］三极点网格图

每12个点中画一个格点（共有1 442×1 021个格点）。该涡相容配置已被Mercator来进行业务化预报

① NEMO模拟系统包括海洋模块、海冰模块、地球化学示踪物模块（例如^{14}C，CFC^{11}，SF6）。

② 参考Biastoch等（2008）中AGRIF在厄加勒斯翻转流区域应用的例子，以及Chanut等（2008）在拉布拉多海和Jouanno等（2008）在加勒比海的应用。

表 10.1　全球模型配置的 Drakkar 架构海洋分量的主要设置

46-75 垂直层次	地形		平流方案
表层：6~1 m 底层：250~200 m	部分步骤		动量：EEN 示踪物：FCT
水平混合	**2°~1°模型**	**(1/2)°~(1/4)°模型**	**特点**
动量	水平拉普拉斯 $K_v=4\times10^4\sim1\times10^4$ m^2/s	水平双拉普拉斯 $K_v=12\times10^{11}\sim1.5\times10^{11}$ m^4/s	取决于网络
温度、盐度、示踪物	等密度面拉普拉斯 $K_T=1\ 000$ m^2/s	等密度面拉普拉斯 $K_T=600\sim300$ m^2/s	取决于网络
涡动参数化	GM90 $K_*=2\ 000\sim1\ 000$ m^2/s	无	在几个 (1/2)°模型运行中用 GM90
垂向混合	**温度、盐度、示踪物**	**动量**	**特点**
背景	$K_T=10^{-5}$ m^2/s	$K_v=10^{-4}$ m^{-2}/s	(10^{-6}海水以下)
湍封闭	TKE 方案	TKE 方案	海浪破碎和拉梅尔环流参数化
对流	$K_T=10$ m^2/s	$K_v=10$ m^2/s	增强垂向扩散
边界条件	**墙边界**	**海底**	**海面**
参数化	自由滑动	二次拖曳应力规律 ($C_D=10^3$)	通量形式
特性	在 2°分辨率模型为无滑动	内潮混合 扩散和对流 BBL	—地块体公式 —CORE 强迫 —DFS 强迫数据集 —表面盐度松驰

注：没有包含 LIM2 海冰模型的设置描述（Fichefet et al，1997）。

用于强迫函数的块体公式是由 Large 和 Yeager（2004）提出的。用于 Drakkar 模拟的大气强迫场来自 CORE 数据集（Large and Yeager，2008）和 Drakkar 强迫 DFS3 或 DFS4 集（Brodeau et al，2010）。DFS 强迫运用 ERA40 每 6 h 1 次的表层大气变量来计算湍流通量（风应力、潜热通量和感热通量、蒸发量），日平均的卫星辐射通量（下行短波和长波）和月平均的卫星降水量。Brodeau 等（2010）详细描述了对这些数据的各种校正方法。值得注意的是，近期的发展将太阳辐射的日变化及海洋生物对光随深度变化的吸收贡献引入模式。多数 Drakkar 模拟覆盖了 1958—2004 年（DRAKKAR Group，2007）。

本章中的多数模拟都是采用 G70 系列进行的。在模拟过程中，2°、1°、(1/2)°和 (1/4)° Drakkar 模型都是由 1958—2007 年这 50 年间的 DFS3 强迫驱动的。

我们将这些模拟结果和两个参考观测数据库进行了对比：现场 ENACT-ENSEMBLES 水文数据库（EN3-v2a，Ingleby and Huddleston，2007）和 AVISO 高度计（SLA）数据库。基于这样的目的，使用空间和时间四线性插值配置算法对模型输出进行了二次抽样，这与观测值的算法完全一致。之后用特定的指标对观测和模拟数据进行对比（图 10.6）。

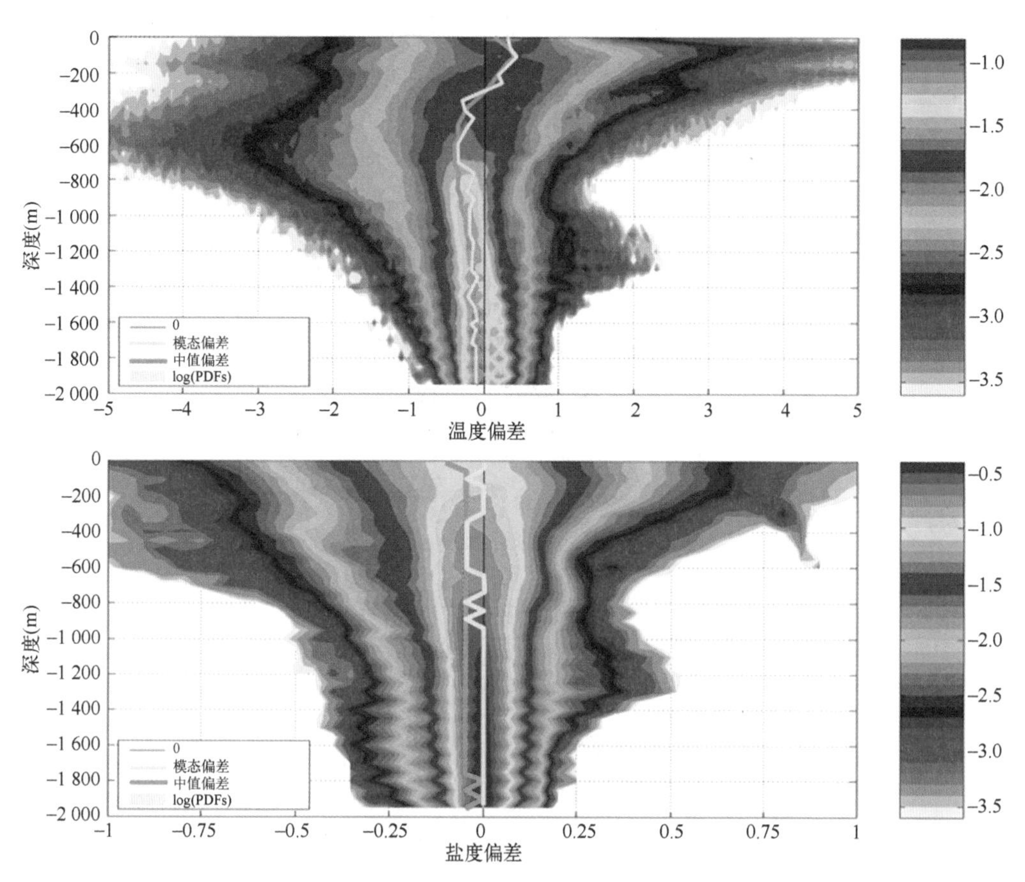

图 10.6 DFS3 强迫（G70 系列运行）驱动的 ORCA025 Drakkar 模拟的温度（上图）和盐度（下图）在 2000—2004 年期间平均的偏差垂直结构

参考资料为 EN3-v2a 水文资料集。彩色部分为温度和盐度偏差（x 轴）随深度(y 轴）变化的概率密度函数（对数形式）。依赖于深度的概率密度函数的中值（绿线）和模态（白线）均置于彩图之上［M. Juza 等（2011）私人交流］

10.4.2 分辨率提高的影响

经证实，模式 Drakkar 架构评估网格分辨率再现气候相关的海洋环流特征非常有效。图 10.1a 为卫星高度计观测到的全球海平面异常图。该数据为 2004 年 5 月一周的平均值，带有强烈的中尺度涡信号。这些中尺度特征在 2°分辨率中明显缺失（图 10.1c），然而在（1/4)°分辨率中却非常清晰可见，展示了真实的形态（图 10.1b）；从中尺度观点看，层流和涡旋海洋模式模拟的并不是“相同的”海洋。对两种模式都可以捕捉到的较大尺度特征进行对比是非常有意思的，例如海盆尺度综合气候指数、空间平滑的平均水平环流和年际变化（Large-Scale Interannual Variability，LSIV）形态。

纬向平均的经向翻转环流（Meridional Overturning Circulation，MOC）和经向热输送（Meridional Heat Transport，MHT）对分辨率变化有一定敏感度。大西洋经向翻转环流经向结构从 2°到（1/4)°的变化不大（图 10.7），经向翻转环流和经向热输送的平均振幅提高了约 25%（表 10.2）。

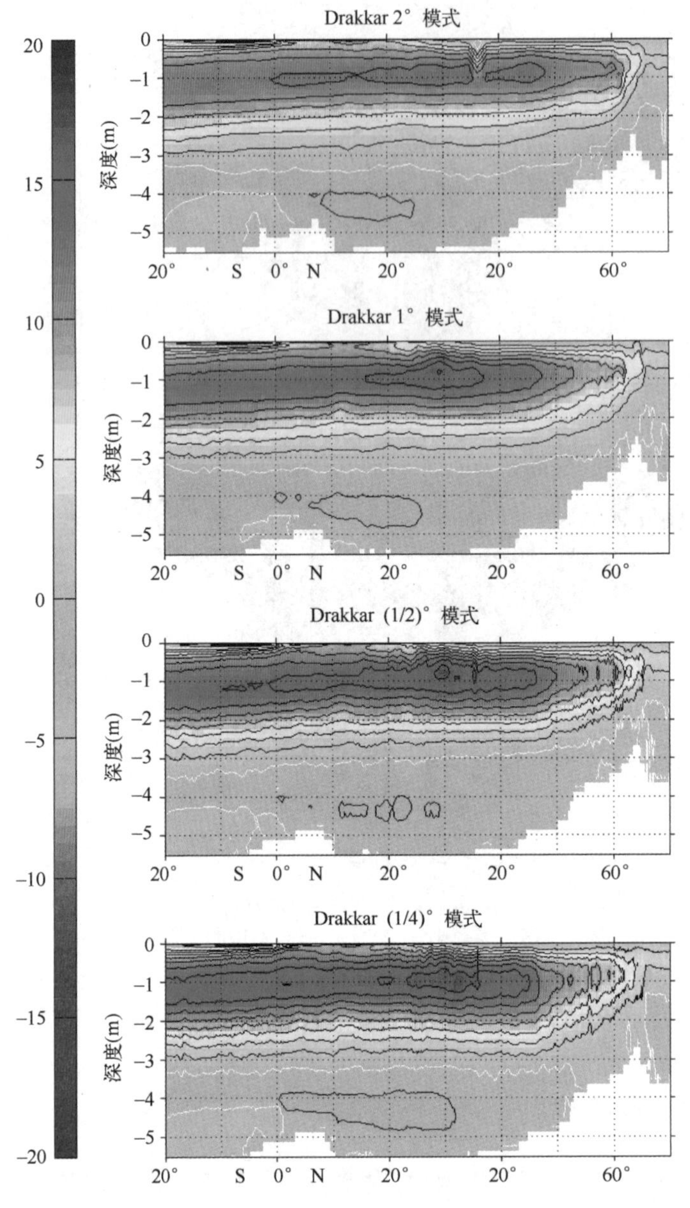

图 10.7　大西洋平均经向翻转环流函数

由同样的 DFS3 强迫（G70 系列）驱动，Drakkar 模拟的分辨率逐步提高 [2°、1°、(1/2)°和（1/4)°]。等值线间距为 2 Sv（Lecointre, 2009）

表 10.2　由相同的 DFS3 强迫驱动的各种 Drakkar 架构模型估计的 26°N 处的大西洋 MOC 和大西洋 MHT

分辨率	大西洋 MOC（26°N）	大西洋 MHT（26°N）
2°模型	13 Sv	0.68 PW
1°模型	16 Sv	0.73 PW
(1/2)°模型	17 Sv	0.80 PW
(1/4)°模型	17 Sv	0.88 PW

然而，经向翻转环流低频变化（图 10.8）在所有的模拟中都极其相似：尽管其他气候指标可能变化很大，然而模拟结果表明在对经向翻转环流和经向热输送缓慢发展的模拟中，涡旋模式并未有明显变化。

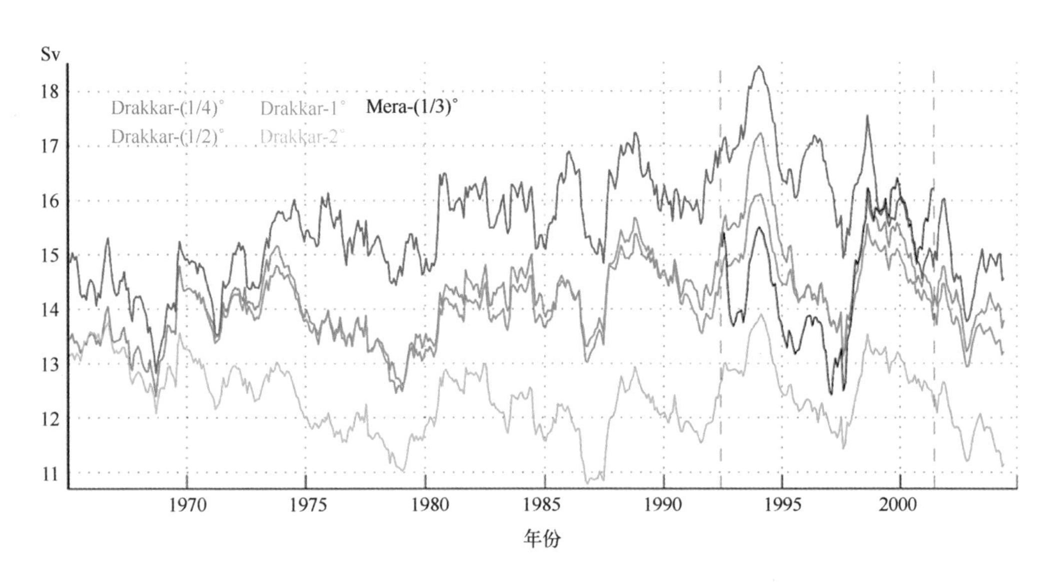

图 10.8　1958—2004 年，26°N 处大西洋经向翻转环流（Sv）的月平均变化

由同样的 DFS3 强迫（G70 系列）驱动，Drakkar 模拟的分辨率逐步提高［2°、1°、(1/2)°和（1/4）°］。大西洋经向翻转环流值为图 10.7 中翻转流函数在 1 000 m 处的值。MERA 曲线来自分辨率为（1/3）°的北大西洋区域模型（Lecointre, 2009）

图 10.9 对比了分辨率为 2°和（1/12）°模式模拟的时间平均垂向积分（正压）流函数。对（1/12）°模式解进行了平滑，并将其画在 2°的网格上。两种模式模拟的大尺度涡旋和平均流的位置基本一致，但是水平环流存在许多差异，例如北大西洋副极地流环的结构和范围，南大西洋西部的流交汇点或是南极绕极流锋面结构。显然，分辨率在很大程度上提高了对西边界流、恒锋位置和流速及输送振幅的模拟。由于这些改进多出现在气旋生成区域，因此人们期望在用粗分辨率涡旋海模式进行海洋-大气耦合模拟时显著的改变（潜在的利益）。

Penduff 等（2010）对 1993—2004 年间观测到和通过 Drakkar 模拟的随时间变化的海表面异常场进行了低通滤波。依据大尺度年际变化（Large-scale Interannual Variability, LSIV），例如空间尺度大于 6°、时间尺度长于 1.5 年，对模拟技术进行了比较。分辨率从 2°不断提高到（1/4）°可以系统优化 LSIV 特征（尤其是较强的年际变化）和地转形态。重申一下，这表明在平均状态和低频变化方面，与中尺度参数化相比，中尺度特征（局部）分辨率可以得出更准确的涡旋通量。虽然海盆积分的总量对分辨率变化的敏感度不高，但是随着网格大小的减小，它们的空间和时间分布形态（即它们潜在的动力因素）却有大幅改进。

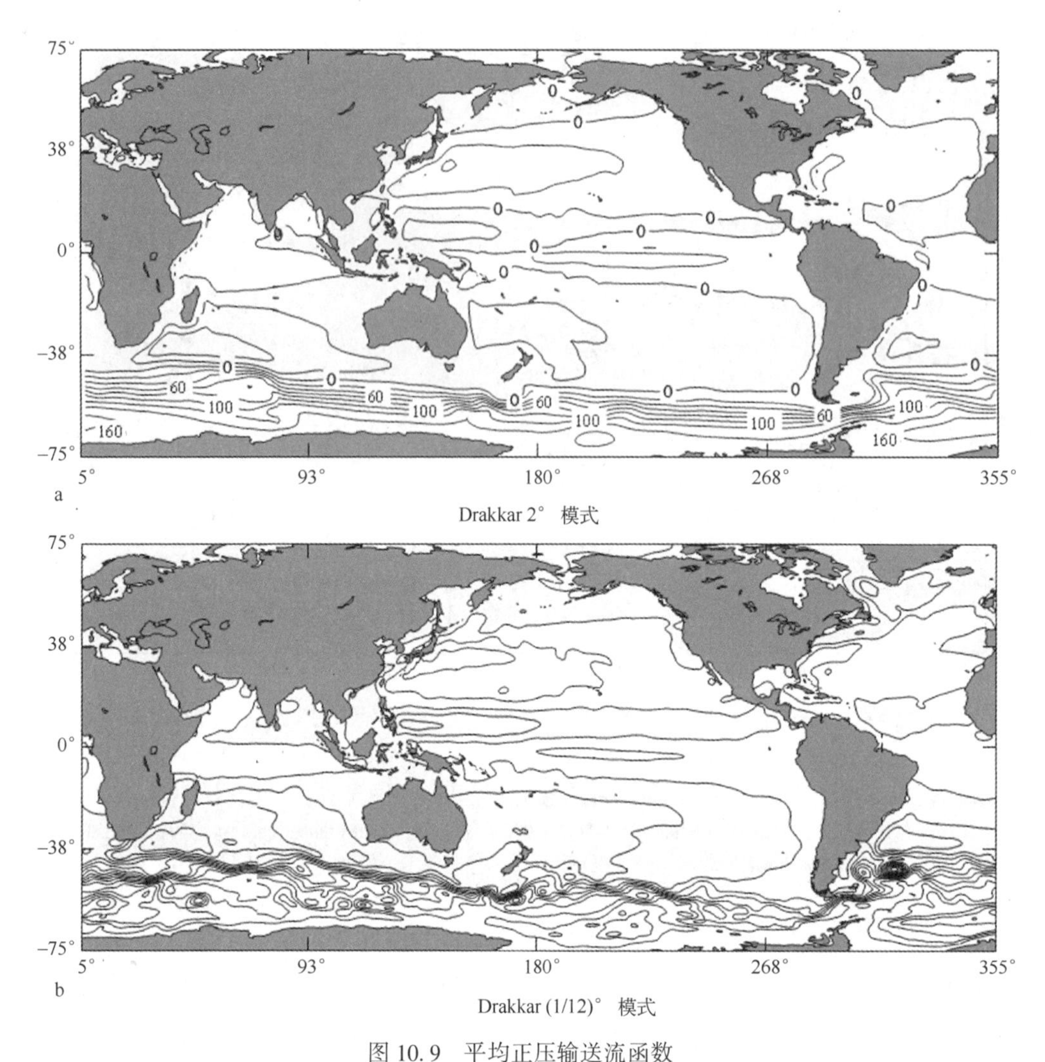

图 10.9 平均正压输送流函数

a. 2°分辨率模式 ORCA2；b. （1/12）°分辨率模式 ORCA12（等值线间距为 20 Sv）。为了便于比较，对（1/12）°模式解使用 100 窗的汉宁滤波器进行了平滑，并将其画在 2°网格上

10.5 结论

本章应用卫星观测数据阐述了海洋中普遍存在的中尺度变异，在每一个海盆和所有纬度中都能够发现它们的踪迹。我们将中尺度和大尺度环流联系起来、提供了运动的特征尺度，对尺度进行了讨论。在此基础上，给海洋中尺度下了动力学定义。我们列出了对海洋大尺度环流和气候有重要影响的中尺度过程。在模式方面，我们展示了两种不同的涡旋处理方法。一种是用计算代价很高的细网格求解涡旋（部分到全部），另一种则是用计算速度很快的粗分辨率网格对涡旋进行参数化。以此提出了可分辨/不可分辨尺度的理念，即海洋模式提供了其可分辨尺度上的解，该解的求得是建立在不可分辨尺度表征的基础之上的。

表征不可分辨尺度需要建立在物理基础上的“封闭假设”，但是在层流和涡旋模式中，这种假设形式完全不同。我们对这一现象进行了解释。两种模式均求解同一方程，可能应用相似的数值算法。然而，实例显示模式解对数值算法的不同敏感度取决于分辨率：和预想的一样，高分辨率模式对求解非线性项（如动量平流方案）数值算法的敏感度更高。因此，海洋模式的发展应该将提高分辨率、改进数值算法及次网格尺度参数化紧密联系起来。

尽管两种模式求解同一方程，但是由于一些物理和数值原因，涡旋和层流模式模拟的却不是“相同的”海域。这一点从粗分辨率解和空间平滑高分辨率解的不同就可以看出（即参数化仍不能完全再现不可分辨尺度）。不断提高的分辨率促进了中尺度湍流的发展，因此提高了可分辨物理的一致性和模式解的真实性，尤其是在强流路径及其和地形的联系、流速振幅以及年际变化的主要特征方面。然而，一些与气候相关的集成量，例如大西洋经向翻转环流和经向热输送对分辨率的敏感度相对较低（如大西洋经向翻转环流平均形态及年际变化）。由于大气-海洋相互作用的局地化，这些结果表明涡旋海洋模式可以提高未来气候预测系统的物理一致性。

最后，我们还应该注意的是，（中尺度）涡旋分辨率模式的应用才刚刚起步。目前，涡旋可分辨全球模式在赤道处的分辨率可以达到（1/12)°，但是其还没有被广泛应用［多为粗网格，大概为（1/4)°~（1/10)°］。涡旋全球模式对强迫、参数和数值算法的敏感性还不为人所知，很多研究小组还在对不可分辨（次中尺度）特征的参数化进行研究。在实际应用中，涡旋全球模式对计算成本和存储量的要求很高（甚至会需要目前的超级计算机）。在未来的10年中，我们需要完成从O［（1/4)°~（1/10)°］到O［（1/12)°~（1/16)°］的常规气候导向的大尺度模拟。由于受到计算机的限制，用于一万年古气候学后报的气候模式运用的是粗分辨率（层流）海洋分量，这比用于100年联合国政府间气候变化专门委员会（Intergovernmental Panel on Climate Change，IPCC）预测的分辨率要粗。反过来说，这些耦合海洋模式的分辨率并不能和目前Drakkar海洋涡旋设置的分辨率一样精细，也不能和目前区域超高分辨率［（1/32)°或更加精细］业务模式的分辨率一样精细。一方面，粗分辨率模式一直得益于高分辨率模式参数化的发展。另一方面，这些模式是提高特定涡旋海洋模式分量（如大气强迫）的有效工具；海洋/大气耦合模式为涡旋海洋建模者在海-气相互作用方面提供了有效反馈。最后，根据应用需要，海洋建模工作者需要多种工具，因此“层流”“涡相容”和“涡可分辨”海洋模式需要协调发展。

致谢：感谢法国国家科学研究院和法国国家太空研究中心对格勒诺布尔NEMO海洋模式小组的不断支持。感谢GENCI（IDRIS和CINES）为我们提供超级计算机以及GMMC对我们的支持。Bernard Barnier非常感谢Clothilde Langlais，他为我们准备了与本章相关的GM90参数化并教会了我们如何对其进行操作；感谢Tim Pugh为我们安装电脑设施，让我们能够进行高效的工作；感谢Jean Marc Molines、Melanie Juza和Albanne Lecointre为我们提供了材料支持；感谢我们在Drakkar协调小组的合作伙伴Anne Marie Treguier和Gurvan Madec。

附　录

本章中使用的在笛卡尔坐标系（x，y，z）中的原始方程。

定义

T	位温
S	盐度
ρ	密度
$\boldsymbol{u}=(u, v, w)$	速度向量
P	压力
f	科里奥利参数
g	重力加速度
$D_{T,S,u,v}$	扩散/耗散项
$F_{T,S,u,v}$	强迫项
(x, y, z)	坐标系（向东，向北，向上）
$\nabla = \partial/\partial x, \partial/\partial y, \partial/\partial z)$	梯度向量算子

方程

纬向动量	$\frac{\partial u}{\partial t}+(\boldsymbol{u}\cdot\nabla)u-fv=-\frac{1}{\rho_0}\frac{\partial P}{\partial x}+D_u+F_u$
经向动量	$\frac{\partial v}{\partial t}+(\boldsymbol{u}\cdot\nabla)v+fu=-\frac{1}{\rho_0}\frac{\partial P}{\partial y}+D_v+F_v$
温度	$\frac{\partial T}{\partial t}+\boldsymbol{u}\cdot\nabla T=D_T+F_T$
盐度	$\frac{\partial S}{\partial t}+\boldsymbol{u}\cdot\nabla S=D_S+F_S$
静力近似	$\frac{\partial P}{\partial z}=-\rho g$
速度向量 $\boldsymbol{u}=(u, v, w)$ 的非辐散性	$\nabla\cdot\boldsymbol{u}=0$
非线性状态方程	$\rho=\rho(T, S, P)$

参考文献

Barnier B, Madec G, Penduff T, Molines J M, Treguier A M, Le Sommer J, Beckmann A, Bias-toch A, Boning C, Dengg J, Derval C, Durand E, Gulev S, Remy E, Talandier C, Theetten S, Maltrud M, McClean J, De Cuevas B (2006) Impact of partial steps and momentum advection schemes in a global ocean circulation model at eddy permitting resolution. Ocean Dyn. doi: 10. 1007/s10236-006-0082-1.

Biastoch A, Boning C W, Lutjerharms J R E (2008) Agulhas leakage dynamics affects decadal variability in Atlantic overturning circulation. Nature. doi: 10. 1038/nature07426.

Brodeau L, Barnier B, Penduff T, Treguier A M, Gulev S (2010) An ERA40 based atmospheric forcing for global ocean circulation models. Ocean Model 31: 88-104.

Chanut J, Barnier B, Large W, Debreu L, Penduff T, Molines J M, Mathiot P (2008) Mesoscale eddies in the Labrador Sea and their contribution to convection and restratification. J Phys Oceanogr 38: 1617-1643.

Chelton D B, Schlax M G, Samelson R M, de Szoeke R (2007) Global observations of large oceanic eddies. Geophys Res Lett. doi: 10. 1029/2007 GL030812.

Debreu L, Vouland C, Blayo E (2008) AGRIF: Adaptive Grid Refinement in Fortran, Comput Geosci 34 (1): 8-13.

Ducet N, Le Traon P Y, Reverdin G (2000) Global high resolution mapping of ocean circulation from Topex/Poseidon and ERS-1 and -2. J Geophys Res-Ocean 105(C8): 19477-19498.

DRAKKAR Group (2007) Eddy-permitting ocean circulation hindcasts of past decades. CLIVAR Exch No 42 12 (3): 8-10.

Eden C, Greatbatch RJ (2008) Towards a mesoscale eddy closure. Ocean Model 20: 223-239.

Fichefet T, Morales Maqueda MA (1997) Sensitivity of a global sea ice model to the treatment of ice thermodynamics and dynamics. J Geophys Res 102: 12609-12646.

Frisch U, Kurien S, Pandit R, Pauls W, Ray S, Wirth A, Zhu J Z (2008) Hyperviscosity, Galerkin truncation, and bottlenecks in turbulence. Phys Rev Lett 101: 144501.

Gent P R, McWillams J C (1990) Isopycnal mixing in ocean circulation models. J Phys Oceanogr 20: 150-155.

Griffies S M (2004) Fundamentals of ocean climate models. Princeton University Press, Princeton (518+xxxivpages).

Griffies S M, Adcroft A J (2008) Formulating the equations of an ocean model. In: Hecht MW, Hasumi H (eds) Ocean modeling in an eddying regime, Geophysical monograph 177. American Geophysical Union, Washington, 281-318.

Griffies S M, Gnanadesikan A, Dixon K W, Dunne J P, Gerdes R, Harrison M J, Rosati A, Russell J L, Samuels B L, Spelman M J, Winton M, Zhang R (2005) Formulation of an ocean model for global climate simulations. Ocean Sci 1: 45-79.

Ingleby B, Huddleston M (2007) Quality control of ocean temperature and salinity profiles from historical and real-time data. J Mar Syst. doi: 10. 1016/j. jmarsys. 2005. 11. 019.

Jouanno J, Sheinbaum J, Barnier B, Molines J M, Debreu L, Lemarié F (2008) The mesoscale variability in the Caribbean Sea. Part I: simulations with an embedded model and characteristics. Ocean Model 23: 82-101.

Juza M, Penduff T, Barnier B, Brankart M (2011) Estimating the distortion of mixed layer property distributions induced by the ARGO sampling. J Oper Oceanogr (submitted).

Large W G (1998) Modeling and parameterizing the ocean planetary boundary layer. In: Chassignet E P, Verron J (eds) Ocean modeling and parameterization. Kluwer, Netherlands, pp 81-120.

Large W G, Yeager S G (2004) Diurnal to decadal global forcing for ocean and sea-ice models: the data sets and flux climatologies. NCAR technical note: NCAR/TN-460+STR. CGD division of the National Center for Atmospheric Research.

Large W G, Yeager S G (2008) The global climatology of an interannually varying air-sea flux data set. Clim

Dyn. doi: 10. 1007/s00382-008-0441-3.

Large W G, McWilliams J C, Doney S C (1994) Oceanic vertical mixing: a review and a model with a non local boundary layer parameterization. Rev Geophys 32: 363-403.

Lecointre A (2009) Variabilité océanique interannuelle dans l'océan Atlantique Nord: simulation et observabilité. Thèse de l'Université Joseph Fourier, Grenoble. http: //tel. archives-ouvertes. fr/tel-00470520/.

Lesieur M (2008) Turbulence in fluids, 4th Edn. FMIA 84, R. Moreau Series Ed. Springer, Dordrecht. ISBN 978-1-4020-6434-0.

Le Sommer J, Penduff T, Theetten S, Madec G, Barnier B (2009) How momentum advection schemes influence currenttopography interactions at eddy permitting resolution. Ocean Model 29: 1-14.

Madec G (2008) NEMO, the ocean engine, Notes de l'IPSL, Universit_e P. et M. Curie, B102 T15-E5, 4 place Jussieu, Paris cedex 5.

Madec G, Imbard M (1996) A global ocean mesh to overcome the North Pole singularity. Clim Dyn 12: 381-388.

McWilliams J C (2008) The nature and consequences of oceanic eddies. In: Hecht M W, Hasumi H (eds) Ocean modeling in an eddying regime, Geophysical monograph 177. American Geophysical Union, Washington, p 5-15.

Müller P (2006) The equations of oceanic motions. Cambridge University Press, Cambridge, p 291.

Penduff T, Sommer J L, Barnier B, Treguier A-M, Molines J-M, Madec G (2007) Influence of numerical schemes on current-topography interactions in 1/4°global ocean simulations. Ocean Sci 3 (4): 451-535.

Penduff T, Juza M, Brodeau L, Smith G C, Barnier B, Molines J-M, Treguier A-M, Madec G (2010) Impact of model resolution on sea-level variability with emphasis on interannual time scales. Ocean Sci 6: 269-284.

Redi M H (1982) Oceanic isopycnal mixing by coordinate rotation. J Phys Oceanogr 12: 1154-1158.

Treguier A M (2006) Models of the ocean: which ocean? In: Chassignet E P, Verron J (Eds) Ocean weather forecasting. Springer, Dordrecht, pp 75-108.

Zhao R, Vallis G (2008) Parameterizing mesoscale eddies with residual and Eulerian schemes, and a comparison with eddy-permitting models. Ocean Model 23: 1-12.

第 11 章　GODAE 背景下的等密度面和混合坐标海洋数值模拟

Eric P. Chassignet[①]

摘　要：一个海洋预报系统由 3 个基本的部分所组成（观测、数据同化和数值模型）。一方面，海洋观测数据是数值预报准确度的基础；另一方面，海洋预报的质量首先取决于海洋数值模型真实地刻画海洋物理和动力机制的能力。即使有大量的观测数据来优化初始场，一个不准确的海洋数值模式也不一定能够提供质量更高的预报。本章介绍了有关全球海洋数值模拟所面临的挑战；同时，也在业务化全球海洋预报的框架下，回顾了等密度面和混合垂直坐标类型的海洋数值模式的发展现状。

11.1　引言

本章的主要目的是回顾等密度面和混合垂直坐标类型的海洋数值模式的现状，同时，讨论该类型数值模式在业务化全球海洋预报系统和全球海洋数据同化实验（Global Ocean Data Assimilation Experiment，GODAE）下的应用。在作者的工作之外，本章内容也紧密参考了 R. Bleck、S. Griffies、A. Adcroft 和 R. Hallberg 等的文章、讲稿和综述论文。本章已经尽力按标准引用，然而，仍与上述学者已发表论文在内容和形式上不可避免地存在一些相似性。

正如 Bleck 和 Chassignet（1994）所说，地球物理流体的数值模拟起始于半个世纪前的数值天气预报。海洋模式的发展落后于大气模式的发展，主要原因是社会对气象预报的需求；另一方面，也是由于封闭海盆环流系统和非线性海水状态方程的内在复杂性。此外，由于海洋中的物理过程（如斜压不稳定性）与大气相比具有显著较小的尺度，因此未识别这些物理过程，海洋对计算资源的需要远大于大气。历史上，海洋数值模式主要被用于模拟海洋系统中占主导地位的时间-空间尺度。对物理完整性的模拟有两个方面的要求：一是能够准确地表征识别的现象；二是能够对不能识别的变率进行参数化（Chassignet and Verron，1998）。例如，对输运的表征是数值对流方案所要解决的问题，次网格尺度输运参数化是湍封闭方案所要考虑的问题。尽管表征和参数化通常具有重叠性，但是对它们进行区分还是有用的，并且是各种数值模式开发所面临的核心问题。

① Eric P. Chassignet，美国佛罗里达州立大学，海洋大气预测研究中心。E-mail：echassignet@coaps.fsu.edu.

N-S微分方程被转换成一个代数系统后，方可进行数值求解，这个转换过程细致地描述了各种近似问题。数值模拟工作者必须努力提高数值准确性，否则，利用有限差分或Galerkin方法进行微分近似所导致的离散或者“截断”误差会损害数值实现。截断误差的来源是多种多样的，并且大部分截断误差依赖于模式分辨率，例如，水平坐标（球形的和广义正交的）、垂直和水平网格、时间步进方案、表面和底部边界层的描述、底部地形的描述、状态方程、示踪量和动量输运、次网格尺度过程、耗散和扩散等。目前，数值模式水平已经得到很大提高，主要得益于两方面：一是我们对物理过程有了更好的理解；二是当代计算机基于代数近似对微分方程能做出更准确的描述。

旋转和层结流体的一个主要特点是其侧向输运相对于垂向输运占主导地位，海洋就是这种情况。因此，在海洋数值模拟中通常将水平坐标正交于由重力决定的局地垂直方向。更大的难点在于如何定义垂直坐标。正如多种海洋数值模拟研究中所表明的那样，对垂直坐标系统的选择是海洋数值模型设计中的唯一关键点，比如DYNAMO（Meincke et al，2001；Willebrand et al，2001）和DAMEE-NAB（Chassignet and Malanotte-Rizzoli，2000）等。表征和参数化所面临的现实问题通常与垂直坐标的选择直接相关。目前，主要的垂直坐标有3种，但是均不具有普适性。因此，许多模式开发者研究混合坐标。

正如Griffies等（2000a）所指出的，海洋中的3个结构是在选择合适的垂直坐标时需要考虑的。首先，海洋中存在表面混合层，该区域大体上是动量、热、淡水和示踪物输运所主导的湍区域。通过三维对流、湍流过程，垂向通常被很大程度地混合，这些过程包含了非静力物理机制，需要很高的水平和垂向分辨率以进行显式表征（例如，垂向与水平网格的大小基本相当），因此，海洋数值模型原始方程中的这些过程需要进行参数化处理；其次，海洋中存在内区，示踪物输运过程主要沿着等密度面，因此海洋内区的水团性质在较大的空间和时间尺度上都趋于守恒；最后在海洋的某些区域，密度流、湍底边界层过程很大程度上决定了水团性质，这些过程对世界大洋深水性质的形成具有主要作用。

最简单的垂直坐标是z坐标，代表距离静止海洋表面的垂直距离，如图11.1所示。另一种垂直坐标选项是相对于参考压强的位势密度。在具有稳定层结的绝热海洋中，位势密度具有物质守恒性并且定义了一个海洋流体均一层结。第三种是跟随地形的σ坐标。深度坐标或z坐标为海洋数值模拟提供了最简单且最确定的框架，它尤其适用于具有强的垂向或者垂直于等密度面混合、弱层结等情况。然而，它在描述海洋内区及底层方面存在着明显不足。相反，密度坐标更适用于模拟沿等密度方向的示踪物输运，不适用于对非层结海区的模拟。在描述与地形相关的动力、边界层效应为重要考量因子的情况下，σ坐标提供了一个合适的框架。跟随地形的σ坐标尤其适用于对陆架坡陡环流的数值模拟，但是否适用于全球海洋的数值模拟尚有待考证。这些垂直坐标体系被广泛应用于近岸工程应用和预测［参考Greatbatch和Mellor（1999）的综述文章］、区域和海盆尺度的海洋学研究。

理想情况下，一个海洋模式应具有以下几个特点：水团性质经过数百年的积分后依然保持不变（密度坐标具有这个特点）；在表面混合层具有较高的垂向分辨率以合理地表征热力和生物化学过程（z坐标具有这个特点）；在非层结或弱层结海域保有足够的垂向分辨率；在近岸海域具有高的垂向分辨率（跟随地形的 σ 坐标具有这个特点）。这推动了近年来混合垂直坐标海洋数值模式的开发，这些模式集成了不同垂直坐标的优点，以实现对近岸和开阔大洋环流特征的最优模拟。

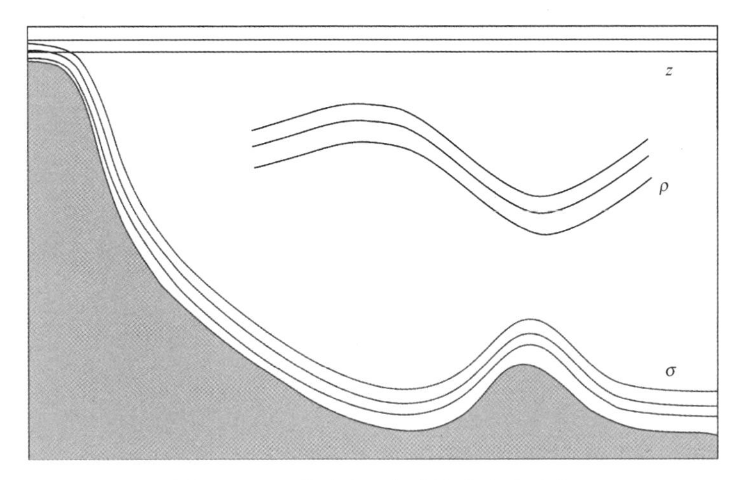

图 11.1　三种垂直坐标在海盆中的示意

表面混合层通常由固定深度 z（或压强 p）坐标来表征；海洋内部通常由等密度面坐标来表征；海底边界层通常由跟随地形的 σ 坐标来表征［引自 Griffies 等（2000a）］

在 GODAE 框架下，目前应用于海洋预报系统的全球海洋模式有两大类：固定坐标（如 MOM、NEMO、MITgcm、NCOM、POP、OCCAM 等）和拉格朗日坐标（如 NLOM、MICOM、HYCOM、POSEIDON、GOLD 等）。有关简称的定义和参考文献，读者可以查阅本章附录。

11.2　GODAE 对海洋模式的要求

GODAE 的具体目标是：

（1）基于先进的海洋模型和资料同化模型，提供短期大洋预报、边界条件，拓展近岸和区域子系统的可预报性以及为气候预报模型提供初始条件。

（2）提供全球海洋分析产品，用以提升对海洋的了解，改进对海洋变动的可预报性评估，并为改进全球海洋观测系统的设计和效用奠定基础。

不同的应用目标，需要有不同的海洋数值模型。高分辨率业务化海洋学预报系统要求对海洋中尺度现象（比如中尺度涡和弯曲海洋锋）、上层海洋结构进行准确描绘。在风、潮汐和海表面气压驱动下，近岸预报要求海表面高度具有较高的准确性。季节年际预报要求模式能够合理表征上层海洋水体性质，并且与大气模式进行耦合。由此可见，单一的模式无法满足多种多样的应用需求。

对于高分辨率业务化海洋学预报系统来说，海洋模式须具有以下特点：覆盖全球、涡识别、高垂向分辨率、先进的上层海洋物理过程、高性能的数值代码和方案（Hurlburt et al, 2008; 2009）。为了实现对中尺度变率的合理表征，模式水平网格应具有足够的分辨率来识别斜压不稳定性过程。目前，数值模拟实例表明能够合理表征西边界流和涡动动能的数值模式分辨率应高于（1/10）°。需要利用高性能计算机来完成具有如此高分辨率的全球数值模拟。因此，目前世界上仅有为数不多的具有涡识别能力的全球海洋模式，如 NLOM（1/32）°（Shriver et al，2007）、POP（1/10）°（Maltrud and McClean，2005）、HYCOM（1/12）°（Chassignet et al，2009）和 MERCATOR/NEMO（1/12）°（Bourdallé-Badie 和 Driller 的私人交流结果）部分模式具有资料同化功能。

11.3 挑战

随着模式分辨率的提高，海洋模式面临着多种挑战。本节总结了与 GODAE 高分辨率业务化海洋学的目标密切相关的几个挑战。

11.3.1 与模式相关的资料同化问题

相对于大气模式，海洋模式进行资料同化具有更大的难度，原因是：（1）海洋数据主要集中在海洋表层；（2）海洋模式需运用模拟技巧将大气强迫转换为海洋的响应；（3）在对卫星高度计资料进行动态插值的过程中需要用到模式预报技巧（因为最新的高度计资料在重复轨道上的平均年龄为重复周期的一半加上接收实时数据的延迟时间，目前通常为 1~3 d）。具体来说，海洋模式必须能够准确地表征没有充分观测支撑的海洋特征和要素场。这对于海洋再分析、实时中尺度涡识别的现报、短期预报（1 个月之内）、季节至年际预报来说是一个挑战。对于平均流及其输运、表层混合层深度、埃克曼表层流、近岸海洋环流、北极环流、深海环流（由涡、热盐环流和风所驱动的部分）来说，海洋模拟技巧尤为重要。

为了将卫星高度计海表面高度异常资料同化进数值模式，在高度计观测时期内的海洋平均海表面高度值是一个必要信息。然而，目前对大地水准面（Geoid）的估算尚达不到足够精度，无法提供对于中尺度过程极其重要的准确的平均海平面高度。虽然有若干颗卫星计划正在或计划实施，以对大地水准面进行更精确的评估，然而，其空间尺度依然不能完全满足对中尺度过程预测的需要。由于多数海洋锋和平均海流路径不能被海洋气候态所精确定义，因此，模式平均状态具有合理准确度是极其重要的。

当海洋数值模式与资料同化技术相结合时，其他的理论和技术问题会随之出现。在所有的资料同化方案中，非线性是次优解的主要来源。变分方法通常要求发展伴随模型，这是一项重要而又具有挑战的工作。依据垂直坐标，对具有缺失层的等密度面坐标模式进行非高斯统计，或者对贯穿整个垂向层的 z 坐标模式的流稳定性进行处理的过程都依赖垂直坐标，因此都面临着困难。最后，如何定义估计误差、模式误差和观测误差也是资料同化所面临的难题。

11.3.2 强迫场

海洋模式受给定的大气强迫场驱动，大气强迫场、海洋模式本身的误差和 N-S 方程内在的非线性共同造成了数值模式在自由积分模态下无法准确模拟出当前海洋环流的状态。基于块体公式，利用模式海表面温度和气象数据计算得到的准确的大气强迫，对成功预报海表面温度、海表面盐度和混合层深度具有至关重要的影响。这里需要指出的是：当前许多海洋预报系统所采用的直接给定表面强迫场的方法，没有考虑海洋对大气的反馈作用。这对 15 d 以内的海洋预报的影响有限；然而，对像厄尔尼诺-南方涛动（El Niño-Southern Oscillation，ENSO）一样的季节至年际预报来说，海洋模式与大气模式的耦合是至关重要的（Philander，1990；Clarke，2008）。

11.3.3 地形

高分辨率的海洋数值模拟需要有高分辨率的地形数据。当前最常用的地形数据是 Smith 和 Sandwell（1997；2004）数据，该数据是卫星高度计和船载测深的融合数据。其最新版本是覆盖全球的分辨率为（1/2）′的地形数据（http：//topex. ucsd. edu/WWW_html/srtm30_plus. html），并且在北极区域融合了 IBCAO 地形数据（Jakobsson et al，2000），同时在某些区域也融合了多种高分辨率的测深数据。大多数其他的全球地形数据在深海区域的值均采用了 Smith-Sandwell 地形数据，如最新的 GEBCO、ETOPO2 和 DBDB2 地形数据等。由于遥感高度计资料在浅水区存在较大误差，因此在浅水区不同地形数据产品之间的值通常存在差异，通常用局地高质量的地形数据进行校正。当前水声测深数据的分辨率可以达到 100 m，然而这些数据仅能覆盖深水大洋的一小部分。在没有这些数据覆盖的海域，Smith-Sandwell 地形数据真实的特征分辨率约为局地水深的 π 倍，即在 10~20 km 之间。Goff 和 Arbic（2010）近期制作了一份综合数据，地形异常由海床伸展率等局地地球物理状况所决定。尽管地形中的“隆起”并不一定是确实存在的，但综合地形叠加在 Smith-Sandwell 地形数据之上便是具有准确统计特征的全球地形数据。

11.3.4 经向翻转流

翻转流的合理再现对正确再现海洋表面状态至关重要，尤其是对北大西洋来说，热盐经向翻转流是湾流输运的重要组成部分。混合层物理机制、结冰、溢流的表征、内区跨越等密度面混合过程等众多因子会影响经向翻转流的强度和路径。

11.3.5 海冰模式

为了获得高纬度地区合理的强迫场，进而得到高密度水团的形成和循环，全球海洋模式应与海冰模式进行耦合。对海冰循环的正确描述具有挑战性，尤其是在给定大气场的情况下。与海冰模式相关的另外一个难题是冰面之下的混合层参数化问题。

11.3.6 溢流

海槛溢流通常与洋中脊之间的通道有关，依赖于地形细节的水文作用影响。通常存在于海底湍混合层内的高密度海水的下坡海流，会卷夹着周围海水并受海槛附近形成的中尺度涡所调制。海洋数值模式对高密度海水的下坡海流的数值模拟，因垂直坐标方案的不同而存在很大差异。在 z 坐标模式里，由于对海底地形的阶梯式离散而产生的重力不稳定水团沿海底坡度下降时与周围海水迅速混合，进而导致了海槛下流游出流水的虚假数值混合。这种数值混合随着水平和垂向网格间距的缩小而降低，然而，在（1/10)°分辨率的海洋模式里，虚假数值混合问题依然不容忽略［参考 Legg 等（2009）的综述文章］。

11.3.7 跨越等密度面混合

跨越等密度面混合的现场观测是最缺乏的，对其的数值模拟也是最难的，特别是在固定坐标系统的数值模式里（Griffies et al，2000b；Lee et al，2002），边界层外的海洋内部混合的特征量很小，使得对跨越等密度面混合的模拟尤其困难（Ledwell et al，1993）。数值引起的跨越等密度面过量混合将导致错误的水团路径和对热盐环流的不准确表征。

11.3.8 内重力波/潮

在固定坐标模式中，对内重力波的不合理分辨导致了由于数值方案而引起的虚假跨越等密度面混合。利用若干数值技术可以降低重力波波速，然而，基于模式表征的内重力波，对跨越等密度面的混合进行合理的参数化处理是十分必要的。含有天文潮强迫的海洋数值模式中会有正压潮的产生，其与粗糙地形作用而产生内潮。直到最近，才实现了对全球海洋环流和潮汐的同步数值模拟。Arbic 等（2010）介绍了第一个实现对全球海洋环流和潮汐的高分辨率同步数值模拟的尝试。相对于以前仅包含潮强迫和基于水平变化层结的全球内潮模式，包含风和浮力通量强迫的模式可以表征层化的水平变化。Arbic 等（2010）发现水平变化的层结首要影响潮，尤其是在极地海域。在海洋环流模式中引入潮汐作用，也更合理地体现出二次底边界层拖曳项的作用。许多海洋环流模式都在二次拖曳方程里引入了一个潮汐背景流项（例如 Willebrand et al，2001），该值通常为 5 cm/s。然而，在真实的海洋中，潮流速度由深海区的 1~2 cm/s 变化到近岸区的 0.5~1 m/s。因此，潮汐背景流项在深海区偏大，而在近岸区是偏小的。在海洋环流模式里，通过对空间不均匀潮流的真实解析，这个问题可以得到很好的解决。

11.3.9 正压运动

使用高频（例如 3 h/次）的强迫来驱动模式会产生卫星高度计所无法分辨的强正压运动（Stammer et al，2000）。此外，Shriver 和 Hurlburt（2000）认为全球海洋主要的海流系统都普遍存在着均方根为 5~10 cm 的海表面高度正压变率。

11.3.10 黏性封闭

尽管模式网格分辨率得到提高，黏性参数化依然在大尺度海洋环流数值模拟中起着重要的作用（Chassignet and Garraffo，2001；Chassignet and Marshall，2008；Hecht et al，2008）。当模式网格分辨率达到某个临界值，从小尺度到大尺度的能量级联应该在模式物理过程中得到合理表征。基于数值原因，扩散也应被描述以消除涡动拟能在网格点上的叠加效应。所以，在涡分辨的数值模拟中，黏性项通常由高阶算子来表征。高阶算子可以去除网格尺度上的数值噪声，同时通过由可分辨运动尺度上的动力调整来决定次网格参数化，从而保留更大尺度上的属性（Griffies and Hallberg，2000）。除了数值封闭，黏性算子也可以是对更小尺度的参数化。如何定义参数化也是一个难点，其中困难之一是在已知可分辨尺度速度的条件下，如何确定雷诺应力。通常所采用的解决方法是，假设大尺度运动中的湍运动类似于分子黏性。然而，这就使扩散的拉普拉斯形式移除了在大范围空间尺度上的动能和涡动拟能，也使流场能量相对于应用了更高阶尺度扩散算子的能量要小。此外，一些拉普拉斯扩散仍需定义黏性边界层，并且移除不能被双调和扩散方案所识别的大空间尺度涡以及不能被模式网格所能数值分辨的小空间尺度涡。

11.3.11 近岸过渡带

对海洋预报的强烈需求来源于离岸的海洋工业，它们已将其活动从陆架浅海扩展到大陆坡的勘探和生产，海洋环境条件对在那里开展安全和环境上可接受的作业发挥着更为关键的作用。目前，世界上许多油气盆地的勘探和生产都在水深超过 2 000 m 的水域进行。深海与陆架浅海之间过渡区的准确模拟对海洋模式提出了很高的要求。它应该能够模拟陆架上具有水团混合均匀、强的潮流和风生环流典型特征的浅水。此外，它还必须能在长期积分的过程中准确地再现和区分深海和近表层之间具有截然不同特征的水团。陆架与陆坡的相互作用也是一个有趣的问题，因为这种作用会对内潮和沿大陆架/陆坡发展和传播的波动模态产生影响。其中包括远海生成的波动模态，如赤道开尔文波，它们对厄尔尼诺事件起到很大的作用，还可以对遥远的沿海地区产生强烈影响。

11.4 关于位势密度作为垂直坐标系

正如引言中所述，垂直坐标系统的选择是海洋建模中最重要的方面之一，由于在考虑到方程表征形式和参数化的实际问题中，垂直坐标系的选择直接影响到上一节中所列出的许多难题。当网格尺寸趋向于零的时候，在任何垂直坐标下离散化的方程解都应该收敛于其相应的微分方程的解，因此对于垂直坐标系没有“最好的”选择。我们要理解和优先考虑每个坐标系统都有的截断误差。

等密度（位势密度）坐标系建模是通过交换作为传统自变量的水深和因变量密度来降低截断误差。更具体地说，在浮力作用的湍动分层流中，混合主要发生在沿等密度或等位势密度表面上（Iselin, 1939；Montgomery, 1940；McDougall and Church, 1986）。如果温盐控制方程在（x, y, z）空间里离散，即温盐的三维矢量输运可以数值统计为（x, y, z）3 个方向的标量输运，经验表明此种方法基本不太可能避免在 3 个方向的数值扩散（Veronis, 1975；Redi, 1982；Cox, 1987；Gent and McWilliams, 1990, 1995；Griffies et al, 2000b）。因此无论怎样公式化控制方程中的混合项，数值上产生的混合很有可能造成一个垂直于等密度面（“混合”）的分量，将会掩盖常见的物理混合过程（Griffies et al, 2000b）。在等密度坐标系建模中，通过把（x, y, z）坐标系下的动力学方程转化成（x, y, ρ），可以大部分消除如上所述的截断误差（Bleck, 1978；1998；Bleck et al, 1992；Bleck and Chassignet, 1994）。

$$\frac{\partial \boldsymbol{v}}{\partial t_S} + \nabla_S \frac{\boldsymbol{v}^2}{2} + (\zeta + f)\boldsymbol{k} \times \boldsymbol{v} + \left(\dot{S}\frac{\partial p}{\partial S}\right)\frac{\partial \boldsymbol{v}}{\partial p} = p\nabla_S\alpha - \nabla_\alpha M - g\frac{\partial \boldsymbol{\tau}}{\partial p} + \left(\frac{\partial p}{\partial S}\right)^{-1}\nabla_S \cdot \left(v\frac{\partial p}{\partial S}\nabla_S v\right) \tag{11.1}$$

$$\frac{\partial}{\partial t_S}\left(\frac{\partial p}{\partial S}\right) + \nabla_S\left(\boldsymbol{v}\frac{\partial p}{\partial S}\right) + \frac{\partial}{\partial S}\left(\dot{S}\frac{\partial p}{\partial S}\right) = 0 \tag{11.2}$$

$$\frac{\partial}{\partial t_S}\left(\frac{\partial p}{\partial S}\theta\right) + \nabla_S \cdot \left(\boldsymbol{v}\frac{\partial p}{\partial S}\theta\right) + \frac{\partial}{\partial S}\left(\dot{S}\frac{\partial p}{\partial S}\theta\right) = \nabla_S \cdot \left(\mu\frac{\partial p}{\partial S}\nabla_S\theta\right) + H_\theta \tag{11.3}$$

式中，$\boldsymbol{v}=(u, v)$ 为水平速度矢量；p 为压强；θ 为模型中任何一个热力学变量；$\alpha=\rho_{pot}^{-1}$为位势单位体积；$\zeta=\partial v/\partial x_S-\partial u/\partial y_S$为相对涡度；$M=gz+p\alpha$ 为蒙哥马利位势。f 为科氏系数；$\boldsymbol{k}$ 为垂直单位矢量；v 和μ 分别为涡黏度和涡旋扩散率。$\boldsymbol{\tau}$ 为风或者底部摩擦引起的剪切应力矢量；H_θ 为作用于 θ 的包括跨密度混合的非绝热源项，下标表示在偏微分时变量保持不变。在 x，y 方向的距离及其对时间的导数 u 和 v 是投影到一个水平面上测量的。这种转换使得坐标系在三维空间中非正交，而且消除了由 S 表面斜率产生的度规项（Bleck，1978）。由非笛卡尔网格（如球坐标）下计算（$\nabla\cdot$）或者（$\nabla\times$）矢量乘法时产生的度规项，被纳入方程（11.1）至方程（11.3）中的涡度和水平通量散度对单个网格线积分的首要项［更多细节请见 Griffies 等（2000a）的文章］。请注意当∇作用于一个标量时，例如方程（11.1）中的 $\boldsymbol{v}^2/2$ 不会产生度规项。

方程（11.2）中的连续性方程在介于 S_{top} 和 S_{bot} 面作垂直积分后，成为单位面积上的层重的预测方程，$\Delta p=p_{bot}-p_{top}$。

$$\frac{\partial \Delta p}{\partial t_S} + \nabla_S \cdot (\boldsymbol{v}\Delta p) + \left(\dot{S}\frac{\partial p}{\partial S}\right)_{bot} - \left(\dot{S}\frac{\partial p}{\partial S}\right)_{top} = 0 \tag{11.4}$$

（$\dot{S}\partial p/\partial S$）项代表在以$+p$ 方向为正方向的 S 面上的垂直质量通量。方程（11.1）乘以 $\partial p/\partial S$，并在（S_{top}，S_{bot}）区间上进行积分，之后除以 $\Delta p/\Delta S$，则剪切应力项变为 $g/\Delta\tau_{top}-\tau_{bot}$，侧动量混合项积分为 $(\Delta p)^{-1}\nabla_S(v\Delta p\nabla_u\boldsymbol{v})$。方程（11.1）中的其他项保留其正式的形式。层积分的方程（11.3）如下

$$\frac{\partial}{\partial t_S}(\Delta p\theta) + \nabla_S(\boldsymbol{v}\Delta p\theta) + \left(\dot{S}\frac{\partial p}{\partial S}\theta\right)_{bot} - \left(\dot{S}\frac{\partial p}{\partial S}\theta\right)_{top} = \nabla_S \cdot (\mu\Delta p\nabla_S\theta) + H_\theta \tag{11.5}$$

上述预测方程由几个诊断方程补充，包括静力方程，$\partial M/\partial\alpha=p$，这个方程是连接位温 T、盐度 S 和压力 P 到 ρ_{tot}的状态方程，此方程也规定了通过 s 面的垂直质量通量（$\dot{S}\partial p/\partial S$）。

等密度模型通过利用位势密度 ρ_{pot}作为垂直坐标 s 来求解上述方程。当流体为绝热时，位势密度守恒，其在 x，y 方向的输运发生在等密度面上。这就使得等密度模型是非常绝热的，并且可避免在 z 或者 ρ 坐标模型中产生的垂直方向上的数值扩散。在 z 方向的输运将会转化为 ρ_{pot}坐标上的输运，并可以得到最大程度的抑制，即可消除多余的跨密度分量。因此，在温暖的表层水域和寒冷的深海水域上的假热交换以及发生在例如峰区的倾斜跨密度面的水平热交换得以最小化。当位势密度作为垂直坐标描述时，位势密度面不存在，然而中性表面（McDougall and Church，1986）和 dianeutral 通量也许存在。当坐标平面偏离中性平面时，作用在这些平面的对流和扩散将会产生一些 dianeutral 混合。通过类似于应用在固定坐标模型中的旋

转扩散算子的方式来消除由扩散引起的 dianeutral 通量（Griffies et al，2000a）。此外，非线性海洋状态方程引进新的物理混合，即温度和盐度两个活性示踪指标的独立输运需要映射算法来保持其维持在预先制定的密度等级中。由映射算法带来的 dianeutral 通量经常可以忽略不计，但是还没有系统的记录（Griffies and Adcroft，2008）。等密度坐标模型的标准为参考压强 2 000 db，是因为其可以导致最小程度的坐标转换，而且 σ_2 斜面（即 2 000 db 对应的位势密度）最接近于中性面。Sun 等（1999）和 Hellberg（2005）在等密度模型中加入热比重（即海水在状态方程中的可压缩性）。Hallberg 和 Adcroft（2009）讨论了在使用模式分离时间步方案时适当估计自由水面高度的必要性。

等密度坐标模型最主要优点总结如下：① 只要等密度面合理地平行于中性面，该模型则适用于表征示踪变量的输运，可以避免数值方法产生的任何大的垂直混合；② 在绝热运动下的密度等级守恒；③ 海底地形图用分段线性函数来表征，正如 z 坐标模型中处理的那样，可以避免区分底面和侧面；④ 可以很好地表征溢出。等密度坐标模型最主要的缺点是无法合理地表征出混合表层和底部边界层，是由于这些层大部分不是分层流。等密度模型有 NLOM（Wallcraft et al，2003）、MICOM（Bleck et al，1992；Bleck and Chassignet，1994；Bleck，1998）、HIM（Hallberg，1995；1997）、OPYC（Oberhuber，1993）和 POSUM。

如前所述，3 个主要应用的垂直坐标（z 坐标、等密度坐标和 σ 坐标）都没有通用性。为了更好地模拟海洋，发展了一种混合方式，此方式尝试结合不同类型垂直坐标的优点。“混合垂直坐标”对不同的人来说意味着不同的事情：它可以是两种或者多种传统坐标的线性结合（Song and Haidvogel，1994；Ezer and Mellor，2004；Barron et al，2006），或者其可以做到真正的广义化，意为在模型区域内的不同区间仿真不同类型的坐标系（Bleck，2002；Burchard and Beckers，2004；Adcroft and Hallberg，2006；Song and Hou，2006）。Adcroft 和 Hallberg（2006）把广义的海洋坐标模型分为拉格朗日垂直方向（Lagrangian Vertical Direction，LVD）或者欧拉垂直方向（Eulerian Vertical Direction，EVD）模型。在 LVD 模型中，连续性方程（厚度趋势）在整个区域中是随着时间向前求解的，而任何的拉格朗日-欧拉（Arbitrary Lagrangian-Eulerian，ALE）技术被应用于重新绘制垂直坐标并且可以保留区域的不同坐标类型。这一点不同于 EVD 模型中采用固定水深和适应地形的垂直坐标以用连续性方程来诊断垂直速度。

海洋混合或者广义化坐标模型和等密度模型有很多共同之处，归为 LVD 模型的是 POSEIDON（Schopf and Loughe，1995）和 HYCOM（Bleck，2002；Chassignet et al，2003；Halliwell，2004）。其他正在发展中的广义化垂直坐标模型为 HYPOP 和 GOLD。HYPOP 是 POP 的混合版，它不同于 HYCOM 和 POSEIDON 的地方在于动量方程仍然在 z 坐标系下求解，而示踪方程采用垂直坐标下的 ALE 方案求解。这种方法可以使得模型在混合层用深度作为垂直坐标，在深海中使用偏向于拉格朗日的坐标（即等密度坐标）。GOLD 模型，即“Generalized Ocean Layer Dynamics”的缩写，旨为巩固 GFDL 中包括 MOM 和 HIM 的所有气候海洋模型的发展。

11.5 应用：混合坐标海洋模式（HYCOM）

HYCOM 一般化的垂直坐标数值是以等密度面（位密度恒定的曲面）来确定的，在出现弯折重叠、接触海面或者不能为模式的部分区域提供足够的垂直分辨率的地方。HYCOM 本质上是个拉格朗日层模式，除了在所有控制方程被解之后，混合坐标生成器会重新确定垂直坐标（Bleck，2002；Chassignet et al，2003；Halliwell，2004），而且在所有分层里都有非零的水平密度梯度。于是 HYCOM 就被定义为一个 LVD 模式。HYCOM 所拥有的调整坐标曲面垂直距离的功能简化了一些物理过程的数值表达（比如混合层卷曲、对流调整、海冰模型），而且在大部分海域都不会损害垂直方向基本的和数值上快速的精度的建模，而这是等密度模式的一个特点（Bleck and Chassignet，1994；Chassignet et al，1996）。

HYCOM 是 20 世纪 90 年代末海军研究实验室海洋模式开发者合作的结果。当时理学硕士 Stennis 为了把美国海军业务化海洋预测系统的应用范围扩展到近岸区域（当时海军的系统对浅水区和处理深浅水变化的能力还非常有限），找到在迈阿密大学罗森斯蒂尔海洋与大气学院的同事们。HYCOM（Bleck，2002）就这样被设计出来以扩展当时的业务化海洋环流模式（Ocean General Circulation Models，OGCMs）的应用范围。HYCOM 可以自由调节一般化（混合）的坐标层的垂直距离，这简化了一些物理过程的数值表示，还让深海和海岸带之间的坐标转换更加平滑。HYCOM 不仅保留了它前身 MICOM 的很多特征，当等密度线有弯折重叠、接触海面或者不能提供足够的垂直分辨率的时候，它还允许坐标从等密度线局部被导出。这次合作推进了由美国国家海洋学合作项目（National Oceanic Partnership Program，NOPP）支持的混合坐标数据同化海洋模式团队的发展，他们的目标是把 HYCOM 变成一个先进的具有数据同化功能的海洋社区模式，可以：① 广泛用于与海洋相关的研究；② 成为下一代分辨率达到中尺度涡的全球海洋预测系统；③ 和很多其他不同模式，包括海岸、大气、海冰和生物化学的模式整合使用。HYCOM 的开发团队也成了 GODAE 美国分部的一员，后者是一个集观测、传输、模式和数据同化为一体的国际合作系统，用于发布日常、全面的海洋动态信息（Chassignat and Verron，2006）。美国海军和美国国家海洋和大气管理局（National Oceanic and Atmospheric Administration，NOAA）的应用产品，比如海洋安全、渔业、近岸工业和大陆架/海岸区域管理，都是 HYCOM 海洋预测系统（http：//www.hycom.org）的预期受益者。特别是对于海洋中尺度现象的精准了解和预测可以帮助海军、NOAA、海岸警卫队（the Coastal Guard）、石油工业和渔业作出新的尝试，比如船舶潜艇的路径选择、搜索和救援、溢油漂移预测、开放海域生态系统检测、渔业管理以及短期海气耦合的海岸和近岸环境预测。除了给美国海军和 NOAA 分别提供的业务化涡可分辨的全球和大洋尺度的海洋预测系统外，这个项目还为 NOAA 和海军从研究到业务化层面的分工合作提供了一次相当好的机会（Chassignet et al，2009）。

11.5.1 混合坐标生成器

在 HYCOM 里，3 种垂直坐标类型（压强、等密度、σ）在垂直坐标上的最佳分配是在每一时间节点的每个网格柱被单独选择的。HYCOM 里默认的设置是在开放的层化海域用等密度坐标，当过渡到浅海岸区域的跟随地形坐标和表层混合层/非层结结构的开放海域中的固定压强面（质量守恒）坐标时，HYCOM 在动力学和几何学上都完成平滑的转换。为此，模式利用了不同坐标类型在模拟海岸和开放海域环流特征中的各自优势（Chassignet et al, 2003; 2006; 2007; 2009)。一个用户选择的选项可以指定垂直坐标的分割来控制 3 种坐标系统的转换 (Chassignet et al, 2007)。在海洋混合层分配额外的坐标面也让多垂直混合扰动的闭合框架的直接数值表示成为可能 (Halliwell, 2004)。垂直混合参数化的选择在强侵入区域 (如溢流) 也很重要 (Papadakis et al, 2003; Xu et al, 2006; 2007; Legg et al, 2009)。

HYCOM 里一般化垂直坐标的数值表示引用了 Bleck 和 Boudra (1981) 以及 Bleck 和 Benjamin 奠定的理论基础: 每一个坐标面都被分配了一个参考等密度线。模式不断检查网格点是否位于它们的参考等密度面上, 如果不是就尝试把它们垂直地挪到参考位置上。但当这一操作会导致坐标面过于密集的时候, 网格点就不能再移动了。所以垂直的格点可以被几何的限制以保持固定的压强深度, 同时可以在邻近的区域进入并跟随它们的参考等密度面 (Bleck, 2002)。在模式方程被解之后, 混合坐标生成器就重新移动垂直坐标以把大洋内部的等密状态恢复到最大限度, 同时保持了垂直坐标间最小厚度的要求 (Chassignet et al, 2007)。如果一个水层比它的等密参照度轻, 生成器就会试图把底边界向下移, 于是密度更大的水的进入就增加了密度。如果那个水层密度大于它的等密参照密度, 生成器就把上水层边界面向上移动来降低密度。在这两种情况里, 生成器都先计算界面被重置的垂直距离, 以使层内原有的和新注入的水的体积权重的密度等于参照密度。于是每个模式网格节点的每个水层的最低允许厚度用使用者提供的标准算出, 最终的最小厚度用一个 "缓冲" 函数 (Bleck, 2002) 计算得出, 这就产生了从等密度到等压 (p) 和 σ 区域的平滑转换。最小厚度的限制并不作用在开放海域的底部, 这让模式的水层厚度在那里下降到零, 正像 MICOM 那样。只要层厚不低于最小厚度并且导热过程不太强, 这种计算在每一个时间步的重复执行就可以保持水层密度十分接近它的参照值。为了保证一个接近水面永久性的 p 坐标区可以在所有模式网格格点常年存在, 最顶层的水层参照密度要被赋予比所有模式区域密度都小的值。

图 11.2 展示的是在中国东海和黄海大陆架上春、秋两季上层 400 m 的 p/σ 和等密度 (ρ_{pot}) 坐标间的转换。在秋季, 水柱是层化的, 很大部分都可以用等密度面表示; 在春季, 大陆架上水柱中的水趋向相同密度, 就被 p 和 σ 两种坐标表示。等密度面坐标的一个特别优势通过黑潮经过大陆坡一个尖锐 (唇) 的地形时形成的密度峰显示出来 (图 11.2a)。因为唇状地形只有几个格点宽, 这种地形和与之相伴的峰最好用等密度线坐标表示。在海岸区域的其他应用里, 人们可能更渴望有一个模式是从海表面到海底的高分辨率, 从而充分解决水体各种特性的垂直结构和底边界层垂直结构问题。因为开放海域的 HYCOM 运行时, 垂直坐标类型的选择通常会把水柱中等密度坐标的部分放到最大, 所以有时有必要在嵌套在大尺度 HYCOM 运行中的垂直到海岸的 HYCOM 模拟里增加更多水层。一个使用嵌套的西佛罗里达大陆架的模拟显示在图 11.3 的横断面里, 原始的垂直离散模式和另外两种顶上增加 6 个水层的模式比较结果表明: 它们分别是大陆架上的 p 坐标和 σ 坐标。这表明垂直坐标可以被模式使用者随意选取。

保持混合垂直坐标可以被看成是上风有限体积移动。原始网格生成器 (Bleck, 2002) 用了这种类型的最简单可行的格式—— 一阶 donor-cell 上风格式。这种格式的一个主要优势在于移动一个水层的边界面时不会影响下风层的性质, 这极大地简化了等密度层的重新映射。

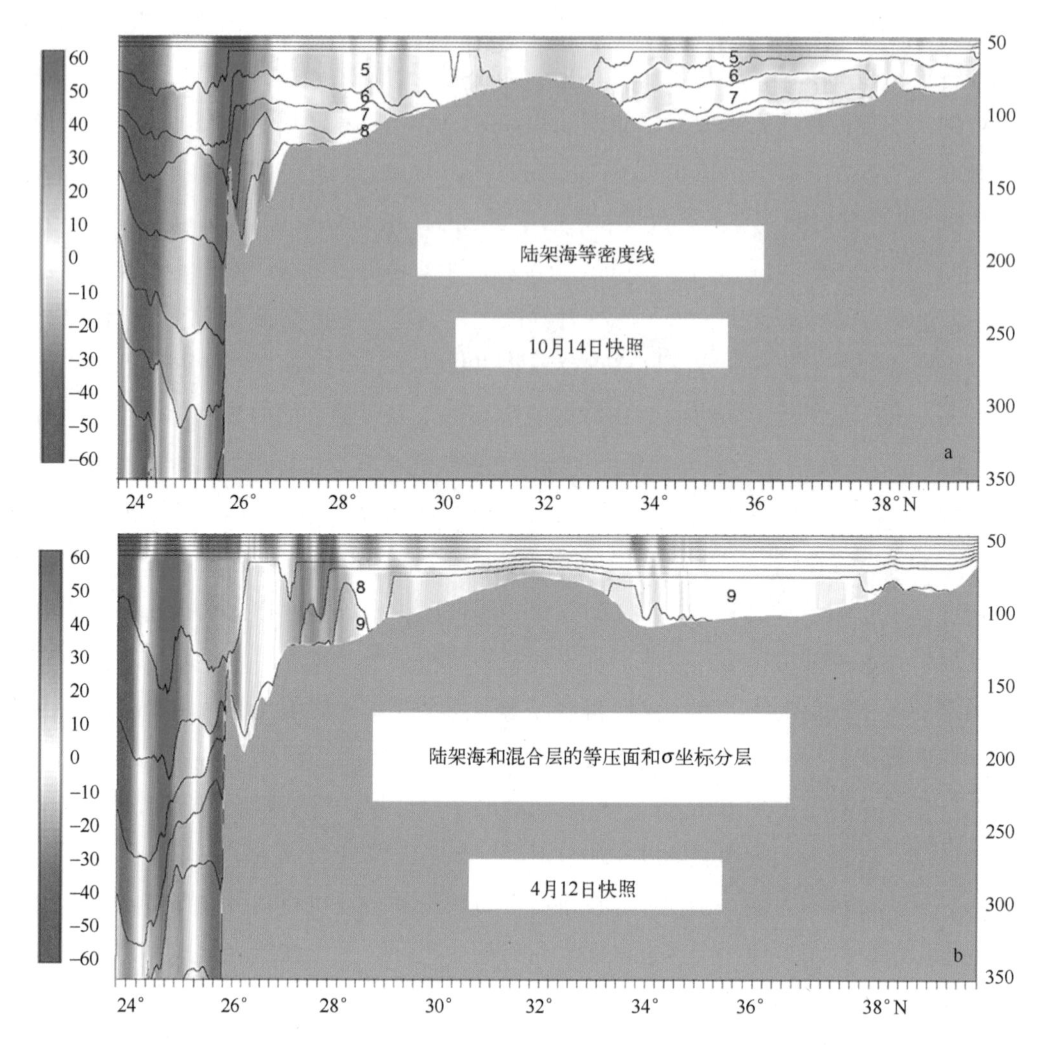

图 11.2　中国东海和黄海的 HYCOM 沿 124.5°E、分辨率（1/25）°、水下 400 m 到海面南北向流速的横切面，嵌套在分辨率（1/6）°的北太平洋区域里，由气候性月均风场驱动

a. 在秋季，水柱在大陆架上分层明显，可以被等密度坐标（ρ_{pot}）表示。b. 春季时，大陆架上水柱中的水趋于各向同性，垂直坐标就变成了压强（p）面和跟随地形（σ）面的混合。大陆架上等密度面已经被编号，号码越高，水层密度越大［引自 Chassignet 等（2007）］

但是，这种格式在水层被重新映射的时候是扩散性的（如果水层边界位置不变就没有扩散）。等密度水层对于弱的内部垂直等密度面的扩散要求最小重新映射，但固定坐标层经常需要相当的重映射，特别是在有很强上升流或下降流的区域。因此，为了把伴随重映射的扩散降到最低，网格生成器先被一种逐片线性方法（Piecewise Linear Method，PLM）和一个单调化的中心差分（Monotonized Central-difference，MC）限制器（van Leer，1997）代替来处理固定坐标中的水层，同时对非固定的水层延用 donor-cell 上风格式（因此近似于等密度面坐标）。PLM 用一个等于水层中央平均值的线性剖面代替了 donor-cell“层内处处相同”的性质。斜坡必须被限制以维持单调性。有很多可用的限制器，但 MC 限制器是使用更为广泛的一种（Leveque，2002）。最新版本的网格生成器用一个权重的本质上类似非振动（Weighted Essentially Non-oscillatory，WENO）逐片双曲法（Piecewise Parabolic Method，PPM）格式来提高精

确率。生成器也针对出现一个密度很轻的水层置于另一个密度很高的水层的情形作出改进，在这种情况下，每个水层都试图牺牲其他水层来增加自身水量。之前生成器用一半时间选择每个水层，但实际上两水层中较厚的那个会获得更多水量，而且随时间推移，较薄的水层会变得更薄。现在两层中较薄的那个总会从厚的那个获得水量，极大地降低了水层消失的可能性。

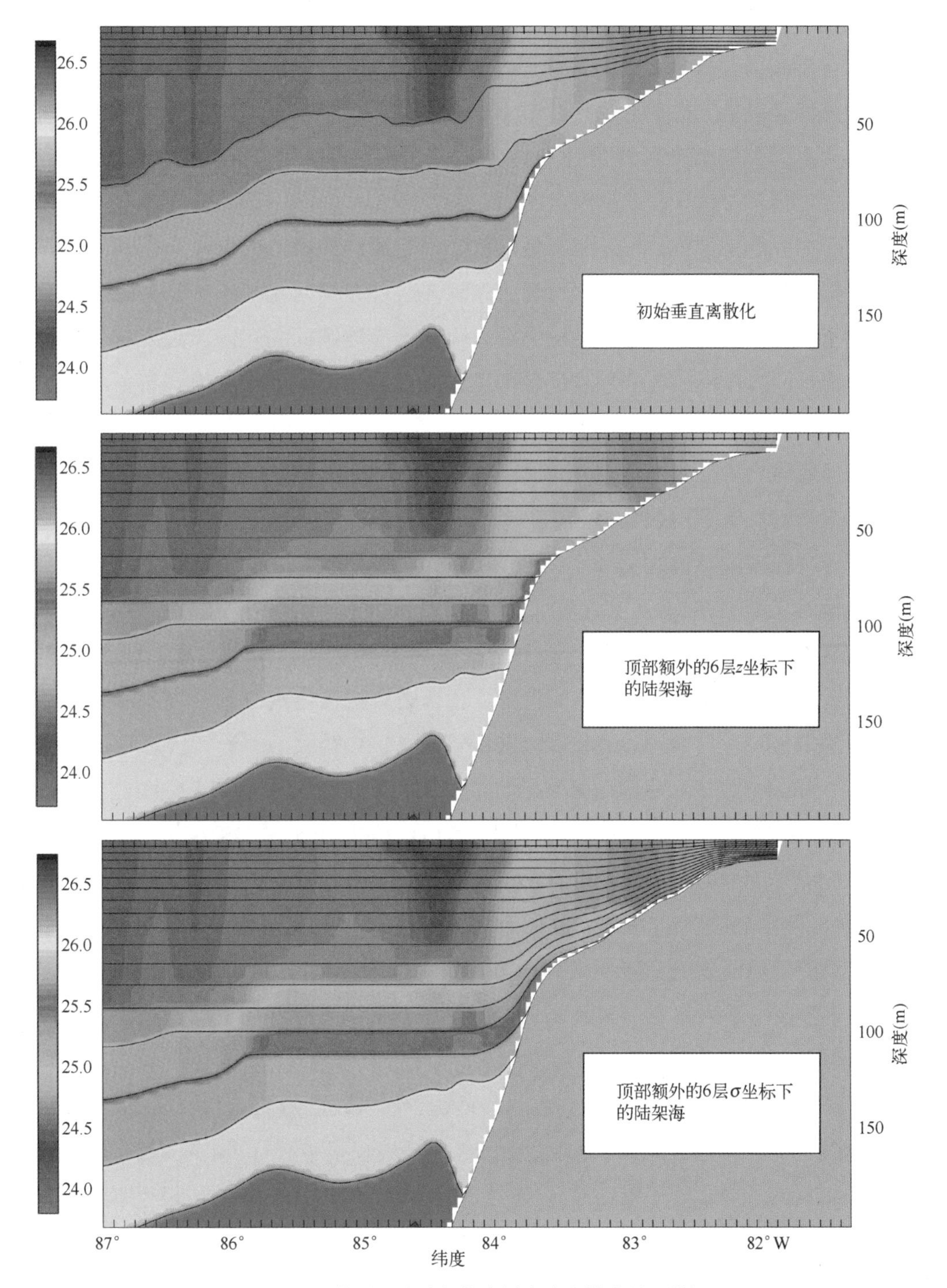

图 11.3　西佛罗里达陆架的水层密度和模式界面横切面

这是在一个分辨率（1/25）°的西佛罗里达大陆架覆盖墨西哥湾 87° W 以东、23° N 以北的子区域内（Halliwell et al, 2009）［图片引自 Chassignet 等（2006；2007）］

11.5.2 HYCOM 海洋预测系统

数据同化对海洋预测很有必要，这是因为：(a) 很多海洋现象都是由非线性过程引起的（如水流的不稳定性），所以它们不是大气驱动的确定的反应；(b) 人们观测的大气驱动存在误差；(c) 海洋模式不是完美的，有数值算法和分辨率的限制。海表面时空变化的绝大部分信息都是卫星上搭载的遥感仪器获得的（即海表面高度和海表面温度），但这些观测不足以确定次表层的变化。可伸展抛弃式温深仪（XBT）、电导温深传感器（CTD）和浮标（如观测海洋 2 000 m 以上温盐度的 Argo 系统）的垂直资料提供了额外丰富的数据源。但即便合在一起，这些数据还是不足以完全确定海洋的状态，所以必须利用以往基于观测的统计知识和我们现在对海洋动力学的理解。通过数据同化把所有这些观测整合到一个海洋模式里，理论上就有可能产生一个对海洋动力上连续的描述。但是要获得任何预测能力，独立演进的海洋模式（非数据同化的模式）拥有表示人们关注海洋特征的能力就十分重要了。

为了合理地同化从卫星高度计数据确定的海表面高度（Sea Surface Height，SSH）扰动，高度计观测时段的平均 SSH 必须同时给出。这样，平均环流系统和对应的 SSH 峰的位置、大小和锋利程度被精确地表示就是必须的了。遗憾的是，针对这个目标，人们对地球大地水准面的了解现在还不够精确，而且稀疏的水文气候数据（0.5°~1°水平分辨率）也不能为在一个涡可分辨模式［水平网格距离至少是（1/10)°］里同化 SSH 提供必要的空间分辨率。在这些我们感兴趣的尺度下，有必要把已经观测到的边界流和伴随的峰的平均态明确定义一下（Hurlburt et al，2008）。图 11.4 显示了两个气候态均值，一个由 Maximenko 和 Niiler（2005）使用海面浮标的 0.5°网格导出，另一个为（1/12)°美国海军全球 HYCOM 预测系统（细节见下一节）。其中 HYCOM 的均值是这样确定的：一个从非同化数据（1/12)°全球 HYCOM 运行得出的 5 年平均 SSH 场和已有的气候数据比较，橡胶伸缩技术（Carnes et al，1996）被用来调整两个区域的模式均值（湾流和黑潮区），在这些区域，西边界流的延伸部分表示得不太好，而且精确的峰面位置对海洋预测也是很重要的。橡胶伸缩技术涉及一系列作用于 SSH 场的电脑程序，从一个参照场叠加等高线并弹性地移动水团（所以被称为橡胶面）。

目前有两个系统正在实时运行，一个是在美国海军的密西西比州 Stennis 空间中心的 NAVOCEANO，另一个是在 NOAA 华盛顿美国国家环境预报中心（National Centers for Environmental Prediction，NCEP）。第一个系统是 NOAA 大西洋实时海洋预报系统（RTOFS-Atlantic），从 2005 年开始实时运行。该大西洋区域涵盖了 25°S—76°N，水平分辨率从美国海岸线的 4 km 到非洲海岸的 20 km。这个系统每天都产生 1 d 的现报和 5 d 的预报。在 2007 年 6 月前只有海表面温度被同化。2007 年 6 月，NOAA 实施了海表面温度（Sea Surface Temperature，SST）和 SSH 数据同化（Jason、GFO 和马上加入的 ENVISAT）、温度和盐度数据同化（Argo、CTD、锚定系统等）和 GOES 数据的三维变分数据同化。目前的计划是应用美国海军的系统设置把系统扩大到全球范围，具体描述见下一段。NCEP 的 RTOFS-Atlantic 模式数据是经过 NCEP 的业务化 ftp 服务器（ftp：//ftpprd. ncep. noaa. gov）和 NOAA 业务化模式存档和分发系统（NOMADS，http：//nomads6. ncdc. noaa. gov/ncep_data/index. html）服务器实时分发的。后一个服务器也用 OPeNDAP 中间件作为一个数据获取方法。NCEP 的 RTOFS-Atlantic 模式数据也备份在国家海洋数据中心（National Oceanographic Data Center，NODC，http：//data. nodc. noaa. gov/ncep/rtofs）。

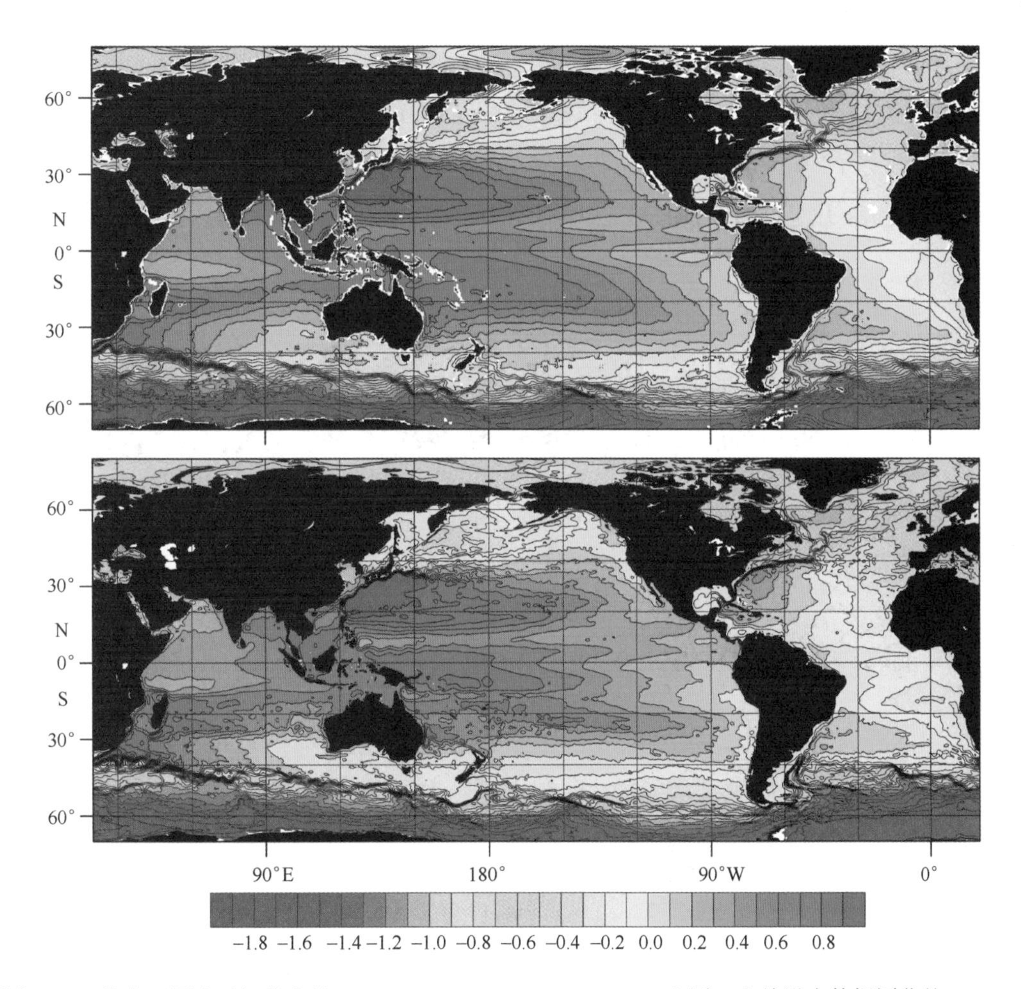

图 11.4 从表面漂流浮标获取的（Maximenko and Niiler，2005）（上图）和从没有数据同化的 HYCOM 运行并通过弹性伸缩技术在湾流和黑潮区域订正后获取（下图）的平均获取 SSH（cm）。两个场的均方根偏差是 9. 2 cm（Chassignet et al，2009）

第二个系统是利用（1/12）°HYCOM（6. 5 km 平均网格间距，北极网格间距 3. 5 km，垂向 32 个混合层）的美国海军全球现报/预报系统，其从 2006 年 12 月开始近实时运行，第二年 2 月开始实时运行。当前的海冰模式是热动力的，但随着升级到极圈海冰预测系统（Polar Ice Prediction System，PIPS，基于 Los Alamos 的 CICE 海冰模式），它将会包含更多的物理过程。这个模式现在每天都在 NAVOCEANO 用服务器上的业务化分配的空间运行，每天运行包括5 d的后报和5 d的预报。该系统同化SSH（ENVISAT、GFO和Jason-1）、海表面温度（所有卫星和现场数据）、所有可用的现场温度和盐度剖面（Argo、CTD、锚定系统等）和SSMI海冰密集度。同化技术采用的是基于三维多变量最优插值的海军耦合海洋数据同化（Navy Coupled Ocean Data Assimilation，NCODA；Cummings，2005）系统。NCODA在水平方向上与重力势和速度是多元相关的，因此允许水团场的调整与流场调整相关。速度的调整和重力势的增量是地转平衡的，而重力势的增量又是和温度盐度增量满足静力平衡的。Cooper和Haines（1996）的方法或是合成的温盐数据（Fox et al，2002）都可以被用在SSH和SST的向下映射。有关预报结果的例子见图11.5。

对结果的验证正在用独立的数据进行，关注点在大尺度环流特征、SSH变化、涡动能、混合层深度、温盐竖直分布状态、SST和近岸海平面高度上（Metzger et al，2008）。图11.6和图11.7显示了湾流区域的例子，图11.8记录了HYCOM在表示混合层深度的表现。HYCOM也是GODAE全球海洋预报系统对比工作的一个活跃成员。

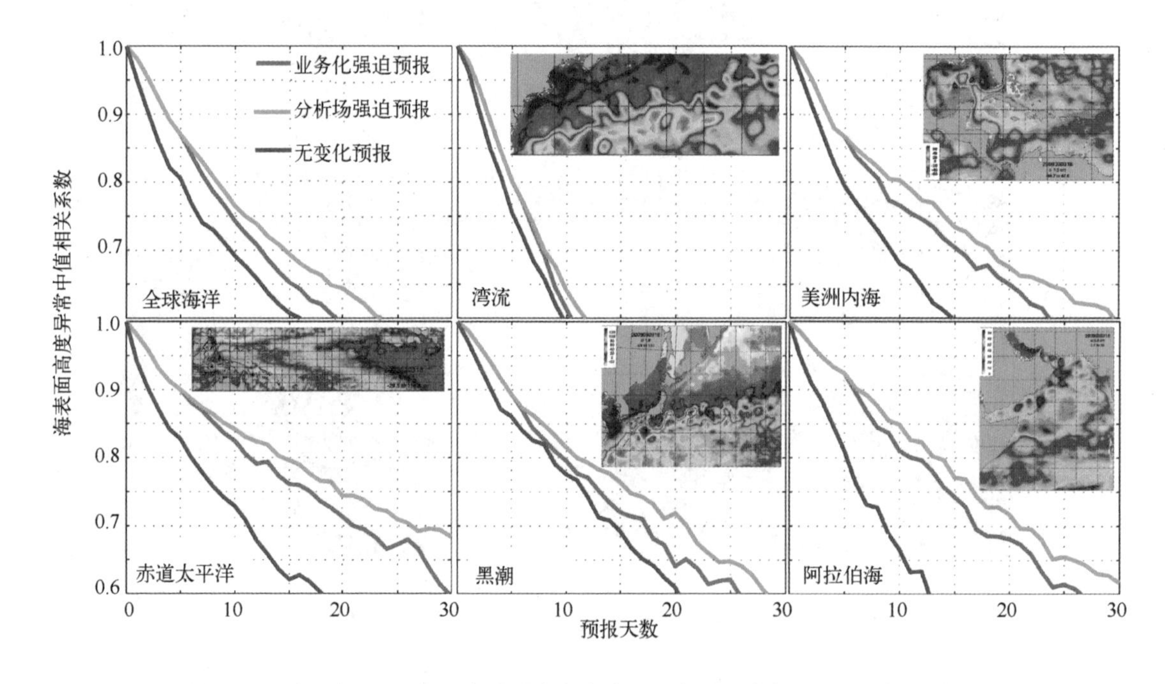

图11.5 美国海军HYCOM全球系统在全球和5个子区域中30 d预报的海表面高度异常中值相关系数对预报时长的检验分析对比

红色曲线验证的是采用业务化大气强迫的预报，5 d后转为气候态场；绿色曲线验证的是全部采用分析场的预报；蓝色曲线验证的是持续性预报（与初始状态相比没有变化）。图中显示了2004年1月到2005年12月间初始化的20个HYCOM 30 d预报结果的中值统计，期间同化了ENVISAT、GFO和Jason-1三个低波速高度计数据。有关这些结果的详细讨论，读者可参考Hurlburt等（2008；2009）的文章（引自Chassignet等，2009）

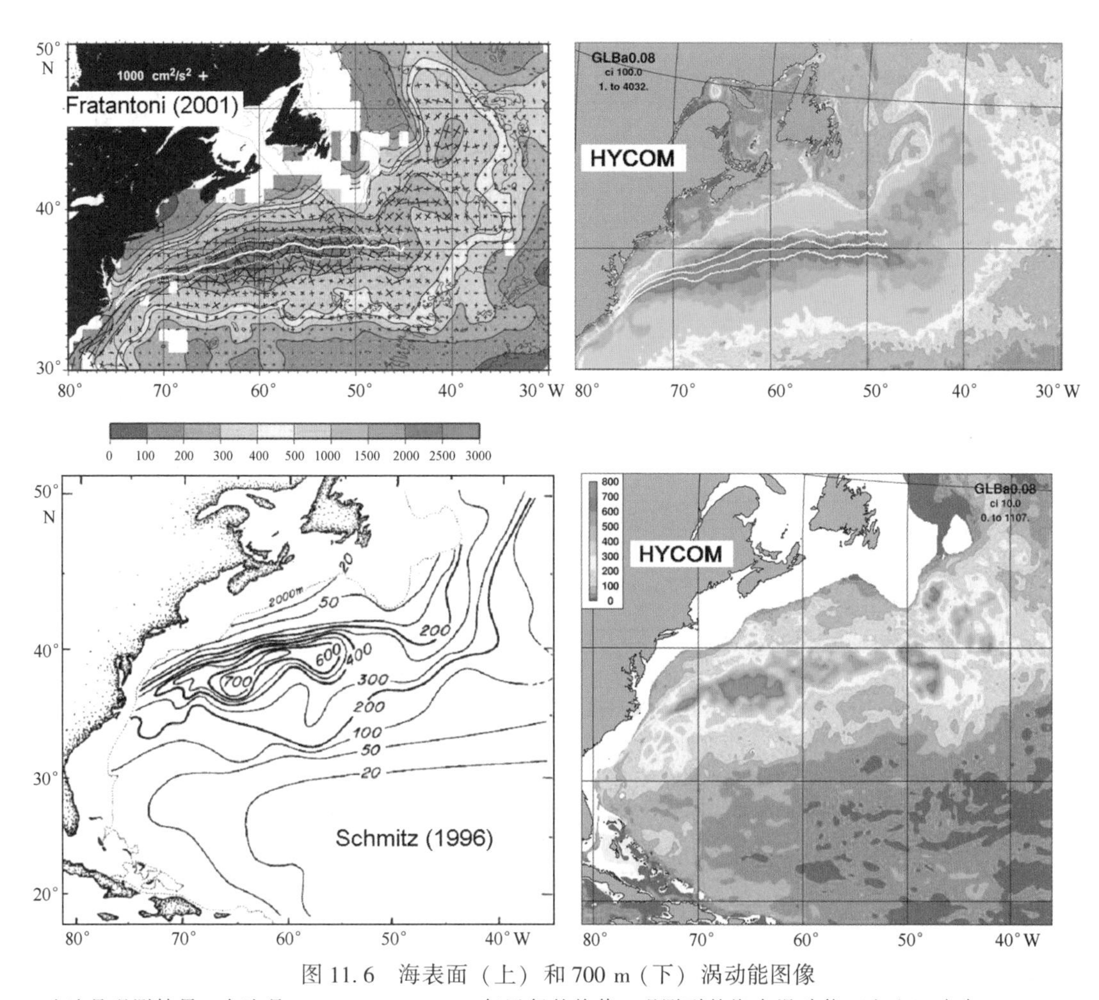

图 11.6 海表面（上）和 700 m（下）涡动能图像

左边是观测结果，右边是 HYCOM 2004—2006 年运行的均值。观测到的海表涡动能（左上）出自 Fratantoni (2001)；700 m 的图像（左下）出自 Schmitz (1996)（单位：cm^2/s^2）。叠加在上图的是湾流北部墙位置加减 1 个标准方差［引自 Chassignet 等（2009）］

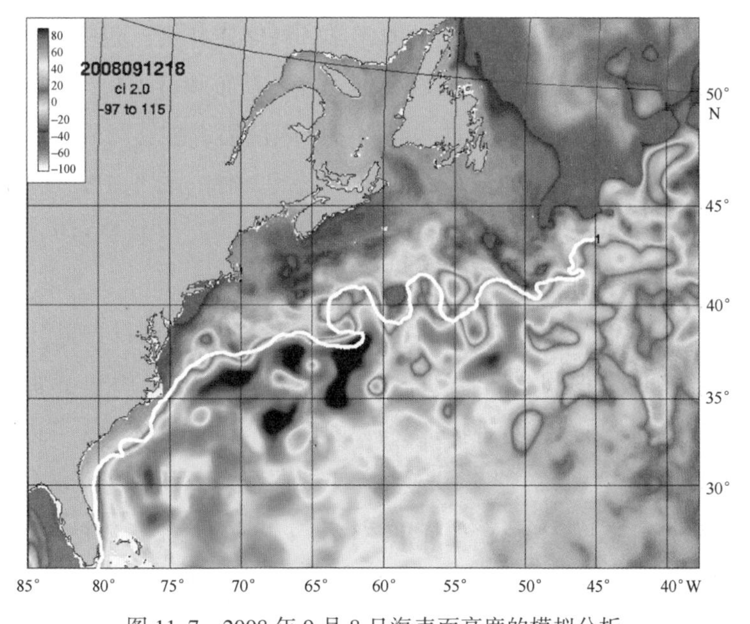

图 11.7 2008 年 9 月 8 日海表面高度的模拟分析

白线是美国海军海洋学办公室对海面温度观测进行的独立锋分析［引自 Chassignet 等（2009）］

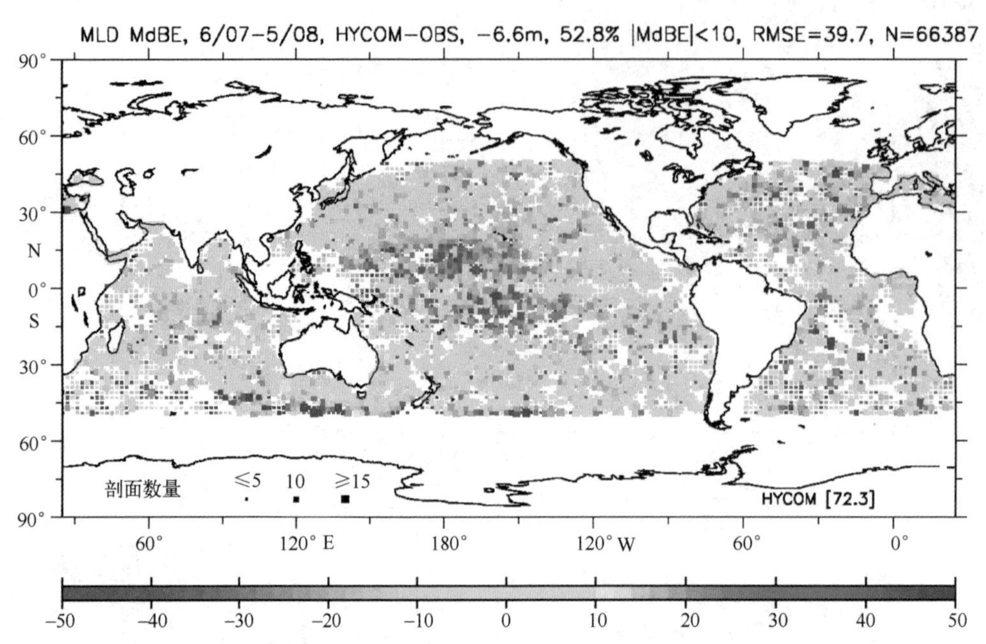

图 11.8　从对 2007 年 6 月到 2008 年 5 月这段时间模拟的和约 66 000 未同化的观测数据计算得到的混合层（MLD）中值偏差（m）

蓝色（红色）表示模拟的 MLD 比观测的浅（深）；53%的模拟 MLD 在观测值 10 m 以内，这些用灰点表示。海盆尺度的中值偏差-6.6 m，RMS 误差是 40 m［引自 Chassignet 等（2009）］

11.5.3　全球化 HYCOM 后报和预报结果的发布

从 2003 年 11 月到现在，美国海军后报实验中的模式输出成果可以从 HYCOM 开发团队网页上找到（http://www.hycom.org）。HYCOM 数据发布团队发展并完善了一个综合的数据管理和发布策略，以使不同人群简单有效地获取基于全球化 HYCOM 的海洋预测系统的输出，他们包括近岸和区域的模式团队；更广泛的海洋学和科学工作者，包括气候和生态系统研究者；普通大众。外展系统包括一个作为后端数据管理、发布和可视化应用入口的网络服务器（http://www.hycom.org/dataserver）。这些应用让终端使用者能够得到很多服务，如数据集浏览、GIF 图像、NetCDF 文件、FTP 的数据请求，等等。130 TB 的 HYCOM 数据共享系统基于两个现有的软件建立起来：网络数据获取协议的开放工程（OPeNDAP）（Cornillon et al, 2009）和实时获取现场访问服务器（Live Access Server，LAS；http://ferret.pmel.noaa.gov/LAS/）。这些工具和它们的数据发布方法将在下面介绍。在当下的设置里，OPeNDAP 部分提供了获取发布数据的必要中间件，而 LAS 的功能是作为一个用户界面和产品服务器。OPeNDAP 服务器提供的摘要信息不是物理文件，而是一个抽象的 LAS 可以操作的虚拟数据集。一个 OPeNDAP 的“汇聚服务器”用这个方法把从很多分开的文件得到的模式时间步加入虚拟数据集。HYCOM 数据服务已经业务化运行 4 年①，而且用户数稳定增加。在 2009 年，服务器每月都大概有 20 000 的点击量。除了来自教育机构和研究人员的大量请求，这个服务

① 截止原书撰写时是 4 年，实际上该服务至今一直在提供，且有更新。——译者注

器已经为在法国、荷兰、土耳其和美国的数个私营公司提供了近实时数据产品。

11.5.4 嵌套HYCOM的边界和海岸模型边界条件

数据同化的HYCOM系统一个很重要的性质是它具有给区域和海岸模型提供更高分辨率的边界条件的能力。当前的全球化预报系统的水平和垂直分辨率处在能够处理近岸海洋的边缘（在中纬度7 km，大陆架上最多15个跟随地形（σ）的坐标），但更高分辨率的近岸海洋预测尝试将是更好的起点。HYCOM开发团队的一些合伙人估计了边界条件，并验证了为近岸海预测模型提供数值的全球和海盆HYCOM数据同化系统输出。内部嵌套的模型不需要是HYCOM（也就是说这个嵌套过程可以处理任何种类的垂直网格）。外部的模型区域在用户指定的时间步长（通常是一天一次），在嵌套模型运行的整个时间里被插值到该模型的水平和垂直网格上。被嵌套的模型从第一个存档文件起始，所有文档提供嵌套运行的边界条件，以确保初始和边界条件的一致性。这个过程已经被证明是稳定的。图11.9显示了一个例子：嵌套在美国海军HYCOM海洋预报系统的ROMS（Shchepetkin and McWilliams，2005）西佛罗里达大陆架区域海表面温度和海面速度场。墨西哥湾的环流是影响WFS的主要大尺度海洋现象，Barth等（2008）估计了开边界条件对动力学和区域模型准确度的影响。例子可以在Chassignet等（2006；2009）中找到。

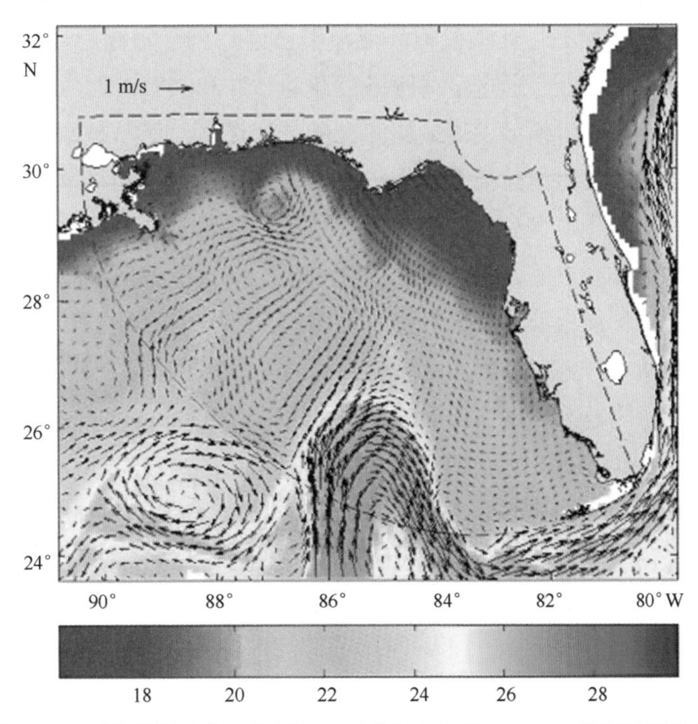

图11.9 从ROMS西佛罗里达大陆架区域（虚线以内）和HYCOM海洋预测系统（虚线外）得到的SST（℃）和海面速度场［引自Chassignet等（2009）］

11.5.5 HYCOM的长期发展

HYCOM团队对全球区域的长期目标是：（a）增加三维和四维变分数据同化；（b）把全球区域的水平分辨率增加到（1/25）°；（c）实现双向嵌套；（d）实现有干湿的零深度海岸

线；（e）包含潮汐。科学的目标包括但不限于：① 在现场观测项目的支持下估计深水潮的表示的评估；②评估全球模型为高分辨率海岸模型提供边界条件的能力；③ 开放海域和海冰间的相互作用；④ 大陆架和深海的相互作用；⑤ 浅层海的物理现象，包括混合层/声波层深度的表示；⑥ 混合过程。其他研究工作将专注在耦合的海洋-波动-大气预测，地质生物-化学-光学和跟踪/污染物预测，生态系统分析与预测和地球系统预测（如耦合的大气-海洋-海冰-陆地模式）。

11.6 展望

建立数据同化系统最大的不确定性之一是数值模型产生的误差。在某种程度上，模型偏离同化值的速度可以显示模型的性能。在评估模型性能时，对比有无加入同化的模型结果与观测值会帮助鉴定模型在表征和参数化上的系统偏差和需要大幅度改进的区域。这些常规的预报模型分析将会为建模者提供丰富的信息用来改善模型所描述的物理过程，尤其是在评估模型改进的有效性后进行预报或者后报的实验。

许多海洋预报的不确定性可以归因于对海洋知识以及海洋对减轻或加重大气和冰冻圈变化机制认知的匮乏。海洋的预测不仅依赖于模型的初始条件是否与观察值相符，也依赖于模型是否可以精确地演化初始态。几类数值环流模型已经达到了很高程度的社区管理和参与，包括共同发展、普通用户交互、通过全球网络公开的软件和文档。通常由学校用户或者政府实验室来维护这些数值代码。模型发展最初源自单个的努力，而不是结合集体的努力。这一点适合前一个时代，那时候海洋建模是一个很小的企业，计算机网络也很简单，其局限性随着对海洋模型的需求多样化愈显显著。现在模型的发展需要连贯的集体努力来系统地改进模型以及支持全球使用。必须声明，我们不能从物理环流模型中分离出海洋生态和生物地球化学模型独立发展，这些扩展模型必须成为整体发展的一部分。另外，对这些模型的检验需要先进的逆方法，并且从一开始，数据同化技术必须和模型进展紧紧相连。

在物理模型者和生物地球化学模型者的共同策划下，E. Chassignet、S. Doney、R. Hallberg、D. McGillicuddy 和 J. McWilliams 撰写并于 2006 年提交给美国国家科学基金一个题为《构建海洋模式发展的共享环境》（Enabling a Community Enviroment for Advanced Oceanic Modeling）的白皮书。白皮书中描述了一大部分海洋建模团体所遇到的模型发展过程中的复杂性和冗余性。文中给出构建海洋模式发展的共享环境的建议，从而概述了长期目标和针对上述问题的一系列行动。共享环境将满足以下条件：

- 创建一个允许合成不同算法元素的共同的代码库。
- 提供一个允许探索不同方法优点的测试平台，检验该方法可否体现模型重要要素，从而建议最佳实践。
- 提供模型不确定性估计，对于一个给定的配置进行各种算法，垂直坐标，离散化，参数化等的整体计算。
- 包含评估现行海洋生态和生物地球化学模型的核心算法。
- 公开基准数据，有利于与观测值的对比以及对算法的发展和检验。

- 加强检验模型的逆方法与观测值之间的联系，推动用于预报和状态估计问题的数据同化技术发展。
- 鼓励建模者通过合作来加速对新算法设计和检验的进程。
- 提供模型进展的及时共享。

值得一提的是，我们要区分这里建议的共享海洋建模环境和单一共享海洋建模。本章所建议的建模环境将会提供一个统一的、可互换的代码库、能够最小化对所选择的特定模型应用的算法限制。然而许多模型算法开发者经常会寻求单一共享的海洋模型使这些代码常常被埋没。其实共享海洋环境应该会显著地促进更新的更先进的模型技术的发展。这个环境将会为一整块模型提供更宽泛的选择。这种多样化在为特定的海洋应用选择最适合配置上至关重要。

该共享环境的10年目标是把物理、生态和生物地球化学海洋模型工具，以及收集现有的σ、位势和等密度/混合坐标模型统一在一个开放的、多学科的软件框架。这将会为用户和建模者的配合提供尽可能大的灵活性。这个环境将会促进新的模型概念的探索，多尺度物理、生态和生物地球化学模型的快速发展；提供一个稳定的基础用来开展围绕核心模型框架的新的应用服务，以跟随新的科学发展形势。该环境还会提供实验和对未求解的海洋物理过程的参数化进展实践的框架。这个环境将有能力提供交换、结合、修改、垂直坐标的选择、物理过程的参数化、数值算法、参数设置等。这就和大部分时间只有固定参数和算法的单模型形成对比，也许单模型可以有设定参数的一些自由性，但是对用户来说只是有限地选择模型的构建。因此有必要保持和扩展不同算法的多样性。收集的多样化技术将成为下一代海洋模型的基因库，并可为解答相关过程的特定问题选取最优模型。通过对比大量模型配置的性能，该共享环境可以生产出能够很好地模拟影响系统的各类与海洋一样复杂的过程，还可以通过源自不同选择的数值算法，垂直、水平坐标、时间步以及参数化下的解，很好地估计模型的不确定性。

致谢：正如引言所述，本章中的大部分材料源自文献、注解以及由 R. Bleck、、S. Griffies、A. Adcroft 和 R. Hallberg 撰写的综述文章。我也想感谢 H. Hurlburt 和 B. Arbic 的贡献。HYCOM 海洋预报模式的发展是由国家海洋合作计划（National Oceanographic Partnership Program, NOPP）和海军研究办公室（Office of Naval Research, ONR）资助的。

参考文献

Adcroft A, Hallberg R (2006) On methods for solving the oceanic equations of motion in generalized vertical coordinates. Ocean Model 11：224-233.

Arbic B K, Wallcraft A J, Metzger E J (2010) Concurrent simulation of the eddying general circulation and tides in a global ocean model. Ocean Model 32：175-187.

Barron C N, Martin P J, Kara A B, Rhodes R C, Smedstad L F (2006) Formulation, implementation and examination of vertical coordinate choices in the Global Navy Coastal Ocean Model (NCOM). Ocean Model 11：347-375.

Barth A, Alvera-Azcárate A, Weisberg R H (2008) Benefit of nesting a regional model into a largescale ocean model instead of climatology. Application to the West Florida Shelf. Cont Shelf Res 28：561-573.

Bleck R (1978) Finite difference equations in generalized vertical coordinates. Part I: Total energy conservation. Contrib Atmos Phys 51: 360-372.

Bleck R (1998) Ocean modeling in isopycnic coordinates. In: Chassignet E P, Verron J (eds) Ocean Modeling and Paramterization. NATO Science Series. Kluwer Academic Publishers, Dordrecht, pp 423-448.

Bleck R (2002) An oceanic general circulation model framed in hybrid isopycnic-cartesian coordinates. Ocean Model 4: 55-88.

Bleck R, Benjamin S (1993) Regional weather prediction with a model combining terrain-following and isentropic coordinates. Part I: Model description. Mon Wea Rev 121: 1770-1785.

Bleck R, Boudra D (1981) Initial testing of a numerical ocean circulation model using a hybrid (quasi-isopycnic) vertical coordinate. J Phys Oceanogr 11: 755-770.

Bleck R, Chassignet E P (1994) Simulating the oceanic circulation with isopycnic coordinate models. In: Majundar S K, Mill E W, Forbes G S, Schmalz R E, Panah A A (eds) The oceans: Physical-chemical dynamics and human impact. The Pennsylvania Academy of Science, Easton, pp 17-39.

Bleck R, Rooth C, Hu D, Smith L T (1992) Salinity-driven thermocline transients in a wind-and thermohaline-forced isopycnic coordinate model of the North Atlantic. J Phys Oceanogr 22: 1486-1505.

Burchard H, Beckers J M (2004) Non-uniform adaptive vertical grids in one-dimensional numerical ocean models. Ocean Model 6: 51-81.

Carnes M R, Fox D N, Rhodes R C, Smedstad O M (1996) Data assimilation in a North Pacific Ocean monitoring and prediction system. In: Malanotte - Rizzoli P (ed) Modern approaches to data assimilation in ocean modeling. Elsevier, New York, pp 319-345.

Chassignet E P, Garraffo Z D (2001) Viscosity parameterization and the Gulf Stream separation. In: Muller P, Henderson D (eds) From stirring to mixing in a stratified ocean. Proceedings 'Aha Huliko' a Hawaiian Winter Workshop. University of Hawaii. 15-19 January 2001, pp 37-41.

Chassignet E P, Malanotte-Rizzoli P (2000) Ocean circulation model evaluation experiments for the North Atlantic basin. Dyn Atmos Oceans 32: 155-432 (Elsevier Science Ltd., special issue).

Chassignet E P, Marshall D P (2008) Gulf Stream separation in numerical ocean models. In: Hecht M, Hasumi H (eds) Eddy-Resolving Ocean Modeling. AGU monograph series, American Geophysical Union, Washington, DC, pp 39-62.

Chassignet E P, Verron J (1998) Ocean modeling and parameterization. Kluwer Academic Publishers, Dordrecht, p 451.

Chassignet E P, Verron J (2006) Ocean weather forecasting: an integrated view of oceanography. Springer, Dordrecht, p 577.

Chassignet E P, Smith L T, Bleck R, Bryan F O (1996) A model comparison: Numerical simulations of the North and Equatorial Atlantic Ocean circulation in depth and isopycnic coordinates. J Phys Oceanogr 26: 1849-1867.

Chassignet E P, Smith L T, Halliwell G R, Bleck R (2003) North Atlantic simulations with the Hybrid Coordinate Ocean Model (HYCOM): Impact of the vertical coordinate choice, reference density, and thermobaricity. J Phys Oceanogr 33: 2504-2526.

Chassignet E P, Hurlburt H E, Smedstad O M, Halliwell G R, Wallcraft A J, Metzger E J, Blanton B O, Lozano C, Rao D B, Hogan P J, Srinivasan A (2006) Generalized vertical coordinates for eddyresolving global and coastal ocean forecasts. Oceanography 19: 20-31.

Chassignet E P, Hurlburt H E, Smedstad O M, Halliwell G R, Hogan P J, Wallcraft A J, Baraille R, Bleck R

(2007) The HYCOM (HYbrid Coordinate Ocean Model) data assimilative system. J Mar Sys 65: 60-83.

Chassignet E P, Hurlburt H E, Metzger E J, Smedstad O M, Cummings J, Halliwell G R, Bleck R, Baraille R, Wallcraft A J, Lozano C, Tolman H L, Srinivasan A, Hankin S, Cornillon P, Weisberg R, Barth A, He R, Werner F, Wilkin J (2009) U. S. GODAE: Global ocean prediction with the HYbrid Coordinate Ocean Model (HYCOM). Oceanography 22(2): 64-75.

Clarke A J (2008) An introduction to the dynamics of El Nino & the Southern oscillation. Amsterdam, Elsevier, p 324.

Cooper M, Haines K (1996) Altimetric assimilation with water proproperty conservation. J Geophys Res 101: 1059-1078.

Cornillon P, Adams J, Blumenthal M B, Chassignet E P, Davis E, Hankin S, Kinter J, Mendelssohn R, Potemra J T, Srinivasan A, Sirott J (2009) NVODS and the development of OPeNDAP—an integrative tool for oceanographic data systems. Oceanography 22(2): 116-127.

Cox M D (1987) Isopycnal diffusion in a z-coordinate ocean model. Ocean Modelling (unpublished manuscripts) 74: 1-5.

Cummings J A (2005) Operational multivariate ocean data assimilation. Quart J Royal Met Soc 131: 3583-3604.

Ezer T, Mellor G (2004) A generalized coordinate ocean model and a comparison of the bottom boundary layer dynamics in terrainfollowing and z-level grids. Ocean Model 6: 379-403.

Fox D N, Teague W J, Barron C N, Carnes M R, Lee C M (2002) The modular ocean data analysis system (MODAS). J Atmos Ocean Technol 19: 240-252.

Fratantoni D M (2001) North Atlantic surface circulation during the 1990's observed with satellitetracked drifters. J Geophys Res 106: 22, 067-22, 093.

Gent P R, McWilliams J C (1990) Isopycnic mixing in ocean circulation models. J Phys Oceanogr 20: 150-155.

Gent P R, Willebrand J, McDougall T J, McWilliams J C (1995) Parameterizing eddy-induced tracer transports in ocean circulation models. J Phys Oceanogr 25: 463-474.

Goff J A, Arbic B K (2010) Global prediction of abyssal hill roughness statistics for use in ocean models from digital maps of paleo-spreading rate, paleoridge orientation, and sediment thickness. Ocean Model 32: 36-43. doi: 10.1016/j.ocemod.2009.10.001.

Greatbatch R J, Mellor G L (1999) An overview of coastal ocean models. In: Mooers CNK (eds) Coastal ocean prediction. American Geophysical Union, Washington, pp 31-57, 526 pages total.

Griffes S M, Adcroft A J (2008) Formulating the equations of ocean models. In: Hecht M, Hasumi H (eds) Eddy resolving ocean modeling. Geophysical Monograph Series. American Geophysical Union, Washington, pp 281-318.

Griffies S M, Hallberg R W (2000) Biharmonic friction with a Smagorinsky viscosity for use in large-scale eddy-permitting ocean models. Mon Weather Rev 128: 2935-2946.

Griffies S M, Böning C, Bryan F O, Chassignet E P, Gerdes R, Hasumi H, Hirst A, Treguier A-M, Webb D (2000a) Developments in ocean climate modelling. Ocean Model 2: 123-192.

Griffies S M, Pacanowski R C, Hallberg R W (2000b) Spurious diapycnal mixing associated with advection in a z-coordinate ocean model. Monthly Weather Rev 128: 538-564.

Hallberg R W (1995) Some aspects of the circulation in ocean basins with isopycnals intersecting the sloping boundaries, Ph. D. thesis, University of Washington, Seattle, p 244.

Hallberg R W (1997) Stable split time stepping schemes for large-scale ocean modelling. J Comput Phys 135: 54-65.

Hallberg R W (2005) A thermobaric instability of Lagrangian vertical coordinate ocean models. Ocean Model 8: 279-300.

Hallberg R W, Adcroft A (2009) Reconciling estimates of the free surface height in Lagrangian vertical coordinate ocean models with mode-split time stepping. Ocean Model 29: 15-26.

Halliwell G (2004) Evaluation of vertical coordinate and vertical mixing algorithms in the Hybrid Coordinate Ocean Model (HYCOM). Ocean Model 7: 285-322.

Halliwell G R Jr, Barth A, Weisberg R H, Hogan P, Smedstad O M, Cummings J (2009) Impact of GODAE products on nested HYCOM simulations of the West Florida Shelf. Ocean Dyn 59: 139-155.

Hecht M W, Hasumi H (2008) Ocean modeling in an eddying regime. Geophysical monograph series, vol 7. American Geophysical Union, Washington, p 409.

Hecht M W, Hunke E, Maltrud M E, Petersen M R, Wingate B A (2008) Lateral mixing in the eddying regime and a new broad-ranging formulation. In: Hecht, Hasumi (eds) Ocean modeling in an eddying regime. AGU Monograph Series. AGU, Washington, pp 339-352.

Hurlburt H E, Chassignet E P, Cummings J A, Kara A B, Metzger E J, Shriver J F, Smedstad O M, Wallcraft A J, Barron C N (2008) Eddy-resolving global ocean prediction. In: Hecht M, Hasumi H (ed) "Ocean Modeling in an Eddying Regime". Geophysical monograph 177. American Geophysical Union, Washington, pp 353-381.

Hurlburt H E, Brassington G B, Drillet Y, Kamachi M, Benkiran M, Bourdalle-Badie R, Chassignet E P, LeGalloudec O, Lellouche J M, Metzger E J, Oke P R, Pugh T, Schiller A, Smedstad O M, Tranchant B, Tsujino H, Usui N, Wallcraft A J (2009) High resolution global and basin-scale ocean analyses and forecasts. Oceanography 22 (3): 110-127.

Iselin C O (1939) The influence of vertical and lateral turbulence on the characteristics of the waters at mid-depths. Eos Trans Am Geophys Union 20: 414-417.

Jakobsson M, Cherkis N, Woodward J, Coakley B, Macnab R (2000) A new grid of Arctic bathymetry: A significant resource for scientists and mapmakers, EOS Transactions. Am Geophys Union 81 (9): 89, 93, 96.

Ledwell J R, Watson A J, Law C S (1993) Evidence for slow mixing across the pycnocline from an open-ocean tracer-release experiment. Nature 364: 701-703.

Lee M M, Coward A C, Nurser A J (2002) Spurious diapycnal mixing of the deep waters in an eddypermitting global ocean model. J Phys Oceanogr 32: 1522-1535.

Legg S, Chang Y, Chassignet E P, Danabasoglu G, Ezer T, Gordon A L, Griffes S, Hallberg R, Jackson L, Large W, Özgökmen T, Peters H, Price J, Riemenschneider U, Wu W, Xu X, Yang J (2009) Improving oceanic overflow representation in climate models: the Gravity Current Entrainment Climate Process Team. Bull Am Met Soc 90 (4): 657-670. doi: 10. 1175/2008BA MS2667. 1.

Leveque R J (2002) Finite volume methods for hyperbolic problems. Cambridge University Press, Cambridge, p 578.

Maltrud M E, McClean J L (2005) An eddy resolving global 1/10_ ocean simulation. Ocean Model 8: 31-54.

Maximenko N A, Niiler P P (2005). Hybrid decade-mean sea level with mesoscale resolution. In: Saxena N (ed) "Recent Advances in Marine Science and Technology". PACON International, Honolulu, pp 55-59.

McDougall T J, Church J A (1986) Pitfalls with the numerical representation of isopycnal and diapycnal mixing. J Phys Oceanogr 16: 196-199 E. P. Chassignet.

Meincke J C, Le Provost, Willebrand J (2001) Dynamics of the North Atlantic Circulation (DYNAMO). Prog Oceanogr 48: N°2-3.

Metzger E J, Smedstad O M, Thoppil P, Hurlburt H E, Wallcraft A J, Franklin D S, Shriver J F, Smedstad L F (2008) Validation Test Report for Global Ocean Prediction System V3. 0— (1/12)°HYCOM/NCODA: Phase I, NRL Memo. Report, NRL/MR/7320—08-9148.

Montgomery R B (1940) The present evidence on the importance of lateral mixing processes in the ocean. Bull Am Meteor

Soc 21: 87–94.

Oberhuber J M (1993) Simulation of the atlantic circulation with a coupled sea ice–mixed layerisopycnal general circulation model. Part I: model description. J Phys Oceanogr 23: 808–829.

Papadakis M P, Chassignet E P, Hallberg R W (2003) Numerical simulations of the Mediterranean Sea outflow: Impact of the entrainment parameterization in an isopycnic coordinate ocean model. Ocean Model 5: 325–356.

Philander S G H (1990) El Nino, La Niña, and the Southern Oscillation. Academic Press, New York, p 293.

Redi M H (1982) Oceanic mixing by coordinate rotation. J Phys Oceanogr 12: 87–94.

Schmitz W J (1996) On the World Ocean Circulation. Vol. 1: Some global features/North Atlantic circulation. Woods Hole Oceanographic Institute Tech. Rep. WHOI–96–03. p 141.

Schopf P S, Loughe A (1995) A reduced–gravity isopycnal ocean model: Hindcasts of El Nino. Mon Wea Rev 123: 2839–2863.

Shchepetkin A F, McWilliams J C (2005) The Regional Ocean Modeling System (ROMS): A splitexplicit, free–surface, topography–following coordinates ocean model. Ocean Model 9: 347–404.

Shriver J F, Hurlburt H E (2000) The effect of upper ocean eddies on the non–steric contribution to the barotropic mode. Geophys Res Lett 27: 2713–2716.

Shriver J F, Hurlburt H E, Smedstad O M, Wallcraft A J, Rhodes R C (2007) 1/32°real–time global ocean prediction and value–added over 1/16 resolution. J Mar Sys 65: 3–26.

Smith W H F, Sandwell D T (1997) Global seafloor topography from satellite altimetry and ship depth soundings: evidence for stochastic reheating of the oceanic lithosphere. Science 277: 1956–1962.

Smith W H F, Sandwell D T (2004) Conventional bathymetry, bathymetry from space, and geodetic altimetry. Oceanography 17: 8–23.

Song Y T, Haidvogel D B (1994) A semi – implicit ocean circulation model using topography – following coordinate. Journal of Computational Physics 115: 228–244.

Song, Y T, Hou T Y (2006) Parametric vertical coordinate formulation for multiscale, Boussinesq, and non–Boussinesq ocean modeling. Ocean Model 11: 298–332.

Stammer D, Wunsch C, Ponte R M (2000) De–aliasing of global high frequency barotropic motions in altimeter observations. Geophys Res Lett 27: 1175–1178.

Sun S, Bleck R, Rooth C G, Dukowicz J, Chassignet E P, Killworth P (1999) Inclusion of thermobaricity in isopycnic–coordinate ocean models. J Phys Oceanogr 29: 2719–2729.

van Leer B (1977) Towards the ultimate conservative difference scheme Ⅳ: a new approach to numerical numerical convection. J Comput Phys 23: 276–299.

Veronis G (1975) The role of models in tracer studies. In: Numerical models of ocean circulation. National Academy of Sciences, Washington, pp 133–146.

Wallcraft A J, Kara A B, Hurlburt H E, Rochford P A (2003) NRL Layered Ocean Model (NLOM) with an embedded mixed layer sub–model: formulation and tuning. J Atmos Oceanic Technol 20: 1601–1615.

Willebrand J, Barnier B, Böning C, Dieterich C, Killworth P D, Le Provost C, Jia Y, Molines J M, New A L (2001) Circulation characteristics in three eddy–permitting models of the North Atlantic. Prog Oceanogr 48: 123–161.

Xu X, Chang Y S, Peters H, Özgökmen T M, Chassignet E P (2006). Parameterization of gravity current entrainment for ocean circulation models using a high–order 3D nonhydrostatic spectral element model. Ocean Model 14: 19–44.

Xu X, Chassignet E P, Price J F, Özgökmen T M, Peters H (2007) A regional modeling study of the entraining Mediterranean outflow. J Geophys Res 112: C12005. doi: 10. 1029/2007JC004145.

第 12 章　海洋生物地球化学的数值模拟与数据同化

Richard J. Matear, E. Jones[①]

摘　要：将生物地球化学的概念引入全球海洋数据同化实验（GODAE）系统是一次意义非凡的挑战和机会。为了更有效地阐明这些问题，本章回顾了海洋生物地球化学的数值模拟和现有的生物地球化学数据同化的应用。生物地球化学数据同化源于生物地球化学模式本身的模拟误差、全球数据同化系统的计算需求，以及生物地球化学状态变量之间的非线性因素。本章利用海洋的状态估计问题（ocean state estimation problem）来论述 GODAE 系统的组成之一：生物地球化学数据同化方法。该方法可以使生物地球化学模型参数从时间和空间上更准确地满足数据同化系统对生物地球化学观测数据场的订正。该方法基于解决生物地球化学数据同化技术所面临的问题，进而提高生物地球化学场的状态估计并优化生物地球化学模型。

12.1　概述

海洋生物化学过程主要指营养盐和碳在无机物和有机物之间的循环转化过程，而海洋生物地球化学（Biogeochemical, BGC）数值模拟正是理解该生物化学过程的有效方法之一。定量化这些生物化学过程，对理解海洋碳循环过程、海-气相互作用、气候变化对海洋生态系统的影响以及海洋物理和生物的相互作用至关重要。

数据同化代表了一种新颖而有效推动海洋生物地球化学研究的工具。物理和生物地球化学数据同化的耦合是全球海洋数据同化实验（Global Ocean Data Assimilation Experiment, GODAE）的发展。数据同化融合多源观测资料，为海洋的物理和生物状态提供了更丰富、更统一的认识。为拓展 GODAE 系统中包含的海洋生物地球化学数据同化技术，也为海洋数据同化产品感兴趣的研究者提供了一个令人兴奋的机遇，如 Brasseur 等（2009）给出了数据同化在海洋生物地球化学研究上的应用总结。然而，发展新型的生物地球化学数据同化产品并不是件简单的任务。本章我们将专注于利用现有包括生物地球化学同化方法的物理海洋数据

① Richard J. Matear，澳大利亚联邦科学与工业研究组织，海洋与大气研究所，海洋财富国家旗舰研究部。E-mail：richard. matear@ csiro. au.

同化系统。为了设置讨论背景，首先，我们将简要回顾可以纳入 GODAE 数据同化系统的生物地球化学模型的基本组成部分。第二，我们将简要讨论以前的生物地球化学数据同化工作。最后，我们将论述在现有 GODAE 数据同化系统中拓展生物地球化学数据同化技术，并发布生物地球化学数据产品。这些任务将需要大量的计算，这是因为 GODAE 数据同化系统已经需要占用大量的计算资源，再引入生物地球化学数据同化，势必需要进一步增加这些计算需求。因此，计算量上的约束也将是实现生物地球化学数据同化的影响因素之一。

12.2 生物地球化学数值模拟

海洋生物在海水营养盐和碳循环中起到重要作用。人们最早开发海洋生态地球化学模型是想更好地理解、量化，最终预测海洋在全球碳循环以及海洋生物碳循环过程中的作用。本章我们关注的生物地球化学所涉及的碳循环和营养盐循环，主要是指海洋生态系统中最低营养级的作用过程。这显然不是生物地球化学的唯一应用领域，其他应用还包括有害藻类暴发的预测（Franks，1997）、鱼类的海洋复杂食物网的认识（Brown et al，2010），以及海洋硫化物释放对云凝结核形成的不确定性影响（Gabric et al，1998），等等。为了清楚地阐述生物地球化学数值模拟，本章选取一个简单的模型进行讨论，该模型主要描述了氮循环及其与海洋生态系统最低营养级过程之间的联系。关键过程是了解模型中生物对氮的吸收，以及有机物分解矿化为无机物的过程。生物地球化学模型曾被应用于营养盐主成分丰富的塔斯马尼亚岛（Tasmania）南部海域，研究该区域浮游植物动力学（Kidston et al，2010）。本章列举的生物地球化学模型即以此模型为基础。该模型可以较容易地拓展到碳和其他营养盐，甚至制作发布诸如初级生产力的生物地球化学数据产品，以此奠定整个海洋生态系统的研究基础（Brown et al，2010）。

生物地球化学模型按垂直水层划分为两个模拟区域：一是阳光可以照射到的浮游植物可以进行光合作用的真光层；二是阳光照射不到的浮游植物无法进行光合作用的海水深层。以生物地球化学模型为例，真光层内主要关注 4 个状态变量的作用过程，包括硝酸盐（nitrate，N），浮游植物（phytoplankton，P），浮游动物（zooplankton，Z）和碎屑（detritus，D）。这些状态变量作用方程的详细描述可参考 Kidston 等（2010）的文章，主要方程如公式（12.1）至公式（12.4）所示，单位为 N/m^3，M 代表混合层深度，表 12.1 归纳了方程的主要参数。

$$\frac{\mathrm{d}P}{\mathrm{d}t} = \bar{J}(M,\ t,\ N)P - G(P,\ Z) - \mu_p P - \frac{[m + h^+(t)]}{M}P \tag{12.1}$$

$$\frac{\mathrm{d}Z}{\mathrm{d}i} = \gamma_1 G(P,\ Z) - \gamma_2 Z - \mu_z Z^2 - \frac{h(t)}{M}Z \tag{12.2}$$

$$\frac{\mathrm{d}D}{\mathrm{d}t} = (1-\gamma_1)G(P,\ Z) + \mu_p P + \mu_z Z^2 - \mu_D D - w_D\frac{\mathrm{d}D}{\mathrm{d}z} - \frac{[m + h^+(t)]}{M}D \tag{12.3}$$

$$\frac{\mathrm{d}N}{\mathrm{d}t} = \mu_D D + \gamma_2 Z + \mu_p P - \bar{J}(M,\ t,\ N)P + \frac{[m + h^+(t)]}{M}(N_0 - N) \tag{12.4}$$

表 12.1　生物地球化学模型的方程参数

参数	符号	数值	单位
浮游植物模型			
P-I 曲线初始斜率	α	0.256	$day^{-1}/(W\cdot m^{-2})$
光合有效辐照度	PAR	0.43	—
光在水中的衰减率	k_w	0.04	m^{-1}
最大生长率	a	0.27	day^{-1}
	b	1.066	—
	c	1.0	C^{-1}
氮吸收的半饱和常数	k	0.7	$mmol\ N/m^{-3}$
浮游植物死亡率	μ_P	0.01	day^{-1}
浮游动物模型参数			
同化效率	γ_1	0.925	—
最大摄食率	g	1.575	day^{-1}
最大捕食率	ε	1.6	$(mmol\ N/m^{-2})^{-1}day^{-1}$
死亡率二次方	μ_Z	0.34	$(mmol\ N/m^{-3})^{-1}day^{-1}$
排泄率	γ_2	$0.01\ b^{cT}$	day^{-1}
碎屑模型参数			
矿化率	μ_D	$0.048\ b^{cT}$	day^{-1}
沉积速率	w_D	18.0	m/day

注：根据塔斯马尼亚岛南部海域 P1 现场观测数据进行了优化（Kidston et al, 2010）。

浮游植物模型方程包括浮游植物的生长［$\bar{J}(M, t, N)P$］、同化［$G(P, Z)$］、死亡（$\mu_p P$）以及海水物理过程作用［公式（12.1）最后一项］。物理海洋机制则包括浮游植物（P）随混合层深度（M）的增大而稀释的过程，混合层深度（M）随时间 $h^+(t) = \min\left(O, \frac{dM}{dt}\right)$ 变化。而与此同时混合层深度（M）变浅却对浮游植物（P）没有影响，因为没有新的水注入。m 代表混合层内浮游植物的垂直扩散损失。

浮游植物生长的关键环境因子有温度（T）、光照（I）和硝酸盐的吸收（N），生长速率由以下公式控制。

$$\bar{J}(M, t, N) = \min\left[J(M, t), J_{\max}\frac{N}{N+k}\right] \tag{12.5}$$

$$\bar{J}(M, t) = \frac{1}{24M}\int_0^{24}\int_0^{M}\frac{J_{\max}aI(z, t)}{(J_{\max} + [aI(z, t)]^2)^{1/2}}dzdt \tag{12.6}$$

$$I(z, t) = PARI(O, t)e^{-k_w z} \tag{12.7}$$

$$J_{\max} = ab^{cT} \tag{12.8}$$

光照主要的影响因素有：海表面太阳辐射的日变化［$I(0, t)$］、光合有效辐照度（PAR）、混合层深度、光在水柱中的衰减（$e^{-k_w z}$）。这些公式中，$J_{\max}$ 代表光照和硝酸盐作用下的浮游植物最大生长率。

浮游动物模型方程［式（12.2）］表示浮游动物捕食浮游植物后对自身生长［$\gamma_1 G(P, Z)$］、代谢（$\gamma_2 Z$）、死亡和海洋物理过程的影响（最后一项）。浮游动物捕食浮游植物的方程表示为

$$G(P,\ Z)=\frac{g \in P^2}{g+\in P^2}P \tag{12.9}$$

被捕食的浮游植物有一部分被浮游动物摄取（γ_1），另外一部分转化为碎屑。

对于碎屑的方程［式（12.3）］，输入量由浮游植物死亡、浮游动物捕食与死亡组成，输出量则由碎屑分解代谢（$\mu_D D$）和沉降（$w_D \frac{\mathrm{d}D}{\mathrm{d}z}$）组成。方程的最后一项（$D$）同样代表海洋物理过程的影响，同方程（12.1）的最后一项类似。碎屑的沉降项源自氮的模型。碎屑沉降到海水里，随后分解成无机氮（硝酸盐）的形式，这一过程形成随深度变化的垂直梯度曲线。

对于硝酸盐的方程（12.4），浮游植物的吸收意味着硝酸盐的损失，碎屑的再矿化意味着硝酸盐的补充，另外还有海洋物理过程的影响$\left\{\frac{[m+h^+(t)]}{M}(N_0-N)\right\}$，即利用混合层底部的硝酸盐（$N_0$）不断补充生物地球化学循环过程中所需的硝酸盐浓度。这一海水上升的物理过程，对于为浮游植物生长提供硝酸盐具有重要作用，同时也是海洋物理系统和生物系统的重要连接纽带。

简单的生物地球化学模型可以拓展到包含多种营养盐（例如碳、碱、铁、磷酸盐）、浮游植物（例如尺寸和相关函数）、浮游动物和碎屑的状态变量等（Vichi et al，2007）。这些状态变量增加了模型方程和参数的复杂性。因此，需要在模型的复杂性和模型的可实用性之间找到一种折中的处理方法（Matear，1995）。此外，生物地球化学模型的参数化方案通常依赖经验相关性，这种相关性还会因为物理模型控制方程中的理论关联而不同（例如纳维-斯托克斯方程），所以，采用简单或是复杂的生物模型终归还是一个需要讨论的问题。

简单的生物地球化学模型仅仅代表海水混合层内的作用过程，场变量在混合层内充分混合，系统可以看作零维模型。生物地球化学模型中唯一的物理过程是指混合层厚度的增加以及混合层和深水层的垂直混合所带来的硝酸盐的垂向补充。如果想将生物地球化学模型引入到 GODAE 系统中，就需要明确解决垂向维数（Schartau and Oschlies，2003a）和生物状态变量耦合海洋环流的问题（Oschlies and Schartau，2005）。在以上的这个系统构建过程中，生物地球化学状态变量的演变主要由上述所提到的生物过程、影响生物地球化学输运的海洋动力过程所影响。

尽管三维生物地球化学模型可以通过耦合物理和生物化学过程来表示状态变量的演变，但值得注意的是：在真光层内通常是生物转化过程远远强于物理过程（例如在全球海洋模型中海洋的混合作用需要数周，而浮游植物的繁殖增倍仅需要几天）。因此，在透光层内，以

"天"为时间尺度的作用过程需要潜在关注的是生物化学过程。很多例子已经表明生物地球化学模型仅适用于混合层内的垂向维数的作用过程。生物过程在物理海洋上的主要作用在于高涡流区，这个区域海水的水平混合强烈，可以形成生物池，而且可以很清楚地从叶绿素 a 浓度的水色遥感图片上看到，因此可以证明，海洋动力学对叶绿素 a 的自然涡旋现象的形成有重要作用（图 12.1）。在透光层下面的无光层，物理和生物过程对于生物地球化学模型状态变量的演变同样重要，通常都不会被忽略（图 12.2）。

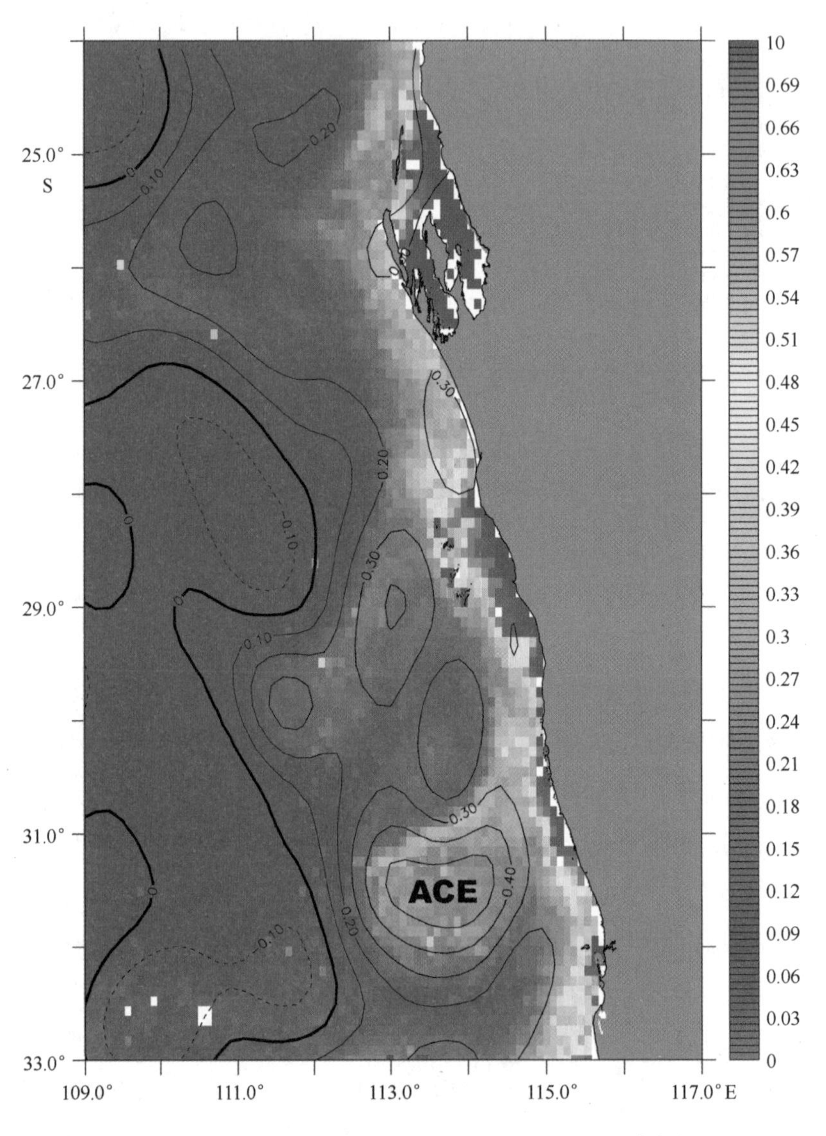

图 12.1　澳大利亚西海岸 2000 年 5 月 4 日卫星遥感水色

SeaWiFS 海表面叶绿素 a 浓度（mg Chla/m³）

等值线表示海表面高度异常。注意连接陆架和离岸高叶绿素浓度区域的两个反气旋涡（ACE，海表面高度异常负值闭合曲线）（Moore et al，2007）

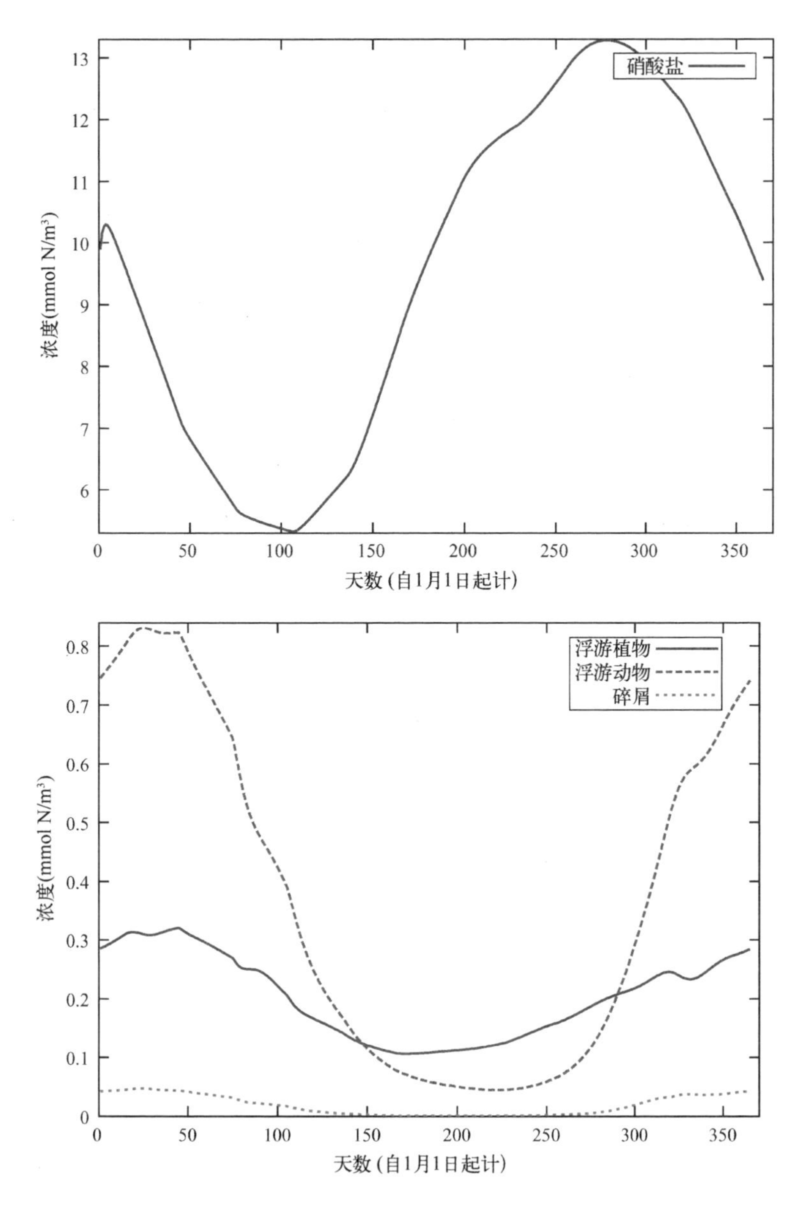

图 12.2 零维生物地球化学模型的 4 个状态变量的季节变化

模型参数来源于表 12.1

12.3 生物地球化学数据同化

数据同化的应用问题分为两种：参数估计和状态估计。这两种方法反映了如何将包含不同有效信息的观测数据融合到生物地球化学模型的理念。在这两种方法中，数据被用于约束状态变量的演变，其中参数估计是指调节模型参数来约束状态变量的演变，而状态估计是指调节状态变量来适应观测数据。状态估计方法通常是 GODAE 中物理数据同化的基础，这种同化方法在三维物理海洋状态时间演变的海洋预报和再分析产品方面不断发展。

然而，生物地球化学数据同化研究已趋于强调参数估计的数据同化方法。尽管两种方法的详细介绍会超过本节的篇幅，但下文还是尽量对两种数据同化方法的应用做简单归纳。

12.3.1 参数估计

有关简单的生物地球化学模型的显著特征，我们已经在前文（12.2 节）讨论过，即大量的模型参数需要具体化以模拟生物地球化学机制。这些参数的设置可通过部分观测数据完成，但大部分没有直接的观测数据就需要通过估算实现。此外，即使较多的观测参数也存在很大的不确定性，例如浮游植物生长速率等（例如 α 和 J_{max}），因为这些参数值不会随时间变化，也不会因为浮游植物种类的个体变化而适应这个生态系统。目前，还没有哪种方法可以直接给出所有的模型参数，基本上还是调整一部分来使模型更接近观测值，这是一个烦琐且费时的过程。数据同化的吸引力在于它可以提供一种方法来生成一组模型参数，进而反映观测值，确定未知参数值，并且提供对参数受模型制约的深入了解（Kidston et al，2010；Schartau and Oschlies，2003b）。

目前，已有很多学者使用数据同化方法来估计生态系统模型参数（Gregg et al，2009），甚至，已经有一个网站（http://www.ccpo.odu.edu/marjy/Testbed/Workshop1.html）专门针对不同生物地球化学模型来探讨相关的参数估计方法。

最近的模型对比研究提出了一些海洋生物地球化学模型的新问题（Friedrichs et al，2007）。这些研究评估了 12 种不同复杂关系的生物地球化学模型的模拟准确性。研究表明，当对一个观测点进行对比检验时，所有的模型均可以表现优秀，然而对两个观测点进行对比检验时，只有当多种浮游动物状态变量采用相同模型参数时才能表现良好。该研究说明，模型参数的设定需要考虑不同生态系统的区域差异特征。所以，没有一个模型参数可以适用于整个海洋生态系统中包括浮游植物的所有变量，必须在模型参数设定时考虑海洋环境的差异性。

生物模型的不确定性不仅指模型参数，也包括表征生物系统的方程的选择（Franks，2009）。参数和模型方程的不确定性导致生物地球化学模拟时产生模型误差，因而模型参数估计可拓展到模型空间、复杂性和模型方程的研究［例如 Matear（1995）］。为了解决这些问题，就要论证采用生物地球化学数据同化中参数估计方法得到的估计数值。此外，参数估计可以提供模型与观测之间的深入理解，例如，什么样的观测数据是构建和制约更真实模型的关键，以及如何定义关键模型参数才更能真实地反映观测（Kidston et al，2010）。最终结果是提供一种方便的方法来定义这一系列模型参数，它可以捕获生物系统的关键动力过程，探讨这些参数是如何影响系统动力作用［例如 Friedrichs et al（2006）］。

参数估计方法研究中值得注意的是，由于模型方程中重要的过程被排除而造成不真实估计参数值（这些在模型中被称作结构性错误）。因此，这些被估计的模型参数必须经过生态评估，并认为是合理的，否则模型会产生结构性错误。

12.3.2 海洋状态估计

状态估计数据同化的优势在于可以提供一种方法将物理和生物观测数据引入到数值模式以获得生物地球化学初始场，这就需要观测数据与模式在时间和空间上尽可能更匹配（Lee et al，2009）。应用状态估计需要通过订正海洋状态变量以反演更真实的海洋状态演变来克服模式的局限性。这种方法可以减小模式误差的影响（参数、方程公式、初始场和强迫场），更准确地模拟后报和预报海洋状态变量（Natvik and Evensen，2003a）。

本节概述了 Gregg（2008）的生物地球化学数据同化研究中的一些新颖的观点，即将海洋水色数据海表面叶绿素 a 浓度同化到生物地球化学模拟，得到更理想的海洋生物系统变量的时空分布产品。

顺序数据同化的第一个例子是直接将 CZCS 叶绿素数据引入到美国东南海岸的三维模型中（Ishizaka，1990）。这种方法可以及时改进叶绿素的模拟，但是在数值模拟与观测出现误差之前，改进不会持续太长时间。模拟与观测之间的误差反映了生物模型对叶绿素 a 浓度的高估。订正这些误差是获得更好更持久的状态变量结果的关键。最近，集合卡尔曼滤波（Ensemble Kalman Filter，EnKF）已被用来将 SeaWiFS 海洋水色叶绿素 a 数据同化到三维北大西洋模型中（Natvik and Evensen，2003a；2003b）。结果表明，引入集合卡尔曼滤波后，海洋状态变量与观测的浮游植物和硝酸盐浓度表现更接近。但是，这一研究并没有对未引入同化的结果进行比较，因此还未能对海洋生物地球化学状态估计的影响进行定量化评估（Gregg et al，2009）。Gregg（2008）引入条件松弛分析方法（Conditional Relaxation Analysis Method，CRAM），连续同化多年 SeaWiFS 数据到三维生物地球化学模型中。这些状态变量的同化方法改进了海表面叶绿素 a 的模拟值。更独立的评估方法是着眼于数据同化在初级生产垂直积分影响上的应用，这会给叶绿素 a 浓度数据同化带来更显著的改进。

最近，Hemmings 等（2008）提出了一种氮平衡方案，该方案通过同化海洋水色叶绿素 a 数据来提高对海水二氧化碳分压（pCO_2）的估计。利用北大西洋两个站点（30°N 和 50°N）的一维模型实现该方案。利用叶绿素 a 与其他生物状态变量的协方差来解决多变量卡尔曼滤波同化方案的计算耗时问题。Hemmings 等（2008）采用一维模型变换参数的模拟方法，得到模拟的叶绿素和其他生物变量之间的关系，从而利用同化后的叶绿素 a 数据来预测所有的生物状态变量。这种氮平衡方法改进了海洋碳的模拟，进而浮游植物和溶解性无机碳在海洋碳的循环过程中得以提高。在 30°N 的站位，表面二氧化碳分压的均方根误差（RMS）减少超过 50%（4 μ atm 至 2 μ atm 以下）。在 50°N 的站位，表面二氧化碳分压的均方根误差也有所改进（-2 μ atm 至 0 μ atm 左右）。

目前，状态估计同化方法采用的数据还局限于遥感水色叶绿素 a。要从海表面延伸到海洋内部，还需要耦合生物和物理模型。此外，水色遥感图片由于云覆盖的影响常常缺失数据，添补数据缺失点是状态估计需要克服的另一个重要问题。另外，我们非常关注的一些场变量由于观测数据的缺失也实现不了时空覆盖（例如二氧化碳分压）。由于以上种种原因，数据同化还是提供了一种有效的方法，即利用现有数据探索构建时空场数据。

12.4 将生物地球化学数据同化引入 GODAE 系统所面临的挑战

12.4.1 背景

GODAE 的构思是通过数据同化实现全球海洋三维涡识别的环流数值模拟，这种模拟具有可靠的物理场和动力约束条件（Lee et al，2009）。从 GODAE 状态估计拓展到生物地球化学领域也是一种自然的演变过程，这一过程将 GODAE 状态估计的方法应用到生物地球化学状态估计，同时满足物理和生物信息的数据同化应用（Brasseur et al，2009）。

GODAE 涉及 3 个方面：①海洋中尺度分析和预测；②季节—年际预测的初始化条件；③状态估计（再分析）产品（Lee et al，2009）。将生物地球化学整合到 GODAE 中的关键在于如何修正状态估计。各种同化方法可以广泛应用，从伴随方法到顺序方法。

伴随方法［例如日本和 ECCO 工作组（www. eccogroup. org）的 MOVE］（Lee et al，2009）类似于前文讨论的参数估计方法，这种方法利用优化模型参数和控制变量来校正海洋初始条件和海表面驱动场，进而得到可靠的海洋状态变量。以伴随方法为基础的估计产品，虽然在特征上与数据同化的伴随模型公式在物理模型方程具有一致性，但物理生物耦合模型的开发，不再是一个简单的尝试，而是有可能实现的［例如 Matear 和 Holloway（1995）；Schlitzer（2002）］。因此，实现涵盖生物地球化学的 GODAE 系统更具有现实意义，下面将重点讨论如何同化生物地球化学连续数据。

顺序方法（sequential methods）被海洋再分析工作组广泛采用，例如澳大利亚的 BLUElink（Oke et al，2008）、英国的 FOAM（Martin et al，2007）和法国的 Mercator（Brasseur et al，2005）。该方法的计算效率高于伴随方法。连续方法采用统计修正海洋状态变量的方法，将物理方程解析解进行订正，从而反演得到更准确的海洋变量的估计。订正结果作为连续方程、动量方程、能量方程的源汇项，如果有读者感兴趣，可以阅读 Zaron 的第 13 章，该文对顺序资料同化进行了详细的论述。顺序资料同化需要在同一时间获得多组变量数据，同时不同变量间数据格式也需要统一。这些数据信息定义为多变量背景误差协方差矩阵（multi-variate Background Error Covariances，BECs），同时计算出同化前后状态变量的异常值。模拟计算时，背景误差协方差矩阵由集合样本量获得，这些样本来自不同初始条件模拟出的状态变量（Brasseur et al，2005）或者是多年模拟的结果（Oke et al，2008）。采用背景误差协方差矩阵的优势主要有：①不同海区海洋环流的长时间尺度特征和变异性（length-scales and the anisotropy）可以明显体现；②协方差矩阵的应用，体现了不同海洋状态变量的动力特征的统一，进而更好地应用到数值模拟中；③不同类型观测数据可以做到同时同化。所以，这种方法也可以应用到生物地球化学的数据同化上，目前也有一些学者进行了一定的尝试（Natvik and Evensen，2003a；2003b）。

下面我们将以一种简单的生物地球化学模型为例，讨论如何通过引入背景误差协方差矩阵来开展生物地球化学状态估计的数据同化。

12.4.2 潜在问题和解决方案

生物地球化学状态估计的关键数据集是海洋水色叶绿素 a，因此下面将集中讨论浮游植物浓度影响生物地球化学状态变量的限制条件。利用背景误差协方差矩阵分析（Background Error Covariances，BECs）是开展生物地球化学数据同化的有效方法之一，然而生物地球化学模型的不确定性和偏差可能对估计的背景误差协方差矩阵和数据同化状态估计产生量均具有显著影响。对于三维生物地球化学模拟，由于生物化学循环过程的源汇项控制状态变量间的不确定性，估计的背景误差协方差矩阵的计算是一项挑战。这些不确定性反映在模型参数的不确定性，模型参数随时间的不确定性，模型结构构建上方程的不确定性和误差（即模型简化和过程的缺失）。捕捉集合方法（如集合卡尔曼滤波）的不确定性，对三维生物地球化学模型将产生较大的计算量，这是由于考虑到生物地球化学模型的不确定性很难获得数量完整的集合样本量。集合最优插值方法（Ensemble Optimal Interpolation，EnOI；Brassington et al，2007）利用 9 年非同化海洋模拟结果的统计分析，得到了物理状态变量的估计的背景误差协方差矩阵。尽管目前可行的三维生物地球化学模型的计算量很大，但是用这种方法计算的背景误差协方差矩阵是不随时间变化的，也就是不考虑生物地球化学状态变量随时间变化的不确定性，例如浮游植物是否生长，估计的背景误差协方差矩阵是否变化（Hemmings et al，2008）。

目前，三维海洋环流模型的估计的背景误差协方差矩阵的计算对于 GODAE 系统并非可行，然而如果我们主要感兴趣的是生物地球化学模型在真光层的部分，那么可以将三维生物地球化学模型当作零维混合层来代表研究海域表层网格，这种方式是可行的。混合层的生物地球化学场的改进总体由生物地球化学过程控制，研究海域的解析也通常采用合理的假设。涉及的参数估算方法研究可参考前文。从海洋动力学的角度来看，驱动生物地球化学场的关键物理过程主要指真光层内营养盐的垂向补给和光照作用。这两种过程在前文的简单生物地球化学模型中已经介绍过。

零维生物地球化学模型的关键物理过程指垂向流动、垂直混合速率，以及混合层深度和温度随时间的变化。GODAE 数据同化系统计算得到的标准状态变量对于零维生物地球化学模型已经够用。对于生物地球化学模型数据同化中物理要素的估算也同样对生物地球化学模型非常重要，理想的结果还要改善物理数据同化系统。随着 Argo 浮标温度和盐度剖面资料的丰富和发展，利用观测数据估算和同化物理场数据提供了一种明确的分析方法。

真光层内零维生物地球化学模型的估计的背景误差协方差矩阵计算主要关注集合样本量。依据生物地球化学模型的非线性，我们需要认识生物地球化学状态变量的相互关系。Hemmings 等（2008）依据不同生物地球化学状态变量之间的控制机制，发展了氮平衡方法。背景误差协方差矩阵的复杂性和时间独立的本质就是前文零维生物地球化学模型中所讨论的问题。

12.4.3 应用背景误差协方差矩阵的生物地球化学数据同化

生物地球化学模型状态变量之间的关系在12.3节中已经进行了描述。为了计算背景误差协方差矩阵，我们随机调查了100个状态变量的扰动过程，并选取1月1日作为初始条件。初始条件的扰动呈高斯正态分布，标准偏差为0.01 mmol N/m^3，进而确保氮通量的平均偏差为0。浮游植物生长过程的模拟，揭示了生物地球化学模型和背景误差协方差矩阵的重要特征。生物地球化学状态变量的初始条件的随机扰动不会引起生物地球化学状态变量长时间序列的迁移，所有的扰动体现为模拟大概25 d的时间尺度上（图12.3）。生物地球化学状态变量的偏差在非同化模型中体现相同的迁移变化过程。如果我们通过处理连续观测数据进行资料同化，估算模型参数，这种偏差可能大大减小。然而，由于模拟的地域差异，我们无法考虑到所有模型的偏差，未来我们可用数据同化方法来修正模型描述真实海洋环境的偏差。生物地球化学状态变量扰动的衰减，涉及震荡的衰减，这反映了初始条件扰动的不平衡。对于

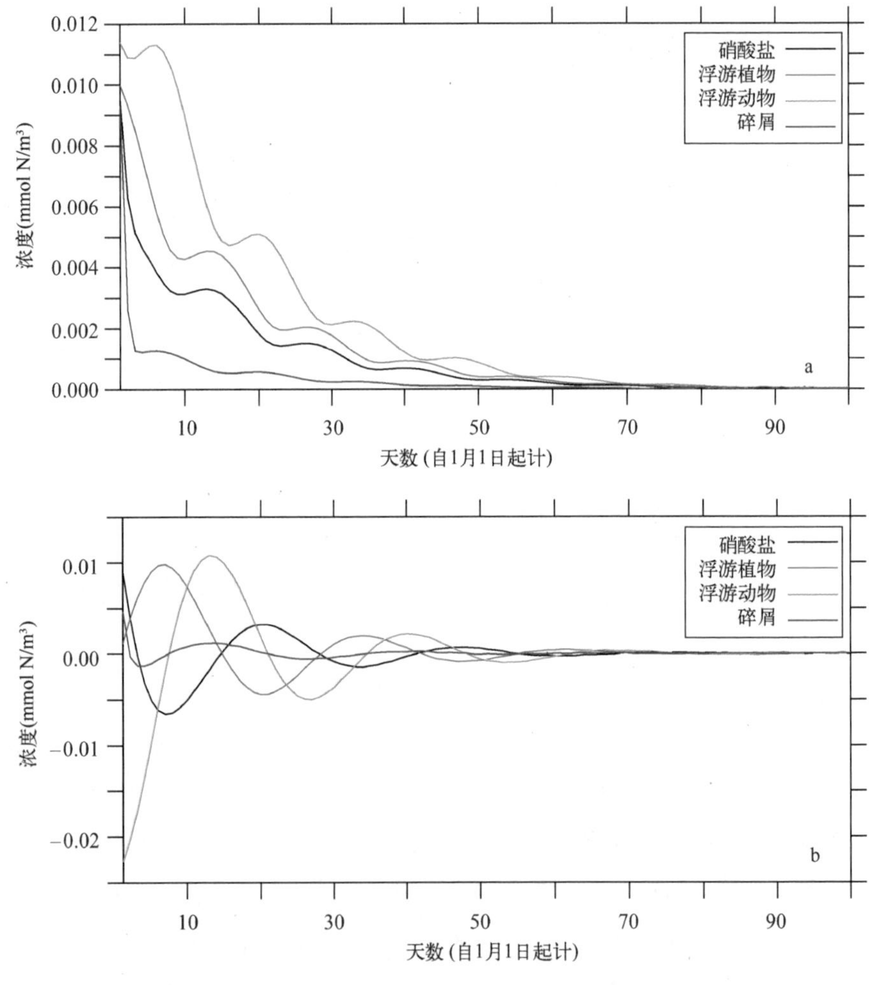

图12.3 在SAZ-Sense P1站点的零维生物地球化学模型

a. 生物地球化学状态变量异常的标准偏差由模拟结果的100个集合样本计算而得；b. 生物地球化学状态变量异常的演变是针对一组集合样本数。该异常被定义为由图12.2给出的状态变量和模拟结果的插值

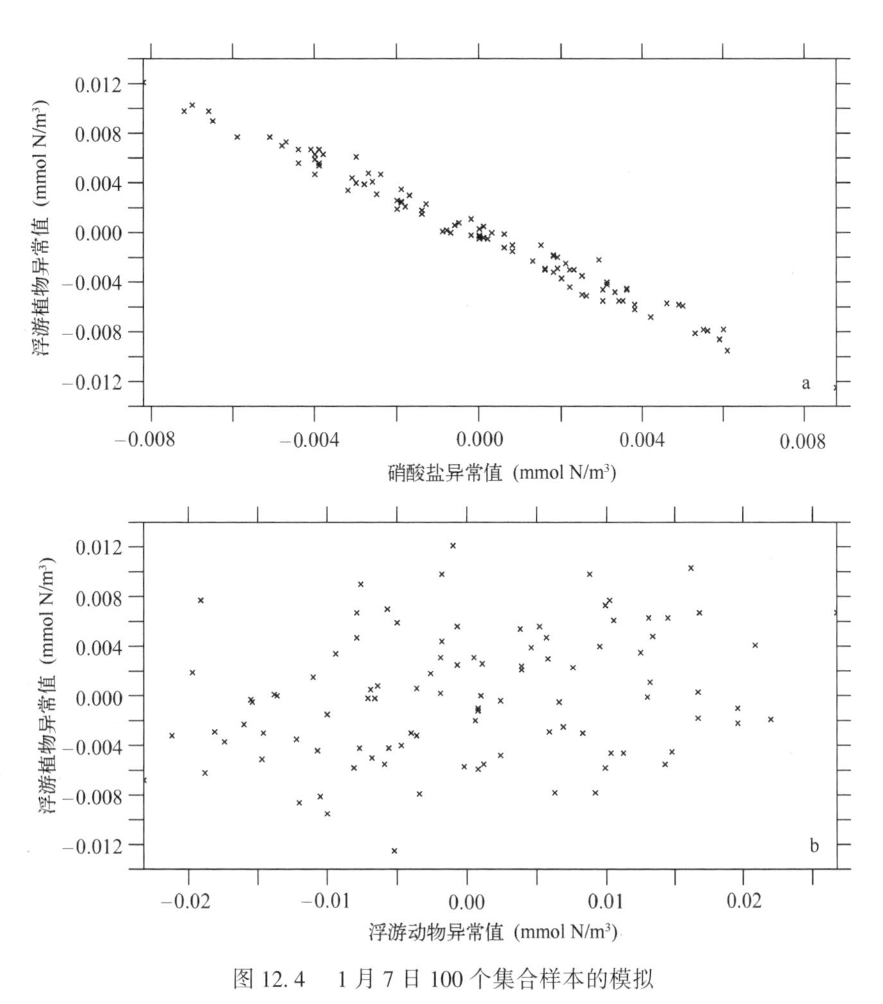

图 12.4　1 月 7 日 100 个集合样本的模拟

a. 浮游植物生物量异常值与硝酸盐异常值的相关关系；b. 浮游植物生物量异常值与浮游动物生物量异常值的相关关系。生物地球化学状态变量为图 12.2 解析解的变量差

像零维地球化学模型的这种非线性模型，当状态变量更新时，状态的不平衡也产生了，这是模型产生的不必要的响应，应该避免发生这种情况。浮游植物和其他状态变量之间的模拟关系也比较复杂（图 12.4），其与硝酸盐具有明显的负相关性，但是与浮游动物和碎屑的关系并不明显。浮游植物和硝酸盐的负相关关系是浮游植物生长的依赖响应，即浮游植物大量生长繁殖，增加了对硝酸盐的吸收，继而海水中硝酸盐浓度也就下降了。然而，浮游植物和浮游动物之间的关系并不十分明显，它们之间的关系从图 12.5 中可看出扰动非常明显。由于浮游动物对浮游植物响应关系存在滞后性，我们还没有发现这两种状态变量之间的显著关系。这种滞后性引起了生物地球化学模型状态变量之间不平衡的随机扰动，这种扰动限制了模拟的循环过程。捕捉浮游动物和浮游植物间在时间上的联系并不只是一种尝试，未来将依据此关系来选择模型参数值和状态变量扰动前的初始值。

关于所有采用背景误差协方差矩阵方法进行生物地球化学数据同化的问题，都是比较复杂的，也不是处理生物地球化学状态估计的最优方法。那么，我们该怎么做呢？

通过一个增加 0.01 mmol N/m³ 浮游植物浓度的模拟实验来观测模拟系统的演变过程，我

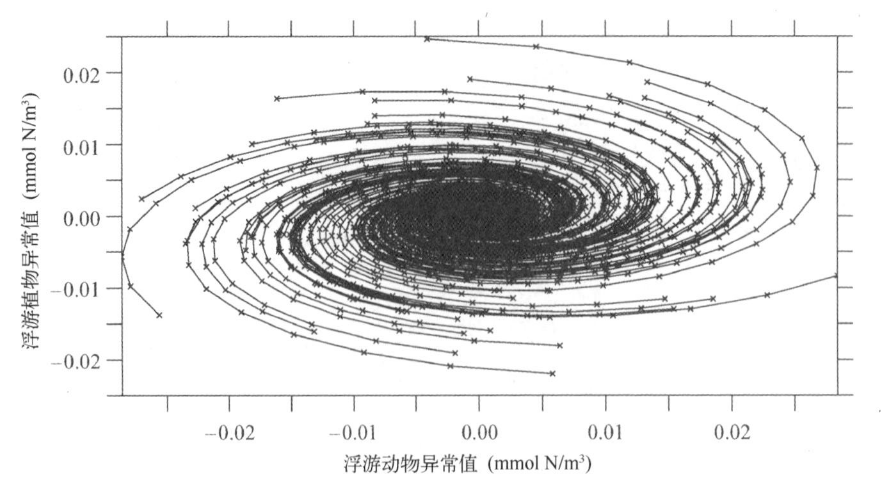

图 12.5　利用初始条件模拟积分 50 d 后浮游植物和浮游动物异常浓度值的相位关系

星号代表每天的点，线代表一个集合，生物地球化学状态变量异常值是由图 12.2 给出的变量的差异值

们可以更有效地开发浮游植物观测的实验方法。这种模拟类似于生物地球化学模型模拟浮游植物的初始条件，进而我们可以让模型表现得更接近于观测值。经过几天的状态扰动过程，浮游植物浓度会迅速达到预估值，很小部分来自数据同化产生的一种不平衡的扰动，这种扰动在生物地球化学状态变量的扰动上会持续数天（图 12.6a）。这种状态变化带来的不平衡在场的概念里是比较明显的，并不是直接由同化造成，例如浮游动物的变动比浮游植物的变动更明显。如果没有这种连续数据同化，就无法维持真实的浮游植物量，其他生物地球化学状态变量就会产生杂散变化。然而，对于这个模型设定，硝酸盐始终处于过剩状态（图 12.2），这可以更直接地通过摄食来控制浮游植物。通过摄食降低 10%（图 12.6b），浮游植物达到稳定状态，其他变量也随之降低，这使生物地球化学状态得以平衡。可见，由于捕食系数的不确定性，生物地球化学模型的修正是可以调节的。

捕食的调节是通过改变基础方程而不是改变浮游植物对观测的反馈来修正模型对浮游植物模拟结果的误差。改变捕食率可以调整模拟轨迹，主要包括浮游植物、浮游动物和碎屑的持续增长以及营养盐的持续下降（图 12.6b）。生物地球化学模型状态变量变化的持续特征是一种理想的特征，因为这表明，同化的浮游植物变量可以对模型模拟具有持续的影响力，所以要尽量避免数据同化对生物地球化学模型状态变量改进的短时影响［例如 Ishizaka（1990）］。

这是模型在设计的时候就产生偏差的例子，但是模型的参数给定和方程的不确定性总是可能存在的。在前面的两个试验中，采用连续性数据同化（sequential data assimilation）方法来同化生物地球化学状态变量还是成功的，这里要强调的是数据同化观测数据应用到数值模拟体现了人们所期待的数值模拟的无偏性（Eknes and Evensen，2002）。因此，模式偏差是评价数据同化能力的有力指标，然而实际应用时可能并不是这样。

这个简单的例子强调了模型参数扰动的好处，Dowd（2007）、Mattern 等（2010）、Jones 等（2010）都提供了如何干扰重要的模型参数来重现观测的生物地球化学状态变量的广泛事

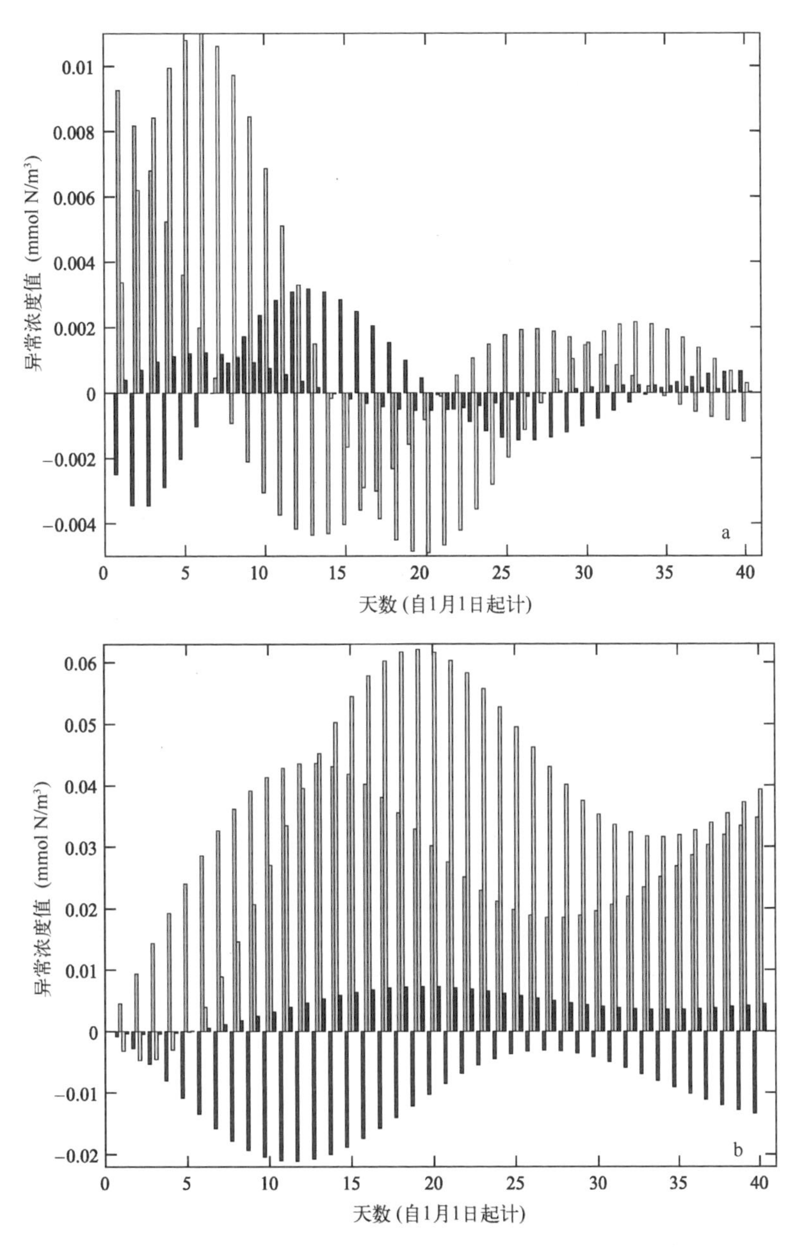

图 12.6 a. 生态状态变量在零维模型的模拟过程中，浮游植物生物量增加 0.01 mmol N/m^3；b. 当浮游动物对浮游植物捕食时，状态异常值下降 10%

这两张图中，生物地球化学状态变量变化最明显的有：硝酸盐（黑蓝色条柱），浮游植物生物量（蓝绿色条柱），浮游动物生物量（黄色条柱）和碎屑（红色条柱）。生物地球化学状态变量为图 12.2 解析解的变量差

例。这些平衡的方法（即仅改变模型参数）实现了参数估计与模型变量的同步变化。采用时间改进的模型参数值来改变生物地球化学状态变量以适应观测数据，这种方法具有生态学的意义，这是由于生物过程从时间和空间上控制这些参数值的变化。理想情况下，对于 GODAE 海洋生物地球化学数据同化来说，我们期望开展不同模型参数的集合实验，例如 Dowd (2007)、Mattern 等 (2010)、Jones 等 (2010) 将一维研究方法引入到三维生物地球化学模型中，但是多种生物地球化学模型的巨大计算量是不太可能实现的。因此，需要减少潜在的参

数合成一个参数集。也许我们可以考虑一些生态防御性选择，即判断模型参数如何在时间和空间上克服参数本身和观测数据的不确定性。

12.4.4 连续的生物地球化学数据同化状态估计的几点建议

上一节对生物地球化学数据同化应用状态估计的方法进行了讨论。下面将就此部分作为GODAE系统提出几点建议。顺序同化的步骤如图12.7所示。

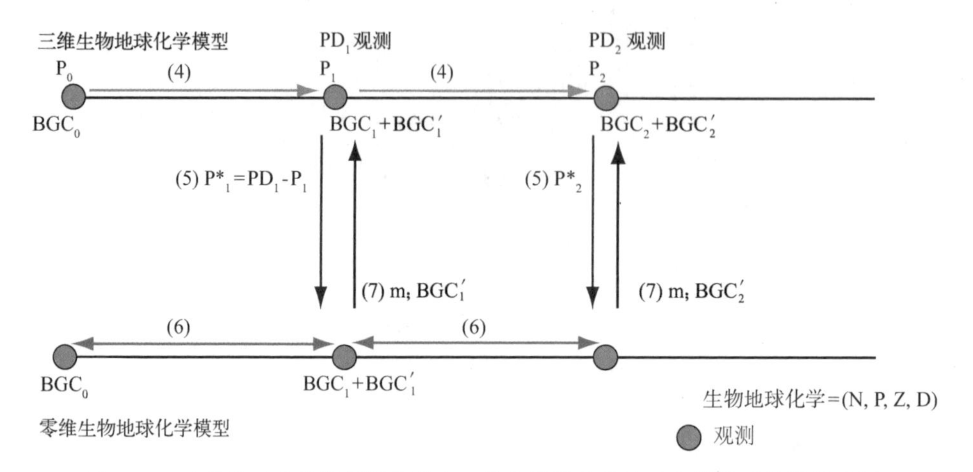

图12.7 生物地球化学数据同化耦合三维和零维生物地球化学模型的模拟过程

图中，时间从左到右增加，顶部的数字表示三维模型的集成，底部的数字表示零维模型的集成，两个黑色的箭头表示两个模型之间的信息交换。当仅有浮游植物观测数据准备好可以同化时，黑色文字表示来自三维模型的信息，蓝色文字表示来自零维模型的信息。数字体现了同化的步骤，包括：步骤（4）提出了模拟三维生物地球化学模型（蓝色箭头）从初始状态BGC_0到下一观察时间（时间1），其中BGC_1是在时间1的三维生物地球化学模型。步骤（5）在每一个海洋网格点，以零维生物地球化学模型优化来计算观测的浮游植物浓度（PD）和三维模型模拟值（P）之间的差异（P^*）。步骤（6）利用零维生物地球化学模型来获得新的生物地球化学模型参数（红色双向箭头），也就是目标值P。这个目标值P的计算来源于P^*加上零维模拟初始场（BGC_0）在时间1模拟结果的三维值，以及三维模型的原始模型参数。P^*的属性是用来调整生物地球化学模型参数的。这个过程就是对生物地球化学状态变量随时间的参数修正过程。参数的修正是通过零维生物化学模拟获得的差异值来计算的，这个差异值是指零维生物地球化学状态参量在时间1节点三维模型模拟获得的原始模型参数和零维生物地球化学状态参量在时间1节点获得的优化模型参数。步骤（7）更新生物地球化学状态变量的值（BGC_1+ BGC_1'）、三维生物地球化学模型参数，再积分下一个时间节点（时间2）生物地球化学模型，重复步骤（5）~（7）。

（1）观测的海洋遥感水色叶绿素a浓度转化为表层浮游植物浓度的估计，为生物地球化学数据同化提供了观测约束。值得注意的是，包括叶绿素a在内的状态变量，以及包括生物地球化学模型在内的氮与叶绿素a或者浮游植物量的比率，状态估计是一种替代方法。

（2）反演的浮游植物季节性气候态观测数据，在采用零维生物地球化学模型的参数估计来代表三维生物地球化学模型某一特定海域多个观测站位时，需要对生物地球化学模型参数值在取值范围内给定假设。所估计的模型参数可以看作是三维生物地球化学模型的初始值，例如Kidston等（2010）的模型参数子集的给定。通过定义关键模型参数，可以在数据同化中来调整这些参数。

（3）利用（2）中给定的生物地球化学模型初始条件，启动三维生物地球化学模型的非同化模拟。模拟几年后使混合层达到季节性稳定状态。生物地球化学变量将作为数据同化的初始状态。在非数据同化的模拟过程中，水层深部的硝酸盐浓度值更逼近气候态的观测值，而真光层采用生物地球化学数据同化，进而确保次表层硝酸盐浓度的可靠性。

（4）利用初始条件对三维生物地球化学模型模拟 1 d，就会在每个海洋表层的模型网格上产生浮游植物模拟值和观测值的差异。

（5）在每个海洋表层的模型网格上，模拟零维生物地球化学的集合样本，物理信息和生物地球化学模型初始条件从步骤（4）中得到。从模拟结果的集合样本来看，步骤（2）已经定义了模式参数设定时平均值和不确定性，步骤（4）给定了浮游植物生物量伴随模拟的校正值。这一观测与模拟的浮游植物生物量的差异被认定为由混合层内生物地球化学过程所产生。值得注意的是，零维生物地球化学模型的确保留了三维海洋环流的影响，因为它们也包含了三维生物地球化学模型中浮游植物模拟值和观测值的差异。如果生物地球化学状态变量的修正值较小，那么在零维生物地球化学模型中将准确表示海洋环流的影响。被估计的生物地球化学模型参数的平均值和不确定性应当保留供以后分析。

（6）利用步骤（5）计算得到空间变化的模型参数平均值，采用零维生物地球化学模型在相同时间段内所有表层海洋网格点上来估计校正混合层深度上生物地球化学状态变量。

（7）到模拟 1 d 结束时，加入修正过的生物地球化学状态变量到混合层内，三维生物地球化学模型完成了模拟，并将步骤（5）中的三维生物地球化学模型参数进行了调整。

（8）重复步骤（4）~（7），利用下 1 d 观测的表层浮游植物生物量再进行数据同化。

在这个系统中也会有物理系统的数据同化，这将改变其物理要素的状态。改变的物理变量将被置入三维生物地球化学模型的数值模拟中，以及零维生物地球化学数值模拟的表层网格点上。应该指出的是，数据同化中物理状态变量的更新可能会产生一个不平衡的状态，这可能导致生物地球化学模拟出现问题。这应该是通过运行该模型系统而不是应用生物地球化学数据同化的影响来探讨物理变量的更新对生物地球化学状态变量模拟的影响。

尽管根据我们上文的建议可以使用从零维生物地球化学模型模拟得来的平均生物地球化学模型参数，但可以设想一种更复杂的方法，因为观测的浮游植物浓度、模拟参数的时空变异都存在不确定性，而且这种不确定性的变化可以纳入用于三维生物地球化学模型参数估计的迭代修正中。例如，Jones 等（2010）的研究展示了如何限制模型参数的时间变异性。最后，通过步骤（4）后被优化的生物地球化学模型参数在时间和空间上的更新，可以提供独立的信息来评估生物地球化学模型的生态学意义，并具有同化能力来提取与观测数据更吻合的表层浮游植物浓度。优化的参数分析可以为生物地球化学模型方程提供更有效的理解。例如，我们预计模型显示的参数空间变异性（Friedrichs et al，2007；Follows et al，2007）与生态研究区域相关，这些更新后的模型参数可以更好地估计研究海域的生态特征。

12.5 结论

生物地球化学数据同化是一个相对较新的但是已有许多案例的研究领域，新方法已应用于参数估计和状态估计问题。具有同化能力的生物地球化学模型可为从生物地球化学观测和海洋中的碳与营养盐循环的精确预测模型中获取信息提供框架。现有 GODAE 数据同化系统是拓展包含生物地球化学数据同化的一种有效方案。生物地球化学模型较大的不确定性、较强的非线性特征，以及引入连续性数据同化后的较大的计算需求，这些都促进着具有综合性的生物地球化学数据同化方法的发展。该方法可获得物理模型的垂直信息，在海表面网格上以零维代表三维的生物地球化学模型的集合模拟结果。从零维生物地球化学模拟结果的集合样本中，可以获得生物地球化学模型参数的更新估计以及修正后的生物地球化学状态变量，进而在三维生物地球化学模型的连续模拟中使用。设想的方法在计算上是可行的，该方法提供了一种不依靠背景误差协方差矩阵分析的生物地球化学状态变量的估计方法。该应用将生成空间和时间变化的海洋生物地球化学模型参数，并用以生态评价。BLUElink 数据同化系统将继续研究开发物理和生物场的三维海洋状态估计方法（Oke et al，2008）。

本章主要专注于包括生物地球化学的 GODAE 系统，但仍有一些值会限制物理数据同化系统，比如水色遥感叶绿素 a。如图 12.1 所示，该场包含了海表面涡流的有关信息。提取这些信息可能被证明更有价值，并值得探讨。

参考文献

Brasseur P, Bahurel P, Bertino L, Birol F, Brankart J M, Ferry N, Losa S, Remy E, Schroeter J, Skachko S, Testut CE, Tranchant B, Leeuwen PJV, Verron J (2005) Data assimilation for marine monitoring and prediction: the MERCATOR operational assimilation systems and the MERSEA developments. Q J R Meteorol Soc, 131 (613): 3561-3582.

Brasseur P, Gruber N, Barciela R, Brander K, Doron M, Moussaoui AE, Hobday AJ, Huret M, Kremeur A-S, Lehodey P, Matear R, Moulin C, Murtugudde R, Senina I, Svendsen E (2009) Integrating biogeochemistry and ecology into ocean data assimilation systems. Oceanography 22 (3): 206-215.

Brassington G B, Pugh T, Spillman C, Schulz E, Beggs H, Schiller A, Oke P R (2007) BLUElink development of operational oceanography and servicing in Australia. J Res Pract Inf Tech 39 (2): 151-164.

Brown C J, Fulton E A, Hobday A J, Matear R J, Possingham H P, Bulman C, Christensen V, Forrest R E, Gehrke P C, Gribble N A, Griffiths S P, Lozano-Montes H, Martin J M, Metcalf S, Okey T A, Watson R, Richardson A J (2010) Effects of climate-driven primary production change on marine food webs: implications for fisheries and conservation. Glob Change Biol 16: 1194-1212, doi: 10.1111/j.1365-2486.2009.02046.x.

Dowd M (2007) Bayesian statistical data assimilation for ecosystem models using Markov Chain Monte Carlo. J Mar Syst 68 (3-4): 439-456.

Eknes M, Evensen G (2002) An Ensemble Kalman filter with a 1-D marine ecosystem model. J Mar Syst 36 (1-2):

75-100.

Follows M J, Dutkiewicz S, Grant S, Chisholm S W (2007) Emergent biogeography of microbial communities in a model ocean. Science 315: 1843-1846.

Franks P J S (1997) Models of harmful Algal Blooms. Limnol Oceanogr 42 (5): 1273-1282.

Franks P J S (2009) Planktonic ecosystem models: perplexing parameterizations and a failure to fail. J Plankton Res 31 (11): 1299-1306.

Friedrichs M A M, Hood R R, Wiggert J D (2006) Ecosystem model complexity versus physical forcing: quantification of their relative impact with assimilated Arabian Sea data. Deep-Sea Res Part Ⅰ i-Topical Stud Oceanogr 53 (5-7): 576-600.

Friedrichs M A M, Dusenberry J A, Anderson L A, Armstrong R A, Chai F, Christian J R, Doney S C, Dunne J, Fujii M, Hood R, McGillicuddy D J, Moore J K, Schartau M, Spitz Y H, Wiggert J D (2007) Assessment of skill and portability in regional marine biogeochemical models: role of multiple planktonic groups. J Geophys Res-Oceans 112 (C8): C08001.

Gabric A J, Whetton P H, Boers R, Ayers G P (1998) The impact of simulated climate change on the air-sea flux of dimethylsulphide in the subantarctic Southern Ocean. Tellus Ser B-Chem Phys Meteorol 50 (4): 388-399.

Gregg W W (2008) Assimilation of SeaWiFS ocean chlorophyll data into a three-dimensional global ocean model. J Mar Syst 69 (3-4): 205-225.

Gregg W W, Friedrichs M A M, Robinson A R, Rose K A, Schlitzer R, Thompson K R, Doney S C (2009) Skill assessment in ocean biological data assimilation. J Mar Syst 76 (1-2): 16-33.

Hemmings J, Barciela R, Bell M (2008) Ocean color data assimilation with material conservation for improving model estimates of air-sea CO_2 flux. J Mar Res 66: 87-126.

Ishizaka J (1990) Coupling of coastal zone color scanner data ot a physical-biological model of the southeastern U. S. continental shelf ecosystem 3. Nutrient and phytoplankton fluxes and CZCS data assimilation. J Geophys Res 95: 20201-20212.

Jones E, Parslow J, Murray L (2010) A Bayesian approach to state and parameter estimation in a Phytoplankton-Zooplankton model. Aust Meteorol Ocean 59: 7-15.

Kidston M, Matear R J, Baird M (2010) Exploring the ecosystem model parameterzation using inverse studies. Deep-Sea Res Part Ⅱ.

Lee T, Awaji T, Balmaseda M A, Greiner E, Stammer D (2009) Ocean state estimation for climate research. Oceanography 22 (3): 160-167.

Martin A J, Hines A, Bell M J (2007) Data assimilation in the FOAM operational short-range ocean forecasting system: a description of the scheme and its impact. Q J R Meteor Soc 133 (625): 981-995.

Matear R J (1995) Parameter optimization and analysis of ecosystem models using simulated annealing: a case study at Station P. J Mar Res 53: 571-607 .

Matear R J, Holloway G (1995) Modeling the inorganic phosphorus cycle of the North Pacific using an adjoint data assimilation model to assess the role of dissolved organic phosphorus. Glob Biogeochem Cycles 9: 101-119.

Mattern J P, Dowd M, Fennel K (2010) Sequential data assimilation applied to a physical-biological model for the Bermuda Atlantic time series station. J Mar Syst 79 (1-2): 144-156.

Moore T M, Matear R J, Marra J, Clementson L (2007) Phytoplankton variability off the Western Australian Coast:

mesoscale eddies and their role in cross-shelf exchange. Deep Sea Res Ⅱ 54: 943-960.

Natvik L, Evensen G (2003a) Assimilation of ocean colour data into a biochemical model of the North Atlantic—Part Ⅰ. Data assimilation experiments. J Mar Syst 40: 127-153.

Natvik L, Evensen G (2003b) Assimilation of ocean colour data into a biochemical model of the North Atlantic—Part Ⅱ. Statistical analysis. J Mar Syst 40: 155-169.

Oke P R, Brassington G B, Griffin D A, Schiller A (2008) The Bluelink Ocean Data Assimilation System (BODAS). Ocean Model 21 (1-2): 46-70.

Oschlies A, Schartau M (2005) Basin-scale performance of a locally optimized marine ecosystem model. J Mar Res 63 (2): 335-358.

Schartau M, Oschlies A (2003a) Simultaneous data-based optimization of a Decosystem model at three locations in the North Atlantic: Part Ⅰ—method and parameter estimates. J Mar Res 61 (6): 765-793.

Schartau M, Oschlies A (2003b) Simultaneous data-based optimization of a Decosystem model at three locations in the North Atlantic: Part Ⅱ—standing stocks and nitrogen fluxes. J Mar Res 61 (6): 795-821.

Schlitzer R (2002) Carbon export fluxes in the Southern Ocean: results from inverse modeling and comparison with satellite based estimates. Deep Sea Res II 49: 1623-1644 (Special Volume on the Southern Ocean).

Vichi M, Pinardi N, Masina S (2007) A generalized model of pelagic biogeochemistry. for the global ocean ecosystem. Part Ⅰ: theory. J Mar Syst 64 (1-4): 89-109

第5部分

数据同化

第 13 章　海洋资料同化介绍

Edward D. Zaron[①]

传统的海洋模型基于尽可能准确地求解模型方程而建立，然后同观测结果进行比较。尽管获得的定量吻合度达到了令人满意的水平，但由于各种误差来源，仍然存在一些明显的不吻合的地方，误差来源包含模式设置、输入、计算以及数据本身等。除计算误差外，模式设置和指定模式输入所带来的误差通常要超过数据本身的误差。因此，未经观测资料校准的模式通常无法令人满意。

——摘自 Bennett (Inverse Methods in Physical Oceanography, 1st edn. Cambridge University Press, New York, p. 112, 1992)

摘　要：资料同化就是利用观测资料和海洋动力学信息进行后报、现报和预报的过程。现代海洋预报系统依赖资料同化可以估计初始和边界条件，内插和平滑稀疏或噪声观测数据，也可以评估观测系统和动力模型。每套资料同化系统都是在给定假设误差模型情况下，结合最佳动力模型和观测数据，实现最优准则。由于实施上的技术问题和确定合适的假定先验科学问题，使得海洋资料同化系统的实现具有挑战性。本章我们就资料同化方法进行综述，并重点突出各同化方法所共有的性质。

13.1　引言

现有很多海洋观测技术：定点测量，如声学多普勒测速仪；水平和垂直剖面观测，如拖曳式电导温深传感器（CTD）；空间广泛、几乎瞬时的或天气尺度的测量，如卫星成像和辐射测量。每个观测系统都由它所观测的物理变量、空间及时间分辨率、平滑特征（确定高频信息如何平滑或混淆到低频信息），以及仪器设备噪声和偏差特性而定义分类。鉴于海洋的浩瀚无垠，以及观测系统所需费用高昂，还未有实际可行的观测系统可以完全覆盖和测定整个海洋状态。因此，模型作为基本观测的补充是非常必要的。

然而，海洋本身是湍流流体，其初始条件细微的变化对流体后续演变过程影响显著。即使完整求解流体运动偏微分方程是可能的，但对海洋状态的预报仍会因初始和边界条件（如

① Edward D. Zaron，波特兰州立大学土木与环境工程学院。E-mail：zaron@cecs.pdx.edu

海气动量通量）的准确性而受到限制。事实上，海洋数值模型的连续方程自由度截断和在可求解尺度上被忽视的运动过程的参数化都是我们模拟流体运动的重要误差来源。

观测资料的相对贫乏和模式本身的局限性为资料同化提供了推动力。海洋模式在可求解尺度上能够准确地模拟动力过程，根据模式的不同，可以严格或准严格保持守恒特征，如质量、能量和位涡。在允许误差存在的情况下，资料同化模型的目标就是给出温度、盐度、压力和三维流场的状态估计，并且确保观测同数值动力模式最大限度的一致。

近 30 年计算机的发展，使得海洋资料同化得以进步，但资料同化的理论和技术在概率和估计理论、反演理论和经典变分方法方面的教学根基却历史悠久。资料同化的起源和天气预报业务紧密相连，天气预报需要长期处理如何平滑和内插观测数据问题，以便优化后续天气预报（Daley，1991）。

本书前言对海洋资料同化进行了选择性介绍，主要目的是介绍理论和实施要点，并指出主要文献中共有内容。阅读过本章之后，建议读者广阅关于海洋资料同化的参考书和评论文章（Bennett，1992；2002；Wunsch，1996；Talagrand，1997；Kalnay，2003；Evensen，2006）。

本章首先回顾资料同化目的，然后应用贝叶斯定理（Bayes' Theorem）推导最优插值和卡尔曼滤波。第一部分概述全部资料同化系统所共有的基本组成，第二部分给出资料同化系统分析背景，描述实施方面的技术问题和协方差估计方面的科学问题。相关主要文献中使用的符号和学名差别甚大，本章致力于采用符合近期用法（同各文献基本一致但稍有差异）的符号标记。两个附录分别提供了重要词汇的定义注释和资料同化的网络资源线索。

13.2 资料同化目的

关于资料同化的目的有几种不同观点，类似于古印度寓言中的盲人摸象的故事（Strong，2007）。这个寓言故事描述的是盲人如何看待大象，对于大象的认识，每个人得出的结论截然不同。摸着尾巴的盲人认为大象像一根绳子，而摸着长牙的盲人则指出大象像一支矛，等等。同样，海洋资料同化已发展成许多方向，每个方向都有各自的目标和侧重点。文献的多样化和不同的命名法有时会混淆共有的主题和方法论。

资料同化的重要主题和目的可简述如下：

内插，外推，平滑 资料同化的目的就是利用所有的可用信息，包括动力学（如运动方程）和观测，得到海洋状态的估计，其最终目标是得到一个分析场。该分析场是从稀疏或不规则分布的数据中得到的平滑且均匀网格化的海洋场估计，并且在这个分析场中主要从物理上动力关系保持一致性，如地转平衡的考虑。在观测稀疏的地方，可通过或几乎可以通过内插方式获得观测误差允许范围内的分析场。在缺少观测的地方，则采用外推的方式从附近观测资料中外推出同假定动力学保持一致的分析场；在观测密集、冗余，甚至不准确的地方，则分析场应合理地平滑，及保留那些被观测和动力学所支持的结构分析场。

资料同化的这种主题形成了大部分海洋资料同化的工作基础，一些代表性的工作可参考

Oke 等（2002）、Paduan 和 Shulman（2004）以及 Moore 等（2004）的文章。目前一些研究小组开始参与实时海洋分析，将各种形式的数据（如 Argo 浮标剖面、XBT 数据和海表面温度等）融合到全球和区域海洋模式里。可以提供全球实时分析和预报的机构有欧洲中期天气预报中心（Balmaseda et al，2007）、澳大利亚气象局（2009）、美国国家环境预报中心（2009）以及其他相关单位。一些研究团队提供回溯后报，也称作再分析，如喷气推进实验室（2009）和马里兰大学（2009）。

参数校准 资料同化的目的是通过系统调整未知或者不确定的参数来发展最精准的海洋模式，使得模式预报结果与校准数据最大限度达到一致。其重点就是调整那些非常不确定或难以测量的物理参数，如湍流模型中的标量参数，或者海底地形数据场。从参数校准的角度来看，资料同化的最终目标是为将来预报和资料同化研究尽可能提供最好的模式，最大化利用所得信息，既不低于也不高于校准数据。在此研究领域有一篇重要的海洋学文献，但参数估计要比状态估计复杂得多，通常会涉及强非线性逆问题的求解（Lardner et al，1993；Heemink et al，2002；Losch and Wunsch，2003；Mourre et al，2004）。

假设检验 资料同化的目的是系统检验和验证海洋预报系统，包括海洋动力学模式各部分、误差模型以及验证数据误差模型。分析增量的研究、模式不均匀性、数据的不匹配以及它们与假定动力学和误差模型之间的关系都是研究重点。从这种观点来看，最终目标是对海洋预报系统的明确检验，对动力模型和观测系统主要缺陷的分析。Dee 和 daSilva（1999）、Muccino 等（2004）以及 Bennett 等（2006）都有代表性文章。

一旦预报系统通过正规假设检验或其他手段所验证，资料同化系统就可以用来设计和预测未来观测系统的性能。出于此目的，观测系统模式试验（Observing System Simulation Experiment，OSSE）可以利用所谓的孪生试验来进行，以评估当前和将来观测资产或数据资源的影响（Atlas，1997）。最近应用在监测气候变化的耦合海洋/大气模式的工作可参考 Zhang 等（2007）的文章。

总结：实践中的业务化海洋资料同化 正如图 13.1 所示，也许使用最广泛的海洋资料同化方法是涉及观测的顺序同化。海洋模式是从初始条件向前积分，在随后分析时刻提供第一猜测或背景场。资料同化通过最优融合模式和观测信息得出分析场，分析场又被用作下一循环预报的初始条件，如此不断重复。通过一系列逐序分析估计海洋状态的过程就是一种信号滤波，这也是卡尔曼滤波的原型（Gelb，1974），并且大部分顺序海洋资料同化方法都可以采用此方法进行分析。

虽然逐序分析是顺序同化观测数据，但所得海洋状态估计是不连续的，也不能和分析时刻的动力模式或边界条件保持一致。为得到连续的状态估计，有必要利用卡尔曼平滑或相关方法（图 13.2）。这种资料同化方式经常用来后报或再分析，再分析也可以用来表示历史数据的序列分析，特别是在业务天气预报中，再分析可以利用最先进的技术或更加完备的可获取的资料集而得到。对于海洋预报系统来说，在平滑时间窗口末端的海洋状态就是现报，可用作海洋预报的初始条件。

因为平滑算法是在整个时间窗内计算分析，而滤波算法则是在某一时刻计算分析，因此

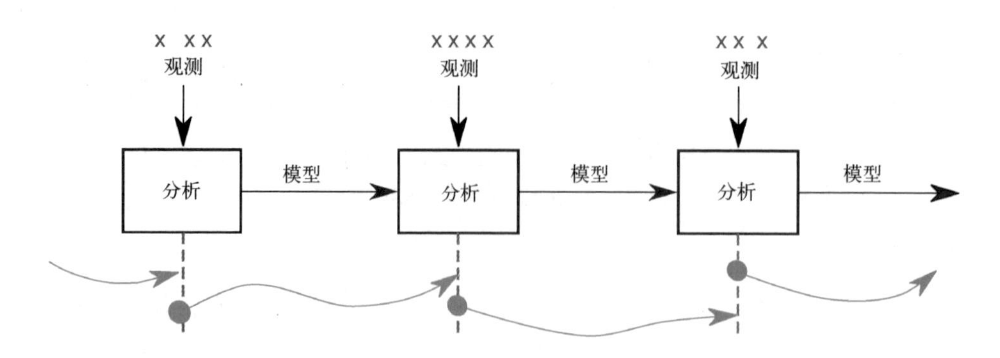

图 13.1　观测时序分析

红线表示海洋状态轨迹预测，该预测从分析时刻（红色点）的初始状态开始起报，在分析时间窗内所得观测（绿色）只有在分析时刻才被分析和同化

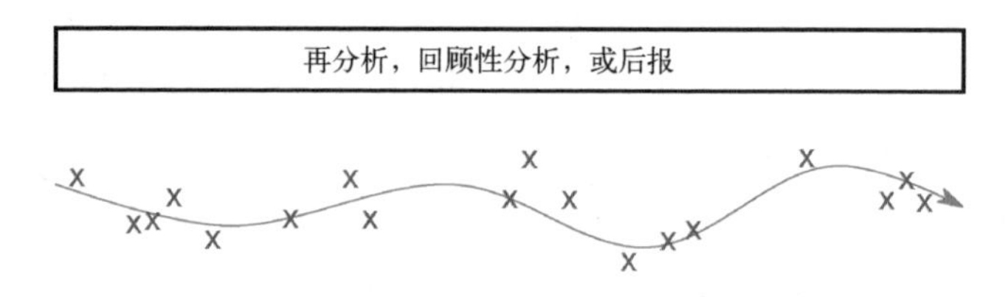

图 13.2　再分析或观测的平滑

再分析或平滑使得海洋状态轨迹在时间窗内最符合观测（绿色）和动力模型

平滑器计算代价通常要比滤波器高。发展计算代价更小的平滑器算法是海洋预报近期所努力的目标（Powell et al，2008）。实际上，在临时预报之前，一种固定滞后平滑器在一定时间窗可用来同化观测（图 13.3）。例如，在四维变分（4D-Var）同化中，初始条件和边界条件在同化间隔内与观测最为接近，模式向前积分以提供下一预报间隔内的预报。

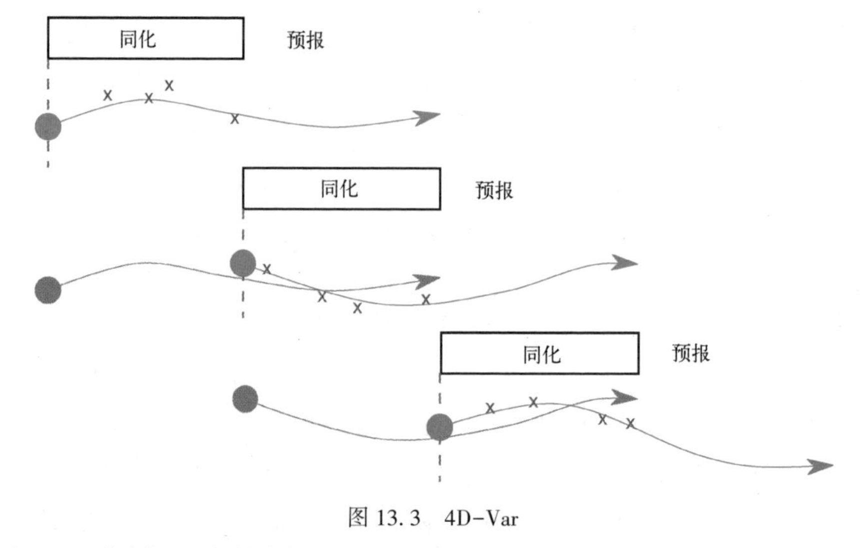

图 13.3　4D-Var

在 4D-Var 算法中，相对同化窗内观测而言（绿色），初始条件可用来优化海洋状态轨迹（红线）

13.3 数学公式

资料同化就是最优利用不同渠道的信息。贝叶斯定理是阐明资料同化方法的简要基础，因为它关注的是概率中所示的信息组合。在已知观测值的条件下，通过考虑估计状态的后验概率，可推导出最优准则和统计量。关于概率密度对泛函空间的适用性，本章不做详细介绍。Wahba（2009）的文章是一个很好的入门文献，其包含了对这些核心问题的介绍。

13.3.1 贝叶斯定理

设 $P_X(x)$ 表示随机变量 X 的概率密度函数，那么随机变量 X 在区间（x，$x+\mathrm{d}x$）的概率为 $P_X(x)\mathrm{d}x$。具体地说，假设 X 表示海洋状态，那么 Y 表示海洋状态的观测。观测包含误差，即假定 $Y=X+\varepsilon$，其中 ε 是一个随机变量，表示观测误差。

一般而言，海洋状态概率密度 $P_X(x)$ 是一个强迫场函数，被认为是未知随机变量。同样，观测误差的概率密度 $P_\varepsilon(\varepsilon)$，通常表示为 $P_Y(y\mid x)$，即海洋状态变量 x 的观测条件概率密度函数。海洋状态和观测的联合概率 $P_{X,Y}(x, y)$（x 和 y 的概率）与条件概率之间的关系定义如下。

$$P_{X,Y}(x, y) = P_X(x\mid y)P_Y(y) \tag{13.1}$$

联合与此对应关系 $P_{X,Y}(x, y) = P_Y(y\mid x)P_X(x)$，并求解条件概率（Ross，2005），即可推导出贝叶斯定理。

$$P_X(x\mid y) = P_Y(y\mid x)P_X(x)/P_Y(y) \tag{13.2}$$

方程（13.2）是联合动力学和观测信息的简化方案。给定初始条件误差估计、边界强迫或者模式不均匀性，原则上，在没有观测情况下可以得出海洋状态的概率分布 $P_X(x)$。测量系统决定着 $P_Y(y\mid x)$，即已知海洋状态条件下，观测变量的概率分布。有了这些量，在已知观测条件下，找出海洋状态的后验分布 $P_X(x\mid y)$ 则是简单的计算问题。计算得出分母 $P_Y(y) = \int P_Y(y\mid x)P_X(x)\mathrm{d}x$，既然这个概率密度函数与 x 无关，因此它只是用来标准化 $P_X(x\mid y)$。

用最大似然估计量、均值还是中位数去估计它，需要进行选择，但如果这些假定统计量是多元高斯分布，那么它们都是一致相同的，均值使用比较普遍。下列这些因素通常更为重要，并且在海洋资料同化系统之间差异甚大。

海洋状态变量的定义 在上面的讨论中，隐含了一个假设，即海洋状态是由动量场、浮力以及压力所构成。实际操作中，根据研究内容，可以利用各变量之间的诊断关系，大幅减少状态变量的数目。维数是重要的，如考虑到定义在空间网格上的区域海洋模式，其水平格点为 $NX=200$ 和 $NY=200$，垂直格点为 $NZ=30$，时间点为 $NT=1\ 000$。一个顺序同化方案可能需要在格点上 $N=NX\times NY$ 估计海面高度的初始条件，使得状态变量 X 是基数 $N=4\cdot10^4$。或者，如果 X 为水平速度、浮力和压力场的初始条件（u，v，b，p），数目达到 $N=$

$NX \times NY \times NZ \times 4$，那么状态向量中有个是未知的。在一些可称作“弱约束四维变分同化”（W4D-Var）版本中，在所有 NT 时间点上寻求上述场量的最优状态估计，将会造成未知状态为 $N=4.8 \cdot 10^9$ 的基数。

误差模型的复杂性 如果初始条件、边界条件中的误差可以充分近似为多元高斯分布，那么实施贝叶斯分析程序可以大大简化，但确定高斯分布需要在空间和时间上估计均值、方差和相关变量的互协方差。制定现实中的误差模型不是容易的事。

动力学模式的复杂性 即使采用高斯分布可以准确描述误差，但模式动力学的强非线性可能会使得模式变量 $P_X(x)$ 的概率密度函数呈非高斯分布特征。动力模式中非线性的不同处理，在各种资料同化算法之间会产生形式和实际上的差异。

13.3.2 例1：标量的估计

为使想法更加具体化，首先考虑一个简单的例子，即利用气候态和单点观测信息来估计标量。

假设我们想要估计一个标量，比如温度，用 x 表示。从已构造的温度气候态可以近似出概率分布函数为

$$P_X(x) = (2\pi\sigma_x^2)^{-1/2}\exp\left[-\frac{(x-x_b)^2}{2\sigma_x^2}\right] \tag{13.3}$$

式中，背景场 x_b 为气候平均值。换句话说，气候态（没有包含动力信息，但可从先验数据中得出）被用作背景场，其方差为 σ_x。

温度计提供了一个有限精度的观测。给定温度 x，假设观测概率密度函数也为高斯分布，

$$P_Y(y \mid x) = (2\pi\sigma_y^2)^{-1/2}\exp\left[-\frac{(y-x)^2}{2\sigma_y^2}\right] \tag{13.4}$$

也就是说，假定测量值是无偏的，并且观测误差的标准方差为 σ_y。

有兴趣的读者可以自行练习，利用定义证明 $P_Y(y)$ 是高斯分布。

$$P_Y(y) = \int_{-\infty}^{\infty} P_Y(y \mid x)P_X(x)\,\mathrm{d}x \tag{13.5}$$

$P_Y(y)$ 被证明为高斯分布，其均值和方差分别为 x_b 和 $\sigma_x^2+\sigma_y^2$。直接应用贝叶斯定理，可以发现 $P_X(x \mid y)$ 也为高斯分布。最大似然估计量、均值和中位数估计量都是一致的，即

$$x_a = x_b + \sigma_x^2(\sigma_x^2 + \sigma_y^2)^{-1}(y - x_b) \tag{13.6}$$

对方差的估计为

$$\sigma_a = (\sigma_x^{-2} + \sigma_y^{-2})^{-1} \tag{13.7}$$

尽管这个例子很简单，但它却展示了高级线性资料同化方法的关键特征。首先，注意到方程（13.6）的最优估计 x_a 为背景场 x_b 和残差 $y-x_b$ 的线性组合。分析增量 $\delta x_a=y-x_a$ 由下式给出

$$\delta x_a = \sigma_x^2(\sigma_x^2 + \sigma_y^2)^{-1}(y - x_b) \tag{13.8}$$

其次需要注意的是 $\sigma_x^2 \to 0$（完美背景场），以及 $\sigma_y \to 0$（完美数据），从而分别可以得到

$x_a=x_b$ 和 $x_a=y$。此外，公式（13.7）的最优估计量要比单独的背景场和测量值的方差都小，结合背景场和观测信息减小了最优估计量的不确定性。

13.3.3 例2：向量的估计（最优插值）

假设所有误差为高斯分布，采用上述示例推广去估计向量的方法具有指导意义，这就是高斯-马尔科夫（Gauss-Markov）平滑，构成了许多估计算法的基础。当这个未知向量表示为规则的空间网格上取值时，这个过程就称为最优插值（Bretherton et al，1976）。这里所用的符号标注效仿 Ide 等（1997）。

在给定背景场 x^b 和观测向量 $y\in R^M$ 的情况下，假设一个人想要获得估计向量 $x\in R^N$（比如估计向量 X 为网格点上的海表面高度值），通常进行最优插值（或称为客观分析），将稀疏观测数据平滑内插到规则空间网格上。假设观测向量每个元素 $y=\{y_i\}_{i=1}^M$ 可以表示为 $x(t_i)$ 一个线性算子作用后所得结果，即

$$y_i = h_i x(t_i) \tag{13.9}$$

式中，$h_i\in R^{1\times N}$。举例来说，h_i 可以取自地理经纬空间坐标（ϕ_i，λ_i）矩阵 $\boldsymbol{x}$，然后整合观测算子并定义为矩阵 $\boldsymbol{H}\in R^{M\times N}$，即得 $y=\boldsymbol{H}x$。更概括地说，依据测量位置和特征（如单位），观测算子 $\boldsymbol{H}$ 映射模式变量到一个等价观测向量。

为应用贝叶斯定理，有必要对 $\boldsymbol{x}-\boldsymbol{x}^b$ 以及观测误差 $\varepsilon=\boldsymbol{y}-\boldsymbol{Hx}$ 的概率密度进行说明，假定它们都是均值为零的多元高斯分布，背景场误差协方差为 $\boldsymbol{B}\in\boldsymbol{R}^{N\times N}$，即

$$\langle(\boldsymbol{x}-\boldsymbol{x}^b)(\boldsymbol{x}-\boldsymbol{x}^b)^{\mathrm{T}}\rangle=\boldsymbol{B} \tag{13.10}$$

并且观测误差的协方差用 $\boldsymbol{R}\in\boldsymbol{R}^{M\times M}$ 来表示。利用式（13.2），可以发现在给定条件下，y 条件的 x 概率密度函数和 $\exp\left[-\frac{1}{2}\mathcal{J}(\boldsymbol{x})\right]$ 成正比，其中

$$\mathcal{J}(\boldsymbol{x})=(\boldsymbol{x}-\boldsymbol{x}^b)^{\mathrm{T}}\boldsymbol{B}^{-1}(\boldsymbol{x}-\boldsymbol{x}^b)+(\boldsymbol{y}-\boldsymbol{Hx})^{\mathrm{T}}\boldsymbol{R}^{-1}(\boldsymbol{y}-\boldsymbol{Hx}) \tag{13.11}$$

这就是客观分析，其构成了所谓变分资料同化的基础。这个关于向量 $\boldsymbol{x}$ 最小化的目标函数，也称为代价函数或罚函数，是关于向量 $\boldsymbol{x}$ 的最小化。

利用简单线性代数运算，即可发现 $\boldsymbol{x}=\boldsymbol{x}^a$，$\mathcal{J}$ 最小化，

$$\boldsymbol{x}^a=\boldsymbol{x}^b+\boldsymbol{K}(\boldsymbol{y}-\boldsymbol{Hx}^b) \tag{13.12}$$

分析增量为 $\delta\boldsymbol{x}^a=\boldsymbol{K}(\boldsymbol{y}-\boldsymbol{Hx}^b)$，$\boldsymbol{K}$ 采取形式为

$$\boldsymbol{K}=\boldsymbol{BH}^{\mathrm{T}}(\boldsymbol{HBH}^{\mathrm{T}}+\boldsymbol{R})^{-1} \tag{13.13}$$

分析误差的完整表达式，即 $\boldsymbol{x}^a$ 的误差协方差用 $\boldsymbol{P}^a\in\boldsymbol{R}^{N\times N}$ 表示。

$$\boldsymbol{P}^a=(\boldsymbol{B}^{-1}+\boldsymbol{H}^{\mathrm{T}}\boldsymbol{R}^{-1}\boldsymbol{H})^{-1} \tag{13.14}$$

备注：

1. 可推导出公式（13.12）为最佳线性无偏估计量（Bese Lineav unbiased Estimatov，BLUE），使得预期误差 $[\boldsymbol{e}_K^{\mathrm{T}}(\boldsymbol{x}^a-\boldsymbol{x})]^2$ 最小化，在这里，$\boldsymbol{e}_k\in\boldsymbol{R}^N$ 为指定 k 方向上的基向量。同样，这个估计量也使得预期均方误差 $T_r[(\boldsymbol{x}^a-\boldsymbol{x})(\boldsymbol{x}^a-\boldsymbol{x})^{\mathrm{T}}]/N$ 最小化。当模式动力学和

观测误差为线性时，这些事实即是 BLUE、基于变分和卡尔曼滤波的状态估计相互等价的依据。

2. 当最优插值用于实践时，上述公式经常被简化，以便每个网格点上的分析值仅从附近一些有效半径内的数据中计算得出（Lorenc，1986；Paley，1991）。

3. $\mathcal{J}(\boldsymbol{x})$ 在上文也被称为罚函数或代价函数。分析场 $\boldsymbol{x}_a$ 为它的极小值。同时，若误差是高斯分布，$\frac{1}{2}\mathcal{J}$则为负的对数似然函数。

4. 因为 $\boldsymbol{H}$ 为线性的，所以 $\mathcal{J}$ 是上凸的并具有唯一一个极小值。若 $\boldsymbol{H}$ 是非线性算子，其可能有多个极小值。

5. 目标函数可能会有其他附加约束，如抑制某些动力学。这些附加约束可以使求解过程更加复杂化，也可能使 $\boldsymbol{B}$ 或者 $\boldsymbol{R}$ 求解模糊不清，不能合理说明背景场和观测误差的协方差结构。

6. 目标函数的条件数指的是二阶导数 Hessian 矩阵 $\mathcal{J}$ 的最大特征值与最小特征值的比率。Hessian 矩阵特征谱可解释为等值面主轴的曲率。

7. 若关于高斯误差的假设是准确的，那么 Hessian 矩阵 $\mathcal{H}=\partial^2\mathcal{J}/\partial\boldsymbol{x}^2$ 和分析误差协方差 $\boldsymbol{P}^a$ 的关系为 $\boldsymbol{P}^a=\frac{1}{2}\mathcal{H}^{-1}$。

8. 上述公式概念可应用到连续场，而不是 $\boldsymbol{R}^N$ 中的向量。在这种情况下，$\boldsymbol{x}$ 通常是向量函数，$\mathcal{J}$ 是罚函数。$\nabla\mathcal{J}=0$ 对于极小值的稳态条件，必须利用变分法进行计算，其结果就是欧拉-拉格朗日方程。当 $\boldsymbol{B}^{-1}$ 为正定-对称微分算子时，其与平滑样条理论密切相连（Wahba，1990）。

9. 当模式分辨率增加到连续极限时，从连续场方面来解释对正确理解目标函数的处理是必不可少的（Bennett and Budgell，1987；Bennett，1992）。用线性代数知识不足以分析增量的空间规律性（可微性）。

图 13.4 给出了最优插值的一个示例。被估计向量 $\boldsymbol{x}$ 表示在规则的、分辨率为 1 km 网格点上的海表面高度，维数为 100 km×100 km。用 η（x，y）表示海表面高度场，其网格上的 $\boldsymbol{x}$ 向量为η（x_j，y_j）。在这个理想设计试验中，沿着 3 条卫星海表面轨道有 30 个海表面高度观测值（颜色填充点）。

$$y_i = \boldsymbol{e}_i^{\mathrm{T}}\boldsymbol{x}$$

其中，$i=1$，…，30。假设海流与表层压力梯度处于地转平衡，并且有 3 个表面海流观测值（带箭头黑点）。u-分量为

$$y_i = -\frac{g}{f}\frac{\partial\eta}{\partial y}$$

其中，$i=31$，…，33。v-分量为

$$y_i = +\frac{g}{f}\frac{\partial\eta}{\partial x}$$

其中，$i=34$，…，36。海表面高度观测误差的标准方差为 0.8 cm，海流为 4 cm/s。最后，假设背景场为零（$\boldsymbol{x}^b=0$），η 的空间误差协方差是钟形分布，其相关尺度 $L_X=12.5$ km，

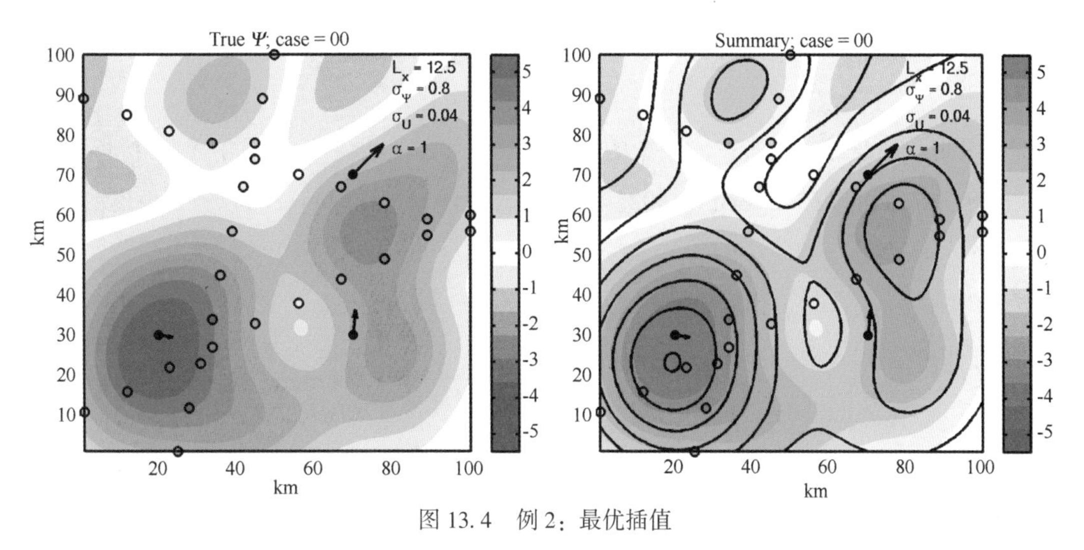

图 13.4 例 2：最优插值

左图给出了从 n 个理想化的卫星轨道观测资料（填色的黑色空心圆用来表示测量值）以及三个表层流的观测（带箭头的黑色实心点）所估计出的海表面高度，右图给出了叠加在海表面高度值上的插值场（黑色等值线）。右上角的参数在本章中都有定义。由图可以看出，大尺度的海流特征可以在插值场里面重构出来（如强反气旋涡旋）

$$\langle \eta(x, y)\eta(x', y') \rangle = \sigma^2 \exp\left[-\frac{(x-x')^2+(y-y')^2}{2L_x^2}\right]$$

其中 $\sigma = 1$ cm。

图 13.4 给出了一般尺度流体特征，可从这个相当有限、理想化的观测矩阵分辨得出。观测的空间密度的选定与海表面高度 12.5 km 的相关尺度相匹配。针对观测矩阵超过或低于未知场变量取样，图 13.5 进行了说明。在未知场的相关尺度为 $L_x = 3$ km（图 13.5，左图）的情况下，没有足够观测信息去估计海表面高度场。尽管资料同化可以潜在提高对未知或未确定海洋变量场的认知，但如果观测未能成功约束变量场的主导尺度，那么同化不

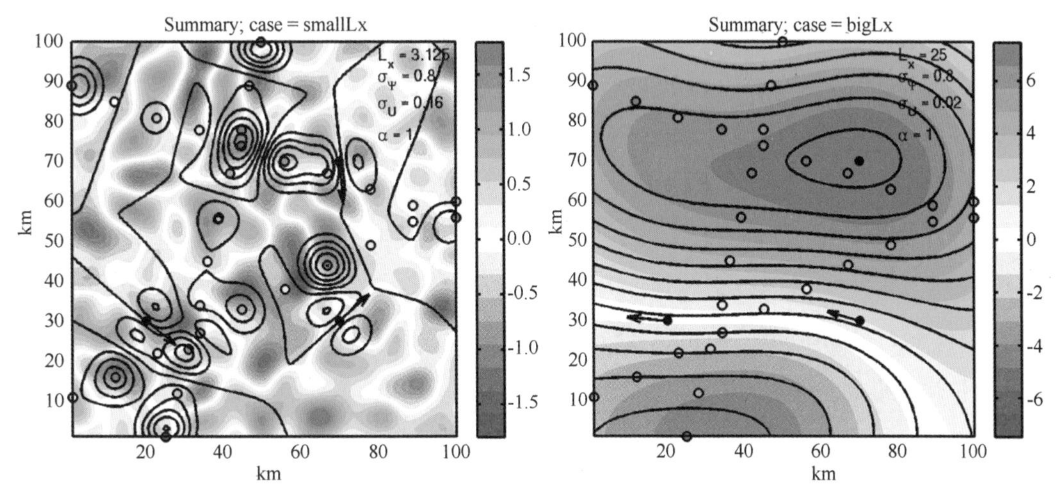

图 13.5 相关尺度的影响

左图给出了一个抽样严重不足的场量重构结果，未知场的相关尺度小于观测之间的间距，为 $L_x = 3$ km。右图则给出了相反的情况，这个观测抽样较好，在这种情况下它的相关尺度为 25 km

能提供有效信息。图 13.5（右图）展示了一个更加理想化的情况，即场的相关尺度通常比观测间距大。

给定观测系统是否会约束被估计场的变量，这在资料同化系统分析中是一个重要课题。这个领域相关结果可以在 Bennett（1992）天线分析中找到。相关信息内容和自由度的补充说明可参考 Stewart 等（2008）的文章。

下面考虑有关上述的一个重要推广，特别需要注意的是，关于 $\boldsymbol{P}$ 发展方程（卡尔曼滤波器）的预报周期，以及对海洋动力学和观测算子都存在非线性的考虑。

13.3.4 顺序滤波算法

现在考虑顺序同化的问题，假设初始条件 $x(t_i)$ 在 t_i 时刻向前传播到 t_{i+1} 时刻，则 $\boldsymbol{x}(t_{i+1})=\boldsymbol{M}(t_{i+1}, t_i)[\boldsymbol{x}(t_i)]+\eta_i$，其中 η_i 为零均值且方差已知的模式噪声。我们也在区间 $[t_i, t_{i+1}]$ 上收集到的观测向量为 $\boldsymbol{y}_i$。假设我们希望循环同化，如图 13.1 所示，这个周期从前个时刻 t_i 分析开始，给出时刻背景预报，在 t_{i+1} 时刻分析结束。顺序滤波的关键思想是步骤 i 时的分析协方差变化成步骤 $i+1$ 时的预报误差协方差，因此，这个协方差是同海洋状态本身一起进行发展的。

$\boldsymbol{x}_i^f$ 表示时刻的背景预报场，$\boldsymbol{x}_i^a$ 为相应时刻的分析场。$\boldsymbol{P}_i^f$ 为预报协方差，t_i 和文献中符号标注一致，$\boldsymbol{P}_i^f$ 和 $\boldsymbol{P}_i^a$ 分别表示 t_i 时刻的预报协方差和分析协方差。

因为 η_i 是未知的，从前面分析可计算得出预报。

$$x_{i+1}^f=\boldsymbol{M}(t_{i+1}, t_i)\boldsymbol{x}_i^a \tag{13.15}$$

假设 $\langle\eta, \eta_i^{\mathrm{T}}\rangle=\boldsymbol{Q}_i$ 为模式噪声协方差，那么预报误差协方差可演变为

$$\boldsymbol{P}_{i+1}^f=\boldsymbol{M}(t_{i+1}, t_i)\boldsymbol{P}_i^a\boldsymbol{M}(t_{i+1}, t_i)^{\mathrm{T}}+\boldsymbol{Q}_i \tag{13.16}$$

结合这两个信息，利用之前从贝叶斯定量得到的结论，我们可以得到 t_{i+1} 时刻的分析场为

$$\boldsymbol{x}_{i+1}^a=\boldsymbol{x}_i^f+\boldsymbol{K}_i(\boldsymbol{y}_i-\boldsymbol{H}_i\boldsymbol{x}_i^a) \tag{13.17}$$

其中卡尔曼增益矩阵 $\boldsymbol{K}_i$ 为

$$\boldsymbol{K}_i=\boldsymbol{P}_{i+1}^f\boldsymbol{H}_i^T(\boldsymbol{H}_i\boldsymbol{P}_{i+1}^f\boldsymbol{H}_i^{\mathrm{T}}+\boldsymbol{R}_i)^{-1} \tag{13.18}$$

分析误差协方差为

$$\boldsymbol{P}_{i+1}^a=[(\boldsymbol{P}_{i+1}^f)^{-1}+\boldsymbol{H}_i^{\mathrm{T}}\boldsymbol{R}_i^{-1}\boldsymbol{H}_i]^{-1} \tag{13.19}$$

利用 Sherman-Morrison-Woodbury 公式（Golub and Van Loan，1989），习惯上写成卡尔曼增益矩阵和预报协方差的形式。

$$\boldsymbol{P}_{i+1}^a=\boldsymbol{P}_{i+1}^f-\boldsymbol{P}_{i+1}^f\boldsymbol{H}_i^{\mathrm{T}}(\boldsymbol{R}_i+\boldsymbol{H}_i\boldsymbol{P}_{i+1}^f\boldsymbol{H}_i^{\mathrm{T}})^{-1}\boldsymbol{H}_i\boldsymbol{P}_{i+1}^f \tag{13.20}$$

$$=(\mathrm{I}-\boldsymbol{P}_{i+1}^f\boldsymbol{H}_i^T(\boldsymbol{R}_i+\boldsymbol{H}_i\boldsymbol{P}_{i+1}^f\boldsymbol{H}_i^{\mathrm{T}})^{-1}\boldsymbol{H}_i)\boldsymbol{P}_{i+1}^f \tag{13.21}$$

$$=(I-\boldsymbol{K}_i\boldsymbol{H}_i)\boldsymbol{P}_{i+1}^f \tag{13.22}$$

备注：

1. 式（13.19）和式（13.22）是等价的，但需要注意的是，式（13.22）只需要一个 $M\times M$ 矩阵的逆（利用 $\boldsymbol{K}_i$ 的定义），而式（13.19）却需要一个 $N\times N$ 矩阵的逆。实际上，由于数据本身的约束，其自由度最多为 M，从而明显减少了矩阵的秩。

2. 上述标注隐含了模式发展算子 $\boldsymbol{M}(t_{i+1},\ t_i)$ 是线性的。若这个算子是线性的，上述算法构成了卡尔曼滤波。若 $\boldsymbol{M}(t_{i+1},\ t_i)$ 是非线性的，在预报协方差发展方程（13.16）中必须利用一个线性近似，上述这个算法称为扩展卡尔曼滤波。

3. 回想一下，分析场是一个有关模式动力学、背景场、观测算子、模式误差协方差和观测误差协方差的函数。如果模式误差协方差（系统噪声）被低估，那么滤波器方程会造成预报误差协方差过于乐观估计。一旦发生这种情况，将来数据不能被充分分析处理，分析结果则很难提高。监测资料同化算法、验证分析增量和更新向量在标准范围之内，这一点至关重要。

4. 在扩展卡尔曼滤波算法中，模式或预报误差协方差矩阵的发展方程可能是不稳定的，特别是当与动力模型中非线性相关的特征时间相比，时间区间 $[t_i,\ t_{i+1}]$ 较长时（Miller et al,1994）。稳定性在非线性资料同化中是常见的问题，可以通过许多方法来实现：集合方法（Evensen，1997），包括粒子滤波（Ambadan and Tang，2009）、动力学的次优稳定动力近似（Bennett and Thorburn，1992）、循环或减少时间窗方法（Ngodock et al，2009）。

13.4 总结：资料同化系统组成部分

上述概括了发展资料同化系统的一般方法，还有许多具体到特定应用程序和求解算法的细节，在以后章节中将会介绍卡尔曼滤波（本书第 15 章）和变分资料同化（本书第 14 章）。下面列出这些方法共有元素定义：

- 待估计系统状态的定义。
- 提供系统状态背景场估计的动力模式。
- 所要估计控制变量的定义，包括系统噪声的统计模式。
- 观测系统定义，包含统计模式观测误差。
- 综合上述部分定义优化标准。
- 计算分析状态和其他相关变量的求解算法。

13.5 资料同化系统分析

学生们第一次接触资料同化文献时，就会被同化数据方法的明显差异所震慑，这种情况并不少见。区分科学或同化技术的海洋学问题与技术或方程方面之间的差别，这对我们处理同化问题的这种多样性是非常有帮助的。通过假设动力学和误差协方差来考虑同化的科学物理问题，以此设定最优标准（上述列出的“资料同化系统组成元素”中第五项）。技术方面所关注的主要是动力学以及求解算法等的实际操作，这方面的资料同化参考文献不是真正相关的，但把它们看作是为了理解特定操作、系统设计或者最优标准的一种重要工具，这对新手来说是非常有用的。

本节将对资料同化的技术性和科学性作出明确的区分，这也是分析资料同化系统的基础。13.5.1 节回顾海洋资料同化中最常用的最小二乘法优化标准的求解算法。13.5.2 节介绍误差协方差的模型和验证，以及观测网的设计，因为这些往往是资料同化的科学性核心所在。

13.5.1 实现和求解算法

如上所述，求解方法由以下因素来决定：

1. 状态空间的基数。通常情况下，N 的数目比较大，以至于上节中提到的 $N\times N$ 的矩阵无法显式构造。相反，我们可按照向量矩阵的乘法进行运算，而不去构造这个大矩阵。

2. 观测向量的维数。对线性模式和观测系统来说，已证明，M 个观测值只约束到 N 维状态空间的一个 M 维观测子空间。因此，限制在 M 维观测空间上进行操作可以优化计算效率。

3. 背景误差协方差的有效秩。在实际操作中，空间维数 M 过大时，不能执行上述算法。相反，在某种程度上，截取有效秩或自由度可以达到最优标准的次优近似。

在资料同化算法发展中，求解算法的如下研究突显了这些因素的重要性。

13.5.1.1 变分资料同化

之所以叫作变分资料同化算法是因为它们可以从代价函数 $\mathcal{J}(x)$ 推导得来，变分法或一般求导运算可推导出一阶最优条件，$\nabla\mathcal{J}(\boldsymbol{x}=\boldsymbol{x}^a)=0$。迭代求解如共轭梯度或牛顿方法可求解最优条件，例如，从公式（13.11）得出

$$\boldsymbol{B}^{-1}(\boldsymbol{x}^a-\boldsymbol{x}^b)+\boldsymbol{H}^{\mathrm{T}}\boldsymbol{R}^{-1}(\boldsymbol{y}-\boldsymbol{H}\boldsymbol{x}^a)=0 \tag{13.23}$$

注意，矩阵的维数 $\boldsymbol{B}\in\boldsymbol{R}^{N\times N}$，这就使得除了在非常特殊情况下，直接计算式（13.23）中 $\boldsymbol{B}^{-1}$ 不太可能。假设在无显式构造矩阵 $\boldsymbol{B}$ 情况下，计算向量-矩阵乘积 $\boldsymbol{Bx}$ 是可行的，最优条件可改写为

$$(\boldsymbol{I}+\boldsymbol{B}\boldsymbol{H}^{\mathrm{T}}\boldsymbol{R}^{-1}\boldsymbol{H})\boldsymbol{x}^a=\boldsymbol{x}^b+\boldsymbol{B}\boldsymbol{H}^{\mathrm{T}}\boldsymbol{R}^{-1}\boldsymbol{y} \tag{13.24}$$

其中，$\boldsymbol{I}$ 是单位矩阵。式（13.24）有时也称为变分资料同化问题的原始形式，对应于下面所推导出的对偶形式。

当动力和观测算子是线性时，所谓的 4D-Var 算法可看作上述类型的最小化形式。此时，$\boldsymbol{x}^b$ 表示模式初始条件，$\boldsymbol{M}^{\mathrm{T}}$ 为模式发展算子的转置，即伴随模式，隐含在 $\boldsymbol{H}^{\mathrm{T}}$ 的定义中（Talagrand and Courtier，1987）。请注意，预条件经常用来加快迭代求解的收敛。另外，经过少量迭代之后（小于预设迭代次数），当更新的增量与观测误差值接近时，可不再迭代（Rabier et al,2000）。

13.5.1.2 增量 4D-Var

4D-Var 增量公式按照 $\delta \boldsymbol{x}^a=\boldsymbol{x}^a-\boldsymbol{x}^g$ 形式描写上述最优条件，其中 $\boldsymbol{x}^g$ 是第一猜测场，它可以是背景场也可以不是。于是，式（13.24）变成

$$(\mathrm{I}+\boldsymbol{BH}^{\mathrm{T}}\boldsymbol{R}^{-1}\boldsymbol{H})\ \delta \boldsymbol{x}^a=\boldsymbol{x}^b-\boldsymbol{x}^g+\boldsymbol{BH}^{\mathrm{T}}\boldsymbol{R}^{-1}\ (\boldsymbol{y}-\boldsymbol{Hx}^g) \tag{13.25}$$

这个方法主要动机就是针对最优条件进行次优假设，其中 $\delta \boldsymbol{x}^a$ 是用易于处理的低分辨率线性模式计算而来，而这个低分辨率线性模式正是由高分辨模式计算得出的残差向量（$\boldsymbol{y}-\boldsymbol{Hx}^g$）驱动所致。这个算法的完整描述涉及高低分辨率模式下状态变量之间的映射算子。对非线性的处理通常是对 $\boldsymbol{x}^g$ 和 $\boldsymbol{x}^b$ 的线性化或者它们之间的线性组合。除了式（13.25）线性系统的迭代求解，在强非线性问题中，在第一猜测场序列处的外层迭代也是必要的（Ghil，1989；Courtier et al，1994）。

更广泛地说，增量公式表明我们可以利用不同的模式来计算 $\boldsymbol{x}^g$ 和 $\delta \boldsymbol{x}^a$。例如，如果模式计算量太大而不能嵌入迭代求解，对于式（13.25）左边隐含在 $\boldsymbol{H}$ 算子中的 $\boldsymbol{M}$ 来说，利用简化物理或简化求解也是可行的，而对于公式右边，我们仍然可利用完整的模式进行计算。

13.5.1.3 对偶公式

注意到式（13.23）、（13.24）和（13.25）左边都包含有 $N\times N$ 的矩阵，$\boldsymbol{H}^{\mathrm{T}}\boldsymbol{R}^{-1}\boldsymbol{H}$ 的秩为 $\boldsymbol{M}$，则线性代数可以大大得到简化。利用 Sherman-Morrison-Woodbury 公式可导出最优条件（13.23）的如下等价形式：

$$\boldsymbol{x}^a=\boldsymbol{x}^b+\boldsymbol{BH}^{\mathrm{T}}\boldsymbol{w} \tag{13.26}$$

$$(\boldsymbol{HBH}^{\mathrm{T}}+\boldsymbol{R})\ w=\boldsymbol{y}-\boldsymbol{Hx}^b \tag{13.27}$$

其中 $\boldsymbol{HBH}^{\mathrm{T}}+\boldsymbol{R}$ 为 $M\times M$ 矩阵。

如果式（13.27）左边构造矩阵是可行的，通过直接矩阵求逆可求解向量 $\boldsymbol{w}\in \boldsymbol{R}^M$；否则，应用迭代求解（Egbert et al，1994；Amodei，1995）。当式（13.27）乘以 $\boldsymbol{R}^{-1}$，式（13.24）和式（13.27）的条件形式是一致的（Courtier et al，1993；Courtier，1997），对于后者的迭代求解就是所知的物理空间分析系统（Physical Space Analysis System，PSAS）（Cohn et al，1998）。

注意到分析场是背景场和 $\boldsymbol{BH}^{\mathrm{T}}$ 的 M 列线性组合，对于特定观测，可用于诊断分析场的显著特征。矩阵 $\boldsymbol{HBH}^{\mathrm{T}}$ 是预报误差协方差，在这里不考虑测量噪声；它的分析可提供大量关于设计观测系统的信息（McIntosh，1987）。

对于原始公式，线性系统（13.27）的预处理是现实应用中必不可少的部分。非线性的处理也是非常重要的方面，这可以通过增量方法进行处理（Chua and Bennett，2001）。基于此思想建立的迭代求解就是逆向海洋模式（Inverse Ocean Model，IOM））的核心功能，这个模式是独立于平台的资料同化工具包（Bennett et al，2008；Muccino et al，2008）。

对偶公式比它所显示的要复杂，当 $\boldsymbol{x}^a$ 和 $\boldsymbol{x}^b$ 看作函数时，发展算子 M 就是一个积分-微分算子，Bennett（1992）曾证明式（13.26、13.27）如何从关于 $\mathcal{J}$ 极值的欧拉-拉格朗日方程推导而来。

13.5.1.4 卡尔曼滤波

一般来说，顺序资料同化算法可看作卡尔曼滤波方程中的式（13.15）至式（13.22）在海洋预报系统是行不通的，特别是当 $N \times N$ 分析协方差矩阵必须显式构建或演化时。幸运的是，许多方法已被开发来处理线性代数或对完整的滤波器方程进行次优假设。应用非线性系统也是一个关键问题，同时次优近似和非线性处理的交集也是个微妙的问题。

下面给出了卡尔曼滤波非常基本的、有选择性的概述及其延伸扩展。对于更多的细节，读者可参考 Pierre Brasseur 撰写的第 15 章。

13.5.1.5 模式约化

模式约化是一类技术的称呼，可以直接减少状态向量的维数。这种方法使得卡尔曼滤波和协方差发展方程易于处理，此外，对于将模式动力学投影到发展缓慢的、更好观测的或较易预测的动力上来说，也是非常有用的技术。

模式约化最基本的方法是通过频谱截断或网格粗化将动力学投影到更少自由度上（Todling and Cohn，1994）。但是，因为最优分析状态不仅依赖于模式动力学，而且还依赖于未知模式系统噪声的自由度，因此其他减小自由度的方法还有通过经验正交函数（empirical orthogonal functions，EOFs）进行约化（Cane et al，1996）。可以通过分析模式状态，并由特定信息度量或误差度量权衡它们的重要性，以达到减少维数的进一步控制（Paescu and Navon，2008）。

13.5.1.6 误差子空间统计估计

现有知识表明，背景场和模式强迫误差的统计特性一般较差，Lermusiaux 和 Robinson（1999）提出了误差子空间统计估计（Error Subspace Statistical Estimation，ESSE），这种技术通过对代表预测和分析误差协方差矩阵进行降秩处理，而并不试图直接操作 $N \times N$ 协方差矩阵，ESSE 中协方差通过秩-P 做近似处理，构成近似不确定性的 P 个最显著模态。

这种协方差模型的降秩方法引出了变分资料同化的“不需要伴随的变分同化”版本（Logutov and Lermusiaux，2008）。给定的秩-P 分解 $\boldsymbol{B}=\boldsymbol{U}\boldsymbol{A}\boldsymbol{U}^{\mathrm{T}}$，其中 $\boldsymbol{U} \in \boldsymbol{R}^{N \times P}$ 为正交，$\boldsymbol{A} \in \boldsymbol{R}^{P \times P}$ 是 $\boldsymbol{B}$ 奇异值分解的对角矩阵，那么我们可以明确计算出 $\boldsymbol{HU}$，从而根据需要得到 $\boldsymbol{BH}^{\mathrm{T}}=\boldsymbol{U}\wedge(\boldsymbol{HU})^{\mathrm{T}}$。Sherman-Morrison-Woodbury 公式则提供了利用秩-P 矩阵逆的方法来求解式（13.26）和式（13.27）。

13.5.1.7 集合方法

集合方法的原理是利用预报的一组样本来直接估计预报协方差。卡尔曼增益矩阵可从相同集合样本来估计，从而可以计算分析集合。由此可以估计分析误差协方差，依次类推，使计算流程持续下去（Evensen，2006）。

这种方法的吸引力在于，理论上，它可直接应用到线性或非线性模式。此外，即使系统噪声统计不是高斯分布，分析场在样本统计精度范围内也近似满足最小方差标准。

在实践中面临两个问题，首先，为了准确地估计预报协方差矩阵的非对角元素，大量集合样本是必要的。高斯随机变量 x 的样本方差收敛，如 $2\sigma_x^2/\sqrt{E}$，真正方差是 σ_x^2，样本容量是 E。但是，两个相关的随机变量 x 和 y 的样本协方差收敛，如在 $(2\sigma_{xy}^2+\sigma_x\sigma_y)/\sqrt{E}$ 中，σ_{xy} 是协方差。因此，当变量之间相关性较小时，样本协方差主要由样本误差来决定。基于这个原因，样本协方差必须局地化或“渐缩”来减小距离相关（Szunyogh et al，2008）。这种操作可增加协方差的有效秩，但必须仔细考虑我们所希望保持的动力关系。

另一个问题是，当运行卡尔曼滤波后，预报集合的样本并不是相互独立的，这可导致方差损失和滤波锁定。因此，就协方差调节和滤波重新初始化问题，已研发了各种方法。Anderson 等（2009）给出了最新的概述。

13.5.2 协方差模式和阵列分析

实现海洋动力学和观测系统的资料同化求解算法，从海洋学的角度来看是一般性的技术问题，还有重要的科学问题，即关于定义动力学和观测系统的正确的误差模型。

正如所讨论的，指定误差模型有三个组成部分。背景误差，表示为 $\boldsymbol{B}$ 或 $\boldsymbol{P}^f$ 是加以分析的空间误差协方差，包括各个元素之间的交叉协方差。系统噪声，表示为 $\boldsymbol{Q}$ 是未知模式强迫误差和次网格尺度参数化的协方差，它描述了时空相关性的结构。最后，观测误差协方差 $\boldsymbol{R}$，是观测系统或测量仪器的属性，但偶尔的增大可解释所谓的代表性误差。

对于最优插值、4D-Var 或顺序卡尔曼滤波，有必要对背景场的误差进行估计。理论上我们可从先前分析的大量集合样本估计出来。另一种方法依赖于两个不同预见期长度的预报，如 12 h 和 24 h，它们之间的差值可作为预报误差的一个估计（Hollingsworth and Lonnberg，1986）。

如果采用集合滤波方法，则需要保留预报误差场的集合样本，并使用这些样本数据合成所需的样本协方差。另外，背景误差的结构经常利用振幅（方差）和一组相关尺度进行参数化，与某正交基保持一致。Bennett（1992）、Weaver 和 Courtier（2001）、Purser 等（2003a，2003b）、Zaron（2006）就相关实现操作进行了描述。

系统噪声可能来源于不正确的强迫函数，例如较粗网格风应力或气候态开边界条件，在求解动力方程中的动力近似或截断误差。前者误差的特性通过考虑数据源来表征。后者因为误差很可能与状态和分辨率有关，因此这些误差难以量化。

观测误差协方差 $\boldsymbol{R}$ 应由测量装置来决定，与动力模式无关。然而，在某些情况下，也可同模式相关，即所谓的代表性误差［representation error 或 error of representativeness（Oke and Sakov，2008）］。虽然代表性误差不是传统意义上的测量误差，但是，它是由于处理未存在动力模式中的数据方差估计而造成的。例如，当海表面高度观测资料同化到准地转模式时，引入了代表性误差，以防止分析场被海表面高度数据中存在的长表面重力波所干扰，这些在准地转动力中并未体现。由于重力波物理特性在模式中的缺失，这些物理过程的模拟不能通过资料同化得到改善，因此，它被认为增加了数据误差。代表性误差是由于确定性动力学引起的，它可能有空间结构或协方差，这些都不易模拟（Richman et al，2005）。

13.5.3 误差模型的验证

利用上述技术对误差参数化，必须需要一种方法来验证这个后验的、猜测的误差模型。

当所假设的动力学和误差模型正确时，目标函数 $\mathcal{J}(\boldsymbol{x}^a)$ 最小值是一个自由度为 M 的卡方变量（Bennett，1992）。在假设动力学、观测和它们的误差模型中，均可采用此标准。

对比模式和观测或观测子类型，更精细的方法可用来分析目标函数的各个组成部分。例如，设 $\mathcal{J}=\mathcal{J}^B+\mathcal{J}^R$ 代表目标函数两个部分，其中背景场为

$$\mathcal{J}^B(\boldsymbol{x})=(\boldsymbol{x}-\boldsymbol{x}^b)^{\mathrm{T}}\boldsymbol{B}^{-1}(\boldsymbol{x}-\boldsymbol{x}^b) \tag{13.28}$$

观测为

$$\mathcal{J}^R(\boldsymbol{x})=(\boldsymbol{y}-\boldsymbol{Hx})^{\mathrm{T}}\boldsymbol{R}^{-1}(\boldsymbol{y}-\boldsymbol{Hx}) \tag{13.29}$$

可以证明这些项的数学期望是

$$\langle \mathcal{J}^B(\boldsymbol{x}^a)\rangle = Tr(\boldsymbol{HBH}^{\mathrm{T}}\boldsymbol{D}^{-1}) \tag{13.30}$$

和

$$\langle \mathcal{J}^B(\boldsymbol{x}^a)\rangle = Tr(\boldsymbol{RD})^{-1} \tag{13.31}$$

其中 $\boldsymbol{D}=\boldsymbol{HBH}^{\mathrm{T}}+\boldsymbol{R}$ 是式（13.27）左边出现的矩阵。有关详细推导和应用可参考 Talagrand（1999）、Desroziers 和 Ivanov（2001）以及 Bennett（2002）的文章。

相关校正误差模型的一类技术主要基于广义交叉校验统计（generalized-cross validation statistic，GCV），就是对在观测点的预报误差进行分析估计。利用上述标识符号，广义交叉校验统计可表示为

$$GCV(\boldsymbol{B},\ \boldsymbol{R};\ \boldsymbol{y},\ \boldsymbol{x}^b)=\frac{(\boldsymbol{y}-\boldsymbol{Hx}^a)^{\mathrm{T}}(\boldsymbol{y}-\boldsymbol{Hx}^a)}{M(1-\mu/M)^2} \tag{13.32}$$

其中 $\mu=Tr(\boldsymbol{RD}^{-1})$。优化这个统计就意味着选择误差模型，利用其他所有站点数据，在每个数据站点尽可能地提高预报精度。它是一种有用的方法，可避免过度拟合数据，这种情况会发生在简单地最小化更新向量均方差。在资料同化中的应用可见 Wahba 等（1995）和 Zaron（2006）的文章。

这些方法的关键是它们可从资料同化的预报/分析循环小样本中计算而来，误差模型可重新调节给出优化结果。需要注意的是，一般不需要直接构造 $M\times M$ 逆矩阵，因为 13.5.1 节中的所有求解算法可能结合了随机的迹估计量（Girard，1989；Hutchinson，1989），以估计所需要的矩阵迹。

13.5.4 条件作用和稳定性

13.3.2 节中的简单单变量资料同化和 13.5.1.3 节中的资料同化的多变量对偶公式极其相似。假定观测误差是不相关的，且每个观测具有同样不确定性。也就是说，可设 $\boldsymbol{R}=\sigma_y^2\boldsymbol{I}$，其中 σ_y 是观测误差，$\boldsymbol{I}$ 是 $M\times M$ 单位矩阵。

利用观测误差协方差对角结构，依据正交分解（奇异值分解，Golub and Van Loan，1989），能够得出式（13.27）的解 $\boldsymbol{HBH}^{\mathrm{T}}=\boldsymbol{U}\Lambda\boldsymbol{U}^{\mathrm{T}}$，

$$\boldsymbol{w}=(\boldsymbol{U}\Lambda\boldsymbol{U}^{\mathrm{T}}+\sigma_y^2\boldsymbol{I})^{-1}(\boldsymbol{y}-\boldsymbol{Hx}^{\mathrm{b}}) \tag{13.33}$$

$$=\boldsymbol{U}(\Lambda+\sigma_y^2\boldsymbol{I})^{-1}\boldsymbol{U}^{\mathrm{T}}(\boldsymbol{y}-\boldsymbol{Hx}^{\mathrm{b}}) \tag{13.34}$$

$$=\sum_{i=1}^{M}\boldsymbol{u}_i\frac{1}{\lambda_i+\sigma_y^2}\boldsymbol{u}_i^{\mathrm{T}}(\boldsymbol{y}-\boldsymbol{Hx}^{\mathrm{b}}) \tag{13.35}$$

其中 $\boldsymbol{U}=\{\boldsymbol{u}_i\}$ 是一个 $M\times M$ 正交矩阵，$\boldsymbol{\Lambda}$ 是奇异值的对角矩阵 $\{\lambda_i\}_{i=1}^{M}$。利用观测算子投影到第 i 个正交模态上，可以发现

$$\boldsymbol{u}_i^{\mathrm{T}}\boldsymbol{Hx}^{a}=\boldsymbol{u}_i^{\mathrm{T}}\boldsymbol{Hx}^{b}+\frac{\lambda_i}{\lambda_i+\sigma_y^2}\boldsymbol{u}_i^{\mathrm{T}}(\boldsymbol{y}-\boldsymbol{Hx}^{b}) \tag{13.36}$$

如果式（13.6）中的 σ_x^2 用式（13.36）中 λ_i 来标识，单变量情况下的主要近似是显而易见的。在极限（$\lambda_i\ll\sigma_y^2$）情况下（完美模型），与模态 i 对应的背景场并不需要修正就可获得分析场。在另一极限情况下（$\sigma_y^2\ll\lambda_i$），分析等同于和第 i 个模态相关的观测。

Bennett（1992）利用该分析评估了观测阵列的设计。每个模态对应和观测系统、动力学、猜测误差模型有关的所谓“天线阵列模态”。这些模态可根据是否近似插值（$\sigma_y^2\ll\lambda_i$）或平滑（$\lambda_i\ll\sigma_y^2$）进行分类。由观测系统决定的自由度有效数通过模态数量给定（$\sigma_y^2\ll\lambda_i$）。关于冗余观测站点的信息可从模态 u_i 的结构中获得。

13.6 总结和结论

海洋资料同化由一系列估计海洋状态的技术所组成，利用尽可能多的信息，在最优情况下将模式预报和观测资料相结合。这个最优通过最大似然估计或最小方差标准而定义。由于所估计海洋状态的维数和自由度过大，在实际海洋中应用这些最优标准进行预报比较困难。因此，通过一些方法发展了实际算法，要么截断海洋状态形式，从而减小所要估计的自由度，要么利用次最优标准进行状态估计。

随着计算能力的提高，实现业务化资料同化在海洋预报中已没有多少技术瓶颈。科学关注也随之转移到发展和验证动力学误差模型、初始条件和边界强迫（Chapnik et al，2006）。观测资料影响研究是另外一个新的研究领域，对提高数据质量控制、观测系统设计和验证协方差模型可能比较有用（Baker and Daley，2000；Gelaro and Zhu，2009）。

海洋资料同化最近发展迅速，并致力于实现业务化应用。近年来，Cummings 等（2009）总结了实时全球业务海洋资料同化系统。Dombrowsky 等（2009）描述了包括大尺度区域资料同化模式在内的其他系统。也有致力于较小尺度的区域模式，例如墨西哥湾和美国东海岸（He and Wilkin，2006；Hofmann et al，2008；Hoffman et al，2008）的美洲内海（Powell et al，2009），美国西海岸（Kurapov et al，2005；Li et al，2008；Chao et al，2009；Moore et al，2009；Broquet et al，2009），以及其他许多地区。De Mey 等（2007）总结了其他发展方面的状态和特点。

海洋资料同化进一步发展致使新的观测和模式结合方式产生，并产生新的海洋物理过程观点，从而提高预报能力。

致谢：本项工作一部分得到了美国自然科学基金（OCE-0623540）和海军研究实验室（N00173-08-C015）的支持，另一部分得到了美国国家海洋和大气管理局对参加 GODAE/BLUElink 暑期学校的支持。在此一并表示感谢。

附　录

术语

分析　分析（场）是资料同化的最终目的和结果。它是海洋真实状态在给定某时刻（或在给定时间区间之内）的最佳估计，理论上伴有其误差估计。若分析是向前追溯的，即在已知分析时刻之前和之后的观测情况下，它是海洋状态在过去特定时刻的最佳估计，称为“再分析”。通常情况下，分析是利用一套统一网格化的海洋状态变量来表示（海表面高度、海流向量、温度、盐度等），这些变量和海洋模式具有相同的离散网格。分析是预报系统的最终结果，或者它可以为计算其他诊断提供输入数据，如计算穿过断面的输送。有时分析用来和新观测数据进行对比，验证分析场或者评估新观测数据的质量。

分析增量　分析增量是分析场和背景场之间的差异。也可以说，分析增量是背景场的修正后，产生了最优分析。

背景场　背景状态，有时也称为“第一猜测”，是资料同化之前海洋状态的预报。在没有其他信息情况下，气候态或者海洋其他动力估计都可以看作背景场。

控制变量　控制变量有时也简单称为“控制”，它们是资料同化中所要估计的独立变量。

动力模式包含一系列控制变量和状态变量相关的诊断或预后关系。控制变量和状态变量之间并没有唯一的区分，但是控制变量通常看作是输入，而状态变量看作是输出。例如，在4D-Var算法中，模式初始条件被看作是控制变量，但是这些同样的初始条件和预报结果也可看作是状态变量。在卡尔曼滤波中，系统噪声被看作是控制变量。

资料同化 资料同化是在满足某种最优标准情况下，将观测系统信息融合到动力模式的系统方法。这种最优标准通常表示为最大似然估计或者最小均方根值。在实际中，许多资料同化系统得到的分析状态，仅是近似满足所述最优标准。这通常是可以接受的，因为最优标准是基于本身就近似的误差模型。

动力模型 假设海洋状态通过一系列动力过程来预报或模拟，例如，通常用流体力学公式所表示的牛顿定律，如纳维-斯托克斯方程或浅水波方程。动力模式可假定归结为数学上的适定初边值问题。

误差模型 一个误差模型描述了多元变量或者场变量的概率分布。例如，观测温度的误差模型可能假设其误差均值为零（无偏的）、方差为 σ 的高斯分布。观测系统的误差模型最低程度地含有各自观测误差模型。一系列动力误差模型包含了初始条件、边界条件的误差子模型，以及其他不均一模型。这些子模型每个都可以用各自合适的时空协方差结构来描述。

广义逆 理论上海洋状态是唯一由海洋动力学来决定的，所以资料同化中附加的观测数据使得海洋状态成为一个超定量值。此外，如果我们认为观测误差和动力误差为未知的量值，这些应该由资料同化来决定，那么求解海洋状态和误差场就是欠定问题。从这个观点来说，资料同化可以看作是海洋动力学的广义逆。动力模式的广义逆包含分析场，以及由误差模式指定先验信息统计误差场的估计。Bennett（1992；2002）用这些术语来介绍资料同化，因此强调了数学反演理论、统计估计、控制理论和非参数估计方法的统一主题。

更新向量或残差向量 更新向量是观测向量和海洋状态某处观测之间的差异，在这里写成 $\boldsymbol{y}-\boldsymbol{Hx}$ 形式。有时背景场更新向量 $\boldsymbol{y}-\boldsymbol{Hx}^b$ 与分析更新向量 $\boldsymbol{y}-\boldsymbol{Hx}^a$ 显然不同。

客观分析 客观分析技术（也称为最优插值、统计插值和Gauss-Markov平滑）最初是指应用稀疏观测生成一套连续的网格化场量（Bretherton et al，1976）。若背景场存在时，对背景场的修正可称之为分析增量。客观分析技术与多元样条平滑关系密切。

观测系统 观测系统提供一系列海洋特征变量的观测和监测数据。观测系统通过一系列观测操作来定义，也称为测量要点。每个观测数学上都表示为从海洋状态到真值一个有限集的映射。

状态变量 状态变量是表征所要估计海洋状态的场量或量值。抽象地说，状态变量是观测内容中的元素。

状态向量 一个状态向量是有限维状态变量，甚至当动力过程由一组偏微分方程表示时，计算上的实施通常需要投影到一个有限维向量上。

软件和网络资源

逆海洋模式（Inverse Ocean Model，IOM）是一个工具包，由用户提供基本模式部分，设计用来生成定制变分资料同化系统（Bennett et al，2008）。这个软件具有图形用户界面（GUI），可以用来选定同化或分析算法和监测执行程序。IOM 已成功用在并行和串行节点上，包括结构化和未结构化的网格有限差分模式和有限元模式（Muccino et al，2008）。相关网站 http：//iom. asu. edu 包含了教学材料和软件。

另外一个软件系统——资料同化研究平台（Data Assimilation Research Testbed，DART），提供了发展和测试框架，以及发布集合资料同化方法（Anderson et al，2009）。DART 系统所用算法不需要伴随代码，因此它被相对广泛数量的研究和教育人员所使用。

切线性和伴随编译器（Tangem linear and Adjoin Model Compiler，TAMC）是由 Giering 和 Kaminski（1998）开发的，对于变分资料同化和敏感性研究中所需要的生成的切线性和伴随代码而言，它是一个源-源 Fortran 转换器。FastOpt 公司在这个领域比较活跃，具有最新发展和参考材料，是非常好的信息资源（http：//fastopt. com/）。

另一个信息和软件资源是 ACTS-伴随编译器工程，它们曾经建立了一个其于 C 语言和 Fortran 代码的自动工具 OpenAD（http：//www. mcs. anl. gov/OpenAD）。最近它们的一个出色工作是利用并行 MPI 库文件（Utke et al，2009）基于使用区域分解的模式研发了伴随代码。

在网上简单搜寻“资料同化”可以发现许多关于资料同化的课程材料和手册。一个比较突出的资源就是欧洲中尺度气象预报中心（European Center for Medium Range Weather Forecasting，ECMWF），它们在线发布了一系列关于资料同化和卫星资料利用的精彩课件，读者可在线参阅他们的气象培训课程笔记（http：//www. ecmwf. int/newsevents/training/rcourse _notes/）。

参考文献

Ambadan J T，Tang Y（2009）Sigma-point Kalman Filter data assimilation for strongly nonlinear systems. J Atmos Sci 66：261-285.

Amodei L（1995）Solution approchee pour un probleme d'assimilation avec prise en compte l'erreur de modele. C R Acad Sci 321：1087-1094.

Anderson J，Hoar T，Raeder K，Liu H，Collins N，Torn R，Avellano A（2009）The data assimilation research testbed：a community facility. Bull Am Meteorol Soc 90：1283-1296.

Atlas R（1997）Atmospheric observations and experiments to assess their usefulness in data assimilation. J Meteorol Soc Japan 75：111-130.

Australian Bureau of Meterolology（2009）Ocean analysis. http：//www. bom. gov. au/oceainography /analysis. shtml.

Baker N L，Daley R（2000）Observation and background adjoint sensitivity in the adaptive observation-targeting problem. Q J Roy Meteorol Soc 126：1431-1453.

Balmaseda M A, Vidard A, Anderson D L (2007) The ECMWF System 3 Ocean Analysis System, ECMWF Technical Memorandum. Technical Report 7. European Center for Medium-Range Weather Forecasts.

Bennett A F (1992) Inverse Methods in Physical Oceanography, 1st edn. CambridgeUniversity Press, New York, p 346.

Bennett A F (2002) Inverse Modeling of the Ocean and Atmosphere. Cambridge University Press, New York, p 234.

Bennett A F, Budgell W (1987) Ocean data assimilation and the Kalman filter：spatial regularity. J Phys Oceanogr 17：1583-1601.

Bennett A F, Thorburn M A (1992) The generalized inverse of a nonlinear quasigeostrophic ocean circulation model. J Phys Oceanogr 22：213-230.

Bennett A F, Chua B S, Ngodock H, Harrison D E, McPhaden M J (2006) Generalized inversion of the Gent-Cane model of the Tropical Pacific with Tropical Atmosphere-Ocean (TAO) data. J Mar Res 64：1-42.

Bennett A F, Chua B S, Pflaum B L, Erwig M, Fu Z, Loft R D, Muccino J C (2008) The inverse ocean modeling system. I：implementation. J Atmos Oceanic Technol 25：1608-1622.

Bretherton F, Davis R, Fandry C (1976) A technique for objective analysis and design of oceanographic experiments applied to MODE-73. Deep Sea Res 23：559-582.

Broquet G, Edwards C A, Moore A M, Powell B S, Veneziani M, Doyle J D (2009) Application of 4D-variational data assimilation to the California Current system. Dyn Atmos Oceans 48：69-92.

Cane M, Kaplan A, Miller R, Tang B, Hackert E, Busalacchi A (1996) Mapping Tropical Pacific sea level：data assimilation via a reduced state space Kalman filter. J Geophys Res 101：22599-22617.

Chao Y, Li Z, Farrara J, Hung P (2009) Blending sea surface temperatures frommultiple satellites and in situ observations for coastal oceans. J Atmos Oceanic Technol 26：1415-1426.

Chapnik B, Desroziers G, Rabier F, Talagrand O (2006) Diagnosis and tuning of observational error in quasi-operational data assimilation setting. Q J Roy Meteorol Soc 132：543-565.

Chua B, Bennett A F (2001) An inverse ocean modeling system. Ocean Modelling 3：137-165.

Cohn S E, Da Silva A, Guo J, Sienkiewicz M, Lamich D (1998) Assessing the effects of data selection with the DAO physical-space statistical analysis system. Mon Wea Rev 126：2913-2926.

Courtier P (1997) Dual formulation of four-dimensional assimilation. Q J Roy Meteorol Soc 123：2449-2461.

Courtier P, Derber J, Errico R, Louis J, Vukicevic T (1993) Important literature on the use of adjoint, variational methods and the Kalman Filter in meteorology. Tellus 45A：342-357.

Courtier P, Thepaut J, Hollingsworth A (1994) A strategy for operational implementation of 4D-Var, using an incremental approach. Q J Roy Meteorol Soc 120：1367-1387.

Cummings J, Bertino L, Brasseur P, Fukumori I, Kamachi M, Martin M J, Mogensen K, Oke P, Testut C E, Verron J, Weaver A (2009) Ocean data assimilation systems for GODAE. Oceanography 22：96-109.

Daescu D N, Navon I M (2008) A dual-weighted approach to order reduction in4DVAR data assimilation. Mon Wea Rev 136：1026-1041.

Daley R (1991) Atmospheric Data Analysis. Cambridge University Press, New York, p 457.

De Mey P, Craig P, Kindle J, Ishikawa Y, Proctor R, Thompson K, Zhu J (2007) Towards the assessment and demonstration of the value of GODAE results for coastal and shelf seas models and forecasting systems, 2nd edn. GODAE white paper. http://www.godae.org/modules/docum ents/documents/GODAE - CSSWG - paper - ed2.pdf. Accessed 15 March 2010.

Dee D P, daSilva A M (1999) Maximum-likelihood estimation of forecast and observations error covariance parameters. Part Ⅰ: methodology. Mon Wea Rev 127: 1822-1834.

Desroziers G, Ivanov S (2001) Diagnosis and adaptive tuning of observation-error parameters in a variational assimilation. Q J Roy Meteorol Soc 127: 1433-1452.

Dombrowsky E, Bertino L, Brassington G B, Chassignet E P, Davidson F, Hurlburt H E, Kamachi M, Lee T, Martin M J, Mei S, Tonani M (2009) GODAE systems in operation. Oceanography 22: 81-95.

Egbert G D, Bennett A F, Foreman M (1994) TOPEX/POSEIDON tides estimated using a global inverse model. J Geophys Res 99: 24821-24852.

Evensen G (1997) Advanced data assimilation for strongly nonlinear dynamics. Mon Wea Rev 125: 1342-1354.

Evensen G (2006) Data assimilation: the ensemble Kalman Filter. Springer, Berlin, p 280.

Gelaro R, Zhu Y (2009) Examination of observation impacts derived from observing system experiments (OSEs) and adjoint models. Tellus 61A: 179-193.

Gelb A (ed) (1974) Applied Optimal Estimation. MIT Press, Cambridge.

Ghil M (1989) Meteorological data assimilation for oceanographers. Part Ⅰ: description and theoretical framework. Dyn Atmos Oceans 13: 171-218.

Giering R, Kaminski T (1998) Recipes for adjoint code construction. ACM Trans Math Software 24: 437-474. http://autodiff.com.

Girard D (1989) A fast Monte-Carlo cross-validation procedure for large least squares problems with noisy data. Numer Math 56: 1-23.

Golub G, Van Loan C (1989) Matrix Computations, 2nd edn. Johns Hopkins University Press, Baltimore, p 642.

He R, Wilkin J L (2006) Tides on the Southeast New England shelf: a view from a hybrid data assimilative modeling approach. J Geophys Res 111: C08002.

Heemink A W, Mouthaan E E, Roest M R, Vollebregt E A, Robaczewska K B, Verlaan M (2002) Inverse 3D shallow water flow modeling of the continental shelf. Cont Shelf Res 22: 465-484.

Hoffman R N, Ponte R M, Kostelich E J, Blumberg A, Szunyogh I, Vinogradov S V, Henderson J M (2008) A simulation study using a local ensemble transform Kalman Filter for data assimilation in New York Harbor. J Atmos Oceanic Technol 25: 1638-1656.

Hofmann E E, Druon J N, Fennel K, Friedrichs M, Haidvogel D, Lee C, Mannino A, McClain C, Najjar R, Siewert J, O'Reilly J, Pollard D, Previdi M, Seitzinger S, Signorini S, Wilkin J (2008) Eastern U.S. continental shelf carbon budget: Integrating models, data assimilation, and analy-sis. Oceanography 21: 86-104.

Hollingsworth A, Lonnberg P (1986) The statistical structure of short-range forecast errors as determined from radiosonde data. Part Ⅰ: the wind field. Tellus 38: 111-136.

Hutchinson M F (1989) A stochastic estimator of the trace of the influence matrix for Laplacian smoothing splines. Comm Statist Simulation Comput 18: 1059-1076.

Ide K, Courtier P, Ghil M, Lorenc A C (1997) Unified notation for data assimilation: operational, sequential and variational. J Meteorol Soc Japan 75: 181-189.

Jet Propulsion Laboratory (2009) JPL ECCO Ocean Data Assimilation. http://ecco.jpl.nasa.gov/ext ernal/index.php.

Kalnay E (2003) Atmospheric Modeling, Data Assimilation, and Predictability. Cambridge University Press, New York, p 341.

Kurapov A L, Allen J S, Egbert G D, Miller R N, Kosro P M, Levine M D, Boyd T, Barth J A (2005) Assimilation of moored velocity data in a model of coastal wind-driven circulation off Oregon: multivariate capabilities. J Geophys Res 110: C10S08.

Lardner R W, Al-Rabeh A H, Gunay N (1993) Optimal estimation of parameters for a two-dimensional hydrodynamical model of the Arabian Gulf. J Geophys Res 98: 18229-18242.

Lermusiaux P F, Robinson A R (1999) Data assimilation via error subspace statistical estimation. Part Ⅰ: theory and schemes. Mon Wea Rev 127: 1385-1407.

Li Z, Chao Y, McWilliams J, Ide K (2008) A three-dimensional variational dataassimilation scheme for the regional ocean modeling system. J Atmos Oceanic Technol 25: 2074-2090.

Logutov O G, Lermusiaux P F (2008) Inverse barotropic tidal estimation for regional ocean applications. Ocean Model 25: 17-34.

Lorenc A (1986) Analysis methods for numerical weather prediction. Q J Roy Meteorol Soc 112: 1177-1194.

Losch M, Wunsch C (2003) Bottom topography as a control variable in an ocean model. J Atmos Oceanic Technol 20: 1685-1696.

McIntosh P (1987) Systematic design of observational arrays. J Phys Oceanogr 17: 885-902.

Miller R N, Ghil M, Gauthiez F (1994) Advanced data assimilation in strongly nonlinear dynamical systems. J Atmos Sci 51: 1037-1056.

Moore A M, Arango H G, Di Lorenzo E, Cornuelle B D, Miller A J, Neilson D J (2004) A comprehensive ocean prediction and analysis system based on the tangent linear and adjoint of a regional ocean model. Ocean Model 7: 227-258.

Moore A M, Arango H G, DiLorenzo E, Miller A J, Cornuelle B D (2009) An adjoint sensitiv-ity analysis of the Southern California Current circulation and ecosystem. J Phys Oceanogr 39: 702-720.

Mourre B, De Mey P, Lyard F, Le Provost C (2004) Assimilation of sea level data over continental shelves: an ensemble method for the exploration of model errors due to uncertainties in bathymetry. Dyn Atmos Oceans 38: 93-121.

Muccino J C, Bennett A F, Hubele N F (2004) Significance testing for variationalassimilation. Q J Roy Meteorol Soc 130: 1815-1838.

Muccino J C, Arango H, Bennett A B, Chua B S, Cornuelle B, DiLorenzo E, Egbert G D, Hao L, Levin J, Moore A M, Zaron E D (2008) The inverse ocean modeling system. II: applications. J Atmos Oceanic Technol 25: 1623-1637.

National Center for Environmental Prediction (2009) Global ocean data assimilation system (GODAS). http://www.cpc.ncep.noaa.gov/products/GODAS.

Navon I, Legler D (1987) Conjugate-gradient methods for large-scale minimization in meteorol-ogy. Mon Wea Rev 115: 1479-1502.

Ngodock H E, Smith S R, Jacobs G A (2009) Cycling the representer method with nonlinear models. In: Park SK, Xu L (eds) Data assimilation for atmospheric, oceanic, and hydrologic applica-tions. Springer, Berlin, pp 321-340.

Oke P R, Sakov P (2008) Representativeness error of oceanic observations for data assimilation. J Atmos Oceanic Technol 25: 1004-1017.

Oke P R, Allen J S, Miller R N, Egbert G D, Kosro P M (2002) Assimilation of surface velocity data into a primitive equation coastal ocean model. J Geophys Res 107: 3122.

Paduan J D, Shulman I (2004) HF radar data assimilation in the Monterey Bay area. J Geophys Res 109. doi: 10.1029/2003JC001949.

Powell B S, Arango H G, Moore A M, DiLorenzo E, Milliff R F, Foley D (2008) 4DVAR data assimilation in the Intra-American Sea with the Regional Ocean Modeling System (ROMS). Ocean Mod 23: 130-145.

Powell B S, Moore A M, Arango H G, DiLorenzo E, Milliff R F, Leben R R (2009) Near realtime ocean circulation assimilation and prediction in the Intra-American Sea with ROMS. Dyn Atmos Oceans 48: 16-45.

Purser R J, Wu W S, Parrish D F, Roberts N M (2003a) Numerical aspects of the application of recursive filters to variational statistical analysis. Part Ⅰ: spatially homogeneous and isotropic Gaussian covariances. Mon Wea Rev 131: 1524-1535.

Purser R J, Wu W S, Parrish D F, Roberts N M (2003b) Numerical aspects of the application of recursive filters to variational statistical analysis. Part Ⅱ: spatially inhomogeneous and anisotropic general covariances. Mon Wea Rev 131: 1536-1548.

Rabier F, Jarvinen H, Klinker E, Mahfouf J F, Simmons A (2000) The ECMWF operational implementation of four-dimensional variational assimilation. I: experimental results with simplified physics. Q J Roy Meteorol Soc 126: 1143-1170.

Richman J G, Miller R N, Spitz Y H (2005) Error estimates for assimilation of satellite sea surface temperature data in ocean climate models. Geophys Res Lett 32: L18608.

Ross S (2005) A First Course in Probability, 7th edn. Prentice Hall, New York.

Stewart L M, Dance S L, Nichols N K (2008) Correlated observation errors in data assimilation. Int J Numer Meth Fluids 56: 1521-1527.

Strong G M (2007) Udana. Forgotten Books, New York, pp 68-69.

Szunyogh I, Kostelich E J, Gyarmati G, Kalnay E, Hunt BR, Ott E, Satterïň Ąeld E, Yorke JA (2008) A local ensemble transform Kalman filter data assimilation system for the NCEP global model. Tellus A 60: 113-130.

Talagrand O (1997) Assimilation of observations, an introduction. J Meteorol Soc Japan 75: 191-209.

Talagrand O (1999) A posterior verification of analysis and assimilation algorithms. Proceedings of a Workshop on Diagnosis of Data Assimilation Systems. ECMWF, Reading, UK.

Talagrand O, Courtier P (1987) Variational assimilation of meteorological observations with the adjoint vorticity equation I, theory. Q J Roy Meteorol Soc 113: 1311-1328.

Todling R, Cohn S E (1994) Suboptimal schemes for atmospheric data assimilation based on the Kalman filter. Mon Wea Rev 122: 2530-2557.

University of Maryland (2009) Simple Ocean Data Assimilation (soda). http://www.atmos.umd.ed u/~ocean/.

Utke J, Hascoet L, Heimbach P, Hill C, Hovland P, Naumann U (2009) Toward adjoinable MPI. Proceedings of the 10th IEEE International Workshop on Parallel and Distributed Scientific and Engineering, PDSEC-09. http://doi.ieeecomputersociety.org/10.1109/IPDPS.2009.5161165.

Wahba G (1990) Spline models for observational data. SIAM publications, Philadelphia, pp 169.

Wahba G, Johnson D R, Gao F, Gong J (1995) Adaptive tuning of numerical weather prediction models: randomized GCV in three-and four-dimensional data assimilation. Mon Wea Rev 123: 3358-3369.

Weaver A, Courtier P (2001) Correlation modelling on the sphere using a generalized diffusion equation. Q J Roy Meteorol Soc 127: 1815-1846.

Wunsch C (1996) The Ocean Circulation Inverse Problem. Cambridge University Press, New York.

Zaron E D (2006) A comparison of data assimilation methods using a planetary geostrophic model. Mon Wea Rev 134: 1316-1328.

Zhang S, Harrison M J, Rosati A, Wittenberg A (2007) System design and evaluation of coupled ensemble data assimilation for global oceanic climate studies. Mon Wea Rev 135: 3541-3564.

Zou X, Navon I M, Berger M, Phua K H, Schlick T, LeDimet F X (1993) Numerical experience with limited-memory, quasi-newton methods for large-scale unconstrained nonlinear minimization. SIAM J Optimization 3: 582-608.

第 14 章　伴随资料同化方法

Andrew M. Moore[①]

摘　要：本章回顾了资料同化中伴随方法的应用，并用实例进行说明。

14.1　引言

伴随算子在很多数值天气预报的业务化资料同化系统中处于核心地位，在海洋学中也日益普及。在本章中，我们将回顾资料同化中伴随方法的使用。我们从 14.2 节开始探索线性伴随算子的概念及其重要性质，这个性质让它成为一个不可或缺的资料同化工具，通篇将用大家熟知的说明示例来凸显这个重要思想。在 14.3 节中回顾四维变分（4D-Var）资料同化的基本概念，并在 14.4 节中利用区域海洋模式系统，给出加利福尼亚海流系统的 4D-Var 计算个例。

14.2　什么是伴随算子

伴随仅存在于线性算子中。首先通过对线性算子和泛函的离散形式，即矩阵和向量伴随的考察，对伴随算子概念进行阐述。下面是一个关于伴随算子的简单论述，更加深入的精彩描述可以参考 Lanczos（1961）的经典文章。

14.2.1　空间

泛函空间中任何一个连续线性算子都有一个类似于矩阵形式的离散。相似地，任何一个连续函数都有一个类似于向量形式的离散。在这种思想下，考察 $N \times M$ 的矩形矩阵 $\boldsymbol{A}$，将矩阵 $\boldsymbol{A}$ 作用在 M 维的向量 $\boldsymbol{u}$ 的集合上，产生一个 N 维的向量 $\boldsymbol{w}$ 的集合，因此 $\boldsymbol{w}=\boldsymbol{A}\boldsymbol{u}$。故矩阵 $\boldsymbol{A}$ 是一个从 M 维空间（M-空间）到 N 维空间（N-空间）的映射。算子 $\boldsymbol{A}$ 的伴随算子可以用矩阵的转置来确定，即$\boldsymbol{A}^{\mathrm{T}}$。矩阵的转置和伴随算子之间的正式联系将在 14.2.2 节进行讨论，但现在定义伴随为矩阵的转置是足够的。伴随 $\boldsymbol{A}^{\mathrm{T}}$是一个 $M \times N$ 的矩阵，且作用在长度为 N 的向量 $\boldsymbol{v}$ 的集合上时，会产生一个长度为 M 的向量 $\boldsymbol{z}$ 的集合，因此 $\boldsymbol{z}=\boldsymbol{A}^{\mathrm{T}}\boldsymbol{v}$，故伴随$\boldsymbol{A}^{\mathrm{T}}$是从 M-空间到

---

① Andrew M. Moore，美国加州大学圣克鲁兹分校海洋科学系。E-mail：ammoore@ ucsc. edu

N-空间的映射。

假设在给定 $\boldsymbol{A}$ 和 $\boldsymbol{y}$ 情况下求解线性方程组系统 $\boldsymbol{y}=\boldsymbol{Ax}$，这表示方程组系统中含有 N 个方程，M 个未知量 $\boldsymbol{x}$。如果 $N<M$，这个系统是不确定的，因方程个数少于未知量个数，这种情况下，我们可能会询问，对 $\boldsymbol{x}$ 而言，是否存在唯一解或有意义的解，这可能是肯定的，且被叫做“自然解”，其中伴随算子就起着至关重要的作用。假设找到了一个解，形式为 $\boldsymbol{x}=\boldsymbol{A}^{\mathrm{T}}\boldsymbol{s}$，当向量 $\boldsymbol{x}$ 位于 M-空间，向量 $\boldsymbol{s}$ 位于 N-空间，于是我们可有效地限定在 N-空间中寻找解，$\boldsymbol{y}$ 就位于这个空间。既然$\boldsymbol{AA}^{\mathrm{T}}$是一个 $N\times N$ 矩阵，它是将 $\boldsymbol{s}$ 映射到含有 N 个已知元素的向量 $\boldsymbol{y}$ 中，那么现在问题就被简化，可求解适定方程组 $\boldsymbol{y}=\boldsymbol{AA}^{\mathrm{T}}\boldsymbol{s}$。解 $\boldsymbol{x}=\boldsymbol{A}^{\mathrm{T}}\boldsymbol{s}$ 叫做自然解，且 $\boldsymbol{s}$ 被称为生成泛函。正如我们将看到的，生成泛函在一些资料同化方法中起着很重要的作用。

下面我们看一个熟悉的地球物理学的例子，在该例子中，自然解起到一个至关重要的作用。一个流体元素相对涡度的垂直分量的表达式为：$\zeta=\partial v/\partial x-\partial u/\partial y$，其中（$u$，$v$）是速度 x 和 y 分量。假设 ζ 在离散点（x，y）给定一个量值，比如在数值模式的网格点上。这是一个类似于泛函的离散，我们用向量 ζ 表示，其中 ζ 的每个元素表示 ζ 的一个网格点数据。给定 N-空间中的 ζ，本例中 $M=2N$，且 $\boldsymbol{u}$、$\boldsymbol{v}$ 分别是在网格点上值 u 和 v 处的向量，那么如何找到 M-空间中相应的速度分量（u，v）？这是一个欠定线性系统，存在一个如下形式的自然解。

$$\begin{pmatrix}\boldsymbol{u}\\ \boldsymbol{v}\end{pmatrix}=\boldsymbol{A}^{\mathrm{T}}\boldsymbol{s}$$

其中，$\boldsymbol{A}=(-\partial/\partial y\quad \partial/\partial x)$，且 $\zeta=\boldsymbol{AA}^{\mathrm{T}}\boldsymbol{s}=-(\partial^2/\partial y^2\quad \partial^2/\partial x^2)\boldsymbol{s}$。根据 Helmholtz 定理，对一个水平非扩散流体，如果让 $\boldsymbol{s}=-\boldsymbol{\psi}$，那么可重新获取熟知的方程 $\zeta=\nabla^2\boldsymbol{\psi}$，它将涡度 ζ 和流函数 $\boldsymbol{\psi}$ 联系起来。这个例子说明，对于一个水平非扩散流体的涡度来说，流函数是一个生成泛函。

我们都知道在泛函空间中，$N\times M$ 矩阵 $\boldsymbol{A}$ 有一个等价算子 A，在 $N<M$ 的情形下，泛函 A 仅仅是作用在泛函空间的一部分。我们可以说泛函空间里仅仅一些维数被 A 作用。在离散的情形，M 维空间中最多有 N 维被矩阵 $\boldsymbol{A}$ 作用。更普遍的是，$\boldsymbol{A}$ 作用的维数空间对应于具有非零特征值λ_i的$\boldsymbol{AA}^{\mathrm{T}}$的 $p<N$ 特征向量。剩下的$\lambda_i=0$，$p<i\leqslant N$ 没有被作用的维数空间，被称为“零空间”。这个 $M\times N$ 的伴随算子$\boldsymbol{A}^{\mathrm{T}}$等于 M 空间被作用的子空间，而忽略了零空间。因此，$\boldsymbol{y}=\boldsymbol{AA}^{\mathrm{T}}\boldsymbol{s}$ 的自然解表明解仅存在于 $\boldsymbol{A}$ 作用的维数空间。按照线性代数的说法，$\boldsymbol{AA}^{\mathrm{T}}$是 $\boldsymbol{A}$ 生成空间的子空间上的投影。在线性微分方程理论中，这个自然解也称为特解。存在于零空间并满足方程 $\boldsymbol{Ax}=0$ 的解被称为余函数。任何一个线性微分方程或等价离散空间系统的通解，都是特解（自然解）与余函数的和。在泛函空间和离散空间中，伴随算子等于这两部分的通解位于的空间。同时我们将在后面看到，我们可以利用伴随算子的这些重要性质来进行资料同化。

在结束向量空间的讨论之前，考察 $N\times M$ 矩阵 $\boldsymbol{A}$ 是有意义的（$N>M$）。既然方程个数多于 $\boldsymbol{x}$ 的未知元素，那么对应的线性方程组系统 $\boldsymbol{y}=\boldsymbol{Ax}$ 可能是超定的或过约束的。已知伴随算子 $\boldsymbol{A}^{\mathrm{T}}$ 将 N-空间的向量映射到解 $\boldsymbol{x}$ 位于的 M-空间中，因此很容易求解系统方程$\boldsymbol{A}^{\mathrm{T}}\boldsymbol{y}=\boldsymbol{A}^{\mathrm{T}}\boldsymbol{Ax}$。在这种情况下，$\boldsymbol{A}^{\mathrm{T}}\boldsymbol{A}$是$\boldsymbol{A}^{\mathrm{T}}$生成空间的子空间上的投影。该系统的解使得$(\boldsymbol{Ax}-\boldsymbol{y})^{\mathrm{T}}(\boldsymbol{Ax}-\boldsymbol{y})$达到最小是极易被证明的，这就是熟知的超定系统的最小二乘解。由此我们可以看到，伴随算子在确定超定系统的最小二乘解中也起着关键的作用。

14.2.2 伴随算子

泛函空间有助于得到伴随算子和矩阵之间的联系。在泛函空间中，我们用 A 表示一个算子，用A^+表示算子的伴随。考察泛函 u 和 w，于是 $w=Au$，它是连续的，这与 14.2.1 节中考虑的离散情况类似。对于任何两个泛函 u 和 w，通常情况下我们有一个内积和一个相应的范数，用 $\{v, w\}$ 表示。一个伴随算子往往与一个特定的内积有关，其被定义为 $\{v, Au\} = \{A^+v, u\}$，常常称为格林等式。不同内积的伴随算子实际上是线性相关的。为了阐述这个问题，我们假设用 $\{v, w\}$ 表示欧几里得范数的内积，并定义一个不同的内积 $\{v, w\} = \{v, Mw\}$，其中 M 是一个线性的、自伴随（如$M^+=M$）、可逆算子。对于这个新内积，算子 A 的伴随可表示为A^+，利用格林等式可定义为 $(v, Au) = (A^+v, u) = \{M^{-1}A^+Mv, Mu\}$，这就证明了$A^+=M^{-1}A^+M$。

在离散的情形下，格林等式被称为双线性恒等式，泛函空间的内积用点积来代替，于是对于欧几里得范数，我们可得到 $\{v, w\} = \boldsymbol{v}^{\mathrm{T}}\boldsymbol{w}$。对于 $\boldsymbol{w}=\boldsymbol{Au}$，伴随的双线性恒等式可变成 $\boldsymbol{v}^{\mathrm{T}}\boldsymbol{Au}=(\boldsymbol{A}^{\mathrm{T}}\boldsymbol{v})^{\mathrm{T}}\boldsymbol{u}=\boldsymbol{u}^{\mathrm{T}}\boldsymbol{A}^{\mathrm{T}}\boldsymbol{v}$，这就证明了欧几里得范数中对应于伴随算子$A^+$的离散是矩阵的转置$A^{\mathrm{T}}$。如果 $\boldsymbol{A}$ 是一个 $N\times M$ 矩阵，那么 $\boldsymbol{v}$ 和 $\boldsymbol{u}$ 分别位于 N-空间和 M-空间中。在 N-空间中有点积$\boldsymbol{v}^{\mathrm{T}}\boldsymbol{w}=\boldsymbol{v}^{\mathrm{T}}\boldsymbol{Au}$，因为$\boldsymbol{z}=\boldsymbol{A}^{\mathrm{T}}\boldsymbol{v}$，所以它是唯一的，并且在 M-空间中有$\boldsymbol{u}^{\mathrm{T}}\boldsymbol{z}=\boldsymbol{u}^{\mathrm{T}}\boldsymbol{A}^{\mathrm{T}}\boldsymbol{v}=\boldsymbol{v}^{\mathrm{T}}\boldsymbol{Au}=\boldsymbol{v}^{\mathrm{T}}\boldsymbol{w}$。

练习 1：用矩阵 $\boldsymbol{A}$ 表示对于欧几里得范数$\boldsymbol{v}^{\mathrm{T}}\boldsymbol{w}$ 的算子，如果$\boldsymbol{A}^{\mathrm{T}}$是这个算子的伴随，请推导对于范数$\boldsymbol{v}^{\mathrm{T}}\boldsymbol{Mw}$ 的伴随算子$\overline{\boldsymbol{A}}$的表达式，其中 $\boldsymbol{M}$ 是一个对称可逆矩阵，并证明$\overline{\boldsymbol{A}}=\boldsymbol{M}^{-1}\boldsymbol{A}^{\mathrm{T}}\boldsymbol{M}$。

14.2.3 案例说明

利用一个简单熟悉的地球物理案例，可很好地阐述 14.2.1 节和 14.2.2 节中的思想。假设一个矩形的、匀质的、没有扰动的、深度为 H 的平底海洋，以旋转通道形式生成笛卡尔坐标区域 $0\ll x\ll 1$，$0\ll y\ll 1$，在 x 方向上具有周期性，在 $y=0$ 和 $y=1$ 方向上，流体边界条件法向量为零。

14.2.3.1 线性浅水波方程

我们首先考虑海洋中线性波的情形，环流可用线性浅水波方程描述。

$$\frac{\partial u}{\partial t} - fv = -g\frac{\partial h}{\partial x} \tag{14.1}$$

$$\frac{\partial v}{\partial t} + fu = -g\frac{\partial h}{\partial y} \tag{14.2}$$

$$\frac{\partial h}{\partial t} + \frac{\partial(Hu)}{\partial x} + \frac{\partial(Hv)}{\partial y} = 0 \tag{14.3}$$

式中，(u, v) 分别为 x 和 y 方向上的速度分量；h 为海面位移；$f=f(y)$ 为科氏力参数；H 为无扰动的常量海水深度；g 为重力加速度。流体边界条件法向量为零对应于在 $y=0$ 和 $y=1$ 上 $v=0$，而 x 方向上的周期性需满足 $u(0, y)=u(1, y)$，$v(0, y)=v(1, y)$ 以及

$h(0, y) = h(1, y)$。方程（14-1）~（14-3）的伴随依赖于内积的选择。对于浅水波方程而言，一个自然的内积就是引出的能量范数。

$$E = \int_0^1 \int_0^1 \frac{1}{2} H(u^2 + v^2) + \frac{1}{2} g h^2 \mathrm{d}x\mathrm{d}y \tag{14.4}$$

如果我们引入简化符号 $s = (u, v, h)$，那么方程（14.1）~（14.3）可改写为$s_t + As = 0$，这里的下标表示关于时间的微分，算子 A 表示为

$$A = \begin{pmatrix} 0 & -f & g\frac{\partial}{\partial x} \\ f & 0 & g\frac{\partial}{\partial y} \\ H\frac{\partial}{\partial x} & H\frac{\partial}{\partial y} & 0 \end{pmatrix} \tag{14.5}$$

方程（14.1）~（14.3）的伴随由格林等式定义，与能量范数相联系的内积可写作

$$\int_0^1 \int_0^1 s^+ MAs\mathrm{d}x\mathrm{d}y = \int_0^1 \int_0^1 sMA^+ s^+ \mathrm{d}x\mathrm{d}y \tag{14.6}$$

其中$s^+ = (u^+, v^+, h^+)$是伴随算子A^+作用空间中的一个函数，$M = \mathrm{diag}(H, H, g)$。为应用方程（14.6）求解浅水波方程，可考虑 $I = \int_0^1 \int_0^1 Hu^+ \times (14.1) + Hv^+ \times (14.2) + gh^+ \times (14.3)\mathrm{d}x\mathrm{d}y = 0$。通过分步积分，很容易证明方程(14.1)~(14.3)的伴随为$-s_t^+ + A^+ s^+ = 0$，其中负的时间导数表明时间是逆向的。伴随算子A^+可表示为

$$A^+ = -\begin{pmatrix} 0 & -f & g\frac{\partial}{\partial x} \\ f & 0 & g\frac{\partial}{\partial y} \\ H\frac{\partial}{\partial x} & H\frac{\partial}{\partial y} & 0 \end{pmatrix} \tag{14.7}$$

其中伴随变量关于 x 是周期性的，且在 $y=0$ 和 $y=1$ 上满足在边界条件$v^+ = 0$。此外，s 和s^+必须满足以下条件。

$$\frac{\partial}{\partial t}\left[\int_0^1 \int_0^1 H(uu^+ + vv^+) + g\,hh^+ \mathrm{d}x\mathrm{d}y\right] = 0 \tag{14.8}$$

这与内积$\{s^+, Ms\}$的时间不变性是等价的。

比较方程（14.5）与（14.7）可知，相对于能量范数，有$A^+ = -A$。另外，伴随方程$-s_t^+ + A^+ s^+ = 0$也满足流体零法向量和周期性边界条件，这与施加于方程（14.1）~（14.3）上的条件是一致的。既然$A^+ = -A$，那么伴随方程也可写作为$-s_t^+ - A s^+ = 0$。

练习2：利用$I = \int_0^1 \int_0^1 Hu^+ \times (14.1) + Hv^+ \times (14.2) + gh^+ \times (14.3)\mathrm{d}x\mathrm{d}y = 0$，推导伴随浅水波方程（14.7），并证明 $I=0$ 的结果，伴随方程$-s_t^+ + A^+ s^+ = 0$必须满足：①流体零法向量和在 $y=0$ 和 $y=1$ 上边界条件；②方程（14.8）所给出的条件。

方程（14.1）~（14.3）给出的浅水波方程$s_t+As=0$以向东和向西传播的重力惯性波和罗斯贝波形式存在（Gil，1982）。类似可知，浅水波方程的伴随方程$-s_t^+-As^+=0$（$A^+=-A$）却因为时间上的逆向而具有相反的位相和群速度。例如，长波罗斯贝波在浅水波方程$s_t+As=0$中携带能量向西传播，而在伴随方程$-s_t^+-As^+=0$中携带能量向东传播。

伴随方程也可写为$s_t^++As^+=0$，这就说明了在数学上与方程（14.1）~（14.3）的等价性。因此，对于同一初始条件，解$s=(u,v,h)$和$s^+=(u^+,v^+,h^+)$是一致的，这种情况下，方程（14.8）说明了能量守恒。

14.2.3.2　线性浅水波方程在平均环流中的存在形式

现在考虑具有同一周期的矩形海洋的线性波，它是以平均地转环流$\bar{u}=\left(-\frac{g}{f}\right)\frac{\partial \bar{h}}{\partial y}$运动形式存在。在这种情况下，线性化的浅水方程为

$$\frac{\partial u}{\partial t}+\bar{u}\frac{\partial u}{\partial x}+v\frac{\partial \bar{u}}{\partial y}-fv=-g\frac{\partial h}{\partial x} \tag{14.9}$$

$$\frac{\partial v}{\partial t}+\bar{u}\frac{\partial v}{\partial x}+fu=-g\frac{\partial h}{\partial y} \tag{14.10}$$

$$\frac{\partial h}{\partial t}+\frac{\partial(\widetilde{H}u)}{\partial x}+\frac{\partial(\widetilde{H}v)}{\partial y}=0 \tag{14.11}$$

式中，$\widetilde{H}=H+\bar{h}$，$\bar{h}$为与地转环流相关的海表面位移。

利用与以前一样的简洁形式，我们可以将方程（14.9）~（14.11）表述为$s_t+As=0$，其中算子A为

$$A=\begin{pmatrix}\bar{u}\frac{\partial}{\partial x} & -f+\frac{\partial \bar{u}}{\partial y} & g\frac{\partial}{\partial x}\\ f & \bar{u}\frac{\partial}{\partial x} & g\frac{\partial}{\partial y}\\ \widetilde{H}\frac{\partial}{\partial x} & \widetilde{H}\frac{\partial}{\partial y}+\frac{\partial \widetilde{H}}{\partial y} & 0\end{pmatrix} \tag{14.12}$$

应用格林等式和能量范数，它的伴随方程为$-s_t^++A^+s^+=0$，其中

$$A^+=-\begin{pmatrix}\bar{u}\frac{\partial}{\partial x} & -f & g\frac{\partial}{\partial x}\\ f-\frac{\partial \bar{u}}{\partial y} & \bar{u}\frac{\partial}{\partial x} & g\frac{\partial}{\partial y}\\ \widetilde{H}\frac{\partial}{\partial x} & \widetilde{H}\frac{\partial}{\partial y}+\frac{\partial \widetilde{H}}{\partial y} & 0\end{pmatrix} \tag{14.13}$$

和之前一样，方程（14.8）是一个必要条件，伴随变量关于x是周期的，且在$y=0$和$y=1$

处满足边界条件 $v^+=0$。在这种情况下，平均环流$\bar{u}$的 y-梯度可以作为线性波能量的源，如果这个线性波可以持续地指数增长，那么它也是一个我们所熟悉的正压不稳定源。此时，在相同的初始条件下，$s_t+As=0$ 和$s_t^+-A^+s^+=0$ 的解将不再相等，且能量不守恒。如果潜在的涡度梯度$\frac{\partial f}{\partial y}-\frac{\partial^2\bar{u}}{\partial^2 y}$在通道内的任何地方改变符号，那么持续的指数增长就会发生（Pedlosky，1987）。

练习 3：应用$I=\int_0^1\int_0^1 \widetilde{H}u^+\times(14.9)+\widetilde{H}v^+\times(14.10)+gh^+\times(14.11)\,dxdy=0$，推导伴随浅水波方程（14.13），并证明 $I=0$ 的结果，伴随方程$-s_t^++A^+s^+=0$ 必须满足：①流体零法向量和在 $y=0$ 和 $y=1$ 上边界条件；②方程（14.8）所给出的条件。

14.3 变分资料同化

14.3.1 符号说明

在叙述伴随算子在变分资料同化方法中的重要作用之前，有必要引入一些符号进行说明。海洋模式是对离散运动方程在时空网格上的求解。现在有各种各样的海洋模式（见第 10 和第 11 章），并且许多都是利用不同的网格结构和坐标系统（如交错网格、跟随地形垂直坐标和等密度面垂直坐标等）进行的。然而，所有海洋模式是一套预报变量的标准集的求解，一般有温度、盐度、流速和自由表面位移，这些都可以利用状态向量的概念，使用一个通用的符号形式表示。为此，我们引入了一个状态向量符号 $\boldsymbol{x}(t_i)$，这是在给定的时刻 t_i处，预报状态变量在空间中所有网格点上值的向量。海洋状态 $\boldsymbol{x}(t_i)$ 依赖于前一时刻$\boldsymbol{x}(t_{i-1})$ 的状态，以及时间区间$[t_{i-1},t_i]$上的海表强迫$\boldsymbol{f}(t_i)$ 和边界条件 $\boldsymbol{b}(t_i)$。运动的离散方程一般是非线性的，可以通过离散的非线性算子 M 来表示。因此，海洋模式中海洋状态的时间演变可以用一个方便和简洁的形式来表述。

$$\boldsymbol{x}(t_i)=M(t_i,t_{i-1})[\boldsymbol{x}(t_{i-1}),\boldsymbol{f}(t_i),\boldsymbol{b}(t_i)] \tag{14.14}$$

其中，$M(t_i,t_{i-1})$ 表示一个非线性海洋模式从时刻 t_{i-1}到 t_i的向前积分，简便起见，$\boldsymbol{f}(t_i)$和$\boldsymbol{b}(t_i)$ 表示整个区间$[t_{i-1},t_i]$上的强迫和边界条件。这个符号是数值天气预报和海洋模式中相当标准的形式（Ide et al，1997）。

14.3.2 增量公式

正如第 13 和第 15 章中所讨论的那样，资料同化的目标是通过结合海洋模式的先验信息和观测而构建出一个海洋环流的估计。海洋模式在区间$[t_0,t_N]$上的解由控制变量初始条件 $\boldsymbol{x}(t_0)$、海表强迫$\boldsymbol{f}(t)$ 和边界条件 $\boldsymbol{b}(t)$ 来确定。因此，所有控制变量的先验估计是必需的，并分别用$\boldsymbol{x}_b(t_0)$、$\boldsymbol{f}_b(t)$ 和$\boldsymbol{b}_b(t)$ 表示。我们对与每个先验信息相联系的不确定性的假设，通过初始条件 $\boldsymbol{B}$、海表强迫$\boldsymbol{B}_f$和边界条件$\boldsymbol{B}_b$的先验误差协方差矩阵来体现。为方便起见，我们将用 $\boldsymbol{D}$ 表示由 $\boldsymbol{B}$、$\boldsymbol{B}_f$ 和 $\boldsymbol{B}_b$ 组成的 $\boldsymbol{D}=\begin{pmatrix}\boldsymbol{B} & & \\ & \boldsymbol{B}_t & \\ & & \boldsymbol{B}_b\end{pmatrix}$ 块对角协方差矩阵，即 $\boldsymbol{D}=\mathrm{diag}(\boldsymbol{B}, \boldsymbol{B}_f, \boldsymbol{B}_b)$。同样，我们用 $\boldsymbol{y}$ 表示在区间 $t=[t_0, t_N]$ 上所有的观测值向量组合，与之相关的误差协方差矩阵用 $\boldsymbol{R}$ 表示。资料同化的目的就是确定所谓的控制向量 $z=[\boldsymbol{x}^{\mathrm{T}}(t_0), \boldsymbol{f}^{\mathrm{T}}(t_0), \boldsymbol{f}^{\mathrm{T}}(t_1), \cdots, \boldsymbol{f}^{\mathrm{T}}(t_N), \boldsymbol{b}^{\mathrm{T}}(t_0), \boldsymbol{b}^{\mathrm{T}}(t_1), \cdots, \boldsymbol{b}^{\mathrm{T}}(t_N)]^{\mathrm{T}}$，使得条件概率 $p(z \mid \boldsymbol{y}) \propto \mathrm{e}^{-J_{NL}}$ 最大化，其中

$$J_{NL}(z)=\frac{1}{2} z^{\mathrm{T}} \boldsymbol{D}^{-1} z+\frac{1}{2}(\boldsymbol{\varphi}-\boldsymbol{y})^{\mathrm{T}} \boldsymbol{R}^{-1}(\boldsymbol{\varphi}-\boldsymbol{y}) \tag{14.15}$$

$\boldsymbol{\varphi}$ 为模式向量，对应的是在观测时刻和位置处的观测。φ 的每个元素的形式为 $H_j[\boldsymbol{x}(t_j)]$，其中 H_j 是在 t_j 时刻转换或插值状态向量 $\boldsymbol{x}(t_j)$ 到观测点上的算子。标量 J_{NL} 被称为惩罚函数或代价函数。

由于该模型 M 和观测算子 H 通常来说是非线性的，而 J_{NL} 是一个非二次形式，所以它可能是凸的，可能存在多个值 z 使得 $p(z \mid \boldsymbol{y})$ 最小化。因此，通常考虑先验 z_b 的最小增量 δz 来线性化 M 和 H，于是有 $z=z_b+\delta z$（Courtier et al，1994），其中 $z_b=[\boldsymbol{x}_b^{\mathrm{T}}(t_0), \boldsymbol{f}_b^{\mathrm{T}}(t_0), \boldsymbol{f}_b^{\mathrm{T}}(t_1), \cdots, \boldsymbol{b}_b^{\mathrm{T}}(t_0), \boldsymbol{b}_b^{\mathrm{T}}(t_1), \cdots]^{\mathrm{T}}$ 是先验向量。这个近似下的隐含假设就是 z_b，离海洋状态真值并不是太远，在这种情况下，资料同化的目标就变成找出控制变量增量 $\delta z=[\delta \boldsymbol{x}^{\mathrm{T}}(t_0), \delta \boldsymbol{f}^{\mathrm{T}}(t_0), \delta \boldsymbol{f}^{\mathrm{T}}(t_1), \cdots, \delta \boldsymbol{b}^{\mathrm{T}}(t_0), \delta \boldsymbol{b}^{\mathrm{T}}(t_1), \cdots]^{\mathrm{T}}$，使得方程（14.15）的线性化形式最小化，即

$$J(\delta z)=\frac{1}{2} \delta z^{\mathrm{T}} \boldsymbol{D}^{-1} \delta z+\frac{1}{2}(\boldsymbol{G} \delta z-\boldsymbol{d})^{\mathrm{T}} \boldsymbol{R}^{-1}(\boldsymbol{G} \delta z-\boldsymbol{d}) \tag{14.16}$$

其中矩阵 $\boldsymbol{G}$ 是映射控制变量增量到观测点上的算子。向量 $\boldsymbol{d}=\boldsymbol{y}-\boldsymbol{\varphi}_b$，被称为更新向量，$\boldsymbol{\varphi}_b$ 是 $H_j[\boldsymbol{x}_b(t_j)]$ 的向量。增量 δz_a 使得 J 最小化，相当于是 $p(\delta z \mid \boldsymbol{y})$ 的最大值，经常被称为最大似然估计。然后，通过分析场或后验信息 $z_a=z_b+\delta z_a$ 可给出海洋状态的最大似然估计。如果体现 $\boldsymbol{D}$ 和 $\boldsymbol{R}$ 的先验假设是正确的，那么理论上，代价函数或惩罚函数的最小值是总观测数的一半，即 $J_{\min}=\frac{N_{\mathrm{obs}}}{2}$（Bennett，2002）。

在区间 $t=[t_0, t_N]$ 上的先验环流估计 $\boldsymbol{x}_b(t)$ 假定是由 $\boldsymbol{f}_b(t)$ 强迫，并受制于边界条件 $\boldsymbol{b}_b(t)$ 的模式方程（14.14）的解。假设先验估计很接近，那么增量 δz 相对于 z_b 较小，这种情况下，$\delta \boldsymbol{x}(t)$ 一个很好的近似就是方程（14.14）Taylor 一阶展开，即有

$$\delta \boldsymbol{x}(t_i)=\boldsymbol{M}(t_i, t_{i-1}) \delta \boldsymbol{u}(t_{i-1}) \tag{14.17}$$

其中 $\boldsymbol{M}(t_i, t_{i-1})$ 表示方程（14.14）中的 M 关于随时间变化的先验估计 $\boldsymbol{x}_b(t)$ 的线性化形式，$\delta \boldsymbol{u}(t_{i-1})=[\delta \boldsymbol{x}^{\mathrm{T}}(t_{i-1}), \delta \boldsymbol{f}^{\mathrm{T}}(t_i), \delta \boldsymbol{b}^{\mathrm{T}}(t_i)]^{\mathrm{T}}$。既然解 $\delta \boldsymbol{x}(t_i)$ 局部相切于方程（14.14）的解 $\boldsymbol{x}_b(t_i)$，那么我们称方程（14.17）为切线性模式。方程（14.16）中的算子 $\boldsymbol{G}$ 是切线性模式 $\boldsymbol{M}$ 和 $\boldsymbol{H}$（观测算子 H 线性化）在时间上的卷积，表示为映射到观测点上的方程（14.17）的解。

最大似然估计的增量 δz_a 满足条件 $\frac{\partial J}{\partial \delta z}=0$，$\delta z_a$ 由 $\delta z_a=\boldsymbol{Kd}$ 给出，其中 $\boldsymbol{K}$ 为增益矩阵，表示如下：

$$\boldsymbol{K}=(\boldsymbol{D}^{-1}+\boldsymbol{G}^{\mathrm{T}}\boldsymbol{R}^{-1}\boldsymbol{G})^{-1}\boldsymbol{G}^{\mathrm{T}}\boldsymbol{R}^{-1} \tag{14.18}$$

等价地，增益矩阵可改写为

$$\boldsymbol{K}=\boldsymbol{D}\boldsymbol{G}^{\mathrm{T}}(\boldsymbol{G}\boldsymbol{D}\boldsymbol{G}^{\mathrm{T}}+\boldsymbol{R})^{-1} \tag{14.19}$$

在方程（14.18）和方程（14.19）中，增益矩阵的计算涉及一个矩阵的求逆。在方程（14.18）中，矩阵求逆后为（$\boldsymbol{D}^{-1}+\boldsymbol{G}^{\mathrm{T}}\boldsymbol{R}^{-1}\boldsymbol{G}$），维数等于 δz 的维数，这将远远大于模式网格点的数目，这样大的数目对矩阵求逆是一个非常大的挑战。δz 的维数是 $N_m=(N_x+N_f+N_b)$，乘以区间 $t=[t_0, t_N]$ 上模式时间步长个数 N，其中 N_x 是 $\boldsymbol{x}$ 的维数，N_f 和 N_b 分别是 $\boldsymbol{f}$ 和 $\boldsymbol{b}$ 的维数，另外，方程（14.18）的括号里涉及 $\boldsymbol{D}^{-1}$ 的表达计算可能会很难。方程（14.18）通常被称为增益矩阵的原始形式。

作为另外一种选择，方程（14.19）中矩阵求逆后为 $(\boldsymbol{G}\boldsymbol{D}\boldsymbol{G}^{\mathrm{T}}+\boldsymbol{R})$，维数等于 $\boldsymbol{y}$ 的维数，即观测数目 N_{obs}。一般来讲，$N_{\mathrm{obs}} \ll N_m$，所以方程（14.19）要比方程（14.18）用起来更为方便。方程（14.19）经常被称为增益矩阵的对偶形式。在实践中，方程（14.18）和方程（14.19）都可用于海洋资料同化，不管是哪种形式，海洋环流的最大似然估计都是由 $\boldsymbol{z}_a=\boldsymbol{z}_b+\boldsymbol{Kd}$ 给出。

练习 4：当 $\frac{\partial J}{\partial \delta z}=0$，证明 $\boldsymbol{z}_a=\boldsymbol{z}_b+\boldsymbol{Kd}$，并求证 $\boldsymbol{K}$ 是方程（14.18）所给出的形式。

练习 5：利用等式 $(\boldsymbol{A}+\boldsymbol{B})^{-1}=\boldsymbol{A}^{-1}(\boldsymbol{A}^{-1}+\boldsymbol{B}^{-1})^{-1}\boldsymbol{B}^{-1}$，证明 K 也可用方程（14.19）的对偶形式来表示。

不管是利用 $\boldsymbol{K}$ 的原始形式，还是其对偶形式，方程（14.18）和方程（14.19）中的逆矩阵都不能显示计算。相反，一个线性方程组的等价系统被求解，并且在观测点取样的切线性模式 $\boldsymbol{G}$ 的伴随算子 $\boldsymbol{G}^{\mathrm{T}}$ 在这个过程中起着至关重要的作用。这个切线性模式的伴随可象征性的表示为

$$\delta \boldsymbol{u}^{+}(t_{i-1})=\boldsymbol{M}^{\mathrm{T}}(t_{i-1}, t_i)\,\delta \boldsymbol{x}^{+}(t_i) \tag{14.20}$$

其中 $\boldsymbol{M}^{\mathrm{T}}$ 的反向时间参数和方程（14.17）中的 $\boldsymbol{M}$ 相对应，这就说明了正如 14.2.3 节中的浅水波方程例子一样，时间是向后积分的。矩阵 $\boldsymbol{G}^{\mathrm{T}}$ 是伴随模式 $\boldsymbol{M}^{\mathrm{T}}$ 和线性化观测算子的伴随模式 $\boldsymbol{H}^{\mathrm{T}}$ 的一个时间卷积。既然最大似然增量 $\boldsymbol{Kd}$ 的确定等同于识别条件 $\frac{\partial J}{\partial \delta z}=0$，那么由此而来的资料同化方法我们统称为四维变分（4D-Var）资料同化，其中四维表示空间和时间。

正如 14.2.1 节所述，存在两个基本空间，一个是维数为 N_m 的原始空间，另外一个是维数为 N_{obs} 的对偶空间。切线性算子 $\boldsymbol{G}$ 将原始空间的向量映射到对偶空间，而切线性算子的伴随模式 $\boldsymbol{G}^{\mathrm{T}}$ 将对偶空间的向量映射到原始空间。

14.3.3 原始空间 4D-Var

我们要清楚地认识到，当方程（14.18）和方程（14.19）写成矩阵积的形式时，所涉

及的矩阵不可能显示计算，而且所有矩阵都是通过使用模式运算，包括 D 和 R。这就导致利用非常好用的迭代算法来确定 $J(\delta z)$ 或 $J_{NL}(z)$ 的最小值。基于这个思想，我们考察了方程（14.16）中 $J(\delta z)$ 关于 δz 的导数。

$$\frac{\partial J}{\partial \delta z} = \boldsymbol{D}^{-1}\delta z + \boldsymbol{G}^{\mathrm{T}} \boldsymbol{R}^{-1}(\boldsymbol{G}\delta z - \boldsymbol{d}) \tag{14.21}$$

方程（14.21）表明代价函数或惩罚函数中关于 δz 的梯度可以通过以下步骤计算：①运行关于 δz 的切线性模式来计算 $\boldsymbol{G}\delta z$，这个切线性模式在观测点进行取样；②运行切线性模式的伴随模式 $\boldsymbol{G}^{\mathrm{T}}$，由 $\boldsymbol{R}^{-1}$（$\boldsymbol{G}\delta z-\boldsymbol{d}$）计算 $\boldsymbol{G}\delta z$ 和更新向量 $\boldsymbol{d}$ 之间的权重差异；③将 $\boldsymbol{D}^{-1}\delta z$ 添加到②的结果上。因此，代价函数或惩罚函数（14.16）的最小化可如下进行迭代：

1. 选定 δz 的一个初始值。

2. 使用先验初始条件 $\boldsymbol{x}_b$（t_0）、先验强迫 $\boldsymbol{f}_b$（t）和先验边界条件 $\boldsymbol{b}_b$（t），运行非线性模式方程（14.14），计算区间 $t=[t_0,\ t_N]$ 上的先验环流估计 $\boldsymbol{x}_b$（t）。

3. 运行第 2 步中在区间 $t=[t_0,\ t_N]$ 关于 $\boldsymbol{x}_b$（t）线性化的切线性模式，从方程（14.16）中计算出 $J(\delta z)$，然后计算 $\boldsymbol{R}^{-1}$（$\boldsymbol{G}\delta z-\boldsymbol{d}$）并保存。

4. 运行切线性模式方程（14.20）的伴随，并用第 3 步区间 $t=[t_0,\ t_N]$ 上的 $\boldsymbol{R}^{-1}$（$\boldsymbol{G}\delta z-\boldsymbol{d}$）强迫。将第 2 步的先验环流估计 $\boldsymbol{x}_b$（t）的时间向后线性化。

5. 将第 4 步伴随结果加到向量 $\boldsymbol{D}^{-1}\delta z$，得到方程（14.21）中对应的 $\frac{\partial J}{\partial \delta z}$。

6. 利用第 5 步得到的代价函数或惩罚函数的梯度 $\frac{\partial J}{\partial \delta z}$，使用一个共轭梯度法来确定新 δz，接下来按照第 3 步运行切线性模式 δz 以减小 J 的值。

7. 使用第 6 步的新 δz，重复第 3~6 步，直到 J 的最小值被确定。

在 J 的最小值点，梯度 $\frac{\partial J}{\partial \delta z}=0$，且第 2~7 步的迭代过程相当于使用方程（14.18）中增益矩阵的原始形式来计算 $\boldsymbol{Kd}$ 的值。

14.3.4 对偶空间 4D-var

在最优增量 $\boldsymbol{Kd}$ 的对偶公式中，通过对引入的中间变量 $\boldsymbol{w}=(\boldsymbol{GDG}^{\mathrm{T}}+\boldsymbol{R})^{-1}\boldsymbol{d}$ 求逆，可得方程（14.19）括号里的矩阵，其中 $\boldsymbol{Kd}=\boldsymbol{DG}^{\mathrm{T}}\boldsymbol{w}$。在实践中，使用迭代共轭梯度方法使函数 $I=\frac{1}{2}\boldsymbol{w}^{\mathrm{T}}(\boldsymbol{GDG}^{\mathrm{T}}+\boldsymbol{R})\boldsymbol{w}-\boldsymbol{w}^{\mathrm{T}}\boldsymbol{d}$ 最小化，从而求解线性系统 $(\boldsymbol{GDG}^{\mathrm{T}}+\boldsymbol{R})\boldsymbol{w}=\boldsymbol{d}$，以确定 $\boldsymbol{w}$，这里 $\boldsymbol{w}$ 作为生成函数所起到的作用在 14.2.1 节中已进行讨论。增益矩阵 $\boldsymbol{Kd}$ 可通过 $\boldsymbol{DG}^{\mathrm{T}}\boldsymbol{w}$ 得到。下面的迭代算法是常用的典型算法。

1. 选定 $\boldsymbol{w}$ 的一个初始值。

2. 使用先验初始条件 $\boldsymbol{x}_b$（t_0）、先验强迫 $\boldsymbol{f}_b$（t）和先验边界条件 $\boldsymbol{b}_b$（t），运行非线性模式方程（14.14），计算区间 $t=[t_0,\ t_N]$ 上的先验环流估计 $\boldsymbol{x}_b$（t）。

3. 运行切线性模式方程（14.20）的伴随，将第 2 步的先验环流估计 $\boldsymbol{x}_b$（t）的时间向后线性化，并用区间 $t=[t_N,\ t_0]$ 上的 $\boldsymbol{w}$ 强迫得到$\boldsymbol{G}^{\mathrm{T}}\boldsymbol{w}$。

4. 在 $t=0$ 时刻，利用先验协方差 $\boldsymbol{D}$ 和第 3 步中的伴随模式解，得出$\boldsymbol{DG}^{\mathrm{T}}\boldsymbol{w}$。

5. 利用第 4 步的初始条件，运行第 2 步中在区间 $t=[t_0,\ t_N]$ 上关于$\boldsymbol{x}_b(t)$ 线性化的切线性模式方程（14.17），计算出$\boldsymbol{GDG}^{\mathrm{T}}\boldsymbol{w}$。

6. 将 $\boldsymbol{Rw}$ 添加到第 5 步的结果上，并计算梯度$\dfrac{\partial I}{\partial \boldsymbol{w}}=(\boldsymbol{GDG}^{\mathrm{T}}+\boldsymbol{R})\boldsymbol{w}-\boldsymbol{d}$。

7. 使用第 6 步中的梯度$\dfrac{\partial I}{\partial \boldsymbol{w}}$，并用共轭梯度方法去确定一个新的 $\boldsymbol{w}$，接下来重复第 3~5 步的计算以减小 J 的值。

8. 使用第 7 步中的新 δz，重复第 3~7 步，直到 J 的最小值被确定。

9. 已确定 $\boldsymbol{w}=\boldsymbol{w}_a$会使 I 最小化，重复第 3~4 步并利用$\boldsymbol{w}_a$计算增量 $\delta z_a=\boldsymbol{Kd}=\boldsymbol{DG}^{\mathrm{T}}\boldsymbol{w}_a$。

当考虑原始空间和对偶空间之间联系时，$\boldsymbol{G}$ 和$\boldsymbol{G}^{\mathrm{T}}$在一个空间向另外一个空间转换中所起的作用，可通过第 3~5 步所表示的用于单点观测的算子来进行最好的说明。考虑一个定义在时间和单点观测空间上的 δ 函数，在此情况下根据第 3~5 步，可计算出$\boldsymbol{GDG}^{\mathrm{T}}\delta$。对于 14.2.3.2 节中所考虑的纬向通道中射流形式的平均转流来说，图 14.1 给出了这些结果的操作示意说明。在这个例子中，虽然会有一些如图 14.1b 说明的波的传播，但平流是占主导地位的动力过程。因此，$\boldsymbol{G}$ 和$\boldsymbol{G}^{\mathrm{T}}$的作用分别是向上和向下平流输送信息。

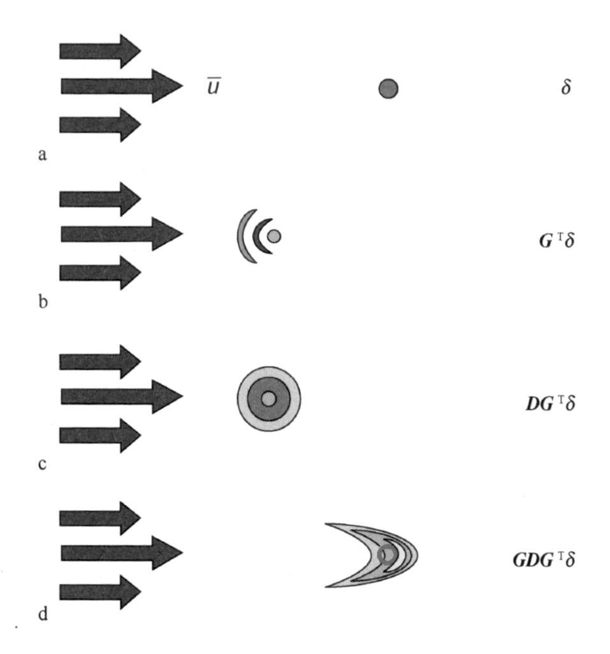

图 14.1 伴随、先验误差协方差和切线性算子如何作用于 δ 函数的示意说明

该函数位于蓝色箭头表示的稳定纬向切变流中的一个单点观测位置。a. 对偶空间中 $\boldsymbol{\delta}$ 的初始位置。b. 伴随算子$\boldsymbol{G}^{\mathrm{T}}$的作用是将 δ 函数的时间逆向向后传播，并映射到原始空间。c. 先验误差协方差矩阵在原始空间中平滑$\boldsymbol{G}^{\mathrm{T}}\delta$。d. 切线性算子 $\boldsymbol{G}$ 最后作用是将 c 中的平滑场时间向前传播，并映回到对偶空间，由观测点处的空心圈表示

14.3.5 z_a的计算

无论是使用4D-Var的原始公式还是对偶公式，都已确定了控制向量的增量δz_a，之后需要计算区间$t=[t_0, t_N]$上的最大似然估计$x_a(t)=x_b(t)+\delta x_a(t)$。通常使用两种方法：（1）利用$f_b(t)+\delta f_a(t)$、$b_b(t)+\delta b_a(t)$和非线性模式方程（14.14），时间向前更新环流$x(t_0)=x_b(t_0)+\delta x_a(t_0)$；（2）利用由$\delta f_a(t)$强迫并受$\delta b_a(t)$影响的切线性模式方程（14.17）在时间上更新$\delta x(t)$。方法（1）一般应用于4D-Var的原始空间（Courtier et al, 1994），而方法（1）和（2）都可用于对偶空间中（Da Silva et al, 1995; Egber et al, 1994）。通过作者的声明可知，没有用于方法（2）的原始公式。当然在线性模式中，方法（1）和（2）是等价的。

在对偶公式中，假设每个更新向量d的元素是状态向量增量δx的线性组合，通过切线性算子G，14.3.4节中的生成函数w确定了向量d映射到原始空间作用部分，δx的所有线性函数都是δx的对偶，并具有重要的性质，即等价于d的每个元素d_j的切线性模式可表示为$r_j^{\mathrm{T}}\delta x$，这就是所谓的Riesz表示定理。依赖于时间的向量r_j叫做表示函数，对偶公式中的方法（2）和将增量$\delta x_a(t)$表示为S_c是等价的，其中S是一个$N_m \times N_{\mathrm{obs}}$的矩阵，且$S$的每列是一个表示函数$r$。向量$c$由指定于所有$N_{\mathrm{obs}}$个表示的权重所组成（Bennett, 2002）。在图14.1d中，彩色等值线代表表示函数，红色空心圆是$GDG^{\mathrm{T}}\delta$，即在观测点上取样的表示函数。

14.3.6 强约束与弱约束

目前所提及的4D-Var公式中，都隐含地假设了最大似然环流估计$x_a(t)$是非线性方程（14.14）的精确解。这等于假设模式是完美的，不受误差影响，而在方程（14.16）中，使得代价函数或惩罚函数J最小化的增量$\delta z_a(t)$，被认为是受动力学模式所施加的强约束限制（Sasaki, 1970）。当然，所有的模式都有误差和不确定性，考虑到这些，有必要增加控制向量增量δz，于是

$$\delta z = [\delta x^{\mathrm{T}}(t_0), \delta f^{\mathrm{T}}(t_0), \delta f^{\mathrm{T}}(t_1), \cdots, \delta b^{\mathrm{T}}(t_0), \delta b^{\mathrm{T}}(t_1), \cdots, \eta(t_0), \eta(t_1), \cdots]^{\mathrm{T}} \quad (14.22)$$

其中，$\eta(t)$表示模式在每个网格点和时间步长上的误差修正。先验模式误差假设为0，其相关的误差协方差矩阵为Q。在模式误差存在时，14.3.1~14.3.5节的原始空间和对偶空间中的4D-Var的发展是不变的，除了现在先验误差协方差矩阵是由块对角协方差矩阵$D=\mathrm{diag}(B, B_f, B_b, Q)$给出。这种情况下，最大似然环流估计$x_a(t)$不再是非线性模型方程（14.14）的精确解，使得代价函数或惩罚函数$J(\delta z)$最小化的增量$\delta z_a(t)$，被认为是受动力学模式所施加的弱约束限制（Sasaki, 1970）。

在弱约束下，一般情况下，原始空间的维数N_m增加了$N_x N$，会使得弱约束的4D-Var问题变得棘手。然而，在弱约束的限制下，对偶空间的维数是不变的，所以弱约束的4D-Var问题通常是利用对偶公式来处理。

14.3.7 内循环和外循环

按照14.3.2节中所介绍的4D-Var增量公式可知，最大似然环流估计就是使得方程（14.16）所给出的代价函数$J(\delta z)$最小化。然而，方程（14.16）潜在的假设就是先验接近于真实环流。如果存在的话，这显然是一个大的假设，在所有可能性中不会总是真实的。因此，最好先确定最大似然环流估计以使方程（14.15）中代价函数$J_{NL}(z)$最小化。在实践中，因为状态向量是非线性模式方程（14.14）的一个解，所以J是一个关于z的非二次函数。因此，$J_{NL}(z)$可能有多个极小值，且对应于最大似然环流估计的全球最小值，可能很难确定。然而，确定方程（14.15）最小值的通用方法是求解方程（14.16）的一个线性最小化序列。其中序列的每个元素被称为“外循环”。在每个外循环中，利用14.3.3节或14.3.4节中的迭代算法，将方程（14.16）给出的$J(\delta z)$进行最小化，每次迭代就是所谓的“内循环”。

在第一步外循环中，切线性模式方程（14.17）和伴随模式方程（14.20）在时间区间$t=[t_0, t_N]$上对先验环流估计$\boldsymbol{x}_b(t)$进行线性化。在第一步外循环的最后，利用14.3.5节中的方法（1）或（2）更新环流估计，从而得出状态向量$\boldsymbol{x}_1(t)=\boldsymbol{x}_b(t)+\delta\boldsymbol{x}_1(t)$，强迫$\boldsymbol{f}_1(t)=\boldsymbol{f}_b(t)+\delta\boldsymbol{f}_1(t)$，边界条件$\boldsymbol{b}_1(t)=\boldsymbol{b}_b(t)+\delta\boldsymbol{b}_1(t)$，以及弱约束情况下的模式修正$\boldsymbol{\eta}_1(t)$，其中下标“1”表示第一步外循环。在第二步外循环中，切线性模式和伴随模式对$\boldsymbol{x}_1(t)$进行线性化。重复外循环的序列，易得在第n步外循环中，切线性模式和伴随模式关于$\boldsymbol{x}_{n-1}(t)$线性化结果，其中$\boldsymbol{x}_{n-1}(t)$是环流估计，由$\boldsymbol{f}_{n-1}(t)$强迫，并受$\boldsymbol{b}_{n-1}(t)$和$\boldsymbol{\eta}_{n-1}(t)$约束。然而，需要注意的是，更新向量一直不变，且$\boldsymbol{d}=\boldsymbol{y}-[H_j(\boldsymbol{x}_b(t_j)]$经常需要利用先验环流估计$\boldsymbol{x}_b(t_j)$计算得知。

在每个外循环的最后，该方法可用来计算环流估计$\boldsymbol{x}_n(t)$。最常用的方法与14.3.5节中的方法（1）一样，利用非线性模式，时间向前更新$\boldsymbol{x}_n(t_0)=\boldsymbol{x}_b(t_0)+\sum_{i=1}^{n}\delta\boldsymbol{x}_i(t_0)$。然而，在表示方法被使用的对偶公式中，修改方法（2），并使用有限振幅的切线性模式来让时间向前更新$\boldsymbol{x}_n(t_0)$。有限振幅的切线性模型可以表达为

$$\begin{aligned}\boldsymbol{x}_n(t_i) &= M(t_i, t_{i-1})[\boldsymbol{x}_{n-1}(t_{i-1}), \boldsymbol{f}_{n-1}(t_i), \boldsymbol{b}_{n-1}(t_i)] \\ &\quad + \boldsymbol{M}_{n-1}(t_i, t_{i-1})[\boldsymbol{g}_n(t_{i-1}) - \boldsymbol{g}_{n-1}(t_{i-1})]\end{aligned} \tag{14.23}$$

其中，$\boldsymbol{g}_n(t_i)=[\boldsymbol{x}_n^{\mathrm{T}}(t_i), \boldsymbol{f}_n^{\mathrm{T}}(t_i), \boldsymbol{b}_n^{\mathrm{T}}(t_i)]^{\mathrm{T}}$，$\boldsymbol{M}_{n-1}$是关于$\boldsymbol{x}_{n-1}(t)$线性化的切线性模式。在第一步外循环中，方程（14.23）的解减少了先验$\boldsymbol{x}_b(t)$和切线性模式方程（14.17）解的总和。在对偶空间中的4D-Var表示方法中，对于内循环使用14.3.4节中的算法，利用方程（14.23）外循环中的更新环流估计等价于通过求解非线性欧拉-拉格朗日方程来最小化方程（14.15）中的$J_{NL}(z)$。本方法的具体细节超出了本书的范围，但可参考Bennett（2002）的文章。

14.4 加利福尼亚洋流的4D-Var实例

在这里，我们应用原始和对偶公式到基于区域海洋模式系统（Regional Ocean Modelog System，ROMS）的加利福尼亚洋流，给出一些4D-Var的实例说明。

14.4.1 ROMS

ROMS 是一个最近很受欢迎的基于原始方程的海洋模式，因为它极其灵活，提供了世界海洋不同区域的模拟。ROMS 在水平方向上使用曲线正交坐标系统，垂向上是跟随地形坐标，两者在最需要的关注区域（如复杂地形和水深、浅水区域和近表层）可以增加分辨率。ROMS 是一个静力模式，对于数值和物理参数，提供了广泛的用户控制选项，对于开边界条件也有一些选项控制。关于 ROMS 的详细介绍超出本书范围，更多信息可参考 Shchepetkin 和 McWilliams（2005）以及 Haidvogel 等（2000）的文章。ROMS 是共享海洋模式，可在网站 http：//www. myroms. org 上免费下载。

14.4.2 ROMS 4D-Var

在这里我们不讨论 4D-Var 的许多实际应用，虽然它们非常重要。下面列出了 ROMS 4D-Var 系统的主要特征，以及提供更多信息的参考文献。此外，Moore 等（2011a；2001b；2001c）给出了 ROMS 4D-Var 系统详细介绍。ROMS 4D-Var 的主要特征和属性总结如下。

1. 增量公式（Courtier et al，1994）。
2. 原始公式和对偶公式（Courtier et al，1997）。
3. 原始公式称为增量 4D-Var，下面简写为 I4D-Var。
4. 对偶公式满足 Da Silva 等（1995）的物理空间统计分析系统，下面简写为 4D-PSAS，以及 Egbert 等（1994）的间接表示法，简写为 R4D-Var。
5. 原始公式和对偶公式的强约束。
6. 仅对对偶公式的弱约束。
7. 内循环使用共轭法的一个预条件 Lanczos 公式（Golub and van Loan，1989；Lorenc，2003；Fisher and Courtier，1995；Tshimanga et al，2008）。
8. 利用准热量扩散方程（Derber and Bouttier，1999；Weaver and Courtier，2001）和多变量平衡算子（Weaver et al，2005）模拟先验协方差矩阵 $\boldsymbol{D}$。
9. MPI 并行结构。

14.4.3 加利福尼亚洋流系统

加利福尼亚洋流系统（California Current System，CCS）是一个东边界流的典型例子，受中尺度涡旋所控制，沿岸上升流和初级生产力具有显著的季节变化特征。对于 CCS 综合性的评论可参考 Hickey（1998）的文章。

ROMS 已经为 CCS 配置好系统（以下简称 ROMS-CCS），如图 14.2 所示，所跨区域为 30°—48°N，116°—134°W。ROMS-CCS 有一些系统设置，其水平分辨率为 3~30 km，在垂向上有 30~42 层。ROMS-CCS 利用 Doyle 等（2009）的耦合海洋大气中尺度预报系统（Coupled Ocean Atmosphere Mesoscale Prediction System，COAMPS）表层大气资料来进行强迫，这些资料利用 Fairall 等（1996a；1996b）和 Liu 等（1979）的块体通量公式转换成表层风应力、

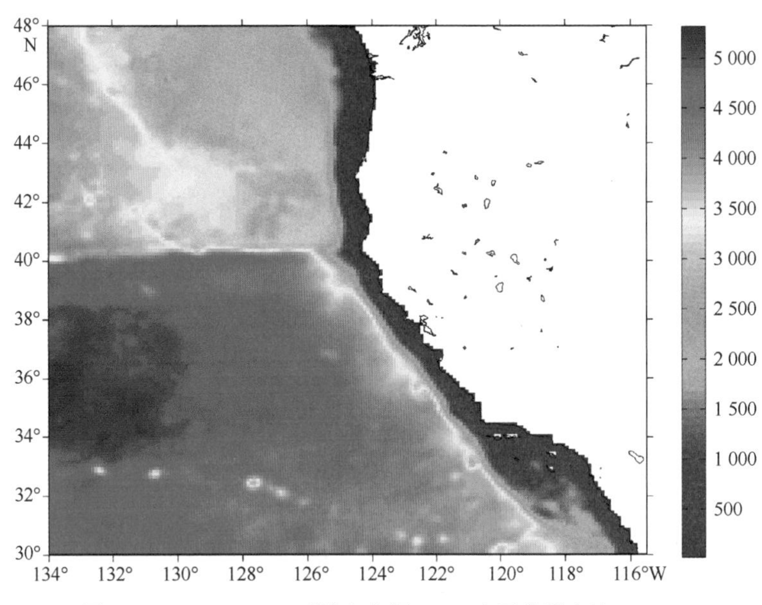

图 14.2 ROMS-CCS 区域和水深（m，水平分辨率为 10 km）

表层热通量和淡水通量。模式区域在北边、西边和南边具有开边界，在这些边界地区，温度、盐度和速度场利用分辨率为 1°的全球海洋资料同化产品，即全球气候海洋环流估计（Estimating the Circulation and Climate of the Ocean，ECCO；Wunsch and Heimbach，2007）的数据进行设置。Chapman（1985）和 Flather（1976）的辐射条件也分别用于开边界处的自由表面和垂直积分速度场。如 Veneziani 等（2009）所述，ROMS-CCS 可以很好地模拟 CCS 环流。

14.4.4 ROMS-CCS 4D-Var 配置

如 Broquet 等（2009a；2009b；2011）和 Moore 等（2011b；2011c）所述，ROMS-CCS 已广泛应用于 4D-Var。这里给出一些利用 ROMS-CCS 的 4D-Var 环流实例，以此说明 14.2 节和 14.3 节中所引入的想法和概念。

对于资料同化，我们知道需要控制向量 z 的先验估计，即在时间区间 $t=[t_0, t_N]$ 上的初始条件 $\boldsymbol{x}_b(t_0)$、表层强迫 $\boldsymbol{f}_b(t)$ 和边界条件 $\boldsymbol{b}_b(t)$。在弱约束 4D-Var 情况下，模式误差修正的先验估计是零向量 $\mathbf{0}(t)$。ROMS-CCS 4D-Var 在资料同化时间窗口内顺序运转，这个时间窗口区间长度 t_N-t_0 通常是 4～14 天。每个资料同化窗口被称为一个“循环”，初始条件先验估计 $\boldsymbol{x}_b(t_0)$ 是上个循环结束时最好的环流估计。表层强迫先验信息 $\boldsymbol{f}_b(t)$ 是利用 COAMPS 大气资料推算出来的表层通量，边界条件先验 $\boldsymbol{b}_b(t)$ 是来自于 ECCO 的开边界数据。

除了这些先验场，先验误差协方差矩阵也是需要的，即在弱约束 4D-Var 情况下的初始条件 $\boldsymbol{B}$、表层强迫 $\boldsymbol{B}_f$、边界条件 $\boldsymbol{B}_b$ 以及模式误差 $\boldsymbol{Q}$。一般来说，先验误差协方差矩阵随着时间而变化，但在实际中假设它们是随时间不变的。根据 Weaver 等（2005），每个先验误差协方差矩阵可分解成块对角矩阵、单变量相关矩阵、标准差的对角矩阵以及多元变量动力平衡算子。单变量相关矩阵被定义为是一个准热扩散方程的解（Weaver and Courtier, 2001）。这是一个复杂的过程，并且每个先验误差协方差矩阵的指定超出了这次介绍的范围。但是对于ROMS-CCS全面的介绍可参考Broquet等（2009）的文章。就目前目的而言，我们只能说，对于控制向量z_b的每个先验元素可指定先验误差协方差矩阵。

同化到ROMS-CCS的各种类型观测包括卫星反演的海表面温度（Sea Surface Temperature，SST）和海表面高度（Sea Surface Height，SSH），以及从船测CTD、XBT和Argo浮标数据收集而来的次表层温度和盐度的水文观测。所用资料来自Ingleby和Huddleston（2007）严格质量控制的全球海洋资料归档。观测误差协方差矩阵$\boldsymbol{R}$被假设是随时间不变的，且为对角矩阵（换言之，观测误差在空间和时间上是无关的），误差方差依赖于仪器和变量，$\boldsymbol{R}$的元素反映了一些误差来源：仪器误差、由14.3.2节中观测算子$\boldsymbol{H}$引入的插值误差，以及代表性误差。最大的误差来源通常是代表性误差，它是一种测量不确定性，与用单个海洋观测来描述单个海洋模式网格单元上的海洋环流能力有关。下面ROMS-CCS中所用的观测误差标准差为：SSH 2 cm，SST 0.4℃，T 0.1℃，S 0.01。

14.4.4.1 原始和对偶4D-Var

考虑的第一个例子将对比ROMS 4D-Var的原始和对偶公式在CCS上的性能，结果显示，在ROMS-CCS配置中，水平分辨率为30 km，垂向上有30层。图14.3给出了利用1步外循环和75步内循环计算得出的两个强约束的代价函数，其同化窗口为4天，从2000年7月1—4日，在此期间内约有1×10^4个观测数据，其中大部分是卫星资料。

第一个计算利用了原始公式I4D-Var，而在第二个计算中应用了对偶公式R4D-Var。图14.3中说明在这两种情况下，代价函数随着内循环迭代步数的增加而减小。在I4D-Var情况下，$J(\delta z)$单调减小，并当内循环步数在40左右后渐近线接近一个常数。另一方面，R4D-Var表现出不同的方面，$J(\delta z)$波动比较大，直到内循环步数为60左右后，才如I4D-Var一样渐近到一个类似的常数。4D-Var原始和对偶公式中，$J(\delta z)$的不同特性与确定代价函数最小值所用方法不同有关。对于原始公式，$J(\delta z)$直接按照14.3.3节中的方法进行最小化，而在对偶公式中，$J(\delta z)$根据14.3.4节方法，间接利用一个生成函数$\boldsymbol{w}$进行最小化。El Akkraoui和Gauthier（2009）已经分析了原始和对偶公式的不同特性，并提出了一些有效的补救措施来加快对偶公式中$J(\delta z)$的收敛速度。

然而，尽管原始和对偶公式中的$J(\delta z)$在收敛到渐近最小值的速度上差异显著，但正如方程（14.18）和方程（14.19）等价性所预期的那样，图14.3便表明两种计算产生了相同的解。在这两种情况下的4D-Var最大似然CCS环流估计的比较，证实了原始和对偶形式在75步内循环后可产生相同环流。但是，这两种情况下，$J(\delta z)$所达到的最小值要大于$J_{\min}$，这就表明，要么先验假设$\boldsymbol{D}$和$\boldsymbol{R}$是不准确的，要么$J_{NL}(z)$的全局最小值尚未达到。

表14.1给出了不同外循环和内循环步数的组合对方程（14.15）中最终$J_{NL}(z)$值的影响，$J_{NL}(z)$最终值在2000年7月1—4日强约束循环结束时达到。对于相同的计算工作量

（当外循环和内循环总的组合数相同），表 14.1 表明，切线性模式和伴随模式关于环流估计进行线性代以更新这个环流估计，这样可以明显使J_{NL}（z）减小。另外，增加外循环步数可得出一个接近$J_{\min}$的J_{NL}（z）值。

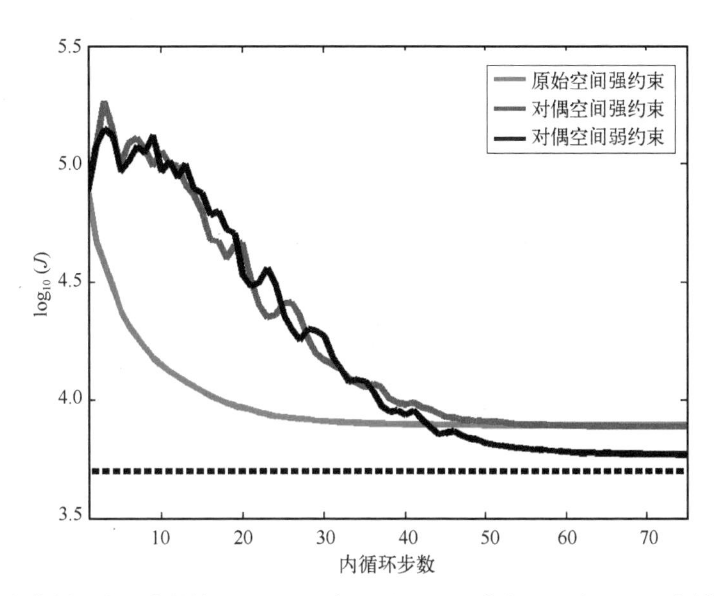

图 14.3　在外循环为 1 步的情况下，2000 年 7 月 1—4 日期间，3 种 4D-Var 同化计算所得 $\log_{10}J$（δz）［方程（14.16）］与内循环步数示意

所示 3 种试验分别是原始空间中强约束计算（I4D-Var，红色曲线）、对偶空间中强约束计算（R4D-Var，蓝色曲线）和对偶空间中弱约束（R4D-Var，黑色曲线）。虚线表示代价函数的理论最小值，只有体现在 $\boldsymbol{D}$ 中的先验假设是准确的，这个理论值才能达到

表 14.1　在 2000 年 7 月 1—4 日期间，针对不同外循环步数和内循环步数组合，方程（14.15）中的J_{NL}（z）在 4 天强约束 I4D-Var 资料同化试验结束时所达到的值

$N \times M$	1×100	2×50	3×33	4×25	10×10
J_{NL}（z）	1.56×10^4	1.18×10^4	0.93×10^4	0.87×10^4	0.71×10^4

注：每种不同情况下，总迭代次数 $N\times M$ 是相同的。$J_{\min}$在每种情况下都是 0.52×10^4。

为说明顺序同化 4D-Var 整体性能，图 14.4 给出了一个示例，以此来说明 ROMS-CCS 和观测的 SST、SSH 之间的均方根差异。三种所示计算结果分别对应于：①没有资料同化，ROMS-CCS 仅用先验 $\boldsymbol{f}_b(t)$ 强迫，并满足边界条件$\boldsymbol{b}_b$（t）；②使用 14 天同化窗口，顺序应用原始 I4D-Var；（3）利用之前同化循环结束时的最大似然环流估计作为初始条件，然后运行模式，得出先验环流$\boldsymbol{x}_b(t)$ 的估计。每种情况所考虑的时长均为 1999 年 1 月 1 日至 2004 年 12 月 31 日。图 14.4 表明，I4D-Var 在每个资料同化循环期间对模式结果与观测的一致性有积极的作用，并且与先验的一致性也有积极作用。

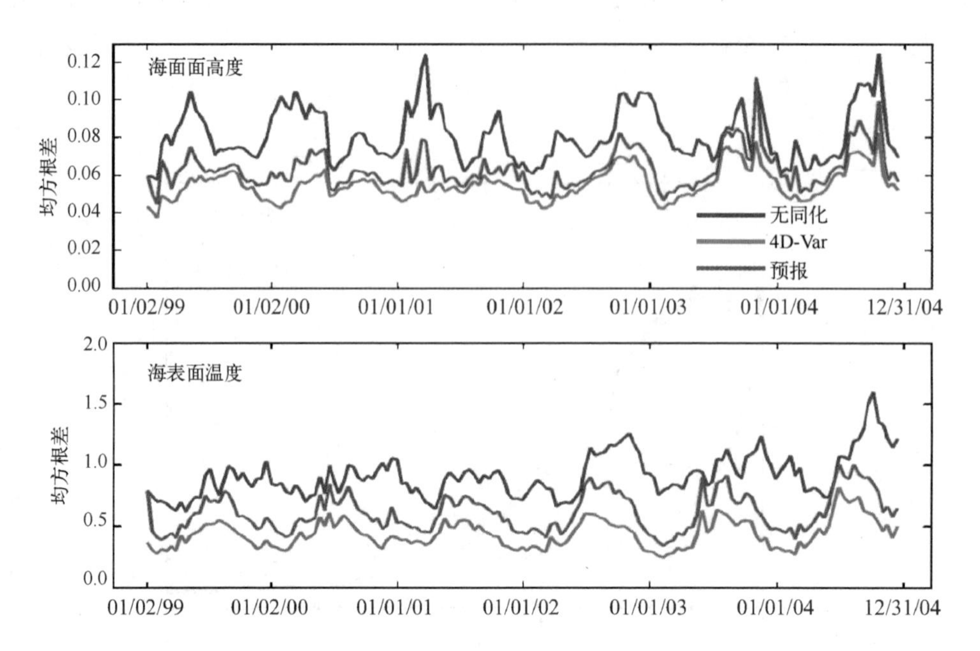

图 14.4　在 1999 年 1 月至 2004 年 12 月间，ROMS-CCS 模式和观测的 SST、SSH 均方根差的时间序列

蓝色曲线表示仅用先验强迫，并受制于先验边界条件的模式结果在 14 d 内的均方根差平均值。当原始 I4D-Var 在 14 d 同化窗口顺序同化时，红色曲线表示这种情况下 14 d 同化窗口内的平均均方根差平均值差异，此时控制向量仅由初始条件组成。绿色曲线表示与先验环流估计$\boldsymbol{x}_b$（t）有关的均方根差平均值差异，且同样是 14 d 的平均。既然先验环流是模式从每个 I4D-Var 同化窗口结束时的最大似然环流估计开始运行而产生的结果，那么它也可以看作是下一个 14 d 周期的环流“预报”

14.4.4.2　控制向量的影响

在图 14.3 所示的强约束 4D-Var 示例中，控制向量 z 由区间 $t=[t_0,\ t_N]$ 上的模式初始条件 $\boldsymbol{x}$（t_0）、表层强迫 $\boldsymbol{f}$（t）以及边界条件 $\boldsymbol{b}$（t）组成。因此，探讨 z 的每个组成部分对代价函数的相对影响是有意义的。为此，我们在 4D-Var 计算中将控制向量中的不同控制变量连续增大，并在图 14.5 中给出这一系列结果。

图 14.5 表明，当控制向量的增量 δz 随着多个表层强迫要素和边界条件的增大，代价函数 J（δz）所达到的最小值逐渐减小。这是因为 δz 长度在同时地增加，这就意味着有更多的自由度提供给 4D-Var，以用于拟合观测。然而，我们必须清楚地意识到，4D-Var 的处理不是线性的，如果改变图 14.5 中计算的阶数，那么 J（δz）中同样的变化数列不一定会获得。尽管如此，图 14.5 确实表明了在考虑初始条件的误差和不确定性时，用 J（δz）计测的环流估计的效率具有迄今为止最大的影响。当表层强迫的不确定性也考虑进去后，可看到 J（δz）显著减小。然而，图 14.5 表明边界条件的不确定性对 J（δz）的影响最小。

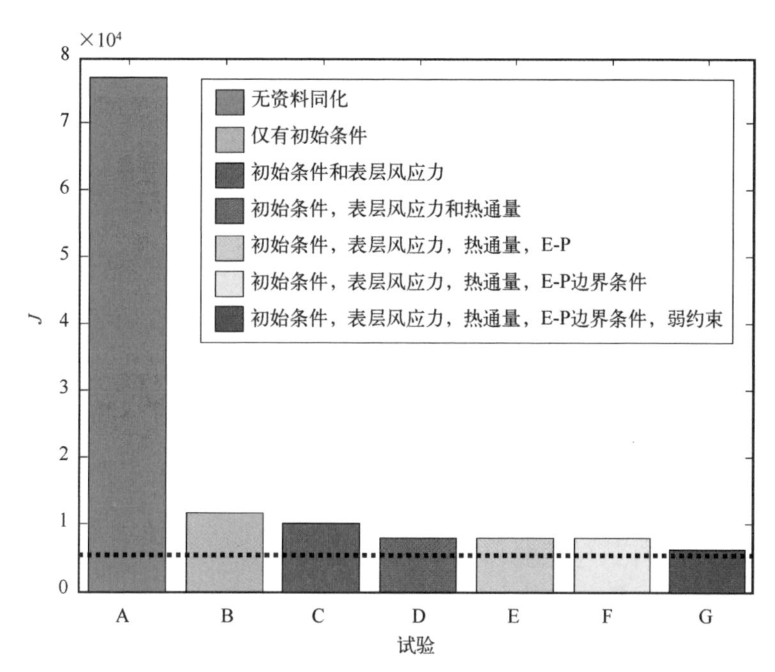

图 14.5 在 2000 年 7 月 1—4 日期间内，经过对偶 R4D-Var 1 步外循环和 75 步内循环不同试验后，代价函数方程（14.16）J（δz）的试验结果

试验 A：无资料同化；试验 B：δz 仅由初始条件增量 $\delta \boldsymbol{x}$（t_0）组成；试验 C：δz 仅由初始条件 $\delta \boldsymbol{x}$（t_0）和 $\delta \boldsymbol{f}$（t）的表层风应力要素组成；试验 D：δz 仅由 $\delta \boldsymbol{x}$（t_0）和 $\delta \boldsymbol{f}(t)$ 的表层风应力和热通量要素组成；试验 E：δz 由 $\delta \boldsymbol{x}$（t_0）和 $\delta \boldsymbol{f}(t)$ 的所有要素组成；试验 F：δz 由 $\delta \boldsymbol{x}$（t_0）、$\delta \boldsymbol{f}$（t）和 $\delta \boldsymbol{b}(t)$ 组成；试验 G：除了用 14.4.4.3 节所述的弱约束之外，其他均与试验 F 一致。虚线表示代价函数的理论最小值 J_{min}

14.4.4.3 弱约束 4D-Var

模式误差是模式所得环流估计不确定性的一个重要来源，而且在 4D-Var 中考虑这些不确定性是非常重要的。但是，量化和确定模式误差来源是海洋资料同化中最大的挑战之一。在 ROMS-CCS 中，在确定模式误差一些最显著的影响上已经取得一些进展，但我们的认识还远远没有完成。

CCS 环流的一个显著特征就是在加利福尼亚州、俄勒冈州、华盛顿州沿海的春季和秋季出现沿海上升流，这是由赤道方向的沿岸风所驱动引起的。尽管在没有资料同化的情况下，ROMS-CCS 仍可以很好地模拟上升流的季节变化（Veneziani et al, 2009），对比模式和观测结果，在上升流季节的高峰期，模式 SST 相对于观测海温存在偏差。Doyle 等（2009）对海面风应力质量的独立分析表明，用于驱动 ROMS-CCS 的 COAMPS 先验 $\boldsymbol{f}_b$（t）与卫星散射计、海洋浮标风场观测比较吻合。因此，ROMS-CCS SST 的模式偏差很可能与模式误差有关，而不是表层强迫误差。Broquet 等（2009b；2011）利用强约束 4D-Var 所做的研究，进一步证明了这个假设。他们研究发现，资料同化导致上升流的强度减弱，这个上升流对春季和秋季的沿岸海面风场是有利的，同时也使先验风场相对于卫星遥感海面风场观测普遍衰减。因此，他们研究后得到的重要结论就是，在没有模式误差修正情况下，资料同化在试图最小化代价函数的过程中，可能潜在性地对控制向量的所有元素产生不合理的、非物理因素的修正。

基于 Broquet 等（2009b；2011）的研究发现，目前，在弱约束 4D-Var 中，他们正在考虑 ROMS-CCS 模式误差修正尝试。图 14.3 也给出了 R4D-Var 施加弱约束对代价函数 $J(\delta z)$ 的影响。基于已知的 ROMS-CCS SST 在春季和秋季偏差，假设影响 SST 的模式误差主要存在于模式温度方程，并局限于沿岸短距离地区。为考查 4D-Var 的这种误差，我们利用方程（14.14），在每个模式时间步长处设$\boldsymbol{x}(t_i)=M(t_i, t_{i-1})[\boldsymbol{x}^t(t_{i-1}), \boldsymbol{f}^t(t_i), \boldsymbol{b}^t(t_i)]+\boldsymbol{\varepsilon}_q$，其中$\boldsymbol{x}^t$、$\boldsymbol{f}^t$和$\boldsymbol{b}^t$分别代表真值、表层强迫和边界条件，$\boldsymbol{\varepsilon}_q$表示模式误差。模式误差协方差的形式假设为$\boldsymbol{Q}=\langle\boldsymbol{\varepsilon}_q, \boldsymbol{\varepsilon}_q^{\mathrm{T}}\rangle=\boldsymbol{WB}$，这里 $\boldsymbol{B}$ 是初始条件先验误差协方差矩阵，$\boldsymbol{W}$ 是对角倍乘变换矩阵。除了与北美海岸 300 km 范围内的海洋温度网格点相对应的那些以外，$\boldsymbol{W}$ 的其他元素都为零。$\boldsymbol{W}$ 的非零元素形式为 $\alpha\left(1-\frac{d}{300}\right)$，其中 $\alpha=0.05$ 是方差尺度因子，d 是离海岸所测距离（km）。所选 α 表示海温模式误差$\boldsymbol{\varepsilon}_q$的一个标准差，也就是初始条件先验误差的 22%。

图 14.3 表明，相对于强约束，弱约束 R4D-Var 代价函数 $J(\delta z)$ 渐近到一个较小值，并且更接近于理论最小值$J_{\min}$。其他试验已经说明，弱约束 R4D-Var $J(\delta z)$ 所达到的最小值会随着 α 的增大而减小。但当 $\alpha>0.05$ 时，所得环流估计具有非物理特征。尽管如此，在 4D-Var 中考虑模式不确定性的这些初步尝试仍是令人鼓舞的。

图 14.5 也表明了弱约束对与 14.4.4.2 节所描述一系列试验相关的 $J(\delta z)$ 的影响，在这些试验中，控制向量是连续增大的。试验 G 与图 14.3 中所示一致，但其仅给出了 $J(\delta z)$ 达到的最小值。图 14.5 表明 $\boldsymbol{\eta}(t)$ 增大控制向量 δz 可导致 $J(\delta z)$ 进一步减小，并且 $J(\delta z)$ 仍更接近$J_{\min}$。

14.4.5 4D-Var 诊断

在已经成功地用 4D-Var 计算出最大似然环流估计的情况下，还有一些诊断环流能够用 4D-Var 中相当重要的一部分结果来展现。在此给出两个例子，它们能以后验误差协方差的形式提供相关环流的准确信息，以及提供环流不同物理性质的每个独立观测的影响信息。

以下算法因 Lanczos 方程的共轭梯度算法得到了极大的推进，该算法使 $J(\delta z)$ 在 ROMS 4D-Var 算法中最小化（Fisher and Courtier, 1995）。具体而言，增益矩阵即方程（14.18）的原始形式可以表示为 $\boldsymbol{K}=\boldsymbol{V}_p\boldsymbol{T}_p^{-1}\boldsymbol{V}_p^{\mathrm{T}}\boldsymbol{G}^{\mathrm{T}}\boldsymbol{R}^{-1}$，其中矩阵$\boldsymbol{V}_p$的每一列是原始的 Lanczos 矢量（Golub and van Loan, 1989），$\boldsymbol{T}_p$为三对角矩阵。每一步内循环产生 Lanczos 序列的一个新元素，而 Lanczos 序列可形成一个标准正交基，m 个内循环之后，矩阵$\boldsymbol{V}_p$的维数是$N_m\times m$。相类似，增益矩阵即方程（14.19）的对偶形式可表示为 $\boldsymbol{K}=\boldsymbol{DG}^{\mathrm{T}}\boldsymbol{V}_d\boldsymbol{T}_d^{-1}\boldsymbol{V}_d^{\mathrm{T}}$，其中 $\boldsymbol{V}_d$是维数为$N_{\mathrm{obs}}\times m$ 的对偶 Lanczos 矢量的矩阵。

14.4.5.1 后验误差

如果z_t代表描述海洋真实状态的控制矢量，后验估计$\boldsymbol{Z}_a=\boldsymbol{Z}_b+\delta\boldsymbol{Z}_a$的误差协方差矩阵由

$\boldsymbol{E}_a=E[(z_a-z_t)(z_a-z_t)^{\mathrm{T}}]$ 决定，其中 E 是期望算子。易证明的是，在观测误差和先验误差无关的情况下，后验误差协方差矩阵可以表示为

$$\boldsymbol{E}_a=(\boldsymbol{I}-\boldsymbol{KG})\boldsymbol{D}(\boldsymbol{I}-\boldsymbol{KG})^{\mathrm{T}}+\boldsymbol{KRK}^{\mathrm{T}} \tag{14.24}$$

其中 $\boldsymbol{K}$ 是14.3.2节中的增益矩阵。

练习6：利用等式 $\boldsymbol{E}_a=E[(z_a-z_t)(z_a-z_t)^{\mathrm{T}}]$ 和 $\boldsymbol{D}=\boldsymbol{E}[(z_b-z_t)(z_b-z_t)^{\mathrm{T}}]$，以及方程（14.19）中 $\boldsymbol{K}$ 的对偶形式，假定先验误差和观测误差不相关，推导方程（14.24）的后验误差协方差矩阵。

图14.6显示了用R4D-Var在资料同化中导致SST和次表层温度不确定性降低的例子。这个例子中，所用的模式是ROMS-CCS，其水平分辨率为10 km，垂向上42层。诊断变量 $\boldsymbol{D}$ 和 $\boldsymbol{E}_a$ 分别代表每一变量的先验和后验误差方差。因而，诊断的矩阵差 $\Delta=(\boldsymbol{E}_a-\boldsymbol{D})$ 代表4D-Var中先验误差方差的变化。诊断量 Δ 的负值代表后验格点变量比先验格点变量更确定，零值表示先验和后验格点变量都不确定。图14.6显示诊断量 Δ 与SST和深度75 m处的温度有关，这表明在大范围的ROMS-CCS海盆中，后验上层海温比先验海温更具确定性，特别是在沿加利福尼亚中心海岸的高涡动动能的地方，这在Kelly等（1998）的卫星观测中可以识别出来。然而，当用基于以上所述的Lanczos矢量降秩逼近 $\boldsymbol{K}$ 来理解 $\boldsymbol{E}_a$ 时一定要注意。在方程（14.24）中，只有在 $\boldsymbol{D}$ 和 $\boldsymbol{R}$ 的先验误差都正确，且当4D-Var趋向于完全收敛时，$\boldsymbol{E}_a$ 才表示期望的后验误差协方差。总的来说，这些条件没有一个满足，且因为内循环的个数 m 通常远小于 N_{obs}，Lanczos矢量 $\boldsymbol{V}_d$ 可能只生成观测空间的一小部分。正如Moore等（2011b）所述的那样，这个结果高估了后验误差方差。

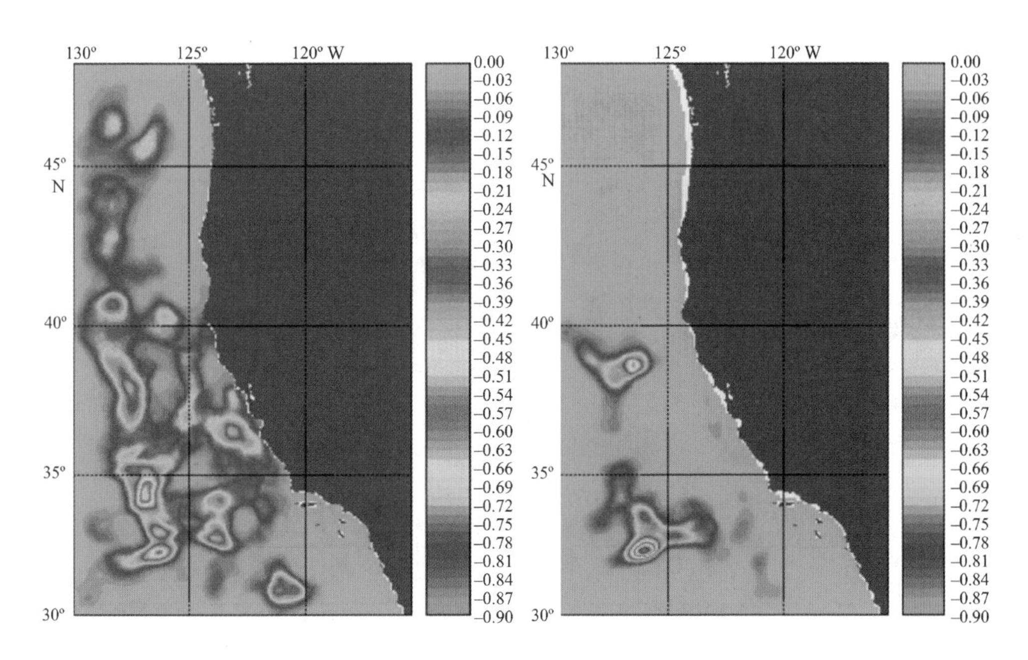

图14.6 SST的后验方差减先验方差（左）和分辨率为10 km的ROMS-CCS中典型R4D-Var环流75 m处温度（右）

14.4.5.2 观测影响

知道哪个观测或哪一类的观测，对从 4D-Var 中得到的最大似然环流估计的特别物理性质发挥最大的影响是相当有意义的。例如，图 14.7 展示了两个 ROMS-CCS 环流从 2000 年 1 月 1 日至 2004 年 12 月 31 日在 37°N 处水体上层 500 m 沿岸流速时间平均的垂直剖面。其中一个没有资料同化，另外一个用强约束的 I4D-Var 每 14 天依次做一次资料同化。后一种情况中，如 Broquet 等（2009）所述，增量控制向量只由 $\delta\boldsymbol{x}$（t_0）组成。很明显，同化观测对该纬度上的 CCS 的结构有很大影响。

为了定量地研究每个独立的观测对环流的影响，考虑图 14.7 中 t 时刻穿越剖面的输送作为典型 4D-Var 循环的后验环流，记为 $I_a(t)=\boldsymbol{h}^{\mathrm{T}}\boldsymbol{x}_a(t)$，其中 $\boldsymbol{h}$ 是元素为 0 的矢量，只是这些矢量与速度格点有关，有助于剖面的正常输送。非零元素是变换系数形式，非零元素取为

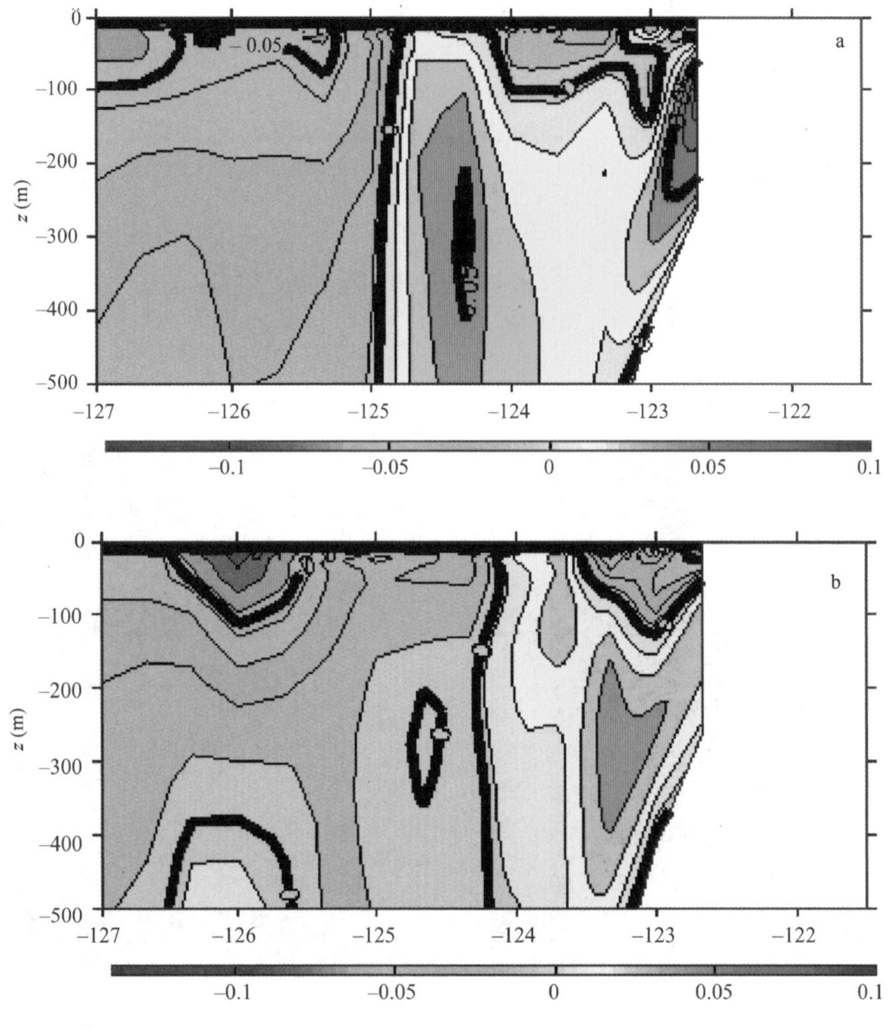

图 14.7 2000 年 1 月 1 日至 2004 年 12 月 31 日夏季（7—9 月）平均的 ROMS-CCS 沿岸速度分量的垂直剖面

a：没有做资料同化，b：用强约束 I4D-VAR，每隔 14 天依次做资料同化

总速度沿着沿岸方向旋转变换系数，以及垂向上每一格点元内的合适区域元素。但是，之前提到环流估计 $\boldsymbol{x}_a(t)=\boldsymbol{x}_b(t)+\delta\boldsymbol{x}_a(t)$，这种情况下，$I_a(t)=\boldsymbol{h}^{\mathrm{T}}\boldsymbol{x}_b(t)+\boldsymbol{h}^{\mathrm{T}}\delta\boldsymbol{x}_a(t)=I_b(t)+\boldsymbol{h}^{\mathrm{T}}\delta\boldsymbol{x}_a(t)$。因而，后验和先验环流估计之差 $\Delta I(t)=I_a(t)-I_b(t)$ 由 $\Delta I(t)=\boldsymbol{h}^{\mathrm{T}}\delta\boldsymbol{x}_a(t)$ 而定。然而，之前提到一阶变量 $\delta\boldsymbol{x}_a(t)=\boldsymbol{M}(t,t_0)\boldsymbol{Kd}$，其中 $\boldsymbol{M}(t,t_0)$ 是正切线性模式。那么后验输送与先验输送之差可表示为

$$\Delta I(t)=\boldsymbol{h}^{\mathrm{T}}\boldsymbol{M}(t,t_0)\boldsymbol{Kd}=\boldsymbol{d}^{\mathrm{T}}\boldsymbol{K}^{\mathrm{T}}\boldsymbol{M}^{\mathrm{T}}(t_0,t)\boldsymbol{h} \tag{14.25}$$

式中，$\boldsymbol{M}^{\mathrm{T}}(t_0,t)$ 为伴随模式。对于每一个资料同化循环，方程（14.25）用来计算每个观测对先验输送变化 $\Delta I(t)$ 的贡献，用 $\boldsymbol{d}$ 的各个元素来表示。

图 14.8 展示了从 2003 年 4 月 5—11 日 7 天的强约束 R4D-Var 环流例子。图 14.8b 表明由同化所得的 4 月 11 日沿 37°N 的先验估计输送的变化约为 1.5×10^4，观测得到的约为 0.75 Sv。然而，与图 14.8a 相比，图 14.8b 揭示了尽管卫星观测约占整体观测量的 94%，但先前说明性的教学实例输送变化的 63%与占观测数 6%的次表层观测相关。那么在这种情况下，虽然卫星观测占很大的比重，但次表层观测在沿 37°N 的环流变换中产生更大的影响。

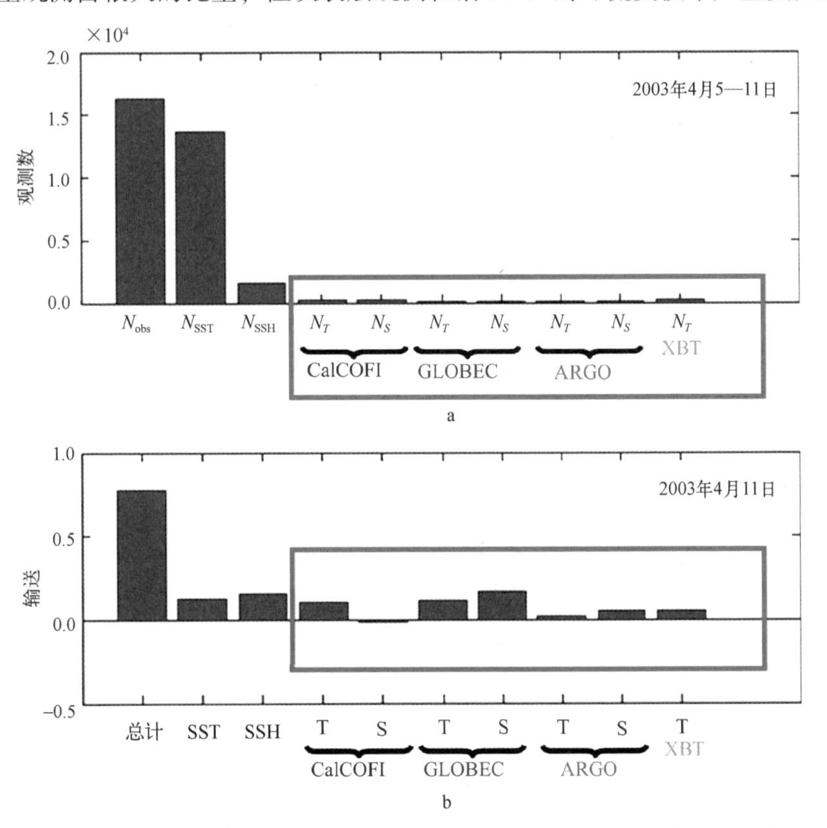

图 14.8　a 显示了 2003 年 4 月 5—11 日所有观测数（N_{obs}）以及不同平台上观测数的直方图 N_{SST} 和 N_{SSH} 分别代表卫星测量的 SST 和 SSH 数，而 N_T 和 N_S 代表各种来源的次表层温度和盐度观测数［如分别在加利福尼亚州和俄勒冈州沿岸的加利福尼亚联合海洋鱼类调查 GAl-COFZ（California Cooperative Oceanic Fisheries Invastiqations）和全球生态长期观测计划 GLOBEC/LTOP（Global Ecosystans long-term Observation Program）反复取样阵列，Argo 浮标，各种 XBT］。b 显示 2003 年 4 月 11 日先验和后验环流估计输送的差 ΔI（标识为总计），以及来自不同观测平台的所有观测对 ΔI 的贡献。红色框标出了所有的次表层观测以及其对 ΔI 的贡献

每个独立观测对环流的影响可以用模式状态向量 x 的差分函数来表示。其他 ROMS-CCS 的例子在 Moore 等（2011c）的文章中有描述。

14.5 总结

本章总结了在支撑变分资料同化中使用伴随方法的重要思想和概念，其中给出了一些说明性的教学实例和实际的、基于 ROMS 的 4D-Var 系统的例子。然而出于简洁考虑，我们忽略了一些重要的实际和技术细节，感兴趣的读者可以进一步查阅以下提供的文献。本章比较偏重于 ROMS 的 4D-Var 系统，但应该注意到，对于其他海洋模式而言，综合的 4D-Var 系统已经得到发展或正在发展。一些显著的例子可在法国和欧洲（Weaver et al，2003）以及美国（Stammer et al，2002）的一些科学文献中看到。

参考文献

Bennett A F (2002) Inverse modeling of the ocean and atmosphere. Cambridge University Press, Cambridge.

Broquet G, Edwards C A, Moore A M, Powell B S, Veneziani M, Doyle J D (2009a) Application of 4D-variational data assimilation to the California current system. Dyn Atmos Oceans 48: 69-91.

Broquet G, Moore A M, Arango H G, Edwards C A, Powell B S (2009b) Ocean state and surfaceforcing correction using the ROMS-IS4DVAR data assimilation system. Mercator Ocean Q Newsl 34: 5-13.

Broquet G, Moore A M, Arango H G, Edwards C A (2011) Corrections to ocean surface forcing inthe California current system using 4D-variational data assimilation. Ocean Model 36: 116-132.

Chapman D C (1985) Numerical treatment of cross-shelf open boundaries in a barotropic coastalocean model. J Phys Oceanogr 15: 1060-1075.

Courtier P (1997) Dual formulation of four-dimensional variational assimilation. Q J R MeteorolSoc 123: 2449-2461.

Courtier P, Thépaut J-N, Hollingsworth A (1994) A strategy for operational implementation of 4Dvar using an incremental approach. Q J R Meteorol Soc 120: 1367-1388.

Da Silva A, Pfaendtner J, Guo J, Sienkiewicz M, Cohn S (1995) Assessing the effects of data selection with DAO's physical-space statistical analysis system. Proceedings of the second international WMO symposium on assimilation of observations in meteorology and oceanography, WMO. TD 651, Tokyo, 13-17 March 1995, pp 273-278.

Derber J, Bouttier F (1999) A reformulation of the background error covariance in the ECMWF global data assimilation system. Tellus 51A: 195-221.

Doyle J D, Jiang Q, Chao Y, Farrara J (2009) High-resolution atmospheric modeling over the Monterey Bay during AOSN II. Deep Sea Res Part Ⅱ Top Stud Oceanogr 56: 87-99.

Egbert G D, Bennett A F, Foreman M C G (1994) TOPEX/POSEIDON tides estimated using a global inverse method. J Geophys Res 99: 24821-24852.

El Akkraoui A, Gauthier P (2009) Convergence properties of the primal and dual forms of variational data assimilation. Q J R Meoteorol Soc 136: 107-115.

Fairall C W, Bradley E F, Godfrey J S, Wick G A, Ebson JB, Young G S (1996a) Cool-skin and warm layer effects on the sea surface temperature. J Geophys Res 101: 1295-1308.

Fairall C W, Bradley E F, Rogers D P, Ebson J B, Young G S (1996b) Bulk parameterization of air-sea fluxes for tropical ocean global atmosphere coupled-ocean atmosphere response experiment. J Geophys Res 101: 3747-3764.

Fisher M, Courtier P (1995) Estimating the covariance matrices of analysis and forecast error in variational data assimilation. ECMWF Technical Memoranda 220.

Flather R A (1976) A tidal model of the northwest European continental shelf. Memoires Soc R Sci Liege 6 (10): 141-164.

Gill A E (1982) Atmosphere-ocean dynamics. Academic Press, San Diego.

Golub G H, Van Loan C F (1989) Matrix computations. Johns Hopkins University Press, Baltimore.

Haidvogel D B, Arango H G, Hedstrom K, Beckmann A, Malanotte-Rizzoli P, Shchepetkin A F (2000) Model evaluation experiments in the north Atlantic basin: simulations in nonlinear terrain-following coordinates. Dyn Atmos Oceans 32: 239-281.

Hickey B M (1998) Coastal oceanography of western north America from the tip of Baja, California to Vancouver island. The Sea 11: 345-393.

Ide K, Courtier P, Ghil M, Lorenc A C (1997) Unified notation for data assimilation: operational, sequential and variational. J Meteorol Soc Jpn 75: 181-189.

Ingleby B, Huddleston M (2007) Quality control of ocean temperature and salinity profiles—historical and real-time data. J Mar Syst 65: 158-175.

Kelly K A, Beardsley R C, Limeburner R, Brink K H, Paduan J D, Chereskin T K (1998) Variability of the near-surface eddy kinetic energy in California current based on altimetric, drifter, and moored current data. J Geophys Res 103: 13067-13083.

Lanczos C (1961) Linear differential operators. Van Nostrand, New York.

Liu W T, Katsaros K B, Businger J A (1979) Bulk parameterization of the air-sea exchange of heat and water vapor including the molecular constraints at the interface. J Atmos Sci 36: 1722-1735.

Lorenc A C (2003) Modelling of error covariances by 4D-Var data assimilation. Q J R Meteorol Soc 129: 3167-3182.

Moore A M, Arango H G, Broquet G, Powell B S, Weaver A T, Zavala-Garay J (2011a) The regional ocean modeling system (ROMS) 4-dimensional variational data assimilation systems. Part Ⅰ: formulation and system overview. Progress in Oceanography (submitted).

Moore A M, Arango H G, Broquet G, Edwards C, Veneziani M, Powell B, Foley D, Doyle J, Costa D, Robinson P (2011b) The regional ocean modeling system (ROMS) 4-dimensional variational data assimilation systems. Part Ⅱ: performance and application to the California current system. Progress in Oceanography (submitted).

Moore A M, Arango H G, Broquet G, Edwards C, Veneziani M, Powell B, Foley D, Doyle J, Costa D, Robinson P (2011c) The regional ocean modeling system (ROMS) 4-dimensional variational data assimilation systems. Part Ⅲ: observation impact and observation sensitivity in the California current system. Progress in Oceanography (submitted).

Pedlosky J (1987) Geophysical fluid dynamics. Springer, New York.

Sasaki Y (1970) Some basic formulations in numerical variational analysis. Mon Weather Rev 98: 875-883.

Shchepetkin A F, McWilliams J C (2005) The regional oceanic modeling system (ROMS): a split explicit, free-surface, topography-following-coordinate oceanic model. Ocean Model 9: 347-404.

Stammer D, Wunsch C, Giering R, Eckert C, Heimbach P, Marotzke J, Adcroft A, Hill C N, Marshall J (2002) The global ocean circulation during 1992-1997 estimated from ocean observations and a general circulation model. J Geophys Res. doi: 10.1029/2001JC000888.

Tshimanga J, Gratton S, Weaver A T, Sartenaer A (2008) Limited-memory preconditioners with application to incremental variational data assimilation. Q J R Meteorol Soc 134: 751-769.

Veneziani M, Edwards C A, Doyle J D, Foley D (2009) A central California coastal ocean modeling study: 1. Forward model and the influence of realistic versus climatological forcing. J Geophys Res. doi: 10.1029/2008JC004774.

Weaver A T, Courtier P (2001) Correlation modelling on the sphere using a generalized diffusion equation. Q J R Meteorol Soc 127: 1815-1846.

Weaver A T, Vialard J, Anderson D L T (2003) Three-and four-dimensional variational assimilation with a general circulation model of the tropical Pacific Ocean. Part Ⅰ: formulation, internal diagnostics and consistency checks. Mon Weather Rev 131: 1360-1378.

Weaver A T, Deltel C, Machu E, Ricci S, Daget N (2005) A multivariate balance operator for variational ocean data assimilation. Q J R Meteorol Soc 131: 3605-3625.

Wunsch C, Heimbach P (2007) Practical global ocean state estimation. Physica D 230: 197-208.

第 15 章　基于集合的资料同化方法
——业务海洋学计算高效应用的最新进展概述

Pierre Brasseur[①]

摘　要： 对于海洋大气流体数值模式中的资料同化来说，基于集合的方法已经很普遍。扩展卡尔曼滤波具有确定性，它明确地描述了系统状态的最佳估计值的演变过程和相关误差协方差。而集合滤波不同于前者，它利用集合离散度表示预报误差协方差，对根据资料可间歇更新的全体模式轨迹进行随机积分。因业务化海洋学中需要经济高效的算法，本章对基于集合的资料同化方法的最新研究进展进行概述，并讨论了一些和时间同化方法有关的由来已久的问题。

15.1　引言

在过去的 15 年中，基于集合的方法在地球流体数值模式资料同化中已经很普遍，而且将观测资料业务化同化到海洋模式中也已很成熟，从而可以实时或者延时预测海洋状态（Cummings et al，2009）。在这些方法中，集合卡尔曼滤波（Ensemble Kalmon Filter，EnKF）（Evensen，1994）是最著名的随机估计算法，为了解决确定性卡尔曼滤波扩展到非线性模式中所遇到的一些问题，其被历史性地引入到海洋学中。之后，集合卡尔曼滤波得到了进一步发展，并应用于大气模式（Houtekamer and Mitchell，2001）、水文模式（Reichle et al，2002），甚至地质油气藏（Chen and Zhang，2006）的资料同化应用中。

考虑到地球物理流体内在的共有特性，如混沌时间演变和有限可预报性（Brasseur et al，1996），基于集合的方法的本质就是解决海洋或大气中涉及非线性中尺度动力学的问题。对于这样的系统，集合模式的集成可基于不完善模式和不确定性初始或边界条件来计算预报的概率分布函数。

海洋学中还有另外一些因素来促进资料同化集合方法的发展，如：

- 降低传统卡尔曼滤波计算复杂性的需要，以便应用到维数非常大的数值计算问题；

---

① Pierre Brasseur，法国格勒诺布尔国家科学研究中心地球物理和工业实验室。E-mail：pierre. brasseur@ legi. grenoble-inp. fr

- 基于数值代码的模式在不断的发展过程中，其通过计算机实现和操作的灵活性；
- 利用简化算法，以低成本构建敏感性试验的可能性，例如不同同化步骤的参数化测试；
- 对解的误差估计的需要，可由集合算法简单地计算得出。

自从 Evensen（1994）的开创性工作以来，许多研究集合滤波的综述文章、教材（Evensen，2007）和应用性文章相继发表。卡尔曼滤波和低秩实现推导的基础在之前出版的书籍中已有介绍（Brasseur，2006），在此将不再重复。本章综述了最新的研究进展，这些研究进展是在业务化海洋学领域中寻求更具成本效益的方法的刺激下产生的。本章通过举例来说明集合统计显式积分的实用性，如可用来处理非高斯误差分布、平滑估计求解以及异步观测同化。

其中，15.2 节简要回顾了集合滤波的基本概念。15.3 节给出了文献中提出的生成和传播统计误差的几种方法。15.4 节讨论了观测更新的不同公式。有关时间同化策略的问题，在 15.5 节中介绍。在本章的结论中，讨论了集合技术对业务化海洋学系统中模式发展战略的影响。

15.2 卡尔曼滤波推导而来的集合资料同化方法

卡尔曼滤波（Kalman Filter，KF；Kalman，1960）给出了基于最小二乘法理论的顺序同化方法的基本框架。卡尔曼滤波是针对线性动力系统而设计的一个统计递归算法，结合先验信息（如数值模式预报）与实际系统信息（如观测），给出一个校正过的、后验的系统估计。对于非线性模式，已经发展了 KF 的扩展版本，并被称为扩展卡尔曼滤波（Extended Kalman Filter，EKF；Jazwinski，1970）。

KF 的实现遵循一系列预报更新循环步骤，主要包括两步：预报步骤，在两个连续时次 i 和 $i+1$ 之间，更新模式状态和相关的误差协方差；观测更新步骤，利用时次 $i+1$ 现有观测资料修正预报（图 15.1）。Brasseur（2006）提出了 KF 和 EKF 方程的一些有启发性的推导。在预报步骤中，由于初始误差和不完善模式动力学，系统估计的不确定性预期会增长，而当观测资料被同化后，不确定性就会减少。当任何一种以往的资料在给定时间内影响到最佳估计时，这个同化过程就归类于滤波方法。

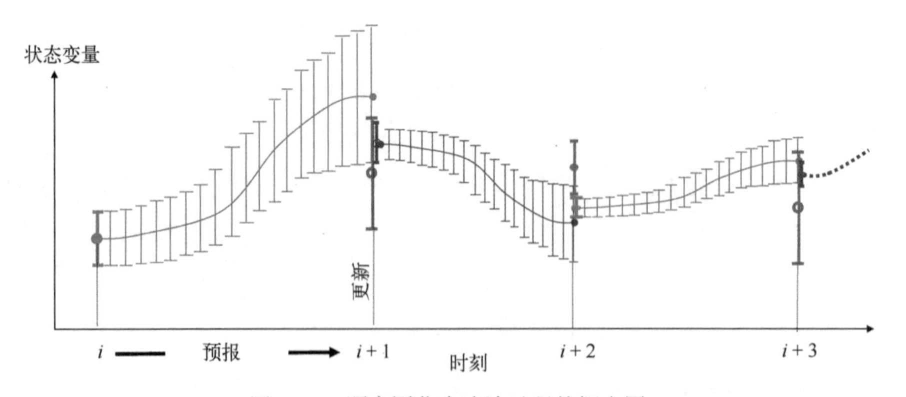

图 15.1　顺序同化中滤波过程的概念图

3 个预报更新循环用 $i+1$、$i+2$ 和 $i+3$ 时刻的资料同化来表示。垂直的条形图分别表示模式预报和分析误差（红色和蓝色）以及观测误差（绿色）

尽管 EKF 概念简单，但将其应用到非线性海洋环流模式中往往不太可能，甚至在适度规模的问题中也难以实现。主要问题之一就是关系到基线算法中预报误差协方差的显式计算，这需要 n 次模式积分才能实现（其中 n 为离散系统状态向量的维数）。由于在业务应用中，n 是 $10^7 \sim 10^9$ 的量级，简单匹配的操作不太可能，所以必须寻求别的方案。

Evensen（1994）在最初对 EnKF 的研究中就表明，蒙特卡罗方法（Monte Carlo methods）可作为 EKF 中采用的近似误差协方差演化方程的替代方法，从而用极少的计算量计算预报误差估计。与确定性 EKF 显式地描述系统状态和与此相关的误差协方差最佳估计的演化不同，EnKF 首先依赖于模式状态集合的随机积分，其次是通过集合离散度隐式表达的预报误差协方差进行观测更新，因此，集合的大小（以下用 m 表示）以及运行 EnKF 的 CPU 所需，取决于需要被抽样的概率分布的实际形状，但有文献表明，对于真实的海洋系统来说，50~100 个集合样本便已足够。然而，作为集合样本的一个函数，状态估计的准确性仍是一个重要的研究课题，这将在下面章节中进行讨论。

15.3 集合生成和集合预报

几类基于集合同化的技术可从本质上进行区别，不同之处在于所采用的方法，如何生成描述系统状态不确定性的初始集合样本，以及这种不确定性如何在同化时间窗内进行传播。

在 EnKF 原始公式中，集合样本完全是由系统状态先验概率分布的随机抽样生成，而在其他方案中，如 Pham 等（1998）介绍的奇异演化扩展卡尔曼滤波技术（Singular Evolutive Extended Kalman，SEEK）中，不确定性被表示为给定参考轨迹的“精心挑选”。SEEK 滤波的基本原理就是在由系统动力学造成增大或没有充分衰减的方向上作出修正。不同于集合模式的实现，SEEK 考虑了集合扰动，它可以大范围追踪主要误差发生地方处的尺度和过程。这就激发了利用系统变率的经验正交函数（Empirical Orthogonal Function，EOF，其通常由模式变量的 EOFs 来近似）来表示不确定性，以用于描述和预测最大的不确定性。正如 Nerger 等（2005）所详述的那样，与基于纯随机抽样方案相比，在同等性能下，基于 EOF 方法一般需要较少的集合样本。根据上述工作以及 Pham（2001）重新设计的 SEEK，Evensen（2004）提出了 EnKF 的修订抽样方案。

SEEK 方法与 Lermusiaux 和 Robinson（1999）介绍的误差子空间统计估计（Error Sub-space Statistical Estimation，ESSE）概念密切相关。在 ESSE 方法的应用中，通过分析函数得出误差协方差函数，误差模型可由其奇异值分解求出。有学者还提出了利用转置矩阵的奇异向量（singular vectors）、李雅普诺夫向量（Lyapunov vectors）或繁殖向量（breeding vectors）的其他方法（Miller and Ehret，2002；Hamill et al，2003）。李雅普诺夫主向量是利用非线性模式轨迹扰动的切线性模式计算得到，而繁殖向量是利用非线性模式计算得出的李雅普诺夫主向量的推广。图 15.2 示意性地说明了一个初始扰动集合收敛到李雅普诺夫主向量的演化过程。

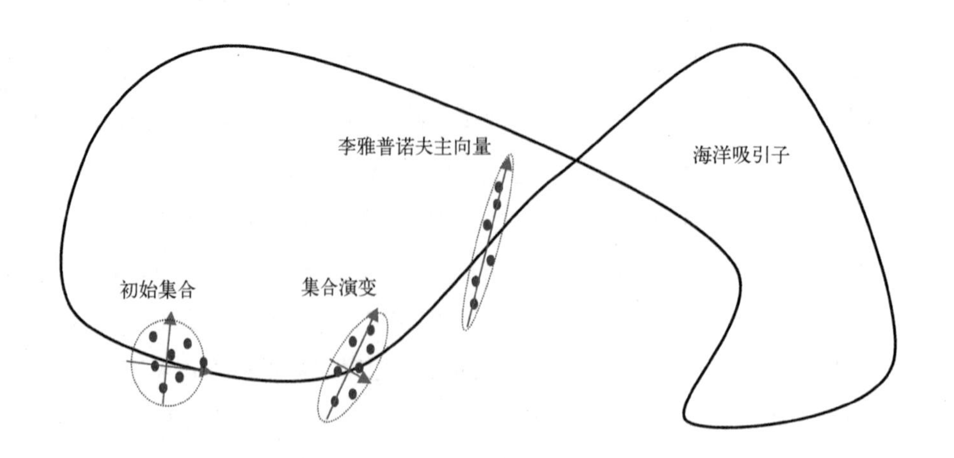

图 15.2 初始随机扰动集合收敛到李雅普诺夫主向量的演化示意［基于 Kalnay（2003）的著作重绘］

实际上，由于集合个数要比系统空间维数小得多，所以 EnKF、SEEK、ESSE 以及其他类似方法的共同特性就是与集合离散度相关的误差协方差矩阵的不满秩现象。Todling 和 Cohn（1994）第一次在 KF 框架中引入了降秩概念。Brasseur（2006）在误差协方差不满秩情况下，重新定义了 KF 的分析和预报方程。

在 EKF 中，同化窗内的误差统计随时间的演变利用切线性模式来计算，进而更新误差协方差矩阵。在 SEEK 原始公式中也提到了同样的方法（Pham et al, 1998）。为了更好地描述误差场的非线性演变过程，正如 Brasseur 等（1999）所提到的那样，可用预报误差方程的一个有限差分解来替代，这样就可以避免滤波中切线性算子的发展和实现。类似的方案可用来发展 ESSE 方法中的子空间（Lermusiaux，2001），以及 SEEK 中的 SEEK 变量（Pham，2001）：在这些方案中，从扰动状态开始，便进行了中心预报和随机海洋模式积分的集合。这种技术最终和 EnKF 非常相近，利用非线性模式进行所有集合样本的集成，而不需要确定这个中心预报。

利用这些方法发展误差统计所需的计算资源正比于误差子空间的秩，或者正比于集合个数 m。无论哪一种情况，这至少都需要等同的几十个模式积分，而这在业务化海洋系统中并不总是负担得起的。因此，我们自然而然地需要回归到简化地同化方案，不使用模式动力学显式表达统计误差。例如 Evensen（2003）提出的集合最优插值（Ensemble Optimal Interpolation，EnOI）或 Brasseur 和 Verron（2006）所介绍的具有固定误差模型的 SEEK。Oke 等（2008）描述了 EnOI 在 BLUElink 业务化预报系统中的业务化实现，Brasseur 等（2005）介绍了 Mercator 预报系统的同化方案是具有固定 EOF 偏差的 SEEK。这些方法仍然允许多变量分析的计算，且在数值计算方面极其有效，但足够大的空间跨度可能需要更多的集合样本来保证，以适当地抓住相关分析的增量。此外，在无一致的误差估计的情况下，需要给出次最优分析解。在下节中，我们将指出基于固定误差统计的顺序同化方法的其他缺点。

15.4 利用观测更新

本节概述了进行系统状态观测更新或分析步骤的不同方法。通过模式预报和观测值的权重组合，卡尔曼滤波利用新观测值来更新预报。权重的计算取决于涉及预报和观测误差的协方差矩阵的最优原则。

在所谓的 EnKF “随机” 实现方式中，利用扰动观测进行所有预报样本的反复更新，以避免出现分析协方差的系统性低估问题，这样的问题易发生在同样的数据和同样的增益矩阵用于分析方程的集合时（Burgers et al，1998）。该扰动可用一个均值为零、协方差为观测误差协方差矩阵的分布来刻画。另一种技术是所谓的 “确定的” 或 “平方根” 的分析方案，包括基于集合平均的单点分析，以及从卡尔曼滤波分析误差协方差的平方根中得来扰动更新（Verlaan and Heeming，1997；Tippett et al，2003）。

当误差协方差矩阵为平方根形式时，计算分析增量所需的逆运算是在约化空间中进行的，而非观测空间。因此，在观测误差协方差矩阵可求逆的条件下，卡尔曼滤波分析方案可转换为在观测数目 y 中的线性变化（而不是原本与 y 的立方成正比）。这个条件对业务设置中使用平方根算法是个严重的限制，这往往会导致为了数值计算效率而假设不相关的观测误差。在最近的一篇文章中，Brankart 等（2009）指出，对于多数非对角观测误差协方差矩阵来说，用 y 表示的平方根算法的线性可以被保留。这可通过利用离散测量梯度增加观测向量来实现。所提及的技术已证明有助于提高观测更新和相关误差估计准确性的质量（图 15.3），它也可以与自适应技术相结合（如 Brankart et al，2010a），以调整给定误差统计的关键参数。基于这些结果，当在分析步骤的平方根公式中使用对角观测误差时，同化大量观测资料不应再成为业务化实施的障碍。

在通常的业务预报应用中，约化空间的维数（如用集合个数 m 表示）比状态向量 n 的维数小得多，也小于该系统的正李雅普诺夫指数的数量。因此，动力系统所有不稳定的模态是不可控的，这可能就会导致不可靠的预报产生。与此相关的问题就是，当仅用 100 个集合样本时，缺少远距离弱相关变量的准确表达。现已引入不同的局地化技术方法克服这个问题，如 Schur 积的应用，对利用局地相关函数得到的集合协方差进行修正（如 Houtekamer and Mitchell，2001），每个网格点上局地分析场仅使用就近观测资料进行计算（Evensen，2003），或者 Brankart 等（2010b）提出的近似局地误差参数化并保持平方根算法的计算复杂性。局地化过程可以理解为一种用来增加误差协方差矩阵的秩而不增加集合样本的数目的工具（如预报误差计算成本）。图 15.4 显示了 Brankart 等（2010b）提出的局地参数化，其可以有效去除与远距离观测相关的虚假协方差，提高滤波估计的分析误差的准确度。在实际海洋应用中，对于提高基于集合同化技术的有效性，这个主题依然是研究热点。

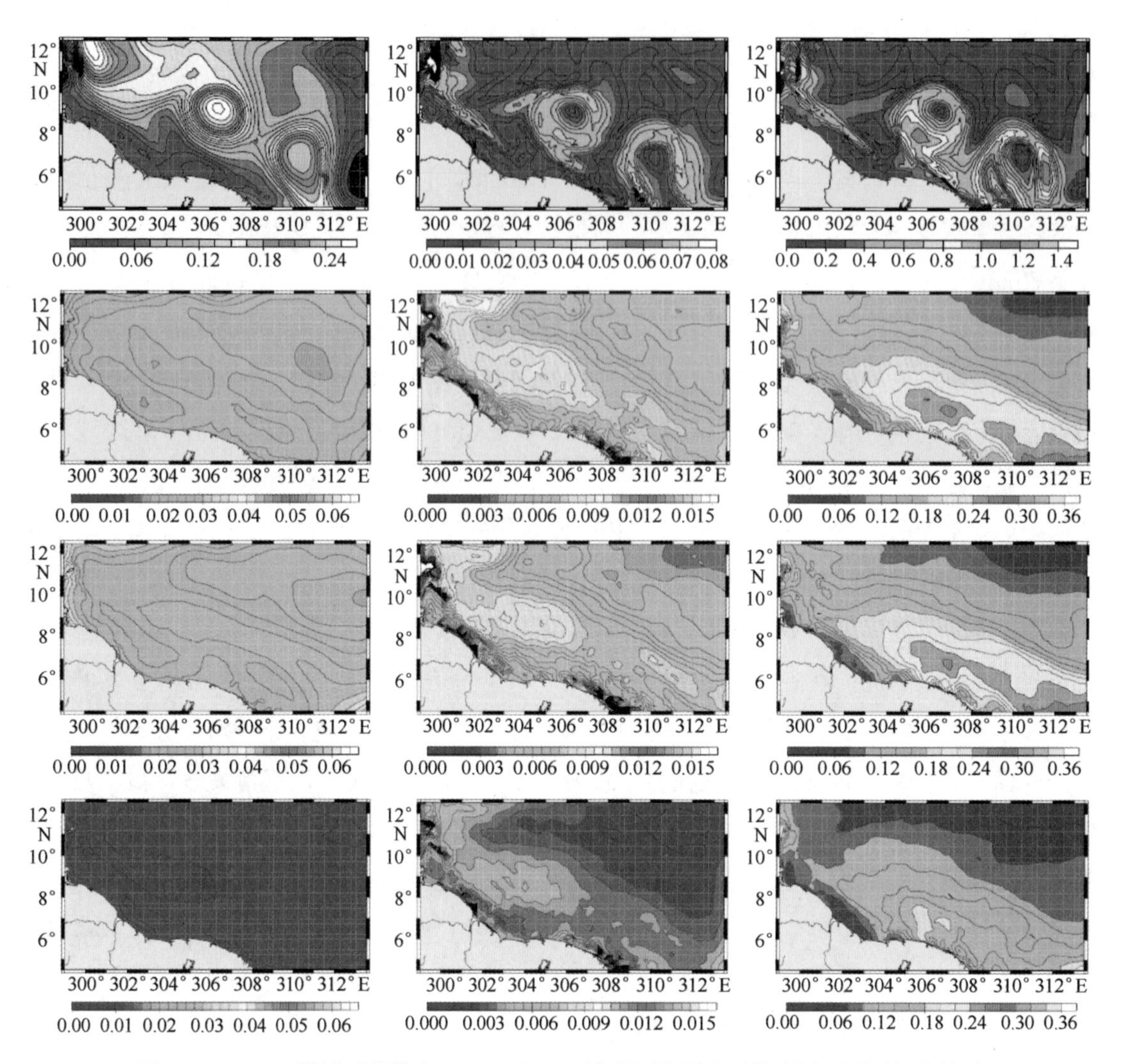

图 15.3　NEMO 模拟［分辨率（1/4）°］巴西北部近海洋流系统利用观测更新的结果
［基于 Brankart 等（2009）的著作重绘］

第一行是 12 月 14 日环流的图像：左列为海表面高度（m），中列为海表面高度的梯度，右列是海面流速（m/s）。第二行是关于真实状态差异的集合所估计的误差标准方差；第三行是利用相关观测误差参数化的平方根方法所估计的误差标准误差；第四行是当观测误差参数化为对角矩阵时所得的结果，即忽略观测误差相关性，这和前面误差估计值显著不同

到现在为止，基于 KF 算法的同化默认假设背景误差概率密度函数是高斯分布。这是一个方便的选择，因为正态概率密度函数完全由两个参数来决定（均值和标准方差），并且线性运算后仍是高斯分布。此外，如果误差是正态分布，通过线性更新（如上所述）得出的最小二乘解对应于最大似然。然而，在许多应用中，高斯假设是实际误差分布的一个粗略近似，因此需要更广泛的、与非线性分析概念相一致的理论框架。一个简单例子就是示踪剂浓度的估计，这些量是正定的，因此不能看作高斯变量（因为在线性分析方案中不能保持正定性）。

Bertino 等（2003）第一次提出自适应 EnKF 时考虑了非高斯误差，引入“变形”概念将物理空间的原始状态变量集合转换成更适合于线性更新的修正变量。这一概念得到了进一步的探讨，并应用于北冰洋耦合物理生态系统模式的合成资料同化中（Simon and Bertino，

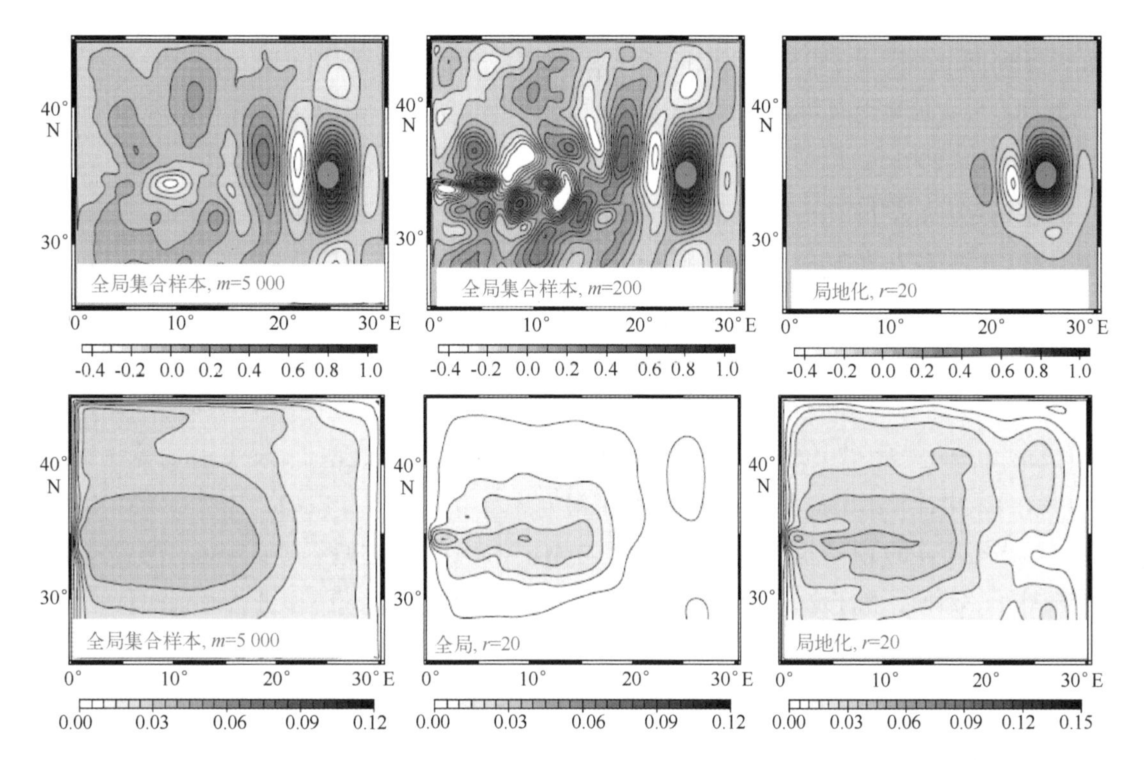

图 15.4 在一个相对理想的中纬度双涡环流区域模式中，海表面高度观测的性能表现

左上：利用5 000集合样本协方差但无局地化；中上：利用200集合样本协方差但无局地化；右上：利用20集合样本协方差并局地化。底部图给出了通过平方根滤波估计得出对应的误差标准差（Brankart et al，2010b）

2009）。最近，Béal 等（2010）提出了更为通用的转换方法，但仍是在耦合物理-生物地球化学模式的资料同化背景下进行的。这种方法的基本思想是充分利用集合预报统计，并通过局地映射每个状态变量分布的集合百分位数到高斯百分位数来计算转换公式。理想化的结果表明，这种变形方法可以显著提高基于高斯经典计算的估计精度，开创了类似耦合模式（物理-生物或海洋-海冰-大气）同化的新局面。相对于线性分析方案，变形方法关键在于它不会引起任何显著额外计算成本。然而，当使用模式动力学显式传播误差统计时，可得益于 Béal 等（2010）提出的自适应变形。

15.5 时间策略

在图 15.1 中所描述的同化概念问题中，考虑了两个主要的简化：①离散时间区间上有观测；②在精确观测时间上进行分析。在实际的海洋和大气问题中，因为观测的连贯性可看作是随时间几乎连续的（如沿轨高度计资料的取样），所以情况完全不同。在每个时间上中断模式预报获得新的数据是不太合适的，因为基于很少数据且非常频繁的模式的更新代价太高，同时不利于模式的数值时间积分。实际上，中尺度海洋环流预报业务化系统的同化窗口为 3~7 d，海气耦合季节预测系统的初始化的同化窗口为 10~30 d。

因此，间歇同化方法必然需要近似。例如，气象学中最初引入的合适时间的初猜场

(First Guest at Appropriate Time, FGAT)可以更准确地评估更新向量：通过计算每段观测与对应观测时间上的模式预报元素之间的差异来评估更新向量，而不用计算时间分布资料集和分析时间处模式预报之间的差异。这个方法已经在三维变分（3D-Var）同化系统中测试过(Weaver et al, 2003)。

四维同化方法给出了一个考虑数据时间分布的缜密形式。在一个同化窗内，四维变分(4D-Var)或集合方法确实有在具体观测时刻处同化天气尺度数据的能力。在 Evensen 和 van Leeuwen(2000)介绍的集合卡尔曼平滑（Ensemble Kalman Smoother, EnKS）中，通过利用集合中的时间相关性，同化非天气尺度观测也是可能的：EnKF 解可用作分析场的第一猜测，而分析场可利用集合协方差随时间向后传播。Hunt 等（2004）进一步讨论的所谓的 4D-EnKF 公式，Sakov 等（2010）最近对此进行了重新讨论。根据这些工作，Cosme 等（2010）从 SEEK 公式中推导出了一个降阶的平方根平滑方法。当 $m=r$ 时，EnKF、EnKS、SEEK 滤波或 SEEK 平滑所需的 CPU 都是相似的，但是与 4D-Var 相比，它们不需要时间上的后向积分和伴随算子。然而，由于必须存储所有观测时刻的集合轨迹，对于许多分析时刻的长时间区间来说，平滑的存储需求可能变的非常大。

间歇性同化的第二结果是预报/分析估计的不连续性，这是变分和顺序同化方法的主要缺点，因为它们需要重复同化循环。间歇性的修正引发了两个相关问题——对模式的冲击和数据的剔除。研究发现，将观测同化到模式中可能引发由脉冲插入而引起的瞬时波动。这些波动通常是与物理不平衡的误差协方差有关的修正状态的缺陷结果。为了以一种更为循序渐进的方式结合分析增量，Bloom 等（1996）提出一个基于增量分析更新（Incremental Analysis Updates, IAU）的算法，该算法融合了间歇和连续两个同化方案。利用经典的 KF 方程，IAU 算法首先计算分析场修正量，然后（均匀或者不均匀）在同化窗口内分布这个修正量，并逐渐插入模式以进行更新（Ourmières et al, 2006）。在同化窗口的末端所获得的状态可以用作下一个同化循环的初始条件，从而得到时间连续的滤波轨迹。计算信息向量的 FGAT 方法可作为 IAU 时间方案的补充。多数结合局地化和处理连续观测资料的严谨技术，都受限于新发展的大型数值系统（Bergemann and Reich, 2010）。

15.6 结论

自从基于集合的同化方法首次被应用到海洋或大气模式中后，到现在已经取得了显著的进展。如今已研发出各种各样的降秩卡尔曼滤波，旨在减少原始算法的计算复杂性，同时使复杂且巨大的数据集同化到非线性模式中成为可能。

本章介绍了相对于四维变分，基于集合的方法更具优势，它们在不断进步的数值代码实现上的灵活性仍是最大的优点。此外，集合方法提供了一个简练且有效的统计方法来量化业务化海洋产品用户需求的不确定性。

然而，目前运行中的大多数业务化系统仍然是基于没有显式表达传播误差统计的次优化估计方法（如 EnOI）。用户需求、科学争议（如次中尺度过程的作用）以及如今可获得的加密资料集，强烈亟须业务化模式增加空间和时间上的分辨率，在这样的背景下，向四维方法过渡成为一种挑战。

诸如在多年代际再分析产品的应用中，对于比模拟流场的预报时间尺度大的时间周期内，动力学一致性的需求在概念层次上仍然是个问题。这对涡分辨的海洋模式来说尤为如此，四维“弱约束”同化方法（如假定模式方程没有经过严格验证）只能用不完善数据适当调解不完善的模式。

致谢：感谢在澳大利亚珀斯市举行的 GODAE 业务化海洋学暑期学校的组织者邀请我讲授这些课程。本工作还得到欧盟委员会授权的 MyOcean 项目 FP7-SPACE-2007-1-CT-218812-MYOCEAN 的支持。

参考文献

Béal D, Brasseur P, Brankart J M, Ourmières Y, Verron J (2010) Characterization of mixing errors in a coupled physical biogeochemical model of the North Atlantic: implications for nonlinear estimation using Gaussian anamorphosis. Ocean Sci 6: 247-262.

Bergemann K, Reich S (2010) A localization technique for ensemble Kalman filters. Quart J R Meteor Soc 136: 701-707.

Bertino L, Evensen G, Wackernagel H (2003) Sequential data assimilation techniques in oceanography. Int Stat Rev 71: 223-241.

Bloom S C, Takacs L L, Da Silva A M, Ledvina D (1996) Data assimilation using incremental analysis updates. Mon Wea Rev 124: 1256-1271.

Brankart J M, Ubelmann C, Testut C E, Cosme E, Brasseur P, Verron J (2009) Efficient parameterization of the observation error covariance matrix for square root or ensemble Kalman filters: application to ocean altimetry. Mon Wea Rev 137: 1908-1927. doi: 10.1175/2008MWR2693.1.

Brankart J M, Cosme E, Testut C E, Brasseur P, Verron J (2010a) Efficient adaptive error parameterizations for square root or ensemble Kalman filters: application to the control of ocean mesoscale signals. Mon Wea Rev 138: 932-950. doi: 10.1175/2009MWR3085.1.

Brankart J M, Cosme E, Testut C E, Brasseur P, Verron J (2010b) Efficient local error parameterizations for square root or ensemble Kalman filters: application to a basin-scale ocean turbulent flow. Mon Wea Rev (in revision).

Brasseur P (2006) Ocean Data Assimilation using Sequential Methods based on the Kalman filter. In: Chassignet E, Verron J (eds) Ocean weather forecasting: an Integrated view of Oceanography. Springer, Netherlands, pp 271-316.

Brasseur P, Verron J (2006) The SEEK filter method for data assimilation in oceanography: a syn-thesis. Ocean Dyn 56: 650-661. doi: 10.1007/s10236-006-0080-3.

Brasseur P, Blayo E, Verron J (1996) Predictability experiments in the North Atlantic Ocean: out-come of a QG model with assimilation of TOPEX/Poseidon altimeter data. J Geophys Res 101 (C6): 14161-14174.

Brasseur P, Ballabrera J, Verron J (1999) Assimilation of altimetric observations in a primitive equation model of the Gulf Stream using a singular evolutive extended Kalman filter. J Mar Syst 22(4): 269-294.

Brasseur P, Bahurel P, Bertino L, Birol F, Brankart J M, Ferry N, Losa S, Rémy E, Schröter J, Skachko S, Testut C E, Tranchant B, van Leeuwen P J, Verron J (2005) Data Assimilation for marine monitoring and prediction: the MERCATOR operational assimilation systems and the MERSEA developments Quart J R Meteor Soc 131: 3561-3582.

Burgers G, van Leeuwen P, Evensen G (1998) Analysis scheme in the ensemble Kalman filter. Mon Wea Rev 126: 1719-1724.

Chen Y, Zhang D (2006) Data assimilation for transient flow in geologic formations via ensemble Kalman filter. Adv Water Resour 29(8): 1107-1122.

Cosme E, Brankart J M, Verron J, Brasseur P, Krysta M (2010) Implementation of a reduced-rank, square root smoother for high-resolution ocean data assimilation. Ocean Model 33: 87-100. doi: 10.1016/j.ocemod.2009.12.004.

Cummings J, Bertino L, Brasseur P, Fukumori I, Kamachi M, Martin M, Morgensen K, Oke P, Testut CE, Verron J, Weaver A (2009) Ocean data assimilation systems for GODEA. Ocean-ography 22(3): 96-109.

Evensen G (1994) Sequential data assimilation with a nonlinear quasi-geostrophic model using Monte Carlo methods to forecast error statistics. J Geophys Res 99(C5): 10143-10162.

Evensen G (2003) The Ensemble Kalman Filter: theoretical formulation and practical implementa-tion. Ocean Dyn 53: 343-367.

Evensen G (2004) Sampling strategies and square root analysis schemes for the EnKF. Ocean Dyn 54: 539-560.

Evensen G (2007) Data assimilation, the ensemble Kalman filter. Springer, New York, p 279.

Evensen G, van Leeuwen P J (2000) An ensemble Kalman smoother for non-linear dynamics. Mon Wea Rev 128: 1852-1867.

Hamill T M, Snyder C, Whitaker J S (2003) Ensemble forecasts and the properties of flow-depen-dent analysis-error covariance singular vectors. Mon Wea Rev 131: 1741-1758.

Houtekamer P L, Mitchell H L (2001) A sequential ensemble Kalman filter for atmospheric data assimilation. Mon Wea Rev 129: 123-137.

Hunt B, Kalnay E, Kostelich E, Ott E, Patil D J, Sauer T, Szunyogh I, Yorke J A, Zimin A V (2004) Four dimensional ensemble Kalman filtering. Tellus 56A: 273-277.

Jazwinski A H (1970) Stochastic processes and filtering theory. Academic Press, San Diego.

Kalman R E (1960) A new approach to linear filter and prediction problems. J Basic Eng 82: 35-45.

Kalnay E (2003) Atmospheric modeling, data assimilation and predictability. Cambridge Univer-sity Press, Cambridge, p 341.

Lermusiaux P F J (2001) Evolving the subspace of the three dimensional ocean variability: Mas-sachusetts Bay. J Mar Syst 29: 385-422.

Lermusiaux P F J, Robinson A R (1999) Data assimilation via error subspace statistical estimation, Part I: theory and schemes. Mon Wea Rev 127 (7): 1385-1407.

Miller R N, Ehret L (2002) Ensemble generation for models of multimodal systems. Mon Wea Rev 130: 2313-2333.

Nerger L, Hiller W, Schröter J (2005) A comparison of error subspace Kalman filter. Tellus 57A: 715-735.

Oke P R, Brassington G B, Griffin D A, Schiller A (2008) The Bluelink ocean data assimilation system (BODAS). Ocean Model 21: 46-70.

Ourmières Y, Brankart J M, Berline L, Brasseur P, Verron J (2006) Incremental analysis update implementation into a sequential ocean data assimilation system. J Atmos Ocean Technol 23 (12): 1729-1744.

Pham D T (2001) Stochastic methods for sequential data assimilation in strongly non-linear sys-tems. Mon Wea Rev 129: 1194-1207.

Pham D T, Verron J, Roubaud M C (1998) A singular evolutive extended Kalman filter for data as-similation in oceanography. J Mar Syst 16: 323-340.

Reichle R H, McLaughlin D B, Entekhabi D (2002) Hydrologic data assimilation with the Ensem-ble Kalman filter. Mon Wea Rev 130: 103-114.

Sakov P, Evensen G, Bertino L (2010) Asynchronous data assimilation with the EnKF. Tellus 66A: 24-29.

Simon E, Bertino L (2009) Application of the Gaussian anamorphosis to assimilation in a 3-D coupled physical-ecosystem model of the North Atlantic with the EnKF: a twin experiment. Ocean Sci 5: 495-510.

Tippett M K, Anderson J L, Bishop C H, Hamill T M, Whitaker J S (2003) Ensemble square root filters. Mon Wea Rev 131: 1485-1490.

Todling R, Cohn S E (1994) Suboptimal schemes for atmospheric data assimilation based on the Kalman Filter. Mon Wea Rev 122: 2530-2557.

Verlaan M, Heemink A W (1997) Tidal flow forecasting using reduced-rank square root filter. Stoch Hydrol Hydraul 11: 349-368.

Weaver A, Vialard J, Anderson D L T (2003) Three-and four-dimensional variational assimilation with a general circulation model of the tropical Pacific Ocean. Part I: formulation, internal diagnostics, and consistency checks. Mon Wea Rev 131: 1360-1378.

第6部分

系　统

第16章　全球业务化海洋学系统概述

Eric Dombrowsky[①]

摘　要：全球海洋数据同化实验（GODAE）已经发展了几个常规海洋预报系统，用于发布业务化的预报服务。这几个系统最重要的部分包括：①可获取到由遥感和现场观测得到的高质量观测数据，并在最快的时效内输入系统；②应用最先进的数值模式；③能有效地将观测数据和模型的物理过程结合起来的同化系统。上述3个部分集成到系统中可实现常规运行，并发布实时服务。本章将介绍预报系统的这些功能，并着重介绍其具体的特点。

16.1　引言

业务化海洋学（Operational Oceanography，OO）是全球海洋数据同化实验（Global Ocean Data Assimilation Experiment，GODAE）着力推广的一个概念（Smith and Lefebvre，1997）。"业务化"这个术语现在被各个机构广泛应用，但各机构对其含义及理解存在很大不同。为此，GODAE对"业务化"这个词给出了精确的定义，以避免混淆。根据GODAE战略计划（IGST，2000），业务化被定义为"每次处理都采用预先确定的系统的方法，以常规和定期的方式进行，并不间断地监测其性能"。

在这个定义中包含两个重要的含义：①产品必须是定期和系统的，服务的时间表预先要确定，使用户确切知道可以得到哪些服务，以及何时和如何得到；②不间断地监测产品在科学（产品质量）或技术方面的表现来保证服务的质量。

如图16.1所示，实时业务化海洋学系统基于三大部分组成：①遥感观测系统；②现场观测系统；③包括同化的海洋环流模式（Ocean General Circulation Models，OGCMs）结合观测数据为用户提供预报服务。

本章将集中讨论用于发布仅包括海洋物理预报的实时业务化海洋服务的系统，不考虑生物地球化学服务和再分析。在引言之后，16.2节将简要概述GODAE业务化海洋学系统。16.3节介绍业务化系统最关键的功能要素，将输入数据通过一系列处理转化成提供给用户的

---

① Eric Oombrowsky，法国麦卡托国际海洋中心。E-mail：eric.dombrowsky@mercator-ocean.fr

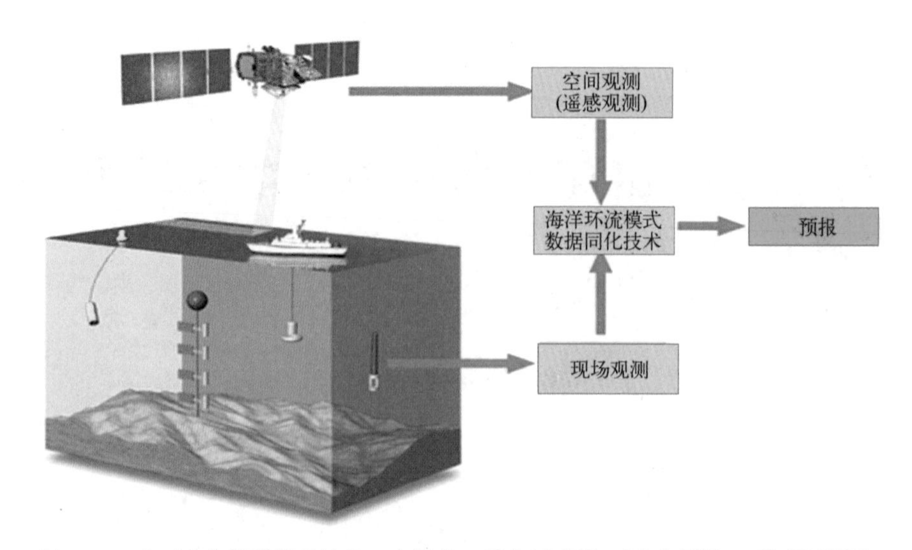

图 16.1 实时业务海洋学系统的三大部分：①空间观测（遥感观测），②现场测量，③包括数据同化系统的海洋环流模式来提供海洋预报服务

服务。通过分析 GODAE 开发的现有预报系统，列出了关键要素及其特点。16.4 节介绍并讨论了业务化海洋学系统重要的但非功能性的方面。

16.2 全球业务化海洋学预报系统国际合作计划业务化海洋学系统概述

在过去的 10 年里，GODAE 已经开发了几个业务化海洋学系统。《海洋学》杂志在 2009 年 9 月出版了一期专刊，专门介绍这些 GODAE 系统（第 22 卷第 3 期）。

Dombrowsky 等（2009）给出了 GODAE 实时系统在 2008 年的概况。表 16.1 列出了文章中介绍的几个系统截至 2010 年 3 月的主要特点和在国际 GODAE 指导组（International GODAE Steering Team，IGST）指导下的进展：全球业务化海洋学预报系统国际合作计划（GODAE OceanView；Le Traon et al，2010）。

表 16.1 GODAE 的 13 个实时系统在 2010 年 1 月时的主要特点

系统名称	海洋环流模式	区域	水平	垂直	同化
BLUElink（澳大利亚）	MOM 4	全球 区域	1°G（1/10）°*R*	*z* 坐标 47 层	集合最优插值
C-NOOFS（加拿大）	NEMO	加拿大 大西洋	（1/4）°	*z* 坐标 50 层	无
ECCO-JPL（美国）	MIT OGCMs	全球	1°×0.3°	*z* 坐标 46 层	卡尔曼滤波+平滑
FOAM（英国）	NEMO	全球 区域	（1/4）°G （1/12）°*R*	*z* 坐标 50 层	分析校正
HYCOM/NCODA（美国）	HYCOM	全球	（1/12）°	混合坐标 32 层	多元最优插值
MERCATOR（法国）	NEMO	全球 区域	（1/4）°+ （1/12）°*G* （1/12）°*R*	*z* 坐标 50 层	SEEK

续表

系统名称	海洋环流模式	区域	水平	垂直	同化
MFS（意大利）	NEMO	地中海	(1/16)°	z 坐标 71 层	三维变分同化
MOVE/MRI（日本）	MRI. com	全球　区域	1°G (1/2)°+（1/10)°*R*	z 坐标 50 层	三维变分同化
NCOM（美国）	POM	全球	(1/8)°	混合坐标 42 层	二维最优插值+ 三维变分同化
NLOM（美国）	NLOM	全球	(1/32)°	6+1 层	二维最优插值
NMEFC（中国）	Lap/Cas	热带太平洋	2°×1°	z 坐标 14 层	三维变分同化
RTOFS（美国）	HYCOM	北大西洋	4~18 km	混合坐标 26 层	三维变分同化
TOPAZ（挪威）	HYCOM	北大西洋 + 北极	11~16 km	混合坐标 22 层	集合卡尔曼滤波 100 个成员

注：具有全球分辨率的系统用斜体标出，具有涡分辨能力的系统用白体标出［临界值为（1/10)°］。目前有 3 个系统能提供全球海洋涡分辨率的预报服务。

从表格中可以看出，GODAE OceanView 成员中有 13 个运行的系统在为全球几个国家提供实时预报服务：

- 在美国有几个机构运行的几个系统：
  JPL 运行的 ECCO，
  在美国海军的 NAVOCEANO 运行的 HYCOM/NCODA、NCOM 和 NLOM，
  NOAA 运行的 RTOFS 系统。
- 在欧洲有几个不同国家运行的几个系统：
  英国气象局运行的 FOAM，
  法国麦卡托海洋中心运行的 MERCATOR，
  意大利 INGV 运行的 MFS，
  挪威 NERSC 和气象局运行的 TOPAZ。
- 澳大利亚气象局运行的 BLUElink。
- 加拿大渔业和海洋部（DFO）运行的 C-NOOFs。
- 中国国家海洋环境预报中心运行的 NMEFC 系统。
- 日本气象厅运行的 MOVE/MRI 系统。

读者可以参考 Dombrowsky 等 2009 年发表的文章，其中有更多关于模式和同化工具的细节和参考文献。

这些系统中只有几个系统具有全球范围涡分辨能力，比如美国海军和麦卡托海洋中心运行的涡分辨率全球系统。这主要是受计算资源的限制（将在下文讨论）。为了达到分辨涡的水平分辨率，几个中心已经在其感兴趣的海域开发并运行高分辨率的区域模式，并嵌套在更大区域的模式中。例如，MOVE/MRI 开发了一套完整的系统，从 1°水平分辨率的全球模式，降尺度到（1/2)°水平分辨率的北太平洋，再到（1/10)°水平分辨率的几个中心感兴趣的区域（如黑潮海域）。

在美国，NOAA 和海军目前正着手开发基于 HYCOM 模式的通用工具，其将逐步取代现有的系统（如 NLOM 和 NCOM）。

在欧洲，在全球环境与安全监测欧洲计划（Global Monitoring for Environment and Security European initiative，GMES；Ryder，2007）内，GODAE OceanView 成员（以及其他非 GODAE OceanView 成员）目前正在发展为用户提供海洋核心服务的综合能力。这些进展是在由欧洲委员会资助的 3 年项目 MyOcean 项目（Bahurel et al，2010）内开展的。MyOcean 项目于 2009 年初启动，目的在于在包括 GODAE 等已有的工作上为欧洲海洋核心服务奠定基础。

除了这些已经建立的系统，其他国家也在运行或有计划建立这样的系统，其中包括巴西和印度（其还不是 GODAE 成员）。GODAE OceanView 的一个目标是在这些新出现的业务化海洋学系统建立后，尽快将其纳为成员。成为 GODAE OceanView 成员的最低要求是：①国家多年支持业务化海洋学的发展，并有较强的科学基础支持；②有加入 GODAE OceanView 的意愿。

16.3 业务化海洋学的主要功能

16.3.1 观测、模式和数据同化

16.3.1.1 高质量的近实时输入数据

要运行业务化海洋学系统，需要输入观测数据和大气强迫场，它们的特点是高质量和实时数据高可用性。

这是业务化海洋学最突出的挑战之一，因为如果没有这些输入，就不可能指望业务化海洋学系统有任何表现（如预报技巧）。

海洋观测主要有两个目的：

- 用于同化，使系统模拟的海洋状态尽可能与观测的真实海洋相接近；
- 用于验证预报产品。

已有的业务化海洋学系统中使用的观测包括：

- 遥感观测：例如海表面高度、海表面温度、水色、冰密集度和漂移。
- 现场观测：例如 Argo 温盐剖面、XBT、CTD、漂流浮标和锚系站。

对于这些观测，需要得到经过质量控制（quality control，QC）的数据，在测量完成后用最先进的算法尽快处理，数据质量与延迟模式下得到的数据质量可以相比，并毫不拖延地分发给业务化海洋学中心。

在国际组织努力下，GODAE 建立了专门的处理中心来处理上面列出的大部分观测数据。这个工作需要长期开展。

使用的数据一般都是定点观测，一些系统也采用网格化的产品。这种情况是当处理定点观测时同化系统不够先进而采用的办法。在这种情况下，离线的网格化处理被认为是有用的。然而，我们的目标是发展观测算子，以便我们能够尽可能在接近测量的位置处理数据，并能

够考虑到大部分包含在观测中的时空信息。

一方面，观测有时是不良的，例如当传感器本身或实时处理出现问题时。在这种情况下，数据必须在质量控制环节剔除掉，如果这些不良数据不被剔除，进入系统后会在分析场中产生虚假信号。这些错误数据加入系统后，其影响消失可能需要很长时间，也有可能永远无法完全恢复。

另一方面，要将尽可能多的良好数据输入到系统中，因为观测数据对于系统性能来说是至关重要的，主要原因是观测数据在海洋上的分布太稀少了（在现有的观测系统下，海洋及其变化在很大程度上缺少采样）。任何数据的丢失都会对服务质量造成不利影响（在观测系统中几乎没有多余的）。业务化海洋学要面临的挑战之一是剔除不良数据，但尽可能少地剔除良好的数据，这就是输入数据质量控制的作用，就如 Cummings（2010）所描述的那样。

虽然一些 GODAE 中心已经具备了获取和处理观测数据的能力，如美国海军系统用来处理高度计数据的高度计数据融合中心（Altimeter Data Fusion Center，ADFC），有些则是依靠专门处理观测数据的中心，如物理海洋学分布式主动存档中心（Physical Oceanography Distributed Active Archive Centers，PO. DAAC）或处理高度计的数据统一和高度计融合系统（Data Unification and Altimeter Combination System，DUACS），处理现场观测的科里奥利数据中心或用来分发海表面温度观测数据的全球高分辨率海表面温度（Global High Resolution Sea Surface Temperature，GHRSST）。

就业务化海洋学中心的实时数据流程方面而言仍有改善的空间，即进一步减少观测到可以用于同化之间的时间延迟。目前，根据观测类型的不同，延迟时间从几小时到几天不等。

16.3.1.2 强迫场

除了观测数据，系统还需要刚刚过去、现在和将来（预报）的大气强迫场。它们来自数值天气预报（Numerical Weather Prediction，NWP）服务的输出，用上层大气的变量以交互方式（块体公式）计算热量、动量和/或淡水通量，或直接估算这些通量。在后一种情况下，数值天气预报服务输出的估计值是采用稳定海洋计算的，这与真实海洋和业务化海洋学系统模拟的海洋不同。这样可能会产生虚假的效应，如对上层海洋偏差的累计（在非耦合系统中没有海洋对大气的响应）。

在刚刚过去的时间里，遥感数据被用来计算强迫项，其中有风和海表面温度卫星观测。

关于输入数据的细节，可参见 Ravichandran（2010）、Le Traon（2010）和 Josey（2010）的文章。

使用大气强迫场有几个选择可以考虑：

- 是否包括高频强迫（分析的日循环，采用逐时、3 h、6 h 或日平均的强迫场）。
- 强迫场与观测结合用来后报。
- 延长海洋预报的时效至大气预报时效以外：采用不同方法向气候态强迫恢复，如麦卡托海洋中心和美国海军。
- 机构内部的大气模式（例如美国海军的 NOGAPS 系统）。

• 运行耦合系统（例如 NCEP 用于热带气旋预报的 RTOFS 系统）。

一些 GODAE OceanView 的业务化海洋学系统由气象机构自己运行，他们采用自己的 NWP 产品。如 Metoffice（英国）、NOAA/NCEP（美国）、MRI/JMA（日本）、BOM（澳大利亚）和 EC（加拿大）。其他一些系统依赖于外部 NWP 系统，如 Mercator Océan（法国），MFS（意大利），TOPAZ（挪威）采用 ECMWF 的产品，NMEFC（中国）采用 NCEP 产品。

16.3.1.3 模式配置

需要配置模式来进行预报，即对海洋的状态及其在未来的发展进行估计。这个功能的目标是提供预测估计，比气候态好，也比持续性预报（采用现报估计并假定不随时间变化来预测未来）好。

为了能够发布预报（即使是现报，因为得到的观测比实时有所延迟），需要一个海洋动力学数值模式。在过去，基于简化模式（如准地转模式）会开发一些系统，但现在，由于计算能力的增加和开发最先进代码团体的出现，所有的系统都采用数值 OGCMs 来求解原始方程。

这里的一个关键点是 OGCMs 代码必须由一个大的团体开发并适用于业务化海洋学系统，最好包括来自学术研究界的科学家。例如，由于在科学和业务化团体中共同努力维护模式代码，NEMO（Nucleus for European Modelling of the Ocean）的代码在欧洲的业务化海洋学中心被大量采用。同样，目前美国主要的业务化海洋学中心采用 HYCOM（HYbrid Coordinate Ocean Model），这得益于一个大的团体的投入。

这些 OGCMs 的配置会有一些不同，其中有垂直坐标系、混合方案、边界层、湍闭合、自由表面和平流方案。但是，有一些共同的需求：

• 这些代码必须建立在真实的配置之上，意味着要有良好的地形数据（对于全球系统，需要能解决北极点奇异值的网格，如图 16.2 所示的三极点网格）。

• 在计算和数值方法方面必须高效［例如通过信息传递接口（Message Passing Interface，MPI）实现显式并行计算和区域分解技术］，因为需要减少从最后的数据进入系统的时间到服务分发给用户所消耗的时间（时效性）。

这些配置的水平分辨率可能是涡分辨、涡相容或低分辨率，这取决于预报需求和计算能力。必须承认的是，要能够分辨涡（涡分辨系统），水平分辨率至少应为（1/10）°。配置是海盆尺度还是全球尺度，同样取决于这些中心的需求和能力。通常垂直分辨率在海表面进行加密，一般分 50 层的量级。

业务化海洋学系统中使用的模式的细节参见 Barnier（2010）、Chassignet（2010）和 Hurlburt（2010）的文章。

短期（几天）天气尺度的预报通常是确定性的，由单一模式从由同化方案（分析）得到的开始计算初始场，并由天气尺度的大气预报场强迫，预报时效主要受大气预报时效的限制（只有天气尺度强迫场）。然而，海洋的预报技术已被证明超越了大气的可预测性尺度：例如，美国海军系统，Smedstad 等（2003）（可达 20~30 d）的研究表明，超过天气预报尺度的强迫场可恢复到气候态。此外，一些研究表明，采用非确定性的大气预报能够提高对海洋的可预报性（Drillet et al，2009）。然而，大部分短期海洋确定性预报是使用确定的大气强场迫。

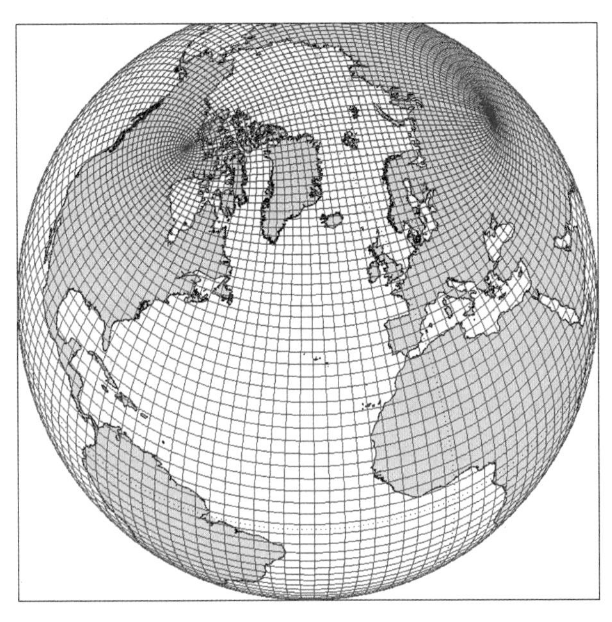

图 16.2 Mercator 和 FOAM 所采用的解决北极点奇异值的网格示例

该网格是一个三极点 ORCA 网格（Madec and Imbard，1996），其是经典的麦卡托网格，可到达北半球给定的纬度。然后平滑的向双极点网格过度，奇点被放在大陆上。为了显示清楚，这里仅展示了实际网格线的一部分。美国的全球 HYCOM 配置中也采用了类似的三极点网格

对于更长的时间尺度（从 1 个月到几十年气候态运行），OGCMs 通常与大气环流模式耦合，最终与其他地球系统分量模式（例如水文和海冰）耦合以保证这些组成部分之间的相互作用。

在大气预报中使用的其他方法如集合（统计）预报等，即将几个系统提供的预报通过超级集合技术（Krishnamurti et al，1999）进行融合的方法在海洋预报中心尚未使用。在不久的将来，海洋预报中心可能会对其进行研发，以作为天气尺度确定性预报的一个补充。

16.3.1.4 高效的同化技术

在业务化海洋学中，同化系统的设计要满足两个目标：①为确定性预报提供最佳初始场；②使模拟结果更好地符合过去的观测，以尽可能地获取过去的最终达到实时的海洋状态的最佳信息。因此，同化方案融合了观测值和之前的模式预报（也称为背景状态），通过分析程序考虑它们的相对误差特点，在模式空间上得到一组最佳的海洋变量，作为运行预报模式的初始场。

要注意，这两个目标并不一定是相容的，最佳的模拟结果不一定能为模式预报提供最好的初始场。第一个目标适用于业务化预报，而第二目标与再分析更为相关。

大多数分析方案是基于像最优插值（Optimal Interpolation，OI）、卡尔曼滤波（Kalman Filters，KF）、变分算法（Variational Algorithms，VAR）及其变种的最佳线性无偏估计（Best

Linear Unbiased Estimate，BLUE）理论，比如连续平滑在分析场中考虑到了未来的观测。这些同化方案设计都计算一组最佳权重，用于对背景场（之前的预报）和观测值进行加权平均，并考虑它们的误差特征。

所有这些方案作为一系列预报/分析的循环，产生了一个不连续的模式发展轨迹，在更新循环的间隔处是个典型的锯齿形轨迹。为了避免对模式的轨迹产生相应的冲击，几个业务化同化系统中引入了增量分析更新（Incremental Analysis Update，IAU，见 Bloom et al，1996）。它本质上是将在给定的时间（一般是从几小时到几天）内的每个时间步长增加增量的一小部分作为强迫项，而不是在给定的时间内一次增加整个增量，这会生成一个平滑的轨迹，抑制分析场冲击后的瞬变。相对应的是，在 IAU 期间，模式轨迹不再沿着流体的控制方程发展。

四维变分同化方案与此不同，其目标是在保持物理平衡的同时得到符合观测数据的最佳连续模式轨迹，即模式积分中没有增加统计增量，其中包括最优化轨迹、改变系统自由度（如初始条件、大气强迫等）、采用凸优化（二次代价函数最小化）。他们需要采用伴随模式来降低最小化成本（代价函数的梯度计算需要模式和伴随模式的向前和向后积分）。目前没有业务化海洋学预报中心采用四维变分同化技术。

关于同化理论和实际应用方面的更多细节，可参考 Zaron（2010）、Brasseur（2010）和 Moore（2010）的文章。

模式分辨率和同化方案复杂程度之间存在明显的竞争。业务化海洋学这一功能的一个主要方面是在模式计算成本和同化方案之间取得良好的平衡。例如，采用 O（100）倍的量级样本数的集合卡尔曼滤波将使模式的计算成本增加 O（100）倍的量级，而水平分辨率加倍后增加的计算成本仅为 O（10）倍的量级。由于在很多应用中模式分辨率是预报技巧的一个关键限制因素，大部分系统都是采用计算成本与单独计算模式在一个量级的同化方案。例如美国海军和麦卡托海洋中心开始研发的高分辨率区域模式，其同化系统相当简单，直到后来计算能力允许的情况下才实现更复杂的同化方法和全球模式。

在 GODAE 系统中，来自挪威的 TOPAZ 系统是个例外。他们一开始就建立了高级的（计算成本高）同化方案（集合卡尔曼滤波），模式配置采用中等水平的分辨率，当计算能力提高后再增加其分辨率。

16.3.2 产品生成和质量监控

原始的模式产品一般是包含了模式计算网格上的海洋变量的文件。计算网格不一定能满足大部分应用。它们可以交错（ARAKAWA 网格）、旋转、拉伸、不规则，也可能随时间而变化（如 HYCOM 中的垂向密度坐标）。

因此，对原始模式的输出进行后处理生成数值产品，对用户使用更为方便。这部分功能包括重映射到标准网格上、分区、平均、应用标准的文件名和格式，将模式变量转化为面向用户的产品。

这个功能对于向用户提供服务是非常重要的。但是，很可能是由于每个 GODAE OceanView 中心的目标用户和服务都不同，GODAE OceanView 系统的这个功能有各种各样的方式。

我们可以看到，上面这些功能（模式、同化）生成的用于发布服务的原始产品，已经处于目前学科知识的前沿。此外，产品的质量取决于输入数据的数量和质量。这两个原因都意味着需要建立系统的产品质量控制和监控。

有两个主要的时间尺度需要考虑：

- 短期循环验证：在模式输出和产品分发给用户之前，有必要对其进行检查；
- 长期循环验证：产品的质量会变化很慢，例如，水团的偏差可能会在几个月后才出现，或者也可能发生季节性偏差。

第一类包括自动化的质量控制（如与预定阈值进行比较）和辅助专业人士的软件（如自动绘图、生成指标和衡量标准、交互可视化）。

例如，麦卡托海洋中心的操作者按照常规的控制程序对每一次预报的产品进行例行检查。这些控制基于由系统自动生成的图像和诊断，操作者将其与业务化检验手册中的模板和提供的阈值进行比较。这使他们能够检查常规产品是否符合系统的预期。为了确定参考值，负责系统开发的科学家采用与实时预报系统完全相同的版本，开展了一个长时间（至少 1 年，最好是多年）的后报同化积分。这个参考的后报模拟用来校准不同的验证阈值，并在业务化检验手册中为实时常规检验的操作者提供参考值。然后，当系统开始常规运行时，平均需要不到 1 h（挂钟）来检验全球和区域预报产品。如有任何疑问，操作者还可以通过四维场的可视化来检查产品质量，采用交互的可视化软件快速查看（也可以与观测、气候态对比，可以看强迫场、放大区域、不同深度等）。如果他们检测到异常值，用预定义的程序最终还是解决不了时，可以找专家来进一步查找原因并解决问题，并使系统尽快恢复到正常运行。

第二类质量控制基于常规研究，根据实际海洋中发生的某个现象或偶然事件（如在某个区域的科学活动）查看某区域。这些研究包括与其他系统的比较［如 GODAE 已经完成的，参见 Hernandez 等（2009）的文章］。在任何情况下，这些质量控制的研究越详尽越好（所有区域，所有季节和所有现象）。这非常花费人力资源，只有在强大的用户和科学团体参与时才能负担得起。

16.4 非功能性方面

16.4.1 业务化资源

如引言中介绍的业务化定义所述，预报系统投入日常业务化运行后，要不断地进行系统性能监测。这意味着，必须有业务化资源来确保服务的连续性。这涉及 IT 资源（计算、存储和网络），同样也有人力资源。要有多个工作人员专门从事这些任务，以备有人因各种原因不能上班。这些工作不能只由研发人员完成，在系统长期运行中不能“尽力而为”。

此外，最好的研发系统可能并不适用于业务化运行。例如，一个系统大部分时间都表现很好，但不总是收敛的，因而就不能提供连续的服务。

建立一个业务化海洋学系统，要定义系统性能指标，不仅要考虑产品质量（科学方面），也要考虑服务可用性。业务化活动包括对与目标相关的有效性能的持续关注和每次对系统升级时所取得进步（至少没有倒退）的衡量。

16.4.2 研发

对于某些应用，目前我们能达到的水平（技术和科学推动）与用户需求（用户拉动）之间仍有较大差距。为了满足用户对精度和性能方面的要求，业务化海洋学系统必须吸收处于研发前沿的成果，如上面提到的最先进的模式和同化技术。

希望随着我们的知识和工具的进步，这个差距能并不断地缩小。如果有足够的研究力量投入到业务化海洋学开发中，这是能实现的。这也是为什么大部分 GODAE OceanView 团队都有很强的内部研发工作来支持他们的业务化系统。

16.4.3 用户参与

业务化海洋学系统的建立是为用户提供服务，用户对服务质量的反馈非常重要，能形成服务不断提高的良性循环。GODAE 开发的所有成功的业务化海洋学系统都有一个强大的用户基础。例如，GODAE 期间作为被支持的用户，海军在几个国家（如美国、澳大利亚、加拿大、英国和法国）的业务化海洋学系统发展中都发挥了重要作用。

但是，必须有组织地获得这些反馈意见，使用户真正参与到业务化海洋学的发展中。

16.4.4 高性能计算设施

运行包含涡分辨率配置的海盆尺度模式以及同化方案的系统需要高性能的计算设施。

以 Mercator Océan 的（1/12）°全球海洋模式为例，有 3 059×4 322×50 个网格点，即 10^9 量级的网格数。相应的一个三维数组（对于一个变量而言，比如温度）意味着需要 5.3 GB 的内存空间。整个系统的内存需求（同化和模式）是大约 1 TB 的量级。

该系统每周运行一次为期 2 周的后报，2 次分析，有一个后向 IAU（意味着模式在每次同化循环中运行 2 次），随后进行 7 d 预报。系统在 Météo-France NEC SX-9 机器的 4 个节点（64 个处理器）上运行。仅运行模式一周需要 1 h（挂钟）（不加潮的模式时间步长为 480 s），每次算分析场需要 0.75 h（挂钟）。这意味着每周需要总共花费大约 9 h（2 次分析，35 个模式日和诊断计算）来发布预报。

模式（1/12）°的水平分辨率不足以解决用户感兴趣的物理问题，如果使模式的水平分辨率增加 1 倍来满足用户的需求，在同样的机器上，需要的内存空间将乘以 4，所需 CPU 计算时间则乘以 8。

这说明，计算资源是全球高分辨率业务化海洋学系统发展的一个关键制约因素，需要高性能计算设备来运行这样的系统。但愿计算能力能够定期增加，按照 Moore 在 1965 年最先提出的经验法则（称为 Moore 定律），计算能力通常每 18 个月就翻一番。

16.4.5 存储、发布能力和服务分发

业务化海洋学系统会生成需要物理存储的大量数据来提供服务。

例如，Mercator Océan 全球（1/12）°系统每周生成的数据量为 0.5 TB，到 2010 年，Mercator Océan 达到的总存储量为 60 TB。

仅仅生产和存储这些数据是没有用的，除非能使用户快速并简单地得到它们。

这涉及实时系统常规生成的数据以及必须归档的历史数据，以便：①提供历史数据服务（一种常见的用户需求）；②在长期运行中，评估系统升级的性能；③计算气候态数据集（另一个常见的用户需求）。

这不仅是一个存储能力的问题，也是一个高效访问存储数据的问题。这意味着需要有高效的系统使用户及时访问他们所需要的信息。这样大量的数据集不可能通过“类似 ftp”下载这样简单的方式传递给任何人，尤其是那些没有强大计算机能力的人。

为了使这些数据对用户有用，需要基于：①有着快速入口和大容量带宽网络能力的大的动态数据库；②协助用户浏览已存档的数据的功能（目录、库存、文档和元数据），用来预览数据，并提取出他们需要的数据（高效的数据子集、平均、提取和重映射工具）来建立高效的数据分发系统。

我们希望有一些技术（像与大量数据共享系统有关的 OPeNDAP/THREDDS 和 LAS）能够高效并且快速跟上业务化海洋学系统发展的速度。

除了软件工具外，人力组织必须到位：服务台帮助用户使用数据，注册请求并确保服务分发。这意味着要告知用户通过电话、电子邮件以及打电话要寻找的人。这也意味着，需要在分发数据的中心建立一个专门组织和专门人员从事这项任务。这也是业务化运行的一个功能。

16.5 结论

本章我们介绍了一些目前存在的业务化海洋学系统。由于海洋观测系统的发展得到国际协调，以及 GODAE 内部的协调，它们已经在几个国家发展起来。目前，有 13 个系统正在业务化中心常规运行，其为用户提供了高质量的常规业务化服务，其中有 3 个是全球涡分辨率系统。

在不久的将来，将有其他系统出现，并会加入 GODAE OceanView 这个国际计划。

如果没有海洋观测系统的国际合作，包括高度计和 Argo 自主现场观测，以及对这些观测系统高质量数据的近实时分发，就不可能有这些预报系统的发展。

所有的发布实时海洋预报服务的业务化系统都是基于最先进的海洋模式和同化技术，这些技术处于这些学科已有知识的最前沿。这意味着，如果没有强大的研发工作，业务化海洋学将很难继续发展。

在业务化环境中运行预报系统意味着要有严格的工程方法来设计和建立这些系统。我们介绍了目前建立的主要科学功能（如模式，同化）的主要特点，更具体的介绍了应用这些功能所需的计算效率，以在科学性能和分发服务的时间限制之间达到很好的平衡，这对于业务化海洋学来说是非常重要的因素。但这些因素对于学术研究或再分析可能没有那么重要。

参考文献

Bahurel P, Adragna F, Bell M J, Jacq F, Johannessen J A, Le Traon P Y, Pinardi N, She J (2010) Ocean monitoring and forecasting core services, the European MyOcean example. Proceedings of OCEANOBS'09 conference.

Bloom S C, Takacs L L, DaSilva A M, Levina D (1996) Data assimilation using incremental analysis updates. Mon Wea Rev, 124: 1256-1271.

Dombrowsky E, Bertino L, Brassington G B, Chassignet E P, Davidson F, Hurlburt H E, Kamachi M, Lee T, Martin M J, Mei S, Tonani M (2009) GODAE systems in operation. Oceanography, 22(3): 80-95.

Drillet Y, Garric G, Le Vaillant X, Benkiran M (2009) The dependance of mediumrange northern Atlantic Ocean predictability on atmospheric forecasts. J Oper Oceanogr, 2 (2): 43-55.

Hernandez F, Bertino L, Brassington G, Chassignet E, Cummings J, Davidson F, Drévillon M, Garric G, Kamachi M, Lellouche J M, Mahdon R, Martin M J, Ratsimandresy A, Regnier C (2009) Intercomparison studies within GODAE. Oceanography, 22(3): 128-143.

IGST (International GODAE Steering Team) (2000) The global ocean data assimilation experiment strategic plan. GODAE report no 6, Dec 2000.

Krishnamurti T N, Kishtawal C M, LaRow T E, Bachiochi D R, Zhang Z, Williford C E, Gadgil S, Surendran S (1999) Improved weather and seasonal climate forecasts from multimodel superensemble. Science, 285 (5433): 1548-1550. doi: 10.1126/science.285.5433.1548.

Le Traon P Y, Bell M, Dombrowsky E, Schiller A, Wilmer-Becker K (2010) GODAE OceanView: from an experiment towards a long-term Ocean Analysis and Forecasting International Program. In: Hall J, Harrison D E, Stammer D (ed) Proceedings of OceanObs'09: sustained ocean observations and information for society, vol 2, ESA Publication WPP-306, Venice, Italy, 21-25 Sept 2009.

Madec G, Imbard M (1996) A global ocean mesh to overcome the North Pole singularity. Clim Dyn 12: 381-388.

Moore G E (1965) Cramming more components onto integrated circuits. Electron Mag, 38 (8): 114-117.

Ryder P (2007) GMES fast track marine core service, strategic implementation plan. Report from the GMES marine core service implementation group to the European commission GMES Bureau.

Smedstad O M, Hurlburt H E, Metzger E J, Rhodes R C, Shriver J F, Wallcraft A J, Kara A B (2003) An operational eddy-resolving 1/16° global ocean nowcast/forecast system. J Mar Sys, 40-41: 341-361.

Smith N, Lefebvre M (1997) The Global Ocean Data Assimilation Experiment (GODAE). Paper presented at theMonitoring the Oceans in the 2000s: an integrated approach, Biarritz, France, 15-17 Oct 1997.

第17章 区域及海岸系统概述

朱 江[①]

摘 要：在全球海洋数据同化实验（GODAE）实施期间，亚洲—大洋洲一些国家开发了一系列用于短期海洋预报的区域及海岸预报系统。本章首先介绍由澳大利亚、中国、丹麦、印度、日本以及韩国等国开发的业务预报系统及准业务系统的模式区域、分辨率、模型、数据输入以及数据同化方案，这些预报系统囊括了亚洲—大洋洲的一些关键海区。本章还简要展示了这些系统所提供的服务、产品、用户以及反馈，其中，一些业务化的海洋分析和预报同时提供了数据产品以及在线的图形化的公共服务；一些系统的预报技巧已经得到了验证，如澳大利亚的BLUElink海洋预报系统已经被证明对澳大利亚海岸的沿岸陷波、沿岸上升流、沿海海洋状况和边界层流的预报具有一定的技巧。本章通过一些亮点工作来证明这些区域系统的有效性，包括：日本的一些预报系统成功地预测了2004年的黑潮大弯曲；为2008年奥运会帆船比赛提供服务的业务化系统；日本海/东海预报系统被成功地用于日本海中大量巨型水母的再现及预测。所有这些系统均与GODAE产品有着紧密的联系。Argo以及GHRSST数据是这些系统初始化的基本输入。这些区域系统在印度洋区域相对较少。但是，GOOS-CLIVAR在建立印度洋观测系统方面所做的努力将改善这种情况，并取得了一定的突出进展。

通过对这些区域及海岸预报系统的检验和应用，发现一些科学问题还需要探索，并从中吸取一些重要的经验教训。本章通过一个实例讨论了中国近海的海表面温度（Sea Surface Temperature，SST）可预报性及预报误差增长。基于超过1年（2006年）的一系列连续7d的后报试验，其初始场通过同化SST和高度计资料获得，结果表明，在渤海、黄海（Bohai and Yellow Sea，BYS）的浅水区，提前7d预报的SST的均方根误差小于0.7℃；在东海（East China sea，ECS）黑潮流经区域，当提前预报的时间增加到7d时，SST的均方根误差达到0.9℃；在南海（South China Sea，SCS），7d后报的SST的平均均方根误差小于0.6℃。后报技巧同时表现出一定的季节依赖性。我们发现，在南海，SST的后报技巧夏季较高而冬季较低。分析表明，后报的均方根误差与强的SST锋区及表面急流具有非常紧密的联系，这说明了后报误差取决于水平平流。最后，本章提出了未来可以进一步提高预报技巧的一些问题。

① 朱江，中国科学院大气物理研究所。E-mail：jzhu@mail.iap.ac.cn

17.1 引言

沿岸海洋的现报及预报系统正在引起全社会更加广泛的关注。例如，海洋管理、救援、污染控制、缓解沿海洪灾和赤潮的损失以及船舶航行与渔业管理的传统需求等都需要提高对目标区域未来状态的预报。2002年全球海洋数据同化实验（Global Ocean Data Assimilation Experiment，GODAE）发展和实施计划中指出："气候和季节预报、海军应用、海洋安全、渔业、近海工业以及陆架/沿岸区域的管理将是GODAE的预期受益者。"GODAE系统对沿岸海洋和陆架海预报的改善将成为该计划成功与否的一个度量。在GODAE实施期间，亚洲—大洋洲开发了各个沿岸和区域的短期海洋预报系统。表17.1列举了由澳大利亚、中国、丹麦、印度、日本以及韩国开发的业务预报系统和一些准业务预报系统，这些系统覆盖了亚洲—大洋洲的一些关键海洋区域。

BLUElink系统是由澳大利亚联邦科学与工业研究组织（Commonwealth Scientific and Industrial Research Organisation，CSIRO）、澳大利亚气象局（Bureau of Meteorology，BOM）以及澳大利亚皇家海军共同开发。该系统的最初目标是为澳大利亚区域以及重要的毗邻海区开发一套中尺度海洋环流预报系统。该预报系统（Brassington et al，2007）于2007年8月在澳大利亚气象局实现业务化，每周提供2次的7 d预报。

表17.1 亚洲—大洋洲区域海洋预报系统概要

系统名称	海洋模式	嵌套方式	大气强迫	海洋数据输入	数据同化方案	机构/研究所
BLUElink	OFAM	全球模式	BOM的业务化全球天气预测模式	现场观测的T，S；SSHA；SST	EnOI	BOM
MOVE/MPI. COM-WNP	MRI. COM	单向嵌套	JMA的业务化大气分析；气候预测模式的结果	现场观测的温度和盐度；沿卫星轨道的SSHA；格点SST	垂向耦合了TS-EOF模态的三维变分资料同化；IAU	日本气象厅
JCOPE1，JCOPE2	改进的POMgcs	单向嵌套	6h的NCEP全球预报系统或者NCEP/NCAR再分析	沿轨道的SSHA；现场观测的T，S；沿轨道的SST	垂向耦合了TS-EOF模态的三维变分资料同化；IAU	JAMSTEC FRA
Kyoto U	京都大学的OGC-Ms	单向嵌套		SSG（NGSST）；格点SSH；现场观测的T，S	四维变分	京都大学
NMEFC	POM	单向嵌套	NMEFC的中尺度天气预报	格点SST；Argo廓线	SST采用Nudging方案；廓线采用OI方案	国家海洋环境预报中心
CAS	HYCOM	单向嵌套	ECMWF再分析中尺度天气预报	格点SSHA；格点SST；现场观测的T、S	EnOI	中国科学院大气物理研究所
YEOS	BSHcmod	双向嵌套	DMI天气预报	SST	卡尔曼滤波	DMI
ESROM	MOM3		ECMWF再分析	现场观测的温度；格点SSHA；SST	三维变分资料同化	韩国海洋科学技术院

日本开发了数套业务化海洋学预报系统。日本气象厅在2008年3月将一套用于西北太平洋区域的新的海洋分析/预报系统业务化。该系统提供环绕日本岛周边海域的海洋状态信息，监测及预报环绕日本岛周围的主要海流，如黑潮、亲潮和对马海流等。由于这些海流的改变将强烈地影响日本周围的海洋状态，因此受到特别关注。该系统的输出用于各种用途，系统中的流场用于预测漂流目标的位置（如溢油事件）。同时，该系统预报的海洋状态被用于识别海平面异常的成因。日本海洋-地球科技研究所（Japan Agency for Marine-Earth Science and Technology，JAMSTEC）在2001年12月对西北太平洋开展海洋预报试验（日本沿岸海洋预测试验，Japan Coastal Ocean Predictability Experiment，JCOPE）。渔业研究所（Fisheries Rcsearch Agency，FRA）从2007年4月开始运行JCOPE海洋预报系统的第一版（JCOPE1），并通过将JCOPE1与生态系统模式耦合进行预报，预报结果用于日本渔业资源方面。JAMSTEC进一步利用改进的模式及资料同化方案开发出第二版系统（JCOPE2）。JCOPE2的预报结果用于油轮、渔业以及钻井船的船舶航线保障。西北太平洋混合水区域是世界海洋上最活跃的区域之一，京都大学构建了一套高分辨率的四维变分（4D-Var）海洋资料同化系统，用于开展该区域内可观测的从天气尺度到中尺度现象的综合监测。同时，他们证明，降尺度方法是对各种边缘海相互作用发生区域的沿岸环流进行更好地现报及预报的一种有效方法，如下北半岛离岸区域。

中国国家海洋环境预报中心（National Marine Environmental Forecasting Center，NMEFC）于20世纪90年代开始业务化海洋数值预报。他们有几套业务化系统分别覆盖不同的区域，这些区域从大尺度的西北太平洋区域到渤海等相对较小的沿岸区域。产品的用户群体包括公众、政府以及商业用户。2006年，由中国科学院大气物理研究所开发了一套用于中国沿岸的海洋现报/预报的准业务系统。自2008年以来，通过多机构的相互合作，建立了由中国科学院海洋研究所及中国科学院南海海洋研究所运行及维护的包括4个离岸浮标组成的长期现场观测网络，在观测网络的支持下，该业务化系统得到了进一步的发展。该系统的目的是提供一个测试平台，用来探索沿岸及陆架海的可预报性，并将其转化给业务部门。

除了以上提到的各个国家的努力，国际合作同样起了非常重要的作用，如中国和韩国已经在国家及国际层面上对黄海进行了广泛的研究及合作。然而，已有的成果仍然未能用到预报系统中，其主要的瓶颈是发展黄海监测-预报系统缺乏高质量的近实时的天气预报、三维海洋-海冰耦合模式和业务的基础设施。通过来自欧盟（EU）FP6项目下的黄海观测、预报和信息系统（Yellow Sea Observation，forecasting and information System，YEOS，2007—2009年，http：//ocean. dmi. dk/yeos）以及丹麦水手联盟的支持，欧洲天气和海洋海冰预报系统已经应用于黄海区域，一套准业务的天气-海洋-海冰预报系统在2008年北京奥运会期间投入了运行。大量的用户已经享受到YEOS提供的高分辨率的海洋及天气预报服务。YEOS同时也改善了中国、韩国和欧盟之间的数据交换。

17.2 系统概述

图17.1显示了每个系统的地理覆盖范围。这些系统中的大部分均采用了对不同区域及分

辨率的嵌套方案。图 17.1 中每个系统覆盖的区域主要代表了每个系统最关注的区域。大部分系统都集中在以日本岛、朝鲜半岛和中国海岸为中心的西北太平洋区域。用于澳大利亚周围的 BLUElink 系统覆盖了部分南大洋以及西印度洋区域。

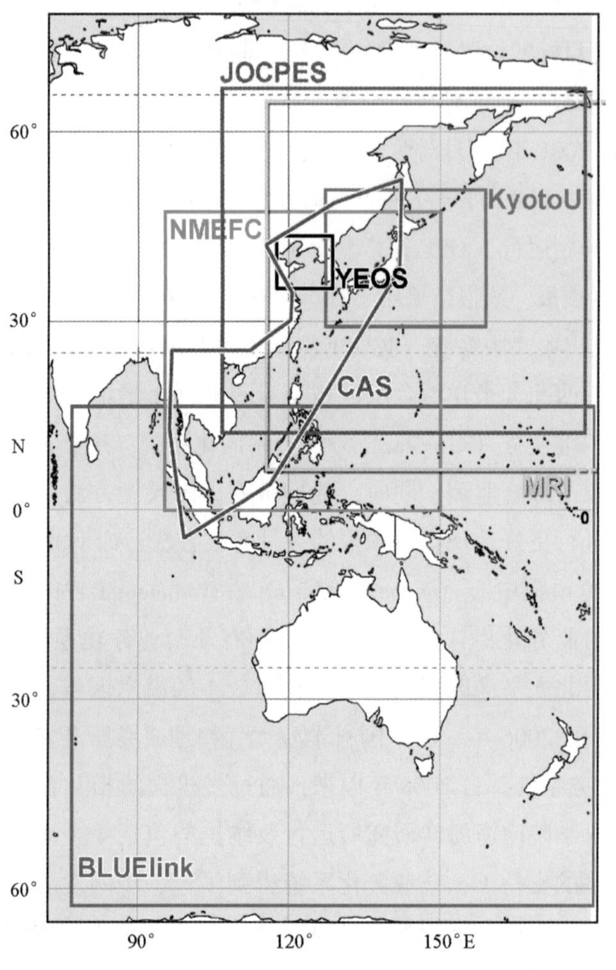

图 17.1 各个系统在亚洲及大洋洲的地理覆盖范围

17.2.1 BLUElink 系统

BLUElink 系统包括两个关键的组成部分：BLUElink 海洋资料同化系统（BLUElink Ocean Data Assimilation System，BODAS；Oke et al，2005）和澳大利亚海洋预报模式（Ocean Forecasting Australia Model，OFAM）。OFAM 模式为全球海洋环流模式，是基于模块化海洋模式（Griffies et al，2004）的 4.0d 版本开发而成，模式采用由 Chen 等（1994）发展的混合坐标的混合层模式。OFAM 模式主要用于再分析和短期预测。模式水平网格采用纬向 1 191 个格点，经向 968 个格点。模式针对不同区域采用不同的水平分辨率，在澳大利亚（90°—180°E，17°N 以南）周边区域采用 0.1°的水平分辨率。在这个区域以外，太平洋以及印度洋区域（到 10°E，60°W 和 40°N）的水平分辨率降低到 0.9°，而大西洋区域的水平分辨率为 2°。OFAM 模式垂直方向分为 47 层，从海表面到 200 m 深度采用 10 m 分辨率。OFAM 模式的地形采用多种资料合成的地形，这些资料包括 dbdb2（www7320. nrlssc. navy. mil/DBDB2WWW）和 GEBCO（www. ngdc. noaa. gov/mgg/gebco/）。模式的水平扩散为 0。模式采用集合最优插值（Ensemble Optimal Interpolation，EnOI）同化方案，同化的数据为卫星观测的海表面高度异常、Argo 浮标廓线以及卫星观测的海表面温度。该同化方案的具体细节可以参考 Oke 等（2008）的文章。业务化系统 OceanMAPSv1. 0b（Brassington et al，2007）采用从 BOM 全球天气预报的表面通量场，每周制作两次 9 d 的后报分析及 7 d 的预报。近实时的测高数据来自 Jason-1 和 ENVISAT 卫星，而实时的海表面温度资料从 AMSR-E 中获得。现场观测的数据来自 GTS 以及经过查重和自动质量控制的 GDAC Argo 资料。产品包括一个图形化产品的网页服务。预报产品由 BOM 发布，包括一个图形化产品的网页（http：//www. bom. gov. au/oceanography/forecasts）和数据产品。

17. 2. 2 MOVE/MRI. COM-WNP

多变量海洋变分估计系统/气象研究所公共海洋模式—西北太平洋版本（Multivariate Ocean Variational Estimation System/Meteorological Research Institute Community Ocean Model - western North Pacific version，MOVE/MRI. COM-WNP）使用 MRI. COM 作为海洋模式。该模式采用 z 坐标，近表面的层厚随表面地形变化而改变（Hasumi，2006）。对于非线性动量平流，采用广义熵守恒方案（Arakawa，1972），该方案基于质量动量通量沿着倾斜底部斜向上升/下沉的概念。水平湍流混合采用一个双调和算子进行处理。动量采用一个类似 Smagorinsky 黏性的双调和摩擦方案（Griffies and Hallberg，2000）。垂直黏性及扩散采用 Mellor 和 Blumberg（2004）的湍封闭方案。模式区域的经向范围从 117°E 到 160°W，纬向范围从 15°N 到 65°N。模式的水平分辨率随经纬度而改变：117°E 到 160°E 的分辨率为（1/10）°，160°E 到 160°W 的水平分辨率为（1/6）°，15°N 到 50°N 的水平分辨率为（1/10）°，50°N 到 65°N 的分辨率为（1/6）°。模式的垂直方向有 54 层，从海表面的 1 m 到底部附近的 600 m，厚度随着深度而变化。开边界处的海洋状态由一个水平分辨率为（1/2）°的北太平洋模式（MOVE-NP）代替（单向嵌套）。海冰模式包括 Mellor 和 Kantha（1989）的热力学以及 Hunke 和 Ducowicz（2002）的黏-弹-塑性流变学。关于模式的更多细节请参阅 Tsujino 等（2006）的文章。MOVE 模式中的同化方案采用垂向耦合了温度-盐度（T-S）经验正交函数（EOF）模态分解（Fujii and Kamachi，2003）的多变量三维变分（3DVAR）同化方案。在该系统中，模式区域被划分成 13 个子区域，每个子区域的垂向 T-S EOF 模态由观测的 T-S 廓线计算得到。3D-Var 的结果通过增量分析更新方案（Bloom et al，1996）插值到 1 500 m 深度以上的模式层的温度与盐度场中。更多的细节可参考 Usiui 等（2006）的文章。同化的观测数据包括现场观测的温度与盐度廓线以及卫星观测的海表面高度异常（Sea Surface Height Anomaly，SSHA）与 SST，包括 Argo 数据在内的温度与盐度数据来自全球温度-盐度廓线计划（Global Temperature-Salinity Profile Program，GTSPP：http：//www. nodc. noaa. gov/GTSPP/）。SSHA 数据是近实时的 Jason-1 和 ENVISAT 卫星沿轨资料从卫星海洋学存档数据中心（Archiving，Validation and Interpretation of satellite Oceanographic data，AVISO：http：//www. jason. oceanobs. com/）得到。SST 数据来自JMA制作的卫星与现场观测融合的逐日全球海温产品（Merged Satellite and In-situ Data Global Daily SST，MGDSST）。同化系统每5天运行1次，每次预报1个月。同化时，驱动模式运行的风应力及热通量来自JMA的气候数据同化系统（JMA's Climate Data Assimilation System，JC-DAS）；预报的强迫场（风应力和热通量）则来自气候预测模式的结果。

17.2.3 JCOPE1，2系统

JCOPE1，2系统的海洋模式是基于一个广义σ坐标的普林斯顿海洋模式（Princeton Ocean Model with a generalized sigma coordinate，POMgcs；Mellor et al，2002）发展而来。该系统将一个水平空间网格（1/12)°、垂直47层的高分辨率区域模式嵌套在一个覆盖北太平洋区域（30°S—62°N，100°E—90°W）的水平网格接近（1/4)°、垂直21个σ层的低分辨率模式中。内层模式区域覆盖了西北太平洋区域（10.5°—62°N，108°E—180°W），其侧边界条件通过单向嵌套（Guo et al，2003）方式由海盆尺度模式提供。风应力和热通量场由NCEP全球预报系统（NCEP Global Forecast System，NCEPGFS）每6 h输出场或者NCEP/NCAR再分析资料计算获得（Kalnay et al，1996）。海表面盐度以30 d的时间尺度恢复到气候态月平均数据（Levitus et al，1994）。模式同化以下的观测数据：SSHA数据从1999年9月到2002年6月来自TOPEX/Poseidon和ERS-1卫星，2002年6月至今则来自Jason-1和Geosat后续卫星；SST数据来自超级高分辨率辐射计/多通道海表面温度（AVHRR/MCSST）的2级产品；温度和盐度的垂直廓线数据来自GTSPP。JCOPE1系统（Miyazawa et al，2008a）结合了对水平格点的SSHA、SST，次表层温度和盐度数据的最优插值和生成三维温度和盐度格点数据的多变量最优插值两种技术。温度和盐度数据通过采用增量分析更新（Incremental Analysis Update，IAU；Bloom et al，1996）的方法进入模式。JCOPE2系统（Miyazawa et al，2008b）采用垂向耦合温度-盐度的经验正交函数模态分解（Fujii and Kamachi，2003）的3DVAR方案。

17.2.4 京都大学系统

系统采用京都大学开发的海洋环流模式（Toyoda et al，2004）作为数值模式，该模式采用σ-z混合垂直坐标来更好地模拟海洋的自由表面运动。为了进一步加强对上层海洋环流的表征，模式采用了一些先进的参数化方案，如动量方程采用Takano-Onishi方案（Ishizaki and Motoi，1999），混合层参数化方案采用湍封闭方案（Noh et al，2005），垂向平流采用基于QUICKEST（Leonard，1979）的三阶方案（Hasumi，2000），水平平流采用UTOPIA（Leonard et al，1993）及等密度面方案（Gent and McWilliams，1990；Griffies，1998）。该模式的区域覆盖了包括日本海及其他边缘海的西北太平洋区域（见图17.1）。模式的分辨率在经向及纬向分别为（1/6)°和（1/8)°，垂向分为78层，每层厚度从近海表面的4 m到海底的500 m。需要注意的是，海底1 000 m深度以上有67层。在研究北半岛沿岸环流的降尺度试验中，采用了三重嵌套的方案，模式的分辨率从以上提到的基本分辨率（nest-1）到经向和纬向的最高分辨率分别为（1/54)°和（1/72)°（nest-3），其中中间嵌套的网格分辨率为（1/18)°和（1/24)°（nest-2）。这里所采用的嵌套技术是基于Oey和Chen（1992）的研究。研究中同化

的要素包括卫星反演的 SST 和 SSH 以及现场观测的温度和盐度数据。具体而言，SST 数据来自日本东北大学制作的日平均水平分辨率为（1/20）°的新一代海表面温度（New Generation Sea Surface Temperature，NGSST）产品。SSH 数据来自 SSalto/Duacs 格点绝对动力高度，该数据是来自多种测高数据和由 AVISO 提供的时间间隔为 3.5 d 的平均动力高度（Rio and Hernandez，2004）的总和。SSH 数据的水平分辨率接近（1/3）°，该数据被插值到模式的网格用于同化。现在观测的数据从 GTSPP 获得。模式采用四维变分同化方案，通过最小化代价函数寻找最优的四维数据。该方案中，模式变量的初始条件被选为控制变量。代价函数由背景项和观测项组成。关于模式的更多细节请参阅 Awaji 等（2003）和 Ishikawa 等（2009）的文章。

17.2.5　NMEFC 的西北太平洋系统

NMEFC 的西北太平洋（2°—45°N，99°—150°E,）预报系统采用 POM 模式，模式的水平分辨率为（1/4）°×（1/4）°，垂直 15 层。模式使用一个中尺度大气模式的预报场作为驱动场。同化系统采用 OI 法同化现场观测数据（船舶报和 Argo 廓线）以及松弛方案（Nudging）同化 MGDSST。该系统每天可预报未来 3 天西北太平洋的 SST。

17.2.6　CAS 准业务系统

中国陆架/沿岸海洋模式是基于一个三维的混合坐标海洋模式（hybrid-coordinate ocean model，HYCOM，Bleck，2002；Chassignet et al，2003）开发而来，该模式用于模拟中国周边的海洋环流（Xiao and Zhu，2007）。模式采用一个平均水平分辨率为 13 km 的曲线水平网格，垂向分为 22 层。模式采用真实的地形，模式的区域包括整个中国近岸海域以及部分西太平洋海域（见图 17.1）。模式采用 ECMWF 的 6 h 再分析数据集（Uppala et al，2005）作为强迫场。侧向的开放边界条件由印度洋—太平洋区域 HYCOM 模式［分辨率为（1/4）°］模拟结果提供。数据同化方案有两个选择：EnOI 和集合卡尔曼滤波（Wan et al，2008）。同化的数据包括 GHRSST 产品、GTSPP 的 Argo 廓线和 AVISO 的 SSHA。Xie 等（2008）对比了研究区域中的几种 GHRSST 产品。

17.2.7　YEOS 系统

黄海三维海洋-海冰预报系统是基于丹麦气象研究所（Danish Meteorological Institute，DMI）的 BSHcmod 模式开发而来，BSHcmod 模式是基于原始海洋方程组及 Hibler 类型海冰模式耦合的静力流体三维海洋-海冰模式（Dick et al，2001）。基本设置是两个嵌套的耦合网格，这使得可以用高分辨率放大所关心的区域。通过使用一个简化的卡尔曼滤波同化方案（Larsen et al，2007）可将多传感器的 SST 数据逐日同化进模式。海洋模式通过大气强迫、河川径流和侧边界条件驱动。沿着开边界，海平面被定义为潮汐变化和风/气压驱动的风暴潮的和。温度和盐度来自气候态月平均。外流的水被存储在一个缓冲区，在有气候态特性的水平流进模式区域前，外流的水必须被清空。可从 DMI 业务 NWP 模式 HIRLAM 中提取出逐时的 7.5 km 水平分辨率的气象产品。三维的海洋模式区域覆盖了黄海及部分东海海域，北到33.5°N，西到127°E，水平分辨率为（1/20)°（纬向）×（1/15)°（经向），垂向30层，然后将该模式嵌套进一个更大范围的粗网格二维潮模型。为了避免由于潮汐导致的顶层变干而造成的模式不稳定，将未扰动的顶层厚度设置为6 m，顶层以下的厚度为2 m，每层的厚度向海底逐渐增加。

17.2.8 ESROM系统

东海/日本海区域海洋模式（East Japan Sea Regional Ocean Model，ESROM）是基于GFDL的模块化海洋模式第3版本（Pacanowski and Griffies，1999）模式开发而来，该模式受ECMWF再分析数据的月平均风应力和由ECMWF再分析气象变量通过海-气通量块体公式计算得到的月平均热通量驱动。模式的表面盐度恢复到WOA水文数据的表面盐度。模式的向内边界通量开边界条件采用包含逼近项的辐射条件，用于示踪物及正压流（Marchesiello et al，2001)。通过朝鲜海峡的正压速度由海底电缆监测的体积输运给出。模式采用常规的3DVAR同化方案（Weaver and Courtier，2001)，同化的变量包括遥感的SST、SSHA和温度廓线。Kim等（2009）利用基于压力回声探测仪观测的东海/日本海西侧的郁陵海盆的独立测量数据集检验了ESROM模式的表现，结果表明ESROM模式可以很好地重现海洋的中尺度变化以及基本环流。

17.3 工作亮点

17.3.1 成功预测黑潮大弯曲

一些日本的系统成功预测了2004年的黑潮大弯曲。图17.2展示了观测和MRI系统预报的2004年夏季黑潮的主要路径。

17.3.2 2008年奥运会的业务化预报

天气-海洋-海浪预报的业务示范已经在2008年8—9月北京奥运会期间展开。天气和海洋的预报由DMI完成，海浪的预报由国家海洋局第一海洋研究所（First Institute of Oceanography，FIO）采用FIO海浪模式WAM完成，该模式的强迫场来自DMI的在线天气数据。预报结果显示在YEOS的网页上。2008年8月17日16时，在49人级帆船比赛的金牌争夺过程中发生了一件有趣的事：比赛中，天气和海况突然变化，在阵风和海浪的作用下，丹麦队的帆船桅杆折断，于是他们向克罗地亚队借了一艘帆船，但最终丹麦人仍然获得了金牌。图17.3给出了一个高分辨率模式（水平分辨率为2.5 km）对YEOS预报结果降尺度的预报。

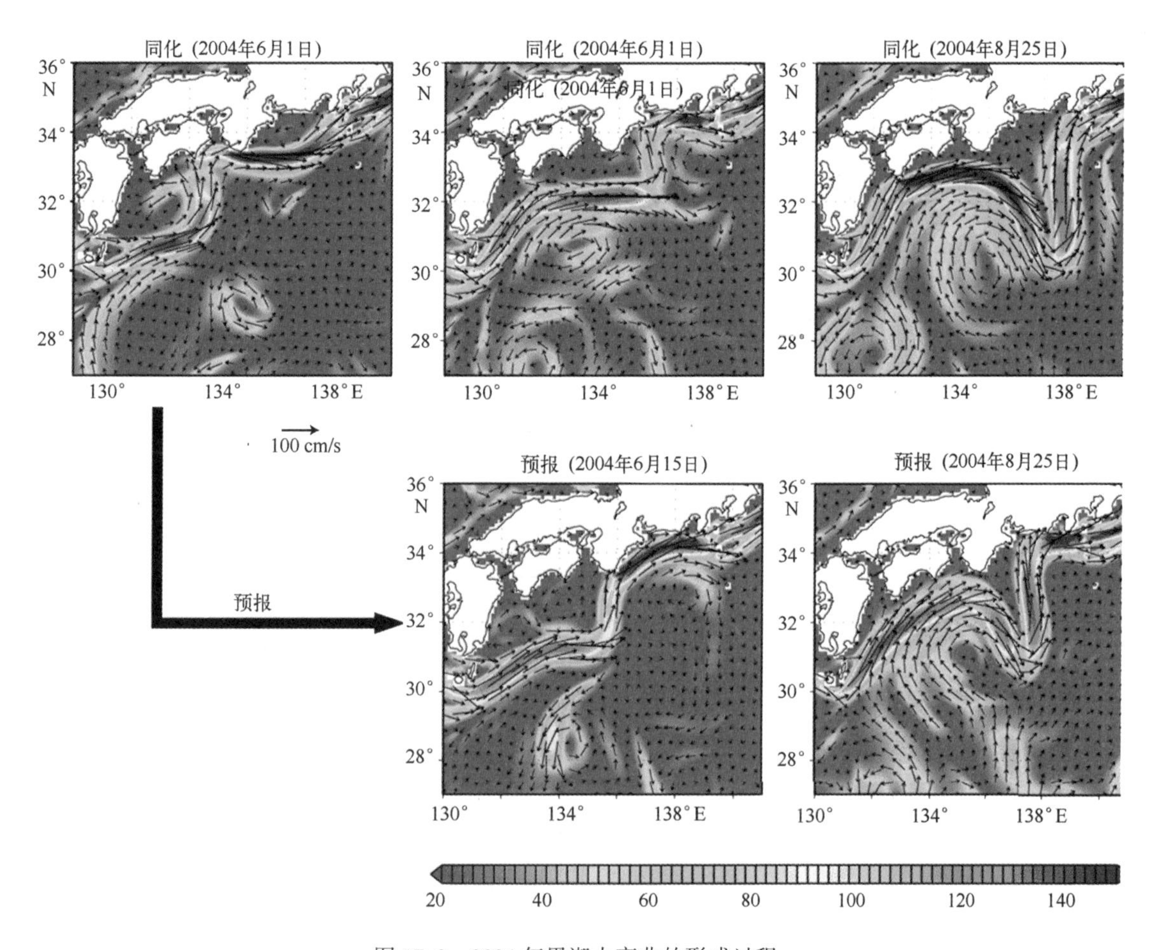

图 17.2　2004 年黑潮大弯曲的形成过程

顶部（底部）图片显示了 100 m 深度同化（预报）流场的时间顺序。矢量及填色表示流矢量和它的大小。该预测从 2004 年 6 月 1 日开始，采用同化场作为初始场

17.3.3　巨型水母预测

近年来，大量的巨型水母从东海穿过对马海峡到日本海，它们沿着对马暖流的沿岸和陆架分支迁移到日本海岸。尤其在 2005 年的很长一段时间内（从 7 月初到翌年 3 月）都观测到异常多的水母，这对渔业产生了严重的危害。为了重现和预测日本海的水母分布，研究人员采用一个资料同化模式对 2005 年水母的迁移进行了数值模拟。该同化模式是九州大学应用力学研究所研发的日本海预报系统（Hirose et al，2007）。被动示踪物作为人造水母放置到对马海峡东部和西部水道 0~22.5 m 的水深中。基于对马岛周围的目测报告，示踪物的初始输入时间设置为 6 月 23 日。8 月 16 日后，使用预测的流数据进行计算。该试验成功重现了水母的北向迁移；在一定时间内，人造水母迁移的前沿位置与目测资料较为一致，如图 17.4 所示。

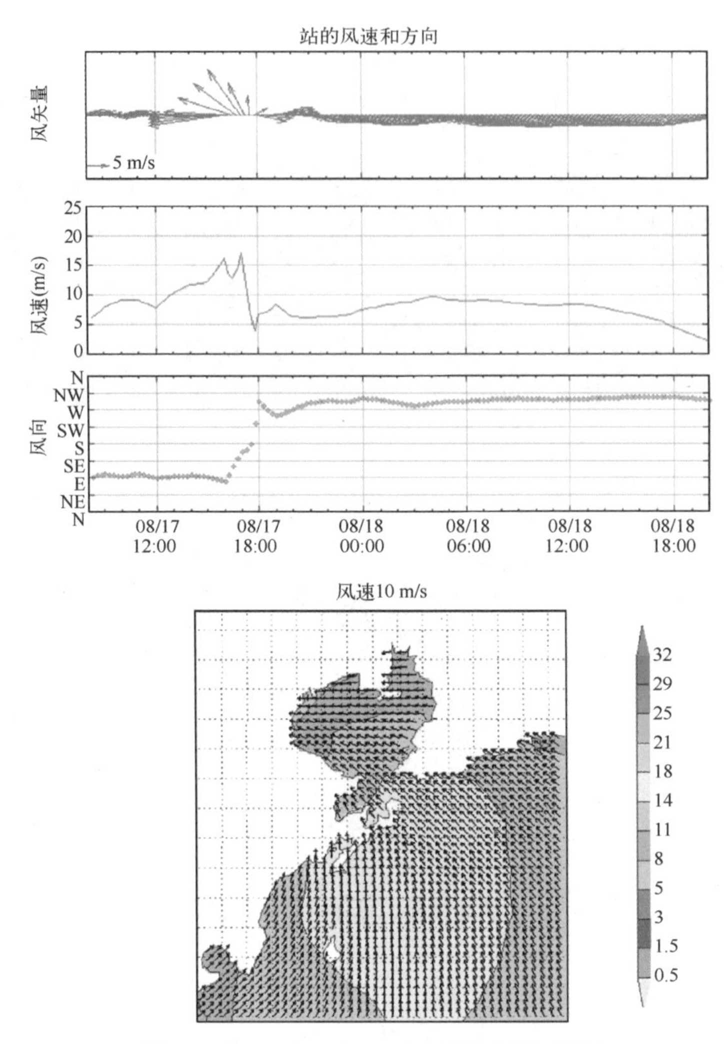

图 17.3　2008 年 8 月 17 日高分辨率风场预报

上图：2008 年青岛奥帆赛 49 人级奖牌争夺期间竞赛区域风速随时间（青岛当地时间）的变化；下图：青岛海域 2008 年 8 月 17 日 08 时表面风场分布

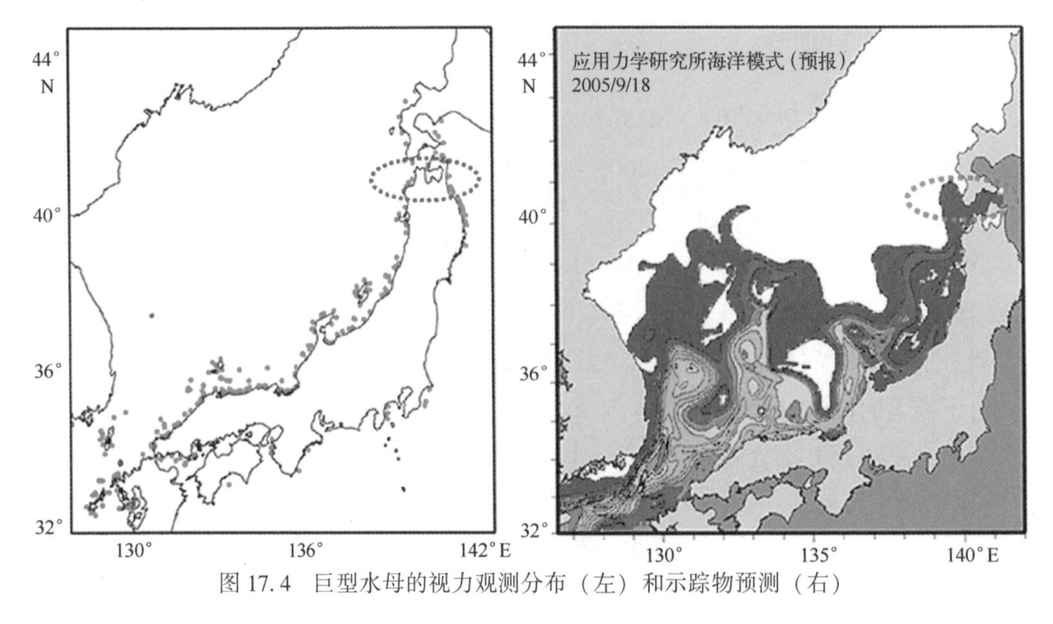

图 17.4　巨型水母的视力观测分布（左）和示踪物预测（右）

17.3.4 重现下北半岛外沿岸水域的模式输送

具有复杂地形的下北半岛外沿岸水域（见图 17.5）很好地反映了从短期（几天）到季节长度环流的主要特征。这个区域的一个主要特征是其与边缘海之间有强烈的相互作用，尤其是通过活跃的津轻暖流（Tsugaru Warm Current，TWC）与日本海之间的相互作用。事实上，下北半岛外沿岸海流呈现季节变化的环流，其特点是 TWC 在两种截然不同的模态之间转换：

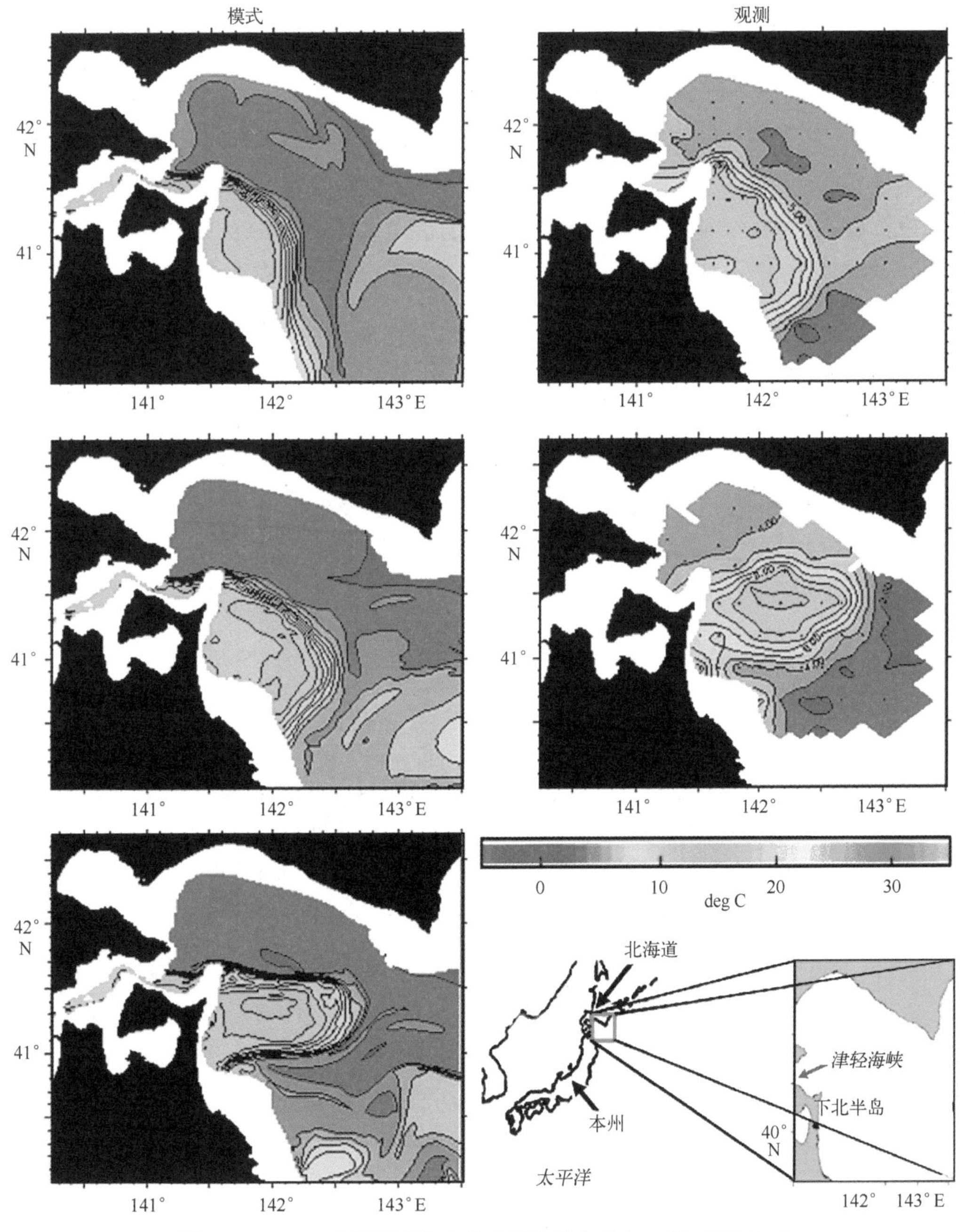

图 17.5　200 m 水深温度分布的时间序列［来自 In 等（2008）］

模式（左）和观测（右）

寒冷季节沿着本州岛东海岸的平直路径（以下简称“平直路径模态”）和温暖季节的类似漩涡的环流（以下简称“涡旋模态”）。In 等（2008）采用一个三重嵌套的方案对 2003 年进行了后报试验，结果表明，该系统成功重现了观测到的从平直路径模态到涡旋模态的过渡以及之后的相反过程。图 17.5 显示了在 200 m 水深温度分布的时间序列，其中超过 7℃的水对应着 TWC。从图中可以看到，无论是观测还是模式，在下北半岛附近均有 TWC。有趣的是，暖水开始向近海延伸，形成了涡旋状的分布。

17.3.5 澳大利亚用于洪水预警和港口管理的无潮沿岸海平面

准确并及时的沿岸海平面异常预警对于应急响应和港口管理来说至关重要。由于各种时空尺度的高潮、风暴潮和局地、非局地的沿岸过程的共同作用，澳大利亚海岸线经常发生极端的沿岸海平面异常事件。在南半球的冬春季节，当来自南大洋的冷风传播到大澳大利亚湾和其他澳大利亚南部区域时，会发生量级为 1 m 的沿岸风暴潮。由此产生的风暴潮作为自由或受迫的沿岸陷波沿着南部海岸线传播。图 17.6 为 2007 年 10 月在大澳大利亚湾区域形成的风暴潮向东传播，在圣文森特湾记录到 0.7 m 的非潮汐海平面。在这个例子中，该沿岸陷波在 BLUElink 系统中表现为一个波长约为 500 km、周期约为 2 d 的波。

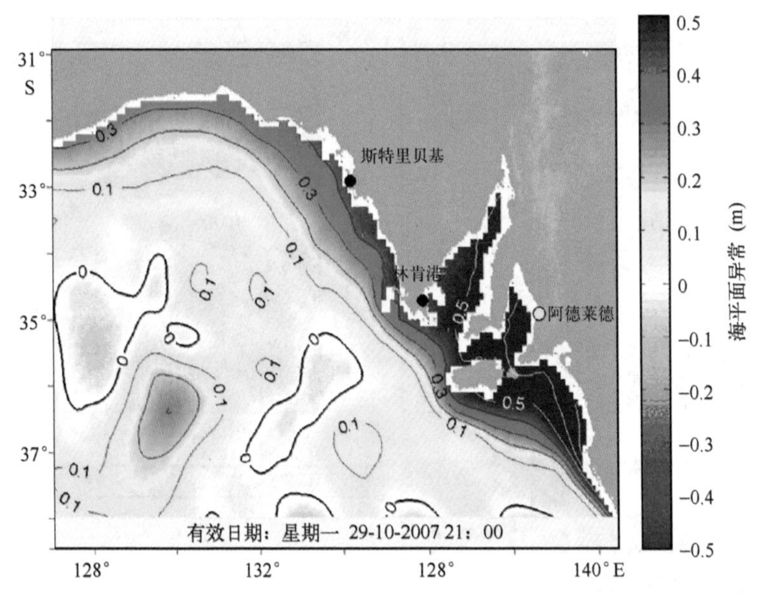

图 17.6 2007 年 10 月 29 日 21:00 时，来自 BLUElink OceanMAPSv1.0b 业务系统的澳大利亚南部大澳大利亚湾的海平面异常

沿岸和大陆架区域的非潮的海平面经常由各种各样的过程决定，在 BLUElink 系统的模式中，这些过程包括：风暴潮、沿岸陷波、边界流和涡旋。BLUElink 系统目前未考虑潮汐、风浪、涌浪和径流。对 BLUElink 再分析（Oke et al，2008；Schiller et al，2008）和业务化的 BLUElink OceanMAPSv1.0b（Brassington et al，2007）的评估均表明，这些系统的非潮汐海平面与澳大利亚海岸线周围的验潮仪（coastal tide gauge，CTG）的观测时间序列之间具有较低的均方根误差和良好的相关性。图 17.7 显示了预报系统 6 d 的预报与澳大利亚

的验潮仪对比的均方根误差评分。在大气模式具有较高技巧的48 h内，非潮汐海平面预报的均方根误差范围为4~9 cm。均方根误差值随着预报时效延长而增大，这表明误差未达到饱和。更长时效的预报技巧可以从沿岸海洋过程获得。例如，初始扰动产生以后，在大澳大利亚湾区域形成的沿岸陷波沿着澳大利亚东海岸大约经过5 d传播到北昆士兰地区。在长时间尺度上，沿岸边界流及沿岸涡同样对沿岸海平面异常有贡献，尤其是在大陆架较窄的区域。BLUElink系统在结合了影响非潮汐沿岸海平面的主要过程后表现出其具有较高的预报技巧。

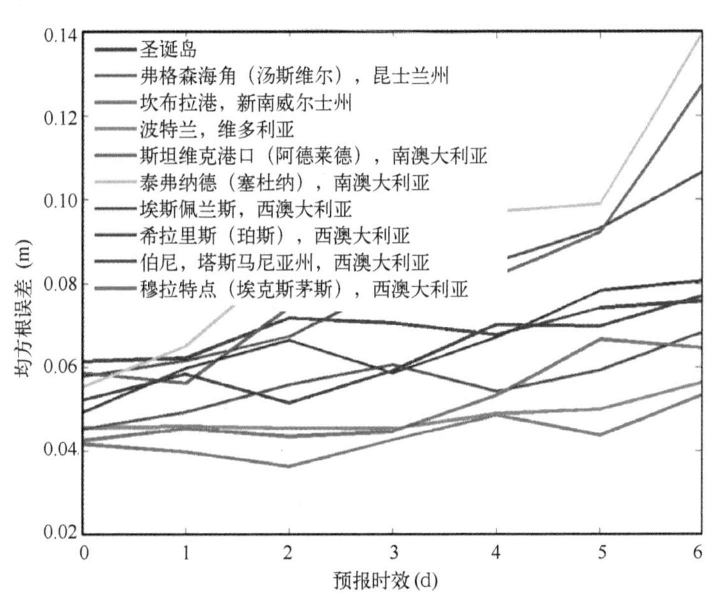

图 17.7 BLUElink OceanMAPSv1.0b系统6 d的预报与澳大利亚沿岸验潮仪对比的24 h平均的非潮汐海平面的均方根误差

17.4 中国近海的SST可预报性及预报误差增长

17.4.1 中国近海的环流及模式误差

中国近海的季节性环流和动力过程主要受季风强迫和西边界流的影响。图17.8显示了模式模拟的渤海、黄海和东海的两个季风季节的月平均SST。图中同时显示了观测的气候态SST（海洋出版社，1992）。作为世界上最大的陆架海之一，渤海、黄海和东海的总面积为1.25×10^6 km^2，但是大部分的区域水深都小于100 m。黑潮从赤道地区带来的暖咸水沿着东海的陆架坡折流动。在冬季，这股暖水与冷的陆架水相遇，该冷水的形成是由于偏北的季风从大陆带来的干冷空气导致海水中大量的热量释放到大气中。因此，在暖的黑潮和冷的陆架水之间形成陡锋（黑潮锋）。大陆架区域SST的分布与水深密切相关，有两种机制可以解释这种冬季SST分布模态：一种理论认为水平平流起着非常重要的作用。支持该理论的一个证据是黄海向北的暖舌与从济州岛西面带来的暖水的黄海暖流的位置一致。该理论的更多细节可以参考Ichikawa和Beardsley（2002）的文章。另一种机制由Xie等

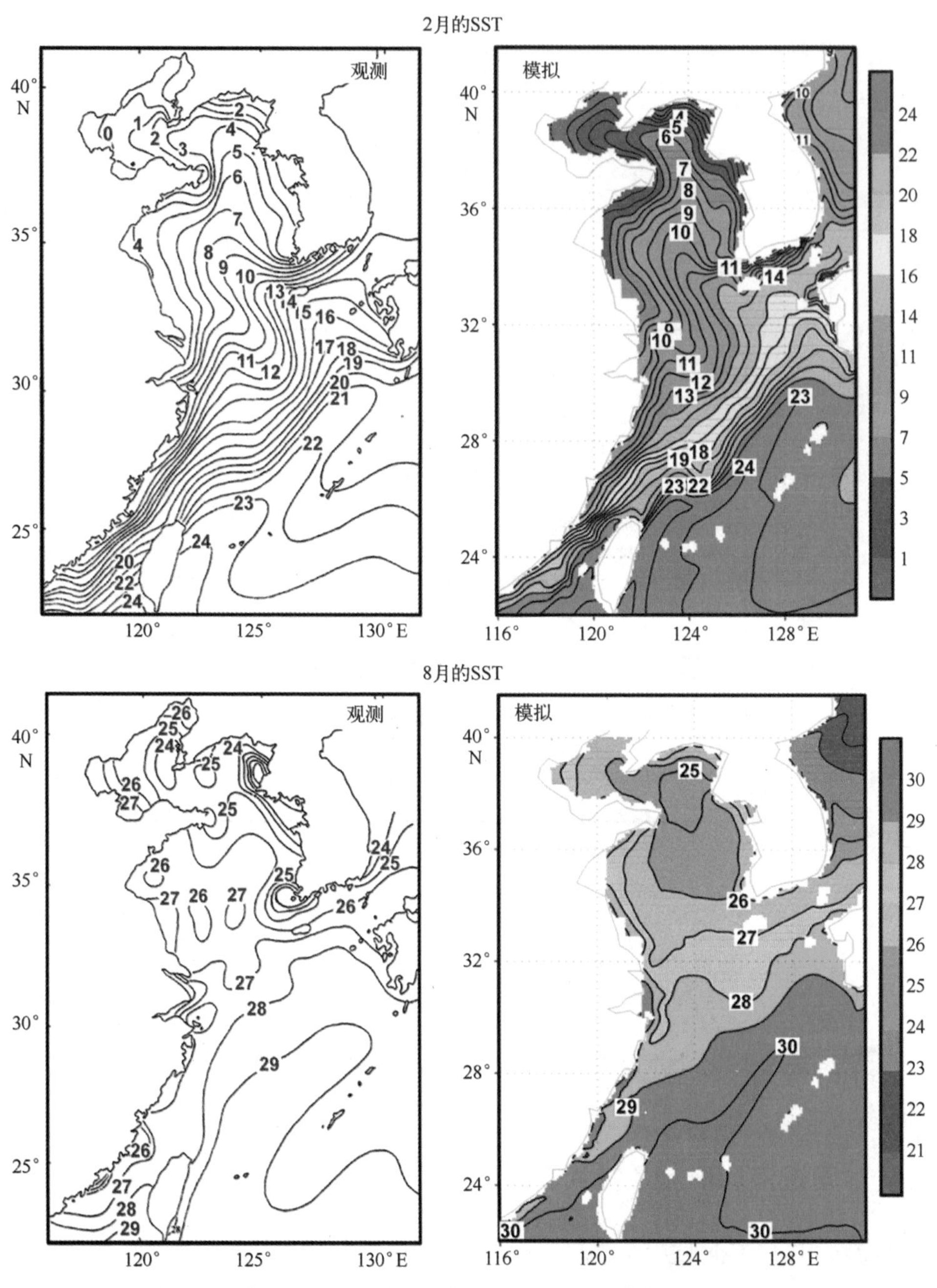

图 17.8　模拟及观测的黄海、东海区域冬季及夏季平均 SST 对比

(2002) 提出，他们认为，由于冬季强烈的海表冷却，导致在 100 m 以上的水得到充分混合，因而海洋深度对大陆架的 SST 具有重要的影响，这导致暖舌与深水通道之间吻合良好。在冬季，模式的模拟可以很好地抓住主要的 SST 分布特征，如黑潮锋和黄海暖舌，这主要是因为上述提到的驱动因子在模式中得到了很好的表现。在夏季，SST 的分布比冬季更加均一。黑潮锋仍然存在，但是它的强度比冬季要弱很多。渤海、黄海区域的大部分 SST 在 24—26℃，沿岸附近的 SST 总体偏暖，同时也存在一些局地的冷水，尤其是韩国海岸的西南部和西北部、向海的长江径流、中国的沿岸水域以及黄海北部的冷水。在夏季，

由于潮汐引起的混合在充分混合区和分层区之间的边界形成潮汐锋，该锋会沿着韩国的西海岸出现。Moon（2005）研究表明，沿着韩国西海岸的SST锋在很大程度上是由潮汐引起的混合导致的。目前，由于上述模式并未加入潮汐过程，模拟的SST没有发现沿着韩国西海岸的潮汐锋。总体而言，模拟的结果大约有2℃的暖偏差，其中夏季的暖偏差大约在1℃左右。而当不同化观测数据直接用该模式进行预报时，这种偏差将会产生严重的问题。

17.4.2 后报试验

进行后报试验的目的有两方面：一方面，可以检验预报系统，并为以后的系统改进找出问题所在。影响海洋预报准确度的因子包括：预报的大气强迫场的误差、海洋初始条件的误差以及模式误差。采用大气再分析数据作为大气强迫，可以使大气强迫场的误差最小化，以检验海洋模式及其数据同化方案的性能。这是系统进入业务化预报的一个必需步骤。另一方面，后报试验的结果可以帮助我们更多地了解海洋的可预报性。后报试验从2006年第1天开始，最后一天结束，每3天进行一次为期7 d的预报，其中每天同化一次稀疏的FSTIA SST数据和每3天同化一次沿轨道的海平面异常（Sea Leave Anomaly，SLA）数据。图17.9显示了后报试验的设计方案。为了检验预报的SST，我们计算了整个模式区域与3个感兴趣的小区域——渤海、黄海，东海和南海预报的SST与相同区域相同时次的FSTIA SST的均方根误差（这里我们假定FSTIA的SST是真实的）。为了与数据同化模式的预报做对比，使用了一个简单的、持续性的预报因子进行了简单的统计预报。

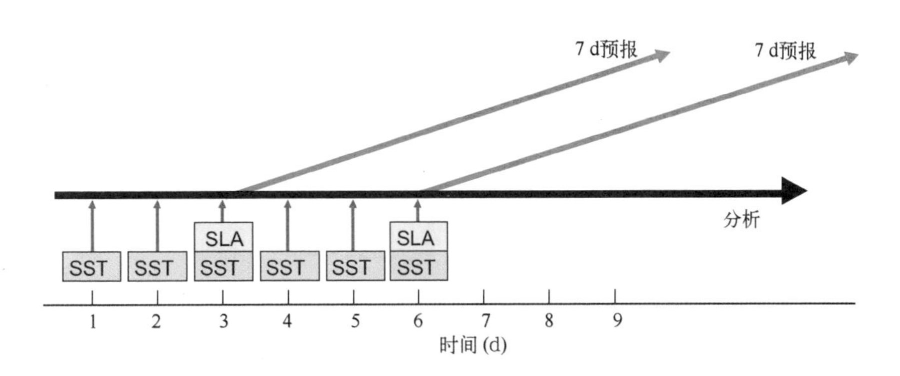

图17.9 后报试验的设计和运行

每天00：00时刻同化FSTIA每天的SST产品。每隔3天的00：00时刻同化沿星下轨的Jason SLA数据。后报试验运行2006年一整年

为了评估系统持续性的预报技巧，将SST的后报误差与后期观测的SST进行了对比。图17.10显示了渤海、黄海，东海和南海区域的SST的均方根误差和持续性预报的结果。后报的开始阶段，持续性预报的均方根误差的值为0，而在模式初始条件中SST的均方根误差也很小，这毫无意外地证明了：相比于未采用资料同化的模式模拟，资料同化对初始条件的准

确性有益。尽管如此，初始 SST 场与观测数据不一致，表明资料同化的结果在未来还有一定的提升空间。在整个模式区域，后报误差随着时间而增大。在初始的两天内，后报误差从 0.3℃急剧增大到 0.6℃。这表明，伴随着同化过程可能产生了重力波或其他原因导致模式预报存在初始震荡。随后，误差增长变慢，均方根误差逐渐增加达到 0.7℃。2~3 d 后，后报的均方根误差低于持续性预报。这表明模式对后报具有正向作用。后报技巧具有季节依赖性，在秋季具有最优的技巧。夏季渤海、黄海区域具有明显较低的后报技巧。具体的原因将在下一节中讨论。同时，模式的后报表明，在不同的区域具有不同的预报技巧。总体而言，按后报技巧从高到低排序，分别为南海、渤海、黄海、东海。最低的后报技巧出现在夏季的渤海、黄海。持续性预报技巧也存在这种区域及季节依赖的特点。这个事实表明，在某种程度上，模式的后报技巧受不同区域和季节的相关动力过程的影响，反映了季节和区域的短期 SST 的可预报性。

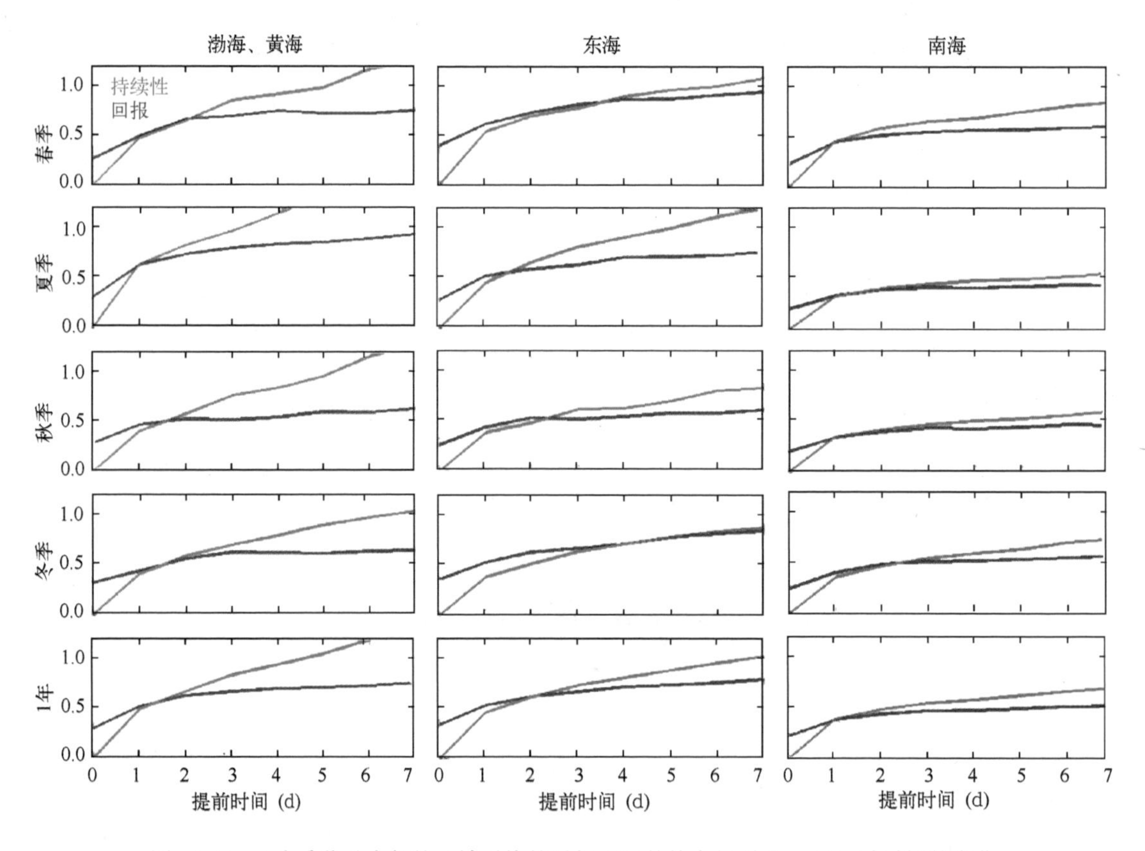

图 17.10　4 个季节及全年的区域平均的后报 SST 的均方根误差（℃）随时间的变化

图 17.11 和图 17.12 是两个后报个例的结果。在 6 月 21—27 日，从沿岸附近 24℃等值线的北向移动可以看出，东海的 SST 急剧增大。图 17.11 为一次冷却事件和它的后报结果。在 9 月 8—14 日，28℃等值线向南移动，到 9 月 14 日时，SST 低于 28℃的水覆盖了整个大陆架区域。模式后报成功捕获了这两次事件，但是持续性预报却未捕获到这两次事件。

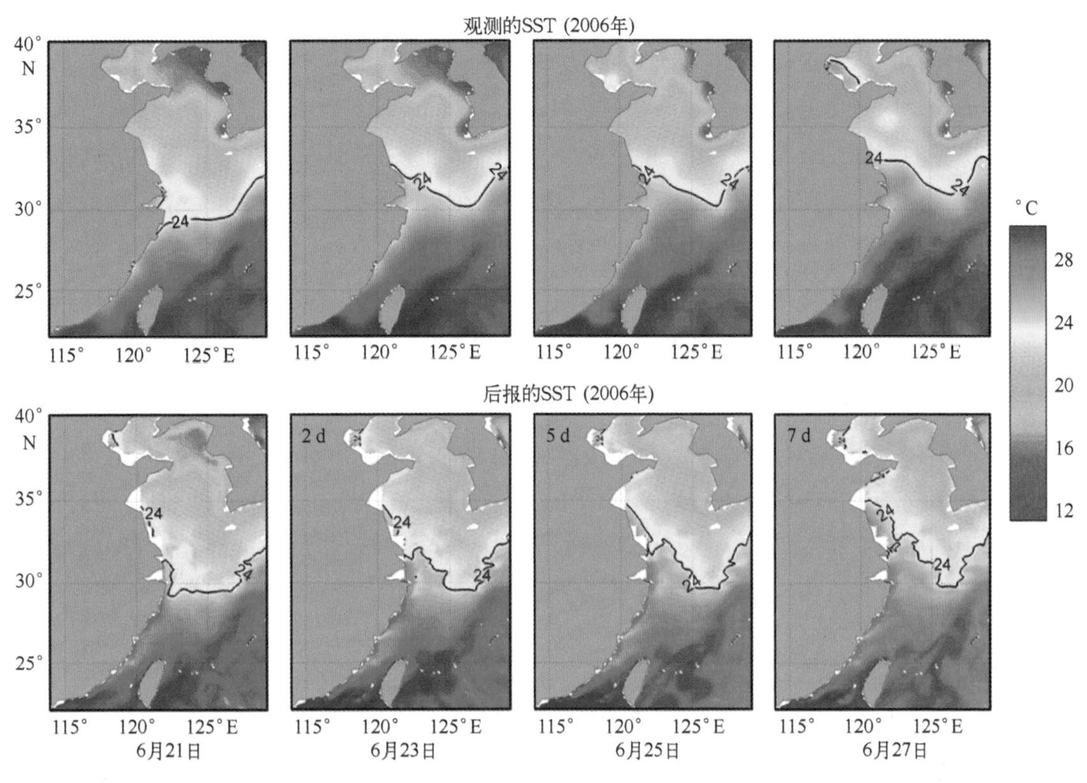

图 17.11　2006 年 6 月 SST 模式后报结果

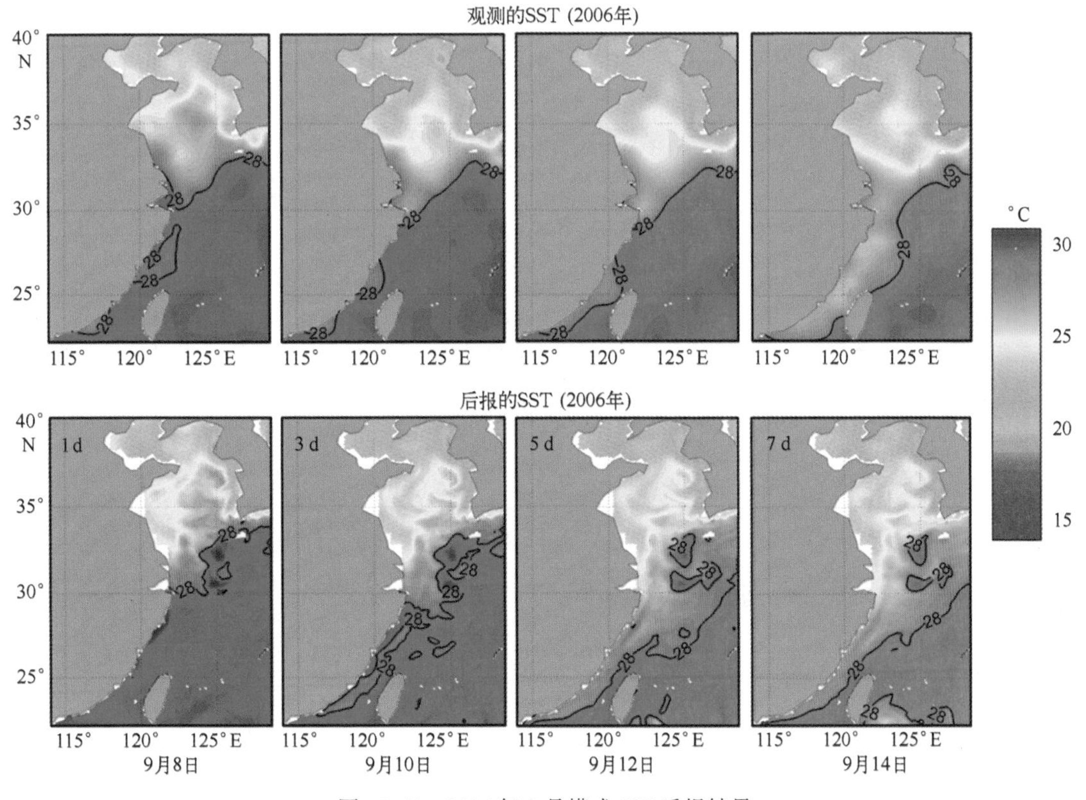

图 17.12　2006 年 9 月模式 SST 后报结果

17.4.3 后报误差分布

本节进一步探讨中国周边近海SST的可预报性。由于探讨可预报性的所有方面的内容已经超出了本章的范围，故我们仅集中确定在夏季和冬季的SST预报误差增长较快的区域。图17.13显示了冬季和夏季的6 d后报平均均方根误差的空间分布。冬季较大的误差主要位于以下几处：东海的黑潮路径、吕宋海峡、沿110°E越南外海岸和台湾海峡。这也是图17.9所示的东海的后报技巧低于南海和渤海、黄海的原因。夏季较大的误差主要位于沿岸和陆架区域以及台湾东北处，这造成了夏季渤海、黄海有较低的后报技巧。由于在夏季，渤海、黄海的混合层很浅［根据Chu等（1997）的文章，深度约为8 m］，同时在混合层下有很强的层结，这导致该区域SST对大气强迫非常敏感，且逐日变化很大，大气强迫的误差可能是通过热效应而导致夏季渤海、黄海有较大后报误差的主要因子之一。由于上升与下沉过程，风的误差对沿岸SST的后报有很大的影响。另一个原因可能是模式中缺少潮汐。如之前所提到的，潮汐混合对渤海、黄海夏季SST的分布具有较大的影响。

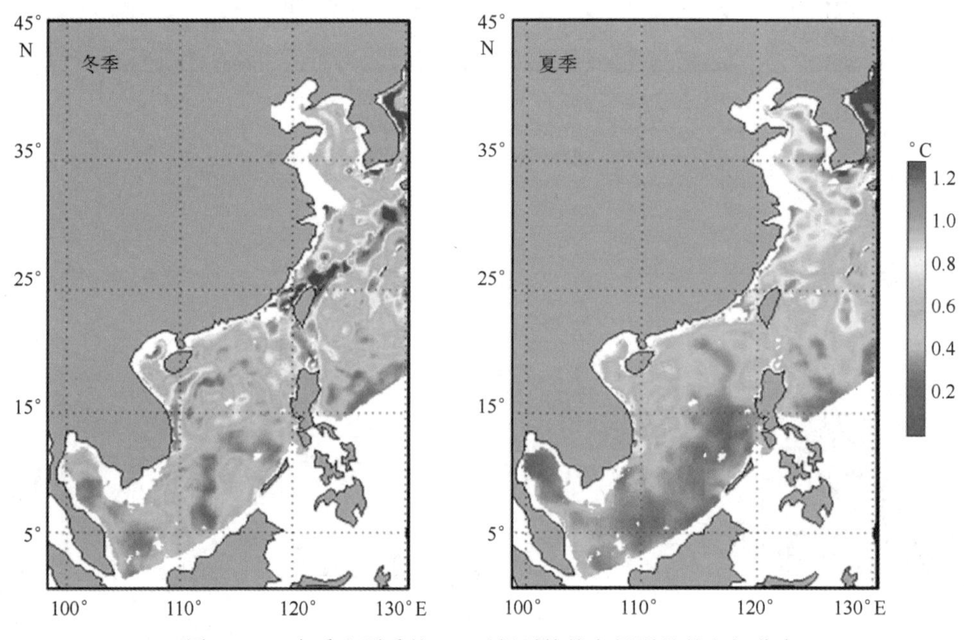

图17.13 冬季和夏季的6 d后报平均均方根误差的空间分布

由于验证数据存在相对较大的误差，故在水深浅于40 m区域的误差被掩盖

除了大气强迫和海洋混合误差，水平平流误差对后报技巧同样具有非常大的影响。水平平流由表面海流矢量与SST的空间梯度的内积决定。图17.14显示了2006年冬季和夏季局地SST空间梯度的时间平均的绝对值的空间分布。在冬季，强的梯度出现在海南岛和台湾之间的陆架区、东海与陆架坡折相联系的黑潮路径、长江口和韩国西南海岸外区域。夏季的梯度比冬季的弱，较强的区域主要在韩国海岸周围。锋的模态与前人基于多年卫星遥感的SST数据的研究结果相吻合（Hickox et al，2000；Wang et al，2001）。强的SST梯度与图17.12所示的后报误差较大区域的分布较为吻合，尤其是在黑潮路径和海南岛与台湾之间的陆架区域。

然而，越南东海岸外区域和吕宋海峡虽然存在大的后报误差，但是SST的梯度却不是很大。考虑到那些区域具有很强的海流［例如：Li等（2010）文章中的图17.2］，水平平流的误差可能也会导致大的后报误差。

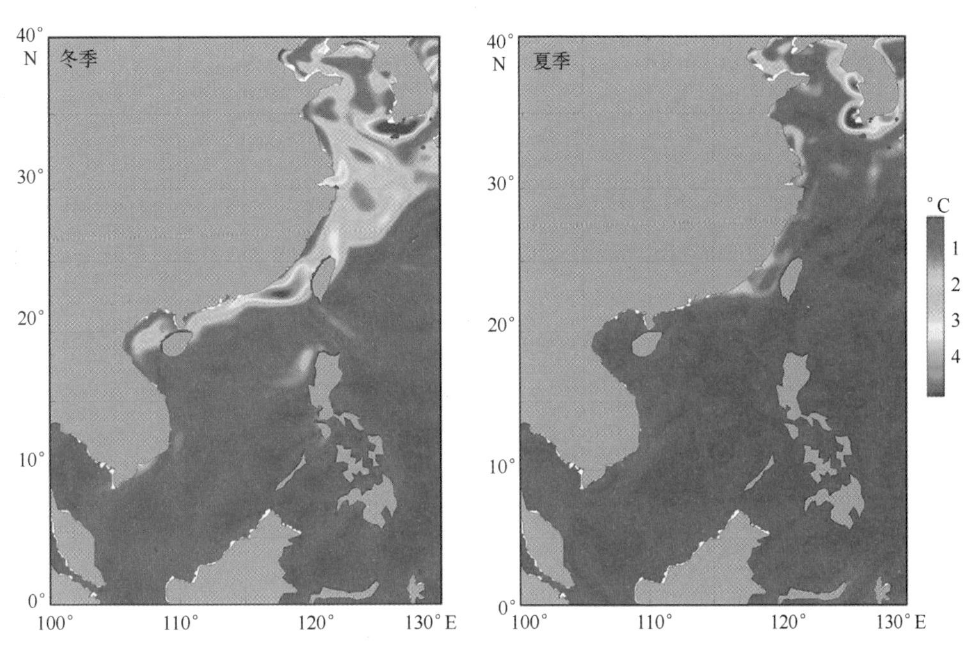

图17.14　2006年冬季和夏季局地SST空间梯度的时间平均的绝对值的空间分布

采用SST的分析数据计算梯度

17.5　总结和展望

在GODAE执行期间，亚洲—大洋洲地区开发了一些区域的业务化及准业务化系统。这些系统通过向公众、政府和商业机构提供日常服务或成功的预测/后报高影响（社会的、商业的和科学的）事件证明了其是有用的。

所有的这些区域系统均与GODAE产品有着紧密的联系。Argo和GHRSST数据集是这些预报系统初始场的基本输入数据。大尺度的GODAE产品也被用于为系统提供侧边界条件（如MOVE-NP）。BLUElink的15年海洋再分析数据已经被证明对工程设计有用。例如，通过降尺度的内波模型，成功帮助找到了在第二次世界大战期间沉没的“HMAS Sydney”。BLUElink业务化预报已经被证实对很多现象的预报均有较好的技巧，这些现象包括：极端的沿岸海平面、异常海流对近岸石油和天然气设施的影响、西北大陆架热含量异常对大陆降水的影响以及许多其他过程。这些系统大部分是在与GODAE相关的项目中开发的，如三维海洋预报系统DMI BSHcmod在MERSEA和ECOOP项目中得到了持续的开发，MERSEA的波罗的海预报系统是基于相同的模式研发的。

从科学的角度来看，现有系统的进一步开发仍然是一个非常具有挑战性的工作（De Mey et al, 2009）。建立更多的观测网、提高模式的分辨率、加入海冰模式、采用更加先进的数据同化以及与大气模式的耦合都属于近期的一些工作。例如，在不久的将来，JMA将在MOVE/

MRI. COM-NWP 系统中加入海冰密集度的同化，该方案不仅会改进海冰范围的预报，同时也会改进亚北极区域，尤其是鄂霍次克海的海洋状态预报。JMA 同样也计划采用水平分辨率为几千米的高分辨率模式来研发一套沿岸海洋模式/同化系统，该系统将可能成为 JMA 为日本沿岸区域预报和警报系统的业务使用。BLUElink 也将通过后续的研究项目推出升级后的再分析数据和业务预测系统（2010 年中），同时为台风预测推出一个新的区域海洋-大气耦合系统。全球预测系统将扩大涡分辨区域，包括印度洋与南太平洋，同时加入先进的资料同化方案、初始化方案和大气通量方案。

另一个挑战是如何进一步提高由高层决策者所确定的亚洲—大洋洲区域业务化预报的能力，这些区域系统很少覆盖印度洋区域。GOOS-CLIVAR 致力建立的印度洋观测系统（Indian Ocean Obsenrvation System，IndOOS）将改善印度洋的现场观测。作为 IndOOS 子项目建立的用于非洲—亚洲—澳大利亚季风分析和预测的研究用锚定浮标阵列是为印度洋设计的一个新的多国家的观测网，类似于 TAO（太平洋）和 PIRATA（大西洋），目的是解决与印度洋变率和季风相关的悬而未决的科学问题，总计 46 个锚定浮标中的 22 个已经布放（McPhaden et al，2009）。另一方面，东南亚国家也迫切需要类似的服务用于风暴潮预报、沿岸工程和防灾等方面，一些现存的系统如 YEOS 系统已经准备扩展到覆盖整个西北太平洋沿岸/大陆架海域。令人鼓舞的是，更多的亚洲—大洋洲国家计划研发他们的业务化系统。明年，韩国陆路运输部和海洋事务部将资助一个准业务化海洋系统的研究，他们将开始为韩国周边沿岸水域制作沿岸和环境预报的数据产品。

我们从一系列中国近海的 SST 后报试验中发现非常有必要开展一些后续的工作。由资料同化提供的初始条件似乎有进一步减少分析与观测数据的错配。同时，需要进一步检查资料同化后产生的明显初始震荡的原因。除了重力波的产生外，也应该考虑其他原因。Counillon 和 Bertino（2009）发现资料同化的建立将模式强烈地拉向观测的同时，将产生小的噪声，这些噪声在两天内会逐渐消失。其中一部分原因是等密度面的密度扰动或者人为的混合下沉造成的。由于他们所采用的模式也是 HYCOM，故其结果具有一定的启发性。此外，潮汐导致的混合对渤海、黄海的温度场具有较强的影响。目前，一个包含潮汐的更高分辨率的模式正在运行，未来将用于开展一系列后报试验。

致谢：该章的部分内容来自 Zhu 等（2008）的文章，其合著者 Toshiyuki Awaji、Gary B. Brassington、Norihisa Usuii、Naoki Hirose、Young Ho Kim、QinzhengLiu、Jun She、Yasumasa Miyazawa、Tatsuro Watanabe 和 M. Ravichandran 都对本章做出了的巨大贡献。

参考文献

Arakawa A（1972）Design of the UCLA general circulation model. Numerical simulation weatherand climate, technical report. No. 7. Department of Meteorology, University of California, Los Angeles, p 116.

Awaji T, Masuda S, Ishikawa Y, Sugiura N, Toyoda T, Nakamura T（2003）State estimation of the North Pacific Ocean by a four-dimensional variational data assimilation experiment. J Oceanogr 59: 931-943.

Bleck R (2002) An oceanic general circulation model framed in hybrid isopycnic-Cartesian coordinates. Ocean Model 4: 55-88.

Bloom S C, Takacs L L, da Silva A M, Ledvina D (1996) Data assimilation using increment analysis updates. Mon Weather Rev 124: 1256-1271.

Brassington G B, Pugh T, Spillman C, Schulz E, Beggs H, Schiller A, Oke P R (2007) BLUElink> Development of operational oceanography and servicing in Australia. J Res Pract Inf Technol 39: 151-164.

Chassignet E P, Smith L T, Halliwell G R, Bleck R (2003) North Atlantic simulations with the Hybrid Coordinate Ocean Model (HYCOM): impact of the vertical coordinate choice, reference pressure, and thermobaricity. J Phys Oceanogr 33: 2504-2526.

Chen D, Busalacchi A J, Rothstein L M (1994) The roles of vertical mixing, solar radiation, and wind stress in a model simulation of the sea surface temperature seasonal cycle in the tropical Pacific Ocean. J Geophys Res 99: 20345-20359.

China Ocean Press (1992) Marine Atlas of Bohai Sea, Yellow Sea, and East China Sea, hydrology. China Ocean Press, Beijing, p 524.

Chu P C, Fralick C R Jr, Haeger S D, Carron M J (1997) A parametric model for the Yellow Sea thermal variability. J Geophys Res 102 (C5): 10499-10507.

Counillon F, Bertino L (2009) Ensemble optimal interpolation: multivariate properties in the Gulf of Mexico. Tellus-A 61: 296-308.

De Mey P, Craig P, Kindle J, Ishikawa Y, Proctor R, Thompson K, Zhu J, CSSWG (2009) Applications in coastal modeling and forecasting. Oceanography 22(3): 198-205.

Dick S, Kleine E, Müller-Navarra S, Klein H, Komo H (2001) The Operational Circulation Model of BSH (BSHcmod). Model description and validation. Bericte des Bundesamtes für Seeschiffahrt und Hydrographie. Nr. 29/2001. Hamburg, Germany, p 48.

Fujii Y, Kamachi M (2003) Three-dimensional analysis of temperature and salinity in the equatorial Pacific using a variational method with vertical coupled temperature-salinity empirical orthogonal function modes. J Geophys Res 108 (C9): 3297. doi: 10.1029/2002JC001745.

Gent P R, McWilliams J C (1990) Isopycnal mixing in ocean circulation models. J Phys Oceanogr 20: 150-155.

Griffies S, Hallberg R W (2000) Biharmonic friction with a Smagorinsky-like viscosity for use in large-scale Eddy-permitting ocean models. Mon Weather Rev 128: 2935-2946.

Griffies S M (1998) The Gent-McWilliams skew flux. J Phys Oceanogr 28: 831-841.

Griffies S M, Harrison M J, Pacanowski R C, Rosati A (2004) A technical guide to MOM4 GFDL Ocean Group technical report No. 5, NOAA/Geophysical Fluid Dynamics Laboratory, p 339.

Guo X, Hukuda H, Miyazawa Y, Yamagata T (2003) A triply nested ocean model simulating the Kuroshio—roles of horizontal resolution on JEBAR-. J Phys Oceanogr 33: 146-169.

Hasumi H (2000) CCSR Ocean Component Model (COCO) Version 2.1. CCSR Report No. 13 Hasumi H (2006) CCSR ocean component model (COCO) version 4.0. Report No. 25. Center for Climate System Research, The University of Tokyo.

Hickox R, Belkin I, Cornillon P, Shan Z (2000) Climatology and seasonal variability of ocean fronts in the East China, Yellow and Bohai Seas from satellite SST data. Geophys Res Lett 27 (18): 2945-2948.

Hirose N, Kawamura H, Lee H J, Yoon J H (2007) Sequential forecasting of the surface and subsurface conditions in the Japan Sea. J Oceanogr 63: 467-481.

Hunke E C, Ducowicz J K (2002) The elastic-viscous-plastic model for sea ice dynamics. Mon Weather Rev 130: 1848-1865.

Ichikawa H, Beardsley R C (2002) The current system in the Yellow and East China Seas. J Oceanogr 58: 77-92.

In T, Ishikawa Y, Shima S, Nakayama T, Kobayashi T, Togawa T, Awaji T (2008) A triple nesting approach toward the improved nowcast/forecast of coastal circulation off Shimokita Peninsula (to be submitted).

Ishikawa Y, Awaji T, Toyoda T, In T, Nishina K, Nakayama T, Shima S, Masuda S (2009) Highresolution synthetic monitoring by a 4-dimensional variational data assimilation system in the northwestern North Pacific. J Mar Syst 78 (2): 237-248.

Ishizaki H, Motoi T (1999) Reevaluation of the Takano-Oonishi scheme for momentum advection on bottom relief in ocean models. J Atmos Ocean Technol 16: 1994-2010.

Kalnay E et al (1996) The NCEP/NCAR 40-year reanalysis project. Bull Am Meteorologic Soc 77: 437-471.

Kim Y H, Chang K I, Park J J, Park S K, Lee S H, Kim Y G, Jung K T, Kim K (2009) Comparison between a reanalyzed product by the 3-dimensional variational assimilation technique and observations in the Ulleung Basin of the East/Japan Sea. J Mar Syst 78: 249-264.

Larsen J, Høyer J L, She J (2007) Validation of a hybrid optimal interpolation and Kalman filter scheme for sea surface temperature assimilation. J Mar Syst 65: 122-133.

Leonard A (1979) A stable and accurate convective modeling procedure based on quadratic upstream interpolation. Comput Methods Appl Mech Eng 19: 59-98.

Leonard B P, MacVean M K, Lock A P (1993) Positivity-preserving numerical schemes for multidimensional advection. NASA Technical Memorandum 106055, ICOMP-93-05.

Levitus S, Burgett R, Boyer T P (1994) World Ocean Atlas, vol 3, salinity. NOAA Atlas NESDIS, 3, United States Department Of Commerce, Washington.

Li X C, Zhu J, Xiao Y G, Wang R W (2010) A model-based observation thinning scheme for assimilation of high resolution SST in the shelf and coastal seas around China. J Atmos Ocean Technol 27: 1044-1058.

Marchesiello P, McWilliams J C, Shchepetkin A (2001) Open boundary conditions for long-term integration of regional oceanic models. Ocean Model 3: 1-20.

McPhaden M J, Mayers G, Ando K, Masumoto Y, Murty V S N, Ravichandran M, Syamsudin F, Vialard J, Yu L, Yu W (2009) RAMA: the research moored array for African-Asian-Australian monsoon analysis and prediction. Bull Am Metrologic Soc. 90: 459-480.

Mellor G L, Blumberg A (2004) Wave breaking and ocean surface layer thermal response. J Phys Oceanogr 34: 693-698.

Mellor G, Kantha L (1989) An ice-ocean coupled model. J Geophys Res 94: 10937-10954.

Mellor G L, Hakkinen S, Ezer T, Patchen R (2002) A generalization of a sigma coordinate ocean model and an intercomparison of model vertical grids. In: Pinardi N, Woods JD (eds) Ocean forecasting: conceptual basis and applications. Springer, New York, pp 55-72.

Miyazawa Y, Kagimoto T, Guo X, Sakuma H (2008a) The Kuroshio large meander formation in 2004 analyzed by an eddy-resolving ocean forecast system. J Geophys Res 113: C10015. doi: 10. 1029/2007JC004226.

Miyazawa Y, Komatsu K, Setou T (2008b) Nowcast skill of the JCOPE2 ocean forecast system in the Kuroshio-Oyashio mixed water region (in Japanese with English abstract and figure captions). J Mar Meteorol Soc (Umi to

Sora) 84 (2): 85-91.

Moon I J (2005) Impact of a coupled ocean wave-tide-circulation system on coastal modeling. Ocean Model 8: 203-236.

Noh Y, Kang Y J, Matsuura T, Iizuka S (2005) Effect of the Prandtl number in the parameterization of vertical mixing in an OGCM of the tropical Pacific. Geophys Res Lett 32: L23609. doi: 10. 1029/2005GL024540.

Uppala S M, Kallberg P W et al (2005) The ERA-40 re-analysis. Q J R Meteorol Soc 131: 2961-3012.

Oey L Y, Chen P (1992) A Nested-Gris Ocean model—with application to the simulation of Meanders and Eddies in the Norwegian Coastal Current. J Goephys Res 97: 20063-20086.

Oke P R, Schiller A, Griffin D A, Brassington G B (2005) Ensemble data assimilation for an eddyresolving ocean model of the Australian region. Q J R Meteorol Soc 131: 3301-3311.

Oke P R, Brassington G B, Griffin D A, Schiller A (2008) The Bluelink Ocean Data Assimilation System (BODAS). Ocean Model 21: 46-70.

Pacanowski R C, Griffies S M (1999) MOM3. 0 manual. WWW Page, http: //www. gfdl. noaa. gov/~smg/MOM/web/guide_parent/guide_parent. html.

Rio M H, Hernandez F (2004) A mean dynamic topography computed over the world ocean from altimetry, in situ measurements, and a geoid model. J Geophys Res 109: C12032. doi: 10. 1029/2003JC002226.

Schiller A, Oke P R, Brassington G B, Entel M, Fiedler R, Griffin D A, Mansbridge J (2008) Eddyresolving ocean circulation in the Asian-Australian region inferred from an ocean reanalysis effort. Prog Oceanogr 76: 334-365.

Toyoda T, Awaji T, Ishikawa Y, Nakamura T (2004) Preconditioning of winter mixed layer in the formation of North Pacific eastern subtropical mode water. Geophys Res Lett 31: L17206. doi: 10. 1029/2004GL020677.

Tsujino H, Usui N, Nakano H (2006) Dynamics of Kuroshio path variations in a high-resolution general circulation model. J Geophys Res 111: C11001. doi: 10. 1029/2005JC003118.

Usui N, Tsujino H, Fujii Y, Kamachi M (2006) Short-range prediction experiments of the Kuroshio path variabilities south of Japan. Ocean Dyn 56: 1616-7341.

Wan L, Zhu J, Bertino L, Wang H (2008) Initial ensemble generation and validation for ocean data assimilation using HYCOM in the Pacific. Ocean Dyn 58: 81-99. doi: 10. 1007/s10236-008-0133-x.

Wang D, Liu Y, Qi Y, Shi P (2001) Seasonal variability of thermal fronts in the northern South China Sea from satellite data. Geophys Res Lett 28 (20): 3963-3966.

Weaver A, Courtier P (2001) Correlation modeling on the sphere using a generalizing diffusion equation. Q J R Meteorol Soc 127: 1815-1846.

Xiao Y, Zhu J (2007) Numerical simulation of circulations in coastal and shelf sea around China using a hybrid coordinate ocean model. Technical report (in Chinese).

Xie S, Hafner J, Tanimoto Y, Liu W T, Tokinaga H, Xu H (2002) Bathymetric effect on the winter sea surface temperature and climate of the Yellow and East China Seas. Geophys Res Lett 29 (24): 2228. doi: 10. 1029/2002GL015884.

Xie J P, Zhu J, Yan L (2008) Assessment and inter-comparison of five high resolution sea surface temperature products in the shelf and coastal seas around China. Cont Shelf Res 28: 1286-1293.

Zhu J, Awaji T, Brassington G B, Usuii N, Hirose N, Kim Y H, Liu Q, She J, Miyazawa Y, Watanabe T, Ravichandran M (2008) Asia and oceania applications. Proceedings of the final GODAE symposium. Available from the GODAE website, pp 359-372.

第 18 章　业务化海洋预报的系统设计

Gary B. Brassington[①]

摘　要：过去的 10 年里，随着在海洋模型、海洋数据同化和海洋观测系统方面的科学技术的进步，构建第一代海洋预报系统成为一个可实现的目标（Dombrowsky et al，2009）。在真正的业务化预报系统中应用这些技术，会引入一些独特的约束条件，可能会降低系统性能。这些实际的制约因素，例如对实时海洋观测系统关键部分的覆盖面和质量的限制，以及在限定时间内完成预报积分，是任何预报系统都无法回避的，并且需要额外的策略去达到系统的稳定和最佳性能。在本章，我们首先定义了几个常用术语，如业务化和预报。接下来讨论系统设计的选择问题，它们可以作为海洋预报系统的组成部分，能够使业务化系统运行时达到最可靠的性能。

18.1　引言

在过去的 10 年里，已经有几个机构和研究所建立了业务化海洋预报系统（Dombrowsky et al，2009）。Hurlburt 等（2009）对这一时期系统的关键发展进行了评估。这些系统采用了多种成熟的科学技术（Kamachi et al，2004；Cummings，2005；Brasseur et al，2005；Martin et al，2007；Oke et al，2005；2008）。但这些技术都无法达到四维变分（Lorenc，2003）或集合卡尔曼滤波（Evensen，2003）所定义的理论最优状态。然而，涡分辨模型的计算代价和对背景误差协方差认识的缺乏都阻碍了四维变分和集合卡尔曼滤波在海洋中的应用，从而导致不得不采用各种次优方法。

评价设计好坏的指导原则可以在很多名人的语录中找到，这里引用其中的 3 个。第一个来自亚伯拉罕·马斯洛（Abraham Maslow），被称为“仪器规则”，即“当你手中唯一拥有的工具是锤子时，容易将每件事情当作钉子来处理”。对于新科学家和工程师而言，仪器规则是一个警告，许多设计选择是基于当时已知的方法和技术，他们需要致力于改善现有系统。所有的设计选择都被那些方法所限制，应该定期对它们进行质疑和审视。

第二个例子来自阿尔伯特·爱因斯坦（Albert Einstein），是对简化论者的警示：“使事情尽可能的简单，但是不能过于简单。”海洋预报系统的所有组成都包含假设，这些假设可将

① Gary B. Brassington，澳大利亚气象局天气与气候研究中心。E-mail：g. brassington@ bom. gov. au.

问题简化为具有优势（如解决办法）的更简单的单元。所有减少系统参数空间的假设（如Boussinesq近似、静力近似和不可压缩假设）在给定的条件下都是正确的。在新的问题中再次应用这些方法或系统时，对这些假设和它们成立条件进行详细了解很重要。另外，如果新的有效方法不能在要求的精度范围内解决目标问题，那么它们的所有优点也都没用。

第三个例子（也是最后一个）与上一条形成了对比，也来自于阿尔伯特·爱因斯坦："任何一个有点智商的笨蛋都可能把事情搞得更大、更复杂、更有竞争力。往相反的方向前进则需要天赋以及很大的勇气。"这句话与现有系统的关系尤为密切，因为现有系统是朝着更高的模型分辨率、更复杂的数据同化方法、集合预报和物理耦合模型方向发展。这句话提示我们在自动引入更复杂的系统之前，应该停下来思考一下这种复杂是否正确。这种趋势正在随着计算系统性能的提升而扩大，并有可能持续下去。

如今的业务化海洋预报系统设计类似于约翰·哈里森（John Harrison）发明的计时器（Sobel，1995）。当你到伦敦格林威治的博物馆去参观，将会看见一件被称为H1的难以置信的艺术品（见图18.1a）。这是由约翰·哈里森设计的，他通过制作一个在海上可以准确运行的时钟解决了经度问题，获得了巨额奖金。任何人都不禁钦佩时钟的设计质量和取得的成就。然而，这个特制的时钟在发展了17年后被约翰·哈里森抛弃了，因为他意识到自己可以将其进行改进，最终变成口袋大小的设备，称为精密计时器（见图18.1b）。如今的业务化海洋学类似于H1，具有其设计之初的功能，包括许多新颖而优雅的解决方案，但是与未来几十年之后相比，从技术上，更重要的是可靠性能方面还相差很远。

图18.1 约翰·哈里森为了解决经度问题而设计的H1时钟（a）和精密计时器（b）

本章首先给出与海洋预报，特别是与业务化预报特点相关的几个常用术语的定义。然后简要地叙述一些海洋预报应用以及影响系统设计的服务需求。18.4节介绍海洋预报系统的组成部分，接下来展开讨论每一部分，并特别强调影响系统设计的每部分的特性。其中包括：18.5节的实时观测系统，18.6节的实时强迫系统，18.7节的模式，18.8节的数据同化，18.9节的初始化，18.10节的预报循环，18.11节的系统性能。总体来说，本章强调了预报系统所需的设计选择和系统设计普遍关心的方方面面。通过示范的方式，从特定的系统中选取个例说明哪些可能是或不是通常的做法。大多数例子是从 BLUElink 海洋模式、分析和预测系统（Ocean Model, Analysis and Prediction System, OceanMAPS）中选取的。最后，以一个简短的结论结束。

18.2 定义

所有的预报系统都是在后报的基础上发展起来的（见表 18.1）。在很多方面，后报经常试图去模仿预报环境，然而，很多实时发生的情况难以再现，并且不一定呈正态分布。例如，卫星产品数量的减少（见图 18.2）。另外，通常期望在给定性能上限的理想条件下确定系统运行的统计性能。实际上，这种水平的性能只在预报条件接近理想情况时才能达到。在预报系统的设计中，在低于理想条件的情况下，系统的性能是同等重要的。为了实现最高的下限，通常引入额外的策略以尽量减少影响。基于这个原因，恰当地使用预报和后报系统术语和准确地确定系统的条件是至关重要的。

表 18.1 通常使用的同化海洋模式状态相关的术语定义

预报术语	定义
后分析	使用最优的方法和最多的信息进行最好的估计
后报	实时预报模拟之后，例如，来自后分析和模型预估的模型初始化 后报是在理想条件和预报性能上限再现的情况下的典型表现
现报	实时状态和情况的估计，可以用作持续性预报
预报	实时之后的状态和情况的预测

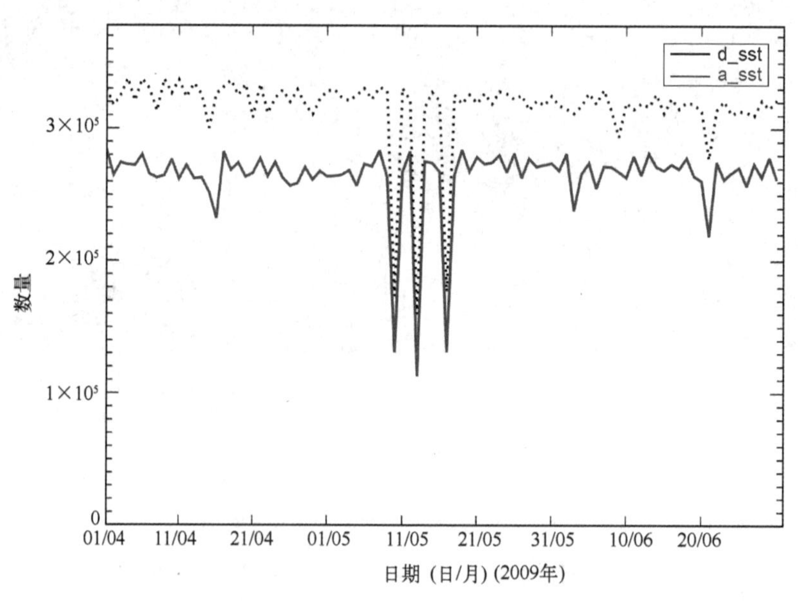

图 18.2 澳大利亚气象局于 2009 年 1 月 4 日至 6 月 30 日之间从 AMSR-E 上升（实线）和下降（虚线）轨道获得的观测反演数据

业务化一词经常用于各种工作的定义，但有趣的是它还具有特定的哲学意义（见 http：//plato. stanford. edu/entries/operationalism/）。一个有用的工作定义是在欧洲全球海洋观测系统（European Global Ocean Observing System，EuroGOOS；Prandle and Flemming，1998）发展过程中被勾勒出来的。表 18. 2 总结了业务化预报中应用的与日常、稳定地发布实时服务相关的术语。许多业务中心以能否 7×24 h 的发布服务来判定其成功与否。为了达到世界气象组织（World Meteorological Organization，WMO）99. 99%时间以上的服务水平，需要消耗大量资源。服务质量的持续性对设计的选择也很关键。

表 18. 2　世界气象组织中使用的业务化含义的定义

业务化定义	
实时性	针对现报和预报的系统和产品
日常性	按照常规的计划执行
稳定性	技术上：具有故障转移与修复设计的高端计算和通信程序 科学上：检测与减缓系统状态变化以确保对系统性能的影响最小
持续性	持续的达到设计性能

18. 3　应用

在设计任何系统之前，确定系统的应用目标和必须满足的服务需求是至关重要的，这对观测系统和预报系统的设计都非常关键。然而，业务化海洋学并没有严格遵守这一理想化方案。业务化海洋学是由全球海洋数据同化实验（Global Ocean Data Assimilation Experiment，GODAE；Smith and Lefebvre，1997）发起的，是由不断扩展的新一代全球海洋观测系统，特别是卫星高度计的引入推动的。当时清楚的是许多部门可以潜在地从海洋预报服务中或多或少受益，但并不清楚具体的应用和预报技术需求。表 18. 3 总结了影响海洋预报系统设计和这些服务效果的几个应用特性，其中包括应用类型、社会或经济价值、用户群体的复杂程度和服务需求。

图 18. 3 展示了几个潜在的应用，其中图 18. 3a 和图 18. 3b 展示了 2008 年 2 月 10 日发生在澳大利亚南部邦尼沿岸的一次上升流事件。上升流经常会影响当地的海洋生态系统，通过 2008 年 3 月 30 日海洋水色卫星可以观察到富营养水被带入到透光区，造成叶绿素水华（图 18. 3b）。上升流还具有稳定局地大气边界层的作用，能够减少和地表的动量交换。上升流发生得非常快，而大气预报使用了固定的海表面温度（Sea Surface Temperature，SST）边界条件，因而无法在大气预报中考虑上升流。这个特定的事件导致了一次预报失误，将当地观测为弱风的位置预报为强风，这遭到了不得不取消海上旅游航行的当地旅游经营者的投诉。上升流事件还与海雾息息相关，海雾很难用红外辐射［例如超高分辨率的高级辐射仪（AVHRR）］或微波［例如先进的微波扫描辐射计（AMSR-E）］观测到。其中，红外辐射是因雾的影响，微波是由于分辨率较低（约 25 km/像素）和附近海岸线的干扰。因此，为了得到与观测风相对应的较冷的 SST，需要进行动力预报，不过 SST 的预报精度很难验证。

表 18.3 影响海洋预报系统设计选择的应用和用户群体的特性

应用	
类型	特定的时间和空间（如搜救、海上事故和突发事件、国防等） 计划和管理（如渔业捕捞、海洋公园管理等） 工程或工业（如海上石油和天然气、船舶航线、可再生能源等） 全球和可持续性（如天气、海浪、生态系统预报等） 沿海大陆架（如港口管理、舱底污水排放、近岸涌等） 公益（如休闲垂钓、潜水、游泳、帆船等）
社会和经济价值	生命、安全或安全威胁 财产损失 海洋健康 经济价值和能源
用户群体的复杂性	用户是否是有组织和可协调的 服务需求是否明确 是否理解了海洋服务的影响 解释海洋产品和增值服务的能力 监测和评估影响的能力 注重关系和提供反馈的能力
服务需求	后报、短期、中期和长期预报 性能阈值 误差敏感性 极值敏感性 观测需求 预报产品的时效性和频率

来自船舶（图 18.3c）和油井（图 18.3f）的海上事故和应急服务，包括机载和舰载救助作业（图 18.3g），都属于海洋预报服务的应用。然而，先进的拉格朗日轨迹追踪技术的需求却很难达到。目前和未来 10 年的全球海洋观测系统不太可能满足这些应用需求（Hackett et al，2009；Davidson et al，2009；Rixen et al，2009；Brassington et al，2010a）。这些事件的一个特点是，它们不经常发生在特定地点，局地性使它们适合于使用如水下滑翔机、自主式水下航行器和漂流浮标等进行短期、集中部署观测。

澳大利亚、巴西和美国在其各自东海岸出现的共同的大气特征是由快速增强的温带气旋形成的（见图 18.3d）。有时由于其严重程度和影响，这些风暴被当地人称为炸弹。2007 年 6 月的风暴事件因“帕夏·布尔卡”号(Pasha Bulka）货船搁浅而闻名，同时在纽卡斯尔(Newcastle）发生水灾造成人员伤亡。在澳大利亚东海岸，风暴形成是因为干冷空气的切断低压移动到湿暖的海洋边界之上，引起了垂直对流和大气上层位涡辐合的正反馈（McInnes et al，1992）。由于将高温低盐水从热带输送到高纬地区的西边界流出现湍流振荡，造成了沿海岸线的海洋热含量剧烈变化。图 18.3e 所示的模拟的 SST 在风暴所处位置呈现了一个温度锋。暖的 SST，其由一个反气旋暖涡维持着（Brassington，2010；Brassington et al，2010b）。海洋预报系统能提供热含量条件的预报，并可用于耦合预报。

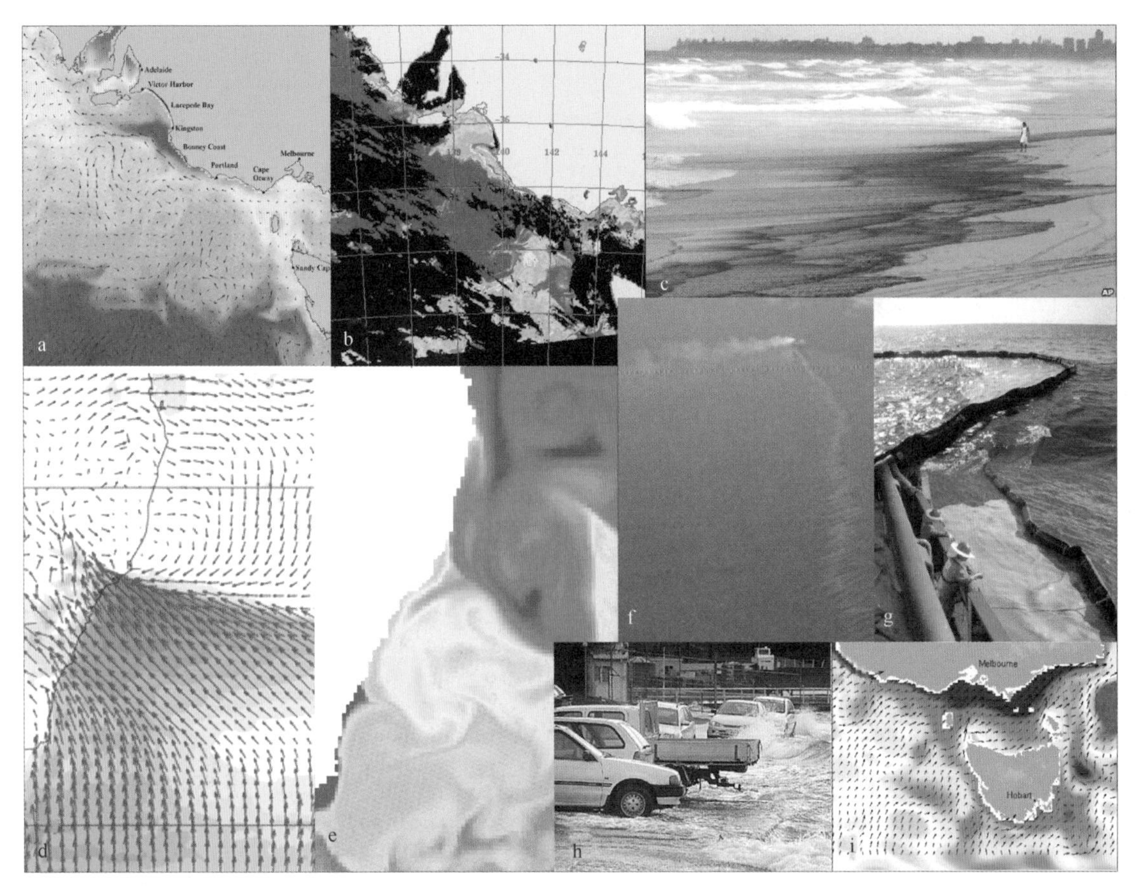

图 18.3 需要实时预报服务的应用事例

a. 南澳大利亚沿岸上升流事件的 SST 预报；b. 海洋水色对此事件的响应；c. 由于“太平洋冒险家”号的泄漏造成昆士兰（Queensland）沿岸溢油；d. 新南威尔士州（NSW）东海岸飓风的 10 m 模拟风场；e. 此次事件期间的模拟 SST 场；f. 蒙塔拉（Montara）油井的溢油漂移；g. 此次事故中的船舶打捞作业；h. 塔斯马尼亚（Tasmania）德温特（Derwent）河的涌浪；i. 对此事故预报的水位

沿岸的高水位通常与潮汐和风暴潮的同时发生相关。预报系统通常基于所谓的“风暴潮”模型，根据局地情况，结合潮汐和海面气压估计水位风险。在海洋预报系统中，无潮海面变化的模拟还受到远处传来的沿岸陷波和暖边界流的入侵等其他海洋学因素的影响。例如，德温特（Derwent）河的高海面变化事件（见图 18.3h）缘于局地风暴和从南澳大利亚传来的大振幅沿岸陷波。巴士海峡的沿岸陷波特点是高海面变化（见图 18.3i）。由于区域预报使用传统的没有考虑远程贡献的方法计算海面变化，因此并没有发出警报。海洋预报系统要具有提供总的海面变化预报的潜力。

在所有这些应用中，海洋状况对能提供有价值信息的准确预报发挥了重要作用。通过对这些事件和其他类似情况的详细分析，可确定与海洋变量及其敏感性相关的误差，进而推断出性能需求。在这些例子中，静压海洋环流模型 5 个预报量中的 4 个（SST、热含量、表层海流和海面变化）是直接相关的。但是值得注意的是，它们的预报是基于对所有预报变量的了解。国家机构和研究所通常能与当地用户达成协议，并有机会获得这些信息。海洋学和海洋气象学联合技术委员会（Joint Technical Commission for Oceanography and Marine Meteorology，JCOMM）

的业务化海洋预报系统专家团队（Expert-Team on Operational Ocean Forecast Systems，ET-OOFS）的任务是进行国际间的协调，汇总这些信息以满足观测和服务的需求。

18.4 系统要素

如今所有可用的业务化海洋预报系统均遵循相似的顺序和循环结构，包括处理最新的观测数据、进行模式与数据融合、进行模拟预报以生成数据产品，包括海洋状态估计、性能诊断和误差估计。这一系列的过程被定期地重复或在某个特定情况下进行，例如由某特定的事件触发。图 18.4 为 BLUElink OceanMAPS 系统的流程图，包括观测、表面通量、模式和数据同化相关数据文件的获取与归档。

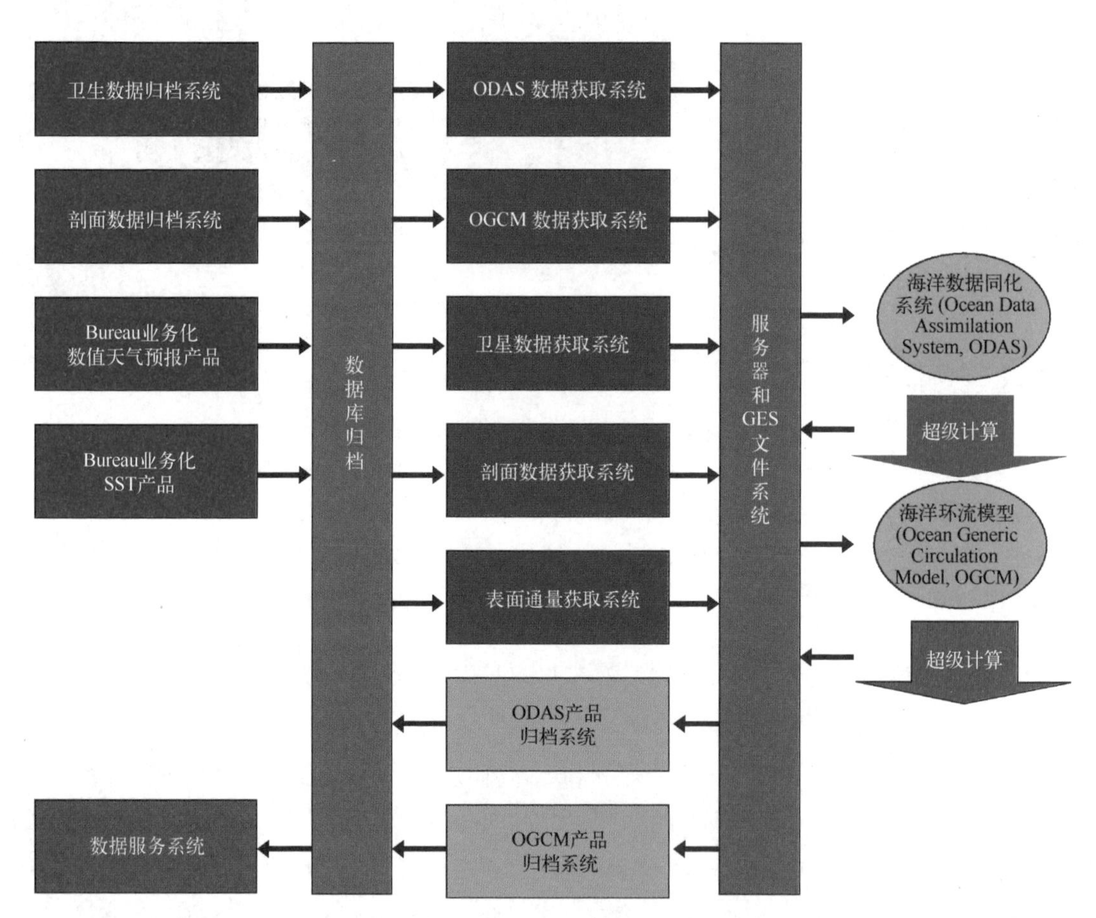

图 18.4　业务化海洋预报系统要素流程图（引自 BLUElink OceanMAPS；Brassington et al，2007）

欧洲中尺度气象预报中心（European Centre for Medium Range Weather Forecasts，ECMWF；http：//www.ecmwf.int/products/data/software/sms.html）开发的超级监控调度程序（Supervisor Monitor Scheduler，SMS）或相关软件在操控中心运行，通过监控相关系统组件的顺利完成以控制作业流程。数据和文件处理是在服务器上执行，而需要大量内存和计算量的数据同化和模式积分则要任务提交到高端超级计算系统。计算环境的性能和优化级别可通过软件实现，这对海洋预报系统的设计至关重要。涡分辨的海洋预报系统的预报模拟和数据同化反演都属于超级计算的高端应用。操控中心总的可用墙钟时间和计算资源受到其他几个预报系统的限制和管理。软件的效率和不同组件完成时间的协调性对系统设计具有重要的影响。例如，一个数据同化系统的计算与反演问题的大小成比例。为了降低计算成本，可以通过高级观测手段或稀疏观测来协调处理观测的数量，需要实现局地化或限制特定的背景误差协方差。同样，海洋模式设计的成本与网格点（单元）数和限制数值稳定性的时间步长成比例。要实现一个特定的成本限制，就要在高分辨率的模型或区域内协调水平与垂直分辨率。

对海洋预报服务而言，上述系统考虑了主要的科学与技术设计。但是，为了给终端用户提供优质的服务，还有几个步骤需要进行。其中包括稳定地分发大量数据产品的基础设施，对预报员的指导和对指定用户需求与影响评估的支持服务。这些重要步骤将不在这里深入讨论。

18.5 实时观测系统

目前，全球海洋观测仪器和平台的数量正在增长，它们都各具特点，有的是共有的，有的是独有的，这将影响业务化海洋预报系统的设计。表 18.4 总结了这些特点，其中包括时效性、覆盖面、预期误差和质量。相比于数值天气预报，海洋仪器和基础设施的相对不成熟导致了系统在实际应用中频繁发生故障。虽然预报系统对观测系统故障的敏感性是可测量的，但系统故障常常是随机的、不可预测的。为了尽量减少这些影响，在系统设计中需要考虑相应的策略。对海洋观测系统方面更详细的讨论请参阅 Le Traon（2011）和 Ravichandran（2011）的文章。

表 18.4 为海洋预报系统进行独特设计的实时海洋观测系统的特点

实时观测系统的特点	
时效性	接收到的观测资料距离实时有多接近 延时产品的高质量是否可获取
覆盖面	最大/最小覆盖面是多大 覆盖的均一程度如何
观测误差估计	仪器误差 代表性误差
质量控制	产品是否包含质量标识 观测误差模型的有效测试
异常行为	仪器故障、通信和系统故障

18.5.1 现场剖面观测

海洋状态是由电导温深传感器（CTD）传感器进行常规的实时剖面观测获取的。这些 CTD 传感器来自传统的平台（如船舶和锚定设备）、新的平台（如自动 Argo 浮标和水下滑翔机）和志愿船舶。此外，抛弃式温深仪（XBT）搭载在志愿船舶上进行实时观测。过去的 10

年里，通过现场测量采样的数量显著增加，在历史上缺乏采样的区域（如印度洋和南大洋）也增加了覆盖面。

目前，Argo 阵列是现场观测采样的主要来源，已经达到了它的预期密度，即在全球海洋每 3°×3°方格内有一个浮标，总数已超过 3 000 个。每个浮标记录了从大约 2 000 m 深至表面的水柱特性，每隔 10 d 在海面通过 Argo 或铱星系统进行实时报告（Freeland et al，2010）。网上给出了可用的 Argo 数据产品范围和访问服务器的用户指南（http：//www. argo. ucsd. edu/Argo_Date_Guide. html）。观测资料是由数据收集中心（Data Assembly Centre，DAC）联网获取的。这个中心负责执行自动质量控制程序，并将观测结果分发给 WMO 全球电子通信系统（Global Telecommunications System，GTS）和两个全球数据收集中心（Global Data Assembly Center，GDAC）。DAC 还在延时模式下进行客观的质量控制。那些通过了自动质量控制的剖面被以 TESAC 格式实时发送给 GTS，不加质量控制信息。快速模式产品可在 3 d 内以包含质量控制标识和压力坐标下的原始观测的格式，从 GDAC 服务器内获取。

其他重要的 CTD 剖面是从锚定阵列获取的，如太平洋地区的 TAO/TRITON（McPhaden et al，2001）、大西洋的 PIRATA（Bourles et al，2008），以及最近的印度洋的 RAMA（McPhaden et al，2009）。这些锚定阵列数据每天多次向 GTS 进行实时发送。越来越多的滑翔机正被用来自动获取海洋数据。然而，获取的数据还没有以与 Argo 相同的方式进行国际间共享，并缺少通用的实时质量控制程序与 GTS 和其他 DAC/GDAC 产品整体分发。

XBT 资料始终沿着特定的船舶航线，采样受到航行在该线路上的志愿船的频率限制（Goni et al，2010）。XBT 提供沿航线等间距的垂向高分辨率的温度和深度剖面数据。GTS 报告的垂向剖面和二次采样资料是没有质量控制标识的。随后，这些剖面资料由一些数据中心使用通用的程序进行主观质量控制（Bailey et al，1994）。

以 2010 年 1 月 15 日至 2010 年 3 月 1 日期间为例，图 18. 5 给出了澳大利亚气象局每天从 GTS 和两个 Argo 全球数据收集中心（GDAC：Coriolis and USGODAE）获取的剖面数量。GTS 每天持续报告了大约 1 200 个剖面，但是最新的获取结果显示，由于美国的近岸浅海观测，观测数量有所增加。GDAC 平均每天报告 300 个剖面，与所期望的每天 Argo 表面浮标数量相一致。从每个 GDAC 数据中心获取的剖面数量没有必然关系，显然二者之间不是一个简单的镜像关系的站点。科里奥利（Coriolis）中心也经常有大量剖面数据，主要包含经过数据收集中心主观质量控制之后的旧剖面。通过在 3 个数据源之间进行挑选，可以获得近实时的每日最好的观测数据。理想情况下，3 个数据源最多应该包含用来生成一个数据的位于相同剖面的 3 个重复样本。具有最完备的观测数据集和经过最大数量质量控制测试的剖面被认为是最好的。每天从重复检查过程中得到的剖面数量以红色显示在图 18. 5 中。每天持续提供大约 1 200 个质量最好的观测剖面。近实时的剖面数量下降表明了剖面实效性的影响，伴随着总剖面中有一小部分比例是在实时之后的几天获得的。

澳大利亚气象局发展了一套用来选择最佳剖面的算法（Brassington et al，2007），可以用从 GDAC 获取的具有最完备剖面信息和特殊的质量控制的剖面代替从 GTS 获取的剖面。图 18. 6 是 2009 年 9 月 13 日从该系统获取的剖面的时效性、数量和来源的典型例子。在实时的前2天内，剖面的数量是以那些从GTS获得的为主。在第1天，来自GTS的剖面被来自GDAC的剖面所取代；在第3天和随后的几天里，来自GDAC的剖面继续取代那些来自GTS的剖面，被取代的剖面数量随着实时后时间的增加而减少。

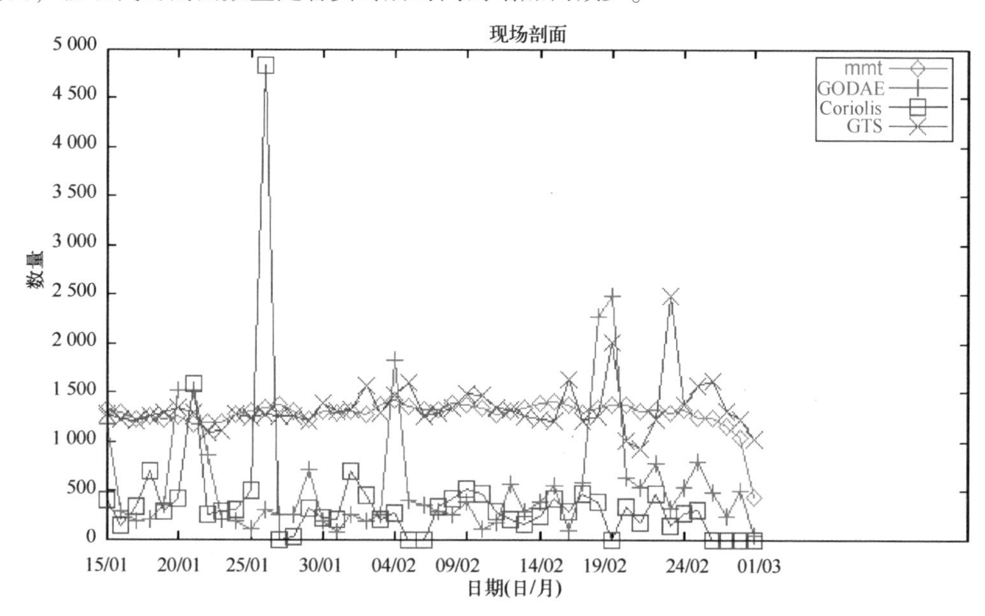

图18.5　2010年1月15日至2010年3月1日间从GTS（紫色）、Coriolis（蓝色）和USGODAE（绿色）获取的每日海洋剖面数量，以及重复剖面的数量（红色）

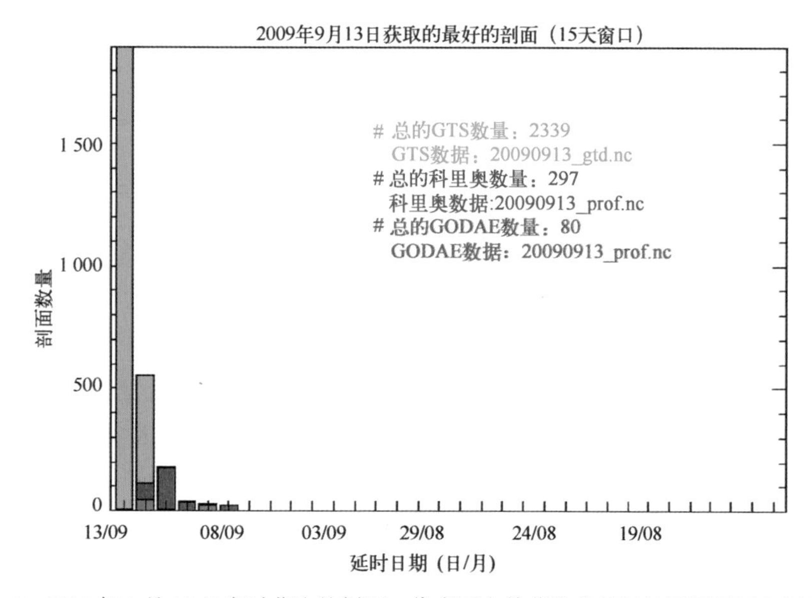

图18.6　2009年9月13日实时获取的剖面，代表了之前获取的最好的可用剖面和剖面来源

18.5.2　卫星海表面温度

SST是由多种传感器和多个轨道的卫星观测最频繁的海洋状态变量。微波太阳同步和红外地球同步卫星提供了更高的覆盖率，而红外极轨任务卫星在无云条件下提供了最高的分辨率和精度。目前将卫星观测到的SST用于海洋预报存在几个制约因素，包括白天的增暖和表

皮效应。需要采用特定的算法进行与基础温度［参考由全球高分辨率海表面温度(Global High Resolution Sea Surface Temperature，GHRSST）科学团队维护的在线定义，http：//www. ghrsst. org/SST-Definitions. html］相关的质量控制。基础温度特指去除白天的表皮效应后的海洋近表面温度。在实践中，观测信息考虑了基于时间的白天的表皮效应和代表近表层混合的 10 m 风速的影响（Donlon et al，2002）。该算法并不试图校正任何白天的表皮效应导致的温度值，因此白天的温度将包含一个小的残留偏差。

夜间观测的 SST 也受到冷的表皮效应的影响，然而，这个扰动与白天的偏差相比相对较小。算法上对大气风场进行较小的约束使得其覆盖范围更大。因此，与白天的产品相比，夜间的基础 SST 的估计更可靠，并且提供的覆盖范围更大。目前，多数海洋预报系统并没有显式的表达出表皮层的日变化，这需要垂直分辨率小于 1 m。因此，模型顶部网格单元的温度和表层的统计协方差与基础温度产品是兼容的。但应注意的是，一些海洋模型为了在预报中表达日变化部分，正在实现更精细的表层分辨率。这些模型需要更复杂的策略用观测数据来约束日变化。

微波传感器是透过云层而非降水来观测 SST。因此，在热带辐合带以外的覆盖范围超出了红外观测。AMSR-E 的微波频段将 SST 的观测分辨率降低至大约 25 km/像素。这个分辨率可与目前的预报系统网格分辨率相媲美（大约为其一半）。然而，陆地边界的干扰降低了海岸线两个像素（大约 50 km）以内的性能。AMSR-E 不能观测具有最高温度变化的大陆架部分，在海峡和海湾内的覆盖范围有限。TERRA 上的 AMSR-E 的轨道是与太阳同步的，可提供日间（升轨）和夜间（降轨）穿越赤道的沿轨观测。图 18. 7 显示了提供有效基础温度的 AMSR-E 的观测百分比。对于南半球的夏季和冬季，与日间观测（图 18. 7b，图 18. 7d）相比，夜间观测（图 18. 7a，图 18. 7c）提供了如预期一样更大的覆盖范围。需要注意的是，有一个特定的轨道线似乎提供了较低的覆盖范围，这是卫星轨道周期大于 24 h 和地球轨道周期 24 h 之间的差异造成的假象。下降和上升轨道都表现出对热带辐合带和季风区的覆盖范围降低，但这些位置随着季节变化。在高纬度地区，具有强风和干燥条件的大气所在处的海冰边缘，SST 覆盖率才接近 100%。来自 AMSR-E 的基础 SST 必须去除所有受某一选定阈值的降水影响过的像素。在一些必须要最大覆盖范围的应用中，可以使用较高的阈值。然而，对于海洋预报（基础温度）而言，更保守的方法很重要。所谓的二级预处理（L2P）产品（参考 http：//www. ghrsst. org/L2P-Observations. html)，为诊断和选择用于海洋预报的阈值提供了所有必要的信息。

美国国家海洋和大气管理局（National Oceanic and Atmospheric Administration，NOAA）的 AVHRR 系列多颗太阳同步卫星携带宽轨红外传感器一直持续的作为业务化观测平台。NAVOCEANO 提供近实时、融合的沿轨 L2P 基础温度产品，其产品分辨率大约为1 km，这比当前的和不久将来的海洋预报系统分辨率要高。这促成了超级观测系统（Lorenc，1981；Purser et al，2000）的建设，能够减少代表性误差，在分析中增大观测权重。在大陆架和海湾地区也提供了较微波传感器更高分辨率的观测。基于最近的当地夜间时间和来自分析时间的时间补偿可以构造出基础温度的观测误差，以考虑剩余的日变化信号（Andreu-Burillo et al，2009）。

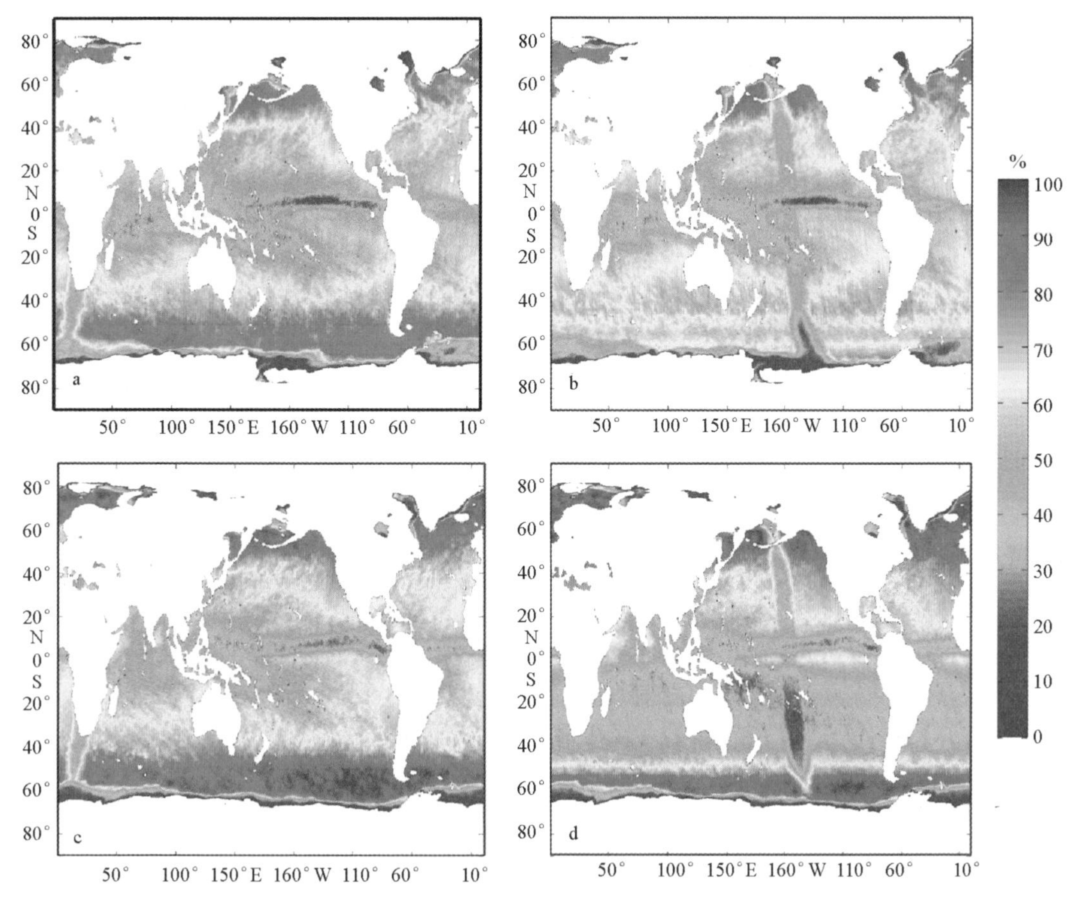

图 18.7 在澳大利亚各季节 AMSR-E 于上升/下降轨道观测的天数百分比

a. 夏季，降轨；b. 夏季，升轨；c. 冬季，降轨；d. 冬季，降轨

18.5.3 卫星高度计

卫星高度计遥感观测的动力过程非常广泛，包括潮汐、风浪、涌浪和比容海平面异常。比容海平面异常指的是相对于背景的比容异常的垂直积分引起的高度变化。垂直一致的比容异常突出体现在海洋涡旋处，相对于周围较暖或较淡的海水导致正的高度异常和相对较冷或较咸的海水导致负的高度异常。对整合后的高度计数据分析表明，全球海洋变化的 50%是由 5~25 cm 的高度异常，直径为 100~200 km 的涡旋导致的（Chelton et al，2007）。大部分涡旋是以 2.5~12.5 cm/s 的速度向西传播，角度偏差在 10°以内（Chelton et al，2007）。在一些地转流活跃的区域（如靠近西边界处），涡旋的瞬时传播速度可以超过 40 cm/s（Brassington，2010），并可以产生直径超过 200 km，高度在 25 cm 以上的异常（见图 18.8）。

从卫星高度计获取海平面异常（Sea Level Anomaly，SLA）需要进行大量的修正以得到准确的估计（Chelton，2001）。例如，SLA 数值通过公式（18.1）从 Jason-1 中获得（Desai et al，2003）。

$$SLA = [orbit - (range\_ku + iono + dry + wet + ssb)] - (mss + setide + otide + pole + invbar) + bias \quad (18.1)$$

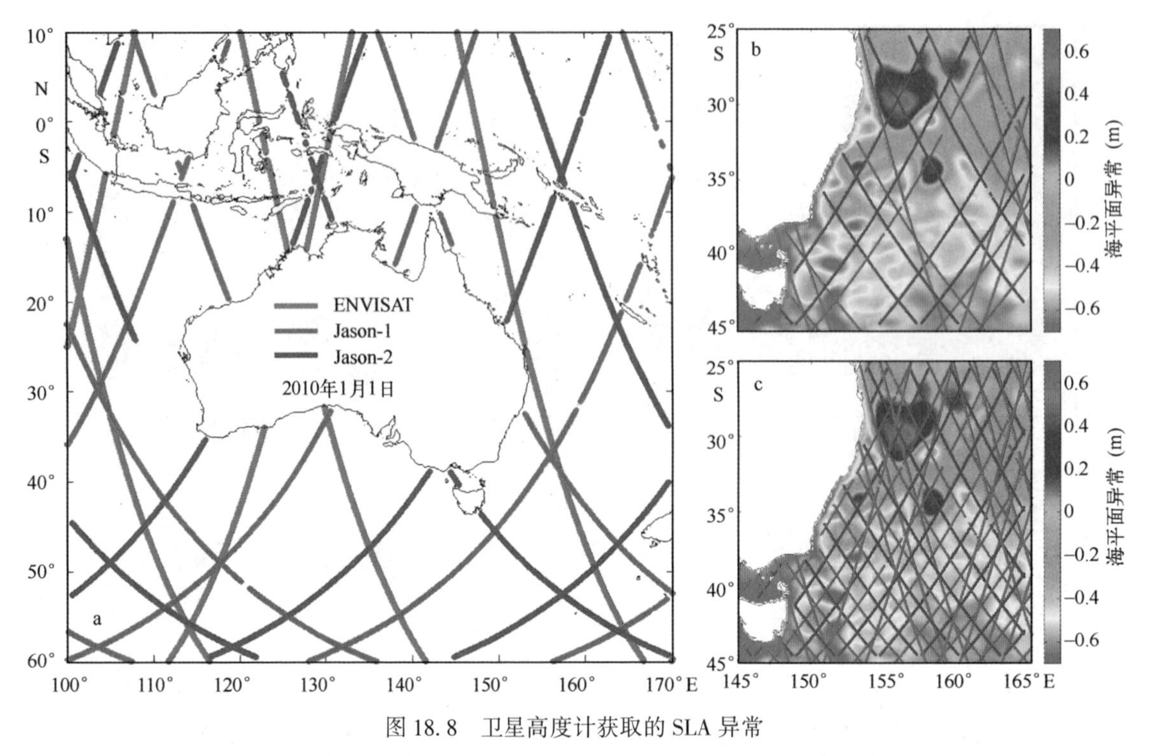

图 18.8　卫星高度计获取的 SLA 异常

a. 2010 年 1 月 1 日（98.55 d）在澳大利亚附近区域来自 ENVISAT、Jason-1、Jason-2 的卫星高度计轨道示例；b. 2010 年 1 月 1 日前后 2 d，来自 OceanMAPS 的塔斯曼海的 SLA，叠加了相应的卫星轨道；c 与 b 类似，是 2010 年 1 月 1 日前后 5 d 的结果

式中，*range_ku* 代表 Ku 波段的延迟差；*iono*、*dry/wet*、*ssb* 分别代表对电离层、干/湿对流层和海况偏差的修正。*mss*、*setide*、*otide*、*pole* 和 *invbar* 代表平均海平面、固体潮、海洋潮和负荷潮、极潮和逆气压响应等地球物理效应。*bias* 是用于轨道校准的修正项。平均海平面或大地水准面是对几年内重复的轨道进行时间平均估计得到的，重复精度为 1 km。正是由于这个原因，TOPEX/Poseidon 的重复计划导致 Jason－1 和 Jason－2 使用相同的轨道（Robinson，2006）。海洋潮汐谐波可以用反演法进行高精度的估计（Le Provost，2001）。由于 TOPEX/Poseidon 的存在，Jason 类计划的误差是 3 cm，ERS、ENVISAT 和 Sentinel 计划的误差是 6 cm，GFO 的误差为 10 cm（Robinson，2006）。整合 Jason 类计划和 ERS 计划后，精度可以提高到 5 cm（Ducet et al，2000）。来自中国的 HY－2 系列、来自印度的 Ka 波段 SARAL 高度计（ALTIKA）和 Cryosat 等未来的测高计划的误差目前还不知道，但能够通过对 Jason 系列卫星进行校准而获得改进。

目前运行的所有高度计都是近地探测仪器。这些任务所能分辨的空间和时间尺度是由卫星轨道的空间和时间覆盖范围确定的。一个非太阳同步重复轨道模式对许多修正是必不可少的。使用重复的极地轨道是权衡了重复轨道的周期和相邻路径沿赤道的距离与纬度范围（倾角）之后作出的决定。Jason 系列卫星的重复轨道周期是 9.92 d，赤道上的轨道间距为 156.6 km（254 轨/周期），纬度范围为 ±66.15°。ERS/ENVISAT/Sentinel 系列卫星采用周期为 35 d 的反向太阳同步重复轨道，赤道上的轨道间距为 79.9 km（501 轨/周期），纬度范围为

±81.45°（倾角 98.55°）。

为了支持分析 SLA 和业务化海洋预报，多卫星计划的结合对于改进时间和空间覆盖率是至关重要的（Ducet et al，2000；Pascual et al，2009）。目前，Jason-1 和 Jason-2 在同一轨道，它们和 ENVISAT 一起提供近实时的产品。图 18.8a 显示了 2010 年 1 月 1 日，这三个计划在澳大利亚地区一天内通过的路径。每天的覆盖范围相比于用在海洋预报中的误差协方差的尺度（类似于涡的空间尺度，100 km）仍较为稀疏（Brasseur et al，2005；Cummings，2005；Oke et al，2005；2008；Martin et al，2007）。为了增加空间覆盖范围并提高最小二乘法分析的质量，所有的业务化系统都采用了更大的观测窗口。图 18.8b、18.8c 以 5 d 和 11 d 窗口为例，显示了来自 OceanMAPS 系统塔斯曼海的覆盖范围，并将其叠加在 SLA 背景场上。其中 5 d 窗口的结果显示出其轨道间隙与海洋涡旋的空间尺度相近或比其还要大；11 d 窗口的 Jason-1 和 Jason-2 全面覆盖，ENVISAT 部分覆盖，空间覆盖范围可与海洋涡旋的尺度相媲美（见图 18.8c）。

由可达到近实时单任务和多任务卫星估计的澳大利亚区域的平均卫星高度计覆盖率为 1°×1°的分辨率（见图 18.9）。通过稀疏取样得到大约每 50 km 一个观测的采样频率，对沿轨观测进行标准化，即对 Jason-1 和 Jason-2 间隔 8 个取 1 个样本（如 8×5.78 km≈46 km），对 ENVISAT 间隔 6 个（如 6×7.53 km≈45 km）。稀疏化可以理解为可能用来构建所谓的超级观测的尺度（Lorenc，1981；Purser et al，2000）。对于压缩观测来讲，减少相对于目标尺度（在这里是 1°×1°）原始观测的冗余，是一个常规的方法。在实践中超级观测有许多有益的特点，包括增加覆盖范围的均匀性，减少观测空间（即计算代价）改善以分析中矩阵求逆的条件（参见 Daley，1991，第 111 页）。

由多卫星计划所获得的平均覆盖范围是前面描述的轨道属性的函数。在实际中，覆盖范围还受到通信故障和卫星移动或设备故障转移周期的影响。这在图 18.9b 中的 ENVISAT 卫星的覆盖范围是很明显的。它受到 2009 年 11 月 12—27 日（大约为重复轨道周期的一半）维护期间卫星轨道缺测的影响。Jason-1、Jason-2 和 ENVISAT 在开阔海域得到的每天每 1°×1°方格内的平均覆盖范围（见图 18.9d）在 0.2~0.7 个观测之间，平均值大约 0.44。在所有情况下，由于受到观测质量控制和每 1°×1°方格内海水所占比例的影响，近岸区域的覆盖范围变小。Jason-1 的平均覆盖范围（见图 18.9a）大约不超过 0.45。与 Jason-1 相比，Jason-1 和 Jason-2 的联合计划（见图 18.9c）的覆盖范围的空间分布总体有所改善。

根据图 18.9 的每个 SLA 观测覆盖范围的标准化频率分布绘制图 18.10。由于 Jason-1 的沿轨采样相对较粗，每 1°×1°方格中有 23%未被采样。伴随着后续 Jason-1 和 Jason-2 联合计划的引进，1°×1°方格中未被采样比例下降到 8%左右。ENVISAT 卫星实际上对所有的方格进行了采样。ENVISAT，Jason-1（忽略峰值为 0 的点），Jason-1 和 Jason-2，Jason-1、Jason-2 和 ENVISAT 对应的观测值分布曲线的峰值分别为 0.15 个/（方格/d）、0.2 个/（方格/d）、0.35 个/（方格/d）、0.5 个/（方格/d）。对于 3 个卫星高度计，所有方格每天的观测值数目从来没有超过 0.73。分布图还显示，ENVISAT，Jason-1，Jason-1 和 Jason-2，Jason-1、Jason-2 和 ENVISAT 在澳大利亚地区 50%的方格覆盖范围分别高于 0.15 个/（方格/d），0.15 个/（方格/d），0.3 个/（方格/d），0.45 个/（方格/d）。

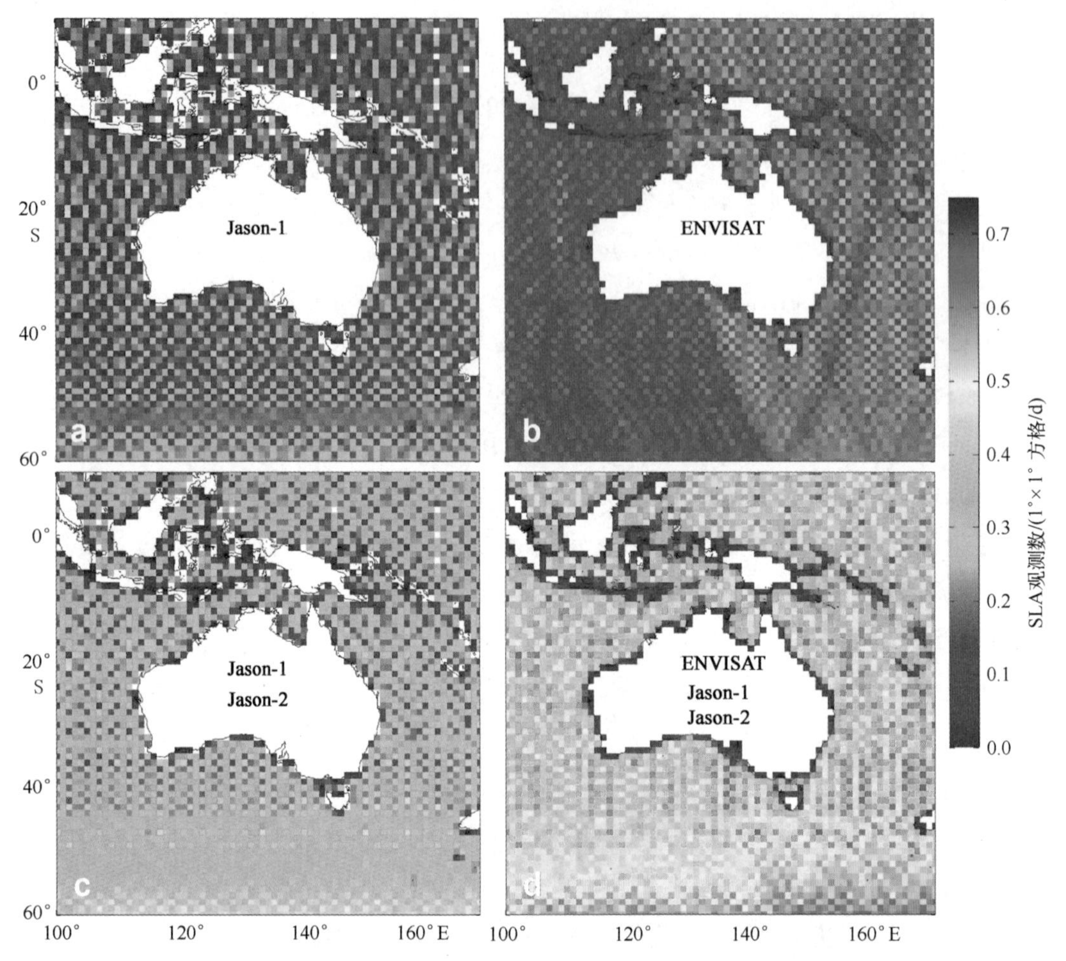

图 18.9　2009 年 1 月 1 日至 2010 年 3 月 1 日期间，平均每天从 Jason-1（a），ENVISAT（b），Jason-1 和 Jason-2（c），Jason-1、Jason-2 和 ENVISAT（d）中获取的每 1°×1°方格每天内的 SLA 观测数
沿轨观测数已经被标准化到每 50 km 大约 1 个观测

依赖卫星的质量和及时性的变化，SLA 产品以 2~3 个模态进行处理。产品质量是由估计的地球物理数据记录（Geophysical Data Record，GDR）的质量和其他修正项的精度决定。轨道的精确位置是在实时后一段时间（如 60 d）确定的，只与后报有关。过渡期 GDR（Interim GDR，IGDR）的目标是更快地确定精度偏低的轨道，但是 Jason 系列能在 2~3 d 内发布，ENVISAT 能在 3~5 d 内发布。对于 Jason 系列附加的星载卫星仪器可以实时地在 24 h 内发布业务化 GDR（Operational GDR，OGDR）产品。由于 Jason-1 仪器故障，OGDR 不可用，但是该产品可以在 AVISO 服务器上得到。随着 Jason-2 的推出，这个产品现在也能够获取。有关业务化卫星高度计活动的总结可以从 AVISO 网站（http：//www.aviso.oceanobs.com/no_cache/en/data/operational-news/index.html）上获取。综上所述，Jason-1 和 Jason-2 完整的沿轨 IGDR 产品可在实时后 3~12 d 获得，ENVISAT 卫星完整的沿轨 IGDR 产品可在实时后 5~40 d 获得，Jason-2 的 OGDR 产品可在实时后 1~10 d 获得。由于 IGDR 和 OGDR 产品的质量下降以及产品的时效性，4 个实时高度计产品的分析性能已被确定相当于 2 个延时的高度计产品（Pascual et al，2009）。

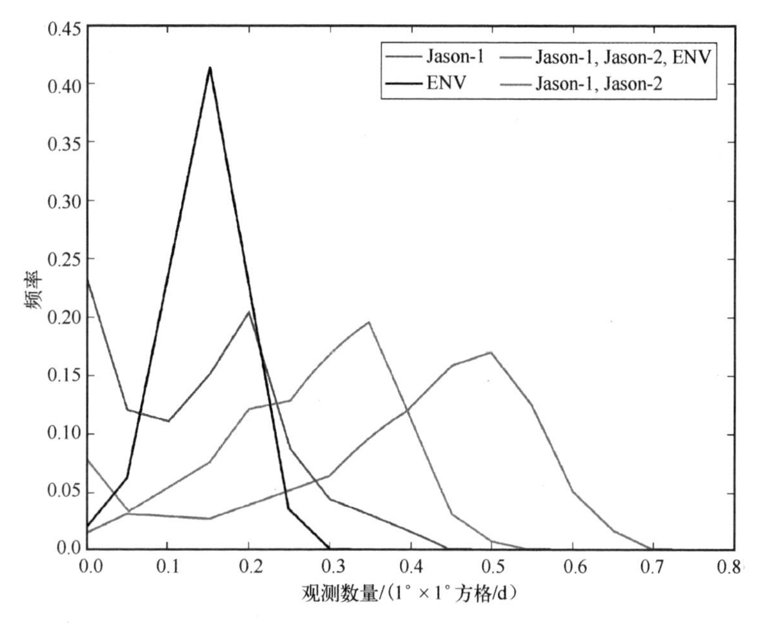

图 18.10 图 18.9 中显示的澳大利亚地区的组合卫星每 1°×1°方格每天的高度计观测标准化频率分布

18.6 实时强迫系统

海洋是一个受强迫的耗散系统，其强迫主要是通过海-气界面的质量、热量和动量通量。大气通量可从成熟的业务化数值天气预报系统获取，且具有稳定和一致的性能。然而，由于受限于直接的通量观测和边界条件的误差，与状态变量相比，大气通量的性能相对较差。表 18.5 总结了影响海洋预报的大气通量产品和通量参数化方案选择的属性。

表 18.5 影响海洋预报系统的大气通量产品属性

实时强迫系统	
实时表面通量	常规、定义明确和性能稳定 预报系统的周期、分辨率和区域 全球、区域、子区域 预报技巧曲线 边界条件、持续的 SST、表面粗糙度 陆地—海洋—冰标识 大气边界层，云和辐射物理 观测限制（例如，散射计）
后报通量	数据同化期间的性能
通量参数化	固定边界条件的通量产品 采用动态海洋边界条件预报大气状态 大气-海洋或大气-波浪-海洋耦合
海洋动力学	海洋状态对表面通量的敏感性 海洋预报误差对表面通量误差的敏感性

海洋的惯性相当大，与大气相比，海洋热惯性意味着短时间尺度的海-气通量对海表面的扰动相对较小，且随着深度衰减。即使在极端条件下，如热带气旋，观测到的冷中心表面温度为1~6℃（Price，1981），而大部分的温度变化是由于响应表面动量通量的海洋水团的夹带和混合，而不是由于热通量的改变。局地风的动量通量主要传入了从源区辐射出去的重力波。高风速下的局地动量是通过Langmuir环流（McWilliams et al，1997）、波浪破碎（Melville，1996）和海浪耗散传入海洋的，其在风活动期间持续存在，是波龄的函数（Drennan et al，2003）。在远离风区的地方，很大一部分能量通过小尺度湍流和地形相互作用向外辐射并耗散。

在沿岸地区，海水体积的减少对大气通量更为敏感。作为对风应力和较低的气压的埃克曼响应，风暴潮和沿岸陷波［例如，沿岸开尔文（Kelvin）波］是水平质量通量传向岸边的结果（参见图18.3h，图18.3i）。密度大、温度低、富含营养物质的沿岸上升水团通常是由施加的相反方向风应力使水体通量远离海岸引起的（参见图18.3a，图18.3b）。由于水深变浅，沿岸地区的热含量较低，因而对日变化更为敏感。陆上盆地里的大气降水汇集形成河流，在河口以低密淡水呈羽状流入沿岸区域。所有这些过程都具有近似天气过程的时间尺度，并且能够观测出沿岸地区海洋状态和环流的变化。因此，沿岸海洋状态预报的技巧对大气通量技术非常敏感。

用于海洋预报系统的大气通量数据取自业务化数值天气预报系统［例如全球大气预测系统（GASP；Seaman et al，1995）］。NWP的典型配置为每6 h分析1次，每12 h预报1次。在海洋后报期间，可用4次6 h的分析结果形成24 h的通量分析场。表面通量的平均周期通常为3 h和6 h。大气预报通常是由一系列全球和多层嵌套的区域预报系统构成。在一般情况下，大气模型的水平分辨率比相应的海洋模型要低，需要重新进行重网格化插值。不同分辨率的模型之间的一个主要区别是海陆标记处不匹配。图18.11显示了GASP（0.75°）与澳大利亚海洋预报模型（0.1°）（Ocean Forecast Australia Model，OFAM；Schiller et al，2008）的海陆标记对比。有些区域显示为新陆地（在源场为海洋，目标场为陆地），有些区域显示为新海洋（在源场为陆地，目标场为海洋）。

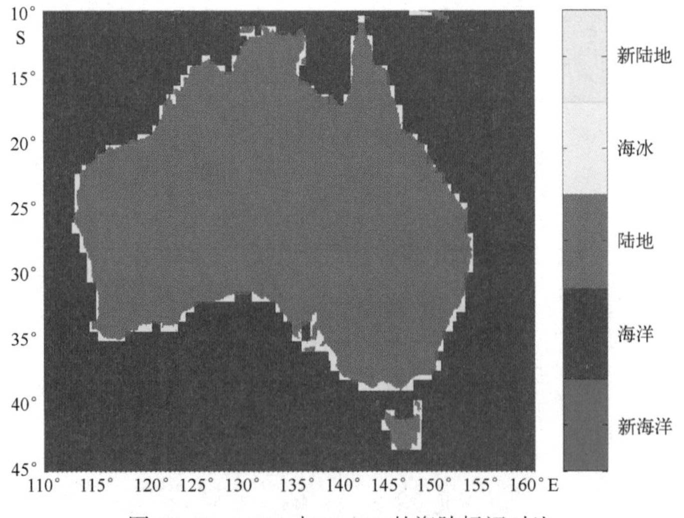

图18.11 GASP与OFAM的海陆标记对比

澳大利亚地区忽略海冰标记的4种组合为：全为陆地（棕色），全为海洋（蓝色），GASP为陆地/OFAM为海洋（黄色），GASP为海洋/OFAM为陆地（红色）

在一般情况下，跨越海陆边界的大气通量的量是不连续的，这主要是由于表面粗糙度、反射率和热容量的变化所致。不连续的量值随着变量和一天内的时间的变化而变化。由于沿岸海洋状态对大气通量敏感，因此陆地上的通量需要明确地移除。通常是通过拉普拉斯算子加上海面点的通量边界条件来计算新海洋点的通量，这并不耗费计算量，但这种方法不能保证风或其他属性与海岸线保持一致。有许多软件包，包括许多地球系统耦合器（例如，OASIS，Redler et al，2010），可以重新进行网格化。然而，重要的是不能简单假定这些方法能够满足要求，而要对这些方法进行测试。重网格化的一个重要特性是保证从源网格到目标网格的全场积分守恒。作为重网格化的一个选择，OASIS 耦合器已经包含了球坐标重映射和插值包（Spherical Coordinate Remapping and Interpolation Package，SCRIP；Jones，1999）。另一种简单的方法是对控制体体积积分［式（18.2a）］变量求和，形成式（18.2b）的离散积分变量（Leonard，1995），这暗中保证了源网格在每个网格单元界面上的通量绝对守恒。

$$\overline{\varphi_i} = \int_{x_i-.5}^{x_i+.5} \varphi \mathrm{d}x, \quad i \in [1, I] \tag{18.2a}$$

$$\psi_j = \begin{cases} 0 & j = 0 \\ \psi_{j-1} + \Delta x \overline{\varphi_j} & j \in [1, I] \end{cases} \tag{18.2b}$$

重网格化原始网格单元体积到更高分辨率的网格上，ΔX 满足 $I\Delta x = k\Delta X$，其中 $k \in [1, K]$，可以通过对积分变量插值构建一个等价的积分变量Ψ_k来实现，如

$$\Psi_k = \begin{cases} 0 & k = 0 \\ interp(\psi) & k \in [1, K] \end{cases} \tag{18.3a}$$

然后得到网格单元的平均值

$$\overline{\varphi_k} = \frac{\Psi_k - \Psi_{k-1}}{\Delta X} \qquad k \in [1, K] \tag{18.3b}$$

当取 Δx 为 ΔX 的整数倍（例如，$\Delta x = n\Delta X$）以满足子集Ψ_k等于ψ_j时，离散积分变量的准确积分是较好的。这是在笛卡尔坐标系下均匀网格的表达式，但是这个方法很容易扩展到非均匀网格和其他曲线正交坐标系统下。值得注意的是，将网格单元体积的平均取为中心点的值是具有二阶精度的近似（Sanderson and Brassington，1998），因此，上述方法可以应用于大多数的海洋环流模式。

图 18.12a 以长波辐射通量为例给出了 GASP 在塔斯马尼亚周边地区的分布。这个分布场明显显示出类似于一维辐射方案计算出的一些物理场的小尺度变化，也显示了像粗分辨率模型阶梯状结构的锋面系统。粗分辨率信息重网格化到更高分辨率时需要一个去假频算法。积分变量可以通过对Ψ_j的子集进行插值来去假频，其中$j \in [0: m: J]$，J 是 m 的整数倍。通过在每个维数上迭代进行积分变量插值，可以实现在多个维数上去假频。图 18.12b 显示了重网格化到 OFAM 网格后的长波辐射，是通过在每个维数上连续交替的以$n = \sim 2$ 的精细网格和 $m = 2$ 的去假频参数应用积分变量法实现的。目标网格分辨率为 $\Delta x = 0.4°$、0.2°和 0.1°。

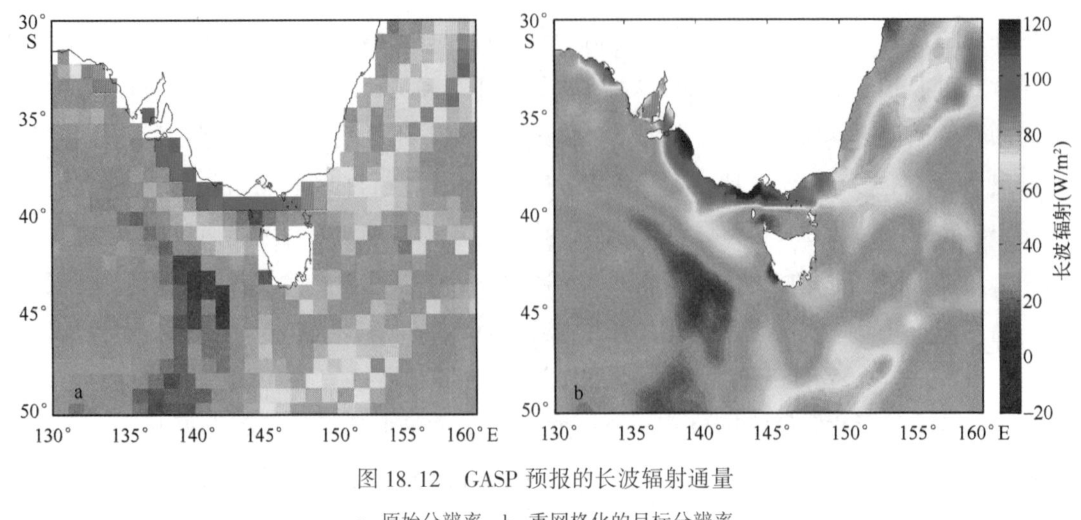

图 18.12 GASP 预报的长波辐射通量

a. 原始分辨率；b. 重网格化的目标分辨率

准确直接的通量和通量收支观测在时间和空间上是很稀疏的。散射计能提供应力的瞬时估计，但在实际中对大气的分析和预报的权重和影响是有限的。来自多个卫星和传感器与 Argo 和锚系阵列一起监测的 SST 在通量参数化中为诊断误差提供了基础。气象预报误差增长迅速，通常通过每 6 h 进行一次数据同化来限制。

数值天气预报系统为海洋预报的通量计算提供了三种可选方案：①指定通量；②重新估计通量；③耦合。当前的数值天气预报系统支持 SST 分析，可能包含也可能不包含来自波浪模型的动力表面粗糙度，并假定海洋流动可以忽略不计，这些都会导致预报中表面通量预报技巧变差。复杂一点的是使用指定的大气状态变量，并通过使用块体公式法（Large et al，1997），用预报条件取代海洋边界条件。这种方法的两个特定缺陷是：①预报的近表面的大气状态变量是使用基于原始边界条件的边界层湍流模型预报的；②SST 的海洋边界条件可能不够准确，或比持续的 SST 偏差更大。这是目前 BLUElink OceanMAPS 系统与 RAMSSA 对比的结果（Beggs et al，2006）。其中部分因为是预报模型的背景误差更难以界定，而 OceanMAPS 的分析是多变量的，依据定义单因素分析不宜使用相同的 SST 观测。随着海洋预报系统的不断成熟，其性能上的缺陷有望消除。在更复杂的地球系统耦合解决方案在业务上促使性能提升之前，这也有望成为重要的成就（Brassington，2009）。

18.7 模拟

海洋控制方程组是对浅水纳维-斯托克斯（Navier-Stokes）方程在旋转地球上的具体应用。海洋状态方程是一个依赖于温度、盐度和压力的经验公式。为了简化描述海洋特性的控制方程组，引入了许多假设（如不可压缩、静力近似）以便于分析、数值模拟或数据分析。为了求解这些控制组方程而设计的软件被称为海洋环流模式（Ocean General Circulation Models，OGCMs）。表 18.6 总结概括了海洋环流模型的设计选项。公开海洋模式的流行程度意味着第一个设计选择要选择一个公开模式。公开模式在控制方程上已经做了一些设计上的选择，也做了一些可选项。许多海洋模式可以根据它们的主要用途分为气候模拟和近岸模拟，然而，许多公开模式的目标是能够用于多尺度模拟。知道这些设计选择及它们对模式应用的性能和范围的潜在影响是很重要的。

表 18.6　为海洋预报系统的独特设计选择的海洋模式属性

海洋模式	属性
模式代码的选择	可压缩/不可压缩 静力/非静力 Boussinesq 近似/非 Boussinesq 近似 垂直坐标系统 公开模式 NEMO、HYCOM、ROMS、MOM……
无涡、涡相容和涡分辨	涡旋在全球海洋中是无处不在的 水平网格分辨率最低 0.1° 地转，湍流封闭和次中尺度 高阶守恒平流格式
岸线和地形控制	垂直/水平 地形产品 实际地形的调整 显式包含潮汐或参数化（对同化更具挑战性）
边界条件	开边界，辐射条件 非静力/静力（格子玻尔兹曼方法） 3∶1 嵌套，网格对齐，界面地形相同
数值方法和计算性能	显式/隐式 Arakawa A-网格、B-网格、C-网格 方法的精度阶数 数值稳定性 并行性和可扩展性
湍流参数化	表面和底边界层 潮汐混合 跨密度面混合

开始执行选用的公开模式［例如，模块化海洋模式（第 4 版），Modular Ocean Medel Version4，MOM4；Griffieset al，2003］的第一步是在系统架构上编译和配置软件环境。这对优化性能和诊断规模很重要。具体涉及体系架构和编译器的专业领域，在此不进一步讨论。下一步开发是利用最新的水深数据（Smith and Sandwell，1997）确定模型网格。在海洋预报中，对于涡分辨的目标分辨率大约要小于（1/8）°。但在全球尺度内这个计算代价较高，因此需要最新的高性能计算系统。另一种方法是采用嵌套策略（全球粗网格，区域细网格），或在

一个单独的模型中采用自适应网格。OFAM 第 2 版（OFAM2；Schiller et al，2008）的水平网格采用一套单独的全球（75°S—16°N，90°—180°E；参见图 18.13）模型，在澳大利亚区域具有更高的分辨率（0.1°×0.1°）。这种策略所提供的平滑过渡网格减少了重力波的反射和能量积累，避免了嵌套和开边界条件的问题。向两极的经向收敛意味着应该使用墨卡托投影，以在每个网格上保证局地空间分辨率的长宽比。在北极，北极点引入了一个网格奇点，可以通过极点投影移位来解决（Murray，1996）。

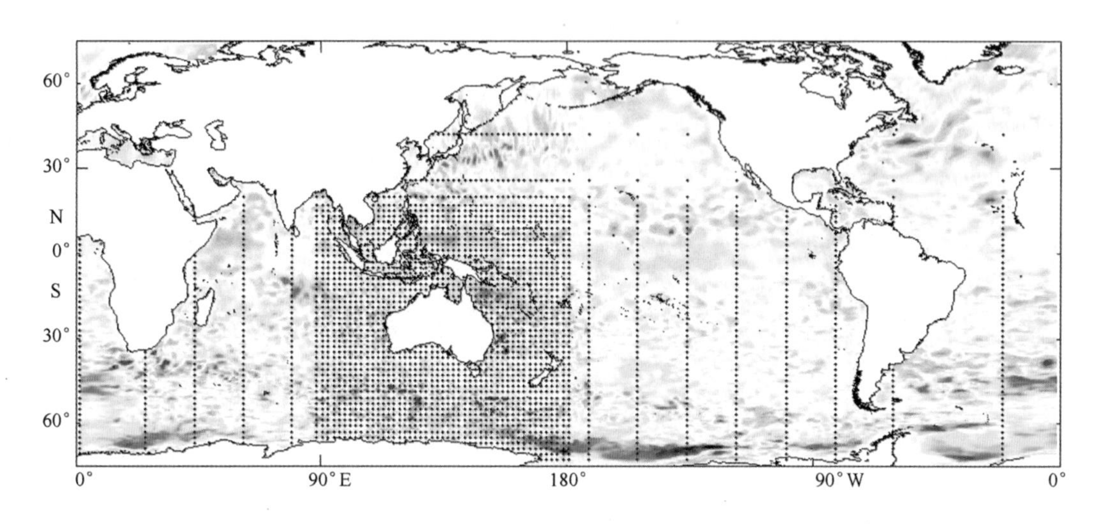

图 18.13　OFAM2 模型水平网格点的示意（每隔 20 个点进行显示）

垂直 z 坐标（等势面）、σ 坐标（sigma 或跟随地形）和 ρ 坐标（等密度面或跟随密度）可以在海洋的不同区域展现较好的性能。表面湍流混合层适合 z 坐标，大陆架适合 σ 坐标和 σ-z 坐标，温跃层和深海适合 ρ 坐标。广义（或混合）坐标系统能在适当的地区灵活地应用这些不同类型的网格。

在塔斯曼海，采用形态匹配法从 OceanMAPS 第 1 版的日平均流场中识别出了近似无剪切的有旋运动，揭示了相关的深层旋涡（见图 18.14）。这些旋涡有的从表面一直延伸到整个深度，有的在表层，有的在中层或底层。涡旋追踪可视化的动画揭示出在模型中发生了层化（Reinaud and Dritschel，2002）和非层化涡旋的相互作用。深海旋涡对应于弱的密度异常，它可以在 3 个坐标系统中展示出来。然而，这 3 个坐标系统的重点都将垂向网格点集中到表层（即变化最大的地方），随深度的增加分辨率降低。支持深层特征存在的观测证据最少（Johnson and McTaggart，2010），但这可能是由于垂直网格的选择导致模型刻画出的时空尺度存在偏差。这些深层特征的重要性主要体现在其对上层海洋涡旋的影响上。图 18.14 的动画揭示了层化的相互作用。

上混合层（大部分应用所在的位置）的分辨率对物理过程的刻画和准确度的提高至关重要。顶部网格单元的分辨率决定了可分辨的地形尺度。在 OFAM 中，为了保证数值稳定性，在最小水深 20 m 的水柱中至少要有 2 个网格单元。这影响了海湾和海峡的刻画。图 18.15 展示

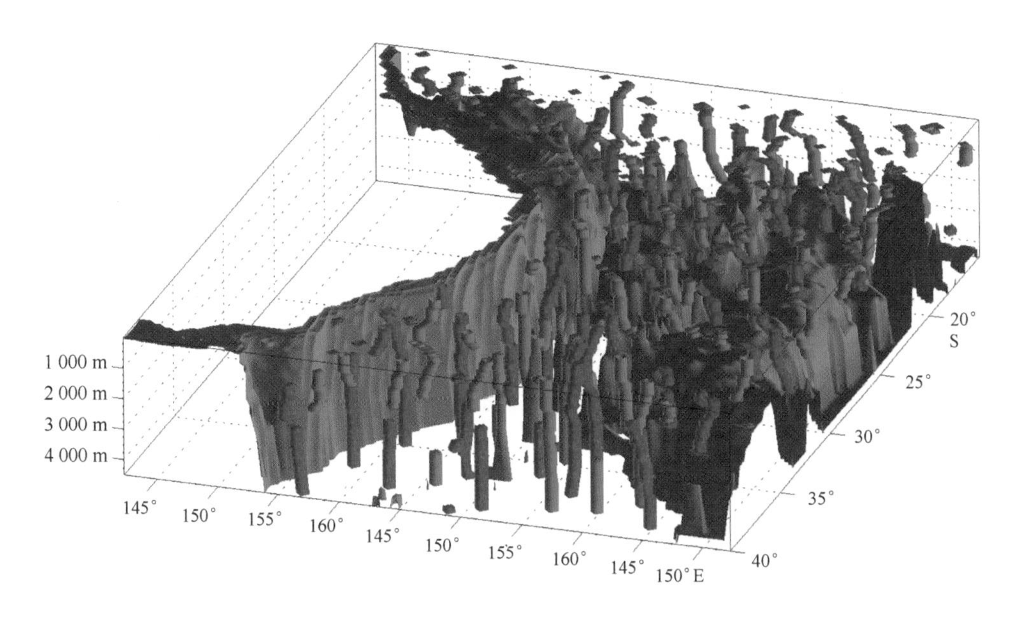

图 18.14 在塔斯曼海采用形态匹配法识别出来的反气旋（红色）和气旋（蓝色）涡以及与它们相关的垂向环流（Brassington et al，2010b）

这是基于2009年4月4日OceanMAPS（Brassington et al，2007）实时分析后的日平均流场分析得到的

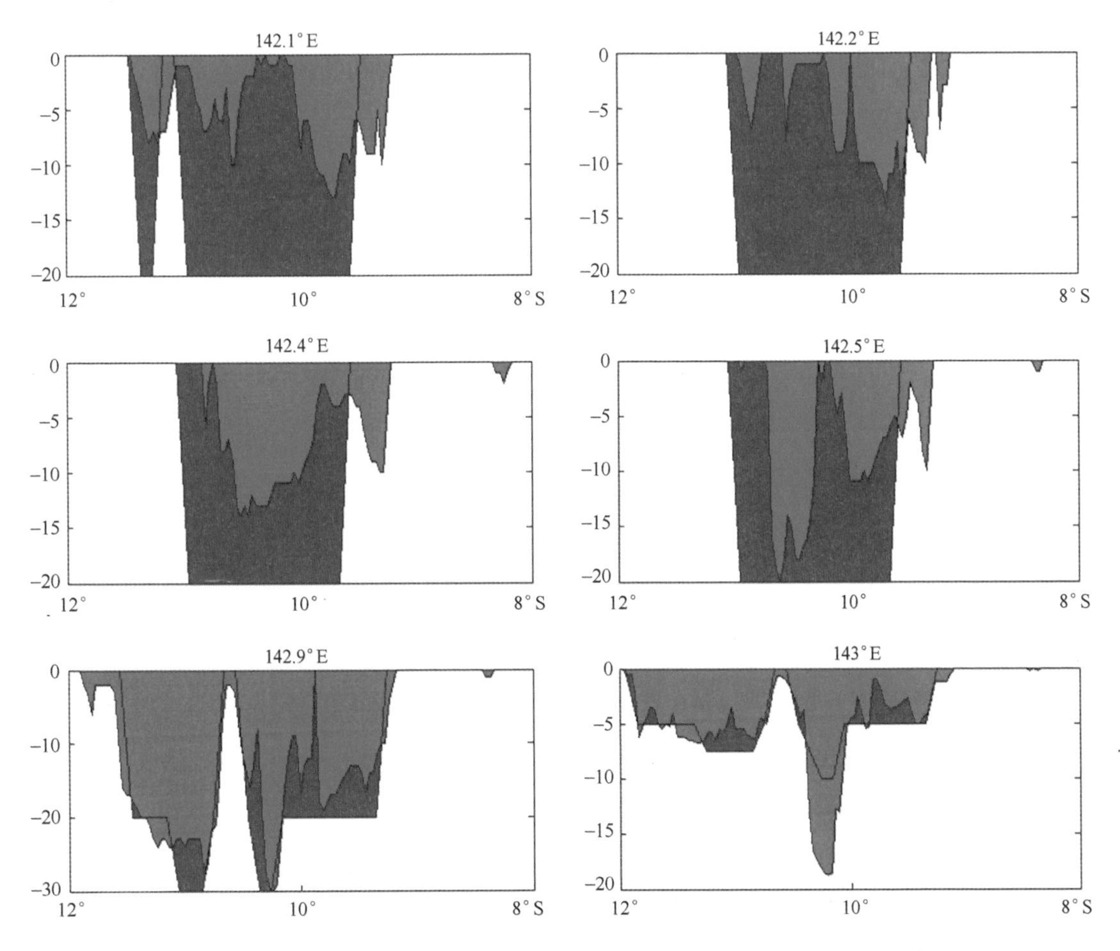

图 18.15 地形数据（红色）和OFAM（蓝色）再现的托雷斯海峡的地形断面

了 OFAM 刻画的托雷斯海峡（蓝色），并与最好的地形（红色）进行对比。142.1°—142.4°E 横断面显示 OFAM 太深，引起了通过海峡的质量输运偏差。有几个策略可以控制质量输运，如将开口变窄以校正总体积或增加边界拖曳力以减小流速。

值得注意的是，比容异常不是一个体积守恒的过程。因此，目前尚不清楚 Boussinesq 近似（例如，假定体积守恒，$\nabla \cdot \boldsymbol{u}=0$）下的海洋环流模式是否应该展现出中尺度涡所致的海表面异常。经验表明，Boussinesq 近似的涡分辨模型，如 MOM4（Griffies et al，2003），实际上已经模拟出了与涡旋相关的海平面异常，且已成功地发展成为海洋预报系统（Brassington et al，2007；Oke et al，2008）。这是合理的，但要对这个问题提出个为什么？Boussinesq 近似引入到地球流体模型里可以追溯到 Spiegel 和 Veronis（1960）的研究中。气候模拟团体为了解释其他大尺度过程也一直在研究这个问题（参见 Greatbatch，1994；Ducowicz，1997；McDougall，et al，2002）。已经确认静压流体的 Boussinesq 和非 Boussinesq 模型方程之间存在双重性（De Szoeke and Samelson，2002）。然而，非常重要且需要注意的是，在两个方程中预报变量从海表面高度（可以远程观测）转换成底部压力，这是很少能观测到的且具有复杂的表面。工程团体采用刚盖模型在研究贝纳尔对流现象中也注意到了这个问题（Zeytounian，2003）。Zeytounian（2003）进行了渐近分析，并指出 Boussinesq 近似在加上表面压力扰动后仍然有效。公式（18.4a）~公式（18.4e）用一个温度异常的初始值问题来说明具有自由表面的严格体积守恒模型的表达式。

$$\frac{\mathrm{d}\boldsymbol{U}}{\mathrm{d}t}+(2\Omega\times\boldsymbol{U})_k=-g\nabla\eta-\frac{g}{\rho_0}\nabla\int_z^{\eta}\Delta\rho\mathrm{d}z \tag{18.4a}$$

$$\frac{\partial p}{\partial z}=-\rho g \tag{18.4b}$$

$$\nabla\cdot u=0 \tag{18.4c}$$

$$\frac{\mathrm{d}T}{\mathrm{d}t}=0 \tag{18.4d}$$

$$\frac{\mathrm{d}S}{\mathrm{d}t}=0 \tag{18.4e}$$

式中，$\boldsymbol{u}=u\boldsymbol{i}+v\boldsymbol{j}+w\boldsymbol{k}$，$\boldsymbol{U}=u\boldsymbol{i}+v\boldsymbol{j}$，$\rho=\rho(T,S,p)$。从自由表面模型导出的浅水方程为$\frac{\partial\eta}{\partial t}+\nabla\cdot\boldsymbol{U}=0$。对于初始值问题，当 $x\neq0$ 且 $y\neq0$ 时，T（0）= 25℃；当 $x=0$，$y=0$，$z=1$ 时，T（0）= 26℃，S（0）= 35，$\boldsymbol{u}=0$，$\eta=0$，$\Delta z=100$ m，$H=1\ 000$ m，$\Delta t=20$ s。经过 20 min 后海洋对温度异常发生了响应，即当地海平面受温度异常影响有了小的膨胀。然而，在重力波从源点辐射出来的地方，这个膨胀的体积是通过正压调整获得的（见图 18.16）。这个响应可以在所有变量中检测出来，例如海平面（图 18.16a）、压强梯度（图 18.16b）、温度（图 18.16c）和垂直速度（图 18.16d）。

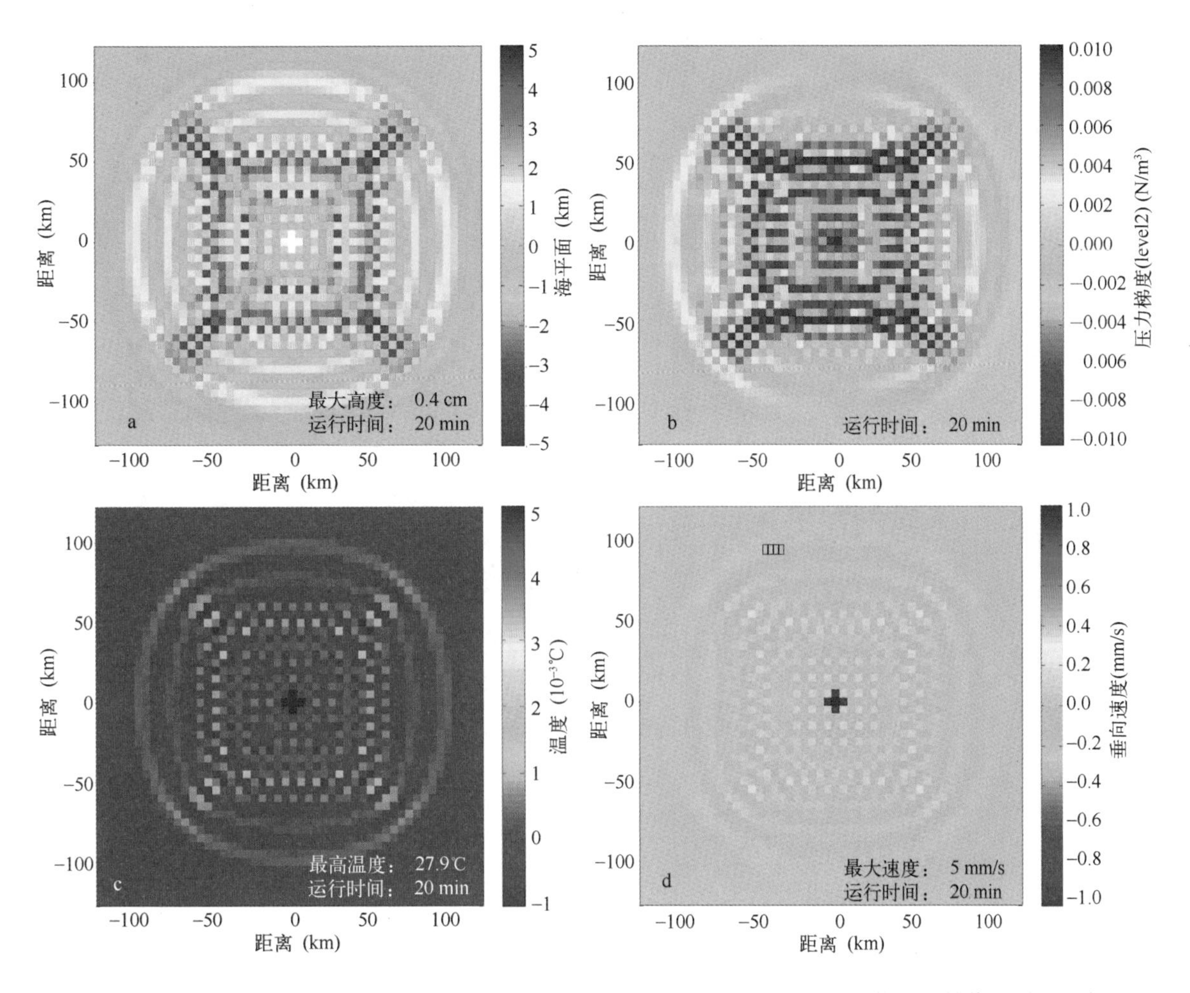

图 18.16 使用严格的体积守恒模型公式（18.4 a~18.4 e），20 min 后对温度扰动初始值问题的响应

a. 海平面异常；b. 压力梯度；c. 表面温度；d. 垂向速度

在校正后的模型里，我们假定对于任何小体积的海水来说（例如，$\int_{z-\Delta z/2}^{z+\Delta z/2}\frac{1}{\rho_0}\frac{\partial\rho}{\partial t}\mathrm{d}z\approx 0$），可压缩项都是小的，这保证了守恒的数值格式对于网格单元间的界面通量仍然有效（例如，温度和盐度仍然守恒）。然而，可压缩的异常项的垂直积分是不可忽略的、可观测到的（例如，海洋涡旋）。因此，包含可压缩修正项的浅水方程的形式为

$$\frac{\partial\eta}{\partial t}+\nabla\cdot\boldsymbol{U}=\int_{-H}^{\eta}\frac{1}{\rho_0}\frac{\partial\rho}{\partial t}\mathrm{d}z, \tag{18.5}$$

这反映在自由表面的扰动里，通过压强梯度项反馈到动量方程。这一修正对相同的初始值问题的影响是将所有考虑的变量减小一个量级的正压响应（见图 18.17）。修正项为水柱提供了近似于维持局地温度异常所需的体积，而不是维持全域水体所需的体积。由于垂直积分的离散计算不正确，所以小的正压响应余项仍然存在。

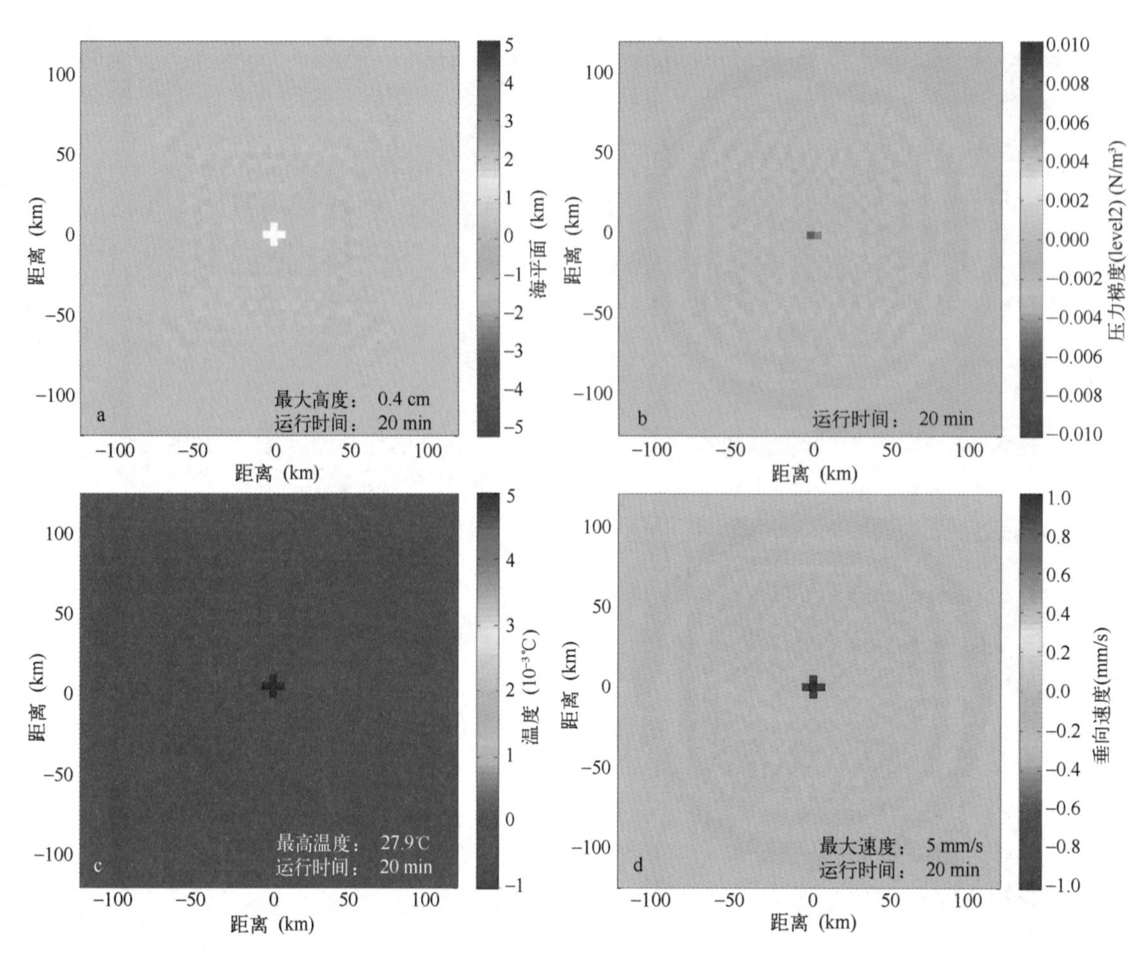

图 18.17 使用修改后的体积守恒模型公式（18.4 a~18.4 e）以在浅水方程［式（18.5）］中包含一个压缩项，在 20 min 后对温度扰动初始值问题的响应

a. 海平面异常；b. 压力梯度；c. 表面温度；d. 垂向速度

18.8 资料同化

基于最小二乘法的结合背景场与观测的统计工具已经建立了一段时间，并成功地应用于客观分析、天气预测和季节预测。发起于 1999 年的 GODAE 结合海洋观测系统（OceanObs'99），目标是将同化的方法应用到海洋预报问题中。本节讲述的海洋资料同化及其在海洋中应用的基本原理是由 Zaron（2011）和 Moore（2011）提出的。海洋资料同化的主要挑战包括给定背景误差协方差，倾向于表面观测的观测系统和海盆尺度与全球尺度的海洋模型状态空间。Chua 和 Bennett（2001）指出，与海洋模式不同的是，尽管以前也曾尝试开发能够共享的模块，但很少有公开软件能满足不同模型的本质需求。GODAE 本身的发展是为了支持参与者之间的合作开发而发展起来的，全球业务化海洋学预报系统国际合作计划（GODAE OceanView）旨在维护这个成果。表 18.7 总结了那些设计选项，包括三维或四维变分法、集合法或一些方法的混合使用。对于四维动力模型，四维数据同化是最优插值的正式

推广（Bennett，2002），然而，因四维方法（四维变分或集合卡尔曼滤波）高昂的计算代价而对其望而却步。作为一种实用的设计选择，所有海盆/全球尺度的业务化预报系统都使用三维方法。目前，仅在区域模型上成功地实现了四维方法。

表 18.7 为海洋预报系统独特的设计选择的海洋资料同化属性

资料同化	属性
分析方法	三维（3D）——最优插值（OI），三维变分（3D-Var），集合最优插值（EnOI） 四维（4D）——四维变分（4D-Var），集合卡尔曼滤波（EnKF）
背景误差协方差	静态的，非静态的 多变量 误差模型
局地化	统计显著性和样本空间 显式远场协方差控制 均一尺度 并行 求逆的秩和条件
观测误差协方差	误差不相关/相关 仪器误差 代表性误差 年龄误差/合适时间的初猜值（FGAT）
计算效率	超级观测 局地化 求逆

FOAM（Martin et al，2007）的背景误差协方差采用二阶自回归函数形式，包括天气分量和中尺度分量。这种函数形式对计算具有类似的实用优点。NCODA 系统也采用了二阶自协方差法，并将其扩展为包括一个流依赖的协方差函数（Cummings，2005）。SEEK 滤波器在业务化麦卡托（Mercator）系统中的实现，是使用了降阶经验正交分解（Empirical Orthogonal Function，EOF）法，协方差不随时间而改变，但在四个季节不同（Brasseur et al，2005）。BLUElink 海洋资料同化系统（BLUElink Ocean Data Assimilation System，BODAS；Oke et al，2008）使用集合最优插值法。背景误差协方差（Background Error Covariances，BEC's）被指定为由再分析通量场强迫的海洋模型模拟的距平场的静态集合。使用季节循环的模型距平场是基于背景误差具有中尺度变化的假设。这种基于物理方法的一个优点是能够再现实际协方差的各向异性的 BEC's。例如，在沿岸［像澳大利亚泰弗纳德（Thevanard）］某点的海平面呈现出各向异性协方差沿着海岸线扩展，在陆架坡折以外的协方差可以忽略不计（图 18.18a）。澳大利亚验潮站与泰弗纳德验潮站的 SLA 的相关性验证了局地和远场模型海平面异常的相关性（图 18.18a）。图 18.18b 和图 18.18c 中分别由 Jason 和 GFO 卫星高度计得到的 SLA 进一步验证了各向异性的相关性。

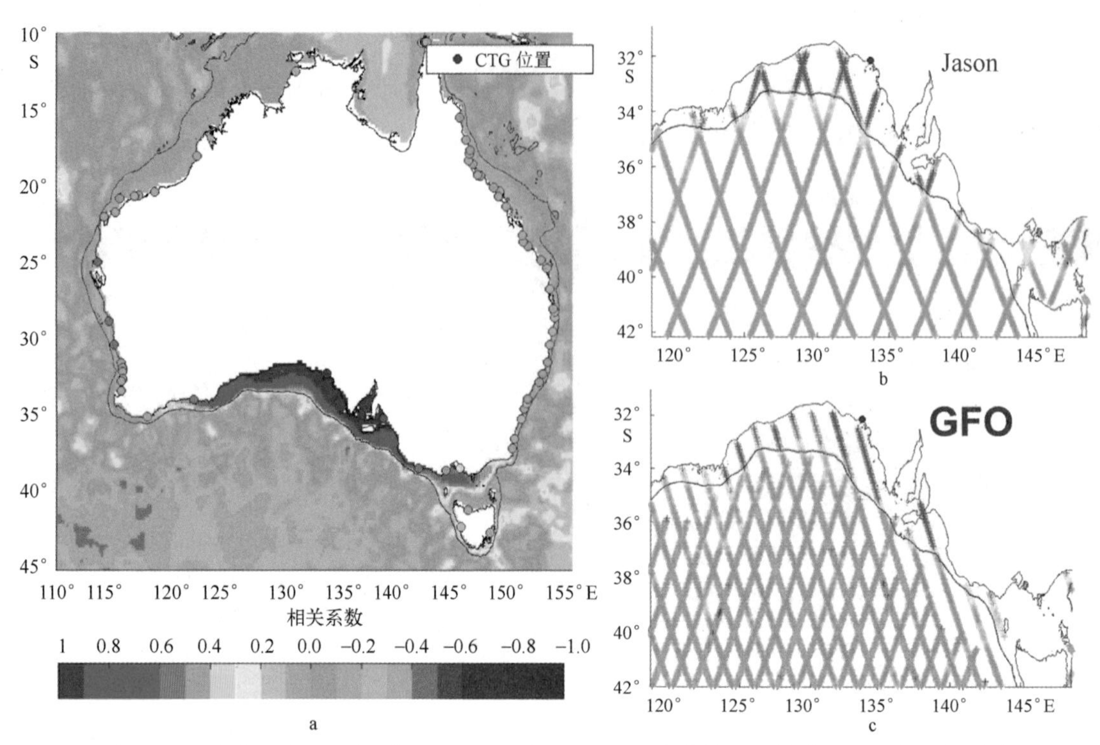

图 18.18 泰弗纳德（蓝色圆圈）和澳大利亚区域（所有其他点）的所有 SLA 的相关系数

泰弗纳德验潮站（TG）和澳大利亚沿岸的所有其他站（TG's）的 SLA 的相关系数根据其大小用带颜色的圆圈显示。a. 泰弗纳德验潮站；b. Jason 卫星高度计；c. GFO 卫星高度计

由于采样少，基于降秩法（如集合异常）确定 BEC's 会出现虚假的远场协方差。例如，图 18.18a 所示的珊瑚海内大约 17°S、150°E 处的正相关被认为是虚假的，因为随着集合样本数量的增加，它们的大小可以忽略不计。局地化经常以满足高斯（或类似函数）分布的形式被引进来，并作为与目标之间距离的函数。通常用单一的 e 指数递减尺度来保持求逆的对称性，但是，基于中尺度变化的 BEC's 的空间尺度与纬度或内部罗斯贝变形半径成比例，还会受到边界的影响。因此，一个单一的长度尺度是一种折中，通常对低纬和高纬度地区是次优的。一种检测最优局地化尺度的正规方法可以用两个独立的集合通过确定两个增量场的均方根误差收敛的长度尺度（这一尺度意味着随机的远场噪声可忽略不计）来实现。标准的局地化将不平衡引入分析场，导致初始化的振荡。这可以通过使用流函数与速度势的转换（Kepert, 2009）或使用自适应初始化方案进行改善，即用模型过滤掉目标场中的不平衡（Sandery et al, 2010）。Gaspari 和 Cohn（1999）给出了一个方便的参数化公式，将其假定为高斯分布，但具有能在有限的长度尺度内平滑地收敛到零的特性。在这种形式下，超出一个给定的局地化长度尺度之外的分析是独立的，方便用于并行化，在 BODAS 中就采用了这样的方式。

对于优化集合规模、局地化长度尺度、超级观测、减少观测空间和求逆的其他策略来说，同化的计算性能是关键的决定因素。图 18.19 显示了 OceanMAPS 系统中逆求解器的选择的影响。SVD 求解器具有很强的近奇异矩阵求解能力，但其计算成本与 N^3 成比例。OceanMAPS 分析的最大挂钟时间超过了 2 000 s。PETSc 并行共轭梯度求解器将并行效率提高了近 8 倍（见图 18.19）。这种墙钟的减少将促使几个性能在下一个版本中升级。

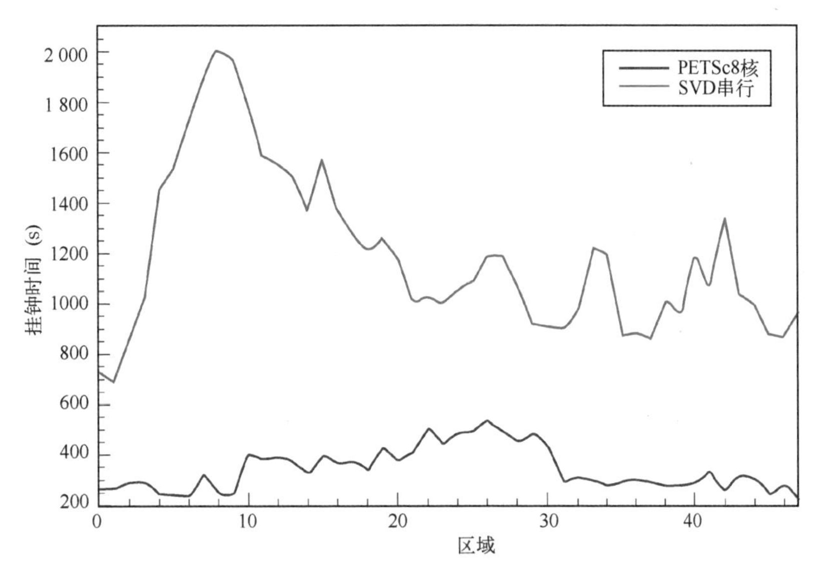

图 18.19 BODAS-MPI（蓝色曲线）和串行 BODAS-serial（红色曲线）的效率

数据同化任务被分成 48 个独立的子计算域。在 PETSc 并行的情况下总共用 384 核，每个个例用 8 个核运行。BODAS-MPI 软件的效率比区域 9 快 8 倍，比串行版本平均快约 6.5 倍

18.9 初始化

因为演绎出来的目标状态可能不是一个平衡的模型状态，故从一个指定的海洋状态积分海洋模式需要一个初始化过程。初始化的来源和应用很多，如气候态的目标状态、嵌套/降尺度和数据同化增量。在许多情况下，整个目标状态的引入可导致模型振荡，使模型状态退化，特别是在模型从静止或无扰动的自由表面启动情况下。表 18.8 总结了一些可以实现的初始化/逼近的类型及其可选项。

表 18.8 为海洋预报系统独特的设计选择的海洋初始化属性

海洋初始化属性	
分析初始化	线性恢复/逼近 分析增量更新 自适应恢复
平衡	动力平衡
恢复	气候态资料 谱逼近

一种常见的方法是使用松弛方式或逼近来增加一个强迫项，该强迫项与模型状态和目标状态之间的偏差成比例。在没有其他强迫项时，模型状态将以 e 指数衰减尺度进行自然衰减。实际上，模型中的其他强迫项在任何地方任何时候都是不可忽略的，这降低了松弛的效率。为了增加强迫项的控制作用，可以修改恢复时间尺度，但是对于业务化系统来说，必须以尽量降低模型振荡和维持数值稳定为界限。在 BLUElink OceanMAPS 系统的第 1 版中，在前 24 h 之内对水位、温度和盐度等状态变量执行松弛初始化（Brassington et al，2007）。图 18.20a 是

塔斯曼海2009年8月1日的分析目标状态，图18.20b显示了初始化后的海洋模式状态。塔斯曼海是全球大洋地转湍流最为活跃的区域之一（Stammer，1997），其具有较高的涡动动能与总动能之比（Schiller et al，2008）。通过检查发现，初始化的海洋状态不能准确再现分析状态，且所有场初始状态的均方根误差偏大。这是一个特别极端的例子，但说明了模型的其他强迫项可以阻止海洋模式在初始化期间达到目标状态。另一种更有效地引入分析场的方法是分析增量更新（Incremental Analysis Updating，IAU；Bloom et al，1996），其已在海洋预报方面得到应用（Ourmieres et al，2006；Martin et al，2007），相比于松弛法取得了较好的效果。

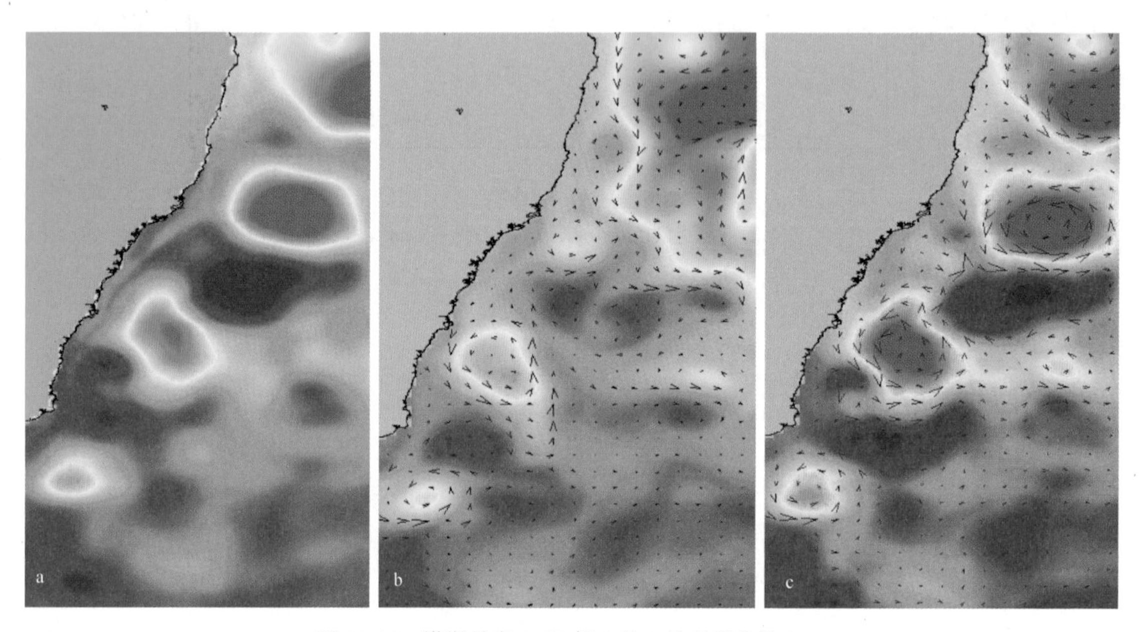

图18.20　塔斯曼海2009年8月1日日平均的SLA

a. 实时分析后的OceanMAPS BODAS；b. 采用逼近法对水位、温度和盐度进行24 h初始化之后OceanMAPS近实时的海洋模型状态；c. 采用自适应法进行24 h的水位、温度和盐度初始化之后的海洋模型状态。SLA的表示范围为±0.5 m，最大速度为2 m/s

对任何初始化过程来说，另一个重要特征是在有限的期间内使强迫项逐渐变得忽略不计，采用这一方案是在强迫项被设置为零之后可将残留的震荡降为最低。在松弛法中，只有模型状态接近目标状态时，强迫项才可忽略不计。在IAU方法中，在N个连续的更新过程中引入分析增量的指定比例（$1/N$），通过此设计降低了更新的幅值，但直到初始化过程结束仍保持非零值。当模型与目标的差异在初始时刻较大时，为了扩大松弛作用，通过把松弛时间尺度设为模型与目标之差的函数，由此便产生了一种修正后的或自适应的松弛过程（Sandery et al，2010）。该方法的一个重要特点是引入了一个松弛阈值以满足数值稳定性。图18.20c为自适应法应用于OceanMAPS BODAS分析场的一个例子，表明SLA的均方根误差改进了50%，SST的均方根误差改进了90%（Sandery et al，2010）。

大气科学领域在保证同化目标状态动力平衡（即在初始化过程中不生成虚假的垂向运输）的过程中已经投入了大量的精力。所谓的动力初始化过程（Daley，1991）是指在初始化之前对目标场的分析要强制地以动力约束为基础。这些过程对大气模型是至关重要的，因为垂直输运误差会产生能导致系统质量损失的虚假降水和对流。一些海洋系统已经执行了类似的过程，能最大限度地减少虚假的重力波，但是值得注意的是，与大气相比，海洋的物理状态对这些误差不太敏感。然而，对于生物地球化学耦合模型并不是这样，它们的垂直输运误差可导致生态系统产生强烈响应。对于这种应用，平衡的分析场和收敛的初始化方案将是非常重要的。

强迫模型积分的一个共同特点是模型漂移导致的模型偏差，即模型的长期平均明显偏离观测的长期平均或气候态状态。这种模型的漂移可能是由通量误差、物理模型本身的误差和物理模型的数值误差的累积所致。这些基本问题是有待于持续改进的话题，然而，在任何情况下，一直存在很突出的误差来源。基于最小二乘法的资料同化假定系统是无偏差的。很多校正方案（Dee，2005）实现了对这一偏差的修正。还有其他方案将松弛过程（即通常说的恢复法）引入海洋模型以降低这种效应。该方案使用一个气候态的或季节变化的参考状态，并使用一个大的松弛时间尺度，产生一个强迫项来抑制其相对于基准状态的长期偏离。虽然指定了大的时间尺度，但松弛量也是模型与参考状态差的函数，因此对于极端的模型状态可能会出现瞬时的最大松弛。另一种方法是通过估计模型的长期平均来控制模型与基准状态的差，以去除更高频率的影响，即谱逼近（Thompson et al，2006）。

18.10 预报循环

实时海洋预报服务的稳定发布需要对其中每个连续的步骤及其相互间的依赖关系和完成时间都有确定的计划。表 18.9 总结了预报循环中每个组件的依赖关系。

表 18.9 海洋预报系统预报循环的设计属性

预报循环	设计属性
后报	延时观测 重复检验 质量控制 NWP 分析通量的重网格化 分析 初始化 海洋模型后报
预报	NWP 预报通量的重网格化 海洋模型预报

GTS 和航天局提供了近实时的现场和卫星观测的 SST。然而，卫星高度计的 IGDR 产品是在实时后 3 d（Jason 系列）和 4 d（ENVISAT）提供的。海洋分析产品的质量严格取决于高度计投影，这需要一个近乎完整的周期来改善最小二乘法的分析结果。当卫星高度计采用相对于分析日期对称的观测窗口时，BODAS 海洋状态取得最佳估计值。在这种情况下，IGDR 产品达到在实时后 3 d，Jason 系列高度计在实时后再推后 5 d，即其完成半个周期所需的时间。因此，如图 18.21 所示，OceanMAPS 获取地最好的分析产品是在实时后 8 d。为了适应 7 d 内的计划，每 3 d 和 4 d 的最佳分析周期调整到实时后 8 d 和 9 d。对于每个预报循环，近

实时的分析要尽可能地接近实时（即实时后 5 d）进行，并伴随着几乎全部的高度计覆盖范围和不对称的观测窗口。将使用分析通量的后报用于实时，是对通量预报的进一步整合。

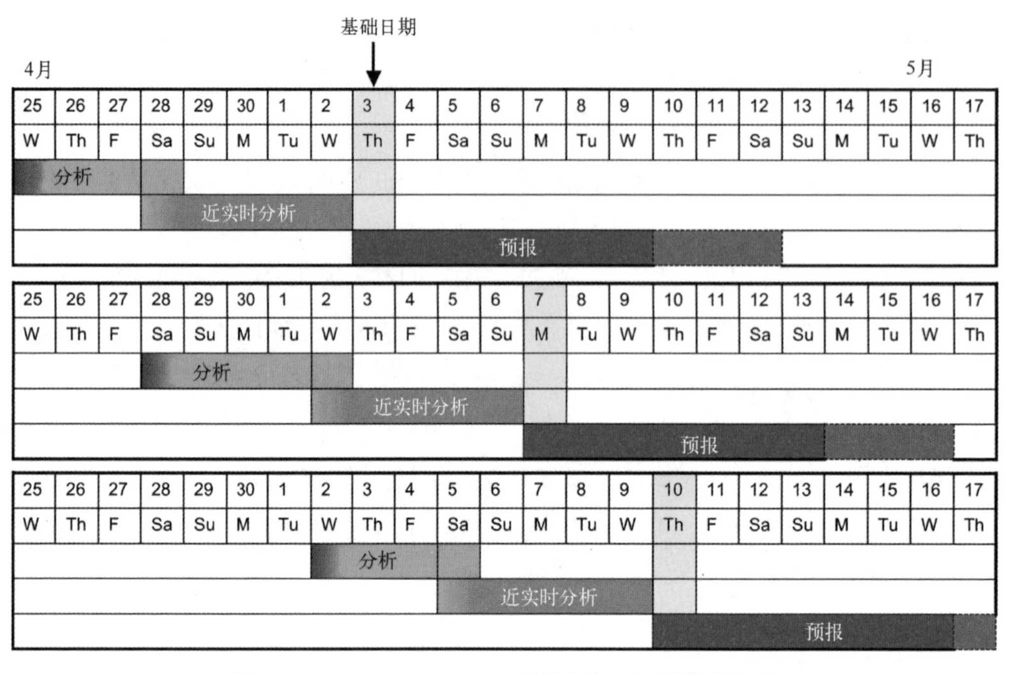

图 18.21　OceanMAPS 1.0b 版的业务化计划策略展示

每个循环包括分析循环（橙色）、近实时分析循环（绿色）和预报循环（蓝色）。实时后的分析是在实时后 9 d 进行的

图 18.22 显示了 2009 年 1 月至 2009 年 10 月之间预报的 SLA 均方根误差的平均值和 95% 的置信区间。在实时之后和近实时分析之间，均方根误差的平均值和范围有持续增长的趋势。随着预报时效的增加，均方根误差从近实时分析开始持续增长。对第 5 天和第 6 天的统计数据表明，均方根误差已停止增长，在系统中已经不再存在预报技巧。

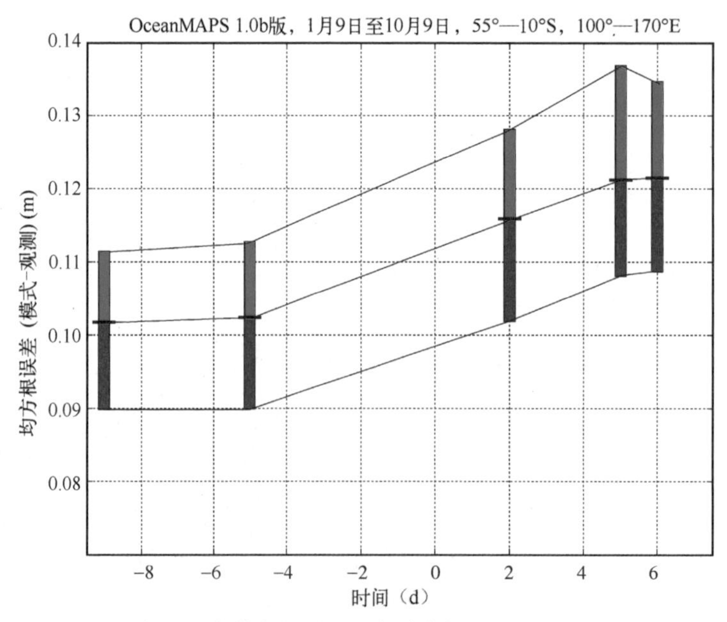

图 18.22　OceanMAPS 1.0b 版 SLA 的均方根误差于实时分析后 9 d、5 d 和 2 d、5 d、6 d 预报的分布

均方根误差平均值由水平的黑色线表示，95%置信区间的均方根误差由彩条显示。直线表示均方根误差表现的线性估计

18.11 系统性能

海洋预报已经发展了一套监测系统性能或估计预报误差的指标，这些指标符合国际公认的标准或在国际上达成共识。数值天气预报团队已经开发了一套广泛应用的方法，而海洋预报的许多方法可以并且应该从数值天气预报中借鉴（例如，http：//www. cawcr. gov. au/staff/eee/verif/verif_web_page. html 和 http：//cawcr. gov. au/bmrc/wefor/staff/eee/verif/Stanski_et_al/Stanski_et_al. html；Stanski et al，1989）。第一次国际对比试验（Hernandez et al，2009）已经发展、定义了一系列指标的框架。每套业务化系统为预先定义的全球海洋区域（包括 2008 年 2 月 1 日至 2008 年 4 月 30 日期间的印度洋）提供了日平均的海洋状态变量，目的是提供一个共同的预报期间。然而，HYCOM-NCODA 为 5 d 预报，Mercator 为 14 d 后报，UK-MetOffice FOAM 为实时分析，BLUElink OceanMAPS 为 9 d 后报和 3 d 预报。时间段的不一致和周期的限制，导致无法进行最终的性能对比。尽管如此，SLA 和 SST 相对于观测数据的总体均方根误差、距平相关系数和模型标准偏差的泰勒图（Taylor，2001）分别总结在了图 18. 23a 和图 18. 23b 中。灰色背景是基于技巧评分，

$$S = \frac{4\,(1+R)^2}{(\widehat{\sigma_f} + 1/\widehat{\sigma_f})^2\,(1+R_0)^2} \tag{18.6}$$

式中，R 为距平相关系数，$R_0 = 1$，$\widehat{\sigma_f} = \sigma_f/\sigma_r$，$\sigma_f$和$\sigma_r$分别为预报和观测的标准偏差（Taylor，

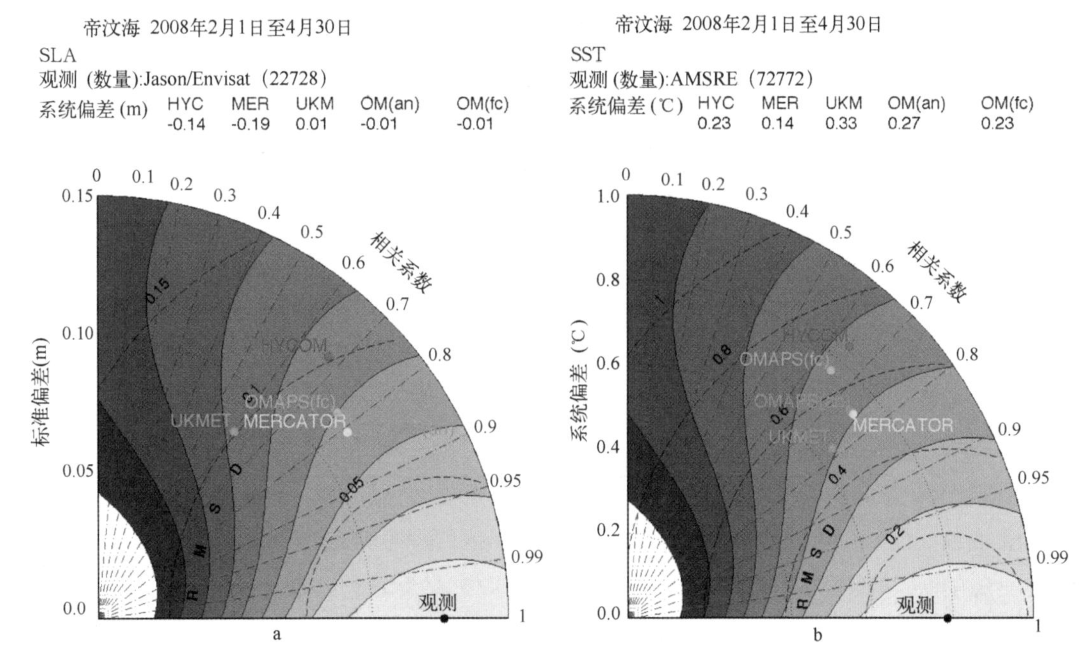

图 18. 23 GODAE 国际比较期间以帝汶海（22°—8°S，100°—120°E）的 SLA（a）和 SST（b）对比各业务化系统性能的泰勒图

HYCOM-NCODA 5 d 预报（红色），Mercator 14 d 后报（黄色），UKMetOffice FOAM 分析（绿色），BLUElink OceanMAPS 分析（蓝色），BLUElink OceanMAPS 3 d 预报（青色）。上面总结了使用的偏差和观测数据

2001）。技巧评分为解释具有不同模式方差的系统性能提供了进一步的指导。在帝汶海，预测系统的 SLA 和 SST 分析与预报的距平相关系数达到了 0.7~0.8，表明产品在澳大利亚的秋季期间含有有用信号。

这些指标将和 JCOMM 业务化海洋预报系统专家组（Expert Team on Operational Ocean Forecasting Systems，ET-OOFS）正在开发的业务化海洋预报指南里的稳定的和已经被证明过的指标一起，在 GODAE OceanView 的框架下进一步发展。当各系统基于各自独立的成分时，可以最大化模型之间的差异，各预报系统的指标或共识之间的对比具有重大意义。目前在业务化系统的综述（Dombrowsky et al，2009）中展示了独特的海洋模式、独特的数据同化方法和独特的数值天气预报通量。

任何系统配置的预期性能可以通过对一个后报周期内足够多的样本空间进行统计估计来诊断。因此，预报系统可以基于背景场更新或分析增量使用简单的度量标准来监测。我们将以 2009 年 8 月 21 日至 2009 年 11 月 3 日之间发生的蒙塔拉井口溢油为例，说明预报系统性能的重要性。来自 OceanMAPS 系统的所有之前的（2008 年 1 月 2 日至 2009 年 11 月 7 日）分析增量都被用来组成帝汶海内每个网格点的统计分布。然后，用 2009 年 8 月 22 日的增量和这个分布进行比较以确定分析增量是否在 95%或 99%的范围内，以此作为统计异常值的性能指标（见图 18.24）。蒙塔拉井口周围区域显示出其分析增量超出 99%，表明该区域的模式调整最大，存在潜在的不可靠性。

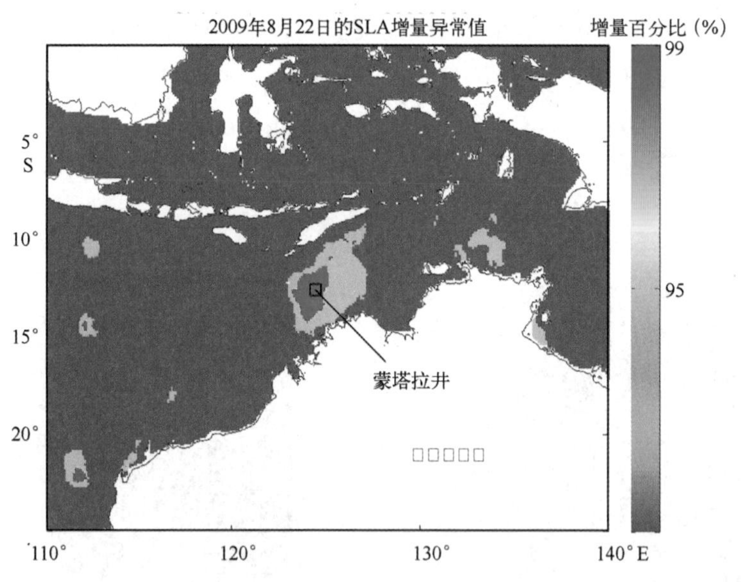

图 18.24　2009 年 8 月 22 日 BLUElink OceanMAPS 的 SLA 分析增量超出每个海洋模型网格点上所有增量（2008 年 1 月 2 日至 2009 年 11 月 7 日）95%（绿色）和 99%（红色）的部分

我们可以通过取蒙塔拉井周边 11.6°—13.6°S、123.5°—125.5°E 区域内所有网格点的分布来拓展这个分析，并确定每个网格点进入增量区间［-0.15：0.01：0.15］的归一化频率。图 18.24 的深蓝色所示的增量是统计异常值。在后续的 7 d 一段的分析中，增量在更高的频率范围内表明系统已经恢复正常。

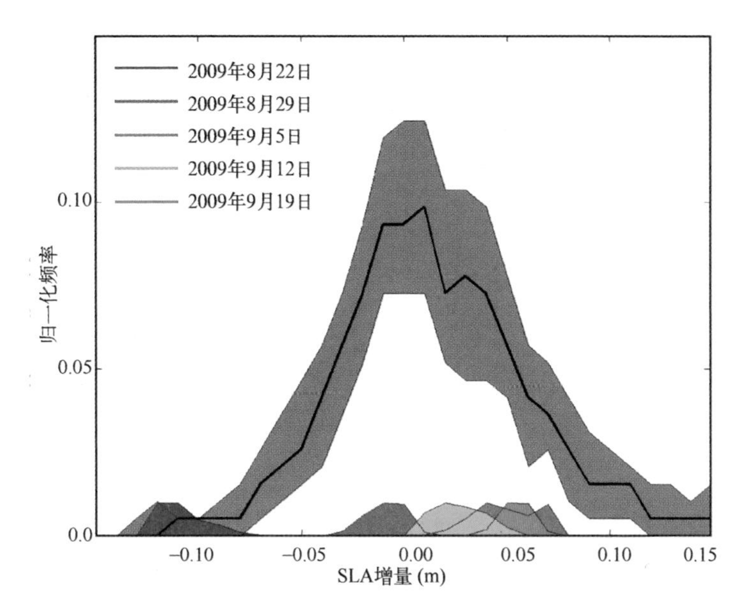

图 18.25　蒙塔拉油井周边区域（11.6°—13.6°S、123.5°—125.5°E）位于增量区间［-0.15：0.01：0.15］内的所有 BLUElink OceanMAPS 的 SLA 增量（2008 年 1 月 2 日至 2009 年 11 月 7 日）的归一化频率

所有网格点（20×20）的归一化频率的中值用实线表示，90%置信区间用灰色阴影表示。为了清晰可见，2009 年 8 月 22 日、29 日和 9 月 5 日、12 日、19 日的增量分布以彩色显示，量级为 0.01［如频率×（0.01/最大频率）］

要明确区分开监测系统性能（例如，技巧评分，Murphy，1988）的方法与估计预报误差统计量的方法，以估计预期误差。根据预期误差估计的定义，其适用于最频繁发生的状态。这些估计并不适用于那些罕见的事件，例如极端事件。这是一类重要的事件，因为如果小概率事件发生了，这些基于预期的条件下的设计和业务化决策可能会失败，有些情况下甚至会导致生命或财产的损失。解决此类问题需要一些具体的方法（Garrett and Muller，2008）。为了提高估计的可能性，可能需要考虑极端事件下的物理过程。例如，应该考虑由沿岸上升流导致的 SST 下降引起的近岸雾。雾的存在阻碍了 AVHRR 对冷的 SST 的观测，微波分辨能力不能观测靠近海岸的地方。坚持使用背景状态的 SST 分析将偏离真实状态。因为经常有云出现，简单的统计将无法从有云的情况里分离出有雾的情况。因为持续 SST 的预报仍然有技巧，所以预期的 SST 误差将会比较低。然而，如果考虑了其他因素，如有利于上升流的风和导致雾的云的类型，估计的误差可能会更高。

18.12　结论

对海洋中尺度的状态估计和预报是一个巨大的挑战，特别是这些尺度的海洋状态一直没有被观测到，我们对动力学的理解也处于海洋科学的前沿。尽管这样，现在的第一代系统有足够多的且不断增多的证据已经表明，现有的全球海洋观测系统足以捕捉中尺度变化。这些系统已经具备了可以正面影响实际应用的性能。同时，有证据表明，模式性能在时空上存在不协调，并且对观测系统的质量和覆盖范围以及实时强迫十分敏感。这些都为系统下一步发展和性能改善打下了坚实的基础。

一个复杂的系统，如海洋预报系统，是由几个部分组成的，每个部分都具有关键的设计选择，能影响整个系统的性能和成本。在第一代预报系统中，有许多决策都是在开发时考虑了观测系统和计算成本所施加的限制而进行了科学有力的选择。也有许多决策是考虑了在有限的时间内完成积分的实际限制下，与性能进行折中作出的。随着限制的减少和新的方法和模型的开发，这些决策和方法将被不断修改。

海洋预报将来拓展优化预报技巧的方向有很多，包括：四维数据同化、集合预报、近岸海洋预报、海洋-波浪-大气耦合模拟（Fan et al，2009）、海洋-波浪-大气耦合数据同化和更多的物理模型空间内的调整。发展中所面临的挑战将是开发不断简化复杂问题使之更易于处理的方法。"黑盒子"很可能不可避免地变得更加普遍。然而，这必须非常严格地做到，以便易于验证组件、子系统和系统是否以一个已知的精度解决了实际问题。这个发展将需要与海洋观测系统、计算硬件和软件技术的提高同步进行。

致谢：OceanMAPS是由澳大利亚气象局、联邦科学与工业研究组织（CSIRO）、皇家海军和BLUElink的科学团队的联合项目——BLUElink开发的。作者由衷地感谢Claire Spillman、Nicholas Summons、Paul Sandery、Justin Freeman、Leon Majewski对本章插图的贡献。

参考文献

Andreu-Burillo I, Brassington G B, Oke P R, Beggs H (2009). Including a new data stream in BLUElink ocean data assimilation. Aust Met Oceanogr J, 59: 77-86.

Bailey R, Gronell A, Phillips H, Meyers G, Tanner E (1994) CSIRO cookbook for quality control of Expendable Bathythermograph (XBT) data. CSIRO marine laboratories Report, No. 220, p75.

Beggs H, Smith N, Warren G, Zhong A (2006). A method for blending high-resolution SST overthe Australian region. BMRC Res Lett 5: 7-11.

Bennett A F (2002). Inverse modelling of the ocean and atmosphere. Cambridge University Press, Cambridge, p234.

Bloom S C, Takacs L L, da Silva A M, Ledvina D (1996). Data assimilation using incremental analysisupdates. Mon Weather Rev, 124: 1256-1271.

Bourles B R, Lumpkin R, McPhaden M J, Hernandez F, Nobre P, Campos E, Yu L, Planton S, Busalacchi A, Moura A D, Servain J, Trotte J (2008). The PIRATA program: history, accomplishments, and future directions. Bull Am Meteorol Soc, 89: 1111-1125.

Brasseur P, Bahurel P, Bertino L, Birol F, Brankart J M, Ferry N, Losa S, Remy E, Schroter J, Skachko S, Testut C E, Tranchant B, Van Leeuwen P J, Verron J (2005). Data assimilation for marine monitoring and prediction: the MERCATOR operational assimilation systems and the MERSEA developments. Q J R Meteorol Soc, 131: 3561-3582.

Brassington G B (2009). Ocean prediction issues related to weather and climate prediction. Visionpaper (Agenda item 8.5), WMO CAS XV, Seoul Korea, 18-25 Nov 2009.

Brassington G B (2010). Estimating surface divergence of ocean eddies using observed trajectories from a surface drifting buoy. J Atmos Oceanic Technol. doi: 10. 1175/2009JTECHO651. 1.

Brassington G B, Pugh T, Spillman C, Schulz E, Beggs H, Schiller A, Oke P R (2007). BLUElink>development of operational oceanography and servicing in Australia. J Res Pract Inf Technol, 39: 151-164.

Brassington G B, Hines A, Dombrowsky E, Ishizaki S, Bub F, Ignaszewski M (2010a). Short-tomedium range ocean forecasts: delivery and observational requirements. In: Hall J, Harrison D E, Stammer D (eds) Proceedings of OceanObs'09: sustained ocean observations and information for society, vol 1, Venice, Italy, 21-25 September 2009. ESA Publication WPP-306. doi: 10. 5270/OceanObs09. pp08.

Brassington G B, Summons N, Lumpkin R (2010b). Observed and simulated Lagrangian and eddy characteristics of the East Australian current and Tasman sea. Deep Sea Res Res, Part II. doi: 10. 1016/j. dsr2. 2010. 10. 001.

Chelton D B, Ries J C, Haines B J, Fu L L, Callahan P S (2001). Satellite altimetery. In: Fu L-L, Cazenave A (eds) Satellite altimetry and earth sciences. Academic Press, San Diego, pp1-131.

Chelton D B, Schlax M G, Samelson R M, de Szoeke R A (2007). Global observations of large oceanic eddies. Geophys Res Lett, 34: L15606. doi: 10. 1029/2007GL030812.

Chua B, Bennett A F (2001). An inverse ocean modeling system. Ocean Model, 3: 137-165.

Cummings J A (2005). Operational multivariate ocean data assimilation, Q J R Meteorol Soc, 131: 3583-3604.

Daley R (1991). Atmospheric data analysis. Cambridge University Press, New York, p457.

Davidson F, Allen A, Brassington G B, Breivik O, Daniel P, Kamachi M, Sato S, King B, Lefevre F, Sutton M, Kaneko H (2009). Application of GODAE ocean current forecasts to search and rescue and ship routing. Oceanography, 22(3): 176-181.

Dee D P (2005). Bias and data assimilation. Q J R Meteorol Soc, 131: 3323-3343.

Desai S D, Haines B J, Case K (2003). Near real time sea surface height anomaly products for Jason-1 and Topex/Poseidon user manual. NASA, JPL, D-26281, p13.

De Szoeke R A, Samelson R (2002). The duality between the Boussinesq and Non-Boussinesq hydrostatic equations of motion. J Phys Oceanogr, 12: 2194-2203.

Dombrowsky E, Bertino L, Brassington G B, Chassignet E P, Davidson F, Hurlburt H E, Kamachi M, Lee T, Martin M J, Mei S, Tonani M (2009). GODAE systems in operation. Oceanography, 22(3): 80-95.

Donlon C J, Minnett P, Gentemann C, Nightingale T J, Barton I J, Ward B, Murray J (2002). Towards improved validation of satellite sea surface skin temperature measurements for climate research. J Climate, 15 (4): 353-369.

Drennan W M, Graber H C, Hauser D, Quentin C (2003). On the wave age dependence of wind stress over pure wind seas. J Geophys Res, 108 (C3): 8062. doi: 10. 1029/2000JC000715.

Ducet N, Le Traon P Y, Reverdin G (2000). Global high resolution mapping of ocean circulation from TOPEX/Poseidon and ERS-1/2. J Geophys Res, 105 (19): 19477-19498.

Ducowicz J K (1997). Steric sea level in the Los Alamos POP code—Non-Boussinesq effects, numericalmethods in atmospheric and oceanic modeling. In: Lin C, Laprise R, Richie H (eds). The Andre Robert memorial volume, Canadian meteorological and oceanographic society, NRC Research Press, Ottawa, p533-546.

Evensen G (2003). The Ensemble Kalman Filter theory and practical implementation. Ocean Dyn, 118: 1-23.

Fan Y, Ginis I, Hara T (2009). The effect of wind-wave-current interaction on air-sea momentum fluxes and ocean response in tropical cyclones. J Phys Oceanogr, 39: 1019–1034.

Freeland H, Roemmich D, Garzoli S, LeTraon P, Ravichandran M, Riser S, Thierry V, Wijffels S, Belbeoch M, Gould J, Grant F, Ignaszewski M, King B, Klein B, Mork K, Owens B, Pouliquen S, Sterl A, Suga T, Suk M, Sutton P, Troisi A, Vélez-Belchi P, Xu J (2010). Argo-a decade of progress. In: Hall J, Harrison D E, Stammer D (eds). Proceedings of Ocean Obs'09: sustained ocean observations and information for society, vol 2, Venice, Italy, 21–25 September 2009. ESA Publication WPP-306. doi: 10.5270/OceanObs09.cwp.32.

Garrett C, Müller P (2008). Supplement to "extreme events". Bull Am Meteorol Soc 89: ES45–ES56. doi: 10.1175/2008BAMS2566.2 (by Chris Garrett and Peter Müller Bull Am Meteorol Soc 89: 1733).

Gaspari G, Cohn S E (1999). Construction of correlation functions in two and three dimensions. Q J R Meteorol Soc, 125: 723–757.

Goni G, Meyers G, Ridgeway K, Behringer D, Roemmich D, Willis J, Baringer M, Ichi I, Wijffels S, Reverdin G, Rossby T (2010). Ship of opportunity program. OceanObs'09 ESA Special Publication (in press).

Greatbatch R J (1994). A note on the representation of steric sea level in models that conserve volume rather than mass. J Geophys Res, 99: 12767–12771.

Griffies S M, Harrison M J, Pacanowski R C, Rosati A (2003). A technical guide to Mom4 Gfdl ocean group technical Report, No. 5, NOAA/Geophysical Fluid Dynamics Laboratory, Version prepared on 23 Dec 2003.

Hackett B, Comerma E, Daniel P, Ichikawa H (2009). Marine oil pollution prediction. Oceanography, 22(3): 168–175.

Hernandez F, Bertino L, Brassington G B, Chassignet E, Cummings J, Davidson F, Drevillon M, Garric G, Kamachi M, Lellouche J M, Mahdon R, Martin M J, Ratsimandresy A, Regnier C (2009). Validation and intercomparison studies within GODAE. Oceanography, 22(3): 128–143.

Hurlburt H E, Brassington G B, Drillet Y, Kamachi M, Benkiran M, Bourdalle-Badie R, Chassignet E P, Jacobs G A, Le Galloudec O, Lellouche J M, Metzger E J, Oke P R, Pugh T F, Schiller A, Smedsted O M, Tranchant B, Tsujino H, Usui N, Wallcraft A J (2009). High resolution global and basin-scale ocean analyses and forecasts. Oceanography, 22(3): 110–127.

Johnson G C, McTaggart K E (2010). Equatorial Pacific 13°C Water eddies in the eastern subtropical South Pacific Ocean. J Phys Oceanogr, 40: 226–236.

Jones P W (1999). First-and second-order conservative remapping schemes for grids in spherical coordinates. Mon Weather Rev, 127: 2204–2210.

Kamachi M, Kuragano T, Ichikawaj H, Nakamura H, Nishina A, Isobe A, Ambe D, Arais M, Gohda N, Sugimoto S, Yoshita K, Sakura T, Ubold F (2004). Operational data assimilation system for the Kuroshio South of Japan: reanalysis and validation. J Oceanogr, 60: 303–312.

Kepert J D (2009). Covariance localisation and balance in an Ensemble Kalman filter. Q J R MeteorolSoc, 135: 1157–1176.

Large W G, Danabasoglu G, Doney S C, McWilliams J C (1997). Sensitivity to surface forcing and boundary layer mixing in a global ocean model: annual-mean climatology. J Phys Oceanogr, 27: 2418–2447.

Leonard B P, Lock A P, Macvean M K (1995). The nirvana scheme applied to one-dimensional advection. Int J Numerical Methods Heat Fluid Flow, 5: 341–377.

Le Provost C (2001). Ocean tides. In: Fu L L, Cazenave A (eds). Satellite altimetry and earth sciences. Academic

Press, San Diego, pp267-303.

Le Traon P Y (2011). Satellites and operational oceanography. In: Schiller A, Brassington G B (eds). Operational oceanography in the 21st century. doi: 10.1007/978-94-007-0332-2-18, Springer, Dordrecht, pp 29-54.

Lorenc A C (1981). A global three-dimensional multivariate statistical interpolation scheme. Mon Weather Rev, 109: 701-721.

Lorenc A C (2003). The potential of the ensemble Kalman filter for NWP—A comparison with 4DVar. Q J R Meteorol Soc, 129: 3183-3203.

Martin M J, Hines A, Bell M J (2007). Data assimilation in the FOAM operational short-range ocean forecasting system: a description of the scheme and its impact. Q J R Meteorol Soc, 133: 981-995.

McDougall T J, Greatbatch R J, Lu Y (2002). On the conservation equations in oceanography: how accurate are Boussinesq ocean models? J Phys Oceanogr, 32: 1574-1584.

McInnes K M, Leslie L M, McBride J L (1992). Numerical simulation of cut-off lows on the Australian east coast: sensitivity to sea surface temperature. Int J Climatol, 12: 1-13.

McPhaden M J, Delcroix T, Hanawa K, Kuroda Y, Meyers G, Picaut J, Swenson M (2001). The El Nino/Southern Oscillation (ENSO) observing system. In: Koblinski C, Smith N (eds). Observing the ocean in the 21st century. Australian Bureau of Meteorology, Melbourne, pp231-246.

McPhaden M J, Meyers G, Ando K, Masumoto Y, Murty V S N, Ravichandran M, Syamsudin F, Vialard J, Yu L, Yu W (2009). RAMA: the research moored array for African-Asian-Australian monsoon analysis and prediction. Bull Am Meteorol Soc, 90: 459-480.

McWilliams J C, Sullivan P P, Moeng C H (1997). Langmuir turbulence in the ocean. J Fluid Mech, 334: 1-30.

Melville W K (1996). The role of wave breaking in air-sea interaction. Ann Rev Fluid Mech, 28: 279-321.

Moore A (2011). Adjoint applications. In: Schiller A, Brassington G B (eds). Operational oceanography in the 21st century. doi: 10.1007/978-94-007-0332-2-18, Springer, Dordrecht, pp 351-379.

Murphy A H (1988). Skill scores based on the mean square error and their relationships to the correlation coefficient. Mon Weather Rev, 116: 2417-2424.

Murray R J (1996). Explicit generation of orthogonal grids for ocean models. J Comput Phys, 126: 251-273.

Oke P R, Schiller A, Griffin D A, Brassington G B (2005). Ensemble data assimilation for an eddyresolving ocean model of the Australian region. Q J R Meteorol Soc, 131: 3301-3311.

Oke P R, Brassington G B, Griffin D A, Schiller A (2008). The Bluelink ocean data assimilation system (BODAS). Ocean Model, 21: 46-70.

Ourmieres Y, Brankart L, Berline L, Brasseur P, Verron J (2006). Incremental analysis update implementation into a sequential ocean data assimilation system. J Atmos Ocean Technol, 23: 1729-1744.

Pascual A, Boone C, Larnicol G, Le Traon P Y (2009). On the quality of real-time altimeter gridded fields: comparison with in situ data. J Atmos Ocean Technol, 26: 556-569.

Price J F (1981). Upper ocean response to a hurricane. J Phys Ocean, 11: 153-175.

Prandle D, Flemming N C (eds) (1998). The science base of EuroGOOS. EuroGOOS Publication, No. 6, 1998, EG97.14, unpaginated.

Purser R J, Parrish D, Masutani M (2000). Meteorological observational data compression; an alternative to conventional "super-obbing." NCEP Office Note 430, p13. Available online at http: //www.emc.ncep.noaa.gov/officenotes/FullTOC. html.

Ravichandran M (2011). In situ ocean observing system. In: Schiller A, Brassington G B (eds). Operational oceanography in the 21st century. doi: 10. 1007/978-94-007-0332-2-18, Springer, Dordrecht, pp 55-90.

Redler R, Valcke S, Ritzdorf H (2010). OASIS 4—a coupling software for next generation earth system modelling. Geosci Model Dev, 3: 87-104.

Reinaud J N, Dritschel D G (2002). The merger of vertically offset quai-geostrophic vortices. J Fluid Mech, 469: 287-315.

Rixen M, Book J W, Orlic M (2009). Coastal processes: challenges for monitoring and prediction. J Mar Syst, 78 (1): S1-S2. ISSN 0924-7963, doi: 10. 1016/j. jmarsys. 2009. 01. 006, Nov 2009.

Robinson I (2006). Satellite measurements for operational ocean models. In: Chassignet E P, VerronJ (eds). Ocean weather forecasting: an integrated view of oceanography. Springer, Netherlands, pp147-189.

Sanderson B, Brassington G (1998) Accuracy in the context of a control-volume model. Atmosphere-Ocean, 36: 355-384.

Sandery P A, Brassington G B, Freeman J (2010). Adaptive nonlinear dynamical initialization. J Geophys Res. , doi: 10. 1029. /2010JC006260.

Schiller A, Oke P R, Brassington G B, Entel M, Fiedler R A S, Griffin D A, Mansbridge J V, Meyers G A, Ridgway K R, Smith N R (2008). Eddy-resolving ocean circulation in the Asia-Australianregion inferred from an ocean reanalysis effort. Prog Oceanogr, 76: 334-365.

Seaman R, Bourke W, Steinle P, Hart T, Embery G, Naughton M, Rikus L (1995). Evolution of the Bureau of Meteorology's global assimilation and prediction system, Part 1: analyses and initialization. Aust Met Mag, 44: 1-18.

Smith N, Lefebvre M (1997). The Global Ocean Data Assimilation Experiment (GODAE). Monitoring the oceans in the 2000s: an integrated approach. International Symposium, Biarritz, 15-17 Oct 1997.

Smith W H F, Sandwell D T (1997). Global seafloor topography from satellite altimetry and ship depth soundings. Science, 277: 1956-1962.

Sobel D (1995). Longitude: the true story of a Lone Genius who solved the greatest scientific problemof his time. Walker & Company, New York, p216.

Spiegel E A, Veronis G (1960). On the Boussinesq approximation for a compressible fluid. Astrophys J 131: 442-447.

Stanski H R, Wilson L J, Burrows W R (1989). Survey of common verification methods in meteorology. World Weather Watch Tech. Report No. 8, WMO/TD No. 358, WMO, Geneva, p114.

Stammer D (1997). Global characteristics of ocean variability from regional TOPEX/POSEIDON altimeter measurements. J Phys Oceanogr, 27: 1743-1769.

Taylor K E (2001). Summarizing multiple aspects of model performance in a single diagram. J Geophys Res, 106 (D7): 7183-7192.

Thompson K R, Wright D G, Lu Y, Demirov E (2006). A simple method for reducing seasonal bias and drift in eddy resolving ocean models. Ocean Model, 13: 109-125.

Zaron E (2011). Basics of data assimilation and inverse methods. In: Schiller A, Brassington G B (eds). Operational oceanography in the 21st century. doi: 10. 1007/978-94-007-0332-2-18, Springer, Dordrecht, pp 321-350.

Zeytounian R Kh (2003). Joseph Boussinesq and his approximation: a contempory view. C R Mec, 331: 575-586.

第19章　整合近岸模式和观测数据研究海洋动力学、观测系统以及预报

John L. Wilkin[①], **Weifeng G. Zhang**, **Bronwyn E. Cahill**, **Robert C. Chant**

摘　要：在近岸海洋学中，数值模拟已被广泛应用于研究各种问题。理想化的研究可以解决海岸线和地形方面的一些特定动力过程或特征；重构某一地理区域的环流可以完善区域生态系统和地貌的研究；模式可以用来模拟观测系统以及根据实际业务需求进行海洋状况预报。通常情况下，多强迫机制、准确的地形、海洋层结和非线性动力之间的相互作用非常显著，这就要求应用于近岸的海洋模式有能力描述这一系列的动力过程。我们通过近期一系列基于模式的关于大西洋中部海湾内陆架到中陆架区域的研究，举例说明了这些方法和影响近岸海洋环流的动力过程。最近将变分法引入沿岸海洋模拟极大地增强了我们整合模式与近岸观测数据的能力，这种能力将被用来改善海洋预报、自适应采样和观测系统设计。

19.1　引言

生活在接近水域的城市的人类活动影响着周边的海洋环境，由河流向大陆架海域的输入代表着一个重要的机制。生物地球化学、沉积和生态系统过程决定着由河流输送到近岸海域的营养盐和污染物的最终命运，这一过程依赖于这些浮游物排放的途径和时间尺度。这里通过回顾近年来一系列基于模式对哈得孙河流入纽约湾（New York Bight，NYB）的研究成果，举例阐明如何将近岸模式和观测结合起来研究这一系列水循环过程。

在许多近岸地区，来自河流或地下水的淡水通量首先进入河口，并且在到达邻近的陆架海之前与来自海洋的较咸海水在河口处混合。河口冲淡水的盐度可以低到足以使水平浮力梯度成为影响羽状流的一个重要强迫。伴随动力学的一个经典观点认为，浮力强迫与科氏力强迫平衡，河口出流向右发生偏转（北半球），形成一个狭窄的沿岸流，因受海岸限制，宽度为内罗斯贝变形半径左右。如果定义低盐水外缘的锋面能到达海底，那么羽状流将与底部连

① John L. Wilking，美国新泽西州立大学，海洋和近岸科学研究所。E-mail：jwilkin@ rutgers. edu

接，并且近岸水深的剧烈变化显著影响羽流轨迹。同理，如果低盐水被限制在一个相对薄的表面层，羽状流则被描述为表面平流（Yankovsky and Chapman，1997），可能对局地的风场强迫会有更强的响应。无论羽状流是否退化为表面平流或是被限制在底部的状态，或者是由一个状态过渡到另一状态，都依赖于河流流量、水深和表面与底边界层内的混合作用。

通常情况下，沿岸流的淡水输送少于河口外的淡水通量，尤其是在悬河排放时期，这导致了在河口形成一个明显的低盐度隆起。隆起的空间尺度达到跨陆架尺度，是沿岸流宽度的数倍，尤其是对于表面平流的羽状流。隆起的低浮力发展为一个反气旋环流，显著延长了河水在河口附近的停留时间。实验室的旋转水槽实验表明，沿岸流仅能接收 1/3 的河口流量（Avicola and Huq，2003），或在极端情况下，再循环（recirculation）可以从沿岸流中夹断，并在一段时间内全部直接流入到隆起（Horner-Devine et al，2006）。数值模式研究表明，沿岸流输送与河口排放量的比率随着流动的非线性增加而减小，这一特征由罗斯贝数来表示，即惯性强迫与旋转强迫的比值（Fong and Geyer，2002；Nof and Pichevin，2011）。

因此，河流流速、在河口内与陆架区的垂直湍流混合、水深变化、层化、非线性动力学以及风驱动都是影响河流羽状流扩散特征的因素。具有陆架宽度的沿陆架平均流由局地风驱动建立（Fong and Geyer，2002），或是由上游或离岸的远距离强迫进一步影响的海流而建立（Zhang et al，2009a）。因此，为模拟河流径流与邻近的内陆架的相互作用，海洋模式必须具有一套相当全面的动力过程来表征这些过程。

在本章中，我们通过总结在拉格朗日输送和转化实验（Lagrangian Transport and Transformation Experiment，LaTTE；Chant et al，2008）期间取得的一系列关于哈得孙河径流进入近岸海洋的成果，展示了区域海洋模式系统（Regional Ocean Modelling System，ROMS）的模拟能力。哈得孙河流域是高度工业化的区域，LaTTE 实地计划包括了多种观测，如 2004 年、2005 年、2006 年与河流羽状流相关的春季汛期淡水，以及淡水中的浮游植物和浮游动物群落、自然与人类排放的营养盐、有机物质以及金属杂质。该项目的重点之一是调查羽流的物理结构是如何影响生物地球化学过程的。这方面的关键过程包括：稀释盐度和影响特定的化学反应的混合过程；影响光化学作用的光照水平；可影响生物累积率和改变可能发生悬浮颗粒物净输出区域的停留时间和输送路径。

与 LaTTE 模拟相关的 ROMS 动力和计算特征（和一般的沿岸过程）将在 19.2 节中进行描述，19.4 节对其进行了回顾，并对纽约海湾区域动力学的一些值得进一步分析的内容进行了讨论。19.3 节介绍了那些我们为解决特定的科学目标所采取的建模方法。19.3.1 节考虑了从气候态进行初始化，用观测的河流驱动和在 LaTTE 现场实验期间用于短期预报自适应采样的大气预报模式进行强迫来向前模拟，并利用理想试验研究羽状流对风的响应。19.3.2 节采用多年模拟来评估长期输送和扩散路径，并对环流的平均动力过程进行了描述。19.3.3 节详述了通过增量强约束四维变分资料同化（Incremental Strong Constraint 4-Dimensional Variational Data Assimilation，IS4DVAR）得到的 2006 年 LaTTE 的季节再分析场，该方法根据每天的预报循环调整初始场，并简要概述了如何使用变分法来协助观测系统应用。19.5 节对提到的研究工作进行了总结，说明近岸模式是如何与越来越多的区域沿岸海洋观测系统进行整合，以更好地理解近岸海洋过程和提高海洋预报水平。

19.2 ROMS

19.2.1 动力和数值内核

ROMS 模式求解流体静力学、Boussinesq 近似和雷诺平均的纳维-斯托克斯（Navier-Stokes）方程，其垂直坐标为地形追随坐标。它采用模态分离方案，因此二维连续方程和正压动量方程能够使用比三维斜压动量方程和示踪方程小得多的时间步长来积分。

ROMS 的计算内核不在这里详细描述，具体内容请参考 Shchepetkin 和 McWillians（2005；2009a；2009b）的文章。但值得注意的是，ROMS 内核中有几个方面对近岸海洋模拟十分适用，包括正压模方程组公式，其考虑了非均匀密度场，以减小在地形追随坐标下与模态分离方法相关的混淆现象和耦合误差（Higdon and de Szoeke，1997）。正压模采用时间加权平均以避免无法分辨的混淆现象的信号进入到慢的斜压模中，同时准确地表示了通过斜压的时间步长来解决正压运动（例如潮汐和沿岸陷波）。ROMS 内核的这几个特点大大减少了压强梯度力的截断误差，该截断误差是地形追随坐标海洋模式中长期存在的问题。采用一个有限体积、有限时间步长的离散化示踪方程组，可以改善与可变自由面相关的积分守恒和持续保守特征，这在近岸模拟中非常重要，因为近岸自由表面位移是表示水深的一个重要组成部分。多维正定平流输送算法（Multidimensional Positive Definite Advection Transport Algorithm，MPDATA；Smolarkiewicz，1984）对生物示踪物和沉积物浓度模拟具有一定的适用性。一个单的、高阶垂直平流方案用于沉积物和生物颗粒物的沉降过程，其将沉降通量整合到多个网格单元上，因此不受 CFL 判据（Warner et al，2008a）的限制。

有兴趣的读者可以查阅 Shchepetkin 和 McWilliams（2009b）的文章，文中详细地评论了算法的多种选择。这些算法提高了 ROMS 对强平流以及近地转的流、锋面和涡等这些近岸海洋和邻近深海中尺度过程模拟的准确性和有效性。

19.2.2 垂直湍流闭合

ROMS 为用户提供了几种可选方案来计算动量的垂直涡流黏性和示踪物的涡流扩散。在最近的大多数 ROMS 近海应用中，垂直湍流闭合公式无外乎有三种选择：①表面和底边界都使用 K 廓线参数化（K-Profile Parameterization，KPP；Large et al，1994；Durski et al，2004）；②Mellow-Yamada 2.5 阶方案（MY25；Mellor and Yamada，1982）；③通用长度尺度（Generic Length-Scale，GLS）方法（Umlauf and Burchard，2003），该方法中包含了一套闭合和稳定度函数的选项。

KPP 方案基于莫宁-奥布霍夫相似理论（Monin-Obukhov similarity theory）在边界层中具

体指明湍流混合系数，在内区其主要作为局地理查德森数梯度（Richardson Number）的函数（Large et al，1994；Wijesekera et al，2003）。KPP 方法在某种意义上是一个诊断方法，它并没有求解湍流闭合中的任何要素的时间演变（预测）方程。然而，MY25 方案和 GLS 方法都是一般类型的闭合方法，它们均求解了两个预报方程：一个是湍流动能（Turbulent Kinetic Energy，TKE）方程；另一个是与湍流长度尺度相关的方程。

Warner 等（2005）描述了 GLS 方法在 ROMS 中的实施，并比较了各种 GLS 的子选项（代表湍流长度尺度的不同处理方法）和历史上广泛使用的 MY25 方案的效果。他们根据研究结果发现，不同方案导致垂直湍流混合廓线有所差异，但是其对模式的状态变量（速度和示踪物）廓线的净影响却相对较小。Wijesekera 等（2003）给出了相似的结果，但值得注意的是，KPP 方案的结果往往与 GLS 和 MY25 方案不太相似，GLS 和 MY25 方案的结果是相当相似的。Warner 等（2005）发现悬浮沉积物浓度在它们的沉积物输送模式中对闭合方案的选择比盐度在河口混合模拟中更为敏感。在 LaTTE 模拟中，我们使用了 GLS *k-kl* 闭合选项，这实际上是 MY25 方案在 GLS 概念框架内的应用。

19.2.3 强迫

19.2.3.1 海气通量

在近岸海域各种地形下的大气-陆地-海洋差异、地形、上升流、雾和潮汐混合都可导致海面上独特的风和气温条件，它们比发生在离岸或开阔洋面上的典型事件具有更短的时空尺度。因此，近岸海洋模拟得益于时间和空间上解析较好的气象强迫和准确的海-气动量和热量通量参数化方案。

在 LaTTE 模拟中的表面大气强迫使用了两套来自大气模式的海洋边界层产品。短时间尺度的模拟（见 19.3.1 节）和 IS4DVAR 再分析（见 19.3.3 节）使用了来自北美中尺度模式（North American Mesoscale model，NAM；Janjic，2004）的逐 3 h 的海洋边界条件（包括向下长波辐射、净短波辐射、10 m 风、2 m 气温、气压和相对湿度），该模式是由美国国家环境预报中心（National Centers for Environmental Prediction，NCEP）运行的一个 12 km 水平分辨率的 72 h 预报系统。多年模拟（见 19.3.2 节）使用的海洋边界条件来自北美区域再分析资料（North American Regional Reanalysis，NARR；Mesinger，2006），该资料是一个 25 km 水平分辨率、逐 6 h 间隔的数据同化再分析产品。动量和热量的海气通量采用大气模式的标准块体公式（Fairall et al，2003），是基于海洋边界条件结合 ROMS 的海表面温度（Sea Surface Temperature，SST）来计算得到。

19.2.3.2 河流入流和开边界条件

在近岸的淡水影响区域（Regions of Freshwater Influence，ROFI；Hill，1998），从河流输入的侧向浮力产生了以水平方向为主的密度梯度，与从类似的表面海气浮力通量形成的垂直层结相比，其导致的垂直稳定度相对较弱。随着这些密度梯度的斜压调整，密度层结在 ROFI 中相继形成，并且层结退化和重新层化可以迅速发生，以响应风强迫和潮汐影响的垂直混合速率的变化（这可能会在强度上有一个明显的大小潮变率）。

在一些近岸地区，地下水直接排入近岸海域或是由很多的小溪流和河流输入的淡水的总量十分可观，但是在纽约湾流域中，浮力输入绝大多数是来自大河流，并且主要是来自哈得孙河。对于 LaTTE 模式的河流输入，我们使用了美国地质调查局在哈得孙河和特拉华河的测量站所观测的河流流量的逐日平均，依据 Chant 等（2008）的文章，将无观测部分的流域进行了修正。

在 LaTTE 模式区域的开边界处，简单的 Orlanski 类型辐射条件被应用于示踪物（温度和盐度）和三维流速。对哈得孙河羽状流相关的浮力驱动环流的重点关注允许我们进行一种简化，它暗中忽略了远程淡水和热源的影响。开边界水位和深度平均速度变化使用 Chapman（1985）和 Flather（1976）的方案以辐射表面重力波，同时叠加来自区域潮汐模式（Mukai et al，2002）的潮汐调和速度变化。在多年的长期模拟中（见 19.5 节），边界上的深度平均速度被加强，这源于 Lentz（2008）基于长期的流量计观测结果和动量平衡分析得到的陆架上平均西南向流的估计结果。

19.2.4 子模式用于跨学科研究

ROMS 包含了一组跨学科应用的子模式，都与其动力内核集成。其中几个生态系统模块以欧拉方程组的形式表达了三维示踪物的变化，来描绘营养盐、浮游植物、浮游动物、碎屑等，以一些通用量（通常为氮当量浓度）来表示，这些模块的平流和混合过程则是采用与动力示踪物相同的传输方程。Haidvogel 等（2008）对这些模型个例进行了综述，从四分量氮基模型（NPZD；Powell et al，2006；Moore et al，2009）到碳基生物光学模型（EcoSim；Bissett et al，1999；Cahill et al，2008）越来越复杂，碳基生物光学模型采用光谱可分辨的光场和 60 多个状态变量来表示 4 种浮游植物、5 种色素、5 种化学元素、细菌、可溶性有机物和碎屑。

ROMS 还集成了一个沉积物输送社区模式（Community Sediment Transport Model，CSTM；Warner et al，2008a）和 SWAN（Surface Waves in the Nearshore）波浪模式（Booij et al，1999），以研究近岸环境中的沉积动力学和海洋环流；海浪辐射应力包含在动量方程中，波流相互作用增强了底部应力，这一过程包含在底边界层动力过程中。用户自定义的非黏性沉积物类别被追踪，采用各种尺寸类别的不同侵蚀和沉降贡献于多层沉积底床的演变，而这些多层沉积底床的演变随着沉积层厚度、孔隙和质量而变化，因而我们能够对底床的形态和地层进行计算。Warner 等（2008a）描述了在一个理想化的潮汐通道和马萨诸塞湾应用 ROMS/SWAN/CSTM 来研究沉积物的形态、分类和传输。

19.3 组约湾区域 LaTTE 实验的 ROMS 模拟

19.3.1 高河流径流期羽流的扩散

LaTTE 实验中的 ROMS 模式区域（图 19.1）从特拉华湾南部延伸至长岛东部，从新泽西和纽约沿岸延伸到大约 70 m 的等深线处。模式水平分辨率为 1 km，垂直分 30 层。

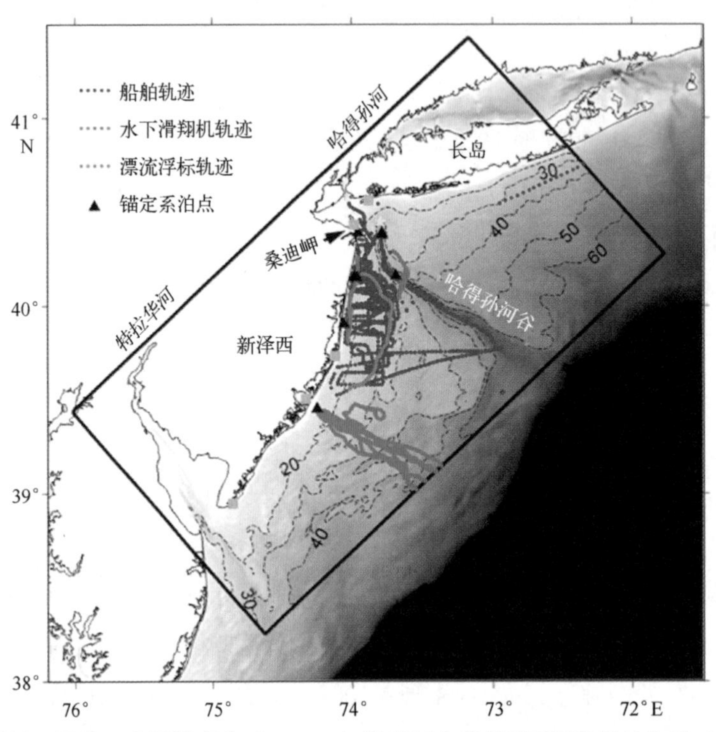

图 19.1 模式区域（黑线）和四维变分（4D-Var）数据同化所使用观测数据的位置（见 19.3.4 节）

灰度表示纽约湾水深；黑色虚线为模式等深线（m）；黄色五角星为阿姆布鲁斯观测塔的位置；绿色方框是 5 个高频雷达站

在 LaTTE 现场观测计划（Foti，2007）的支持下，我们利用 ROMS 对 2005 年和 2006 年春季纽约湾区域的环流进行了预报。图 19.2 给出了 2005 年哈得孙河羽状流进入纽约湾的两天中的可见光卫星图像，图上叠加了高频雷达观测的表面流场，同时给出了模式模拟的相应时间的流速和表层盐度（表层盐度作为河水径流的一个指示物）。低盐水的再循环隆起是由哈得孙河河口水域的更新落潮排放驱动的。图 19.3 比较了卫星观测的 Oceansat-1 488 nm 波长的吸收率（叶绿素相对丰度和河源水存在的一个代用指标）与模拟的淡水当量厚度 $\delta_{fw} = \int_{-h}^{\zeta}[S_0 - S(z)]/S_0 \mathrm{d}z$，其中，$S$ 为盐度，h 为水深，$z = \zeta$ 为海表面。如果局地“未混合”的水柱可以进入盐度为 0 和 S_0的两层中，那么淡水层的厚度为 δ_{fw}。这表明淡水扩散的水平范围较海表面盐度更可信。这里我们选取参考盐度 $S_0 = 32$。

图 19.2、图 19.3 以及 Zhang 等（2009a）的文献中进一步的模式观测对比表明，河流羽状流循环的基本特征，如跨陆架和沿陆架的空间尺度、淡水隆起的范围、速度模态和从港口

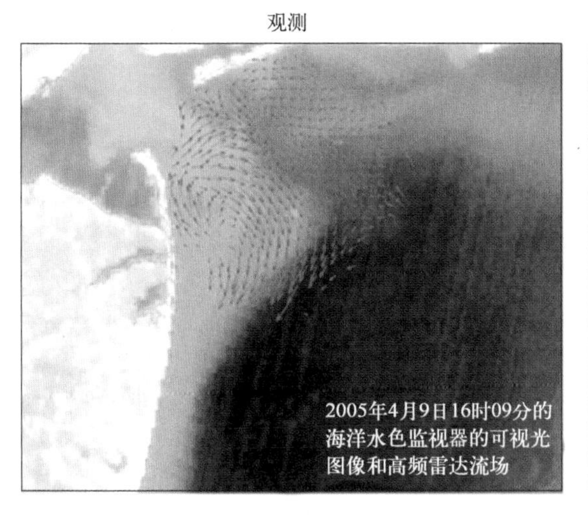

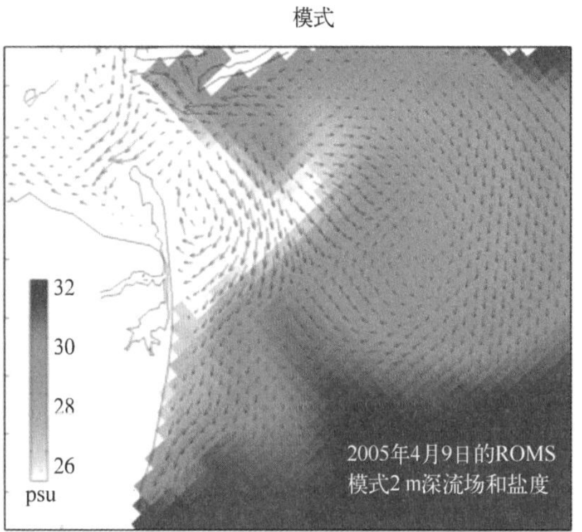

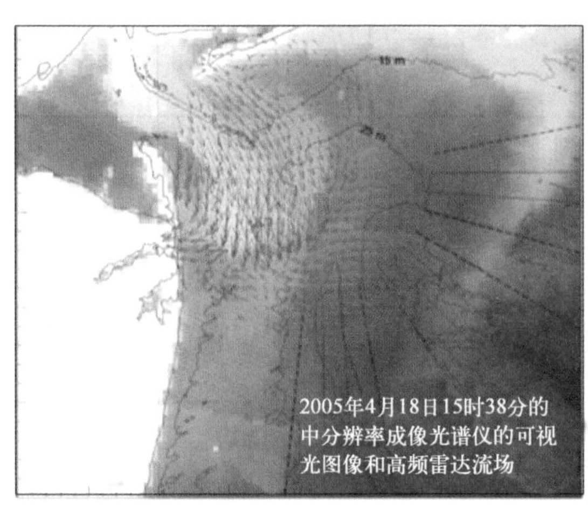

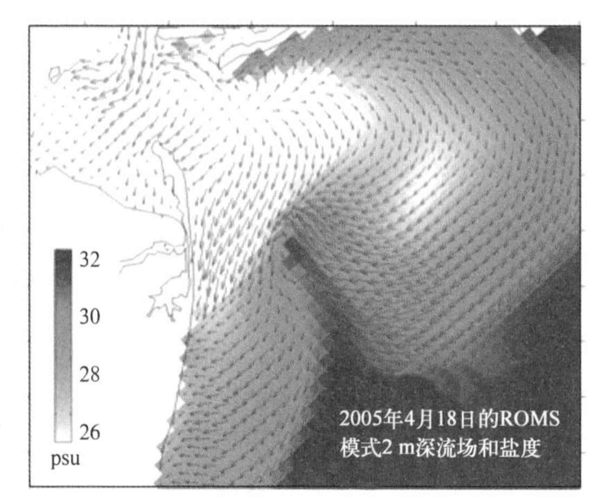

图 19.2　2005 年春季 LaTTE 试验期间两天的可见光图像［由印度 IRS-P4 卫星搭载的海洋水色监测器（Ocean Colour Monitor，OCM）获得］、与哈得孙河径流相关的混浊水（由 NASA Terra 卫星搭载的 MODIS 仪器获取）和表面流场矢量图（由高频雷达 CODAR 获取）（左图）；模式模拟的相应时间的表面盐度和流场（右图）

到沿岸流的传输路径，在模拟与观测中很相似。

图 19.4 显示了模拟的 2005 年春汛期淡水当量厚度随时间的演变。从 4 月 1—7 日，河流流量超过了 2 500 m^3/s，或多于年平均流量的 4 倍，并且峰值出现在 4 月 4 日，为 6 500 m^3/s。起初，向南的下行盛行风驱动河流羽状流沿着新泽西海岸快速向南流动，但是这一流动在 4 月 4 日由于向北的上行盛行风而突然被遏制。这就导致流量峰值期间主要在哈得孙河陆架河谷的北侧形成一个大的低盐度再循环隆起。从 4 月 10—15 日，与海面阵风现象相关联的风速较弱且风向多变，使得隆起部分排入到新泽西州沿岸流中。4 月 17 日，恢复的上行风驱动了更多的低盐水向东并且从之前排入的河口流量中将隆起分离开。在随后的 1 周，随着河流流量下降和春汛的结束，持续的风会进一步分散羽状流。

Choi 和 Wilkin（2007）使用相同的模式，但采取了理想化的风场和春汛河流流量进一步分析了风向和风力对哈得孙河羽状流扩散的影响。图 19.5 对比了相同的初始条件（图 19.5a）

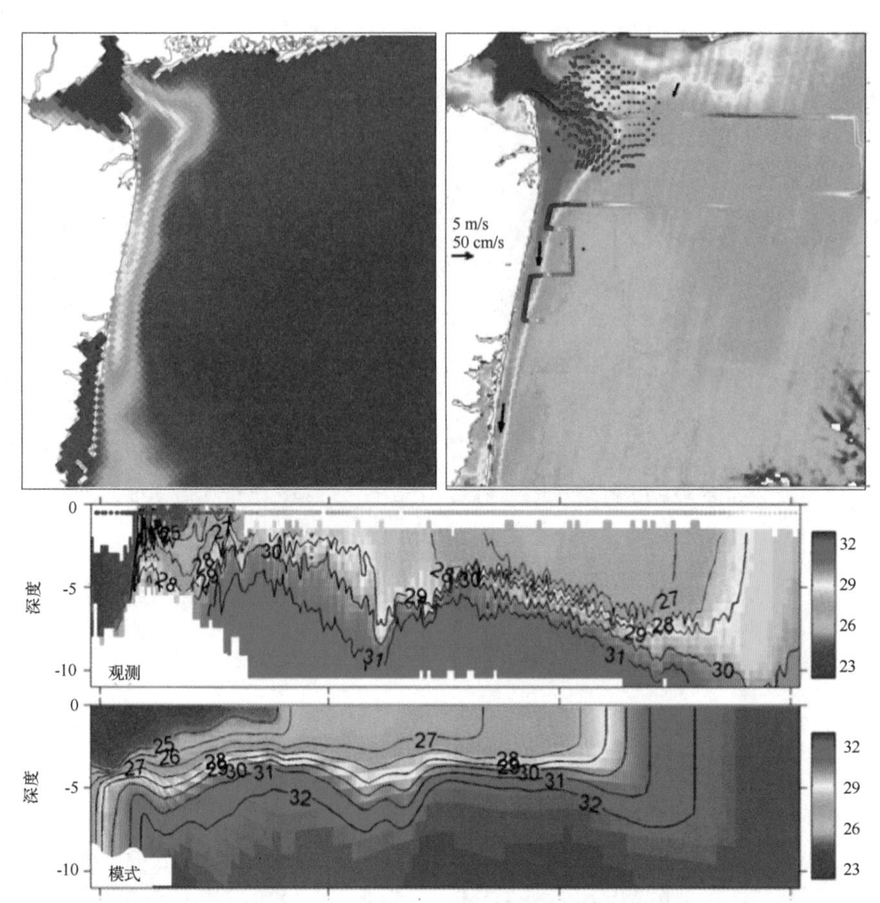

图 19.3 模拟的淡水当量厚度（m）（左上）和 Oceansat-1 卫星观测的海水对波长为 488 nm 的吸收率（右上），其分布显示了哈得孙河源水的作用。下图为沿着右上图所示的最北边东西向断面的模拟与观测的盐度

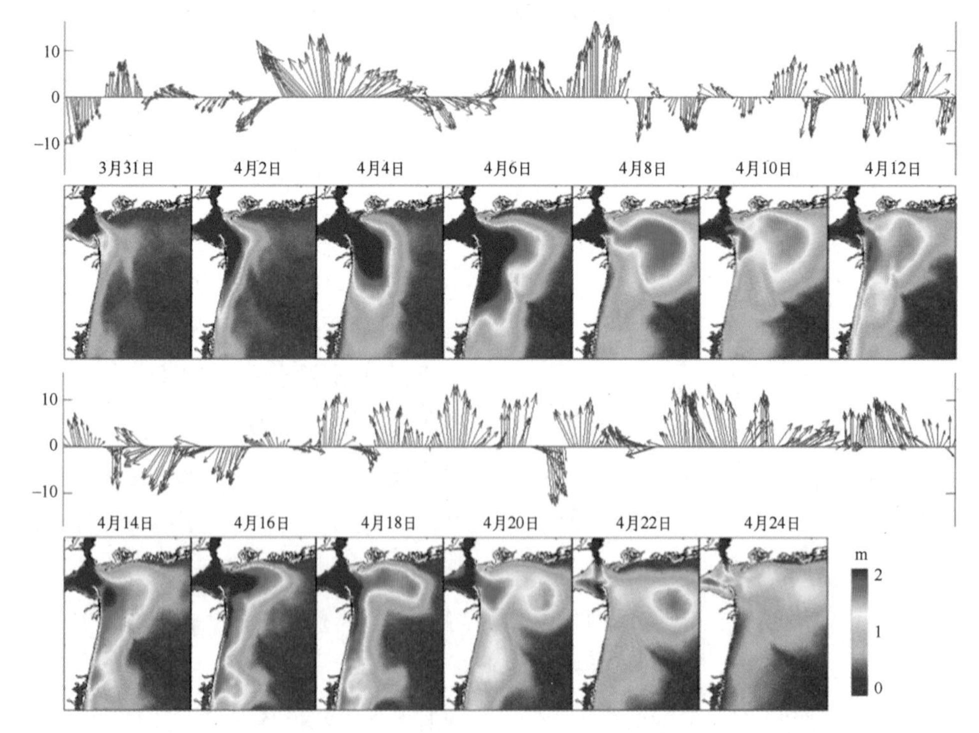

图 19.4 2005 年春汛期淡水当量厚度（m）模拟结果和纽约湾顶处的阿姆布鲁斯观测塔观测的风速

对不同的风向（图 19.5d~图 19.5g）持续 3 d 之后所响应的羽状流行为。2005 年 4 月的模拟结果所描述的对于风向的敏感性已被证实。北风和较小范围的西风有利于新泽西沿岸流的形成。南风消除了浮力驱动的沿岸流，向东驱散了隆起且驱动了沿着长岛沿岸的流动。东风阻碍了河流流量从哈得孙河河口的排出，导致了低盐水在纽约港聚集。在没有风强迫的情况下，低盐度隆起的体积继续增长，其与 19.1 节提到的模拟结果和水槽实验结果相一致。在 LaTTE 实验区域，在由哈得孙河向内陆架的物质传输过程中风起着至关重要的作用。

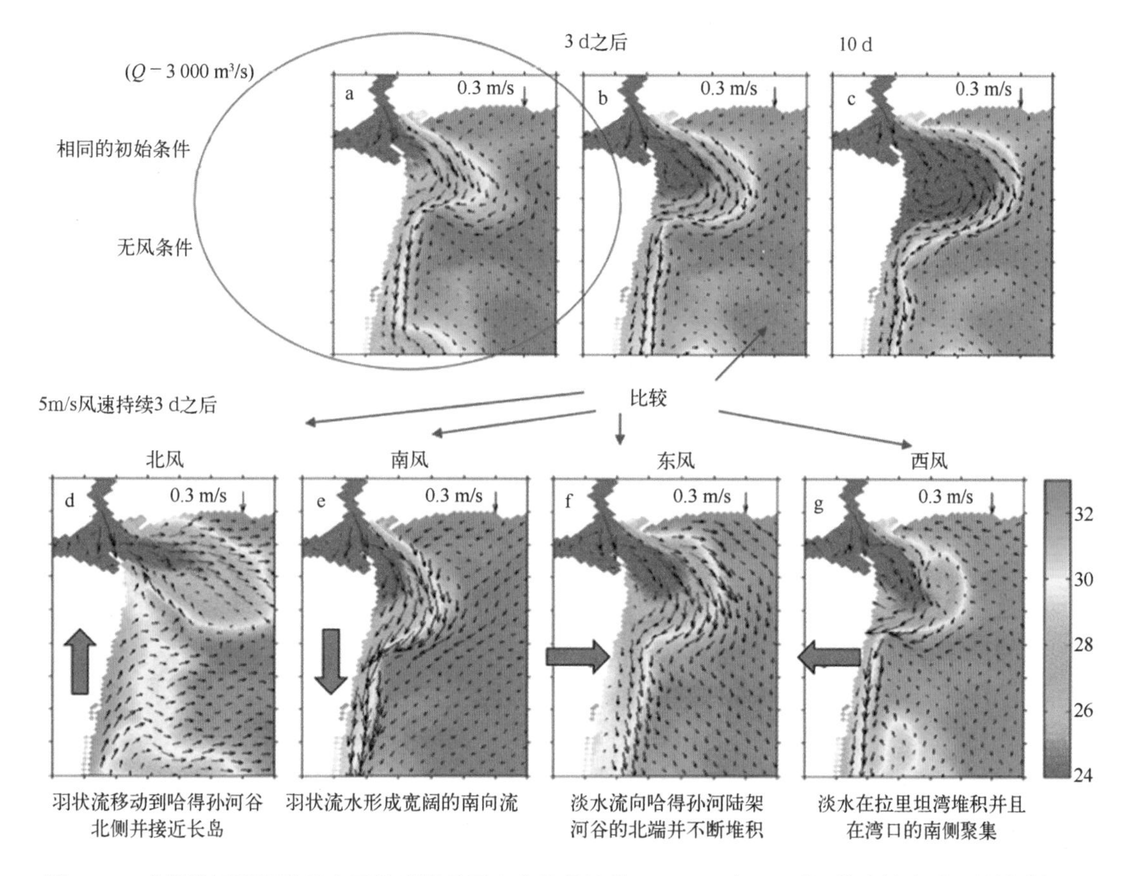

图 19.5 哈得孙河羽状流的表面盐度显示了在高流量情景（3 000 m^3/s）时羽状流轨迹对风的敏感性

对于河流羽状流的动量平衡，Choi 和 Wilkin（2007）同样考虑了河流流量大小对浮力和风驱动的相对贡献的影响。他们发现在典型的非汛期条件下，量级为 5 m/s 的相对柔和的风足以抵消浮力强迫作用。

由此推论，在任一给定年份，相对较短的时间尺度变率下的河流流量和天气条件可能会导致汛期的不同扩散形态，并且在 3 次 LaTTE 野外实验季节（Chant et al，2008）中确实都发现了这一现象。2004 年，河水首次被向南输运到一个中等强度的沿岸流中，然后在强上行风导致的表面埃克曼层中向东扩散；其在 2005 年的特征为一个强隆起的形成和上文所描述的海面阵风活动；而 2006 年异常大的河流流量灌入到沿岸流，低盐度的河水涌进新泽西内陆架，但是这一流动随后从海岸分离，导致在哈得孙陆架谷的南部区域出现显著的跨陆架输送。

19.3.2 陆架宽度的输送和扩散路径

前面的研究表明，虽然一些过程的作用是捕获纽约湾湾顶附近的河流羽状流水（如再循环隆起和沿岸流翻转），但是其他过程普遍是消散作用（如快速的沿岸流和离岸风驱动的埃克曼输送）。因此，河源水停留在沿岸附近的持续时间可以存在很大的变化，而问题在于这些水最终流向哪里。

为了研究在时间尺度上较春汛期长很多的哈得孙河水源的最终归宿，我们使用同样的模式配置进行了多年的模拟，但模拟时将开边界流入/流出的输送条件和气象强迫场改为北美区域再分析资料。

开边界条件的调整是为了保证在年际时间尺度上，新泽西陆架的中部和外侧受到向西南方沿着陆架的平均流冲刷。长期海流计观测和平均动量平衡的分析（Lentz，2008）表明，沿陆架的深度平均流大致与水深成正比。该结论提供了一个简便的计算关系，基于此关系，我们可将潮汐变化的流场叠加在时间平均的边界输送之上。

图 19.6 给出了模拟的 2005—2006 年的平均流场（Zhang et al，2009a）。来自哈得孙河的浮力输入通过驱动与低盐度隆起相关的反气旋式再循环流（海表面高度在局地最大），使得其在纽约湾湾顶的海流中占主导地位。这一特征在年平均结果中也有所体现，因为这不仅是春汛期的结果，同样也是贯穿整年发生的高流量事件的结果。在热行 LaTTE 项目的 3 年中，流量峰值实际上发生在 2006 年 7 月，即整个纽约州发生的一场大雨之后。

尽管流量是沿着长岛海岸向东输送，但是这一流动最终从海岸分离，与东边界流入的平均流相遇并反转。

在陆架中部到外部，海流是向西南方向，基本平行于等深线，哈得孙陆架河谷使其发生偏转，正如 20 m 深处的海流（图 19.6c）所示那样。河谷的影响延伸至整个水体，并且影响海表面高度。在纽约湾湾顶，20 m 深处的海流是流向纽约港，这表明哈得孙陆架河谷是向岸流的一个通道。该向岸流垂直混合均匀并被夹卷进入河口流出区和隆起再循环流。远离海岸的表面流（图 19.6b）则是由北风驱动的埃克曼流占主导。

从年平均水平上的角度看，新泽西沿岸流并不明显。Zhang 等（2009a）指出，新泽西沿岸流在春季和秋季比较显著，冬季正常，而夏季则被上行风所压制。

为了避免长期模拟中参考盐度选取不明确，以及从其他淡水源中区分哈得孙河，Zhang 等（2009a）在模拟的哈得孙河源中引入了一个单位浓度的被动示踪物，并根据这个示踪物获得了扩散路径的明确估量。图 19.7 表明哈得孙河源水通量被它的示踪物所识别，用穿过一组以海港入口为中心的圆弧所表示。上面提到的定性特征再一次明显地显示出来。新泽西沿岸流被紧紧地限制在近岸，这部分解释了为什么这一现象在图 19.6a 和图 19.6b 中不显著。图 19.7 量化了穿过哈得孙陆架河谷处分裂的扇形弧面的体积输送。在这两年的平均值中，我们看到河流流量完全向哈得孙陆架河谷北部陆架输送，但是其中大部分随后在再循环隆起的区域中跨越海底山谷。到了山谷南部，出流被分成两支，一支为沿岸流，另一支是由哈得孙陆架河谷南侧地形引导的较弱但更宽阔的跨陆架径流。后者的流动特征已被高频雷达表面流观测（Castelao et al, 2008）所证实。尽管最初进入纽约海岸的沿岸海域，但是哈得孙河径流流量最终分散到哈得孙陆架河谷南侧的陆架中部和外围。

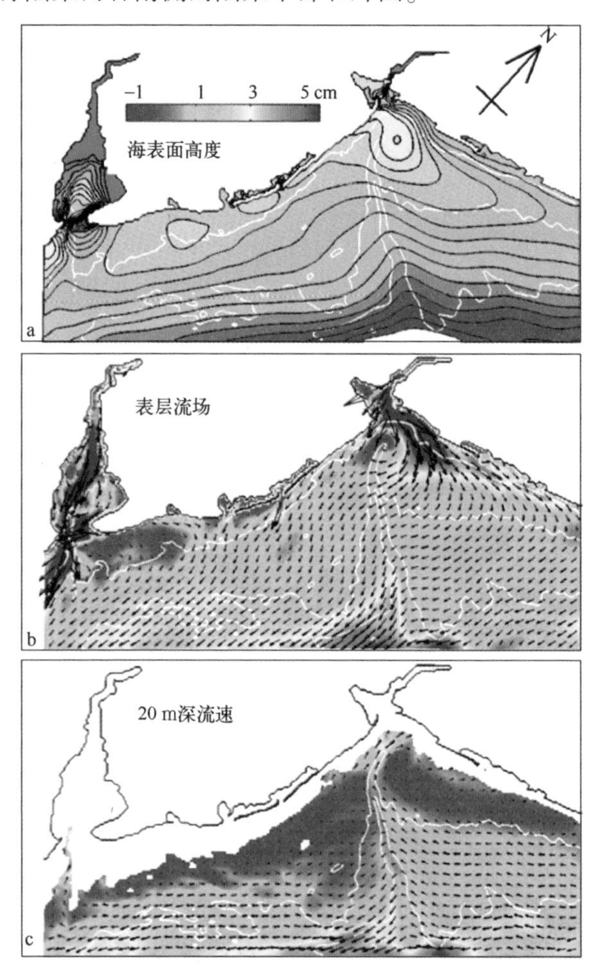

图 19.6　2005—2006 年平均海表面高度的等值线（a）、海表面流场（b）和 20 m 深的流场（c）

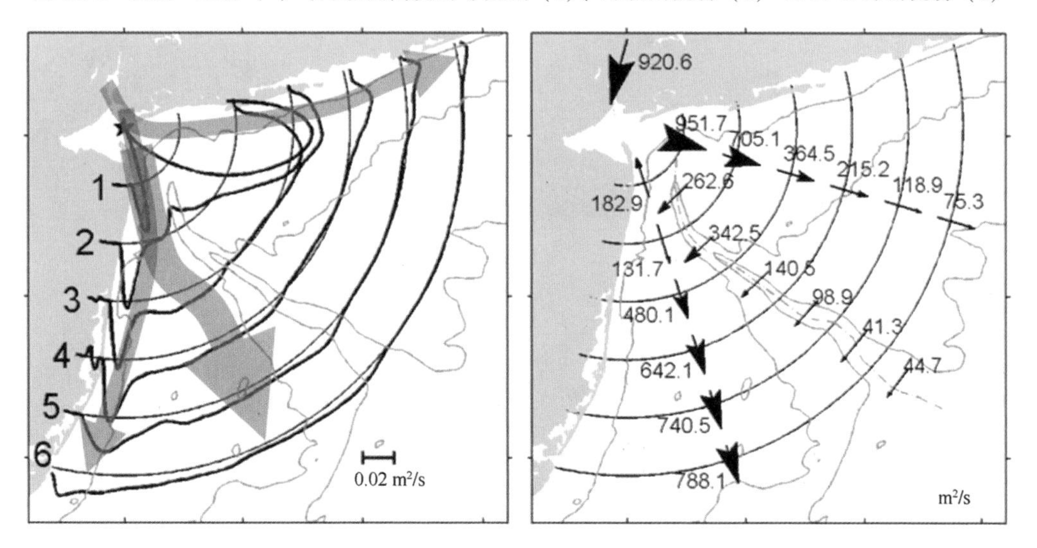

图 19.7　穿过以纽约海港入口（五角星）为中心，半径分别为 20 km、40 km、60 km、80 km、100 km 和 120 km 的圆弧（用 1~6 表示）的（左）两年平均的垂向积分的淡水通量（粗黑线），以及穿过哈得孙陆架河谷（灰色点虚线）两端的圆弧段和穿过陆架河谷本身（右）的淡水通量（m^3/s）

沿岸流的来源通常由隆起外围流动中已经完成生物地球化学过程的水体来补充，而不是由河口新注入的水来补充。LaTTE 期间的生物地球化学观测数据（Moline et al, 2008）支持了这一观点。

模式可以用来研究控制动力分析的个例，Zhang 等（2009a）分别关闭单独强迫过程以分析每一个强迫过程对环流的影响。与图 19.6a 和图 19.6b 中的全物理过程方案相比，图 19.8 是他们的研究结果。

如果没有远程强迫的沿陆架平均流，隆起再循环将仍然保持着。但是，跨陆架的表面流更加向东，这单纯是埃克曼输送的结果，与向南的地转流无关。

在无风强迫下，隆起更加强烈，这与 Fong 和 Geyer（2002）发现的由风驱动的沿岸输送能够抑制隆起再循环的继续增长的结果相一致。作为全物理过程的例子，再循环的一部分流入哈得孙陆架河谷南侧的流中，但是在没有风的情况下，向下游流动在平行于海岸的中间陆架处比较强，而且并不向外陆架消散。

Zhang 等（2009a）通过从模式海底地形中简单地去除河谷研究了哈得孙陆架河谷对环流的影响。图 19.8 为去除河谷地形的例子，隆起的 SSH 大幅度减弱，并且表面流速显示出了远离河口处的出流进入了新泽西沿岸流。

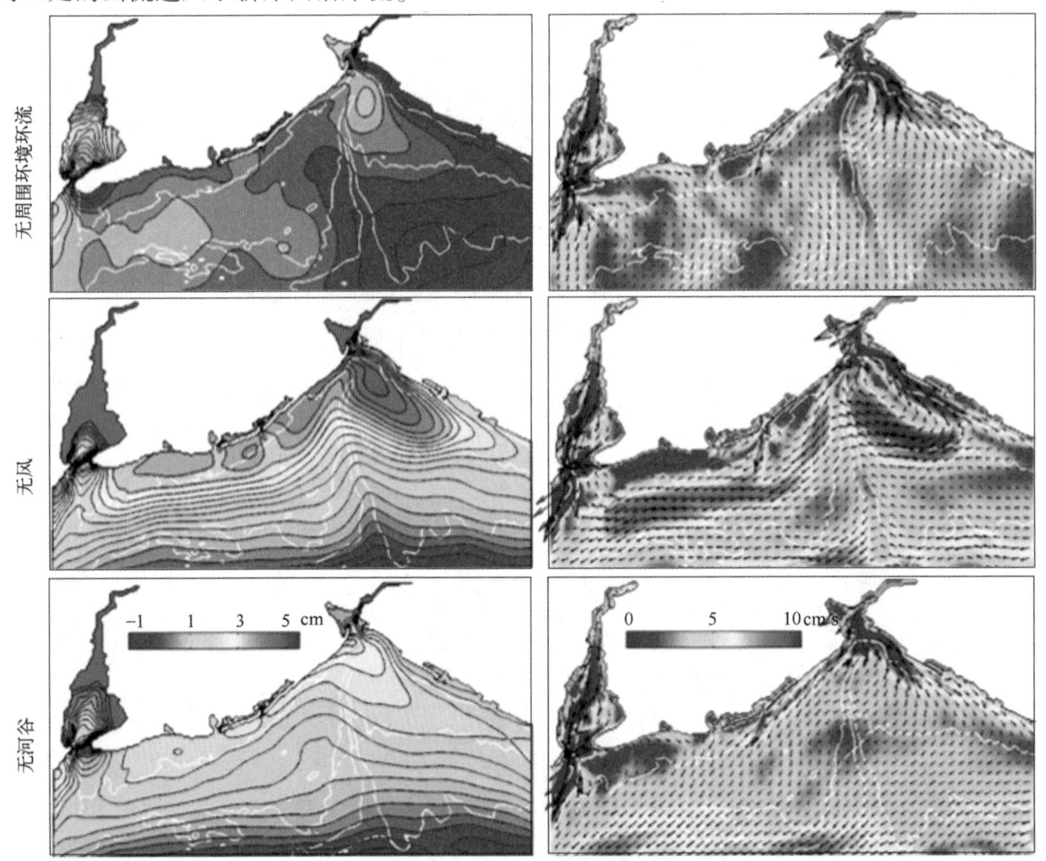

图 19.8 基于图 19.6 的全物理配置改动的三种不同物理过程配置下模拟的 2005—2006 年平均海表面高度等值线（左）与表面流和流幅（右）

上图为去除外陆架边界强迫；中图为去除风应力；下图为去除哈得孙陆架河谷地形

作为追踪哈得孙河水的被动示踪方法的延伸，Zhang 等（2010a）引入了“平均年龄”（Deleersnijder et al，2001）的概念，以确定从河流源到陆架海的输送时间。如果我们用以下方程来控制浓度为 C 的被动示踪物的输送，

$$\frac{\partial C}{\partial t} + \nabla\cdot(uC) = \nabla\cdot(K\cdot\nabla C)$$

那么，可以推导“年龄浓度”出示踪物 α 的表达式为

$$\frac{\partial \alpha}{\partial t} + \nabla\cdot(u\alpha) = \nabla\cdot(K\cdot\nabla\alpha) + C$$

式中，方程右侧的最后一项导致 α 的增长与河源水的浓度成正比。在河流源中，示踪物的浓度 $C=1$，$\alpha=0$。“平均年龄”（Deleersnijder et al，2001）表示为 $a(x, t)=\alpha(x, t)/C(x, t)$，描述了水体从一个给定的位置和时间（$x$，$t$）进入河流源区域的平均持续时间。图 19.9 显示了从 3 月 13 日模拟的河流示踪物释放之后“平均年龄”的演变情况。河流水到达隆起环流中用了 4~5 d 的时间，并且隆起西南侧的水体明显比北侧的水体年龄大。在 3 月 18 日前几天增加的河流流量导致了新注入水体的大量生成，形成一个横穿隆起西侧边缘的“平均年龄”强梯度。在这 7 d 中，并没有河源水从隆起中脱离。被动示踪物还没有达到“平均年龄”的区域存在一定的不确定性。

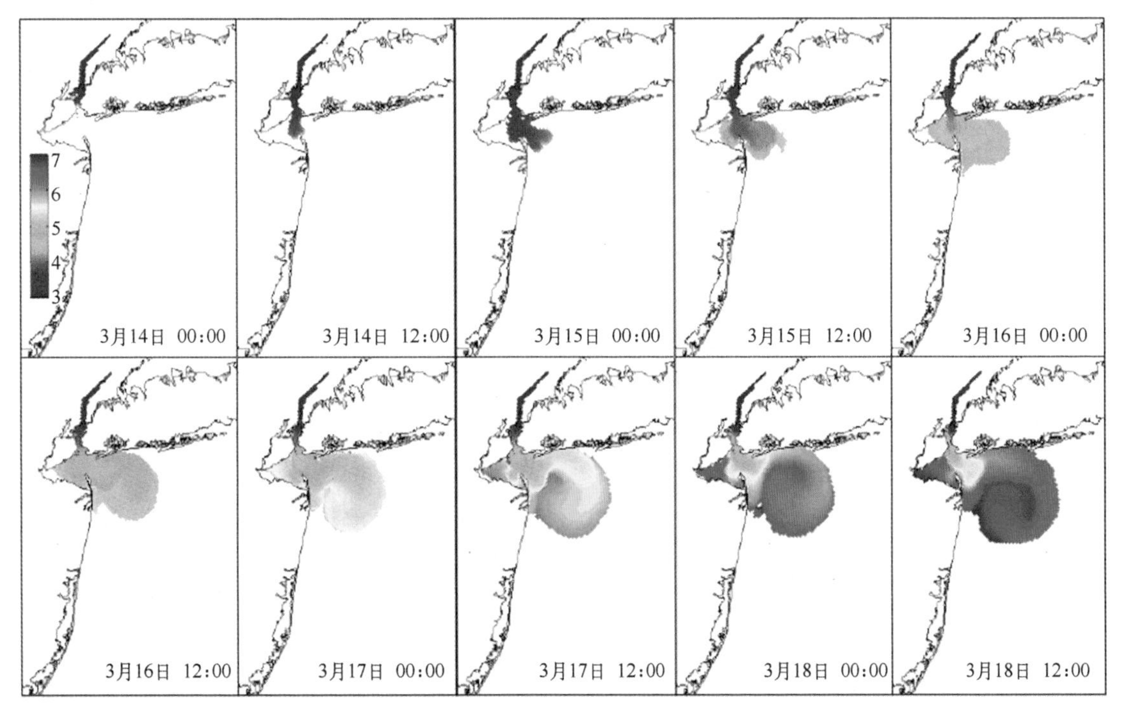

图 19.9 从 3 月 13 日开始的模拟平均年龄（色标以 d 为单位）

Zhang 等（2010a）显示了 2005 年 LaTTE 期间的平均年龄分布情况，模拟的年龄指示量由卫星观测的离水辐射率来确定，可以用有色溶解有机质（Coloured Dissolved Organic Matter，CDOM）和浮游植物的浓度比值来表示。CDOM 在河流源水中是占主导地位的光学成分，在 490 nm 处具有高吸收率，然而，浮游植物浓度（叶绿素 a 的光谱峰值出现在 670 nm 处）随

着羽状流年龄的增加而增大，CDOM 也随之发生光解。因此，CDOM 的减小和浮游植物的增加便在遥感反射率上产生了一个光谱位移。Zhang 等（2010a）发现，模拟的年龄和观测的反射率之间存在着一个很强的经验关系，该关系可用来估计纽约湾中河水的年龄，这一特性与河源有机物和污染物的生物地球化学转化率有关（Moline et al，2008）。

19.3.3 数据同化和观测系统设计

纽约湾是世界上观测密集的近岸海之一，也是许多新仪器测试布放的目的地。这些新仪器包括有线天文台（Glenn and Schofield，2003）、岸基高频测流雷达（Coastal Ocean Dynamics Application Radcer，CODAR；Kohut et al，2006）和自主水下滑翔机（Schofield et al，2007）。对于这些系统和常规卫星图像，LaTTE 还增加了 Cape Hatteras 和 Oceanus 科考船上搭载的系泊设备、表面漂流浮标和拖曳式 CTD 仪器。这些数据和大部分仪器的持续运行使得纽约湾成了一个研究热点区域，在这里可通过先进的资料同化技术来开展观测与模式的综合研究。

图 19.1 标出了 2006 年 LaTTE 的现场观测位置。CODAR 的范围几乎完全覆盖了从长岛至特拉华湾，并且向外延伸至 40 m 等深线处，在纽约湾湾顶处有一些缺测。另外，在云覆盖少的情况下，还可获取大约每天 4 次的卫星观测 SST 数据。

这里我们利用数据同化来进行状态估计，也就是获得用于后续预报初始化分析场，从而提高短期预报技巧。这种方法通常在数值天气预报（Numerical Weather Prediction，NWP）中使用。数据同化方法有很多种，我们借鉴了先进的 NWP 的经验，获取了四维（随时间变化）变分同化方法。我们使用增量强约束公式（Courtier et al，1994），该方法在 ROMS 中实施的详细描述可参见其他文献（Powell et al，2008；Broquet et al，2009；Zhang et al，2010b）。

代价函数代表在一个分析周期内，每个观测地点和时间的模式与观测偏差的总和，IS4DVAR 计算代价函数的最小值。我们的实施方案所用的时间间隔为 3 d，这一时间间隔对于增量公式保持线性化假定足够短，而对于模式物理过程（体现在伴随和切线性模式）体现模式状态变量的强约束关系（协方差）却足够长。数据同化的控制变量是每 3 d 分析场的初始状态，这一时间间隔重叠保证了每天生成初始条件以启动新的 72 h 预报。

同代表性或弱约束 4D-Var 不同，IS4DVAR 并不显示考虑模式误差（Bennett，2002；Courtier 1997）。模式物理方面、数值计算、气象条件强迫和边界条件的误差均被纳入模式背景误差协方差中。观测的误差协方差被相应地分配到观测源中。

尽管再分析是在数据收集之后进行，但由于滑翔机和船测数据是遥测并传输到岸上的，数据同化和预报系统可以实时运行。这项工作为我们提供了很多实用的经验，如数据时效性、质量控制、强潮汐作用的广阔浅海陆架区的 IS4DVAR 同化方案参考配置等。目前在包含了 LATTE 实验区域的中大西洋湾业务化运行的陆架和陆坡光学预报系统（Experimental System for Predicting Shelf and Slope Optics，ESPreSSO[①]）中，这些问题都已经被考虑进去。

① ESPreSSO 结果见 www.myroms.org/applications/espresso。

数据同化对预报系统的改善效果可以通过评估同化分析循环前后观测和预报的差异进行。数据同化技巧评分可以用来量化这一效果。

$$S = 1 - (RMS_{\text{after DA}}/RMS_{\text{before DA}})$$

其中，RMS是模式与观测差值的均方根，通过观测误差来取不同权重。对于2006年LaTTE中的60 d模拟，我们有多个1 d、2 d等的预报，这些可以组成集合预报以增加预报窗口。图19.10给出了当所有可用数据被同化（黑线）和当选取的数据类型从分析阶段中抽离出来（彩色线）时不同变量的预报技巧。预报次数小于0代表分析阶段，显示了预报之前系统与观测匹配的能力。随着预报时间的增长，预报技巧下降，值得注意的是，$S=0$并不是说模式没有预报效果，而是同化不再提高模式预报技巧。对于温度而言，数据同化对预报时效增加可以超过10~15 d，对盐度可以到5~10 d，而对速度则只能为2~3 d。与示踪物相比，速度的预报技巧下降更快，这反映了速度较短的自相关时间尺度和其本质上可预报性更低。

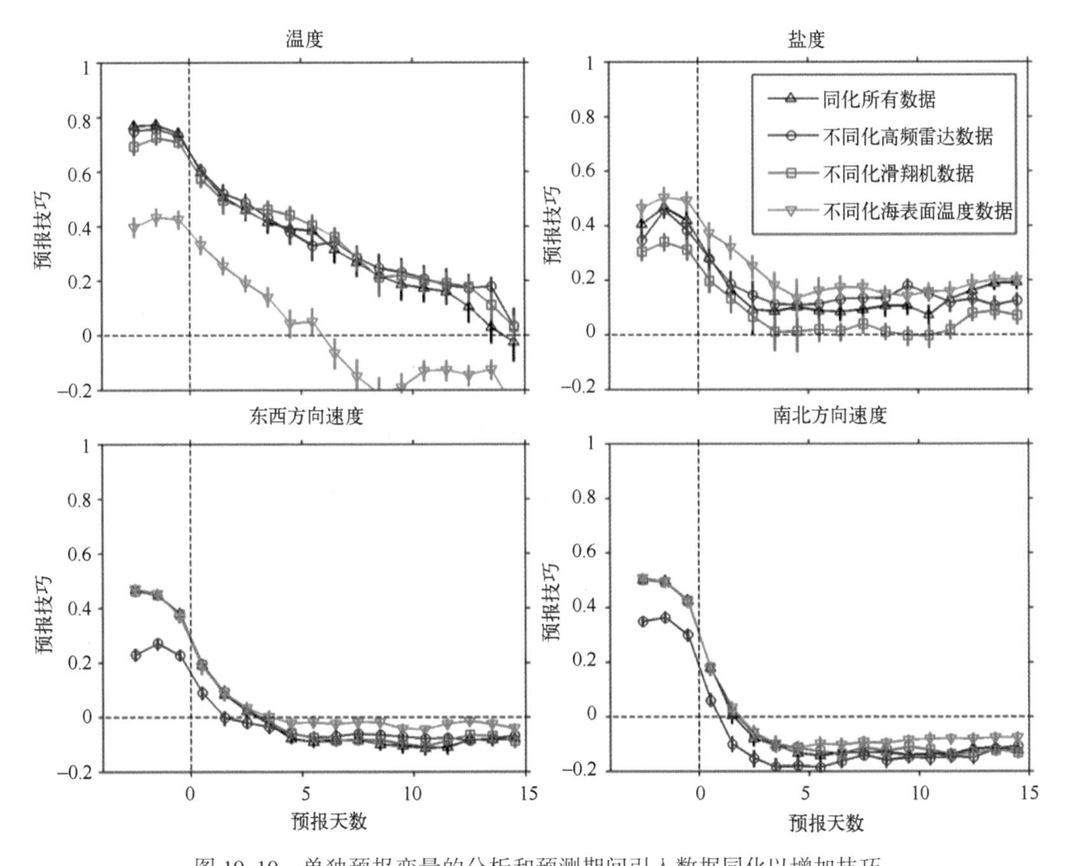

图19.10 单独预报变量的分析和预测期间引入数据同化以增加技巧

图中结果为60个预报周期的集合平均。每个点上的竖线表示95%置信区间，垂直虚线表示分析窗口和预报窗口的界限

减少所同化的数据而降低变量的预报技巧是十分正常的，如没有高频雷达数据时，速度预报技巧会下降，没有卫星观测的SST数据时，温度预报技巧同样会下降。然而，可以适当地增加对于其他变量的预报技巧，如不同化SST时盐度预报技巧略高。我们将此解释为数据同化系统不需要去调和滑翔机和卫星观测的温度，并且具有更高的自由度去调整初始盐度以改善盐度分析场；所有的变量都通过伴随和切线性模式的强约束而动态地连接起来。总体而

言，当包含所有数据时，预报技巧是最好的，因此数据源的多样性是被优先考虑的一个要素。

Zhang 等（2010b）讨论了 LaTTE 中 ROMS IS4DVAR 的配置，包括与背景误差协方差和观测数据的预处理等方面相关的细节，检验了表层对次表层的预报技巧，并且评估了表面强迫误差对系统性能的影响。

变分法在海洋模拟中的进一步应用是伴随敏感性分析，通过此类分析可以推断出对数据同化分析有很大影响的观测位置。相对于在气象和中尺度与大洋尺度海洋学中，伴随敏感性研究在近岸海洋学中的使用仍然相对较少，但是 Moore 等（2009）检验了表面强迫在季节尺度上是如何影响加利福尼亚流（California Current）的上升流、涡流动能和斜压不稳定的。由于 Zhang 等（2009b）使用 LaTTE 模式的伴随模式揭示了海洋模式状态变量的空间和时间分布，因此在这里我们展示了其研究的一些结果，它们具有近岸环流的"动力上游"特征。

新泽西沿岸海洋动力学的一个特征是由沿岸风驱动导致了显著的 SST 变率（Chant, 2001；Münchow and Chant, 2000）。Zhang 等（2009b）认为这一过程可以通过引入一个标量函数来表示 SST 异常方差在近岸的局地区域内的平均：

$$J = \frac{1}{2(t_2 - t_1)A} \int_{t_1}^{t_2} \int_A (T_s - \overline{T}_s)^2 \mathrm{d}A\mathrm{d}t$$

式中，T_s为 SST；$\overline{T}_s$为 SST 的时间平均。这一定义考虑了在设定的时间间隔内区域 A 上的温度异常。在这里，时间段选择的是模拟时间窗口的最后 3 h。将 J 定义为二次项形式防止了正异常和负异常的抵消。

区域 A 外的温度、盐度和速度通过输送（平流和扩散）和动力过程（斜压压强梯度、层化和湍流混合）来影响 J。用矢量 Φ 来表示四维海洋状态（T, S, u, v, ζ），$\partial J/\partial \Phi$ 代表 J 随海水状态量的变化，是由正向模式计算的 $\partial J/\partial T$ 来强迫的 ROMS 伴随模式向后时间积分的解，详细说明参见 Zhang 等（2009b）的文章。尽管 J 是一个标量，但 $\partial J/\partial \phi$ 与 Φ 有着相同的维度，即整个海洋状态随时间而变化，这里强调所有周围海洋可以潜在地影响到区域 A 内 SST 的变化。定性来看，这一伴随敏感性概念可以根据下面的例子来理解：图 19.11 给出了下行风和上行风个例中，在 J 被定义的 t_1 到 t_2 间隔的前 3 d 内 J 对 SST 的敏感性，如 $z=0$ 处的 $\partial J/\partial T$。这一序列的处理在时间上是从第 3 天向后到第 0 天。我们已经证明了向南的（下行）风有利于沿岸流的形成，并且对于这个例子（图 19.11 上方），伴随敏感性从区域 A（黑色框划出的区域）沿着沿岸流轨迹到纽约港而增长。在上行风的例子（图 19.11 底部）中，表面温度在开始时对区域 A 的 SST 方差有着很小的影响。这是因为沿岸流在这种情况下不是动力学上游，相反，表面温度更多地依赖于来自海表面以下的水源。右边最后一张图显示的是 $t=0$ 时沿着区域 A 略偏南位置的垂直剖面的 $\partial J/\partial T$，并且证实了 J 在上升流期间对远处的次表层温度敏感。同时，这些结果已经有一个定性解释，那就是伴随敏感性量化了依赖性，并且快速指示出哪里是动力学上游。Zhang 等（2009b）通过利用 $\partial J/\partial S$、$\partial J/\partial u$ 等来限制 $\partial J/\partial T$ 的大小，从而进一步量化了其他状态变量的相关重要性。

这一信息对帮助观测系统运行的潜力是显而易见的。识别海洋条件的时间和位置对特定环流特征（利用选定的 J 来特征化）的演变过程有着重要的影响，伴随敏感性显示了在哪里、什么时间和什么观测量对 4DVAR 同化系统可能有着最大的影响。在同期文章中，Zhang 等（2010c）使用同样基于变分法的“代表性”扩展了这一方法，去检验一组观测的信息内容，如可以通过自动走航仪器或是可持续观测的有线观测站在重复断面上定期收集数据。

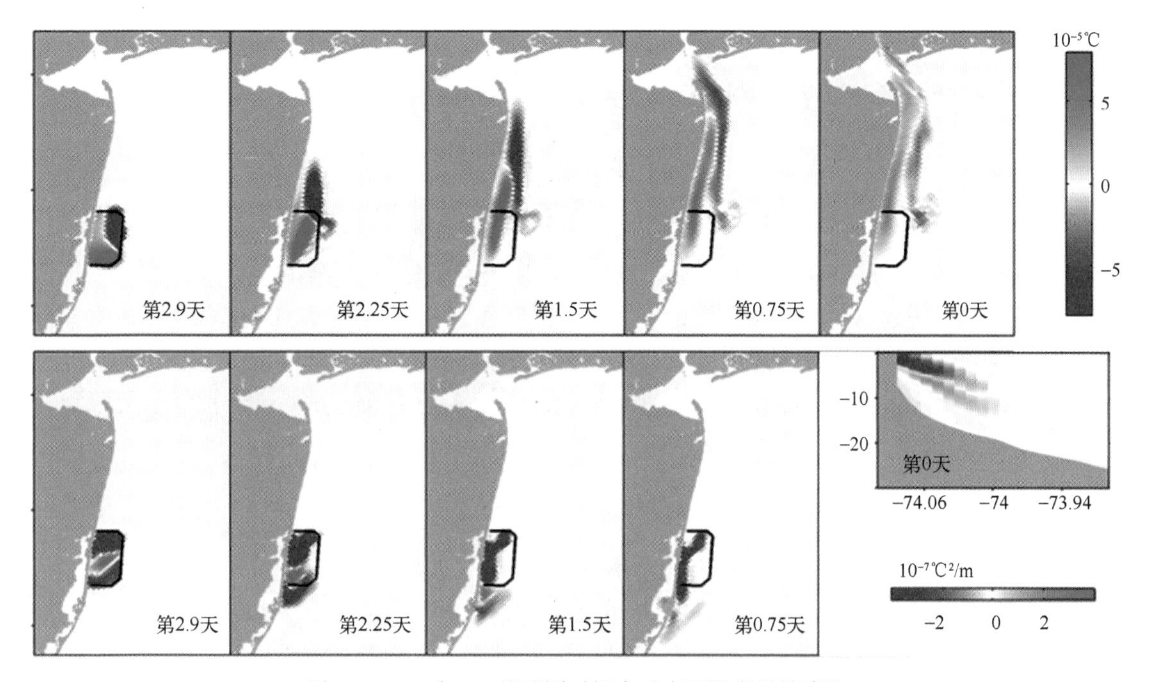

图 19.11　*J* 在 3 d 的不同时间内对表面温度的敏感性

上排：向南的下行风；下排：向北的上行风。右侧图是垂直剖面上第 0 天（上行风情况）的敏感性

19.4　过程和动力的深入研究

19.4.1　海-气和波-流相互作用

上述结果基本上采用了 19.2 节提到的模式配置，但是 LaTTE 项目确定了当前物理模式未考虑的一些动力过程的作用，并认为它们在未来的基于模式的研究工作中值得考虑。

在纽约湾区域，海陆风系统（Sea-Land-Brezze System，SLBS）活动在春季当海洋温度仍然较冷而陆地却开始变暖时很明显（Hunter et al，2007；2010）。由于这一时间恰好是一年中春汛期及河流流量峰值时期，对 SLBS 过程起决定作用的海气相互作用对实现羽状流的准确模拟十分重要。此外，仲夏时 SLBS 活动进一步向南到新泽西海岸，这是受由风驱动的沿岸上升流引起的 SST 变化的影响（Bowers，2004）。ROMS 与大气预报模式的完全同步耦合，有效地提高了 SLBS 条件发生时的海洋和大气预报能力，并且这一能力已经通过耦合海洋大气中尺度预报系统（Coupled Ocean Atmosphere Prediction System，COAMPS；Warner et al，2008b）和天气研究和预报模式（Weather Research and Forecasting，WRF）被耦合到了 ROMS 中。

表面风浪通过修改拖曳作用从而改变净动量交换来调解海-气相互作用，加上边界层拖曳过程中的表面波辐射应力、斯托克斯漂流（Stokes drift）和波流相互作用过程对海洋动量平衡本身非常重要，这已在 19.2.4 节中指出，ROMS 将这些动力过程均考虑进去，包括同时耦合 SWAN 波浪模式的选项。哈得孙羽状流的研究使用了比 1 km 网格更高的分辨率，并且更加关注近海岸（15 m 等深线以内）或羽状流边缘处浅水区的过程，此研究可证明这些动力过程对可靠地模拟出羽状流演变非常重要。

19.4.2 生态系统-光学和热力相互作用

与大多数近岸海洋模式一样，ROMS 假定海水对短波辐射的吸收系数是常数（Paulson and Simpson，1997），导致在海洋内部的太阳辐射加热在垂直方向上呈指数衰减。但是，沿岸水体的光学特性远非空间均一分布，并且 LaTTE 期间的观测也发现了与河流羽状流有关的不同区域的浑浊水体，基于此，Cahill 等（2008）使用 EcoSim 模式（见 19.2.4 节）去检验短波辐射衰减、浮力和光合作用之间的耦合。太阳加热参数化的改变使得短波吸收依赖于河流源淡水浓度，作为增加其在羽状流中衰减增强的一个指标。太阳加热和垂直层化之间的反馈足以改变浮力驱动环流和混合层深度。这也反过来增加了上层水柱中叶绿素、碎屑和 CDOM 的浓度，进而增加光合有效辐射（Photosynthetically Active Radiation，PAR）的衰减，并进一步影响浮游植物的生长。

对于生态-吸收-加热的整套反馈机制（例如：由水柱中光学活性组成来确定光谱分辨的三维辐射吸收）的模拟结果已经表明，在哈得孙羽状流中，模拟的温度在表层可高达 2℃ 的暖偏差，而相应的在 10 m 以深的一些地方存在冷偏差。羽状流轨迹和生态动力过程中的相关变化改变了陆架中部水域的颗粒物的净输出。未来的进一步研究方向则是将这些光学特征与四维的海洋状态相结合，以提高近岸海洋模式的数据同化水平。

19.5 总结

本章回顾了一系列基于模式的关于纽约湾区域环流的研究，在这些研究中所使用的数据来自持续的沿岸海洋观测系统，并辅以来自 LaTTE 项目的广泛现场观测数据。

观测被用来评估传统的正向模拟的性能，在此模拟中模式方程被视为初始和侧边界值问题来处理。新泽西内陆架的环流，尤其是纽约湾内的环流，受很强的局地驱动，利用 ROMS 的直接向前模拟表现的非常有效。我们将此结果归因于此模式包含了一整套全面的、准确的动力过程，并且采用数值算法，适当地配置水深和岸线细节，同时具有足够的分辨率和精确的气象、水文和潮汐强迫来驱动模式。

在正向模式模拟结果中，我们可以看出，纽约湾环流尤其是对风强迫的响应十分敏感，浮力驱动如何通过形成一个持续性的反气旋式再循环使河源水滞留在纽约湾湾顶，并且该模式可以结合一个年龄示踪物来量化这一滞留时间。长期模拟结果揭示了哈得孙河源性物质的路径是最终穿越新泽西陆架然后消散。

除去传统的正向模拟结果，我们已经阐述了目前近岸模式如何越来越多地与逐渐增长的区域近岸海洋观测系统网络相整合。对 ROMS 非线性正向模式（即 ROMS 伴随和切线性模式）的变分补充，使得在沿岸海洋分析中实现了四维变分数据同化，并且对预报技巧有了提高。通过在自适应采样和观测系统设计中的应用，基于变分的方法比数据同化的能力更进一步，对于有针对性地改善预报技巧具有重要作用。

参考文献

Avicola G, Huq P (2003) The role of outflow geometry in the formation of the recirculating bulge region in coastal buoyant outflows. J Mar Res 61: 411-434.

Bennett A F (2002) Inverse modeling of the ocean and atmosphere. Cambridge University Press, Cambridge, p234.

Bissett W P, Walsh J J, Dieterle D A, Carder K L (1999) Carbon cycling in the upper waters of the Sargasso sea: I. Numerical simulation of differential carbon and nitrogen fluxes. Deep Sea Res Part I Oceanogr Res Pap 46: 205-269.

Booij N, Ris R C, Holthuijsen L H (1999) A third-generation wave model for coastal regions. Part I: model description and validation. J Geophys Res 104 (C4): 7649-7666.

Bowers L (2004) The effect of sea surface temperature on sea breeze dynamics along the coast of New Jersey. M. S. thesis, Rutgers University, New Brunswick.

Broquet G, Edwards C A, Moore A M, Powell B S, Veneziani M, Doyle J D (2009) Application of 4D-variational data assimilation to the California current system. Dyn Atmos Oceans 48: 69-92.

Cahill B, Schofield O, Chant R, Wilkin J, Hunter E, Glenn S, Bissett P (2008) Dynamics of turbid buoyant plumes and the feedbacks on near - shore biogeochemistry and physics. Geophys Res Lett 35, L10605. doi: 10. 1029/2008GL033595.

Castelao R M, Schofield O, Glenn S, Chant R J, Kohut J (2008) Cross-shelf transport of fresh water on the New Jersey shelf. J Geophys Res 113, C07017. doi: 10. 1029/2007JC004241.

Chant R J (2001) Evolution of near-inertial waves during an upwelling event on the New Jersey inner shelf. J Phys Oceanogr 31: 746-764.

Chant R J, Wilkin J, Zhang W, Choi B J, Hunter E, Castelao R, Glenn S, Jurisa J, Schofield O, Houghton R, Kohut J, Frazer T K, Moline M A (2008) Dispersal of the Hudson River plume in the New York Bight: synthesis of observational and numerical studies during LaTTE. Oceanography 21 (4): 148-161.

Chapman D C (1985) Numerical treatment of cross-shelf open boundaries in a barotropic ocean model. J Phys Oceanogr 15: 1060-1075.

Choi B J, Wilkin J L (2007) The effect of wind on the dispersal of the Hudson River plume. J Phys Oceanogr 37: 1878-1897.

Courtier P, Thépaut J N, Hollingsworth A (1994) A strategy for operational implementation of 4DVAR using an incremental approach. Q J R Meteorol Soc 120: 1367-1388.

Courtier P (1997) Dual formulation of four-dimensional variational assimilation. Q J R Meteorol Soc 123: 2449-2461.

Deleersnijder E, Campin J M, Delhez E J (2001) The concept of age in marine modelling: I. Theoryand preliminary model results. J Mar Syst 28: 229-267.

Durski S, Glenn S M, Haidvogel D (2004) Vertical mixing schemes in the coastal ocean: comparison of the level 2. 5 Mellor- Yamada scheme with an enhanced version of the K - profile parameterization. J Geophys Res 109, C01015. doi: 10. 1029/2002JC001702.

Fairall C W, Bradley E F, Hare J E, Grachev A A, Edson J (2003) Bulk parameterization of air-sea fluxes: updates and verification for the COARE algorithm. J Climate 16: 571-591.

Flather R A (1976) A tidal model of the northwest European continental shelf. Memoires Soc R Sci Liege Ser 6 (10): 141-164.

Fong D A, Geyer W R (2002) The alongshore transport of freshwater in a surface-trapped river plume. J Phys Oceanogr 32: 957-972.

Foti G (2007) The Hudson River plume: utilizing anocean model and field observations to predict and analyze physical processes that affect the freshwater transport. M. S. Thesis, Rutgers University, New Brunswick.

Glenn S M, Schofield O (2003) Observing the oceans from the COOLroom: our history, experience, and opinions. Oceanography 16: 37-52.

Haidvogel D, Arango H, Budgell W, Cornuelle B, Curchitser E, Di Lorenzo E, Fennel K, Geyer W R, Hermann A, Lanerolle L, Levin J, McWilliams J C, Miller A, Moore A M, Powell T M, Shchepetkin A F, Sherwood C, Signell R, Warner J C, Wilkin J (2008) Ocean forecasting in terrain-following coordinates: formulation and skill assessment of the regional ocean modeling system. J Comput Phys 227: 3595-3624.

Higdon R L, de Szoeke R A (1997) Barotropic-baroclinic time splitting for ocean circulation modeling. J Comput Phys 135: 31-53.

Hill A E (1998) Buoyancy effects in coastal and shelf seas. In: Robinson A R, Brink K H (eds) The sea. The global coastal ocean, vol 10. Harvard University Press, London, pp 21-62.

Horner-Devine A R, Fong D A, Monismith S G, Maxworthy T (2006) Laboratory experiments simulating a coastal river outflow. J Fluid Mech 555: 203-232.

Hunter E, Chant R, Bowers L, Glenn S, Kohut J (2007) Spatial and temporal variability of diurnal wind forcing in the coastal ocean. Geophys Res Lett 34, L03607. doi: 10. 1029/2006GL028945.

Hunter E, Chant R, Wilkin J, Kohut J (2010) High-frequency forcing and sub-tidal response of the Hudson River plume. J Geophys Res 115, C07012. doi: 10. 1029/2009JC005620.

Janjic Z L (2004) The NCEP WRF core. 20th Conference on Weather Analysis and Forecasting/16th Conference on Numerical Weather Prediction, Seattle. Am Meteorol Soc. http: //ams. confex. com/ams/84Annual/tech program/paper_70036. htm.

Kohut J T, Roarty H J, Glenn S M (2006) Characterizing observed environmental variability with HF doppler radar surface current mappers and acoustic doppler current profilers: environmental variability in the coastal ocean. IEEE J Ocean Eng 31: 876-884.

Large W G, McWilliams J C, Doney S C (1994) A review and model with a nonlocal boundary layer parameterization. Rev Geophys 32: 363-403.

Lentz S J (2008) Observations and a model of the mean circulation over the Middle Atlantic Bight continental shelf. J Phys Oceanogr 38: 1203-1221.

Mellor G L, Yamada T (1982) Development of a turbulence closure model for geophysical fluid problems. Rev Geophys Sp Phys 20: 851-875.

Mesinger F, DiMego G, Kalnay E, Mitchell K, Shafran P, Ebisuzaki W, Jovic D, Woollen J, Rogers E, Berbery E, Ek M, Fan Y, Grumbine R, Higgins W, Li H, Lin Y, Manikin G, Parrish D, Shi W (2006) North American regional reanalysis. B Am Meteorol Soc 87: 343-360.

Moline M A, Frazer T K, Chant R, Glenn S, Jacoby C A, Reinfelder J R, Yost J, Zhou M, Schofield O (2008) Biological responses in a dynamic Buoyant River plume. Oceanography 21 (4): 70-89.

Moore A M, Arango H G, Di Lorenzo E, Miller A J , Cornuelle B D (2009) An adjoint sensitivity analysis of the southern California Current circulation and ecosystem. J Phys Oceanogr 39: 702-720.

Mukai A Y, Westerink J J, Luettich R A, Mark D (2002) Eastcoast 2001, a tidal constituent database for the western North Atlantic, Gulf of Mexico and Caribbean Sea. Tech. Rep. ERDC/CHL TR-02-24, p196.

Münchow A, Chant R J (2000) Kinematics of inner shelf motion during the summer stratified season off New Jersey. J Phys Oceanogr 30: 247-268.

Nof D, Pichevin T (2001) The ballooning of outflows. J Phys Oceanogr 31: 3045-3058.

Paulson C A, Simpson J J (1977) Irradiance measurements in the upper ocean. J Phys Oceanogr 7: 952-956.

Powell T M, Lewis C V, Curchister E N, Haidvogel D B, Hermann A J, Dobbins E L (2006) Results from a three-dimensional, nested biological-physical model of the California Current system and comparisons with statistics from satellite imagery. J Geophys Res 111, C07018. doi: 10. 1029/2004JC002506.

Powell B S, Arango H G, Moore A M, Di Lorenzo E, Milliff R F, Foley D (2008) 4DVAR data assimilation in the Intra-Americas sea with the regional ocean modeling system (ROMS). Ocean Model 25: 173-188.

Schofield O, Bosch J, Glenn S M, Kirkpatrick G, Kerfoot J, Moline M A, Oliver M, Bissett P (2007) Bio-optics in integrated ocean observing networks: potential for studying harmful algal blooms. In: Babin M, Roesler C, Cullen JJ (eds) Real time coastal observing systems for ecosystem dynamics and harmful algal blooms. UNESCO, Valencia, ppÂ € 85-108.

Shchepetkin A, McWilliams J (2005) The regional oceanic modeling system (ROMS): a split-explicit, free-surface, topography-following-coordinate oceanic model. Ocean Model 9: 347-404.

Shchepetkin A, McWilliams J (2009a) Computational kernel algorithms for fine-scale, multi-process, long-term oceanic simulations. In: Temam R, Tribbia J (Guest eds) Computational methods for the ocean and the atmosphere. In: Ciarlet PG (ed) Handbook of numerical analysis, vol 14. Elsevier, Amsterdam, pp119 - 182. doi: 10. 1016/S1570-8659 (08) 01202-0.

Shchepetkin A, McWilliams J (2009b) Correction and commentary for ocean forecasting in terrain-following coordinates: formulation and skill assessment of the regional ocean modeling system. J Comp Phys 228: 8985-9000 (by Haidvogel et al, J Comp Phys 227: 3595-3624). doi: 10. 1016/j. jcp. 2009. 09. 002.

Smolarkiewicz P K (1984) A fully multidimensional positive-definite advection transport algorithm with small implicit diffusion. J Comput Phys 54: 325-362.

Umlauf L, Burchard H (2003) A generic length-scale equationfor geophysical turbulence models. J Mar Res 61: 235-265.

Warner J, Sherwood C, Arango H, Signell R (2005) Performance of four turbulence closure models implemented using a generic length scale method. Ocean Model 8: 81-113.

Warner J C, Sherwood C R, Signell R P, Harris C K, Arango H G (2008a) Development of a threedimensional, regional, coupled wave, current, and sediment-transport model. Comput Geosci 34: 1284-1306. doi: 10. 1016/

j. cageo. 2008. 02. 012.

Warner J C, Perlin N, Skyllingstad E D (2008b) Using the Model Coupling Toolkit to couple earth system models. Environ Model Softw 23: 1240–1249.

Wijesekera H W, Allen J S, Newberger P A (2003) Modeling study of turbulent mixing over the continental shelf: comparison of turbulent closure schemes. J Geophys Res 108 (C3): 3103.

Yankovsky A E, Chapman D C (1997) A simple theory for the fate of buoyant coastal discharges. J Phys Oceanogr 27: 1386–1401.

Zhang W, Wilkin J, Chant R (2009a) Modeling the pathways and mean dynamics of river plume dispersal in New York Bight. J Phys Oceanogr 39: 1167–1183. doi: 10. 1175/2008JPO4082. 1.

Zhang W, Wilkin J, Levin J, Arango H (2009b) An adjoint sensitivity study of buoyancy–and wind–driven circulation on the New Jersey inner shelf. J Phys Oceanogr 39: 1652–1668. doi: 10. 1175/2009JPO4050. 1.

Zhang W, Wilkin J, Schofield O (2010a) Simulation of water age and residence time in the New York Bight. J Phys Oceanogr. doi: 10. 1175/2009JPO4249. 1.

Zhang W, Wilkin J, Arango H (2010b) Towards an integrated observation and modeling system in the New York Bight using variational methods. Part Ⅰ: 4DVAR data assimilation. Ocean Model 35: 119–133. doi: 10. 1016/j. ocemod. 2010. 08. 003.

Zhang W, Wilkin J, Levin J (2010c) Towards an integrated observation and modeling system in the New York Bight using variational methods. Part Ⅱ: representer–based observing system design. Ocean Model 35: 134–145. doi: 10. 1016/j. ocemod. 2010. 06. 006.

第 20 章　季节和年代际预测

Oscar Alves[1], Debra Hudson, Magdalena Balmaseda, Li Shi

摘　要： 动力季节预测在过去 10 年中发展十分迅速。目前，已有一些业务中心基于海气耦合模式发布了季节预测产品。进行季节预测需要了解全球大洋的实时状态，因为季节尺度的气候可预报性主要来源于海洋初始条件的信息，其中海洋上层热力结构尤为重要。耦合模式的主要目的是预测海表面温度变率以及该变率如何通过大尺度的遥相关机制影响区域气候。

本章综述了最近基于海气耦合模式的动力季节预测的研究进展，讨论了季节尺度可预报性的来源、季节预测的不确定性问题及其应对方法——集合预测，以及当前预报技巧的水平。本章重点讨论海洋模式的初始化问题，包括初始化方法、海洋资料同化方法和观测系统在季节预测中的作用。

关于初始化耦合模式中的海洋模块，最常见的做法是预先给定大气通量，然后将观测同化到海洋模式中。强迫场的不确定性和模式误差均可导致海洋状态估计的误差，而海洋数据同化可以降低海洋状态估计的误差。虽然数据同化可以提高季节预测技巧，但是由于模式耦合中误差的影响，其作用往往不太明显。

本章简要讨论了年代际预测问题。年代际预测在众多领域中，尤其在气候变化的适应问题上，都有广泛的需求。尽管年代际预测仍然不太成熟，但是近期令人振奋的结果显示了海洋模式初始条件的重要性。因此，年代际预测中海洋模式的初始化问题将是今后 10 年我们需要面对的重要挑战。

20.1　引言

动力季节预测在过去 10 年发展十分迅速。目前，世界上多个业务中心都已使用海气耦合模式开展季节预测（图 20.1）。动力季节预测的预报技巧主要来源于气候系统中缓变过程（如海洋系统）驱动的气候变率。厄尔尼诺-南方涛动（El Niño-Southern Oscillation，ENSO）作为季节及年际尺度气候变率最为显著的模态，成为季节可预报性的主要来源。因此，模式初始化及模式对 ENSO 事件的预报能力高低和能否正确模拟 ENSO 与区域气候的遥相关关系成为全球各区域动力季节预测能否成功的关键问题。本章将重点讨论海气耦合模式的动力季

[1] Oscar Alves，澳大利亚气象与气候研究中心。E-mail：Oalves@ bom. gov. au

节预测问题。早期的动力季节预测一般使用大气环流模式，但是目前世界上多数业务中心均使用海气耦合环流模式。

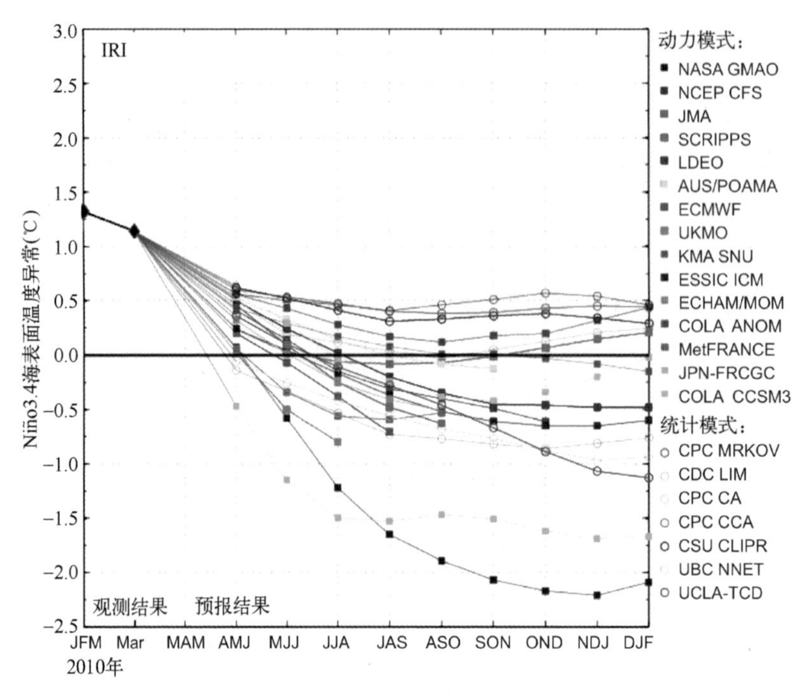

图 20.1 国际上不同模式对厄尔尼诺的预报结果及 IRI 的集合平均结果

(http://iri.columbia.edu/climate/ENSO/currentinfo/SST_table.html)

动力季节预测的第一步是确定气候系统的初始状态。虽然大气和陆面过程的初始条件也会对动力季节预测产生影响（Hudson et al, 2010; Koster et al, 2010），但是总体而言，动力季节预测往往被视为海洋的初值问题。数据同化可以通过改善模式对变量状态及变率的模拟水平，从而提高预测水平，但是数据同化也会带来新的问题，比如初始扰动。近期的一些研究检验了海洋和大气模式的初始化方案对季节尺度预测的影响，结果表明，最有技巧的初始化方案都充分利用了观测数据，即便同化过程会导致初始场中产生海洋和大气状态的不平衡现象（Balmaseda and Anderson, 2009; Hudson et al, 2010）。迄今为止，海洋和大气模式的初始化都是独立进行的，但是目前也存在一些研究尝试将初始化视为一个耦合的海气系统问题，其中海气系统处于平衡状态。以上的研究是非常重要的，尤其是在给定海洋和大气系统演变的不同时间尺度的前提下。

从本质上讲，季节预测存在一定的不确定性，因此需要在概率论的框架下进行讨论。借助于集合预报，动力季节预测有望避免这些不确定性和大气的混沌特征所带来的问题。对初始条件和模式方程进行扰动，可以产生具有一定离散度的预报结果，根据这些结果可以对未来的情形作出概率预报。在理想状态下，集合样本的产生应该考虑到初始条件的不确定性（Vialard et al, 2005），以及模式的缺陷导致的不确定性（Murphy et al, 2004; Berner et al, 2008）。最新的海洋同化方案通过产生海洋初始条件的集合样本，来反映海洋状态的不确定性（Balmaseda et al, 2008; Yin et al, 2011）。

目前，耦合模式还存在许多缺陷，在预报时间延长之后，会逐渐产生气候“漂移”。人们通常采用后验的方法去掉气候“漂移”（Stockdale，1997）。这种方法首先通过一系列的后报试验估算随着预报时间的延长导致气候“漂移”的程度，而后以此来订正预报结果。在理想的状态下，后报试验的时间应该尽可能长些，但是在实际业务中，多数业务预报中心仅做了15~30年的后报试验。同样，季节预测系统的技巧评估也需要后报试验的结果。海洋后报试验的另一个潜在用途是提供后报时段内的初始条件，这相当于海洋历史状态的再分析数据。海洋再分析数据所反映的年际变率（尤其是海洋观测系统的变化所导致的）将会影响预报结果的订正和预报技巧的评估。

本章将综述动力季节预测，尤其是其中的初始化过程。其中，20.2节讨论了季节预测技巧的主要来源；20.3节总结了当前季节预测的水平；20.4节给出了集合预报的背景知识；20.5节和20.6节讨论了数据同化、初始化以及海洋观测系统的作用；20.7节介绍了澳大利亚的季节预测；20.8节介绍了年代际预测，其中年代际预测非常依赖于海洋的初始化方案；20.9节为本章的总结。关于本章讨论的内容，读者可以进一步参考以下4篇综述性文章：Stockdale等（2010，为哥本哈根第三次世界气候大会准备的材料）阐述了当前季节预测的水平及我们对季节至年际气候变率的理解；Balmaseda等（2010a；2010b）阐述了季节和年代际预测的初始化以及海洋观测的作用；Hurrell等（2010）回顾了年代际预测的水平。

20.2 可预报性：季节预测技巧来源于何处

可预报性是气候系统的一种内在特征，代表了预报技巧理论上的上界，其不随预报方法的改善而提高。目前，季节预测的技巧还未达到此上界，这主要是由于季节预测过程中存在模式误差、不完善的初始化方案，以及模式未能合理的描述气候系统内不同成分的相互作用，即一些可预报的成分未被合理地描述（Kirtman and Pirani，2009）。对气候变率及其成因的认识，加深了人们对影响可预报性的过程，以及模式缺陷如何影响预报技巧的认识。气候变率发生在任何时间尺度上，其中大气过程发生的时间尺度较短（短于1 d），因此对于季节预测而言，大气过程为不可预报的噪声。更长时间尺度的过程（往往与海洋的变化相联系），构成了季节尺度可预测性的基础。除了海洋，季节尺度可预测性的来源包括：海气、海冰、土壤条件、雪盖和平流层状态等时间尺度较长的变率（Stockdale et al，2010）。

ENSO是季节至年际尺度气候变化最为显著的模态，也是可预报性的主要来源。尽管ENSO主要与热带太平洋的海气耦合变化相联系（Walker，1923；1924；Bjerknes，1969），但是通过遥相关可以影响许多地区的温度和降水，进而对全球的气候产生影响（Rasmusson and Carpenter，1983；Ropelewski and Halpert，1987）。例如，厄尔尼诺事件期间，秘鲁、厄瓜多尔、阿根廷北部、非洲东部和加利福尼亚的降水偏多，而澳大利亚、非洲南部和部分亚马孙河流域的降水偏少。图20.2显示了1997年12月（此时厄尔尼诺大致位于峰值附近）的海表面温度（Sea Surface Temperature，SST）异常。这是20世纪最强的一次厄尔尼诺事件，东太平洋SST异常最强可达4℃。关于ENSO和与之相关机制的综述，请参考Neelin等（1998）、

Philander（2004）和 Chang 等（2006）的论文。Zebiak 和 Cane（1987）使用简单海气耦合模式实现了 ENSO 第一次成功的动力模式预测。从那时开始，复杂且全面（考虑多种物理过程）的海气耦合模式得到了迅速发展。到目前为止，各主要业务中心普遍开展了 ENSO 的动力预测。

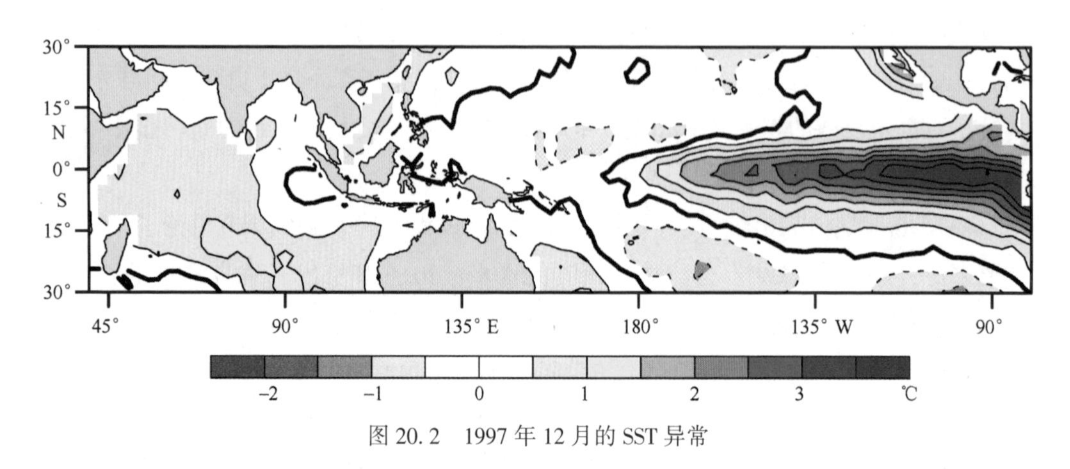

图 20.2　1997 年 12 月的 SST 异常

虽然相比于太平洋，印度洋和大西洋的海气耦合低频变率要弱一些，但是也可以在季节尺度影响全球的温度和降水异常（Goddard and Graham，1999；Folland et al，2001；Rodwell and Folland，2002；Saji and Yamagata，2003；Kushnir et al，2006；Ummenhofer et al，2009）。印度洋偶极子（Indian Ocean Dipole，IOD）为热带印度洋变率的耦合低频模态（Saji et al，1999；Webster et al，1999）。从图 20.2 中可以看出 IOD 事件，其中爪哇—苏门答腊东岸出现 SST 负异常，西部出现正异常。图 20.2 所示的 IOD 事件通常由东风异常导致，而东风异常往往又因厄尔尼诺事件对大气的强迫作用所致。无论是在理论还是实际预报中，相比于 ENSO，IOD 事件的预报技巧要低得多（Luo et al，2007；Wajsowicz，2007；Zhao and Hendon，2009），这主要是由于在 IOD 事件中，表层和次表层海洋耦合较弱，以及 IOD 与亚澳季风和季节内振荡（可视为海气系统中的随机强迫）的相互作用较强（Zhao and Hendon，2009）。尽管 IOD 反映的是热带印度洋东西两个区域的差别，但是这两个区域的变化并非总是联系在一起，每个区域的预报技巧也可能存在差别。IOD 的预报技巧较低主要是由于 IOD 东侧 SST 的预报技巧较低。一些大气变率的模态（未必与海洋强迫相联系）也可以提高 IOD 季节预测的预报技巧，例如北半球/南半球环状模（Northern Annular and Southern Annular Modes，NAM/SAM）、太平洋北美型态（Pacific North American，PNA）和北大西洋涛动（North Atlantic Oscillation，NAO；Stockdale et al，2010）。

陆面过程是季节尺度可预测性的一个潜在来源，这可以归因于陆气系统中土壤湿度的记忆性（Fennessy and Shukla，1999；Koster and Syarez，2003；Seneviratne et al，2006；Koster et al，2004；2010），另外，雪量及覆盖面积可能也会起到重要的作用（Fletcher et al，2009）。全球陆气耦合实验（Global Land - Atmosphere Conpling Experiment，GLACE；Koster et al，2006；2010）的协同方法借助于多种最新的季节预测系统，在很大程度上加深了我们对季节预测中陆面过程作用的认识。

平流层的状态也有助于提高对流层的季节预测技巧，尤其是在北半球（Baldwin and Dunkerton，2001；Ineson and Scaife，2008；Bell et al，2009；Cagnazzo and Manzini，2009）。但是，目前多数季节预测模式无法很好地模拟平流层的状态，因此无法真实地反映平流层的环流（Maycock et al，2009）。一项最新的研究（Marshall and Scaife，2009）指出，提高模式对准两年振荡（Quasi-Biennial Oscillation，QBO，是热带平流层变率的主要模态）模拟的分辨率，可以提高 QBO 导致的欧洲地区表面异常的季节预测能力。

20.3 预报技巧

正如前文所述，ENSO 是季节至年际尺度最易预测的大尺度现象，因此成为可预报性的主要来源。海气耦合的季节预测模式的成功预测需要具备以下能力：能够重现 ENSO 缓变的耦合机制，准确的预报其振幅、空间结构和详细的时间演变特征（Wang et al，2008a）。ENSO 的预报技巧依赖于季节以及 ENSO 的位相和强度。例如，预报 ENSO 事件比预报中性事件往往具有更高的技巧，预报冷暖事件的增长位相比预报衰减位相往往具有更高的技巧（Jin et al，2008）。就季节依赖性而言，许多季节预测系统的预报技巧往往在北半球的春季出现较快的衰减，这种现象被称为“春季可预报性障碍”。这主要是因为 SST 异常在春季变化非常迅速。尽管动力季节预测模式的预报技巧在春季出现较大的衰减，但是相对于持续性预报，其优势依然十分明显（van Oldenborgh et al，2005；Jin et al，2008；Wang et al，2008a）。一些大型的多模式比较计划，例如，DEMETER（Palmer et al，2004）、ENSEMBLES（Weisheimer et al，2009）和 APCC/CliPAS（Wang et al，2008a）为耦合模式预报技巧和误差的比较提供了基础，从而促进了季节预测技巧的提高。Weisheimer 等（2009）的研究表明，通过欧洲 ENSEMBLES 计划（使用五个欧洲的耦合模式），相比于上一代的 DEMETER 计划，SST 系统误差（太平洋 SST 随着预报时间的“漂移”）显著下降了。在 Niño3 区（5°S—5°N，90°—150°W），当提前 6 个月预报时，DEMETER 计划的 SST“漂移”范围为-7～2℃，而 ENSEMBLES 模式的结果小于±1.5℃（Weisheimer et al，2009）。Weisheimer 等（2009）认为从 DEMETER 计划开始，耦合模式在物理参数化方案、分辨率和初始化等方面获得了很大的发展。他们的研究也表明，虽然相比于 DEMETER 计划的多模式集合平均（Multi-model Ensemble，MME）结果，ENSEMBLES 的 MME 提前 4～6 个月的预报技巧评分更高，但是这种提高在统计意义下并非显著。这表明，今后需要更加完善的模式（也许具有更高的分辨率）用以提高热带太平洋 SST 的预报技巧。目前，基于 10 个耦合的季节预测模式（进行 1980—2001 年的后报试验）集合平均的结果显示，Niño3.4 区（5°S—5°N，120°—170°W）SST 异常提前 6 个月预报的异常相关为 0.86，这个例子反映了当前 ENSO 预报技巧的水平（Jin et al，2008）。MME 的结果优于单个模式。另外，在提前 6 个月的预报中，所有模式的预报均优于持续性预报，且许多模式预报的异常相关系数都超过了 0.8（Jin et al，2008）。

印度洋 SST 异常的预报技巧低于太平洋。图 20.3 显示了澳大利亚海洋大气季节预测模式（Predictive Ocean Atmosphere Model for Australia，POAMA）提前 6 个月预报的 SST 异常相关系数。这种水平在季节预测模式中是比较常见的。目前，IOD 的预报时效局限于一个季度，这主要是由于 IOD 预报中存在较强的“冬春可预报性障碍”（部分原因在于 IOD 在 6 个月之前难以准确地定义）（Luo et al，2007；Wajsowicz，2007；Zhao and Hendon，2009）。对热带北大西洋 SST 异常而言，目前的季节预测模式在超过 1~2 个月的预报时效之后，预报技巧会非常低，甚至低于持续性预报（Stockdale et al，2006；2011）。

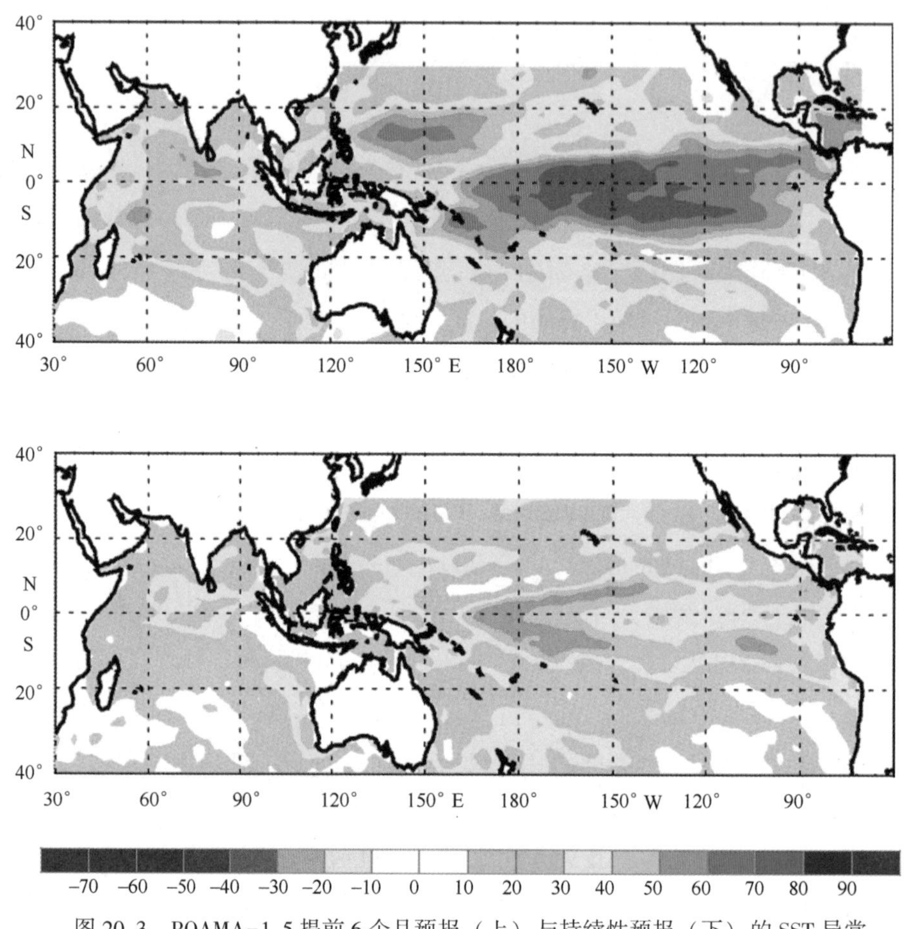

图 20.3　POAMA-1.5 提前 6 个月预报（上）与持续性预报（下）的 SST 异常相关系数［引自 Wang 等（2008b）的文章］

区域表面气温和降水异常的预报技巧对季节和区域的依赖性较强。预报技巧在低纬度热带地区较高，随着纬度升高而逐渐降低。一般而言，温度的预报技巧高于降水（Wang et al，2008a；Doblas-Reyes et al，2009）。在温带的陆地上，季节平均温度和降水异常提前 1 个月的预报技巧非常低（Wang et al，2008a；Doblas-Reyes et al，2009）。对于呈现了一些预报技巧的温带陆地区域（例如，南非和美国南部 12 月和翌年 1 月、2 月的降水），往往是由于模式正确地反映了 ENSO 通过大气遥相关过程对局地的影响，因此，ENSO 模拟中的模式偏差和漂移可能会导致模式无法准确预报全球遥相关对区域降水和温度的影响。例如，多数模式在赤道太平洋中部呈现冷偏差，且随着预报时效的延长，SST 变率的最大值从东太平洋逐渐向西“漂移”（Jin et al，2008）。在 POAMA 季节预测模式中，大约一个季节后，这些偏差会影响模式对不同类型 ENSO 事件（如经典的东太平洋 ENSO 事件和中太平洋 ENSO 事件）的辨别能力，同时 ENSO 与澳大利亚气候之间的遥相关也会受到不利影响（Hendon et al，2009；Lim et al，2009）。

20.4 集合预测：再现的不确定性

季节预测中存在很多内在的不确定性，其中一些来源于气候系统自身的性质，而另一些来源于预报系统的缺陷。图 20.4 显示了 POAMA-1 模式针对 1997/1998 年厄尔尼诺爆发的 90 次预报结果（Alves et al，2003），其中每个集合成员均对初始 SST 叠加了振幅为 0.001℃的扰动。这些扰动在物理上是不显著的，但是由于气候系统（尤其是大气）本身具有混沌的特征，随着积分时间的延长，集合成员会逐渐发散。图 20.4 说明，尽管所有的预报都显示将会发生厄尔尼诺，但是有的集合成员显示厄尔尼诺的强度较弱，如 Niño3.4 区在 8 月的 SST 异常仅为 0.5 ℃，同时也有的集合成员显示厄尔尼诺将会非常强，如 Niño3.4 区在 8 月的 SST 异常将达 2.5 ℃。集合成员的离散度反映了气候模式中存在随机的成分，即物理过程存在不确定性，这些因素在一定程度上限制了可预报性。

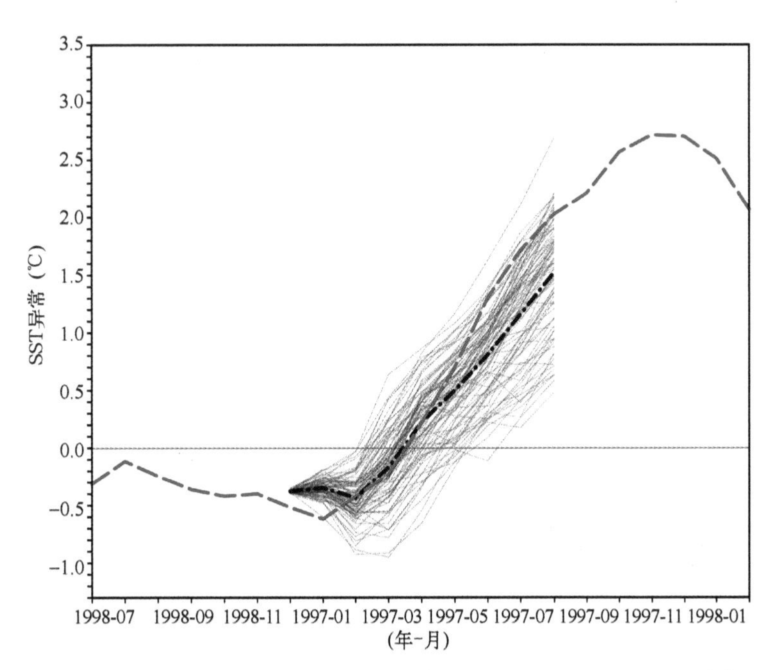

图 20.4 1997—1998 年厄尔尼诺爆发期间预报的 Niño3.4 区 SST 异常

包含 90 个集合成员，每个成员均在初始 SST 上叠加振幅为 0.001℃的随机扰动［引自 Shi 等（2009）的文章］

在季节预测系统中，集合成员之间的离散度应该与自然随机过程所致的不确定性具有相同的量级，但是由于预报系统误差的影响，前者的量级要大一些。在实际中，不确定性的来源可以分为不准确的初始条件（初值不确定性）和不完美的模式（模式数据采样的不确定性，模式参数的不确定性，模式物理过程描述的不确定性）。在动力季节预测中，我们使用集合方法来量化这些不确定性的大小（Stephenson，2008；Doblas-Reyes et al，2009）。初始条件的不确定性可以通过以下方法来度量：对大气/海洋分析场进行小振幅的扰动来产生集合样本，其中扰动的大小被视为这些变量的不确定性（Vialard et al，2005），而模式的不确定性可以通过以下方法产生集合成员来度量：扰动物理过程（Jin et al，2007；Berner et al，2008），扰动参数方法（Murphy et al，2004；Stainforth et al，2005；Collins et al，2006），多模式集合方法（Palmer et al，2004；Weisheimer et al，2009）。Doblas-Reyes 等（2009）通过季节和年代际后报试验［通过欧洲 ENSEMBLES 计划得以实现，参见 van der Linden 和 Mitchell（2009）的文章］评估了上面 3 种方法的相对贡献。总体而言，上述 3 种方法具有大致相当的技巧，其中多模式集合方法在预报时间短于 4 个月时，技巧比其他二者具有不太明显的优势，而在更长的时间尺度，扰动物理过程会表现出不显著的优势。扰动物理过程和扰动参数方法只需用到单个模式，因此在单个模式系统的不确定性研究当中，具有更广阔的应用前景。

通过前文的集合预报方法，动力季节预报系统可以获得概率预报。由于集合成员来源于对初始条件或模式方程的扰动，因此最终产生的预报结果不同。经过第一周的发展之后，集合离散度变大，预报需要在概率的意义下重新评估和修正。Stephenson（2008）及 Mason 和 Stephenson（2008）对季节尺度的概率预报进行了较好的综述，其中包含基本概念、订正和验证，读者可以参考。集合成员的分布应该反映预报结果的不确定性：如果集合成员之间的差别较大，即概率分布较宽，则预报结果的不确定性较大；若集合成员差别较小，则不确定性较小。但是在实际中，动力季节预测模式的预报结果倾向于过度“自信”，即与观测相比，离散度太小，同时离散度与预报误差之间的相关较小。人们认为模式误差是其主要原因（Vialard et al，2005；Stockdale et al，2010）。因此，将多个不同的最新模式结果进行平均，用来消除一定的模式误差，即多模式集合方法往往可以产生比单个模式更有技巧的预报（Palmer et al，2004；Wang et al，2008a；Weisheimer et al，2009）。Balmaseda 等（2010b）展示了一个多模式集合方法局限性的反例：对于一个给定的 SST 指数，单个模式的预报技巧能够优于多模式集合的结果。但对于大气变量，例如降水，多模式集合的结果则倾向于更好。多模式集合预报系统正逐渐应用于业务化季节预报中。例如，APEC 气候中心（APEC Climate Center，APCC）基于一个完善的多模式多单位集合系统发布实时的业务化气候预报（http：//www. apcc21. prg），欧洲中尺度气象预报中心（European Centre for Medium Range Weather Forecasts，ECMWF）联合法国和英国开发了名为 EUROSIP 的业务化多模式季节预测系统（http：//www. ecmwf. int/products/forecasts/seasonal/documentation/eurosip/）。

20.5 数据同化和初始化

动力季节预测本质上是一个初值问题，因此预报技巧主要依赖于耦合系统：海洋、大气、陆面和海冰等在初始时刻的状态信息，其中上层海洋的初始条件非常重要，尤其是其大尺度变率，比如 ENSO 和 IOD。目前季节预测中海洋观测的同化得到了广泛的应用，全球几个主要的机构都已使用海洋再分析数据初始化业务季节预测系统。表 20.1［引自 Balmaseda 等（2009）的文章］总结了目前用来初始化（准）业务季节预测系统的海洋再分析数据。在所有这些系统中，海洋和大气模式的初始化是独立进行的，通过综合数据同化方案（comprehensive data assimilation schemes），以期产生最好的初始场。

表 20.1 （准）业务化季节预测的初始化采用的海洋同化系统

MRI-JMA：http：ds. data. jma. go. jp/tcc/tcc/products/elnino/index. html

多变量三维变分（Usui et al，2006）

ORA-S3（ECMWF System 3）：http：//www. ecmwf. int/products/forecasts/d/charts/ocean/real_time/

多变量最优插值（Balmaseda et al，2008）

POAMA-PEODAS（CAWCR，Melbourne）：http：//poama. bom. gov. au/research/assim/index. htm

多变量集合最优插值（Yin et al，2011）

GODAS（NCEP）：http：//www. cpc. ncep. noaa. gov/products/GODAS/

3D-VAR（Behringer，2007）

MERCATOR（Meteo France）：http：//bulletin. mercator-ocean. fr/html/welcome_en. jsp

多变量降维卡尔曼滤波（Pham et al，1998）

MO（Met Office）：http：//www. metoffice. gov. uk/research/seasonal/

Multivariate OI（Martin et al，2007）

GMAO ODAS-1：http：//gmao. gsfc. nasa. gov/research/oceanassim/ODA_vis. php

GMAO Seasonal Forecasts：http：//gmao. gsfc. nasa. gov/cgi-bin/products/climateforecasts/index. cgi

最优插值和集合卡尔曼滤波（Keppenne et al，2008）

注：引自 Balmaseda 等（2009）的文章。

对于初始化热带海洋，最简单的方式是用大气通量强迫海洋模式，同时将模式 SST 较强的恢复到观测的 SST 上。热带海洋的年际变率在很大程度上是由表面风场的变率决定的。如果强迫场和海洋模式的误差较小，那么上述简单方式是可以满足需要的。然而，众所周知，表面通量产品和海洋模式都存在显著的误差，因此海洋观测数据的同化首先被用到海洋状态估计的约束中。

在海洋同化中，次表层观测在给定的大气通量下被同化到海洋模式中。但是，海洋上层热力结构的异常，以及与之伴随的 SST 异常会对大气环流产生较强的影响，这在热带尤为明显。多数初始化系统使用了 XBT、TAO/TRITON/PIRATA 及 Argo 等观测的次表层温度。一些最新的系统也使用盐度（主要来源于 Argo 观测）和高度计反演出的海平面异常（Sea Level Anomalies，SLA），其中使用 SLA 数据需要获得平均动力高度数据，而后者的获取比较难，因此人们通常不通过直接观测，而是利用模式积分来获得。长期来看，我们有望通过一些重力实验，比如 GRACE 和 GOCE，间接反演出平均动力高度数据。

一些研究表明，同化海洋数据有助于改善 ENSO 预报（Alves et al，2004；Dommenget et al，2004；Cazes-Boezio et al，2008；Stockdale et al，2011）。但在其他地区，如在模式误差较大的赤道太平洋地区，这种改善不如 ENSO 明显。Balmaseda 和 Anderson（2009）评估了 3 种不同的初始化方案的优劣，每种方案都使用了不同的观测信息。他们的结果表明，海洋的初始化会对耦合季节预报系统的平均态、变率及预报技巧产生重要的影响。此外，基于他们的模式结果，也指出，能够充分利用观测数据的初始化方案往往可以获得最高的预报技巧。

既然海洋同化对于季节预报非常重要，一个有趣的问题是：海洋同化系统给出的海洋分析场的准确程度究竟如何？图 20.5 显示了厄尔尼诺发展时，在太平洋和印度洋沿赤道合成的热含量。该图的纵坐标为厄尔尼诺事件发展前的 9 个月（暖事件之前的 1 年），之间的 12 个月（暖事件发生的 1 年）和发展后的 9 个月（暖事件之后的 1 年），这 3 个阶段在图中分别标注为 Year −1，Year 0，Year +1。其中，厄尔尼诺/拉尼娜事件的判断标准为 1982—2006 年期间，Niño3 区月平均 SST 异常达到或超过 0.5℃，且至少持续 5 个月。

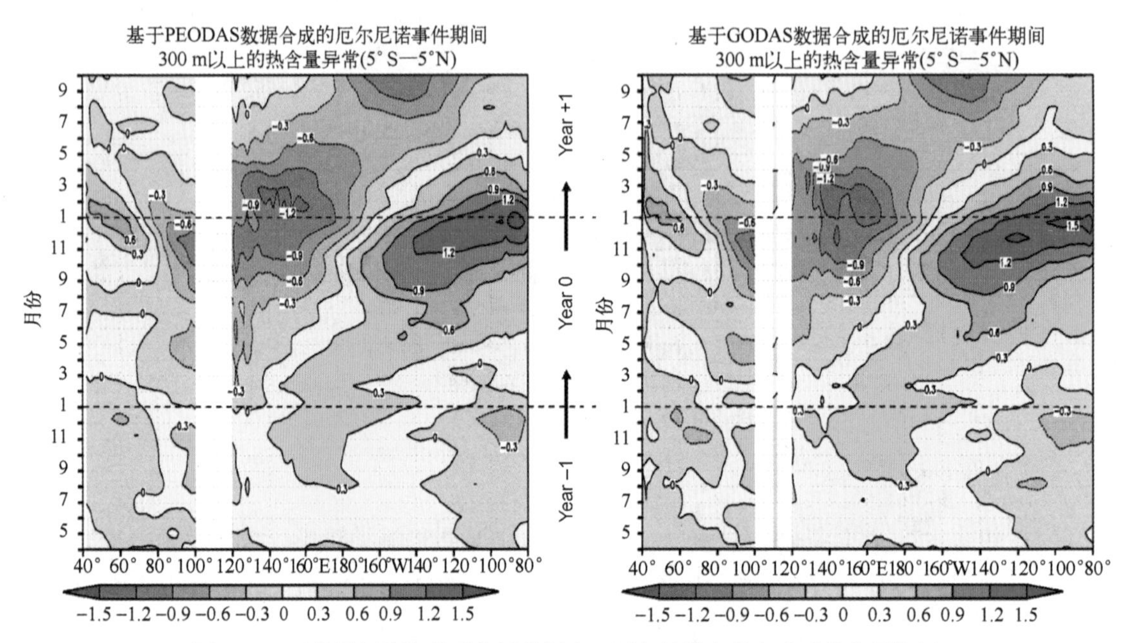

图 20.5　两种最新的海洋再分析数据中，厄尔尼诺事件合成后的发展特征

图中显示了沿赤道合成的厄尔尼诺事件中 300 m 以上的热含量异常的发展特征。统计时间为厄尔尼诺发展前 1 年的 4 月到厄尔尼诺发展后 1 年的 9 月。两幅合成图中包含有相同的厄尔尼诺事件

这两种国际上最新再分析数据的合成场显示了二者之间的差别有多大，因此可以由此估算分析数据的误差水平。再分析数据之间的差异主要是由于产生每个分析数据的同化系统存在差别，同时在再分析阶段驱动海洋模式的强迫场也存在差别。两种合成场均显示了厄尔尼诺在年底达到峰值，且热含量异常的最大值出现在东太平洋。同时，由于西风异常的作用，西太平洋也出现热含量异常，进而在太平洋形成较强的东西向梯度。一般而言，厄尔尼诺处于峰值期间，印度洋会出现东风异常，这会导致印度洋呈现与太平洋反向的东西向梯度。两种合成场也显示，初期热含量正异常在西太平洋开始出现，通过开尔文波向东太平洋传播。两种再分析数据之所以能够一致的反映厄尔尼诺的上述特征，在很大程度上可以归功于合理的观测网，尤其是太平洋 TOGA-TAO 阵列和最近 10 年开始使用的 Argo 数据。

盐度含量的情形与温度不太相同。图 20.6 对比了相同的厄尔尼诺事件合成场中沿赤道的盐度含量的发展特征。一种再分析数据显示厄尔尼诺事件发展期间，赤道太平洋的盐度异常较强，而在另一种数据中较弱。例如，第一种再分析数据显示厄尔尼诺峰值期间，中/西太平洋出现较强的淡化，即盐度降低了 0.1×10^{-6} mg/L，这主要是由于伴随异常西风，低盐水向

东平流所致。但是，第二种再分析数据没有反映出如此强的盐度异常，其振幅小于 0.04×10^{-6} mg/L。这清楚地表明，至少到目前为止，最新的海洋再分析数据所反映的盐度年际变率是存在差异的。Balmaseda 和 Weaver（2006）的研究显示，如果不同化盐度数据，温度观测的同化会增加盐度场的不确定性。盐度场可以影响到障碍层，而障碍层中含有大量的高温水（超过28℃），其在西风驱动下向东传播时，可以用来监测厄尔尼诺的发展，因此盐度场可以通过影响障碍层来影响季节预报（Fujii et al，2011）。

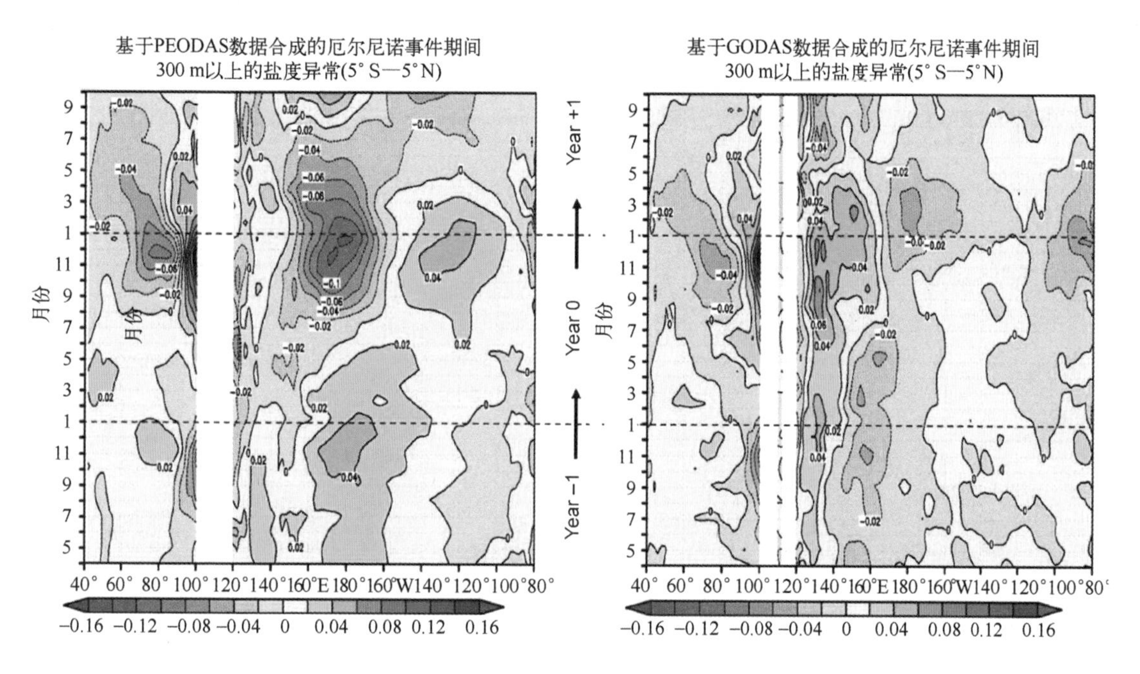

图 20.6 两种最新的海洋再分析数据中，厄尔尼诺事件合成后 300 m 以上盐度含量的发展特征

有趣的是，两种再分析数据在印度洋都显示了类似的盐度含量结构。这可能是由于印度洋对温盐的观测均较少（至少在 Argo 浮标应用之前是这样）。由于缺少温盐数据，两种再分析数据均为表面强迫驱动的海洋模拟，因此呈现了类似的结构。

有 3 种方法可以评估数据同化系统产生的海洋分析场：①分析场与同化的观测场的相似程度；②分析场与独立观测数据的相似程度；③分析场是否可以提高预报技巧。方法 3 可能不是一种可靠的方法，因为如果存在显著的模式误差，那么一个较好的初始场可能会给出一个较差的预报。方法 1 也不是完全令人满意的，因为它仅简单地反映了分析场与同化的观测之间的符合程度，而这通常又是背景场与观测误差协方差的函数。方法 2 是最理想的，但是实施时存在一定的难度，因为通常所有的温盐观测都被同化进模式中，很难找到独立的观测数据。但是到目前为止，所有的同化系统都没有使用海洋流场的数据，因此流场数据可以作为独立观测数据的一个来源。图 20.7 展示了一个利用海洋流场数据评估不同的再分析数据的例子，给出了再分析场与伪观测的海洋表层流场（即由高度计数据 OSCAR 反演得到的流场；Bonjean and Lagerloef，2002）之间的相关系数。基于 OSCAR 流场数据，我们评估了 3 种再分析数据。图 20.7a 为 PEODAS 再分析数据（Yin et al，2011）的结果。需要说明的是，PEODAS 再分析数据是目前海洋再分析数据的实型数据，该数据通过温盐订正对流场进行动态平衡订正，其中用到了由随时间演变的集合成员导出的交叉协方差［更多信息请参考 Yin 等（2011）的文章］。图 20.7b 显示了控制再分析试验的相关系数，即试验中不同化观测，其他与 PEODAS 相同，在这种情形下，海洋模式由再分析的海表通量驱动，能够合理地反映年际变率。图 20.7c 中使用了上一代海洋同化系统（POAMA-1 季节预测系统）的再分析数据（Alves et al，2003）。POAMA-1 季节预测系统的做法是仅同化温度观测，而不同化盐度。但是流场的订正是在假定满足地转平衡的前提下（同 Burgers et al，2002），基于温度订正进行的。以上 3 种再分析数据均未同化高度计资料。这些图显示了在热带太平洋和印度洋，PEODAS 再分析数据与观测的相关系数最高。有趣的是，POAMA-1 季节预测系统的最新版本相对于观测给出的结果最差，甚至比不使用观测的控制试验还差。这可能是由两个因素所致：第一，在 POAMA-1 季节预测系统中，没有同化盐度数据，密度的订正仅依赖于温度，从而导致了密度剖面的误差，进而基于地转关系，导致了流场的误差；第二，地转关系可能是不成立的，尤其对于表层流场而言，其埃克曼输送的成分比较显著。由于控制再分析数据没有同化任何观测资料，因此表层流场处于表层强迫场与压力场二者的动态平衡中。以上结果反映了最近 10 年，人们致力于完善海洋数据同化系统过程中所获得的研究进展。

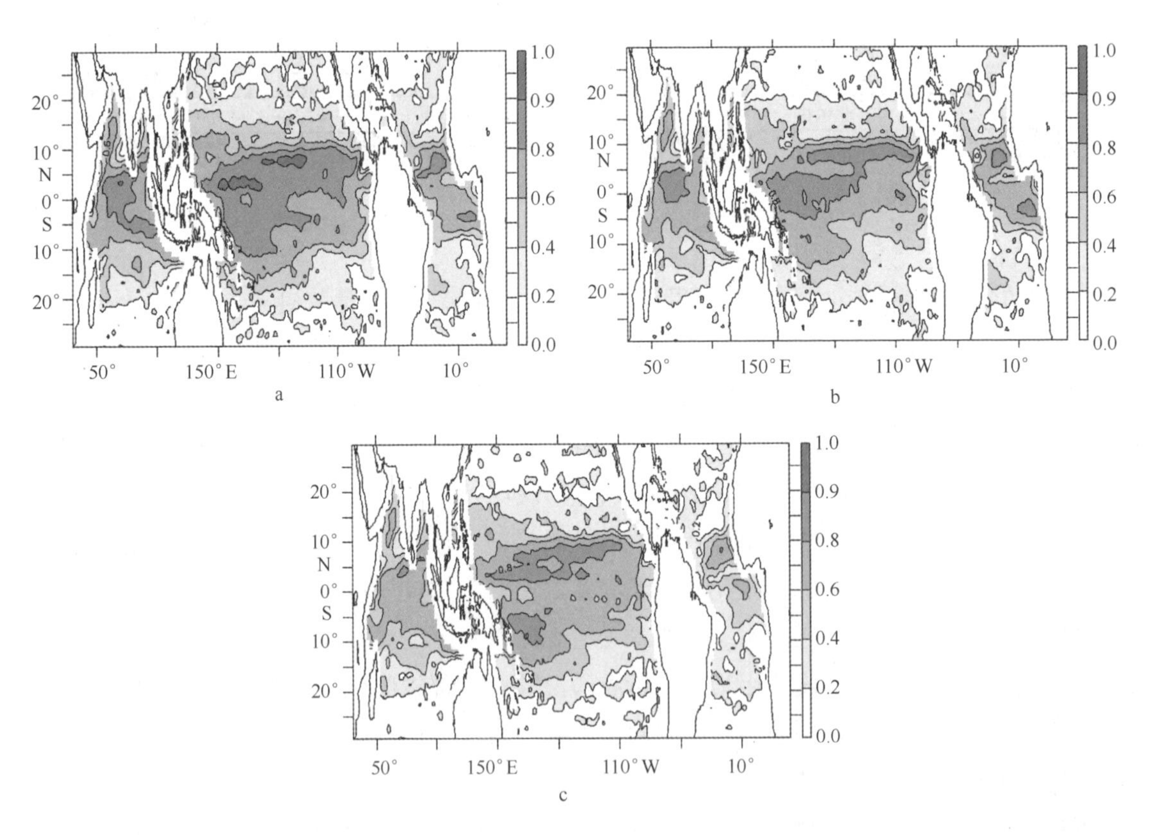

图 20.7　OSCAR 的表层纬向流速与 PEODAS（a）、控制实验（b）和 POAMA-1（c）的相关系数

该图使用了非线性相关尺度［引自 Yin 等（2011）的文章］

基于数据同化的集合方法，比如集合卡尔曼滤波，可以提供分析数据的集合成员。集合成员之间的离散度反映了海洋状态预估的不确定性，因此集合样本离散度相对于集合平均的标准差可以用来度量分析误差的大小。图 20.8 反映了 PEODAS 海洋同化方案集合成员的离散度（Yin et al, 2011）。SST 最大的离散度出现在赤道东太平洋和西边界流的区域（图 20.8a），二者均为 SST 变率较强的区域；海表面盐度最大的离散度出现在降水最强的区域（图 20.8b），例如赤道辐合带、南太平洋辐合带和西太暖池的强降水区。图 20.8c 显示了深层温度集合离散度沿赤道的分布特征。最大的离散度集中在温跃层，即温度变率最为显著的区域，而盐度离散度的大值区集中在表层（图 20.8d）。

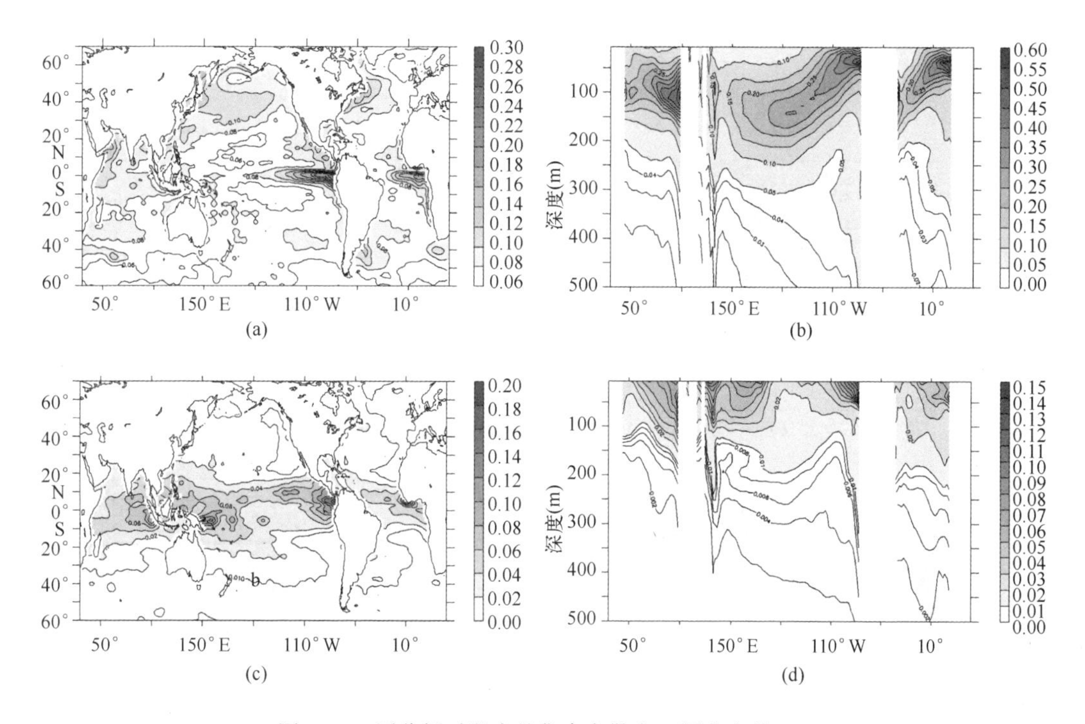

图 20.8　再分析时段内的集合离散度（同化之前）

a. SST（℃）；b. 沿赤道的温度断面（℃）；c. 海表面盐度；d. 沿赤道的盐度断面。本图引自 Yin 等（2011）的论文。集合离散度是通过计算相对于中心分析场的离散程度获得的［更多论述请参考 Yin 等（2011）的论文］

20.6　海洋观测的影响

在过去的几十年中，海洋观测系统获得了长足的发展。在 20 世纪 90 年代早期，热带太平洋开始布置 TOGA-TAO 阵列，用以监测逐日的赤道地区上层海洋的热含量。同时，卫星高度计对 SSH 的观测开始常规化，尽管当时并非所有的业务化海洋数据同化系统都可以同化该数据。在 2000 年前后，Argo 浮标开始应用，这也许可以被称为是针对气候变化的海洋观测所取得的最大进步。Argo 浮标覆盖了海洋上之前未被观测的大面积海域。图 20.9a 显示了印度洋在 Argo 浮标应用之前温度观测的密度，观测集中在船舶的主要航线上［这得益于随机船计划

(Ship of Opportunity Programme, SOOP)], 但在印度洋的大部分区域没有观测。在 Argo 浮标应用之后 (图 20.9c), 温度观测的分布发生了巨大变化, 几乎每个格点都至少观测过一次。

Argo 浮标最大的贡献应该是它也测量了盐度。通过 Argo 数据, 人们获得了足够多的盐度剖面用于盐度数据的同化。图 20.9b 和图 20.9d 分别显示了 Argo 浮标应用前后的盐度观测密度, 很容易从中发现其变化之大。Argo 浮标开始观测之前, 印度洋的大部分区域是没有盐度观测的, 但在 Argo 浮标开始观测之后, 盐度的观测密度与温度相当。Fujii 等 (2011) 讨论了盐度观测的重要性。Usui 等 (2006) 的研究结果表明, 仅当模式同化盐度观测资料之后, 才有可能模拟好赤道西太平洋较强的经向密度梯度以及赤道北部的低盐水团。他们的结果也显示, 如果不考虑温盐之间的平衡关系, 则不可能模拟出南太平洋热带水团的高盐特征, 这会导致模拟的垂向层结变弱, 最终导致障碍层消失。

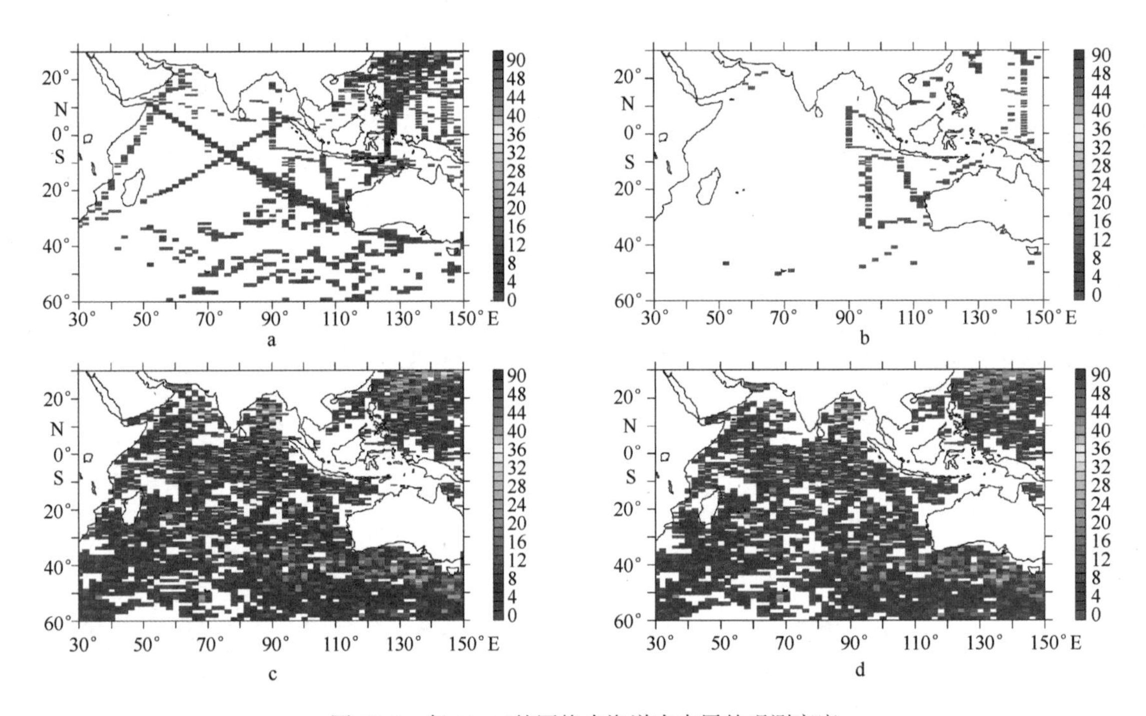

图 20.9 每 1°×1°的网格内海洋次表层的观测密度

a. Argo 浮标开始观测之前的温度; b. Argo 浮标开始观测之前的盐度;

c. Argo 浮标开始观测之后的温度; d. Argo 浮标开始观测之后的盐度

季节预测技巧也可以用于评估海洋观测系统。Fujii 等 (2011) 借助于数据保持试验评估了 TAO/TRITON 阵列和 Argo 浮标数据对日本气象厅季节预报系统的影响, 结果 (见图 20.10) 显示, TAO/TRITON 数据改善了赤道东太平洋 (Niño3 区、Niño4 区) SST 的预报, 同时, Argo 浮标数据也是热带太平洋和印度洋 SST 预报的主要观测资料。ECMWF 的季节预测系统也给出了类似的结果 (Balmaseda et al, 2007; 2009)。

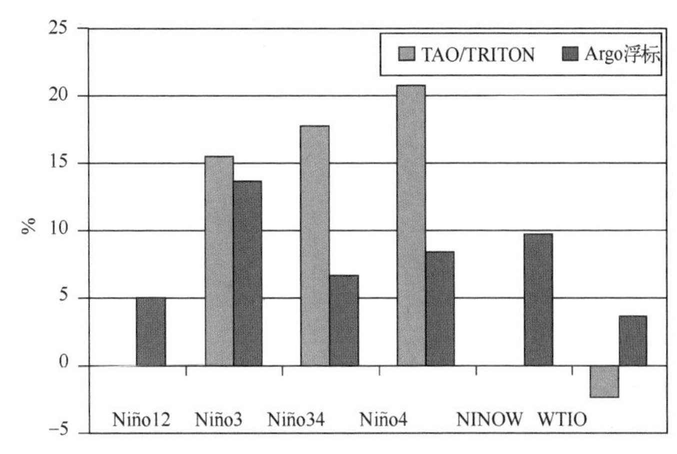

图 20.10 TAO/TRITON 和 Argo 数据对季节预测技巧的影响

直方图显示了 1—7 月月平均 SST 异常预报结果均方根误差的相对增量，该增量的计算是通过在不同海区初始化日本气象厅季节预报时，扣掉 TAO/TRITON 和 Argo 数据的信息而获得的［图片来源于 Fujj 等（2008）的文章，文中也给出了各海区的定义］

20.7 澳大利亚的季节预测

20 世纪 80 年代晚期，澳大利亚气象局开始发布季节气候展望。目前，澳大利亚气象局基于热带 SST 与局地气候的统计关系，发布澳大利亚业务化季节尺度的降水和温度展望（Chambers and Drosdowsky，1999）。然而，统计方法已经逐渐达到了其预报能力的上限，更为重要的一点是，统计关系的建立要求气候背景是不变的，而当前的气候变化已经改变了这一前提。澳大利亚联邦科学与工业研究组织（Commonwealth Scientific and Inclustrial Research Organisation，CSIRO）正致力于不断地发展一个动力耦合模式系统——POAMA（http：//poama. bom. gov. au）。该系统于 2002 年在澳大利亚气象局实现业务化，开始预报与 ENSO 相关的 SST 指数。2007 年，该系统被更新至 1. 5 版本，业务化产品开始包括赤道印度洋的 SST 预报（Zhao and Hendon，2009）。最近，该系统开始提前 1 个月发布大堡礁的珊瑚白化预警（图 20. 11；Spillman and Alves，2009）。POAMA-1. 5 不仅在预测 ENSO 和 IOD 时显示了较高的技巧，同时对赤道中太平洋型和赤道东太平洋型厄尔尼诺也具有一定的预报技巧（Hendon et al，2009；Lim et al，2009）。另外，POAMA 提前 2~3 个月对与 ENSO 相关的热带 SST 异常的预报也具有一定的技巧（Wang et al，2008b），同时该模式也可以反映影响澳大利亚降水的遥相关性（Lim et al，2009）。POAMA 可以提前约 4 个月预报澳大利亚处于春季时（北半球 9—11 月）IOD 的成熟位相（Zhao and Hendon，2009）。

南半球春季（即北半球的 9—11 月）时，ENSO 和澳大利亚降水的关系是最强的，此时 POAMA 对澳大利亚降水的预报技巧也最高。图 20. 12 显示了澳大利亚东南部对中位数以上降水的预报技巧较高，且在全国大部分区域优于提前预报时间为 0 的统计预报。提前预报时间为 0，即 1980—2006 年每年从 9 月开始预报，9—11 月的验证预报结果（Lim. et al，2009）。

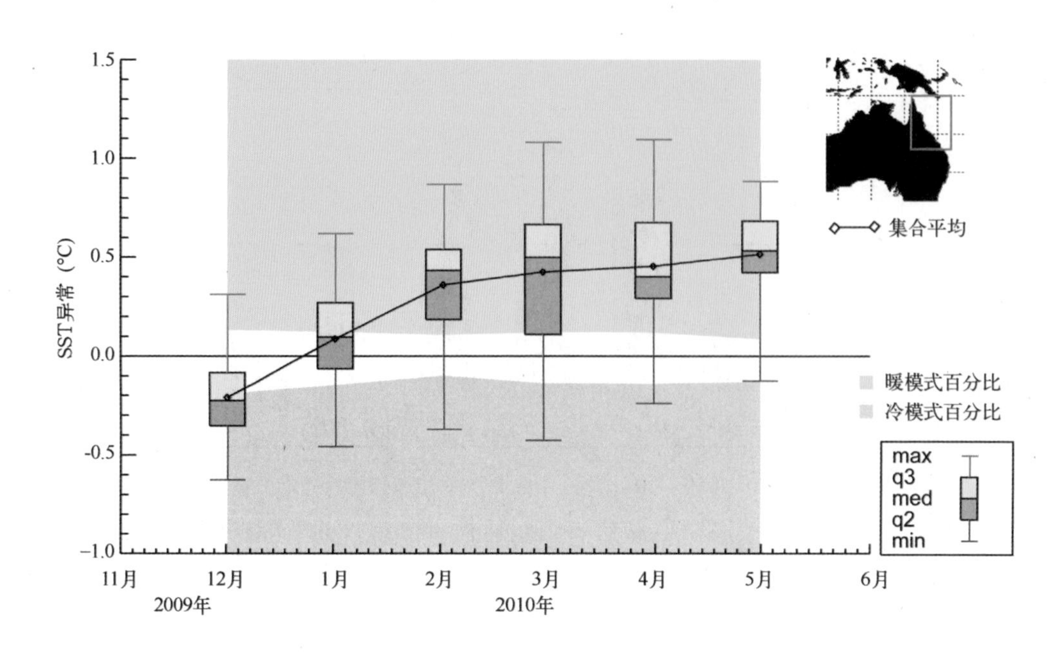

图 20.11　2009 年 12 月 1 日官方发布的 2009 年 12 月到 2010 年 5 月 POAMA 月平均 GBR 指数及最后 30 天预报合成的集合分布

右上图中红框所示范围为区域平均的 SST 异常，集合平均用黑线所示，阴影表示 POAMA-1.5 后报结果的上下气候态百分位（http：//www.bom.gov.au/oceanography/oceantemp/GBR_SST.shtml）

东南部的预报技巧之所以高，是因为此处降水与热带 SST 的遥相关较强（Lim et al，2009）。尽管如此，澳大利亚气象局依然采用统计模式发布区域降水和温度的业务预报，而没有使用 POAMA。虽然根据 ROC 评分或预报准确率等技巧评分标准，POAMA 给出的实验降水预报产品（如中位数以上降水量的概率）显示了比基于统计系统更高的预报技巧（图 20.12），但是 POAMA 预报的可靠度较低，即预报过于“自信”，经常显示超过 90%的概率。目前，人们正在努力解决这一问题，短期内的工作包括对 POAMA 结果进行统计相关的研究和重新订正，长期的工作包括探索提高集合样本离散度的方法。通过以上工作，以期使 POAMA 的降水预报能够成为澳大利亚气象局季节气候展望的重要参考。

POAMA 的最新版本 POAMA-2 考虑了更加完善的物理过程，并采用了新的海洋数据同化系统——POAMA 海洋集合数据同化系统（POAMA Ensemble Ocean Data Assimilation System，PEODAS，详见 20.5 节）。该系统进行了一系列的后报实验，在 2010 年年底投入业务化运行。相比于 POAMA-1.5，初步的结果显示，POAMA-2 对太平洋 SST 的预报技巧有很大提高。按照规划，POAMA-3 将采用一个新的耦合模式，其中大气模式为英国气象局的联合大气模式，海洋模式为地球物理流体力学实验室的 MOM4，同时为提高耦合系统的分辨率，数据同化系统升级为多变量集合耦合同化系统，同化变量扩展到包含大气和陆面的相关变量。目前，该系统正在研发之中。

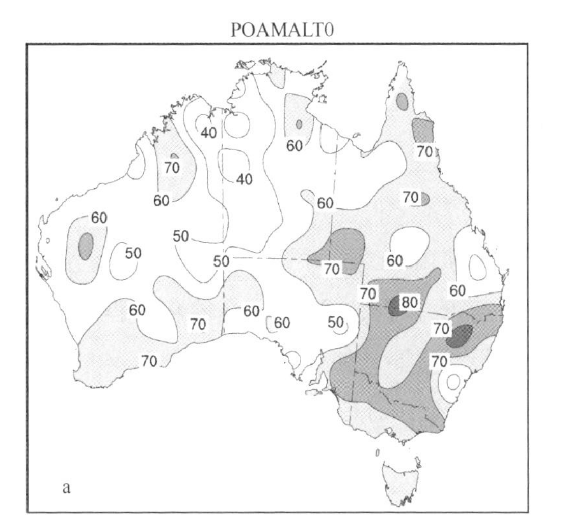

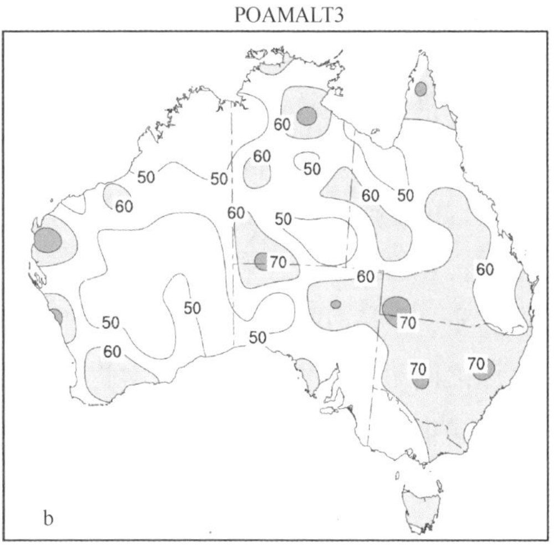

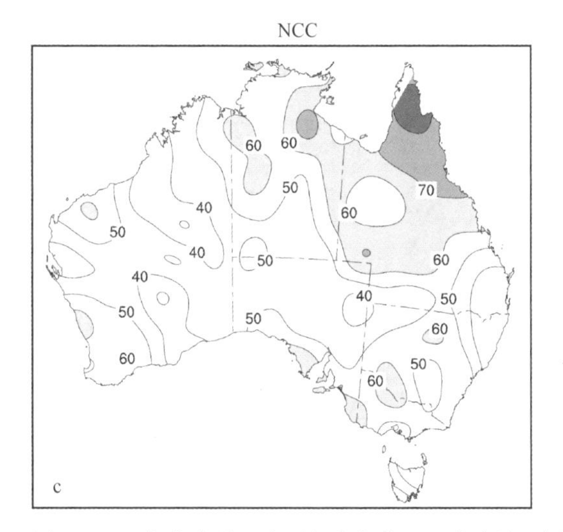

图 20.12　集合成员正确预报中位数以上降水的比例

a. POAMA 且预报时限为 0；b. POAMA 且预报时限为 3；c. 当前的业务化统计模式（NCC 模式）；等值线间隔为 10%，其中正确率大于 60%的区域用阴影标出［引自 Lim 等（2009）的文章］

PEODAS（Yin et al，2011）是 POAMA 的一个主要发展系统。该同化系统基于多变量集合最优插值方法（Oke et al，2005），其中背景误差协方差来源于海洋状态的集合。但是，不同于 Oke 等（2005）使用的统计集合，PEODAS 使用了随时间变化的集合来计算依赖于时间的多变量误差协方差矩阵。根据 Alves 和 Robert（2005）研发的方法，通过扰动海洋模式的强迫场获得集合成员。目前，该系统已经同化了 1977—2007 年 ENACT/ENSENBLE 计划的温盐观测数据，生成了相应的海洋再分析数据。同化过程中，温盐恢复到月平均气候态，其中 e-衰减时间尺度为 2 年。模式 SST 被逼近（nuding）到 NCEP 再分析数据的 SST 上，其中 e-衰减时间尺度为 1 d。

相比于之前版本的 POAMA，PEODAS 再分析结果具有明显的进步（见 20.5 节）。初步结果也显示了这些进步提高了季节尺度 SST 的预报技巧。对于每次再分析，PEODAS 进行了 1980—2001 年逐月的后报试验。我们使用 PEODAS 再分析数据，每次产生 10 个成员进行集合预报。对于之前旧版本的 POAMA 再分析数据，我们也产生 10 个集合预报成员，但是由于扰动海洋十分困难，我们使用了相同的海洋初始条件，而大气的初始条件与对应的海洋初始条件提前或落后 6 h。

图 20.13 显示了每套再分析数据中基于 10 个成员的集合平均所给出的 Niño3.4 预报技巧随预报时限的变化。相比于旧版本的 POAMA 同化的初始条件使用 PEODAS 的初始条件，将会显著提高预报技巧。虽然旧版本的 POAMA 再分析与 PEODAS 再分析结果均显示温度与观测比较接近，但是旧版本中的盐度和纬向流场与观测相差较大。这表明在同化过程中，保持不同变量之间动力和物理上的平衡对提高预报技巧非常重要。如果我们可以做到这一点，那么在提高预报技巧方面，就不仅只局限于直接同化的变量，而是所有预报变量。

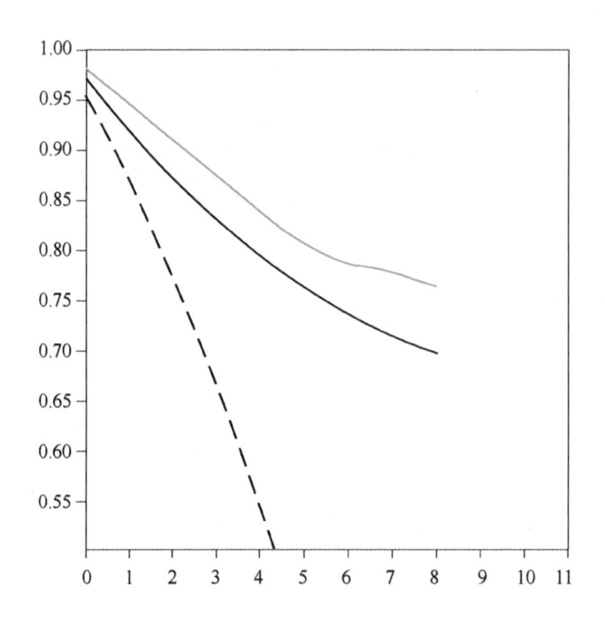

图 20.13　Niño3.4 区 SST 异常相关技巧随预报时限（月）的变化

红线为使用 PEODAS 的数据初始化 POAMA-2 的结果；黑线为使用旧版本的 POAMA 同化数据初始化 POAMA-1.5 的结果；黑色虚线为持续性预报的结果

20.8　年代际预测

虽然年代际预测还很不成熟，但是它的重要性已不言而喻。例如，它可为人类适应气候变化提供重要的参考信息。人类活动所导致的气候变化信号受自然气候变率的调制，尤其是年代际尺度缓变海洋过程的变率（Hurrell et al，2010）。越来越多的证据表明，类似于季节预测，年代际预测也是一个初值问题。例如，ENSEMBLES 计划（Smith et al，2007；van der Linden and Mitchell，2009）显示，相比于传统的气候变化预估，经过初始化的年代际预测可以提供更好的预测。年代际预测的可预报性主要来源于辐射强迫的变化（其中包括人为温室气体和气溶胶）以及海洋中长生命周期的变化，后者包括的内容很多，例如与太平洋年代际振荡（Pacific Decadal Oscillation，PDO；Mantua et al，1997）、太平洋年代际间振荡（Inter-decadal Pacific Oscillation，IPO；Power et al，1999）和大西洋多年代际振荡（Atlantic Multidecadal Oscillation，AMO；Knight et al，2005）相关联的变率。这些长周期气候变化的预报能力部分依赖于准确的海洋初始条件。但是，相比于季节预测，年代际预测对深层海洋观测资料的依赖性较小。近些年来，海洋观测系统的改善，尤其是 Argo 浮标数据的出现，促进了年代际预测技巧的提高（Balmaseda et al，2010a）。目前，Argo 数据（起始于 2003 年）的作用不言而喻，比如预测大西洋经圈翻转环流（Meridional Overturning Circulation，MOC；Balmaseda et al，2010a）的变化时，使用 Argo 数据可以提高预报技巧。年代际预测的一个主要问题是：如何评估后报和预报，尤其是在历史观测资料非常稀少的情况下（Balmaseda et al，2010a；Hurrell et al，2010）。另外，由于我们的观测记录较短，因此无法从中探索年代际变率的机制问题，同时模式中的年代际变率差别很大，因此也无法从中确定主要的机制（Hurrell et al，2010）。这说明年代际预测理论还没有被完善的建立起来，预报技巧理论上的上界还远未达到（Hurrell et al，2010）。年代际预测的另一个问题是：如何初始化预报模式。当前主要的预测系统使用了异常初始化方案（Smith et al，2007；Keenlyside et al，2008；Pohlmann et al，2009），即将观测异常量叠加到模式气候态上，而不是全部初始化。异常初始化可以避免模式系统偏差，从而减弱初始化振荡。但是，我们仍然不清楚哪种初始化年代际预测模式的方法最好（Hurrell et al，2010）。

20.9 总结

目前最为完善的业务化季节预测系统包括几个相互关联的组成部分：数据同化和初始化，海气耦合环流模式，集合预报和预报结果的订正。海洋在其中的每个部分中都有重要的作用。季节预测的预报技巧来源于耦合系统，尤其是上层海洋初始状态的信号。正确的初始化季节和年际变化中一些比较重要的模态（例如 ENSO 和 IOD）是非常重要的。在最近的 20 年内，海洋初始状态的实时估计获得了长足的进步。这主要得益于海洋观测网的发展，尤其是 TAO/TRITON 阵列和 Argo 浮标。但是，为了预报系统的技巧评估和预报结果的订正，我们需要进行后报实验，而后报实验的初始化又需要海洋历史状态的再分析资料。海洋观测系统的位置也会随时间变化，这给季节、年代际预测和后报的初始化及验证造成了很大的困难。有研究发现，海洋初始化方案对海洋气候态、变率以及预报技巧都有很强的影响（Balmaseda and Anderson，2009）。由于耦合模式自身的缺陷，最好的初始条件（最接近于观测）并不能产生最好的预报。将观测直接作为初条件可能会对模式缓慢启动和初始化震荡存在长期的影响。最近的研究表明，充分利用观测的初始化方案往往可以获得最高技巧的预报，尽管这会导致初始时刻耦合模式中各部分的不平衡（Balmaseda and Anderson，2009）。然而，有一点是非常清楚的，即初始化方案的影响非常依赖于耦合模式的质量。目前，人们正在致力于“耦合同化”的研究，在这种同化方案中，大气和海洋的同化是通过耦合模式同时进行的，这样做的优势是可以产生平衡的初始场。

季节预测是目前科研和业务预报中一个复杂且具有挑战性的研究领域。本章论述了基于海气耦合模式的动力季节预测，重点讨论了其中的数据同化和初始化，但是没有论述季节预测的用途和价值等。在不远的将来，我们有望在耦合模式、数据同化、集合技术和海洋观测系统等方面取得突破。

致谢：感谢 Eun-Pa Lim，Claire Spillman，Guomin Wang 和 Yonghong Yin 为本章提供的一些图片。

参考文献

Alves O，Robert C（2005）Tropical Pacific Ocean model error covariances from Monte Carlo simulations. Quart J Roy Meteor Soc 131：3643-3658.

Alves O，Wang O，Zhong A，Smith N，Tseitkin F，Warren G，Schiller A，Godfrey J S，Meyers G（2003）POAMA：bureau of meteorology operational coupled model forecast system. National Drought Forum，Brisbane（15-16 April）.

Alves O，Balmaseda M，Anderson D，Stockdale T（2004）Sensitivity of dynamical seasonal forecasts to ocean initial conditions. Quart J Roy Meteor Soc 130：647-668.

Baldwin M P，Dunkerton T J（2001）Stratospheric harbingers of anomalous weather regimes. Science 294：581. doi：10. 1126/science. 1063315.

Balmaseda M A，Weaver A（2006）Temperature，salinity，and sea-level changes：climate variability from ocean reanalyses. Paper presented at the CLIVAR/GODAE meeting on ocean synthesis evaluation，31 August-1 September 2006，ECMWF，Reading，UK. http：//www. clivar. org/organization/gsop/synthesis/groups/Items3 _ 4. ppt. Accessed 26 May 2009.

Balmaseda M A，Anderson D（2009）Impact of initialisation strategies and observations on seasonal forecast skill. Geophys Res Lett 36：L01701. doi：10. 1029/2008GL035561.

Balmaseda M A，Anderson D L T，Vidard A（2007）Impact of Argo on analyses of the global ocean. Geophys Res Lett 34：L16605. doi：10. 1029/2007GL030452.

Balmaseda M A，Vidard A，Anderson D（2008）The ECMWF ORA-S3 ocean analysis system. Mon Wea Rev 136：3018-3034.

Balmaseda M A，Alves O，Arribas A，Awaji T，Behringer D，Ferry N，Fujii Y，Lee T，Rienecker M，Rosati T，Stammer D（2009）Ocean initialisation for seasonal forecasts. Oceanography 22：154-159.

Balmaseda M A，Fujii Y，Alves O et al（2010a）Initialisation for Seasonal and Decadal Forecasts. In：Hall J，Harrison D E，Stammer D（eds）Proceedings of OceanObs'09：sustained ocean observations and information for society，vol 2，ESA Publication WPP-306，Venice，21-25 September 2009.

Balmaseda M A，Fujii Y，Alves O et al（2010b）Role of the ocean observing system in an end-to-end seasonal forecasting system. Plenary paper，OceanObs'09，Venice，21-25 September 2009. http：//www. oceanobs09. net/plenary/index. php.

Behringer D W（2007）The Global Ocean Data Assimilation System at NCEP. 11th symposium on integrated observing and assimilation systems for atmosphere，oceans，and land surface，AMS 87th Annual Meeting，San Antonio，pp 12.

Bell C J, Gray L J, Charlton-Perez A J, Scaife A A (2009) Stratospheric communication of ENSO teleconnections to european winter. J Clim 22: 4083-4096.

Berner J, Doblas-Reyes F J, Palmer T N, Shutts G, Weisheimer A (2008) Impact of a quasi-stochastic cellular automaton backscatter scheme on the systematic error and seasonal prediction skill of a global climate model. Philos Trans R Soc A 366: 2561-2579.

Bjerknes J (1969) Atmospheric teleconnections from the equatorial Pacific. Mon Wea Rev 97: 163-172.

Bonjean F, Lagerloef G S E (2002) Diagnostic model and analysis of surface currents in the tropical Pacific Ocean. J Phys Oceanogr 32: 2938-2954.

Burgers G, Balmaseda M A, Vossepoel F C, van Oldenborgh G J, van Leeuwen P J (2002) Balanced Ocean-Data Assimilation near the Equator. J Phys Oceanogr 32: 2509-2519.

Cagnazzo C, Manzini E (2009) Impact of the stratosphere on the winter tropospheric teleconnections between ENSO and the North Atlantic and European region. J Clim 22: 1223-1238.

Cazes-Boezio G, Menemenlis D, Mechoso C R (2008) Impact of ECCO ocean-state estimates on the initialisation of seasonal climate forecasts. J Clim 21: 1929-1947.

Chambers L E, Drosdowsky W (1999) Australian seasonal rainfall prediction using near global sea surface temperatures. AMOS Bull 12 (3): 51-55.

Chang P, Yamagata T, Schopf P, Behera S K, Carton J, Kessler W S, Meyers G, Qu T, Schott F, Shetye S, Xie S P (2006) Climate fluctuations of tropical coupled systems—the role of ocean dynamics. J Clim 19: 5122-5174.

Collins M, Booth B B B, Harris G R, Murphy J M, Sexton D M H, Webb M J (2006) Towards quantifying uncertainty in transient climate change. Clim Dyn 27: 127-147.

Doblas-Reyes F J, Weisheimer A, Deque M et al (2009) Addressing model uncertainty in seasonal and annual dynamical ensemble forecasts. Quart J R Meteor Soc 135: 1538-1559.

Dommenget D, Stammer D (2004) Assessing ENSO simulations and predictions using adjoint ocean state estimation. J Clim 17: 4301-4315.

Fennessy M J, Shukla J (1999) Impact of initial soil wetness on seasonal atmospheric prediction. J Clim 12 (11): 3167-3180.

Fletcher C G, Hardiman S C, Kushner P J, Cohen J (2009) The dynamical response to snow cover perturbations in a large ensemble of atmospheric GCM integrations. J Clim 22: 1208-1222.

Folland C K, Colman A W, Rowell D P, Davey M K (2001) Predictability of Northeast Brazil rainfall and real-time forecast skill. J Clim 14: 1937-1958 (1987-1998).

Fujii Y, Matsumoto S, Kamachi M, Ishizaki S (2011) Estimation of the equatorial Pacific salinity field using ocean data assimilation system. Adv Geosci (In Press).

Goddard L, Graham N E (1999) The importance of the Indian Ocean for simulating rainfall anomalies over eastern and southern Africa. J Geophys Res 104: 19099-19116.

Hendon H H, Lim E, Wang G, Alves O, Hudson D (2009) Prospects for predicting two flavors of El Nino. Geophys Res Lett. doi: 10. 1029/2009GL040100.

Hudson D, Alves O, Hendon H H, Wang G (2010) The impact of atmospheric initialisation on seasonal prediction of tropical Pacific SST. Clim Dyn. doi: 10. 1007/s00382-010-0763-9.

Hurrell J, Delworth T L, Danabasoglu G et al (2010) Decadal climate prediction: opportunities and challenges. In: Hall J, Harrison D E, Stammer D (eds) Proceedings of Ocean Obs'09: sustained ocean observations and information for society, vol 2. ESA Publication WPP-306, Venice, 21-25 September 2009.

Ineson S, Scaife A A (2008) The role of the stratosphere in the European climate response to El Nino. Nat Geosci 2: 32-36.

Jin F F, Lin L, Timmermann A, Zhao J (2007) Ensemblemean dynamics of the ENSO recharge oscillator under statedependent stochastic forcing. Geophys Res Lett 34: L03807. doi: 10. 1029/2006GL027372.

Jin E K, Kinter J L III, Wang B et al (2008) Current status of ENSO prediction skill in coupled ocean-atmosphere models. Clim Dyn 31: 647-664. doi: 10. 1007/s00382-008-0397-3.

Keenlyside N, Latif M, Jungclaus J, Kornblueh L, Roeckner E (2008) Advancing decadal-scale climate prediction in the North Atlantic Sector. Nature 453: 84-88.

Keppenne C L, Rienecker M M, Jacob J P, Kovach R (2008) Error covariance modeling in the GMAO ocean ensemble kalman filter. Mon Wea Rev 136: 2964-2982. doi: 10. 1175/2007MWR2243. 1.

Kirtman B P, Pirani A (2009) The state of the art of seasonal prediction: outcomes and recommendations from the first world climate research program workshop on seasonal prediction. Bull Am Meteor Soc 90: 455-458.

Knight J R, Allan R J, Folland C K et al (2005) A signature of persistent natural thermohaline circulation cycles in observed climate. Geophys Res Lett 32: L20708. doi: 1029/2005GL024233.

Koster R D, Suarez M J (2003) Impact of land surface initialisation on seasonal precipitation and temperature prediction. J Hydrometeor 4: 408-423.

Koster R D, Suarez M J, Liu P et al (2004) Realistic initialisation of land surface states: impacts on subseasonal forecast skill. J Hydrometeor 5: 1049-1063.

Koster R D, Guo Z, Dirmeyer P A et al (2006) GLACE: The global land-atmosphere coupling experiment. Part I: overview. J Hydrometeor 7: 590-610.

Koster R D, Mahanama S P P, Yamada T J et al (2010) Contribution of land surface initialization to subseasonal forecast skill: first results from a multi - model experiment. Geophys Res Lett 37: L02402. doi: 10. 1029/2009GL041677.

Kushnir Y, Robinson W A, Chang P, Robertson A W (2006) The physical basis for predicting Atlantic sector seasonal-to-interannual climate variability. J Clim 19: 5949-5970.

Lim E P, Hendon H H, Hudson H, Wang G, Alves O (2009) Dynamical forecasts of inter-El Nino variations of tropical SST and Australian spring rainfall. Mon Wea Rev 137: 3796-3810.

Luo J J, Masson S, Behera S, Yamagata T (2007) Experimental forecasts of the Indian ocean dipole using a coupled OAGCM. J Clim 20: 2178-2190.

Mantua N M, Hare S R, Zhang Y, Wallace J M, Francis R C (1997) A Pacific interdecadal climate oscillation with impacts on salmon production. Bull Am Meteor Soc 78: 1069-1079.

Marshall A G, Scaife A A (2009) Impact of the QBO on surface winter climate. J Geophys Res 114: D18110. doi: 10. 1029/2009JD011737.

Mason S J, Stephenson D (2008) How do we know whether seasonal climate forecasts are any good? In: Troccoli A, Harrison M, Anderson D L T, Mason S J (eds) Seasonal climate: forecasting and managing risk. NATO Science Series. Springer, Dordrecht, pp 467.

Martin M J, Hines A, Bell M J (2007) Data assimilation in the FOAM operational short-range ocean forecasting system: a description of the scheme and its impact. Quart J R Meteor Soc 133: 981-995.

Maycock A C, Keeley S P E, Charlton-Perez A J, Doblas-Reyes F J (2009) Stratospheric circulation in seasonal forecasting models: implications for seasonal prediction. Clim Dyn. doi: 10.1007/s00382-009-0665-x.

Murphy J M, Sexton D M H, Barnett D N, Jones G S, Webb M J, Collins M, Stainforth D A (2004) Quantification of modelling uncertainties in a large ensemble of climate change simulations. Nature 430: 768-772.

Neelin D, Battisti D S, Hirst A C, Jin F F, Wakata Y, Yamagata T, Zebiak S (1998) ENSO theory. J Geophys Res 103: 14261-14290.

Oke P R, Schiller A, Griffin D A, Brassington G B (2005) Ensemble data assimilation for an eddyresolving ocean model of the Australian region. Quart J R Meteor Soc 131: 3301-3311.

Palmer T N, Alessandri A, Andersen U et al (2004) Development of a European multimodel ensemble system for seasonal-to-interannual prediction (DEMETER). Bull Am Meteor Soc 85: 853-872.

Pham D T, Verron J, Roubaud M C (1998) A singular evolutive extended Kalman filter for data assimilation in oceanography. J Mar Syst 16: 323-340.

Philander S G (2004) Our affair with El nino. Princeton University Press, Princeton, pp 275.

Pohlmann H, Jungclaus J, Marotzke J, Köhl A, Stammer D (2009) Improving predictability through the initialization of a coupled climate model with global oceanic reanalysis. J Clim 22: 3926-3938.

Power S, Casey T, Folland C, Colman A, Mehta V (1999) Inter-decadal modulation of the impact of ENSO on Australia. Clim Dyn 15: 319-324.

Rasmusson E M, Carpenter T H (1983) The relationship between eastern equatorial Pacific SSTs and rainfall over India and Sri Lanka. Mon Wea Rev 111: 517-528.

Rodwell M J, Folland C K (2002) Atlantic air-sea interaction and seasonal predictability. Quart J R Meteor Soc 128: 1413-1443.

Ropelewski C F, Halpert M S (1987) Global and Regional Scale Precipitation Patterns Associated with the El Nino/Southern Oscillation. Mon Wea Rev 115: 1606-1626.

Saji N H, Yamagata T (2003) Possible impacts of Indian Ocean Dipole mode events on global climate. Clim Res 25: 151-169.

Saji N H, Goswami B N, Vinayachandran P N, Yamagata T (1999) A dipole mode in the tropical Indian Ocean. Nature 401: 360-363.

Seneviratne S I, Koster R D, Guo Z et al (2006) Soil moisture memory in agcm simulations: analysis of global land-atmosphere coupling experiment (GLACE) data. J Hydrometeor 7: 1090-1112.

Shi L, Alves O, Hendon H H, Wang G, Anderson D (2009) The role of stochastic forcing in ensemble forecasts of the 1997/98 El Nino. J Clim 22: 2526-2540.

Smith D, Cusack S, Colman A, Folland C, Harris G, Murphy J (2007) Improved surface temperature prediction for the coming decade from a global circulation model. Science 317: 796-799.

Spillman C M, Alves O (2009) Dynamical seasonal prediction of summer sea surface temperatures in the Great Barrier Reef. Coral Reefs. doi: 10.1007/s00338-008-0438-8.

Stainforth D A, Aina T, Christensen C, Collins M, Faull N, Frame D J, Kettleborough J A, Knight S, Martin A, Murphy J M, Piani C, Sexton D, Smith L A, Spicer R A, Thorpe A J, Allen M R (2005) Uncertainty in predictions of the climate response to rising levels of greenhouse gases. Nature 433: 403-406.

Stephenson D (2008) An Introduction to Probability Forecasting. In: Troccoli A, Harrison M, Anderson D L T, Mason S J (eds) Seasonal climate: forecasting and managing risk. NATO Science Series. Springer, Dordrecht, pp 467.

Stockdale T N (1997) Coupled ocean-atmosphere forecasts in the presence of climate drift. Mon Wea Rev 125: 809-818.

Stockdale T N, Balmaseda M A, Vidard A (2006) Tropical Atlantic SST prediction with coupled ocean-atmosphere GCMS. J Clim 19: 6047-6061.

Stockdale T N, Alves O, Boer G et al (2010) Understanding and predicting seasonal to interannual climate variability—the producer perspective. White Paper for WCC3. Draft. http: //www. wcc3. org/sessions. php? session_list=WS-3.

Stockdale T N, Anderson D L T, Balmaseda M A, Doblas-Reyes F, Ferranti L, Mogensen K, Palmer T N, Molteni F, Vitart F (2011). ECMWF Seasonal forecast system 3 and its prediction of sea surface temperature. Clim Dyn (In Press).

Ummenhofer C C, England M H, McIntosh P C, Meyers G A, Pook M J, Risbey J S, Gupta A S, Taschetto A S (2009) What causes southeast Australia's worst droughts? Geophys Res Lett. doi: 10. 1029/2008GL036801.

Usui N, Ishizaki S, Fujii Y, Tsujino H, Yasuda T, Kamachi M (2006) Meteorological research institute multivariate ocean variational estimation (MOVE) system: some early results. Adv Space Res 37: 806-822.

van der Linden P, Mitchell J F B (eds) (2009) ENSEMBLES: Climate change and its impacts: summary of research and results from the ENSEMBLES project. Met Office Hadley Centre, Exeter, pp 160.

van Oldenborgh G J, Balmaseda M A, Ferranti L, Stockdale T N, Anderson D L T (2005) Did the ECMWF seasonal forecast model outperform a statistical model over the last 15 years? J Clim 18: 2960-2969.

Vialard J, Vitart F, Balmaseda M, Stockdale T, Anderson D (2005) An ensemble generation method for seasonal forecasting with an ocean-atmosphere coupled model. Mon Wea Rev 133: 441-453.

Wajsowicz R C (2007) Seasonal-to-interannual forecasting of tropical Indian Ocean sea surface temperature anomalies: potential predictability and barriers. J Clim 20: 3320-3343.

Walker G (1923) Correlation in seasonal variations of weather Ⅷ. A preliminary study of world weather. Mem Indian Meteorol Dept 24 (4): 75-131.

Walker G T (1924) Correlation in seasonal variations of weather IX. Mem Indian Meteorol Dept 24 (9): 275-332.

Wang B, Lee J Y, Kang I S et al (2008a) Advance and prospectus of seasonal prediction: assessment of the APCC/CliPAS 14-model ensemble retrospective seasonal prediction (1980—2004). Clim Dyn. doi: 10. 1007/s00382-008-0460-0.

Wang G, Alves O, Hudson D, Hendon H, Liu G, Tseitkin F (2008b) SST skill assessment from the new POAMA-1. 5 System. BMRC Res Lett 8: 2-6 (Bureau of Meteorology, Australia).

Webster P J, Moore A M, Loschnigg J P, Leben R R (1999) Coupled ocean-atmosphere dynamics in the Indian Ocean during 1997—1998. Nature 401: 356-360.

Weisheimer A, Doblas-Reyes F J, Palmer T N et al (2009) ENSEMBLES: a new multi-model ensemble for seasonal-to-annual predictions—Skill and progress beyond DEMETER in forecasting tropical Pacific SSTs. Geophys Res Lett 36 (21): L21711.

Yin Y, Alves O, Oke P R (2011) An ensemble ocean data assimilation system for seasonal prediction. Mon Wea Rev. doi: 10. 1175/2010MWR3419. 1.

Zebiak S E, Cane M A (1987) A model El nino-southern oscillation. Mon Wea Rev 115: 2262-2278.

Zhao M, Hendon H H (2009) Representation and prediction of the Indian Ocean dipole in the POAMA seasonal forecast model. Quart J R Meteor Soc 135 (639): 337-352.

第7部分

评　估

第21章 海洋模式的动力评估（以湾流为例）

Harley E. Hurlburt[1], E. Joseph Metzger, James G. Richman, Eric P. Chassignet, Yann Drillet, Matthew W. Hecht, Olivier Le Galloudec, Jay F. Shriver, Xiaobiao Xu, Luis Zamudio

摘　要：为了研究海洋动力过程，评估海洋环流数值系统，针对湾流这一重要现象，利用4个具有涡分辨能力的海洋环流模式（HYCOM、MICOM、NEMO和POP）进行数据资料同化和未同化的数值模拟试验，其中HYCOM和MICOM垂向采用拉格朗日等密度面坐标，NEMO和POP垂向为固定深度坐标。模拟和理解湾流是一项十分具有挑战性的工作。虽然非同化模型有时能模拟出真实的湾流路径，但对次网格参数化方案、参数值等小的变动十分敏感，很难得到既准确又稳定的模拟结果，尤其是在哈特拉斯角（Cape Hatteras）附近，湾流离开岸界转向东的上下游位置，数值模拟误差非常大。在实际的湾流模拟中，在关键深海流驱动和湾流反馈机制的共同作用下，湾流的纬度在68.5°W附近受到约束。另外，湾流沿着等绝对涡度（Constant Absolute Vorticity，CAV）从哈特拉斯角流到70°W附近，但没有68.5°W附近的纬度约束，湾流路径将会出现一个南或北向的偏差。若大西洋经向翻转环流（AMOC）南向深海流存在偏浅的误差，则会导致很多模拟出现严重的问题，因为南向流的偏浅导致沿较浅的等深线流动的深海流无法汇入能起到湾流路径限制作用的关键深海流或者起相同作用的其他深海流中。湾流在其分离点附近下方的深海流和沿偏南路径的强流不稳定性几率增强的共同驱动下，会生成偏南的湾流路径。相应的涡驱动平均深海流使湾流平均路径偏东。因为斜坡地形的影响，尤其是在模拟路径偏北的情况下，在69°W以西的偏北湾流路径中的流动不稳定性被抑制了。而当约束湾流路径的深海流缺失或者偏弱时，线性理论约束使得路径误差偏北，即生成上冲路径。风场驱动和AMOC海洋上层分支都是影响因素。风场驱动和强AMOC南向流的输运偏浅会导致路径误差偏北。在相同（或其他）风场产品驱动下，AMOC南向流偏浅偏弱时，模拟的湾流路径偏南。数据同化在改进模式动力模拟中起到非常积极的作用，增强了先前较弱的AMOC及其深层南向流分支的深度范围。南向流分支深度范围的增加使得沿着陆坡的深海流更接近真实情况。再加上通过数据同化模拟出湾流弯曲而导致的涡旋拉伸和压缩、上层海洋相应的涡旋运动，这样模拟出的与湾流相关的深海流特

① Harley E. Hurlburt，美国海军研究实验室海洋学部。E-mail：harley. hurlburt@ nrlssc. navy. mil

点与历史观测相符，如68.5°W附近的关键深海流。这一点非同化模型做不到，同化所用数据中也并未体现。另外，模型在48 h平均的14 d预报中仍能模拟出这一深海流动，但是西边界东侧的湾流强度模拟偏弱。

21.1 概述

由大气强迫的非同化海洋模式在海洋动力模式和模拟技术的研究中具有重要作用。可以准确地模拟动力学过程的非同化模式在涡分辨的海洋预测中有着十分重要的地位，因为模式在海洋现报和预报中必须起到多重作用，比如数据同化中加入动力插值、体现稀疏观测的从混合层到深海流的次表层海洋特征、实现大气强迫向海洋响应的转变、施加地形和地理约束、开展海洋预报、为嵌套区域和近岸模型提供边界和初始条件、给大气和海冰耦合模型提供预报的表层海温等。多种海洋动力机制可起到上述的各种作用。这里我们主要以湾流为例，用先进的和具有涡分辨能力的海洋环流模式（Ocean General Circulation Models，OGCMs）来评估和探讨中纬度海洋环流动力过程的模拟。

Chassignet和Marshall（2008）以及Hecht和Smith（2008）在关于湾流和北大西洋的综述中指出，由于海洋环流模式和海流系统的复杂性，使得动力学解释和评估OGCMs模拟的海流系统十分具有挑战性。在一些区域也已经取得了较大的进展。Tsujino等（2006）研究了日本以南黑潮大弯曲的动力学。Usui等（2006）利用数据同化后的初始场对同一个模型进行黑潮预报，体现了OGCMs在日本以南40~60 d的预报技巧；Usui等（2008a；2008b）也使用这一模型对1993—2004年的数据同化后报进行了动力学研究。Hurlburt等（2008b）在日本以东黑潮平均弯曲和日本海南半部分平均流的研究中评估了OGCMs动力学及其与地形的关系。数值模拟结果与观测和具有垂向低分辨率且垂向压缩而最下层受限于实际地形的纯水动力模型结果相符。Hogan和Hurlburt（2006）使用相同的OGCMs模拟了日本海内部跃层涡的形成机制，模拟结果与观测（Gordon et al，2002）一致。这些都是无法用纯水动力模型模拟的动力学过程。Hurlburt等（2008b）同样在模拟新西兰南岛以东的南大陆海流系统中研究了OGCMs动力学，这一区域的坎贝尔高原和查塔姆海丘地形入侵了层化的海水，因此不适用于低分辨率的垂向分层，在这种情况下，要用另外的方案去研究这一区域的动力学。最近的观测事实足以支持这一研究结果。

使用可分辨涡旋的全球和洋盆尺度的OGCMs对湾流模拟进行动力学评估时，我们采用Hurlburt等（2008b）用于黑潮和日本海的OGCMs的增强版。基于Hurlburt和Hogan（2008）中对湾流从西边界分离和其向东流的解释构建模型，这一解释建立于一个五层的水动力等密度面模型上，模型垂向压缩但是最底层使用实际地形。该解释通过了观测证据和理论的验证，其中后者直接贡献于这一解释的建立。在21.2节，我们讨论这一解释和五层模型的结果、理论和观测证据；21.3节我们评估具有涡分辨能力的OGCMs［HYCOM（Bleck，2002）、MICOM（Bleck and Smith，1990）、NEMO（Madee，2008）、POP（Smith et al，2000）］模拟的湾流动力学，其中 NEMO 用于法国麦卡托海洋预报。理想和非理想湾流的模拟都参与了评估，并给出了各自的不足。21.4 节我们评估数据同化对有稀疏观测而且在某些情况下没有实时观测的湾流动力学相关变量的影响、理想模型动力学能否在同化模型中得以延续、非理想动力学能否得到改善、对湾流预报技巧有影响的动力学机制又有哪些。

21.2 湾流边界分离及其东向路径的动力机制

21.2.1 湾流的线性模式模拟

首先，我们检验一个线性的正压解，此正压解采用了与 21.2 节非线性解相同的风场强迫和大西洋经向翻转环流（Atlantic Meridional Overturning Circulation，AMOC）在上层海洋的输运。模式的边界位于大陆坡，并且分辨率与本章后面讨论的非线性解所用的分辨率相当。模式 spin-up 阶段的平均解包含 Sverdrup（1947）内区和 Munk（1950）西边界流，并且满足 Godfrey（1989）的绕岛环流理论，但是与 Munk（1950）解不同的是，模式全场均有水平方向的摩擦。

图 21.1 是基于（1/16）°分辨率的 1.5 层（下层无限深且静止）线性约化重力模式得到的质量输运流函数，风场强迫采用的是平滑过的 Hellerman 和 Rosenstein（1983）气候态风应力，并且将 AMOC 在上层海洋的北向输运设为 14 Sv。与沿着湾流北边界的红外（IR）平均路径叠加比较可以看出，线性解给出了两条不切实际的路径，一条是以观测到的分离点 35.5°N 为中心流幅较宽的东向流，另一个是具有相当流量，沿西边界的北向流。其中东向流由风场驱动（流量约 22 Sv），北向流则由 AMOC（流量 14 Sv）和风场驱动环流（流量约 8 Sv）两部分组成，但在由西边界分离出的 44 Sv 的总流量中，两支流动都贡献了 31 Sv，约占总流量的 70%。值得注意的是，模式中湾流分离点的位置比观测到的分离点位置偏北。从图 21.1 中可以看出，通过海洋模型准确地模拟非线性湾流路径势在必行。关于 11 种不同气候态风应力强迫的线性解可以参看 Townsend 等（2000）的相关研究。

21.2.2 涡旋驱动的深海环流和深海西边界流对湾流边界分离及其东向路径的影响

Thompson 和 Schmitz（1989）提出了一个经典的理论，指出在湾流之下流动的深海西边界流（Deep Western Boundary Current，DWBC）对湾流边界分离有重要的影响。为了检验这个理论，Hurlburt 和 Hogan（2008）用一个基于等密度面坐标的五层非线性模式在图 21.1 的海域进行了数值试验。他们也同样采用加入 14 Sv 的 AMOC 和气候态月平均风场，其中 AMOC 是以北边界入流南边界出流的形式加入。图 21.2 是 6 组试验模拟的平均海表面高度（Sea Surface Height，SSH）。6 组试验均将 AMOC 在上层海洋的北向分量设置于模式的上四层，不同的是 DWBC 的相关设置。由于模式是纯流体动力理论，DWBC 的开关不影响水团的性质，

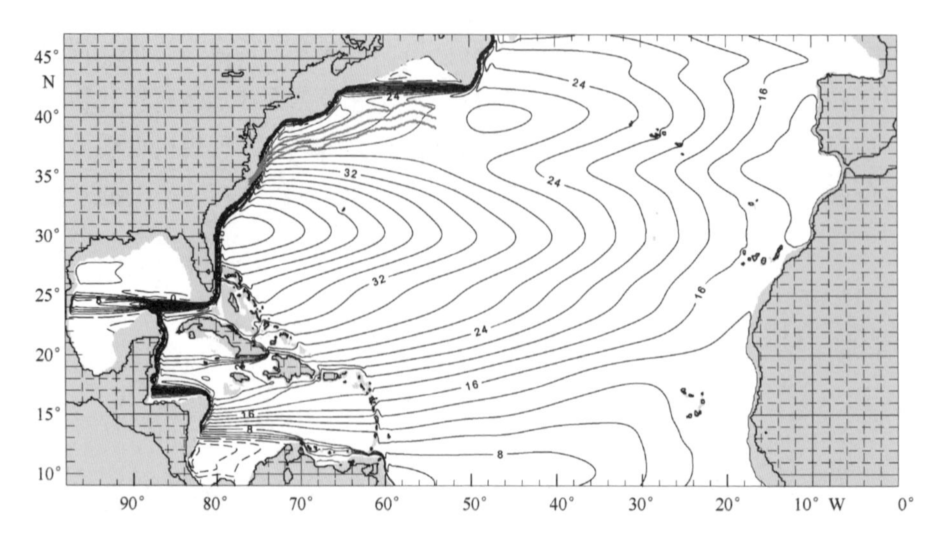

图 21.1　由 AMOC 北向上层洋流（Sv）和平滑过的 Hellerman-Rosenstein 气候态风应力及 21.2 节所述方法驱动产生的分辨率为（1/16）°、1.5 层线性约化重力模拟所获得的平均输运流函数分布图。其等值线间隔为 2 Sv。叠加了 15 年（1982—1996 年）平均的±1σ 湾流 IR 路径。该路径经向分辨率为 0.1°，基于 76°—55°W 之间增量为 0.1°的 674 个数据点的平均值而获得。对此路径及其变异性的早期分析可参考 Lee 和 Cornillon（1996）的文章。本图显示的流函数的模式范围为 9°—47°N，覆盖了 21.2 节所讨论的所有非线性模拟的模型范围［Hurlburt 和 Hogan（2008），其借鉴于 Townsend 等（2000）的文章］

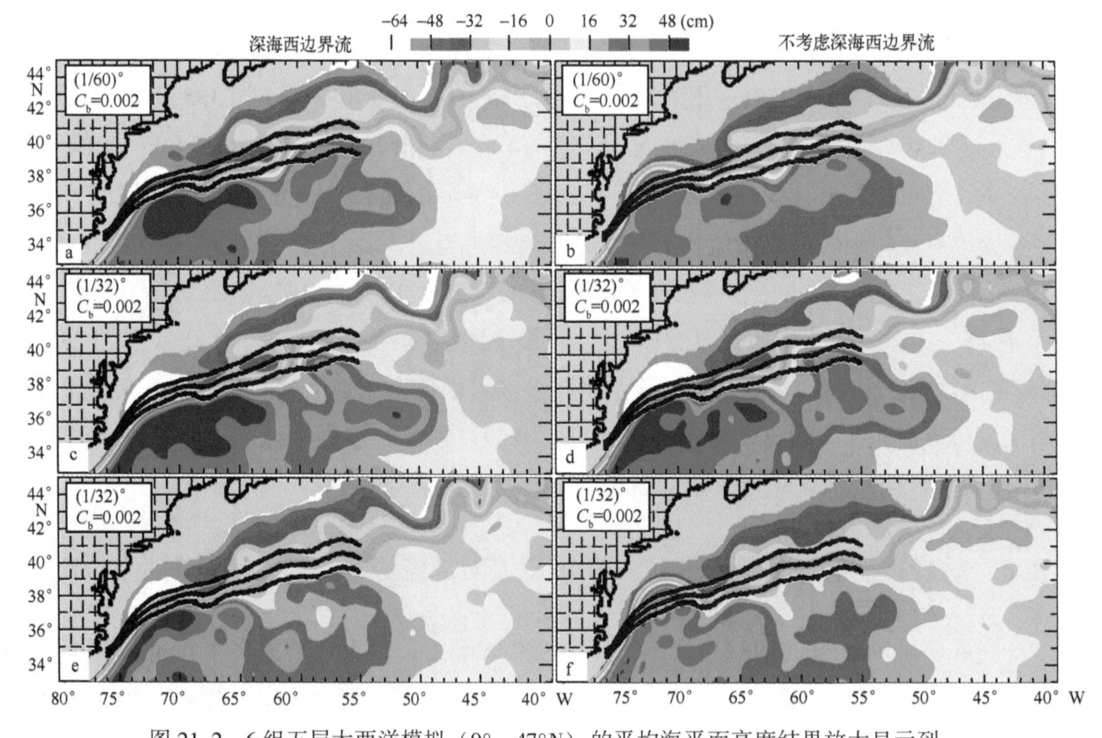

图 21.2　6 组五层大西洋模拟（9°—47°N）的平均海平面高度结果放大显示到哈特拉斯角（Cape Hatteras）和纽芬兰大浅滩（Grand Banks）之间的湾流区域

a、c 和 e 模拟中打开 DWBC，b、d 和 f 中关闭 DWBC。a 和 b 的分辨率为（1/16）°，c~f 的分辨率为（1/32）°。a~d 的二次底摩擦系数为 C_b=0.002。d 和 f 的底摩擦系数增大 10 倍至 C_b=0.02。6 组试验均包含 AMOC 的北向上层海流。（1/16）°/（1/32）°分辨率模拟的垂直涡动黏度的拉普拉斯系数为 A=20（10）m^2/s。SSH 的等值线间隔为 8 cm，图中叠加了 Cornillon 和 Sirkes 提供的平均±1σ 的湾流 IR 路径。21.2 节中的模型配置详情见 Hurlburt 和 Hogan（2008）的文章

左侧 3 幅图代表最底层打开 DWBC 的试验，而右面 3 幅图代表最底层关闭 DWBC 的试验。图 21.2 中 3 行图分别代表不同水平摩擦下不同模式分辨率的数值试验（顺次改变水平摩擦和分辨率），第 3 行试验将底摩擦增至 10 倍来耗散涡旋驱动的深层环流。在 68°W 以东，3 组试验结果相似，均模拟出了与实际较为相符的湾流路径，除了打开 DWBC 的试验在 50°W 附近，湾流绕过纽芬兰大浅滩（Grand Banks）南端，汇入北大西洋海流的地方出现了两支路径（内侧和外侧弯曲），Hurlburt 和 Hogan（2008）对这一现象进行了动力学解释。所有打开 DWBC 的试验以及 1 个关闭 DWBC 的试验均在 68°W 以西给出了与实际相符的湾流路径，但是其他 2 个关闭 DWBC 的模拟结果显示路径脱离观测的纬度与线性理论约束相符。所以，这些结果表明，深海流对 68°W 以西的湾流路径有重要的影响。

为了研究深海流对湾流路径的调控，我们基于两层模式来研究深层环流对上层海洋环流路径的影响（Hurlbult and Thompson，1980；Hurlbult et al，1996；2008b）。不考虑跨密度面混合两层模式第一层的连续性方程是

$$h_{1t} + v_i \cdot \nabla h_1 + h_1 \nabla \cdot v_i = 0 \tag{21.1}$$

式中，h_1为上层海水的厚度；下标 t 为时间导数；v_i为第 i 层海水的流速。式（21.1）的平流项中地转流分量可以跟第二层的地转流联系起来，即

$$v_{1g} \cdot \nabla h_1 = v_{2g} \cdot \nabla h_1 \tag{21.2}$$

根据地转关系，

$$\boldsymbol{k} \times f(v_{1g} - v_{2g}) = - g' \nabla h_1 \tag{21.3}$$

$v_{1g}-v_{2g}$为平行于 h_1 的等值线。在式（21.3）中，$\boldsymbol{k}$ 为垂直方向的单位向量；f 为科氏力参数，$g'=g(\rho_2-\rho_1)/\rho_1$为考虑到浮力的约化重力。由于地转关系在赤道波导以外的区域是非常好的近似，且近表面的海流比深海环流强得多，我们可以得到$|v_1| \gg |v_2|$，因此，用∇h_1可以很好地表示 v_1。从之前的推导中，我们可以看到深海流可以平流输送上层海水的厚度梯度，从而影响上层海流的路径。当强深海流与上层海流处在适当的角度时，深海流对上层海流路径的平流输运会被加强，但是最终结果是近乎正压的，因为深海流与上层海流逐渐趋于平行（或反向平行），平流输运会被削弱。

在进行垂直高分辨率海洋模式的动力学研究时，若满足如下条件，这一理论非常有用：①流动近地转平衡；②正压模和第一斜压模占优；③地形不会显著侵入海洋层结。另外，表层流的解释适用于深海流远远大于近表层流（$|v_{\text{near sfc}}| \gg |v_{\text{abyssal}}|$）的情况。由于条件①和②的限制，这个理论不能应用于低纬度地区，但在绝大部分层结海洋是适用的，即使是在环流非常弱的海域，如层结显著的日本海南部（Hurlburt et al，2008b）。不管是何种驱动，深海流都会影响上层流的路径，但是，因为斜压不稳定能将能量从上层海洋有效地传入深层海洋，因此斜压不稳定或者正斜压混合不稳定是驱动深海流的重要机制。这些涡驱动的深海流受地转关系约束，沿着地形等高线流动，因而可以控制包括平均路径在内的上层海流路径。这种通过不稳定性建立的上层海洋与地形的耦合要求较好地分辨斜压不稳定的物理过程，以实现能量向深层的有效传递。因此，这种耦合是用来区分涡分辨模式和涡相容模式的重要标准（Hurlburt et al，2008b）。这一模式结果以及将在 21.3 节中讨论的模式结果显示，模式若想准

确模拟上层海洋和地形之间的耦合作用，需要用至少6个模式网格求解第一斜压模罗斯贝变形半径。而在模拟真实的东向惯性射流时对分辨率有更高的要求。这种耦合强调了在海洋预报系统和气候预测模式中涡分辨模式是非常重要的，相关讨论可参考 Hurlbult 等（2008a；2009）的研究。

基于之前的讨论，我们观察图 21.3 中的可以平流输运湾流路径的 68°W 以西的深海流。我们首先从图 21.2 和图 21.3 中的 c 图开始讨论，因为它们都具有（1/32）°的分辨率、正常的底摩擦和 DWBC。模拟出的深海流在 68.5°W、72°W 以及西边界的湾流之下流动，流向大致为南向。在 68.5°W、72°W 的深海流与上层流之间交角很大，可以明显地平流输送湾流的路径。但靠近西边界的深海流与上层流反向平行［基于 Pickart（1994）的观测结果］，所以对上层湾流影响不大。关闭 DWBC 的对比试验（图 21.2 和图 21.3 中的 d 图）得到相似的结果，只是在 68.5°W 的深海流会更强一些。另外两个关闭 DWBC 的试验在这个经度仅有非常弱的平均深海流（<3 cm/s），然而所有模拟出了湾流实际分离的试验都在 68.5°W 附近的湾流之下得到了较强的深海流（> 4 cm/s）。关闭 DWBC 的所有试验都没有模拟出 72°W 的深海流，而打开 DWBC 的模拟中有来自北部支流汇入的深海流。分辨率为（1/32）°含 DWBC 及正常底摩擦（图 21.2 和图 21.3 中的 c 图）或强底摩擦（图 21.2 和图

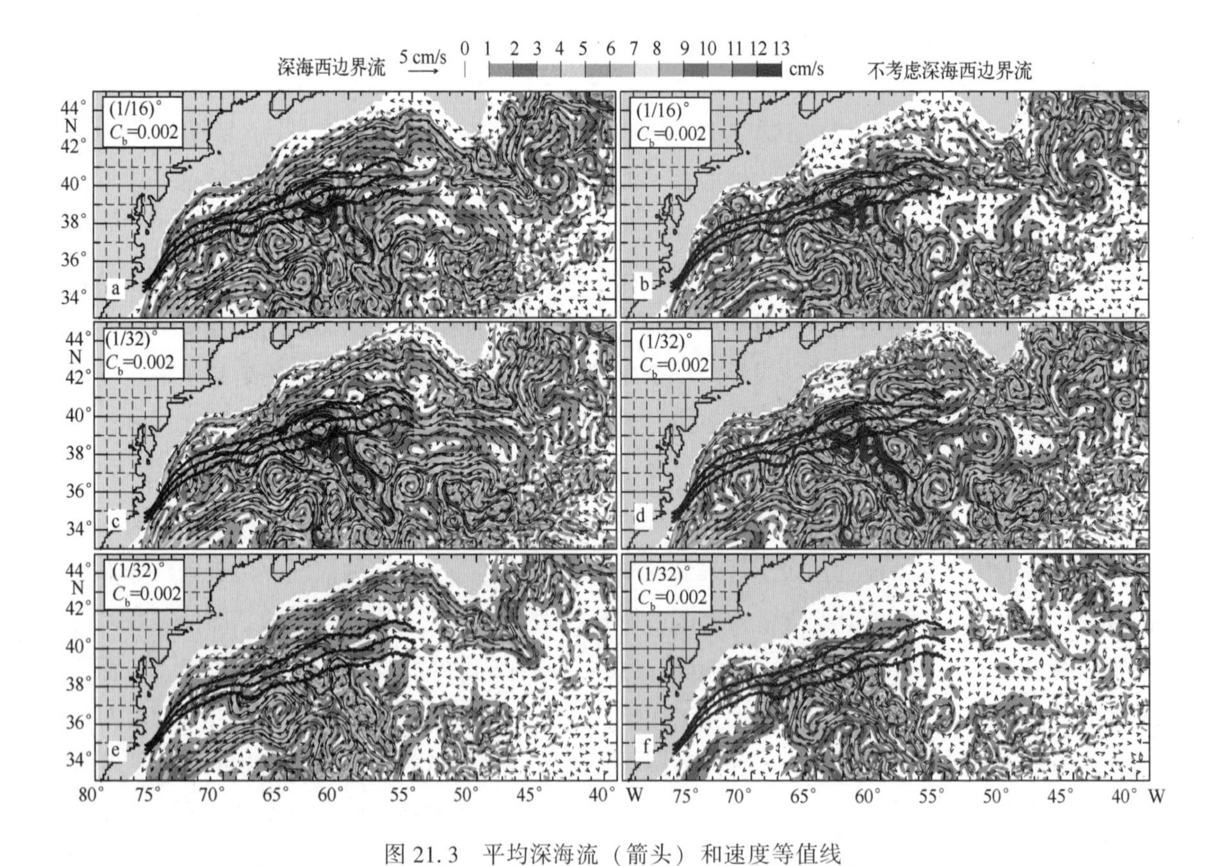

图 21.3　平均深海流（箭头）和速度等值线

a、c、e 为在 41°N 以北，65°—51°W 附近，DWBC 与模式北边界平行。b、d、f 中关掉 DWBC 后这一流动不复存在。本图与图 21.2 中的数值试验来自 Hurlburt 和 Hogan（2008）的文中

21.3 中的 e 图）的试验在西边界与 68°W 之间湾流路径相同，但是在强底摩擦的试验中，经过 72°W 的深海流非常弱。因此，68.5°W 的深海流对于模式能够准确模拟西边界与 68°W 之间与实际相符的湾流路径是十分必要的。而且，DWBC 对于模拟湾流路径来讲虽然不是必要的，但从 2 个较弱的涡驱动深海环流的试验中（第 3 组）发现，DWBC 的增强作用使试验结果能模拟出关键深海流。

将分辨率为（1/32)°、正常底摩擦并打开 DWBC 的模拟结果（图 21.3c）放大能更好地显示平均深海流，并加入地形等高线，可得到图 21.4a。为表达深海流与地形的关系，绘制了垂向无压缩的地形等高线，并将模型和观测结果进行比较。图 21.4b 是一个（1/8)°分辨率的涡相容模式模拟的平均深海流和地形，图 21.4a 与图 21.4b 中的黑框部分是同一区域。需要特别注意的是，具有垂向高分辨率的涡分辨模式和涡相容模式的分辨率是指赤道分辨率，而 21.2 节中讨论的模式是指中纬度分辨率，图 21.4a 和 b 对应的赤道分辨率分别是（1/24)°和（1/6)°。

与分辨率为（1/32)°的试验（图 21.4a）不同的是，分辨率为（1/8)°的模式结果中的深层环流是由与湾流交叉的 DWBC 主导的，而这一交叉位置已有观测证实，位于 72°W 附近。同时，这个模拟结果中涡旋驱动的深层环流非常弱（图 21.4b）。特别是（1/8)°分辨率的模式没有模拟出 68.5°W 附近的关键深海流。而在之前两个试验（图 21.3 a 和图 21.3e）中，由于 DWBC 与涡旋驱动的深层环流间的相互作用，关键深海流是加强的。(1/8)°分辨率模式模拟的表层环流与 Hurlburt 和 Hogan（2000）提出的线性解（参考文献中的图 4a）相似。(1/8)°分辨率的模拟和观测数据的对比见图 21.2a 和图 21.3a，(1/16)°分辨率的模拟和观测见图 21.2c 和图 21.3c。

除了靠近西边界的深海流，湾流之下还有 3 条不同路径的深海流，这 3 个路径的中心位于西边界与 68°W 间不同的等深线。在湾流的北面，这些路径分别位于 4 200 m、3 700 m以及 3 100 m 等深线，其中第 1 个在 68.5°W 附近与湾流交叉，另外 2 个在 72°W 附近。所有的这些深海流均从下方与湾流交叉后，跨越等深线到更深的海域，从而保证了温跃层底的南北向斜率相关的位涡守恒，这与 Hogg 和 Stommel（1985）提出的理论一致。沿较深等深线的两支深海流转向偏东方向，取道各种或简或繁的路径进入到海洋内部（平均流依然很复杂，比如图 21.3c)，并融合形成一支强大的沿着平缓悬崖的深海流。这支流在图 21.4a 中 72°W 附近可以看到，且沿 33°N 附近的大陆坡再次并入 DWBC。相反，沿 3 100 m 等深线流动的北侧深海流则继续沿着陆坡流到湾流的南侧 3 700 m 等深线的位置。与湾流下方交叉的各条路径都受地形影响，并沿着中心位于湾流正下方的深海流涡的一侧流动。这些流涡位于斜坡地形与温跃层底相配合产生均一深海流位势涡度场的区域（Hurlburt and Hogan，2008）。这些流涡的方向均与地形约束下相关深海流自下方跨越湾流时产生的相对涡度的符号一致（Hurlburt and Hogan，2008），最浅最西侧的流涡是反气旋式，另外两个东向回流进入海洋内部的是气旋式。

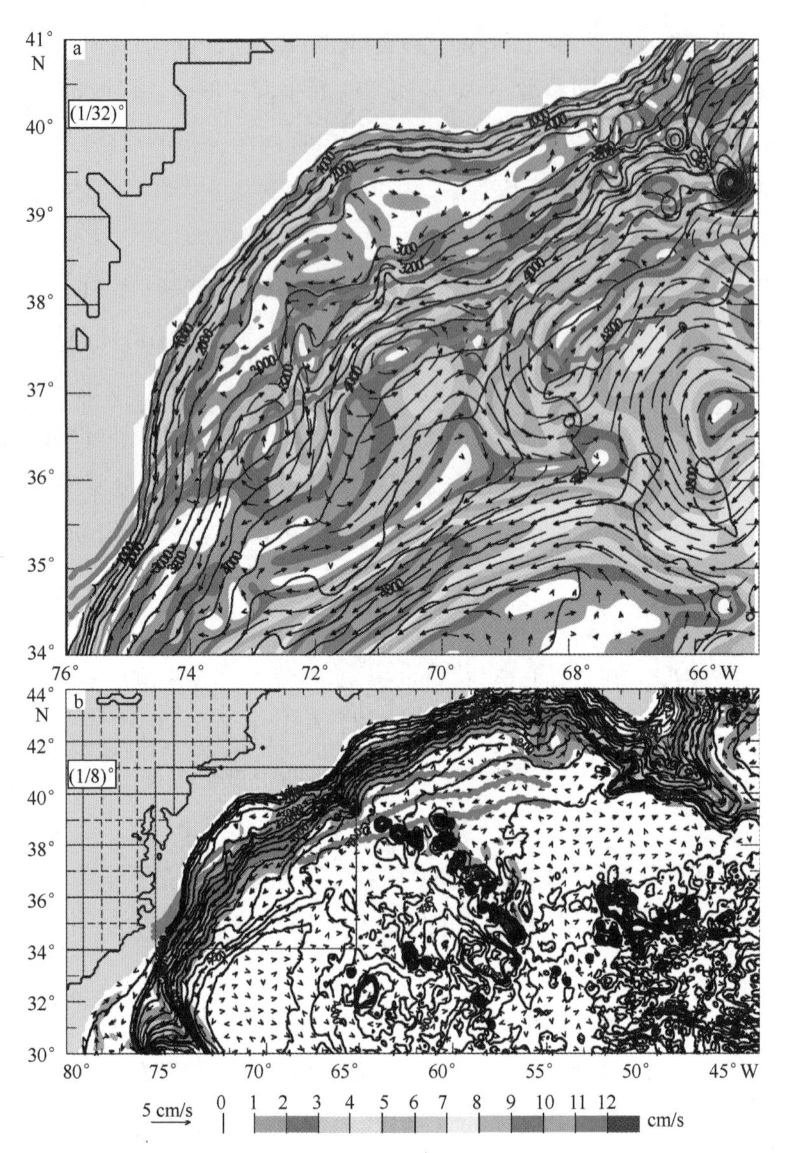

图 21.4　叠加了等深线的图 21.3c 的放大图（a）；b 图中的分辨率为（1/8）°

$A=100\ m^2/s$，$C_b=0.002$，显示区域比 a 图中的区域大，其中与 a 相同的区域用黑色方框表示（Hurlburt and Hogan，2008）

21.2.3　湾流区深层环流的观测证据

图 21.5（下）（取自 Johns et al，1995）给出了 68.5°W 附近关键深海流的观测证据。观测中包括了与模式相当的流速、在湾流之下跨越等深线并流到更深海域的海流以及一个封闭的气旋式环流。观测范围内，位于最浅等深线之上的流动终将汇入深海回流中，在 72°W 附近从下方穿越湾流。图 21.6（取自 Pickart and Watts，1990）给出了距离底层 100～300 m 深海流的历史观测，提供了位于 37°N、71°W 的气旋式深海流涡的有力证据。另一个显著的证据是在 34.5°N、71.1°W 附近 12.5 cm/s 的西—西南向的流动，这支流动证实了图 21.4a 中强深海流（流速为 10.5 cm/s）的存在。

与模式（图 21.4a）相同的是，Schmitz 和 McCartney（1993）（文献中图 12a）基于观测绘制的深层环流示意图，显示了一支沿着大陆坡流动的路径和一支最终汇入了 DWBC 的深海流路径，这两条路径均与在 3 500 m 处的 RAFOS（Range and Fixing of Sound）浮标路径吻合（Bower and Hunt，2000）。位于 71°W 以西的 RAFOS 浮标自下方跨越湾流并沿陆坡上更深的等深线流动，而在 71°W 以东的 RAFOS 浮标回转到海洋内区，大多数浮标轨迹呈杂乱涡旋状态。但 6 个浮标中［Bower 和 Hunt（2000）中的图 7］的一个（见文献中图 7j）例外。这个浮标自下方跨越关键深海流（接近 69°W）的海域，取涡旋路径，接着转变为小幅度双向翻转流，即先在 36.7°N、70.1°W 处向东，接着在 36.0°N、68.4°W 处向西，最后沿着相对平缓的陡坡沿直线快速运动，其总体轨迹与模式平均值（图 21.4a）相符，为涡驱动沿着相对平缓的陡坡的（图 21.4a 的南部区域）强深海流提供了证据。这个深海流（也可以在图 21.6 中观察到）在（1/8)°分辨率的涡相容模式（图 21.4b）里完全消失，同样，在 37°N、71°W 观测到的气旋式深层流涡以及在 68°—69°W 之间观测到的深海流也消失了（图 21.5）。

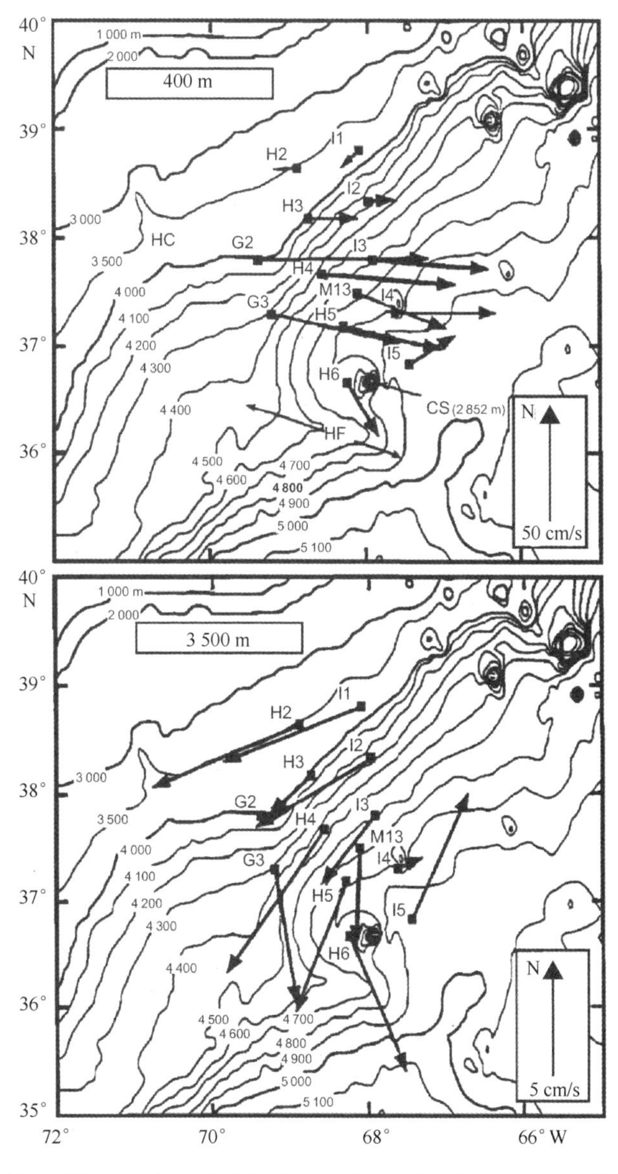

图 21.5 1988 年 6 月到 1990 年 8 月来自 400 m（上）和 3 500 m（下）海流计的平均流速

所有矢量表示 26 个月的平均值，H5 和 M13 代表年平均值（Johns et al，1995）

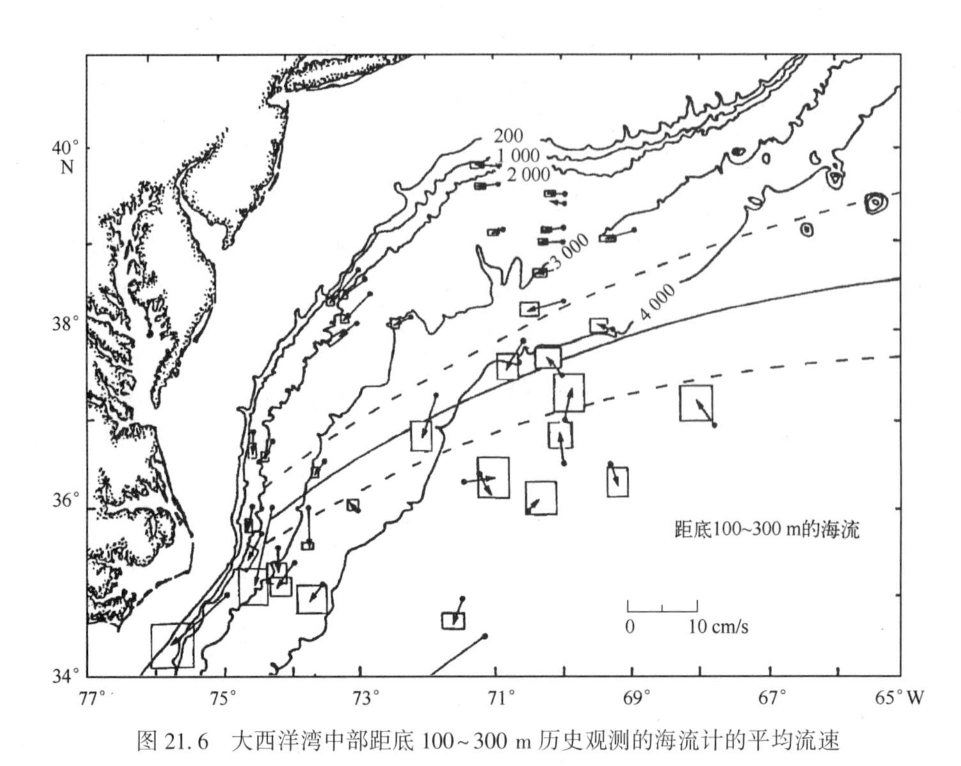

图 21.6　大西洋湾中部距底 100~300 m 历史观测的海流计的平均流速

时间段从 4 个月到 2 年不等，速度矢量的矩形代表平均速度的不确定，通常为 1~2 cm/s（Pickart and Watts，1990）

21.2.4　湾流分离及路径动力学 I：深层环流影响

涡驱动深海流、局地的地形配置和湾流反馈机制一同约束着 68.5°W 附近的湾流。为了便于解释，图 21.7 描绘了温跃层底的平均深度，并同时显示了与图 21.4a 相同的平均深海流和地形等高线。(1/32)°分辨率并打开 DWBC 的模式模拟的结果见图 21.2c、图 21.3c 和图 21.4a。

我们作出如下的理论解释：①一支有可能被 DWBC 增强的涡驱动深海流从东北方向来，并向南沿着湾流路径方向平流，即图 21.2b 和图 21.2f 所示的阻止射流的路径；②为了保证位涡守恒，当深海流从下方跨越湾流时，深海流向更深层流动（Hogg and Stommel，1985），即湾流反馈机制；③由于地形配置，向深层流动需要路径向东弯曲以产生正的相对涡度；④一旦深海流转向到与湾流平行，对湾流的南向平流就会停止；⑤湾流的局地纬度由深海流与湾流达到平行的最大纬度所决定；⑥由于局地地形配置的约束，导致局地湾流纬度对于深海流强度不敏感，只起到对湾流平流的作用。但这些动力学机制对深海流的位置、模式中关键地形特征的精度和跨越湾流的温跃层底的深度变化敏感。

同样的解释对 72°W 附近湾流下方的深海流，以及跨越湾流时转向平行或者反相平行气旋或反气旋式深海流都有效。但是图 21.2 和图 21.3 中对 72°W 深层环流的响应很微小，只有在（1/32）°分辨率、含 DWBC 且具有正常底摩擦的试验中能显现（图 21.2c）。在图 21.2c 中，73°—70°W 间的湾流路径变直，这种现象在其他几个试验中并未出现。这一现象与 Watts 等（1995）所做的研究一致。关于深海流对湾流模拟的微小影响的解释将在下一小节中

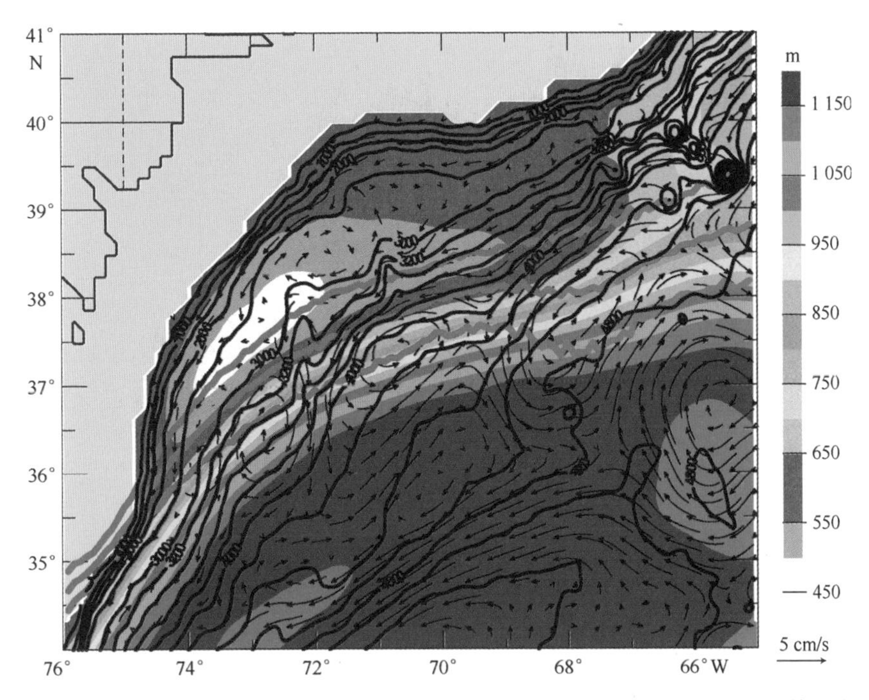

图 21.7　同图 21.4a 的模拟，只是模拟的温跃层底的平均深度代替了彩色的等深线，即图 21.2c 和图 21.3c 使用的（1/32)°分辨率模拟中第四层和第五层之间的平均深度（Hurlburt and Hogan，2008）

讨论。

另外，值得注意的是，涡驱动的深海流涡的尺度与湾流流幅相当（图 21.7），并且与湾流下的均匀位涡区相关，这个区域中地形斜率与温跃层底匹配。这些流涡与平均的湾流弯曲无关。而黑潮区域不同，分离点东侧就存在两个向北的弯曲，这 2 处弯曲与深层流涡有关，相关研究可参考 Hurlburt 等（1996；2008b）的文章。

21.2.5　湾流边界分离：沿等绝对涡度线流动的惯性射流

68.5°W 附近的湾流纬度约束并不能充分解释西边界与 69°W 之间的湾流路径，72°W 附近的湾流下方的深海流对湾流路径的影响也很小。所以，一定有其他机制能解释这一经度范围内的湾流路径。

利用四个卫星沿轨数据，图 21.8 显示了 69°W 以西湾流区域 SSH 高变率的窄带状 SSH 分布特征，意味着这一区域存在着相当稳定的路径。针对这一特征，我们将其与惯性射流路径理论解（即 CAV）进行相关性研究（Rossby，1940；Haltiner and Martin，1957；Reid，1972；Hurlburt and Thompson，1980；1982）。在 1.5 层非线性约化重力模式中，CAV 轨迹需要无摩擦的稳定自由射流在流核处的流线，流线要与等 SSH 线以及等层厚线一致。等层厚要求满足地转平衡，所以，位涡守恒变成绝对涡度沿流核的流线守恒。据此我们比较了图 21.2 代表的试验是否满足如下两点：（a）模式上层流动的平均路径（图 21.9 中的黑线）是否与等 SSH 线（图 21.9 中的黄绿线）吻合；（b）在西边界与 69°W 之间是否存在一条沿着流核的 SSH 高变率的窄带（图 21.9 中的彩线）。

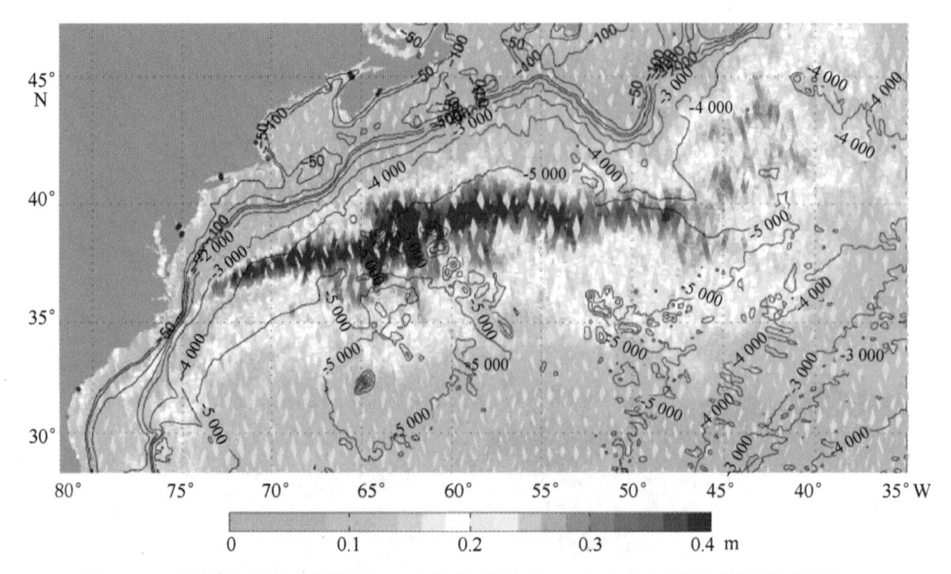

图 21.8 准同步卫星高度计在四个轨道的沿轨 SSH 变率与地形等值线的叠加

四个轨道为：2002-01-15 到 2007-10-18 的 Jason-1，1999-07-15 到 2007-12-12 的 GFO，2002-09-24 到 2007-10-29 的 ENVISAT 和 2002-09-16 到 2005-10-08 沿交错路径的 TOPEX。四个路径沿着 ENVISAT、GFO、Jason-1、TOPEX 自上而下叠加（由 NRL 的 Gregg Jacobs 提供）（Hurlburt and Hogan，2008）

根据 Reid（1972）以及 Hurlburt 和 Thompson（1980；1982）的研究，CAV 轨迹可以按照如下计算

$$\cos\alpha = \cos\alpha_0 + 1/2y^2/r^2 - y/\gamma_0 \tag{21.4}$$

这是在假设流核中心速度为常数情况下微分方程的积分形式，式中，$r=(\upsilon_c/\beta)^{1/2}$，$\beta$ 是科氏力参数随纬度的变化率；α 为海流与 x 轴正方向的夹角；y 为轨迹与 x 轴的距离；r 为轨迹的曲率半径；下标 0 代表轨迹开端的曲率半径（这里代表弯曲点，即 $\gamma_0\to\infty$）。轨迹的振幅（b）可由下式获得

$$b = 2r\sin 1/2\alpha_0 \tag{21.5}$$

为了能让湾流沿 CAV 轨迹从西边界处作为自由射流分离出来，初始化 CAV 轨迹时，须在分离点处设置拐点（$\gamma_0\to\infty$）。由于分离的角度(α_0)是东偏北，CAV 轨迹随后一定向南凹。如果模拟的结果显示分离后转向北，那么就算下游方向模拟出一支或多支 CAV 分叉，也不符合自由射流与西边界分离的情形。

计算的 CAV 轨迹如图 21.9 中的红线所示，CAV 轨迹的计算方法可以查阅 Hurlburt 和 Hogan（2008）的研究（文献中表 2）。分离点处的中心流速为 1.6~1.7 m/s［(1/16)°分辨率］和 1.9~2.0 m/s［(1/32)°分辨率］，这与 1.6~2.1 m/s 的流速观测一致（Halkin and Rossby，1985；Joyce et al，1986；Johns，1995；Schmitz，1996；Rossby et al，2005）。计算 CAV 轨迹使用了模式平均的中心流速（75°—70°W），模拟出了真实湾流路径，分离角为东偏北53°±3°。图中用红点标注了用来初始化 CAV 轨迹计算的拐点。

在西边界与 70°W 之间，4 个试验模拟出的真实湾流路径结果符合 CAV 轨迹。但是，另外 2 个试验结果显示，湾流分离后路径向北，在分离点的东北方向转向，因此不是作为自由射流从西边界分离的，这说明了线性理论约束的重要影响（见图 21.1）。因此，单独用 CAV 轨迹理论解释西边界与 69°W 间的湾流路径是不够的。但 CAV 轨迹理论可以用来解释 72°W 附近的情形（见图 21.4a），因为深海流的影响与 CAV 轨迹理论给出了相同的湾流纬度（见图 21.9c）。

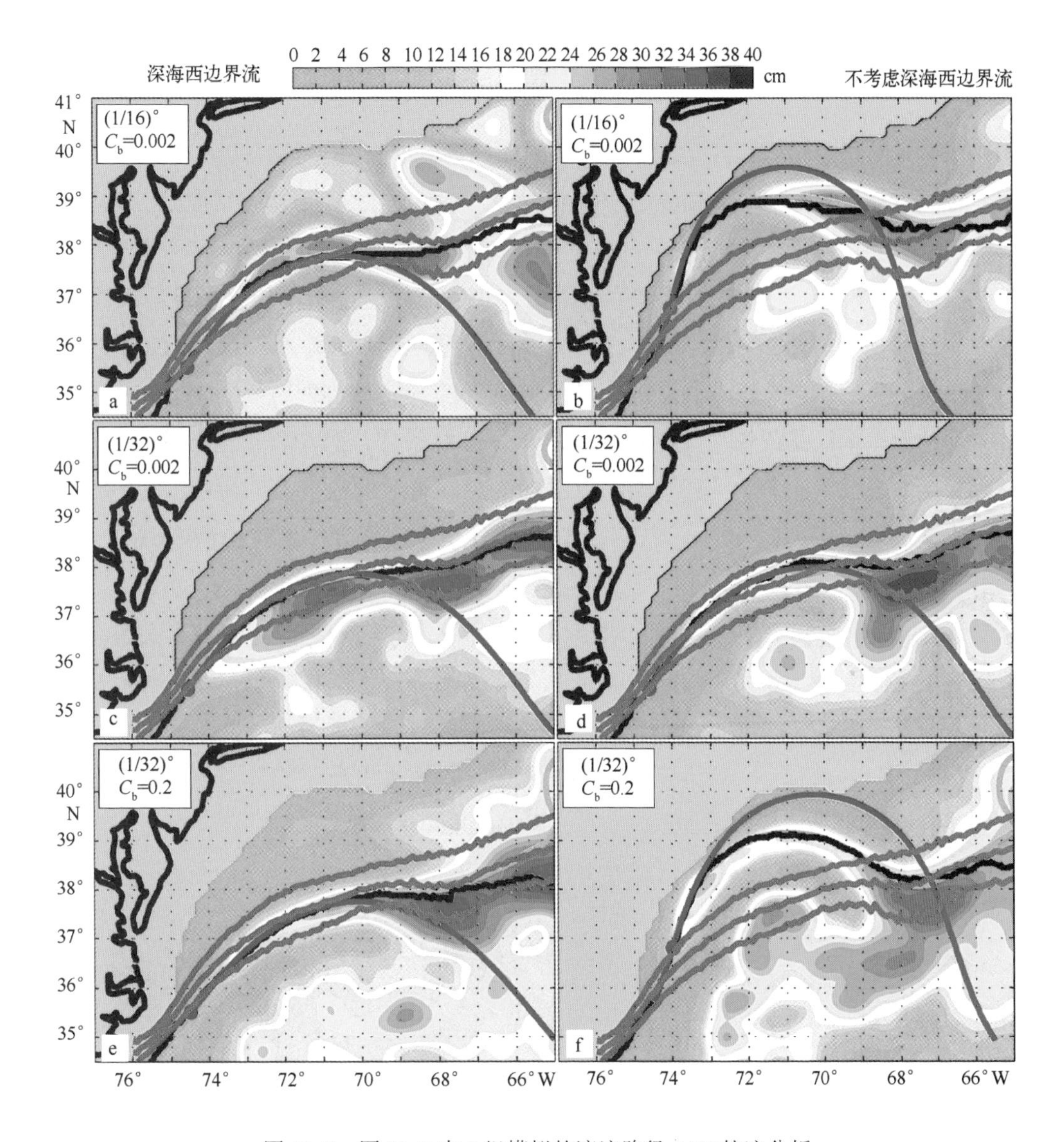

图 21.9 图 21.2 中 6 组模拟的湾流路径 CAV 轨迹分析

流核的最大速度路径用黑线表示，最近的 SSH 等高线用黄-绿线表示，对应的 CAV 轨迹用红色线表示，观测的 IR 北侧锋路径±标准差用紫色线表示，模拟的 SSH 变率加载在每幅图中。作图的先后顺序为浅紫色、红色、黑色、黄-绿色，当线条重叠时线会模糊。比如 68°W 附近的黄绿 SSH 等高线与流核线重叠时，才有 CAV 轨迹的存在。离最大速度的路径最近的 SSH 等高线偏斜于模拟的湾流的北部，分别为（a）24 cm，（b）16 cm，（c）28 cm，（d~f）24 cm。可参见对应的图 21.2。TOPEX/Poseidon 卫星高度计中西边界附近的湾流主轴（Lee，1997）偏离了 IR 北面锋路径这一现象与 Hurlburt 和 Hogan（2000）的图 7a、图 7c、图 7d 和图 7e 中的模拟结果一致

21.2.6 湾流分离及路径动力学Ⅱ：CAV 轨迹的作用

在那些可以合理模拟湾流的模式中，其脱离西边界与 70°W 之间，平均湾流路径与 CAV 轨迹相吻合。CAV 路径依赖于以下几方面：①对于纬度的边界流分离角度，这很大程度上取决于分离点上游的陆架坡折；②中心流速；③边界流分离的拐点位置。

21.2.7 湾流分离及路径动力学Ⅲ：深层环流与 CAV 轨迹的相互作用

不论是深海流理论还是 CAV 轨迹理论，单独用来解释湾流的分离及其东向路径都是不够的。一方面，深海流、地形以及湾流反馈机制对 68.5°W 附近湾流的约束并不能很好地解释西边界与 68°W 间的湾流路径。另一方面，没有了 68.5°W 附近深层环流的影响，即使是在湾流中心流速模拟较好的模式中，湾流的惯性特点也不足以克服线性解中出现的路径过于偏北的情况，或者在没有 68.5°W 深海流的帮助下难以获得与实际相符的湾流分离。因此，在 68°W 与西边界之间的湾流路径模拟中应将 CAV 轨迹理论与 68.5°W 附近湾流的物理约束结合起来考虑。

涡驱动的深海环流是模拟出关键深海流的充分必要条件。DWBC 不是必需的，但 DWBC 的存在确实能增强关键深海流并且加剧涡驱动的深层环流对湾流分离的影响。DWBC 对于湾流分离的影响依赖于模式分辨率的设置，(1/16)°分辨率时需要 DWBC，而（1/32）°分辨率则无须 DWBC。

总之，这个动力学解释是强劲的。只要湾流的中心流速与观测一致，并且关键深海流足够强，模拟出的湾流分离及其东向路径就可以与观测吻合，不受模式分辨率、底摩擦、深海环流强度以及有无 DWBC 的影响。同时，这个动力学解释与上层海洋与深层海洋的大量观测相符，包括 15 年平均的湾流 IR 北路径、湾流分离区的湾流中心流速、卫星高度计观测的海表面高度变化规律以及观测到的平均深海流。Hurlburt 和 Hogan（2000）对图 21.2a 和图 21.2c 中的试验结果进行了大量的检验和比较。

21.3 基于涡分辨全球以及洋盆尺度的海洋环流模式对湾流模拟的动力学评估

基于涡分辨洋盆尺度的 OGCMs 能成功模拟湾流路径，所用模型包含更复杂的热力学过程且垂向分辨率增加（20~50 层），而之前 21.2 节中讨论的水动力模型垂向只有 5 层。但是，OGCMs 对诸如次网格尺度参数化和参数值等小的改动都非常敏感，因而很难获得一致的结果，甚至存在严重的缺陷（Paiva et al，1999；Smith et al，2000；Bryan et al，2007；Chassignet and Marshall，2008；Hecht and Smith，2008；Hecht et al，2008）。在本节中，我们对涡分辨全球和洋盆尺度的 OGCMs 湾流分离和向东路径的模拟进行动力学评估。最直接的目标是更好地识别和理解成功和失败的原因，及数据同化对数值模拟的影响（21.4 节）。到目前为止，在某些地区，涡分辨全球和洋盆尺度的海洋预报系统具有 30 d 或以上的预报技巧，而在湾流区域，预报技巧只有 10~15 d（异常相关性大于 0.6）（Smedstad et al，2003；Shriver et al，

2007；Hurlburt et al，2008a；Chassignet et al，2009；Hurlburt et al，2009）。未来的目标是对湾流进行持续稳定的合理模拟，提高现报和预报能力，延长预报时效到1个月，并提高在湾流区域的气候预测能力，进一步了解OGCMs的动力学，并对其模拟结果进行动力学评估。

评估使用的数值结果均来自涡分辨全球和洋盆尺度的数值模式，包括HYCOM、MI-COM、NEMO和POP（见表21.1）。模型分辨率从大西洋（1/10）°到全球（1/25）°。用于评估的模拟不仅包括模拟出合理湾流的路径和动力过程的模拟，也评估存在以下几种缺陷的模拟，包括：(a) 合理的路径和不合理的动力过程；(b) 上冲的路径；(c) 在哈特拉斯角（观测所在位置）南部过早的分离；(d) 在哈特拉斯角分离，但有一个分支过于偏向东南；(e) 在分离时或之后的湾流分叉；(f) 路径受分离点的上游失真模拟的影响，如变率过大，且在观测到的平均路径以东，则存在大量的向海方向的环状流。这部分用于评估的4个模型，就像本节和文献中描述的，模拟了湾流的多种形态。

表21.1　动力分析使用的OGCMs模拟和后报试验

海洋模型[a]	试验编号[a]	水平分辨率[b]	垂直分辨率	使用的时间	备注
21.3节的模拟					
大西洋MICOM	1.0	(1/12)°	20个坐标面	1982—1983年	
大西洋NEMO	T46	(1/12)°	50个坐标面	2004—2006年	
全球NEMO	T103	(1/12)°	50个坐标面	2004—2006年	
大西洋POP	14x	(1/10)°	40个坐标面	1998—2000年	
大西洋HYCOM	1.8	(1/12)°	32个坐标面	3~6年和11~13年	与(1/12)°全球18.0版为近似的孪生试验[c]
全球HYCOM	9.4	(1/12)°	32个坐标面	12~15年	
全球HYCOM	9.7	(1/12)°	32个坐标面	2004—2007年	与(1/12)°14.1版为孪生试验但不含潮[d]
全球HYCOM	14.1	(1/12)°	32个坐标面	2004—2007年	(1/12)°9.7版的孪生试验（含潮）
全球HYCOM	18.0	(1/12)°	32个坐标面	4~6年和9~10年	(1/25)°4.0版的近似孪生试验
全球HYCOM	4.0	(1/25)°	32个坐标面	3，5~10年	(1/12)°全球18.0版的近似孪生试验
21.4节的模拟与后报					
全球HYCOM	5.8	(1/12)°	32个坐标面	2004—2006年	无资料同化
全球HYCOM	60.5	(1/12)°	32个坐标面	2004—2006年	Cooper-Haines[e]
全球HYCOM	19.0	(1/12)°	32个坐标面	6/2007—5/2008	无资料同化
全球HYCOM	74.2	(1/12)°	32个坐标面	6/2007—5/2008	MODAS合成[e]

注：a. MICOM迈阿密等密度坐标海洋模型，等密度坐标在C-网格上；NEMO欧洲海洋核心模型；在浅水区地形追随坐标的z坐标在C-网格上；POP并行海洋计划，z坐标在B-网格上；HYCOM混合坐标海洋模式，浅水区的混合等密度/压力层/跟随地形坐标在C-网格上。b. 每个预报变量的分辨率。c. (1/12)°全球HYCOM18.0的相同设置试验，除了模型区域和分别在28°S和80°N的模型边界处3°以内的缓冲区中温度（T）和盐度（S）向气候态松弛，全球HYCOM试验源自GLBa系列，同时所有的HYCOM试验均采用基于D. S. K. 的DBDB2地形（见http：//www. 7320. nrlssc. navy. mil/DBDB2_WWW）。d. 包括正压潮和内潮的8个调和分潮（Arbic et al，2010）。e. 向下投影法用于SSH更新，如Cooper and Haines（1996）或利用模块化海洋数据同化系统（Modular Ocean Data Assimilation System，MODAS）的综合温度、盐度剖面（Fox et al，2002）。在两个案例中，用美国海军耦合海洋数据同化（Navy Coupled Ocean Data Assimilation，NCODA）系统来同化所有数据（Cummings，2005）。

这部分的讨论目的在于简化模型评估，重点如下：①为了评估平均路径，将模型算得的平均 SSH 与 Cornillon 和 Sirkes 的 IR（红外观测的）路径 15 年平均$\pm 1\sigma$ 倍标准差叠加显示（未发表）。这个锋面的路径位于湾流的北部边缘，经向分辨率为 0. 1°。②通过 SSH 变率，找出 69°W 以西的高变率窄带区域，与用深海流的涡动动能（Eddy Kinetic Energy，EKE）识别的斜压不稳定的区域一起，用来确定湾流路径分支的动力学和涡驱动平均深海流的源区。③用中心平均流速来评估湾流的惯性射流是否和西边界流附近的观测一致。④评估 DWBC（表征平均深海流的术语，是 AMOC 的一部分）和涡驱动的平均深海流对湾流路径及其上层海洋特征的调控作用。取决于深海流的强度及其与等深线的相对位置，有可能提高或增加模拟湾流路径的误差。⑤AMOC 的强度和深度结构会影响湾流路径。强度增加可使模拟的湾流惯性增强，但同时也会使得模拟路径更趋向线性理论的上冲路径。AMOC 的深度结构影响 DWBC 沿哪条等深线流动，及 DWBC 和涡驱动深海环流间的相互作用。⑥洋盆范围内，线性解对平均风应力强迫场的响应使得湾流区风生海流的强度和路径受线性理论约束。因为其他类型的信息充足，不再需要计算 CAV 路径来评估模型的平均路径、分离点附近的中心平均流速、69°W 以西 SSH 高变率窄带等特征。

在动力评估时，虽然有些图范围是很大的区域，但我们的研究区域是湾流起源于30°N，80°W 的分支，即起源于 35. 5°N、74. 5°W 的湾流与岸界分离点的上游延伸至约 68°W 的湾流段，以及这一区域内路径分支的精确性。21. 3. 1 节中使用由驱动 OGCMs 的风应力产品驱动线性模式得到输运流函数；21. 3. 2 节讨论了 4 个数值试验，合理的湾流路径和非常合理的湾流动力学；接下来讨论上文中提到的模拟中不同类型的缺陷，包括了湾流路径真实但分离动力学不真实的情况。每种情况下，列举了 1～4 个例子来说明试验的结果和动力学。在 21. 3 节中的试验均不包括海洋数据同化。特别需要说明的是，在 21. 2 节和 21. 3. 1 节部分的数值模式使用的是中纬度分辨率，而在 21. 3 节和 21. 4 节 OGCMs 用的是赤道分辨率，因此，21. 2 节和 21. 3. 1 节中提到的（1/16）°分辨率，大约等于在 21. 3 节和 21. 4 节部分 OGCMs 的（1/12）°的分辨率，约等于中纬度地区 7 km 的分辨率。

21. 3. 1 风应力驱动湾流线性模型（风场产品同 21. 3 节和 21. 4 节的 OGCMs）

使用与 21. 3 节和 21. 4 节 OGCMs 相同的风场产品驱动 21. 2. 1 节中的线性模型得到线性正压解，但这里的线性模型不包括 AMOC 的贡献。模型依然为正压平底模式而不是约化重力模式，产生相同的平均输运流函数。图 21. 10 描述了大西洋（1/16）°分辨率的线性正压模型在不同风应力驱动下模拟出的大西洋质量输运流函数，图片只显示了研究区域。风应力产品如下：（a）欧洲中尺度气象预报中心（European Centre for Medium Range Weather Forecasts，ECMWF）中期再分析资料 2004—2006 年平均场；（b）ECMWF 业务化产品 2004—2006 年平均场；（c）用 40 年 ECMWF 再分析得到的 1978—2002 年的气候态产品（ERA-40）（Kallberg et al，2004）；（d）NOGAPS 的 2003—2008 年的气候态产品（Rosmond et al，2002），其中（c）、（d）中的风应力采用了 Kara 等（2005）的块体公式，由校正后的 10 m 风速计算得来，校正所用数据为 QuikSCAT 散射计月气候态产品（Kara et al，2009）；（e）使用的是 ERA-15

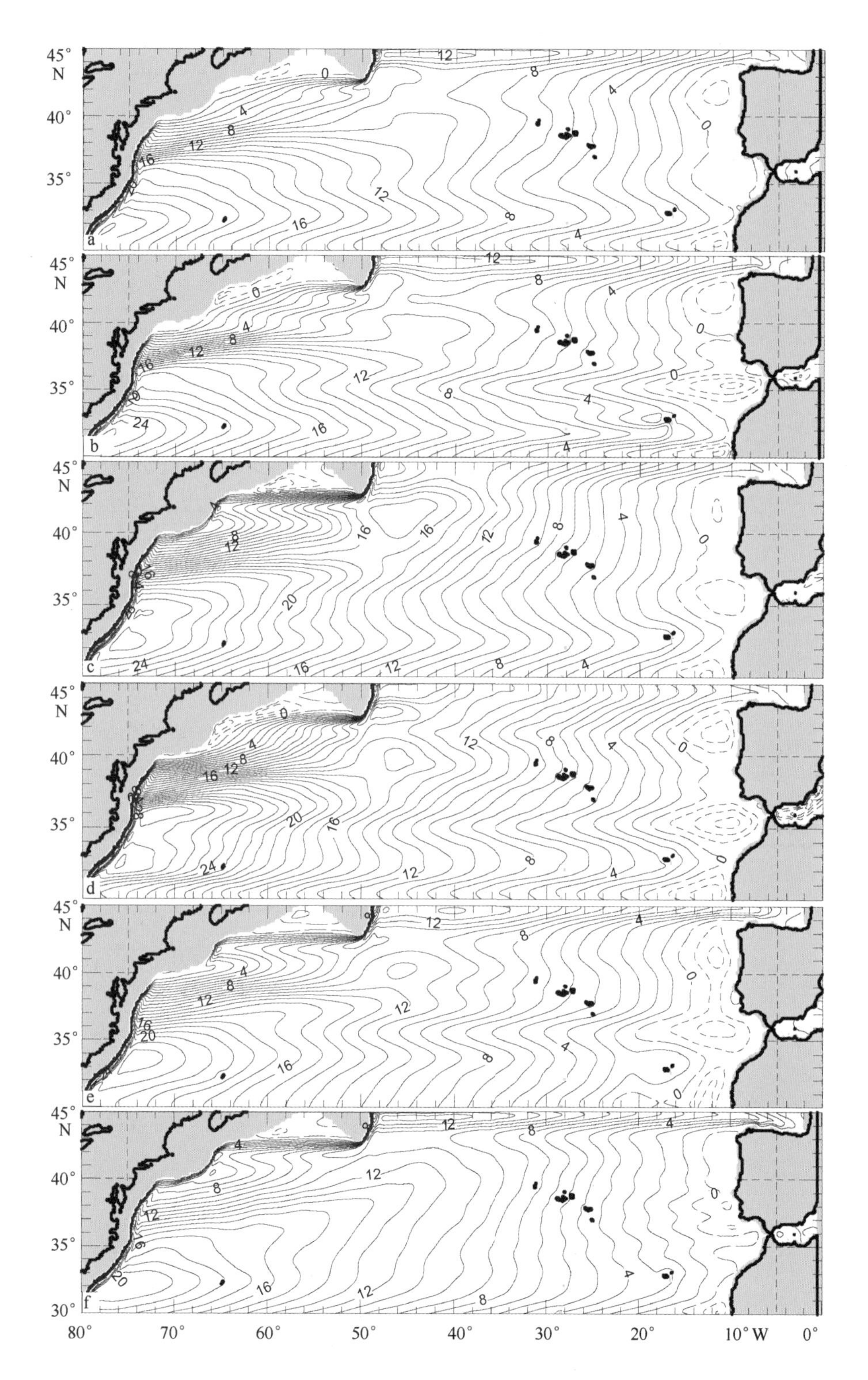

图 21.10 ECMWF 2004—2006 年再分析资料驱动的正压（1/16）°平底模拟的平均输运流函数（ψ）

a. ECMWF 中期再分析资料 2004—2006 年平均场；b. ECMWF 业务化产品 2004—2006 年平均场；c. ERA-40 的 1978—2002 年的气候态产品，其中风速由气候态的 QuikSCAT 散射计订正；d. QuikSCAT 订正的 NOGAPS 的 2003—2008 年的气候态产品；e. ECMWF ERA-15 的气候态；f. 1998—2000 年的 ECMWF 的 TOGA 全球海表面分析产品。等值线间隔为 1 Sv

(Gibson et al, 1999) 气候态产品。(f) 使用的是基于业务化 ECMWF 的 1985—2001 年年初的 ECMWF TOGA 全球表面分析产品 (Smith et al, 2000; Bryan et al, 2007)。(f) 中使用平均拖曳系数, Large 和 Pond (1981) 将 10 m 风速转化为表面应力。需要注意的是, 6 个风应力产品中 5 个来自 ECMWF, 1 个来自 NOGAPS。线性模式的强迫用的都是年际变风场的时间平均场, 这些风场产品也用在表 21.1 列举的数值试验中: (a) (1/12)°大西洋 NEMO 模式; (b) (1/12)°全球 NEMO 模式; (c) 除上述 2 个试验外的所有 HYCOM 模型; (d) (1/12)°全球 HYCOM 19.0 和 HYCOM 74.2; (e) (1/12)°大西洋 MICOM 模式和 (1/12)°全球 HYCOM 5.8 和 HYCOM 60.5; (f) 大西洋 (1/10)°POP 模式。

湾流区计算所得的流函数大致相同, 且与使用平滑过的 Hellerman-Rosenstein 气候态风应力强迫的试验结果 (图 21.1) 有很大的差异。线性模式从西边界流分离通量 (20~27 Sv, 而平滑过的 Hellerman-Rosenstein 的试验结果为 30 Sv。总之, 绝大多数的流函数等值线自实测湾流分离点以北 (35.5°N) 脱离西边界流, 至少 50%的分离在 35°—40°N 之间, 分离后由东向东北方向流动。使用由 QuikSCAT 数据校正过的风应力强迫的两个试验产生的流量最大, 如图 21.10c 中 ERA-40/QuikSCAT 的 26 Sv 和图 21.10d 中 NOGAPS/QuikSCAT 的 27 Sv。几乎所有由这两种产品驱动的试验算得的流函数等值线均在实测湾流分离点以北与岸界分离, 这种现象非常显著。在使用平滑过的 Hellerman-Rosenstein 气候态风应力的情况下, 在 35.5°N 以北与岸界分离的流量约为 17 Sv, 说明在 OGCMs 模拟中使用的风应力产品 (图 21.10c) 模拟出过冲路径的趋势很强。

21.3.2 真实湾流路径的模拟

图 21.11 和图 21.12 分别展示了 4 个在研究区域内模拟出真实湾流路径试验中的平均 SSH 和 SSH 变率。这 4 个试验分别是 (1/12)°大西洋 MICOM (图 21.11a 和图 21.12a)、(1/12)°全球 NEMO (图 21.11b 和图 21.12b)、(1/12)°大西洋 HYCOM (图 21.11c 和图 21.12c) 和 (1/25)°全球 HYCOM (图 21.11d 和图 21.12d)。在模拟中, 平均 IR 锋面路径 (红色) 紧随研究区域内模拟湾流的北侧, 模拟路径也基本符合实际情况。在 (1/12)°大西洋 MICOM (图 21.12a) 和 (1/12)°大西洋 HYCOM (图 21.12c) 试验中, 69°W 以西存在一条 SSH 变高率窄带, 这与实测数据相符。在 (1/12)°全球 NEMO (图 21.12b) 和 (1/25)°全球 HYCOM (图 21.12d) 试验中, SSH 高变率带在 69°W 以西仍然相对狭窄, 但 (1/12)°全球 NEMO 试验中, 72°W 附近高辨率带有凸起, 而在 (1/25)°全球 HYCOM 试验中, 研究区域内 SSH 高变率带更宽, 变率比在分叉纬度以南观测到的更高。(1/12)°全球 NEMO 试验中 72°W 附近的高变率区 (与图 21.9c 相似, 与卫星高度计不同) 揭示了同图 21.2c 和图 21.9c 中所示的 (1/32)°模拟一样, 72°W 附近的下层跨越深海流对湾流路径的轻度影响。73°—70°W 之间变直的路径与叠加其上的平均 IR 路径一致 (图 21.2c 和图 21.11b)。(1/25)°全球 HYCOM 试验 (图 21.12d) 高 SSH 变化带宽变宽是由分叉点南侧产生的一些小弯曲向北传播到试验区域以及 4 年平均模拟路径轻微北向延续 (气候态初始化后的第 5~8 年) 造成的。为评估与观

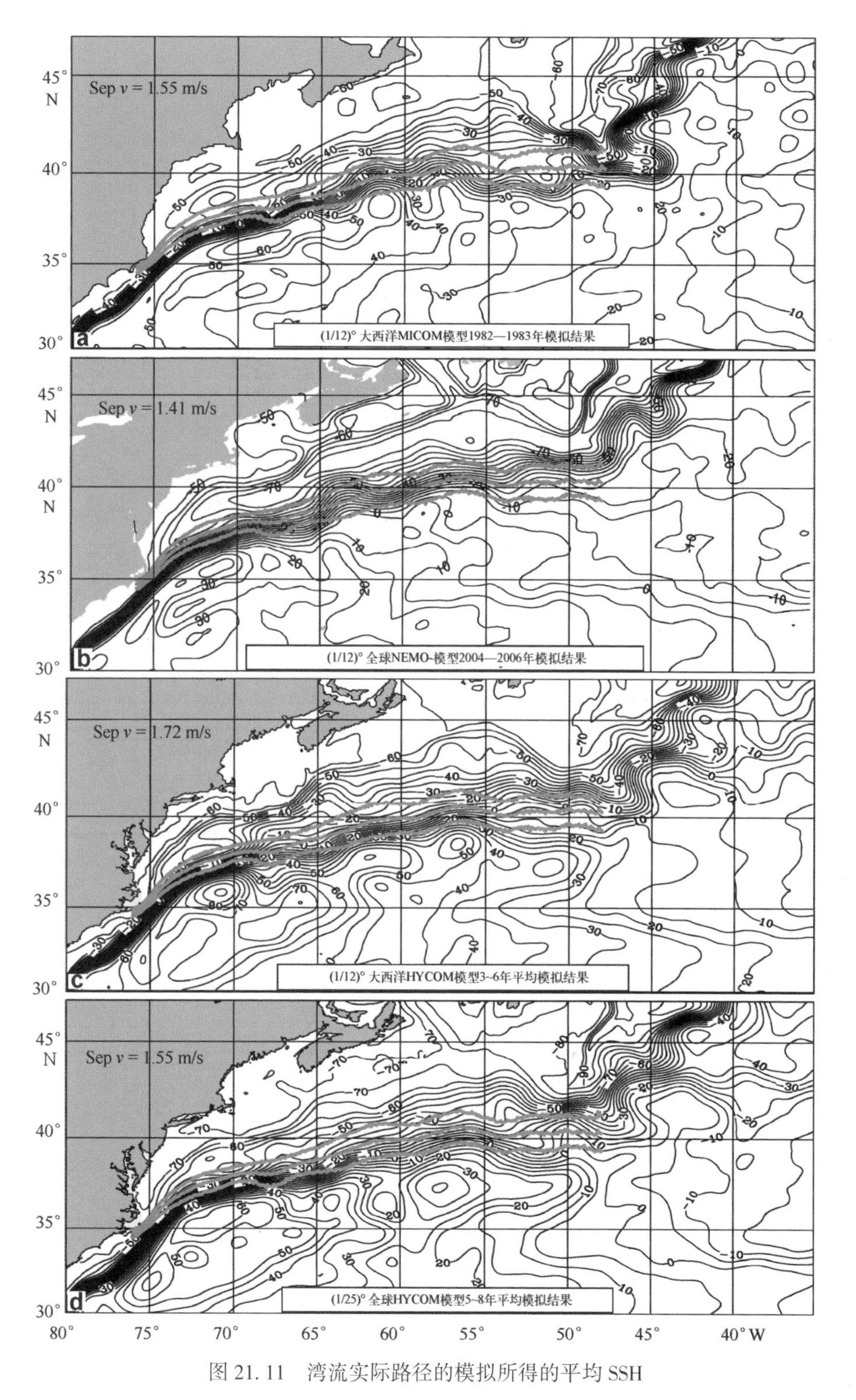

图 21.11 湾流实际路径的模拟所得的平均 SSH

等深线色谱条带间距 5 cm，21.3 节和 21.4 节使用相同 SSH 等深线色谱条带间距。由 Cornillon 和 Sirkes 提出的平均湾流 IR 北屏障锋面路径 $\pm 1\sigma$ 以红色线条叠加到每个图例，并以红色或黑色线条叠加到多数其他图例。Sep v 是湾流核心在西边界分叉点附近的平均速度。Sep v 在其他平均 SSH 以及近表面流图例中给出

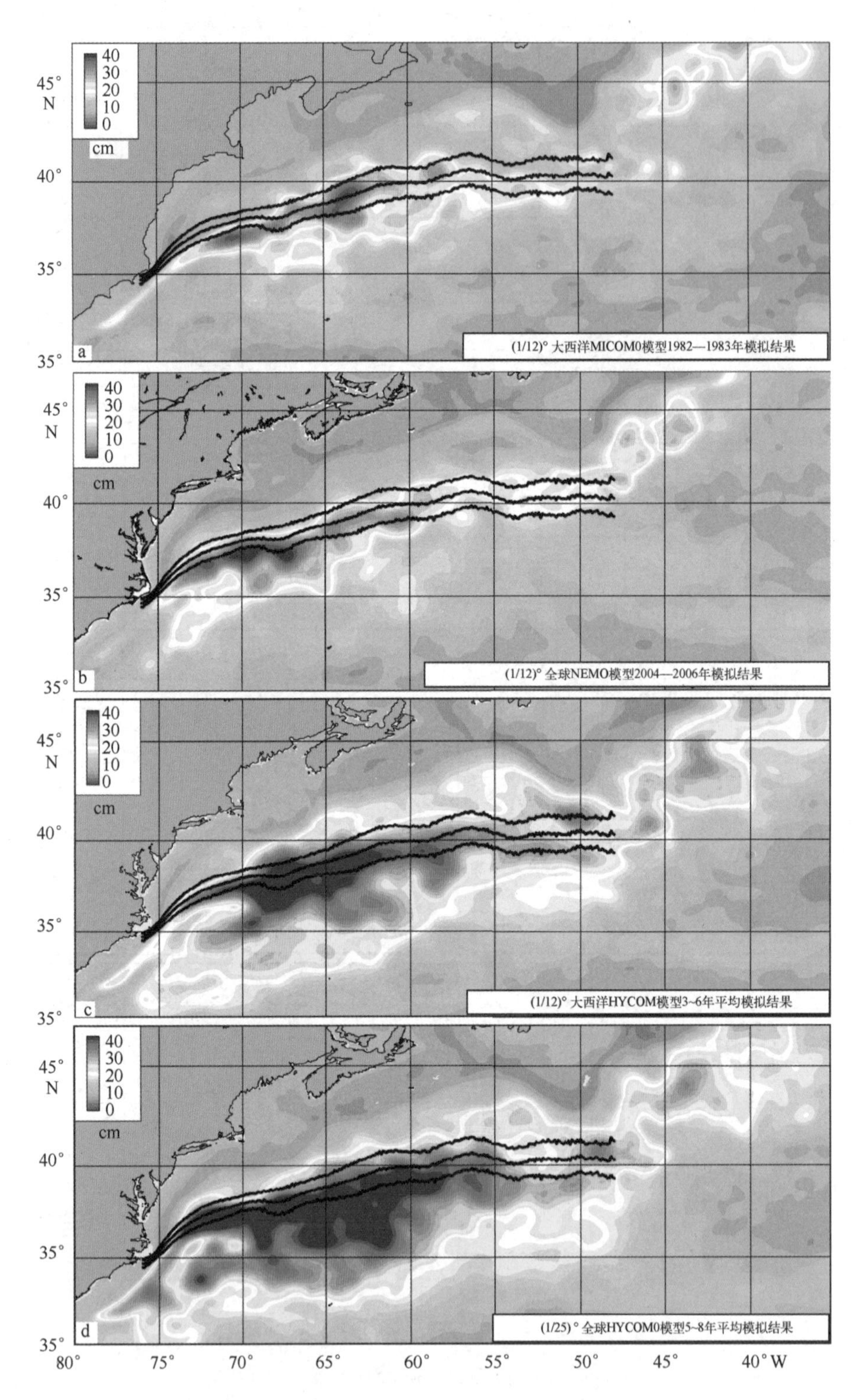

图 21.12　如图 21.11 中所述的 4 个模拟的平均 SSH 变率

所有 SSH 变率图例中色谱条带间隔均为 2 cm，18~20 cm 色谱条带为白色

测数据有关的分叉喷射流的惯性特征，我们用分叉点附近的喷射流核心位置的 Eulerian 平均最大速度，该位置是在大多数模拟中路径变化都很低的一个位置。与观测到的速度范围（1.6~2.1 m/s）相比较，(1/12)°大西洋 HYCOM 模拟以 1.72 m/s 在观测范围内，(1/12)°大西洋 MICOM 和（1/25)°全球 HYCOM 模拟以 1.55 m/s 低于观测范围，(1/12)°全球 NEMO 比 1.41 m/s 的观测速度范围低 12%。

尽管所有模拟都在关心区域展示了相对真实的湾流路径，总体而言，(1/12)°大西洋 HYCOM 模拟最接近相关观测资料。因此，其他 3 种模拟结果都与（1/12)°大西洋 HYCOM 模拟和观测数据相比较做讨论。用从平均深度约 3 000 m 至底边界之间区域来展示平均深海流较为合适。除了 MICOM，其他模拟都选取了近似的这个深度范围，但由于底边界流的限制，通常延伸到略浅的深度。MICOM 的 15 层非常厚。由于 MICOM 是等密度的，层接面随深度变化，但典型的 15 层顶部为 2 000 m 深，底部为 3 600 m 深。尽管在 OGCMs 模拟中，这种浅层的深度包括未被底边界捕捉的特征［例如 Hecht 和 Smith（2008）的图 8 中所示和相关讨论］，而这些特征当 15 层包含在 MICOM 深海层平均深度中时并不明显（图 21.13a）。当包括 15 层时，在 72°W 和 68.5°W 附近从更深深度跨过湾流的海流流速小，约 1 cm/s（一条色带），但这是最负面的影响。另外，加入 15 层为 MICOM 深海环流提供更广阔的图景。

在 MICOM（图 21.13a）的深海环流观测显示主要的深海环流在 68.5°W 附近从湾流底部通过（图 21.5），包括中心位于 37°N、71°W 气旋性环流和在 34.5°N、71.1°W（图 21.6）沿着陆架坡流动的强流。它与 Bower 和 Hunt（2000）文中的图 7j 的 RAFOS 浮动轨迹相一致，而且观测基于 Schmitz 和 McCartney（1993）文中的图 12a 的原理，在 21.2.3 节有所展示。MICOM 的这些现象与图 21.4a 的十分类似，包括靠近 72°W 湾流底部的双通道。东边的通道从底部通过并转折向东，然而西边的仍然沿着陆架坡。但 MICOM 模拟的西侧通道与图 21.4 略有不同。在 MICOM 的西通道随着地形迅速向西转弯至 3 200 m 等深线，沿着湾流北部边缘，然而在图 21.4a 中，它穿过湾流并且沿着大陆坡 3 600~4 000 m 等深线向南流。Bower 和 Hunt（2000）的图 7 的 RAFOS 浮标 3 500 m 的轨迹表明沿陆架坡这个更深的路径存在，这在 MICOM 的数值模拟难以体现。

所有的 4 个模拟都存在 72°W 附近的横穿交叉路径，两条路径从北侧汇入，分别来自气旋式深海环流和沿着较缓的海沟西向—西南向流（图 21.13）。不仅 MICOM，这种横穿流是西侧的反气旋深海环流增强导致的（见图 21.4a），(1/12)°全球 NEMO 模型十分明显，(1/12)°大西洋 HYCOM 和（1/25)°全球 HYCOM 较之更弱。不像 MICOM 和 NEMO 模拟，(1/12)°和（1/25)°大西洋 HYCOM 能够模拟出沿陆架坡从南端 72°W 的连续贯穿流，除此之外，西侧的转向，4 个模式都能够模拟出来。

除了（1/12)°全球 NEMO 外，所有模型模拟的主要深海环流都靠近 68.5°W（图 21.5），在 MICOM 中尤其明显，在（1/25)°全球 HYCOM 和（1/12)°大西洋 HYCOM 模型中双通道流入北侧越来越弱。在模拟的湾流路径时有其他的限制，(1/12)°全球 NEMO 模型、(1/12)°大西洋 HYCOM 模型和（1/25)°全球 HYCOM 模型中出现了深海湾流靠近 67.5°W 和 65.5°W 的横穿交叉路径，在 MICOM 的模拟和图 21.4a 中却没有。在完全贯穿湾流前，NEMO 模型中

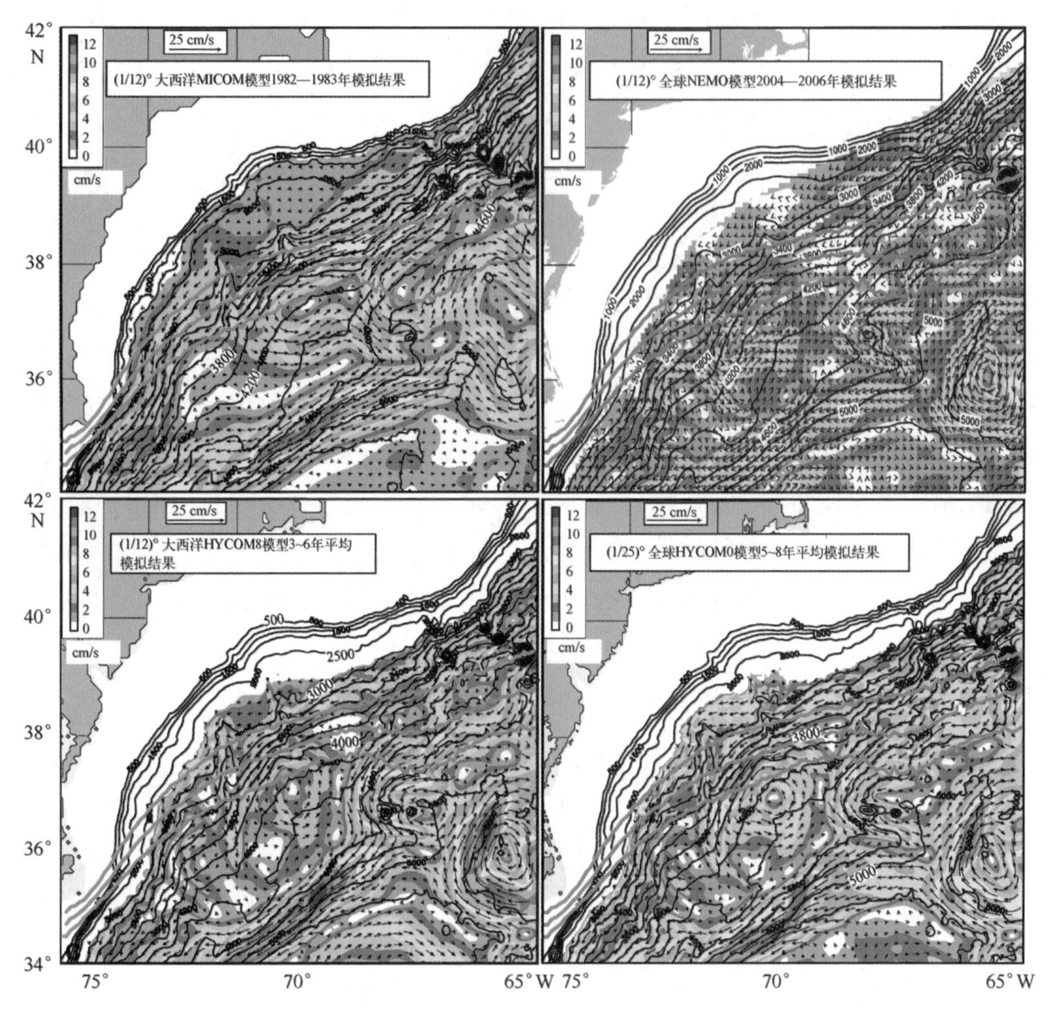

图 21.13 平均深海流（箭头）叠加对应等风速线

流速条带色谱间距为 1 cm/s，水深深度色谱条带间隔：深度大于 3 000 m 时为 200 m，深度小于 3 000 m 时为 500 m。海流参考向量的长度是 25 cm/s。所有图例中平均深海流流速流向的标示如非特殊提及都遵循相同规则

转向成沿 4 800~4 900 m 等深线反向于该模型湾流的西向流，而在两个 HYCOM 模型结果中是 4 600~4 800 m 等深线。这个深海环流加入 68.5°W 的通道中，在那里转向南流。NEMO 在这个过程中模拟的湾流的南部边缘平流输送向南，形成湾流南侧西向非线性环流东边缘一个分支（图 21.11b），在两个 HYCOM 模型的模拟结果中是两个分支（图 21.11a）或者与之相关的图 21.4a 的平均 SSH（图 21.2c）。这两个模拟结果不存在两个西向贯穿流和 65.5°—68.5°W 之间的西南向沿 4 600~4 900 m 等深线环流。没有直接观测证实或者表明存在这些深海环流。

从纬度看，图 21.11 的流量大于 30 Sv 的区域中，MICOM 模型中给出的大西洋经向翻转环流（图 21.14a）是最强的，但同时接近分离点的核心平均速度也较弱，表明风驱动的作用相对较弱（图 21.10e），大西洋经向翻转环流对深海环流的贡献则很强（图 21.13a）。DWBC 的深度尺度有利于 MICOM 模拟显示中深海环流。其他 3 个模型流量的大西洋经向翻转环流流量约为 20Sv 和南向深海分支较浅。

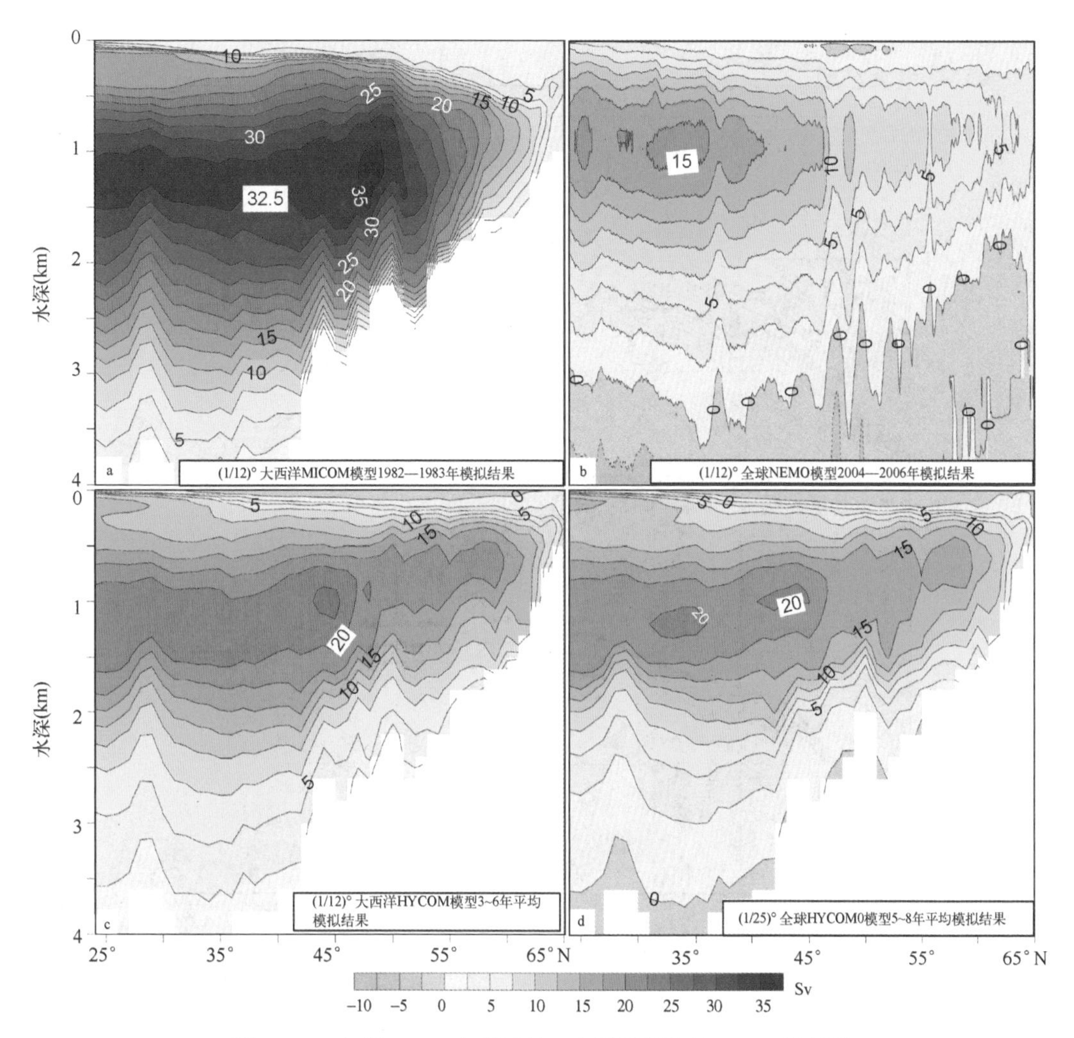

图 21.14　如图 21.11 中所述的 4 个模拟所得的 AMOC 流函数

AMOC 流函数等值线间距均为 2.5 Sv。海洋上层的 AMOC 为北向，深层为南向

21.3.3　真实的湾流路径与非真实的动力学模拟

在 21.2 节和 21.3.2 节中已证明海洋模式不需与相关观测数据完全拟合即可模拟具有一般实际动力特征的湾流的真实平均路径。在此我们将检验一个与目前现状相差不多的针对湾流实际路径的模拟。在我们的关心区域（68°W 的分离点），平均路径略偏南（图 21.15a），分离流的平均核心速度是 1.34 m/s，相较于观测范围的 1.6~2.1 m/s，约低 16%。位于 35°—40°N 的大西洋经向翻转环流流量为 12 Sv，对比 21.3.2 节中得到的结果较弱，而且其向南的深海流也过浅（未标出）。因此，沿大陆坡的深海流相较于图 21.13 中显示的任意一个模拟结果都弱。在 72°W 附近的水体下层存在一条跨越湾流的深海流，包含了两条从北侧插入的分支，但相对较弱。而更远的向东去的跨湾流的下层深海流则极为微弱。

分离射流的动力学机制是怎样的呢？在 68°W 以西高 SSH 变率的大部分区域（图 21.15b）都有力地指征分离与 CAV 轨迹动力学并无关联。①在广阔的高 SSH 变率的区域，

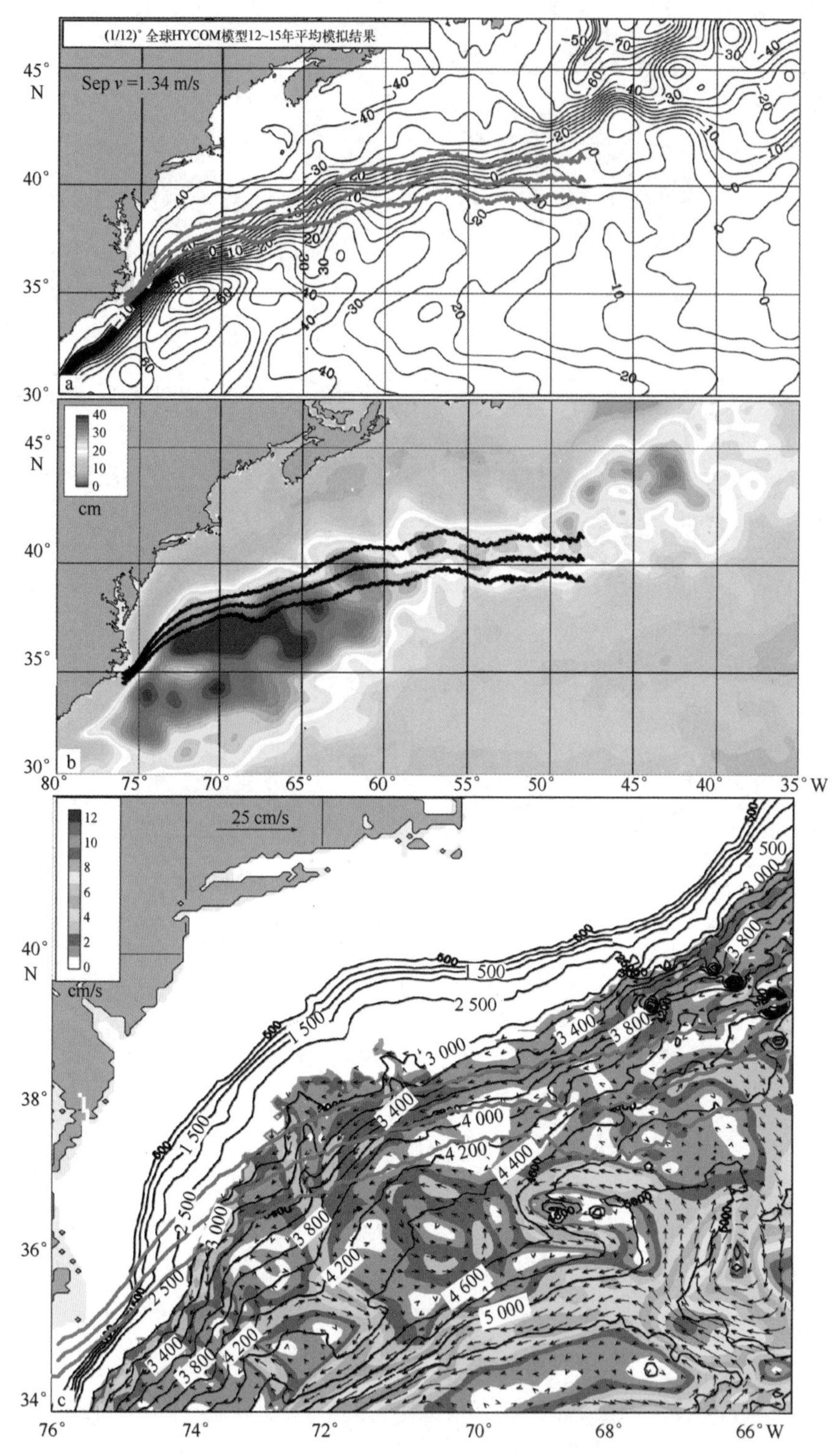

图 21.15 (1/12)°全球 HYCOM 模型 12~15 年（表 21.1）平均模拟结果以及模拟加入湾流实际平均路径和非实际动力学

a. 平均 SSH；b. 平均 SSH 变率；c. 深海流、等风速线、等深线。西边界附近湾流核心的平均速度 Sep v = 1.34 m/s

平均路径呈南北向延伸；②大幅度南部回流在69°W以西旋回；③涡流驱动的平均深海流环（于35°N和72°N处，见图21.15c）以表面流环的正下方为中心；④深层高涡动能的存在（Eddy Kinetic Energy，EKE2C）（未显示出）则是包括湾流和强南部环流的较强的斜压不稳定性的证据。

分离的湾流路径沿南部涡旋的北边界分布。涡旋驱动的深海环流沿位于西北和东北部倾斜的地形之间相对较平坦的地势分布。涡旋驱动的深海环流紧邻分离流的南边界，位于西北和东南向倾斜的地形相对平坦的区域。这表明分离流路径形成过程中的地形作用，因为如果所在位置位于更南部或更北部的斜坡地带，斜压不稳定性和涡旋驱动的深海环流将会被抑制。在21.2节和21.3.2节中，一些深海环流中的涡旋沿着湾流正下方的斜坡地带分布，包括湾流反气旋涡旋西北侧的深海环流中的反气旋涡旋（见图21.4a和图21.13b~图21.13d）。在以上的模拟中，流的不稳定性被限制在一个湾流高SSH变异性的狭窄的条带内（见图21.8），平均深海环流形成的位置紧邻下层流，而所在位置的湾流温跃层基础和地形的坡度足够匹配相当均匀的潜在涡度的允许区域。在平坦底地形的湾流模拟中，正压关系存在于涡旋驱动平均深海流和具有湾流在南（北）部环流的北（南）边界上的平均路径的特征的上层海洋环流之间，正如Hurlburt和Hogan（2008）所谈到的一样；但在不平坦底地形的湾流模拟中，上述环流并未显示正压关系，如其他子部分所述。进一步说，由于72°W以东缺乏深海流协助，我们可以预期一条超射路径。现行风驱动模拟（图21.10c）给予存在超射路径超过所有线性解决方案的第二强的倾向性（图21.10d），但12 Sv AMOC等于以上研究中最弱的非线性模拟。回到深海环流，我们可以看出两个相对较弱的向南跨过湾流下层的深海流到达涡流驱动深海环流北部更深深度。第二条在72°W附近跨越未翻转并且沿涡流驱动深海环流的东部和南部边界继续向南。因此，这些深海流倾向于抵消湾流及位于75°—68°W的南部环流向北位移的趋势。

前述的讨论证实模拟的西边界与约69°W之间的湾流路径处于强斜压不稳定区域。由此，4年平均的湾流路径（图21.15a）很真实，分离流的动力研究不真实。模拟与观测到的SSH变化和相关深海流流向观测数据不一致。分离点附近平均核心速度低于观测证据的范围。AMOC很弱，且向南深海流分支太浅。

21.3.4 模拟的路径越过观测纬度

超越观测纬度的湾流路径多为涡相容OGCMs的特征（Barnier et al，2006；Bryan et al，2007），但仍可能出现在涡分辨OGCMs中，见Barnier等（2006）、Hecht和Smith（2008）以及图21.16在针对超射路径的讨论中，（1/12）°大西洋HYCOM模拟（见图21.16a，图21.16b和图21.17a，图21.17b）作为关键试验，并用两个全球HYCOM模拟与之相比较进行讨论。（1/12）°（图21.16e，图21.16f和图21.17e，图21.17f）和（1/25）°（图21.16c，图21.16d和图21.17c，图21.17d）全球HYCOM模拟的配置是相同的（包括气候条件的初始化和初始化后对模型进行9~10年的模拟），除了水平分辨率、与分辨率相关的摩擦/扩散系数，

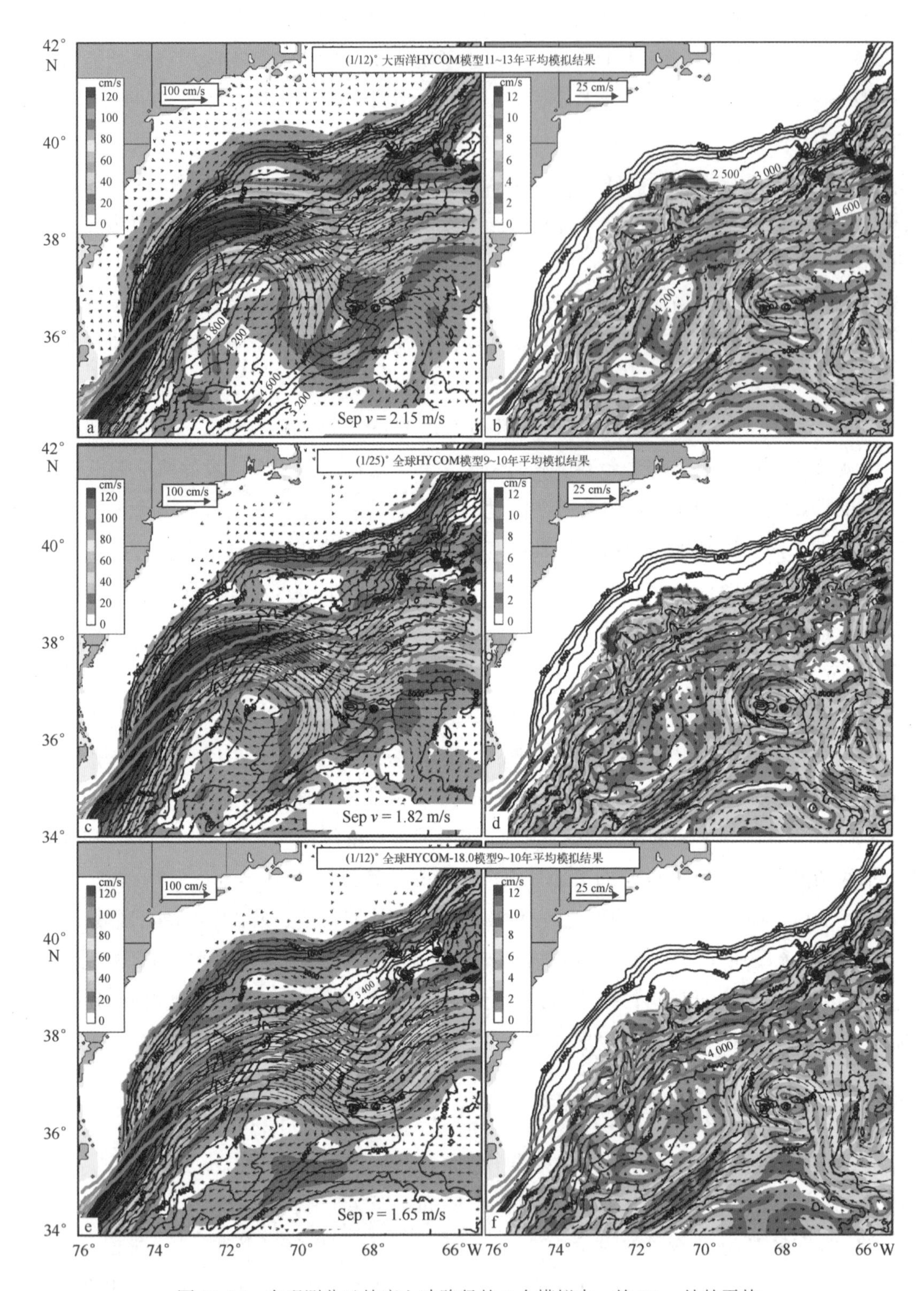

图 21.16　在观测分叉纬度上冲路径的 3 个模拟中，约 25 m 处的平均流向流速（a，c，e）和平均深海流流向流速（b，d，f）

所有图例中海流（箭头）都叠加在相对等值线上（近表面流间距为 10 m/s；深海流间距为 1 m/s）和等深线上。参考海流矢量近表面流为 1 m/s，深海流为 0.25 m/s。两个全球模拟为近似对照试验设计，以检测增加水平分辨率的影响

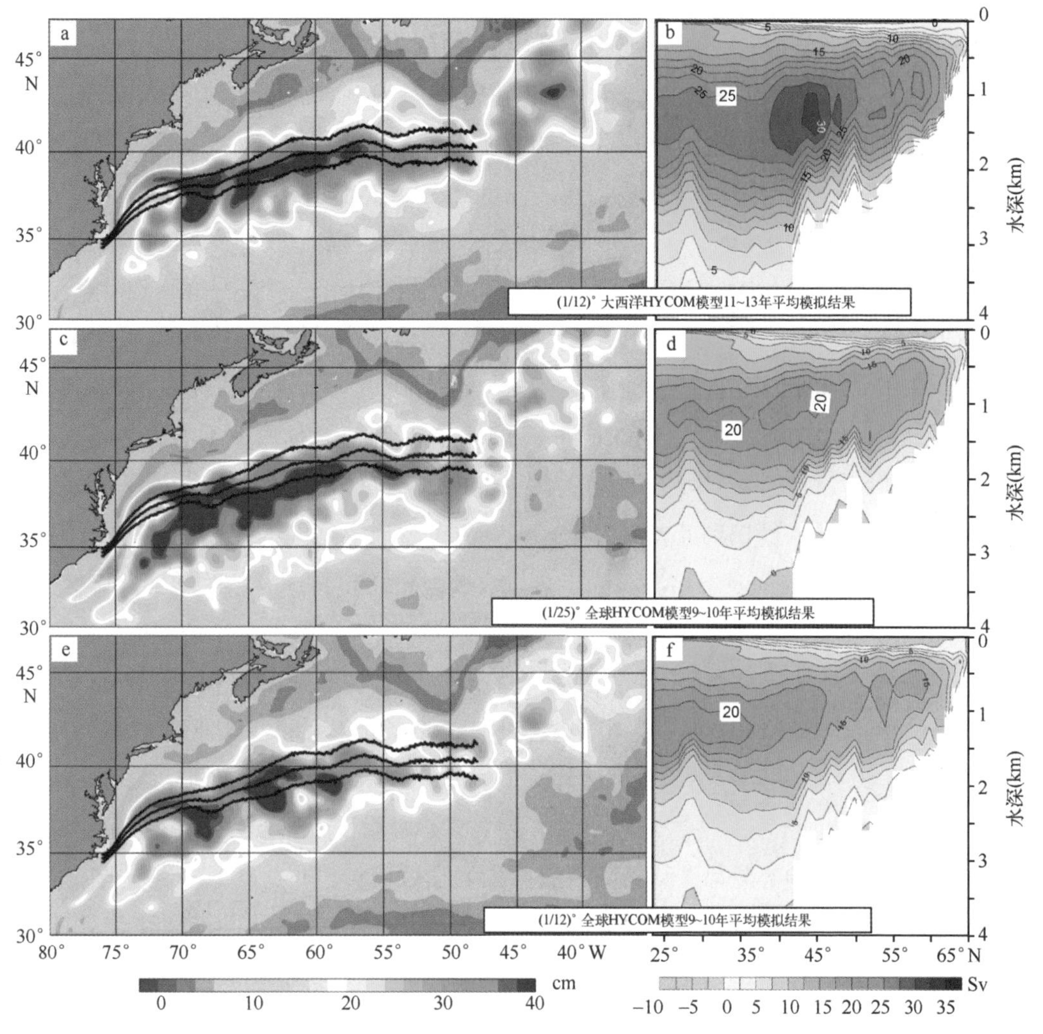

图 21.17 与图 21.16 相同模拟中的 SSH 变化（a，c，e）及平均 AMOC 流应变量（b，d，f）

以及分辨率对底边界地形的影响。这 3 种模拟都采用了与 21.3.3 节中提到的 HYCOM 模拟相同的风应力强迫场，且都具有较弱的 AMOC，但这 3 种模拟运用了更新版的 HYCOM，其针对盐度松弛的修改设计增加了 AMOC。

3~6 年关键模拟（pivotal simulation）的平均值表征了湾流路径的真实状态，但随时间的推移，在 11~13 年的模拟结果中出现了超射路径（图 21.16a）。由于对海表面盐度松弛的修改，湾流中的盐度及在抵达大西洋路途中的盐度都随时间增加。因此，丹麦海峡溢流进近极的大西洋的盐度和密度也增加了。除此之外，在研究纬度范围内，AMOC 的强度由 3~6 年平均的 22 Sv（图 21.14c）提升到 11~13 年平均的 27 Sv（图 21.17b）。在模拟过程中，湾流在分离点附近的平均核心速度由 1.72 m/s 增加到 2.15 m/s，这是因为模拟中在分离点附近的惯性过大，模拟速度大于观测值。

我们由 21.2 节得知 AMOC 有助于超射路径的线性动力学需求，但超射现象为什么只发生在大西洋 HYCOM 的模拟中而并未发生在相比较而言具有稍强的 AMOC 和较活跃的分离点附近湾流的 MICOM 模拟中？同时，为何两种全球 HYCOM 模拟（对盐度松弛的修正有较轻影响）出现了 AMOC 为 20 Sv 的超射路径且其较前期仅有 5%的提升，例如：图 21.14d 相对图 21.17d［（1/25）°全球 HYCOM］；那么，什么时候超射不会发生［例如图 21.11d 对图 21.16c（1/25）°全球 HYCOM］？3 个出现超射现象的 HYCOM 模拟都使用了 ERA－40/QuikSCAT 气候风应力强迫，这为超射路径的发生基于线性动力学提供了更大可能性（见 21.3.1 节与图 21.10c）。更进一步地说，在出现超射路径前（图 21.14c，图 21.14d）后（图 21.17b，图 21.17d，图 21.17f），HYCOM 模式中，AMOC 相对集中在深度 2 000~3 000 m，纬度范围见图 21.11，而 MICOM 模式中，AMOC 分布深度更为均匀（图 21.14a）。相应的，相较于 MICOM 模式（图 21.13a），在 HYCOM 模式中，DWBC 集中分布在较浅的等深线（图 21.13c，图 21.13d 和图 21.16b，图 21.16d，图 21.16f）。如 21.2 节中提到的，如在涡旋驱动深海环流中设置更大载重以生成关键的跨域湾流下层的深海流，加入载重的方法可以是直接的（图 21.2d 和图 21.3d），也可以是通过与 DWBC 相互作用（图 21.2a，图 21.2e 和图 21.3a，图 21.3e）。为帮助识别近表面海流、深海流以及地形之间的关系，将 3 个模拟中海流核心深度的平均海流流向及平均深海流流向与地形等高线和同一区域的平均北墙锋面路径相叠加（图 21.16）。

向北渗透的超射现象在（1/12）°大西洋 HYCOM 模式中最显著（图 21.16a），强度与 AMOC 预计相符。在图 21.16a 中，模拟的湾流跟随陆架坡折和大陆坡延伸到 72°W 以东，该区域存在深度达 2 200~2 800 m 的脊状地形。另两个到达了更深的大陆坡（图 21.16c，图 21.16e），在陆架坡折处分离。在 72°W 以东，主要核心海流在大陆坡更陡峭的区域分离，此后，3 个模拟中，向陆的部分都继续沿陆架坡折和大陆坡延伸，尽管大部分的向陆流向更远流去，见图 21.16e［（1/12）°全球 HYCOM］。这种分歧的源头是一只沿脊状陆地东侧的很强的近乎垂直于湾流的向南深海流（图 21.16b，图 21.16d，图 21.16f）。这条海流的一部分逐渐与沿脊状陆地南侧湾流反平行。由于在 2 200 m 处没有向陆山脊，分歧流的向陆部分继续沿着陆架坡折延伸。还有另一条位于向陆一侧的流沿陆架坡折在 69°—72°W 之间加入了向陆部分的分歧流（图 21.16a，图 21.16c），在此加入的海流流向与等深线几乎平行，而与下面的强深海流反平行（图 21.16b，图 21.16d）。

3 个模拟中，在湾流主要核心流从更陡峭的大陆坡分离的位置，下层的深海流也出现分叉（图 21.16b，图 21.16d，图 21.16f）。其中一个分支继续向西沿着大陆坡延伸，直到其大部分都在下层沿 72°W 以西的一个谷状地形的西侧斜坡向南跨过湾流，而第二个分支在 72°W 以东在湾流下层继续向南，仍是沿着谷坡西侧。在这个过程中，两条深海流都越过了湾流下 2 600~3 600 m 的等深线，根据 Hogg 和 Stommel（1985）提出的理论，在所有（或部分）支流沿 3 200~3 600 m 等深线组成一个向西南的深海流，该海流几乎与大西洋（全球）模型中的模拟湾流的东南侧呈反平行流动。

在 71°W 以东，有证据显示深海流在分离主要喷射流中起到一定作用，加上在（1/12）°大西洋 HYCOM（图 21.16a，图 21.16b）和全球 HYCOM（图 21.16c，图 21.16d）模拟中，北部分支流继续沿 38°—39°N 东流，南部分支流形成一个大的平均曲流（a large mean meander）。在（1/12）°全球 HYCOM 模拟中，存在一个简单平均曲流（a simple mean meander），以68°W附近为中心（图21.16e）。在全部3个例子中，这个位置有高SSH变化度，且存在涡流生成于流的南侧（图21.17a，图21.17c，图21.17e）和高的深海EKE（未示出）的证据。此外，存在一条涡旋驱动深海环流以36.7°N、68°W附近的西向槽地形为中心（图21.16b，图21.16d，图21.16f）。在（1/12）°全球HYCOM模拟中（图21.16e，图21.16f），湾流在比其他两个模拟结果低的纬度从西侧到达槽，而且深海环流是直接集中在平均曲流之下形成斜压关系，以致环流的东侧倾向于使路径向北平移，北侧和南侧分别反平行和平行，西侧倾向于使路径向南平移。在其他两个模拟中（图21.16a~图21.16d），深海环流的北侧一直在路径范围内并到达湾流，深海环流西侧分裂出喷射流，使南侧向南平移而北侧继续向东。

21.3.5 从西边界过早分离的模拟

在（1/12）°大西洋NEMO模拟中出现从西边界近34°N附近的过早分离现象（图21.18a）。像21.3.4节中描述的（1/12）°大西洋HYCOM模拟中出现超射路径一样，近分离点的湾流核心速度接近观测数据的极大值（1.9 m/s）。然而，在超射现象的纬度范围内，AMOC（图21.18c）弱于MICOM模拟和（1/12）°大西洋HYCOM超射模拟，并与大多数其他有真实或超射路径的模拟相类似。风驱动对湾流路径模拟的线性作用再一次表征有出现超射路径的趋势（图21.10a），但此趋势较21.3.4节提到的模拟弱些。此外，AMOC的绝大部分南向传输沿1 500~3 600 m 43°N以南延伸，南边界强烈限制其深度结构（未标明）。同时，在图21.18a的纬度范围内，与HYCOM和MICOM模拟相比，形成了大量的深层水。

在图21.18d中，平均深海环流（2 800 m以下）和模拟湾流路径之间的关系很明显，平均深海流从湾流下层跨过的位置正是深海流从西边界分离的位置。深海流越过3 300~4 400 m等深线流动。下层跨越现象是由一条沿3 200~3 600 m等深线的深海流及沿浅于2 800 m大陆坡延伸的多条深海流构成。在3 200~3 600 m之间的一条类似深海流也出现在（1/12）°大西洋HYCOM模拟中（图21.16b），但它位于超射湾流路径东侧。在（1/12）°大西洋NEMO模拟试验中并未出现在MICOM模拟中所出现的3 100~4 100 m之间的深海流下层跨越现象（图21.13a）。此现象的发生是由于后者在68.5°W有较浅的南向AMOC。在这个例子中，模拟的分离后的湾流路径与下层东向深海流平行。一个反气旋方向的深海环流从模拟湾流的南边界分裂出来，并形成部分南部循环环流的东边界。在71°—70°W之间的模拟湾流北边界是由一个狭长的气旋方向深海环流的东边界分裂出来。分裂出来的海流随后转向东—东北向并成为湾流北侧分支，流动方向为其下层深海流的逆流方向。

21.3.6 模拟的路径在哈特拉斯角分开后太靠南

本节模拟的特点是湾流从西边界分开后的路径偏南，从平均SSH（图21.19）和SSH变化图（图21.20）上能够看到路径分开的纬度。在图21.19c中模拟的湾流路径实际上表现出了过早的分开（在21.3.5节中讨论过），在此进一步探讨是由于接近图21.19d的模拟。图21.19a是（1/12）°全球HYCOM模拟得到的4~6年路径的平均，HYCOM模型得到过9~10

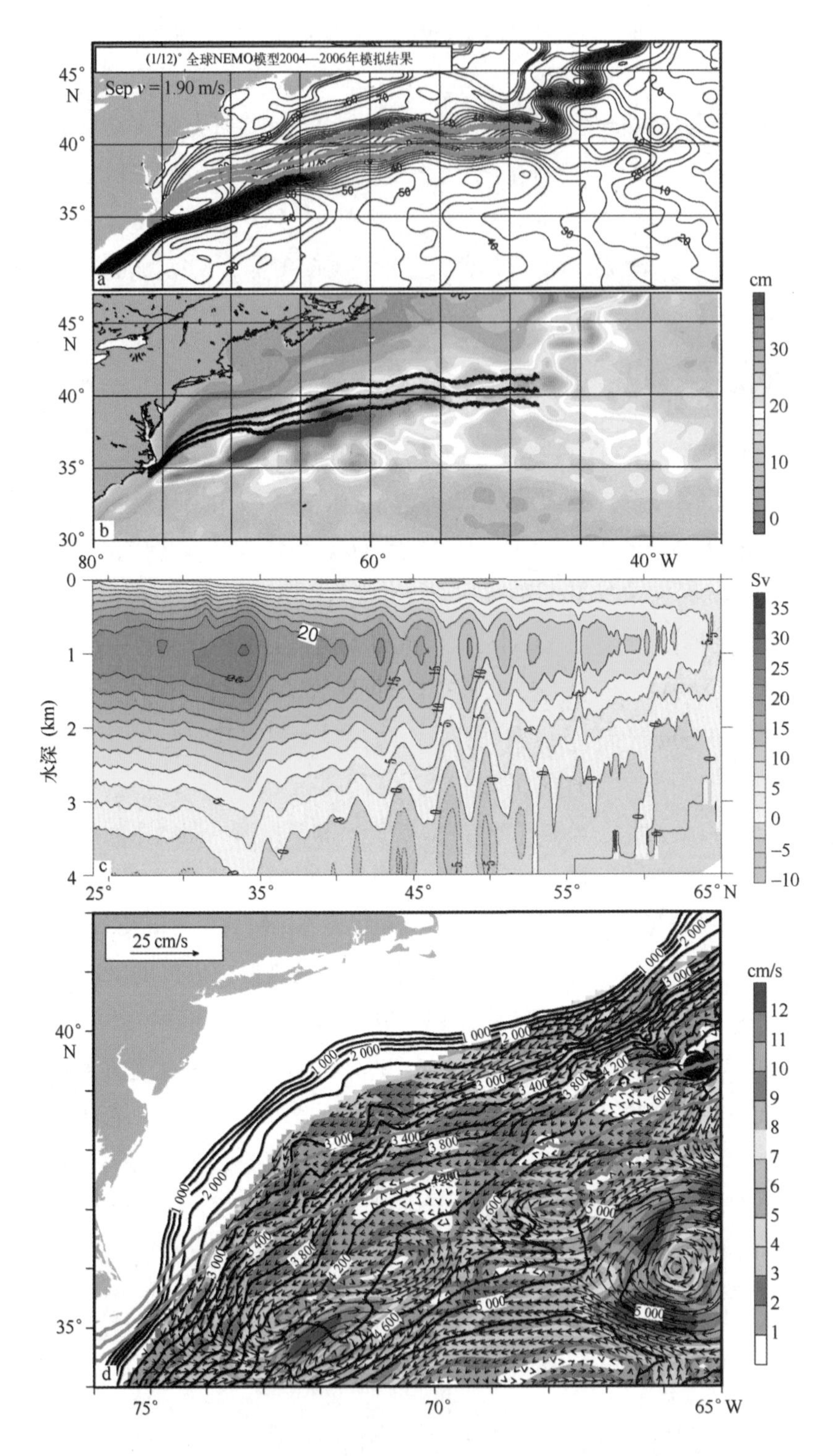

图 21.18 (1/12)°大西洋 NEMO 模型针对过早分叉西边界的模拟得出的 2004—2006 年平均结果

a. SSH；b. SSH 变率；c. AMOC 流函数；d. 深海流

年的过度路径（21.3.4 节，图 21.16e）。图 21.19b 是（1/10）°Los Alamos 并行海洋模型模拟的大西洋。图 21.19c 是（1/12）°全球 HYCOM 模型，在一连串的模拟中包含一个真实的湾流路径和不真实的动力（21.3.3 节和图 21.15a）及一个弱的大西洋经向翻转环流（未示出）。图 21.19c、图 21.19d 的年际间强迫模拟几乎完全一致，除了一个包含了 8 个分潮的表面潮和内潮（Arbic et al，2010；图 21.19d），而另外一个不包含潮汐（图 21.19c），其他的都与这里提到的试验相同。

与 21.3.5 节中模拟的过早分开一样，图 21.19 中的所有 4 个模拟都有深海流流动，在湾流从西边界分离的时候出现湾流的底部（图 21.21），但是模拟中在从哈特拉斯角分离的时候略微偏北（图 21.19a，图 21.19b，图 21.19d）。在每个例子中，下面的流注入涡旋驱动的深海流，在相对平坦的地形上，中心在 35°N、72°W 或略微偏南，如图 21.18d（过早分开模拟）和图 21.15c（真实的湾流路径但不真实的动力模拟）所示。在图 21.15c 中，这个环流比其他的流弱很多。强的斜压不稳定表明，图 21.21 中的深海流在表层流之下沿着湾流的南边界流动（图 21.19），与大的 SSH 的变化（图 21.20）和大的深海 EKE（本文没有表示出来）能联系在一起。与在下面的深海流联系在一起，3 个模拟（图 21.19a，图 21.19b，图 21.19d 和图 21.21a，图 21.21b，图 21.21d）的随后的路径偏东到了约 65°W 的位置与过早分开的模拟结果（图 21.18）相似。在图 21.19c 中湾流在 69°W 附近分叉，北分支逐渐变得薄弱，与此同时和深海流并行（图 21.21c）。南分支受合流的深海流驱动在 71°W 附近下沉，上层洋流随后与下面的深海流反平行流动直到南边部分被 68°W 附近的底层流操纵向南形成南部再循环流涡的东边界。

有潮汐和无潮汐模拟结果的对比表明有潮汐改善了路径模拟结果。潮汐稍微加强了大西洋经向翻转环流，加深了南向的流动（图 21.22d 有潮汐对比图 21.22c 无潮汐）。有潮汐模拟结果相对较弱但是明确了 DWBC 沿着大陆坡，而没有潮汐的模拟结果深度范围的划分在 70°W 以东没有界限。

出人意料的是，（1/12）°HYCOM（图 21.19 至图 21.22a）和（1/10）° POP（图 21.19 至图 21.22b）模拟结果比含有潮汐和没有潮汐（图 21.19 至图 21.22c，图 21.22d）的模拟结果表现出了更大的相似性，尽管模型设计和大气强迫均不同（图 21.10c 的 HYCOM 和图 21.10f 的 POP 是线型风驱动模拟）。HYCOM 是一个 C 网格的混合坐标的海洋模型，地形是内部等密度而局部阶梯，而 POP 是一个 B 网格，地形都是阶梯的 z 坐标的模型，本章中唯一的 B 网格或整体阶梯状的地形。在其他的模拟中，地形的轮廓是 200 m 等深线为间隔的深度轮廓，而 POP 模拟在小于等于 2 750 m 深度以 250 m 间隔为步长标记边界，等值线之间的区域是深度为常数的高原。尽管对平均湾流路径的感兴趣部分不相同，也存在这些差异，但该段平均湾流路径和深海环流的模拟还是非常相似。大西洋经向翻转环流在图 21.10 中纬度范围的强度相似，但是南向流在 HYCOM 中较浅，POP 在纬度范围中形成了更多的深水，这一点 POP 与另一个 z 坐标模型 NEMO 相似。

大部分模型的模拟结果描绘了一对涡旋驱动的气旋环流（图 21.5 和图 21.6 都观察到了），西侧的环流在倾斜的地形上以接近 37°N、71°W 为中心，东侧的环流跨过地形上一个向

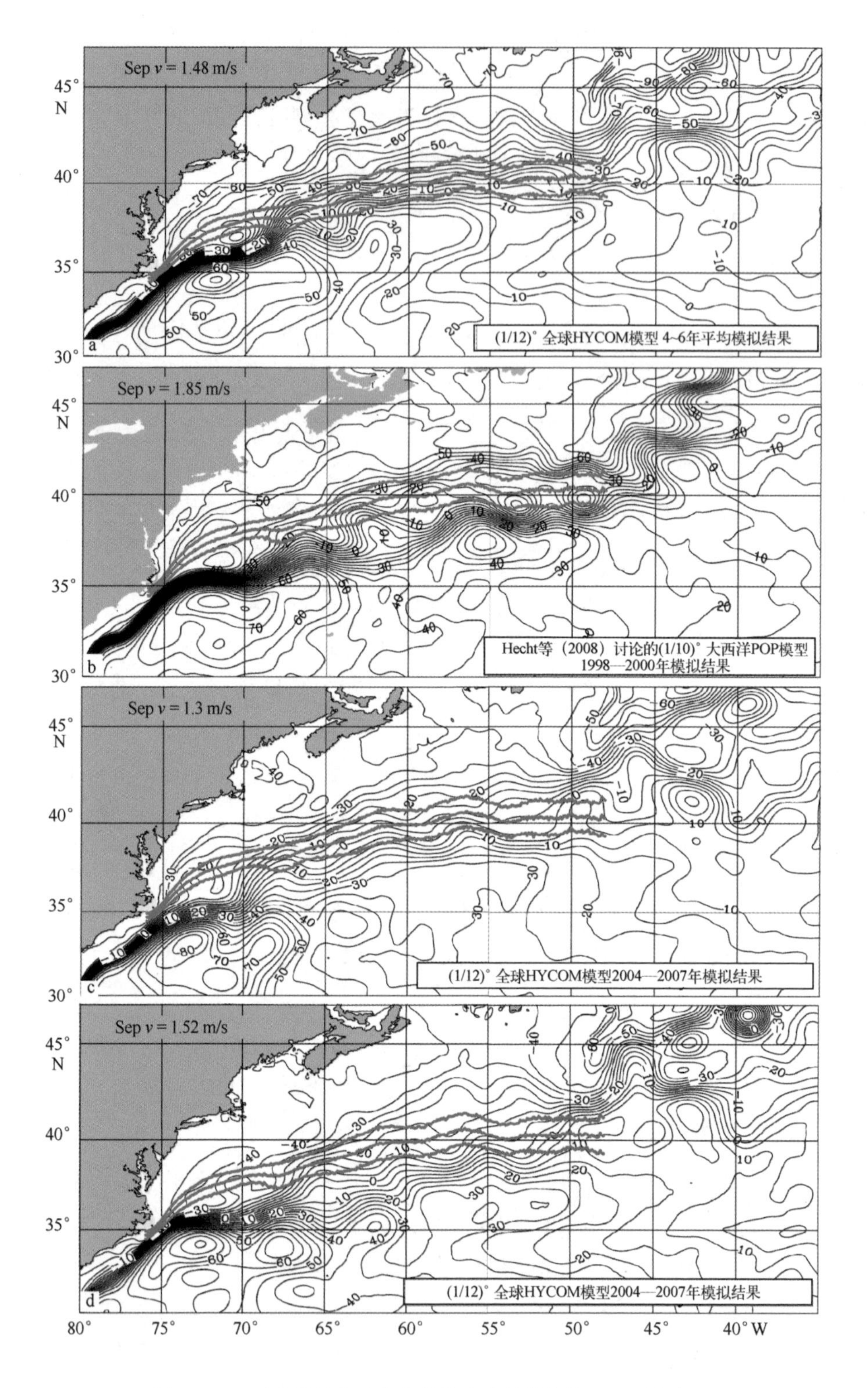

图 21.19 西边界分离处南端的湾流路径模拟的 SSH 平均场

a.（1/12)°全球 HYCOM 模型，4~6 年平均模拟结果；b. Hecht 等（2008）讨论的（1/10)°大西洋 POP 模型 1998—2000 年模拟结果；c.（1/12)°全球 HYCOM 模型 2004—2007 年模拟结果；d.（1/12)°全球 HYCOM 模型 2004—2007 年模拟结果。c 为加入内部和外部潮汐的对照组（见表 21.1）

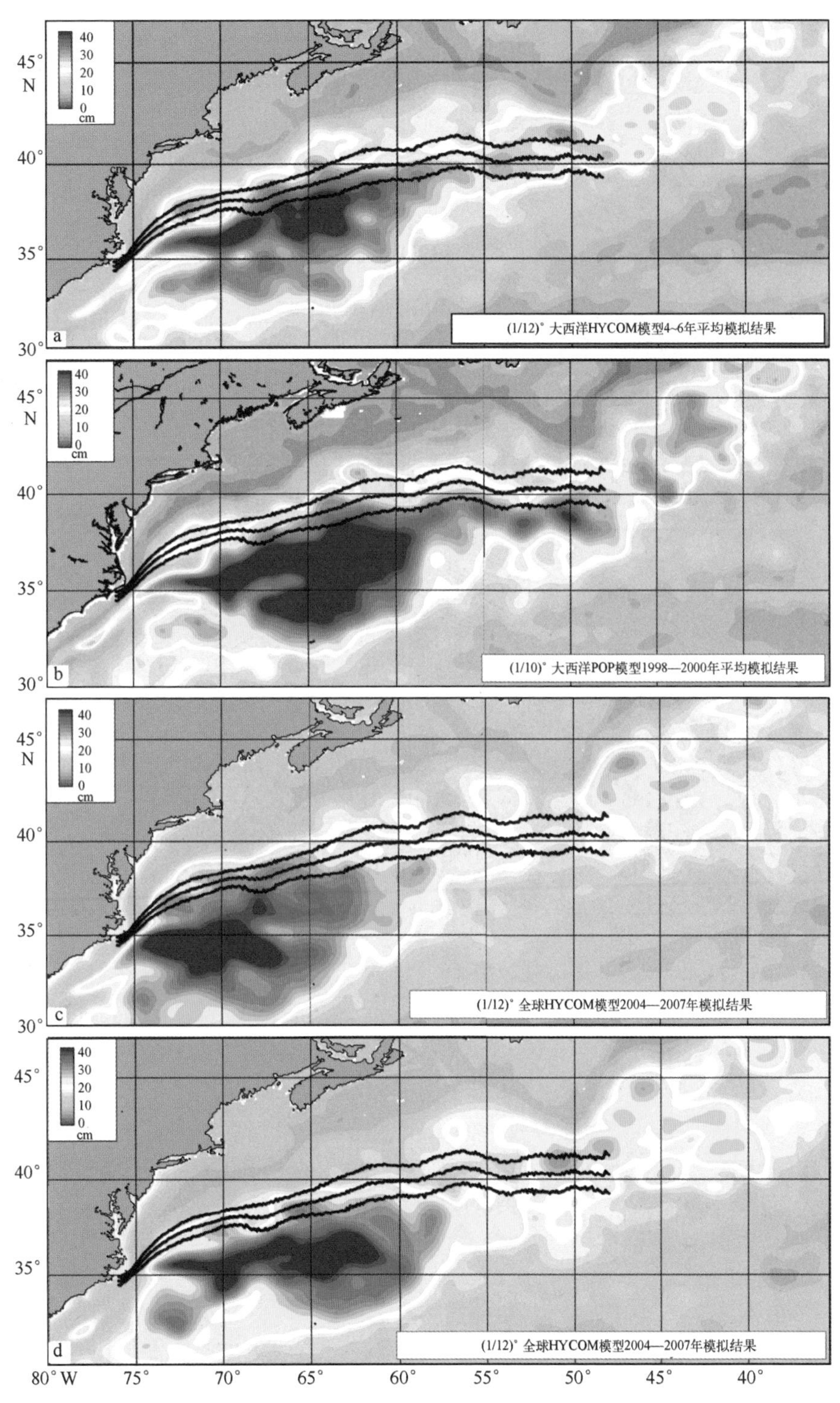

图 21.20　与图 21.19 所述相同的 4 个模型模拟的 SSH 变化

西的水槽以接近 36.7°N、68°W 为中心，图 21.21c 中无潮汐模拟缺少这两个环流而成为显著例外。在现实的湾流路径和现实的动力学模拟中（图 21.2a，图 21.2c~e 和图 21.11），西向的环流直接位于湾流的下方，与沿着北方的和西方的边界穿接的深海流联系在一起（图 21.3a，图 21.3c，图 21.3e，图 21.4a 和图 21.13），缺少 DWBC 的模拟（图 21.3d）。对东部

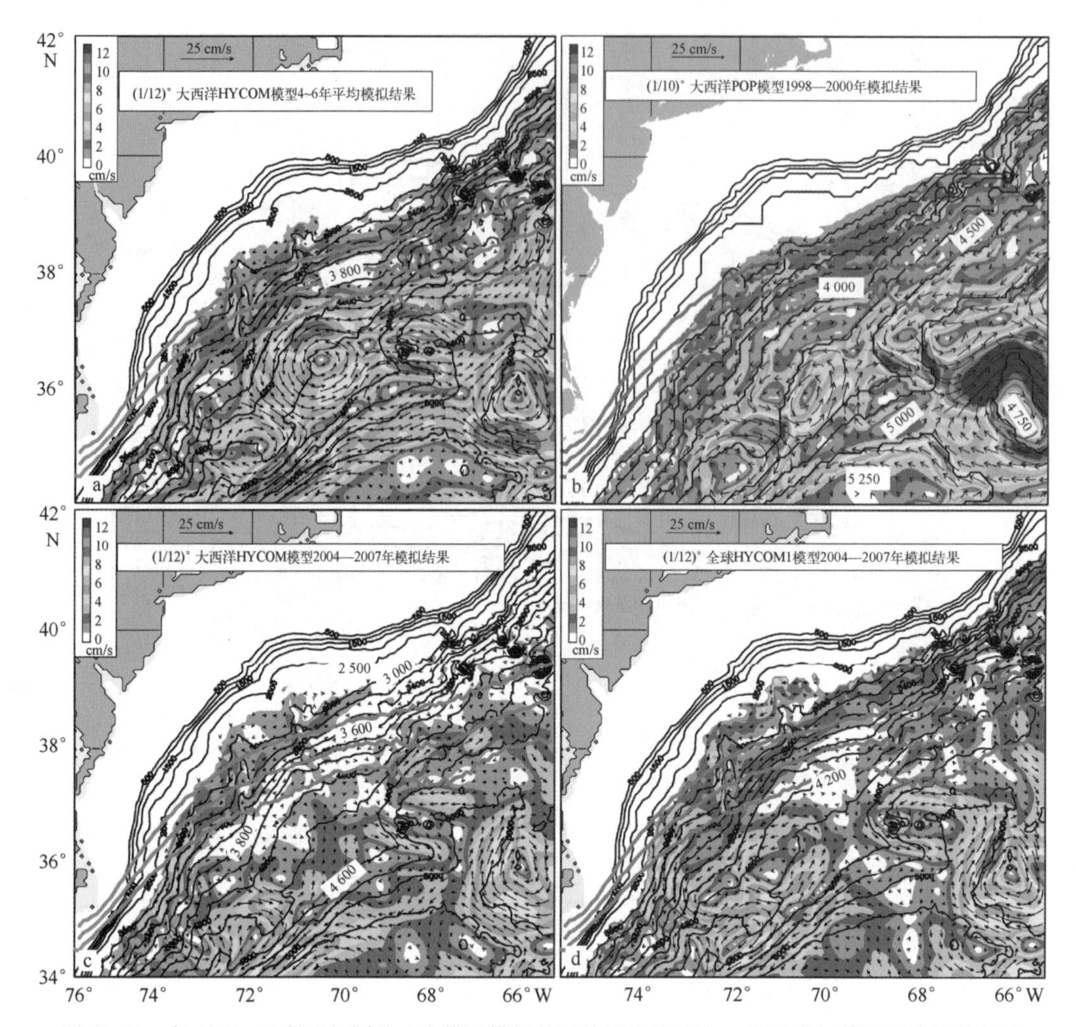

图 21.21　与图 21.19 所述相同的 4 个模型模拟的平均深海流流向、流速叠加等风速线和等深线

HYCOM 模型（a、c、d）中的等深线间距 3 000 m 以下为 200 m，POP 模型（b）有全细胞地形（full cell topography）。因此在 3 000 m 及以下深度，等深线间距为 250 m，而非深度。3 000 m 以下在阶跃边界等值线之间的区域为等深度平台区，深度也相应被标出

环流的模拟也是同样准确，模拟的子集表现出了观测到的环流在靠近 68.5°W 穿接（图 21.1a，图 21.1c~e 和图 21.11a 的平均 SSH；图 21.3a，图 21.1c~e，图 21.4a 和图 21.13a 的平均深海流）。这里 HYCOM 和 POP 对应的深海流（分别是图 21.21a，图 21.1b）实际上比其他模型模拟出来的要强（除了与射流路径的模拟相比的东部环流），流涡沿着涡的北边界和南边界流最强。此外，西部流从南向东南移了约 1°，小于湾流路径向南位移的距离。尽管平均湾流比平均的深海流更宽，但是它们通常沿着深海流和深海环流的南边流动，穿过等深线向更深处流去，它们朝湾流的南边流去，而不是向更加真实的北向移动。

在每个模拟中西部流涡有一个与之联系的上层海洋气旋涡，与模拟的湾流北边相邻，表层环流的中心位于深海环流中心西北方向约（1/2）°~1°分辨率。在两个模拟中，深海流在东部深海环流的北边从湾流的下面横穿到水深更浅的地方，向北扩宽了平均湾流的路径，而深海环流的南边有助于维持更南边的路径。(1/12)°全球 HYCOM 模拟的西部深海环流随着时间变弱，上

层气旋环流在北侧消散，8 年平均结果给出了理想的平均路径。然而，到 9～10 年，这个深海湾流已经移动到了西侧而且几乎消散（图 21.16f），模拟得到了一个过度途径（图 21.16e）。

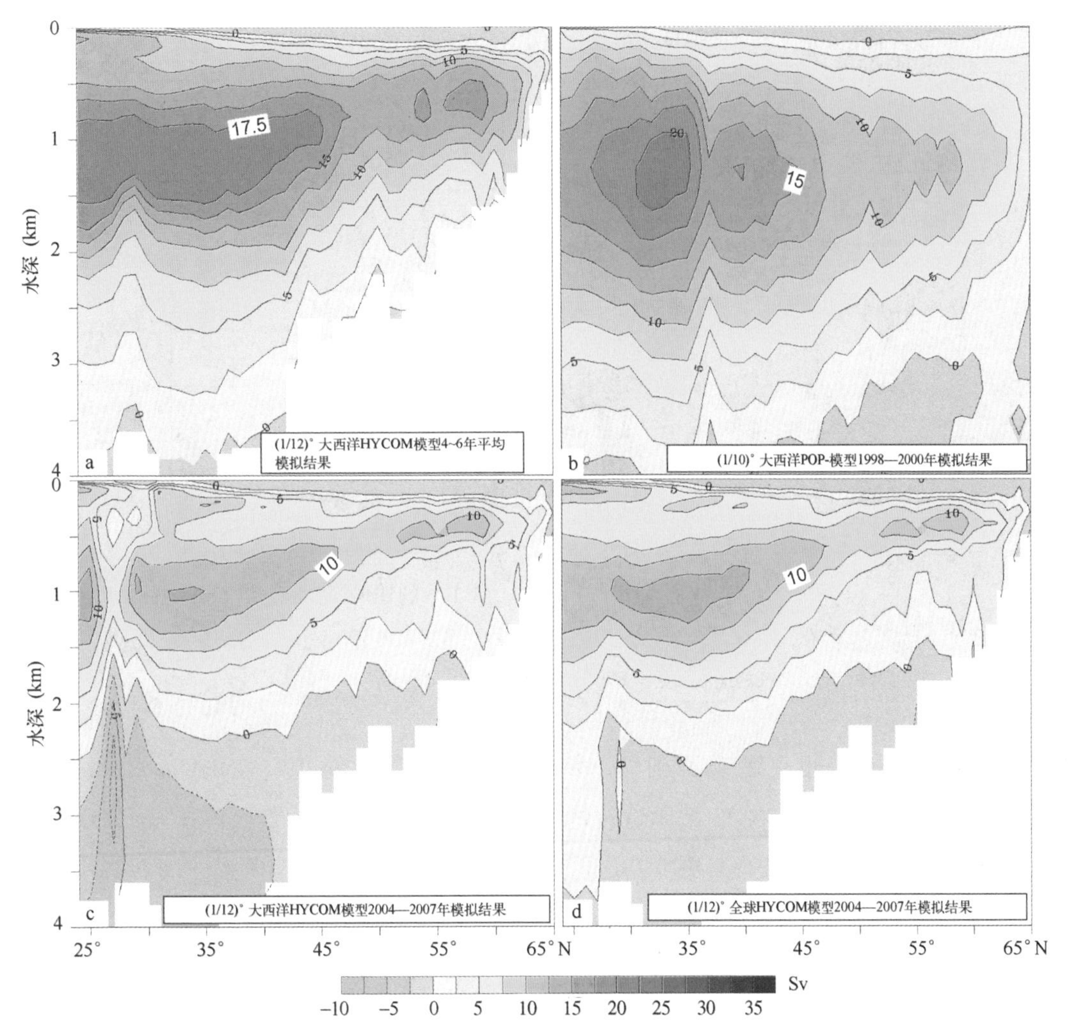

图 21.22　与图 21.19 所述相同的 4 个模型模拟的平均 AMOC 流应变量

21.3.7　离哈特拉斯角后上游的湾流路径及其变异

在湾流离岸点哈特拉斯角的上游南大西洋湾（South Atlantic Bight，SAB）区域观测到两类主要的湾流变异，即较小和较大幅度的弯曲，如 Glenn 和 Ebbesmeyer（1994b）的图 1 所示。小弯曲发生的时间尺度比大弯曲短大约 1/3，而传播速度快 2 倍（35～60 km/d）。并且对于向岸的弯曲，其范围会被 600 m 等深线所限制，而对于离岸方向的弯曲，其幅度能达到几十千米（Bane and Dewar，1988）。这两种弯曲都从查尔斯顿隆起（图 21.23）附近向东北方向传播，而且经常气旋式涡旋是在弯曲的向岸侧形成（Glenn and Ebbesmeyer，1994a；1994b）。在 Xie 等（2007，其文章图 2）中的小弯曲清晰地展示了具有 6 d 周期的每日卫星 SST 数据序列。

这种变异的时间尺度是 4～5 d（Legeckis，1979；Glenn and Ebbesmeyer，1994b），是图 21.8 所示的观测 SSH 变异的组成部分；它是由 32°N 南端开始，经过哈特拉斯角沿着湾流路

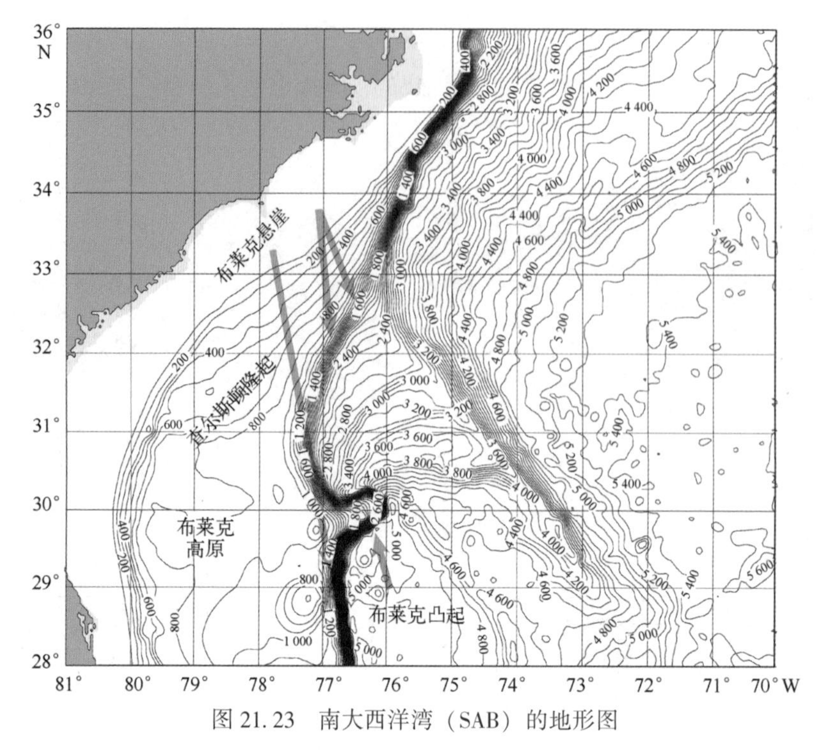

图 21.23　南大西洋湾（SAB）的地形图

布莱克巴哈马岛外脊、布莱克悬崖、布莱克凸起（nose）、布莱克高原以及查尔斯顿隆起是影响墨西哥湾流和 DWBC 动力特征的地形特点。地形色谱间距为 100 m

径延伸的一条窄带，也正是观测到的涡-弯曲特征特有的轨迹（Glenn and Ebbesmeyer, 1994a; 1994b）。SSH 变异在 32°N 附近超过了 20 cm，而沿着湾流路径下游只有 15～20 cm，直到经过了离岸点之后，才变得更大。这种变异在 21.3 节和 21.4 节所描述的 SSH 变异部分中几乎处处可见，但只有（1/25)°全球 HYCOM 的模拟中没有出现（见图 21.12d 和图 21.17b)。在 HYCOM 的模拟中表现出的是略宽条带的更大变异，并且在湾流离岸点附近的模拟结果表现出更高变异的宽带（见图 21.15b 和图 21.20c)。基于观测数据以及模式结果分析研究，证实观测的变异要归结为正压不稳定和斜压不稳定性，尤其是在查尔斯顿隆起。例如，Xie 等（2007）的研究表明岸界曲率效应和查尔斯顿隆起都对 SAB 区域湾流的不稳定性起了增强作用。

(1/25)°全球 HYCOM 的模拟中，查尔斯顿隆起及布莱克高原邻近在大约 800 m 等深线处的底地形几乎完全平坦，因此模式流场中过多的不稳定性导致了不真实的过高的变异。比较（1/25)°全球 HYCOM 的模拟与（1/12)°全球 HYCOM 的模拟可以看出，近底层的 EXK 与平均流的斜压不稳定性的相对强度特征十分明显，而且在这两种分辨率的模拟中结果非常一致（图 21.24、图 21.25)。而（1/12)°全球 HYCOM 的模拟中于此区域的结果并没有显示出过高的 SSH 变异［图 21.12d 为（1/12)°全球 HYCOM 的模拟，图 21.20a 为（1/25)°全球 HYCOM 的模拟，它们都经过了与图 21.24 和图 21.25 中相同时间的积分］。(1/25)°全球HYCOM 的模拟中近底层的 EKE 明显更高，并且向南延伸得更远，越过了布莱克高原。另外，(1/12)°全球 HYCOM 的模拟中还缺少了一个涡驱动的封闭底层环流结构。(1/12)°与（1/25)°的模拟都在查尔斯顿隆起的下游出现了小的平均离岸弯曲，其平均流的内边缘暂时

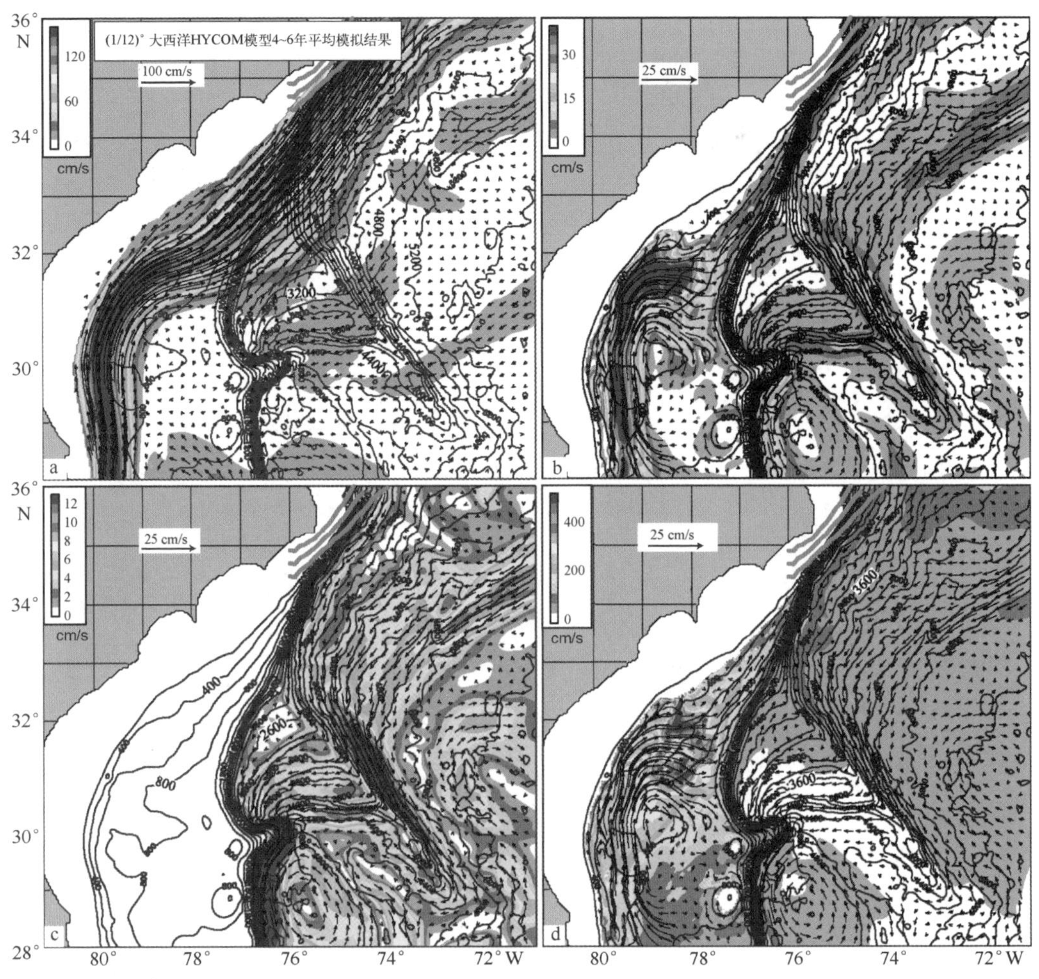

图 21.24 SAB（1/25）°全球 HYCOM 模型第 5~8 年（表 21.1）平均流矢量（箭头）和等值线（彩色的）叠加在地形等值线上

a. 位于约 25 m 处的近表面海流；b. 在湾流向陆边缘附近约 300 m 深开始至底边界的平均深度以及在向海湾流附近约 800 m 处开始至底边界的平均深度，以描述 400~850 m 深度范围内的查尔斯顿隆起的近底边界流及布莱克高原的底边界流；c. 约 2 000 m 深至底边界的平均深度以描述沿布莱克悬崖和布莱克巴哈马岛外脊的深海流；d 与 b 相同，只以等值线替代 EKE。a 中参考流速矢量长度为 1 m/s，b~d 中为 0.25 m/s。a 中色谱条带间距为 12 cm/s，b 中为 3 cm/s，c 中为1 cm/s，d 中为 40 cm^2/s^2。地形等值线间距为 200 m

是沿着更深的 400 m 等深线［（1/25）°为图 21.24a，（1/12）°为图 21.25a］。

第二类变率是较大幅度的大弯曲，与图 21.26a 和图 21.26c 所示相似，但观测［如 Bane 和 Dewar（1998）、Glenn 和 Ebbesmeyer（1994b）中的图 1 和 Legeckis 等（2002）中的图 5］显示此特征只有短暂的几个月，图 21.26 显示了（1/25）°全球 HYCOM 模拟的第 3 年的平均结果。用于观察模拟结果中变异的 SSH 也显示了较大的弯曲出现是比较短暂的，这在（1/25）°全球 HYCOM 模拟和（1/12）°模拟中都有体现，只是振幅略小。另外，（1/25）°模拟的第 3 年的 SSH 显示出弯曲的变化比较大（图 21.26b）。这些弯曲在 32°N 附近的查尔斯顿隆起北端和大约 33°N 之间趋向于停止和增强，即在布莱克巴哈马外脊的北边界从布莱克悬崖的 2 000 m 深度附近分离的区域（图 21.23）。

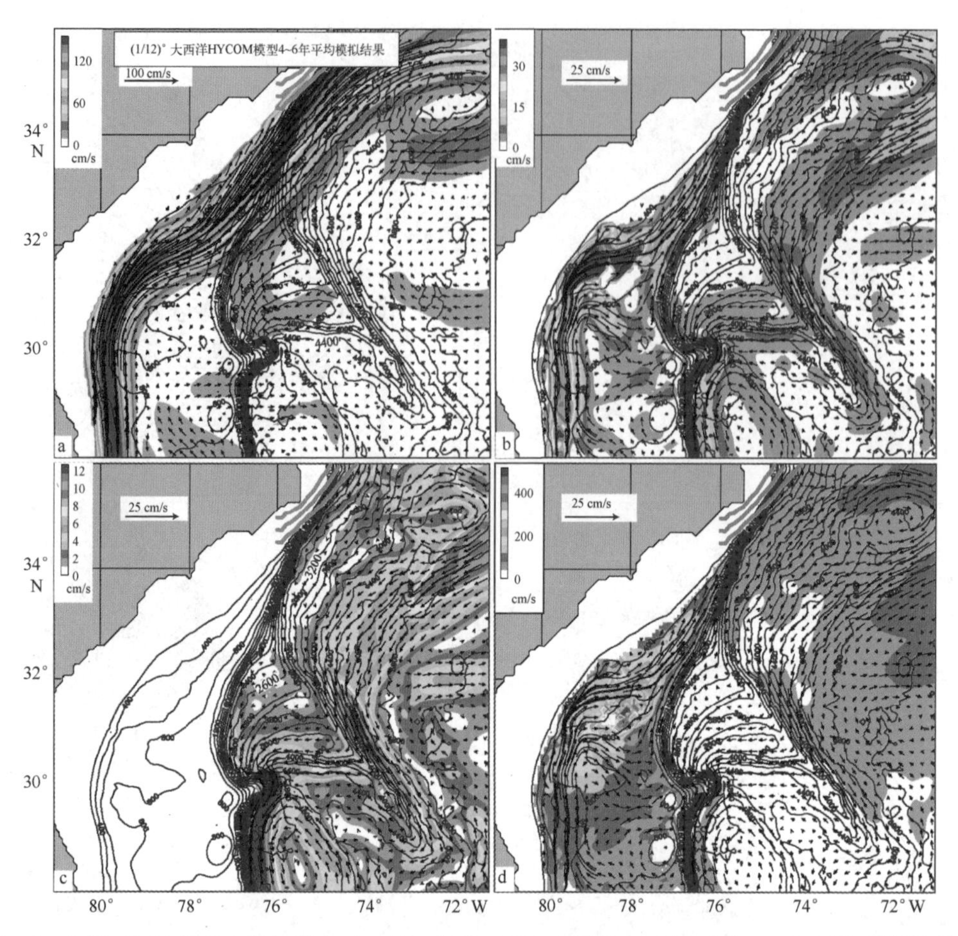

图 21.25　与图 21.24 类似，但结果由（1/12）°全球 HYCOM 模型 4~6 年（表 21.1）平均模拟结果得出

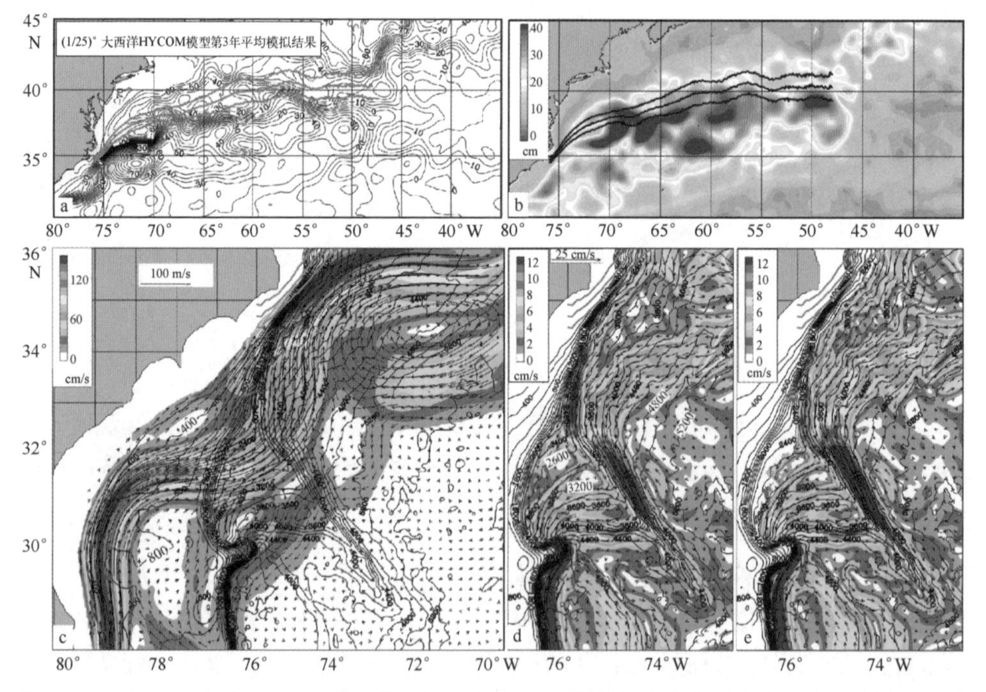

图 21.26 (1/25)°全球 HYCOM 模型第 3 年（表 21.1）模拟的非真实平均湾流分叉处曲流上游

a. 平均 SSH；b. SSH 变化；c~e. 平均流向流速（箭头）及等风速线（色条）叠加在 SAB 地形色谱条带上。c 为约 25 m 深的海流，d 为约 2 000 m 至底边界的平均深度，e 为约 3 000 m 至底边界的平均深度。色谱条带间距：a 和 b 为 5 cm，c 为 12 cm/s，d 和 e 为 1 cm/s

图 21. 26a、图 21. 26c 中显示的非现实的平均弯曲偶尔会出现在不同的海洋模式中，包括 z-坐标的 Los Alamos POP 模式（Smith et al，2000）、等密度面坐标 MICOM 模型 [Chassignet 和 Marshall（2008）中的图 9]，NLOM（Hurlburt and Hogan，2008），还有这里讲的 HYCOM。这些弯曲都通过在模拟中增加双调和扩散系数（Smith et al，2000；Chassignet and Marshall，2008）或通过在模拟中引入沿着较深的等深线的 DWBC 北边界流来加以控制，如 21. 2 节中所示。当沿着 2 700~3 200 m 等深线处（这里布莱克巴哈马外脊与布莱克悬崖分离）有强的深层流时，这一类的非现实弯曲（见图 21. 26a，图 21. 26c）会出现。这些流沿着布莱克巴哈马外脊北边峭项流向东南方向，在此过程中，它们穿过湾流底部并将其向离岸方向平流输送（图 21. 26c~e）。这种底部穿越促进了平流过程，因为它允许深层流更好地沿着较深的峭顶北边流动，这通过比较图 21. 26d 和图 21. 26e 可以看出来，后者被限制在了更深的层次。特别地比较一下从布莱克悬崖东北部峭顶向 3 000 m 等深线（这里有部分深层流从布莱克凸起峭顶沿2 800~3 200 m 等深线转向了东南）分离的流，其大致逆平行于湾流外沿边界，这里 3 000 m 等深线位于湾流向东北方向的平均流的外沿边缘。注意相比于湾流离岸平流的深层流，同一个模型模拟的 5~8 年的结果中的平均流（图 21. 24c）相对很弱，在（1/12)°模拟中（图 21. 25c）几乎消失。还要注意布莱克凸起是个交汇处，深层流通过不同路径随不同等深线交汇而形成强 DWBC 沿布莱克悬崖急坡流向南方（图 21. 24c，图 21. 25c 和图 21. 26d，图 21. 26e）。

海洋内部深层流的水道（在 21. 2 节及 21. 3 节中的前段部分中讨论过）在 33°N 附近重新汇入沿大陆坡的深层流。一般来讲，这条支流保持湾流向外海方向。然而，在图 21. 26c~e 所示的情况中，它从模拟的湾流离岸流环底部穿过。由于它从流环北部流向西南，从湾流底部水深较浅处穿过，从而使其路径为向岸方向，与西边界相邻，即哈特拉斯角分离点的上游。此情况的出现不仅因为深层流的内部路径，也因为陆坡极陡部分相对深的等深线的西向入侵。Chassignet 和 Marshall（2008，其图 9）也显示了平均的湾流流环重新转向西边界而非分离的情况。由于这种底层穿越的深层流一直向南，流速在沿着布莱克巴哈马外脊北部的陡峭陆坡的汇合处急剧增加，说明很可能更大幅度的弯曲会向东南方向延伸出一个圆形突起。这种情况在图 21. 26a、图 21. 26c 所示的流环模拟结果中并没有出现，因为沿 2 800~3 200 m 等深线的深层流没有将其输送至离岸足够远以持续离岸平流过程。

有观点认为 SAB 中大幅度弯曲的发展是湾流与来自马尾藻海的冷核流环相互作用激发的，而不是由于湾流在查尔斯顿隆起的离岸偏移引起的（Glenn and Ebbesmeyer，1994b）。由本节前面提到的（1/25)°全球 HYCOM 模拟与（1/12)°全球 HYCOM 模拟得到的 10 年的 SSH 动画显示这种相互作用是存在的。(1/25)°全球 HYCOM 模拟第 8 年的结果甚至显示当强的反气旋涡接近大弯曲的急弯部分时，就会使得在反气旋涡北边的急湾处脱落形成一个气旋涡。随后这种运动沿大约以 28°N 为中心向东传播至 62°W。相似的情况在 27°N、69°W 附近也有发生（Hurlburt and Hogan，2000，其图 4d）。尽管湾流与涡的相互作用对大弯曲的发生演变起了一定作用，但多数情况下，大弯曲的发生演变是不受这种相互作用影响的。这个结果表明，在布莱克巴哈马外脊北部陆坡于 33°N 附近与布莱克悬崖分离处湾流路径的深层平流的贡献下，查尔斯顿隆起邻近区域流的不稳定性足以产生这样的弯曲（图 21.24d 与图 21.25d 中的近底层 EKE，以及图 21.24b 与图 21.25b 中查尔斯顿隆起与布莱克高原邻域的近底层平均流）。

21.4 数据同化对湾流区模式动力学影响

在此，利用（1/12)°全球 HYCOM 模型进行对比试验，研究数据同化对湾流路径及其动力学过程的影响。试验的初始状态均为静止，利用 ECMWF 的气候态海表动力场和热力场进行强迫。然而，两组对比试验初始的强迫设置不同。第一组对比试验使用 ERA-15 气候态数据对模型进行积分；第二组对比试验使用 ERA-40 气候态数据，其中，利用 QuickSCAT 风速的统计数据对 10 m 风速进行增强（Kara et al，2009）。年际强迫模拟利用的是海军全球大气业务化预报系统（Navy Operational Global Atmospheric Prediction System，NOGAPS）的通量，其中，在第一组试验中对 ECMWF 的气候态平均风场进行调整；在第二组试验中利用 QuickSCAT 风速的统计数据对 10 m 风速进行调整，而ECMWF 气候态强迫不变。在接下来的讨论中，平均状态在第一组试验中代表最后 3 年（2004—2006 年）的时间平均，在第二组试验中代表的是 1 年（2007 年 6 月至 2008 年 5 月）的时间平均。

在此，设计两种数据同化后报模拟（数据同化模型的模拟非真实时间）。二者的数据均利用多元最优插值，通过 NCODA（Cummings 2005）进行同化。二者在对应的无同化的模拟试验中均利用相同的大气强迫数据。二者在数据同化方面的不同之处在于对待沿轨道的高度计海表面高度异常（SSHA）数据上。第一种试验设计为 C-H 同化，是 4 年无同化的年际强迫模拟的对比试验，其中，将 SSH 更新数据通过调整层厚延伸到海洋内部，方法由 Cooper 和 Haines（1996）提出。SSH 更新数据的获取方法为：（a）将高度计的 SSHA 数据加到基于模式的平均 SSH 上；（b）利用 NCODA 模式的预报结果作为 SSH 再分析资料。为此，通过一个 rubber-sheeting 技术（Smedstad et al，2003），使得用来初始化模式的平均 SSH 数据（来自 ERA-15 气候态强迫试验）调整到实测的湾流平均态的路径。最后 3 年的模拟结果用来进行分析讨论。第二种试验设计为 MODAS（Modular Ocean Data Assimilation System）同化，利用模块化海洋资料同化系统（MODAS；Fox et al，2002；Barron et al，2007）将 SSHH 数据通过综合的温盐剖面延伸到海洋内部，这里的平均海表面动力高度来自 MODAS 气候态数据。这是 2007—2008 年的对比试验模拟。仅将最后 1.5 年的模拟结果用来分析讨论。关于（1/12)°全球 HYCOM 预报系统的更详细的信息，见 Hurlburt 等（2008a）和 Chassignet 等（2009）。

21.4.1 年际强迫模拟的较弱湾流

4 个试验模拟的第 6 层（约 25 m）的平均流速如图 21.27 所示，红色实线为 15 年平均的湾流的 IR 北边界路径。利用 ERA-15 数据强迫年际变化的模拟结果显示湾流较弱（图 21.27a）。湾流离岸点南侧的流核的平均欧拉速度为 1.1 m/s，之后向东迅速减小，在 72°W 附近流速小于 0.4 m/s。较弱的湾流对应着较弱的深海平均海流，如图 21.28a 所示。72°W 处的关键的深海南向流流速小于 0.4 cm/s，并出现南移。观测的 68.5°W 处的关键海流缺失，同样还有两个观测的深层气旋式流环（图 21.5 和图 21.6）。最强的深海海流为 36°N、66°W 附近的反气旋式流环，它使得湾流出现轻微的北移。在哈特拉斯角附近，湾流的平均态表现为两个路径：一个路径紧贴着大陆架冲过分叉点；大部分的海流沿着另一个路径转向东流去。与陆架分离之后，湾流的平均路径位于 IR 平均路径之南。

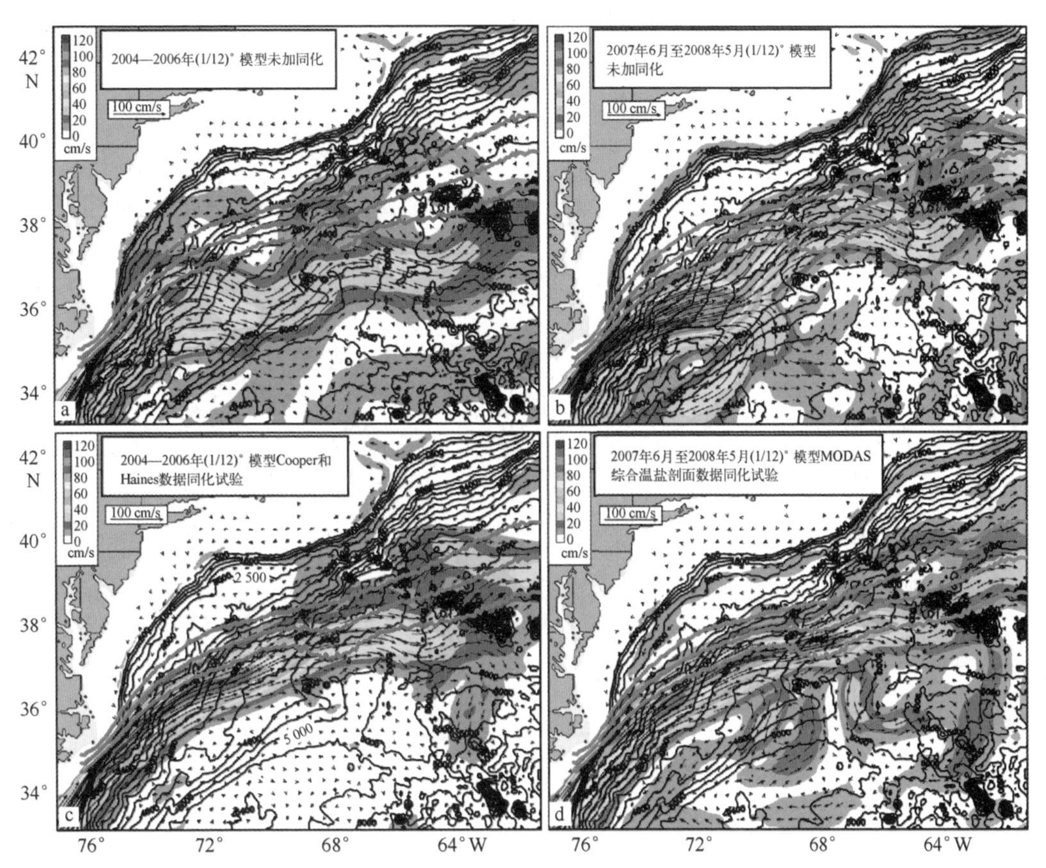

图 21.27　4 个（1/12）°全球 HYCOM 模型模拟试验中第 6 层（约 25 m）的平均海流

红色实线为 15 年的湾流北边界路径的平均位置±1σ（Cornillon and Sirkes）。水深在大于（小于）3 000 m 时等值线的间隔为 200（500）m。a. 年际强迫模拟的弱的湾流，离岸流速为 1.1 m/s，（1/12）°全球 HYCOM 模型；b. 年际强迫模拟的强的湾流，离岸流速为 1.4 m/s，（1/12）°全球 HYCOM 模型；c. Cooper 和 Haines（1996）数据同化试验，a 的对比试验，（1/12）°全球 HYCOM 模型；d. MODAS 综合温盐剖面数据同化试验，b 的对比试验，（1/12）°全球 HYCOM 模型（详见表 21.1）

大西洋经向翻转环流较弱，位置较浅，流量小于 11 Sv（图 21.29a）。斜压不稳定较弱，证据如下：①70°W 以西存在大面积的强 SSH 变化；②70°W 以西的南向的回流流环较弱（图 21.27a）；③涡旋驱动的平均深海流环中心直接位于海表流环之下，海底地形相对平坦（图 21.28a）；④深层的 EKE（未示出）。离岸的湾流路径沿着回流流环的北边界。通过涡旋驱动的平均深海流环相对于离岸海流的南边界以及平坦海底地形最北端的位置，可以看出，地形在离岸射流的斜压不稳定驱动的离岸路径中也起到一定作用。

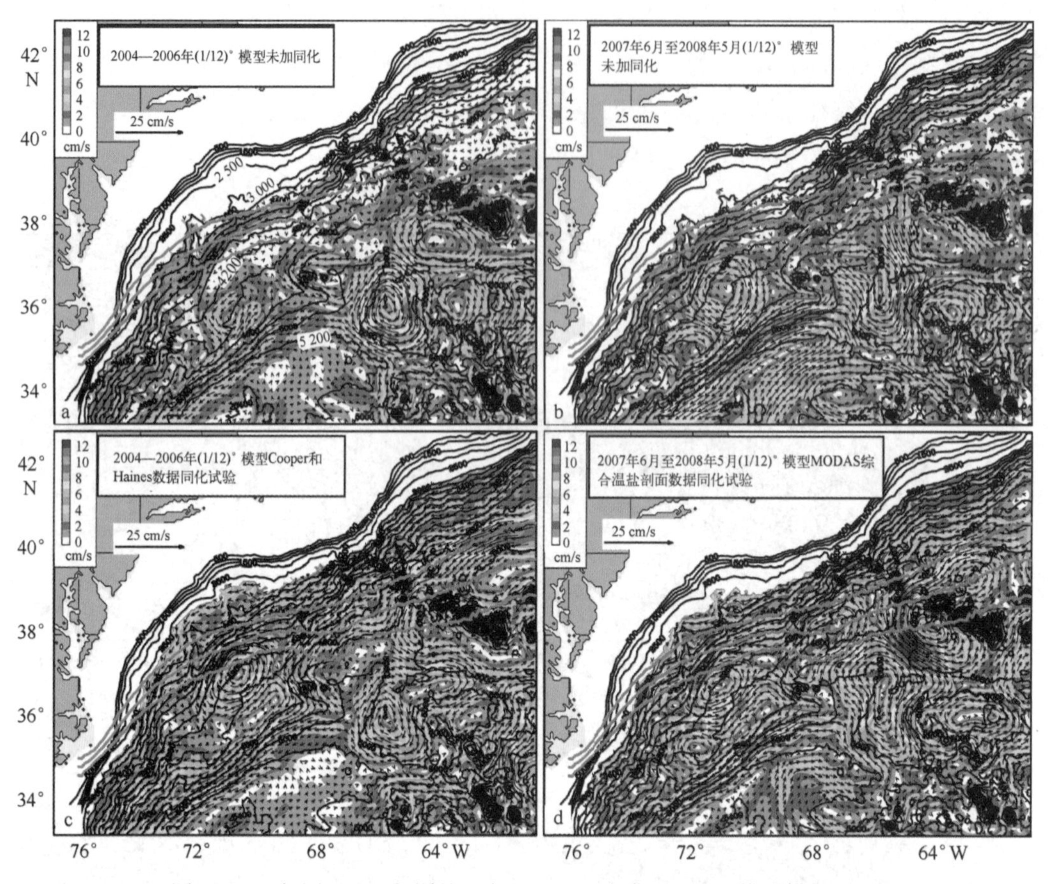

图 21.28　与图 21.27 相同的 4 个（1/12）°全球 HYCOM 模型模拟试验

图中为第 27~29 层（深约 3 000 m）的深度平均的海流。红色实线为 15 年的湾流北边界路径的平均位置±1σ（Cornillon and Sirkes）。水深在大于（小于）3 000 m 时等值线的间隔为 200（500）m。a. 年际强迫模拟的弱的湾流，离岸流速为 1.1 m/s；b. 年际强迫模拟的强的湾流，离岸流速为 1.4 m/s；c. Cooper 和 Haines（1996）数据同化试验，a 的对比试验；d. MODAS 综合温盐剖面数据同化试验，b 的对比试验

21.4.2　年际强迫模拟的较强湾流

利用 ERA-15 资料和 NOGAPS 风场的年际强迫模拟得出的湾流较弱。Kara 等（2009）发现 QuickSCAT 风场数据与 NOGAPS NWP 风场数据高度相关，但是风的强度存在显著的误差。Kara 等基于订正的 NWP 风场资料提出了一个回归资料。这个订正被应用到一个新的模式，该模式利用 ERA-40 气候态资料进行积分，为年际强迫模式生成一个新的初始条件。年际强迫模拟的风场强迫数据来自回归订正的 NOGAPS 风场数据。仅利用 2007 年 6 月至 2008 年 5 月的模拟结果进行分析。湾流的平均强度增强了，路径相对于之前的模拟结果（见 21.4.1 节中的描述）更加真实。平均离岸点处第 6 层（约 25 m）的湾流流核处的流速为 1.4 m/s，在 70°W 处也保持在 1 m/s 之上，70°W 以东流速迅速减小（图 21.27b）。可以发现一个强的回流流环，中心位于 34.5°N、72°W 处。深海海流（图 21.28b）强于未订正的 NOGAPS 资料模拟结果。72°W 处存在关键深海海流和相关的气旋式涡旋，但是 68.5°W 处的关键深海海流没

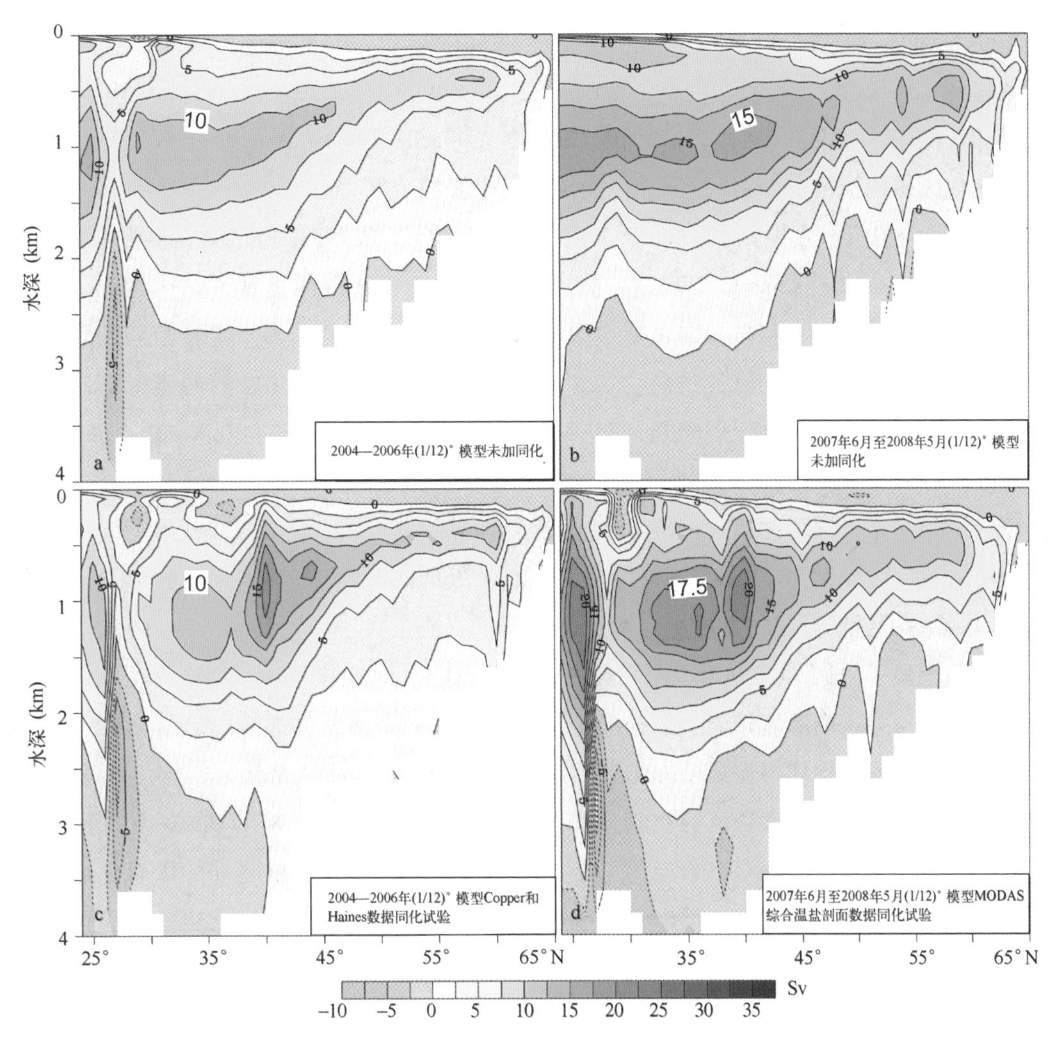

图 21.29 与图 21.27 相同的 4 个 (1/12)°全球 HYCOM 模型模拟试验中的 24°N 以北的大西洋经向翻转环流流函数

a. 年际强迫模拟的弱的湾流，离岸流速为 1.1 m/s；b. 年际强迫模拟的强的湾流，离岸流速为 1.4 m/s；c. Cooper 和 Haines（1996）数据同化试验 a 的对比试验；d. MODAS 综合温盐剖面数据同化试验，b 的对比试验

有模拟出来。涡旋驱动的深海环流在湾流之下流动，流速小于 8cm/s，在 36°N、72°W 附近驱使部分湾流向南流入回流流环；在 70°W 处，深海流环的北向流驱使着湾流向北流动。大西洋经向翻转环流非常浅且相对较弱，流量小于 16 Sv（图 21.29b）。图 21.30b 中的 SSH 变化显示了一个强的回流流环，但是 60°W 以东的涡旋活动很弱。这次模拟的湾流路径比较真实，但是仍旧与观测的 SSH 变化和相关的关键深海海流存在不符之处。大西洋经向翻转环流也相对较弱、较浅。这次的模拟与 21.3.3 节讨论的模拟结果非常相似，湾流路径较为真实，但是其他动力学过程较为不真实。

21.4.3 Cooper-Haines 数据同化

数据同化模拟从 ERA-15 气候态模拟结束之后开始，利用 NCODA 同化卫星 SST、SSH 更新数据和实测的温盐剖面数据，同时利用 C-H 方法将 SSH 更新数据向海表之下进行投影。模式经过同化模拟湾流的平均路径沿着 IR 路径从近岸流出至 68°W，如图 21.27c 所示。海流在 68°W 以东转向 IR 路径之南，在 64°W 处急转向北且分离成多股海流通过新英格兰海山链（New England Seamount Chain，NESC）。模式模拟的 SSH 变化重新呈现了高度计观测展示的特征，由于高度计资料也包含在同化资料中，因此这也是预期的结果。哈特拉斯角附近的离岸点处的湾流的流核的平均欧拉速度为 1.1 m/s，相对较弱，与同化之前的模拟结果基本一致。同化之后的湾流在东部变得较强，70°W 处流核的平均欧拉速度为 0.8 m/s，65°W 处为 0.6 m/s。

令人惊讶的是，同化之后深海环流变得较强（见图 21.28c）。在 72°W 和 68.5°W 处的关键深海海流现在分别为 10 cm/s 和 8 cm/s。72°W 处的南向海流连着一个气旋式流环。由于 C-H 方法将 SSH 更新数据向下投影，AMOC 增强了，流量大于 18 Sv，其深层的南向分支较未同化之前增强了（图 21.29c 相比图 21.29a）。深海的平均流沿着大陆坡的等深线流动。尽管在哈特拉斯角附近的湾流较弱，数据同化技术产生了一个活跃的涡旋区，从而驱动出较强的深海环流。数据同化使得模式模拟结果向观测的湾流弯曲以及涡旋近似，会引起涡旋伸缩，即导致涡旋驱动对平均深海环流的贡献。如图 21.28c 所示，在 69°W 和 72°W 处，沿着陆坡流动的较强且深的平均深海海流入与湾流交叉的深海海流，并与涡旋驱动的深海环流发生相互作用。虽然根据已有的观测证据以及此区域的湾流路径动力学，我们指出数据同化模拟结果中存在一个平均态的深海环流，但是没有观测证明显示深海环流会随时间如何变化，变化时上述平均态是否仍旧正确。Hurlburt（1986）的结果表明上述深海环流可能发生，他设计了一组 2 层模式试验，其中 SSH 场每 20 d 或 30 d 更新一次（SSH 更新数据来自无同化的控制实验），涵盖了控制试验、强斜压-正压不稳定以及平底等极端条件下的深海环流随时间的演化。

21.4.4 MODAS 数据同化

第二种数据同化例子从 2007 年 6 月 1 日开始，利用 ERA-40+QucikSCAT 模拟结果作为初始场。同化通过 NCODA，利用 MODAS 的综合温盐剖面资料将 SSHA 延伸至海洋内部。湾流的平均态严格按照 IR 路径向东流，经过 NESC 流至 62°W，如图 21.27d 所示。哈特拉斯角附近的流核的平均欧拉速度较弱，为 1 m/s。然而，流核流速在 72°W 的最大值为 1.2 m/s，在 65°W 处超过 0.65 m/s。SSH 变化重现了卫星高度计观测的结果（图 21.30 d）。涡旋驱动的深层环流较强，关键的南向深海海流流速超过 10 cm/s。每个关键的海流均对应着一个强的气旋式流环，如图 21.28d 所示。AMOC 是最强的，超过 20 Sv，南向的分支抵达 4 个模拟的最深位置（图 21.29d）。MODAS 综合剖面的同化看起来可以模拟出最接近现实的湾流系统；整个路径都伴随着强的涡旋，驱动了较强的深海环流。

21.4.5 模式预报与后报结果对比

以48个不同日期的每天的MODAS后报结果（21.4.4节）来初始化14 d的预报。HYCOM数据同化模式的预报技巧在Hurlburt等（2008a；2009）文章中有详细讨论。同化模式可显著地把预报时效延长到14 d。然而，模式技巧在10 d后变得不显著，湾流区10 d以外的SSH预报与分析结果之间的中值异常相关系数降到0.6以下。我们可以通过预报的湾流平均态和分析资料的差别来对比模式动力机制对预报的影响。图21.31展示的是48个预报结果中第6层（约25 m）和第27~29层（约3 000 m到海底）的平均流速。5 d的预报具有较好的效果，平均SSHA相关系数为0.8，但是14 d的预报效果较差。在预报中，我们在海洋上层发现显著的变化，深海海洋环流变化适中。5 d的预报可以使得湾流能够在NESC（64°W）以西遵循着IR路径的平均态，但是整个分流区的流核流速降低了大约0.1 m/s。14 d预报的流核流速大幅减弱，其中，在72°W处流速已经低于0.8 m/s。在68.5°W附近，湾流的路径向南偏离，大概是被此处的强南向深海海流驱使的结果。相比5 d的预报结果或者分析资料而言，14 d的预报中AMOC（未展示）稍微偏弱、偏浅。湾流在预报过程中仍旧是惯性的，湾流的不稳定性决定了其变化。然而，模式的动力框架不足以维持一支抵达NESC区的强流，湾流在14 d的预报中逐渐减弱。深海环流看起来具有较长的时间变化尺度，在14 d的预报期间变化较小。因此，深海海流对湾流的驱使能够使其维持一个合理的路径，但是动力机制维持不了湾流的强度。

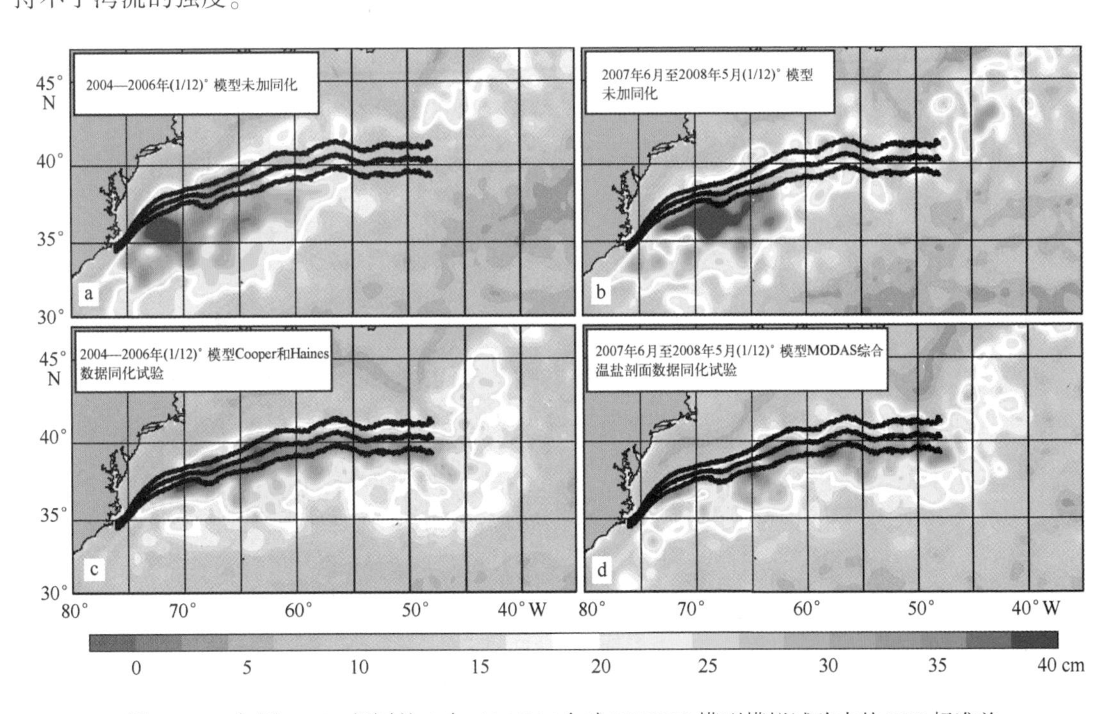

图21.30 与图21.27相同的4个（1/12）°全球HYCOM模型模拟试验中的SSH标准差

a. 年际强迫模拟的弱的湾流，离岸流速为1.1 m/s；b. 年际强迫模拟的强的湾流，离岸流速为1.4 m/s；c. Cooper和Haines（1996）数据同化试验，a的对比试验；d. MODAS综合温盐剖面数据同化试验，b的对比试验

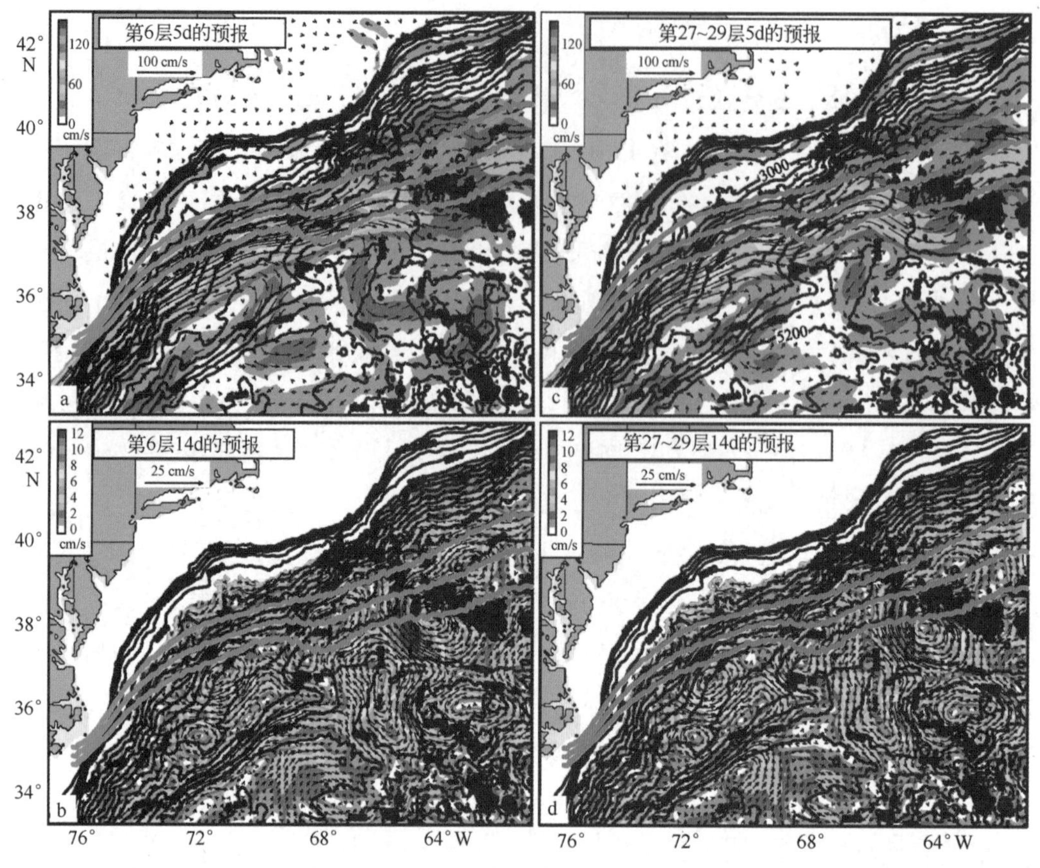

图 21.31 MODAS 数据同化预报的平均流速

①自预报时刻起第 6 层（约 25 m）5 d 预报（a）和 14 d 预报的（b）平均流速；②自预报时刻起第 27~29 层（约在 3 000 m 以下）5 d 的预报（c）和 14 d 预报（d）的平均流速。红色实线为 15 年的湾流北边界路径的平均位置±1σ（Cornillon and Sirkes）。水深等值线的间隔为 200 m

21.5 总结和讨论

发展更高精度模式才能加深对海洋环流的理解，进而促进对海洋和气候预测的认知，而动力学研究和现有可分辨涡的海洋环流数值系统的评估，正是这一过程中不可或缺的重要环节。本章讨论了湾流的研究，湾流的模拟结果，对模式方案的设置的改变通常具有较高的敏感性，比如次网格参数化和参数值。同时，数据同化对湾流的模拟和理解的加深也有着十分重要的作用，因此本章的讨论包含了使用和未使用数据同化的例子。不同模式配置下的非同化 OGCMs 模型也能够给出合理的结果，但是不能给出持续正确的结果，同时还暴露出这些模式共同的缺陷。

通过更简单的涡分辨模型研究了湾流动力学的主要特征，这一纯水动力模型垂向只含了 5 个拉格朗日分层，但是使用了更为实际的岸界、地形和风应力强迫和 AMOC 来：①模拟湾流分离和向东的路径；②提供更精细的观测校验；③更详细的动力学原理的解释（21.2 节）。简单来说，涡驱动的深海流（以 DWBC 为例），局地地形配置和湾流反馈机制将湾流限制在了68.5°W的位置。在西边界和70°W之间，湾流路径几乎沿着CAV路径流动。每种解释本身都不够充分，湾流路径限制在68.5°W这一解释本身并不足以解释路径位于西边界和69°W之间。尽管如此，若没有这一限制条件，湾流模拟中，靠近流核的实际流速的惯性不足以克服线性约束而越过观测到湾流的纬度产生射流（且沿CAV路径）。

必要的观测指标显示如下观测与模拟的一致性：(a) 平均流轴；(b) 在西边界和69°W之间的SSH高变率的窄带区域，这一结果可以解释CAV路径；(c) 湾流西边界分离点附近流核处的实际平均速度（1.6~2.1 m/s）；(d) 68.5°W附近深海流的存在。其他观测和动力指标也同样有用。除了线性解的可能性，用一个简化模型来研究并非必要步骤但同样有用，正如在OGCMs动力评估中提到的几种有缺陷的数值模拟。

21.3节比较了4个不同模型（HYCOM、MICOM、NEMO和POP）非同化模拟的结果，模式的水平分辨率从西北大西洋的（1/10)°到全球的（1/25)°。简化模型和OGCMs的模拟结果显示，虽然和实际观测还有一定的出入，但是仍能够模拟出湾流的路径及其动力学特征，但要牺牲模式的稳定性，这一点稍后会讨论到。特别需要指出的是，3个OGCMs模拟出了实际湾流路径，而模拟结果中的平均深海流分别位于65.5°W和67.5°W，并没有实际观测的支持或者反驳，而实际观测到的位于68.5°W附近的主要深海流在3个模式的模拟中并没有出现。另外一个模式也模拟出了实际的黑潮路径，但动力学特征与实际不符。

21.3节评估比较了常见的在哈特拉斯角，即湾流分离点的上游或者下游的湾流路径分离的模拟，这些模拟均存在不同程度的缺陷。下游分离往往存在过早分离，即过于偏在67°W的西南位置存在湾流路径分叉，或者超过观测湾流位置的69°W太多。上游分离的问题在于，离岸区域非实际流环和向哈特拉斯角下游传播的湾流弯曲幅度过弱，从而导致该区域湾流分离后的变率高达几度。模拟结果显示，数值模拟对AMOC强度、南向深海流结构、深海流和等深线的关系、风场强迫、分离射流的惯性特征及模式水平分辨率等都具有较高的敏感性。在模拟路径技巧方面，尽管这些模式对地形特征具有较高的敏感性，但对模式设计和地形本身敏感性较低。存在最大的问题在于，模拟出的AMOC南向深海流具有较浅的垂直结构，并因此导致深海流路径偏向湾流分离点的上游或下游方向，从而影响到深海流和等深线的关系。偏向分离点上游，在较强的平均深海沿2 700~3 200 m等深线流动时，就会产生非实际的湾流离岸持续弯曲。在这一深度范围内的海流从布莱克悬崖附近分离并在布莱克巴哈马外脊的脊顶附近沿北侧陆坡向西南方向流动。在这一过程中，海流穿过湾流下方，向离岸方向平流输送，这是几乎所有模式中时常见到的一个问题。

哈特拉斯角下游沿着相对较深等深线的深层流动将导致68.5°W附近的主要深海流，抑或是在67.5°W或65.5°W附近。这些深海流非常弱，甚至在一些存在过早分离的模拟中直接不存在，或者是存在南向误差的湾流分支、动力学特征与实际不符但是路径相符的流动等。沿等深线流动的与AMOC相关的深海流可以通过平流直接影响到湾流路径，同时也可以影响湾流模拟的稳定性和分别由AMOC驱动和涡旋驱动的深海流的相互作用。因此，湾流模拟对次网格参数化、参数值等小变化的高度敏感性，可以追溯到深海流与等深线的位置关系和出于限制湾流在68.5°W而需要深海流沿特定等深线的需要这两方面存在高度的敏感性。由于海洋模式模拟出存在偏浅南向深海流支的 AMOC，这一敏感性因此进一步增大。

存在南向路径偏差的模拟中，部分深海流沿 3 000 m 以浅的等深线生成，在分离点附近下方深处穿过湾流，同时还模拟出了一个核心位于 72°W 附近平坦海底涡旋驱动的深海环流，这一环流临近湾流南侧边缘。模拟显示在有南向误差的湾流分支更东侧的地方还存在一些这样的环流。(1/10)°大西洋 POP 和 (1/12)°全球 HYCOM 模型显示了相似的结果，而 (1/12)°大西洋 NEMO 模型和另外两个 (1/12)°全球 HYCOM 模型则显示了不同的环流结构。POP 结果中沿湾流北侧存在两个较强的气旋式深海环流，而 HYCOM 结果也显示路径的南向偏差。所有的 5 个模型试验湾流路径均沿着其下涡旋驱动的海流向东流动 10 个经度，产生的平均湾流路径受流动稳定性强烈影响，同时其动力特征也与观测结果有较大出入。

存在过度射流路径的 3 个 OGCMs 模型（全是 HYCOM 的结果）受线性关系制约，在风场强迫和 AMOC 的共同作用下，湾流路径偏北。将所使用的风场强迫用到线性关系中后也产生类似的过度射流的趋势。其中过度射流最严重的模拟出了第二强盛的 AMOC 和分离点附近惯性最强的湾流。其他两个过度射流的例子中，AMOC 的强度比较典型，但使用相同模型和风场强迫的 3 个模拟案例分别显示出了较弱的 AMOC、偏南的湾流路径和不符合实际动力学却符合实际路径的 3 种模拟结果。尽管过度射流模拟出了可以制约黑潮路径的深海流路径，跟实际观测数据相比，(1/12)°大西洋 MICOM 模型模拟出的深海流对黑潮的约束机制比模拟的湾流路径更加贴合实际。这一结果具有最强的 AMOC，并且其南向分支比 3 个 HYCOM 模拟结果更深，还具有包含了观测到的沿等深线流动的强大的平均 DWBC，在 68.5°W 附近汇入主要深海流。

模式经常能模拟出湾流的分叉，且深海流在这一过程中起到一定的作用。在过度射流的章节讨论了深海流的多种作用机制。其中两种模拟深海流导致湾流大分叉。通常情况下，深海流在湾流边缘处分离出来，定义了南侧回流区的东边界。在湾流的近岸一侧，深海流的制约同样可以在从岸界或者陆坡剥离的流动和陆坡流之间形成一个分叉。在流北侧产生分叉的情况下，北分支往往转化成符合线性关系的路径，而不是受深海流的制约。

简化水动力模型结果显示，在中纬度地区将 7 km 分辨率减半至 3.5 km 会通过增加湾流模拟的惯性和涡旋驱动的深海环流，从而降低模型对 AMOC 的敏感性。几乎相同的两个模型—— (1/12)°和 (1/25)°全球 HYCOM 模型的比较结果为这一结论提供了支撑。每个数值试验从气候态初始化后，均运行 10 年，作为数值试验的初始场。从第二年开始，两个试验均产生了哈特拉斯角分离点后的湾流偏南路径，然后产生符合实际的路径，但最终，两个试验均呈现出过度射流的结果。但是，(1/12)°模型的实际路径只保持了 1 年（第 8 年），而 (1/25)°的模型保持了 4 年（第 5~8 年）。比起 MICOM 的结果而言，两者在 AMOC 区域的南向流动偏浅，深海流对湾流路径的约束偏弱。将 AMOC 的强度增加 5%或特别有利的风强迫，两个模拟实验最终产生的都是过度射流。

数据同化对湾流动力学有很强的影响，特别是对观测稀疏或者根本没有实时观测的变量（21.4 节）。不同的非同化数值方案作为控制实验，用来评估数据同化的作用。两个控制试验平均路径均偏南并存在非常浅南向分支的较弱的 AMOC。因此，模拟不出与实际湾流路径相关的，沿着等深线流动并与观测相符或相当的深海流。两个数据同化后报试验的结果显示，通过同化卫星高度计沿轨的 SSHA 数据，可以模拟出与实际相符的平均湾流路径。SSH 数据用两种不同方案投影到分层水体上，分别是 Cooper-Haines 方案和温盐剖面合成同化方案。

正如我们所期望的，数据同化改进了 SSH 变率，湾流的平均强度和路径受到 SSH（包括平均 SSH 和异常 SSH 两部分）的强烈制约，但结果是平均湾流偏弱。在海洋内部，数据同化增加 AMOC 的强度和它南支深海流的深度范围。一个特别显著的特点是，数据同化对平均深海流的影响。两个后报试验都重现了历史观测中存在的深海流，包括 68.5°W 附近的主要深海流和沿着陆坡不断汇入其中的其他流动，也模拟出了比较靠西侧的一个存在观测的气旋式环流。这些深海流在 48 组 14 d 预报平均中保持得较好，尽管已经很弱的湾流的持续衰弱且基于异常相关系数的中等预报技巧评分大于 0.6 的只有 10 d。深海流的产生源于同化高度计数据时，SSH 数据的更新和再次投影使得涡管伸缩。数据同化通过模式的动力过程进行插值和外推，将观测到的变率最大限度的融入诸如海流路径、涡旋等海洋特征中去。结果表明，一个更贴近实际的 AMOC 可以产生更实际的沿着大陆坡的深海流，能够更贴切地模拟海洋变率及涡旋，决定了模式能否更好地体现流动不稳定，从而模拟出贴合实际的涡旋驱动的平均深海流并在14 d 的预报中保持这一特点。

致谢：感谢 NOPP 资助的 GODAE 下 HYCOM 的全球预测项目、ONR 资助的 6.1 计划深层流对近海的远程强迫项目（601153N）、美国国防部高性能计算现代化项目提供的大量帮助。Alan Wallcraft 负责发展维护 HYCOM 的标准版本，Ole Martin Smedstad 负责同化实验。感谢由 MERSEA 计划资助的法国 Mercator 欧洲高分辨率全球海洋模型和 Région Midi Pyrénées 资助的计算机、基于卫星图像的湾流平均路径，来自 Peter Cornillon（罗德岛大学）和 Ziv Sirkes（已故）参与 ONR 计划数据同化和北大西洋海盆模式评估试验项目（Data Assimilation and Model Evaluation Experiment North Atlantic Basin，DAMEE-NAB）的未发表的学术成果。

参考文献

Arbic B K，Wallcraft A J，Metzger E J（2010）Concurrent simulation of the eddying general circulation and tides in a global ocean model. Ocean Model 32：175-187.

Bane J M Jr，Dewar W K（1988）Gulf Stream bimodality and variability downstream of the Charleston bump. J Geophys Res 93（C6）：6695-6710.

Barnier B，Madec G，Penduff T，Molines J M，Treguier A M，Le Sommer J，Beckmann A，Biastoch A，Böning C，Dengg J，Derval C，Durand E，Gulev S，Remy E，Talandier C，Theeten S，Maltrud M，McClean J，De Cuevas B（2006）Impact of partial steps and momentum advection schemes in a global ocean circulation model at eddy-permitting resolution. Ocean Dyn 56：543-567. doi：10.1007/s10236-006-0082-1.

Barron C N，Smedstad L F，Dastugue J M，Smedstad O M（2007）Evaluation of ocean models using observed and simulated drifter trajectories：impact of sea surface height on synthetic profiles for data assimilation. J Geophys Res 112：C07019. doi：10.1029/2006JC002982.

Bleck R（2002）An oceanic general circulation model framed in hybrid isopycnic-cartesian coordinates. Ocean Model

37: 55-88.

Bleck R, Smith L (1990) A wind-driven isopycnic coordinate model of the north and equatorial Atlantic Ocean. 1. Model development and supporting experiments. J Geophys Res 95: 3273-3285.

Bower A S, Hunt H D (2000) Lagrangian observations of the deep western boundary current in the North Atlantic Ocean. Part II. The Gulf stream—deep western boundary current crossover. J Phys Oceanogr 30: 784-804.

Bryan F O, Hecht M W, Smith R D (2007) Resolution convergence and sensitivity studies with North Atlantic circulation models. Part I: the western boundary current system. Ocean Model 16: 141-159.

Chassignet E P, Marshall D P (2008) Gulf Stream separation in numerical ocean models. In: Hecht M, Hasumi H (eds) Ocean modeling in an eddying regime, geophysical monograph 177. American Geophysical Union, Washington.

Chassignet E P, Hurlburt H E, Metzger E J, Smedstad O M, Cummings J A, Halliwell G R, Bleck R, Baraille R, Wallcraft A J, Lozano C, Tolman H L, Srinivasan A, Hankin S, Cornillon P, Weisberg R, Barth A, He R, Werner F, Wilkin J (2009) US GODAE: global ocean prediction with the HYbrid Coordinate Ocean Model (HYCOM). Oceanography 22: 64-75.

Cooper M, Haines K A (1996) Altimetric assimilation with water property conservation. J Geophys Res 24: 1059-1077.

Cummings J A (2005) Operational multivariate ocean data assimilation. Quart J R Meteor Soc 131: 3583-3604.

Fox D N, Teague W J, Barron C N, Carnes M R, Lee C M (2002) The modular ocean data analysis system (MODAS). J Atmos Ocean Technol 19: 240-252.

Gibson J K, Kallberg P, Uppala S, Hernandez A, Nomura A, Serrano E (1999) ERA ECMWF reanalysis project report series 1. ERA-15 description, version 2. European Centre for Medium-Range Weather Forecasts, Reading.

Glenn S M, Ebbesmeyer C C (1994a) The structure and propagation of a Gulf Stream frontal eddy along the North Carolina shelf break. J Geophys Res 99 (C3): 5029-5046.

Glenn S M, Ebbesmeyer C C (1994b) Observations of Gulf Stream frontal eddies in the vicinity of Cape Hatteras. J Geophys Res 99 (C3): 5047-5055.

Godfrey J S (1989) A Sverdrup model of the depth-integrated flow for the world ocean allowing for island circulations. Geophys Astrophys Fluid Dyn 45: 89-112.

Gordon A L, Giulivi C F, Lee C M, Furey H H, Bower A, Talley L (2002) Japan/East Sea thermocline eddies. J Phys Oceanogr 32: 1960-1974.

Halkin D, Rossby H T (1985) The structure and transport of the Gulf Stream at 73°W. J Phys Oceanogr 15: 1439-1452.

Haltiner G J, Martin F L (1957) Dynamical and Physical Meteorology. McGraw-Hill, New York.

Hecht M W, Smith R D (2008) Towards a physical understanding of the North Atlantic: a review of model studies in an eddying regime. In: Hecht M, Hasumi H (eds) Ocean modeling in an eddying regime, geophysical monograph 177. American Geophysical Union, Washington.

Hecht M W, Petersen M R, Wingate B A, Hunke E, Maltrud M E (2008) Lateral mixing in the eddying regime and a new broad-ranging formulation. In: Hecht M, Hasumi H (eds) Ocean modeling in an eddying regime, geophysical monograph 177. American Geophysical Union, Washington.

Hellerman S, Rosenstein M (1983) Normal monthly wind stress over the world ocean with error estimates. J Phys

Oceanogr 13：1093-1104.

Hogan P J，Hurlburt H E（2006）Why do intrathermocline eddies form in the Japan/East Sea? A modeling perspective. Oceanography 19：134-143.

Hogg N G，Stommel H（1985）On the relation between the deep circulation and the Gulf Stream. Deep-Sea Res 32：1181-1193.

Hurlburt H E（1986）Dynamic transfer of simulated altimeter data into subsurface information by a numerical ocean model. J Geophys Res 91（C2）：2372-2400.

Hurlburt H E，Hogan P J（2000）Impact of（1/8）° to（1/64）° resolution on Gulf Stream model-data comparisons in basin-scale subtropical Atlantic Ocean models. Dyn Atmos Ocean 32：283-329.

Hurlburt H E，Hogan P J（2008）The Gulf Stream pathway and the impacts of the eddy-driven abyssal circulation and the Deep Western Boundary Current. Dyn Atmos Ocean 45：71-101.

Hurlburt H E，Thompson J D（1980）A numerical study of Loop Current intrusions and eddy shedding J Phys Oceanogr 10：1611-1651.

Hurlburt H E，Thompson J D（1982）The dynamics of the Loop Current and shed eddies in a numerical model of the Gulf of Mexico. In：Nihoul JCJ（ed）Hydrodynamics of semi-enclosed seas. Elsevier，Amsterdam.

Hurlburt H E，Wallcraft A J，Schmitz W J Jr，Hogan P J，Metzger E J（1996）Dynamics of the Kuroshio/Oyashio current system using eddy-resolving models of the North Pacific Ocean. J Geophys Res 101（C1）：941-976.

Hurlburt H E，Chassignet E P，Cummings J A，Kara A B，Metzger E J，Shriver J F，Smedstad O M，Wallcraft A J，Barron C N（2008a）Eddy-resolving global ocean prediction. In：Hecht M，Hasumi H（eds）Ocean modeling in an eddying regime，geophysical monograph 177. American Geophysical Union，Washington.

Hurlburt H E，Metzger E J，Hogan P J，Tilburg C E，Shriver J F（2008b）Steering of upper ocean currents and fronts by the topographically constrained abyssal circulation. Dyn Atmos Ocean 45：102 - 134. doi：10. 1016/j. dynatmoce. 2008. 06. 003.

Hurlburt H E，Brassington G B，Drillet Y，Kamachi M，Benkiran M，Bourdallé-Badie R，Chassignet E P，Jacobs G A，Le Galloudec O，Lellouche J M，Metzger E J，Oke P R，Pugh T F，Schiller A，Smedstad O M，Tranchant B，Tsujino H，Usui N，Wallcraft A J（2009）High-resolution global and basin-scale ocean analyses and forecasts. Oceanography 22：110-127.

Johns W E，Shay T J，Bane J M，Watts D R（1995）Gulf Stream structure，transport，and recirculation near 68°W. J Geophys Res 100：817-838.

Joyce T M，Wunsch C，Pierce S D（1986）Synoptic Gulf Stream velocity profiles through simultaneous inversion of hydrographic and acoustic Doppler data. J Geophys Res 91：7573-7585.

Kallberg P，Simmons A，Uppala S，Fuentes M（2004）ERA-40 project report series：17. The ERA-40 archive. ECMWF. Reading.

Kara A B，Hurlburt H E，Wallcraft A J（2005）Stability-dependent exchange coefficients for air-sea fluxes. J Atmos Ocean Technol 22：1080-1094.

Kara A B，Wallcraft A J，Martin P J，Pauley R L（2009）Optimizing surface winds using QuikSCAT measurements in the Mediterranean Sea during 2000—2006. J Mar Sys 78：119-131.

Large W G，Pond S（1981）Open ocean momentum flux measurements in moderate to strong winds. J Phys Oceanogr 11（3）：324-336.

Lee H (1997) A Gulf Stream synthetic geoid for the TOPEX altimeter. MS Thesis Rutgers University, New Brunswick.

Lee T, Cornillon P (1996) Propagation of Gulf Stream meanders between 74° and 70°W. J Phys Oceanogr 26: 205-224.

Legeckis R, Brown C W, Chang P S (2002) Geostationary satellites reveal motions of ocean surface fronts. J Mar Sys 37: 3-15.

Legeckis R V (1979) Satellite observations of the influence of bottom topography on the seaward deflection of the Gulf Stream off Charleston, South Carolina. J Phys Oceanogr 9: 483-497.

Madec G (2008) NEMO ocean engine. Report 27 ISSN No 1288-1619. Institute Pierre-Simon Laplace (IPSL), France.

Munk W H (1950) On the wind-driven ocean circulation. J Met 7: 79-93.

Paiva A M, Hargrove J T, Chassignet E P, Bleck R (1999) Turbulent behavior of a fine mesh ((1/12)°) numerical simulation of the North Atlantic. J Mar Sys 21: 307-320.

Pickart R S (1994) Interaction of the Gulf Stream and Deep Western Boundary Current where they cross. J Geophys Res 99: 25155-25164.

Pickart R S, Watts D R (1990) Deep Western Boundary Current variability at Cape Hatteras. J Mar Res 48: 765-791.

Reid R O (1972) A simple dynamic model of the Loop Current. In: Capurro LRA, Reid JL (eds) Contributions on the Physical Oceanography of the Gulf of Mexico. Gulf Publishing Co, Houston.

Rosmond T E, Teixeira J, Peng M, Hogan T F, Pauley R (2002) Navy operational global atmospheric prediction system (NOGAPS): forcing for ocean models. Oceanography 15 (1): 99-108.

Rossby C G (1940) Planetary flow patterns in the atmosphere. Quart J R Meteor Soc 66: 68-87.

Rossby T, Flagg C N, Donohue K (2005) Interannual variations in upper-ocean transport by the Gulf Stream and adjacent waters between New Jersey and Bermuda. J Mar Res 63: 203-226.

Schmitz W J Jr (1996) On the world ocean circulation: Volume I. Some global features/North Atlantic circulation. Technical Report WHOI-96-03 Woods Hole Oceanographic Institution, Woods Hole.

Schmitz W J Jr, McCartney MS (1993) On the North Atlantic circulation. Rev Geophys 31: 29-49.

Shriver J F, Hurlburt H E, Smedstad O M, Wallcraft A J, Rhodes R C (2007) 1/32° real-time global ocean prediction and value-added over 1/16° resolution. J Mar Sys 65: 3-26.

Smedstad O M, Hurlburt H E, Metzger E J, Rhodes R C, Shriver J F, Wallcraft A J, Kara AB (2003) An operational eddy resolving 1/16° global ocean nowcast/forecast system. J Mar Sys 40-41: 341-361.

Smith R D, Maltrud M E, Bryan F O, Hecht M W (2000) Numerical simulation of the North Atlantic Ocean at 1/10°. J Phys Oceanogr 30: 1532-1561.

Sverdrup H U (1947) Wind-driven currents in a baroclinic ocean—with application to the equatorial currents of the eastern Pacific. Proc Natl Acad Sci U S A 33: 318-326.

Thompson J D, Schmitz W J Jr (1989) A regional primitive-equation model of the Gulf Stream: design and initial experiments. J Phys Oceanogr 19: 791-814.

Townsend T L, Hurlburt H E, Hogan P J (2000) Modeled Sverdrup flow in the North Atlantic from 11 different wind stress climatologies. Dyn Atmos Ocean 32: 373-417.

Tsujino H, Usui N, Nakano H (2006) Dynamics of Kuroshio path variations in a high-resolution general circulation model. J Geophys Res. doi: 10. 1029/2005JC003118.

Usui N, Tsujino H, Fujii Y (2006) Short-range prediction experiments of the Kuroshio path variabilities south of Japan. Ocean Dyn 56: 607-623.

Usui N, Tsujino H, Fujii Y, Kamachi M (2008a) Generation of a trigger meander for the 2004 Kuroshio large meander. J Geophys Res. doi: 10. 1029/2007JC004266.

Usui N, Tsujino H, Nakano H, Fujii Y (2008b) Formation process of the Kuroshio large meander in 2004. J Geophys Res. doi: 10. 1029/2007JC004675.

Watts D R, Tracey K L, Bane J M, Shay T J (1995) Gulf Stream path and thermocline structure near 74°W and 68°W. J Geophys Res 100: 18291-18312.

Xie L, Liu X, Pietrafesa L J (2007) Effect of bathymetric curvature on Gulf Stream instability in the vicinity of the Charleston Bump. J Phys Oceanogr 37 (3): 452-475.

第22章 海洋预报系统
——产品评估和技术性

Matthew Martin[①]

摘 要：对海洋预报系统的产品开展评估是非常重要的，不但可以告知用户产品的可信度，而且有助于确定系统中有待改进的领域。本章综述了开展预报评估的统计方法，给出了不同全球海洋数据同化实验（GODAE）系统中一些常用方法的例子，比如对大尺度模式性能的评估、对数据同化系统输出结果的使用、独立数据的使用、预报产品和分析的对比。

22.1 前言

海洋预报系统旨在为广大用户提供过去、现在和预知将来的海况信息。海洋预报系统应用广泛，包括国防、船舶航线的制定、溢油预警预测、天气预报、气候监测和科学研究。为了使海洋预报系统的产品得到很好的应用，我们必须评估系统描述真实海况的能力。这将告知用户何时何处以及以多大的可信度来使用预报产品，这也将有助于我们提高系统的预报能力。海洋预报系统中的状态变量包括海表面高度（Sea Surface Height，SSH）和三维温度、盐度和流场。具有海冰模型的系统还预报海冰密集度、速度和厚度。用户还会用到其他诊断变量例如混合层深度和输运。海洋预报系统的应用覆盖多种时空尺度，比如大尺度的气候监测和季节预报应用，这些应用通过分析和预测混合层深度的日变化来关注海洋在洋盆和全球尺度上随着月份的演变。因而在评估产品时，必须考虑时空尺度的范围。

我们可以从海洋预报系统中获取的信息量是巨大的，在特定时刻，模式的状态向量通常至少包括 10^7 量级的变量，甚至某些系统还远不止这些。对用户来讲，评估所有的数据是不可能的，因此需要后处理来综合处理数据，比如在时间或空间上进行插值或平均，输出某些特定用户关注的诊断数据。我们需要评估处理后的数据来评估后处理程序对生成数据的影响。

为评估海洋系统的产品能否预报实际的海况，我们需要开展观测，观测数据的形式包括气候态、卫星数据的分析产品，或原始的观测值。在所有案例中，当开展模式与观测的对比

① Matthew Martin，英国气象局。E-mail：matthew. martin@ metoffice. gov. uk

时，观测值的精确度必须评估，因此我们需要使用经过质量控制的观测数据，而将模式与“错误”的观测进行对比则会得到令人费解的结果。

影响预报产品质量的因素有很多。最明显的是模式质量的好坏，比如模式的水平、垂向分辨率以及参数化方案。用来驱动模式的表面强迫场（在耦合模式中大气模式的质量）也对海洋预报的质量有重要的影响。对于区域模式，侧边界可能起着重要的作用。对模式初始化的数据同化方案对于预报的准确度有很大影响，同化中用到的观测数据类型和数目、同化方案本身、观测数据的质量控制都对数据分析和随后预报的准确度有影响。

本章先对评估模式产品所需的一些统计概念进行综述，随后针对用于模式产品评估中观测数据的主要问题进行总结，之后给出一些关于各种全球海洋数据同化实验（Global Ocean Data Assimilation Experiment，GODAE）系统产品评估的具体例子。最后是整章的总结。

22.2 统计学概念

对海洋预报系统的检验需要很多统计指标，这里讲述 3 种概念，旨在判定分析和预报的准确度、模式模拟实况特征规律的程度 [有时称为相关性（association）（Murphy，1995）]，以及预报的技术性。这些统计信息可以精炼成一些概要图来表示，这里做简要描述。

假定有一个验证数据集，包含 N 个观测值 y_i（$i=1, 2, \cdots, N$），平均值为 $\bar{y}$。与观测值同时同地的模式值是 x_i（$i=1, 2, \cdots, N$），平均值为 $\bar{x}$。平均误差是用于检验模式模拟能否表示平均观测的一种方法。

$$MD = \frac{1}{N}\sum_{i=1}^{N}(x_i - y_i) \tag{22.1}$$

22.2.1 准确度

预报的准确度经常用模式结果与观测值之间的均方根误差（Root-Mean-Square Error，RMSE）来评估。

$$RMSE = \sqrt{\frac{1}{N}\sum_{i=1}^{N}(x_i - y_i)^2} \tag{22.2}$$

22.2.2 形态

模型再现观测形态的程度通过相关系数来衡量。

$$R = \frac{\frac{1}{N}\sum_{i=1}^{N}(x_i - \bar{x})(y_i - \bar{y})}{\sigma_x \sigma_y} \tag{22.3}$$

式中，σ_x 和 σ_y 分别为模式和观测的标准差。

相关系数能反映模式与观测在形态上的相关程度，但无法确切表明模式和观测两个场之间的相差大小。相关系数 R 接近 1 时，表示两个场有相同的变化形态，趋向 -1 时，表示两个场向相反的方向变化，0 表示两个场没有相关性。相关系数的平方 R^2 也是一个有用的量，表示总方差解释部分。

当一个场量的变化主要来自大尺度现象，如季节循环，海洋模式通常可以很好地模拟这种现象，这时相关系数 R 会很高。然而为了评估海洋预报系统在更小的时空尺度上的信息，我们采用如下的距平相关系数（anomaly correlation coefficient，ACC）来表示。它可以衡量在去除季节性变化的气候态 C 后，模式和观测之间的相互关系。

$$ACC = \frac{\sum_{i=1}^{N}(x_i - C_i)(y_i - C_i)}{\sqrt{\sum_{i=1}^{N}(x_i - C_i)^2 \sum_{i=1}^{N}(y_i - C_i)^2}} \tag{22.4}$$

22.2.3 技巧

决定模型预报的技巧取决于它的应用，因此无法找到一个通用的技巧评分。相关文献中提到了许多技巧评分，下面为一些例子。

预报技巧可以定义为预报场相对于某个参照场（如气候态或持久性）的准确度（Murphy，1995）。简单的计算方法为

$$SS1 = 1 - \frac{MSD}{MSD_{\mathrm{ref}}} \tag{22.5}$$

本式可用于计算预报场相对于一些参考场的相对精度，其中 MSD 表示均方差，下标 ref 表示模式值被气候态或持久性的估计值代替。1 表示预报技巧最佳，0 表示没有技巧。

在上述技巧评分中，没有考虑相关性或偏差（即模式平均与实况平均的一致程度）。Taylor（2001）提出基于相关系数和模拟观测差异的评分：

$$SS2 = \frac{4(1 + R)}{(\hat{\sigma}_x + 1/\hat{\sigma}_x)^2(1 + R_0)} \tag{22.6}$$

式中，R_0 是可实现的最大相关（$R_0 = 1$）；$\hat{\sigma}_x = \sigma_x/\sigma_y$ 是正规化的标准差。

另一个技巧评分基于相关系数和方差，也包括模式和观测中的偏差（Metzger et al，2008）：

$$SS3 = R^2 - [R - (\sigma_y/\sigma_x)]^2 - [(\bar{y} - \bar{x})/\sigma_x]^2 \tag{22.7}$$

当使用的参照场是观测平均值时，这个技巧评分等同于式（22.5）定义的 $SS1$ 评分（Murphy，1988）。这种分解评分的方式有利于评估相关性、条件偏差、绝对偏差的不同贡献。

对于概率预报系统，我们使用各种不同的技巧评分，例如布莱尔技巧评分（Brier skill score，BBS；Brier，1950），或者相对运行特性（Relative Operating Characteristics，ROC）评分（用来评判准确预报的事件次数与空报次数之间的关系）。这些技巧评分被广泛用在季节预测系统和集合天气预报系统中，但当前海洋预报系统很少能生成集合预报产品。本章未对所有技巧评分进行深入讲述，读者可通过 Atger（1999）的文章和相关的参考文献获取更多的资讯。

22.2.4 概要图

为了描述模式场和观测场之间的差异特征，需要考虑两个场的分布形态和各自方差。我

们将中心均方根误差（centred pattern RMSE，CRMSE）定义为

$$CRMSE = \sqrt{\frac{1}{N}\sum_{i=1}^{N}\left[(x_i - \bar{x}) - (y_i - \bar{y})\right]^2} \tag{22.8}$$

Taylor（2001）注意到两个场之间的相关系数、CRMSE 和方差之间存在一个简单的关系：

$$CRMSE^2 = \sigma_x{}^2 + \sigma_y{}^2 - 2\sigma_x\sigma_y R \tag{22.9}$$

它和余弦定律［$c^2 = a^2 + b^2 - 2ab\cos(\gamma)$］是一样的格式。我们用上述关系式把 R、CRMSE 和模式与实况各自方差的信息以一个点的形式绘制在一个图中。为了能够对比各种不同单位的场，通过标准差对式（22.8）中各个变量进行标准化，使其无量纲化，同时相关系数不变。图 22.1 是一个示意泰勒图。如果一个模型与观测完全相符，它将位于黑色圈表示的点上。黑色圈和真实的模拟点（蓝色菱形表示）之间的距离代表 CRMSE，点弧线代表 CRMSE 的等值线。相关系数由外弧线来表示，随着与 y 轴角度的增大，相关性不断增加。正规化的标准差由到原点的距离表示，虚弧线为等比率线（如果离原点越近，模拟值的方差比观测值的方差越小）。泰勒图的优势在于能够将许多模式运行结果绘制在单个图上，并且比较模式各个方面的性能。

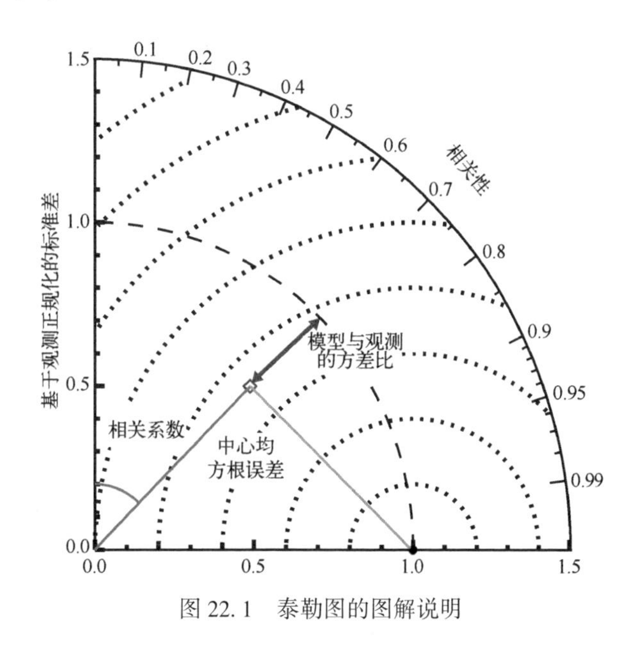

图 22.1 泰勒图的图解说明

泰勒图的一个缺点是没考虑模式的平均误差。所谓的 Target 图（Jolliff et al，2009）可被用来表示模式统计性能的补充信息。在这种情况下，图中绘制了总的均方差、中心均方根误差和偏差 MD 之间的关系：$RMSE^2 = MD^2 + CRMSE^2$，x 轴表示 $CRMSE$，y 轴表示偏差。依据定义，$CRMSE$ 为正值，可通过将 $CRMSE$ 乘以标准差的符号后在负的 x 轴表示以包含标准差的信息。

22.3 观测

现有各种观测数据类型可用于验证和检验海洋预报系统。这里简单概述如何将这些数据

用于评估模式输出结果。

对于卫星资料，需进行多层的处理，生成与海洋模式输出结果相符的观测资料。例如，海表面温度（Sea Surface Temperature，SST）数据便经过多层次数据处理，从第一层卫星观测的亮温，经过第二层转化为本地分辨率的 SST，第三层对数据进行插值，再到第四层的目标分析。每一层处理都影响数据的准确性和代表性，因此在进行校验之前，需明确这些观测数据所代表的物理量。

非常重要的一点是，检验模式用到的观测场自身也无法代表真实的海况，测量技巧会给观测带来一些误差。观测通常是在一个特定点进行的，而模式代表一个区域平均值。这意味着模式无法代表影响观测的所有物理过程。这些代表性的误差，像观测中的明显误差一样，能够引起相关误差，从而影响对统计结果的解释。因而在评估模式-观测的对比结果时，所有误差都应该被考虑进去。

像上段提到的误差一样，观测经常报告错误值，这可能是由许多原因造成的，例如，位置的误报、观测数据在传输期间的损坏或仪器误差。一两个观测值的错误能够显著影响验证/检验的结果，因此在评估之前开展对观测数据质量的彻底检查是非常重要的。质量控制有许多方法，通常我们需要对比观测数据和一些参考场，或来自模式预报，或来自观测的气候态［可参考 Ingleby 和 Huddleston（2007）的文章］。

22.4 评估海洋分析和预报

开发一个新的海洋预报系统或对现有系统进行重大升级通常包含许多阶段。模式的所有改进需要一一进行测试，来保证模式系统朝着预期发展。我们对这些改进升级系统进特集成，然后对系统的新版本开展全面地校验。我们通常通过评估模式对过去多年的后报结果来验证更新的模式是否达到预期，通过验证后的系统可业务化运行。在这个阶段，我们需要利用检验系统，连续地评估和监控系统的准确度。验证和检验的结果可告知用户系统是否达到预期的准确度。对于系统是否适用于用户指定的某个应用时，我们会开展特定的评估。

下面列举一些评价海洋预报系统的例子（Ferry et al，2007；Oke et al，2008；Metzger et al，2008；2009；Storkey et al，2010）、常用方法的插图以及每种方法的优点和缺点。

22.4.1 评价大尺度的平均值和异常值

检查海洋预报系统的平均性能是否能够很好地反映海洋的气候态是很重要的，这通常是通过对比模式的多年平均结果和由观测数据生成的气候态来完成。

例如，将平均动力地形［Mean Dynamic Topography，MDT，可参考 Rio 等（2005）或者 Maximenko 和 Niiler（2005）的文章］与模式的平均海表面高度场进行对比，可以评判模式是否可以模拟出大尺度海洋环流。

我们也可以利用适当的气候态资料集评估温度和盐度。图 22.2 是在 2005 年世界海洋地图集（World Ocean Atlas，WOA）上的年平均温度距平的截面图（Locarnini et al，2006），距平值来自分辨率为（1/4）°的全球 FOAM 系统的后报结果，一组是未同化的，一组是同化的。这表明了数据同化能够降低模式对气候态的偏离。当进行对比时，一定要避免跨年信号的影响。例如在图 22.2f 中，有一个明显的拉尼娜（La Nina）事件，此处的模式表示了模式结果与气候态之间的真实偏差。

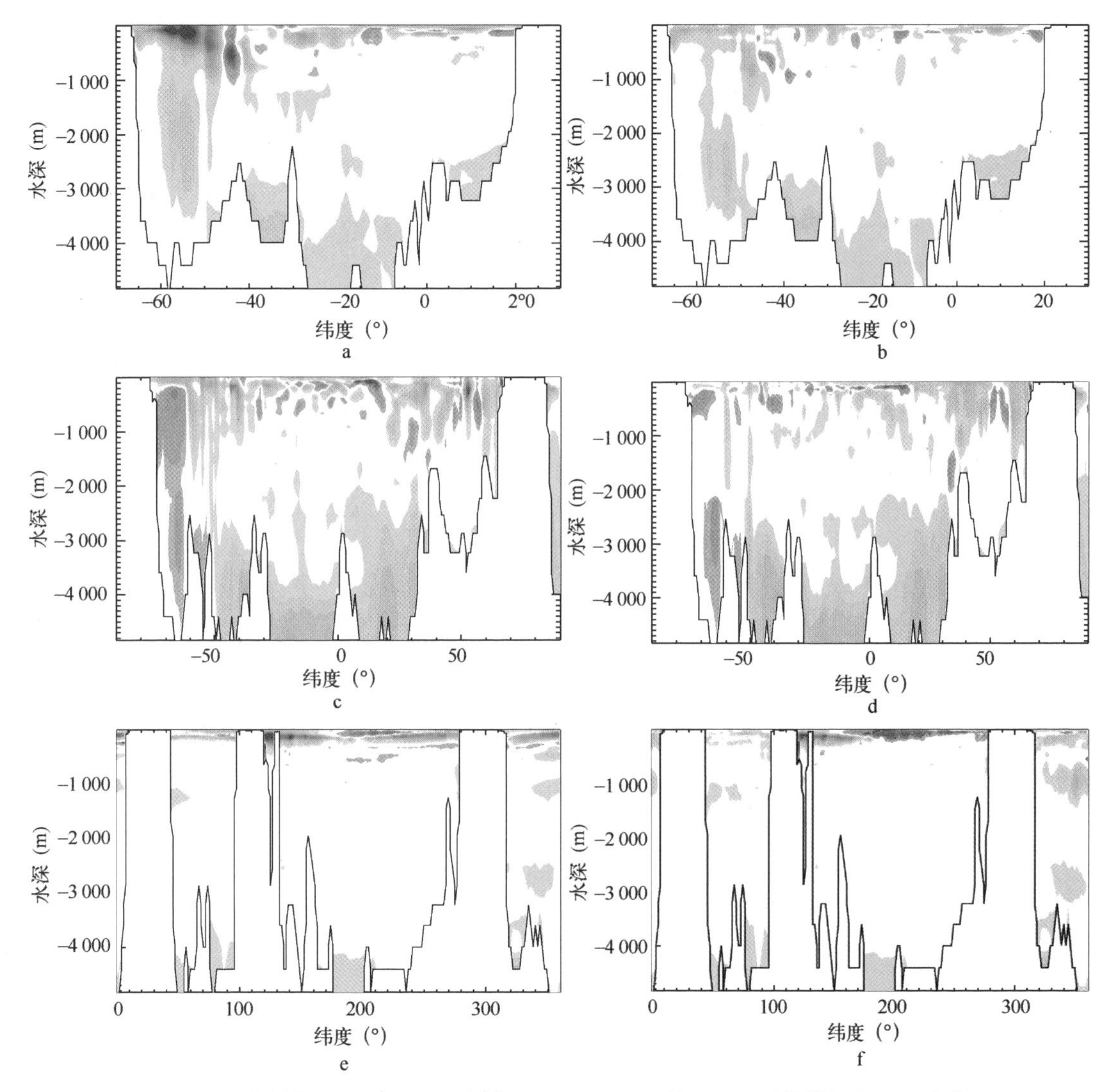

图 22.2　未同化（a 、c、e）和同化（b、d、f）了的 FOAM 系统模拟的 2008 年与 WOA05 气候态的年平均温度距平

a 和 b 显示了沿 90°E 的印度洋断面，c 和 d 显示了沿 30°W 的大西洋断面，e 和 f 显示了沿赤道的断面。

我们也可以评估模式和观测的变率。例如，SSH 能反映中尺度运动。卫星高度计提供的观测资料和海洋模式都能够估计 SSH。例如图 22.3 所示是由 Mercator 利用（1/4）°分辨率的 NEMO 模型经过数据同化产生的 GLORYS 再分析资料。图中对比了在 6 年间 AVISO 数据的标准差和模式场的标准差。这里用来计算观测变率的数据已经被同化在再分析产品中，因此这次测试仅可检查出数据同化是否正确工作。模式分析很好地再现了观测到的变率，包括西边界流，所在区域较难用（1/4）°分辨率模式准确表示中尺度变化。萨皮奥拉海隆和南太平洋部分区域模式变率与观测区域显著不同。

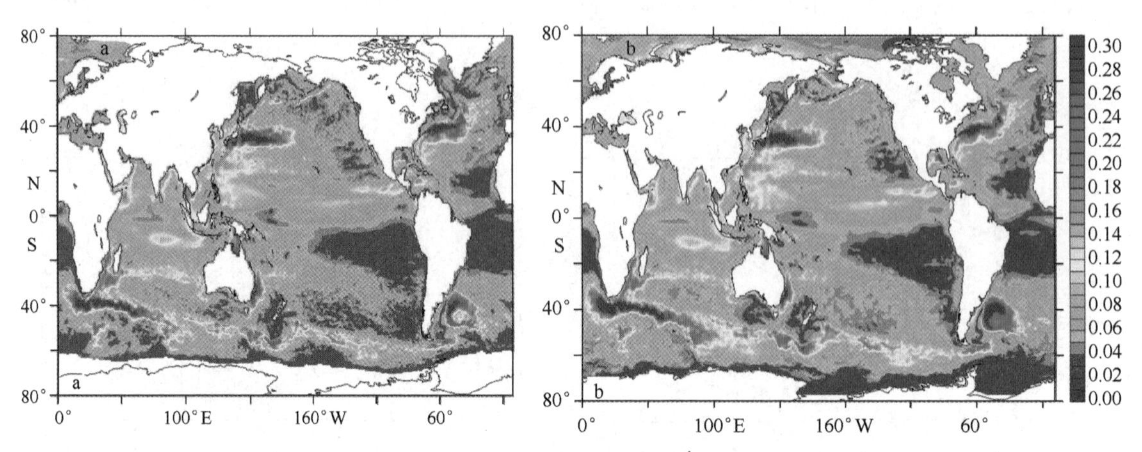

图 22.3　AVISO 数据（a）和 GLORYS 再分析产品（b）中 2002—2007 年时段内的 SSH 标准差

上面对平均值和变率的对比作为检查模式的第一步，可以检验模式是否能够模拟预期的大尺度运动。然而，无法给出大部分用户需要的关于模式准确度或技巧的信息。因此需要更详细的调查，下面将对其进行介绍。

22.4.2　数据同化统计

在数据同化过程中，观测算子 h 的用途是将模式预报场 x^f 插值到观测场 y 的时间和空间格点上，这样形成一个新的计算 $d=[y-h(x^f)]$。一旦完成数据同化后，其将有可能利用生成残差 $r=[y-h(x^a)]$ 的分析场来计算等价当量。分析场和预报之间的误差可以用来检查数据同化过程是否达到预期，并且证实观测是否在这些误差之内［可参考 Cummings (2005) 的文章］。

通过数据同化过程产生的增量也提供一个重要的信息来源。这些增量的时间平均值能够指出重要模式偏差的区域。然而，如何诊断这些偏差的来源却不容易。

对于模式预报的验证与检验是最有意思的更新统计，因为它们提供了一个伪独立的准确度检查。被用于比较的观测结果之前未被同化，因此从这个角度来讲它们是独立的。然而，以前相同类型的观测结果将被同化到之前的数据同化周期中，因而它们不能被看作是完全独立的。

图 22.4 是利用（1/4）°分辨率的全球 FOAM 系统进行的 2 年的再分析更新统计实例 (Storkey et al，2010)，其包括 SSH 和温度更新的平均值和均方差。平均误差显示了系统能够较好地表示全球平均观测到的 SSH 和温度，尽管在 50 m 以下的温度存在一个小的正偏差，但在 50 m 以上的大部分区域是一个冷偏差。更新的均方差为温度提供了一个同时是时间和深度函数的系统总体准确度的测量。全球温度误差的最大值位于上层 200 m 以内，此深度以下的误差较小。这些时间序列图还阐明了系统的稳定性，SSH 相对稳定，而温度的均方差误差似乎具有季节周期，其中北半球冬季的误差较小。

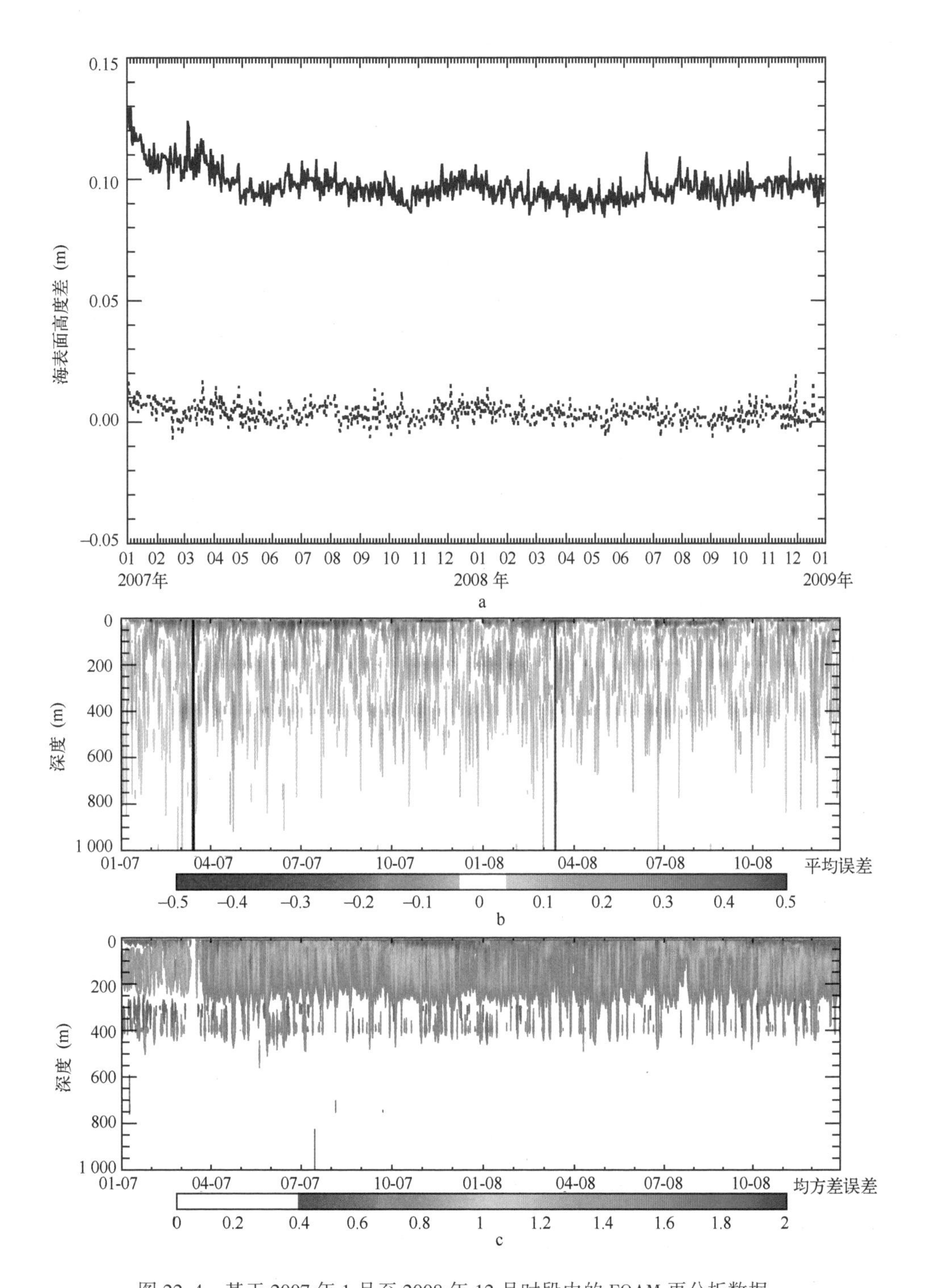

图 22.4 基于 2007 年 1 月至 2008 年 12 月时段内的 FOAM 再分析数据

a. 为更新均方差的平均值（点线）和均方差（实线）；b. 为更新温度平均值随深度和时间的变化；c. 为更新温度均方差随深度和时间的变化

图 22.5 是利用泰勒图绘制更新统计的一个例子，其结果来自一次（1/4)°分辨率全球 FOAM 系统的后报运行（Storkey et al，2010）。图中显示了许多不同区域的 SST 和 SSH 的统计。SST 统计仅与 AATSR 数据进行了比较，其他卫星的 SST 数据被同化到模式中。模式在所

有区域都很好地再现了这两个变量的变化，但相关性和均方差误差很明显在同一区域是不相关的，其中地中海区域有最大的均方差误差和最小的相关系数。

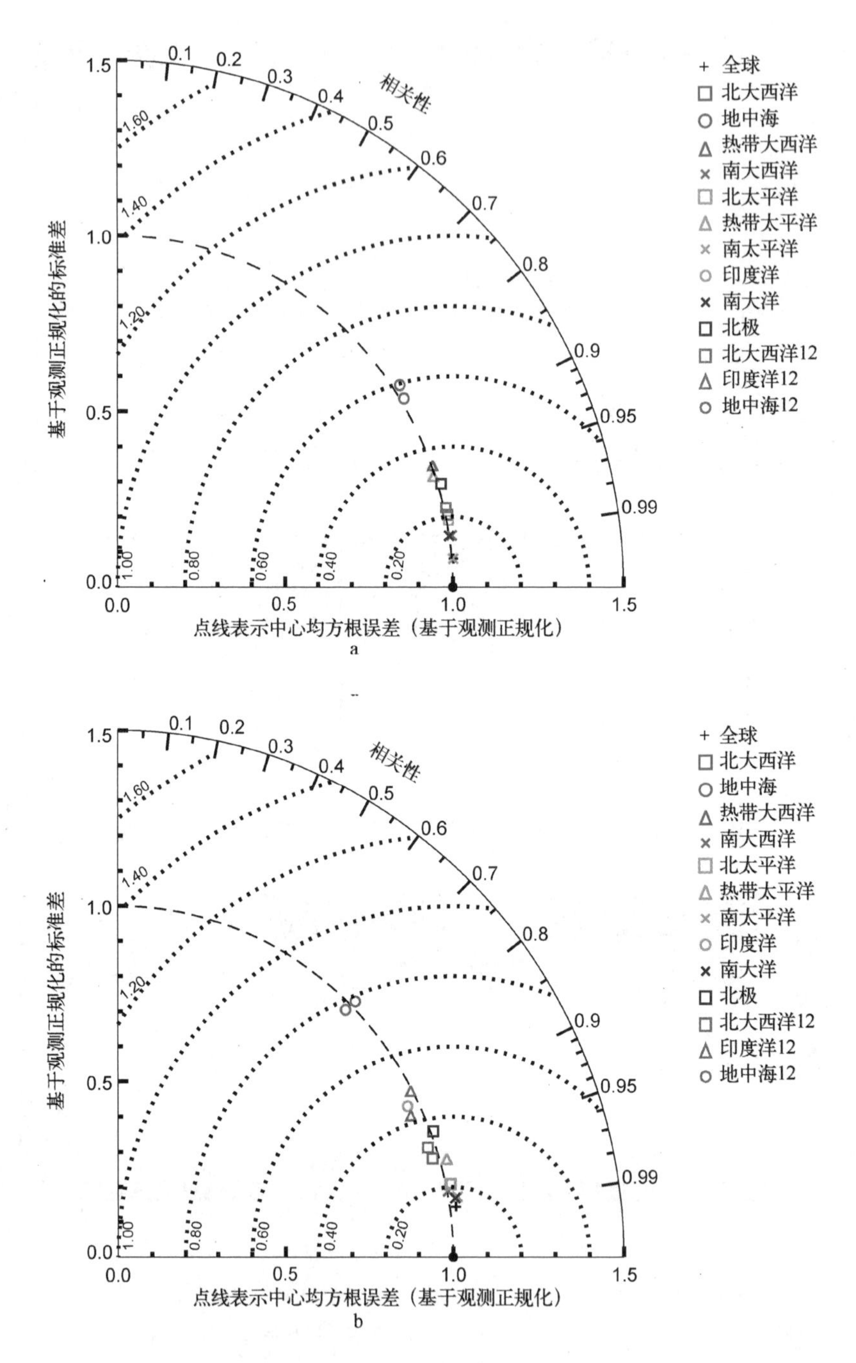

图 22.5 FOAM 系统 2 年后报的 SST（a）与 AATSR 数据对比、SSH（b）与长轨高度计数据对比的泰勒图

不同的颜色和符号表示不同地理区域的统计结果

22.4.3 利用独立数据对分析和预报进行评估

业务化同化系统的目标是对海洋状态提供尽可能最佳的估计，因此所有变量数据都要被同化。然而，许多数据集不是实时可获取的，因此其延时模式可被用于验证结果。例如，用RAPID数组来测量北大西洋次表层的海洋性质，是为了估计大西洋经向翻转环流（Atlantic Meridional Overturning Circulation，AMOC）。

可以对海洋模式输出的SSH和卫星海洋水色数据开展定性的内部对比［可参考Storkey等（2010）的文章］，这样有助于显示系统再现中尺度涡旋和锋面的性能，但利用这类方法制作定量统计量是困难的。

在后报设置中常被用于验证海洋模型的方法是保留特定的数据不进行数据同化，并利用这个独立数据验证结果，这是一种有用的技巧，因为它可以提供一种单独的检查，来确认数据同化系统正如期运转。利用它去评估系统的总体准确度是不可能的，因为未经同化的数据终会被同化在业务化系统中，但它能限制预期的准确度。

此方法的一个例子（Oke et al，2008）显示了BLUElink再分析系统的结果。这里，一些未同化的Argo剖面被用来评估同化运行和未同化运行中的RMSE。与未同化模式相比，在所有区域的几乎所有深度，同化正提高模式次模拟表层温度的能力。

目前，一些数据集提供了在大多数海洋预报系统中未被同化的变量信息，例如，大部分流行的业务化预报系统都不会同化速度数据。速度的直接观测是稀少的，但有一些热带锚系浮标和其他时间序列的站点数据。此外，还有一些几乎覆盖全球的表层漂流浮标测得的数据。这些能被用作针对表层海流的单独检查，对许多用户来讲，表层海流是一个非常重要的变量。

海面漂流浮子包括一个表层浮标，系着一个水下海锚。这个海锚通常位于15 m水深处。此浮标观测温度（有时是其他海洋/大气的内容），漂流浮标的位置通常由卫星传播信息来推断。SST数据和漂流浮标的位置通过全球电子通信系统（Global Telecommunications System，GTS）进行传播。

对2006年1月1日至3月31日的3个月数据进行质量控制，主要利用贝叶斯方法将SST与气候态进行对比检查，还可以通过漂浮浮标的日平均速度不超过2 m/s这一原则进行检查。来自漂浮浮标的日平均速度值是这样被计算的：通过估计一天中最初和最后的漂浮浮标位置之间在经向和纬向上的距离来估算，并且根据报告时间的不同将距离加以划分。与观测的速度值相对应的模拟的速度是通过将模式日平均的速度插值到所有的观测漂浮浮标的站点上，采用的是双线性插值，取每日的平均值。

关于预估表层漂浮浮标的速度存在许多问题，例如惯性振荡的失真、位置数据的不准确、位置海锚深度、未锚定数据、不同的报告频率。先前段落中所介绍的方法也会产生误差，因为没有考虑漂浮浮标路径的曲率。用于比较模式和观测到的速度的其他方法也存在。例如，可以输入每个漂浮浮标在特定日期的初始位置，通过运行模式来预估它在每日结束时的位置，并将其与漂浮浮标的最后观测位置进行比较，然后计算和评估这些位置误差的统计值。

为了评估系统不同方面对表层流的影响，利用（1/9）°分辨率的 FOAM 系统（2006 年时，Martin 等（2007）的文章中有具体描述）开展了许多试验。图 22.6 是用泰勒图显示了这些试验中的一个实例，即北大西洋区域的海流速度 u 和 v 分量。第一个试验（淡蓝色）是业务化 FOAM 系统的再运行，该系统显示模式的变化接近观测的变化，但相关性很低，

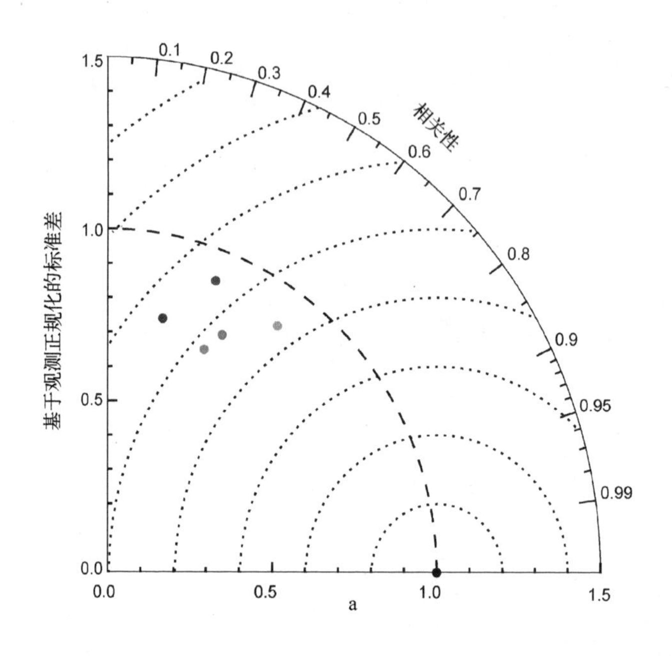

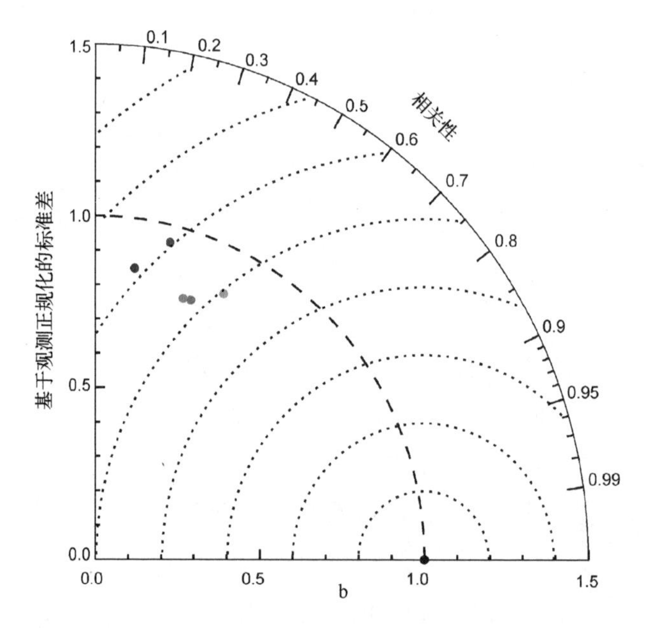

图 22.6　与 2006 年 1 月 1 日至 3 月 31 日表层漂流浮标的漂移速度相比，许多模式运行的表层海流 u（a）和 v（b）分量的泰勒图

深蓝色表示没有高度计同化的 FOAM 结果；浅蓝色表示有高度计同化的 FOAM 结果；绿色表示有高度计同化并提高黏度的 FOAM 结果；黄色表示 HYCOM 结果；橘色表示 Mercator 结果

RMSE 相当高。当不同化高度计数据（深蓝色）时，模式的可变性更小，相关系数甚至更差。这意味着高度计同化增加了可变性。避开这个问题的一种方法是提高模式的黏度，从而使所有假的变化都衰减掉。图中的绿色显示了 FOAM 提高了黏度的一个运行结果。相比之下，HYCOM 和 Mercator（2006 年所示）的结果分别用黄色和橘色显示。这表示与其他 FOAM 运行结果相比，相关性提高了，RMSE 减少了，HYCOM 和 Mercator 也给出了相似的结果。

22.4.4 预报与分析

为评估海洋模式的预报结果，可以假定由数据同化产生的分析结果提供了一个“最佳的预估”。随后可以将预报场与分析场（在准确的时间上）相比较，大量的实践表明，预报场和分析场的差异可用来评估模式预报的技巧。基于这些差异能够计算各种统计结果，如前所述，最常用的是 RMSE、平均值和距平相关系数。需要指出的是，这些不会给出误差的总量级，因为分析误差不包含在内，但它们确实能及时提供误差演变的信息。分析误差应被单独计算，并用于提供包含这些误差的预报结果总误差的信息。

图 22.7 显示了多个区域 HYCOM/NCODA 系统的 SSH 预报误差增长的一个例子。这里，根据大于 14 d 的预报长度绘制了 ACC 和 RMSE 中间值。从全球来看，与 14 d 内的持续预报相比，模式预报很明显有更高的 ACC 和更低的 RMSE。然而，当着眼于特别区域时，情况稍有不同。例如，在黑潮区，由于区域的流动是由中尺度流动不稳定性控制的（而不是依赖于大气强迫），尽管预报和持续性比整个时期的气候态更准确，但预报模式并未提供比持续性更多的技巧。在黄海海域，海洋对大气强迫作出快速响应，持续性预报很快就会变得不如气候态，然而预报即可以保持至少 5 d 的技巧。

图 22.8 给出了另一个对比预报和分析结果的例子，显示的是 2009 年 8 月平均 5 d 温度预报和分析的差异，数据来自（1/4）°分辨率的全球 FOAM 系统中 25 m 和 50 m 水深的结果。在这些图中有一些明显的特点，但我们主要关注的是大尺度信号：在 25 m 深处有一个明显的负偏差，位于北中高纬度，在 50 m 深处有一个对应的暖异常。这种偶极子的模态表明模式中的混合太过激烈。这也暗示了风应力很强，或者模式的混合方案不能准确表示真实世界的混合。独立验证风应力是可能的，如可利用散射计数据。在这种情况下，人们认为主要问题取决于模式的混合方案，因此这里模型开发的重点将是改进模式的这个方面。

22.4.5 特定应用的案例分析

如前所述，海洋预报系统服务于很多用户，其中最重要的用户是海军，他们对许多不同的输出非常感兴趣，包括海洋中声速的信息，以便对声学进行模拟（Metzger et al, 2008；2009）。为了生成准确的声速估计值，温度和盐度场必须被准确地确定，其他参数中特别有意思的混合层深度（Mixed-Layer Depth，MLD）和声波层深度（Sonic-Layer Depth，SLD；Millero and Li，1994）两个参数也必须被准确确定。

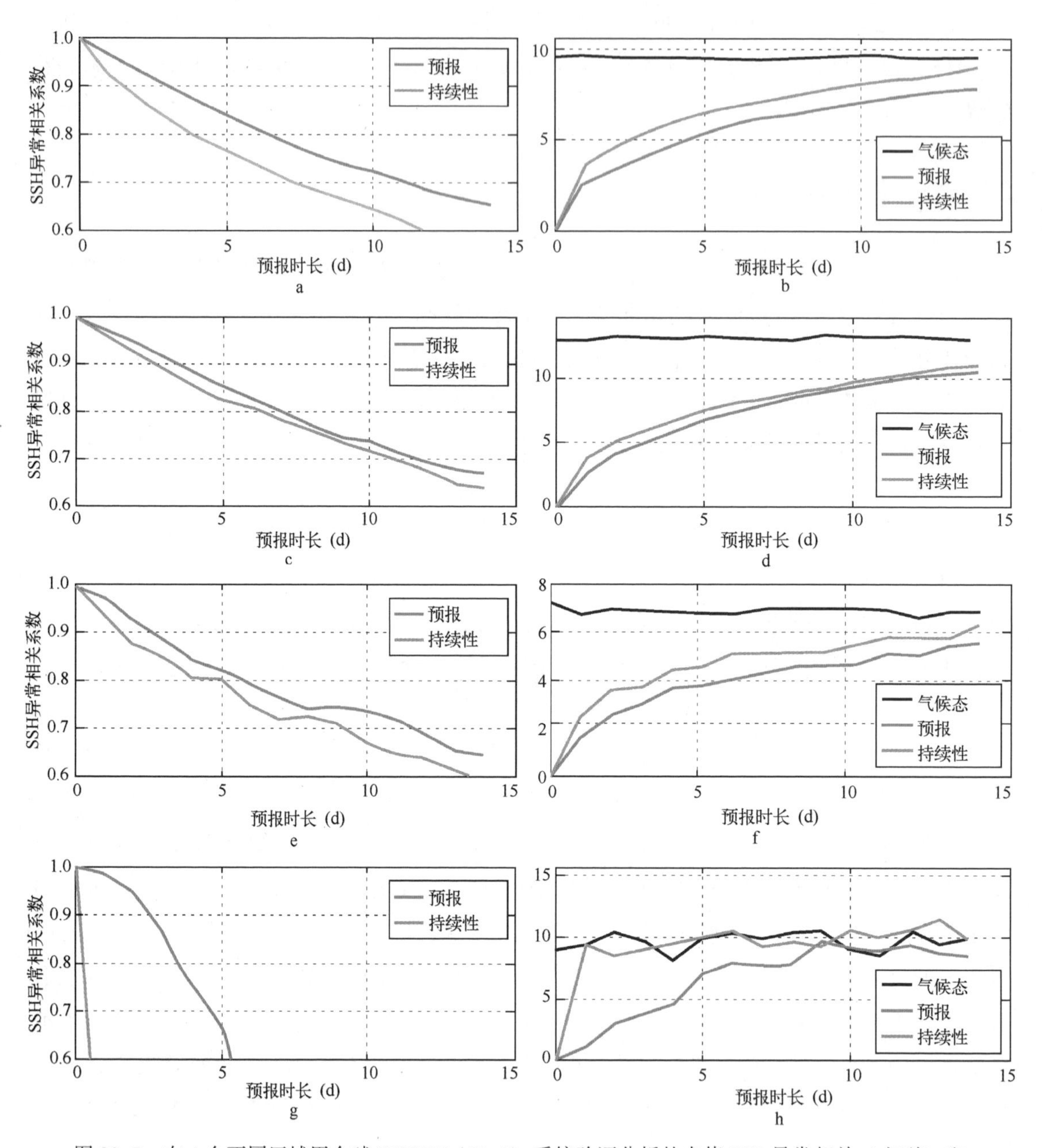

图 22.7 在 4 个不同区域用全球 HYCOM（82.4）系统验证分析的中值 SSH 异常相关（左列）和中值 SSH 均方根误差（右列）

a、b 为全球大洋；c、d 为黑潮区（21°—55°N，120°—179°E）；e、f 为阿拉伯海西北部（15°—26°N，51°—65°E）；g、h 为黄海（30°—42°N，118°—127°E）。红线为 HYCOM/NCODA 预报结果；绿线为现报结果；黑线为年平均后报均方根误差

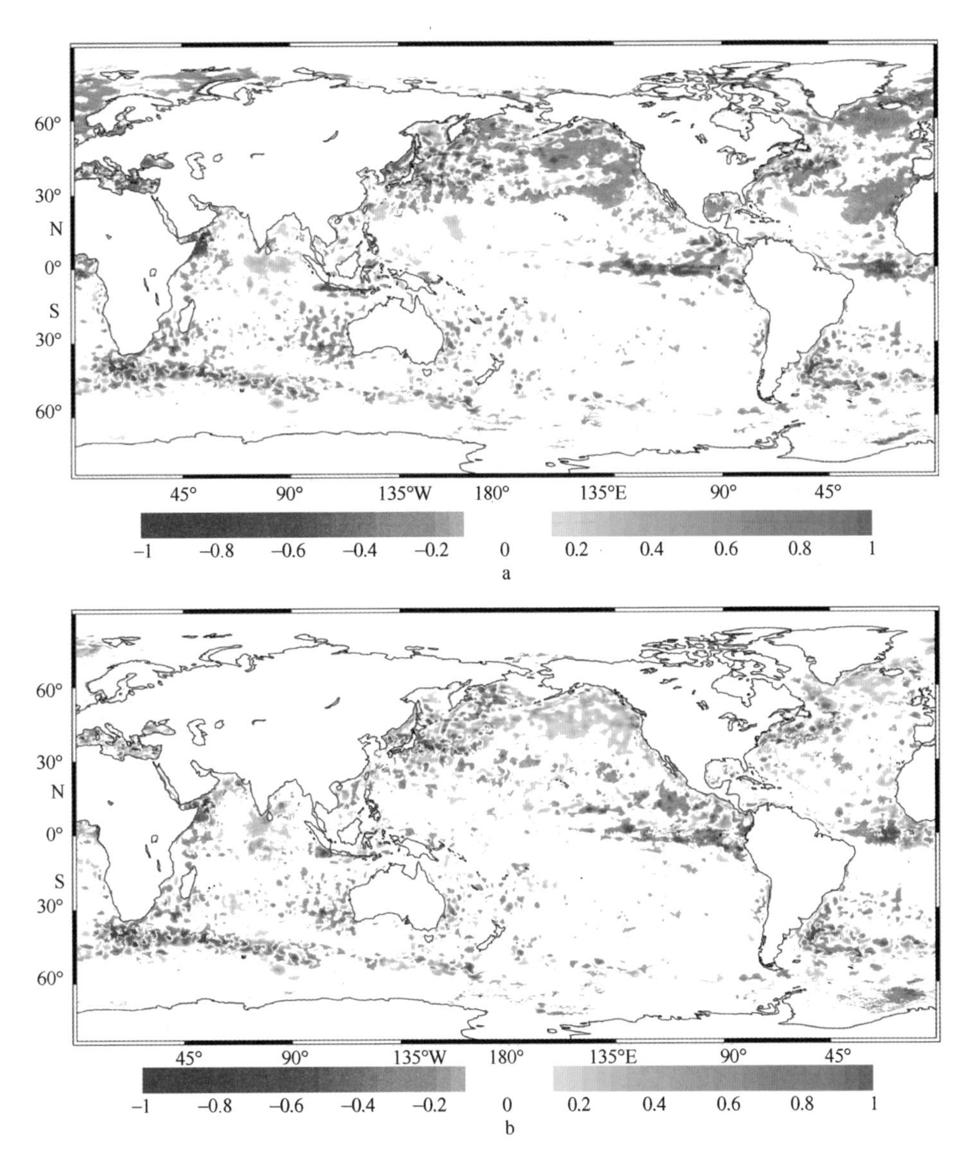

图 22.8 在 25 m（a）和 50 m（b）深度，FOAM 预报的 2009 年 8 月
月平均 5 d 预报与分析的温度异常

Metzger 等（2008；2009）调研了美国海军使用的 HYCOM/NCODA 系统中 MLD 和 SLD 预报结果的准确度。图 22.9 是根据三个区域的预报时间显示的在声波层深度的平均误差和均方根误差。整个 14 天内预报的气候态预估中获取的声波层深度比较分析显示，模式预报和持续性都可以产生更准确地声波层深度估计。尽管结果取决于区域，模式的技能与持续性的技能总体还是相似的。均方根误差通常显示大量的变化，这些变化最可能是由垂向插值误差所致，也可能是由于观测取样所致。

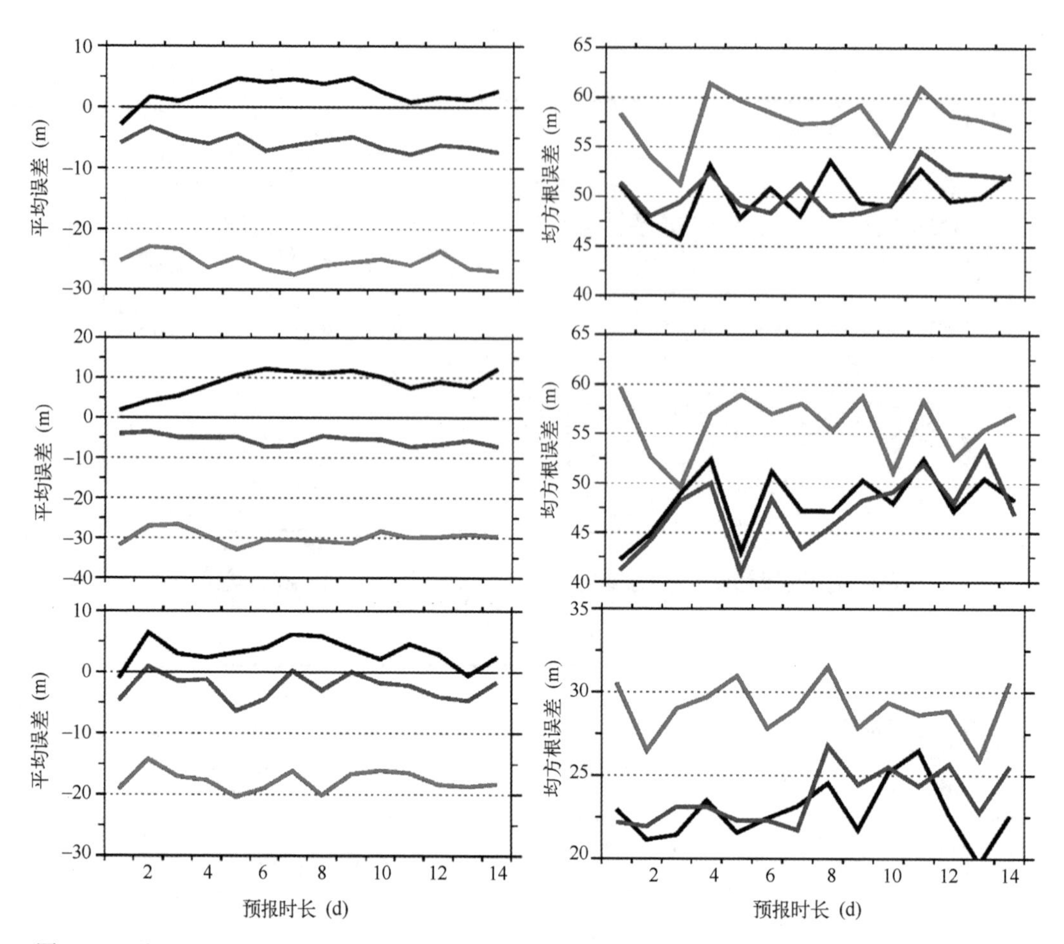

图 22.9　基于 HYCOM/NCODA 系统在 MER4d（上）、西太平洋（中）和阿拉伯海（下）三个区域的 48 个 14 d 预报结果进行的声波层深度（SLD，单位：m）预报时长的误差分析

黑色曲线为 HYCOM/NCODA 预报；蓝色曲线为现报海况的持续；红色曲线是 GDEM3 的气候态。请注意，y 轴因对应的曲线不同而不同

22.5　总结与结论

本章综述了用于评价海洋预报产品准确度和技巧的方法，定义了能被用来执行评估的各种统计方法，以及用来概括有关统计信息的一些有用的图表。同时，还讨论了关于用于评估观测资料的准确度和质量知识的重要性。

本章列举了应用于 GODAE 海洋预报系统中的一些统计方法的例子，这些例子用于强调评价模式再现大尺度海洋环流能力、分析的准确度和随后预报准确度的需求；阐述了独立数据在评估分析和预报中的使用情况，列举了一个将验证用于特别用户需求的例子。

由于各种原因，对可用于评价海洋预报系统的各种不同方法未进行详细阐述。例如，在变化的数据同化方案中，利用海塞（Hessian）价值函数估计分析结果的格式误差是可能的。然而，这需要计算昂贵的数量，并且计算输出依赖于输入的误差协方差信息，这些信息通常不为人所知。为此，分析误差估计通常无法提供。

同样，针对运行集合预报的系统，预报的传播可用于置信度估计，置信度应被安排在预报结果中。可从对模拟中的初始条件、进程、参数化中的不确定性进行抽样，并且预报的传播随之能给出关于在特定区域应安排多少置信度的统计信息。然而，系统中不确定性的取样方法对预报误差估计有重要的影响，目前几乎没有业务化海洋预报系统运行集合预报系统。

和其他海洋预报系统的内部比较也能够提供关于特定海洋预报系统技术的有用信息，并帮助我们发现容易修正的模式缺陷。

对海洋预报产品进行评价是所有 GODAE 系统的一个重要方面，并且被不断地提高。人们希望在接下来的几年，所有系统都能定期生成一种检验统计结果，这样将推动系统本身的发展，也有利于进一步探讨最合适评价方法的改进。

致谢：感谢 Joe Metzger，Nicolas Ferry 和 Peter Oke 允许将他们的研究成果再次呈现在此文中。衷心地感谢 FOAM 团队的参与和有益的探讨。FOAM 系统是在 MERSEA 和 MyOcean 项目的支持下为英国皇家海军研发的，同样衷心地感谢基于 SIP3-CT-2003-502885 和 FP7-SPACE-2007-1 合约下的欧盟委员会的部分支持。

参考文献

Atger F（1999）The skill of ensemble prediction systems. Mon Weather Rev 127：1941-1953.

Brier G W（1950）Verification of forecasts expressed in terms of probability. Mon Weather Rev 78：1-3 Cummings JA（2005）Operational multivariate ocean data assimilation. Q J R Meteorol Soc 131：3583-3604.

Ferry N，Rémy E，Brasseur P，Maes C（2007）The Mercator global ocean operational analysis system：assessment and validation of an 11-year reanalysis. J Mar Syst 65：540-560.

Ingleby N B，Huddleston M R（2007）Quality control of ocean temperature and salinity profiles—historical and real-time data. J Mar Syst 65：158-175.

Jolliff J K，Kindle J C，Shulman I，Penta B，Friedrichs M A M，Helber R，Arnone R（2009）Summary diagrams for coupled hydrodynamic-ecosystems model skill assessment. J Mar Syst 76：64-82.

Locarnini R A，Mishonov A V，Antonov J I，Boyer T P，Garcia H E（2006）World Ocean Atlas 2005. In：Levitus S（ed）NOAA Atlas NESDIS 61. US Government Printing Office，Washington，p 182.

Martin M J，Hines A，Bell M J（2007）Data assimilation in the FOAM operational short-range ocean forecasting system：a description of the scheme and its impact. Q J R Meteorol Soc 133：981-995.

Maximenko N A，Niiler P P（2005）Hybrid decade-mean global sea level with mesoscale resolution. In：Saxena N（ed）Recent advances in marine science and technology，2004. PACON International，Honolulu，pp 55-59.

Metzger E J，Hurlburt H E，Wallcraft A J，Shriver J F，Smedstad L F，Smedstad O M，Thoppil P，Franklin D S（2008）Validation test report for the Global Ocean Prediction System V3.0—（1/12）° HYCOM/NCODA：Phase I. Memorandum report No. NRL/MR/7320-08-9148，Naval Research Laboratory，Oceanography Division，Stennis Space Center，MS 39529-5004.

Metzger E J，Hurlburt H E，Wallcraft A J，Shriver J F，Townsend T L，Smedstad O M，Thoppil P，Franklin D S（2009）Validation test report for the Global Ocean Forecast System V3.0-（1/12）° HYCOM/NCODA：Phase II. Memorandum report No. NRL/MR/7320-09-9236，Naval Research Laboratory，Oceanography Division，

Stennis Space Center, MS 39529-5004.

Millero F J, Li X (1994) Comments on "On equations for the speed of sound in seawater". J Acoust Soc Am 95: 2757-2759.

Murphy A H (1988) Skill scores based on the mean square error and their relationships to the correlation coefficient. Mon Weather Rev 116: 2417-2424.

Murphy A H (1995) The coefficients of correlation and determination as measures of performance in forecast verification. Weather Forecast 10: 681-688.

Oke P R, Brassington G B, Griffin D A, Schiller A (2008) The Bluelink Ocean Data Assimilation System (BODAS). Ocean Model 21: 46-70.

Rio M H, Schaeffer P, Hernandez F, Lemoine J M (2005) The estimation of the ocean Mean Dynamic Topography through the combination of altimetric data, in-situ measurements and GRACE geoid: from global to regional studies. Proceedings of the GOCINA international workshop, Luxembourg.

Storkey D, Barciela R M, Blockley E W, Furner R, Guiavarc'h C, Hines A, Lea D, Martin M J, Siddorn J R (2010) Forecasting the ocean state using NEMO: the new FOAM system. J Oper Oceanogr 3: 3-15.

Taylor K E (2001) Summarizing multiple aspects of model performance in a single diagram. J Geogr Res 106: 7183-7192.

第 23 章　海洋预报系统的性能评估
——相互比较计划

Fabrice Hernandez[①]

摘　要：为了评价海洋模型以及最近的海洋再分析或海洋预报系统的误差和准确性，需要开展科学系统的评估。评估还能发现问题，并进一步改进。其中，相互比较是评估数据模型、海洋环境状态和预报的一种方法。本章节首先综述海洋模型验证中的相互比较方案。接着从目的和方法两方面，阐述和讨论过去 20 多年海洋模型化团体所开展的相互比较计划。然后详细阐述模型、再分析和预报中的具体问题。最后，本章节特别关注了全球海洋数据同化实验（GODAE）框架下实施的相互比较研究。

23.1　引言

在过去的 15 年里，海洋预报系统（Ocean Forecasting Systems，OFS）的发展一直致力于不断改进和升级后报[②]、现报[③]和预测模式中海洋动力过程参数化。重点关注的物理海洋动力过程有：水团（温度和盐度）、三维海流、海平面、海况、近海表面特性（如最大混合层厚度、锋面）和海冰。海气界面热动量的交换也是大家感兴趣的气象学现象。最近，利用生物地球化学耦合模型，研究者对于海洋的描述已经扩展到由低营养级到高营养级的海洋生态系统。

由于现有可用的观测数据的匮乏以及数值模型造成的误差，OFS 的发展尝试利用同化方法将观测结果跟模型模拟结果相融合。在同时考虑强迫场、海洋观测数据收集系统以及同化步骤的情况下，OFS 可能是海冰动力模型与生物地球化学耦合模型下的海洋动

---

① Fabrice Hernandez，法国麦卡托国际海洋中心。E-mail：fabrice. hernandez@ mercator-ocean. fr

② 后报：指海洋同化团队通过同化所有可获取的观测资料进行海洋估计，通常在延迟模式下对过去的海洋状态进行数值模拟。

③ 现报：指海洋同化团队通过同化实时或近实时所有可能得到的观测资料进行海洋估计。这是一种公认的“过去式评估”，是业务化系统在发布预报前通过前几天的数据估计得到的。

力学数值模型的集合。该系统的性能运行①取决于稳定性②、精确度③以及不同组成单元的可靠性④。从用户的角度出发，OFS（后报、现报、预测）的运行作为海洋应用产品已经被认可，其准确性和实用性得到高度肯定。

过去几年开发的OFS首先考虑的是对海洋物理过程的描述。在很多国家，当地都是首先开发区域或者近岸的预报系统。同时，在全球海洋数据同化实验（Global Ocean Data Assimilation Experiment，GODAE）框架下，一些组织和国家对海洋动力学提出了海盆尺度，或者全球尺度的范围。这里讨论第二种预报系统。特别要指出的是，气象学提出的涉及昼夜循环和海洋高频率的涡聚涡散预报系统的性能评价在本章不会被提及。这类系统中的大多数依赖原始的海洋模型的原始方程式求解，其中潮汐的动态变化通常被忽略（Dombrowsky et al，2009）。近年来，这些系统都前所未有地得益于海洋实时观测：自2002年开始，卫星高度计联合Argo浮标漂流计划就有力地推动了中尺度物理参数的描述（Clark et al，2009）。这种可观测性促进了各国最先进的同化工具和成熟的多变量方法的联合发展（Cummings et al，2009）。

GODAE系统性能降低可能来自几个不同的原因，这些原因的组成要素都列在表23.1中。这里列出的4个组成部分通常是相互独立、相互区别的海洋研究领域。因此，伴随着评价新技术发展的优缺点的验证研究，海洋模型以及同化技术才能不断协同进步。应用在OFS业务化模块的大多数性能评价方法都靠不同研究团队单独使用验证或评价技术衍生而来的。

表23.1　OFS组成部分的误差（已经排除性能和增加的海洋产品自身误差）

海洋模型	数值误差 物理参数化和近似值（例如，次网格参数化） 无明确代表性的海洋过程（例如，潮、昼夜日循环、表层重力波等） 初始条件误差
内源输入	强迫场误差（大气通量，河流径流误差） 水深测量误差 气候误差 边界条件误差
观测	数据准确水平 数据稀少，模糊效应
同化方法	多元评价/校正的稳定度 数据代表性的不匹配度 分析振荡 在高度非线性的流量变分法（线性切线型）的一致性程度

① 性能运行：具有跟这一章标题同样的意思，这里指在OFS下的海洋预报产品带给用户的实用性和时效性。在业务化海洋学验证的框架下，一个更具体的定义将在之后章节的脚注中给出。

② 稳定性：是能够承受过程或者环境中应力、压力或者改变的特质，这里特指OFS在同一环境下提供持续预报行为和结果的能力。

③ 精确度：特指OFS提供的海洋评估与实际真实值之间的接近程度。在业务化海洋学验证框架下，一个更具体的定义在本章后半部分给出。

④ 可靠性：特指OFS在常规业务化运行情况下，运行特定功能和提供海洋评估的能力。

多年来，海洋建模人只在评价其数值模拟结果，通过：①内部检查，看海洋动力学的一致性，或一些参数的敏感性实验；②外部检查，通过文献研究或者现有观测资料的模型结果的比较。然后，遵从其气候态模型研究的先例，按计划交叉比对。

23.2 首次对比试验

在世界气候研究计划（World Climate Research Programme，WCRP）框架下，国际大气模式比较计划（Atmospheric Model Intercomparison Project，AMIP）已经为海洋模型研究机构提供了指导。AMIP 的目的是综合评估大气模式 GCMs① 在气候、高频度时间尺度下的性能，并记录系统误差。在通用的模型框架下去模拟 20 世纪 90 年代那十年的大气参数的月变化。所有气候态模型研究机构（全世界超过 20 多所机构）用一种标准方式提供他们的模拟结果。由于所有机构在建立评估方法方面的共同参与，AMIP 已经成为大气和气候业务化评估的重要根据。对 AMIP 的综述可参考 Gates（1992）的文章。

自由耦合的海洋/大气数值模拟（用同一方式平均）通常会与实测数据（通常是月平均系数）、气候态，或者文献中的模拟结果进行比较。受益于同化技术，特别是 ECMWF②，NCEP③ 或 COADS④ 再分析被认为更接近现实。这种整合的方式被采纳。首先是每一个数值模型独立被评估（RMS⑤ 与相关文献结果进行比较）。然后，在使用整合方式时，标准偏差也要进行评估。整合方式认为个体独立评估产生的误差之间没有相关性。实际上，如果基于相似海洋模型的模拟和类似的其强迫场等，这样下结论显然不正确；然而，通过增加对比中的模拟数量，AMIP 计划很清楚地得到了“不相关”的结果。这种方法如图 23.1 所示，取自于 CLIVAR（Climate Variability and Predictability）的 GSOP⑥ 框架（Stammer et al，2009）⑦。同样，偏颇模型即使利用了整合的方法去估计也只会得到偏颇的模拟结果。

在数值模式普遍具有涡识别能力的时代，不同的海洋模型机构组织开始着手对比试验。美德专家模型研发计划（Community Modelling Effort，CME）在世界海洋环流试验计划（World Ocean Circulation Experiment，WOCE）开始着手于模拟北大西洋海盆的模型系数和敏感实验研究时［见 Böning 和 Bryan（1996）的综述］，环流场和涡流场以有限的方式描述。在众多边界条件中，有几个条件被认定，水体交换和地形控制流量的代表性，翻转环流和垂直混合，等等。

这个试验之后是 DYNAMO 计划在一个类似的数值试验框架下，致力于提供三类北大西洋海洋模式之间相互对比验证的结果（Meincke et al，2001）。用类似的方式，在强迫场相同，

① GCM：Global Circulation Model，全球环流模型。

② ECMWF：European Centre for Medium Range Weather Forecasts，欧洲中尺度气象预报中心。

③ NCEP：United States National Centers for Environmental Prediction 美国国家环境预报中心。

④ COADS：Comprehensive Ocean-Atmosphere Data Set，综合海洋-大气数据集合。

⑤ RMS：root mean square，均方差。

⑥ GSOP：Global Synthesis and Observations Panel，全球整合与观测网，http：//www.clivar.org/organization/gsop/synthesis/Synthesis.php。

⑦ 海洋观测 2009 团体白皮书官网可登录 http：//www.oceanobs09.net/cwp/index.php。

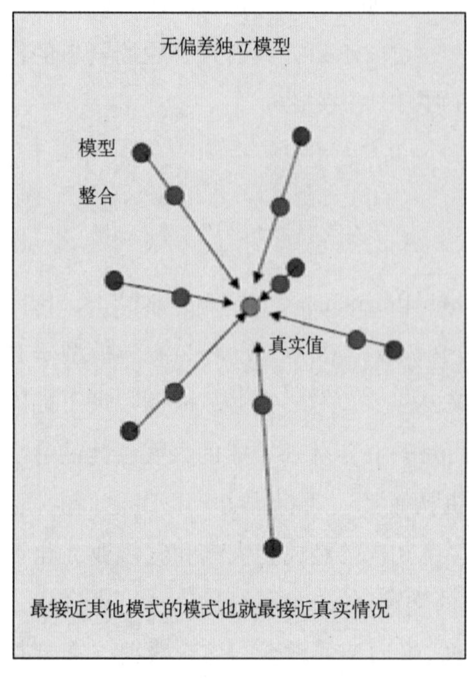

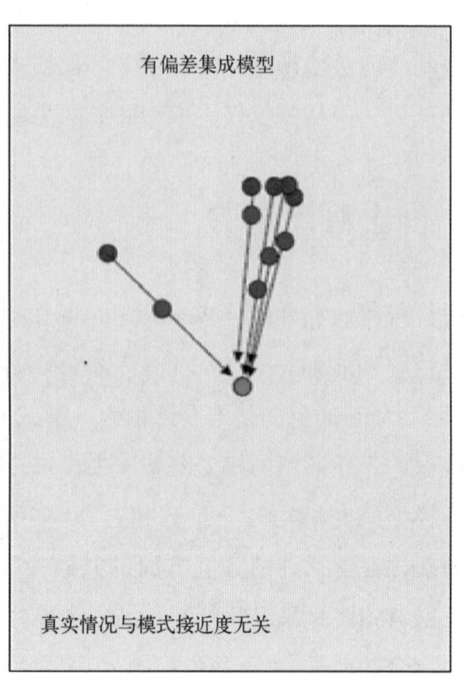

图 23.1　引用 Stammer 等（2009）的文章中的图 8，通过多元集合的结果评价模型质量
箭头代表通常意义上观测数值同化后与实际真实值相接近的程度。左图显示了在理想情况下，即集合的方法是有效的，右图显示了在有偏差的情况下，更接近现实情况

配置相同的情况下，Z-层、σ-层、等密度垂直离散原始方程模型都已经运行过，其目标是确认北大西洋环流的格局是稳定的，而其他的则对模型参数化很敏感。因此，DYNAMO 目标之一在于拓展我们对于大西洋海洋动力学的认识，目标之二则是推动海洋模型发展，在不同模式研发团队间交流分享专业知识。

模型模拟是可以识别中尺度涡的［水平分辨率为（1/3)°］。尽可能将模型参数化过程调整到相似（例如，横向和垂直混合，底摩擦，混合层的扰动，水深，边界条件），初始条件由 Levitus 气候态提供［细节见 Willebrand 等（2001）的文章］。在自运转 15 年之后，遵循至今公认的持续性评估原则（本章后面进行介绍），对近 5 年的月平均气候强迫场进行分析。

• 反映温盐环流（年平均值）的经向反转环流的分析对其在深流和流出/溢出以及跃密混合效应作用方面的差异进行了分析。

• 25°N 反向输运分析过程反映了温盐环流（年平均值）。季节变化也要在特定研究中被评价（Böning et al，2001）。在这个纬度，西部边界流和副热带反向环流将被捕获。值得注意的是，为了持续观测网的数据流在这个维度能够覆盖大西洋，国际社会正在做出极大的努力。RAPID 数组就是一个持续的项目，其提供 2004① 年以来的数据（Cunningham et al，2007）。

• 平均经向热通量输送分析都是从气候角度去反映热通量交换。图 23.2［来源于 Willebrand（2001）文章］显示：与水文资料相比，模型低估了 20°N 以南的输送，由于分层方案

① 该 RAPID 数组使用标准观测技术、泊定的仪器测量电导率、温度和压力以及底部压力记录仪，来测量贯穿北大西洋的密度和压力梯度，从中可以很容易地计算出海盆反转环流和热传输。

和 σ 模型再现的经向翻转环流（Meridional Overturning Circulation，MOC）较弱，因而显得展现的副热带环流输送结果并不好。

- 平均表层环流分析与平均地转流相关联。表层流以及不同深度的流要被研究，而且还要考虑垂直梯度的传输。墨西哥湾暖流（其传输横跨佛罗里达海峡，哈特拉斯角分离，西北湾流）、北大西洋海流和亚速尔群岛海流都将作为副热带环流的代表被讨论（New et al，2001b）。由于平均和季节变动，对西部海盆（南大西洋海流，巴西北部海流，翻转流和北大西洋逆流，加勒比海海流系统的涡传递）进行了专门的研究（Barnier et al，2001）。
- 与斜压和正压不稳定性有关的涡流场分析及其变动海表面变化，以及涡动动能与卫星高度计观测值相比较（Stammer et al，2001）。
- 不同深度的环流分析：地中海的行走路径影响着北大西洋温盐环流（New et al，2001a）。

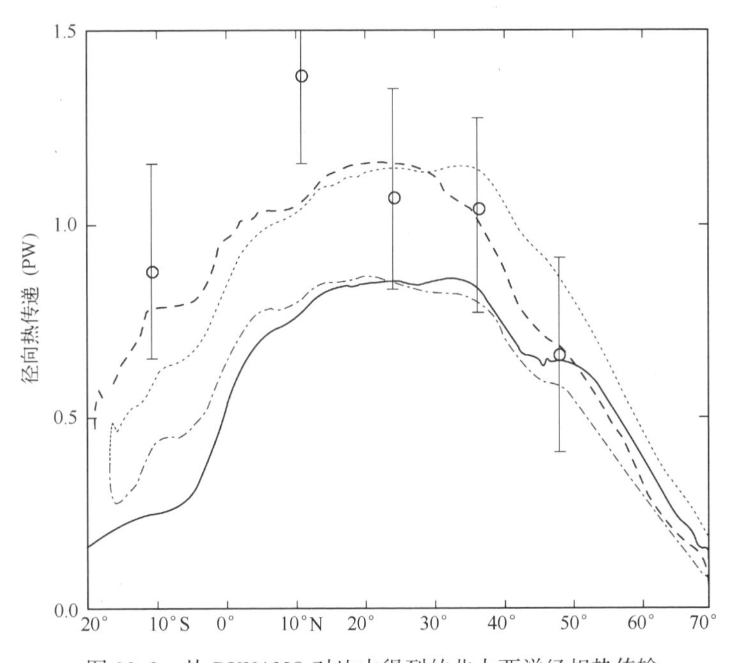

图 23.2 从 DYNAMO 对比中得到的北大西洋经相热传输

实线：水平；虚线：等密度；点虚线：σ；虚线-点虚线=σ-2。

数值及其误差范围均引自 Macdonald 和 Wunsch（1996）的文章，图引自 Willebrand 等（2001）的文章

23.3 海洋再分析的评估和对比验证

随着 ERS-1（1991）和 TOPEX/Poseidon（1992）卫星的发射，可获取准实时卫星高度计数据，同化技术随之发展，从而使海洋模型能够对海洋动力学进行更为真实的描述。

第一种方法是进行再分析实验，其中模型和同化可以为过去式的海洋环流提供最好的说明。通常，对一组选定的观测数据同化处理就是要除去可能存在的偏差，并考虑不同类型观察的差异。为了最大限度地减少误差和长期趋势的影响，一定的强迫场也要准备。强迫估计

可能会合并观测数据和模拟数据。在试验期间，为了减少已经意识到的误差，连续不间断的运行可能是必要的。而且，由于使用了国际最先进的海洋模式，海洋再分析依靠一系列“组件”提供了对海洋更为准确的描述（例如，型号和配置的选择，观测和同化方法的选择）。

事实上，历史上，在海洋学研究领域，海洋再分析的对比的首要目标就是与海洋真实情况进行比较。在GODAE和CLIVAR框架下，GSOP计划在十年到几十年的尺度上，比较不同的再分析结果（图23.3），其中一个目的就是从气候研究角度，提供国家海洋评估的整合（Lee et al，2009a；2009b；Stammer et al，2009）。多种模型整合的方式最重要的目的也是为了更好地评价海洋。实际上，GSOP计划的目标是：①通过比较验证，评估合成一致性；②通过与观测值比较，评价产品的准确性；③评价不确定性；④识别哪些领域需要提高；⑤评价数据的缺失会直接影响整合，提出观测数据的需求；⑥攻关新方法，如耦合数据的同化。

海洋再分析的另一个用途是为季节和气候预测提供初始条件，这是一个“更接近业务化”的应用。这个想法是提供当前或前几周最好的描述（Balmaseda et al，2009）及其估计误差，并在此基础上启动耦合的海洋/大气模式的季节性预测。

对于这两种用途的海洋综合再分析，表23.1中列出的误差仍然是相关的。GSOP的结论之一就是，充分利用多重集合评估需要详细的误差信息，不仅是数据和模型误差，也包括评估状态误差。图23.1说明海洋估测往往由方法决定，且不是相互孤立的。

再分析准确度的一个重要方面，也是对比验证方法所聚焦的，就是对过去的同化数据的依赖。许多海洋再分析是从20世纪50年代开始的，当时可进行大气再分析（NCEP和ECMWF ERA40）。直到1978年，第一颗卫星辐射计提供了覆盖全球的海表面温度（Sea Surface Temperature，SST），再分析只能依靠现场观测，相对于海洋来说显然取样不足。如上所述，在20世纪90年代，卫星高度计加强了海洋的可观测性。自从2002年以来，Argo数组从根本上改变了海洋内在的可观测性（Roemmich and Argo-Science-Team，2009）。值得注意的是，通过卫星观测，大气强迫的精度也得到了改进（SST辐射计、空气热含量和热交换和测风的散射计）。而在过去，由于缺乏数据，使得严谨分析海洋年代际间的变化变得十分困难。

再分析准确度的另一个方面与多元数据同化方法有关。如今，大多数数据同化方法使用多变量方案利用温度、盐度剖面，海面高度计的观测，卫星和现场观测的SST来校正背景场。[①] 有些还考虑卫星海冰数据，卫星重力梯度测量，测量海流目前是从流度计或者表漂中推导出来的……在这些同化方案中，每一种观测方式都在影响模型参数化。例如，温度的观测应当校正盐度场，而海平面却完全相反。这就意味着，在每一种海洋预报系统框架下，精度和交叉对比评估必须仔细考虑校正的海洋参数与观测误差之间的关系。而且，数据的“代表性”也必须在同化方案中考虑。例如，粗分辨率模型（2°水平分辨率）在几千米的范围内，可以清楚地由滑翔机上观察到无法再现的海洋锋面和水团分布。

GSOP的活动凸显了这些难度。使用再分析数据的研究活动非常多，其中包括海平面变动、水团移动路径、上层和混合层热含量的变化、地表通量和径流估计、生物地球化学、测

① 在同化范畴内，背景场是优先于使用同化方法校正的一种海洋模式的状态。

地学［见 Lee 等（2009a）文章里更多的细节］。要注意的是，大多数使用再分析数据研究的主题，都类似于上文提到的自由模拟的研究主题。实际上，MOC 对应的经向热输送的调节受制于多种分析，并影响气候变化。图 23.4 详细地说明了北大西洋经向热传递。值得注意的是，与图 23.2 相比，一些再分析在副热带环流区域提供了比水文方法更为准确的评估（Ganachaud and Wunsch，2000）。这意味着从 DYNAMO 计划开始，联合了数据同化的模型可以成功提高一般大洋环流的代表性。然而，在图 23.4 中，6 个评估值比误差棒要大（Ganachaud and Wunsch，2000），而且，4 个基于 ECCO 系统的再分析同样低于文献参考值，说明 ECCO 系统相关的误差将强烈影响集合平均值。

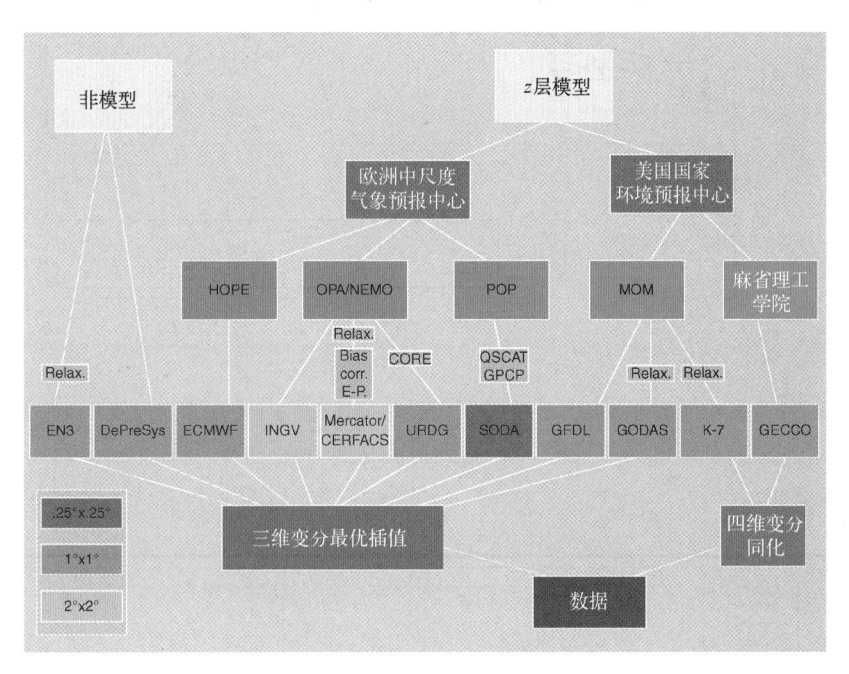

图 23.3 源自 Stammer 等（2009）文章中的图 1，通过强迫场排序（绿色）、海洋模型种类（橙色）、同化方法（紫色）以及分辨率（不同深浅的蓝色），总结 GSOP 下的再分析

图 23.5 说明了稳定评价 50 年以上的上层海洋热含量存在困难。如早先所述，在 20 世纪 70 年代以前似乎缺乏相关的现场数据。总体标准偏差在 20 世纪 90 年代下降。然而，从 2000 年开始，偏差再次出现。这显然引发了相对于平均值的异常值问题。在这里，为了评价再分析误差水平，独立估算被采用。然而，应该从所有的时间序列中看到一个总体趋势：从 20 世纪 90 年代开始，上层海洋就明显变暖。

今后，GSOP 还需继续努力。多模式评估和总体平均的方法已被确定为提供可靠的海洋评估的唯一途径。这意味着：①比对校验将仍然被用来评估差异；②要努力划分每个系统的不确定性。数据同化技术应该在分析①和逼近②上提供更稳定的控制。同时，海洋模型的研究

① 在同化框架下，分析是海洋真实状态在给定时间内准确勾勒出的产物，其在模型中作为一组数字集合而呈现。分析作为一种海洋自身的全面的自我贯穿的诊断是很有用的。它也可被用作输入数据到另一个操作环境中，特别是作为初始状态的海洋数值预报，或作为一种数据检索被用于伪观测。

② 逼近是国家海洋观测和模型之间的偏差，即在观测点上偏离的向量。

团体仍旧在不断进行改进［见 Griffies 等（2009）的综述文章］。此外，为减少偏差和建立统一的历史数据集，努力仍然是必要的，但也要清楚地衡量数据类型的影响和可用性上的不确定性（Heimbach et al，2009）。

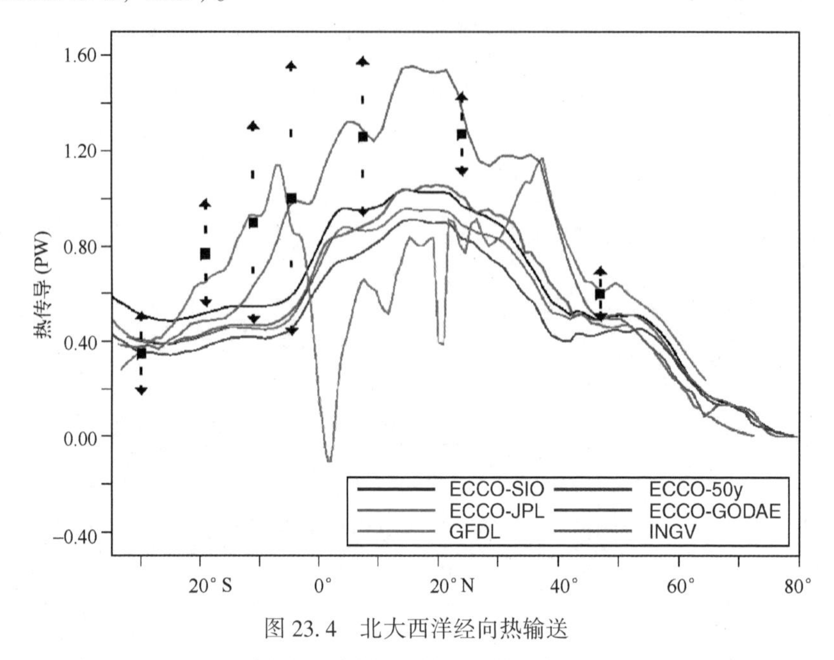

图 23.4 北大西洋经向热输送

该图来自 Armin Koehl 在 CLIVAR/GODAE 会议的海洋分析评价部分上做的关于 GSOP 计划的演讲（该会议于 2006 年 8 月在英国 ECMWF 举行，http：//www. clivar. org/data/synthesis/intercomparison. php）［点和误差棒与来自 Ganachaud 和 Wunsch（2000）的评价相关］

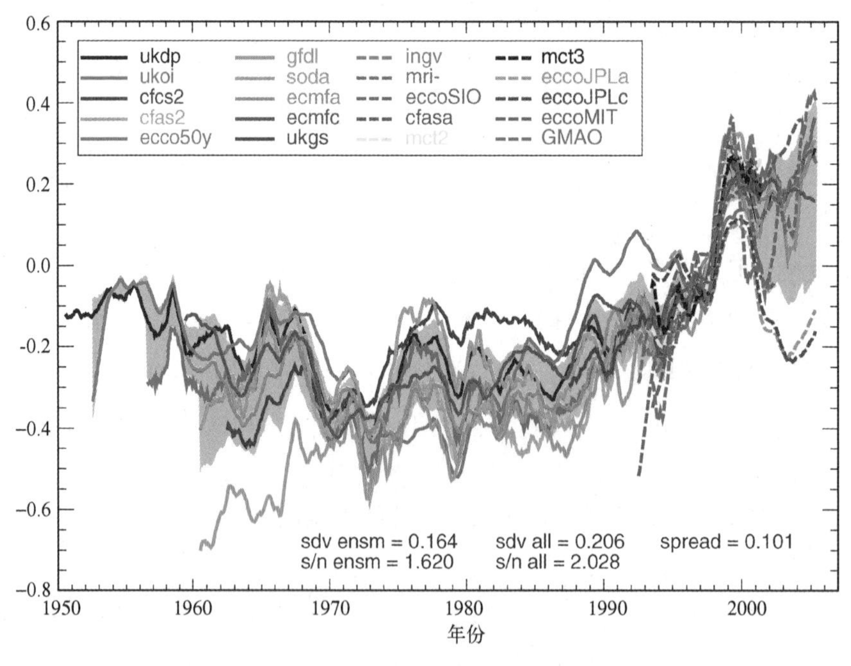

图 23.5 温度在北大西洋的季节性距平（0～300 m）

该图来自 Balmeseda 和 Weaver 在 CLIVAR/GODAE 会议的海洋分析评价部分上做的关于 GSOP 计划的演讲（该会议于 2006 年 8 月在英国 ECMWF 举行）（http：//www. clivar. org/data/synthesis/intercomparison. php）。各种颜色代码指示每种再分析的结果。灰色阴影区对应集合平均标准偏差。

对这些再分析数据的科学评估将遵循类似的方式。其主要目标仍是识别和了解海洋中、大尺度格局，而非进一步分析。这意味着，在 CME 或 DYNAMO 实验中，相同的海洋估计将首先被评价。

23.4 业务化海洋预报系统的对比验证与评价

23.4.1 业务化海洋预报系统评估的发展

利用海洋模式资料同化的第二种应用一直致力于短期海洋预测①。业务化海洋学中心的发展也与卫星数据的可用性相关。20 世纪 90 年代后期，基于准地转或原始方程式，几个团队已经提出了多变量同化方案来提高海洋模式的能力［见 Dombrowsky 等（2009）文章中快速的历史回顾介绍］。在 GODAE 的框架内，这些研究团队的主要发展集中在海洋预报系统提供在中尺度海洋动力学上的后报、现报以及短期预测的日常评估上。也就是描述海流（从表层埃克曼流到西边界流）和它们各自的锋面、弯曲、波动和涡旋传播特征的短暂效应从表面到深层在长度和时间尺度上大于 10 km 和 1d 的密度场和水团的变化。OFS 的目标和潜在应用价值很大程度上都借鉴了 GODAE［见 Bell 等（2009）会有更多的细节和参考文献］。然而，人们一般从天气到年际变化的研究都会提到海洋环流的相关描述，如短期安全预测（如漏油事件的预测，搜救活动），水质预测（与生物地球化学模型耦合，比如藻华监测），国防应用（通常与声学建模相关），或在耦合高效的生态系统和高营养级模型的同时来评估鱼类资源存量。

OFS 的评估方法首先遵循模型界提出的发展途径，此外，还必须要考虑到对学术项目进行模型验证时通常不会出现用户的限制。第一，通过同化方案的评价处理，其有效性表现在提供海洋分析②的准确性，也就是说，比起整体素质，OFS 更注重精度。换句话说，在一定质量水平下寻求纯模式研究（比如，有没有深层对流和拉布拉多海流的形成？存在湾流过度吗？经向热输送和经向翻转环流是真的吗？），当用文献数据集来直接量化误差水平时，被用同化实验来测试“真实再现”可能性有多大。综合误差预算对于正确评估数据同化的结果是必需的。同化方案都或多或少地受到背景③和观测误差的引导，而且最缜密的方案要提供稳定的分析②和预报误差估计（Brasseur，2006；Cummings et al，2009）。因此，需要利用专门的误差验证过程来佐证模型误差的假设。

第二，考虑与衡量实时约束变量的影响。也就是说，与再分析相比，缺乏数据（在同化时间窗内无效的观测数据），和/或这些数据质量偏低，而在再分析框架下，后者数据通常是

① 短期海洋预报：5 d 到 2 周之间。

② 在同化框架下，分析是海洋真实状态在给定时间内准确勾勒出的产物，其在模型中作为一组数字集合而呈现。分析作为一种海洋自身的全面的自我贯穿的诊断是很有用的。它也可被用作输入数据到另一个操作环境中，特别是作为初始状态的海洋数值预报，或作为一种数据检索被用于伪观测。

③ 在同化范畴内，背景场是优先于使用同化方法校正的一种海洋模式的状态。

完整的并可全面控制和校正的。需注意的是，在实时预报业务化中，通过天气预报或者大气模式提供的强迫场可能不太准确。

第三，要特别注重对预报产品的科学评估，也就是对 OFS 性能和可预测性的评估。这里所谓的“性能”不考虑其一般定义，而是与更精确地使用海洋预测模式的优点以及与相结合校正 OFS 产生的海洋评估的同化方法相联系。这里的“性能”指不同的组件满足用户的兴趣和应用需求的实用价值：要预测未来一周海流状况，为什么不只使用气候的方法？为什么不用一个持久的方法来说明下周海流的状况，却在今天用计算机算出一个跟现实情况相同的近似模拟？比起气候态方法和持久性方法，哪些手段要被加入诸如同化方案以及海洋模式这样的复杂工具中来呢？在实践中，相比较气候或持久性方法的误差，可以选择结合分析的精度（即同化方案的效率）来评估预报误差。

局限性也会出现在技术/工程层面。评估必须实时进行，与此同时也会出现实际业务化运行的限制，例如，计算机资源、存储容量和参考值的可用性。这意味着数据流必须被监控，这是由于任何技术原因缺乏都将会直接影响海洋评估的质量。

此外，业务化提供的输出也要满足用户的应用需求（如水质、海洋安全或其他社会用途）。因此，上面提到的性能评价方法必须考虑用户的需求。不同的应用可能需要不同层次的精确性，例如，专门用于帮助搜救活动的表层海流预测的准确性常常不能与业务化系统相匹配，而同样的海洋模型却可以很好地满足一般的海洋研究，气候态方法也足够可以满足一些应用的需要（例如，旅游手册）。

因此，由于这些原因，采用不同的模型配置和数据同化方法，业务化海洋学团体都试图开发自己的工具用于评估产品的质量，以便能够将“误差范围”提供给用户参考。多亏了 GODAE，这些举措可以在国际范围内进行共享。OFS 验证的前景在暑期培训期间，已经在 Martin 的演讲中涵盖（2011）。

在此背景下，开发 OFS 的不同团队之间在对比验证或者联合检验方法方面都有着共同兴趣。在 MERSEA Strand1 欧盟（EU）项目（2003—2004 年）的框架下，他们首先尝试了涡相容的海盆尺度的海洋资料同化系统间的对比。采用气候态和历史上高质量的海洋数据集，对源自不同系统的后报对比，类似于 WOCE 的部分工作（Crosnier et al，2006）。此验证方法已经在欧盟 MERSEA 集合项目（2004—2008 年）（见 http：//www. mersea. eu. org）的以下几个方面得到增强：①定期进行验证，从而激励数据处理和存档中心提供实时观测；②应用诊断，给各个系统提供稳定的科学评价，并选择那些应用于研究模式中选择最适合的诊断方法；③考虑到用户需求（通常是从短期到季节性时间尺度的应用程序），评价业务化系统的性能和产品质量；④在不同预报中心推行评估的一致性——将相似的诊断应用到不同的系统中，从而通过核心专业技术队伍加强整体评估管理活动；⑤为了业务系统的相互比较使用的一致性，从而设计和实施一个技术性架构，该架构可以达到稳定的交流与联系以及这些系统之间的交互操作性。这是一个里程碑式的实施，以其一贯的方式实现了集合预报等交互操作活动。

在 GODAE 的框架下，基于这一系列优点提出了 OFS 的科学评估，在 2008 年伊始，裁定、准备并实施了一项特殊的相互的研究（Hernandez et al，2009）。这些结果在下面将被突出展示。

23.4.2 验证和对比方法

最终用于 GODAE 对比计划的评估方法是在早期的业务海洋学项目框架下进行的验证活动的直接传承。它基于两个方面（Crosnier and Le Provost，2007）。

首先，《哲学》一书中讲到：通过合作伙伴关系，评估 OFS 产品/系统质量的一套基本原则：

- 一致性：验证系统输出与海洋环流以及气候态的最新知识是一致的。
- 质量（或后报/现报的准确性）：定量系统“最好的结果”（分析）和海洋真实值之间的差异，如从观测角度估计，最好使用独立观测（非同化）。
- 性能（或预报准确性）：量化各系统的短期预报能力，例如回答问题“请问预报系统性能是否比持久性方法和气候法都好”。
- 优点：最终用户评估其质量达到何水平要在产品完全投入应用之前。

第二，在《方法》一书中：一组用于计算诊断可共享的工具，以及一组可共享的标准用于评估产品质量。这两组工具和标准须在业务框架下升级和改进。这套方法已经使用“衡量指标”建成。计算标量观测的数学工具从系统输出，与“参考值”（气候态、观测等）相对比，这些“度量”提供了从相同地理位置的不同系统中提取等价数量，应用于不同的预测系统，它们提供同质的数量集可以在不依赖每个 OFS 的具体配置的情况下进行比较（水平分辨率、垂直离散化等）。

“共享性”是强制性的，允许每个预报中心利用其他中心的结果进行独立比对和验证。度量指标以标准化的方式计算，使用 COARDSCF 约定的 NetCDF 文件格式，允许时间聚合，灵活易于操控和自说明元数据表示方式。分发依赖于互联网通信协议，基本上通过 FTP。然而，更多基于 OPeNDAP 服务器的用户友好型通信技术可以通过现场访问服务器（LAS）进行可视化，或者通过现在已被采用的动态快速浏览门户网站客户端（Blower et al，2008）。在实践中，这些技术允许每个预报中心计算大量存储在其他中心的本地服务器上的诊断信息数据。验证数据的总和不需要被集中于大的存储容量中。相反，对于给定的诊断，可以具体地收集分布在不同中心里的信息。

标准被定义为四种或四类［见文献 Hernandez 等（2008）中的更多细节］：

- 第一类标准，即温度、盐度、海流、混合层深度、海冰数量和流量三维标准网格，可以直接跟气候比较，而且在海表面进行卫星观测（例如，海平面异常、SST 或海冰浓度）。通过使用类似的第一类网格，几种海洋学预报系统可以通过给定的参考数据集相互比较他们的海洋估计给定的参考数据集（见下一节中图 23.8 提供的例子）。
- 第二类标准（实际的锚系和断面观测）设计成匹配现有的现场数据集的位置，如图 23.6 所示。然后，每次都要提供观测结果（例如，来自一艘商船的抛弃式温深计 XBT 部分），第二类标准的诊断就可常规进行，且模型变量可以比对“地面实况”。图 23.7 展示了加的斯湾五大系统之间采用第二类标准进行相互比较。相比于老的 WOCE 水文断面，图 23.7

的对比可维护一个持续性的评估。最后，它有助于评估来自两代麦卡托系统的改进情况。

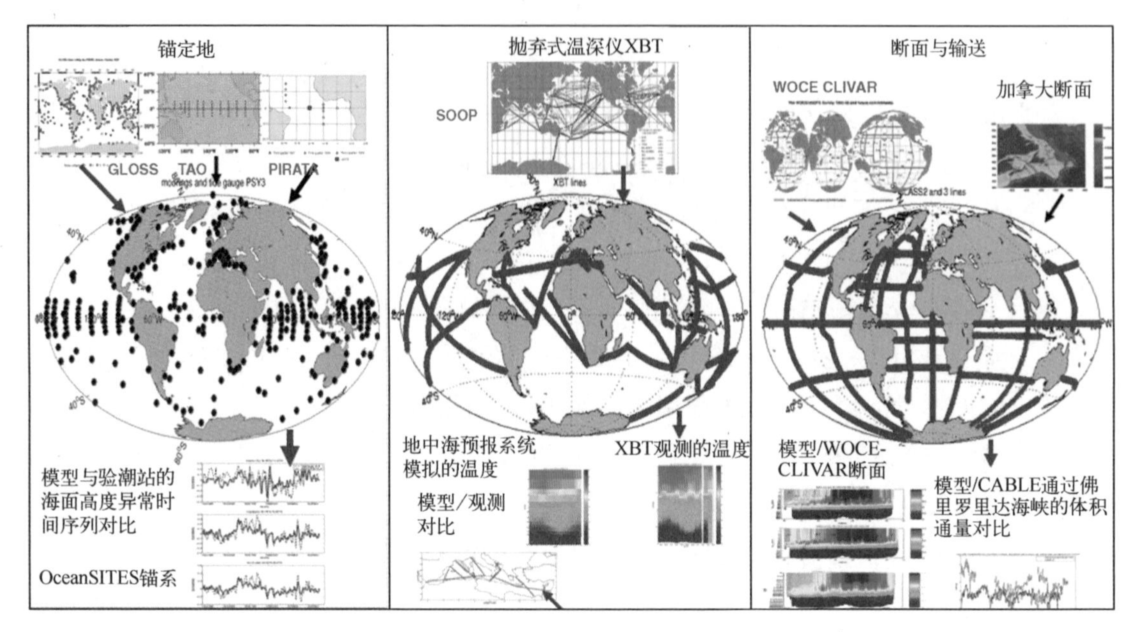

图 23.6　第二类/第三类指标总结

为了在海洋模型中确定实际剖面和锚定地点，所有现有可用的锚定地、验潮站、XBT 线路、WOCE/CLIVAR 全球气候变异与观测试验线路等已被选定

- 第三类标准关注导出量，如海洋输运、热含量、热盐环流。
- 为了使后报和预报更接近数据，第四类标准旨在建立一个“与观测等价的模型值”，数据集基于所有的海洋预报系统输出：后报、现报和预报。因此，OFS 的预报技巧可被客观地评价。第四类标准的诊断已应用于温度、盐度（来自 Coriolis 现场数据中心的观测）、海冰密集度（来自 OSI-SAF① 的地图）、海平面（来自 AVISO② 卫星高度计）和海流（来自全球漂流浮标计划），并在几个中心得以实现。所有这些诊断特别注意要使用独立的观测数据，即未被同化。理想情况下，不使用大多数海洋预报系统同化的卫星高度计数据，而是用验潮站数据对比海平面，用漂流浮标或 ADCP③ 速度来对比海流。表 23.2 总结了可用第四类标准评估的海洋/海冰参数以及相应的数据集。

从第一、第二、第三类标准来看，每个系统的一致性和质量都可以被推断或者比较，例如，操作运行日常部分可以定期与第二类标准的历史部分进行比较，如图 23.7 所示，在这种情况下，水团分布的“一般好的表现”是对两个历史海洋环流实验线的验证，例如，其中一条人们认为地中海水团的盐度标记出现在合适的深度。

系统的性能可以用第四类标准加以解决。“优点”是可以使用第一、第二、第三和第四类标准的组合来处理。然而，新的“以用户为导向”的标准可能要被用来完全解决系统的性能问题。

---

① 见海洋和海冰卫星应用设备网 http：//www. osi-saf. org/。

② 见 http：//www. aviso. oceanobs. com/。

③ ADCP：Acoustic Dopler Current Profiler，自动多普勒海流剖面仪。

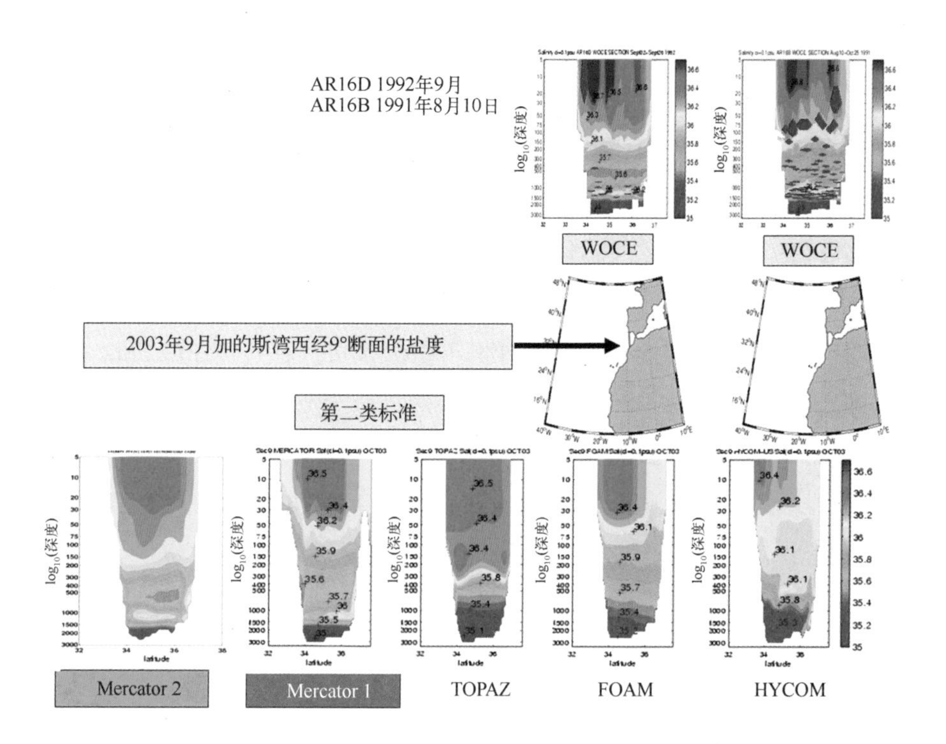

图 23.7 在 MERSEA Strand1 欧盟项目中基于 2003 年 9 月在加的斯湾断面观测的平均盐度采用第二类标准对几个海洋预报系统（Mercator、TOPAZ、FOAM、HYCOM）进行对比。两条 WOCE 线用作参考数据。当新版的麦卡托系统（Mercator 2）开发成功后进行进一步对比

表 23.2 海洋和海冰的物理量，以及实时观测资料（RT）或延迟模式（DM）验证的相应的可用数据

数据类型	测量方法
实地温度	CTD（DM），XBT（RT），浮标（RT），锚系（RT/DM），TSG（DM），深海浮标（RT），水下滑翔机（RT/DM）
实地盐度	CTD（DM），XCTD（DM），浮标（RT/DM），锚系（RT/DM），TSG（DM），深海浮标（RT），水下滑翔机（RT/DM）
海表面温度	卫星辐射计/雷达（RT），TSG（DM），浮标（RT），锚系（RT/DM）
海表面盐度	TSG（DM），浮标（RT），锚系（RT/DM）[SMOS，Aquarias]（RT expected）
水平流	表漂（RT），测流计（DM），ADCP（DM），卫星高度计（RT），SAR（DM），高频率雷达（DM），由 SST 中获取（DM），由深海浮标移位获取（DM）
海平面	检潮仪（RT），卫星高度计（RT），GPS（测试中）
水色	卫星图像（RT/DM）
海冰密集度、漂移	卫星（RT）

注：CTD：电导温深传感器；XBT：抛弃式温深仪；TSG：温盐仪；XCTD：消耗式电导温深传感器。

23.4.3 GODAE 对比项目

最近GODAE对比项目已允许相互比较和执行准确性与一致性评估。该项目的目标是：①表明GODAE业务化系统在运行中；②分享专业知识和设计验证工具与所有被GODAE业务化运行中心认可的指标；③评价不同GODAE业务化系统综合科学素质［结果总结在Hernandez等（2009）的文章中］。

该项目涉及的业务化中心提供每日全球海洋的大部分产品，如BLUElink（澳大利亚），HYCOM（美国），MOVE/MRI.COM（日本），Mercator（法国），FOAM（英国），C-NOOFS（加拿大）和TOPAZ（挪威）系统（Dombrowsky et al，2009；Hurlburt et al，2009）。它提供了5种类型的海洋模式：全球或区域、基于不同的垂直离散方案、涡相容到涡分辨、与海冰模式耦合或不耦合；使用不同类型的海气通量模型。它还提供了使用不同观测结果的多种同化技术；进行每日或每周的分析或更新；基于序列或变分方法；基于单个或集合的分析和预测；应用与不“接近数据”方案，如合适时间的初猜场（First Guest at Appropriate Time，FGAT）和增量分析更新技术（IAU）（Bloom et al，1996）。

该项目最初决定分析不同业务化海洋预报系统涉及的相似业务化产品。2008年2月、3月和4月是被选定的时期。实际上，所有的输出不能实时提供，而科学评价在执行过程中也存在一些月份上的延迟。

一系列的观测和参考数据集通过第一类和第二类标准评估海洋产品的准确性和一致性。

- 来自AVISO卫星高度计[①]的海表面高度或海平面异常每周地图。
- 来自卫星高度计的表层海流每周地图（Larnicol et al，2006）。
- Levitus WOA 2005气候态（Antonov et al，2006；Locarnini et al，2006）。
- 气候态混合层深度（D'Ortenzio et al，2005；de Boyer Montégut et al，2004；2007）。
- 来自卫星OSI-SAF[②]的每日海冰密集度。
- OSTIA GHRSST海表面温度产品（Donlon et al，2009）。
- 由CORIOLIS科氏流量计提供的现场温度和盐度。

在实践中，所有研究团队都贡献了他们的对比验证结果。具体的研究在以下区域开展：大西洋北部、南部和热带海域、太平洋西北部、热带太平洋和印度尼西亚海。所有研究组均可访问所有的输出和参考的数据集。SST的一致性和准确性用OSTIA的产品验证。采用WOA2005气候态进行水团一致性的评价。混合层深度的一致性用气候态结果进行验证。海平面和平均环流使用卫星高度计的产品进行评估。表层均值和涡动能用SURCOUF的产品进行比较（Larnicol et al，2006）。

---

① 见http：//www.aviso.oceanobs.com/。

② 见海洋和海冰卫星应用设备网http：//www.osi-saf.org/。

在 DYNAMO 或再分析计划中分析三个月的环流形态是相当短的。然而，“平均”环流像预期一样，那么一致性评估是可行的。如在图 23.8 中，北大西洋的海流分析显示了副热带和副极地环流的一致性。我们可以注意到亚速尔群岛当前出现的一些系统，即墨西哥湾流没有类似的传播方向的延伸，或拉布拉多和东格陵兰洋流都或多或少的加强。使用 SURCOUF 数据可以获得不同输出质量的状态：涡动能可以被计算，并给予准确的数字。然而，高分辨率系统似乎提供比 SURCOUF 更多的能量。在这里，我们可以猜测 SURCOUF 计算海流比 HYCOM 更顺畅平滑，这意味着引用数据集也应谨慎采纳。使用 OSTIA 计算 SST 时也出现了类似的限制：当卫星数据缺乏的时候，OSTIA 的产品可能会受到怀疑。多亏了 OSTIA 与 SST 值一起提供了误差估计，因此对比验证可以把重点放在“有价值”的区域。首次对比验证实验的完整概述在 Hernandez 等（2008；2009）的文章中给出。

业务化预报系统的第一次对比验证试验被限定在一个很短的时期和一系列短集合的海洋参数中。强迫场的影响未被研究，海洋特性（涡的传动、波动……）或者海冰的不随时间改变的特性也未被研究，分析也仅限于后报：预测和性能指标只能在一个有限的方式中得到评估。这一举措应该继续在全球业务化海洋学预报系统国际合作计划（GODAE OceanView）框架下开展。更多的引用数据集很快将实时可用，方法和标准也会被大多数研究组采用。这个实验表明，业务化预报系统的对比验证和评估可以在海洋的任何部分进行。因此，在 3 个月有限期内，业务化预报系统的一致性和准确性可以被解决。关于系统的运行，其性能方面（分辨率、模型近似、同化方法等）已开始被验证。下一步将是进行多模式集合评估的对比验证。

23.4.4 面向用户的验证

如前所述，大多数验证方法提出海洋模式和业务化预报系统的验证方法是基于“海洋学家的观点”，也就是大尺度环流的评价和一般意义上的小尺度特征。即使精度数和误差棒可以由这种方法产生，它可能也无法完全满足一些用户的需求。

例如，商船的船长可能并不满足于海冰密集度的每日平均图，相反，他可能会更感兴趣冰缘位置与冰延伸程度的分布图以及第二天海冰漂移的可能性。许多例子会涉及上述问题，特别是与物理/生物地球化学参数耦合相关的会影响生态系统的行为，及近岸应用（De Mey et al，2009）。

溢油预测一直是研究中的热点的应用。重大灾难迫使政府当局开展溢油模型的研究。首先考虑的是受风和海浪的影响。根据海流预报的出现，新的溢油模型也应运而出。在 MERSEA 框架下，海上模拟实验以及溢油模型同步开展。对比验证的是关键点：是使用不同业务化预报系统的海流开展溢油预测。它允许检查预测的稳定性，而且集合预报分析也在开展［见 Hackett 等（2009）的综述］。类似的研究在搜索和救援的漂移预测模型上也在完成。

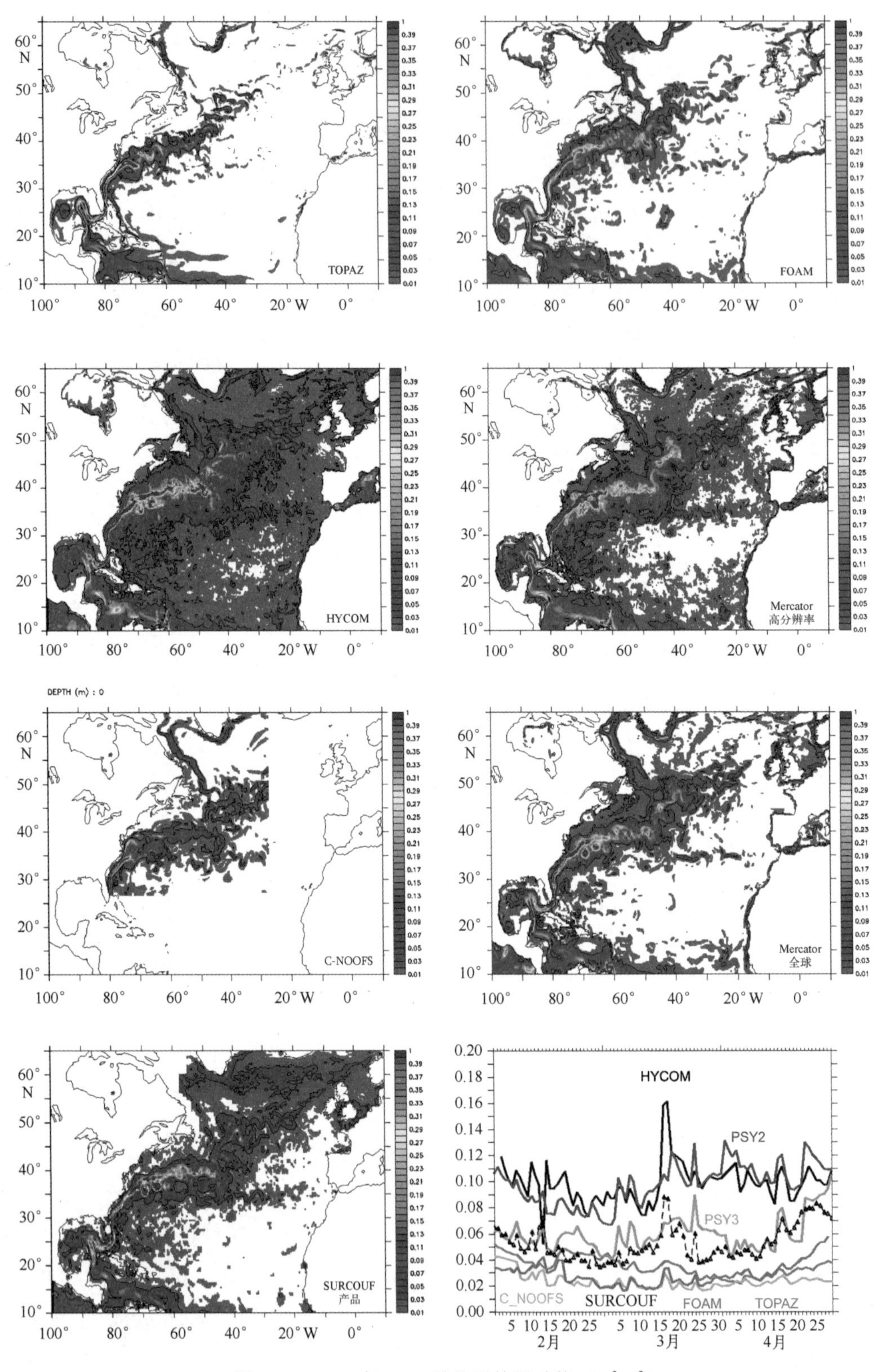

图 23.8　2008 年 2—4 月的平均涡动能（m^2/s^2）

右下图：在墨西哥湾流周围有限区域内（30°—42°N 和 80°—60°W）平均涡动能的时间序列，该图来自 Hernandez 等（2008）的文章

23.5 小结

由于在世界范围内数据和数值实验结果的交换更加容易，日益增长的海洋建模或业务化预报系统领域更易受到相互验证和协同工作的影响。此外，模型和预测评价受益于由GODAE团队支持的共享方式，这是对数值天气预报领域实施评估方法迈出的第一步。更多业务化的验证工具都在欧洲MyOcean项目框架下按照计划实施，并且对比验证活动将在GODAE OceanView框架下开展。还请注意，验证需要有限数量的现有海洋数据进行准确度评估。因此，更多的研究组采用类似的技术，并倾向于一起合作。海洋模型和预测的相互比较在未来将趋于一个标准方法。

然而，基于学术研究、再分析评估或海洋预报性能评估对应于每一个具体的框架仍有其特定的验证。例如，海洋预报系统必须对数据的可用性和质量做更特别的处理。

这里提出的验证方法以及开阔海洋的研究团队提及的验证方法，将会慢慢地扩展到近海和生物地球化学模型的领域。请注意，为了推断未来观测系统的影响，海洋观测界要结合业务化预报系统进行这一影响的研究，特别是其中的验证方法用于评估模拟网络的性能。

参考文献

Antonov J I, Locarnini R A, Boyer T P, Mishonov A V, Garcia H E (2006) World ocean atlas 2005. In: Levitus S (ed) Salinity, vol 2. U. S. Government Printing Office, Washington, p 182.

Balmaseda M A, Alves O, Arribas A, Awaji T, Behringer D W, Ferry N, Fujii Y, Lee T, Rienecker M, Rosati A, Stammer D (2009) Ocean initialization for seasonal forecasts. Oceanogr Mag 22: 154-159.

Barnier B, Reynaud T, Beckmann A, Böning C W, Molines J M, Barnard S, Jia Y (2001) On the seasonal variability and eddies in the North Brazil current: insights from model intercomparison experiments. ProgrOceanogr 48: 195-230.

Bell M J, Lefebvre M, Le Traon P Y, Smith N, Wilmer-Becker K (2009) GODAE, the global ocean data experiment. Oceanogr Mag 22: 14-21.

Bloom S C, Takacs L L, da Silva A M, Ledvina D (1996) Data assimilation using incremental analysis updates. Mon Weather Rev 124: 1256-1271.

Blower J D, Blanc F, Cornillon P, Hankin S C, Loubrieu T (2008) Underpinning technologies for oceanography data sharing, visualization and analysis: review and future outlook. Final GODAE Symposium 2008: the revolution in global ocean forecasting GODAE: 10 years of achievement. Nice, France, GODAE, pp 301-310.

Böning C W, Bryan F O (1996) Large-scale transport processes in high-resolution circulation models. In: Krauss W (ed) The warmwatersphere of the North Atlantic Ocean. Gebrüder Borntraeger, Berlin, pp 91-128.

Böning C W, Dieterich C, Barnier B, Yanli J (2001) Seasonal cycle of meridional heat transport in the subtropical North Atlantic: a model intercomparison in relation to observations near 25°N. Progr Oceanogr 48: 231-253.

Brasseur P (2006) Ocean data assimilation using sequential methods based on Kalman filter. In: Chassignet EP, Verron J (eds) GODAE Summer school in ocean weather forecasting: an integrated view of oceanography. Springer, Dordrecht, pp 371-316.

Clark C, Wilson S, Benveniste J, Bonekamp H, Drinkwater M R, Fellous J L, Gohil B S, Lindstrom E, Mingsen L, Nakagawa K, Parisot F, Roemmich D, Johnson M, Meldrum D, Ball G, Merrifield M, McPhaden M J, Freeland H J, Goni G J, Weller P, Send U, Hood M (2009) An overview of global observing system relevant to GODAE. Oceanogr Mag 22: 22-33.

Crosnier L, Le Provost C (2007) Inter-comparing five forecast operational systems in the North Atlantic and Mediterranean basins: the MERSEA-strand1 methodology. J Mar Syst 65: 354-375.

Crosnier L, Le Provost C, MERSEA Strand1 team (2006) Internal metrics definition for operational forecast systems inter-comparison: examples in the North Atlantic and Mediterranean Sea. In: Chassignet EP, Verron J (eds) GODAE summer school in ocean weather forecasting: an integrated view of oceanography. Springer, Dordrecht, pp 455-465.

Cunningham S A, Kanzow T, Rayner D, Baringer M O, Johns W E, Marotzke J, Longworth H R, Grant E M, Hirschi J, Beal L M, Meinen C S, Bryden H L (2007) Temporal variability of the Atlantic meridional overturning circulation at 26.5°N. Science 317: 935-938.

Cummings J A, Bertino L, Brasseur P, Fukumori I, Kamachi M, Martin M J, Mogensen K S, Oke P R, Testut C E, Verron J, Weaver A (2009) Description of assimilation methods used in GODAE systems. Oceanogr Mag 22: 96-109.

De Boyer Montégut C, Madee G, Fischer A, Lazar A, Iudicone D (2004) Mixed layer depth over the global ocean: An examination of profile data and a profile-based climatology. J Geoph Res 109: C12.

De Boyer Montégut C, Vialard J, Shenoi S, Shankar D, Durand F, Ethé C, Madec G (2007) Simulated Seasonal and Interanual variability of the Mixed Layer Heat Budget in the Northern Indian Ocean. J Clim 20: 3249-3268.

De Mey P, Craig P, Davidson F, Edwards C A, Ishikawa Y, Kindle J C, Proctor R, Thompson K R, Zhu J, GODAE Coastal and Shelf Seas Working Group (2009) Application in coastal modelling and forecasting. Oceanogr Mag 22: 198-205.

Dombrowsky E, Bertino L, Brassington G B, Chassignet E P, Davidson F, Hurlburt H E, Kamachi M, Lee T, Martin M J, Mei S, Tonani M (2009) GODAE systems in operation. Oceanogr Mag 22: 80-95.

Donlon C J, Casey K S, Robinson I S, Gentemann C L, Reynolds R W, Barton I, Arino O, Stark J D, Rayner N A, Le Borgne P, Poulter D, Vazquez-Cuervo J, Beggs H, Jones L D, Minnett P (2009) The GODAE high resolution sea surface temperature pilot project (GHRSST). Oceanogr Mag 22: 34-45.

Ganachaud A, Wunsch C (2000) Improved estimates of global ocean circulation, heat transport and mixing from hydrographic data. Nature 408: 453-457.

Gates W L (1992) AMIP: the atmospheric model intercomparison project. Bull Am MeteorolSoc 73: 1962-1970.

Griffies S M, Adcroft A, Banks H, Böning C W, Chassignet E P, Danabasoglu G, Danilov S, Deleersnijder E, Drange H, England M, Fox-Kemper B, Gerdes R, Gnanadesikan A, Greatbatch R J, Hallberg R W, Hanert E, Harrison M J, Legg S A, Little C M, Madec G, Marsland S, Nikurashin M, Pirani A, Simmons H L, Schröter J, Samuels B L, Treguier A M, Toggweiler J R, Tsujino H, Vallis G K, and White L (2009) Problems and prospects in large-scale ocean circulation models. In: Fischer AS (ed) OceanOb's 2009.

Hackett B, Comerma E, Daniel P, Ichikawa H (2009) Marine oil pollution predication. Oceanogr Mag 22: 168-175.

Heimbach P, Forget G, Ponte R M, Wunsch C, Balmaseda M A, Awaji T, Baehr J, Behringer D, Carton J A, Ferry N, Fischer A S, Fukumori I, Giese B S, Haines K, Harrison E, Hernandez F, Kamachi M, Keppenne C, Köhl A, Lee T, Menemenlis D, Oke P R, Remy E, Rienecker M, Rosati A, Smith D E, Speer K G, Stammer D, Weaver A (2009) Observational requirements for global-scale ocean climate analysis: lessons from ocean state estimation. In: Fischer AS (ed) OceanOb's 2009.

Hernandez F, Bertino L, Brassington G B, Cummings J A, Crosnier L, Davidson F, Hacker P, Kamachi M, Lisæter K A, Mahdon R, Martin M J, Ratsimandresy A (2008) Validation and intercomparison of analysis and forecast products. Final GODAE Symposium 2008: the revolution in global ocean forecasting GODAE: 10 years of achievement. Nice, France, GODAE, pp 147-191.

Hernandez F, Bertino L, Brassington G B, Chassignet E P, Cummings J A, Davidson F, Drévillon M, Garric G, Kamachi M, Lellouche J M, Mahdon R, Martin M J, Ratsimandresy A, Regnier C (2009) Validation and intercomparison studies within GODAE. Oceanogr Mag 22: 128-143.

Hurlburt H E, Brassington G B, Drillet Y, Kamachi M, Benkiran M, R. Bourdallé-Badie, Chassignet E P, Jacobs G A, Le Galloudec O, Lellouche J M, Metzger E J, Oke P R, Pugh T F, Schiller A, Smedstad O M, Tranchant B, Tsujino H, Usuii N, Wallcraft A J (2009) High resolution global and basin-scale ocean analysis and forecasts. Oceanogr Mag 22: 110-127.

Larnicol G, Guinehut S, Rio M H, Drévillon M, Faugère Y, Nicolas G (2006) The global observed ocean products of the frenchmercator project. International Symposium on Radar Altimetry: 15 years of altimetry, ESA/CNES.

Lee T, Awaji T, Balmaseda M A, Greiner E, Stammer D (2009a) Ocean state estimation for climate research. Oceanogr Mag 22: 160-167.

Lee T, Stammer D, Awaji T, Balmaseda M A, Behringer D, Carton JA, Ferry N, Fischer A S, Fukumori I, Giese BS, Haines K, Harrison E, Heimbach P, Kamachi M, Keppenne C, Köhl A, Masina S, Menemenlis D, Ponte R M, Remy E, Rienecker M, Rosati A, Schröter J, Smith D E, Weaver A, Wunsch C, Xue Y (2009b) Ocean state estimate from climate research. In: Fischer AS (ed) OceanOb's 2009.

Locarnini R A, Mishonov A V, Antonov J I, Boyer T P, Garcia H E (2006) World ocean atlas 2005, In: Levitus S (ed) Temperature, volÂ € 1. U. S. Government Printing Office, Washington, p 182.

Martin M (2011) Ocean Forecasting systems: product evaluation and skill. In: Schiller A, Brassington GB (eds) Operational oceanography in the 21st century. Springer, Dordrecht, pp 611-632.

Meincke J, Le Provost C, Willebrand J (2001) DYNAMO. Progr Oceanogr 48: 121-122.

New A L, Barnard S, Herrmann P, Molines J M (2001a) On the origin and pathway of the saline inflow to the Nordic Seas: insights from models. Progr Oceanogr 48: 255-287.

New A L, Jia Y, Coulibaly M, Dengg J (2001b) On the role of the Azores current in the ventilation of the North Atlantic Ocean. Progr Oceanogr 48: 163-194.

Roemmich D, Argo-Science-Team (2009) Argo: the challenge of continuing 10 years of progress. Oceanogr Mag 22: 46-55.

Stammer D, Böning C W, Dieterich C (2001) The role of variable wind forcing in generating eddy energy in the North Atlantic. Progr Oceanogr 48: 289-311.

Stammer D, Köhl A, Awaji T, Balmaseda M A, Behringer D, Carton J A, Ferry N, Fischer A S, Fukumori I, Giese

B S, Haines K, Harrison E, Heimbach P, Kamachi M, Keppenne C, Lee T, Masina S, Menemenlis D, Ponte R M, Remy E, Rienecker M, Rosati A, Schröter J, Smith D E, Weaver A, Wunsch C, Xue Y (2009) Ocean information provided through ensemble ocean syntheses. In: Fischer AS (ed) Oceanob's 2009.

Willebrand J, Barnier B, Böning C W, Dieterich C, Killworth P D, Le Provost C, Jia Y, Molines J M, New A L (2001) Circulation characteristics in three eddy-permitting models of the North Atlantic. ProgrOceanogr 48: 123-161.

第8部分

应用、政策和法律框架

第24章　业务化海洋学的国防应用
——澳大利亚人的视角

Robert Woodham[①]

摘　要：海洋环境条件能够通过很多途径影响海军的作战行动，因此，世界各地的海军传统上已经使用海洋学观测以及源自观测的气候分析来做作战决策。自20世纪90年代以来，全球海洋观测系统得到迅速发展，近年来，业务化海洋预报系统的快速发展，大大提高了辅助决策的水平。近期各国国防力量在聚焦于信息优势的同时，还注意到高分辨率海洋物理特性预报的能力建设上。这些海洋数据集正被用来评估和预报诸如海表面高度、温度和盐度等物理特征，以便用于水下军事声学，以及将海流和潮流用于海上搜救、水雷战和水陆两栖中。澳大利亚皇家海军正使用BLUElink全球海洋模拟系统和一个有限区域海洋模型的海洋预报产品，并且正开发一个可用于沿海地区的超高分辨率的模型，还将高分辨率海洋学数据整合到声呐作用距离预测模型中。本章从一个澳大利亚人的视角对业务化海洋学的这些军事应用进行评论，并举例阐明。

24.1　前言

世界各地的海军对海洋条件都非常感兴趣，这是不言而喻的。然而，海洋是通过什么途径影响海军作战却不是非常明显。本章的目的在于描述海洋对海上作战的影响，这些影响如何被评估，以及如何利用近年来已经投入应用的业务化海洋学能力进行预报。当这些内容广泛应用于世界海军时，澳大利亚皇家海军（Royal Australian Navy，RAN）已经作为“BLUElink”计划的一个合作伙伴密切参与澳大利亚海洋观测和预报事业的建设中（Brassington et al，2007）。Jacobs等（2009）最近发表了一个关于世界各地海军如何使用业务化海洋学的笼统的综述，包含来自美国、英国、法国和澳大利亚的实例。Harding和Rigney（2006）以前也发表过一个关于美国海军业务化海洋学的综述。

一般来说，在当今时代，世界各地的军事力量普遍提高了对决策重要性的关注度，而决策的制定基本都是基于可获取的最新、最全面的数据信息。这一部分是因为信息和通信技术

① Robert Woodham，澳大利亚皇家海军海洋学与气象学主任。E-mail：robert. woodham@ defence. gov. cn

能力（Information and Communications Technologies，ICT）的不断提升；另一部分是因为战争形势的变化，即更强调运动战而非消耗战。对于运动战的关注来源于冷战后期，那时北约（North Atlantic Treaty Organization，NATO）便意识到必须使用“力量倍增器”来战胜苏军的数量优势。这些战力倍增系统包括信息优势和灵活策略。“网络化作战”（Network Centric Warfare，NCW）的相关概念不同于以单个平台为中心的方法，关键在于网络化作战设想可控信息能快速集合并传播，并利用最先进的技术，实现遍布整个作战空间的信息优势。

包含气象和海洋信息的环境信息被现代海军看作是信息优势和网络化作战的一个重要因素，因为这些信息使得海军能够优化其武器、传感器以及作战策略，并预报环境条件。

为此，世界上技术更先进的海军已经快速地利用了业务化海洋学的高速发展。改进后的海洋观测、数据管理和预报系统已经全部应用到海军作战中，为信息优势的目标做贡献。

这个方法特别适用于澳大利亚，因为澳大利亚所在海域的海洋学条件非常复杂（见图24.1）。东澳大利亚海流影响塔斯曼海，产生许多暖涡和冷涡（Ridgway and Dunn，2003）；Leeuwin 流自西海岸向下流，横穿大澳大利亚湾；太平洋-印度尼西亚贯穿流影响着帝汶岛、阿拉佛拉海和西北陆架；南极绕极流影响着流入澳大利亚大陆南部的水体。该区域其他海洋学现象还包括上升流事件、内波、孤立波、极端潮差、丰富的淡水流，以及在西北季风期间提供强大浮力的淡水流。面对在如此复杂水域中成功作战的需求，RAN 很快体会到维持先进的海洋学能力的重要性。正与其他伙伴，尤其是澳大利亚气象局（Bureau of Meteorology，BOM）和联邦科学与工业研究组织（Commonwealth Scientific and Industrial Research Organization，CSIRO）密切合作来开发这项能力。

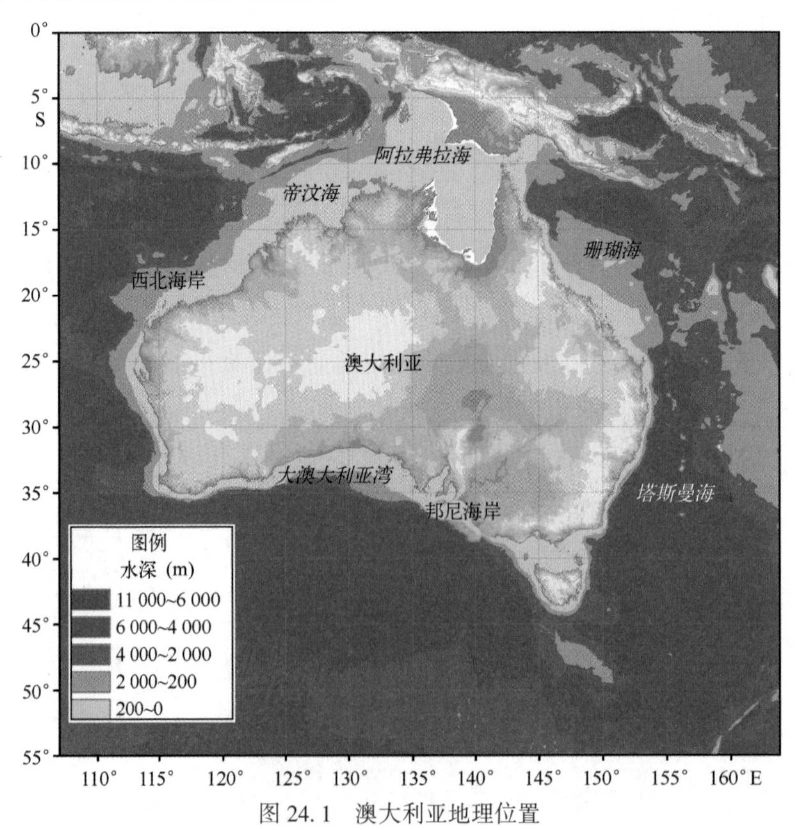

图 24.1　澳大利亚地理位置

24.2 海洋对作战的影响

24.2.1 反潜战（Anti-Submarine Warfare，ASW）

RAN 第一次意识到对专门海洋学知识的需求是在 20 世纪 50 年代中期，那时 Fairey Gannet 反潜战飞机首次在“墨尔本”号航空母舰（HMAS MELBOURNE）上操作。随船的气象指挥官利用深海温度观测作为声呐性能预测的基础，给 Gannet 飞行中队提供了海洋学战术建议。当时装有水听器的声呐浮标（sonobuoys）可用于声波探测和潜艇跟踪，而海洋学战术建议被 Gannet 全体船员用来决定作声呐浮标的最优部署。

在开展这些声学评估时，水体中的声音传播必须考虑海洋温盐结果的影响。其中温度、盐度和压强对声速的影响如下：

温度——在更暖的水中，声速更高（温度每升高 1℃，声速提高 4 m/s）；

盐度——在更咸的水中，声速更高（盐度每增大 1 PSU，声速提高 1.4 m/s）；

深度——在较大气压下，声速更高（深度每增大 100 m，声速提高 1.7 m/s）。

水中声的传播可以想象成声音在呈直线的均匀介质中传播（Urick，1983）。声线的折射可以用 Snell 定律描述，当一条射线穿过两种介质的边界时，它的传播速度 v 是不同的

$$\frac{\sin\theta_i}{\sin\theta_r}=\frac{v_1}{v_2}$$

其中，θ_i 和 θ_r 分别是入射角和折射角。这表明海水中的声音是向低声速区域折射的。折射角度也依赖于频率，高频率对应更大的折射角。Snell 定律通过被定性地应用来理解水中的声学性质，从而决定最优战术，例如搜索或躲避计划。它还可以被定量地应用在声呐区域预报模型中，例如 RAN 的战术环境保障系统第 2 版（Tactical Environmental Support System version 2，TESS 2）。这些模型可以基于海洋声学、声呐系统的性能特点和目标特点等各方面的知识来估计探测范围。射线追踪模型通常在中高频率（高于 1~2 kHz）时效果良好。主动声呐是这些频率的典型用途，主动声呐释放一个脉冲的声能量，并探测其回声（有别于被动声呐探测目标辐射的噪声）。主动声呐安装在船上和潜艇上，可以充当飞机的声呐浮标，或者在使用直升机的情况下，被部署在投吊式声呐（dipping sonars）上。

考虑一个典型的海洋温度剖面，如图 24.2 所示的塔斯曼海中心温度剖面。这个剖面来自随机船计划（Ship of Opportunity Programme，SOOP）的数据集，是从综合海洋观测系统（Integrated Marine Observing System，IMOS）的海洋入口中提取出来的。上层 20~30 m 显示了混合层的等温线。其中，温度和盐度都是恒定的，但压强随着深度的增加而增加，从而导致了声速的略微增加。这将产生声波向表面折射的效果。如果与混合层的深度相比，声音频率足够高，以小的水平角度在水中穿行的声射线将被折射向表面，然后再被反射。反射之后，这些射线将再次被折射向表面。这将把声能量限制在表面的通道中，这个通道内声波损耗低，因此传播距离更长。由于更高频率被更多地折射，因此存在一个界限频率。低于此频率的声

能量将被限制在这个通道中。如果表面风小，散射导致的表面损耗将很低，同时很可能导致很长的传播距离出现。为了利用这个通道效应，安装在ASW护卫舰船体上的主动声呐通常被设计成在足够高的频率下才运作，从而达到对浅层潜艇的探测范围最大化。

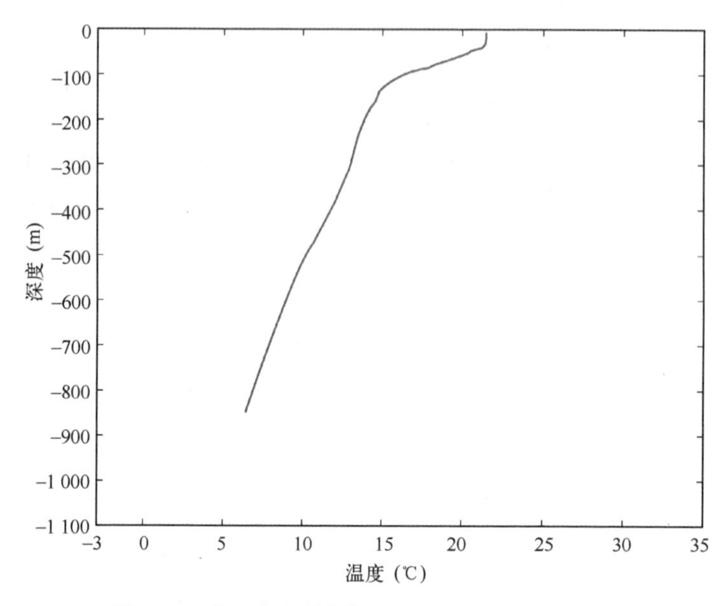

图 24.2 典型的海洋热剖面（取自塔斯马尼亚海）

2009 年 1 月 27 日，PX34 航线从悉尼到威灵顿途中，于 36.816 5°S，156.953 8°E 处施放 XBT（88605242）获取的温度剖面。数据来源于 SOOP 计划，取自 IMOS 入口

在混合层以下，温跃层的水逐渐变冷。在约 30 m 混合层深度与约 100 m 混合层深度之间，温度下降大约 7℃（图 24.2）。这表明声速由于压强增大而提高大约 1.7 m/s，但由于温度下降又降低大约 28 m/s。总之，声速大大降低，意味着声能量将向下折射。在 100～800 m 间，温度下降速度约为每百米 1℃（图 24.2），这表明声速将以大约每百米 2.3 m/s 的速度下降。在混合层下面的水柱中，各种影响导致形成了一个向下折射剖面强于主温跃层区域，表明声能量将向下折射至海床。如果海床是相关频率声能量的良好吸收器，那么声传播总体上将较差。

虽然图 24.2 中的剖面仅显示延伸至 850 m，但此处水深约 5 000 m。在 850 m 以下有一个位置，此处的声速由于温度递减而降低，声速降低被因压强增大导致声速增高而抵消。在等温水域，声速显然会随着深度的增加而增加，声能量将开始向表面折射。

声速随着深度不断增加的结果见图 24.3，此图显示了穿过塔斯曼海的声速截面（155°E，30°—40°S），其中的温度和盐度数据来自 2008 年 3 月 31 日的 OFAM（Brassington et al，2007），并利用 Mackenzie 方程将其转换成声速。在约 1 200 m 深度有一个声速最小值，在此深度以下，声速由于温度小幅递减和压强显著增大的共同作用而增大。在某个深度，声速值逐渐增大至与表面值相近。1 200 m 处的声速最小值与水声通道有关，而水声通道是一个非常低损耗的路径。在 1 200 m 以上，声音趋向于朝着通道轴向下折射；在 1 200 m 以下，声音趋向于朝着通道轴向上折射。因此，1 200 m 的深度是安置水听器的最佳深度，此深度下可将低

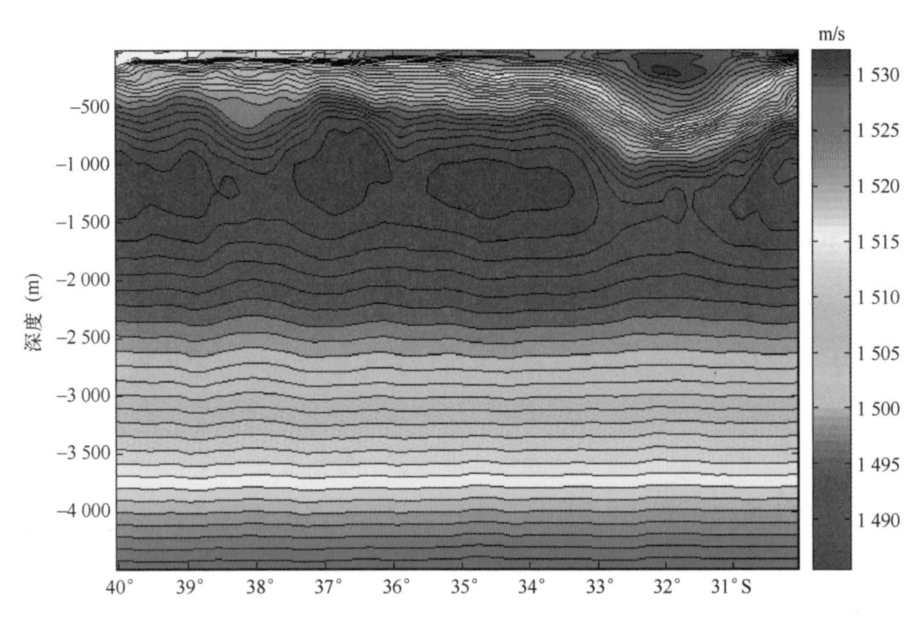

图 24.3　2008 年 3 月 31 日，塔斯曼海 155°E 的声速剖面

数据来自澳大利亚海洋预报模式（Ocean Forecast Australia Model，OFAM），其中在 32°S 附近有一个明显的反气旋涡旋

损耗路径用于潜艇的水声探测。

在声速超过表面声速的深度，可能出现一个“浪敛区”。这是围绕声源的一个环形区，通常的半径约为 40 km，环形区内声音通过一个会聚作用而集中起来。表面附近声能量的聚集有机会大大扩大探测范围，并且甚至有可能出现许多会聚区，实现更长距离的探测。

除了以上讨论的声速垂向梯度，由锋面和涡旋相关的温盐梯度引发的水平梯度也能对海洋的声学性质产生很大影响。例如，一个反气旋的暖涡将使更暖的水流向中心，因此声速将随之产生与涡旋相关的横向梯度。图 24.3 显示在大约 32°S 处存在一个反气旋涡，相应的声速最大值约在 200 m 处。如果涡旋外的海面处有一艘舰船正在搜索涡旋中心一艘潜艇，利用主动声呐，声音将被折射并远离潜艇，降低了探测到的可能性。同样，如果舰船和潜艇在一个海洋锋面的两边，探测范围也将大大缩小。

本节讨论的一些声学作用，长久以来已被大家所熟知，并已成为海军海洋学家关心的首要问题。战术应用需要更高的空间和时间分辨率的声波评估和预报，而业务化海洋学的最新进展，已经开始为声波评估和预报提供非常详细的海洋数据。例如，一个想要躲避声波探测的潜艇能够利用这些海洋学数据来确定混合层以下温跃层中的一个位置，此处水不是很深而且水底可以很好地吸收低频噪声。这样将保证它的辐射噪声直接指向海床并被吸收，从而使反探测的距离降到最低。ASW 飞机能够利用高分辨率海洋学数据来确定近表面声学通道，将水听器部署在位于通道内的声呐浮标或投吊式声呐上，以便获得最大的探测距离。锋面和涡旋位置的相关信息使得 ASW 护卫舰能够设计出最有效的搜索计划，并对探测距离进行精确评估。以上仅是几个关于可获取的海洋学数据资料如何为海军海洋学家和战术家提供丰富机会的例子。

除了温度和盐度，海流也对 ASW 产生影响，应该纳入海军的考虑中。潜艇能够利用海流提高它们的对地速度，同时又保持低发动机功率（因而运行地很安静）。在某些情况下，尤其在澳大利亚区域，海流有 3 或 4 kn 的速度（Rougham and Middleton，2002），因此该因素可能影响显著。由于海流能影响声速，因此它还可以被考虑到声呐距离探测系统中，例如 RAN 的 TESS2。

24. 2. 2　两栖作战

两栖作战可能对天气和海洋条件非常敏感。将部队和装备一起从专门的两栖船舶卸载至滩头阵地，包括从船只到登陆艇的转移和从登陆艇到海滩的转移。在两栖作战中，大部分海军都有一些相对小的船只。这些活动对海况、涌浪和海浪条件、潮流、沿岸流和裂流是敏感的，为了保证成功完成使命，必须对这些条件进行评估和预报。

许多海军使用海况、涌浪、海浪的模型来预测滨海环境的海洋条件，从而评估它们对两栖作战的影响。图 24. 4 显示了 SWAN（Simulating Waves in the Nearshore）波浪模式与美国海军的 Surf 模型的一个实验输出结果，该结果在地理信息系统（Geographic Information System，GIS）上显示出来。模型的运行区域在克罗那拉的北部沙滩，位于悉尼南部的新南威尔士的东海岸（图 24. 1）。图 24. 4 显示了有效波高（灰色等值线）和浪向（矢量）、有效波周期（蓝色光栅）、沿岸流（紧靠海岸的密集箭头）、波列（灰色代表波峰）和破碎率（<1%为绿色，1%~15%为黄色，>15%为红色）。这些信息可被用于两栖突击的计划阶段，来比较两栖作战在不同海滩的适用性，或预测突击时刻的海滩情况。根据突击的性质，一个适合突击的海滩可能需要具备可忽略的浪向和易控制的沿岸流，当然较小的破碎波也是需要的。也可以使用这类型的模式输出结果来选择沙滩中央和突击路径的位置，以避开裂流。在突击时刻，

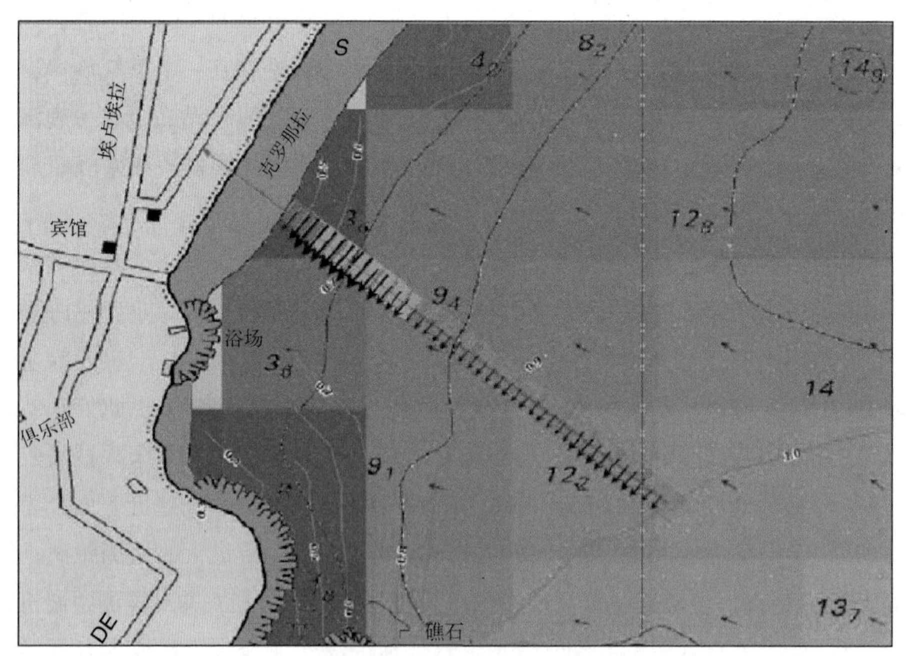

图 24. 4　克罗那拉北岸海洋和海岸状况预报

各种符号的释义见 24. 2. 2 节

小艇航道中沿岸流的位置和强度的相关信息将有助于登陆艇船员制定成功的途径和抢滩时机。

RAN 正开发一个高分辨率的近海海洋模式系统（Littoral Ocean Modelling System, LOMS），此系统将提供比上述 SWAN/Surf 实施更大领域、更高分辨率和准确率的海况、涌浪、海浪的预报，也将提供一个三维的波浪条件特性，分辨率大约为几十米。

24.2.3 水雷战

水雷战行动包括搜索水雷［利用专业声呐和遥控水下机器人（Romotely Operated Vehicles, ROVs）］、潜水扫雷。这些行动一般在滨海环境下进行，其海洋条件的复杂性使行动更具挑战性。滨海的潮流很强，浑浊度将影响能见度，海底类型和温盐结果的变化也会使声波探测变得困难。

为更好地探测和分辨小型目标，搜索水雷声呐通常以相对高的频率（几百千赫）运转。这意味着探测距离通常相当短，因此在这些应用中，水平分辨率为几十千米的海洋模式无法为海洋结构提供足够的分辨率。RAN 利用一个叫做可重定位的海洋大气模式（Relocatable O-cean Atomosphere Model, ROAM）在有限区域内生成分辨率为 1~2 km 的预报，LOMS 模式以后也将会提供更高分辨率的预报。TESS 2 声呐作用距离预测软件的水雷变体叫 TESS 2 M，为水雷作战应用提供了所需范围的声学评估。

支持水雷作战行动对海军海洋学家的要求通常是评估和预测风浪、涌浪和海流。不管是表层的还是深层的海流，都取决于潮汐状况、风海流以及临近的深海洋盆海流结构的影响，所有这些都能被 ROAM 系统模拟出来。ROVs 和潜水员可能受到表层条件和这些海流强度的限制。预报结果可用来甄别时间窗口，风浪、涌浪、海流的强度何时足够小，可以进行活动而不受过度阻碍。高浊度的条件也会因为能见度的降低而妨碍潜水作业。滨海水团的温盐结构对水雷探索行动有很大影响，因为温盐结构能影响高频率水雷搜索声呐的性能，尤其在盐楔形河口或有强的潮汐作用的地方，温盐结构对其有实质性的影响。河流注入在较短的时间尺度上能影响温盐结构，例如当雷暴活动或暴雨造成径流量激增时。海军海洋学家还必须留心天气形势，因为它能影响海况，并且必须预测一些如锋面过境导致海况突然恶劣的事件。

24.2.4 潜艇行动

潜艇行动需要了解锋面和涡旋的位置（见 24.2.1 节）、海洋的总体温盐结构，以便确定侦查、攻击、躲避的最佳战术。为了达到作战目的，同样也需要了解海流的强度和方向。对海洋表面条件的了解，例如对风浪、涌浪的了解有助于评估反探测风险，为升起潜望镜或通信桅杆以及嗅吸充电的安全时机决策提供信息。同时，还必须具有表面风浪和降水的信息，用于评估这些来源的环境噪声，因为这些噪声会影响声传感器的性能。

24.2.5 搜救

在搜救行动中，海流的分析和预报能够为搜索方案的设计提供信息，因此在对漂流物评估中具有极高的价值。也许这类运算最复杂的方面在于被搜索目标的漂移受到风（或风压差）的影响（Hackett et al，2006）。不同形状的目标，例如穿着救生衣的人、幸存的救生筏和救生艇受到不同的风压差影响。由于海洋模式里包含了海流、潮流和埃克曼流，所以即便没有计算风压差影响的算法的帮助，仅凭海洋模式也能获得一个较好的近似值。此外，海表面温度（Sea Surface Temperatures，SST）的相关知识也可用于失事人员存活时间的估算。海洋模型系统甚至可以用来调查这一类型的历史问题，例如，在搜索“悉尼2”号（HMAS SYDNEY Ⅱ）沉船位置时，它在利用BLUElink再分析数据进行的海洋漂流物计算中得到极大帮助（Mearns，2009；Griffin，2009）。“悉尼2”号失事曾给整个船舶公司带来严重的损失，其失事地点于沉没66年后的2008年4月被定位在西澳大利亚州沿岸。

24.2.6 海上封锁行动（Maritime Interdiction Operations）

本章大多数内容至今都专注于业务化海洋学在高端作战方面的应用，例如发现潜艇、扫雷、开展两栖突击。然而，海洋学产品还被用来为更低速的行动提供常规支持，包括海上封锁、巡逻任务和常规活动在内的事例可能会受到恶劣海况或狂涌的限制。最近的一个例子是利用有效波高的实时卫星观测和预报来确定索马里附近海岸海盗袭击的风险。根据历史资料，已经建立了海盗袭击与有效波高卫星观测之间的联系。基于这些联系并利用预报的波高，一个“停止灯”（stoplight）的图形通常提供给在临近索马里海岸作战的国际联合特遣任务部队（Combined Task Force 150，CTF 150）。这支部队包括一个澳大利亚护卫舰。这个停止灯产品显示了三类海盗袭击风险：很可能有海盗，可能有海盗，不太可能有海盗（图24.5）。

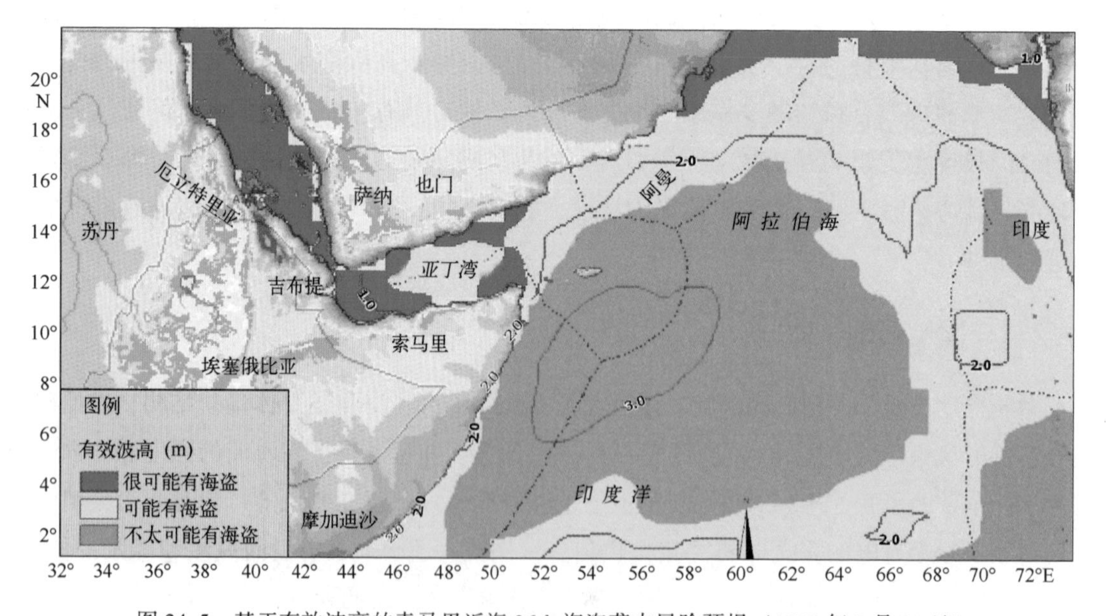

图24.5 基于有效波高的索马里近海36 h海盗袭击风险预报（2009年8月28日）

24.3 预报方法的优点和缺点

24.3.1 气候态

在业务化海洋学出现之前，海军不得不依赖气候分析或点观测做出可行的决策（Jacobs et al，2009）。气候分析对规划目标是有用的，但在海洋变化性强的地方，气候分析的使用会受限制。在双模态系统的极端情况下，气候分析显示了 2 个模态的平均状态，但这种物理状况往往与实际有差异。图 24.6 通过显示塔斯曼海 9 月的平均 SST（来自 2001 年《世界海洋图集》）以及 2009 年 9 月 16 日的平均 SST（来自 BLUElink 预报系统），共同说明了气候分析的局限性。

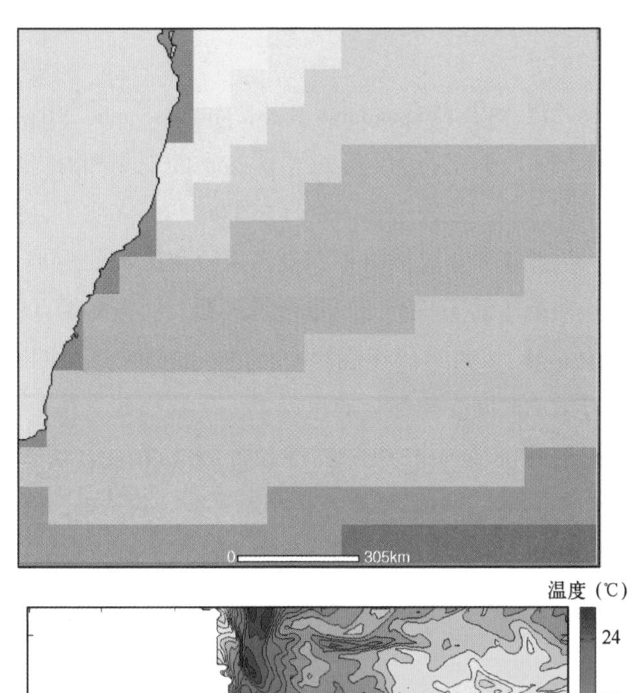

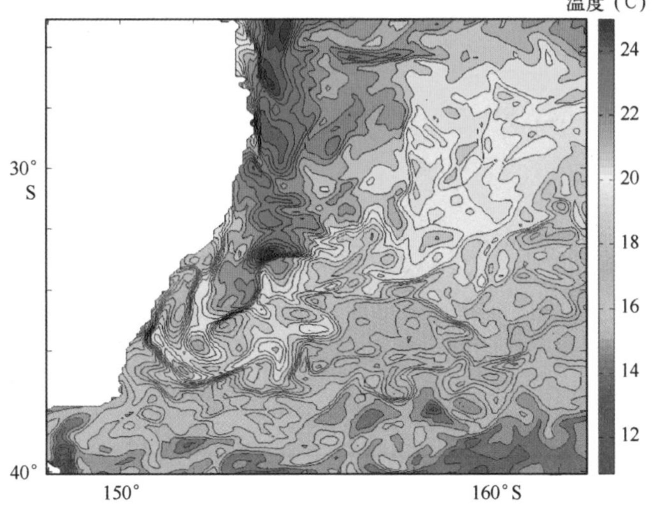

图 24.6　气候态 SST 与海洋模式 SST 的对比

相反，在海洋变化性低或者变率发生的时间尺度大于平均周期（通常为月平均）的地方，气候分析就能很好地显示预期环境状况。此外，基于气候分析预报的期望误差不受预报初始时间的影响。就平均概率而言，在预测的早期阶段，从确定性模型或持续性模型为基础的预报比基于气候分析的预报表现更好。Martin（2010）文章中的图8（b）便说明了这一点，他使用基于气候学、持续性和确定性的不同模型做出了全球海表面高度（Sea Surface Hight，SSH）的预报，图8（b）显示的是不同模型的均方根误差中间值。在时间长的情况下，气候分析较持续性或确定性模型等其他方法能给出更好的指导（Murphy，1992），因为基于持续性或无偏差确定性模型的长期预报结果的方差近乎是气候方法的2倍。这是因为一旦这些预报与实况解除相关，就会在不该出现奇点的地方出现奇点，在该出现奇点的地方未出现奇点，这两种情况都会导致误差（Kalnay，2003）。为此，国防力量在进行长远规划时通常使用气候态的海洋学数据。

24.3.2 持续性预报

点观测，例如由抛弃式温深仪（Expendable Bathy Thermograph，XBT）系统获取的温度剖面，数十年来一直被海军用来推断水团的声学性质。这样的观测相对简单，不需要岸上的帮助。这个方法作为持续性预报，就是假定在需要评估的时期，水质不会发生变化。它还假定温度在空间上没有变化，因此该方法仅被用于不受作用距离影响的声呐预测。在预报期的开始阶段，持续性预报的误差期望低于基于气候分析的预报，但当初始状态不断演变成海洋流动，误差会迅速增大（Murphy，1992）。在观测中，由于船只或飞机的物理运动引起的空间变化和由于海洋动力学导致的时间变化都会产生误差。尽管如此，在那些有可能在一定程度上达到一致性条件的地方，持续性预报或许是有用的，例如在混合层非常深的高纬度地区，或者在水充分混合、水平对流最小的大陆架水域。相对于长时效预报，持续性预报对于短时效预报来说是一个更有效的方法，例如持续2 h或3 h的协同反潜演习（Co-ordinated Anti-Submarine Exercise，CASEX）。然而，空间和时间变化大的地方，如围绕澳大利亚的海水，一个持续性预报甚至可能在非常短的时间尺度上带来误导。例如，一个开展XBT观测的ASW护卫舰，恰好处于一个涡旋的内外，根据XBT观测的推断，它会很快经历非常不同的声学环境。

24.3.3 确定性预报

确定性预报在近些年来才投入应用（Bell，2000）。尽管如此，过去10年，包括涡分解模式的引进和新观测数据的同化都得到了迅速的发展。Brassington（2010）对业务化海洋预报的进展进行了综述。在澳大利亚，BLUElink海洋预报系统于2007年8月投入到日常业务化预报工作中。倘若能获取足够的观测数据，确定性预报在预报开始阶段的误差会相对较小。这些误差比持续性预报误差增长得更慢，因为通过模拟海洋的动力学过程，确定性模型能够与海洋状态的变化保持一致［见图22.7b，Martin（2010）］。例如，来自BLUElink系统的确定性预报是非常详细的，其提供了几天预报时效内、具有高空间分辨率的变量预报，如温度、盐度、海流、SSH。它们表明被海军利用了几十年的持续性预报和气候态预报有了巨大的进步。然而，从某种意义上说，它们的优势同时也是弱点，海军通信系统的带宽限制导致了很难将来自确定性海洋预报系统的大容量的可用海洋数据从海岸发送至船舶和潜艇。

24.3.4 集合预报

数值天气预报（Numerical Weather Prediction，NWP）已经建立了完善的集合预报，而海洋预报却仍有很大差距。集合技术被用来生成海洋数据同化应用的协方差矩阵（Oke et al，2005），并且许多海洋模式都有切线性和伴随矩阵版本，可用于生成初始条件的集合。海洋集合预报给军事用户提供了巨大效益，因为它们能够在预报开始时对预报结果的预期准确性进行量化。集合技术还可用于提供概率预报，帮助军事指挥官等用户了解作战风险。然而，实施一个业务化集合预报系统需要有大量的计算。

24.4 确定性预报的海军应用

BLUElink 系统的海洋分析和预报能力已被 Brassington（2010）描述过。本节将描述 BLUElink 系统包括 ROAM 生成的预报是如何被 RAN 利用到作战决策中去的。

24.4.1 BLUElink 全球/区域模式

BLUElink 海洋模拟、分析和预测系统（Ocean Modelling，Analysis and Prediction System，OceanMAPS）在位于墨尔本的澳大利亚气象局业务化运行。它每周运行 2 次，生成海洋温度、盐度、海流、SSH 和混合层深度的分析产品及 6 d 的预报产品。从气象局的公共网页可以获取模式输出结果的图像，RAN 可从气象局的“专题环境数据实时分发服务”（Thematic Realtime Environmental Distributed Data Services，THREDDS）的服务器上获得 NetCDF 格式的模式数据，这些数据一般应用于研究。

OceanMAPS 系统当前在澳大利亚区域内（16°N—75°S，90°—180°E）已经达到涡解析分辨率（水平 10 km）。在该区域里，OceanMAPS 数据通常被 RAN 用来生成海洋图表，以便海军人员能将其投入到一系列应用中，包括 ASW、两栖战和水雷战、通道规划和空间识别。图 24.7 是一个关于“METOC 海洋预报概要”（METOC Oceanographic Forecast Summary，MOFS）图表的示例。

从图中可以看出，蓝色多边形的东澳大利亚演习区被东澳大利亚海流最南端的一个大的反气旋特征所控制。与反气旋特征有关，一个明显的温度梯度出现在 35°S 附近，预计此处的声呐探测范围可能会缩小。若在此处展开一次 ASW 演习，为实现有效搜索，ASW 指挥官或许会在温度梯度的两侧都配置搜索力量。潜艇指挥官也许会选择停留在与温度梯度相关的海流中心以逃避探测，或短暂移动到锋面的任意一侧，使声呐性能得到提高，以便制作战术图（tactical picture）。潜艇可利用海流来提高对地速度。流场信息可以用来决定声呐浮标的布放线，以确保浮标轨迹不会受海流影响而发生切变。另外，专业的海洋学家（METOC officers）利用 OceanMAPS 数据，可以对该区域的声学特性有更深的认识，从而辅助上级作出决策。

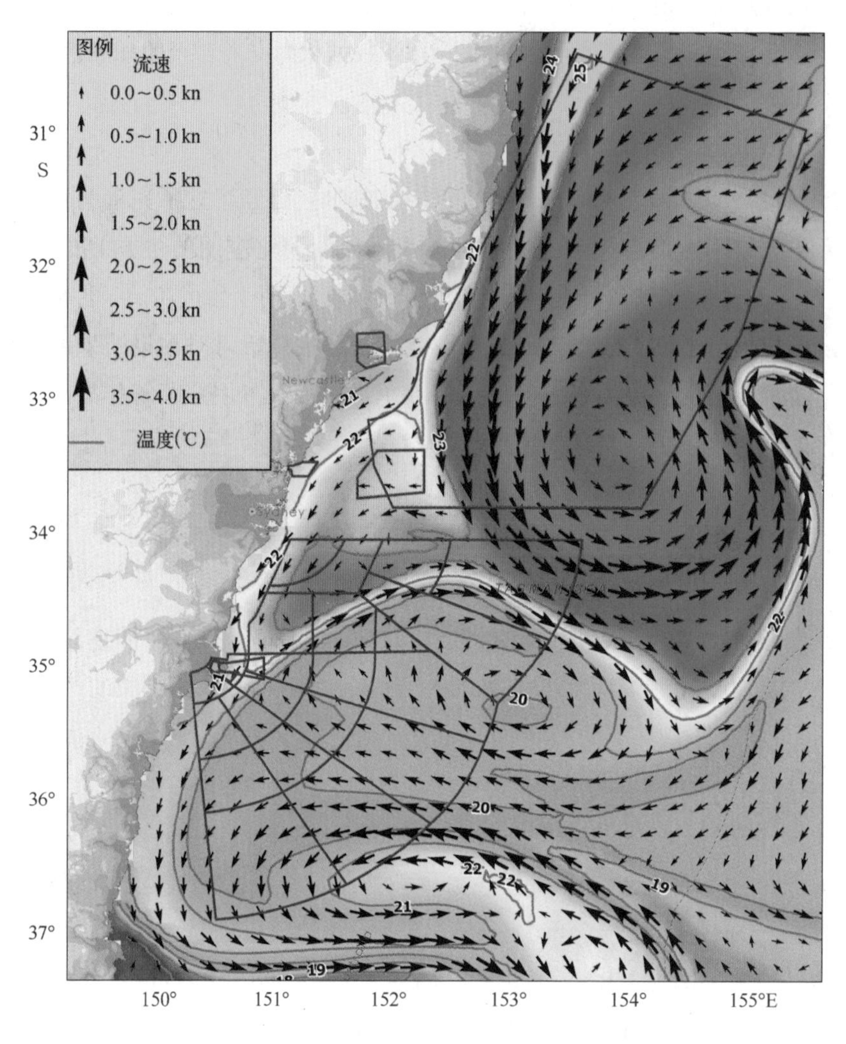

图 24.7 “METOC 海洋学预报摘要”（MOFS）

图中显示 2010 年 3 月 17 日塔斯马尼亚海的 SST 和海流。MOFS 每周生成两次，进行未来 6 d 预报，供各类海军人员使用

24.4.2 ROAM

ROAM 被澳大利亚皇家海军用来在澳大利亚国防部感兴趣的有限区域中生成高分辨率的海洋大气预报。ROAM 被设计为可由非专家用户进行设置，便于澳大利亚皇家海军的预报员便捷地在澳大利亚区的任何地点进行日常预报。ROAM 海洋模式的初始场和强迫场来自 OceanMAPS 的数据，通常的执行分辨率是 1~2 km。图 24.8 给出了 ROAM 计算出的塔斯马尼亚的霍巴特附近区域的 SST 和海流预报，该图被用于澳大利亚皇家海军的“DUGONG”水雷战演习。这次演习包括了具有扫雷及搜索能力的沿岸猎雷舰 HUON 号和 DIAMANTINA 号，辅助扫雷艇 BANDICOOT 号，潜水扫雷团队和美国海军打捞潜水员。2009 年 10 月，演习在德文特河以及通往霍巴特的通道进行了 2 周多。

在这个例子中，海流的特征对于此次演习来说非常重要。演习还包括了在德文特河开展历史沉船 MV Lake Illawarra 号的水下调查。潜水团队对水温也很关注，以确保他们准备好适应当时的水下条件。ROAM 每隔 1 h 生成海流预报。此外，ROAM 的大气模式提供风力和风向的高分辨率预报，时间间隔也是 1 h，这样能及时预测海洋状况的变化。这些都被证实对此次演习非常重要。请注意，图 24.8 中没有显示 ROAM 的完整分辨率，因为它被放大来显示风暴湾（Storm Bay）的环境。

模式输出结果不仅能给图形产品提供海洋学数据，而且能用于声呐范围预测系统中，以此制作将海洋环境的时空变化考虑在内的声学条件评估和预报。图 24.9 显示了一系列声呐作用距离的预测，这是由 TESS 2 利用分辨率为1 km 的 ROAM 数据制作生成的。模式区域是悉尼南部大约 130 km 处的杰维斯湾附近（图 24.1）。澳大利亚皇家海军频繁在这个区域开展 ASW 和 MW 演习。声呐作用距离预测结果以“侦测概率图”的形式来显示，其中 90%或更高的预测率显示为红色。

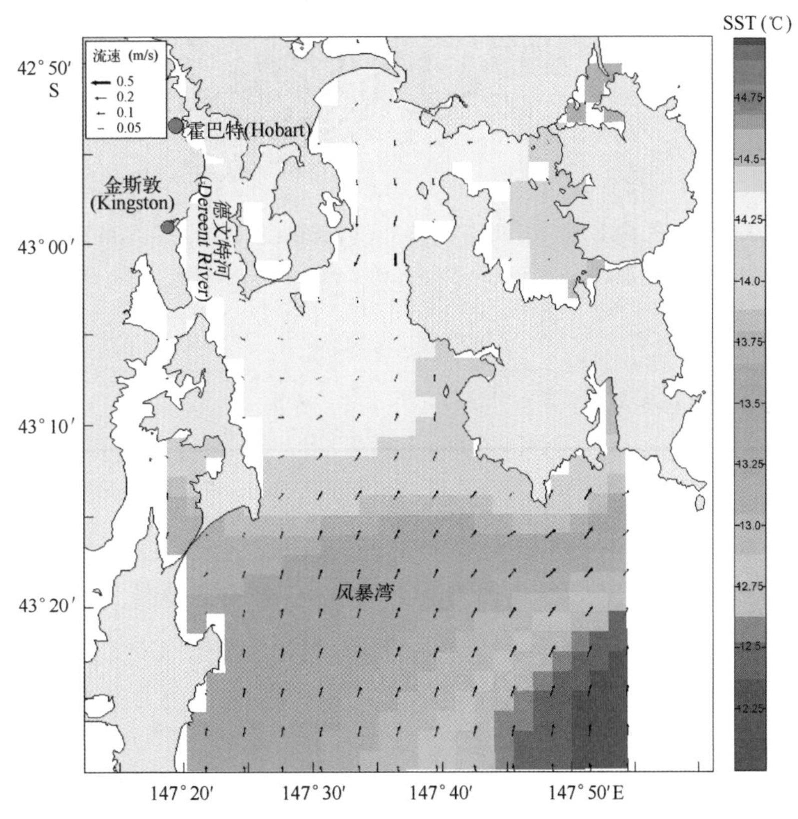

图 24.8　ROAM 系统为 2009 年 10 月的 DUGONG 水雷演习制作的 SST 和流场预报

2009 年 10 月 28 日，澳大利亚东部时间 07：30：30，深度 0.25 m

图 24.9 以 ROAM 生成的 SST 和海流为背景。3 个侦测概率图分别用于 ASW 护卫舰驶离杰维斯湾、跟踪到东北部和在潜望镜深度搜寻潜艇。根据用户需要可以在任意深度进行相似的计算。声呐用于演算的能力是不存在的。侦测概率图在直观上是有用的，它们在近海显示了最大探测距离。因为近海水浅并且有相对均匀的温盐结构，由沙质海床造成的探测损耗也小。远离海岸的温度梯度较大，探测距离较小。考虑到 ROAM 流场的分辨率为 1 km，图 24.9 的尺度可以被测量。侦测概率图的空心是因为声呐发射时接收不到回声，从而导致了不同半径的盲区，这取决于发射脉冲的持续时间和水中的声速。

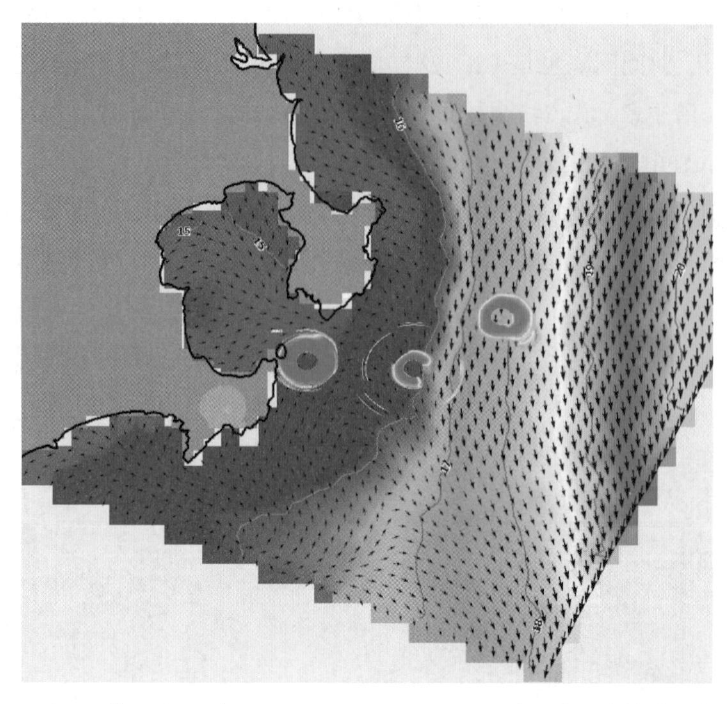

图 24.9　2009 年 10 月 6 日 10 时（UTC）ROAM 和 TESS2 生成的杰维斯湾附近声呐性能预测

背景显示了 SST（颜色和等值线）和海流矢量。图中标示的 3 个侦测概率图，如果侦测概率≥90%，显示为红色

24.5　总结

海洋学数据已被世界各地海军收集了很多年，并应用于制定规划、开展一系列海军作战行动。海军海洋学家关注的重点是海洋的声学特性，因为声波探测在 ASW 和水雷战中有着重要的意义。海温、盐度、水深对声速的影响已众所周知。这意味着海洋学条件既能被海军人员用于声学特性的定性推断，也能被用于声呐作用距离预测系统的定量推断。最近，随着业务化海洋学的出现，获取大量的高时空分辨率的观测和预测数据成为可能。最新进展包括海洋观测系统、数据同化和确定性预报模式。海军海洋学家利用这些新的数据集极大地改善了对海洋物理结构特征的描述，并据此帮助海军制定军事行动及作战决策。两栖作战和水雷战行动需要以近海复杂环境中的海洋学作保障，而时空分辨率问题的解决使之成为可能。在技术先进的国防力量更倾向于获得信息优势的大趋势下，获得这项新的海洋学能力是及时的。

本章描述了海洋对 ASW、两栖作战、水雷战、潜艇行动以及搜救、海上封锁行动等低速活动的影响。通过塔斯曼海的例子详细描述了海洋的声学特性。文中还描述了海军视角下各种预报方法的优缺点。最后，利用很多例子阐述了海洋学确定性预报，这些例子包括塔斯曼海的 ASW 活动、塔斯马尼亚霍巴特的水雷战演习，以及在杰维斯湾演习区域利用高分辨率海洋数据生成的声呐范围预测。

业务化海洋学日益成熟的国际化能力给世界各国的海军和海事力量提供了一个显著的机会，并且已经被澳大利亚皇家海军和其他主要海军所利用。随着时间和空间分辨率的持续降低，全球系统到沿岸的降尺度将取得一定进展，滨海环境的复杂性也将得到解决。作为一个海军海洋学家，这是一个令人兴奋的时代。

致谢：我要感谢全球海洋数据同化实验（Global Ocean Data Assimilation Experiment，GODAE）暑期学校的组织委员会，他们邀请我在2010年1月西澳大利亚珀斯举行的GODAE国际暑期学校上做了一个关于业务化海洋学国防应用的报告。这一章就是基于上述报告而成。真诚感谢澳大利亚皇家海军少校Aaron Young在一些图片上的热诚协助。我也非常感谢海军少校Rechard Bean和Stephen Ban在文字修改上给予的帮助。

参考文献

Bell M J，Forbes R M，Hines A（2000）Assessment of the FOAM global data assimilation system for real-time operational ocean forecasting. J Mar Syst 25：1-22.

Brassington G B（2010）System design for operational ocean forecasting. In：Schiller A，Brassington GB（eds）Operational oceanography in the 21st century. Springer，Dordrecht.

Brassington G B，Pugh T，Spillman C，Shulz E，Beggs H，Schiller A，Oke P R（2007）BLUElink—development of operational oceanography and servicing in Australia. J Res Pract Inf Technol 39（2）：151-164.

Griffin D（2009）Locating HMAS Sydney by back-tracking the drift of two life rafts. Bull AustMeteorol Oceanogr Soc 22(5)：138-140.

Hackett B，Breivik O，Wettre C（2006）Forecasting the drift of objects and substances in the ocean. In：Chassignet E P，Verron J（eds）Ocean weather forecasting，1st edn. Springer，Dordrecht.

Harding J，Rigney J（2006）Operational oceanography in the US Navy：a GODAE perspective. In：Chassignet E P，Verron J（eds）Ocean weather forecasting，1st edn. Springer，Dordrecht.

Herzfeld M（2009）Improving stability of regional numerical ocean models. Ocean Dyn 59：21-46.

Jacobs G A，Woodham R H，Jourdan D，Braithwaite J（2009）GODAE applications useful to navies throughout the world. Oceanography 22(3)：182-189.

Kalnay E（2003）Atmospheric modeling，data assimilation and predictability. Cambridge University Press，Cambridge.

Mackenzie K V（1981）Nine term equation for sound speed in the oceans. J Acoust Soc Am70（3）：807-812.

Martin M（2010）Ocean forecasting systems—product evaluation and skill. In：Schiller A，Brassington G B（eds）Operational oceanography in the 21st century. Springer，Dordrecht.

Mearns D L（2009）The search for the Sydney. HarperCollins，Sydney.

Murphy A H（1992）Climatology，persistence and their linear combination as standards of reference in skill scores. Weather Forecast 7：692-698.

Oke P R，Schiller A，Griffin D A，Brassington G B（2005）Ensemble data assimilation for an eddyresolving ocean model of the Australian region. Q J R Meterol Soc 131（613）：3301-3311.

Ridgway K R，Dunn J R（2003）Mesoscale structure of the mean East Australian current system and its relationship with topography. Prog Oceanogr 56：189-222.

Roughan M，Middleton J H（2002）A comparison of observed upwelling mechanisms off the east coast of Australia. Cont Shelf Res 22(17)：2551-2572.

Urick R J（1983）Principles of underwater sound. McGraw-Hill Book Company，USA.

第 25 章　气象海洋预报资料在海洋运输、安全和污染方面的应用

Brian King[1]，**Ben Brushett**，**Trevor Gilbert**，**Charles Lemckert**

摘　要：本章概述了将海洋气象预报资料与轨迹模型结合应用的最新进展。它们被用于保证海洋安全，并帮助应对石油和化学品海洋污染事件。特别是，作者们为了改进溢油轨迹模型（Oil Spill Trajectory Models，OSTM）和化学品泄漏轨迹模型（Chemical Spill Trajectory Models，CSTM）而将它们集成为系统作为澳大利亚海事安全局（Australian Maritime Safety Authority，AMSA）的一部分，在澳大利亚对抗石油和其他有毒、有害物质造成的海洋污染的国家计划中发挥作用，本章详细介绍了该系统。本章主要包括以下内容。

- 总结了目前澳大利亚地区投入业务化运行的气象预报资料。
- 将潮流动力机制纳入海洋预报模型。
- 将海洋气象预报资料应用于 AMSA 的 OSTM 和 CSTM 系统（OILMAP、CHEMMAP 和环境数据服务器），并对 3 个案例进行研究：

——“太平洋冒险家”号货轮石油和化学品泄漏；

——帝汶海蒙达拉海上钻井平台井喷；

——西澳大利亚埃斯佩兰斯港“MSC 卢加诺”号拖曳。

25.1　简介

海洋气象预报资料的业务化应用对有效应对事故搜救（search and rescue，SAR），减少污染物（石油或化学品）泄漏、应对海洋灾害（例如，拖曳搁浅船只到安全地带）都十分必要。为了有效模拟海上落水人员的漂浮模式、海洋污染物和搁浅船只的运动，风场和海流资料都必不可少。

---

① Brian King，澳大利亚亚太天文学会。E-mail：bking@ apasa. com. au

美国海军海岸带模型（Navy Coastal Ocean Model，NCOM）和澳大利亚 BLUElink 模型是目前澳大利亚地区和亚太地区业务化应用的海流预报模型的代表。这两个模型都是大尺度到中尺度海洋环流模式，均不包括潮流作用。潮流强迫的缺乏降低了这些模型在海岸带浅水区的有效性，这是因为在海岸带浅水区，潮流作用非常重要，甚至对水体环流起到决定性作用。亚太应用科学协会（Asia-Pacific Applied Science Associates，APASA）开发了一个综合工具，该工具能够将近岸潮流和大尺度海洋环流结合到一起，为大洋和海岸带提供有效的海流预报资料。

有几个业务化风场预报模型，本章使用的是美国全球预报系统（Global Forecast System，GFS）和美国海军业务化全球大气预报系统（Navy Operational Global Atmospheric Prediction System，NOGAPS）。

APASA 有一个专门的环境资料服务器（COASTMAP EDS），这个服务器能下载、分类、存储资料，并分发环境、海洋、气象预报和后报资料供亚太地区预报系统模拟软件（SRAMAP、OILMAP、CHEMMAP）使用。表 25.1 列出了环境资料服务器上显示的业务化运行的澳大利亚地区气象海洋预报模型的细节。

表 25.1 业务化气象海洋预报模型

模型	类型	时间分辨率（h）	空间分辨率	空间范围	更新频率	预报时效（h）
NCOM	海流	6	(1/8)°	全球	每日 1 次	72
BLUElink	海流	24	(1/10)°≤2°	90°—180°E，75°S—16°N	每周 2 次	144
GFS	风场	6	(1/2)°	全球	每日 4 次	180
NOGAPS	风场	6	(1/2)°	全球	每日 4 次	144

由于能够获得几个不同的预报模型，为我们提供了一个机会来比较某个特定漂流场下不同模式的结果。如果模型结果相似，那么不同的资料序列就有一致性，研究者可以自信地认为模型比较准确；如果各个模型预报结果有较大差异，无法达成一致，就意味着预报结果可能不可靠。在这种情况下，研究者就很有必要以现场观测为基础进一步修正输入资料，以确定哪一个是最可靠的预报。

业务化集成预报已经在气象学中得到了成功的应用，但是在海洋学中的应用迄今很少。然而情况在改变，海洋学界对集成预报的接纳程度在增加。下一节将重点介绍几个集成预报的业务化应用案例：第一个与昆士兰摩尔顿岛海域“太平洋冒险家”号货轮石油泄漏有关；第二个是帝汶海蒙达拉海上钻井平台井喷；最后一个是西澳大利亚埃斯佩兰斯港“MSC 卢加诺”号拖曳（图 25.1）。

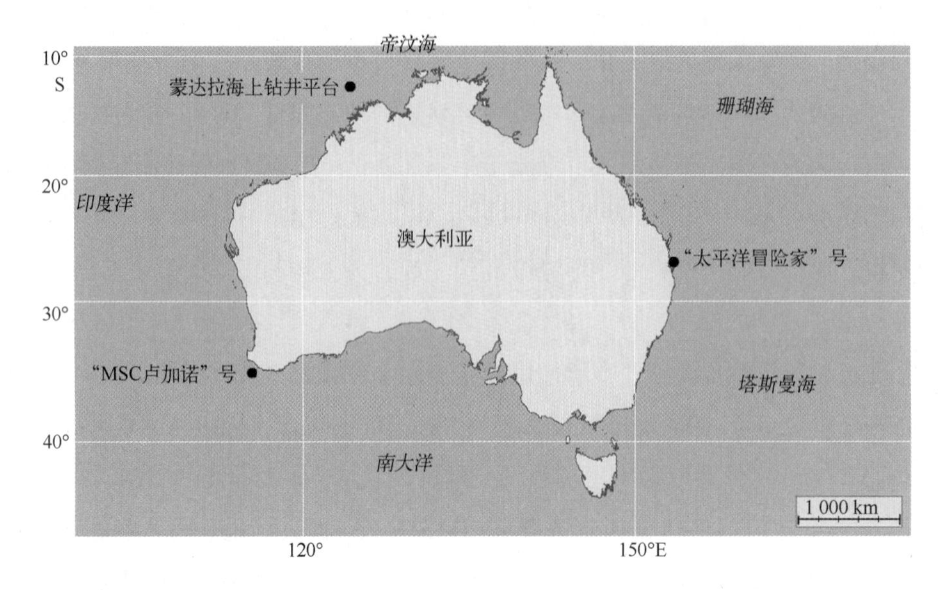

图 25.1 "太平洋冒险家"号石油和化学品泄漏、蒙达拉海上钻井平台井喷、埃斯佩兰斯港"MSC 卢加诺"号拖曳的事故地点

25.2 气象和海洋预报模式回顾

25.2.1 BLUElink 海洋模型

BLUElink 项目于 2007 年投入业务化运行，它是澳大利亚气象局（Bureau of Meteorology, BOM）、澳大利亚皇家海军（Royal Australian Navy, RAN）和联邦科学与工业研究组织（Commonwealth Scientific Industry Research Organisation, CSIRO）合作完成的。目前 BLUElink 由澳大利亚气象局负责日常业务化的运行。BLUElink 系统由几个部分组成，包括业务化预报、分析和资料同化。本章所使用的预报资料主要来自 BLUElink 项目中的海洋模式分析和预报系统（Ocean Model Analysis and Prediction System, OMAPS-fc）。这个系统使用澳大利亚海洋预报模式（Ocean Forecasting Australia Model, OFAM），该模式以 MOM4（Andreu-Burello et al, 2010）为基础。模式在澳大利亚地区（75°S—16°N, 90°—180°E）的空间分辨率为（1/10)°（约 10 km），为了降低计算成本，模式在全球其他区域的分辨率为 2°，垂直分 47 层，上面 20 层，每层厚 10 m（Australian Bureau of Meteorology, 2007）。资料同化由 BLUElink 海洋资料同化系统（BLUElink Ocean Data Assimilation System, BODAS）完成，采用集合最优插值同化方案，同化资料包括海表面温度（Sea Surface Temperature, SST）、海表面高度（Sea Surface Height, SSH）和温盐剖面。大气通量由澳大利亚气象局全球大气预报系统（Global Atmospheric Prediction System, GASP）提供（Brassington et al, 2009）。BLUElink 系统提供6 d 的海表面流场预报，预报间隔 24 h。

25.2.2 NCOM 海洋模式

NCOM 是三维全球海流预报模式，由美国海军研究实验室（Naval Research Laboratory, NRL）研发，后来移植到澳大利亚海军海洋学办公室（Naval Oceanographic Office, NAVO）进行业务化运行。这个模式以普林斯顿海洋模式（Princeton Ocean Model, POM）为基础，范围覆盖全球，空间分辨率为（1/8）°，垂直采用 σ-z 坐标，在上层的 137 m，分了 19 层，其中表面厚度 1 m；从 137 m 到 5 500 m 分了 21 层。模式采用模块化海洋资料同化系统（Modular Ocean Data Assimilation System, MODAS），同化了温度、盐度和 SSH 资料。气象强迫场由 NOGAPS（Barron et al, 2007）提供。NCOM 提供 72 h 海表面流场预报，预报间隔 6 h。

25.2.3 GFS 大气模式

GFS 是美国国家海洋和大气管理局（National Oceanic and Atmospheric Administration, NOAA）业务化运行的全球谱模式。本研究采用的 T254 版本范围覆盖全球，水平分辨率为（1/2）°，垂直分了厚度不等的 64 层。GFS 模式输出结果包括 10 m 风速的 UV 分量，预报时效 180 h，时间分辨率 6 h（Environmental Modelling Center, 2003）。

25.2.4 NOGAPS 大气模式

NOGAPS 是一个谱环流模式，过去 20 年来一直由 NRL 负责持续研发。美国海军海洋模型（例如 NCOM）的气象强迫场和短期气象数值预报（Numerical weather prediction, NWP）主要依靠 NOGAPS。NOGAPS 范围覆盖全球，水平分辨率约（1/2）°，预报时效 144 h，时间分辨率 12 h（世界时 0 时和 12 时）。模式于每天世界时 6 时和 18 时更新用于分析的后台预报。模式输出结果包括动量通量、潜热和感热通量、降水、太阳辐射和长波辐射、表面气压、10 m 风速的 UV 分量（Rosemond, 1992; 2002）。

25.3 气象和海洋预报资料业务化应用案例研究

本章对气象和海洋预报资料业务化应用进行了 3 个案例研究，其中两个是对污染物泄漏的处置。3 个案例分别是：蒙达拉海上钻井平台井喷、摩尔顿岛海域“太平洋冒险家”号货轮石油和化学品泄漏、西澳大利亚埃斯佩兰斯搁浅的“MSC 卢加诺”号拖曳。两个溢油案例表明了集成预报如何业务化应用，并且显示了预报何时能集成，何时不能。

25.3.1 案例 1——“太平洋冒险家”号

2009 年 3 月 19 日清晨，“太平洋冒险家”号货轮在从纽卡斯尔到印度尼西亚的航线中遭遇了恶劣天气状况（靠近热带气旋哈米什）。由于遭遇恶劣天气，31 个集装箱（总量约 600 t 硝酸盐）落海，其中几个集装箱撞裂了货轮的油箱，导致 270 t 重油（Heavy fuel oil, HFO）流入海洋环境（Asia-Pacific ASA, 2009）。应 AMSA 的要求，APASA 为应急团队提供模式支持，主要包括重油漂移的可能轨迹、可能袭击的海滩地点、水体中溶解的硝酸盐浓度等。

25.3.1.1 溢油预报

图 25.2 显示了不同的预报模型使用 OILMAP 得到的重油漂移的可能轨迹。环境预报资料来源于 COASTMAP EDS。具体来说，集合了潮流作用的 NCOM 和 BLUElink 提供了海流预报，GFS 和 NOGAPS 风场预报模型提供了风场强迫。考虑到输入数据的可变性（例如狂风），模式包含了不确定粒子。这些不确定粒子将会使风场和流场的强度和方向变化 30% 和±30°。

黑色表示重油在海表面的可能位置，白色表示海表面被油扫过，浅灰色表示模式使用的不确定粒子，红色表示海岸线全部被油污染。

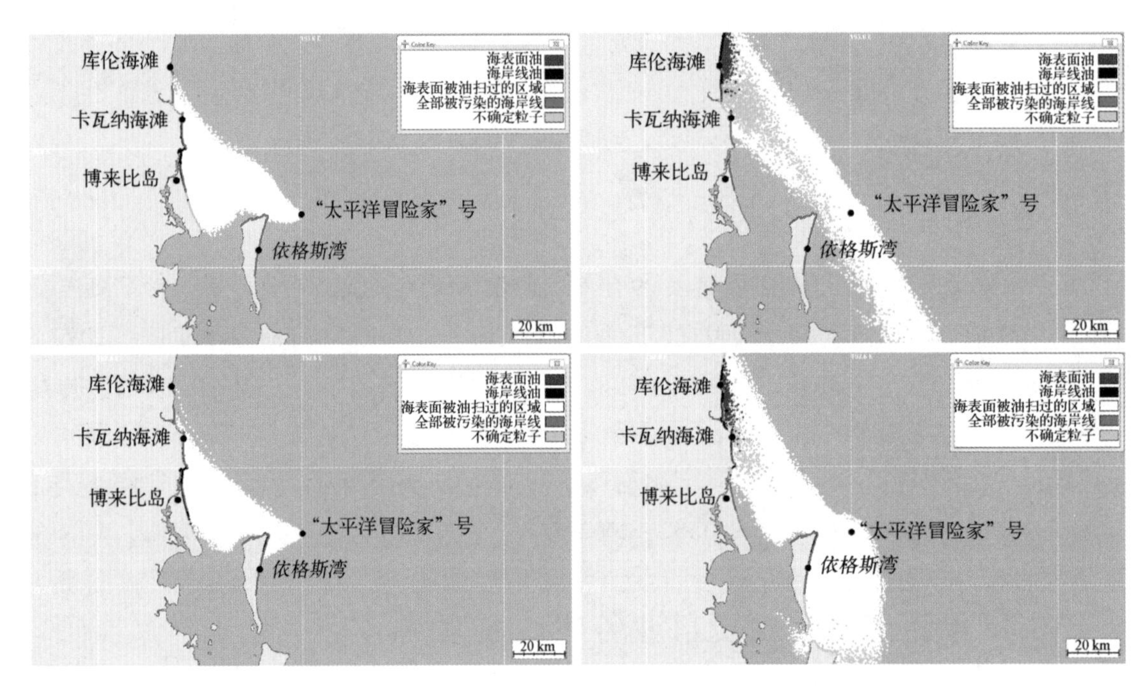

图 25.2 4 个不同模型对“太平洋冒险家”号溢油的预报

上排：BLURlink 加上潮流；下排：NCOM 加上潮流。左列使用 GFS 风场，右列使用 NIGAPS 风场

如图所示，各模型预报结果基本一致。4 个模型的结果都显示，摩尔顿岛东北角和卡瓦纳海滩会受到影响，特别是卡瓦纳海滩地区南部和北部的海岸线、沙滩都有可能受到影响。与海岸实际观测结果相关系数最高的模型预报结果是集合了潮流作用的 NCOM 模型，使用的风场预报模式是 GFS（即图 25. 2 的左下图）。

25.3.1.2 化学品泄漏预报

对落海的满载集装箱所释放的大量化学品的模拟全部采用了 CHEMMAP 软件，得出一个最糟糕的情况说明：31个失事集装箱撞击海床后破裂，连续4 h向海洋释放硝酸盐。加入潮流作用的NCOM模型以及GFS风场资料为CHEMMAP软件提供了强迫场。CHEMMAP系统预测，600 t的硝酸盐将会在水体中快速溶解。

图25.3显示了根据事故报告更正的地点模拟预报的96 h硝酸盐轨迹结果。最主要的是表明了从海表面到海底分为5层后，水体中溶解的硝酸盐浓度是多少毫克每立方米。事故发生4 d后，水体中的硝酸盐浓度下降到了1 mg/L（1 000 mg/m^3）。由于释放位置接近海床，硝酸盐浓度集中在海底，远离了可能进入摩尔顿湾的海表层。

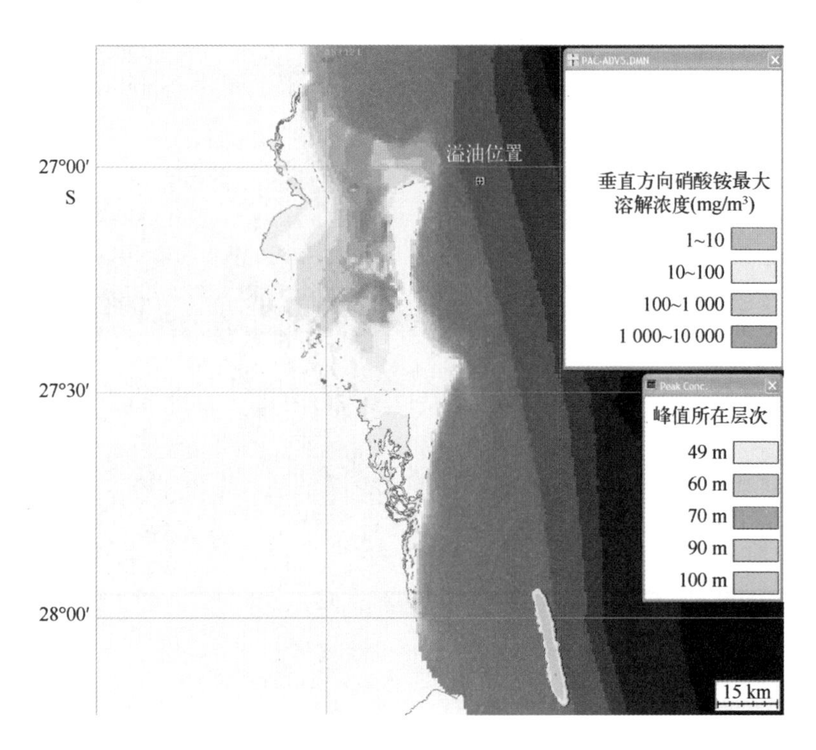

图25.3　“太平洋冒险家”号化学泄漏96 h后溶解硝酸盐的位置和浓度

25.3.2　案例2——蒙达拉钻井平台井喷

2009年8月21日早晨，蒙达拉钻井失事。蒙达拉井口位于达尔维以西680 km处，在澳大利亚西海岸的金伯利海岸。据估计有400桶原油被排入大海。泄漏持续了74 d，前后共排放了30 000桶原油至海中，直到该井口于2009年11月3日被“封闭”。

APASA在事故期间一直提供模拟支持。开始时，各个预报模型之间很难达成一致，加入潮流的NCOM、BLUElink模型和加入潮流的GSLA模型预报的原油运动方向均不一致。

网格化海平面异常（Gridded Sea Level Anomalies，GSLA）能够提供对地转流的估计。这种方法能够较好地再现海洋环流总体形势，然而用观测的海平面异常产生的流场会有几天延迟，因此这种方法本质上产生的是海况的现报而非预报。GSLA在处理大尺度环流和时间尺度从几周到几月的问题上比较有效，但不能很好地再现时间尺度为几小时到几天的中小尺度环流（CSIRO，2010）。GSLA 流场资料可以为 NCOM、BLUElink 等预报模型再现海洋环流的性能方面提供验证参考。

本研究使用了两个海面漂流浮子来观测和估算海流，结果证明该地区海流是受潮汐控制的（浮标轨迹的振荡也表明了这一点）。这说明要正确预报该区域物体或石油的漂浮轨迹，关键是在表层海流中加上潮汐分量。

随着事故延续，将预报资料与其他漂浮物轨迹进行比较，预报的表层位置与观测比较，NCOM 和 BLUElink 海流预报与后报直接比较，证明预报资料能较好地分辨该区域表层海流。溢油追踪进行了大约 13 周，其中大约 10 周海流预报资料非常好。

NCOM、BLUElink、GSLA 所有资料序列都用航空和卫星图片进行检验以确保作出最好的预报。表 25.2 显示了从 2009 年 8 月 21 日到 2009 年 11 月 23 日的 92 d 内，哪些资料提供了最准确的溢油预报。

表 25.2　蒙达拉钻井井喷事件溢油预报模式使用的气象海洋预报资料

起始日期	结束日期	天数	风场	流场
2009 年 8 月 21 日	2009 年 8 月 30 日	10	GFS	GLSA+潮流
2009 年 8 月 30 日	2009 年 10 月 27 日	59	GFS	BLURlink+潮流
2009 年 10 月 27 日	2009 年 11 月 6 日	10	GFS	NCOM+潮流
2009 年 11 月 6 日	2009 年 11 月 11 日	6	GFS	GLSA+潮流
2009 年 11 月 11 日	2009 年 11 月 23 日	13	GFS	BLURlink+潮流

在蒙达拉事件期间，APASA 常规性地提供预报通告，指出重油的可能去向。本章后面的附录是其中一份公告（2009 月 10 月 29 日），供读者参考。

25.3.3　案例 3——“MSC 卢加诺”号搁浅

“MSC 卢加诺”号是一艘长 240 m 的集装箱货轮，航线是从南澳大利亚阿德莱德到西澳大利亚弗里曼特尔。2008 年 3 月 31 日，“MSC 卢加诺”号由于发动机舱着火搁浅在西澳大利亚埃斯佩兰斯。

埃斯佩兰斯附近的 3 艘拖轮被找来提供帮助，同时一艘更大、装备更好的拖轮从弗里曼特尔驶出，前往该地。这些拖轮虽然拖住了“MSC 卢加诺”号，但它们的装备并非为深海拖曳设计，因此在向北航向弗里曼特尔的回途中，在 Pt D'Entrecastreux 一地再次遭遇危险。由于海表面流速很高，船只完全无法前行，拖曳作业濒临失败（Austrial Transport Safety Bureau，2009）。

西澳大利亚当局建议船只向离岸更远的深水区移动，尝试避开高速海流和海岸带灾害。然而海流集成预报资料（NCOM 和 BLUElink）显示，离岸的流速比近岸处更高。进一步检查海流预报的结果显示，离岸越近海流状况越好。此次拖曳作业于 2008 年 4 月 13 日成功完成。图 25.4 显示了拖曳期间该区域表层海流的瞬时概况。请注意卢因角离岸处南向海流与近岸处海流的对比。

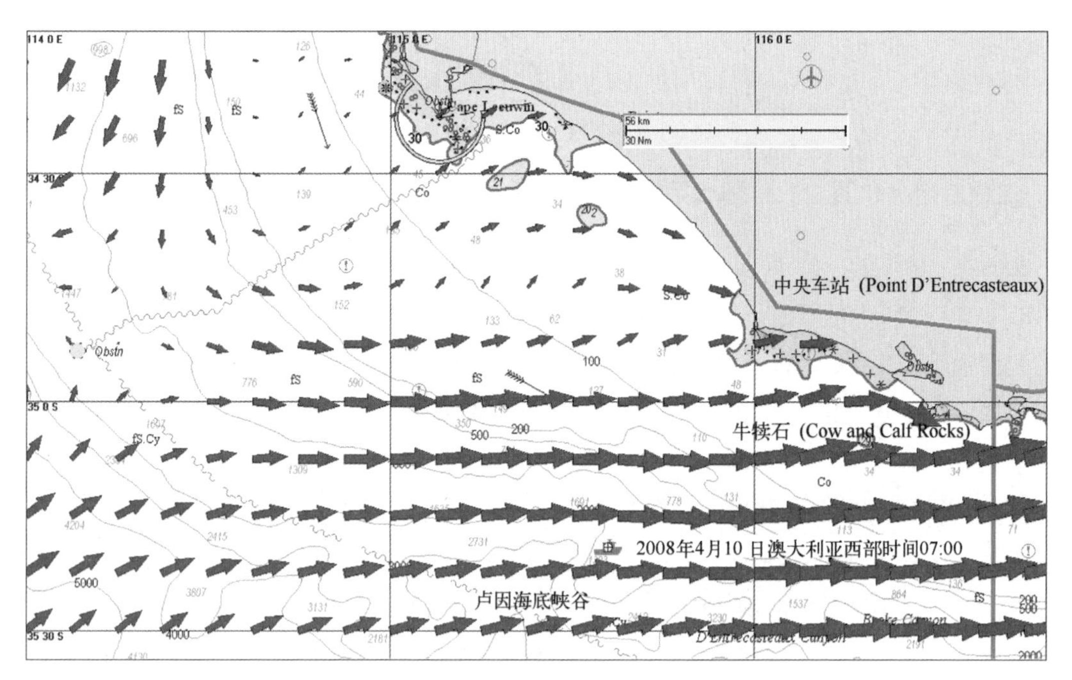

图 25.4 西澳大利亚埃斯佩兰斯表层瞬时海流概况

25.4 结论

目前不断占据上风的观点是：海洋学家应当遵循天气预报员所采用的最佳实践方法——充分利用尽可能多的风场和海洋预报数据，这在研究上述 3 个案例中表现得尤为明显。天气预报员利用所有能获得的资料，并对每个资料作出评估，以集成不同预报模型预测即将发生事件。随着能获取越来越多的气象和海洋资料，这个方法可以得到广泛应用，例如溢油预报需要准确的海流和气象预报来提高准确预报溢油未来漂移路线和可能的影响区域。

APASA 的 OILMAP 和 CHEMMAP（针对化学品）预报软件使用风场和流场作为输入资料，如果风场和流场资料准确，OILMAP 和 CHEMMAP 就能准确并长期地预测石油和化学品的运动。

最新的方法是使用溢油场中不同的资料来驱动模型。如果不同模型预报结果达成一致，那么预报的可信度就很高；如果不同的预报资料导路径致预报结果各不相同，那么任何一个预报结果的可信度都较低。因此溢油预报需要通过分析各个预报资料的一致性，以建立一个可信度指标。飞机、浮标的现场观测和卫星图片也可以帮助我们评估预报资料的误差。

各个预报模型之间未能达成一致的一个原因是中尺度涡的位置。中尺度涡的范围在几十千米，而大尺度涡的范围则达到 100 km 以上。之前提到的两个全球海流预报模式 NCOM 和 BLUElink 的空间分辨率大约在 10 km，实质上只能分辨半中尺度涡，而要完全分辨中尺度涡，分辨率至少要提高到 5~6 km。半中尺度涡模式中会出现涡被移位甚至完全消失的问题。

致谢：感谢澳大利亚研究委员会联合项目基金计划 LP0991159 对本章的资助。

附　录

2009 年 10 月 29 日澳大利亚海事安全局为蒙达拉事件发布的预报公告

2009 年 10 月 24—28 日期间收集的飞机和卫星观测数据已被用于更新澳大利亚海事安全局 OILMAP OSTM 内的石油、油斑和油蜡的位置。最新的卫星图片显示，蒙达拉东部和东南部的光滑油带碎片化，并向南部延伸（见图 25.5）。最近几天风场状况一直是有利的，从而油带边缘向东北方向移动，与海岸平行，而非向着海岸移动。利用这些观测，最新的风场和海洋预报数据已经输入到模型中，用来提供 2009 年 10 月 30—31 日中午（达尔文时间）的"油、蜡最佳搜寻地点"（如图 25.6 和图 25.7 所示）。要注意的是图中褐色的点表示"石油和闪光搜寻区域"。图中褐色点的密度表明了在蒙达拉井口附近各个区域找到溢油或油蜡的可能性。由于污染物和分散剂的作用，远离井口区域的预报只是指出分散风化的石油和在海表面不易被发现的油蜡的搜寻区域，因此这个预报可能是当时的"最坏情形"。

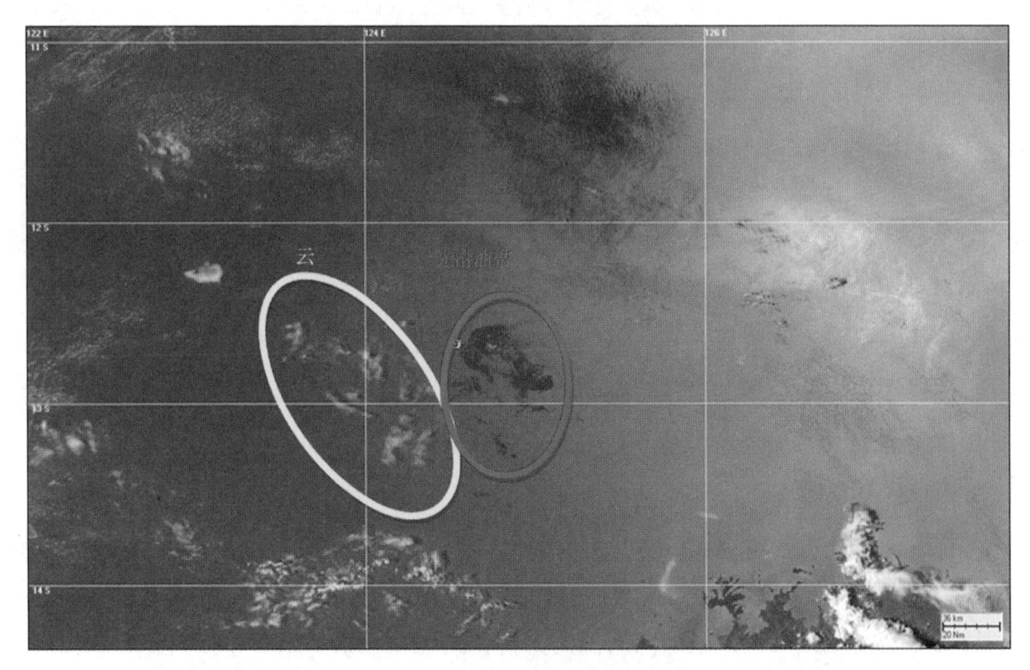

图 25.5　AQUA 卫星在 2009 年 10 月 28 日（世界时 05 时）的监测图像

红圈中的深色部分是光滑油带，黄圈中的白色表示云

2009 年 10 月 30 日，蒙达拉附近的风场条件预计是西北风，风速 4～12 kn，31 日风力减弱。蒙达拉井址的潮汐振荡预计较弱，因为我们正在经历帝汶海的小潮期。在预报周期内，光滑油面将总体向南移动。蒙达拉新溢出的原油预计如下。

- 2009 年 10 月 30 日：上午 9 时向东南偏南方向缓慢移动，下午 3 时向西南偏南方向缓慢移动（西北风 4～12 kn）。
- 2009 年 10 月 31 日：上午 9 时向西南偏南方向缓慢移动，下午 3 时向西北方向缓慢移

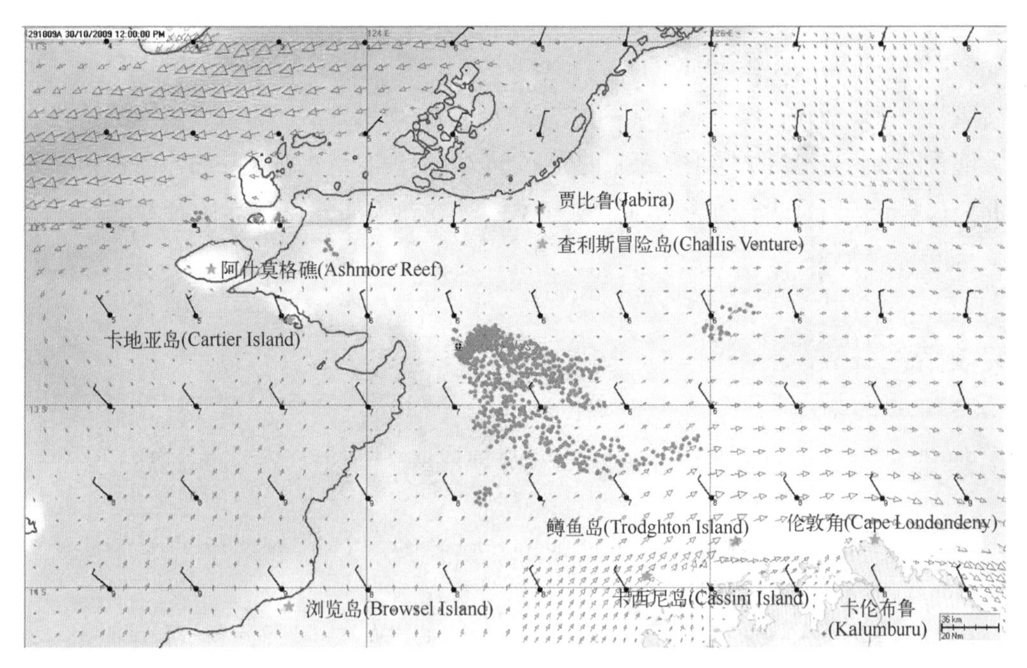

图 25.6　2009 年 10 月 30 日 12 时的溢油预报（橙色点表示）

表层海流由彩色箭头表示，风场由风向杆表示

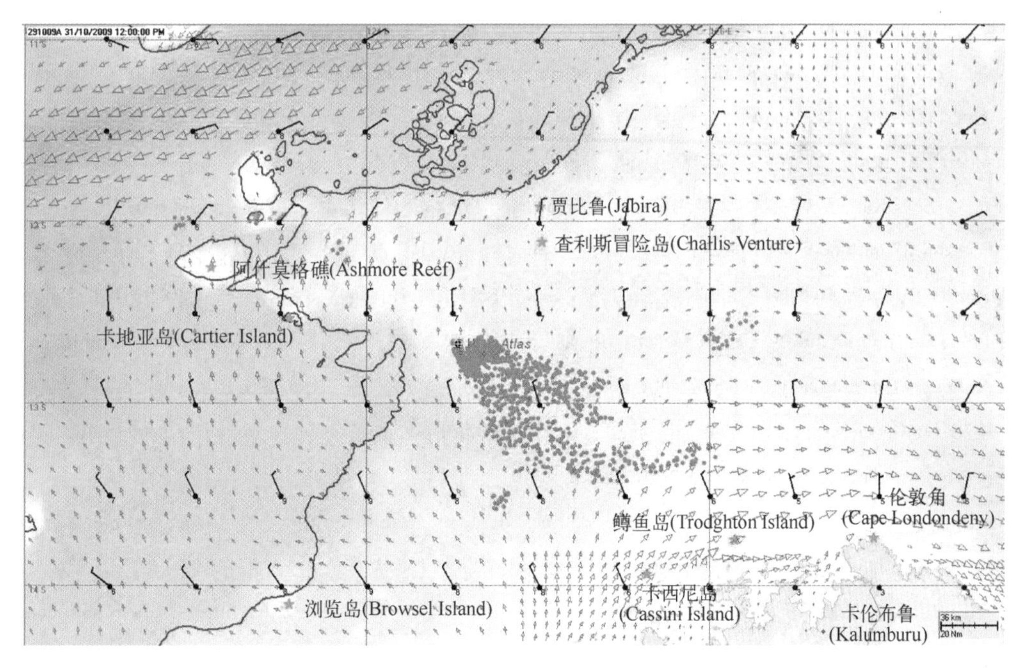

图 25.7　2009 年 10 月 31 日 12 时的溢油预报（橙色点表示）

表层海流由彩色箭头表示，风场由风向杆表示

动（弱偏北风）。

在北方的深水区（帝汶海沟），印度尼西亚贯穿流持续强劲地向西南偏西方向流动。这个强流目前正按逆时针方向沿着北部陆架坡折旋转而移动位置，使得深水流动溢出陆架，并带动蒙达拉附近的光滑油带在预报期间逐渐向南移动。

预报显示之前在安石、海波尼亚和卡地亚珊瑚礁发现的小块风化油蜡将继续留在安石和卡地亚珊瑚礁附近，尺寸在 50 m×50 m 以下。

在西阿特拉斯钻井平台和金伯利海岸之间的水域，预报显示油斑将会向南缓慢移动，东南部大部分区域的光滑油块（上次预报的非常分散的小块油蜡）将会继续停留在霍图里亚浅滩以北，这些油斑可能无法在海表面看到，也不会在预报周期内到达任何海岸线（APASA forecast bulletin，2009）。

参考文献

Andreu-Burello I, Brassington G, Oke P, Beggs H (2010) Including a new data stream in theBLUElink Ocean Data Assimilation System. Aust Meteorol Oceanogr J 59: 77-86.

APASA forecast bulletin (2009, 29 October) Report provide at the request of the Australian MaritimeSafety Authority duing the Montara Response.

Asia-Pacific ASA (2009) Independent assessment of the shoreline cleanup operations for the pacificadventurer oil spill.

Australian Bureau of Meteorology (2007) BLUElink> Ocean model analysis and prediction systemversion 1. 0 (Ocean-MAPSv1. 0) technical specification. Canberra. Available from: http: //bom. gov. au/oceanography/forecasts/technical_specification. pdf. Accessed 5 March 2010.

Australian Transport Safety Bureau (2009) Independent investigation into the engine room fireon board the Marshall Islands registered container ship *MSC Lugano* off Esperance Western Australia. Canberra. http: //www. atsb. gov. au/media/51269/mo2008004. pdf. Accessed 19March 2009.

Barron C N, Birol Kara A, Rhodes R C, Rowley C, Smedstad L F (2007) Validation test report forthe 1/8° global navy coastal ocean model nowcast/forecast system. Naval Research Laboratory, Stennis Space Centre.

Brassington G B, Pugh T, Oke P R, Freeman J, Andreau-Burrel I, Huang X, Warren G (2009) Operationalocean data assimilation for the BLUElink Ocean Forecasting System. Fifth WMO. Symposium on the Assimilation of observations for meteorology, oceanography and hydrology, Melbourne, 5-9 Oct 2009.

CSIRO (2010) Ocean surface currents and temperature news. http: //www. cmar. csiro. au/remotesensing/oceancurrents/index. htm. Accessed 22 March 2010.

Environmental Modelling Center (2003) The GFS Atmospheric Model 28. http: //www. emc. ncep. noaa. gov/gmb/moorthi/gam. html. Accessed 5 March 2010.

PTTEP Australasia (2009) Frequently asked questions montara incident. West Perth. http: //www. au. pttep. com/faq. asp#Q3. Accessed 2 Jan 2010.

Rosmond T E (1992) The design and testing of the Navy Operational Global Atmospheric Prediction System. Weather Forecast 7: 262-272.

Rosmond T E, Tiexiera J, Peng M, Hogan T (2002) Navy operational globalatmospheric predictionsystem (NOGAPS): forcing for ocean models. Oceanography 15 (1): 99-108.

第 26 章　海洋能源
——资源、技术、研究和政策

John Huckerby[1]

摘　要：海洋能源技术自 20 世纪 90 年代末再次兴起，目前已经在国际上得到广泛发展并实施了一系列项目部署，主要是在波浪和潮汐能资源更充足的中纬度国家。潮汐大坝大规模发展，目前已经在许多国家开展评估或建设，其原理是海水驱动的水力发电技术。利用海洋热能转换从海水中提取热能以及海底潜热能提取技术发展较慢，这是因为这些技术需要利用盐度梯度获取能量，并从海洋生物中提取生物燃料。

26.1　引言

迄今为止，海洋能源技术早期开发的环境影响鲜见报道，但是这是必须考虑的问题。全面的研究和监测部署将保证其环境影响最小化，甚至完全避免。

从研发（research and development，R & D）、概念验证到商业技术雏形的产生过程中，政府一直是早期技术开发的重要投资者。政府设置监管框架，其中包括可以利用和发展的设备。框架还包含一系列激励措施，旨在通过商业发展促进技术的成熟。

海洋能源开发早期在西北欧国家开展，后来规模不断扩大，现在已经在 30 多个国家进行，成为真正的国际化项目。目前西北欧国家依然保持着最先进的技术、项目合作和政策。但是迄今为止，海洋能源发电量仍低于 300 MW（只能维持约 80 000 户居民一年的电力）。

本章将首先介绍海洋能量的形式和海洋能源的分布。海洋能源技术的开发与来源密切相关，技术的运用会对周围环境产生影响。海洋能源同其他海洋空间和资源的利用存在空间和资源分配的竞争。在与现有能源发电技术的竞争过程中，海洋能源技术与其他新生技术一样需要建立有效的政治框架，通过研发津贴、资金支持、关税与分配制度等促进和提高它们对全球能源供应的贡献。

① John Huckerby，新西兰电力工程有限公司。E-mail：john.huckerby@powerprojects.co.nz

26.2 海洋能源形式

本文中，海洋能源是指利用海水作为其动力或潜在的化学/热力的能源资源。至少有以下6种形式的海洋能源可以用来发电或制成其他产品。

（1）波浪能。

（2）潮汐能：

a. 潮涨潮落；

b. 潮流。

（3）潮流能。

（4）海洋热能：

a. 海洋热能转换（Ocean Thermal Energy Conversion，OTEC）；

b. 海底潜热能。

（5）盐度梯度。

（6）海洋生物。

一些学者认为离岸风能也是海洋能源的一种，但是它来自风的运动，而不是海水的运动动能，因此近岸风能不属于海洋能源，这里不予讨论。

其余形式的海洋能源虽然在最近100多年中已经开展了调查研究，但是除了在潮汐大坝中应用水电大坝技术外，其他技术并不发达。尽管如此，由于这些能源在全球都有分布，在化石燃料能源成本不断上升的背景下，它们还是有望去补充或取代现有的能源。

这些形式的能源产品有以下多种用途：

（1）发电（直流电和交流电）；

（2）加压和饮用水生产；

（3）热能生产；

（4）氢气生产；

（5）生物燃料生产。

海洋能源技术正应用于饮用水的生产中，包括直接或利用发电来驱动海水的淡化（Jalihal and Kathiroli，2009）。OTEC也被应用于海水空调、“区域冷却”和近岸的海水养殖业中（Nihous，2009）。

26.3 海洋能源资源

从海洋中获取能源资源的潜力远远超过了全球对能源的需求，但是从目前来看，技术或经济方面尚无法与石油、天然气和地热能源等相对低成本的能源竞争。为满足日益增长的国际能源需求，增加海洋能源的贡献，需要在商业技术的研究、开发、示范、部署和宣传中加大投资。所有形式的海洋能源都是零排放（不包括建设、部署和回收工作中的排放），相对于现在主要的化石燃料产生的排放量、二氧化碳税和外部成本来说，海洋能源更加廉价，也是更具有吸引力的替代品。限制海洋能源发展的因素有发电成本（相对于其他可再生能源技术而言）、可靠性和运行与维护成本。

26.3.1 波浪能

波浪能存在于全球海域，水粒子的动能和势能都可以被利用。波浪是由作用于海洋表面的风产生的。波浪高度（由此产生的能量）在信风强劲（如“咆哮西风带”）的亚赤道地区最大，风在相当长的距离内沿着同一方向持续地吹（图26.1）。

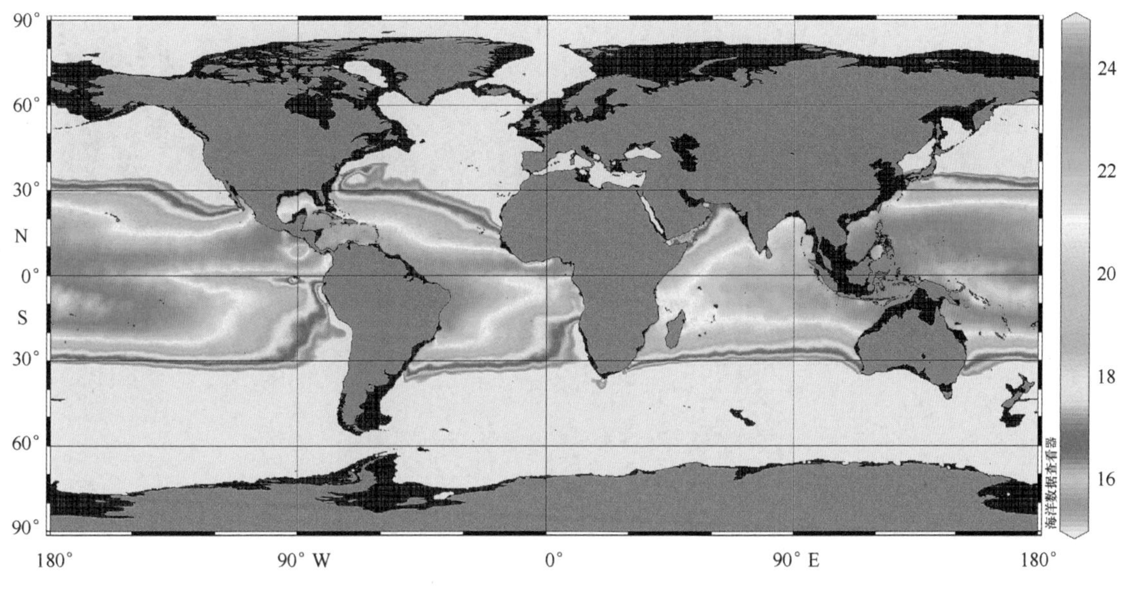

图26.1 全球年平均波浪能分布（Cornett，2008）

除了图26.1中显示的随地理位置的变化外，波浪也随着天气系统产生季节性和短期变化。在高纬度地区，很小的波浪就足以产生连续的波动。风暴潮产生的极端波浪会带来更大的能量，但是为了保证波浪能装置的安全，并不收集这些能量。波浪实际上是风能的聚集，因此比风更容易预测。波浪能场可以产生更多的可预报的能量，项目开发者也因此确保他们产生的能源价格更高。

目前，一些风浪计算模式被应用于波浪预报（Greenslade and Tolman，2010）。

26.3.2 潮汐能

潮汐能有两种不同形式：

（1）潮涨潮落；

（2）潮流。

26.3.2.1 潮涨潮落

潮汐涨落能量是由于海平面高度变化而产生的能量，由太阳、月亮和其他天体的万有引力作用形成并作用于海洋水体。潮汐的影响比较复杂，大多数海洋都有自身的潮汐系统，也被称为旋转潮系统（图 26.2）。每个大洋也有自己的内环流系统，被称为“涡流”，北半球逆时针旋转，南半球顺时针旋转。

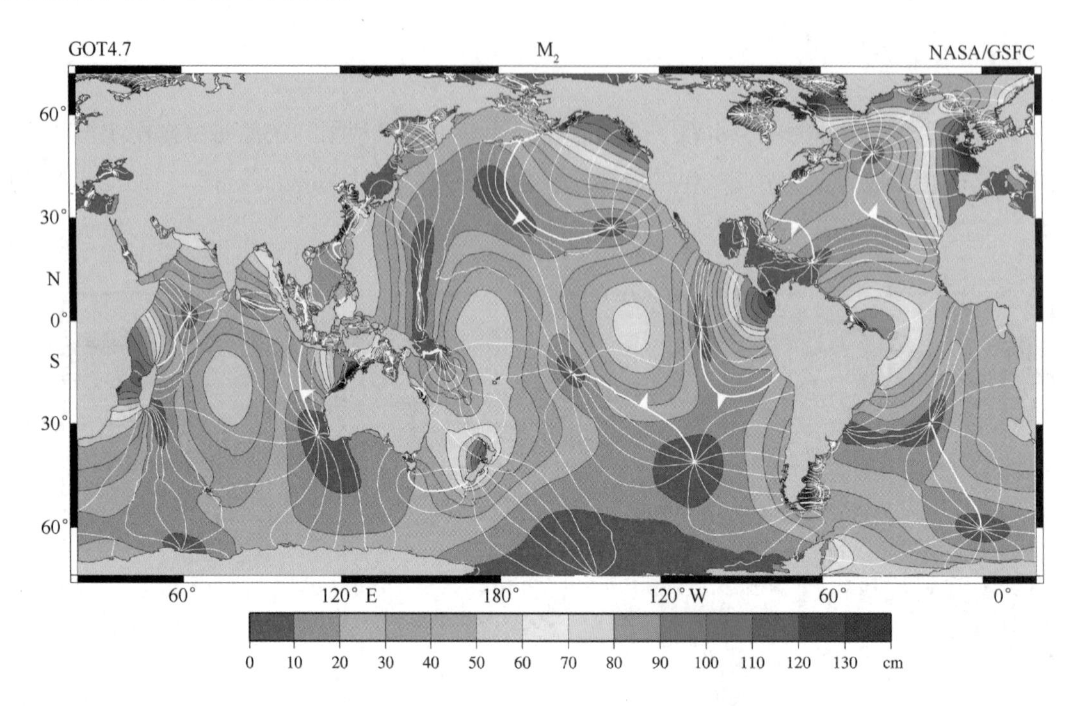

图 26.2　全球潮汐振幅分布——以 M_2 分潮为例（Ray，2007）

按照不同的位相（称为开尔文波）可以将潮汐划分为许多分潮，其中最大的为月球引起的 M_2 分潮。在海水的作用下，潮汐涨落能量在近海得到放大，因此潮差能量可以在近岸尤其是河口地区得到最好地利用。

26.3.2.2　潮流能

由潮汐变化引起的海水运动可以产生潮流能。近岸，尤其是海峡、岛屿等狭窄地区的海水动能可以加以利用。

潮流能由潮汐周期（日潮为 24 h，半日潮为 12 h 25 min）性规则流动而产生。太阳和月亮的引力作用于同一方向时形成大潮，作用于相反方向时则形成小潮。这些潮的周期为 18.5 年，是可预测的。潮汐能够引起并加速海岸附近如海峡与岛屿之间封闭地区的动力运动（Soerensen and Weinstein，2008）。

26.3.3　海流

开阔海域的海流系统由沿纬度分布的风驱动，北半球呈顺时针方向，南半球呈逆时针方向。这种风驱动的海流产生于深度较浅的地区（<800 m）。大洋表层流（如湾流）比潮流更加稳定和连续。

尽管表层流存在季节变化且跟随地形流动，但总的来说，它们能够提供长期稳定的能量，如基础电力。

深层海流系统是在热盐梯度作用下形成的移动较慢的海流。这些海流是热盐翻转流系统的一部分，密度驱动的全球海流系统将温暖的海水从赤道地区传送到极地地区，并将寒冷的海水从极地运回赤道（图 26.3）。业务化海洋预报系统可以预报这些海流系统的分布和变化（Dombrowsky et al，2009）。

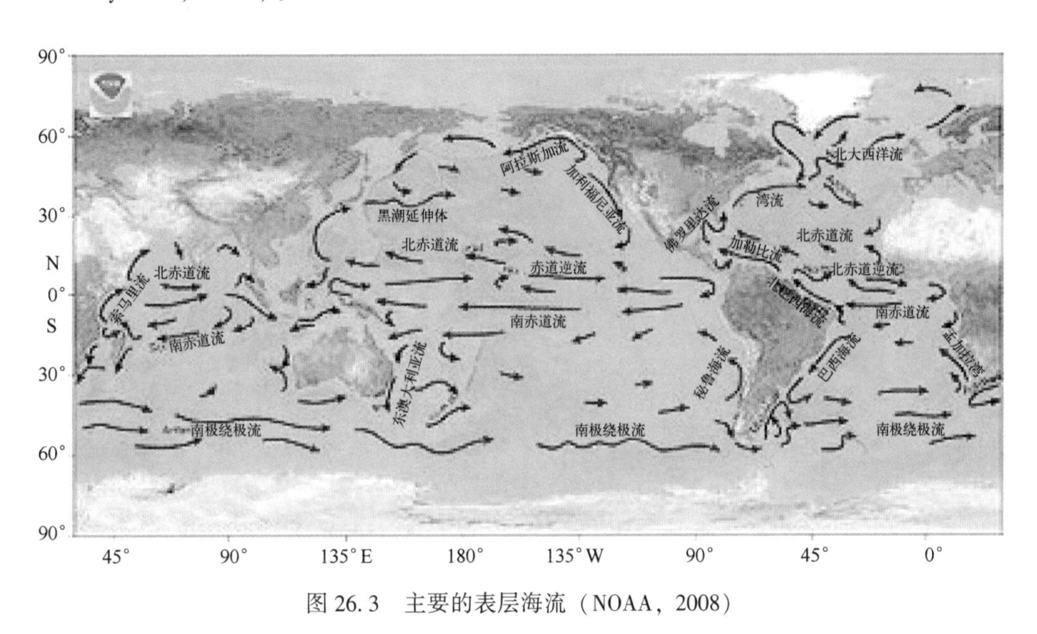

图 26.3 主要的表层海流（NOAA，2008）

26.3.4 海洋热能

海洋热能是指海水中的热量。不同水体会由于水柱的温度剖面或海底火山的活动（如地热）产生热量差异。这两种来源都被列入到未来的发展中。

26.3.4.1 OTEC

OTEC 是一种利用表层和深层（>1 000 m）海水的温度差来驱动热量交换的过程和技术（Nihous，2009）。在绝大多数海洋中，海水温度从表层到深层呈现显著的下降。这种差异在热带地区（南北回归线之间）更加明显，表层水温比下层水温高达 20℃。

越来越多的证据表明，在大多数海洋中，海洋热异常不仅存在季节变化（图 26.4），也存在年代际异常（Alves et al，2010）。目前季节变化是可以合理预报的，但是对长期变化的理解还不充分，因此预报也不太准确。

26.3.4.2 海底潜热能

20 世纪 80 年代，科学家在大西洋洋中脊发现了“黑烟囱”现象。黑烟囱是海底地热系统，在由大洋板块扩张而形成的洋中脊地区，由于海水的循环将破碎的火山岩中的热能和矿物质释放出来（Nihous，2010；Alcocer and Hiriart，2008）。火山岩的海水循环中含有各种矿物质，包括金、银、铜、铅、锌和其他稀有贵金属，同时也含有大量热量，因此海底温度通常都超过

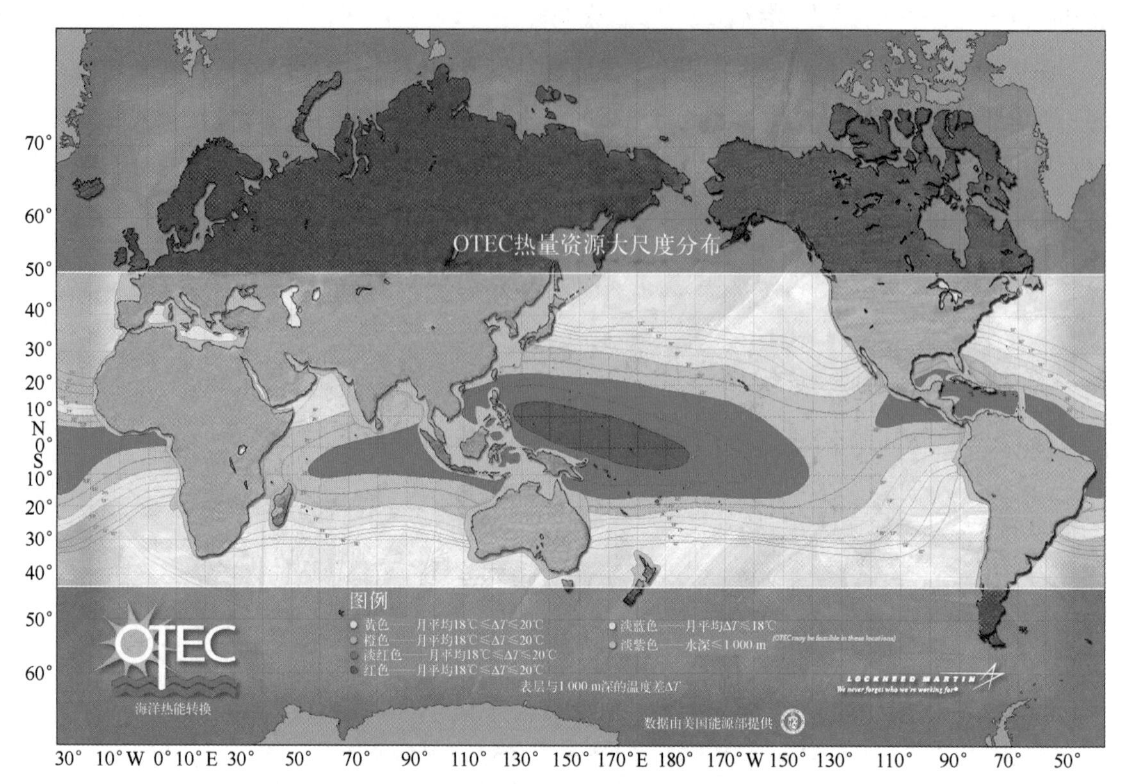

图 26.4　全球海洋 20 m 与 1 000 m 深的海水平均温度差异

温度从 15℃到 25℃，颜色由淡紫色为变红色

350℃。正是这种热能和不寻常的矿物质混合导致了黑烟囱地区常出现许多不同物种。

自从黑烟囱第一次被发现之后，大部分洋中脊地区都发现了黑烟囱发生地，甚至在一些非常浅的水域也有发现。许多洋中脊靠近海岸，例如新西兰北岛北海岸的汤加克尔玛德克岛弧和加利福尼亚湾北部边缘的扩张脊（图 26.5）。

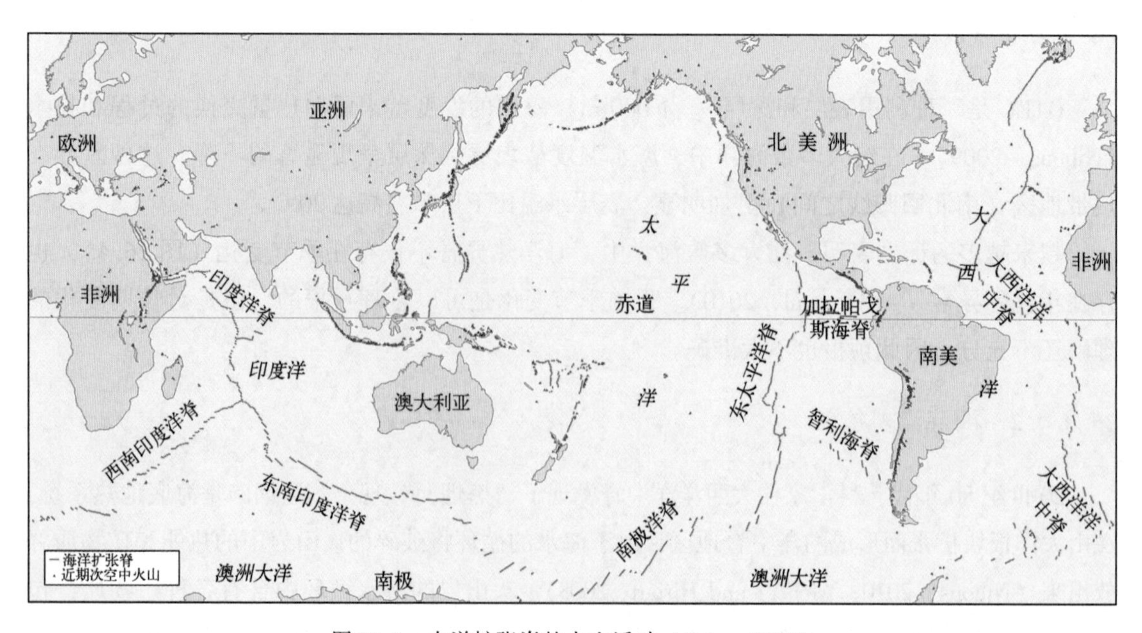

图 26.5　大洋扩张脊的火山活动（Gaba，2009）

和陆上地热能一样，海底潜热能也可以预报并用于电力生产。尽管各海底地热口是短暂存在的，但是地热流的生成区域通常可以预测并预报。

26.3.5 盐度梯度

海水盐度是淡水河的200倍，河水主要来自降雨、冰雪融水和地下水，并交汇于近岸主要河流。全球盐度差异来自海底和表层海流的运动（图26.6）。相对高盐度的海水和淡的河水间的压强势差可以用来发电或制造饮用水。这种“渗透”压差（相当于120 m高的水压）可以用来驱动传统的水斗式涡轮机发电，它的化学势能也可以直接用来发电。

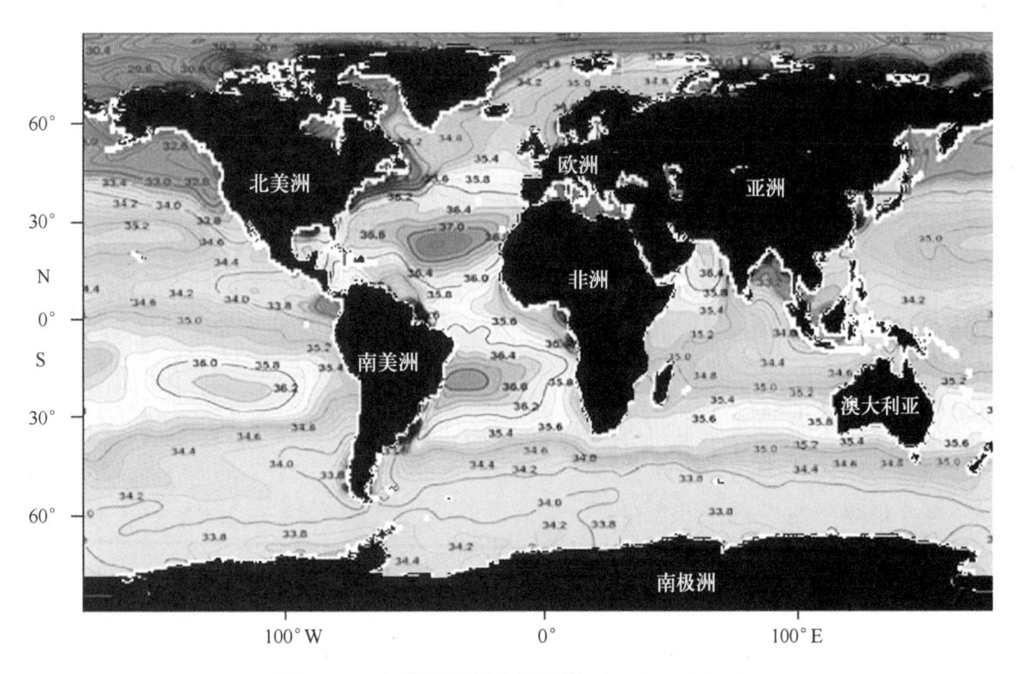

图26.6 全球海表面平均盐度（NASA，2009）

淡水的盐度不完全随着季节变化，但是海水中的盐度却不同。强有力的证据表明，海水盐度存在季节变化，这可能与厄尔尼诺-南方涛动的年代际变化有关（Alves et al，2010）。但是季节或年代际的变化对势能发电的影响较小，至少在现在技术不够发达的情况下，我们无法确定能源生产会随着海水盐度变化产生季节性变化。

26.3.6 海洋生物

海洋是地球上最大的生物来源。尽管人类对一些物种的过度捕捞使其濒临灭绝，但是人类利用的生物还只是其中的一小部分。陆地生物主要用于生物燃料的生产，当前人们越来越关心生物燃料作物的种植来取代粮食作物。

26.4 海洋能源技术

由于以下原因造成了海洋能源技术具有广泛多样性。

（1）海洋能源的形式多样；

（2）海水中提取能量的方法多样；

（3）海洋能源技术处于发展初期，大量实验正在进行中；

（4）目前尚未形成一种主导技术。

由于能源开采的选择范围广，并且没有形成一种主导技术，因此海洋能源技术不太可能局限于单一的设备类型，不像单极塔那种具有迎风三叶片转子的水平轴风力涡轮发电机，表征了大多数风力涡轮机的特征。

海水密度是海面附近空气密度的 830 倍，因此利用海水产生的动能和势能的设备需要比风力涡轮机更小但动力更强。因为海水产生的力比风力更大。

目前只有潮汐大坝实现了海洋能源技术在商业上的应用，这是现存的唯一有效的技术，它利用河口和海湾在退潮或涨潮时形成的压力头来发电。

其他海洋能源技术最多只达到试运行阶段，尚未能进入商业应用。但是，越来越多的投资、研究和新技术即将迈入商业部署阶段，尤其是波浪和潮流技术。

26.4.1 海洋能源转换技术分类

海洋能源转换技术有多种分类方法。按照所利用的基本能源类型可以分为：

（1）波浪和海流的动能和势能；

（2）海水的化学势能（盐度梯度）；

（3）海水的热潜能（海洋热能和地热能）；

（4）海水中的生物潜能。

26.4.1.1 波浪、潮汐和海流技术

这些技术有效地利用了势能（来自波高或潮差）和动能（来自水的运动）。技术设备具备 4 个主要特征：

（1）稳定的平台或表面；

（2）不利于波浪或海流工作的移动工作表面；

（3）移动的工作表面在一定程度上能够抵挡波浪或海流的运动；

（4）移动的工作表面必须与动力输出装置连接。

波能装置可以按照以下特点进行分类：操作原理、设备地点和操作方式（图 26.7；Falcão，2009）。黑体名字为每级分类中的具体装置。

许多出版物里配有海浪、潮汐和其他水流设备装置的图片，但基本上只是示意装置，尚未在大洋中布放。这些文献并未重复给出那些装置的图片，读者可查阅海洋能源系统实施协议执行委员会的相关出版物（Executive Committee of the Ocean Energy Systems Implementing Agreement，OES-IA），尤其是 2008 年的年度报告（Brito-Melo and Bhuyan，2009）。有关波浪、潮汐和水流相关技术的进一步信息可以参见美国能源部 2008 年的“海洋和流体动力技术数据库”（US DoE，2008）。

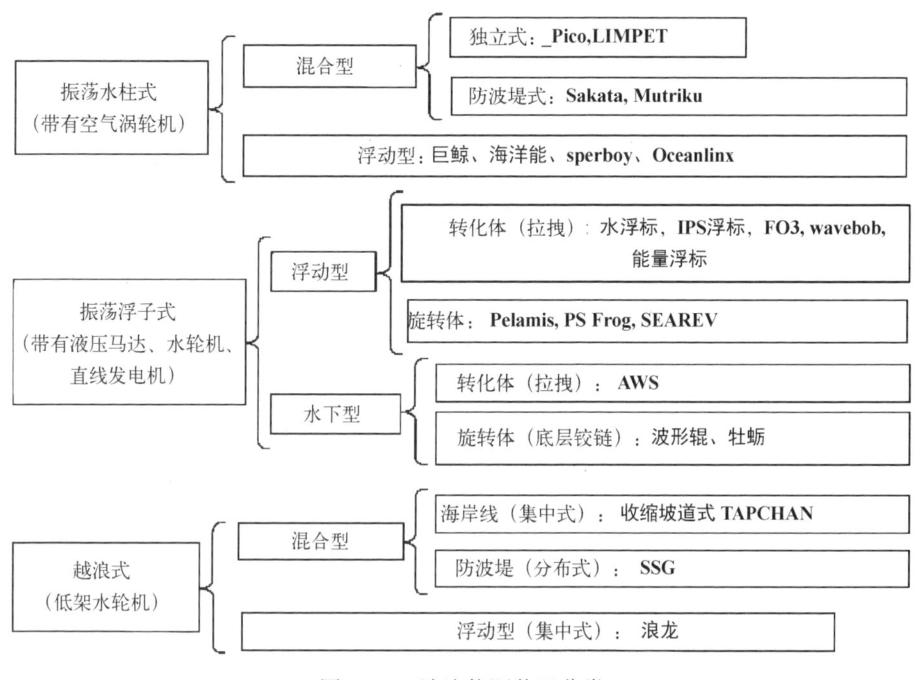

图 26.7　波浪能源装置分类

26.4.1.2　海水化学势能

海水的盐度高于所有流入海洋的河水盐度。虽然利用化学势能发电开始于19世纪，但是其商业技术仍然较落后。所有流入海洋的河流都具备利用盐度梯度技术进行开发的潜力。利用河水和海水的盐度差提取能量有两种方法：

（1）渗透法——这个过程被称为压力阻尼渗透（Pressure Retarded Osmosis，PRO）；

（2）反相电解法（Reversed Electro-Dialysis，RED）。

PRO，有时也称“渗透压”，是利用淡水和海水的化学势能（例如盐度）作为压力。Loeb在20世纪70年代提出了这个概念（Loeb and Norman，1975）。海水和淡水同时穿过半透膜，根据海水浓度的不同可以产生 $24\times10^5 \sim 26\times10^5$ Pa的压力（图26.8）。海水和淡水的过滤都至关重要，因为杂质会降低膜的效率。

2009年10月，世界上第一个海水渗透实验工厂在挪威西南部的奥斯陆峡湾建成并投入运行。这个工厂由挪威国家电力公司投资运营，预计发电量将超过4 kW。

反相电解法是将海水和淡水通过阴阳离子交换膜建立联系，利用两种溶液间化学势能差形成电压。荷兰研究员首次提出并发展了这个概念（Groeman and van den Ende，2007）。

26.4.1.3　海水热潜能

海水热潜能于20世纪70年代被认识，主要包括两种形式：①OTEC；②海底潜热能。

OTEC技术曾在20世纪70年代由美国首次开发，但是80年代时，由于石油价格的上涨导致OTEC技术失去市场。OTEC技术是利用热交换过程将恒温4℃的海洋深层水和浅层地表

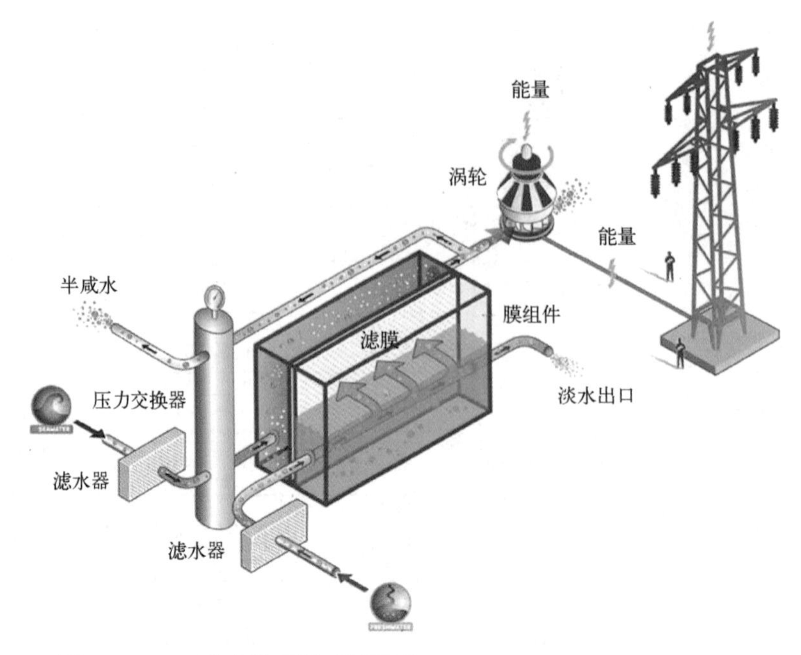

图 26.8　PRO 能量装置的运行原理（Skråmestø and Skilhagen，2009）

水进行交换。技术的关键是“冷水管”，它通常由一个直径较大（>1 m）的塑料管将水下 1 km 处的深层海水带至表层，到了表层就能利用闭合或开放的热交换过程提取热能，再利用第二种液体，如氨（拥有低的沸点）作为交换液将其转化为机械能（图 26.9）。

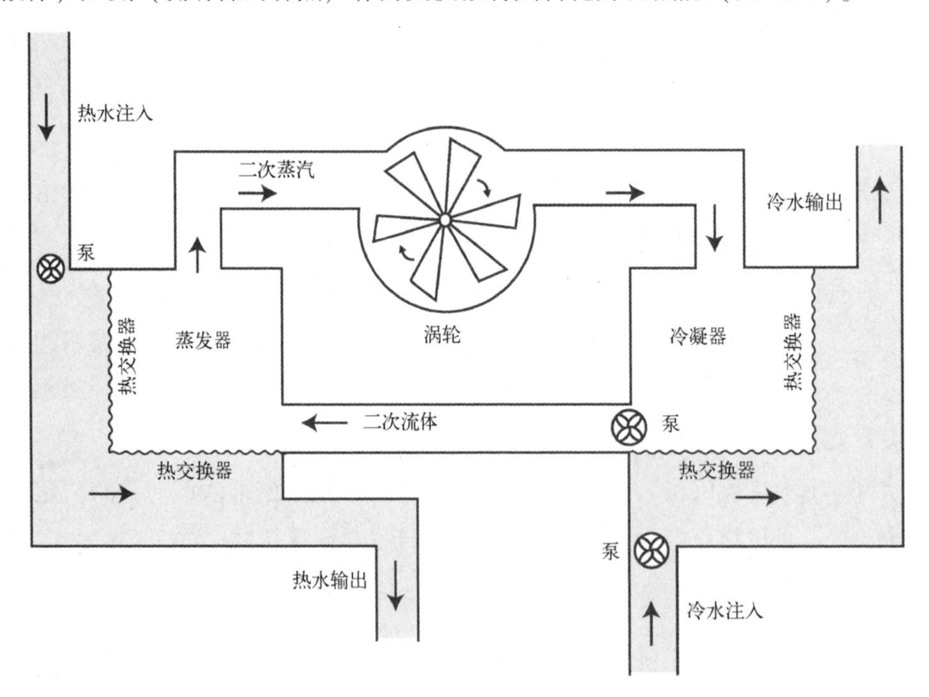

图 26.9　海洋热能转换循环闭路过程（Charlier and Justus，1993）

海底潜热能可以在近海表面或海岸的大洋中脊处利用。海底热能转换技术将用于海底发电（图 26.10）（Hiriart，2008）。有人提议用该技术在海底生成饮用水，并利用海水浮力将饮用水传输至海表面。

图 26.10 海底热量交换单元（Hiriart，2008）

26.4.1.4 生物产品

人们尝试利用多种技术从海洋中获取生物并用于海上沼气和生物燃料的生产（Brehany，1983）。美国曾在 20 世纪 70 年代集中开展过海藻的研究，但随着 80 年代石油价格的上涨而逐渐失去研究海藻的兴趣。近年来，人们对开放大洋中海藻等生物燃料较为关注。化学施肥可用来提高海藻的生长速度和含量。但是目前仍缺乏从开阔大洋中提取低浓度分散海藻的技术。

26.4.2 海洋能源的可预报性

获取海洋能源的关键因素是对能源（或水）生产的可预报性，因为这会影响电力投入当地市场的网络设计和市场价格。海流、渗透能、OTEC 和海底潜热能都可以进行连续生产，如基本负载、基本电力，同时潮流也是可以预报的（根据天气进行一些调整），甚至海浪的能量也是可以提前 1~2 d 进行预报。所有形式的海洋能源和风能相比，变化都较小。

26.5 海洋能源转换器的环境影响

海洋能源开发的成功与否取决于公众对海洋能源技术的接受程度。监管部门需要在各种能源的空间争夺和资源分配上进行干预，同时开发人员还需要证明海洋能源开发技术对环境的影响很小。通过监管干预才能确保项目的开发符合环保要求，及时消除、减小或减轻任何不必要的环境影响。

所有的能源发电技术包括可再生能源技术都会对环境产生影响，甚至产生比化石燃料更深的影响，因为大多数可再生能源的能量密度都低于化石燃料。然而，海洋能源却是“密集”的可再生能源之一，相对于风场和光电场来说，其空间需求有限。

海洋能源转换产生的环境影响分为物理、化学和生物三类，它们可以发生在海洋或陆地上。

26.5.1 总的环境效应

海洋能源转换产生的环境影响将主要发生在海上，特别是需要提高对布放了“阵列”或“场”装置地区的管理，严禁部分活动（如钓鱼，尤其是在此地区进行拖网捕鱼）的开展。海洋能源项目将与现有的功能区（如捕鱼区域、海洋保护区、军事用途区域和航道区域）争夺海洋空间的分配和使用。

硬件设备，如转炉设备、锚系和输出电缆，可能会引起船舶、海洋生物和鱼的碰撞。尽管海洋能源项目的早期监测证据表明，海洋生物往往会主动避开涡轮叶尖，其逃逸速度也超过叶片的速度，但是包括涡轮叶片在内的旋转部件还是具有一定的危险性。海洋深处和海底的硬件设备也会受到干扰，但影响较小，例如潮流设备一般安放在坚实的海底，在海流的影响下可能会有沉积物掠过。部分设备和锚系装置暴露在海底，为海底生物创建新的居所，这是其有益的一面（Langhamer，2007）。

目前海洋能源装置提取的能量只占发生在装置上的总的能通量的一小部分。但是开发者在能源提取效率最大化的设计中需要考虑能源提取效应，例如沉积物覆盖或海流调整。

26.5.1.1 视觉冲击

海洋能源转换系统在开阔大洋中不会产生视觉冲击，但是对于海湾和港口地区较为敏感，因为并不是所有的波浪和海流装置都安装在水下。远离岸边的浮动组件由于离海面较近不易被看到，因此会通过危险信号灯来提醒来往船只此处有障碍物。

岸上建筑如振荡水柱设备、潮汐大坝、OTEC 和渗透装置都将会被安置在敏感的环境区域之外。其中一些设备将被安置在靠近建筑物密集的地区（如在主要河口处），有些结构物可有多种用途（例如堰坝可以作为道路），可将降低它们的视觉冲击。

26.5.1.2 噪声和振动

建设和运行的噪声是较大的影响。噪声和振动对人体的影响可忽略不计，但对海洋生物的影响是需要认真研究的。初步研究结果认为这种影响是有限的。一些设备的开发商正在考虑增加声波发生器，以提醒海洋生物不要接近这些装置。建筑噪声可能比运行噪声的问题严重，例如打桩等会在工作期间引起高音量的瞬间噪声。

26.5.1.3 水动力

水动力影响包括改变海底地貌和类型，产生侵蚀和冲刷效应，这是由于设备引起海流的改变，沉积物经搬运和沉积后会形成新的分布形态。这些问题是波浪和潮流项目中可控的部分，因为它们可以被安放在环境能量较高的地方。渗透和固定 OTEC 装置的位置尤其是出口管的位置需要谨慎选择。

26.5.2 化学影响

化学影响与水质有关，因为这些装置会对水质造成影响。可能带来的影响是装置的金属组件产生的共蚀问题。另一个可能的影响是采用的防污方法会引起生物积垢。这些问题的影响程度可能与设备本身或安放的场地有关，一般来说，随着海洋工业的发展，这些传统问题（和越来越多的环境敏感问题）是可以解决的。

26.5.3 海洋生物区的影响

海洋能源转换对海洋哺乳动物、软骨鱼类（如鲨鱼）和其他海洋动物产生的影响主要在改变其栖息环境、碰撞风险、噪声和电磁场等方面。

26.5.3.1 水动力

上文提到海底的人工设施将改变局部海流形态，引起沉积物冲刷或淤积，但对潮汐和海洋环流设备的影响是有限的。虽然环流可能通过冲刷海床而引起岩石基质的暴露，但由于海流运动较慢，装置引起的海流的改变也是细微的。波浪设备可能不会产生影响。所有锚系设备都可能（甚至鼓励）为海洋生物提供新的栖息地。

26.5.3.2 碰撞风险

文献中曾记载了海洋哺乳动物和船只的碰撞，但是多数地区由于这个原因引起的船舶搁浅率不超过30%，证据表明，此类撞击主要是由于船舶体积较大（>80 m），而且速度过快（>14 kn）导致。螺旋桨快速转动产生的能量释放到水中也会产生影响的。大多数海洋能源装置都会安放在固定的位置（考虑到周日的潮汐运动）、体积较小而且没有可以快速移动的组件。在已知洄游路线外的海洋能源装置场的选址应当谨慎，应将碰撞的可能性降到最低。

26.5.3.3 噪声和振动

海洋能源装置引起的噪声非常有限，与潜在的环境噪声差别不大。旋转涡轮可能会产生低频噪声，尤其在叶片转速足够快时会引起空穴现象，例如在叶尖形成空气气泡并发生爆炸。旋转组件引起的振动也非常有限。

26.5.3.4 电磁场

一些海洋生物包括鲨鱼和鳐鱼利用弱磁场和电场进行导航并确定猎物位置。对电敏感的生物可能会受到磁场的吸引或排斥。近海地震勘探电缆等设备产生的电场和磁场会被一些生物定位为猎物。选择适当的电缆和屏蔽技术可以减轻对这些领域的影响。

26.5.3.5 总结

海上和近海石油和天然气工业需要长期在海中建造固定或移动的设施，而海洋能源转换装置则与其不同，它们基本长期采用固定的装置，只有转子和刀片可以移动。海洋能源转换装置的部署需要依靠经验，并仔细评估其对底栖和远洋生物的影响。对早期项目（如纽约东河和北爱尔兰的斯特兰福特湾进行的潮流项目）（Verdant Power，2009）的监测表明，设备与海洋动物的相互作用是有限的，并不会对当地的海洋动物产生威胁。

26.6 空间和资源配置

利用海洋能源发电是对海上空间利用的一种新方式。商业技术逐步发展使海水的各种属性得到利用，这将同时满足占领海洋空间以及评估海洋应用活动的双重要求。

许多国家已经对石油和天然气的开采建立了空间使用和资源分配制度。每种资源的立法框架可能不同，尤其是那些永久不可再生资源（如潮汐大坝创建）的使用。每类资源的立法要求也有所不同，包括航道建立、海洋保护区划定、捕鱼配额或授予石油和天然气勘探许可证等各个方面。为了最大化的满足国际要求，通常需要针对不同资源建立规范，并且不断地修改。

与海上石油和天然气开采以及航运业相比，海洋能源的最佳开采方式仍在探索阶段，并不能开展直接应用。因此，一些国家建立了新的立法和监管方法去评估那些特殊的海洋能源的质量。

通过评估海洋空间潜在的和实际的利用率发现，海洋能源项目仍处于起步阶段。迄今为止海洋能源转换设备的部署较少，因此还没有产生太大的竞争。大多数海洋能源项目按“先到先得”的原则被赋予空间和资源的使用权。未来对于空间或特定资源的争夺也会引发各种问题。英国海洋财产部门已经针对苏格兰东北部彭特兰湾的海洋能源许可问题举行了第一轮招标（Crown Estate，2009）。美国也将由矿产管理局（Minerals Management Service，MMS）和美国联邦能源管理委员会（Federal Energy Regulatory Commission，FERC）共同开展许可的批准（FERC，2009）。

监管机构尚未建立单一的海洋能源评估方法。目前新西兰近海淡水管理资源部门提出的“最优使用方案”或许是最合适的方法（NZBCSD，2008）。最优使用方案将法定规划和市场反应相结合，不仅以集成的可持续的方式对水资源（或潜在的海洋空间和资源）进行管理，同时考虑到其他潜在的用户和用途。

一些国家对海洋空间和资源的配置进行了集成，即“海洋空间规划”，它是指对人类在海洋领域进行的活动开展时间和空间配置，以实现广泛的环境、经济和社会目标。

26.7 海洋能源的政治框架

政府可以利用各种政策推动并加速海洋能源的发展。海洋能源技术的开发是由一系列组织构成的，中小企业负责提供概念性的想法，大的国际公共事业机构或能源公司参与投资，而国家的支持则是海洋能源发展的推动力。

最近国际政策上的重大变化是利于海洋能源发展的。建议用新的条约来取代《京都议定书》，这样可以让更多的发展中国家参与进来，促使各国政府考虑可再生能源和能源效率计划。排放机制的发展、减排目标和碳税的实现都是为了在传统化石燃料和新的可再生能源的使用中创造“公平的环境”。

这些全球性的提议虽然得到支持，但是海洋能源的开发只在那些海洋能源政策足以推动社会发展的国家才会兴盛。例如，西北欧国家（德国和西班牙）已经部署了装置来促进太阳能和风能的发展，而同处西北欧的苏格兰、英国、爱尔兰、葡萄牙和西班牙则倾向于部署海洋能源装置。

促进海洋能源发展的关键政策手段包括：

（1）为新的海洋能源装置的安装颁布立法或奖励性政策；

（2）政府资助（从研发到生产）；

（3）基础设施发展；

（4）其他激励措施（表 26.1）。

表 26.1 海洋能源的政府政策手段

政策手段	国家	案例描述
目标		
立法目标，奖励目标与展望	英国 爱尔兰 葡萄牙	到 2020 年英国将有 3%的电来自海洋能 到 2020 年来自海洋能的电达到 500 MW 到 2020 年来自海洋能的电达到 550 MW
政府资金		
研发计划/奖励	美国	美国 DoE 流体动力学计划（针对研发进行奖励，并加速成果的市场化）
样品研制的资金拨款	英国、新西兰	海洋可再生证明基金（Marine Renewable Proving Fund，MRPF）和海洋能源配置资金（Marine Energy Deployment Fund，MEDF）
部署计划的资金拨款	英国	海洋可再生配置资金（Marine Renewables Deployment Fund，MRDF）
产品推动		
准入关税	葡萄牙 爱尔兰/德国	海洋能源发电价格保证（美元/kWh 或同值）
可再生能源责任价格	英国 苏格兰	海洋能源发电交易许可（以美元/kWh 或同值） 见 Saltire 价格

续表

政策手段	国家	案例描述
基础设施		
国家海洋能源中心	美国	成立两个中心（俄勒冈州/华盛顿的海浪/潮汐中心，夏威夷 OTEC 中心）
海洋能源测试中心	欧洲西部和美国北部的许多城市	例如：欧洲海洋能源中心；全球正在建设的 14 个中心
近岸中心	英国	例如，波浪中心能够实现设备间的连接
其他监管干预		
标准/协议	英国	国家海洋能源标准（以及正在建设中的国际标准的参与）
政策允许	英国	彭特兰湾项目的许可证通过皇家财产公开竞标获得
空间/资源分配制度	美国	美国外大陆架 FERC/MMS 许可制度

26. 7. 1　海洋能源的生命周期奖励机制

除苏格兰和英国外（苏格兰有自己的一套奖励机制），其他国家的奖励措施并未完全列于表 26. 1 中。这些国家的政府已经意识到海洋能源也是能源供应和输出的方式之一。他们也意识到与其他行业不同，海洋能源的发展需要通过奖励措施和政策促进整个供应链的参与。在产品激励政策引入后，苏格兰和英国的海浪和潮流技术的研发越来越成熟。同样，国际海洋能源传播测试中心和标准开发部门（见下一节）的建立促进了全球范围内这项产业的发展。

26. 7. 2　国际海洋能源方案

目前至少有 30 个国家积极发展海洋能源，其中个人发明者主要负责开发自己的理念样品，政府负责开发并设计大功率潮汐堰坝（如英国和俄罗斯）。海洋能源的发展始于 20 世纪 70 年代的西北欧沿海国家，随后传播到世界各地，西北太平洋地区正在开展许多大的计划，例如 254 MW 的 Sihwa 潮汐堰坝于 2010 年 6 月在韩国投入使用。

26. 7. 3　国际倡议

许多国家和地区倡议推广和发展海洋能源。

26. 7. 3. 1　海洋能源系统实施协议（OES-IA）

OES-IA 是巴黎国际能源署（International Energy Agency，IEA）赞助下的政府间项目。目前由 16 个政府成员选派代表组成执行委员会（Executive Committee，ExCo）。澳大利亚于 2009 年加入，韩国、南非和法国在 2010 年初加入。

OES-IA 执行委员会会议每年举行两次，会议制定的方案将促进并加快海洋能源的发展。委员会的附属计划由各国政府选择性参与。附属计划包括：

（1）开放大洋测试协议；

（2）海洋能源转换器间的网格连接；

（3）海洋能源转换器的环境影响。

OES-IA 发布的简报、年度报告以及附属计划的技术报告可参见 http：//www. iea-oceans. org。

26.7.3.2 IEC 的技术委员会 114

国际电工技术委员会总部设在日内瓦，100 多年来负责制定电气、电子和机电设备的标准（http：//www. iec. ch）。

技术委员会（Technical Committee，TC）114 于 2007 年建立，制定波浪、潮汐和其他水流能量转换器的标准。TC114 目前由 16 个国家的代表组成，技术规范、标准的制定将涵盖以下内容：

（1）海洋能源术语；

（2）波浪设备性能；

（3）潮流设备性能；

（4）海洋能源转换器设计标准；

（5）波浪和潮能资源性质与评估。

技术规范的第一部分已于 2012 年中后期公布。

26.7.4 欧洲计划

26.7.4.1 EquMar 计划和前期准备

按照性能、成本和环境影响公平的测试和评价海洋能源提取设备计划（Equitable Testing and Evaluation of Marine Energy Extraction Devices in terms of Performance，Cost and Environmental Impact，EquMar）是一份来自欧洲委员会的计划，有 22 个参与机构，参与者从设备开发人员到大学研究人员（http：//www. equimar. org）。这个项目在爱丁堡大学的领导下开展。EquMar 的目的是为海洋能源转换器提供一系列高标准和带有详细协议的公正评价。这个项目于 2008 年 4 月开始实施，目前已形成协议初稿。项目将运行 3 年，有望在 2011 年 4 月完成。

EquMar 延续了欧洲委员会早期资助的研究项目，如海洋能源协同行动（Co-ordinated Action on Ocean Energy，CA-OE；http：//www. ca-oe. net/home. htm）和 WAVETRAIN 项目（对海洋能源研究生开展训练的项目，http：//www. wavetrain2. eu）。

26.7.4.2 Waveplam 项目

波浪能源规划和营销项目（Wave Energy Planning and Marketing project，Waveplam）是欧洲委员会资助的另一个联合项目计划，它由 8 个合作者一起建立了将海洋能源加速引入可再生能源市场的手段、方法和标准（http：//www. waveplam. eu）。项目团队包括欧洲研究组织者和设备开发人员，他们的目标是消除海洋能源的非技术壁垒。

26.8 海洋能源的趋势和发展

2008年对于海洋能源是重要的一年。世界首个“预商业化潮汐试验仪”——海流涡轮机SeaGen潮汐发电机开始将电能输入到北爱尔兰电网（图26.11a）。不久之后，世界首个波场阵列（3个Pelamis设备）在葡萄牙北部Aguçadoura地区投入运行（图26.11b）。

图26.11 最新的海洋能源部署

a. MCT的SeaGen预商业化潮汐试验仪（来源：http://www.marineturbines.com/21/technology/）。b. Aguçadoura地区3×750 kW的Pelamis海浪能阵列（来源：http://www.pelamiswave.com/content.php?id=149）

2009年的部署较少，最大的是欧洲能源中心在奥克尼群岛布放的Aquamarine Oyster海浪装置。

一批大的能源公司（Total，Chevron）和应用部门（RWE，Statkraft，Vattenfall和Fortum）被列入到海洋能源设备或项目的开发中，社会风险投资团队也一直参与。Statkraft公司是挪威电力系统的运营商和生产者，是世界首个渗透电厂。

美国能源部继续在研发项目中进行投资，2009年对一系列包括加速市场发展的项目进行了投资。2009年的部分资金用于海洋热能转换研究。其他政府也继续支持研发项目和设备改进，包括海水淡化的能源提供或通过海洋能源直接生产饮用水。

苏格兰行政机构颁发了首个海洋能源圣安德鲁奖（1千万英镑），奖项授予了首个连续2年发电超过100 GWh的波浪和海流商业运营项目。

毫无疑问，自2007年中期开始，海洋能源的投资和发展受到了世界经济形势的影响。随着2010年世界经济的复苏，2008年推迟的项目应当重新启动。设备发展和国际测试中心数量的增长促进了商业设备的发展与技术的成熟。新兴的技术如OTEC和渗透、最新的研发和样品投资应该在未来几年得到实质性的发展。

最后，一些国家和组织提出了海洋能源发电量目标。21世纪早期的预测（Scotish Executive，2004）虽然过于乐观，但是海洋能源产能确实是逐渐增长的。目前，海洋能源的容量相对较小（300 MW），最大的贡献来自法国北部拉兰斯桥潮汐堰坝240 MW的能量。但是，由于韩国西瓦堰坝254 MW发电量的加入，总产能将在2011年翻倍。

参考文献

Alcocer S M，Hiriart G（2008）An applied research program on water desalination with renewable energies. Am J Environ Sci 4（3）：190-197.

Alves O，Hudson D，Balmaseda M，Shi L（2010）Seasonal and decadal prediction. In：Schiller A，Brassington GB（eds）Operational oceanography in the 21st century. Springer，Dordrecht.

Brehany J J（1983）Economic and systems assessment of the concept of nearshore kelp farming for methane production. Parsons Co. and Gas Research Institute，Technical Report PB-82-222158.

Brito-Melo A，Bhuyan G（eds）（2009）2008 Annual Report of the International Energy Agency Implementing Agreement on Ocean Energy Systems（IEA-OES），February 2009.

Charlier R H，Justus J R（1993）Ocean energies：environmental，economic and technological aspects of alternative power sources. Elsevier Oceanography Series. Elsevier，Amsterdam.

Cornett A M（2008）A global wave energy resource assessment. Annual international offshore and polar engineering conference，Vancouver，BC，ISOPE-2008-579.

Crown Estate（2009）Details of Pentland Firth BIDS Announced. Crown Estate press release，8 June 2009. http：//www. thecrownestate. co. uk/newscontent/92-pentland-firth-tidal-energyproject-3. htm. Accessed 16 Dec 2009.

Dombrowsky E，Bertino L，Brassington G B，Chassignet E P，Davidson F，Hurlburt H E，Kamachi M，Lee T，Martin M J，Mei S，Tonani M（2009）GODAE systems in operation. Oceanography 22(3)：80-95.

Falcão AF deO（2009）The development of wave energy utilization. In：Brito-Melo A，Bhuyan G（eds）2008 Annual report of the Ocean Energy Systems implementing agreement. Lisbon，February 2009.

FERC（2009）MMS/FERC guidance on regulation of hydrokinetic energy projects on the OCS. Federal Energy Regulatory Commission，24 April 2009. http：//www. ferc. gov/industries/hydropower/indus-act/hydrokinetics /pdf/mms080309. pdf. Accessed 16 Dec 2009.

Gaba E（2009）World map in English showing the divergent plate boundaries（OSR—Oceanic Spreading Ridges）and recent sub aerial volcanoes. http：//en. wikipedia. org/wiki/File：Spreading_ ridges_volcanoes_map-en. svg. Accessed 15 Dec 2009.

Greenslade D，Tolman H（2010）Surface waves. In：Schiller A，Brassington GB（eds）Operational oceanography in the 21st century. Springer，Dordrecht.

Groeman F，van den Ende K（2007）Blue energy. Leonardo Energy. www. leonardo-energy. org .

Hiriart G（2008）Hydrothermal vents. PowerPoint presentation，November 2008.

Jalihal P，Kathiroli S（2009）Utilization of ocean energy for producing drinking water. In：Brito-Melo A，Bhuyan G（eds）2008 Annual report of the Ocean Energy Systems implementing agreement. Lisbon，February 2009.

Langhamer O（2007）Colonization of wave power device foundations by invertebrates. In：National Renewable Energy

Laboratory and Natural Resources Canada (eds) IEA-OES workshop: potential environmental impacts of ocean energy devices: meeting summary report. Messina, Italy, 18 Oct 2007.

Loeb S, Norman R S (1975) Osmotic power plants. Science 189: 654-655.

MCT (2009) www.marinecurrentturbines.com.

NASA (2009) Map of average global sea surface salinity. http://aquarius.nasa.gov/educationsalinity.html. Accessed 16 Dec 2009.

Nihous G (2009) Ocean thermal energy conversion (OTEC) an derivative technologies: status of development and prospects. In: Brito-Melo A, Bhuyan G (eds) 2008 Annual report of the Ocean Energy Systems implementing agreement. Lisbon, February 2009.

Nihous G C (2010) Mapping available Ocean Thermal Energy Conversion Resources around the main Hawaiian Island with state-of-the-art tools J Renew Sustain Energy 2, 043104.

NOAA (2008) Map of major surface ocean currents. http://www.adp.noaa.gov/currents.jpg. Accessed 15 Dec 2009.

NZBCSD (2008) A best use solution for New Zealand's water problems. New Zealand Business Council for Sustainable Development, Auckland, August 2008.

Ray R (2007) Scientific visualization studio, and television production NASA-TV/GSFC, NASAGSFC, NASA-JPL. http://en.wikipedia.org/wiki/Amphidromic_point. Accessed 25 Nov 2009.

Scottish Executive (2004) Harnessing Scotland's marine energy potential: Marine Energy Group (MEG) report 2004. Report by the Forum for Renewable Energy Development in Scotland.

Skråmestø O S, Skilhagen S E (2009) Status of technologies of harnessing salinity power and the current osmotic power activities. In: Brito-Melo A, Bhuyan G (eds) 2008 annual report of the Ocean Energy Systems implementing agreement. Lisbon, February 2009.

Soerensen H C, Weinstein A (2008) Ocean energy: position paper for IPCC. Key note paper for the IPCC scoping conference on renewable energy. Lubeck, Germany. http://www.eu-oea.com/euoea/files/ccLibraryFiles/Filename/000000000400/OceanEnergyIPCCfinal.pdf.

US DoE (2008) Marine and hydrokinetic technology database. http://www1.eere.energy.gov/windandhydro/hydrokinetic/default.aspx. Accessed 15 Dec 2009.

Verdant Power (2009) www.verdantpower.com.

第 27 章　海洋观测分析的应用

——CETO 海浪能量项目

Laurence D. Mann[1]

摘　要：本章介绍了最新原尺寸的 CETO 海浪能量转化器（Wave Energy Converter，WEC）的工作原理、主要特点和选址情况。在撰写本章的同时，一个原尺寸样机正在西南 37 km 处的海岸带进行测试。这项商业投资的各项实际问题——全球海浪模式资料和现场观测资料的应用也在本章中进行了讨论。

27.1　硬件概述

CETO 海浪能量转化器示意图见图 27.1。可见潜标和泵连在一起，连接在海床上形成一排。当一个海浪扰动经过潜标上方时，潜标向上抬起，压力通过绳索传递到泵内的活塞上，活塞向上运动，以高压排出液体。高压液体通常是水，通过管道被送到岸上，受压的水可以驱动涡轮机用于直接发电或者生产淡化水，或者二者结合。

CETO 与其他海浪能量转换化器的关键区别在于，CETO 的海中装置产生的不是电，而是受压液体。从水力到电力的能量转化发生在岸上，利用的是标准的岸上装置，或类似的耦合了发电机的高水头涡轮机。

图 27.2 是 CETO 竞争对手概况的示意图，通过对比可以更好地理解 CETO 海浪能量转化器。其他海浪能量转化器如 OPT's Powerbuoy[2] 和 OCEANLINX[3] 在水面上直接暴露在破坏性海浪之下。例如在风暴中，CETO 设备和 AWS 浮标[4]在正常工作时完全淹没在海面以下。明显比漂浮设备更不易受损。Pelamis[5] 是一个表面设备，其设计能抵御很大的海浪。比较海浪能

---

① Laurence D. Mann，澳大利亚卡耐基波能有限公司。E-mail：lmann@ rnesiccorp. com. au
② OPT 网址：www. oceapowertechnologies. com。
③ OCEANLINX 网址：www. oceanlinx. com。
④ AWS 网址：www. awsocean. com。
⑤ Pelamis 网址：www. pelamiswave. com。

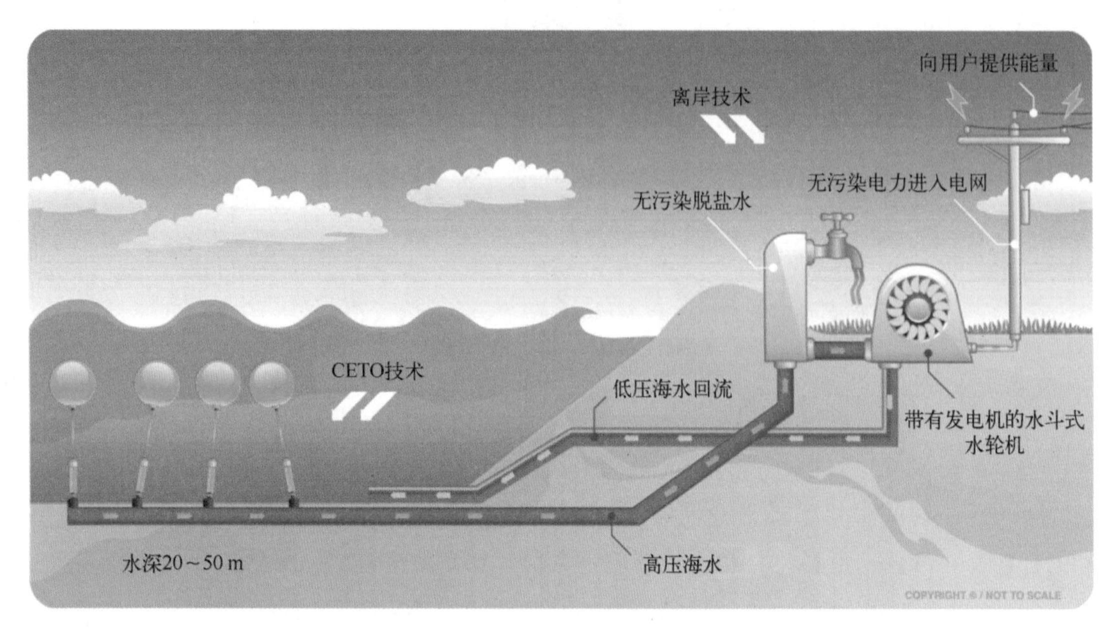

图 27.1　CETO 海浪能量转化器示意

图 27.2　CETO 与其他海浪能量转化器的对比

量转化器的另一个标准是其发电方案的简单性。CETO、OYSTER[①] 和岸基的 LIMPET[②] 的发电设备都在岸上而非水中，这使得发电更简单并且带来了长期稳定性。而且，岸上发电装置的更新或维修可以不必将海浪能量转化器从水中取出。

包括 CETO 在内的完全没入海水中的装备，不能像 OPT's Powerbuoy 等海表面设备那样获取全部的海浪能量通量。这种能量获取效率上的缺陷可以通过减少运营成本来抵销。因为同海表面设备相比，水中设备遭受破坏性海浪和反复受压的概率更低。CETO 通常会被部署到离岸几百米的海床处，所以其管道长度通常比其他海浪能量转化器长；OYSTER 在海浪破碎区作业，因此离岸更近。这意味着 CETO 发电装置的设计平衡必须密切关注能量损失和管道成本最小化。幸运的是，选择非常高的液压（7 MPa）使得 CETO 的水力设计能够使用直径更小、更便宜的管道通到岸上，从而获得可以接受的管道成本。

27.2 安装水深

CETO 单元按照设计应在 20~50 m 的浅水中工作。在这个深度有明显的能量损失，因为深水涌浪向岸传播时同海底摩擦会损失能量。尽管如此，将这些能量损失都考虑在内，澳大利亚南部海岸仍然有非常可观的海浪资源。选择较浅水域作业的好处是设备离岸一般不超过 2 km，而且明显小于 2 km。这有助于将管道成本控制在可接受的范围内。

27.3 预期选址的甄别

对安装海浪能量转化器预期选址进行甄别，需要对气候态海浪进行估计。在本章中，气候态海浪构成了“资源”。

选址不仅要考虑资源，还要考虑陆上电网的覆盖以及用海竞争（例如州和联邦的海洋公园）。基于这些及其他考量，卡耐基波能有限公司被选中，在申请并获得海浪探测许可证后，可以在西澳大利亚、南澳大利亚、维多利亚和塔斯马尼亚岛海岸带的特定区域安装海浪能量转化器。

此外，在选址的具体工作中，RPS METOCEAN 公司被委托承担对南澳大利亚海岸线的深水和浅水区域进行海浪资源总评估。据评估，深水海浪资源约为 525 GW，潜水海浪资源约为 171 GW。仅估算的浅水海浪资源就比澳大利亚全国用电量的 3 倍还多。

27.4 首个安装地点：西澳大利亚海岸的花园岛

首个整套的 CETO 装置将在西澳大利亚海岸的花园岛安装如图 27.3 所示。

---

① OYSTER 网址：www. aquamarinepower. com。

② LIMPET 网址：www. wavegen. co. uk。

图 27.3 花园岛选址

这个最终计划发电 5 MW 的海浪发电场由多个 CETO 部件组成，预期将成为南半球最早（如果不是第一个）达到商业规模的海浪发电场之一。预期 2012 年能够连入电网。

选址位于五寻湾和花园岛之间的赛皮亚迪普莱森，水深 20～25 m。花园岛上坐落着澳大利亚皇家海军最大的基地 HMAS Stirling。为了合作，其已经与澳大利亚国防部就岸上空间和供电需求签署谅解备忘录。这个发电场将通过花园岛的设备连入西澳大利亚传输电网。

地址选在这里是因为它靠近弗里曼特尔港和科克本港的海洋支持设施，易于接入西澳大利亚传输电网，并且临近珀斯入口中心。此地海浪资源大于 35 MW/km，约 65%以上的海浪达到 2 m，约 90%的海浪达到 1 m。五寻湾遮挡了过多的涌浪，但仍然保留了足够经营一个海浪发电场的常规海浪。湾外的有效波高（Significant Wave Height，记作 H_S）达到 8 m，经过海湾的衰减作用，湾中的 H_S 限制在 4 m。其实赛皮亚迪普莱森的气候态海浪状况与五寻湾外的一个位置类似，它的另一个优势在于海况的可预测性，这是由海湾的遮挡效应导致的，增加了其被选中的可能性。

整套 CETO 装置现场评估的第一阶段涉及一个独立的 CETO 部件。安装该部件将用于收集设备性能、可靠性数据，并验证其抵抗风暴的可存活性。海浪能量转化器的附近将安装一个 Waverider 锚系浮标，二者的数据都将通过无线连接传回岸边。部件产生的能量将会以热量的形式安全地扩散到水体中。

27.5 海洋观测和分析的具体应用

到目前为止，CETO 海浪能量项目受益于大量海洋观测和分析数据的存储，并随着其业务在世界范围内发展，将继续扩大知识储备。项目在目前的阶段对海洋观测和分析资料的应用主要局限于选址以及验证和校准的研究。必须注意，对下一阶段的商业化来说，业务化预报产品的重要性将越来越高。海洋观测和预报资料在海洋能量预报中的广泛应用在 Moreira（2002），Bruck 和 Pontes（2006），Tolman 等（2002），Greenslade 和 Tolman（2010）的论文中得到了很好的总结。

具体到 CETO 来说，卡耐基公司 2003 年委托一家当地海洋公司 WNI 对西澳大利亚海岸带海浪能源进行了调查，范围从杰拉尔顿到埃斯佩兰斯。该室内调查主要基于美国国家海洋和大气管理局（National Oceanic and Atmospheric Administration，NOAA）海浪模式 Wave Watch Ⅲ的应用得到的参数化资料序列。该资料序列时间上从 1997 年 1 月到 2003 年 8 月，间隔为3 h，空间分辨率为 1°×1. 25°。作为一个深水模式，这些资料只有在水深 50 m 以上的区域才被认为是有意义的，在本案例的地理范围内，只有 8 个网格点组成的子序列符合要求。但幸运的是，这 8 个网格点正好能够与西澳大利亚海岸带上卡耐基公司感兴趣的点对应或者重叠。然而，这的确突出了这种粗糙网格产生的资料在使用中的限制。更精细的网格，比如 0. 25°×0. 25°对一些期望提供保护的岬角地带来说就很有意义了，例如纳多鲁列斯岬角。本案例的另一个幸运之处在于，影响西澳大利亚西南海岸的大部分涌浪都是来自西南方向，而非南方或西南偏南方，这使得陆地的遮蔽效应没有其他地方严重。

最近，卡耐基公司又委托海洋资源专业 RPS MetOcean 公司提供一份独立评估报告，评估澳大利亚南海岸线的 17 个潜在开发站点的近岸浪能源的可用性。海浪资料来自 NOAA 的 Wave WatchⅢ模式，并与澳大利亚南海岸 7 个站点的实测资料做了对比验证，并检验了海浪能量的局地效应和可用性。该研究证明，在水深 25 m 处，澳大利亚拥有约 17 000 MW 的潜在近海海浪能源（图 27.4）。这相当于全国总装机发电量的 4 倍。浅水海浪资源估算只代表潜在的资源，并没有考虑用海浪能量转化设备提取资源的效率，也没考虑海浪资源的可用性。我们最早在2003年运行模式时就认识到这个问题，这次研究再次重提了这一点。具体而言，我们根据水深选出感兴趣的点，模式能够给出可靠的深水结果。同时我们也在模式网格点上选择没有陆地的遮挡效应的点。因此后面这个报告代表了对南澳大利亚的潜水资源的一个更好的估计。总而言之，结果显示，总可用的深水资源与浅水资源之间存在一个3：1（525：170 GW）的参考性比例。

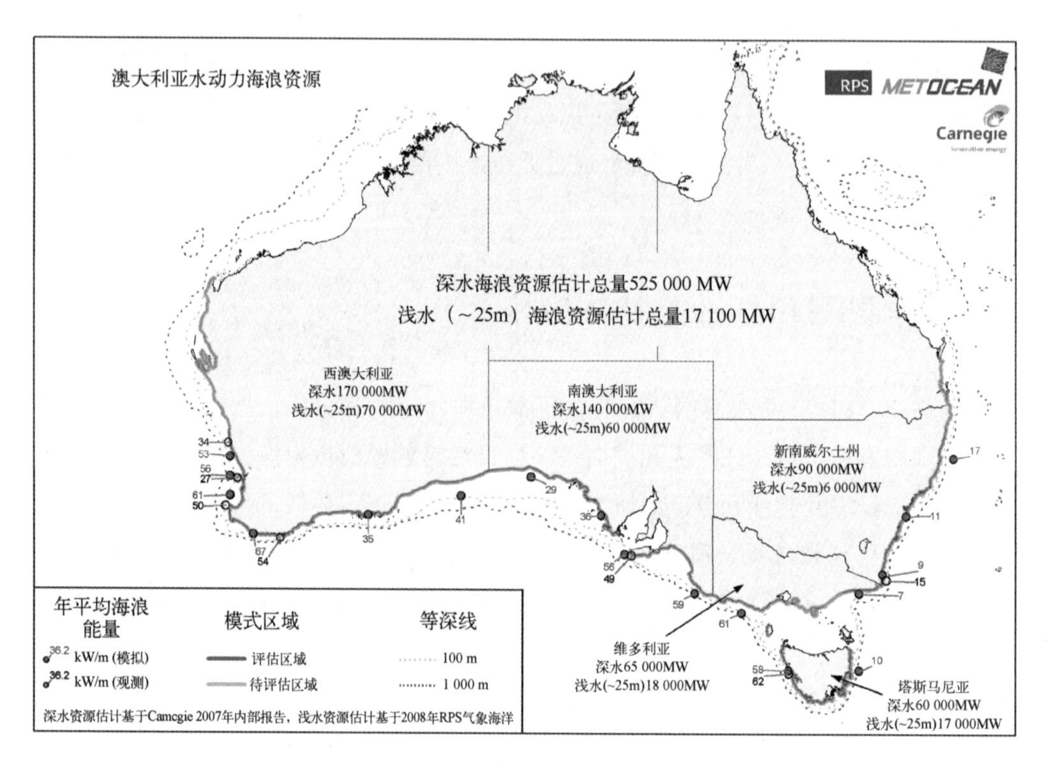

图27.4 卡耐基和RPS METOCEAN生产的海浪资源评估

27.6 模式资料使用的限制

上文讨论的模式在运行中都没考虑中尺度作用，例如海陆风，而这些现象通常通过WWW3原始数据的低通滤波得到。结果模式输出的气候态海浪剔除了高频信号，而只有周期大于等于8 s的涌浪被再现。

使用模式数据的经验为我们提供了深入了解模式数据为海浪能量转化器选址时的局限性。例如，人们意识到，使用将水深、变浅作用、岸线形态等因素都考虑在内的计算方法得到的深水海洋资料，在一些位置有用，但在其他地方的作用不大。对于商业前景来说，重要的是相对于数据的费用和质量，其收益的衰减。公司在不断增加的模式成本和高度合成的数据之间进行权衡，但又受到一个事实的影响，即购买大中尺度海浪分析资料的成本与购买一台三轴海浪加速计基本相同。因此，公司面临着现场实测数据（但是需要等待几个月来收集具有统计代表性的海浪资料序列）和高诠释度并且因此稍有可疑的模式数据（但它代表更长的时期）之间的选择。

27.7 商业环境下的务实途径

卡耐基公司在全球范围内发展其CETO海浪站时，通常喜欢使用网格粗糙的WWW3资料来决定总体的可行性，然后利用三轴海浪加速器的实测资料而非插值后的海浪资料来做具体选择。这个方法在实践中有效，因为在比典型的WWW3更精细的尺度下，要决定最合适的海浪能量转化器地址，不单单要依赖海浪资源，还要考虑与陆地、海床的连接以及与陆上电网的连接等问题。

这种凌驾于纯粹海浪资源因素之上的务实选址，在之前讨论过的赛皮亚迪普莱森选址中表现得很明显。这个选址部分是因为其遮蔽能力，但主要还是考虑到它便利，易于接近。

海浪能量转化器设计的另一个方面，事实上也是CETO和所有其他设备必须注意的：设计如何适应预期安装地点的浪高真实范围。我们必须知道特定地点的浪高分布以及最大浪高来确保设备设计能够匹配该地点。在实践中，如果不能找到精确位置的现成的海浪浮标资料，或者根本没有现成的调查和分析，那么收集这些详细信息将是一个昂贵且耗时的过程。

从技术层面验证CETO的运行，对于塞皮亚迪普莱森站点，将会涉及经验测量与设备功率矩阵和波形矩阵的卷积输出进行对比。这个过程将允许实际容量因子与从这两个矩阵的卷积预测的容量因子进行比较，这正是商业验证的关键。

必须引起重视的是，WWW3这种工具虽然对选址有用，但其本身却不足以预测CETO或任何其他海浪能量转化器的能量输出。这是因为世界范围内所有的海浪能量转化器都未能积累足够的业务数据来建立一个基于历史和后报海浪资料的完整的能量输出预测机制，这将在未来几年出现。但是到目前为止，所有的海浪能量转化器都需要证明自己的“盈利性”，也就是说在特定的海浪发电场具有足够高的平均功率，从而为投资取得有利的回报。

包括CETO在内的大多数海浪场，直到有了足够的运行数据后，才能以银行化示范模式运行。此外，在实践中，这种模式需要在海浪现场设置一个波浪浮标，以将输入波状态和浪能转换器的输出相关联。

致谢：卡耐基公司感谢西澳大利亚政府通过他们的LEED基金项目对此项工作的部分支持。感谢RPS气象海洋提供海浪数据和卡耐基公司的Tim Sawyer先生为图27.4和图27.5中展示的数据所做的准备工作。

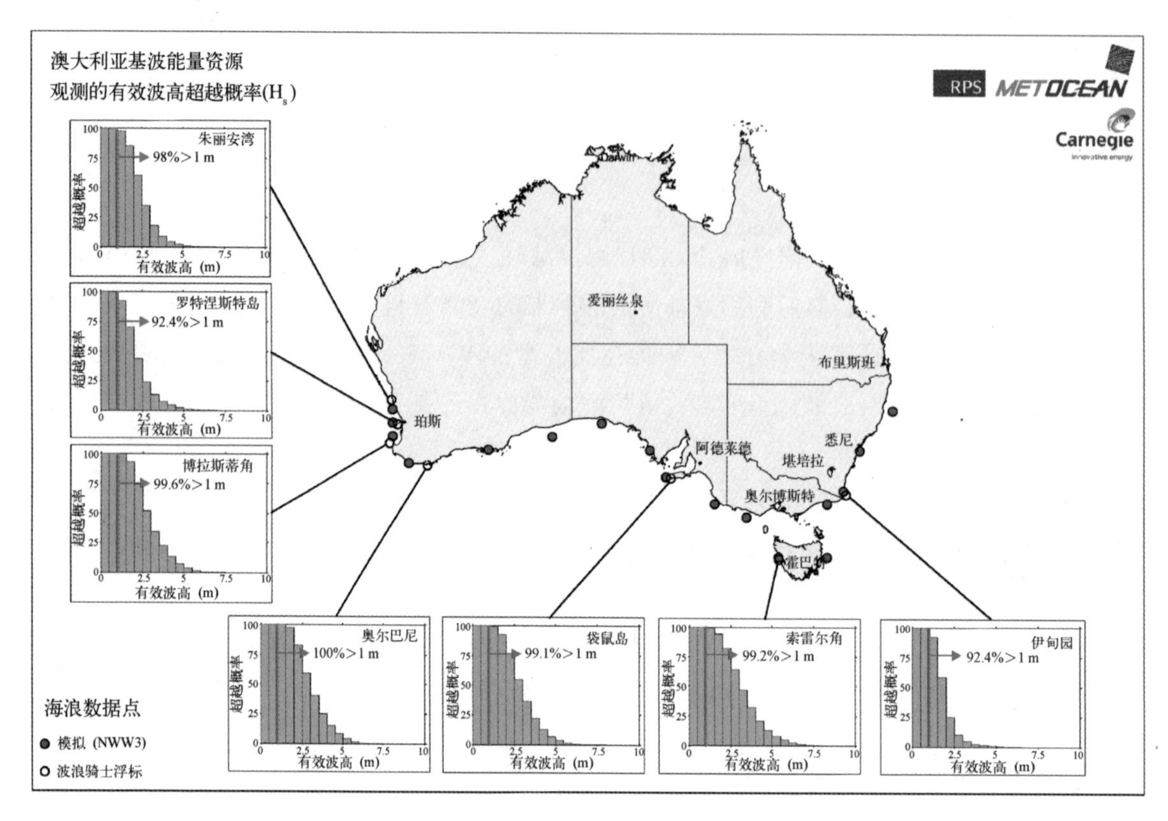

图 27.5　受 RPS 气象海洋委托由卡耐基公司在南澳大利亚沿岸选择的站点生成的海浪资源分析结果

参考文献

Bruck M, Pontes M T (2006) Wave energy resource assessment based on satellite data. Workshop on performance monitoring of ocean energy systems. http://pmoes. ineti. pt. Lisbon, Nov 2006.

Greenslade D, Tolman H (2010) Surface waves. In: Schiller A, Brassington GB (eds) Operationaloceanography in the 21st Century. Springer, New York.

Moreira N M, Oliveira Pires H, Pontes T, e Câmara C (2002) Verification of TOPEX-Poseidonwave data against buoys off the West Coast of Portugal. Proceeding. Conference on Offshore Mechanics and Arctic Engineering (OMAE02), paper 2002-28254. Oslo, Norway, 23-28 June 2002.

Tolman H L, Balasubramaniyan B, Burroughs L D, Chalikov D V, Chao Y Y, Chen H S, Gerald V M (2002) Development and implementation of wind generated ocean surface wave models at NCEP. Weather Forecast 17: 311-333.

第28章　国际海洋环境法律（石油污染）

Kathryn Barras[①]

摘　要：本章大体介绍了国际海洋环境法律，关注了石油污染，还提出了在防止宝贵的海洋环境质量退化方面面临的问题。海洋由于具有自然性，因此难以对其立法，本章阐述了在国际社会中如何开展海洋污染控制，尤其针对重大海洋灾害中的石油污染。

本章将介绍以下具有里程碑意义的国际公约，并跟踪它们在重大石油污染事件中的发展。

- 《联合国海洋法公约》(UNCLOS)[②]
- 《国际燃油污染损害民事责任公约》(CLC)[③]
- 《防止倾倒废弃物及其他物质的海洋污染国际公约》(以下简称《伦敦倾废公约》)[④]
- 《国际防止海洋溢油污染公约》(OILPOL)[⑤]，包括“托雷·卡尼翁”灾难
- 《国际防止船舶污染公约》(MARPOL)[⑥]，包括以下事件：

——“阿戈商人”号（Argo Merchant）油轮

——“阿莫柯·卡迪兹”号（Amoco Cadiz）油轮沉没

——“埃克森·瓦尔迪兹”号（Exxon Valdez）油轮漏油

——“埃里卡”号（Erika）漏油

——“威望”号（Prestige）油轮漏油

28.1　UNCLOS

UNCLOS 于 1984 年缔结，1994 年 11 月 16 日生效，12 年后废止[⑦]。UNCLOS 全面建立了大部分海洋资源的使用规则，例如：

- 边界界定[⑧]。

---

① Kathryn Barras，澳大利亚国家环境法律协会。E-mail：kathryn. barras@ mallesons. com

② 1982 年 12 月 10 日开放供签署，1994 年 11 月 16 日生效。

③ 1969 年 11 月 29 日开放供签署，1975 年 6 月 19 日生效。

④ 1972 年 11 月 13 日开放供签署，1975 年 8 月 30 日生效。

⑤ 1954 年开放供签署，1958 年 7 月 20 日生效。

⑥ 1973 年 11 月 2 日开放供签署，1983 年 10 月 2 日生效。

⑦ Churchill R R and Lowe A V (1999) *The Law of the Sea*, Third ed. Juris Publishing Great Britain.

⑧ UNCLOS 第 3，第 4，第 33，第 57 和第 76 条。

- 环境控制[①]。
- 海洋科学研究[②]。
- 经济和商业活动[③]。
- 争端解决[④]。

UNCLOS 包含 320 条条款和 9 个附件。主要条约包括：

- 沿海国家在其领海范围内的主权[⑤]。
- 所有国家享有航行、飞越、科研和公海捕鱼自由[⑥]。
- 内陆国家拥有免关税和消费税进入以及通过其领土的权利[⑦]。
- 各国应创造公平合理的条约和环境促进海洋技术的发展和传播[⑧]。
- 缔约国应通过国际海洋法庭解决争端[⑨]。

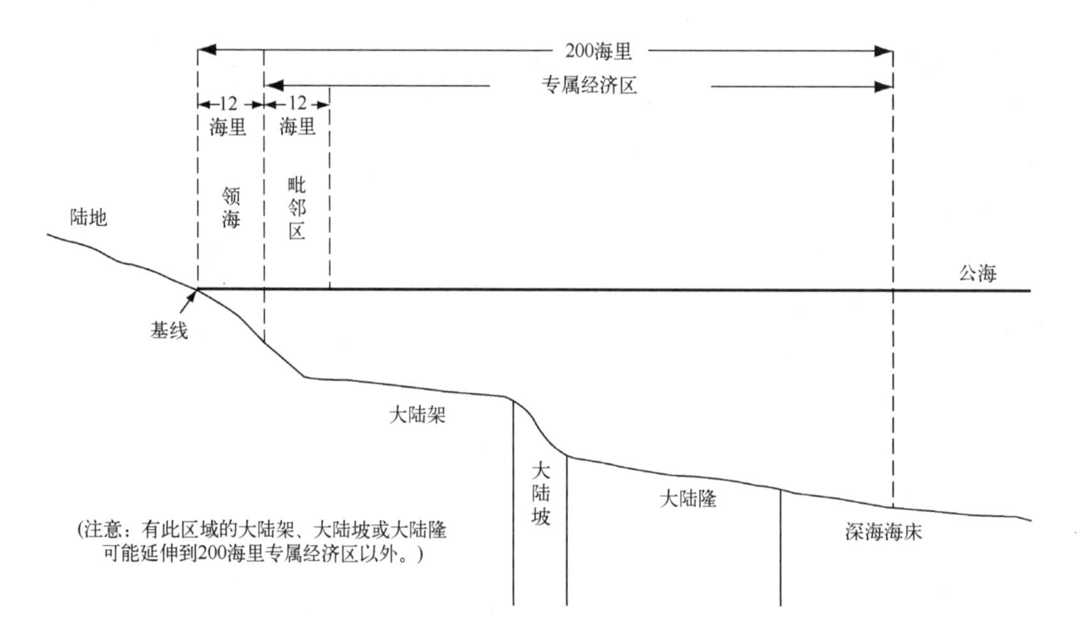

图 28.1 源自：Churchill，Lowe（1988）*The law of the sea*，2nd ed. Manchester University Press，Manchester，U.K.

领海范围内，各国有权制定法律、使用规范和开采资源[⑩]。国家在其毗邻区内拥有针对污染、税务、海关和移民立法的权利[⑪]。在专属经济区，沿海国对其非生物资源享有主权权

① UNCLOS Ⅻ部分。
② UNCLOS 第 143 条。
③ UNCLOS Ⅴ部分。
④ UNCLOS ⅩⅤ部分。
⑤ UNCLOS 第 3 条。
⑥ UNCLOS 第 87 条。
⑦ UNCLOS 第 143 和第 145 条。
⑧ UNCLOS 第 266 条。
⑨ UNCLOS ⅩⅤ部分。
⑩ UNCLOS 第 2 条。
⑪ UNCLOS 第 33 条。

利，而其他国家享有航行、飞越、铺设海底管道和电缆的自由①。

28.2 CLC

CLC 于 1969 年 11 月 29 日通过，1975 年 6 月 19 日生效②。CLC 的首要目的是确保那些由于海难引起船只泄露而遭受石油污染损害的人能得到足够的赔偿③。CLC 适用于海上航行的所有运送散装油类货物的船只②。

严格地说，石油污染民事责任属于船舶所有人②。换句话说，船舶所有人有责任证明他们没有承担石油污染的责任。1992 年的修正案扩大到所覆盖的专属经济区内造成的污染损害③。补偿机制发生改变，即补偿仅限于遭受污染后的恢复费用，在那些发生重大或紧急污染损害的地方，还允许提供补偿以确保通过保护措施恢复到泄露尚未发生时的状态。2000 年的修正案提高了利率④。CLC 提供了预防和减小石油污染的措施和机制，例如实行强制保险或金融安全措施⑤。CLC 不适用于国家非商业服务的船舶⑤，只适用于国有商业船队。

28.3 《伦敦倾废公约》

《伦敦倾废公约》于 1975 年生效。在此基础上修订并更新的伦敦议定书于 2006 年 3 月 24 日生效。《伦敦倾废公约》是首个保护全球海洋环境免受人类活动影响的全球性公约，其主要目标是促进对所有来源的海洋污染的有效控制，并阻止向海洋倾倒废弃物及其他物质⑥。除附件 1 “反向列表” 中可能允许接受的废弃物外，所有废弃物都被《伦敦倾废公约》和其议定书所禁止⑦。

《伦敦倾废公约》具有强制执行权利，各沿海国家有责任在其管辖范围内执行《伦敦倾废公约》⑧，公海上则由船旗国执行⑧。《伦敦倾废公约》鼓励以合作的方式实现对倾倒影响的评估⑨。

苏维埃处理放射性废弃物问题显示出《伦敦倾废公约》及其议定书的局限性和有效性⑩。20 世纪 90 年代，亚布洛科夫报告中记录了北极地区高放射性核废料的倾倒。它突出表明了这个法规系统的局限性，尤其是沿海国家的自我约束力。然而，最终还是遵循了《伦敦倾废

① UNCLOS 第 56 条。

② 国际海事组织《国际燃油污染损害民事责任公约》（CLC）1969 见 www.imo.org/conventions/contents.asp?doc_id=660&topic_ id=256，2010 年 4 月 12 日访问。

③ 1992 年 11 月 27 日开放供签署，1996 年 5 月 30 日生效。

④ 2000 年 10 月 18 日开放供签署，2003 年生效。

⑤ CLC 第 20 条。

⑥ Bates G（2006）*Environmental Law in Australia*, sixth ed. Lexis Nexis Butterworths, Australia.

⑦ 《伦敦倾废公约》第 4 条。

⑧ 《伦敦倾废公约》第 7 条。

⑨ 《伦敦倾废公约》第 9 条。

⑩ Stokkes O. S.（1998）*Beyond dumping? The Effectiveness of the London Convention*, Yearbook of International.

公约》。这个地区正努力通过俄罗斯-挪威环境委员会和国际北极海洋评估程序遵循《伦敦倾废公约》。在《伦敦倾废公约》的要求下，在协商会上对苏维埃的行为进行了批评。《伦敦倾废公约》的框架鼓励利用国际力量来帮助苏维埃政府建立处理和存放计划的能力。

28.4 OILPOL

OILPOL于1954年生效（在1962年，1969年和1971年进行了修订），这是国际首个对油轮运行中含油废物压舱水排放的油量的控制标准①。OILPOL试图用以下两种方式解决油料污染问题②：

- 在“禁止区域”严禁排放高于100×10^{-6}的油料或混合物，至少要延长到距离最近的陆地大于50 km；
- 提供接收油污水和残留物的设施。

OILPOL在很大程度上是无效的③。

28.4.1 “托雷·卡尼翁”号（Torrey Canyon）事件

1967年，“托雷·卡尼翁”号在英吉利海峡触礁①，这造成了最大一次的120 000 t原油泄漏①，约15 000只海鸟丧生④。利比里亚调查结果表明，该船船长想走海上捷径是此次灾难发生的直接原因⑤。这次事件凸显了现存体系下赔偿能力的不足，促使MARPOL的诞生①。

28.5 MARPOL

MARPOL主要涵盖了有害物质或废水排放引起的海洋环境污染⑥。MARPOL由1973年和1978年的两份条约组成（多年来一直在修改）。1978年的MARPOL议定书吸收了1973年条约的内容，于1983年10月2日生效。目前MARPOL包含6份附件：

- 附件Ⅰ——预防溢油规则
- 附件Ⅱ——有毒液体物质污染控制规则
- 附件Ⅲ——海运包装中的有害物质污染预防

---

① OILPOL第339页。

② 国际海事组织“国际防止船舶污染公约1978年修正法案（MARPOL）”，见 www.imo.org/Conventions/contents.asp? doc_id=678&topic_id=258，2010年4月12日访问。

③ Stokkes O S（1998）.

④ “‘托雷·卡尼翁’号事件——海外教训”，BBC 2007年3月19日的新闻，见 news.bbc.co.uk/2/hi/uk_news/England/devon/6469059，2010年4月12日访问。

⑤ Bartlett J W III。参见 *Oil Spill by the Amoco Cadiz-Choice of law and a pierced corporate veil defeat the 1969 civil liavility convention*（1985），Maritime Lwuvyer 1，1-24。

⑥ MARPOL第1条。

• 附件Ⅳ——船舶泄露污染预防

• 附件Ⅴ——船舶垃圾污染预防

• 附件Ⅵ——船舶空气污染预防

MARPOL特别提出了地中海等“特殊区域”①。这些区域由于海洋技术和生态原因以及交通的特殊性，需要特别的强制手段来防止海洋溢油污染。

附件如下：

• 附件Ⅰ于1983年10月2日生效，规定了可以排放的油量和油类污染预防措施（如专用压载油箱）；

• 附件Ⅱ于1987年4月6日生效，规定了有害物质的排放，以及禁止其在离最近陆地12 km以内排放；

• 附件Ⅲ于1992年7月1日生效，包含有害物质的包装、标签和记录要求；

• 附件Ⅳ于2003年9月27日生效；

• 附件Ⅴ于1988年12月31日生效，并规定了船舶垃圾排放方式和与陆地的距离，并完全禁止塑料的排放；

• 附件Ⅵ于2005年5月19日生效，规定了硫氧化物和氮氧化物的排放，并禁止破坏臭氧层气体的排放。

28.5.1 “阿戈商人”号事件

1976年12月，“Argo Merchant”号在马萨诸塞州海岸搁浅，溢出石油27 000 t②。当时MARPOL还没有完全批准生效。美国要求对油轮安全做进一步的规定②，因此，1978年召开了油轮安全和防止污染会议，会上通过了应对油轮扩大要求的1978年MARPOL公约②。

28.5.2 “阿莫柯·卡迪兹”号事件

“阿莫柯·卡迪兹”号于1978年3月16日在法国海岸搁浅，溢出原油221 000 t③。这次事故在很多国家推动了MARPOL的生效②。法国政府向美国法院④、美国Amoco石油公司和责任船厂提出了20亿美元的索赔⑤。1992年，法国从美国Amoco石油公司和船厂获得了2.05亿的赔偿⑥，船主被免责②。

28.5.3 “埃克森·瓦尔迪兹”号事件

1989年3月24日，“埃克森·瓦尔迪兹”号驶入阿拉斯加威廉王子湾触礁，溢油

---

① MARPOL第10款。

② OILPOL第39页。

③ Hill C (1998) *Maritime Law*, Fifth ed. LLP Reference Publishing, Great Britain, 446-447.

④ 参见*Oil Spill by the Amoco Cadiz off the Coast of France on March* 16 1978 (1984) AMC 2123 (NDICC 1984)。

⑤ 参见*the Matter of Oil Spill by the Amoco Cadiz off the Coast of France on March* 16 1978, 94 F_ .2d 1279。

⑥ 参见*Oil Spill be the Amoco Cadiz* 954 F_.2d 1270 (1992 AMC 913)。

40 000 t①。石油遍布 3 400 km^2地区，造成约 250 000 只海鸟和 200 只海獭死亡②。因此，美国在 1990 年引入《石油和污染法（美国）》③。美国要求国际海事组织在 MARPOL 中强制推动双船体防污③。1992 年 MARPOL 修正案中双船体防污要求得到采纳。这要求在 1996 年 7 月 6 日之后新交付的油轮必须安装双层船壳，现有油轮必须在 30 年内安装双层船壳③。

1994 年，阿拉斯加地区法院授予原告（阿拉斯加土地所有者，美国原住民和商业渔民）2.87 亿美元的补偿性赔偿和 50 亿美元的惩罚性赔偿④。Exxon 提出上诉，第九巡回法庭将惩罚性赔偿降低到 25 亿美元⑤。Exxon 继续对惩罚性赔偿向最高法院提出上诉，最终在 2008 年 6 月定为 5.075 亿美元⑥。2009 年 6 月，第九巡回法庭判决由于 Exxon 的拖延，赔付需额外支付 4.8 亿美元惩罚性赔偿⑦。

28.5.4 "埃里卡"事件

"埃里卡"号邮轮于 1999 年 12 月 12 日遇难，在法国布列塔尼海岸断为两截③。这是法国最严重的环境灾难之一⑧，14 000 t 的石油泄漏，400 km 大西洋海岸线受到污染⑨。"埃里卡"号的泄漏加速了 2012 年前完成的单船壳油轮的逐步淘汰工作（在 2001 年 4 月 MARPOL 修正案中通过⑨）。

2008 年 1 月，法国法庭判定 Total 能源公司（油轮的所有者和经营者）和意大利 RINA 船级社负有玩忽职守罪及刑事责任，要求他们赔偿 1.92 亿欧元⑩。2010 年 3 月 30 日公布了上诉结果。巴黎上诉法院支持 2008 年的决定，并增加相关赔付 2 亿欧元⑩。Total 公司承担刑事指控，但不承担民事指控，Total 公司声明对此结果将继续上诉⑪。

28.5.5 "威望"号事件

"威望"号于 2002 年 11 月 13 日在一场风暴中遇难⑫。2002 年 11 月 8 日，船体裂成两

---

① *Exxon Valdez Oil Spill Trustee Council 'Questions and Answers' History of the Spill*, www. evoste. state. ak. us /facts/qunda. cfm，2010 年 4 月 12 日访问。

② Graham S *Environmental Effects of Exxon Valdex Spill Still Being Felt*，Scientific American（2003）www. scientificamerican. com/article. cfm? id=environmental-effects-of，2010 年 4 月 12 日访问。

③ OILPOL 第 339 页。

④ Loel E and McCall G *Exxon Shipping Co v Baker*（07-219）Cornell University Law School Legal Information Insitute，topics. law. cornell. edu /supet/cert/07-291，2010 年 4 月 12 日访问。

⑤ *Baker v Exxon* 2010 F. 3d. 1215（9th Cir 2001）.

⑥ *Exxon Shipping Co v Baker* 554 US_; 128S. Ct. 2605.

⑦ 参见 *The Exxon Valdez*，*Baker v Exxon* No. 04-35182（9th Cir 2009）。

⑧ Siddique H et al，*French oil giant to pay for environmental disaster*，The Guardian，2008 年 1 月 16 日，www. guardian. co. uk/world/2008/jan/16/france. environment，2010 年 4 月 12 日访问。

⑨ Stokkes O S（1998）.

⑩ Saltmarsh M *French Court upholds Verdict in Oil Spill*，New York Times，2010 年 3 月 30 日，www. nytimes. com/2010/03/31/business/energy-environment/31total. html，2010 年 4 月 12 日访问。

⑪ UK Reuters *Total to appeal oil spill ruling in Supreme Court*，UK Reuters，2010 年 4 月 6 日。uk. reuters. com/article/idUKLDE635IBL20100406，2010 年 4 月 12 日访问；Total *Paris Court of Appeal judgement on the sinking of the Eika*，2010 年 3 月 30 日，www. total. com/en/investors/pressreleases/press-releases-922799. html&idActc=2329，2010 年 4 月 12 日访问。

⑫ Staff and agencies *Oil tanker sinks off Spanish coast*，19 November 2002 The Guardian，www. guardian. co. uk /environment/2002/nov/19/. spain. world，2010 年 4 月 12 日访问。

半，超过 77 000 t 的油通过西班牙海岸流入大海①。这场事故促使 MARPOL 作出进一步修改，它加速了双层船壳和其他措施的采用，并在 2012 年被采纳②。

2003 年 5 月，西班牙在纽约南部地区法院向美国船舶局提出了民事诉讼③。2007 年 1 月 2 日，法律诉讼被驳回③。Laura Taylor Swain 法官裁定美国船舶局作为“个体”，适用于 CLC，因此根据 CLC 应负有限责任③。Laura Taylor Swain 法官还认为西班牙作为 CLC 的签约国，必须在其国家法庭提出诉讼，法院没有宣判西班牙声明的司法权，因为美国不是 CLC 的签约国③。

28.6 总结

国际综合管理制度的发展有助于防止海洋污染（尤其是石油泄漏），最终可以通过服从性和强行性来衡量制度的成功与否，这需要国际社会更大的合作和资源共享。通常，国家对于相关约定的反应被动且缓慢，尽管国际社会通过 40~50 年去建立规范海洋石油污染的有效框架，但它表明，通过合作方式能够有效地针对气候变化等问题进行全球监管。

① Galiano E *In the Wake of the Prestige Disaster: Is an Earlier Phase—Out of Singer—Hulled Oil Tankers the Answer?* Tulane Maritime Law Journal（2003-2004）28：113.

② Stokkes O S（1998）.

③ *Reino de Espana v American Bureau of Shipping Inc*, 528 F. Supp. 2d 455（SDNY 2008）; 2008 AMC 83.

索　引

A

LAS 见 数据服务器

B

背景误差协方差 95、248、360、367、385
变化 63、65-68
　年代际 65-68
　年际 65-68
　季节内 63、425
　中尺度 26、103、505
　季节 61、65-68

C

参数
　估计 246
参数化 见 湍流封闭参数化
　KPP 401
　局地 315
　Mellor-Yamada 401
　垂直 224
沉积模型
　沉积物输送社区模式 403
赤道 58、62
初始化 10、387、428
　自适应恢复 387
　动力平衡 387
　分析增量更新 387
　松弛 387
　谱逼近 387
垂直坐标（z）215、223、380、461
　混合 380
　等密度面 223、225、380
　压力 368
　次网格 195、493
　参数化 501、520
　物理 1、242、243
　湍流 401

D

大气分析
　ERA-15 462、486、488、490
　ERA-40 486、488、490
　NCEP 519
大西洋 449、521
大西洋经向翻转环流（AMOC）207、448
等绝对涡度 447、457
地形 见 海底地形
动力学 见 海洋动力学
对比 179、392
对比试验 15、519
　AMIP 519
　DYNAMO 519
　GODAE 15、518、522
　GSOP 519、522
对流 127、369

E

厄尔尼诺 47、141、162、421
　厄尔尼诺-南方涛动 141、162、423
　印度洋偶极子 47、424
　拉尼娜 162、505
　北大西洋涛动 141、424
　南半球环状模 141、424

南方涛动 66、102、162

F

法律
国际 593
海洋环境 593
辐合带
热带辐合带 130、370
南太平洋辐合带 433
辐射 29、86、131、206

G

高度计 31、371
ENVISAT 80、93、106、228、372
ERS 31、80
GFO 106、228
Jason-1 80、230、372、458
Jason-2 80、372
TOPEX/Poseidon 372
高度计产品 69
地球物理数据记录（GDR）374
过渡期 GDR（IGDR）374
业务化 GDR（OGDR）374
跟随地形 380
观测
Argo 367、429、431、518
浮标 53、68、518
沿岸观测 14、15
沿岸雷达 64、98
CODAR 412
覆盖率 47
CTD51、58、78、87、261、328、368、529
数据 412
浮标 7、48、57、60、67
滑翔机 48、64、88 见 全球数据收集中心，全球电子通信系统
现场 367
锚系系统 13、47、58、67
海洋站位 60、138
PIRATA13、58、107、356、368
质量控制 见 质量控制
RAFOS555
实时 367
科考船 138、412
采样 14、26
SOOP51、434
空间 26、96、109
漂流浮子 64、70、71、509、560 见 漂流浮标系统 46、261、552
时效性 364、367
TOGA-TAO 阵列 430、433
志愿观测船 13、50、70、84
观测 见 数据
观测系统设计 14、100
国防应用 539
两栖作战 544
水雷作战 545
搜救行动 545
国际公约
国际燃油污染损害民事责任公约（CLC）593
伦敦倾废公约 593
国际防止船舶污染公约（MARPOL）593
国际防止海洋溢油污染公约（OILPOL）593
联合国海洋法公约（UNCLOS）593
国际协调组织
GHRSST 370
GODAE1、215
GODAE OceanView15、326
JCOMM 13、179
JCOMM 业务化海洋学预报系统专家组 15

H

海表面温度 34、84、369
OSTIA 530、531
海底地形 183、219、382
海浪 80、125、167、567

沿岸陷波 159
内波 183
表面 167
潮汐 183
海浪模式 80、167
波动理论 167-168
海浪模式
SWAN 176、403、544
WAVEWATCHIII 176、181
海流 546、568
巴西 316
东澳大利亚 540、549
湾流 568
黑潮 118
卢因 161、162
分离 448、456、457、460
海平面
近岸 64
假潮 151、154
风暴潮 151、160
潮汐 151、156-158、162、163
海啸 151、155
海洋-大气
通量 133、376、402
相互作用 211、415
湍流通量 130
海洋动力学 399
斜压不稳定 118、202、451
正压不稳定 200、291、490
中尺度涡 195、561
上升流 226、303
海洋观测系统 13、17、46、78、100、360 见 全球海洋观测系统
Argo 60、67、433
IMOS 541
SOOP 51
海洋环境法 593
海洋环流模式 447
HYCOM 181、217、223、447
MICOM 447、464-468
MOM4 379、382
NEMO 447、468
NLOM 217、218
POP 217、218、447、477-480
ROMS 297、299
海洋模型假设
Boussinesq 近似 198、361、379、382
静力 198、361、379
不可压缩 168、361、379
海洋能源 565
生物燃料 566、571
海流 568
盐度梯度 571
海底潜热能 566
潮汐 567
热能转换 569
波浪 567
海洋能源技术
AWS 585
CETO 585
LIMPET 587
OCEANLINX 585
OPT 585、587
OYSTER 587
Pelamis 585
海洋能源政策
欧洲委员会 328、581
国际电工技术委员会 581
国际能源署 580
海洋数据同化系统 77、261
BODAS340、385
GMAO 422、524
GODAS430、431、523
IS4DVAR 400
MOVE 341
MRI-JMA 429

NCODA 98、230、461
ORA-S3 429
PEODAS 430-432、436
SEEK 313、314、318
海洋预测 228
海洋状态估计 421
合适时间的初猜场（FGAT）317、530
河流流量 400、405-407
径流 33、343、350
后报 230、333、351、354、491
化学品泄漏预报 558
混合
内部 17
等密度面 201、342
混合层深度 10、88、112、242
混合方案 见 湍流封闭参数化
动量 222

J

集成预报 555
技巧评分 391、502
布莱尔 502
相对运行特性 502
季节预测 421、422、423、432
季节预测系统 317、502
POAMA 425、435-438
降水 50、58、86、127、133、426
军事应用 见 国防应用
均方根误差 337、348、351、390、514

K

可预报性 349、423、575
块体
通量 130
公式 130、206、402
扩散 201、222

M

美国国家环境预报中心 135、144、177、338
模型间对比计划
DEMETER 425
ENSEMBLES206、425
模型 见 海洋环流模型
生物地球化学 234、240
海流 31
生态系统 9、11、37、339、403
地貌 10、399
HYCOM 181、217、223、228
MOM 217
动量 10、127、222
开边界 402
溢流 219
参数化 102、130、201
区域 232、549
分辨率 106、177、200、202
ROMS 187、189、297

N

能量 见 海洋能量
海洋能 见 海洋能量
可再生能源 见 海洋能量
能量转换
生物潜能 572
化学势能（盐度梯度）572
热潜能 572
动能 572
势能 572
能量转换影响
生物 575
化学 573、577
碰撞 577
电磁 577
噪声和振动 576、577
视觉 576
逆矩阵
共轭梯度 96、272
PETSc386

奇异值分解 277、313

O

欧洲中尺度气象预报中心 133、144、179、486
耦合器
OASIS 377
耦合预测系统
耦合海洋大气中尺度预报系统 298、415
OPeNDAP 见 数据服务器

P

抛弃式温深仪 52、68、80、101、228、367、548
偏差校正 37、89
漂流浮标 53、81
漂移
风压差 546
预测 234、531
平流 159、201、202、203、401

Q

气候态 548
通量 129、134
嵌套 338
AGRIF 205
数值模式 195、199
NWP 329、366
单向 338
双向 338
全球电子通信系统 51、79、368、509
全球海洋观测系统 13、26、47、101
全球数据收集中心
科里奥利 61、65、79、98、329
美国全球海洋数据同化实验 61、79、368

S

生态系统
模型 12、38、241
观测 38、56、331
生物地球化学模型 见 生态系统
声波层深度 512、513
声呐 541、546
声速 511、541-542
实时收集 54
质量控制 见 质量控制
XBT 见 抛弃式温深仪
数据服务器
现场访问服务器（LAS）69、232
OPeNDAP 69、229、335、527
数据格式
BUFR79
二阶预处理（L2P）370
数据格式
NetCDF 232、527、549
数据同化 12
4D-Var304、400、412
伴随方法 286
生物地球化学 240
一致性 94
集合卡尔曼滤波 14、111、247
逆问题 263
卡尔曼滤波 107、261、274
最优插值 106、120、267、314
降阶 107
顺序同化 270
顺序方法 248
平滑器 264
变分法 414
数据协议
CF 527
COARDS 527
水色 46、247、254、256、328、363、529
搜救 545
CETO 585

T

太平洋 53、56、102、107、138、343、436

泰勒图 391、503
天气预报系统 见 业务化天气预报系统
通量
大气 135
块体公式 130、206、402
气候态 128、132、133
密度 133
涡 130
场 136
淡水 133
热量 128
动量 127
卫星观测 135
表面 137、138
统计估计 见 数据同化
湍流封闭参数化
底边界层 184
k 廓线（KPP）401
Mellor-Yamada 401

W

网格
单元 82
生成器 225
分辨率 86、187、195、199
三极点 205、330
卫星 25、26、28、29、42、43、79、84、369、371
重力卫星 327
轨道 29、369
采样 26
卫星海洋学 25、28、42、43
方法 42
微波 29
水色 46、247、254、256、328、363、529
海浪 17、63
海表面高度 31、80、89
卫星温度传感器
AATSR91、92、508
AMSR-E 83、92、362
AVHRR 14、35
涡动动能 204、462

X

系统 500
现报 18、218、330、362、528
斜压不稳定性 见 海洋动力学

Y

沿岸观测 14、16
盐度 429、430、431、571

Z

验证 276
野外观测计划
LaTTE 400、404
业务化海洋学 25、26、33-36、37、39、311、325、326、539
业务化天气预报系统
ECMWF 133、462
GASP 376、556
GFS 555、557、560
NOGAPS 557
业务化系统 526、530
BLUElink 338、549、556
BLUElink OceanMAPS 336、391、549
C-NOOFS 326、327、530、532
ECCO 136、348、299
FOAM326、505
预报 500、517
预报技巧 14、32、332、394、425
后报 89、230、247、333、351、354、491
HYCOM 181、217、223、228、447
MERCATOR 326
MERSEA 11、355、526
MFS 327
MOVE/MRI. COM 327、341

MyOcean 328、533
NAVOCEANO 228、327、370
NCOM217、327、555、557
现报 338、339、362
成果 15、232
ROAM 545、550
稳定 70、363
常规 363
TOPAZ327、332
溢油 554、557
OILMAP 554、555、558、561
污染 554
溢油事件
“阿莫柯卡迪兹”号事件 597
“ 阿戈商人”号事件 597
“埃里卡”事件 598
“阿莫柯卡迪兹”号事件 597
蒙达拉海上钻井平台 557
“太平洋冒险家”号 556、557
“威望”号事件 598
“托雷·卡尼翁”号事件 596
印度洋 65、424
印度洋偶极子 107
有色溶解有机质 38、39、411
预报误差 78、90、113 见 均方根误差
再分析 264、521
诊断 304、526
质量控制 77、328、38、501
中尺度涡 见 海洋动力学
重网格化 376、366
专属经济区 595
综合剖面 486、490
MODAS 486-489、490
坐标 见 垂直坐标
等势面（或者 z 坐标）380、461
跟随地形（σ 坐标）224、342